Handbuch der Eisen- und Stahlgießerei

Unter Mitarbeit von

Professor Dr.-Ing. e. h. O. Bauer-Berlin-Dahlem, Professor Dr. Dr.-Ing. e. h. L. Beck †-Biebrich, Ing. Georg Buzek-Wegierska Górka-Kleinpolen, T. Cremer-Düsseldorf, Dr.-Ing. K. Daeves-Düsseldorf, Dr.-Ing. K. Dornhecker-Schaffhausen, Dr.-Ing. R. Durrer-Berlin, Obering. M. Escher-Engers a. Rh., Dipl.-Ing. G. Fiek-Berlin-Dahlem, Professor Dipl.-Ing. G. Hellenthal-Duisburg, Oberbergrat J. Hornung-Reichenhall, Ing. C. Irresberger-Salzburg, Professor Dipl.-Ing. U. Lohse-Hamburg, Professor Dr.-Ing. P. Oberhoffer-Aachen, Dr.-Ing. M. Philips-Düsseldorf, Dr.-Ing. E. Schüz-Leipzig, Dr.-Ing. A. Stadeler-Hattingen-Ruhr, Dr.-Ing. R. Stotz-Stuttgart-Kornwestheim, Obering. L. Treuheit-Elberfeld, Dipl.-Ing. S. J. Waldmann-Dortmund, Ingenieur Fr. Wernicke-Görlitz, Professor A. Widmaier-Stuttgart

herausgegeben von

Dr.-Ing. C. Geiger

Zweite, erweiterte Auflage

Erster Band
Grundlagen

Mit 278 Abbildungen im Text
und auf 11 Tafeln

Springer-Verlag Berlin Heidelberg GmbH

1925

Alle Rechte, insbesondere das der Übersetzung
in fremde Sprachen, vorbehalten.

ISBN 978-3-642-89009-3   ISBN 978-3-642-90865-1 (eBook)
DOI 10.1007/978-3-642-90865-1

Copyright 1925 Springer-Verlag Berlin Heidelberg
Originally published by Julius Springer in Berlin in 1925
Softcover reprint of the hardcover 2nd edition 1952

Vorwort zur ersten Auflage.

Die Aufgabe, das Eisen- und Stahlgießereiwesen unter Berücksichtigung des Aufschwunges, den dieses Bindeglied zwischen Eisenhüttenwesen und Maschinenbau während des letzten Jahrzehntes, seit dem Erscheinen der 2. Auflage des klassischen Handbuches unseres Altmeisters Ledebur, genommen hat, eingehend zu schildern, so daß nicht bloß die für die allgemeine Kenntnis des Gießereifachs nötigen Gesichtspunkte besprochen werden, läßt sich naturgemäß nicht in einem kurzen, für Zwecke des Unterrichts zugeschnittenen Lehrbuch erfüllen. Derartige Werke verfolgen daher vollständig andere Ziele, als das mit dem vorliegenden Handbuch angestrebte.

Die Betriebe der Eisen- und Stahlgießereien greifen heute schon auf so viele Gebiete über, daß ein einzelner das nötige Wissen für eine tiefergreifende Darstellung nicht mehr nach jeder Richtung hin in gleicher Weise zu beherrschen imstande ist. Aus diesen Erwägungen heraus glaubte ich, ein für die Praxis brauchbares Werk, das nicht allein dem angehenden Gießerei-Ingenieur zum Studium dienen soll, sondern aus dem auch der vielbeschäftigte Gießereileiter Rat in allerlei Fragen und schwierigen Lagen schöpfen und Anregungen zu neuen Versuchen und Arbeiten erhalten kann, nur durch Zusammenwirken von Theorie und Praxis, von Spezial-Fachleuten auf beiden Gebieten, schaffen zu können.

Bei dem Entwurfe für den Inhalt des vorliegenden Handbuches trat die Fülle des zu bewältigenden Stoffes in so mächtig anwachsendem Umfange hervor, daß oft die Gebiete aufs engste begrenzt werden mußten. Manche für den einzelnen vielleicht wertvolle Arbeiten werden deshalb nur kurz gestreift oder sind in die Literaturübersicht verwiesen worden, so daß es immerhin möglich ist, im Bedarfsfalle auf sie zurückzugreifen.

Das ganze Werk wurde in drei Bände gegliedert, deren erster als Einführung außer mit dem geschichtlichen Werden und den heutigen wirtschaftlichen Verhältnissen des Gießereifaches mit den in ihrer Unentbehrlichkeit noch vielfach nicht genügend anerkannten Grundlagen für den Betrieb von Eisen- und Stahlgießereien, nämlich dem Wesen, den Eigenschaften und der Untersuchung der Rohstoffe und Zwischenfabrikate, bekannt machen soll.

Der zweite Band wird ein Bild des Betriebes der Eisen- und Stahlgießereien geben mit den darin benötigten Öfen und Apparaten, dazu Erläuterungen über Herstellung der Modelle und Formen, über Gattieren, Schmelzen, Gießen und Behandlung der Gußwaren zwecks Veredelung.

Ein dritter Band soll sich mit dem Bau von Gießereianlagen, der Kalkulation der Gußwaren und der Organisation von Gießereien beschäftigen.

Düsseldorf, im Juni 1911.

Dr.-Ing. C. Geiger.

Vorwort zur zweiten Auflage.

Das Erscheinen des dritten Bandes dieses Handbuches während der Kriegs- und Umsturzjahre haben die Verhältnisse verhindert. Als sodann nach Herauskommen eines Neudrucks der beiden ersten Bände der bereits vor dem Kriege vorbereitete Inhalt des dritten Bandes erneut geprüft wurde, erwies sich ein großer Teil davon als überholt. Da zudem umfangreiche Nachträge zu einzelnen Kapiteln des 1. und 2. Bandes sich als nötig ergaben, zogen es Herausgeber und Verlag vor, von der Fertigstellung des dritten Bandes ganz abzusehen und dafür sofort an eine vollständig umgearbeitete und erweiterte Neuauflage des ganzen Werkes zu gehen.

Der erste Band dieser zweiten Auflage liegt nunmehr vor, die anderen befinden sich in Vorbereitung.

Wenn auch im großen und ganzen die Anordnung der ersten Auflage sich bewährt hat — die Anlage als Sammelwerk mit in sich abgeschlossenen Beiträgen bringt es mit sich, daß mitunter der gleiche Gegenstand von verschiedenen Gesichtspunkten aus an mehreren Stellen betrachtet wird —, so empfahl sich doch die Herübernahme der Abschnitte IX (Gußeisen und Gattieren) und XIV Anhang (Theorie des Kuppelofenbetriebs) in ergänzter Form aus dem zweiten Band in den ersten. Anderseits ist das XI. Kapitel der ersten Auflage „Sonstige gießbare Metalle und Legierungen" als nur die Metallgießerei angehend ausgeschieden.

Alle bisherigen Abschnitte der ersten Auflage sind, soweit ihr Inhalt nicht von Grund aus neu gestaltet worden ist, wie bei III, VI, VII, VIII, XII, XVI, XVII, XVIII, XIX, durchgreifend umgearbeitet und den gewachsenen Anforderungen der Praxis entsprechend ergänzt worden. Abschnitt XI (Der Temperguß oder schmiedbare Guß) und der Nachtrag zu II (Geschichtliches) sind neu hinzugekommen. Trotz des Bestrebens kürzester Fassung und des Ersatzes weniger wichtiger älterer Forschungsergebnisse durch Literaturhinweise ließ sich eine Vermehrung des Umfangs dabei nicht umgehen.

Welch ungeheure Arbeit hier von dem Stab bewährter fachmännischer Mitarbeiter geleistet worden ist, wird nur beurteilen können, wer den Inhalt eingehend prüft. Daher möchte ich diesen Band nicht der Öffentlichkeit übergeben, ohne allen Mitarbeitern für ihr selbstloses Zusammenwirken und allen anderen, die für das Zustandekommen der Neuauflage durch Überlassung von Unterlagen beigetragen haben, für ihr Entgegenkommen zu danken.

Endlich spreche ich die Hoffnung aus, daß der vorliegende Band nicht allein dem Gießereifachmann und dem Eisenhütteningenieur, sondern auch dem Maschinenbauer als Werkstoffkunde dienlich sein möge.

Eßlingen a. N., im April 1925.

Dr.-Ing. C. Geiger.

Inhaltsverzeichnis.

I. Einleitung.

Die Begriffe „Eisen" und „Stahl".

Von

Dr.-Ing. C. Geiger.

Das gießbare Eisen, dessen Eigenschaften und dessen Darstellung in den Betrieben der Eisen- und Stahlgießereien auf den folgenden Seiten behandelt werden sollen, wird zu den technischen Eisensorten gezählt. Diese sind Legierungen des von dem Chemiker durch Eisen (Fe) bezeichneten Elements mit zahlreichen anderen metallischen und nicht-metallischen Stoffen in wechselnden Verhältniszahlen, wobei aber stets das Eisen den Hauptbestandteil bildet. Vollständig reines Eisenmetall ist bisher im großen noch nicht dargestellt worden, da selbst bei den elektrolytischen Verfahren geringe Mengen Verunreinigungen mitausfallen. Eine Einführung von vollständig reinem Eisenmetall für gewerbliche Zwecke verbietet schon die leichte Oxydierbarkeit des Eisens durch den Sauerstoff der atmosphärischen Luft (Rostbildung)[1].

Die Legierungsbestandteile des Eisens stammen entweder aus den Eisenerzen und den bei deren Verhüttung benutzten Zuschlägen und Brennstoffen, sind also ständige, teils erwünschte, teils unerwünschte Begleiter des Eisens, oder sie werden absichtlich zwecks Erreichung bestimmter Eigenschaften (Härte, Festigkeit, elektrische und magnetische Eigenschaften u. a.), aber auch zur Beeinflussung der Schmelztemperatur und aus anderen Gründen zugesetzt.

Regelmäßig sind im technischen Eisen folgende Elemente zugegen: Kohlenstoff, Silizium, Mangan, Phosphor, Schwefel; gelegentlich: Kupfer, Nickel, Arsen, Antimon, Chrom, Wolfram, Molybdän, Titan, Vanadium, Kobalt; weiterhin Wasserstoff, Stickstoff und Sauerstoff. Von den genannten Stoffen ist der Kohlenstoff der wichtigste. Während flüssiges Eisen nur gelösten Kohlenstoff enthält, vermag der Kohlenstoff in den erstarrten und erkalteten Eisensorten sowohl in elementarer Form als selbständiger Körper in der Eisenmasse eingebettet, als auch in gebundenem Zustand aufzutreten[2]. Ist der Kohlenstoff ganz oder doch größtenteils mit dem Eisen gebunden, so ist die Farbe der frischen Bruchfläche weiß oder höchstens lichtgrau: durch erheblichere Gehalte an elementarem Kohlenstoff wird dagegen die Farbe des Bruchs hell- bis dunkelgrau.

Im Jahre 1888 hat A. Ledebur, Professor der Eisenhüttenkunde an der Bergakademie in Freiberg i. Sachsen den Vorschlag gemacht, vier Kohlenstoff-Formen im technischen Eisen zu unterscheiden. Er belegte den gebundenen Kohlenstoff mit den

---

[1] Das sog. reine Eisen des Handels wird technisch nur in Sonderfällen verwendet, z. B. für elektrotechnische Zwecke (Stahleisen 1921, S. 1249) und zur galvanischen Herstellung von Kupferdruckplatten. Während des Kriegs wurden auch Führungsringe für Geschosse daraus hergestellt. Die Darstellungsverfahren für Elektrolyteisen sind kurz beschrieben in Stahleisen 1922, S. 1848.

[2] Vgl. S. 64.

Einzelnamen Härtungskohle und Karbidkohle, während er bei dem freien Kohlenstoff, der früher gemeinhin als Graphit bezeichnet wurde, graphitische Temperkohle oder kurz Temperkohle und den eigentlichen Graphit unterschied. Diese Einteilung ist in der deutschen und einem großen Teil der ausländischen Fachliteratur üblich geworden und geblieben, bis sie den neueren Bezeichnungen der metallographischen Wissenschaft Platz machen mußte.

Die Ledeburschen Ansichten über Bildung und Wesen von Härtungskohle und Karbidkohle müssen nach dem heutigen Stande der wissenschaftlichen Forschung dahin richtig gestellt werden, daß in den Eisen-Kohlenstofflegierungen bei gewöhnlicher Temperatur der gebundene Kohlenstoff im allgemeinen als Eisenkarbid (Zementit) auftritt, eine chemische Verbindung Fe_3C, die $93,33\%$ Eisen neben $6,66\%$ Kohlenstoff enthält. Bei der Erhitzung auf über 700^0 C. beginnt sich das Eisenkarbid teilweise in der Eisen-Kohlenstofflegierung aufzulösen, wobei jedoch der feste Zustand gewahrt bleibt; man hat es also mit einer sog. festen Lösung zu tun. Dieser so gelöste Kohlenstoff ist die Ledebursche Härtungskohle. Bei langsamer Abkühlung wird der Zementit wieder bei annähernd derselben Temperatur, bei der die Auflösung stattgefunden hat, ausgeschieden, während bei rascher Abkühlung, z. B. Abschreckung in kaltem Wasser, der Zementit keine Zeit zur Ausscheidung findet und daher auch bei gewöhnlicher Temperatur im Eisen gelöst bleibt [1]. Die infolge dieser zwangsweisen Unterdrückung der Ausscheidung entstehenden molekularen Spannungen machen sich in erheblich erhöhter Härte und Festigkeit bemerkbar.

Außer dem in gebundener Form auftretenden Kohlenstoff können technische Eisensorten bei geeigneter sonstiger Zusammensetzung und einen bestimmten Betrag übersteigenden Gehalten an Kohlenstoff diesen im elementaren Zustand, ausgeschieden als Graphit und Temperkohle, enthalten. Graphit sondert sich beim Erstarren der Eisenlegierung ab. Er ist in Form schwarzglänzender Täfelchen mehr oder minder gleichmäßig in der Eisenmasse eingelagert. Durch Verzögerung der Abkühlung wird die Graphitbildung gefördert. Temperkohle dagegen entsteht beim Erhitzen kohlenstoffreichen, graphitarmen Eisens von geeigneter Zusammensetzung innerhalb bestimmter Temperaturen infolge Zerfalls des Eisenkarbids. Die für die Umbildung nötige Glühzeit hängt zum Teil von der Höhe der Temperatur ab. Temperkohle findet sich in Form schwarzer Knötchen oder Pünktchen, unterscheidet sich in ihrem kristallinen Aufbau nicht vom Graphit [2] und ist diesem wesensgleicher, elementarer Kohlenstoff.

Im Gegensatz zu dem gebundenen Kohlenstoff werden Graphit und Temperkohle selbst von kochenden, nicht zu stark konzentrierten Säuren nicht angegriffen. Durch Einwirkung oxydierender Gase dagegen lassen sich bei geeigneten Temperaturen sowohl Graphit als auch Temperkohle vergasen, letztere allerdings infolge ihrer feineren Verteilung in der Eisenmasse leichter.

Der Kohlenstoff beeinflußt die Eigenschaften des gewerblichen Eisens in so hohem Maße, daß man die Eisensorten auf Grund ihres Gehaltes an Kohlenstoff in zwei große Gruppen, das kohlenstoffreiche Roheisen und das kohlenstoffarme schmiedbare Eisen, eingeteilt hat. Als untere Grenze für den Kohlenstoffgehalt von Roheisen kann man etwa 2% annehmen. Die Erfahrung hat gelehrt, daß Eisen, das bei gleichzeitiger Anwesenheit mäßiger Mengen anderer Körper zwischen etwa 1,5 und $2,5\%$ Kohlenstoff besitzt, sich weder gut schmieden noch gut gießen läßt. Solche Eisensorten finden daher nur in besonderen Fällen Verwendung. Durch Druck oder Zug eine Formveränderung des Roheisens in kaltem oder erhitztem, jedoch ungeschmolzenem Zustand zu veranlassen, ist nicht möglich. Eine solche läßt sich nur durch Gießen nach erfolgtem Schmelzen erreichen. Wird Roheisen bis zu seiner Schmelztemperatur ($1100-1300^0$ C.) erhitzt, so geht es plötzlich, ohne vorher teigig zu werden, von dem festen in den

---

[1] Näheres s. S. 68.
[2] Siehe Fr. Wever, Über die Natur von Graphit und Temperkohle. Mitt. d. K. W. Instituts f. Eisenforschung. Bd. IV (1922), S. 81.

flüssigen Zustand über. Schmiedbares Eisen schmilzt bei höherer Temperatur als Roheisen und erweicht vor dem Dünnflüssigwerden allmählich. In diesem Zustande ist es bildsam und kann durch mechanische Bearbeitung in beliebige Form gebracht werden; auch lassen sich bei geeigneten Temperaturen zwei oder mehrere erweichte Teile aus schmiedbarem Eisen zu einem Stück vereinigen, zusammenschweißen. In dünnflüssigem Zustand kann es zu Formstücken vergossen werden. Auch in der Kälte besitzt schmiedbares Eisen einen gewissen Grad von Biegsamkeit, wechselnd u. a. mit der Höhe des Kohlenstoffgehalts. Manche Arten des schmiedbaren Eisens werden handelsüblich Stahl genannt (vgl. weiter unten).

Das Roheisen wird — abgesehen von geringen Mengen, die neuerdings im elektrischen Ofen gewonnen werden — stets im Hochofen unter Verwendung von Koks, Holzkohle oder Anthrazit als Brennstoff erblasen und nach dem Aussehen der frischen Bruchfläche in graues und weißes Roheisen oder nach seiner chemischen Zusammensetzung bzw. den aus ihr sich ergebenden Verwendungsmöglichkeiten in nachstehende Gattungen getrennt: Hämatit-, Gießerei-, Bessemer-, Puddel-, Martin-, Thomasroheisen, Spiegeleisen [1]). Für sich zu nennen sind die Siliziumeisen (Ferrosilizium) und die Eisenmangane (Ferromangan) [2]).

Das weiße Roheisen zeigt im frischen Bruch silberweißes Gefüge; es ist hart und spröde; der Kohlenstoff ist im gebundenen Zustand zugegen. Das graue Roheisen dagegen weist hellgraue bis tiefgraue Farbe des frischen Bruches auf, untermischt durch mehr oder minder große Graphit- oder Temperkohle-Ausscheidungen. Im Gegensatz zum weißen Roheisen ist das graue durch Drehen, Bohren usw. leicht bearbeitbar. Beim Vergießen füllt es die Formen scharf aus.

Roheisen, das durch Gießen in Formen zu Gebrauchsgegenständen, Maschinenteilen u. a. gestaltet worden ist, heißt Gußeisen. Man unterscheidet Gußeisen 1. und 2. Schmelzung. Ersteres ist aus dem Hochofen vergossen, letzteres ist aus Roheisen oder Alteisen in einem Umschmelzofen, z. B. Kuppelofen, Flammofen, Elektroofen, Tiegel erzeugt (vgl. die Begriffsbestimmungen auf S. 6). Haben die Eisengußwaren grauen Bruch, so nennt man sie Grauguß oder auch manchmal Weichguß. Ist das Gußeisen durch plötzliche Abkühlung ganz oder an der Rinde weiß geworden und hat dadurch eine harte Oberfläche gewonnen, so hat man es mit Hartguß zu tun. Temperguß (schmiedbarer Guß) wird in der Weise dargestellt, daß man leichte, dünnwandige Eisengußwaren von bestimmter chemischer Zusammensetzung und weißem Bruch zusammen mit Sauerstoff abgebenden Materialien (z. B. Roteisenstein) einem Glühverfahren unterwirft [3]). Unter Gußbruch, Brucheisen, Schrott usw. versteht man Alteisen, das zu weiterer Benutzung aus irgendeinem Grunde nicht mehr tauglich ist [4]).

Schmiedbares Eisen kann nach verschiedenen Verfahren dargestellt werden. Die ältesten Arbeitsweisen, die zum Teil heute noch bei Naturvölkern ausgeübt werden, beruhen auf der Gewinnung zähflüssiger, schlackenhaltiger Eisenklumpen (Luppen) durch Verschmelzen von Eisenerzen in kleinen Öfen oder sog. Feuern und darauffolgendem Ausschmieden der Luppen (direkte Eisenerzeugung). Die neueren Verfahren, die in Großbetrieben angewandt werden, benutzen als Rohstoff das Roheisen, zum Teil auch Alteisen. Übersteigt die Hitze bei der Ausübung dieser Verfahren die Schmelztemperatur des Rohstoffs nicht, so werden auch hier zäh- bis strengflüssige Luppen erhalten. Solches Eisen heißt Schweißeisen. Seine Darstellung erfolgt außer nach den bereits genannten ursprünglichen Verfahren entweder im Frischfeuer oder durch das Flammofenfrischen. Letzteres bezeichnet man als Puddelverfahren (von dem englischen Zeitwort „to puddle" = umrühren, abgeleitet). Schweißeisen wird nur noch in unbeträchtlichen Mengen erzeugt, es hat daher hauptsächlich geschichtliche Bedeutung.

---

[1]) Vgl. S. 118.   [2]) Vgl. S. 148 u. 152.   [3]) Vgl. S. 248.   [4]) Vgl. S. 164.

Flußeisen (Flußstahl) wird erhalten, wenn bei dem Umwandlungsvorgang die Schmelztemperatur des Roheisens oder der sonst verwendeten eisenhaltigen Rohstoffe überschritten wird. Diese Verfahren, die für die Darstellung des Stahlformgusses von Wichtigkeit sind, werden unterschieden auf Grund der erforderlichen Einrichtungen als Tiegel-, Windfrisch- (Bessemer- und Thomas-), Herdfrisch- (Siemens-Martin-) und als Elektroverfahren. Sie werden weiter unten eingehend behandelt werden [1]). Man unterscheidet dementsprechend z. B. Schweißeisen, Puddeleisen, Flußeisen, Tiegelstahl, Zementstahl, Elektrostahl. Manchmal haben auch die Erfinder der Verfahren ihren Namen zu Bezeichnungen gegeben, wie Bessemer-, Thomas-, Martinflußeisen. Eine Benennung auf Grund der chemischen Analyse findet gewöhnlich nur nach bestimmten Zusätzen (Edelstählen) statt, z. B. Wolfram-, Chrom-, Nickelstahl.

Die Einteilung und einheitliche Benennung des technisch verwendeten Eisens ist ein Gegenstand, der während der letzten Jahrzehnte auf das lebhafteste erörtert worden ist. Die großen Schwierigkeiten, die hier zu überwinden sind, mögen es zum Teil erklären, weshalb wir heute, obwohl sich die hervorragendsten Theoretiker und Praktiker des Eisenhüttenwesens mit der Frage eingehend beschäftigt haben, noch keine allgemein anerkannte Einteilung für die gewerblichen Eisensorten besitzen [2]).

Bereits im Jahre 1876 wurden anläßlich der Weltausstellung in Philadelphia von Vertretern der bedeutendsten Eisen erzeugenden Länder Vereinbarungen aufgestellt; diese hat Ledebur zum Ausgangspunkt einer Einteilung gemacht, die noch heute wohl die weiteste Verbreitung und Anerkennung gefunden hat. Ledebur gibt folgende Aufstellung [3]):

Einteilung des technisch verwendeten Eisens (nach Ledebur).

I. Roheisen. Nicht schmiedbar, spröde, beim Erhitzen plötzlich schmelzend. Gehalt an Kohlenstoff (Silizium, Phosphor u. a.) mindestens $2,6\%$.

1. Graues Roheisen. Ein Teil des Kohlenstoffes wird beim Erkalten graphitisch ausgeschieden. Farbe der Bruchfläche grau. In der Gießerei zu Gußwaren verarbeitet, heißt das graue Roheisen Gußeisen.
2. Weißes Roheisen. Der Kohlenstoff ist gebunden. Farbe der Bruchfläche weiß. Härter, spröder als graues Roheisen.
3. Eisenmangane. Kohlenstoffhaltige Eisenmanganlegierungen mit reichem Mangangehalte. Der Kohlenstoff ist gebunden. Farbe der Bruchfläche weiß oder gelblich. Sehr spröde.

II. Schmiedbares Eisen. Schmiedbar und in gewöhnlicher Temperatur weniger spröde als Roheisen. Beim Erhitzen allmählich bis zum Schmelzen erweichend. Gehalt an Kohlenstoff weniger als $2,6\%$.

1. Schweißeisen und Schweißstahl. Im nichtflüssigen, teigartigen Zustande erfolgend. Schlackenhaltig und aus zahlreichen, einzeln entstandenen, zusammengeschweißten Eisenkörnern bestehend.
   a) Schweißstahl. Kohlenstoffreicher ($0,5\%$ und darüber); fest, hart.
   b) Schweißeisen. Kohlenstoffärmer, weniger fest und weniger hart, aber zäher und geschmeidiger als Schweißeisen.
2. Flußeisen und Flußstahl. Im flüssigen Zustande erfolgend. Schlackenfrei.
   a) Flußstahl. Kohlenstoffreicher ($0,5\%$ und darüber); fest, hart.
   b) Flußeisen. Kohlenstoffärmer, weniger fest und weniger hart, aber zäher und geschmeidiger als Flußstahl.

Wedding [4]) bringt zwei Namenbezeichnungen, eine germanische und eine romanische. Erstere Einteilung ist der Vollständigkeit halber nachstehend wiedergegeben.

---

[1]) Vgl. S. 220.
[2]) Die Angelegenheit hat schon verschiedene Male auf der Tagesordnung der Kongresse des Deutschen sowie des Internationalen Verbandes für die Materialprüfungen der Technik gestanden. Vgl. Stahleisen 1904, S. 189; 1907, S. 775; 1909, S. 1710.
[3]) Handbuch der Eisenhüttenkunde. 5. Aufl., 1. Abt., S. 7.
[4]) Ausführliches Handbuch der Eisenhüttenkunde. 2. Aufl., Bd. 1, S. 20 und Grundriß der Eisenhüttenkunde. 5. Aufl., S. 7.

Einteilung des technisch verwerteten Eisens (nach Wedding).

Roheisen. 5—2,3% Kohlenstoff, leicht schmelzbar, nicht schmiedbar.		Schmiedbares Eisen. 2,3—0,05% Kohlenstoff, schmiedbar, schwer schmelzbar.	
graues Roheisen mit Graphit	weißes Roheisen ohne Graphit	Flußeisen aus dem flüssigen Aggregatzustande erstarrt, schlackenfrei	Schweißeisen durch Schweißung erhalten, schlackenhaltig.
halbiertes Roheisen			
schwach halbiertes Roheisen	stark halbiertes Roheisen.	Flußstahl · Flußschmiedeisen	Schweißstahl · Schweißschmiedeisen
		härtbar · nicht härtbar	härtbar · nicht härtbar.

Sie hat in ihren Grundzügen manches mit der Aufstellung Ledeburs gemein, doch ist, wie weiter unten näher ausgeführt wird, die Einführung der Härtbarkeit als Unterscheidungsmerkmal bei schmiedbarem Eisen heute nicht mehr haltbar. Auch die Ausdrücke „Flußschmiedeisen" und „Schweißschmiedeisen" sind für den praktischen Gebrauch ungeeignet. Bei der romanischen Bezeichnung ging Wedding von dem Umstande aus, daß die französische und andere romanische Sprachen, ebenso die englische, getrennte Bezeichnungen für Flußstahl, Flußeisen und Schweißstahl nicht kennen, sondern die genannten drei Begriffe einheitlich unter dem Wort „Stahl" (acier, steel) zusammenfassen und diesem das nicht härtbare Eisen (Fer, iron) gegenüberstellen. Die romanische Bezeichnung ist also einfacher, dürfte sich aber in der Praxis nicht für alle Fälle als ausreichend erweisen [1]).

Im täglichen Leben erfährt die Bezeichnung „Stahl", mit welchem Wort der Laie den Begriff eines vorzüglicheren Stoffes zu verbinden pflegt (z. B. Stahlquellen), so verschiedene Anwendung und Auslegung, daß es im Geschäftsverkehr hierüber häufig zu Streitigkeiten kommt.

In der Praxis bezeichnete man früher als Stahl dasjenige Eisen, welches plötzlich abgekühlt von einer Feile nicht mehr angegriffen wird, als Eisen solches, welches angegriffen wird. Die von der Wissenschaft im Einklang damit gebrauchte Begriffsfeststellung, „Stahl ist eine Eisenlegierung, die beim Abschrecken gehärtet wird", ist unbestimmt, weil es keine scharfe Grenze für die Härtbarkeit gibt und auch die Verfahren zur Feststellung der Härte verschieden im Erfolg sind. Vielfach setzte man als Grenze zwischen Eisen und Stahl einen Kohlenstoffgehalt von 0,5%; doch ist zu berücksichtigen, daß die Härtbarkeit von der Anwesenheit anderer Fremdkörper im Eisen beeinflußt wird. Auch hat man Eisensorten (Spezial- oder Sonderstähle), bei denen überhaupt eine Härtung nicht eintritt, sondern die von vornherein eine solche Härte besitzen, daß sie von der Feile nicht angreifbar sind.

Während der Schiffbau nach dem Vorgang des Auslandes auch das nicht härtbare weiche Flußeisen fast durchweg als Stahl bezeichnet, haben die preußischen Eisenbahnverwaltungen im Jahre 1889 die Zugfestigkeit für die Trennung herangezogen und bestimmt, daß alles Material, das mehr als 50 kg/qmm Festigkeit besitzt, als Stahl zu bezeichnen ist. Hinsichtlich der Zugfestigkeit als Unterscheidungsmerkmal betonte schon Ledebur, daß ein und dasselbe schmiedbare Eisen ziemlich abweichende Festigkeit zeigen kann, je nachdem es in dünnen oder dicken Stücken geprüft wird, oder je nachdem es einer umfänglicheren oder weniger umfänglichen Bearbeitung zuvor unterworfen worden ist. Trotzdem hat ein Ausschuß des Deutschen Verbandes für die Materialprüfungen der Technik im Jahre 1905 vorgeschlagen, den Unterschied zwischen Stahl und Eisen als den Unterabteilungen des Flußmetalls einerseits und des Schweißmetalls anderseits dahin festzulegen, daß man als Stahl ein Eisen bezeichnet, gleichgültig welche Zusammensetzung es haben möge und gleichgültig, ob es härtbar

---

[1]) Weitere Vorschläge für eine Einteilung macht O. Thallner in „Berg- und Hüttenmännische Rundschau" 1907, S. 86.

ist oder nicht, das eine Festigkeit, wenn es im flüssigen Zustand hergestellt war, nach dem Ausglühen von 50 kg und mehr auf das Quadratmillimeter, wenn es im teigigen Zustande hergestellt war, von 42 kg und mehr auf das Quadratmillimeter hat.

Im Jahre 1919 endlich ist von dem Werkstoffausschuß des Normenausschusses der deutschen Industrie angeregt worden, bei schmiedbarem Eisen und Stahl künftighin den im teigigen Zustand gewonnenen Werkstoff mit „Eisen", den im flüssigen Zustand erzeugten mit „Stahl" zu bezeichnen. Gegen diesen Vorschlag ist von mehreren Seiten Einspruch erhoben worden unter Hinweis auf den Handel. Eine derartige Neubenennung erscheine vom kaufmännischen Standpunkt aus als sehr schwierig und bedenklich. Mißverständnisse im Eisenhandel, z. B. bei Stabeisen, seien nicht zu vermeiden. Nach mehrjährigen Verhandlungen einigte man sich Ende 1923 dahin, grundsätzlich den Ausdruck Stahl für alles technisch gewonnene Eisen, ausgenommen Roheisen und Gußeisen, festzulegen, und zwar „Flußstahl" für den im flüssigen Zustand gewonnenen, ohne weitere Nachbehandlung schmiedbaren Werkstoff, „Schweiß-" bzw. „Puddelstahl" für den im teigigen Zustand gewonnenen. Das Wort Eisen an sich soll für das Element Eisen vorbehalten bleiben. Von dieser grundsätzlichen Entscheidung sollen indes die handelsüblichen Bezeichnungen, wie Stab- und Formeisen, Universaleisen, Eisenbleche usw. nicht berührt werden.

Jedenfalls haben alle Verhandlungen ergeben, daß weder wissenschaftlich noch praktisch eine Grenze zwischen „Eisen" und „Stahl" festliegt oder festgelegt werden kann, anderseits weder wissenschaftliche, noch praktische oder wirtschaftliche Gründe einen Vorteil von einer Neubenennung erkennen lassen. Um Irrtümern vorzubeugen, ist es im praktischen Leben angezeigt, stets neben der Wortbezeichnung Zahlenangaben über Festigkeit und Dehnung zu machen.

Auch die Benennung des durch Gießen zu Gebrauchsgegenständen verarbeiteten Eisens war lange Zeit ein sehr strittiges Gebiet. Der Normenausschuß der deutschen Industrie gibt folgende Begriffserklärungen:

1. Gußeisen [1]. Gußeisen wird aus Roheisen allein oder mit Brucheisen, Stahlabfällen und anderen Schmelzzusätzen erschmolzen und in Formen gegossen, jedoch keiner Nachbehandlung zwecks Schmiedbarmachung unterworfen. Je nach der Menge des ausgeschiedenen Graphits ist zu unterscheiden:
   a) Graues Gußeisen (Grauguß) mit reichlicher Graphitausscheidung,
   b) halbgraues Gußeisen mit geringer Graphitausscheidung,
   c) weißes Gußeisen ohne oder nur mit Spuren von Graphitausscheidung,
   d) Hartguß oder Schalenguß mit weißer Außenzone und grauem Kern.

2. Temperguß oder schmiedbarer Guß [2]. Temperguß oder schmiedbarer Guß wird wie Gußeisen und zwar aus weißem Roheisen gegossen und nachher durch Ausglühen mit einem Kohlenstoff entziehenden Mittel gefrischt oder schmiedbar gemacht.
   Bezeichnungen für Gußeisen oder Temperguß, die die Art und Herstellung nicht erkennen lassen, z. B. „Halbstahl", „Stahleisen", „Temperstahlguß" sind irreführend [3].

3. Stahlguß oder Stahlformguß [4]. Stahlguß oder Stahlformguß wird aus Stahl im Tiegel, Siemens-Martin-, Elektroofen oder in der Birne hergestellt und ist ohne weitere Behandlung schmiedbar.

Mithin ist Stahlguß oder Stahlformguß [5] bereits ein Fertigerzeugnis und steht im Gegensatz zu Gußstahl bzw. Blockguß, dem in Kokillen gegossenen Werkstoff.

---

[1] DINORM 1500; vgl. „Betrieb" 1922, S. 19.

[2] Vgl. S. 248.

[3] DINORM 1500; vgl. auch die Ausführungen von Irresberger in Stahleisen 1914, S. 757; Mehrtens in Gieß.-Ztg. 1919, S. 65, 83, 101, 139, 177, 284 und in „Betrieb" 1919, S. 125; von Schäfer in Gieß.-Ztg. 1922, S. 463.

[4] DINORM 1505. (Noch nicht endgültig.)

[5] Gegen die Bezeichnung „Stahlformguß" wendet sich zugunsten von „Stahlguß" unter Hinweis auf die Benennung „Eisenguß" Schäfer in Gieß.-Ztg. 1922, S. 463.

Ursprünglich war das Wort „Gußstahl“ ausschließlich in Anwendung für den im Tiegel hergestellten Stahl. Heute versteht man allgemein darunter ein Vorerzeugnis, das durch nachfolgende Behandlung (Walzen, Schmieden, Pressen usw.) in gebrauchsfertige Bauteile (Schienen, Träger, Formeisen usw.) übergeführt wird. Die Bezeichnung „Flußeisenguß“ oder „Flußeisenformguß“ ist ungebräuchlich.

Im letzten Jahrzehnt hat sich in den Vereinigten Staaten für Grauguß, der durch Stahlzusatz eine höhere Festigkeit erhalten hat, der Name „Halbstahl“ (semi-steel) eingebürgert, der auch zum Teil in Deutschland geläufig geworden ist. Gegen diese Bezeichnung ist von in- und ausländischen Fachleuten wiederholt Stellung genommen worden, wobei darauf hingewiesen wurde, daß der Zusatz von Stahlabfällen zur Erhöhung der Festigkeitseigenschaften von Gußeisen nichts Neues ist[1]. Neuerdings ist von der American Foundrymen's Association zusammen mit dem Amerikanischen Verband für Materialprüfungen dafür der Name „hochwertiges Gußeisen“ (high test cast iron) gewählt worden. Dieselbe Bezeichnung ist auch vom Technischen Hauptausschuß für Gießereiwesen dem Normenausschuß der Deutschen Industrie für das im Kuppelofen oder Flammofen unter Stahlzusatz erschmolzene hochwertige, niedriggekohlte Gußeisen vorgeschlagen worden[2].

Literatur.

a) Einzelne Werke.

Wedding, H.: Ausführliches Handbuch der Eisenhüttenkunde. Bd. 1. Braunschweig 1891—1896. — Grundriß der Eisenhüttenkunde. 5. Aufl. Berlin 1907.
Simmersbach, O.: Die Eisenindustrie. Leipzig und Berlin 1906.
Ledebur, A.: Handbuch der Eisenhüttenkunde. 1. Abt., 5. Aufl. Leipzig 1906.
Gemeinfaßliche Darstellung des Eisenhüttenwesens. 12. Aufl. Düsseldorf 1923.
„Hütte“, Taschenbuch für Eisenhüttenleute. 2. Aufl. Berlin 1922.
Industrienormen, Deutsche. Werkstoffnormen für Eisen und Stahl, herausgegeben vom Normenausschuß der Deutschen Industrie, Berlin. Selbstverlag des Normenausschusses.

b) Abhandlungen.

Wedding, H.: Die heutigen Methoden der Eisenerzeugung und die Benennung der daraus hervorgehenden Eisengattungen. Glasers Annalen für Gewerbe und Bauwesen 1888, S. 167, auszüglich in Stahleisen 1888, S. 457.
Ledebur, A.: Über die Benennung der verschiedenen Kohlenstofformen im Eisen. Stahleisen 1888, S. 742.
Thallner, O.: Über Einteilung und Namengebung des Eisens. Berg- u. Hüttenm. Rundsch. 1907. S. 35.
Wedding, H.: Einheitliche Benennung von Eisen und Stahl auf dem Kongreß des Internationalen Verbandes für die Materialprüfungen der Technik in Brüssel 1906. Stahleisen 1907, S. 775.

---

[1] Siehe z. B. A. Ledebur in Stahleisen 1889, S. 333; siehe auch Fußnote 3 auf S. 6.
[2] Stahleisen 1922, S. 505. Näheres vgl. auch Mitteilungen aus dem K. W. Institut für Eisenforschung. Düsseldorf. 4. Bd. S. 125.

II. Geschichte der Eisen- und Stahlgießerei.

Von

Prof. Dr. Dr.-Ing. e. h. Ludwig Beck † [1]).

Die Kenntnis des Eisens geht bis in die fernste Zeit der Geschichte der Menschheit zurück. Sehr früh lernte man, das Eisen aus seinen Erzen zu gewinnen. Das Erzeugnis war schmiedbar. Die Kunst des Schmiedes verarbeitete es zu Gebrauchszwecken. Dagegen war der Eisenguß den Völkern des Altertums unbekannt. Die Eisengießerei ist eine Kunst, deren Anfänge nicht viel über fünfhundert Jahre zurückreichen. Dies erscheint auf den ersten Blick verwunderlich, weil uns diese Technik so vertraut ist und weil wir wissen, daß der Metallguß, besonders der Bronzeguß, schon in uralter Zeit bekannt war und eine erstaunliche Entwicklung erlangt hatte. Wenn wir aber das Verfahren der alten Eisenschmelzer betrachten und die Hilfsmittel, die ihnen zu Gebote standen, so wird es verständlich, warum es im Altertum wohl kunstreiche Eisenschmiede, aber keine Eisengießer gab.

Die Alten schmolzen den Eisenstein in Gruben, Herden oder niedrigen Öfen mit schwachen Hand- oder Tretbälgen. Das oxydische Erz wurde bei geringer Hitze reduziert, und das Eisen sammelte sich mit halbgeflossener, eisenreicher Schlacke am Boden des Schmelzherdes zu einem Klumpen, der aus einem Gemenge von schmiedbarem Eisen und Schlacke bestand. Der Ofen wurde aufgebrochen, das „Rennstück" oder die „Luppe" herausgezogen und durch wiederholtes Erhitzen und Aushämmern gereinigt. Hierdurch erhielt man ein weiches kohlenstoffarmes Eisen, unter besonders günstigen Bedingungen auch härtbaren Stahl. In flüssigem Zustande, der ein längeres Verweilen des reduzierten Eisens im Ofen zur Kohlung und eine viel höhere Temperatur zur Schmelzung erfordert, als sie die schwachen Blasebälge erzeugen konnten, kannte man das Eisen nicht, und wenn unter Umständen einzelne Tropfen flüssigen Eisens mit der Schlacke ausflossen, so hielt man dieses, weil es sich nicht schmieden ließ, für verdorbenes Eisen („Graglach" in Steiermark).

Die Schmelzung und Ansammlung größerer Mengen von flüssigem Eisen, wie es die Herstellung von Gußwaren erfordert, war bei den flachen Herdfeuern oder den niedrigen Öfchen und den schwachen Handblasebälgen nicht möglich. Diese Möglichkeit trat erst ein, als man im vierzehnten Jahrhundert dazu überging, die Wasserkraft in der Eisenindustrie zu verwenden und stärkere Blasebälge durch Wasserräder zu bewegen; hierdurch wurde viel mehr und stärker gepreßter Wind in den Ofen geblasen und die Hitze in demselben gesteigert, wodurch es geschehen konnte, daß ein größerer Teil des reduzierten Eisens höher gekohlt wurde, in Fluß kam und mit der Schlacke aus dem Ofen floß [2]). Zunächst erschien dies dem Schmelzer als ein Unglück, weil für ihn dieses geflossene, nicht schmiedbare Erzeugnis unbrauchbar war. Nachdem er aber durch Beobachtung die Bedingungen kennen gelernt hatte, unter denen er imstande war, in demselben Schmelzofen schmiedbares Eisen oder flüssiges Eisen zu erzeugen, und gefunden hatte, daß letzteres

---

[1]) Diese im Jahre 1910 geschriebene Abhandlung ist vom Herausgeber nur mit auf neuere wichtigere Arbeiten hinweisenden, ergänzenden Fußnoten und einem Nachtrag versehen worden.

[2]) Gegen diese weitverbreitete Annahme einer Zufallserfindung wendet sich O. Johannsen, Stahleisen 1919, S. 1457.

sich wie andere Metalle in Formen leiten und für Gußwaren verwenden ließ, war der Anfang der Eisengießerei gegeben und diese erfunden.

Früher nahmen Altertumsforscher an, daß die Griechen bereits die Kunst des Eisengusses gekannt hätten und daß ein sagenhafter griechischer Künstler, Theodoros, eine Statue aus Eisen gegossen habe. Die eisernen Bildwerke der Griechen waren aber getriebene Arbeit. Die erwähnte Annahme gründet sich auf eine Mitteilung des griechischen Reisenden Pausanias, der um 200 nach Christi lebte. Er bezeichnet die Sache selbst als Legende. Das eiserne Bildwerk des Theodoros, der etwa 800 Jahre früher gelebt haben soll, war zu seiner Zeit nicht mehr vorhanden. Es ist außerdem zweifelhaft, ob das Zeitwort, das Pausanias anwendet — $\delta\iota\alpha\chi\acute{\epsilon}\epsilon\iota\nu$ — hier wirklich „gießen" bedeuten soll.

Noch weniger Beweiskraft hat ein angeblich vorgeschichtlicher gegossener eiserner Hohlring, der mit vielerlei Eisengeräte in einer Höhle in Mähren von Wankel im Jahre 1878 gefunden wurde. Seit jener Zeit sind in allen Gegenden der Welt, besonders auch in Deutschland, zahlreiche Grabungen veranstaltet — z. B. bei der Limesforschung — und zahllose Gegenstände aus Eisen gefunden, gesammelt und viel sorgfältiger als früher untersucht worden. Unter allen diesen ist auch nicht ein einziger als Gußeisen erkannt worden. Die Annahme, daß griechische oder vorgeschichtliche Künstler Bildwerke aus Eisen gegossen hätten, steht im Widerspruch mit der geschichtlichen Entwicklung des Eisenhüttenwesens. Wenn trotzdem dieser vererbte Irrtum selbst in Fachschriften noch häufig wiederholt wird, so ist dies nur zu bedauern [1]).

Die ersten geschichtlich beglaubigten Nachrichten über Eisenguß stammen aus der zweiten Hälfte des vierzehnten Jahrhunderts [2]). Zu dieser Zeit erlangte infolge der Erfindung des Schießpulvers das Geschützwesen eine große Bedeutung. Geschützkugeln sind die ersten aus Eisen gegossenen Gegenstände, die erwähnt werden. Im Jahre 1372 soll sich der Büchsenmeister und Geschützgießer Johann von Aarau zu Augsburg eiserner Kugeln bedient haben. Daß diese aus Gußeisen hergestellt waren, wird nicht gesagt, doch ist es wohl möglich, denn von dem Büchsenmeister Ulrich Beham zu Memmingen berichtet Gassarius bestimmt, daß er im Jahre 1383 Kugeln aus Blei und aus Eisen gegossen habe.

Französische Berichte melden, daß man in Frankreich im Jahre 1400 begonnen habe, die Steinkugeln durch eiserne Kugeln zu ersetzen. Der Guß eiserner Kugeln galt aber als eine deutsche Erfindung. Nach dem Jahre 1400 fing man an, auch kleine Geschütze aus Eisen zu gießen. Die älteste bestimmte Nachricht hierüber findet sich in einer Rechnung der Stadt Lille vom Jahre 1412. Danach wurden dem Büchsenmeister Jaques Yolent für zwei gegossene eiserne Kanonen von je 43 Pfund Gewicht 4 Livres und 16 Schillinge ausbezahlt. Eine bemerkenswerte Urkunde vom Jahre 1415 meldet, daß die Stadt Freiburg im Breisgau einen Eisengießer in ihrem Dienst hatte, dessen Ruf so groß war, daß die Stadt Straßburg in einem Schreiben an den Bürgermeister und Rat der Stadt Freiburg in genanntem Jahre 100 gegossene eiserne Kanonenkugeln bei ihm bestellte [3]). Kanonen aus Gußeisen spielten im Hussitenkrieg eine Rolle. Die aufständigen Böhmen bedienten sich solcher bei der Belagerung der Feste Karlstein. Die erste Verwendung des Eisengusses fand demnach zu Kriegszwecken statt.

Aus Nachrichten über den Guß einer größeren Anzahl eiserner Kanonen zu Siegen im Jahre 1445 schöpfen wir die erste Kenntnis über das Verfahren beim Formen und Gießen derselben. Diese finden sich in einer Jahresrechnung des nassauischen Rentmeisters der Ämter Dillenburg und Siegen, Johanns von Huppstorff, genannt Illequat, aus genanntem Jahre, die sich in dem Staatsarchiv zu Wiesbaden befindet. Aus

---

[1]) In einer Streitschrift bejaht O. Johannsen die Möglichkeit, daß die Alten den Eisenguß kannten und benutzten. Prähistorische Zeitschr. Bd. 8. 1917, S. 165, auszüglich Stahleisen 1917, S. 980.

[2]) Ausführliche Angaben machen O. Johannsen: Die Erfindung der Eisengußtechnik. Stahleisen 1914, S. 1457, 1625; B. Rathgen: Der deutsche Büchsenmeister Merckln Gast, der erste urkundlich (um 1400) erwähnte Eisengießer. Stahleisen 1920, S. 148.

[3]) „Vnd tun bestelle C. yserin büchsen klötz by uch zu üwerem isengießer." Dr. Heinrich Schreiber: Urkundenbuch der Stadt Freiburg im Breisgau Bd. 9. 1829. S. 265. Urk. 487.

den Aufzeichnungen des sachverständigen Rentmeisters, der selbst später eine Eisenhütte betrieb, ergibt sich zunächst, daß 1445 die nassauischen Grafen Johann IV. und
Heinrich II. zur Verteidigung der Burg und der Stadtbefestigung von Siegen in Gemeinschaft mit dem Rat der Stadt dreißig eiserne Geschütze und zu jedem zwei Kammern
gießen ließen. Die Grafen und die Stadt teilten sich in die Geschütze und in die Kosten.
Der Guß sollte in der „Maßhütte" (Hochofenhütte) des Hermann Huckmann bei Siegen
erfolgen. Da aber das Hüttenhaus zu klein war, um die Formen für die Geschütze darin
herstellen zu können, so wurde ein besonderes Gebäude als Formhaus von Meckel
Sleiffenbaum [1]) gemietet. In diesem wurden die Formen aus Lehm in derselben Weise
aufgedreht, wie für die Bronzegeschütze, und wie es Jahrhunderte lang üblich blieb.
Der Formlehm wurde mit „Schorhaar" (Scherwolle) gemengt und gut durchgearbeitet.
Er wurde dann auf einer Kernspindel, die erst mit Strohseil umwickelt wurde, lagenweise
aufgetragen. Jede Lage wurde getrocknet. Die Spindel, die wagerecht gelagert war,
wurde während des Aufwickelns des Strohseiles und des Auftragens des Lehms gedreht.
Die letzte Lage erhielt durch Abstreichen an einem Formbrett die äußere Gestalt des
Geschützes. Das so hergestellte, gut getrocknete Lehmmodell wurde mit Talg bestrichen,
worauf man durch Auftragen von Formlehm in gleicher Weise die äußere Form, „den
Mantel", herstellte. War die genügende Stärke erreicht, so wurde er mit eisernen Stäben
und Ringen fest eingebunden. Alsdann wurde die Formspindel herausgeschlagen und
das daran befestigte Strohseil herausgezogen, worauf sich die Lehmschicht des Modells
leicht entfernen ließ. Der Hohlraum des Geschützrohres, die Seele, wurde durch einen
eingelegten Lehmkern hergestellt, was um so leichter war, als die Siegener Geschütze
Hinterlader, die Rohre also auf beiden Seiten offen waren. Die fertigen Formen wurden
aus dem Formhaus nach der Gießhütte gefahren, wo sie so eingedämmt wurden, daß
das flüssige Eisen vom Abstichloch durch eine Rinne zugeleitet werden konnte. Das
Eisen war im Hochofen mit Holzkohle aus den Erzen geschmolzen. Die Gußstücke
waren also nach der üblichen Ausdrucksweise „Guß erster Schmelzung". Die richtige
Formgebung überwachte der **Büchsenmeister**, das Gießen der **Kannengießer**
und das Schmelzen der **Massenbläser**. Die fertigen geputzten Geschütze wurden
nach der Stadtwage am Marktplatze gefahren und dort verwogen. Ihr Gesamtgewicht
betrug 98 „Stallen", also etwa 7350 kg. Nachdem die Geschütze gewogen waren, wurden
sie vor die Stadt an den Abhang „vor dem Hain" gefahren und hier „beschossen". Alsdann wurden die Geschütze zwischen den Grafen und der Stadt Siegen geteilt, ebenso
die Kosten, die sich auf etwa 200 Gulden beliefen.

Dieser denkwürdige Guß von dreißig Geschützen und sechzig Kammern war ein
Ereignis für Stadt und Amt Siegen, das festlich begangen wurde. Bürgermeister und
Rat nahmen in corpore daran teil, außerdem viele angesehene Bürger. Alle, auch die
Meister und die Arbeiter, wurden auf Kosten der Stadt bewirtet. Ein so großes Unter-
nehmen wie dieses läßt vermuten, daß die „Massenbläser" in Siegen schon seit längerer
Zeit mit dem Guß eiserner Geschütze vertraut waren. In der zweiten Hälfte des 15. Jahr-
hunderts wurden häufig Geschütze aus Siegen in fremde Länder, besonders nach den
Niederlanden, ausgeführt.

Aus dem Vergießen des flüssigen, aus Eisenstein im Hochofen erschmolzenen Eisens
hat sich die Eisengießerei entwickelt. Daß aber auch der Guß zweiter Schmelzung
aus umgeschmolzenem Eisen zu jener Zeit bereits bekannt war, erfahren wir aus einem
geschriebenen Feuerwerksbuch aus dem Jahre 1454, das sich in der Bibliothek des Zeug-
hauses in Berlin befindet [2]). Der unbekannte Verfasser berichtet, daß es dreierlei Verfahren gäbe, Eisen zu gießen, erstens aus dem Ofen aus geschmolzenem Erz, zweitens
aus „Abschnitzel" aus einem Ofen oder einer Kelle, drittens aus Eisenfeilspänen, die
in einem Tiegel oder einer Kelle eingeschmolzen werden. Aus der Schilderung dieser
Verfahren geht hervor, daß dem Büchsenmeister, der diesen Beitrag zum Feuerwerks-

---

[1]) Die Familie Schleifenbaum gehört heute noch zu den angesehenen Eisenindustriellen
des Siegerlandes.

[2]) Vgl. O. Johannsen: Eine Anleitung zum Eisenguß vom Jahre 1454. Stahleisen 1910,
S. 1373 und 1919, S. 1458.

buch lieferte, das Schmelzen aus den Erzen nicht aus eigener Praxis bekannt war, denn seine Beschreibung ist sehr knapp, und er verweist auf die Hammerschmiede, die diese Sache wüßten. Er berichtet nur, daß leicht schmelzbare Erze und starkes Gebläse dafür nötig seien. Die beiden anderen Verfahren kennt er dagegen und beschreibt sie genauer. Das Schmelzen von Eisenschrott — Roheisen ist ihm noch unbekannt — soll in einem Ofen, wie ihn die Glockengießer verwenden, der oben und unten gleich eng oder unten etwas enger sei, also einem Schachtofen, geschehen. Dieser wird „beinah eines halben Mannes hoch" mit Holzkohle gefüllt, sodann werden kleine Eisenstücke wie halbe Hufeisen und „Abschrott" eine Querhand hoch aufgetragen, hierauf wird eine Schaufel Glasbrocken und eine halbe Schaufel zerriebener Spießglanz geworfen, worauf eine Lage Kohlen, eine Spanne hoch oder mehr, folgt. Alsdann wird der Wind angelassen und kräftig geblasen. Wird der Ofen leer, so kann er in gleicher Weise weiter beschickt werden. „Zum Schluß wird in die erhaltene Speys noch 5 oder 6 Pfund Wismut" oder wenn dieses nicht zu haben, gutes Zinn eingerührt. Dann wird der „Zapfen gezogen" und die flüssige Masse in vorgewärmte Formen geleitet.

In ähnlicher Weise erfolgt das Schmelzen von Eisenfeilspänen in einer Kelle oder einem Tiegel. Das so erhaltene Metall war kein Gußeisen, sondern eine leichtschmelzige Legierung, eine Speise, wie es der Verfasser selbst nennt, ein hartes, aber sehr sprödes Erzeugnis. Eine ausgedehnte Verwendung kann dieses Verfahren nicht gehabt haben, denn das Metallgemisch war als Gußmaterial schlecht und durch den großen Zusatz von Antimon und Wismut, durch den allein aber das Schmiedeisen zum Fluß gebracht werden konnte, sehr teuer. Wahrscheinlich wurde es nur in Ausnahmefällen für das Gießen von Geschützkugeln verwendet. Immerhin ist es von hoher geschichtlicher Bedeutung, weil es der älteste Versuch der Herstellung von Gußstücken aus umgeschmolzenem Eisen war.

Dagegen nahm die Eisengießerei aus dem im Maß- oder Blaseofen aus den Erzen geschmolzenen Gußeisen eine rasche und mannigfaltige Entwicklung. Aus den nassauischen Rentei- und Kellereirechnungen zu Dillenburg erfahren wir, daß zu jener Zeit auch bereits andere Gegenstände als Geschütze im Siegerlande aus

Abb. 1. Eiserner Ofen aus dem Schwarzwald.

Eisen gegossen wurden. In der erwähnten Renteirechnung von 1444/45 wird ein gegossenes „Brantysen" aufgeführt. Eiserne Wasserleitungsröhren werden in der Rechnung von 1455 bereits erwähnt. Die erste bestimmte Angabe über den Guß eiserner Rohre stammt aus dem Jahre 1468. Der Rechnungseintrag besagt, daß Christian Slantener damals zwei große Rohre von 7 Stallen (= 535 kg) Gewicht goß. Für das Eisen wurden 4 Gulden 2 Albus bezahlt, außerdem erhielt der Kannengießer als Lohn für seine Arbeit 1 Gulden 18 Albus. Die Rohre wurden ebenfalls in Lehm geformt, ganz ähnlich wie die Geschützrohre, weshalb sie auch sehr dick in der Wandung waren. Seit 1468 werden in den Dillenburger Kellereirechnungen öfters aus Eisen gegossene „Koichin" angeführt. Vermutlich waren dies Kochplatten, die aber sehr schwer und plump gewesen sein müssen, denn eine wog $2^1/_2$ Stallen = $3^3/_4$ Zentner.

1469 goß der Kandelgießer eiserne Gewichte für die Stadtwage. 1474 wird zuerst ein aus Eisen gegossener Ofen erwähnt. Er kostete 8 Gulden und muß deshalb an 10 Zentner gewogen haben. Diese Kastenöfen kamen rasch in Aufnahme, weil sie gegenüber den offenen Kaminfeuern sparsam waren und auch sonst viele Vorteile boten. Sie wurden bald ein Ausfuhrartikel der Siegener Massenbläser. 1486 goß Gerhard Schnitzler einen eisernen Ofen, der nach den Niederlanden ging; dieser wog 17 Zentner und kostete 9 Gulden 20 Albus. Die aus viereckigen Platten zusammengesetzten Kastenöfen (vgl. Abb. 1) fanden anfangs vornehmlich in Schlössern, Klöstern, Rathäusern usw. Verwendung, später auch in bürgerlichen Wohnungen. Die nassauischen Grafen schenkten solche Öfen wiederholt an verwandte und befreundete Fürsten. Später bildeten sie zuweilen die Morgengabe, die der Ehemann der jungen Frau bei Gründung des Hausstandes schenkte. Die dem Wohnraum zugewendeten Platten wurden mit Bildschmuck verziert [1]. Die Kunst verband sich mit dem Handwerk. Bildschnitzer fertigten die Modelle der als Relief behandelten Darstellungen und Verzierungen. Die Modelle wurden auf der Modellplatte aufgestiftet. Auf diese Weise konnten die Verzierungen auch bei

Abb. 2.　Gotische Ofenplatte aus dem Jahre 1497.　Größe 90 × 60 cm.

verschiedener Größe und Gestalt der Platten wieder verwendet werden. Bei den Öfen der Schlösser, Klöster und Rathäuser waren Wappen und Heiligenbilder besonders beliebt, während die Ofenplatten der Bürgerhäuser namentlich nach der Reformation vornehmlich mit Darstellungen aus der biblischen Geschichte geschmückt wurden. In der Zeit vor der Reformation bis zum Anfang des 16. Jahrhunderts waren die Verzierungen gotisch stilisiert, danach im Renaissance- und Barockstil. Der älteste und schönste Ofen aus der früheren Zeit befindet sich auf der Veste zu Koburg [2]. Er dürfte, nach Stil und Behandlung der Reliefs zu schließen, aus dem Ende des 15. Jahrhunderts stammen.

---

[1] Die ältesten eisernen Öfen besaßen 3 Seiten-, 1 Boden- und 1 Deckplatte. Die Kanten wurden durch gußeiserne Leisten verdeckt. Die Öfen waren in die Zimmerwand eingelassen und wurden, wie man es heute noch im Schwarzwald und in den Alpenländern antrifft, von dem Flur aus bedient. In späterer Zeit wurde durch Aufbauten die Zahl der Seitenplatten vermehrt und damit die Heizfläche vergrößert. Der Ofen in Abb. 1 trägt auf der Vorderseite eine Darstellung der Hochzeit zu Kana, auf den Seitenplatten solche mit der Erzählung von dem Ölkrüglein der Witwe zu Sarepta, am Fuße ist ein Schmiedewappen angebracht.

Von den Ofenplatten sind zu unterscheiden die Kaminplatten (vgl. S. 13).

[2] Siehe L. Beck: Geschichte des Eisens. Bd. 2, S. 295.

Die ältesten Nachrichten über gegossene eiserne Öfen stammen aus dem Siegerlande [1]). Indessen wurden gegen Ende des 15. Jahrhunderts solche auch an anderen Orten gegossen, besonders im Gebiete des Rheines, wie z. B. im Elsaß und an der Mosel, wo solche Öfen 1490 erwähnt werden [2]).

Die Ofenplatten wurden als sog. offener Herdguß hergestellt. Es wurde auf dem Hüttenboden neben der Gosse, in die das flüssige Roheisen aus dem Hochofen abgestochen wurde, in angefeuchtetem Formsand eine wagerechte Fläche hergestellt. Dort wurde das Modell mit der verzierten Seite nach unten eingeformt und dann das flüssige Eisen von der Gosse aus zugeleitet. So verfuhr man noch bis Mitte des 18. Jahrhunderts. Deshalb sind die älteren Platten alle auf der Rückseite rauh [3]).

In Burgund förderte Karl der Kühne, in Frankreich Ludwig XI. den Eisenguß hauptsächlich für kriegerische Zwecke. Hierfür ließ letzterer deutsche Gießer kommen.

Aus dem Mitgeteilten ist zu ersehen, daß die Verwendung des Eisengusses am Ende des 15. Jahrhunderts schon eine recht mannigfaltige war. Im folgenden Jahrhundert war dies noch mehr der Fall. Die Gußwaren wurden in der Regel aus dem Hochofen gegossen. Über die Technik der Formerei und Gießerei hat Vanuccio Biringuccio in seiner 1540 gedruckten Pyrotechnia ausführliche Mitteilungen gemacht. Biringuccio war selbst ein erfahrener Fachmann, besonders im Guß großer Bronzegeschütze, dabei

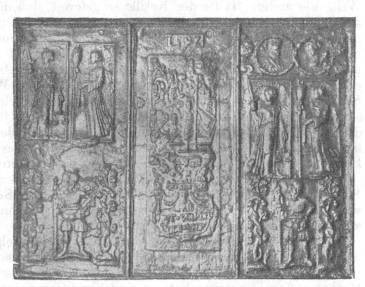

Abb. 3. Original-Stempelplatte mit Jahreszahl 1592. Gr. 110 × 83 cm.

war er ein wissenschaftlich gebildeter Metallurge. Er schildert ausführlich das Formen und Gießen von Glocken und Geschützen in Lehm. Er beschreibt auch genau die Her-

---

[1]) Über Kaminplatten mit den Jahreszahlen 1474 (Nassau) und 1488 (Hunsrück) liegen Berichte vor (Stahleisen 1914, S. 1075; 1919, S. 1627). Wahrscheinlich die älteste noch erhaltene, mit einer Jahreszahl versehene Platte zeigt Abb. 2. Sie hat ausgesprochen gotischen Stil und trägt die Jahreszahl 1497. Die Inschrift lautet: Poelit van der Aer (Hippolit v. d. Ahr). Die Herren v. d. Aer, Lehensleute der Fürstäbte von Prüm, waren begütert an der Mosel, also in und bei Orten alter Gießstätten. Die Platte gehört, ebenso wie der Ofen in Abb. 1 und die Platte Abb. 3 zu der etwa 1200 Ofen- und Kaminplatten umfassenden, von Dr.-Ing. E. Schrödter angelegten Sammlung des Vereins deutscher Eisenhüttenleute in Düsseldorf.

Die Ofenplatte der Abb. 3 aus dem Jahre 1592 ist bemerkenswert als Stempelplatte. Die Mitte zeigt die Auferstehung Christi, die Seitenteile gleiche Darstellungen in verschiedener Anordnung. Die allegorischen Figuren (Justitia und Vanitas), der Landsknecht, die Schlange im Baum der Erkenntnis, die Medaillons sind alle einzeln für sich mittels beweglicher Stempel abgeformt worden. Eine derartige Häufung von Stempeln ist sehr selten.

[2]) Siehe Beck: Geschichte des Eisens. Bd. 1, S. 948.

[3]) Mitteilungen über Ofen- und Kaminplatten s. O. Johannsen: Die technische Entwicklung der Herstellung gußeiserner Ofenplatten. Stahleisen 1912, S. 337; J. Lasius: Die Darstellungen auf alten gußeisernen Ofenplatten vom Standpunkte des Kunsthistorikers betrachtet. Stahleisen 1912, S. 519; E. Schrödter: Über die ältesten Ofen- und Kaminplatten. Stahleisen 1914, S. 1075; H. Kruse: Gußeiserne Grabmale aus dem Siegerlande. Stahleisen 1916, S. 1152; O. Vogel: Guß von Ofen- und Kaminplatten. Stahleisen 1917, S. 401; O. Johannsen: Die Erfindung der Eisenguß-technik. Stahleisen 1919, S. 1626; J. Lasius: Die Entwicklung des deutschen Eisenkunstgusses. Gieß. 1922, S. 207; E. Schrödter: Das eiserne Archiv des Vereins deutscher Eisenhüttenleute. Gieß. 1922, S. 216; O. Vogel: Über das Formen und Gießen der alten Kamin- und Ofenplatten. Gieß. 1922, S. 219; Die Herstellung von Gußwaren in den landesherrlichen Eisenhütten im ehemaligen Kurhessen. Gieß. 1922, S. 357.

stellung und Behandlung der Formsande und den Kleinguß. Die Herstellung der Formen
für den Metallguß war eine uralte Kunst. Sie konnte von den Eisengießern unmittelbar
übernommen werden, wie dies bei der Herstellung eiserner Geschütze geschah. Über
den Eisenguß selbst teilt Biringuccio nicht viel mit. Er beschreibt nur den Guß von
Geschützkugeln in eisernen Kokillen (Schalen) [1]. Zur Herstellung dieser Kokillen
sollen soviel Kugelmodelle aus Holz oder Lehm angefertigt werden, wie gleichzeitig
in einer Kokille Kugeln gegossen werden sollen. Dann wird ein Formbrett hergerichtet,
in dem halbkugelförmige Vertiefungen in gleicher Zahl angeordnet sind, wie es der späteren
Kokille entspricht. In diese werden die mit Öl oder Schweinefett bestrichenen Kugeln
eingelegt, ein Holzrahmen aufgesetzt und dieser mit Gips oder feinem Lehm ausgegossen.
Ist die Masse getrocknet, so wird sie mit der Lade abgehoben; dann wird in gleicher
Weise die andere Hälfte der Kokille so geformt, daß die Vertiefungen für die Kugeln
genau aufeinander passen. Alsdann werden in der weichen Masse die Eingüsse und Windpfeifen sowie vier aufeinander passende Löcher zum Durchstecken der Schließen angebracht. Hierauf werden beide Hälften der Kokille mit Hilfe von Rahmen oder Form-
laden in fettem Sand eingeformt. Die Form wird nach Aushebung des Modells sorgfältig
getrocknet und alsdann mit Eisen ausgegossen. In dieser Weise werden die beiden eisernen
Schalen, an denen noch Zapfen für die Handhabung mittels einer starken Zange angebracht
sind, gegossen. In diesen Schalen konnten eine, drei, fünf bis sieben Kugeln, je nach
der Zahl der Höhlungen, gegossen werden. Diese Schilderung ist deshalb von geschichtlichem Wert, weil sie ebensowohl die Anwendung der Massenformen mit Hilfe von Formkasten wie die des Schalen- oder Kokillengusses erläutert.

Nicht minder wichtig sind Biringuccio's Mitteilungen über das Schmelzen des
Eisens, aus denen hervorgeht, daß er den Guß zweiter Schmelzung, das Verschmelzen
von Roheisen in Schachtöfen für den Eisenguß kannte, und daß dieses Verfahren damals
auch in Italien bereits in Anwendung war.

Über das Schmelzen des Gußeisens äußert er sich folgendermaßen: „Zunächst müßt
ihr das zum Gießen geeignete Eisen haben, das ihr von jener harten, verdorbenen (carotto)
Sorte [2] nehmen müßt, welche, um sie von ihrer Erdigkeit (terrestrita) zu reinigen, den
Hochofen (forno) passiert hat, oder auch von jenen verrosteten, alten, weggeworfenen
Eisenstücken (ributtati ferrucci). Zwar kann auch ein gutes (d. h. schmiedbares) Eisen,
wenn es auch ganz gereinigt ist, vermittels der Kraft mächtiger Kohlenfeuer und Blasebälge zu diesem Zwecke benutzt werden, aber leichter und mit weniger Kosten macht
man es mit obengenannten Eisensorten, weshalb ihr zusehen müßt, immer eine große
Menge davon zu haben. Auch sorgt dabei für eine Schmelzhütte (fucina) mit ein oder
zwei Paar guter Blasebälge mit einem Wasserrad oder einer anderen Vorrichtung, womit
ihr leicht einen kräftigen und lange anhaltenden Wind erzeugen könnt. Vor die Düsen
derselben setzt ein Schmelzgefäß (catino), das aus kieseligem Tuff oder einer anderen
Felsart, die nicht schmilzt, gemacht ist. Dieses sei von runder Gestalt (forme tonda),
$1\frac{1}{2}$ Ellen hoch und $\frac{3}{4}$ Ellen weit, oder wie es euch gut scheint, und richtet die Düsen
etwa auf die Mitte desselben, die eine etwas höher als die andere, und die Mündungen
derselben seien weit, damit der Wind kräftig ausströmen und in das Schmelzgefäß
einströmen kann. In dessen Boden macht eine Öffnung, um die geschmolzene Masse
abstechen zu können, um sie in die Formen zu leiten. . . . Das Schmelzgefäß (Schmelzofen) füllt mit Kohlen von Kastanien- oder Hainbuchenholz, oder von dem, was ihr eben
haben könnt. Über den Rand, um es noch mehr zu erhöhen, setzt noch einige Backsteine
oder andere Steine, welche die Kohlen zusammenhalten, und gebt alsdann den Wind
darauf, nachdem ihr sie angezündet. Wenn ihr dann seht, daß alles gut in Brand ist,
geht ihr daran, mit einer Schaufel oder einem eisernen Löffel die Stückchen von jenem
Eisen, das ihr schmelzen wollt, nach und nach aufzulegen, und schmelzt es so ein. Dabei
müßt ihr darauf achten, daß das Material in dem Feuer immer mit einem eisernen Stabe
gelüftet wird, bis es geschmolzen ist, und daß auch die Windöffnungen frei von allem
Erdigen, was sich davor ansammeln könnte, bleiben. Wenn ihr so die ganze Eisenmasse,

---

[1] V. Biringuccio: Pyrotechnia. Bd. 7, Kap. 9. Beck: Geschichte des Eisens. Bd. 1, S. 945.
[2] Gemeint ist Roheisen, das damals noch als verdorbenes Eisen angesehen wurde.

die ihr benötigt, gut geschmolzen habt, fügt ihr, um leicht arbeiten zu können, ein eisernes Kanälchen ein, das so lang ist, daß, wenn die Öffnung am Schmelzofen aufgestochen ist, das geschmolzene Eisen nach den Kugelformen geleitet wird, wovon ihr jedes Paar mit jener großen Zange, wovon ich früher gesprochen habe, es tragend, zum Gusse bereit stellt, bis das Eisen aus dem Ofen fließt. So füllt ihr alle Formen und auf diese Weise macht man die eisernen Kugeln, deren sich die Artillerie bedient. Freilich machen einige das Schmelzgefäß anders und einige, welche wünschen, daß das Eisen flüssiger werde, setzen etwas Antimon zu, andere etwas Kupfer, einige verderben es mit Arsenik oder Rauschgelb. Aber nach meinem Dafürhalten irrt der, welcher sich von der Natur entfernt, denn man macht es damit zerbrechlicher, mehr als jene wissen."

Aus dieser klaren, ausführlichen Beschreibung geht mit Bestimmtheit hervor, daß man in Italien vor 1540 den Guß zweiter Schmelzung, d. h. den Guß aus umgeschmolzenem Roheisen oder Brucheisen schon kannte. Das Umschmelzen geschah in niedrigen Schachtöfchen mit Hilfe von Blasebälgen. Dies sind die ältesten Vorläufer unserer Kuppelöfen[1]. Sie waren allerdings nur $1\frac{1}{2}$ Ellen, also etwa einen Meter hoch, so daß man von oben mit Eisenstangen darin arbeiten konnte.

Daß dieses Schmelzverfahren schon früher in Deutschland bekannt war, geht aus der Angabe des Feuerwerksbuches von 1454 hervor. Bemerkenswert ist Biringuccios abfällige Kritik über den Zusatz von Antimon usw., um das Eisen flüssiger zu machen.

Was Biringuccio über Formlehm und Formsande sagte, ist ebenfalls von geschichtlichem Interesse. Er unterscheidet natürliche und künstliche Formsande und gibt ersteren den Vorzug, wenn sie nicht schwierig zu beschaffen seien. Beide müssen fein zerrieben werden und dann mit einer Lauge von Salzwasser, Wein, Urin oder Essig befeuchtet werden, um sie plastisch zu machen und zu binden. Das Einformen der Modelle geschieht in hölzernen Rahmen oder Laden. Die fette Formmasse wird vor dem Gießen scharf getrocknet. Er erwähnt, daß man kleine einfache Gegenstände mehrmals in derselben Form abgießen könne. Dies entspricht der Masseformerei, die damals für Modellguß das gebräuchliche Verfahren war; doch beschreibt Biringuccio auch schon die Herstellung eines Formpulvers, um jedes Metall in feuchtem Formsand zu gießen[2]. Er empfiehlt für dieses Verfahren, das er als wichtig, aber auch als schwierig bezeichnet, zarten, gutgewaschenen Flußsand. Dieser wird erst in einem Ofen gebrannt, dann zerrieben und mit einem Dritteil Asche und einem Zwölftel altem, feingeriebenem Mehl gut gemischt und gestampft. Dann feuchtet man die Masse mit Urin oder Wein an und formt damit in Rahmen oder Holzkasten, was man will. Nachdem man die Modelle herausgenommen hat, bringt man die Eingüsse und Windpfeifen an, alsdann berußt man die Form, setzt sie wieder zusammen und gießt nach Belieben[3].

Diese Angaben beziehen sich auf Bronzeguß; in der Eisengießerei fand dieses Verfahren damals wohl noch keine Anwendung. Bei dieser war die Lehmformerei vorherrschend, außer für solche Artikel, die sich im offenen Herd gießen ließen.

Die Nachrichten über die weitere Entwicklung der Eisengießerei sind bis zum Anfang des 18. Jahrhunderts außerordentlich spärlich. Außer Kugeln, Geschützen, Wasserleitungsröhren und Öfen wurden sehr früh auch Töpfe (Geschirr) aus Eisen gegossen. Solche werden zuerst 1514 in einem Vertrag des Grafen Johann Ludwig von Nassau-Saarbrücken über die Verleihung der Eisenhütte zu Wiebelskirchen in der Grafschaft Ottweiler erwähnt, indem er sich Vorzugspreise für Öfen, Büchsen, Büchsensteine und „Haffen" (Häfen und Kochtöpfe) ausbedingt.

Die eisernen Öfen fanden immer größeren Absatz; es trieben nassauische und hessische Hütten, sowie die in der Eifel und im Elsaß schon im 16. Jahrhundert damit schwunghaften Handel. Die Eisengießer nannten sich deshalb damals oft „Ofengießer"

---

[1] Vgl. hierzu Fußnote [1] auf S. 21.
[2] Vanuccio Biringuccio: Pyrotechnia. Lib. VIII. Kap. IV. Modo di far la polvere da tragittare ogni metalle in fresco, e modo di formare.
[3] Von der Herstellung eines Lehmmodells für ein Geschütz handelt Kaspar Brunners gründlicher Bericht des Büchsengießens vom Jahre 1547, auszüglich Stahleisen 1917, S. 184.

(Apengieter) [1]), der Name Kannengießer war im Eisengewerbe vollständig verschwunden. Seit dem vierten Jahrzehnt des 16. Jahrhunderts entstanden infolge des einträglichen Handels mit Gußwaren viele neue Hochöfen in Mitteldeutschland. Sie wurden höher und sorgfältiger gebaut als die alten Massenöfen und wurden als „hohe Gießöfen" bezeichnet. Dies war besonders in Nassau und dessen Nachbargebieten Solms, Hessen und Waldeck der Fall. Die hessischen Hütten des Klosters Haina leisteten z. B. Hervorragendes im Guß von verzierten Ofenplatten, auf denen die Namen des Formschneiders Philipp Soldan aus Frankenberg (1537—1559) und der Ofengießer Peter Rolshausen und Kurt Scharff verewigt sind [2]). Später war Jost Luppolt ein bekannter hessischer Eisengießer. In den Grafschaften Solms und Nassau spielte etwas später der Meister Peter Sorge, der Hütten zu Krafft-Solms und Emmershausen betrieb, eine ähnliche Rolle. Für die große Verbreitung und das Alter des Ofengusses legen zahlreiche mit Jahreszahlen versehene Ofenplatten, die in privaten und öffentlichen Sammlungen aufbewahrt werden, Zeugnis ab. Wir erwähnen eine von 1526 in der Sammlung zu Ilsenburg im Harz, eine von 1528 in Luxemburg, von 1529 aus Schloß Trausnitz im Nationalmuseum in München, ebenda mehrere von 1532 aus Schloß Neuberg, eine von 1530 stammt von Geisenheim am Rhein; von 1537 befindet sich eine im Schlosse Elz an der Mosel [3]). In Frankreich, Belgien und den Niederlanden, wo man an den offenen Kaminen zur Stubenheizung festhielt, hatte man statt der Ofenplatten die in gleicher Weise verzierten „Taken" (Taques), Wärmeplatten, welche die Rückwand der Kamine bildeten. Auch gußeiserne Grabplatten mit Bildschmuck kamen in Aufnahme [4]). Eine solche in der Kirche zu Biedenkopf trägt die Jahreszahl 1535; eine andere reichverzierte in der St. Jakobikirche zu Lübeck von 1559 schmückt das Grab der Katharina von der Recke; da diese eine geborene Gräfin von Fürstenberg war, so läßt sich vermuten, daß diese Platte auf einer Fürstenbergischen Eisenhütte gegossen worden ist [5]).

In der zweiten Hälfte des 16. Jahrhunderts fand der Eisenguß noch größere Verbreitung. In vielen Gegenden Deutschlands, Frankreichs und Englands wurden Hochöfen erbaut, um hauptsächlich Gußwaren zu erzeugen. Damals kam auch die Eisengießerei im Harz auf, die später eine so große Bedeutung erlangte. Die Grafen von Stolberg-Wernigerode ließen Eisengießer aus dem Siegerland kommen. 1548 goß ein solcher Massenbläser Töpfe, Ambosse, Mühlzapfen, Platten, Kugeln, Böden und Zaken für Frischfeuer usw. Herzog Julius von Braunschweig bemühte sich eifrig um die Eisenindustrie im Harz. Auf der Hütte zu Schulenberg wurden 1573 „Pucheisen, Unterlagen und Eisenpötte" gegossen und auf der Teichhütte zu Gittelde eiserne Geschütze und Kugeln.

Die gußeisernen Töpfe (Pötte) wurden noch ausschließlich in Lehm geformt, was bis um die Mitte des 18. Jahrhunderts das gebräuchliche Verfahren blieb. Dabei wurde, wie bei den Geschützformen, erst die innere Form auf eine eiserne, mit Strohseil umwickelte Spindel mit Lehm aufgedreht und dann an einer Schablone der inneren Gestalt entsprechend abgestrichen. Auf die getrocknete, mit Fett und Holzasche eingeriebene Innenform wurde in gleicher Weise die Eisenstärke aufgedreht. Nachdem diese getrocknet und eingefettet war, wurde die Außenform ebenfalls aus Lehm aufgetragen und abgedreht. Nachdem nun das Ganze auf der Spindel gut getrocknet war, wurde die Außenform durch einen Schnitt in zwei gleiche Hälften geteilt und abgezogen. Alsdann wurde die Eisenstärke, „das Hemd", zerschnitten und entfernt; hierauf die Außenform (der Mantel), in die man inzwischen die für sich hergestellten Formen der Henkel und Füße eingesetzt und die Eingüsse und Windpfeifen angeformt hatte, sorgfältig wieder über die Innenform zusammengesetzt, mit Lehm verschmiert und getrocknet. Die Form

---

[1]) Beck: a. a. O., Bd. 2, S. 301.
[2]) Beck: a. a. O., Bd. 2, S. 309 und L. Bickell: Die Eisenhütten des Klosters Haina. Marburg 1889.
[3]) Auch die Sammlung des Vereins deutscher Eisenhüttenleute besitzt mehrere Platten aus diesen Jahren.
[4]) Vgl. H. Kruse: Stahleisen 1916, S. 1152.
[5]) Vgl. Stahleisen 1911, S. 504.

wurde alsdann in den Boden so eingegraben, daß die Eingüsse diesem gleich lagen, und das flüssige Eisen eingegossen. Daß man im 16. Jahrhundert auch schon Töpfe mit Füßen (Marmiten) goß, geht aus einer Schilderung der Schwefelsäurebereitung von Lazarus Erker [1]) aus dem Jahre 1574 hervor.

Der Verkauf der Gußwaren geschah zumeist in den großen Messen. Die Siegerländer Eisengießer fuhren ihre Waren nach Mainz, Frankfurt und Worms, und die für den Niederrhein bestimmten gingen nach Köln. Fürsten bezogen öfters größere Sendungen unmittelbar, so z. B. Herzog Wilhelm von Sachsen, der 1562 den Landgrafen von Hessen brieflich bat, eine große Sendung gußeiserner Öfen vom Siegerland frei durch sein Land ziehen zu lassen. Um diese Zeit gingen bereits sieben Eisenhütten im Siegerland auf Gußwerk, für das indes nur ein Teil des geschmolzenen Eisens verwendet wurde. Die Marienborner Hütte, damals die bedeutendste derselben, ging zur Hälfte auf Gußwerk, wovon sie 35 Wagen im Jahre lieferte, ebensoviel die Hainer Hütte. 1572 ließ der Kurfürst von Sachsen zu Pirna ein Eisengießwerk errichten, um hier das Eisengerät für sein Salzwerk gießen zu lassen.

Nicht nur in Deutschland, sondern auch in Frankreich, England und Schweden wurden Eisenhütten zur Herstellung von Eisengußwaren errichtet. Unter König Heinrich VIII. wurde 1543 die erste eiserne Kanone in England gegossen. Bis zum dreißigjährigen Kriege war aber Deutschland das Land, das am meisten Eisengußwaren erzeugte. Unter der verheerenden Wirkung dieses Krieges und der daraus entspringenden Entvölkerung und Verarmung litt die deutsche Eisenindustrie schwer. Während des Krieges war Raub und Plünderung der Eisenhütten an der Tagesordnung. In Nassau zerschnitten die Soldaten die Blasebälge, um das Leder zu stehlen. 1626 überfielen Wallensteinische die Neuhütte bei Weilmünster, und obgleich der Besitzer eine Salvaguardia von Tilly erstanden hatte, so raubten sie doch das Magazin aus und schleppten 107 eiserne Öfen, die über 150 Zentner wogen und mehr als 600 Reichstaler wert waren, nach Ehrenbreitstein.

Über technische Fortschritte der Eisengießerei im 17. Jahrhundert ist nur wenig zu berichten. Unter der verschwenderischen Regierung Ludwigs XIV. kam die Eisenindustrie Frankreichs zur Blüte. 1682 wurde mit der Anlage der großartigen Wasserwerke bei Marly für die Wasserkünste der Gärten von Versailles begonnen. Hierfür war eine große Menge starker gußeiserner Röhren erforderlich, und zwar wendete man dabei zum ersten Male Flanschenröhren, die verschraubt wurden, an. Diese wurden nach Holzmodellen gegossen. Ob sie in Lehm, Masse oder schon in feuchtem Sand geformt wurden, wird nicht berichtet.

Es scheint, daß das Formen in feuchtem Sand gegen Ende des 17. Jahrhunderts beim Eisenguß aufkam. In England wurde diese damals noch geheim gehaltene Kunst 1704 von Abraham Darby eingeführt. Dieser hatte niederländische Eisengießer angeworben, mit denen er eine Eisengießerei zu Baptist-mill bei Bristol errichtete und hier angeblich die Sandformerei erfand, und zwar soll ein Schäferjunge John Thomas die Anregung dazu gegeben haben. Bis dahin war das Eisengußgeschirr aus den Niederlanden bezogen worden. Durch den spanischen Erbfolgekrieg war dieser Bezug abgeschnitten und das als „Hiltonware" bezeichnete Gußgeschirr deshalb sehr im Preis gestiegen. Diese Marktlage nutzte Abraham Darby aus. Das Gießen wurde so geheim von ihm betrieben, daß sogar die Schlüssellöcher verstopft wurden. Darby erwarb 1708 ein Patent auf sein Verfahren des Gießens in feuchtem Sand. Er hatte damit solchen Erfolg, daß er beschloß, seine Gießerei bedeutend zu vergrößern; da aber seine Teilhaber sich weigerten, die Mittel dafür aufzubringen, verließ er Baptist-mill und gründete die Eisenhütte zu Coalbrookdale, die alsbald eine hervorragende Bedeutung für England und für die Eisenindustrie im allgemeinen erlangte. Das Formen und Gießen in feuchtem Sand im Formkasten war an und für sich nichts Neues; Biringuccio hatte es schon 1540 beschrieben, aber seine Verwendung für den Eisenguß und besonders den Geschirrguß war in England wenigstens damals neu. Daß es für kleine Gußstücke in

---

[1]) Lazarus Erker: Beschreibung der allerfürnehmsten mineralischen Erz- und Bergwerksarten. 1574, S. 60.

Frankreich um jene Zeit schon gebräuchlich war, geht aus Réaumurs Beschreibung und
Zeichnungen in seiner Abhandlung über die „Kunst, Gußeisen weich zu machen" (l'Art
d'adoucir le fer fondu, 1722), d. h. Temperguß oder schmiedbaren Guß herzustellen,
hervor. Damals gab es Eisengießer, die wie die Metallgießer hausierend durch das Land
zogen. Er schreibt: „Es gibt eine Sorte von Schmelzern, welche täglich Eisen und kaum
je ein anderes Metall gießen. Ihre Zahl ist nicht groß, und ich weiß nicht, ob mehr als
zwei bis drei gleichzeitig in Paris waren; gegenwärtig gibt es, soviel ich weiß, nur einen.
Diese Art von Gießern zieht im Lande umher, von einer Provinz zur anderen, sie machen
Gewichte, allerhand Plättchen, manchmal gießen sie Kochtöpfe mit Füßen (marmites),
manchmal flicken sie diese nur; hat ein Topf einen Fuß verloren, so gießen sie einen
neuen daran. Sie schmelzen altes Gußeisen ein, welches nicht teuer ist; um es aber noch
billiger zu bekommen, ziehen Leute auf den Dörfern herum, um die Bruchstücke zu
kaufen und sie dann den Schmelzern zu verkaufen. Auf dem Lande wird dieser Handel
kaum mit barem Gelde betrieben; so kauft man in der Umgegend von Paris das alte
Eisen gegen Äpfel ein; ein Mann mit einer Wage in der Hand führt ein Pferd, welches
mit recht geringem Obst beladen ist und wiegt für das Eisen Äpfel hin. In Paris haben
die Lumpensammler, welche hier das Geschäft betreiben, auch ihr besonderes Zahl-
mittel, sie geben nämlich den Parisern Nadeln dafür. In Paris gibt es Vorrat genug
davon, als alte Kochtöpfe, Kaminplatten und besonders Wasserleitungsröhren."

Das Formen der kleinen Gußstücke geschah in feuchtem Sand in hölzernen Rahmen
oder Kasten, die durch verschraubte Holzbretter zusammengespannt wurden. Als
Schmelzöfen dienten entweder kleine Gebläseöfen, in die ein Tiegel mit dem Schmelz-
gut eingesetzt wurde, oder tragbare Schachtöfen aus feuerfestem Ton, die aus einem
Untersatz, dem Schmelzraum von Tiegel- oder Schüsselform, bestanden, auf den dann
durch eine Anzahl aufeinandergesetzter Ringe ein Schacht aufgesetzt wurde. Am oberen
Ende des Untersatzes befand sich die Öffnung für die Windform. Der Ofen wurde lagenweise mit Holzkohlen und Brucheisen beschickt, alsdann wurde mit dem Schmelzen
durch Blasen mit zwei Handbälgen begonnen. War der Untersatz mit flüssigem Eisen
gefüllt, so wurden die oberen Ringe, der Schacht, abgehoben und der Untersatz, der
jetzt als Gießform diente, mit Hilfe eines Eisenringes, an dem ein eiserner Stiel befestigt
war, aufgehoben und die Form ausgegossen. Réaumur nahm ein so lebhaftes Interesse
an der Eisengießerei, daß er sich für seine Versuche in seinem Hof eine solche Eisenschmelze einrichtete. Er verbesserte den Ofen dadurch, daß er ihn mit einem Blechmantel
umgab und ihn so aufhängte, daß er umgekippt und sein Inhalt aus dem Abstichloch
unmittelbar in den daruntergestellten Formkasten ausgegossen werden konnte. Diese
kleinen Schmelzöfen Réaumurs waren die Vorläufer der Kuppelöfen und der Kippöfen
von Piat und Baumann. Die Holzrahmen oder Laden genügten für den Sandguß. Réaumur
empfahl aber eiserne Formkasten sowohl wegen ihrer Haltbarkeit, als auch, weil man
die Formen darin besser trocknen konnte, was namentlich bei Formen aus fettem Sand,
also bei der Masseformerei, nötig war.

Réaumur war der erste, der die Eisengießerei wissenschaftlich behandelte. Diese
Untersuchungen in Verbindung mit denen über den Zementstahl führten ihn zu der
Erfindung und Erklärung des Tempergusses[1]). Eine praktische Ausnutzung hat
diese wichtige Erfindung zu seiner Zeit in Frankreich noch nicht erfahren, dieses geschah
erst lange Zeit danach in England.

Réaumurs Beobachtungen über das chemische und physikalische Verhalten sind
aber von hoher geschichtlicher Bedeutung für die Metallurgie des Eisens. Er war es auch,
der zuerst das Kleingefüge des Eisens, allerdings nur mit der Lupe, untersuchte[2]). Die
praktischen Fingerzeige, die Réaumur gab, hat nicht Frankreich, sondern England ausgenutzt.

---

[1]) Nach O. Vogel (Stahleisen 1918. S. 1101, 1210) ist Prinz Ruprecht von der Pfalz der
Erfinder des Tempergusses. Er hatte in den Jahren 1670 und 1671 drei englische Patente auf seine
Erfindung erhalten.
[2]) Vgl. O. Vogel: Anfänge der Metallographie. Stahleisen 1917, S. 665, 710, 752, 1136, 1162.

In England nahm die Eisengießerei im Laufe des 18. Jahrhunderts einen großen Aufschwung, und manche Neuerungen und Verbesserungen wurden hier eingeführt und verwertet. Um viele dieser hat sich die Familie Darby besondere Verdienste erworben. Wie bereits erwähnt, war Abraham Darby im Jahre 1709 nach Coalbrookdale, wo er eine alte Eisenhütte gepachtet hatte, übergesiedelt. Diese baute er zu einer bedeutenden Eisengießerei aus. Das Schmelzen des Eisens erfolgte wie allgemein im Hochofen mit Holzkohlen. Diese waren aber in England teuer und rar. Deshalb versuchte Darby schon 1713, Steinkohle zu verwenden. Zunächst schmolz er mit einem Gemenge von Holzkohlen und Koks. Dann versuchte er es, die Holzkohle durch Torf (brays) zu ersetzen, und es gelang ihm angeblich schon 1713, auf diese Weise wöchentlich 5 bis 10 Tonnen Geschirrguß (hollow ware) zu gießen. Er nahm noch viele andere damals neue Gußartikel auf, wie Roste, Plätteisen, Türrahmen, Bankplatten, Wagenbüchsen, Stößel und Mörser. Leider starb der geniale Mann inmitten seiner Tätigkeit allzu früh im Jahre 1717, erst 40 Jahre alt. Sein Sohn, der ebenfalls Abraham hieß, war damals 6 Jahre alt. Er konnte erst 1730, im 19. Lebensjahr, das inzwischen sehr zurückgegangene Geschäft übernehmen.

Abraham Darby jun. griff die Versuche seines Vaters, mit Steinkohle zu schmelzen, die inzwischen geruht hatten, wieder auf. Nach vielen Mißerfolgen gelang es ihm im Jahre 1735, Eisenerze im Hochofen mit Koks, der in Meilern gebrannt war, zu schmelzen. Dieser Erfolg war für die englische Eisenindustrie von allergrößter Bedeutung und ein geschichtlicher Wendepunkt. Indessen gewann das neue Verfahren anfangs nur langsam Verbreitung. Für die Eisengießerei entstanden dadurch zunächst mancherlei Schwierigkeiten. Bei den Holzkohlenöfen schöpfte man zum Guß kleinerer Stücke das Eisen mit Kellen aus dem Vorherd. Das war bei den Kokshochöfen erschwert durch den stärkeren Wind und die viel größere Schlackenmenge. Auch war das Eisen unreiner, dickflüssiger und füllte die Formen nicht so gut aus.

Diese Übelstände führten dazu, das mit Koks erblasene Roheisen umzuschmelzen, und zwar in Flammöfen mit Steinkohlen. In der Metallschmelzerei, besonders beim Glockenguß, waren Flammöfen schon lange in Anwendung [1]. Die Essen dieser Öfen waren aber niedrig, und so genügte die mit Holzfeuer in ihnen erzeugte Hitze nicht, um Eisen darin zu schmelzen. Aber schon 1677 hatte in England ein Dr. Blewstone (eigentlich Blauenstein, er war ein Deutscher) ein Patent auf das Schmelzen von Eisenerzen im Flammofen mit Steinkohlenfeuer genommen. Besonderen Erfolg hatte er damit nicht. Doch berichtet Swedenborg, daß im Jahre 1729 ein solcher Ofen bei Whitehaven betrieben wurde. So lange die Hochöfen noch vorwiegend mit Holzkohlen schmolzen, lag kein dringendes Bedürfnis für das Umschmelzen des Eisens vor. Anders wurde es, als bei den Hochöfen der Koksbetrieb zunahm, weil Holzkohlen immer seltener und teurer wurden. Da erwies sich die Verwendung von Flammöfen zum Verschmelzen des Roheisens mit Steinkohlenfeuerung für die Eisengießerei als notwendig und zweckmäßig. Es geschah dies wahrscheinlich zuerst da, wo man den Koksbetrieb bei den Hochöfen mit Erfolg eingeführt hatte, in Coalbrookdale. Man baute neben dem Hochofen einen oder gewöhnlich zwei Flammöfen und benutzte diese entweder für sich oder bei schweren Gußstücken mit dem Hochofen zusammen. Diese Flammöfen mit Steinkohlenfeuerung verbreiteten sich rasch auch auf dem Festland. In Frankreich nannte man sie „englische Öfen“, in Deutschland beschrieb sie v. Justi 1766 in einer besonderen Schrift als „englischen Kupolofen“. Er hatte selbst einen solchen im Jahre zuvor für eine Eisenhütte an der sächsischen Grenze erbaut. Nach seinem Berichte war schon 1764 ein derartiger Ofen bei Hamburg in Betrieb, und zwar nicht in Verbindung mit einem Hochofen. Hier war also bereits eine Eisengießerei, die nur Guß zweiter Schmelzung herstellte. Die Benutzung des Flammofens war ein wichtiger Fortschritt für die Eisengießerei. Sie sicherte einen stetigen Betrieb, wie er bei dem Hochofen nicht möglich war, denn das in diesem aus den Erzen erblasene Eisen war nicht immer für Gußwaren

---

[1] Nach O. Johannsen (Stahleisen 1919, S. 1458) waren bei den mittelalterlichen Metallgießern vor Aufkommen der Flammöfen schon Gebläseschachtöfen gebräuchlich.

geeignet; auch waren die Hüttenreisen kurz und durch das Ausblasen und Neuzustellen des Hochofens trat ein Stillstand ein. Ferner ermöglichte die Verwendung des Flammofens in Verbindung mit dem Hochofen den Guß größerer Stücke. Diese Verbesserung des Betriebes veranlaßte mannigfaltigere Verwendungen des Eisengusses. Von diesen war damals die Herstellung der großen Dampfzylinder für die atmosphärische oder Feuermaschine von Newcomen die wichtigste. Früher waren diese Zylinder aus Metall gegossen worden, und trotz der hohen Kosten hielt man in England lange Zeit hieran fest, weil die dickwandigen eisernen Zylinder die Kondensation des Dampfes erschwerten, und weil die Bohrwerke damals noch zu schwach waren, um die weiten Zylinder aus hartem Gußeisen richtig ausbohren zu können. Den ersten aus Eisen gegossenen Dampfzylinder, von dem wir Kenntnis haben, hatte die 1726 zu Passy bei Paris aufgestellte Feuermaschine. Aber noch 1740 warnte Desaguillier vor der Verwendung gußeiserner Dampfzylinder — allerdings vergeblich, denn seitdem kamen diese immer mehr zur Anwendung. Zu den Verdiensten der Familie Darby zu Coalbrookdale um den Eisenguß gehört auch, daß sie diesem immer neue Verwendungen gab, indem sie viele Gegenstände, die vordem aus Holz oder Metall gefertigt waren, aus Gußeisen herstellte. So wurden beispielsweise zu Coalbrookdale 1767 die ersten Eisenbahnschienen an Stelle der alten eisenbeschlagenen Holzschienen gegossen. Abraham Darby, der dritte dieses Namens, baute 1778 bei Coalbrookdale eine Brücke von 100 Fuß Spannweite und 40 Fuß Höhe ganz aus Gußeisen, die vorbildlich wurde. Sowohl in England als auch auf dem Festland wurden in den folgenden Jahrzehnten viele Gußeisenbrücken errichtet. Damals befand sich die Eisenschmelzkunst noch in ihren ersten Anfängen.

Isaak Wilkinson, der Vater von John Wilkinson erfand das Formen von Geschützrohren in fettem Sand, wofür er geschlossene eiserne Formkasten, sog. „Flaschen" (flasks), die der Länge nach geteilt und zusammengeschraubt waren, verwendete. Nach diesem Verfahren wurden auf der Eisenhütte zu Carron in Schottland, die 1760 von Dr. Roebuck erbaut worden war, die von General Melville 1779 erfundenen schweren Schiffskanonen, „smashers" oder „Carronaden" genannt, gegossen. Diese gußeisernen Geschütze befestigten Englands Überlegenheit zur See. Die Anlage des Eisenwerks zu Carron war der zu Coalbrookdale ähnlich. Als Gabriel Jars es im Jahre 1765 besuchte, hatte es zwei Hochöfen und fünf Flammöfen, die zusammen betrieben werden konnten, wodurch es möglich war, Stücke von zwanzig Tonnen Gewicht zu gießen. Hier wurden die größten Zylinder für Feuermaschinen gegossen und ausgebohrt.

Die große Maschinenwerkstätte, in der auch die Carronaden ausgebohrt wurden, war von Smeaton, der das erste Zylindergebläse daselbst ausgeführt hatte, angelegt worden. Ebenda wurde der erste Dampfzylinder für die Versuchsmaschine von James Watt gegossen. Dr. Roebuck war der erste, der die praktische Bedeutung von Watts Dampfmaschine erkannt hatte, der dem Erfinder mit Rat und Tat zur Seite stand, ihn in freigebiger Weise unterstützte und ihm bei der Fertigstellung der ersten Maschine zu Kinneil half. Leider geriet Dr. Roebuck, der um die schottische Eisenindustrie, um die Eisengießerei und die Dampfmaschine hochverdiente Mann, in finanzielle Schwierigkeiten und in Konkurs. Zum Glück fand Watt einen anderen vermögenden Gönner und Mitarbeiter in Mathew Boulton, dem genialen, hochherzigen Geschäftsmann, der mit Watt die Maschinenfabrik zu Soho gründete, welche die Wiege der Dampfmaschine und des heutigen Maschinenbaus geworden ist. Eine eigene Eisengießerei besaß Soho in der ersten Zeit nicht. Die Dampfzylinder wurden auf dem Eisenwerk zu Broseley von John Wilkinson, einem der größten Förderer des Eisengießereiwesens, dessen Name bald weit über die Grenzen Englands hinaus bekannt wurde, gegossen. Er war auch der Abnehmer für die erste in Soho gebaute Dampfmaschine, die er zum Betrieb der Blasebälge für seinen Hochofen verwendete. James Watt vervollkommnete seine Maschinen immer mehr, wodurch ihre Verwendung rasch zunahm.

Die Dampfmaschine hat die Eisenindustrie erst freizügig gemacht, indem sie diese von ihrer Abhängigkeit von Wasserläufen und Gefällen erlöste. Die Eisengießerei nahm einen raschen Aufschwung besonders in England, das hierin anderen Ländern vorauseilte. John Wilkinsons Erfindung eines zweckmäßigen Schachtofens zum

Umschmelzen von Roh- und Brucheisen trug viel hierzu bei. Ursprünglich sollte dieser Ofen, der nach seinem Erfinder „Wilkinson-Ofen" genannt wurde, zum Schmelzen von Erzen dienen und die immer größer und kostspieliger werdenden Hochöfen ersetzen. Für diesen Zweck erwies er sich indessen als ungeeignet, dagegen bewährte er sich vortrefflich zum Umschmelzen des Eisens für den Eisenguß, und hierfür fanden diese Öfen, auf die man sonderbarerweise die Bezeichnung der Flammöfen übertrug und die man „Kupolöfen" nannte, rasche Verbreitung[1]). Wilkinsons eigene Tätigkeit trug hierzu viel bei. Er richtete in Frankreich und in Deutschland Eisengießereien nach englischem Muster ein. In Deutschland geschah dies zuerst in Oberschlesien, wohin ihn der um die preußische und deutsche Eisenindustrie hochverdiente Friedrich Wilhelm von Reden im Jahre 1789 hatte kommen lassen. Er führte zu Malapane, wo 1785 der Guß von eisernen Kanonen nach englischem Vorbild aufgenommen worden war, das Schmelzen mit Koks im Hochofen ein. Graf von Reden verbesserte die Eisengießerei zu Malapane nach der Rückkehr von seiner zweiten Reise nach England in vieler Beziehung besonders dadurch, daß er die kostspielige, zeitraubende Lehmformerei durch die Sandformerei in Kasten ersetzte. 1794 stellte von Reden den englischen Ingenieur Baildon an, der ein Beamter der Carron-Eisenwerke gewesen war, zur Erbauung des ersten Hochofens für Koksbetrieb zu Gleiwitz. Hier wurde zugleich eine Eisengießerei eingerichtet, deren Leistungen bald mustergültig wurden, und die eine wichtige Schule für Eisengießer geworden ist.

Einen ähnlichen Ruf hatte schon zehn Jahre früher die gräflich Einsiedelsche Eisengießerei zu Lauchhammer, wo auf Veranlassung des Grafen Detlev seit 1781 der Kunstguß eingeführt war, und einige Jahre später schon schöne Statuen aus Gußeisen hergestellt wurden. Hier begann man bereits 1785 mit der Sandformerei für Geschirrguß. In den folgenden Jahren wurden Versuche mit Emaillieren von Gußeisen gemacht, und 1789 die ersten emaillierten Kochtöpfe fertiggestellt[2]).

In Frankreich war die Eisengießerei ebenfalls nicht zurückgeblieben. Die Geschützgießerei von Le Creuzot wurde 1776/78 bedeutend vergrößert. Einige Jahre danach wurde William Wilkinson, der Bruder von John Wilkinson berufen, um in le Creuzot ein großes Eisenwerk nach englischer Art für Steinkohlen- und Dampfmaschinenbetrieb zu erbauen. 1786 umfaßte die Anlage vier Hochöfen und vier Gießereiflammöfen. Im Elsaß zeichneten sich die de Dietrichschen Eisenwerke aus, besonders lieferte Zinsweiler schöne verzierte Ofenplatten. Frankreichs größter Ruhm bestand aber in der wissenschaftlichen Behandlung des Eisenhüttenwesens, die Réaumur eingeleitet hatte, und die dann von hervorragenden Metallurgen, wie Duhamel, Courtivron und Bockhu, de Dietrich, Jars, Guyton de Morveau und anderen fortgesetzt wurde. Diesen Männern verdankt die Metallurgie des Eisens zum großen Teil ihre wissenschaftliche Begründung.

Zu Ende des achtzehnten Jahrhunderts stand die Eisengießerei in hoher Blüte. Viele Gegenstände, die man später aus Walzeisen und Stahl anfertigte, wurden damals aus Guß hergestellt, wie z. B. ein Wasserrad zu Cyfartha von 52 Fuß Durchmesser, 7 Fuß breiten Schaufeln und 100 Tonnen Gewicht, oder wie Kleinzeug, als gegossene Knöpfe, Nägel, Messerklingen und Scheren, die getempert wurden.

---

[1]) Die Schreibweise „Kuppelofen" an Stelle der früher gebräuchlichen „Kupolofen" bürgert sich immer mehr ein. Aus verschiedenen Stellen in fachtechnischen Werken und aus Abbildungen von Kuppelöfen aus dem Anfang des 19. Jahrhunderts geht hervor, daß die Gicht der Kuppelöfen ursprünglich, wohl zum Schutz der Bedienungsmannschaft, von einem Gewölbe oder einer Kuppel überspannt war, die die Veranlassung zu der Bezeichnung „Cupola Furnace" gewesen ist. Als erster macht hierauf U. Lohse aufmerksam in seiner „Geschichtlichen Entwicklung der Eisengießerei seit Beginn des 19. Jahrhunderts", Beiträge zur Geschichte der Technik und der Industrie von C. Matschoß, Bd. 2. Berlin 1910, S. 93. Vgl. auch O. Vogel: Über die Herkunft der Bezeichnung Kupol-Ofen, Festschrift zur 50. Hauptversammlung des Vereins deutscher Eisengießereien. Düsseldorf 1920, S. 249. Im übrigen ist, wie von O. Johannsen (Stahleisen 1919, S. 1459) dargelegt, der Gießereischachtofen keine englische Erfindung, sondern war den Metallgießereien des Mittelalters schon wohlbekannt.

[2]) Näheres s. die Broschüre: „Lauchhammer Bildguß" der Lauchhammer A.-G.

1804 wurde auf Veranlassung des Grafen von Reden die königliche Eisengießerei in Berlin an der Panke vor dem Neuen Tor an der Invalidenstraße gegründet, die erste in Preußen, die nicht mit einem Hochofen verbunden und deren alleiniger Zweck die Herstellung von Gußwaren war. Sie war nach englischem Muster mit zwei Flammöfen, zwei Kuppelöfen und vier Tiegelöfen ausgestattet. Der Wind wurde anfangs durch Blasebälge, sodann von einem englischen eisernen Doppelzylindergebläse erzeugt. Die ersten Kuppelöfen waren nur 1,53 m hoch, 1,10 m außen und 0,38 m im Lichten weit. Ein Ofen brauchte zum Schmelzen 12,37 cbm Wind in der Minute. Der Brennstoff war Koks aus Oberschlesien. Hier wurden besonders Feinguß und Kunstguß gepflegt, und berühmte Denkmale sind hier entstanden; 1811 als erstes das der Königin Luise zu Gransee, dann nach den Befreiungskriegen das von Courbière zu Graudenz und von Theodor Körner bei Wöbbelin. Daneben wurden vielerlei Gußwaren für den Handel, 1813 Artilleriezeug, sogar Geschütze, und als Kriegsehrenzeichen die eisernen Kreuze gegossen [1]).

England behauptete in den ersten Jahrzehnten des 19. Jahrhunderts seine leitende Stellung in der Eisenindustrie. In Soho war der Maschinenfabrik von Boulton und Watt eine Eisengießerei angegliedert worden, die mustergültig war. Sie arbeitete mit vier Flammöfen und goß Stücke von 10 Tonnen. Sie hatte zwei Trockenkammern, dazwischen eine geräumige Dammgrube, worin die größten Zylinder stehend eingeformt gegossen wurden. Rotherham bei Sheffield goß aus zwei Hochöfen und sechs Flammöfen. Einer der Flammöfen lag so, daß das flüssige Eisen aus dem Hochofen unmittelbar hineingeleitet wurde. Dieses wurde dann nach Bedarf mittels Kellen geschöpft und vergossen. Die Kuppelöfen waren noch so niedrig, daß sie vom Boden aus beschickt werden konnten. Sie dienten meist nur zum Umschmelzen von Brucheisen. Doch gab es auch in England schon höhere Öfen, die mehrere Formen übereinander hatten, um kleinere oder größere Mengen von flüssigem Eisen fassen zu können. In England schmolz man in den Kuppelöfen nur mit Koks, auf dem Festland dagegen an manchen Orten mit Holzkohlen. Solche Öfen hatten, angeblich um die erforderliche Hitze zu erzeugen, einen höheren Schacht. Die nach englischem Vorbild gebauten Kuppelöfen in Gleiwitz mit Koksbetrieb waren nur 1,53 m hoch und hatten nur eine Windform. Dagegen waren die mit Holzkohlen betriebenen Kuppelöfen der von dem Engländer Baird angelegten großen Eisengießerei in St. Petersburg 4,08 m hoch und schmolzen mit zwei Formen, auch lagen zwei Formreihen übereinander. Ein anderer Fortschritt war die Verwendung der Krane und Hebe-

---

[1]) Bereits in den ersten Jahren ihres Bestehens überflügelte die Berliner Kgl. Eisengießerei alle übrigen damals in großer Anzahl auftretenden deutschen Eisengießereien sowohl hinsichtlich des Umfangs ihrer Erzeugung als auch der Güte ihrer Erzeugnisse. Dieser Aufschwung war der steten Teilnahme des Königs und von Redens, vorwiegend aber der Mitwirkung der hervorragendsten Künstler des damaligen Berlin, des Baumeisters Schinkel und der Bildhauer Schadow, Rauch und Tieck zu danken. Unter den Entwürfen Schinkels verdient neben dem oben angeführten Denkmal der Königin Luise das Kreuzbergdenkmal in Berlin Erwähnung, wenngleich es nicht die glücklichste Schöpfung ist. In den Jahren 1813/15 bildeten einen vielbegehrten Gegenstand der Eisengießerei der fein durchbrochene Schmuck, später die Porträtplaketten und die Neujahrskarten, kleine, zu Jahresanfang an den König, die Behörden und Geschäftsfreunde versandte Relieftäfelchen mit jährlich wechselnden Darstellungen von Berliner Neubauten und von Erzeugnissen des Werkes. (Diese Sitte wurde von anderen Gießereien, z. B. der Sayner Hütte, nachgeahmt, vgl. Eisen-Ztg. 1914, S. 113.) Das künstlerisch Vollendetste, was die Eisengießerei hervorbrachte, sind die kleinen Statuetten des Königs und der Feldherren der Befreiungskriege nach Stilarsky. In den 30er Jahren erreichten die Gußtechnik, die künstlerische Patinierung, Brünierung und Grüntönung, selbst die Tauschierung mit Silber einen immer höheren Grad der Durchbildung. Trotzdem ging der Absatz der Erzeugnisse zurück, namentlich infolge lebhaften Wettbewerbs der Privatgießereien, die selbst die Modelle der Kgl. Eisengießerei einfach abgossen und deren Ruf schädigten, da sie deren Güte nicht erreichen konnten. Zudem wandelte sich der Geschmack. Im Jahre 1848 brach bei den Unruhen ein Feuer aus, wobei die Akten, Zeichnungen und Modelle verbrannten. Nur mühsam konnten die Modelle durch Ankäufe und Gipsabgüsse wieder beschafft werden. Der Umsatz ging dauernd zurück, und im Jahre 1873 wurde die Eisengießerei, nachdem sie noch im Jahre zuvor Bronzegüsse für die Siegessäule in Berlin geliefert hatte, auf Befehl des Königs aufgehoben.

(Näheres vgl. Führer des Königl. Kunstgewerbemuseums in Berlin durch die Sonderausstellung „Gußeisen", Berlin 1916, und Herm. Schmitz: Berliner Eisenguß. Festschrift zum 50jährigen Bestehen des Königl. Kunstgewerbemuseums 1867—1917. München: F. Bruckmann, A.-G.; ferner O. Vogel: Stahleisen 1918, S. 165.)

zeuge, die auch in England zuerst in den Gießereien eingeführt wurden. Indessen blieb Deutschland nicht zurück. Die königliche Gießerei in Berlin haben wir schon erwähnt. Großartiges leistete Gleiwitz unter Karstens Leitung im Jahre 1813 durch den Guß von Geschützen und Munition für den Befreiungskrieg. Die gräflich Wrbnasche Gießerei in Horzowitz lieferte schön verzierte Säulöfen, die in dreiteiligen Kasten geformt wurden. Lauchhammer führte immer neue Verbesserungen ein; so wurde hier 1807 ein Temper-ofen errichtet, 1811 ein neues Formhaus mit Kranen und überwölbten Trockenöfen, 1814 wurde eine Formlehm-Schlagmaschine gebaut. Auch erwarb sich Lauchhammer große Verdienste um den Maschinenbau. Hier wurde schon 1802 eine von Bergrat Bück-ling in Auftrag gegebene große Wattsche Dampfmaschine ausgeführt. 1816 wurde ein Kuppelofen von 2,51 m Höhe für Holzkohlenbetrieb, dem 1817 ein zweiter folgte, erbaut, dazu ein eisernes Zylindergebläse. Auch wurde bereits mit großen Eisendreh-bänken und einer Schraubenschneidmaschine gearbeitet [1]).

C. J. B. Karsten förderte die Eisengießerei nicht nur praktisch, sondern auch theoretisch, besonders durch sein vortreffliches Handbuch der Eisenhüttenkunde (1816), worin die Eisengießerei ausführlich behandelt ist. Er gibt darin für die Formerei folgende Einteilung an:

    I. Magere Sandformen,
        1. Herdformerei,
           a) offene Herdformerei,
           b) Herdformerei mit eingesetzten Kernen,
           c) verdeckte Herdformerei.
        2. Kastenformerei,
           a) mit zwei Kasten,
           b) mit drei und mehr Kasten.
   II. Fette Sandformerei oder Massenformerei.
  III. Lehmformerei.
  IV. Kunstformerei.
   V. Schalenguß.

Bei der Sandformerei bediente man sich bereits der Kernkasten zum Pressen der Sandkerne.

Neilsons Erfindung der Winderhitzung 1829, die sich bei den Eisenhochöfen glänzend bewährte, kam auch bei dem Kuppelofenbetrieb zur Anwendung. In vielen Gießereien wurden damit Versuche angestellt [2]). Wachler in Malapane empfahl sie, ebenso Karsten. Man setzte Röhrenapparate über die Ofengicht. Die Brennstoff-ersparnis betrug bei Holzkohlenbetrieb ein Drittel, bei Koks etwa die Hälfte. Aber die Winderhitzer hatten auch manche Nachteile. Das Durchpressen des Windes durch die Heizröhren erforderte einen Kraftaufwand, den die schwachen Gebläse nicht leisten kcnnten; man mußte also stärkere Gebläsemaschinen aufstellen, wofür damals nur die recht kostspieligen englischen Zylindergebläse in Frage kamen. Es bedurfte auch einer stärkeren Windpressung, um die gleiche Sauerstoffmenge dem Ofen zuzuführen. Die Kosten der Anlagen waren es in erster Linie, die damals der Anwendung der Wind-erhitzung bei den Kuppelöfen im Wege standen [3]). Dazu kam, daß um jene Zeit (1835) die Ventilatoren als Winderzeuger in Aufnahme kamen, und da sie sich für das Schmelzen im Kuppelofen als besonders geeignet erwiesen, Einführung und Verbreitung fanden. Diese Bewegung ging von Frankreich aus. St. Léger veröffentlichte 1835 seine grund-legende Arbeit über die von James Martin & Söhne zu Rouen eingeführten Venti-latoren [4]). Diese wurden zwar noch durch einen Pferdegöpel bewegt, erzielten aber eine

---

[1]) Vgl. O. Vogel: Aus der Kindheit des Kuppelofens. Stahleisen 1918, S. 165, 262.
[2]) Vgl. E. Herzog: Faber du Faurs Arbeiten und Erfindungen auf dem Gebiet der Wind-erhitzung und Gasfeuerung. Stahleisen 1917, S. 102, 129.
[3]) Über Versuche in Rübeland am Harz, auf der Sayner Hütte, den Königl. Eisengießereien zu Berlin und zu Gleiwitz und an anderen Orten vgl. O. Vogel: Stahleisen 1917, S. 522, 610.
[4]) Annales des Mines. 3. Serie. Bd. III, S. 296.

Brennstoffersparnis von 20%. Die Kuppelöfen zu Rouen hatten sechs Formreihen übereinander, die durch Schieber geschlossen werden konnten.

Die Erfindung der Lokomotive durch Stephenson im Jahre 1829 und der Bau
von Eisenbahnen gaben dem Maschinenbau und der Eisengießerei einen mächtigen Aufschwung. England hatte davon den ersten Nutzen und behielt den Vorsprung. Doch
folgten seinem Beispiel die industriellen Staaten des Festlands und die Vereinigten Staaten
von Nordamerika rasch nach. Zunächst waren es aber englische Ingenieure wie Stephenson und John Cockerill, die als Pioniere wirkten. Die von letzterem zu Seraing in
Belgien erbaute Maschinenfabrik wurde eine Musteranstalt für das Festland.

In Deutschland wurde am 7. Dezember 1835 die Nürnberg-Fürther Bahn als erste
Lokomotivbahn eröffnet, allerdings noch mit einer englischen Lokomotive. Bald danach
wurde aber auch in Deutschland mit dem Lokomotivbau begonnen, in Berlin von Borsig,
in München von Maffei, in Cassel von Henschel.

Mancherlei Fortschritte der Eisengießerei fallen in diese Zeit. 1827 verwendete
Frankenfeld auf Rote Hütte im Harz Formplatten, auf denen gut gearbeitete Modelle
befestigt und durch Laufrinnen so miteinander verbunden waren, daß sie einen gemeinsamen Einguß hatten. Zur Herstellung der Form in Ober- und Unterkasten gehörten
zwei solcher Platten, die mit Löchern und Dübeln zum Aufsetzen der Formkasten versehen waren. Diese Formplatten bzw. die aufgestampften Kasten wurden mit der Hand
abgehoben. Sie waren aber Vorbild und Vorläufer der späteren Formmaschinen.

James Nasmyth, der Erfinder des Dampfhammers, führte 1838 die Sicherheits-
pfanne mit Schraube und Trieb ein, die den Guß schwerer Stücke so erleichterte, daß
sie alsbald in allen größeren Gießereien angewandt wurde. Schmiedbarer Guß war
seit 1804 von Samuel und Thomas Lucas in England mit Erfolg hergestellt worden.
1818 führten Barodelle und Déodor diese Fabrikation in Frankreich ein. Fischer
in Schaffhausen lieferte seit 1828 Temperguß [1]). 1824 stellte Needham in England
größere Gußstücke aus Tiegelgußstahl her. In den vierziger Jahren erfand Stirling
eine Art von Stahlguß durch Zusammenschmelzen von Roheisen und Schmiedeisen,
der als „Stirlingmetall" in Aufnahme kam. Um diese Zeit fing man in Nordamerika an,
zerlegbare, nicht ortsfeste Häuser aus Gußeisen anzufertigen. Allerdings hatten
Boulton und Watt schon im Jahre 1801 ein größeres Fabrikgebäude aus Gußeisen in
England gebaut.

Die Trockenöfen verbesserte man durch Rostfeuerungen, die von außen bedient
wurden. Zum Mahlen von Formsand und Kohle führte man Kollergänge und Kugelmühlen, zum Zerschlagen schwerer Gußstücke Fallwerke ein. Hilfsvorrichtungen zum
Einformen von Zahnrädern hatte der Franzose Sonolet schon 1826 angegeben; ihm
folgte Chapelle 1844 und Ferrouilh 1850. Auch bei der Röhrenformerei wurden Hilfsmaschinen zum Einformen, welche die Handarbeit ersetzten oder erleichterten, erfunden.
Der Schotte Henderson gab ein Verfahren an, Formen mittels Teilmodellen herzustellen.

Bemerkenswerte Fortschritte wurden in den fünfziger Jahren bezüglich der Verbesserung der Kuppelöfen und der Ventilatoren gemacht. Ein im Jahre 1853 von
William Ireland patentierter Ofen fand in England Verbreitung. Er war höher als
die älteren Öfen, hatte eine steile Rast über der Form, zylindrischen Schacht und genügenden Raum unter der Form, um eine größere Menge von flüssigem Eisen zu fassen. Er
mußte von einer Gichtbühne aus bedient werden, die man in England bereits mit einem
Preßluft-Aufzug verband. Lloyds Ventilatorgebläse diente zur Winderzeugung. Ireland
blies noch mit einer Form. Dagegen hatte ein von Maillard zu St. Gervais erbauter
Kuppelofen drei Formenreihen übereinander, die nacheinander zur Verwendung kamen,
indem, wenn das flüssige Eisen die unteren Formen erreicht hatte, diese verstopft und
die darüberliegenden geöffnet wurden. 1858 brachte Jonathan Ireland ebenfalls
eine höher gelegene Reihe von Winddüsen an, die aber gleichzeitig mit den unteren blasen
sollten.

---

[1]) Vgl. O. Vogel: Stahleisen 1919, S. 1617.

Auf der Hütte zu Lerbach am Harz baute man einen Kuppelofen mit Vorherd, aus dem die Arbeiter, wie vordem bei den Hochöfen, das Eisen mit Kellen schöpften. William Clay nahm 1857 ein Patent auf einen Zugofen, bei dem die Luft zum Schmelzen durch einen Exhaustor angesaugt wurde. Die Verwendung von heißem Wind kam dagegen wieder mehr ab.

Von den Fortschritten bei der Formerei in den fünfziger Jahren war der wichtigste die Einführung von Formmaschinen zur Herstellung solcher Gegenstände, die in Mengen gebraucht wurden, wie Röhren, Schienenstühle usw., wobei die Handarbeit durch mechanische Arbeit ersetzt oder erleichtert wurde. Schon 1847 hatte Steward eine Röhrenform- und Stampfmaschine erfunden, bei der der Formsand um das Modell in stehenden Kasten durch spiralförmige Flügel festgedrückt wurde. Ein Modell derselben war auf der ersten Weltausstellung 1851 in London zu sehen. Röhrenformmaschinen erfanden ferner Fairbairn und Hetterington 1851 und Sheriff in Glasgow. Charles de Bergue führte auf der zweiten Weltausstellung 1855 in Paris eine Maschine zum Ausheben der Modelle aus dem Sand vor. Die Bewegung der Formplatte geschah durch Zahnstangengetriebe. Auf derselben Ausstellung war John Jobsons Einrichtung zum mechanischen Ausheben der Schienenstuhlmodelle zu sehen. Die Modelle hatten abnehmbare Teile, die beim Ausheben in der Form blieben und dann seitlich abgezogen wurden. Am zahlreichsten waren die Formmaschinen für Herstellung von Zahnrädern. Die von Ferrouilh 1853 erfundene fand wegen ihrer Einfachheit die meiste Verbreitung. Eine bessere, 1856 zuerst beschriebene Räderformmaschine von de Louvrié war viel komplizierter. Der Zentrifugalguß wurde von Richard Peters 1855 zum Guß von Hohlkugeln und von Shanks 1859 zur Herstellung von Röhren vorgeschlagen.

In der Herstellung von Hartguß waren früher die Engländer überlegen gewesen. Anfang der fünfziger Jahre lieferte das Königl. Hüttenwerk Königsbronn in Württemberg vorzügliche Hartgußwalzen und Ende der fünfziger Jahre erwarb sich Grusons Hartguß, besonders der seiner Herzstücke für Eisenbahnweichen, große Anerkennung.

Ein wichtiger Fortschritt war der Stahlformguß, um den sich Jakob Mayer in Bochum das größte Verdienst erwarb [1]). Mayer und Kühne gossen 1851 die erste Gußstahlglocke, nachdem 1854 diese Firma in den Bochumer Verein für Bergbau und Gußstahlfabrikation umgewandelt war, stellte dieser 1855 in Paris drei große in Tiegelgußstahl hergestellte Glocken aus, die allgemeines Aufsehen erregten. Weit schwerer noch waren die zur selben Zeit aus dem Tiegel gegossenen Stahlblöcke, die Alfred Krupp, Inhaber der Firma Fried. Krupp in Essen, für seine schweren Geschütze anfertigte. Eine große Zahl gleichzeitig betriebener Schmelzöfen und eine vorzügliche Schulung der Arbeiter ermöglichten deren Herstellung.

1854 gab J. Bernard ein verbessertes Gießverfahren für größere Gußstücke an. Er bediente sich einer Gießpfanne, die ihren Auslauf im Boden hatte. Diese Ausgußöffnung wurde durch einen mittels Hebel beweglichen Stopfen geschlossen. Das flüssige Eisen floß nicht unmittelbar in die Form, sondern durch einen Vortrichter, aus dem es durch den etwas über dem tiefsten Punkt angebrachten Auslauf in die Form gelangte.

Das für die Geschichte des Eisens wichtigste Ereignis war Henry Bessemers Erfindung des Windfrischens, „das Bessemern", das in seiner weiteren Entwicklung auch die Gießerei, besonders den Bau der Kuppelöfen und den Stahlformguß, beeinflußte.

Mit der fortschreitenden Verdrängung des Holzkohlenbetriebs durch den Steinkohlenbetrieb im Eisenhüttenwesen verminderte sich die Zahl der Hochofengießereien und vermehrte sich die Zahl der Kuppelofengießereien. In den sechziger Jahren des vorigen Jahrhunderts erfuhren die Kuppelöfen mancherlei Verbesserungen. Man befreite sie von der Panzerung mit schweren Gußplatten und umkleidete sie statt dessen mit leichten Blechmänteln. Man baute sie höher und weiter und sorgte für eine bessere Verteilung des Windes durch zahlreiche Formen oder Schlitze. Makenzie baute einen Kuppelofen, der in den Vereinigten Staaten Verbreitung fand; bei ihm gelangte der Wind durch einen ringsumlaufenden Schlitz in den Ofen, was dadurch ermöglicht wurde,

---

[1]) Vgl. C. Irresberger: Entwicklung und gegenwärtiger Stand des Stahlformgusses und seiner Herstellungsverfahren. Stahleisen 1918, S. 356, 479.

daß Oberteil und Unterteil für sich durch Säulen getragen wurden und der Oberteil eine eingezogene Rast hatte, zwischen deren unterem Rand und dem oberen des weiteren Eisenkastens eine kreisförmige Öffnung blieb. Der Boden des Ofens war frei und mit einer beweglichen Eisenplatte verschlossen.

Bei dem von Heinrich Krigar erfundenen Ofen tritt der Wind erst in einen gemauerten, den Ofen umgebenden ringförmigen Kasten, von wo er durch Schlitze im Boden in den erweiterten Eisenkasten und von da erst aufwärts in den Ofenschacht gelangt. In dem Ringkasten wurde der Wind vorgewärmt. Der Ofen arbeitete sehr wirtschaftlich mit geringem Koksverbrauch. Bei dem Ofen von Price (1863) bestand der untere Teil des Ofens aus eisernen Kasten, durch die Wasser floß. Der Kuppelofen der Gebrüder Woodward, der in England in Aufnahme kam, schmolz ohne Gebläse, indem ein in das eiserne Abzugsrohr über der Gicht eintretender Dampfstrahl, ähnlich wie bei den Lokomotiven, die Luft ansaugte. — Zugöfen mit hoher Esse ohne Gebläse hatten Zintgraff und später (1868) Richard Canham in England angegeben.

Das Bestreben, die Güte des Gußeisens zu verbessern, führte zu mancherlei Erfindungen. Im amerikanischen Bürgerkrieg kam für den Guß schwerer Schiffsgeschütze Rodmans Gießverfahren auf, bei dem man den hohlen Kern mit Wasser kühlte, die Form aber von außen erwärmte, wodurch eine gleichmäßigere Erkaltung und ein dichter fester Guß erzielt werden sollte. Zu Creuzot stellte man Hartgußwalzen in der Weise dar, daß man erst eine dünne Schicht von weißem Eisen goß und den Hohlraum nach dem Erkalten mit grauem Eisen ausfüllte. Bessemer lieferte ein „verbessertes Gießereieisen" durch Vermischen von flüssigem weichem Bessemerstahl mit flüssigem Roheisen. In ähnlicher Weise stellten Emil und Pierre Martin (Vater und Sohn) aus ihrem 1864 erfundenen Flammofenflußstahl durch Vermischen mit Roheisen ihr „metal mixte" dar.

R. Mallet erzielte dichtere Güsse durch Gießen unter Druck. Dasselbe wollte Harrison in Philadelphia beim Röhrenguß durch Auspumpen der Luft aus den Formen erreichen. Andere suchten durch Zusätze ein festeres Gußeisen herzustellen. Le Quens Versuche in Brest mit einem Zusatz von Wolfram erregten Beachtung. Verbesserte Gießpfannen von Mandley 1863 und von Vanboß 1870 sollten verhindern, daß Schlacke mit in die Form gelangen konnte. In England ersetzte man die schweren gußeisernen Formkasten durch leichtere aus Eisenblech. Solche fertigte in Deutschland seit Anfang der sechziger Jahre A. Stotz in Stuttgart.

Formmaschinen erlangten zuerst in England größere Verbreitung. Von den für gewöhnlichen Kastenguß verwendeten unterschied man solche zum Ausziehen des Modells ohne Umkehrung und solche mit Umkehrung der Kasten. Zu ersteren gehörte die von J. Howard in Bradford erfundene, zu der zweiten Art die von Jobson. Eine verbesserte Zahnradformmaschine wurde G. L. Scott 1865 in England patentiert, die auch in Deutschland Anwendung fand. Bei der Röhrengießerei sind eine Röhrenformmaschine von Sheriff zu erwähnen, sowie Cochranes verstellbare Kernspindeln für verschiedene Durchmesser. 1867 führte Tangy eine Röhrenpresse mit Druckwasserbetrieb ein. Den ersten Drehtisch erfand Barret 1861. Er führte die abzugießenden Formen selbsttätig der Gießpfanne oder dem Schmelzofen zu und ermöglichte dadurch das rasche Abgießen einer größeren Zahl gleichartiger Gegenstände.

Das von den Brüdern Root in Connelsville (Indiana) erfundene Kapselgebläse (Roots blower), das durch die Pariser Weltausstellung 1867 in Europa bekannt wurde, fand rasch Eingang und verdrängte vielfach die Ventilatoren, von welch letzteren in Deutschland die von Schiele die meistverwendeten waren. Neben dem Stahlguß kam der Temperguß immer mehr in Aufnahme.

Die Fortschritte in der Eisengießerei seit dem Jahre 1870 sind mannigfaltig und bedeutend; sie hängen aber so eng mit dem gegenwärtigen Zustand des Gießereiwesens zusammen, daß sie zum größten Teil in den folgenden Abschnitten Erwähnung finden werden. Aus diesem Grunde und weil ein Eingehen auf Einzelheiten zu weitläufig werden würde, soll für diese neuere und neueste Zeit nur eine kurze Übersicht gegeben werden. Die Fortschritte beziehen sich auf Theorie und Praxis, auf Erkenntnis und Ausführung.

Das theoretische Verständnis wurde besonders gefördert durch das Studium der neuen Flußstahlverfahren von Bessemer, Siemens-Martin und seit 1878 von Thomas, durch welches das basische Schmelzverfahren in Aufnahme kam. Man lernte die Rolle und Bedeutung von Silizium und Phosphor genau erkennen und das Verständnis der mannigfachen Eisen-Kohlenstoffverbindungen wurde vertieft. Durch die mikroskopische Untersuchung der Dünnschliffe von Eisen und Stahl entstand ein ganz neuer Zweig der chemischen Wissenschaft, die Mikrochemie. Alle diese Entdeckungen und Untersuchungen führten auch zu größerer Klarheit über die Vorgänge bei der Eisengießerei. Die wichtigste Rolle des Siliziums im Gußeisen wurde jetzt erst erkannt. Vordem hatte man das Silizium für einen schädlichen Bestandteil im Gießereieisen gehalten, was hauptsächlich daher kam, daß man alle Mängel des unreinen Koksroheisens gegenüber dem Holzkohlenroheisen dem höheren Siliziumgehalt zuschrieb. A. Ledebur hatte diese Ansicht schon früher bekämpft und auf die Wichtigkeit des Siliziums im Gießereieisen hingewiesen, aber erst die Untersuchungen des Engländers Th. Turner 1886 fanden allgemeine Beachtung. Turners Angabe, daß ein Siliziumgehalt in gewissen Grenzen das Gußeisen verbessere und glatte Güsse liefere, wurde durch weitere Untersuchungen von F. Gautier und C. Jüngst in Gleiwitz bestätigt. Der von Gautier empfohlene Zusatz von Eisensilizid oder Ferrosilizium zu weißem Roheisen zur Erzeugung eines guten Gußeisens fand besonders in Frankreich Anwendung. Jüngst fand, daß so hergestelltes Gußeisen sich durch hohe Festigkeit, geringe Schwindung und geringere Neigung zum Abschrecken auszeichnet [1]. Die Erkenntnis der Wichtigkeit des Siliziumgehaltes wurde bald so allgemein, daß der Wert des Gießereieisens vielfach danach geschätzt wurde. Die Bedeutung des Phosphors im Roheisen wurde durch das Studium des Thomasprozesses genauer bekannt.

Sorgfältige Untersuchungen, besonders auch der Mikrochemie, verbreiteten Licht über die Eisen-Kohlenstoffverbindungen, die nicht nur den Unterschied zwischen Schmiedeisen, Stahl und Roheisen, sondern auch den der Roheisenarten grau, halbiert, weiß, Spiegel, bedingen. Während man sich früher mit der Unterscheidung gebundenen und ungebundenen Kohlenstoffes begnügt hatte, erkannte man jetzt, daß die Eisen- und Stahlarten Legierungen verschiedener Kohlen-Eisenverbindungen sind, die nach dem Erstarren sich ganz oder zum Teil ausscheiden und die Verschiedenheit der Eisenarten beeinflussen. Um diese Untersuchungen haben sich besonders Sorby, Wedding, Ledebur, Osmond, Martens, Garrison, Howe, Heyn, Wüst und andere verdient gemacht. Früher schon hatte Karsten ein Drittelkarburet im Eisen angenommen, diesem entsprach der Zementit, neben dem man Ferrit (reines Eisen), Sorbit, Martensit, Perlit und Troostit unterschied.

Für die Eisengießerei war ferner die genauere Erforschung des Verhaltens von Aluminium zum Eisen von praktischem Werte. Aluminium, flüssigem Roheisen zugesetzt, übt eine energische, reinigende Wirkung dadurch aus, daß es alle beigemengten Sauerstoffverbindungen reduziert. Da hierbei Wärme entwickelt wird, macht es das Eisen zugleich dünnflüssiger. Diese beiden Eigenschaften werden in der Eisengießerei benutzt. Auf ihr beruht auch die Erfindung des „Mitisgusses" in den achtziger Jahren.

Die chemische Analyse hat ebenfalls in der Eisengießerei immer mehr Anerkennung und Verwendung gefunden. Während man früher das Roheisen nach seinem Bruchaussehen bewertete, ist jetzt die chemische Zusammensetzung, nach der es gekauft und gattiert wird, hierfür bestimmend. Die physikalischen Eigenschaften des Gußeisens, besonders seine Festigkeit, wurden durch verbesserte Prüfverfahren, durch Zerreiß-, Biege- und Schlagproben ermittelt. Es wurden besondere Material-Prüfungsanstalten von Bauschinger in München und von Martens in Berlin errichtet.

Bei den Schmelzöfen wurden zahlreiche Neuerungen eingeführt. Für Tiegelschmelzung baute Piat einen beweglichen Ofen, der das Ausgießen ohne Herausnahme des Tiegels gestattet und der mit Réaumurs Kippofen große Ähnlichkeit hat. Diese

---

[1] C. Jüngst: Schmelzversuche mit Ferrosilizium. Zeitschr. f. Berg-, Hütten- u. Salinenwesen 1890, S. 1, auszüglich Stahleisen 1890, S. 292.

Bauweise wurde von R. Baumann um 1890 in seinem Vorwärm-Tiegelofen noch verbessert. Bei den Flammöfen kam Gasfeuerung mit niedergezogenen Gewölben in Anwendung.

Zahlreiche Verbesserungen wurden bei den Kuppelöfen gemacht. Swain in Oldham führte 1873 einen geschlossenen Vorherd, in den das Eisen aus dem Schmelzraum abfloß, ein. Der 1875 von Voisin gebaute Kuppelofen hatte zwei übereinanderliegende Düsenreihen. Die obere, die 65 cm über der unteren lag, sollte das Kohlenoxydgas des aufsteigenden Gasstromes vollständig verbrennen und dadurch den Koksverbrauch vermindern. Hamelius leitete den Wind in einen ringförmigen Kasten, aus dem sämtliche Düsen gespeist wurden. Die oberen, die enger und abstellbar waren, sollten nur während einer gewissen Zeit beim Schmelzen benutzt werden. Frank Lawrence legte 1877 drei Düsenreihen übereinander. Ibrügger zu Norden erfand 1880 einen Kuppelofen, der ebenfalls mit Windkasten und zwei Reihen schlitzförmiger Düsen versehen war. Das geschmolzene Eisen floß durch eine Öffnung im Boden in einen Sammelraum mit Vorherd, der durch die Ofengase vorgewärmt wurde. Dufréné baute 1881 einen Kuppelofen mit Gasheizung. Bei Ganz & Co. in Budapest führte Otto Gmelin 1882 einen Kuppelofen ein, dessen Schacht aus einem hohlen Doppelzylinder aus Kesselblech, durch den Wasser floß, bestand. Herbertz in Köln entwarf 1883 einen Ofen, bei dem die Gebläseluft durch Ansaugen mittels eines Dampfstrahls zugeführt wurde. Das Dampfstrahlrohr befand sich nicht über dem Schacht, wie bei Woodward, sondern war seitlich angebracht, während die Gicht durch eine Glocke verschlossen wurde, ähnlich wie bei den Hochöfen. Friedrich Krigar verbesserte 1883 seinen Kuppelofen dadurch, daß er den Vorherd nur durch einen schmalen Durchlaß mit dem Schmelzraum verband und ihn durch angesaugte Ofengase heizte. Die Windzuführung geschah durch zwei Windkasten und zwei breite in verschiedener Höhenlage befindliche Schlitze. Diese Öfen schmolzen mit sehr geringem Koksverbrauch. Greiner und Erpff brachten an ihren Öfen über dem Windkasten und den Hauptdüsen engere Winddüsen in spiralförmiger Anordnung an, die mit so geringem Druck in den Ofen bliesen, daß sie das Kohlenoxyd des aufsteigenden Gasstroms verbrannten, ohne den Koks zu entzünden. Diese in Ungarn erfundenen Öfen erlangten durch die Bemühungen von Fr. W. Lürmann ziemliche Verbreitung. Denselben Grundsatz der Verbrennung wendete J. Boult in London bei seinem Gaskuppelofen an. In den Vereinigten Staaten trennte C. Cooper bei seinem Ofen Schmelz- und Sammelraum. Beide waren von zylindrischen Blechmänteln umgeben. Thomas J. West erfand 1893 einen Ofen mit innerer Blasform. Diese soll bei großen Öfen mit den äußeren Formen eine bessere Verteilung des Windes und dadurch bessere Verbrennung bewirken.

Auch bei den Ventilatoren und Kapselgebläsen wurden vielerlei Verbesserungen eingeführt. In Nordamerika war in den siebziger Jahren das Sturtevant-Fächergebläse mit zwölf leichtgekrümmten Schaufeln am meisten in Anwendung. Farcot verbesserte 1881 den Ventilator von Lloyd. Einachsige Kapselgebläse fertigte Ellis 1876 in England und Stewart 1882 in Amerika. Hochdruckkapselgebläse bauten seit Ende der neunziger Jahre Krigar und C. H. Jäger. Zum Aufziehen der Schmelzstoffe wendete man Preßluft- oder elektrische Aufzüge an. Statt des Zerschlagens der Masseln mit Handhämmern kamen Masselbrecher auf.

Bei der Formerei kamen öfters künstliche Formsande aus reinem Sand und einem organischen Bindemittel, meist Teer, zur Verwendung. Solche Zusätze von organischen Stoffen eigneten sich besonders für Formkerne, weil diese dann nach dem Guß leichter zu entfernen waren. In Nordamerika wurde hierfür ein Zusatz von Maismehl angewendet, in Deutschland Mehl und Glutrose.

Für das Mahlen, Sieben und Mischen des Formsandes wurden zahlreiche Hilfsmaschinen eingeführt. Eine neue Kugelmühle führte 1882 P. Zimmermann in Rathenow ein. Schleudermühlen nach Carrschem Grundsatz hatten Sebold und Neff in Durlach schon 1876 gebaut. Diefenthäler und Schütze verbesserten die Schleudermühlen, die nicht nur zum Mahlen, sondern besonders auch zum Mischen des Formsandes dienten. Ähnliche Sandmischmaschinen erfanden H. Krigar 1885 und A. von der Nahmer

1886. Zum Sieben des Formsandes fand das Spiralsieb von Schmidt-Manderbach, mehr noch das wagerecht angeordnete Sieb von Max Goerke (1889) Anwendung.

Zum Wickeln der Lehmkerne verdrängten die Holzwollseile vielfach die Strohseile. Leichte Formkasten wurden fabrikmäßig aus Schmiedeisen hergestellt. Außerdem wurden Teilkasten, Abschlagformkasten, diagonal geteilte Kasten und Universalrahmen in Vorschlag und in Anwendung gebracht.

Die Formmaschinen fanden in dieser Zeit große Verbreitung. Die Verbesserungsvorschläge für dieselben sind zahllos. In Deutschland haben sich Sebold und Neff, jetzt Badische Maschinenfabrik in Durlach und Fr. Dehne in Halberstadt seit den siebziger Jahren besondere Verdienste um deren Bau und Verbreitung erworben. Auf die einzelnen Bauweisen und die vielen Sondermaschinen näher einzugehen, würde zu weit führen. Abgesehen von den letzteren zerfallen die gebräuchlichen Formmaschinen je nach der Art der Trennung von Modell und Form in Maschinen mit Abhebestiften, Wendeplatten- und Durchziehformmaschinen. Anfänglich geschahen die Bewegungen an der Formmaschine mit der Hand durch Hebel- oder Zahngetriebe. Die Pressung des Formsandes beim Formen erfolgte in der bei der Handformerei üblichen Weise durch Einstampfen mit der Hand, aber schon in den sechziger Jahren ging man zu maschineller Pressung mittels Preßluft oder Druckwasser über. Diese Art des Einformens im Sand ist seitdem mehr und mehr verbessert und zu immer allgemeinerer Anwendung gebracht worden. Die mit Druckwasser bewegten Formmaschinen haben sich am meisten bewährt und die ausgebreitetste Anwendung gefunden. In Deutschland haben sich die Badische Maschinenfabrik, S. Weber, Bopp und Reuther, S. Oppenheim u. a. darum verdient gemacht. Neben den Modellformmaschinen kamen die Kernformmaschinen seit etwa 1890 in Aufnahme.

Zum Einpressen des Sandes dienten außer dem Wasser- und Luftdruck besondere Stampfmaschinen, wie die von Eames und Broadmeadow 1874, von E. de Simon 1880, Math. Rob. Moore 1887 und von Krüger 1894. Körting benutzte 1884 statt der Stampfer Walzen zum Eindrücken des Sandes für die Formen seiner Heizkörper. Ein weiterer Fortschritt war seit 1899 die Einführung doppelseitiger Pressung und der Drehtischformmaschinen, wie sie in Wasseralfingen zur Anwendung kamen [1]).

Zum Einstampfen des Formsandes kamen Preßluftstampfer zuerst in Amerika auf. Die Verbindung von Form- und Stampfmaschinen mit mechanischer Fortbewegung der fertigen Formkasten zu den Trocken- und Schmelzöfen hat die Leistungsfähigkeit von Gießereien, die Sondergußwaren herstellen, außerordentlich gesteigert. Eine solche durchgehende Maschinenformerei wurde 1883 bei Godin zu Guise in Frankreich eingeführt, und es ergab sich, daß dadurch 43 Arbeiter soviel leisteten wie vorher 300.

Für einen solchen mechanisch-selbsttätigen Gießereibetrieb war die Erfindung von Drehtischen und ähnlichen Beförderungsmitteln zum Bewegen der Formkasten ein wichtiger Fortschritt. Eine der großartigsten Einrichtungen dieser Art hatte die Westinghouse-Luftbremsen-Gesellschaft zu Wilmerding bei Pittsburg 1890 in Betrieb. Die fertigen Formkasten bewegen sich auf 158 auf Rädern laufenden Tischen, die untereinander so verbunden sind, daß sie eine endlose Kette bilden. Diese bringen sie zu den Abstichöffnungen der Kuppelöfen, wo sie gegossen werden, dann in den Putzraum, wo sie entleert werden und wo die Gußstücke in große Scheuertrommeln fallen, während die leeren Formkasten zu Fülltrichtern und dann zu den an der Außenseite der Tischkette stehenden Druckwasser-Formmaschinen, wo sie von neuem zum Gießen fertig gemacht werden, gelangen. Statt der auf Rädern laufenden Tische erfand J. D. Hibbard 1893 ein um eine senkrechte Achse drehbares Gestell für die Beförderung der Kasten, das so eingerichtet war, daß die voll gegossenen Kasten nach dem Erkalten umgedreht werden konnten, so daß der Inhalt, Gußstück und Formsand, an bestimmten Plätzen herausfiel. Im Anschluß hieran erfand E. Ramsay eine Verteilungstrommel zum ununterbrochenen Gießen der einzelnen, möglichst gleichen Gußstücke. Ferner erfand H. Walker Hilfsmaschinen, die das Öffnen des Schmelzofens, das Drehen der Kasten usw. selbsttätig ausführen.

---

[1]) Vgl. E. Baur: Moderne Formmaschinen. Stahleisen 1905, S. 1307.

Die Trockenkammern haben durch zweckentsprechendere Beheizung Verbesserungen
erfahren. Für das Trocknen von Formen, die nicht in Trockenöfen gebracht werden
können, also an Ort und Stelle getrocknet werden müssen, hat man als Ersatz für das
kostspielige offene Holzkohlenfeuer oder Kokskörbe tragbare Heizöfen, deren Verbrennungsgase durch die Formen streichen, gebaut. Sie werden meist mit künstlichem
Wind betrieben.

Um die Gußstücke dichter zu machen, führte Whitworth 1874 das Gießen unter
Druck ein. Dasselbe wollten Stoudly und Drummond in Belgien, wie früher schon
Harrison, durch luftleere Formen erreichen. Auch den elektrischen Strom hat man
hierfür verwendet.

Zum Abscheiden der Schlacke von dem flüssigen Eisen beim Gießen hat eine Anzahl
von Erfindern Patente genommen auf besonders gebaute Gießpfannen, Vortrichter,
„Schäumapparate" usw. Eine weitere Reinigung oder Verbesserung des flüssigen Eisens
hat man erstrebt durch Zusätze von Metallen oder Metallegierungen, deren Herstellung
erst durch die Fortschritte der Metallurgie ermöglicht worden ist. Diese Zusätze geschehen
in der Pfanne oder im Vorherd. Der Anwendung des Aluminiums zu diesem Zweck haben
wir bereits gedacht. Sie geschieht häufig in Form des von Hans Goldschmidt erfundenen
Thermits, einer Mischung von feinverteiltem Aluminium und Eisenoxyd, das erhitzt
sich entzündet, dabei ohne Gasentwicklung hohe Verbrennungswärme erzeugt. Die
Mischung wird in Blechhülsen verpackt in der Pfanne mit Hilfe eines Drahtes zugesetzt.
Es tritt dabei eine Erhitzung und ein Aufwallen des Eisens ein, das eine gute Durchmischung und Entgasung bewirkt. Bevorzugt wird Titanthermit. In ähnlicher Weise
kann man dem Gußeisen in der Pfanne Silizium, Mangan oder andere Stoffe mittels
Ferrosilizium, das bis zu 80 % Silizium, und Ferromangan, das bis zu 75 % Mangan enthält, zuführen und es dadurch verbessern.

Der Zentrifugalguß für Hohlkörper ist von Gledhill, Whitworth, Sebenius-
Walz, Huth und anderen weiter ausgebildet worden.

Die Beförderung des flüssigen Roheisens in der Gießpfanne geschieht jetzt meist
mittels Laufkranen, die besonders seit Einführung des elektrischen Antriebs allgemeine
Anwendung gefunden und die früher gebräuchlichen Drehkrane verdrängt oder auf
die Seite gedrängt haben. Die Anwendung der Laufkrane hat den Bau und die Bauweise
der Gießhallen wesentlich beeinflußt, die jetzt als längliche, hohe Hallen mit Oberlicht
in der Art hergestellt werden, daß ein oder mehrere Laufkrane die Bodenfläche in der
Länge und Breite bestreichen können. Neben den elektrisch betriebenen Kranen sind
Druckwasser Hebezeuge, wie z. B. das von Klein in Frankenthal erfundene, und Preß-
lufthebezeuge in Anwendung. Als Hebezeuge dienen neuerdings auch Hebemagnete.
Zum Putzen der Gußstücke kamen Sandstrahlgebläse zu vielfacher Verwendung.
Man baute solche mit Dampfstrahl, größere Verbreitung fanden aber die Wind-Sand-
strahlgebläse. Solche wurden seit Anfang der achtziger Jahre von Möller, Gutmann,
Röchling, Vogel und Schemann u. a. gebaut. Zum Entfernen der Gußnähte kommen
Preßluftmeißel und Schmirgel-Schleifscheiben in Anwendung.

An Stelle des mechanischen Putzens wendet man zuweilen auch chemische Mittel
an, indem man die Gußhaut durch Beizen mit verdünnter Schwefelsäure, neuerdings
auch Flußsäure, entfernt. Zur Veredlung mancher Gußwaren gehört neben dem Emaillieren die sog. Inoxydation, die besonders bei dem Geschirrguß in Anwendung kommt.
Die Gußstücke werden in einem besonderen Ofen abwechselnd einem oxydierenden
und reduzierenden Glühen ausgesetzt, wodurch sich eine schöne bläuliche Schutzhaut
bildet. Der erste Inoxydationsofen in Deutschland wurde Mitte der achtziger Jahre
von Weigelin gebaut.

Der Eisengießerei ist ein großer Wettbewerb erwachsen durch den Stahlformguß, der besonders seit der Erfindung des Siemens-Martinverfahrens, des Stahlschmelzens
in Flammöfen mit Regenerativfeuerung, eine hohe Bedeutung vornehmlich für den
Maschinenbau erlangt hat. Man vergießt den Stahl aber auch aus kleinen Konvertern
mit saurem oder basischem Futter. In England haben die Öfen von Clapp-Griffith,
in Frankreich die von Walrand-Delattre mit mannigfachen späteren Verbesserungen

Verbreitung gefunden. Der Stahlformguß, wie er jetzt fabrikmäßig hergestellt wird, gehört der Neuzeit an, und es wird das, was über seine Entwicklung zu sagen ist, in den betreffenden Abschnitten Erwähnung finden.

Die neueste Entwicklung der Eisengießerei ist charakterisiert durch das Bestreben nach einer besseren Kontrolle durch die chemische Analyse und nach weiterer Ausbildung des mechanisch-selbsttätigen Betriebes. Für ersteren Zweck werden die Gießereien mit eigenen, von Chemikern geleiteten Versuchsanstalten ausgestattet, in denen die Betriebsstoffe, besonders Roheisen und Koks, ständig untersucht werden, sowie auch die Erzeugnisse, wo es sich um Sondereisen, wie z. B. säurebeständigen Guß, handelt [1]).

Das Streben, die Arbeit der Hand durch Maschinenarbeit zu ersetzen und zu verbessern, geht durch alle Zweige des Gießereibetriebes durch. Eine große Bedeutung hat in letzter Zeit die Aufbereitung, Mischung, Fortbewegung und Verteilung des Formsandes erlangt. Zur Aufbereitung des gebrauchten Formsandes verwendet man Eisenabscheider, die das Spritzeisen durch Elektromagnete abscheiden. Zum Zerkleinern von Steinsand dienen Steinbrecher mit Hartgußbacken oder für weichen Sandstein Zahnwalzwerke. Das Feinmahlen geschieht durch Kollergänge, Kugelmühlen, Pendelmühlen, besonders durch die Griffinmühle. Zum Mischen des Sandes dienen Schleudermühlen. In größeren Gießereien wird der Formsand in Silos aufbewahrt. Sehr vervollkommnet sind die Beförderungsvorrichtungen durch Aufgabeapparate, Becherwerke, Schüttelrinnen, Transportbänder, Kratzentransporteure. Zum Sieben des Formsandes dienen Schüttelsiebe. Zum Trocknen des Formsandes kommen Trockentrommeln in Anwendung.

Der Formsand wird den Formmaschinen zugeführt und durch Druckwasser oder Preßluft gepreßt. Für letzteren Zweck hat man neuerdings besondere Preßluftanlagen, die auch für das Putzen der Gußstücke dienen. In neuerer Zeit haben sich Rüttelformmaschinen bewährt. Auch bei den Formmaschinen ist der elektrische Betrieb in Anwendung gekommen. Zum Eingießen des flüssigen Eisens in die Formen hat man Gießmaschinen gebaut. So wird mehr und mehr der Betrieb einer Gießerei von der Zufuhr des Formsandes und der Rohstoffe bis zur Ablieferung des geputzten fertigen Gußstücks eine geschlossene Kette maschineller Arbeit, die möglichst selbsttätig ineinander greift und die trotz der Kostspieligkeit der Anlage sich bezahlt macht durch die Ersparnis an Löhnen.

Infolge des gewaltigen Aufschwungs, den die Walzeisenindustrie seit der Erfindung der Flußeisen- und Flußstahlerzeugung durch Bessemer, Martin und Thomas erfahren hat, ist das Gußeisen auf manchen Gebieten, die es früher allein beherrschte, zurückgedrängt worden, besonders für Bauguß; bei den heutigen Eisenkonstruktionen kommt fast nur Walzeisen in Anwendung. Ebenso hat der Stahlformguß namentlich im Maschinenbau den Eisenguß vielfach ersetzt. Trotzdem hat die Gußwarenerzeugung nicht abgenommen, sondern ist immer noch im Zunehmen begriffen. Das Gießereiwesen bietet nach wie vor einen wichtigen Zweig der Eisenindustrie und wird sich seine Bedeutung auch in Zukunft erhalten.

*   *   *

Nachtrag.
Von Dr.-Ing. C. Geiger.

Der Abriß der Geschichte der Eisen- und Stahlgießerei, den Beck auf den vorstehenden Seiten gegeben hat, schließt kurz vor der Jahrhundertwende ab. Die seither in Wissenschaft und Betrieb erreichten Fortschritte werden in den Einzelschilderungen der folgenden Abschnitte beschrieben werden, während die wachsende wirtschaftliche Bedeutung der Eisen- und Stahlgießerei in den letzten Jahrzehnten aus den Tafeln des Abschnitts III erhellt.

---

[1]) Vgl. hierzu E. H. Schulz: Aufgaben und Organisation der Versuchsanstalten in Gießereien und Hüttenwerken. Gieß.-Ztg. 1922, S. 569.

Hier muß noch eine kleine Lücke ausgefüllt werden durch einen kurzen Überblick über die Geschichte der Zusammenschlußbestrebungen der Gießereien und der Gießereifachleute zwecks Vertretung und Förderung ihrer wirtschaftlichen und technischen Belange.

Wirtschaftliche Verbände.

Die Versuche der Eisengießereien, durch Preisvereinigungen einem zu starken Fallen der Preise ihrer Erzeugnisse entgegenzuwirken, haben schon frühzeitig eingesetzt. Sie führten unter Leitung der Preisvereinigung über Gußwaren in Rheinland und Westfalen, wo die Gießereien am dichtesten saßen, dazu, daß im Jahre 1869 zu Hannover der Verein Deutscher Eisengießereien von 15 altangesehenen Gießereien, in der Mehrzahl ehemalige Holzkohlenhochofenwerke, gegründet wurde. Damit war der erste deutsche wirtschaftliche Verein geschaffen. Nach seinen Richtlinien hatte er die wirtschaftlichen und technischen Interessen des Gießereigewerbes für die Gebiete des Graugusses zu wahren. Es wurde schon damals anerkannt, daß die Auffassung einzelner, die sich bemühten, „die wahren oder vermeintlichen Vorzüge ihrer Fabrikation und Erfahrungen geheim zu halten", nicht die richtige ist, daß vielmehr der Vorteil von Beratungen, der Austausch der Ansichten und Erfahrungen für die technische Entwicklung einer Industrie im allgemeinen nicht unterschätzt werden darf. Der einzelne kann hierbei nur gewinnen, nicht verlieren [1]).

Im Innern gliederte sich der neue Verein nach Landschaftsgruppen, von denen anfänglich sieben bestanden. Die Zahl von rund 250 Mitgliedern, die der Verein anfangs der 1890er Jahre erreicht hatte, stieg bis auf gegen 600 kurz vor dem Kriege.

Im November 1913 wurde zu Berlin, veranlaßt durch die Preispolitik des Vereins Deutscher Eisengießereien, ein Gegenverein „Gießereiverband" gegründet, der seine Stütze hauptsächlich in mittel- und ostdeutschen Gießereien fand. Er erstrebte insbesondere die Erlangung günstiger Frachtverhältnisse für die Gießereien, die Berücksichtigung ihrer Interessen beim Abschluß von Zoll- und Handelsverträgen und der Festsetzung von Ausfuhrvergütungen und die Erzielung vorteilhafter Preise und Lieferungsbedingungen bei Beschaffung der Rohstoffe durch die Mitglieder. Beabsichtigt war auch eine gemeinschaftliche Beschaffung gewisser Rohstoffe. Seine Mitgliederzahl stieg rasch auf beinahe 300. Die gemeinsamen wirtschaftlichen Arbeiten während des Krieges brachten die zwei Vereine einander näher, und Ende 1919 kam es, nachdem unter den Verhältnissen, die für die Industrie nach dem Kriege entstanden waren, die früher trennenden Punkte an Bedeutung erheblich eingebüßt hatten, zu einer Verschmelzung, wobei der Name „Verein Deutscher Eisengießereien, Gießereiverband" angenommen wurde.

Dem Verein Deutscher Eisengießereien hatten die Kriegsjahre einen Masseneintritt von Mitgliedern gebracht. Bei etwa 1250 Firmenmitgliedern umfaßte der Verein Deutscher Eisengießereien, Gießereiverband, im Jahre 1923, zumal kein Werk von Bedeutung fehlt, mehr als $^3/_4$ des Eisengießereigewerbes.

Herbst 1924 bestanden folgende Landschaftsgruppen [2]):

1. Niederrheinisch-Westfälische Gruppe der Handelsgießereien (Lünen). 2. Niederrheinisch-Westfälische Gruppe für Bau- und Maschinenguß (Gelsenkirchen) mit folgenden Untergruppen: Dortmund-Münster, Bielefeld-Osnabrück, Barmen-Elberfeld, Düsseldorf-Duisburg, Bochum-Essen, Siegerland, Hagen. 3. Rheinische Gruppe (Köln-Kalk). 4. Ostfriesisch-Oldenburgische Gruppe (Leer, Ostfriesland). 5. Hannoversche, Elb- und Harzgruppe (Tangerhütte). 6. Thüringer Gruppe (Erfurt). 7. Mitteldeutsch-Sächsische

---

[1]) Näheres vgl. Festschrift zur 50. Hauptversammlung des Vereins Deutscher Eisengießereien, Gießereiverband. Düsseldorf 1920.

[2]) Ausführliche Angaben s. Gießereihandbuch, herausgegeben vom Verein Deutscher Eisengießereien in Düsseldorf. München und Berlin 1922.

Gruppe (Schönheiderhammer, Sa.). 8. Vereinigte Hessen-Nassauische Gruppen, Abt. Handelsguß (Justushütte, Kreis Biedenkopf) und Abt. Maschinenguß (Frankfurt-Main-Rödelheim). 9. Pfälzische Gruppe (Eisenberg, Rheinpfalz). 10. Saargruppe (Saarbrücken). 11. Bayerische Gruppe (München). 12. Württembergische Gruppe (Eßlingen). 13. Badische Gruppe (Durlach). 14. Schlesische Gruppe (Görlitz). Abt. für Maschinenguß (Bunzlau) und Abt. für Handelsguß (Neusalz). 15. Ostgruppe (Berlin NW 87). 16. Verein Norddeutscher Eisengießereien, Gruppe des V. D. E. (Hamburg). 17. Gruppe Ostpreußen (Königsberg).

Darüber hinaus bildeten sich örtliche Preisverbände und für bestimmte Gußwaren festgefügte Fachverbände. Von diesen sind dem Verein Deutscher Eisengießereien als körperschaftliche Mitglieder angeschlossen [1]):

1. Abflußrohr-Syndikat G. m. b. H. (Berlin NW 6). 2. Bremsklotz-Vereinigung (Gelsenkirchen). 3. Dachfenster-Verkaufs-Vereinigung (Cassel). 4. Deutsche Abfluß-rohr-Verkaufsstelle G. m. b. H. (Frankfurt a. M.). 5. Deutscher Gußrohr-Verband, G. m. b. H. (Köln). 6. Gußemaille-Ausfuhrverband (Lauchhammer). 7. Gußfenster-Verband (Isselburger Hütte, Isselburg). 8. Gußgeschirr-Verband G. m. b. H. (Berlin NW 6). 9. Kesselverständigung (Mannheim). 10. Ostdeutsch-Sächsischer Hüttenverein [2]) (Eulau-Wilhelmshütte b. Sprottau). 11. Radiatoren- und Kessel-Verkaufsvereinigung G. m. b. H. (Wetzlar). 12. Radiatorenverständigung (Wetzlar). 13. Vereinigung deutscher Eisenofenfabrikanten (Cassel). 14. Vereinigung deutscher Kesselofenfabrikanten (Cassel). 15. Vereinigung westdeutscher Topfgußfabrikanten (Cassel). 16. Vereinigte Walzengießereien (Siegen).

Seit dem Jahre 1914 gibt der Verein Deutscher Eisengießereien, der seit 1906 seinen Sitz in Düsseldorf hat, eine eigene Zeitschrift für die Wirtschaft und Technik des Gießereiwesens „Die Gießerei" (Verlag R. Oldenbourg in München) heraus, während er vordem anfangs zwanglos, später monatlich erscheinende wirtschaftliche Mitteilungen an seine Mitglieder versandt hatte.

Der Verein deutscher Tempergießereien mit dem Sitz in Hagen i. W. wurde im Jahre 1896 gegründet. Sein Ziel ist die Wahrung der gemeinsamen Belange seiner Mitglieder, insbesondere gegenseitige Unterstützung bei größeren Betriebsstörungen durch Übernahme von Aufträgen bzw. Aushilfe mit Arbeitskräften und Regelung der Vereinspreise.

Im Jahre 1902 wurde zu Düsseldorf ein Stahlformgußverband gegründet, der bis 1910 bestand. In der Kriegszeit schloß sich in enger Anlehnung an den Verein Deutscher Eisengießereien eine größere Anzahl Stahlformgießereien zum Zweckverband deutscher Stahlformgießereien zusammen, der rein wirtschaftliche Zwecke verfolgte und in erster Linie als Organisation zur Regelung der Munitionserzeugung der Stahlgießereien gedacht war. Aus ihm entwickelte sich alsdann im Jahre 1919 der Verein deutscher Stahlformgießereien mit dem Sitz in Düsseldorf. Seine Ziele sind Vertretung und Wahrnehmung der gemeinsamen Belange der deutschen Stahlgießereien in technischer und wirtschaftlicher Beziehung und Förderung des Verbrauches von Stahlformguß. Mitglieder können nur deutsche Stahlformgießereien werden; persönliche Mitglieder werden nicht geführt. Der Verein arbeitet zur Durchführung seiner Ziele Hand in Hand mit dem Verein deutscher Eisenhüttenleute. Sein Organ ist die Zeitschrift „Stahl und Eisen".

Die Vertretung der gemeinsamen wirtschaftlichen Belange der Metallgießereien hat der im Jahre 1920 gegründete Gesamtverband Deutscher Metallgießereien in Hagen i. W. übernommen. Er zerfällt in 9 Landschafts- und 2 Fachgruppen. Sein Vereinsorgan ist die „Gießereizeitung".

---

[1]) Ausführliche Angaben s. Gießereihandbuch, herausgegeben vom Verein Deutscher Eisengießereien in Düsseldorf. München und Berlin 1922.

[2]) Der Ostdeutsch-Sächsische Hüttenverein ist ein Landschafts- und Preisverband zu gleicher Zeit, der Handelsgußwaren aller Art umfaßt.

An kleineren Verbänden wirtschaftlicher Art im Gießereifach sind zu nennen [1]:

Vereinigung deutscher Kunstguß-Fabrikanten (Cossebaude b. Dresden).
Abflußrohr-Syndikat G. m. b. H. (Berlin NW 6).
Preiskonvention für geeichte Gewichte (Eulau-Wilhelmshütte b. Sprottau).
Preisvereinigung der schottischen Röhren (Frankfurt a. M.).
Spülkasten-Vereinigung (Hirzenhain, Hessen).
Verband deutscher Herdfabrikanten G. m. b. H. (Hagen i. W.).

Technisch-wissenschaftliche Gemeinschaftsarbeiten.

Neben den wirtschaftlichen Aufgaben des Vereins Deutscher Eisengießereien traten die technischen Arbeiten im Laufe der Jahre mehr und mehr zurück, und so kam es, daß um das Jahr 1903 der Plan, eine technische Organisation für das Gießereiwesen ins Leben zu rufen, auftauchte. Den gemeinsamen Bemühungen des Vereins deutscher Eisenhüttenleute [2] und des Vereins Deutscher Eisengießereien gelang es 1904, an Stelle eines unter den damaligen Verhältnissen kaum lebensfähigen technischen Vereins die stark versprengten Belange auf dem Gebiete des Gießereigewerbes in dem „Ausschuß zur Förderung des Gießereiwesens" zusammenzufassen, der unter voller Wahrung der Selbständigkeit beider Vereine von diesen mit einer jeweils gleichen Anzahl von Vertretern beschickt wurde. Gleichzeitig beschloß der Verein Deutscher Eisengießereien, die Zeitschrift „Stahl und Eisen" als technisches Vereinsorgan seinen sämtlichen Mitgliedern zuzustellen, wogegen der Verein deutscher Eisenhüttenleute in „Stahl und Eisen" eine besondere Abteilung für das Gießereiwesen einrichtete. Der genannte Ausschuß hat in der Folge sich mit der gemeinsamen Durchführung von Versuchsarbeiten beschäftigt und ferner jährlich zwei bis drei „Versammlungen deutscher Gießereifachleute" im Anschluß an die Hauptversammlungen der beiden Vereine einberufen, auf denen technische Vorträge gehalten wurden.

Im Jahre 1908 war unter Führung eines Kreises um die Schriftleitung der 1904 gegründeten Gießereizeitung (Verlag Mosse, Berlin) eine Bewegung aufgekommen, die darauf hinauslief, einen Fachverein von Gießereiingenieuren zu gründen, in dem nach dem ursprünglichen Vorhaben einiger Führer nicht nur technische Fragen erörtert, sondern auch Angelegenheiten wirtschaftlicher und namentlich sozialer Art behandelt werden sollten. Daher nahm anfangs der Ausschuß zur Förderung des Gießereiwesens gegen die 1909 erfolgte Gründung des Vereins Deutscher Gießereifachleute zu Berlin Stellung, obgleich er zugab, daß das Bedürfnis für eine engere technische Zusammenfassung der Gießereifachleute vorhanden sei, und daß dem Rechnung getragen werden müsse. Die kurz vor dem Krieg im Ausschuß zur Förderung des Gießereiwesens eingesetzten Reformbestrebungen ruhten indes, ebenso wie die übrigen Arbeiten, abgesehen von der Abhaltung einiger Vortragsabende, während des Krieges vollständig.

Der Verein deutscher Gießereifachleute hatte bald seine sozialen und wirtschaftlichen Absichten fallen gelassen, so daß sein Ziel die Förderung des gesamten Gießerei-

---

[1] Ausführliche Angaben s. Gießereihandbuch, herausgegeben vom Verein Deutscher Eisengießereien in Düsseldorf. München und Berlin 1922.

[2] Der Verein deutscher Eisenhüttenleute ist entstanden aus dem im Jahre 1860 gegründeten Technischen Verein für Eisenhüttenwesen. Letzterer war in den Jahren 1862/80 Zweigverein des Vereins deutscher Ingenieure. Ende 1880 wurde dieses Verhältnis in freundschaftlicher Weise gelöst und unter dem Namen Verein deutscher Eisenhüttenleute ein selbständiger Verein gegründet. Er zählte anfangs 1924 6200 persönliche Mitglieder und besitzt in Düsseldorf, Breite Str. 27, ein eigenes Vereinshaus. Seine Zeitschrift ist „Stahl und Eisen". Um die Aussprache über einzelne Fragen aus den Fachgebieten des Eisenhüttenwesens zu ermöglichen, wurden in den letzten Jahren besondere Fachausschüsse eingesetzt, deren Träger die Eisenhüttenwerke sind. So ist eine zweite Gliederung nach Fachausschüssen entstanden, von denen zu nennen sind: Erzausschuß, Hochofenausschuß, Kokereiausschuß, Ausschuß für Verwertung der Hochofenschlacke, Stahlwerksausschuß, Walzwerksausschuß, Maschinenausschuß, Werkstoffausschuß, Rechtsausschuß, Hochschulausschuß, Geschichtsausschuß.

wesens und der damit zusammenhängenden Gebiete in wissenschaftlicher und technischer Beziehung wurde. Auch änderte er seine Satzungen dahin, daß als Mitglieder nicht bloß einzelne Personen, sondern auch Firmen aufgenommen werden konnten. Außer der bereits vor dem Kriege bestehenden Brandenburgischen Gruppe (Berlin) wurden nach dem Kriege die süddeutsche Gruppe (Stuttgart,) die Westfälische Gruppe (Dortmund), die Niedersächsische Gruppe (Hannover), die Mitteldeutsche Gruppe (Magdeburg), die Sächsische Gruppe (Dresden) und die Nordwestdeutsche Gruppe (Hamburg) gebildet.

Die gemeinschaftlichen wirtschaftlichen Arbeiten während des Krieges brachten auch eine Annäherung an den Verein Deutscher Eisengießereien, die im Jahre 1918 den Abschluß eines Kartells zwischen dem Verein Deutscher Eisengießereien und dem Verein Deutscher Gießereifachleute zur Folge hatte. Daher löste sich im Frühjahr 1919 der Ausschuß zur Förderung des Gießereiwesens auf, und an seine Stelle trat der Technische Hauptausschuß für Gießereiwesen, der im Oktober 1919 gelegentlich der Hauptversammlung des Vereins Deutscher Eisengießereien in Bad Harzburg gegründet wurde und dem sich sofort folgende 4 Vereine anschlossen: Verein Deutscher Eisengießereien, Verein deutscher Eisenhüttenleute, Verein Deutscher Gießereifachleute und Verein deutscher Stahlformgießereien. Im Jahre 1923 trat auch der Gesamtverband Deutscher Metallgießereien bei. Gleich dem früheren Ausschuß zur Förderung des Gießereiwesens veranstaltet der Technische Hauptausschuß Wanderversammlungen mit technischen Vorträgen, zu denen die Mitglieder der vier Vereine Zutritt haben. Die Ausführung der technischen Arbeiten dagegen wird von den einzelnen Vereinen nach vorheriger Verabredung übernommen. Die Zusammensetzung des Technischen Hauptausschusses ist in der Weise gebildet, daß von jedem der angeschlossenen Vereine eine bestimmte Anzahl Mitglieder und Stellvertreter entsandt wird. Die Geschäftsführung wechselt alle zwei Jahre unter den angeschlossenen Vereinen. Die Tätigkeit dieser Spitzenorganisation hat auch anregend auf die einzelnen Vereine gewirkt, so daß sich innerhalb derselben Ausschüsse für die Lösung technischer Aufgaben gebildet haben.

Im Sommer 1922 gründeten die im Technischen Hauptausschuß vereinigten Verbände gemeinsam mit dem Normenausschuß der Deutschen Industrie (Sitz: Berlin NW 7, Sommerstr. 4a, Verein deutscher Ingenieure) zur einheitlichen Weiterführung der von letzterem aufgenommenen Normungsarbeiten auf den Gebieten des Gießereiwesens den Fachnormenausschuß für das Gießereiwesen GJNA (Sitz: Düsseldorf, Graf Reckestr. 69). Dieser gliedert sich weiter in Werkstoffausschüsse, z. B. für Gußeisen, Temperguß, Stahlformguß, Nichteisenmetalle; in Arbeitsausschüsse, denen die Behandlung bestimmter Aufgaben zugewiesen ist, wie z. B. Schaffung einheitlicher Anstrichfarben der Modelle, einheitlicher Formkastengrößen, und in Fachausschüsse zur Aufstellung von Fachnormen, z. B. für Abflußrohre, für Kanalisationsgegenstände.

Als weitere technische Organisation ist endlich der Deutsche Formermeisterbund mit dem Sitz in Hannover zu nennen, der jährlich zu Pfingsten seine Bundesversammlung in einer deutschen Stadt abhält und dessen Verbandsorgan die „Zeitschrift für die gesamte Gießereipraxis, Eisenzeitung" (Verlag Elsner, Berlin) ist.

Gießereifachverbände im Ausland.

Reine Gießereiverbände mit wirtschaftlichen Zielen, die in ähnlicher Weise wie der Verein Deutscher Eisengießereien die große Mehrzahl der Eisen- und Stahlgießereien umfassen, gibt es in anderen Ländern nur selten. Es seien hier genannt der Verband Deutsch-Österreichischer Eisengießereien in Wien, der Verband Schweizerischer Eisengießereien in Steckborn, Kanton Thurgau, und die Coöperatieve Vereeniging van Nederlandsche Ijzergieterijen in Amsterdam. Vielfach haben sich am gleichen Ort oder in der gleichen Provinz ansässige Gießereien zu örtlichen Einkaufs- oder Verkaufsvereinigungen zusammengetan und sind weiterhin den örtlichen Verbänden der Arbeitgeber oder der Metallindustriellen beigetreten.

Von technisch-wissenschaftlichen Fachvereinen des Auslandes sei zuerst als der bekannteste und bedeutendste genannt die American Foundrymen's Association [1]). Gegründet im Jahre 1896 hält sie seither regelmäßig jährlich eine Wanderversammlung ab, seit etwa 15 Jahren gemeinsam mit dem Institute of Metals, der früheren Brassfounder's Association, die neuerdings als Fachgruppe dem American Institute of Mining and Metallurgical Engineers angeschlossen ist. Diese Tagungen haben sich zum Mittelpunkt des gießereifachlichen Lebens von Nordamerika herausgebildet. An Veröffentlichungen gibt die Vereinigung in Form von Jahrbüchern an ihre Mitglieder die Transactions of the American Foundrymen's Association heraus, die in der Hauptsache die auf den Versammlungen gehaltenen Vorträge und erstatteten Ausschußberichte enthalten. Die bekannte halbmonatlich erscheinende Fachzeitschrift „The Foundry" ist ein Unternehmen der Penton Publishing Company in Cleveland, Ohio, und hat nur lose Beziehungen zu der Vereinigung.

In Großbritannien ist aus der British Foundrymen's Association, die hauptsächlich eine Vereinigung von Formermeistern und Inhabern kleinerer Gießereien war, als Kriegsfolge die Institution of British Foundrymen hervorgegangen. Diese hat ihren Sitz in London, unterhält aber eine Reihe von Ortsgruppen in den bedeutenderen Industriezentren. Ihr amtliches Organ ist das Foundry Trade Journal, eine in London W. C. 2 wöchentlich erscheinende Fachzeitschrift. Weiter ist im Jahre 1921 die British Cast Iron Research Association zu Birmingham gegründet worden. Ihr Zweck ist die wissenschaftliche Forschung auf den Gebieten des Eisen- und Stahlgießereiwesens. In Verfolgung dieses Ziels arbeitet sie mit den großen britischen Gesellschaften der Eisenindustrie, z. B. dem Iron and Steel-Institute in London, zusammen.

Die französische Association Technique de Fonderie mit dem Sitz in Paris wurde 1910 gegründet. Sie bildet eine technische Vereinigung von französischen Gießereifachleuten. Ihr Organ ist die monatlich erscheinende „Fonderie Moderne" (Paris).

In anderen Ländern bestehen zur Zeit keine technisch-wissenschaftlichen Vereinigungen von Bedeutung, die lediglich der Pflege des Gießereiwesens dienen.

Literatur.

Beck, L.: Die Geschichte des Eisens in technischer und kulturgeschichtlicher Beziehung. 2. Aufl. Braunschweig 1891—1901. (Fünf Bände).

Johannsen, O.: Geschichte des Eisens. Düsseldorf 1924.

Lohse, U.: Die geschichtliche Entwicklung der Eisengießerei seit Beginn des 19. Jahrhunderts. Beiträge zur Geschichte der Technik und Industrie. Jahrbuch des Vereins deutscher Ingenieure. Bd. 2. S. Berlin 1910.

Vogel, O.: Lose Blätter aus der Geschichte des Eisens: Zur Geschichte des Gießereiwesens. Stahleisen 1917, S. 400, 521, 610; 1918, S. 165, 262; Zur Geschichte der Tempergießerei. Stahleisen 1918, S. 1101, 1210; 1919, S. 1617.

Irresberger, C.: Entwicklung und gegenwärtiger Stand des Stahlformgusses und seiner Herstellungsverfahren. Stahleisen 1918, S. 356, 479.

Johannsen, O.: Die Erfindung der Eisengußtechnik. Stahleisen 1919, S. 1457, 1625.

Osann, B.: Die Entwicklung des deutschen Gießereiwesens im Laufe der letzten 100 Jahre. Festschrift zur 50. Hauptversammlung des Vereins Deutscher Eisengießereien, Gießereiverbands. Düsseldorf 1920, S. 193.

Neufeld, M. W.: Anschauungen von Stahl und Eisen im Wandel der Zeiten. Mitteil. d. K. W.-Inst. für Eisenforschung zu Düsseldorf. Bd. IV, 1922, S. 1.

Zetzsche, C.: Die künstlerische Entwicklung und Verwendung des Eisengusses. Technik und Kultur 1923, S. 37, 45, 49, 53.

---

[1]) Anfangs 1923 zählte die Vereinigung etwa 1650 persönliche Mitglieder. Vgl. Iron Age 1923. S. 363.

III. Wirtschaftsstatistische Zahlentafeln über Eisen- und Stahlgießereien[1].

Von

T. Cremer.

Allgemeines.

Zur Zeit der Entstehung der jetzigen Eisenindustrie waren, wie aus dem vorangehenden Abschnitt zu ersehen ist, die Gießereien neben den heute als Kleineisenindustrie bezeichneten Betrieben die bedeutendste Gruppe der Eisenindustrie. Das änderte sich mit dem Aufkommen der Eisenbahnen, die den ersten großen Eisenwerken, aus denen sich allmählich die Industriekolosse der gemischten Eisenwerke entwickelten, die Möglichkeit des Daseins verschafften, und mit der Steigerung der Flußeisen- und Flußstahlerzeugung, ermöglicht durch die Erfindungen von Bessemer, Martin und Thomas. Aber auch heute noch sind die deutschen Eisen- und Stahlgießereien Betriebe, deren wirtschaftliche Bedeutung selbst in Industriekreisen nicht immer richtig erkannt und voll gewürdigt wird. Sie erhellt aus folgenden Zahlen der Statistik des Jahres 1913:

1913	Anzahl der Betriebe	Anzahl der beschäftigten Personen	Erzeugnisse Mill. t	Wert der Erzeugnisse Mill. Mk.	Lohn- und Gehaltssumme Mill. Mk.
Hochofenwerke	93	42 000	16,8 Roheisen	1087,9	68
Stahlwerke	106	42 000	16,9 Rohblöcke	1486,4	
			0,205 Stahlformguß	65,7	71,4
			2,3 Thomasschlacke	46,6	
Walzwerke	174	129 000	2,94 Halbzeug	269,8	
			13,14 Fertigerzeugnisse	1907,8	205,4
			3,4 Abfallerzeugnisse	170,3	
Eisen- und Stahlgießereien	1574	154 000	3,3 Gußwaren	692,6	211

Im Jahre 1919 waren 134 600 (1920 149 000) Personen in den Gießereien beschäftigt, darunter eine große Zahl bester Facharbeiter, die sehr hoch entlohnt wurden. Für sie und ihre Familien, zusammen gegen ½ Million Seelen, ist bei ihrer Lebenshaltung die Gießereiindustrie maßgebend. Von besonderer Bedeutung ist es, daß das Gießereigewerbe mit kleinen und großen Betrieben über ganz Deutschland ziemlich gleichmäßig verteilt ist und sich nicht wie die Roheisen- und Stahlerzeugung und Walzwerkindustrie auf einige Standorte zusammendrängt (s. Abb. 4). Aus dem Umstande, daß von der deutschen Gußwarenerzeugung fast die Hälfte (1913: 1,6 Mill. t)

---

[1] Über die wirtschaftlichen Verhältnisse der Gießereien finden sich mancherlei Nachrichten in der Reichsstatistik (sog. Produktionsstatistik der Bergwerke, Hütten und Salinen, bzw. Kohlen-, Eisen- und Hüttenindustrie, in den Vierteljahrsheften der Statistik des Deutschen Reiches), in den Mitteilungen des Vereins Deutscher Eisengießereien und in der Zeitschrift „Stahl und Eisen". Gut zusammengefaßt sind diese Nachrichten in den Ausführungen von E. Leber (Stahleisen 1913, S. 346/55), ferner von O. Brandt: „Zur Geschichte der deutschen Eisengießereien", Festschrift zur 50. Hauptversammlung des Vereins Deutscher Eisengießereien, Düsseldorf 1920; aus beiden Arbeiten sind nachstehend einige Stellen wiedergegeben.

als Maschinenguß entfällt, geht hervor, daß die Kraft der deutschen Maschinenbauindustrie im wesentlichen auf der von den Gießereien geleisteten Vorarbeit beruht.

Ins rechte Licht gerückt werden die soeben angegebenen und in der Produktionsstatistik noch genauer gegliederten Erzeugnisziffern erst, wenn man sie mit denen anderer großer Industrien vergleicht. Nach E. Leber reichen [1]) weder die Gesamterzeugung aller Metallhütten, die beispielsweise im Jahre 1910 484 000 t im Werte von 289 433 000 Mk. ausmachte, noch die Zahlen der gesamten Teerindustrie oder einer anderen bedeutenden chemisch-technologischen Industrie heran. Und daß sich die so-

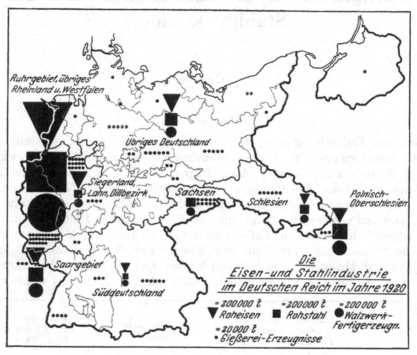

Abb. 4. Standorte der deutschen Eisenindustrie.

eben angeführten Wertziffern noch beträchtlich steigern, sobald wir Bearbeitung oder Verfeinerung hinzurechnen, liegt auf der Hand.

Vergleicht man die Durchschnittswerte für die Tonne verkaufsfertige Ware, so ergibt sich folgendes:

	1911 Mark	1918 Mark	1920 [2]) Mark	1921 [3]) Mark
Rohblöcke	86,75	187,50	1430/2650/1770	2435/3830
Stabeisen	104,65	235,00	1745/3650/2440	3200/5030
Bandeisen	133,30	265,00	1925/4050/2740	3585/5530
Walzdraht	125,85	250,00	2000/4150/2720	3500/5430
Gußwaren II. Schmelzung	183,00	512,20	—	—
Stahlformguß	336,00	889,48	—	—

Stahlformguß und Gußwaren II. Schmelzung waren also die höchstwertigen Erzeugnisse der Eisenindustrie. Es ist ferner bei der Beurteilung dieser Zahlen zu bedenken, daß die Preise für die Walzerzeugnisse annähernd richtig angegeben sind, dagegen für Gußwaren und Stahlformguß recht ungenaue Durchschnittswerte angenommen wurden, wie sich aus der Beobachtung ergibt, daß die Preise für die Tonne Grauguß 1911 in Wahrheit zwischen 100 und 400 Mk. lagen.

---

[1]) Stahleisen 1913, S. 348.
[2]) Die drei Preise bedeuten: 1. Preis am Jahresanfang; 2. höchster durch den deutschen Stahlbund festgesetzter Höchstpreis am 1. Mai; 3. Preis am Jahresende.
[3]) Die zwei Preise bedeuten: 1. Preis am 20. Oktober, 2. Preis am Jahresende.

Ferner bemerkt Leber: „Weiterhin aber dürfen wir bei einer Betrachtung über die Bedeutung des Gießereigewerbes nicht jene Unternehmungen außer acht lassen, die ihre Erzeugnisse im Gießereibetrieb absetzen. Wir wissen, daß schon vor längeren Jahren eine Industrie ins Leben trat, die heute (1913) in Blüte steht und die ausschließlich für Gießereibetriebe arbeitet. Indem ich nur oberflächlich diese Zahl überschlage, zähle ich in Deutschland schon 35 solcher Unternehmen, die lediglich Putzereimaschinen, Formmaschinen, Kuppelöfen, Aufbereitungsanlagen, Pfannen, Formkasten, Formsande und sonstigen Gießereibedarf liefern. Es folgt die große Schar derjenigen, deren Erzeugnisse zu einem erheblichen Bruchteil in Gießereien Absatz finden, der Fabriken für Transport- und Hebezeuge, für Preßluftwerkzeuge, für Gebläse und Kompressoren, für feuerfeste Stoffe; und schließlich darf das Nächstliegende nicht vergessen werden, daß die Gießerei doch ein Hauptabnehmer der Eisenhüttenwerke ist. Auch das ist ohne Zweifel kennzeichnend für die außerordentliche Entfaltung des Gießereiwesens, daß wir allein in Deutschland mindestens ein starkes Dutzend Zivilingenieure zählen, die ihre Kraft nur in den Dienst der Erbauung und Einrichtung von Gießereien gestellt haben.“

Die Roheisenerzeugung.

Roheisenerzeugung im allgemeinen. Zahlentafel 1 gibt einen Überblick über die Roheisenerzeugung der Welt und damit einen Einblick in die Entwicklung der Eisenindustrie der wichtigsten Industrieländer in den Jahren 1860—1922. Während bis über die Mitte des 19. Jahrhunderts die Roheisenerzeugung Deutschlands einschließlich Luxemburg im Vergleich zur Welterzeugung und der überragenden Stellung Englands gering war und Deutschland an der vierten Stelle der Roheisen erzeugenden Länder gestanden hatte, überflügelte letzteres mit der Jahrhundertwende die englische Eisenindustrie und hatte nächst den Vereinigten Staaten von Nord-Amerika die höchsten Leistungen aufzuweisen. England hatte bereits im Jahre 1890 den ersten Platz an die Vereinigten Staaten von Nord-Amerika abtreten müssen, die bis in die jüngste Zeit alle anderen Länder weit hinter sich gelassen haben. In den Jahren vor und nach dem Weltkriege waren die Vereinigten Staaten, Deutschland und England in ihrer eisenindustriellen Bedeutung allen anderen Ländern weit voraus. Dann folgte Frankreich, dessen Roheisenerzeugung trotz der Einverleibung von Elsaß-Lothringen bis zum Jahre 1922 die deutsche Roheisenerzeugung selbst ausschließlich der Erzeugung des Saargebietes nicht überholen konnte. Wenn im Jahre 1919, dem ersten Nachkriegsjahr, Deutschland ohne Elsaß-Lothringen und ausschließlich der Erzeugung des Saargebiets den dritten Platz unter den Eisenländern der Welt einnahm, so hat es im Jahre 1921 seine Roheisenerzeugung derart steigern können, daß es England überholte und an die zweite Stelle rückte, obgleich es diesen Platz vielleicht fast ausschließlich Einflüssen (Bergarbeiterstreiks, Arbeitslosigkeit usw.) zuzuschreiben hat, von denen sowohl England als auch die Vereinigten Staaten, deren Roheisenerzeugung ebenfalls mächtig zurückschnellte, berührt wurden. Nach den für das Jahr 1922 vorliegenden Ergebnissen haben England und Frankreich ihre Roheisenerzeugung gegenüber dem Vorjahr nicht unbedeutend steigern, aber dennoch Deutschland nicht überholen können.

Inwieweit die Roheisenerzeugung der hauptsächlichsten Länder gegenüber 1913 sich in den Nachkriegsjahren erholt hat, zeigt Zahlentafel 2.

Deutschlands Roheisenerzeugung nach Sorten. Zahlentafel 3, die über die Roheisenerzeugung des Deutschen Reiches nach Sorten Aufschluß gibt, ist für deren Beurteilung zur Gesamterzeugung besonders beachtenswert. Bis zum Jahre 1913 wurden bei allen Roheisensorten, ausgenommen Bessemer- und Puddelroheisen, die Höchsterzeugungsziffern erreicht. Vergleicht man die Angaben, unter b, so zeigen sich im Jahre 1919, das die Erzeugung des Saargebietes nicht berücksichtigt, gegenüber 1913 gewisse Verschiebungen. So ist z. B. im Verhältnis zur Gesamterzeugung die Erzeugung von Gießereiroheisen von 20,7 auf 24,3% und die Erzeugung von Stahleisen von 19,8 auf 26,9% gestiegen. Alle übrigen Roheisensorten haben 1919 gegenüber 1913 der

Zahlentafel 1.
Roheisenerzeugung der Welt.
(In 1000 t.)

Land	1860	1870	1880	1890	1900	1905	1910	1911	1912	1913	1914	1915	1916	1917	1918	1919	1920	1921	1922
Deutsches Reich mit Luxemburg	529	1346	2729	4658	8521	10988	14793	15579	17869	19309	14390	11790	13285	13142	—	—	—	—	—
Deutsches Reich ohne Elsaß-Lothringen[1]	—	—	—	3459	6026	8451	10378	—	—	—	—	—	—	—	9208	5654[2]	6388[1]	7620[3]	6299[3]
Luxemburg	—	—	—	559	971	1368	1683	1729	2396	2548	1827	1591	1951	1528	1267	617	693	970	1686
Großbritannien und Irland	3888	6059	7873	8031	9103	9762	10172	9679	8891	10650	9067	8934	9193	9571	9218	7516	8163	2653	4978
Frankreich	894	1178	1725	1962	2714	3077	4038	4426	4939	5207	2691	586	1489	1735	1306	2412	3434	3417	5087
Rußland	298	360	449	928	2896	2712	3040	3593	4198	4556	4261	3697	3738	1700	213	102	115	117	127
Belgien	320	565	608	788	1019	1311	1852	2046	2298	2485	1454	68	128	8	—	251	1116	872	1606
Österreich-Ungarn	313	403	464	965	1495	1584	2010	2099	2260	2381	1988	1959	2418	2300	1200	62	100[4]	224[4]	323[4]
Schweden	221	293	406	456	527	539	604	634	700	730	640	761	733	829	762	494	471	314	356
Spanien	43	54	86	171	290	394	373	409	403	425	431	440	498	358	387	294	251	347	—
Italien	26	20	20	14	24	143	352	303	373	431	386	378	480	471	314	240	88	60	91
Vereinigte Staaten von Nordamerika	834	1692	3897	9350	14010	23360	27740	24028	30203	31462	23706	30385	40066	39239	39680	31512	37517	16955	27655
Kanada	—	—	—	20	88	475	752	838	927	1031	717	839	1087	1103	1124	877	1015	626	389
Übrige Länder der Erde	80	100	100	230	600	655	—	—	—	—	—	—	—	—	—	—	—	—	—
Im ganzen	7466	12105	18383	27618	41240	54984	66352	63252	75000	80000	60000	60000	71000	70000	67000	52000	59000	36500	50500

[1] Ab 1905 bis einschl. 1917 nach der Statistik des Vereins Deutscher Eisen- und Stahl-Industrieller, für die übrigen Jahre nach der Reichsstatistik.
[2] Ohne Erzeugung im Saargebiet.
[3] Geschätzt.
[4] Österreich, jetziger Gebietsumfang.

Zahlentafel 2.

Erzeugung an Roheisen in den Nachkriegsjahren gegen 1913 in Prozenten.

(1913 = 100 gesetzt.)

Länder	1919	1920	1921	1922
Deutschland (jetziger Gebietsumfang, jedoch ohne Saargebiet) [1]	49,0	55,4	66,1 [2]	54,6 [2]
Großbritannien	70,6	76,6	24,9	46,7
Frankreich	46,3	65,9	65,6	97,9
Belgien	10,1	44,9	35,1	64,6
Vereinigte Staaten von Nord-Amerika	100,2	119,2	53,9	87,9
Welterzeugung	65,—	73,8	45,6	63,1

Zahlentafel 3.

Roheisen-Erzeugung im Deutschen Reiche nach Sorten [3].

Jahr	Gießerei-roheisen	Gußwaren I. Schmelzung	Bessemer-Roheisen (saures Verfahren)	Thomas-Roheisen (basisches Verfahren)	Stahleisen (Martin-Roheisen und Spiegeleisen einschl. Eisenmangan, Siliziumeisen usw.)	Puddel-roheisen	Bruch- und Wascheisen	Gesamt-Erzeugung
	t	t	t	t	t	t	t	t
				a) Deutsches Reich (einschl. Elsaß-Lothringen).				
1890	551 218	32 812	—	1 835 732	—	1 671 839	7 937	4 099 538
1895	714 178	31 712	—	2 914 310	—	1 099 710	9 777	4 769 687
1898	1 081 415	45 440	—	4 198 965	—	1 029 049	12 031	6 366 900
1900	1 255 652	50 525	—	5 232 229	—	997 299	13 950	7 549 655
1903	1 564 417	52 213	465 032	5 291 331	679 257	733 222	14 599	8 800 071
1905	1 628 348	61 320	410 963	5 934 168	580 344	876 221	15 446	9 506 810
1908	2 024 351	71 466	418 210	6 538 945	1 016 135	593 762	17 785	10 680 654
1910	2 679 800	80 461	307 706	7 924 177	1 542 718	560 784	17 713	13 113 359
1911	2 807 415	89 151	365 305	8 270 991	1 705 741	475 835	24 715	13 739 153
1912	3 054 657	102 186	370 453	9 038 069	2 120 522	508 744	26 250	15 220 881
1913	3 374 802	104 509	375 348	9 867 644	2 550 698	463 910	26 898	16 763 809
1914	2 328 463	75 913	232 490	7 539 155	2 028 655	352 154	24 337	12 581 167
1915	2 063 681	60 721	179 560	5 789 730	1 766 886	273 630	20 513	10 154 721
1916	1 821 608	64 718	132 760	6 732 316	2 367 779	199 085	23 811	11 342 077
1917	1 792 004	60 283	139 555	6 890 422	2 525 355	195 699	18 850	11 622 168
1918	1 433 305	48 000	131 600	4 802 059	2 616 679	159 907	16 702	9 208 252
1919 [4]	1 372 469	—	61 018	2 593 607	1 521 390	104 576	1 155	5 654 215
				b) Deutsches Reich (ohne Elsaß-Lothringen).				
1913	2 675 535	95 045	375 348	6 735 732	2 550 698	441 631	26 296	12 900 285
1917	1 647 496	60 229	139 555	5 034 043	2 515 862	195 699	18 850	9 611 734
1918	1 433 305	48 000	131 600	4 802 059	2 616 679	159 907	16 702	9 208 252
1919 [4]	1 372 469	—	61 018	2 593 607	1 521 390	104 576	1 348	5 654 408
1920 [4]	1 324 000	—	64 186	3 006 243	1 862 757	130 163	276	6 387 625

Erzeugungsmenge nach einen Rückgang erfahren, und zwar die Erzeugung von Bessemer-Roheisen von 2,9 auf 1,1 %, Thomas-Roheisen von 52,2 auf 45,9 %, Puddelroheisen von 3,4 auf 1,8 %, Bruch- und Wascheisen von 0,2 auf 0,02 %. Nach den Angaben für das Jahr 1920 haben sich die prozentualen Verhältnisse nur unwesentlich verschoben. Es betrug im Jahre 1920 im Verhältnis zur gesamten Roheisenerzeugung die Erzeugung

[1] 1913 Erzeugungsmenge: 11 528 896 t.
[2] Geschätzt.
[3] Nach der Reichsstatistik.
[4] Erzeugung ohne Saargebiet.

Zahlentafel 4.

Flußstahl-Erzeugung im Deutschen Reiche nach Sorten ¹).

Jahr	Thomas-Stahl Betriebe	Thomas-Stahl t	Bessemer-Stahl Betriebe	Bessemer-Stahl t	basischem Martin-Stahl Betriebe	basischem Martin-Stahl t	saurem Martin-Stahl Betriebe	saurem Martin-Stahl t	Stahlformguß basisch Betriebe	Stahlformguß basisch t	Stahlformguß sauer Betriebe	Stahlformguß sauer t	Tiegelstahl Betriebe	Tiegelstahl t	Elektrostahl Betriebe	Elektrostahl t	Gesamt-Erzeugung Betriebe	Gesamt-Erzeugung t
	Rohblöcke aus																	
Erzeugung im Deutschen Reiche (einschl. Elsaß-Lothringen) und Luxemburg.																		
1901	—	3 975 070	—	299 816	—	1 886 536	—	125 590	—	67 576	—	39 634	—	—	—	—	103	6 394 222
1903	—	5 473 195	—	435 327	—	2 628 544	—	132 693	—	86 377	—	45 379	—	—	—	—	101 ²)	8 801 515
1905	—	6 203 706	—	424 196	—	3 086 590	—	165 930	—	120 762	—	65 369	—	—	—	—	101	10 066 553
1908	23	6 510 754	4	374 100	62	3 854 155	14	146 768	36	115 440	37	77 443	25	88 183	8	19 536	209	11 186 379
1910	24	8 030 571	3	171 108	64	4 973 569	13	140 189	44	151 852	45	111 959	24	83 202	13	36 188	230	13 698 638
1911	24	8 640 164	3	187 359	67	5 501 147	15	281 877	44	167 354	40	102 018	27	78 760	15	60 654	235	15 019 333
1912	24	9 794 300	3	187 179	65	6 650 565	14	194 924	44	221 331	37	100 332	27	79 190	15	74 177	229	17 301 998
1913	28	10 629 697	3	155 138	74	7 330 424	15	283 480	49	253 587	39	109 329	27	84 553	15	88 881	250	18 935 089
Erzeugung im Deutschen Reiche (ausschl. Elsaß-Lothringen).																		
1913	19	7 243 249	3	155 138	70	7 110 318	15	283 480	46	247 848	39	109 329	26	84 373	14	78 737	232	15 312 472
1914	—	5 647 132	—	100 617	—	5 807 577	—	274 321	—	207 186	—	87 243	—	95 096	—	79 983	—	12 299 155
1915	—	4 485 415	—	164 570	—	5 342 354	—	248 649	—	452 122	—	196 683	—	100 578	—	110 691	—	11 101 062
1916	—	5 083 551	—	175 109	—	6 431 242	—	276 909	—	756 259	—	429 305	—	108 108	—	156 495	—	13 416 978
1917	—	4 977 448	—	173 430	—	6 785 335	—	217 783	—	655 524	—	824 851	—	129 683	—	194 532	—	13 958 586
1918	—	4 603 230	—	148 980	—	6 363 927	—	184 490	—	549 045	—	756 469	—	86 423	—	207 104	—	12 899 668

¹) Nach der Statistik des Vereins Deutscher Eisen- und Stahl-Industrieller.
²) Bis 1905 ist nur die Zahl der erzeugenden Werke, aber nicht die der einzelnen Betriebe ermittelt.

von Gießereiroheisen 20,7, Bessemer-Roheisen 1,0, Thomas-Roheisen 7,1, Stahleisen 29,2, und Puddelroheisen 2,0%. Entsprechend dem absoluten Rückgange der Gesamt-Roheisenerzeugung haben die einzelnen Sorten mehr oder weniger starke Rückläufe genommen. Verhältnismäßig am stärksten ging die Erzeugung an Bruch- und Wascheisen zurück; sie war im Jahre 1919 94,8, 1920 98,9% geringer als im Jahre 1913. Fast in gleichem Maße fiel die Erzeugung von Bessemer-Roheisen (1919 um 83,7, 1920 um 8,29%) und Puddelroheisen (um 76,3 bzw. 70,5%), während die Erzeugung von Thomas-Roheisen um 61,5 bzw. 55,4% geringer war. Die Erzeugung von Gießereiroheisen und Stahleisen, einschließlich Eisenmangan, Siliziumeisen usw., war weniger rückläufig; erstere fiel 1919 um 48,7, 1920 um 50,5, letztere um 40,4 bzw. 27%. Aus Zahlentafel 3 ergibt sich ferner, daß das Gießereiroheisen ein immer wichtigerer Bestandteil der deutschen Hochofenerzeugung wird. Seine Erzeugung war bisher den geringsten Schwankungen unterworfen. Bis in die jüngste Zeit hinein ist der Rückgang in der Gießereiroheisenerzeugung gegenüber dem der gesamten Roheisenerzeugung im Verhältnis kaum nennenswert. Der prozentuale Rückgang der Erzeugung von Gußwaren I. Schmelzung läßt sich für die Jahre 1919 und 1920 gegen 1913 nicht nachweisen, da im Gebiete des Deutschen Reiches Gußwaren I. Schmelzung fast ausschließlich nur im Saargebiet hergestellt werden, die Reichsstatistik für die Jahre 1919 und 1920 aber die Erzeugung im Saargebiet nicht nachweist. Immerhin erhält man ein ungefähres Bild, wenn man hier die Jahre 1913 und 1918 in Vergleich bringt. Danach betrug die Erzeugung von Gußwaren I. Schmelzung gegen 1913 im Deutschen Reiche nur noch 49,5%.

Im übrigen zeigt Zahlentafel 3, daß bis zum Jahre 1913 der absoluten Menge nach die Erzeugung von Thomas-Roheisen den Hauptanteil an der Entwicklung der deutschen Eisenindustrie hat, während die Erzeugung von Gießereiroheisen im Verhältnis gleichermaßen wie die von Thomasroheisen zunahm, und zwar vor allem auf Kosten des Puddelroheisens, dessen Erzeugung seit Einführung des Thomas-Verfahrens immer mehr zurückging.

Zahlentafel 5.
Erzeugung an Stahlformguß, Tiegel- und Elektrostahl im Deutschen Reiche [1]).

Jahr	Stahlformguß			Tiegelstahl	Elektrostahl
	saures Verfahren	basisches Verfahren	insgesamt		
	t	t	t	t	t
Deutsches Reich (einschl. Elsaß-Lothringen) und Luxemburg.					
1900	51 589	84 065	135 654	—	—
1905	65 369	120 762	186 131	—	—
1910	111 959	151 852	263 811	83 202	36 188
1911	102 018	167 354	269 372	78 760	60 654
1912	100 332	221 331	321 663	79 190	74 177
Deutsches Reich (einschl. Elsaß-Lothringen).					
1913	109 329	253 587 [2])	362 916	84 553	88 881 [2])
1914	87 243	57 724 [2])	144 967	95 096	88 256 [2])
1915	197 684	461 816 [2])	659 500	100 578	131 579 [2])
1916	429 305	762 244	1 191 549	108 205	190 036 [2])
1917	826 659	661 380	1 488 039	129 784	212 148
1918	757 726	552 493	1 310 219	86 555	233 466
Deutsches Reich (ohne Elsaß-Lothringen).					
1913	109 329	247 848	357 177	84 373	78 737
1914	87 243	54 065	141 308	94 974	79 983
1915	196 686	452 122	648 808	100 578	110 691
1916	429 305	756 259	1 185 564	108 108	156 495
1917	824 851	655 524	1 480 375	129 683	194 532
1918	756 469	549 045	1 305 514	86 423	207 104

[1]) Nach der Statistik des Vereins Deutscher Eisen- und Stahl-Industrieller.
[2]) Einschl. Erzeugung in Luxemburg.

Deutschlands Flußeisen- und Flußstahlerzeugung. In Zahlentafel 4 und 5 kommt die fortschreitende Verdrängung des sauren Verfahrens durch das basische und die Entwicklung der Herstellung von Stahlformguß, Tiegelstahl und Elektrostahl deutlich zum Ausdruck. Vergleicht man Zahlentafel 4 mit Zahlentafel 3, so sieht man, daß die Gesamt-Rohstahlerzeugung die erzeugte Roheisenmenge namentlich in den Kriegsjahren nicht unbedeutend überschritten hat, eine Erscheinung, die darin begründet ist, daß der Roheisenerzeugung durch den Umfang der Erzversorgung, namentlich durch das Ausland, eine Grenze gezogen war, wohingegen die Stahlerzeugung durch umfassende Verarbeitung von Alteisen und Schrott beim Martin-Verfahren der Roheisenerzeugung gegenüber entsprechend gesteigert werden konnte. Auch nach dem Kriege war die Stahlerzeugung noch beträchtlich höher als die Roheisenerzeugung und übertraf in den Jahren 1920 und 1922 sogar die Ausmaße der Kriegsjahre, eine Tatsache, die in der durch die Umstellung des Eisenerzbezuges bedingten Umstellung des Herstellungsverfahrens und eine andere Verteilung des Roheisens auf die verschiedenen Sorten begründet ist. Der zunehmende Schrottverbrauch trat zum Teil an die Stelle des Roheisens, so daß die Roheisenerzeugung noch stärker als die Stahlerzeugung hinter den Friedensergebnissen zurückblieb. Die Roheisenerzeugung wies z. B. 1920 gegenüber 1913 bei Zugrundelegung des Gebietsumfanges von 1920 einen Rückgang um 44,6% auf, während die Rohstahlerzeugung um 34,8% hinter der Friedenserzeugung zurückblieb. Die Entwicklung der Roheisen- und Rohstahlerzeugung bis zum Jahre 1920, zusammengestellt nach den Angaben der Reichsstatistik, ist aus Zahlentafel 6 ersichtlich:

Zahlentafel 6.

Roheisen- und Rohstahlerzeugung des Deutschen Reiches [1].

(Ohne Elsaß-Lothringen und Saargebiet.)

Jahr	Gesamt-Erzeugung		+ der Rohstahlerzeugung gegen die Roheisenerzeugung in %
	Roheisen 1000 t	Rohstahl 1000 t	
1913	11 528,9	12 778,4	10,8
1914	9 207,4	10 802,6	17,3
1915	7 541,2	9 658,9	28,1
1916	8 323,2	11 417,6	37,2
1917	8 703,3	11 524,9	32,4
1918	8 387,4	10 772,4	28,4
1919	5 564,2	6 877,4	23,6
1920	6 387,6	8 363,0	30,9
1921 [2]	7 620,0	10 440,0	37,0
1922 [2]	8 400,0	12 000,0	42,9

Deutschlands Erzeugung an Gießereiroheisen. Wie schon eingangs hervorgehoben wurde, hat an der raschen Entwicklung der gesamten Roheisenerzeugung namentlich bis zum Jahre 1913 die Gießereiroheisen-Erzeugung einen hervorragenden Anteil, wie Zahlentafel 7 erkennen läßt. Während 1890 nur 13,4% der deutschen Gesamt-Roheisenerzeugung auf Gießereiroheisen entfielen, machte dieses 1919, die Erzeugung Elsaß-Lothringens und des Saargebietes nicht mitgerechnet, bereits den 4. Teil und 1920 nahezu den 5. Teil aus.

Demgegenüber ist die Erzeugung von Gußwaren I. Schmelzung verhältnismäßig mehr und mehr zurückgegangen. Wie Zahlentafel 8 zeigt, ist die erzeugte Menge, abgesehen von einigen Schwankungen, gewachsen und betrug 1917 im alten Reichs-

---

[1] Nach der Reichsstatistik.
[2] Geschätzt.

gebiet fast das Doppelte derjenigen von 1890 und im Deutschen Reiche (ohne Elsaß-Lothringen) im Jahre 1918 48 000 t gegen 32 812 t im Jahre 1890. Damals aber machte sie 0,8 % und 1919 nur noch 0,5 % der deutschen Hochofenerzeugung aus.

Zahlentafel 7.
Erzeugung an Gießereiroheisen im Deutschen Reiche [1].

	Deutsches Reich einschl. Elsaß-Lothringen			Deutsches Reich ausschl. Elsaß-Lothringen		
	Gesamt-Roheisenerzeugung	davon Gießereiroheisen		Gesamt-Roheisenerzeugung	davon Gießereiroheisen	
	t	t	= %	t	t	= %
1890	4 099 538	551 218	13,4	3 459 314	476 787	13,8
1895	4 769 687	714 178	15,0	3 940 804	612 345	15,5
1900	7 549 655	1 255 652	16,6	6 025 655	1 140 476	18,9
1903	8 800 071	1 564 417	17,8	6 826 086	1 314 907	19,3
1905	9 506 810	1 628 348	17,1	7 338 010	1 380 009	18,8
1907	11 390 287	1 947 068	17,1	8 878 699	1 606 509	18,1
1908	10 680 654	2 024 351	19,0	8 498 405	1 621 238	19,1
1909	11 376 490	2 222 661	19,5	9 061 777	1 804 892	19,9
1910	13 113 359	2 679 800	20,4	10 390 852	2 223 413	21,4
1911	13 739 153	2 807 415	20,4	10 830 924	2 338 181	21,6
1912	15 220 881	3 054 657	20,1	12 020 164	2 488 594	20,7
1913	16 763 809	3 374 802	20,1	12 900 285	2 675 535	20,7
1914	12 581 167	2 328 463	18,5	10 129 111	1 950 375	19,3
1915	10 154 721	2 063 681	20,3	8 351 463	1 728 549	20,7
1916	11 342 077	1 821 608	16,1	9 123 395	1 657 420	18,2
1917	11 622 168	1 792 004	15,4	9 611 734	1 647 496	17,1
1918	—	—	—	9 208 252	1 433 305	15,6
1919	—	—	—	5 654 408 [2]	1 372 469 [2]	24,3 [2]
1920	—	—	—	6 387 625 [2]	1 324 000 [2]	20,7 [2]

Zahlentafel 8.
Erzeugung an Gußwaren I. Schmelzung im Deutschen Reiche [1].

Jahr	Menge	Wert		Jahr	Menge	Wert	
	t	1000 ℳ	für die Tonne ℳ		t	1000 ℳ	für die Tonne ℳ
	Deutsches Reich (einschl. Elsaß-Lothringen)				Deutsches Reich (ohne Elsaß-Lothringen)		
1890	32 812	3 880	118,25	1890	32 812	3 880	118,25
1895	31 712	3 226	101,74	1895	31 062	3 187	102,60
1900	50 525	6 337	125,43	1900	46 992	6 128	130,41
1905	61 320	6 121	99,81	1905	58 464	5 998	102,59
1910	80 463	7 063	87,78	1910	72 272	6 666	92,23
1911	96 082	8 894	92,57	1911	83 561	8 288	99,19
1912	102 186	9 526	93,22	1912	?	?	—
1913	104 509	10 157	97,19	1913	95 045	9 593	100,93
1914	75 913	7 419	97,73	1914	?	?	—
1915	60 721	6 896	113,57	1915	?	?	—
1916	64 718	8 883	137,26	1916	?	?	—
1917	60 283	16 102	267,11	1917	60 229	15 094	250,61
1918	—	—	—	1918	48 000	18 504	385,50
1919	—	—	—	1919 [2]	—	—	—
				1920 [2]	—	—	—

Gießereiroheisen-Erzeugung Deutschlands nach Bezirken. Für die Entwicklung, die die Darstellung des Gießereiroheisens in den einzelnen Eisenindustriebezirken genommen hat, folgt hier eine besondere Nachweisung (Zahlentafel 9). Bemerkenswert ist an dieser Übersicht besonders, daß, obwohl die absolute Erzeugungsmenge Rheinlands und Westfalens, des Siegerlandes und des Saargebietes entsprechend der für das

[1] Nach der Reichsstatistik.
[2] Erzeugung ohne Saargebiet.

Zahlentafel 9.

Gießereiroheisen-Erzeugung Deutschlands nach Bezirken [1].

(Gießerei-Roheisen einschl. Gußwaren 1. Schmelzung).

Jahr	Rheinland und Westfalen (ohne Saargebiet, Siegerland, Kr. Wetzlar u. Hessen-Nassau)		Schlesien		Siegerland, Kr. Wetzlar und Hessen-Nassau		Nord-, Ost- und Mitteldeutschland		Süddeutschland		Saargebiet und bayer. Rheinpfalz		Zusammen Deutsches Reich (ohne Elsaß-Lothringen)	Elsaß-Lothringen	Luxemburg	zusammen Deutsches Zollgebiet
	t	%	t	%	t	%	t	%	t	%	t	%	t	t	t	t
1900	655 231	55,9	[2]	—	170 219	14,5	239 787	20,5	34 301	2,9	72 047	6,2	1 171 585	316 314		1 487 899
1905	890 811	60,1	94 350	6,4	177 176	11,9	208 987	14,1	27 861	1,9	83 187	5,6	1 482 372	423 296		1 905 668
1910	1 414 989	62,0	82 866	3,6	275 714	12,1	353 898	15,5	40 386	1,8	113 590	5,0	2 281 443	684 367		2 965 810
1912	1 508 678	58,9	94 628	3,7	365 632	14,3	389 109	15,2	67 982	2,6	135 508	5,3	2 561 537	777 302		3 338 839
1913	1 621 674	58,3	89 859	3,2	399 497	14,4	457 260	16,4	68 082	2,4	148 250	5,3	2 784 622	872 704		3 657 326
1914	1 138 402	56,8	88 168	4,4	291 555	14,5	318 188	15,9	63 383	3,1	105 888	5,3	2 005 584	345 858	143 390	2 494 832
1915	884 879	49,8	146 457	8,2	341 889	19,2	251 244	14,1	65 888	3,7	88 234	5,0	1 778 591	334 329	170 618	2 283 538
1916	813 264	47,8	109 385	6,4	347 309	20,4	261 685	15,4	68 544	4,1	100 265	5,9	1 700 452	162 931	156 608	2 019 991
1917	878 344	49,9	95 659	5,5	319 888	18,2	292 311	16,6	64 007	3,6	108 779	6,2	1 758 988	146 094	107 195	2 012 277
1918	834 712	54,3	75 900	4,9	236 995	15,4	230 426	15,0	63 084	4,1	96 563	6,3	1 537 680	88 100	40 936	1 666 716
1919 [3]	794 746	57,9	80 021	5,8	212 767	15,5	284 935 (t) / 20,8 (%)				?	—	1 372 469	—	—	—
1920 [3]	—	—	—	—	—	—	—	—					1 324 000	—	—	—

[1]) Nach der Statistik des Vereins Deutscher Eisen- und Stahl-Industrieller.
[2]) Erzeugung Schlesiens unter Nord-, Ost- und Mitteldeutschland mitenthalten.
[3]) Nach der Reichsstatistik.

gesamte Deutsche Reich bis zum Jahre 1913 eine steigende Richtung genommen hat, doch innerhalb dieser Wirtschaftsgebiete der prozentuale Anteil an der Gesamt-Erzeugung Deutschlands mancherlei Schwankungen unterlag.

Von gewisser Bedeutung waren sodann für den Rückgang der Gießereiroheisen-Erzeugung in den Jahren 1914 bis 1919 die in den einzelnen Eisenbezirken durch den Krieg hervorgerufenen besonderen Umstände. Rheinland und Westfalen hat z. B. im Gegensatz zu den übrigen Wirtschaftsgebieten in dem genannten Zeitraum den prozentualen Anteil seiner Friedensleistung an der Gesamterzeugung (1913: 58,3%) nicht wieder erreicht. Wenn gewisse Verschiebungen namentlich in den Kriegsjahren infolge der Umstellung der Eisenerzeugung auf die Bedürfnisse der Kriegführung in der Zusammensetzung der Roheisenerzeugung nach Sorten sich ergeben mußten, so sind doch die Rückläufe, die die Erzeugung von Gießereiroheisen einschließlich Gußwaren I. Schmel-

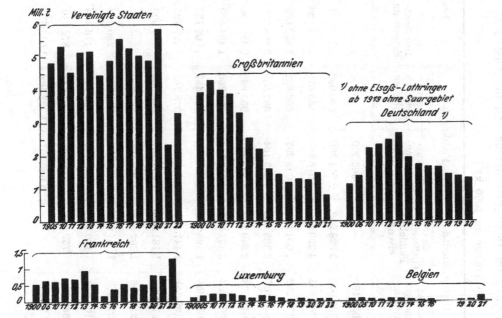

Abb. 5. Gießereiroheisen-Erzeugung in den wichtigsten Ländern.

zung bis zum Jahre 1919 genommen hat, erst recht aus der nachfolgenden Zusammenstellung, die die Jahre 1917 und 1919 in Vergleich bringt, ersichtlich:

	Erzeugung an Gießereiroheisen einschl. Gußwaren I. Schmelzung + oder — gegen 1913 (1913 = 100 gesetzt)	
	1917 %	1919 %
Rheinland und Westfalen	— 45,8	— 51,0
Schlesien	+ 6,5	— 10,9
Siegerland und Hessen-Nassau . . .	— 19,9	— 46,7
Nord-, Ost- und Mitteldeutschland .	— 36,1	} — 45,8
Süddeutschland	— 6,0	
Saargebiet	— 26,6	?
Deutsches Reich	— 36,8	— 50,7

Beschränken wir den Vergleich mit den Friedensverhältnissen auf das erste Nachkriegsjahr, so ergibt sich, daß die Erzeugung im Verhältnis am stärksten in Rheinland und Westfalen zurückging. Sie war hier 1919 um 51% geringer als 1913. Im Siegerland war die Erzeugung um 46,7%, in Nord-, Ost-, Mittel- und Süddeutschland um 45,8%, dagegen in Schlesien nur um 10,9% zurückgegangen. Diese Rückläufe dürften lediglich als eine Folge der im Jahre 1919 vollzogenen wirtschaftlichen Umstellungen der Eisen-

Zahlentafel 10.

Gießereiroheisen-Erzeugung im Deutschen Reiche und im Auslande.

(In Tonnen zu 1000 kg.)

	Deutsches Reich (ohne Elsaß-Lothringen)[1]		Vereinigte Staaten		Großbritannien		Frankreich		Belgien		Luxemburg	
	Gesamt-Roheisen-Erzeugung t	davon Gießerei-Roheisen t	Gesamt-Roheisen-Erzeugung t	davon Gießerei-Roheisen t	Gesamt-Roheisen-Erzeugung t	davon Gießerei- und Puddelroheisen[3] t	Gesamt-Roheisen-Erzeugung t	davon Gießerei-Roheisen t	Gesamt-Roheisen-Erzeugung t	davon Gießerei-Roheisen t	Gesamt-Roheisen-Erzeugung t	davon Gießerei-Roheisen t
1890	3 459 314	476 787	9 349 946	—	8 031 480	—	1 962 200	—	—	—	558 913	67 790
1900	6 025 655	1 140 476	14 009 870	—	9 103 046	3 928 252	2 714 300	540 033	1 018 561	88 460	970 885	117 480
1905	7 338 010	1 380 009	23 360 258	4 834 167	9 761 815	4 299 310	3 076 550	635 672	1 311 120	98 170	1 368 252	169 332
1910	10 390 852	2 223 413	27 740 424	5 344 614	10 172 292	4 001 809	4 038 297	606 682	1 852 090	82 410	1 682 519	222 054
1912	12 020 164	2 488 594	30 202 568	5 155 055	8 891 487	3 303 692	4 939 194	687 509	2 298 290	95 795	2 396 499	221 783
1913	12 900 285	2 675 535	31 461 610	5 166 311	10 649 628	2 540 772	5 207 307	953 683	2 484 690	93 830	2 547 861	172 013
1914	10 129 111	1 950 375	23 705 560	4 463 378	9 066 553	2 197 375	2 690 546	532 250	1 454 490	60 310	1 827 270	101 563
1915	8 351 463	1 728 549	30 394 872	4 878 538	8 934 358	1 598 752	585 776	173 487	68 150	26 260	1 590 773	171 106
1916	9 123 395	1 657 420	40 065 754	5 560 767	9 192 751	1 441 525	1 488 691	378 782	127 825	58 805	1 950 514	166 045
1917	9 611 734	1 647 496	39 239 155	5 269 482	9 570 978	1 181 590	1 734 967	540 588	7 990	—	1 528 865	110 666
1918	9 208 252	1 433 305	39 679 518	5 041 549	9 217 559	1 292 645	1 306 494	422 699	—	—	1 266 671	57 507
1919	5 654 408[2]	1 372 469[2]	31 511 610	4 894 310	7 516 368	1 257 097	2 412 149	521 384	250 570	43 670	617 422	93 648
1920	6 387 625[2]	1 324 000[2]	37 516 803	5 852 995	8 163 272	1 480 619	3 433 791	795 292	1 116 400	60 310	692 935	62 204
1921	7 620 000[4]	?	16 955 136	2 353 908	2 653 182	759 358	3 416 953	784 432	872 010	174 930	970 336	79 223
1922	6 299 000[4]	?	27 655 422	3 307 926	4 577 880	?	5 086 761	1 297 468	1 605 620	?	1 685 700	78 525

[1]) Nach der Reichsstatistik.
[2]) Ab 1919 ohne Erzeugung im Saargebiet.
[3]) Ab 1913 nur Gießereiroheisen.
[4]) Geschätzt.

erzeugenden Betriebe anzusehen sein, und es ist zu hoffen, daß die Ergebnisse der späteren Jahre sich im Verhältnis wieder mehr und mehr den letzten Vorkriegsjahren nähern.

Gießereiroheisenerzeugung im Ausland. Die Erzeugung an Gießereiroheisen in den wichtigsten Staaten des Auslandes im Vergleich zum Deutschen Reich zeigen Zahlentafel 10 und Abb. 5. Aus diesen ist vor allem ersichtlich, daß die Erzeugung Großbritanniens an Gießereiroheisen alle hier angeführten europäischen Länder bis zum Jahre 1913/14 beträchtlich übertraf. Sie machte 1905 44,0, 1910 39,3 und 1913 23,9 % der Gesamt-Roheisenerzeugung aus, sank aber im Jahre 1920 auf 18,1 %, wogegen Deutschlands Anteil in diesem Jahre sich auf 20,7 % bezifferte. Wie sich das Prozentverhältnis der Gießereiroheisenerzeugung zur gesamten Roheisenerzeugung in den wichtigsten Ländern stellte, ist der Zusammenstellung Zahlentafel 11 und Abb. 6 zu entnehmen.

Bei allen in Zahlentafel 11 angeführten europäischen Ländern ist der Rückgang der Gießerei-Roheisenerzeugung bis zu den Jahren 1920/21 gegenüber 1913 recht beträchtlich. Großbritannien, das 1920 gegen 1913 bei der Gesamt-Roheisenerzeugung einen Rückgang von

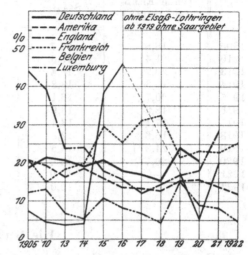

Abb. 6. Prozentualer Anteil der Gießereiroheisen-Erzeugung an der Gesamt-Roheisenerzeugung in den wichtigsten Ländern.

nur 23,3 % hatte, erzeugte dagegen 1920 an Gießereiroheisen über 40 % weniger als 1913. Belgien und Frankreich haben

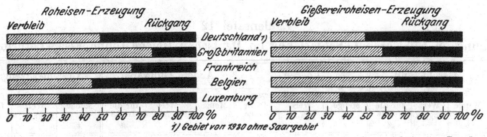

Abb. 7. Rückgang der Roheisen- und Gießereiroheisen-Erzeugung in den wichtigsten Ländern.

demgegenüber in den Jahren 1921 bzw. 1922 ihre Gießereiroheisenerzeugung erheblich über die letzte Friedensleistung steigern können.

Im einzelnen ergeben sich bei den verschiedenen Ländern folgende Entwicklungen:

	Gegen 1913 + oder −					
	Gesamt-Roheisenerzeugung			Gießerei-Roheisenerzeugung		
	1919 %	1921 %	1922 %	1919 %	1921 %	1922 %
Deutsches Reich (ohne Elsaß-Lothringen) .	− 56,2	− 40,9	− 51,2	− 48,7	.	.
Großbritannien	− 29,4	− 75,1	− 53,3	− 50,5	− 70,1	.
Frankreich	− 53,7	− 34,4	− 2,3	− 45,3	− 17,7	+ 36,0
Belgien	− 89,9	− 64,9	− 35,4	− 53,5	+ 86,4	.
Luxemburg	− 75,8	− 61,9	− 33,9	− 45,6	− 53,9	− 54,3
Vereinigte Staaten	+ 0,16	− 46,1	− 12,1	− 5,3	− 54,4	− 36,0

Wie sich die prozentualen Rückgänge für die hauptsächlichsten europäischen Länder im Jahre 1920 stellten, ist durch die Abb. 7 ersichtlich gemacht.

Zahlentafel 11.

Anteil der Gießereiroheisenerzeugung an der Gesamt-Roheisenerzeugung in Prozenten.

	Deutsches Reich (ohne Elsaß-Lothringen)	Vereinigte Staaten	Groß-britannien	Frankreich	Belgien	Luxemburg
1905	18,8	20,7	44,0	20,7	7,5	12,4
1910	21,4	19,3	39,3	15,0	4,4	13,2
1913	20,7	16,4	23,9	18,3	3,8	6,8
1914	19,3	18,8	24,2	19,8	4,1	5,6
1915	20,7	16,1	17,9	29,6	38,5	10,7
1916	18,2	13,9	15,7	25,4	46,0	8,5
1917	17,1	13,4	12,3	31,2	—	7,2
1918	15,6	12,8	14,0	32,4	—	4,5
1919	24,3 [1]	15,5	16,7	21,6	17,4	15,2
1920	20,7 [1]	15,6	18,1	23,2	5,4	9,0
1921	—	13,9	28,6	23,0	20,1	8,2
1922	—	12,0	—	25,5	—	4,7

Die Gußwarenerzeugung.

Erzeugung an Gußwaren I. Schmelzung. Roheisen unmittelbar aus dem Hochofen zu Gebrauchsgegenständen zu vergießen, die als Gußwaren I. Schmelzung als Fertigerzeugnisse gelten, ist bekanntlich nur für ganz wenige Gebrauchszwecke, hauptsächlich Röhren, möglich. Wie eingangs schon darauf hingewiesen wurde, ist die Erzeugung von Gußwaren I. Schmelzung ausweislich der Zahlentafeln 8 und 12 bis zum Jahre 1913 absolut zwar gewachsen, der Anteil an der gesamten Roheisenerzeugung ist aber verhältnismäßig sehr gering geblieben.

Zahlentafel 12.

Erzeugung an Gußwaren I. Schmelzung im Deutschen Reiche (ohne Elsaß-Lothringen).

Jahr	Geschirrguß			Röhren			Andere Gußwaren			Gesamt-Erzeugung		
	Menge t	Wert 1000 ℳ.	Wert für die Tonne ℳ.	Menge t	Wert 1000 ℳ.	Wert für die Tonne ℳ.	Menge t	Wert 1000 ℳ.	Wert für die Tonne ℳ.	Menge t	Wert 1000 ℳ.	Wert für die Tonne ℳ.
1900	15	2	129,96	39 321	5 127	130,39	7 656	999	130,49	46 992	6 128	130,41
1905	6	1	114,93	49 594	5 212	105,09	8 864	785	88,56	58 464	5 998	102,59
1910	—	—	—	62 020	5 734	92,45	10 252	932	90,91	72 272	6 666	92,23
1911	—	—	—	64 970	5 931	91,29	18 591	2 357	126,78	83 561	8 288	99,19

Der Guß I. Schmelzung zur Herstellung von Geschirren hat nach und nach vollständig aufgehört, und die Erzeugung der „anderen Gußwaren" ist bis zum Jahre 1911, bis zu welchem Zeitpunkte die Reichsstatistik eine Aufteilung der Sorten der Gußwarenerzeugung I. Schmelzung gibt, nicht von besonderer Bedeutung gewesen. Der gesamte Fortschritt bis in die neueste Zeit dürfte demnach auf die Röhrenerzeugung entfallen.

Erzeugung an Gußwaren II. Schmelzung. Einen Überblick über die Leistungen der deutschen Eisengießereien bietet die Reichsstatistik (Zahlentafel 13), die zwar mit Rücksicht darauf, daß von allen Betrieben Angaben nicht zu erhalten waren — z. B. 1913 fehlten 189, 1919 allerdings nur 82, 1920 dagegen 104 Betriebe —, an einer umfassenden Vollständigkeit leidet, aber immerhin dürften die Zahlenangaben doch weitgehend brauchbar sein, da für die Beurteilung der Entwicklung die Tatsache der Unvollständigkeit kaum erheblich in Frage kommt.

---

[1] Erzeugung ohne Saargebiet.

Zahlentafel 13.

Erzeugung an Gußwaren II. Schmelzung im Deutschen Reiche [1].

Jahr	Geschirrguß			Röhren			Andere Gußarten			Zusammen		
	Menge t	Wert 1000 $\mathcal{M}$	Wert für die Tonne $\mathcal{M}$	Menge t	Wert 1000 $\mathcal{M}$	Wert für die Tonne $\mathcal{M}$	Menge t	Wert 1000 $\mathcal{M}$	Wert für die Tonne $\mathcal{M}$	Menge t	Wert 1000 $\mathcal{M}$	Wert für die Tonne $\mathcal{M}$
1890	73 341	15 200	207,25	142 147	19 614	137,98	811 897	151 778	186,94	1 027 385	186 592	181,62
1900	111 831	23 632	211,32	271 964	39 605	145,63	1 412 559	285 377	202,03	1 796 354	348 614	194,07
1905	118 319	23 476	198,41	369 496	44 390	120,14	1 728 399	311 422	180,18	2 216 214	379 288	171,14
1910	134 714	27 895	207,07	367 581	44 435	120,88	2 149 317	402 033	187,05	2 651 612	474 363	178,90
1912 [2]	215 033	54 039	251,31	443 137	59 403	134,05	2 543 036	488 175	191,97	3 201 206	601 617	187,93
1913	204 885	52 195	254,75	406 733	55 060	135,37	2 496 043	484 674	194,18	3 107 661	591 929	190,47
1914	158 793	39 559	249,12	314 570	41 375	131,53	1 964 532	389 175	198,11	2 437 895	470 109	192,83
1915	106 170	29 654	279,31	177 154	29 288	165,32	2 011 937	478 057	237,61	2 295 261	536 999	233,96
1916	113 802	40 967	359,99	145 786	27 631	189,53	1 649 747	444 442	269,40	1 909 335	513 040	268,70
1917	90 110	47 777	530,21	133 329	45 871	344,04	1 071 680	730 390	681,54	1 295 119	824 038	636,26
1918 [3]	63 226	43 207	683,37	125 540	62 475	497,65	1 470 458	689 682	469,03	1 659 224	795 364	479,36
1919 [4]	91 131	148 432	1628,78	111 026	102 138	919,95	1 396 785	1 650 756	1 181,82	1 598 942	1 901 326	1 189,12
1920 [4]	110 008	525 586	4777,71	121 661	448 280	3 684,66	1 537 617	6 691 301	4 351,73	1 769 286	7 665 167	4 332,35

Einen tieferen Einblick in die Entwicklung, die die Eisen- und Stahlgießereien einschließlich der Kleinbessemereien im Deutschen Reiche in den Jahren 1908 bis 1919 genommen haben, gewährt Zahlentafel 14. Danach stellte sich die Gesamt-Jahreserzeugung an Gußwaren II. Schmelzung im Deutschen Reiche (alte Reichsgrenze (im Jahre 1908 auf 2 415 871 t gegen 3 344 215 t im Jahre 1913. Im Jahre 1919 (Gebiet von 1920 ohne Saargebiet) betrug die Gesamterzeugung etwa 55 %. 1920 etwa 61 % derjenigen des Jahres 1913; sie übertrifft damit die Erzeugung der Hochofengießereien, die im Jahre 1919 49 % und 1920 55,4 % der Mengen von 1913 erzeugten.

Bei Gußwaren II. Schmelzung handelt es sich vor allem um Maschinenteile, Gebrauchsgegenstände, wie Öfen, Gitter, Säulen, Eisengeschirr, Röhren, Hartgußwaren, Tempergußerzeugnisse, sowie emaillierten und sonst verfeinerten Eisenguß. Die neuere Statistik erfaßt unter „Gußwaren" außerdem die Erzeugnisse der Kleinbessemereien und eines Teils der Stahlöfen, den Stahlguß, ohne aber eine Unterscheidung zwischen Roheisenguß und Stahlguß zu treffen. Ein Blick auf die Entwicklung der Erzeugung der einzelnen Gußarten zeigt, daß in den Jahren 1908 bis 1912/13 fast alle ziemlich gleichmäßig an der Zunahme beteiligt waren. Die Kriegsjahre haben naturgemäß auch hier Verschiebungen im Gefolge gehabt. Während die meisten Erzeugnisse die Friedensmengen nicht erreichten, ist die Herstellung von Stahlguß sehr erheblich über die Friedenshöhe gestiegen. Zieht man das Jahr 1920 in den Kreis der Betrachtung, so zeigt sich, daß die Gesamterzeugung an Gußwaren gegenüber dem Jahre 1913 (auf gleichem Gebiet) um 37 % zurückging. Dieser Rückgang betraf aber die verschiedenen Arten von Gußwaren nicht in gleicher Weise. Den stärksten Rückgang hatte der Röhrenguß, der im Jahre 1913 12 %, im Jahre 1920 nur noch 6 % der Gesamterzeugung der Gießereien ausmachte. Dabei ist der ausgeführte Anteil der Erzeugung etwas gestiegen. Der so erkennbare starke Rückgang der inländischen Verbraucher ist auf die verminderte Bautätigkeit zurückzuführen. Ähnlich liegt es bei den Gußwaren für Haushalt, Installation und verschiedenartige Verwendung, die trotz Steigerung des Ausfuhranteils der Erzeugung einen besonders starken Rückgang zeigen, worin die Minderung in der Kaufkraft des inländischen Verbrauches zum Ausdruck kommt. Etwas günstiger liegt es dagegen bei den Gußarten für den industriellen Absatz des In- und Auslandes. Der Maschinenguß machte im Jahre 1913 50 %, 1920 aber 55 % der Gußwarenerzeugung aus, hatte also einen geringeren Rückgang als der Gesamtdurchschnitt der Gußwaren. Die Ausfuhr

---

[1] Nach der Reichsstatistik.
[2] Erzeugung im Deutschen Reiche (einschl. Elsaß-Lothringen).
[3] Erzeugung im Deutschen Reiche (ohne Elsaß-Lothringen).
[4] Gebiet von 1920 (ohne Saargebiet).

Zahlen-
Erzeugung der Eisen- und Stahlgießereien
(Gußwaren

Jahr	Geschirrguß (Töpfe, Pfannen usw.), Ofenguß			Rohguß für sog. Sanitätsgegenstände (Aborttrichter, Waschbecken, Badewannen usw.)			Röhrenguß aller Art (einschl. Fassonstücke), soweit er als Spezialität hergestellt wird			Maschinenguß			Bauguß (einschl. des Rohgusses für Kanalisationsgegenstände)			Anderer roher Eisenguß und sonstige Spezialitäten, z.B. Guß für Zentralheizungen (Radiatoren usw.), Hartguß, Kokillen usw.		
	t	Wert 1000 ℳ	Wert für die Tonne	t	Wert 1000 ℳ	Wert für die Tonne	t	Wert 1000 ℳ	Wert für die Tonne	t	Wert 1000 ℳ	Wert für die Tonne	t	Wert 1000 ℳ	Wert für die Tonne	t	Wert 1000 ℳ	Wert für die Tonne
1908)	119910	—	—	3872	—	—	335212	—	—	1137465	—	—	125174	—	—	518338	—	—
1910	128911	—	—	12014	—	—	379528	—	—	1395410	—	—	107379	—	—	563933	—	—
1912	131343	26104	198,75	9839	1916	194,74	443137	59403	134,05	1655989	344751	208,18	117186	19062	162,66	757592	117708	155,37
1913	129205	26243	203,11	3660	720	196,72	406733	55060	135,37	1632460	343049	210,14	108938	18281	167,81	743533	117423	157,93
1914	102245	20697	202,42	5213	977	187,42	314570	41375	131,53	1274055	268190	210,50	82936	14837	178,90	598610	101109	168,91
1915	79861	18676	233,85	1270	270	212,60	177154	29288	165,33	1102322	260359	236,19	41806	11879	203,11	840364	199749	237,69
1916	73139	20450	279,60	1973	462	234,16	145786	27631	189,53	1013582	281599	277,83	41602	9826	236,19	575484	142481	247,58
1917	67183	30718	457,23	1955	673	344,25	133329	45871	344,05	1159963	474185	408,79	38159	12916	338,48	656127	230416	351,18
1918)	47829	27994	585,32	852	415	487,09	125540	62475	497,65	916826	521951	569,30	28691	14172	493,95	510151	221546	434,28
1919)	65089	94487	1451,66	4290	4816	1122,61	111026	102138	919,95	993155	1252293	1260,92	25961	26782	1031,62	368676	349745	948,65
1920)	79233	333153	4204,73	5139	17339	3374,—	121661	448280	3684,66	1084372	4910766	4528,17	52026	177687	3415,35	391936	1536199	3924,61

in Maschinenguß ist nur ganz unbedeutend, da der in Deutschland hergestellte Maschinenguß fast ganz in der heimischen Maschinenherstellung verarbeitet wird. Einen ebenfalls verhältnismäßig geringen Rückgang (30 %) weist der Temperguß auf, während die Herstellung von Stahlguß der in der Statistik enthaltenen Betriebe sogar eine Zunahme gegenüber der Friedensherstellung, allerdings eine Abnahme gegenüber der gewaltigen Kriegserzeugung (Geschosse) zu verzeichnen hat.

Der Anteil der einzelnen Warengruppen an der Gesamterzeugung nach Menge und Wert ist in Zahlentafel 15 zusammengestellt.

Zahlentafel 15.
Anteil der Warengruppen an der Gesamterzeugung.

Warengruppe	1913 Menge %	1913 Wert %	1917 Menge %	1917 Wert %	1919 Menge %	1919 Wert %	1920 Menge %	1920 Wert %
Geschirr-, Ofenguß	4,0	3,9	2,4	2,2	3,6	4,1	4,0	3,6
Rohguß für sogen. Sanitätsgegenstände	0,1	0,1	0,1	0,0	0,2	0,2	0,3	0,2
Röhrenguß aller Art	11,9	7,7	4,6	3,1	6,2	4,5	6,1	4,9
Maschinenguß	49,7	49,9	41,8	33,7	55,0	54,8	54,6	53,6
Bauguß	3,1	2,6	1,3	0,9	1,4	1,2	2,6	1,9
Anderer Eisenguß und sonstige Spezialitäten	21,3	16,3	22,6	15,9	20,4	15,3	19,7	16,8
Temperguß	2,2	5,9	2,8	8,1	2,7	6,7	2,5	5,7
Stahlguß	5,1	9,1	22,9	33,4	8,7	10,1	8,4	10,6
Handelsguß	1,1	1,9	0,4	0,7	0,7	1,2	0,6	1,0
Guß für sogen. Sanitätsgegenstände	1,2	1,8	0,3	0,5	0,6	0,9	0,7	1,0
Guß für chemische und sonstige Industrien	0,0	0,1	0,5	1,0	0,2	0,3	0,2	0,2
Sonstige Spezialitäten	0,3	0,7	0,3	0,5	0,3	0,7	0,3	0,5

Die Umschmelzung des Roheisens geschieht, wie die Zahlentafel 16 lehrt, zumeist in Kuppelöfen, von denen 1920 im Deutschen Reiche (ohne Saargebiet) 2982 in Betrieb waren, seltener in Flammöfen, wenn zähes und hartes Material erzielt werden soll

[1]) Deutsches Reich einschl. Elsaß-Lothringen.
[2]) Deutsches Reich ausschl. Elsaß-Lothringen.
[3]) Gebiet von 1920 ohne Saargebiet.

tafel 14.

einschl. der Kleinbessemereien im Deutschen Reiche ¹).

II. Schmelzung.)

Temperguß (schmiedbarer Guß und Temperstahlguß)			Stahlguß			Erzeugung an emailliertem oder auf andere Weise verfeinertem Eisenguß												zusammen		
						Handelsguß			Guß für sogenannte Sanitätsgegenstände (Aborttrichter, Waschbecken, Badewannen usw.)			Guß für chemische und sonstige Industrien			Sonstige Spezialitäten					
t	Wert 1000 ℳ	Wert für die Tonne	t	Wert 1000 ℳ	Wert für die Tonne	t	Wert 1000 ℳ	Wert für die Tonne	t	Wert 1000 ℳ	Wert für die Tonne	t	Wert 1000 ℳ	Wert für die Tonne	t	Wert 1000 ℳ	Wert für die Tonne	t	Wert 1000 ℳ	Wert für die Tonne
46847	–	–	68222	–	–	31162	–	–	18752	–	–	1223	–	–	9694	–	–	2415871	481851	199,45
59678	–	–	128438	–	–	31836	–	–	30181	–	–	3488	–	–	9499	–	–	2849795	532536	186,87
72062	43234	599,96	155760	54097	347,31	35855	12926	360,51	37996	13093	344,59	2436	1123	461,00	9833	5531	562,49	3429028	698548	208,83
71004	39190	551,94	165550	61459	371,24	34657	12814	369,74	37863	12418	332,36	1694	1002	591,50	9418	4919	522,30	3344215	692578	207,10
58828	32698	555,82	131140	49051	374,04	26320	9394	356,91	25015	8491	339,44	1722	884	513,36	7209	4155	576,30	2627863	551858	210,00
43304	29705	685,96	240303	129627	539,43	12309	5319	432,12	12730	5389	423,33	4009	1501	374,41	6756	4569	676,29	2578868	696331	270,01
57120	51671	904,60	508192	320559	630,78	23650	12020	508,25	15040	8035	534,25	9071	4048	446,26	10008	6488	648,28	2474647	885270	357,74
76492	111617	1459,21	638420	479254	750,69	12635	9682	766,28	8337	6704	804,13	14679	14369	978,88	8013	6200	773,74	2815292	1422605	505,31
61865	120027	1940,14	521633	463973	889,46	8136	7833	962,76	6409	6965	1086,75	10070	10408	1033,57	4920	5898	1198,78	2242722	1463657	652,63
48471	153944	3176,00	156946	231501	1475,04	11881	27853	2802,25	9871	21776	2206,06	4149	6567	1582,79	4844	15369	3172,79	1804359	2286771	1267,86
49953	524770	10504,22	167985	974277	5800,98	12438	86924	6960,60	13198	88170	6680,56	3665	18990	–	5618	45659	5181,45	1987229	9164214	4611,56

Zahlentafel 16.

Gießereien (Eisen- und Stahlgießereien) einschl. der Kleinbessemereien im Deutschen Reiche ¹).

Jahr	Zahl der Betriebe	Zahl der berufsgenossenschaftlich versicherten Personen	Vorhandene Betriebsvorrichtungen							Verbrauch an		Gesamterzeugung
			Kuppelöfen	Flammöfen	Martinöfen	Tiegelöfen	Elektrostahlöfen	Kleinbessemerbirnen	Temperöfen	Roheisen t	Schrott t	t
Deutsches Reich (einschl. Elsaß-Lothringen).												
1890	1140	63370	–	–	–	–	–	–	–	1174991		1021475
1895	1224	67613	–	–	–	–	–	–	–	1332014		1146088
1898	1206	85152	–	–	–	–	–	–	–	1814244		1572975
1899	1230	91303	–	–	–	–	–	–	–	2026370		1757774
1900	1244	95196	–	–	–	–	–	–	–	2078019		1785060
1905	1600	109260	–	–	–	–	–	–	–	2433940		2202611
1908	1676	132485	3012	117	63	1239	–	44	–	2018823	592413	2415871
1910	1554	133726	2834	129	83	1395	3	53	–	2259067	710157	2849795
1912	1547	155975	2921	104	87	1419	–	58	650	2839565	860699	3429028
1913	1574	154300	2979	110	102	1402	3	60	659	2755876	893586	3344215
1914	1600	131015	3001	123	111	1412	4	64	660	2186326	718842	2627863
1915	1404	118596	2758	118	131	1308	12	111	634	2016553	873044	2578868
1916	1439	122237	2870	112	168	1226	3	160	711	1850487	978864	2474647
1917	1474	139195	3005	112	184	1159	9	188	816	1917478	1320935	2815292
Deutsches Reich (ohne Elsaß-Lothringen).												
1912	1509	152242	2847	100	87	1400	–	57	646	2770979	829498	3339901
1913	1534	150365	2896	106	102	1380	3	59	655	2684507	858985	3249407
1914	1561	127648	2915	119	111	1391	4	63	656	2138447	692273	2563083
1915	1381	116747	2707	114	131	1299	12	110	631	1990564	855415	2539625
1916	1414	120142	2815	106	168	1212	3	159	708	1858373	953958	2427173
1917	1448	137021	2950	108	184	1148	9	187	813	1890626	1289850	2763977
1918	1469	123930	2992	103	176	1013	14	171	803	1458848	1118372	2242722
1919 ²)	1467	134660	2914	104	143	983	13	140	800	1243708	796029	1804359
1920 ²)	1508	149052	2982	99	130	1006	12	136	788	1339738	913648	1987229

¹) Nach der Reichsstatistik.
²) Gebiet von 1920 (ohne Saargebiet).

(Walzen) oder große Bruchstücke einzuschmelzen sind. Hiervon waren 99 im Gange. Bedeutend ist die Zahl der Tiegelöfen mit 1006, die vorzugsweise zur Schmelzung kleinerer Mengen dienen, und meistens in Kleinbetrieben vorzufinden sind. Die Zahl der Temperöfen belief sich auf 788. Die in der Zahlentafel 16 weiter aufgeführten 130 Martinöfen sowie die 136 Kleinbessemerbirnen und 12 Elektrostahlöfen dienen der Eisen- und Stahlgußherstellung und sind als reine Umschmelzöfen nicht anzusehen, wenn auch in vielen Betrieben der Anteil des Schrotts beim Einsatz außerordentlich hoch ist. Im übrigen ist in der technischen Einrichtung der Eisengießereien gegenüber dem Frieden die höhere Bedeutung der Kuppelöfen sowie der Martin- und Elektrostahlöfen festzustellen, während der stärkste Rückgang bei den Tiegelöfen stattfand, obwohl deren Zahl sich im Jahre 1920 wieder um 23 gegenüber dem Vorjahre hob.

Die Rohstoffbeschaffung im allgemeinen.

Die deutsche Eisen- und Stahlindustrie ist durch die Folgen von Kriegsschluß und Versailler Vertrag außerordentlich nachteilig beeinflußt worden. Die Umstellungen, die sich hier vollzogen haben, sind von einschneidender Bedeutung für die meisten Industriezweige geworden, die mit dieser Grundindustrie im Zusammenhang stehen. Während in der Vorkriegszeit vornehmlich Absatzrücksichten bestimmend waren, steht in der Nachkriegszeit die Sorge der Rohstoffbeschaffung für Deutschland, vor allem hervorgerufen durch die politische Lostrennung Lothringens, die als Folge auch die wirtschaftlichen Verbindungen in den Nachkriegsjahren gelockert und so eine Umstellung in der Rohstoffversorgung herbeigeführt hat, an erster Stelle. Schon in der Kostenverteilung findet die gegenüber früher gestiegene Bedeutung des Materialverbrauches ihren Ausdruck. Die Materialkosten können zwar nach der Reichsstatistik nicht unmittelbar ermittelt werden, doch läßt der auf die Lohnausgaben entfallende Teil des Erzeugungswertes einen Rückschluß auf die Kosten des Materialverbrauches und der allgemeinen Unkosten zu. In allen Zweigen der Schwerindustrie ist der auf die Lohnausgaben entfallende Anteil am Erzeugungswerte mehr oder weniger zurückgegangen. Dieser Anteil betrug im Deutschen Reiche (Umfang von 1920 — ohne Saargebiet) in den

im Jahre	Kokereien %	Hochofenwerken %	Gießereien %	Flußstahlwerken %	Walzwerken %
1913	6,6	6,2	30,8	5,1	9,0
1917	5,7	5,4	19,8	5,3	7,8
1918	6,4	5,5	21,0	5,4	8,7
1919	9,0	7,4	23,7	5,6	8,5
1920	6,0	5,0	17,0	3,7	5,6.

Schrottverbrauch.

In der Verwendung des zweiten Rohstoffes der Eisenindustrie, des Schrotts, hat die Kriegs- und Nachkriegszeit erhebliche Änderungen gegenüber 1913 gebracht. Wie die Flußstahlwerke, namentlich in den Kriegsjahren, mit Rücksicht auf die mangelhafte Erzversorgung und daraus folgende beschränkte Roheisenerzeugung die Verarbeitung von Alteisen und Schrott im Interesse der Erzielung höchstmöglicher Leistungen steigern mußten, haben die Eisen- und Stahlgießereien aus dem gleichen Grunde ebenfalls weitgehend Alteisen und Schrott verarbeiten müssen. In welchem Maße sich der Schrottverbrauch der Gießereien entwickelte, wird erst ersichtlich, wenn man den Verbrauch an Roheisen und Schrott in den einzelnen Jahren in Vergleich bringt. Danach kamen beim Einsatzmaterial auf 100 t Roheisen in den Jahren 1912: 29,9, 1913: 31,6, 1914: 32,4, 1915: 43,0, 1916: 51,3, 1917: 67,2, 1918: 76,7, 1919: 64 und 1920: 68,2 t Schrott.

Infolge der Erschwerung des Eisenerzbezuges und des Zwanges, mit Koks zu sparen, gewann der Schrott eine steigende Bedeutung, zumal in der Nachkriegszeit erhebliche Mengen Brucheisen aus Kriegsmaterialbeständen dem Weltmarkt zur Verfügung standen.

Über den Verbrauch an Schrott in den deutschen Hochofen-, Flußeisen- und Flußstahl- und Schweißeisen-(Puddel-)werken sowie in den Eisen- und Stahlgießereien gibt die Zahlentafel 17 im einzelnen Aufschluß. Dabei ist zu beachten, daß bei den Hochofenwerken wie bei den Hüttenwerken überhaupt und den Gießereien, eigener Schrott nur insoweit einbezogen ist, als er aus anderen Werken desselben Besitzers stammt. Berechnet nach der Gesamterzeugung, tritt der Schrottverbrauch am stärksten bei den Gußwaren auf; er betrug hier 1918 49,9, 1919 44,1 und 1920 46,0% der Gußwaren-Erzeugung.

Zahlentafel 17.

Deutschlands Schrottverbrauch in den Hochofen-, Flußeisen- und Flußstahl- und Schweißeisen-(Puddel-)werken und in den Eisen- und Stahlgießereien.

Jahr	Hochofenwerke		Flußeisen- und Flußstahlwerke		Schweißeisen-(Puddel-)werke		Gießereien (Eisen- und Stahlgießereien) einschl. Kleinbessemereien		Walzwerke mit oder ohne Schmiede- oder Preßwerk		Gesamt-Schrottverbrauch der deutschen Eisenindustrie
	Verbrauch an Brucheisen, ausschl. des aus dem eigenen Hochofenbetrieb gefallenen		Verbrauch an Schrott		Verbrauch an Schrott		Verbrauch an Schrott		Verbrauch an Abfallenden usw. aus eigenen und fremden Werken		
	t	in % zur gesamten Roheisenerzeugung	t	in % zur gesamten Stahlerzeugung	t	in % zur Gesamterzeugung der Schweißeisen-(Puddel-)werke	t	in % zur Gesamterzeugung der Eisen- und Stahlgießereien	t	in % zur Gesamterzeugung der Walzwerke (Fertigerzeugnisse)	t
1908[1])	64 630	0,6	3 392 724	31,5	104 433	21,8	592 413	24,5	85 575	0,8	4 239 775
1910[1])	83 866	0,6	3 989 422	31,1	49 467	14,4	710 157	24,9	90 234	0,9	4 923 146
1912[1])	107 281	0,7	5 228 950	32,1	18 359	7,5	860 699	25,1	95 834	0,8	6 311 123
1913[1])	208 133	1,2	5 578 922	32,5	19 172	9,0	893 586	26,7	85 978	0,7	6 785 791
1914[1])	178 364	1,4	4 600 689	33,6	15 762	12,2	718 842	27,4	60 118	0,6	5 573 775
1915[1])	338 267	3,3	4 532 573	37,7	11 202	11,3	873 044	33,9	41 402	0,5	5 796 488
1916[1])	1 140 268	10,1	5 630 038	39,5	15 428	16,5	978 864	39,6	40 561	0,4	7 805 159
1917[1])	1 311 366	11,3	5 897 107	41,2	24 540	24,0	1 320 935	46,9	54 862	0,5	8 608 810
1918[2])	1 270 679	13,8	5 252 269	44,4	24 168	28,5	1 118 372	49,9	45 902	0,5	7 711 390
1919[3])	695 518	12,3	3 387 262	49,3	16 504	32,4	796 029	44,1	37 479	0,7	4 932 792
1920[3])	951 959	14,9	4 217 978	50,4	20 321	37,5	913 648	46,0	26 564	0,3	6 103 906

Wieviel von dem gesamten Schrottverbrauch in den Jahren 1908—1920 in Prozenten auf die Hauptbetriebszweige entfiel, zeigt Zahlentafel 18.

Zahlentafel 18.

Anteile am Gesamt-Schrottverbrauch.

Jahr	Hochofenwerke %	Gießereien (Eisen- und Stahlgießereien einschl. Kleinbessemereien) %	Flußeisen- und Flußstahlwerke %
1908[1])	1,5	14,0	80,0
1910[1])	1,7	14,0	81,0
1912[1])	1,7	13,6	82,9
1913[1])	3,1	13,2	82,2
1914[1])	3,2	12,9	82,5
1915[1])	5,8	15,1	78,2
1916[1])	14,6	12,5	72,1
1917[1])	15,2	15,3	68,5
1918[2])	16,5	14,5	68,1
1919[3])	14,0	16,1	68,4
1920[3])	15,6	15,0	69,1

Wie schon betont, ist in allen Zweigen der Eisenindustrie eine anteilmäßige Steigerung des Schrottverbrauchs zu beobachten. Auf den Verbrauch von 100 t Roheisen

---

[1]) Einschl. Elsaß-Lothringen.
[2]) Ohne Elsaß-Lothringen.
[3]) Gebiet von 1920 (ohne Saargebiet).

berechnet, entfielen im Deutschen Reiche (Gebietsumfang von 1920) folgende Mengen Brucheisen bzw. Schrott:

im Jahre	Stahlwerken	in den Schweißeisenwerken	Gießereien
1913	56,6 t	9,3 t	31,6 t
1917	75,5 t	25,9 t	67,2 t
1919	80,5 t	39,8 t	64,0 t
1920	84,4 t	47,1 t	68,2 t

Der Kreislauf, der früher das Eisen über die Verwendung als Maschinen usw. wieder als Brucheisen dem Erzeugungsprozeß zuführte, wurde durch den Kriegsverbrauch an Eisen und die heute notwendigerweise höher zu setzende Lebensdauer der Maschinen usw. gehindert. Diese Verknappung bei gegenüber dem Frieden erheblich gestiegenem Bedarf macht sich nicht nur in den hohen Schrottpreisen geltend, sondern auch in einer im Jahre 1920 gegenüber dem Frieden auf das rund Dreifache gestiegenen Einfuhr und einer auf die Hälfte gesunkenen Ausfuhr an Eisenabfällen. Der deutsche Einfuhrüberschuß an Eisenabfällen betrug im Jahre 1913 rund 16 000 t, 1920 über $\frac{1}{2}$ Mill. t.

Zahlentafel 19.

Verbrauch der Gießereien (Eisen- und Stahlgießereien) einschl. der Kleinbessemereien an Roheisen.

Jahr	Verbrauch an Roheisen				
	insgesamt	davon stammten aus			
		dem Inland einschl. Luxemburg	Großbritannien	Schweden	anderen Ländern
	t	t	t	t	t
Deutsches Reich (einschl. Elsaß-Lothringen).					
1908	2 018 823	1 855 425	140 374	13 035	9 989
1910	2 259 067	2 180 321	60 626	13 021	5 099
1912	2 839 565	2 762 800	60 234	11 985	4 546
1913	2 755 876	2 683 692	49 992	12 942	9 250
1914	2 186 326	2 131 196	38 132	9 949	7 049
1915	2 016 553	1 948 806	9 048	39 477	19 222
1916	1 886 978	1 850 487	1 349	28 467	6 675
1917	1 917 478	1 892 149	348	22 704	2 277
Deutsches Reich (ohne Elsaß-Lothringen).					
1912	2 770 979	2 695 081	59 487	11 963	4 448
1913	2 684 507	2 613 167	49 317	12 942	9 081
1914	2 138 447	2 085 464	36 493	9 949	6 541
1915	1 990 564	1 923 440	8 634	39 331	19 159
1916	1 858 373	1 822 230	1 349	28 141	6 653
1917	1 890 626	1 865 394	320	22 636	2 276
1918	1 458 848	1 441 051	151	15 623	2 023
1919 [1]	1 243 708	1 232 646 [2]	—	8 760	2 302
1920 [1]	1 339 738	1 318 278 [3]	—	10 592	10 868

Die rasche Entwicklung der Gesamt-Roheisen-, Stahl- und Gußwarenerzeugung Deutschlands hat der Schrottverbrauch seinerseits völlig mitgemacht. Betrachtet man nach dieser Richtung die Zahlentafel 17, so zeigt sich, daß der Verbrauch an Schrott in den Hauptbetriebszweigen, Hochöfen, Gießereien, Stahlwerke, ab 1908—1913 ständig zugenommen hat. In den Jahren ab 1913 hat sich sodann der Schrottverbrauch nach

---

[1] Gebiet von 1920 (ohne Saargebiet).
[2] Darunter 45 680 t aus Luxemburg.
[3] Darunter 41 160 t aus Luxemburg.

anfänglichem Rückgang ganz besonders stark erhöht. Er betrug in den Kriegsjahren 1916—1918 und den Jahren 1919 und 1920 gegenüber 1913 in Prozenten:

	1916 [1])	1917 [1])	1918 [2])	1919 [3])	1920 [3])
Hochofenwerke . . .	547,9	630,1	610,5	334,2	457,4
Gießereien	109,5	147,8	125,2	89,1	102,2
Stahlwerke	100,9	105,7	94,1	60,7	75,6

Nach der obigen Zusammenstellung brachte das Jahr 1919 einen Absturz. Diese Abnahme geht weit über den Anteil Lothringens und der Saar hinaus, der immer verhältnismäßig gering war. Im Jahre 1917, dem Jahre des größten Schrottverbrauchs, entfielen z. B. von den 8,6 Mill. t Gesamt-Schrottverbrauch der deutschen Eisenindustrie noch nicht 600 000 t auf Lothringen und die Saar.

Roheisenverbrauch der Gießereien.

Zur Ergänzung der Zahlentafel 16 sind in Zahlentafel 19 die Herkunftsländer angegeben, auf die sich das in den Gießereien verbrauchte Roheisen verteilt. Danach nahm die Verarbeitung englischen Roheisens mit dem Kriege ihr Ende, während die des schwedischen Roheisens immer noch eine Rolle spielt. Die Verwendung des ausländischen Roheisens ist mit 4,7% des Eisenverbrauchs der Jahre 1919 und 1920 verhältnismäßig höher als in den anderen eisenverbrauchenden Industriezweigen, was durch die vielfach größere Entfernung von den einheimischen Roheisenbezirken zu erklären ist.

Im allgemeinen zeigt der Verbrauch an ausländischem (nach den jeweiligen Zollgrenzen) Roheisen im Jahre 1920 gegenüber 1913 eine geringe anteilsmäßige Steigerung. Er betrug

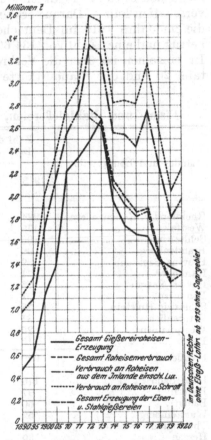

Abb. 8. Verbrauch an Roheisen und Schrott und Erzeugung der deutschen Eisen- und Stahlgießereien.

in den	im Jahre 1913	1920
Eisen- und Stahlgießereien . . .	2,62%	4,67%
Schweißeisenwerken	0,03%	1,48%
Stahlwerken	0,34%	0,46%

Der ausländische Bezug entsprach im Jahre 1920 aber auch nicht annähernd den Mengen, die Lothringen und Luxemburg im Jahre 1913 in das gegenwärtige Zollgebiet des Deutschen Reiches versandt hatten. Erst die folgenden Jahre 1921 und 1922 brachten eine Zunahme der Roheiseneinfuhr.

Ganz bedeutend ist die Menge des in den Eisen- und Stahlgießereien verbrauchten Roheisens im Vergleich zur gesamten deutschen Roheisenerzeugung. Das verschmolzene Roh- und Alteisen weist z. B. im Jahre 1913 die Menge von 3 543 492 t. (1919: 2 039 737 t, 1920: 2 253 386 t) auf, die also mehr als $^1/_4$ (1919 und 1920 weit mehr als $^1/_3$) der gesamten Roheisenerzeugung im Deutschen Reiche (ohne Elsaß-Lothringen und Saargebiet) umfaßt. Davon waren Roheisen 2 684 507 t (1919: 1 243 708, 1920: 1 339 738 t). Das Gießereiroheisen betrug 1913 2 770 580 t, 1919 (ohne Saargebiet) 1 372 469 t, 1920: 1 324 000 t, es ist somit zum weitaus größten Teile in Gießereien verwendet worden (s. Abb. 8). Der große Wert der Gußwarenindustrie ergibt sich aus der Wertangabe für die im Jahre 1912 verarbeitete

---

[1]) Deutsches Reich einschl. Elsaß-Lothringen.
[2]) Deutsches Reich ohne Elsaß-Lothringen.
[3]) Gebiet von 1920 (ohne Saargebiet).

Menge mit 698,9 Mill. Mk., verglichen mit dem Werte der verarbeiteten Roheisen- und Schrottmengen von 254,2 Mill. Mk., und zwar für das Deutsche Reich einschließlich Elsaß-Lothringen. Vergleiche für die späteren Jahre können nicht herangezogen werden, weil die Statistik in den Jahren ab 1913 die Werte des in den Eisen- und Stahlgießereien verbrauchten Roheisens und Schrotts nicht mehr angibt. Aus den vorgenannten Zahlen berechnet sich die Werterhöhung (nicht der Veredelungsgewinn, der natürlich bedeutend niedriger zu veranschlagen ist) auf rund 444,7 Mill. Mk. im Jahre 1912. Entsprechend ist der Wert, berechnet auf die Tonne der Gießwaren, 203,83 Mk.; die Werterhöhung gegenüber dem Roheisen mit einem Preise von rund 70 Mk. beträgt, also über 130 Mk.

Volkswirtschaftliches.

Volkswirtschaftlich sind die Gießereibetriebe insofern von wesentlicher Bedeutung, als sie verhältnismäßig mit am wenigsten von den Erzeugungsstätten des Roheisens abhängig sind, da die Werterhöhung gegenüber dem Rohstoff sehr groß ist, die Kosten der Herbeischaffung des Roheisens also nicht sehr ins Gewicht fallen. Diese Umstände ermöglichen es, daß die Eisenindustrie der Bevölkerung verschiedenster Landesteile Arbeit verschaffen kann. Daraus erklärt sich auch die außerordentlich hohe Zahl der Betriebe, die im Jahre 1919 im Deutschen Reiche (ohne Saargebiet) 1467, im Jahre 1920 1508 betrug und einer Zahl von 134 660 bzw. 149 052 Personen Arbeit und Unterhalt gewährte. Im einzelnen ist über die Verbreitung und Zahl der Betriebe und Personen aus Zahlentafel 20 und der Standortkarte (Abb. 4) näheres zu ersehen.

Zahlentafel 20.
Eisen- und Stahlgießereien, einschl. Kleinbessemereien im Deutschen Reiche[1].

Länder und Landesteile	Zahl der Betriebe		Beschäftigt gewesene Personen		Löhne und Gehälter der Beschäftigten		Gesamt-Jahreserzeugung	
	1913	1920	1913	1920	1913 1000 ℳ	1920 1000 ℳ	1913 t	1920 t
Rheinland u. Hohenzollern	234	259	27 819	27 188	40 990	339 698	910 437	507 126[2]
Westfalen	178	177	18 685	18 652	26 944	221 206	517 326	283 750
Schlesien	106	98	11 655	11 939	12 410	107 018	229 683	158 679
Brandenburg	96	95	8 910	8 184	13 682	82 967	161 122	105 979
Provinz Sachsen	89	92	10 334	10 515	14 568	99 664	177 128	124 653
Hannover	71	72	6 102	6 951	8 444	69 243	126 524	88 434
Hessen-Nassau	56	57	7 745	6 778	9 341	64 138	114 869	70 996
Pommern	51	50	3 399	3 227	4 141	27 130	56 653	28 074
Schleswig-Holstein	38	38	3 083	2 560	4 580	31 644	41 983	21 913
Ostpreußen	31	25	504	459	584	3 391	10 579	7 077
Westpreußen	25	8	1 718	825	2 124	4 834	29 337	5 759
Posen	15		230		256		3 998	
Preußen	990	971	100 184	97 278	138 064	1 050 933	2 379 639	1 402 440
Land Sachsen	170	171	17 681	17 352	24 615	175 796	303 766	199 660
Bayern	97	94	10 097	10 894	12 821	102 796	182 400	122 508[2]
Baden	60	58	6 323	6 154	9 118	67 497	113 324	69 300
Württemberg	52	49	4 378	4 751	6 277	45 587	67 911	52 890
Thüringische Staaten	51	51	1 759	2 486	2 225	21 835	31 787	26 649
Hessen	30	28	3 292	3 221	4 209	27 573	64 362	35 864
Hamburg, Lübeck, Bremen	25	26	1 514	1 997	2 520	24 536	27 711	20 450
Braunschweig	22	23	2 072	2 104	2 522	17 507	32 131	22 427
Anhalt	16	17	2 307	1 879	2 784	18 078	35 034	26 163
Mecklenburg	14	13	591	497	694	4 523	8 345	4 519
Oldenburg	7	7	167	439	225	4 160	2 987	4 359
Deutsches Reich	1 534	1 508	150 365	149 052	206 074	1 560 821	3 249 407	1 987 229

Die Zahl der Gießereien (ohne die stillgelegten Betriebe) in Deutschland hat im Jahre 1920 um 41 Betriebe gegenüber dem Vorjahr zugenommen, bleibt aber noch hinter der Zahl der auf gleichem Gebietsumfang im Frieden vorhandenen Betriebe

[1] Nach der Reichsstatistik.
[2] Die Zahlen für das Saargebiet fehlen.

zurück. Wenn die Zahl der Betriebe im Jahre 1920 gegenüber 1913 (gleichen Gebietsumfanges) um 20 Betriebe größer erscheint, so liegt das nur daran, daß früher von einer größeren Anzahl der Betriebe keine statistischen Angaben zu erhalten waren.

Preise.

Roheisen. Für die Gewinnung eines Überblickes über die deutschen und englischen Roheisenpreise wird auf die Zahlentafel 21 und Abb. 9 verwiesen. Da die Reichsstatistik die Preise für Middlesbrough III seit 1898 nicht mehr angibt, mußte für die Vergleichsmöglichkeit der späteren Jahre in der Übersicht Middlesbrough I eingesetzt werden, das dem schlesischen Eisen zwar nicht entspricht und teurer ist als Nr. III. Die Preisunterschiede in der letzten Spalte sind also im Verhältnis zu groß. Die Angaben für schottisches Gießereiroheisen Nr. I, Hamburg, werden ziemlich übereinstimmen mit den Preisen am Niederrhein, da sich die Fracht nach Hamburg und nach Ruhrort

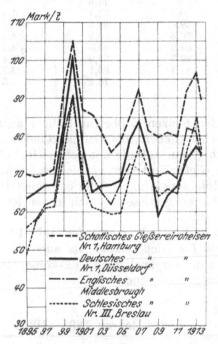

Abb. 9. Durchschnittliche Handelspreise für deutsches und englisches Gießereiroheisen.

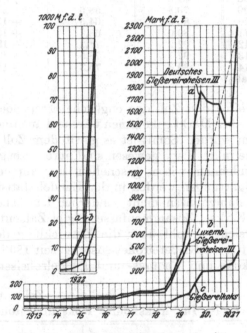

Abb. 10. Durchschnittshandelspreise für deutsches und luxemburger Gießereiroheisen Nr. III und Gießereikoks.

kaum unterscheidet; freilich für mitteldeutsche Märkte (etwa Berlin) macht es einen beträchtlichen Unterschied. Der zweite Vergleich dürfte dagegen unter Berücksichtigung des vorhin erwähnten Sorten-Preisunterschiedes gerade für den Berliner Markt maßgebend sein, da die Fracht von Hamburg und von Breslau nach Berlin ziemlich die gleiche ist.

Die Aufstellung (Zahlentafel 21) lehrt, daß der Zoll bei erstklassigem Gießereiroheisen eine Unterbietung der deutschen Preise durch England verhindert hat. In Krisenzeiten freilich ist das englische Eisen teilweise um weit mehr als den Zollbetrag (1902: um 20,7, 1909 um 21,3 Mk.!) teurer als deutsches gewesen, so daß auch ohne Zoll ein englischer Wettbewerb ausgeschlossen gewesen wäre. Demnach hat der Zoll nur in guten Zeiten eine Wirkung auf den Gießereiroheisenpreis auszuüben vermocht, in schlechten verhinderte sie die Überproduktion in Deutschland selbst.

In weniger guten Sorten dagegen ist England trotz des Zolles vielfach billiger als Deutschland selbst an den deutschen Markt gekommen. Der Grund ist ohne Zweifel, daß England gerade in diesem eine Erzeugung hat, die es mangels der Möglichkeit eigener Verwendung im Ausland abzusetzen gezwungen ist. Demnach ist sicher anzunehmen,

Zahlentafel 21.
Jahresdurchschnittspreise für deutsches und englisches Gießereiroheisen.

Jahr	Schottisches Gießereiroheisen Nr. I Hamburg	Deutsches Gießereiroheisen Nr. I Düsseldorf	Schottisches teurer als deutsches Gießereiroheisen	Englisches Gießereiroheisen Middlesbrough Nr. I Hamburg	Schlesisches Gießereiroheisen Nr. III Breslau	Englisches teurer als schlesisches Gießereiroheisen
	ℳ für die Tonne	ℳ für die Tonne	ℳ für die Tonne	ℳ für die Tonne	ℳ für die Tonne	ℳ für die Tonne
1895	70,0	63,7	+ 6,3	56,2	49,2	+ 7,0
1898	71,4	67,3	+ 4,1	62,8	61,6	+ 1,2
1900	105,1	101,4	+ 3,7	90,8	90,7	+ 0,1
1903	81,4	66,7	+ 14,7	65,2	60,5	+ 4,7
1905	78,4	68,3	+ 10,1	67,5	59,8	+ 7,7
1906	85,2	78,9	+ 6,3	72,7	69,6	+ 3,1
1907	92,8	84,3	+ 8,5	—	77,6	—
1908	81,5	74,7	+ 6,8	69,7	71,1	− 1,4
1909	79,8	58,5	+ 21,3	69,4	64,2	+ 5,2
1910	80,9	64,5	+ 16,4	70,6	66,2	+ 4,4
1911	80,0	66,8	+ 13,2	68,9	64,8	+ 4,1
1912	92,2	74,2	+ 18,0	82,3	75,9	+ 6,4
1913	97,1	77,5	+ 19,6	81,4	85,1	− 3,7
1914 1. Halbj.	89,6	75,3	+ 14,3	74,7	76,2	− 1,5

daß ohne den Zoll das englische Eisen noch um den ganzen Zollbetrag billiger an den deutschen Markt gekommen wäre und auch den deutschen Gießereiroheisenmarkt beherrscht haben würde. Somit ist es gewiß dem Zoll zuzuschreiben, daß die deutschen Hochofenwerke in der Lage gewesen sind, ihre Erzeugung an Gießereiroheisen in solchem Umfange auszudehnen, wie es geschehen ist, während die Roheiseneinfuhr — die einzelnen Roheisengattungen werden in der Handelsstatistik nicht nachgewiesen — sich in den letzten vier Jahrzehnten nicht sonderlich hat heben können.

Koks. Zusammenfassend gibt Zahlentafel 22 in Verbindung mit der Abb. 10 eine Übersicht sowohl über die Entwicklung der Preise für Gießereikoks als auch für die wichtigsten Gießereiroheisensorten seit 1895, wobei zum Vergleich auch Kokskohle, Hochofenkoks und Thomas- und Puddelroheisen mit aufgeführt sind.

Zahlentafel 22.
Preise für Kokskohle, Koks und Roheisensorten in den Jahren 1895—1922.

Vierteljahr	Kokskohle	Hochofenkoks	Gießereikoks	Hämatit	Deutsches Gießereiroheisen I	Deutsches Gießereiroheisen III	Luxemb. Gießereiroheisen III ab Luxemburg	Engl. Gießereiroheisen III ab Ruhrort	Puddeleisen (Luxemb. Qualität) ab Luxemburg	Thomas-Roheisen
	ℳ für d. Tonne	ℳ für d. Tonne	ℳ für d. Tonne	ℳ für die Tonne	ℳ für d. Tonne	ℳ für d. Tonne	ℳ für die Tonne	ℳ f.d. Tonne	ℳ für d. Tonne	ℳ für die Tonne
1895										
I.	6,50	11,—	14,—	63,—	63,—	54,—	45,—	55,—	35,20	38,20
II.	6,50	11,—	14,—	63,—	63,—	54,—	45,—	55,—	35,20	38,20
III.	6,50	11,—	14,—	63,67	63,67	54,67	45,—	55,—	35,87	38,87
IV.	6,50	11,—	14,—	63,—	65,—	56,—	46,—	58,—	40,—	40,20
1900										
I.	8,75	18,50	23,33	99,33	99,33	95,33	85,—	95,—	82,—	90,20
II.	10,75	21,—	23,33	102,—	102,—	98,—	90,—	95,—	82,—	90,20
III.	10,75	22,—	23,33	102,—	102,—	98,—	88,—	95,—	82,—	90,20
IV.	10,75	22,—	23,33	102,—	102,—	98,—	84,—	92,—	82,—	90,20
1903										
I.	9,75	15,—	16,50	65,67	65,—	61,83	50,—	66,50	44,67	56,33
II.	9,75	15,—	16,50	67,50	65,—	64,—	52,—	66,—	45,—	57,50
III.	9,75	15,—	16,50	68,—	67,—	65,—	52,—	66,—	45,—	57,50
IV.	9,75	15,—	16,50	68,—	67,—	65,—	52,—	66,—	45,—	57,50
1905										
I.	9,75	15,—	16,50	67,—	66,—	64,—	54,—	66,—	45,—	57,75
II.	9,75	15,—	17,—	67,—	66,—	64,—	54,—	66,—	45,—	57,75
III.	9,75	15,—	17,—	67,—	66,—	64,—	54,—	66,—	47,07	59,15
IV.	9,75	15,—	17,—	72,33	71,17	67,17	68,50	71,—	51,33	63,68

Viertel-jahr	Kokskohle *M.* für d. Tonne	Hochofen-koks *M.* für d. Tonne	Gießerei-koks *M.* für d. Tonne	Hämatit *M.* für die Tonne	Deutsches Gießerei-roheisen I *M.* für d. Tonne	Deutsches Gießerei-roheisen III *M.* für d. Tonne	Luxemb. Gießerei-roheisen III ab Luxemburg *M.* für die Tonne	Engl. Gießerei-roheisen III ab Ruhrort *M.* f.d. Tonne	Puddeleisen (Luxemb. Qualität) ab Luxemburg *M.* für d. Tonne	Thomas-Roheisen *M.* für die Tonne
1908										
I.	12,50	17,50	20,—	82,—	78,—	71,—	54,—	70,50	53,07	65,37
II.	12,75	17,50	20,—	80,—	76,—	71,—	54,—	71,—	52,67	64,80
III.	12,75	17,50	20,—	75,—	72,—	69,—	54,—	71,50	50,80	64,80
IV.	12,75	17,50	20,—	75,—	72,—	69,—	54,—	72,50	50,60	64,80
1910										
I.	10,75	14,—	18,—	65,33	63,83	62,50	53,50	73,50	50,75	61,75
II.	10,63	14,—	17,—	67,—	65,—	63,83	55,50	73,50	50,75	61,75
III.	10,63	14,—	17,—	66,33	64,67	63,67	55,50	73,50	50,92	61,58
IV.	11,63	15,50	18,—	70,—	66,—	64,—	52,—	70,50	51,—	61,50
1912										
I.	11,63	15,50	18,—	76,50	72,50	69,17	53,—	68,50	49,33	—
II.	12,63	16,50	19,—	77,50	73,50	70,—	57,—	72,—	—	—
III.	12,63	16,50	19,—	77,50	73,50	70,—	62,66	79,—	—	—
IV.	12,63	16,50	19,—	81,33	77,33	74,33	63,—	86,50	—	—
1913										
I.	12,63	16,50	19,—	81,50	77,50	74,50	64,—	85,—	—	—
II.	13,63	17,50	20,—	81,50	77,50	74,50	64,—	—	—	81,50
III.	13,63	17,50	20,—	81,50	77,50	74,50	64,—	75,—	—	—
IV.	13,63	17,50	20,—	81,50	77,50	74,50	64,—	—	—	—
1915										
I.	12,63	16,—	18,50	93,—	79,75	74,50	63,50	—	62,—	—
II.	13,75	15,50	16,75	100,—	86,50	81,50	69,50	—	66,50	—
III.	14,38	16,50	17,42	115,—	94,—	89,—	74,50	—	71,50	—
IV.	15,—	17,50	18,75	115,—	94,—	89,—	74,50	—	71,50	—
1916										
I.	16,—	18,—	19,25	117,50	94,67	89,67	74,50	—	71,50	—
II.	16,—	19,—	20,25	122,50	96,—	91,—	76,50	—	73,—	—
III.	16,—	19,—	20,25	185,83	96,—	91,—	76,50	—	77,—	—
IV.	16,—	19,—	20,25	142,50	96,—	91,—	76,50	—	76,—	—
1917										
I.	17,75	22,—	23,25	167,50	121,—	116,—	89,50	—	89,—	—
II.	19,—	23,50	24,75	176,95	122,95	117,95	98,95	—	98,45	—
III.	22,08	27,50	30,45	199,20	130,95	125,95	113,40	—	112,90	—
IV.	26,40	33,60	36,60	221,—	141,50	136,50	123,—	—	122,50	—
1918										
I.	26,40	33,60	36,60	223,—	141,50	136,50	123,—	—	122,50	—
II.	26,40	33,60	36,60	223,—	141,50	136,50	123,—	—	122,50	—
III.	28,95	35,40	38,40	223,—	151,50	146,50	126,50	—	126,—	—
IV.	28,95	37,20	40,20	223,—	161,50	156,50	130,—	—	129,50	—
1919										
I.	43,40	58,90	61,90	314,50	250,—	249,—	215,—	—	204,50	—
II.	58,77	81,73	84,73	395,42	376,42	375,42	328,67 [1])	—	318,17 [1])	—
III.	69,50	97,40	100,40	535,83	491,33	490,33	431,83 [1])	—	421,53 [1])	—
IV.	82,67	117,65	119,85	880,83	739,83	738,83	552,67 [1])	—	592,50 [1])	—
1920										
I.	144,84	204,73	214,30	1 983,—	1 346,77	1 512,50	—	—	—	—
II.	200,47	285,33	298,—	2 279,83	1 769,—	1 768,—	—	—	—	—
III.	202,20	288,90	300,20	1 990,17	1 686,83	1 685,83	—	—	—	—
IV.	202,20	288,90	300,20	1 910,—	1 660,—	1 659,—	—	—	—	—
1921										
I.	202,20	288,90	300,20	1 910,—	1 660,—	1 659,—	—	—	—	—
II.	231,80	331,20	344,20	1 843,33	1 576,67	1 492,33	—	—	—	—
III.	237,50	344,07	357,63	1 810,—	1 560,—	1 484,—	—	—	—	—
IV.	310,33	443,40	461,13	2 800,33	2 362,—	2 286,—	2 214,— [2])	—	—	—
1922										
I.	501,43	717,13	746,—	4 204,67	3 671,67	3 585,67	3 102,— [2])	—	—	—
II.	859,33	1 213,53	1 256,53	6 474,33	5 875,—	5 803,—	5 373,33 [2])	—	—	—
III.	2 347,—	3 344,—	3 474,33	19 915,57	17 451,14	17 381,14	16 210,86 [2])	—	—	—
IV.	12 765,—	18 257,—	19001,75	109 654,08	94 864,83	94 794,83	90 478,42 [2])	—	—	—

[1]) Ab Brebach.
[2]) Ab Grenze.

IV. Metallurgische Chemie des Eisens. Metallographie.

Von

Professor Dr.-Ing. e. h. O. Bauer.

A. Reines Eisen.

Im Jahre 1869 beobachtete Gore [1]) die merkwürdige Erscheinung, daß ein bis zur hellen Rotglut erhitzter Stahlstab sich bei der Abkühlung nicht gleichmäßig zusammenzog, sondern, daß nach kurzer Kontraktion bei etwa dunkler Rotglut wieder eine plötzliche Verlängerung des Stabes eintrat. Bei weiterer Abkühlung zog sich dann der Stab gleichmäßig zusammen (Goresches Phänomen). Wurde der Stab wieder erhitzt, so trat etwa bei derselben Temperatur eine plötzliche Kontraktion auf, die mehrere Grade hindurch anhielt. Vier Jahre später (1873) fand Barrett [2]), daß ein von heller Rotglut abkühlender Eisenstab, sobald die anormale Verlängerung eintrat, plötzlich wieder etwas heller erglühte (Rekaleszenz). Umgekehrt ließ sich auch nachweisen, daß beim Erhitzen des Eisenstabes in dem Augenblick, wo die plötzliche Kontraktion eintrat, ein augenblickliches „Dunklerwerden" des Stabes erfolgte, hervorgerufen durch plötzliche starke Wärmeabsorption. Später fand Gore, daß parallel mit diesen Erscheinungen auch ein Wechsel in der Magnetisierbarkeit des Eisens eintritt [3]).

Die Untersuchungen Gores wurden von Hopkinson [4]) u. a. wiederholt und bestätigt. Diese Versuche ließen schon damals vermuten, daß sich im Eisen bei bestimmten Temperaturen (ganz allgemein als „Haltepunkte" bezeichnet) Umwandlungen oder Umkristallisationen vollziehen müssen, die bei der Erhitzung mit einer Wärmeabsorption, bei der Abkühlung mit Freiwerden von Wärme verbunden sind. Die von den älteren Forschern verwendeten Eisenproben waren jedoch nicht rein, so daß Zweifel darüber bestehen konnten, ob die Umwandlungen dem Eisen als solchem oder den im Eisen enthaltenen Fremdkörpern, Kohlenstoff usw., zuzuschreiben waren. Osmond [5]) unternahm es, auf Grund von Haltepunktsbestimmungen [6]) diese Frage zu entscheiden. Seine Untersuchungen führten zu der von ihm aufgestellten, jetzt allgemein anerkannten „Allotropientheorie", nach der das erstarrte reine Eisen zum mindesten in drei verschiedenen, festen Aggregatzuständen (Allotropien, Modifikationen) auftritt. Später ist von Ruer und Kaneko [7]) noch eine weitere, vierte Modifikation in der Nähe des

---

[1]) Gore: „On a momentary molecular change in iron wire". Proc. of the Royal Soc. of London. Vol. 17, 1869, S. 260.

[2]) Barret: „On certain remarkable molecular changes occurring in iron wire at a low red heat. Phil. Mag. Vol. 46, 1873, S. 472.

[3]) Daß Eisen bei hohen Temperaturen seine Magnetisierbarkeit verliert, war schon früher bekannt. Gilbert (London) berichtet hierüber schon aus dem Jahre 1600. Boyle und Lemmery (Paris) teilen aus dem Jahre 1706 mit, daß Eisen in Weißglut nicht auf eine Magnetnadel wirkt.

[4]) Hopkinson: „Magnetic and other physical properties of iron at high temperature". Phil. Trans. 1889, S. 443.

[5]) Osmond: Sur les phémomènes qui se produisent pendant le chauffage et le refroidissement de l'acier fondu. Compt. rend. Tome 103, 1886, S. 743, 1135; Tome 106, 1888, S. 1156.

[6]) Über Ausführungen von Haltepunktsbestimmungen siehe E. Heyn und O. Bauer: „Metallographie I". 2. Aufl. Sammlung Göschen. Leipzig-Berlin 1920, S. 85.

[7]) Ruer und Kaneko: Ferrum Bd. 11, 1913. S. 33, — Ruer und Klesper: Ferrum. Bd. 11, 1914, S. 257.

Schmelzpunktes festgestellt worden. Demnach macht das reine Eisen nach der Erstarrung drei polymorphe Umwandlungen (Modifikationsänderungen) durch.

Beim Übergang von einer Modifikation in die andere tritt plötzliche Änderung des Energieinhalts ein. Bei der Abkühlung wird Wärme frei, bei der Erhitzung Wärme gebunden.

Die unterhalb der Erstarrungstemperatur beständige δ-Modifikation wandelt sich bei 1401° C. in die γ-Modifikation um. Ist die Temperatur bei weiterer Abkühlung bis 906° C. gesunken, so geht das γ-Eisen unter Freiwerden von Wärme in die β-Modifikation über. Ist die Umwandlung beendet, so sinkt die Temperatur weiter, bis bei etwa 769° C. wiederum in der abkühlenden Probe Wärme frei wird. Das β-Eisen wandelt sich in die α-Modifikation um. Gleichzeitig mit dieser letzten Umwandlung erlangt das vorher unmagnetische Eisen die Eigenschaft, dem Magneten zu folgen.

Bei der Erhitzung treten die umgekehrten Erscheinungen auf. Das bei Zimmerwärme gut magnetisierbare α-Eisen verliert beim Übergang in die β-Modifikation allmählich die Fähigkeit, magnetisch zu werden.

Die Hauptänderung der Permeabilität findet zwar bei der Temperatur des Haltepunktes (769° C.) statt, sie klingt aber bei steigender Temperatur erst allmählich ab. Hopkinson[1]) untersuchte z. B. einen Eisenstab bei einer magnetisierenden Feldstärke $\mathfrak{H} = 0,3$ cm $^{-1/2}$ gr $^{1/2}$ sec $^{-1}$, der bis 775° C. noch eine hohe Suszeptibilität besaß, bedeutend größer als bei Zimmerwärme. Erhitzte er den Stab noch höher, so nahm die Magnetisierbarkeit sehr schnell ab, und bei 786° C. war der Eisenstab fast gänzlich unmagnetisierbar. Seine Permeabilität war dort = 1,1, während sie bei 757° C. den hohen Wert von 11 000 erreicht hatte (vgl. Abb. 11)[2]).

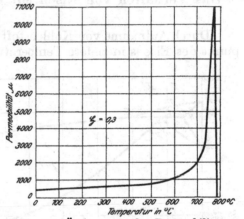

Abb. 11. Änderungen der Permeabilität eines Eisenstabes.

Die Temperaturgrade (Haltepunkte), bei denen diese Umwandlungen einsetzen, werden nach Osmond mit den Buchstaben Ar_4 (Übergang von δ- in γ-Eisen), Ar_3 (Übergang von γ- in β-Eisen) und Ar_2 (Übergang von β- in α-Eisen) bezeichnet[3]). Nach Osmond und Cartaud[4]) kristallisieren α- und β-Eisen in Würfeln (reguläres System), während das γ-Eisen wahrscheinlich in Oktaedern, gegebenenfalls in Kombination mit dem Würfel kristallisiert.

Nach Westgren und Lindh[5]) besitzen α- und β-Eisen auch das gleiche raumzentrische, kubische Gitter, während das Gitter des γ-Eisens ein flächenzentriertes, kubisches ist.

Boynton[6]) glaubte deutliche Härteunterschiede zwischen den verschiedenen Modifikationen des Eisens festgestellt zu haben; nach neueren Untersuchungen von O. Bauer und W. Schneider[7]) konnte jedoch nach dem Abschrecken von Elektrolyteisen bei verschiedenen Temperaturen keine Härtesteigerung, ebenso auch keine Steigerung der Zerreißfestigkeit nachgewiesen werden.

Das reine Eisen schmilzt und erstarrt bei 1528° C.

[1]) S. Emil Take: „Magnetische Untersuchungen". Diss. Marburg 1904.
[2]) Bei größeren magnetisierenden Kräften ist nach Hopkinson der Abstieg der Suszeptibilität in hohen Temperaturen weniger plötzlich. Vgl. auch J. A. Ewing: „Magnetische Induktion in Eisen und verwandten Metallen"; deutsch von Holborn und Lindeck 1892, S. 158.
[3]) Der Buchstabe r bedeutet Recaleszenz (Rechauffage). Sind die Haltepunkte bei der Erhitzung aufgenommen, so werden sie mit Ac (Caleszenz, Chauffage) bezeichnet.
[4]) Osmond und Cartaud: „Die Kristallographie des Eisens". Met. 1906, S. 522.
[5]) Westgren und Lindh: Zeitschr. f. phys. Chem. Bd. 98, 1921, S. 181.
[6]) J. Ir. St. Inst. 1906, Bd. 2, S. 287.
[7]) Stahleisen 1921, S. 647.

Nachstehend sind die Zustandsänderungen des Eisens übersichtlich zusammengestellt:

$$
\begin{aligned}
&\text{Erstarrungspunkt} \ldots \ldots \ldots \quad 1528^0 \text{ C.}\\
&\delta \rightarrow \gamma \text{ Umwandlung (Ar}_4) \ldots \quad 1401^0 \text{ C.}\\
&\gamma \rightarrow \beta \qquad ,, \qquad (\text{Ar}_3) \ldots \quad 906^0 \text{ C.}\\
&\beta \rightarrow \alpha \qquad ,, \qquad (\text{Ar}_2) \ldots \quad 769^0 \text{ C.}
\end{aligned}
$$

B. Eisen und Kohlenstoff.

Alle unsere technischen Eisensorten sind Eisen-Kohlenstofflegierungen. Durch kein zweites Element werden die Eigenschaften des reinen Eisens so stark beeinflußt, wie durch den Kohlenstoff. Die Kenntnis des Systems Eisen-Kohlenstoff muß daher mit Recht als Grundbedingung für die wissenschaftliche Erkenntnis eines jeden eisenhüttenmännischen Prozesses angesehen werden. Obiges mag als Begründung dafür gelten, daß dem System Eisen-Kohlenstoff auch in diesem Werk ein verhältnismäßig breiter Raum gewährt wurde.

Das Verhalten von Eisen mit 0 bis etwa 1,8% Kohlenstoff während der Erstarrung.

Durch Aufnahme von Kohlenstoff (bis zu 4,3% C) wird der Schmelz- und Erstarrungspunkt des Eisens in tiefere Temperaturen heruntergedrückt. Die Schmelzpunkterniedrigung beträgt für je 1% Kohlenstoff rund 90° C. Die Umwandlung $\delta \rightarrow \gamma$ (Ar$_4$) steigt mit steigendem Kohlenstoffgehalt bis 1487° C. an; auf den Einfluß des Kohlenstoffs auf die Lage der Umwandlungspunkte Ar$_3$ und Ar$_2$ wird weiter unten zurückgekommen.

Der Verlauf der Erstarrung und der sich nach der Erstarrung in den Eisen-Kohlenstofflegierungen vollziehenden Umwandlungen läßt sich am einfachsten und verständlichsten graphisch veranschaulichen. In Abb. 12 sind als Abszissen die Prozente an Kohlenstoff und als Ordinaten die Temperaturen eingetragen. Jeder Punkt auf dem Kurvenzug A — B → C entspricht einer beginnenden Kristallausscheidung aus der oberhalb A — B → C flüssigen Schmelze. Die sich ausscheidenden Kristalle sind

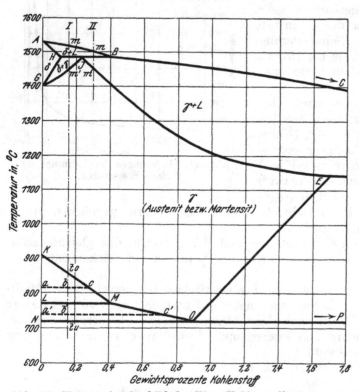

Abb. 12. Haltepunktschaubild der Eisen-Kohlenstofflegierungen.

jedoch nicht reines Eisen, sondern Mischkristalle von Eisen und Kohlenstoff bzw. von Eisen und einer Eisen-Kohlenstoffverbindung.

Für die Ausscheidung von Mischkristallen gilt folgender, durch zahlreiche Versuche belegter Erfahrungssatz: „Die Mischkristalle sind stets reicher am Bestandteil mit der höchsten Schmelztemperatur als die Schmelze, mit der sie im Gleichgewicht stehen", oder: „Die Schmelze hat im Vergleich zu den Mischkristallen einen größeren Gehalt an demjenigen Bestandteil, durch dessen Zusatz die Erstarrungstemperatur erniedrigt wird."

Der Verlauf der Erstarrung einer beliebig gewählten Schmelze I mit $0{,}16\,^0/_0$ Kohlenstoff wird sich demnach wie folgt abspielen:

Bei m (s. Abb. 12) beginnt aus der flüssigen Schmelze (mit $0{,}16\,^0/_0$ C) die Ausscheidung von δ-Mischkristallen. Die der jeweiligen Temperatur entsprechenden Gehalte der δ-Mischkristalle an Kohlenstoff findet man, wenn man Wagerechte an den Kurvenzug A — H zieht. Die Abszissen der Schnittpunkte dieser Wagerechten mit A — H geben die Kohlenstoffgehalte der ausgeschiedenen δ-Mischkristalle, die Abszissen der Schnittpunkte mit dem Kurvenzug A — B die Gehalte der mit den δ-Mischkristallen im Gleichgewicht befindlichen Schmelzen an.

Mit sinkender Temperatur ändert sich demnach sowohl die Zusammensetzung der Mischkristalle als auch die Zusammensetzung des noch flüssigen Anteiles der Legierung. Wenn die Temperatur bis 1487^0 C. (Abb. 12) gesunken ist, so besitzen die δ-Mischkristalle H $= 0{,}1\,^0/_0$ Kohlenstoff, während die Schmelze B $= 0{,}4\,^0/_0$ Kohlenstoff enthält. Bei 1487^0 C. wandeln sich bei gleichbleibender Temperatur die δ-Mischkristalle in Berührung mit der noch flüssigen Schmelze zu γ-Mischkristallen (mit J $^0/_0$ Kohlenstoff) um. Da im gewählten Beispiel (Schmelze I mit $0{,}16\,^0/_0$ Kohlenstoff) der vorhandene flüssige Anteil der Legierung nicht ausreicht, um sämtliche δ-Mischkristalle in γ-Mischkristalle umzuwandeln, so verbleibt dicht unterhalb 1487^0 C. noch ein Rest von δ-Mischkristallen neben den neu gebildeten γ-Mischkristallen bestehen. Man drückt diese Umwandlung in der Regel durch die Formel:

$$\delta \text{ (mit H}^0/_0 \text{ C)} + \text{Schmelze (mit B}^0/_0 \text{ C)} \rightarrow \delta + \gamma \text{ (mit J}^0/_0 \text{ C)}$$

aus. Im weiteren Verlauf der Abkühlung scheidet dieser Rest von δ ebenfalls γ-Mischkristalle aus. Ist schließlich der Punkt m' (s. Abb. 12) erreicht, so besteht das Gefüge nur noch aus γ-Mischkristallen.

Eine Schmelze II mit $0{,}25\,^0/_0$ Kohlenstoff würde wie folgt erstarren: Zunächst beginnt bei m wiederum die Ausscheidung von δ-Mischkristallen. Bei 1487^0 C. wandeln sie sich mit der noch flüssigen Schmelze wieder zu γ-Mischkristallen um, es verbleibt aber hier nach der Formel δ (mit H$^0/_0$ C) + Schmelze (mit B$^0/_0$ C) $\rightarrow \gamma$ (mit J$^0/_0$ C) + Schmelze noch ein Rest von flüssiger Schmelze, der im weiteren Verlaufe der Abkühlung wieder γ-Mischkristalle ausscheidet, bis schließlich bei m' die Legierung fest geworden ist.

Schmelzen mit mehr als B$^0/_0$ Kohlenstoff scheiden bei beginnender Erstarrung unmittelbar γ-Mischkristalle aus.

Die Bedeutung der einzelnen Linienzüge im oberen Teil der Abb. 12 ist demnach folgende:

A — B: Beginn der Ausscheidung von δ-Mischkristallen aus der flüssigen Schmelze.
A = kohlenstofffreies Eisen (1528^0 C.).
B = $0{,}4\,^0/_0$ Kohlenstoff (1487^0 C.).

A — H: Ende der Ausscheidung von δ-Mischkristallen aus der flüssigen Schmelze.

H — J — B: Umwandlung der δ- in γ-Mischkristalle bei gleichbleibender Temperatur (1487^0 C.).
H = $0{,}1\,^0/_0$ Kohlenstoff.
J = nicht genau ermittelt (vermutlich etwa $0{,}23\,^0/_0$ C.).
B = $0{,}4\,^0/_0$ Kohlenstoff.

H — G: Ausscheidung von γ-Mischkristallen aus den bereits festen δ-Mischkristallen.
G = Umwandlung von δ- in γ-Eisen bei 1401^0 C.

J — G: Ende der Ausscheidung von γ- aus den bereits festen δ-Mischkristallen.

B → C: Beginn der Ausscheidung von γ-Mischkristallen aus der flüssigen Schmelze.

J — E: Ende der Ausscheidung von γ-Mischkristallen aus der flüssigen Schmelze.
E = $1{,}7\,^0/_0$ Kohlenstoff (1145^0 C.).

Unterhalb A — H — J — E sind sämtliche Legierungen erstarrt.
Innerhalb A — B — J — H — A bestehen δ-Mischkristalle neben flüssiger Schmelze.
Innerhalb B → C — E — J — B bestehen γ-Mischkristalle neben flüssiger Schmelze.

Innerhalb A — H — G — A besteht das Gefüge nur aus δ-Mischkristallen.

Innerhalb H — J — G — H bestehen δ- und γ-Mischkristalle nebeneinander.

Unterhalb G — J — E besteht das Gefüge nur aus γ-Mischkristallen.

Umwandlungen im bereits erstarrten Zustand bei Eisen-Kohlenstofflegierungen mit 0 bis etwa 1,8% Kohlenstoff.

Wir hatten schon eingangs (S. 63) gesehen, daß das kohlenstofffreie Eisen auch nach der Erstarrung noch Umwandlungen oder Modifikationsänderungen durchmacht. Durch steigenden Kohlenstoffzusatz wird die Umwandlung $\gamma — \beta$ (Ar$_3$) nach unten verschoben, während sich die Umwandlung $\beta — \alpha$ (Ar$_2$) bei Gehalten bis zu 0,41% Kohlenstoff (Punkt M in Abb. 12) bei gleichbleibender Temperatur (769° C.) vollzieht. Bei weiterer Steigerung des Kohlenstoffgehaltes (bis 0,9% C) fallen Ar$_3$ und Ar$_2$ zusammen. Verbindet man die Temperaturen, bei denen diese Umwandlungen (Haltepunkte) eintreten durch Kurvenäste, so erhält man das in der unteren Hälfte der Abb. 12 eingezeichnete Haltepunktschaubild [1]).

Theorie und Praxis zeigen, daß kein grundsätzlicher Unterschied zwischen dem Auskristallisieren irgend eines Körpers aus flüssiger Lösung und zwischen den sich im bereits erstarrten Zustand abspielenden Umwandlungen und Umkristallisationen besteht. Es können daher die von Roozeboom [2]) aus der Erstarrung von Salzgemischen gezogenen Schlüsse unmittelbar auf unser Haltepunktschaubild übertragen werden. Wir haben uns nur mit dem Gedanken vertraut zu machen, daß hier die Ausscheidung von Kristallen nicht aus „flüssiger" Lösung, sondern aus einer „festen Lösung" (aus Mischkristallen) vor sich geht.

Wie ferner zahlreiche Versuche gezeigt haben, läßt sich aus langsam bis unter 700° C. abgekühlten Eisen-Kohlenstofflegierungen, durch Auflösen in verdünnten Säuren unter Luftabschluß, eine Eisen-Kohlenstoffverbindung, das Karbid Fe$_3$C, abscheiden. Wir können daher als Endglieder des Haltepunktschaubildes Eisen und Eisenkarbid (Fe$_3$C) annehmen. Aus dem Schaubild (unterer Teil der Abb. 12) ergibt sich alsdann folgendes:

Oberhalb der Kurvenzüge K M O E bestehen die bereits erstarrten Legierungen aus „fester Lösung" von γ-Eisen und Eisenkarbid (γ-Mischkristalle).

Längs des Kurvenzuges K M O scheiden sich aus den γ-Mischkristallen Eisenkristalle aus. Von K bis M kristallisiert β-Eisen und von M bis O α-Eisen aus. Das β-Eisen wandelt sich auf der Wagerechten L — M zu α-Eisen um.

Längs des Kurvenzuges O E scheidet sich das Karbid Fe$_3$C aus den γ-Mischkristallen aus. Bei O (mit 0,9% Kohlenstoff) ist bei 721° C. der γ-Mischkristall sowohl für Eisen als auch für das Karbid gerade gesättigt; hier kristallisieren demnach bei Wärmeentziehung sowohl Eisen als auch Karbid nebeneinander aus dem γ-Mischkristall aus.

Dieses innige Gemenge von Eisen und Eisenkarbid wird Eutektoid genannt [3]).

Verfolgen wir nun an Hand der Abb. 12 den weiteren Verlauf der Abkühlung der Schmelze I mit 0,16% Kohlenstoff. Von m' bis t$_0$ verläuft die Abkühlung gleichmäßig. Bei t$_0$ beginnt bei sinkender Temperatur die Auskristallisation von β-Eisen mit 0% Kohlenstoff. Dadurch reichert sich die „feste Lösung" an Kohlenstoff an. Ist die Temperatur

---

[1]) Die in Abb. 12 eingetragenen Umwandlungstemperaturen sind der Arbeit von R. Ruer und F. Goerens: „Über die Schmelz- und Kristallisationsvorgänge bei den Eisen-Kohlenstofflegierungen" (Ferrum 1917, S. 161) entnommen. Die Verfasser verwandten zu ihren Versuchen Elektrolyteisen, das frei von Mangan, Kupfer und Silizium war und nur 0,025% Phosphor enthielt. Da die technischen Eisensorten stets einen gewissen Mangangehalt besitzen und Mangan auf die Lage der Haltepunkte von wesentlichem Einfluß ist, so werden im allgemeinen bei technischen Eisensorten die Umwandlungstemperaturen etwas tiefer liegen; letzteres gilt namentlich für die Perlitumwandlung bei 721° C. (siehe weiter unten), die bei den meisten technischen Eisensorten in der Nähe von 700° C. gefunden wird.

[2]) H. W. Bakhuis Roozeboom: „Erstarrungspunkte der Mischkristalle zweier Stoffe" (Zeitschr. f. phys. Chem. Bd. 30, 1899, S. 385, ferner Roozeboom: „Die heterogenen Gleichgewichte vom Standpunkte der Phasenlehre". 2. Heft. Systeme aus zwei Komponenten. Braunschweig 1904.

[3]) Die Bezeichnung Eutektikum sollte nur für die Fälle gebraucht werden, wo sich die Ausscheidungen unmittelbar aus der flüssigen Schmelze vollziehen.

Übersicht über das
Kleingefüge von langsam der Abkühlung überlassenen Eisen-Kohlenstofflegierungen mit 0 bis etwa 1,8% Kohlenstoff.

Gehalt an Kohlenstoff	Auf Grund des Haltepunkts-schaubilds zu erwartendes Gefüge	Metallographisch festgestelltes Gefüge [1])
0%	Nur Ferritkristalle	Lichtbild, Abb. 13 (Tafel I, $v = 365$) [2]), zeigt das Gefüge nahezu kohlenstofffreien Eisens. Es besteht aus einem innigen Gemenge verschieden hell und dunkel erscheinender Ferritkristalle. Bei stärkerer Vergrößerung (Lichtbild, Abb. 14, Tafel I, $v = 1650$) erkennt man, daß die Ferritkristalle mit Ätzfiguren [3]) bedeckt sind. Die Ätzfiguren sind auch die Ursache für die verschieden erscheinende Färbung der Ferritkristalle.
über 0% unter 0,9%	Mit steigendem Gehalt an Kohlenstoff muß sich die Menge der Ferritkristalle verringern. Die Menge des im Gesichtsfelde sichtbaren Eutektoids (Perlit) muß wachsen	In den Lichtbildern Abb. 15 bis 18 (Tafel I) kommt das allmähliche Anwachsen des Perlits deutlich zum Ausdruck. Die lineare Vergrößerung ist in allen Fällen 123fach. Die Schliffe waren mit alkoholischer Salzsäure geätzt. Die helle Grundmasse ist Ferrit, der Perlit erscheint als dunkler Körper; sein Aufbau ist nicht erkennbar, da die gewählte Vergrößerung nicht ausreicht. Abb. 15 entspricht einem Eisen mit 0,05% Kohlenstoff, Abb. 16 einem Eisen mit 0,21% Kohlenstoff, Abb. 17 einem Eisen mit 0,30% Kohlenstoff, Abb. 18 einem Eisen mit 0,44% Kohlenstoff. Abb. 19 (Tafel II) zeigt in 900facher Vergrößerung eine Perlitinsel aus Abb. 15. Abb. 20 (Tafel II, $v = 1650$) entspricht einem Eisen mit 0,5% Kohlenstoff. Der Aufbau des Perlits ist deutlich erkennbar. Helle, erhaben erscheinende Lamellen aus Zementit wechseln mit tiefer liegenden Lamellen aus Ferrit ab.
0,9%	Nur Perlit	Lichtbild, Abb. 21 (Tafel II, $v = 1650$) entspricht einem Werkzeugstahl mit etwa 0,9% Kohlenstoff. Das ganze Gesichtsfeld besteht nur aus Perlit.
über 0,9%	Zementit im Perlit. Bei Legierungen mit wenig über 0,9% Kohlenstoff ist die Zementitmenge klein, sie wächst mit steigendem Kohlenstoffgehalt	Lichtbild, Abb. 22 (Tafel II, $v = 900$) entspricht einem Stahl mit 1,3% Kohlenstoff. Hell erscheinende Kristalle von Zementit liegen im Perlit.

z. B. bis zu der dem Punkte b entsprechenden Ordinate gesunken, so hat sie bereits den der Abszisse von c entsprechenden Gehalt an Kohlenstoff erreicht. Das Mengenverhältnis μ zwischen bereits ausgeschiedenen Eisenkristallen und fester Lösung ist durch die Gleichung

$$\mu = \frac{\text{ausgeschiedene Kristalle}}{\text{feste Lösung}} = \frac{b\,c}{a\,b}$$

gegeben.

Bei weiterer Abkühlung geht bei 769° C, unter Freiwerden von Wärme (Haltepunkt) die Umwandlung des β-Eisens in α-Eisen vor sich. Ist die Abkühlung z. B. bis 740° C.

---

[1]) Die Lichtbilder entstammen, wo nichts anderes bemerkt, der Sammlung des Staatl. Materialprüfungsamtes zu Berlin-Dahlem.

[2]) v = lineare Vergrößerung, bei der die photographische Aufnahme erfolgte.

[3]) Der Schliff war mit Kupferammoniumchlorid (1 : 12) geätzt.

5*

(Punkt b′) vorgeschritten, so hat die „feste Lösung" bereits den der Abszisse von c′ entsprechenden Gehalt an Kohlenstoff, zugleich ist die Menge der ausgeschiedenen Eisenkristalle gewachsen, denn

$$\frac{b′ c′}{a′ b′} > \frac{b c}{a b}.$$

Bei 721° C. (eutektoide Temperatur) hat die feste Lösung die eutektoide Zusammensetzung (0,9% Kohlenstoff) erreicht. Sie ist hier sowohl für Karbid als auch für Eisen gesättigt und zerfällt unter Wärmeentwicklung in ihre beiden Komponenten Eisen und Eisenkarbid, die sich in feinster Verteilung nebeneinander lagern.

Das gleiche gilt auch für Schmelze II sowie für alle Legierungen mit weniger als 0,9% Kohlenstoff. Das Eutektoid mit 0,9% Kohlenstoff hat nur einen Umwandlungspunkt, den eutektoiden Punkt bei 721° C.

Alle Legierungen mit mehr als 0,9% Kohlenstoff scheiden nicht Eisen, sondern Eisenkarbid, längs des Kurvenzuges O E aus. Hierbei wird die „feste Lösung" kohlenstoffärmer. Sie strebt in ihrer Zusammensetzung dem eutektoiden Gehalt mit 0,9% Kohlenstoff zu, bis sie ihn bei 721° C. wiederum erreicht hat; alsdann zerfällt sie, wie vorhin beschrieben, unter gleichbleibender Temperatur in ihre beiden Komponenten Eisen und Eisenkarbid.

Die Gefügebildner der Eisen-Kohlenstofflegierungen haben international anerkannte Bezeichnungen erhalten. Das Eisen, β- oder α-Eisen, wird Ferrit, das Eisenkarbid Fe_3C Zementit und das eutektoide Gemenge von Eisenkarbid und Eisen Perlit genannt.

Der Gefügeaufbau langsam erkalteter Eisen-Kohlenstofflegierungen mit den bisher besprochenen Gehalten an Kohlenstoff (bis zu etwa 1,7%) läßt sich an Hand des Haltepunktschaubildes (Abb. 12) voraussagen.

Die mikroskopische Gefügeuntersuchung [1] ergibt vollkommene Übereinstimmung dieser Voraussage mit den tatsächlichen Befunden. (Vgl. vorstehende Übersicht (S. 67) und die Lichtbilder, Abb. 13—22, auf den Tafeln I und II.)

Der Zementit ist von allen bisher besprochenen Gefügebestandteilen der härteste, der Ferrit der weichste. Der Perlit ist nicht einheitlich aufgebaut, er besteht, wie wir sahen, aus Zementit- und Ferrit-Lamellen, seine durchschnittliche Gesamthärte liegt etwa zwischen der des Zementits und des Ferrits. Von Einfluß auf seine Härte ist jedoch auch die Art seiner Ausbildung (körniger Perlit, groblamellarer, feinlamellarer Perlit).

Das Verhalten von Eisen mit 0 bis etwa 1,8% Kohlenstoff bei möglichst schroffer Abschreckung [2].

Alle bisher besprochenen Umwandlungen während der Abkühlung von Eisen-Kohlenstofflegierungen hatten zur Voraussetzung, daß die Abkühlung so langsam vor sich ging, daß die Endzustände wirklich erreicht werden konnten. Schon bei dem Übergang aus dem flüssigen in den festen (kristallisierten) Zustand können bei beschleunigter Abkühlung Unterkühlungserscheinungen auftreten. Bei Kristallausscheidungen und Umwandlungen im bereits erstarrten Zustand machen sie sich in noch viel stärkerem Maße bemerkbar.

---

[1] Auf die Technik der Metallographie hier näher einzugehen, verbietet der Raummangel. Es sei nur kurz erwähnt, daß die mikroskopische Untersuchung von Metallen und Legierungen nicht im durchfallenden, sondern im auffallenden Licht erfolgt. Zu diesem Zweck werden an den zu untersuchenden Proben spiegelnde Flächen auf umlaufenden, mit Schmirgelpapier beleimten Holzscheiben angeschliffen. Das Polieren erfolgt meist auf einer mit Tuch bespannten Holzscheibe mit Polierrot und Wasser. Zur Erkennung des Gefüges ist vielfach noch eine Nachbehandlung des Schliffs (Reliefpolieren, Anlassen, Ätzen usw.) erforderlich. Genauere Angaben über die Technik der Metallographie findet der Leser im I. Band der „Metallographie" von E. Heyn und O. Bauer (Sammlung Göschen). 2. Aufl. Leipzig-Berlin 1920; ferner in P. Goerens: „Einführung in die Metallographie", III. u. IV. Aufl., Halle (Saale) 1922.

[2] Vgl. E. Heyn: „Labile und metastabile Gleichgewichte in Eisen-Kohlenstofflegierungen". Zeitschr. f. Elektrochem. 1904, S. 491.

Schreckt man z. B. eine Eisen-Kohlenstofflegierung von einer Temperatur T oberhalb 721° C. (bei der also die Umwandlungen noch nicht beendigt sind) ab, so gelingt es, wenigstens bis zu einem gewissen Grade, den Zustand, der bei T innerhalb des Werkstoffs dem stabilen Gleichgewicht entspricht, auch bei Zimmerwärme festzuhalten.

Bei Abschreckung oberhalb K M O E (s. Abb. 12), also im Stabilitätsbereich der Mischkristalle γ-Eisen und Karbid müßte man erwarten, bei vollkommener Unterkühlung ein einheitliches Gefüge zu erhalten, das nur aus einem Bestandteil (Mischkristallen von γ-Eisen und Karbid) besteht. In Wirklichkeit ist vollkommene Unterkühlung bei reinen Eisen-Kohlenstofflegierungen auch bei möglichst schroffer Abschreckung nicht erreichbar, man erhält stets ein Gefüge, das auf beginnenden Zerfall der einheitlichen Mischkristalle schließen läßt.

Lichtbild, Abb. 23 (Tafel II), stellt in 875facher linearer Vergrößerung das Gefüge eines Stahles mit 1% Kohlenstoff nach Abschreckung oberhalb K M O E dar. Es besteht aus sich kreuzenden Nadeln, die durch das Ätzmittel (alkoholische Salzsäure) verschieden stark angegriffen sind. Diesem, schroff abgeschreckte Eisen-Kohlenstofflegierungen kennzeichnenden, nadeligen Gefüge hat Osmond zu Ehren von A. Martens die Bezeichnung Martensit gegeben.

Bei sehr kohlenstoffreichen Stählen (über 1% Kohlenstoff), die außer Kohlenstoff noch andere Körper, z. B. Mangan, Nickel enthalten, gelingt es leichter, der idealen Unterkühlung näher zu kommen. So zeigt z. B. Lichtbild, Abb. 24 (Tafel II, v = 365), das Gefüge eines hochgekohlten, manganhaltigen Stahls, der von hoher Temperatur sehr schroff abgeschreckt wurde. Die weißen Teile weisen nicht den den Martensit kennzeichnenden nadeligen Aufbau auf, sie stellen aller Wahrscheinlichkeit nach noch nicht zerfallene einheitliche Mischkristalle von γ-Eisen und Eisenkarbid dar. Zur Unterscheidung von Martensit gab Osmond diesem Gefügebestandteil die Bezeichnung Austenit[1]). Die groben, dunkleren, den beginnenden Zerfall anzeigenden Nadeln entsprechen dem Martensit. Übrigens unterscheidet sich der Austenit nach Osmond auch durch seine weniger große Härte vom Martensit.

Schreckt man einen Stahl mit weniger als 0,9% Kohlenstoff innerhalb des Bereiches K M O N K (s. Abb. 12) ab, so muß das Gefüge aus bereits ausgeschiedenen Ferritkristallen mit 0% Kohlenstoff[2]) und aus Martensit (mit dem gesamten Kohlenstoff der Legierung in fester Lösung) bestehen. Das Mengenverhältnis zwischen Ferritkristallen und Martensit ist, wie früher (S. 68) gezeigt, für jede Temperatur gegeben.

Es ist demnach möglich, bei abgeschreckten Kohlenstoffstählen mit weniger als 0,9% Kohlenstoff auf Grund der Gefügeuntersuchung die Höhe der Abschreckhitze mit ziemlicher Genauigkeit nachträglich festzustellen, vorausgesetzt, daß der Kohlenstoffgehalt bekannt und der Stahl innerhalb des Bereiches K M O N K abgeschreckt wurde. Lichtbild, Abb. 25 (Tafel III), entspricht dem Gefüge eines Materials mit 0,3% Kohlenstoff, das bei 760° C. schroff abgeschreckt wurde. Im Lichtbild sind sichtbar Ferritkristalle im Martensit. Die lineare Vergrößerung ist 350fach.

Stahl mit mehr als 0,9% Kohlenstoff, der innerhalb des Bereiches E O → P abgeschreckt wurde, muß im Gefüge Zementit und Martensit aufweisen. Lichtbild, Abb. 26 (Tafel III), zeigt das Gefüge eines bei 800° C. schroff abgeschreckten Stahles mit 1,3% Kohlenstoff. Im Lichtbild sind sichtbar Zementit und Martensit. Die lineare Vergrößerung ist 365fach.

Wird eine Eisen-Kohlenstofflegierung bis unter 721° C. der langsamen Abkühlung überlassen und dann, z. B. bei etwa 680° C., abgeschreckt, so bleibt die Abschreckung ohne Einfluß auf das Gefüge, da alle im festen Zustand vor sich gehenden Umwandlungen bereits bei 721° C., der eutektoiden Temperatur, zum Abschluß gekommen sind.

In Abb. 27 sind der größeren Übersichtlichkeit wegen die in Eisen-Kohlenstofflegierungen mit Gehalten bis zu etwa 1,8% Kohlenstoff auftretenden Gefügebildner eingetragen.

---

[1]) Zu Ehren von Roberts-Austen, dem die Metallographie wertvolle Beiträge verdankt.
[2]) Die Gefügeuntersuchung gestattet keine Unterscheidung zwischen β- und α-Eisen, beide Modifikationen führen die metallographische Bezeichnung Ferrit.

Übergangsbestandteile zwischen Martensit und Perlit.

Wird eine Stahlprobe nicht so schroff abgeschreckt, daß reiner Martensit entstehen kann, z. B. beim Abschrecken in Öl, in kochendem Wasser, und ist andererseits die Abkühlung nicht langsam genug zur Bildung von Perlit, so treten metastabile Übergangsstufen zwischen Martensit und Perlit auf. Der Grad ihrer Stabilität ist um so größer, je näher sie dem Perlit und um so geringer, je näher sie dem Martensit stehen.

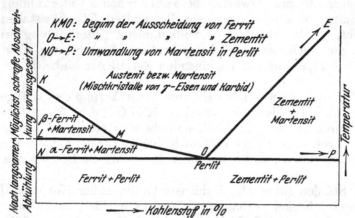

Abb. 27. Gefügebildner in Eisen-Kohlenstofflegierungen mit bis 1,8% C.

Die gleichen Übergangsstufen entstehen auch beim allmählichen Anlassen eines vorher schroff abgeschreckten Stahles, dessen Kleingefüge nach dem Abschrecken aus reinem Martensit bestand. Der Übergang von Martensit zum Perlit (von gehärtetem Stahl zum geglühten Stahl) erfolgt jedoch nicht stetig, wie früher allgemein angenommen wurde, sondern über eine metallographisch, chemisch und physikalisch gut gekennzeichnete Zwischenstufe, die zu Ehren Osmonds die Bezeichnung Osmondit[1] erhalten hat. Sie entspricht bei Kohlenstoffstahl mit 0,95% Kohlenstoff einer Anlaßhitze von etwa 400° C. Die Übergangsstufen, die näher nach dem Martensit zu liegen, also Anlaßhitzen von 0 bis etwa 400° C. entsprechen, haben den Gattungsnamen Troostit, und diejenigen, die mehr nach dem Perlit zu liegen (Anlaßhitzen höher als 400° C.), den Gattungsnamen Sorbit erhalten.

Der Osmondit ist gekennzeichnet durch die stärkste Dunkelfärbung nach Ätzung mit alkoholischer Salzsäure. Die Löslichkeit in verdünnter Schwefelsäure erreicht ihren Höchstbetrag beim Osmondit und nimmt sowohl mit abnehmender (Troostite), wie auch mit steigender (Sorbite) Anlaßhitze ab. (Vgl. die schematische Darstellung in Abb. 28.) Abb. 28 gilt streng genommen nur für einen Stahl mit 0,95% Kohlenstoff, da nur für diesen Stahl die Untersuchungen erschöpfend durchgeführt wurden. Es ist möglich, daß die Werte sich bei höherem oder niedrigerem Kohlenstoffgehalt etwas verschieben, das Gesetz bleibt jedoch bestehen. Bei niedrigem Kohlenstoffgehalt rückt z. B.

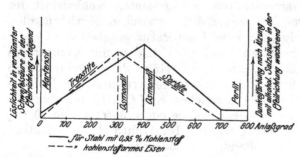

Abb. 28. Schematische Darstellung des Übergangs vom Martensit zum Perlit.

auf Grund von Löslichkeitsversuchen[2] der Osmonditpunkt etwas näher nach dem Martensit hin, wie durch die gestrichelten Linien in Abb. 28 angedeutet ist[3].

Bezüglich des Gefügeaufbaues dieser Zwischenstufen gilt folgendes[4]:

---

[1] Vgl. E. Heyn und O. Bauer: „Über den inneren Aufbau gehärteten und angelassenen Werkzeugstahles; Beiträge zur Aufklärung über das Wesen der Gefügebestandteile Troostit und Sorbit". Mitt. Materialpr.-Amt 1906, H. 1; Auszug siehe Stahleisen 1906, S. 778, 915, 991.

[2] Vgl. E. Heyn und O. Bauer: „Der Einfluß der Vorbehandlung des Stahls auf die Löslichkeit gegenüber Schwefelsäure; die Möglichkeit, aus der Löslichkeit Schlüsse zu ziehen auf die Vorbehandlung des Materials". J. Iron Steel Inst. 1909, Bd. 1, S. 109. Auszug Stahleisen 1909, S. 733, 784, 870.

[3] Über weitere chemische und physikalische Unterscheidungsmerkmale, vgl. die oben angeführte Arbeit: „Über den inneren Aufbau usw."

[4] In allen Fällen ist Ätzung mit alkoholischer Salzsäure vorausgesetzt.

Martensit zeigt, wie wir sahen, nadeliges Gefüge (vgl. Lichtbild, Abb. 23, Tafel II). Die Nadeln werden durch nicht zu langes Ätzen mit alkoholischer Salzsäure nur wenig gefärbt.

Troostit: Der an Martensit erinnernde nadelige Aufbau bleibt bestehen, doch sind einzelne Nadeln mehr oder weniger dunkel gefärbt. Die Dunkelfärbung steigt mit der Höhe der Anlaßhitze. Lichtbild, Abb. 29 (Tafel III, v = 350), entspricht einem bei 900⁰ C. schroff abgeschreckten und darauf bei 275⁰ C. angelassenen Stahl mit 0,95% Kohlenstoff.

Osmondit: Der an Martensit erinnernde nadlige Aufbau ist verschwunden. Die Dunkelfärbung nach Ätzung mit alkoholischer Salzsäure hat ihren Höchstbetrag erreicht. Lichtbild, Abb. 30 (Tafel III, v = 350), zeigt das Gefüge des Osmondits. Der Stahl (0,95% Kohlenstoff) war vorher bei 900⁰ C. abgeschreckt und darauf bei 405⁰ C. angelassen worden.

Sorbit: Mit steigender Anlaßhitze nimmt die Dunkelfärbung beim Ätzen allmählich ab, gleichzeitig treten rundliche, helle, karbidähnliche Inselchen auf. Je näher die Anlaßhitze an 700⁰ C. heranreicht, desto heller erscheint der Schliff und desto größer wird die Anzahl der Karbidinselchen. Lichtbild, Abb. 31 (Tafel III, v = 350), entspricht einem Stahl mit 0,95% Kohlenstoff, der vorher bei 900⁰ C. schroff abgeschreckt und darauf bei 640⁰ C. angelassen wurde.

Rückverwandlung des Perlits in Martensit.

Bei der Rückverwandlung des Perlits in die feste Lösung (Martensit) werden die vorhin besprochenen Zwischenstufen (Troostit, Osmondit, Sorbit) nicht durchlaufen. Der Perlit löst sich bei 721⁰ C. zum Martensit auf, wie etwa ein Hydrat bei einer bestimmten Temperatur in seinem Kristallwasser schmilzt. Diese Auflösung bedarf einer gewissen Zeit. Schreckt man die Probe ab, bevor noch die Auflösung beendet ist, so gelingt es, ein Gefüge zu erhalten, in dem Perlit, der noch nicht gelöst war, neben Martensit (Anteil des bereits in Lösung gegangenen Perlits) auftritt.

Wird eine Probe, die Perlit neben Martensit zeigt, bei allmählich steigenden Anlaßhitzen wieder angelassen, so durchläuft der Martensit wieder die oben beschriebenen Zwischenstufen, Troostit, Osmondit, Sorbit, bis er sich schließlich wieder in Perlit umwandelt. Der bereits vorhandene Perlit, der bei Temperaturen unter 721⁰ C. dem stabilen Zustande entspricht, wird durch die allmählich gesteigerte Anlaßhitze in seinem Gefügeaufbau nicht verändert. Lichtbild, Abb. 32 (Tafel III, v = 1650), zeigt das Gefüge einer Stahlprobe mit 0,95% Kohlenstoff, die folgender Behandlung unterworfen war: Die Stahlprobe, deren Gefüge (nach langsamer Abkühlung) aus gut ausgebildetem Perlit bestand, wurde bis 750⁰ C. erhitzt, 10 Minuten auf diesem Wärmegrad belassen und alsdann in Wasser von Zimmerwärme abgeschreckt. Das Gefüge besteht aus Perlit und Martensit[1]). Troostit oder ein anderer Übergangsbestandteil ist nicht vorhanden. Lichtbild, Abb. 33 (Tafel IV, v = 1650), zeigt das Gefüge derselben Probe nach dem Anlassen. Der Martensit ist in stark dunkel erscheinenden Osmondit umgewandelt, der Perlit ist durch das Anlassen nicht weiter verändert.

Erstarrungsschaubild der Eisen-Kohlenstofflegierungen.

Das Erstarrungsschaubild der Eisen-Kohlenstofflegierungen hat im Laufe der Jahre so manche Veränderungen, teils Verbesserungen, teils Verschlechterungen, erfahren. Auch heute noch können die Untersuchungen darüber nicht als völlig abgeschlossen angesehen werden. Das erste einigermaßen vollständige Erstarrungsschaubild stellte 1899 Roberts-Austen[2]) auf. Wertvolle Ergänzungen wurden auf Grund theoretischer

---

[1]) Der Schliff wurde mit alkoholischer Salzsäure geätzt. Der Martensit zeigt im Lichtbild nicht den kennzeichnenden nadeligen Aufbau; dies rührt von der für den Martensit zu kurzen Ätzdauer her. Der Martensit wird nur sehr langsam durch das Ätzmittel angegriffen, während Perlit leicht geätzt wird.

[2]) Proc. Inst. Mech. Eng. 1899. Febr. „Fünfter Bericht an das Alloys Research Committee".

Überlegungen von Roozeboom[1]) gemacht. Roozeboom legte seinem Schaubild die Annahme zugrunde, daß in Eisen-Kohlenstofflegierungen „unterhalb etwa 1000° C. der Graphit die labile, das Karbid die stabile Erscheinungsform des Kohlenstoffs sei". Die praktische Erfahrung spricht gegen diese Annahme. Ist es doch eine altbekannte Tatsache, daß es nur bei langsamem Durchgang durch das Erstarrungsintervall gelingt, „graues", graphithaltiges Roheisen zu erzielen, während bei künstlicher Beschleunigung der Erstarrung stets „weißes" Eisen entsteht. Die Hartgußindustrie machte von diesem verschiedenen Verhalten des Roheisens schon lange vor Aufstellung des Erstarrungs-schaubildes Gebrauch.

Charpy und Grenet[2]) führten (1902) umfangreiche Versuche durch, die einwand-frei zeigten, daß die alte Anschauung von der Stabilität des Systems Eisen-Graphit und der Instabilität des weißen Eisens den Vorzug vor der Roozeboomschen Auf-fassung verdient.

Im Jahre 1904 machte E. Heyn[3]) in seinem Vortrag „Labile und metastabile Gleichgewichte in Eisen-Kohlenstofflegeirungen" zum ersten Male öffentlich den Vor-schlag, die Erstarrung der Eisen-Kohlenstofflegierungen durch ein Doppelschaubild darzustellen, von dem der eine Teil das metastabile Gleichgewicht des graphitfreien Eisens und der andere Teil das stabile Gleichgewicht des Systems Eisen-Graphit darstellt. Ein Jahr später kam Charpy[4]) unabhängig von Heyn, abgesehen von einigen nicht grundsätzlichen Abweichungen, zu derselben Anschauung wie Heyn. Das Doppelschau-bild Heyn-Charpy ist von der Mehrzahl der Forscher angenommen. Auch wir schließen uns der Heyn-Charpyschen Anschauung an. Das Doppelschaubild hat den Vorzug, daß es in klarer Weise die stabilen Vorgänge von den metastabilen trennt und in ein-facher, verständlicher Weise, ohne mit der Theorie und mit den praktischen Erfahrungs-tatsachen in Widerspruch zu stehen, einen Überblick über die Verhältnisse bei der Er-starrung hochgekohlter Eisen-Kohlenstofflegierungen liefert.

Das metastabile System Eisen-Karbid.

Das Erstarrungsschaubild ist, soweit es zur Zeit vorliegt, in Abb. 34 (metastabiles System: stark ausgezogene Linienzüge) dargestellt. Die beiden Endglieder des Systems sind: Eisen (Erstarrungspunkt = 1528° C.) und Eisenkarbid Fe_3C (Zementit) mit 6,67% Kohlenstoff. Der Schmelz- und Erstarrungspunkt des Zementits ist nicht bekannt, es kann aber nach dem Verlauf des aufsteigenden Kurvenzuges C—D angenommen werden, daß er in der Nähe von 1500° C. liegen wird.

Aus dem Schaubild Abb. 34 ergibt sich folgendes:

Längs des Kurvenzuges A B C findet die primäre Ausscheidung von δ- bzw. γ-Misch-kristallen[5]) statt.

Der Höchstbetrag der Löslichkeit des γ-Eisens für Kohlenstoff liegt bei 1,7% C (Punkt E in Abb. 34). Längs des Kurvenzuges C—D scheidet sich Eisenkarbid (Zementit) primär aus. Der eutektische Punkt C liegt bei 4,3% C[6]) und bei 1145° C.

Wir haben demnach:

Oberhalb A B C D: flüssige Schmelze.

Innerhalb A B C E J H A: feste Mischkristalle neben flüssiger Schmelze.

Innerhalb D C F D: Karbidkristalle neben flüssiger Schmelze.

Unterhalb A H J E C F: alles fest.

Das Kleingefüge wird dicht unterhalb der eutektischen Temperatur (1145° C.) folgen-den Aufbau zeigen:

---

[1]) H. W. Bakhuis-Roozeboom: „Eisen und Stahl vom Standpunkt der Phasenlehre". Zeitschr. f. phys. Chem. 1900, S. 437.

[2]) „Sur l'équilibre des systèmes fer-carbone". Bull. S. d'Enc. 1902, S. 399.

[3]) Zeitschr. f. Elektrochem. 1904, S. 437.

[4]) „Sur l'équilibre des alliages fer-carbone". Compt. rend. 1905, Bd. 2, S. 948.

[5]) Über die Vorgänge, die sich während und nach der Ausscheidung der δ-Mischkristalle (A—B in Abb. 12) abspielen, ist bereits auf Seite 65 das Erforderliche gesagt worden.

[6]) R. Ruer und J. Biren: Zeitschr. f. anorg. Chem. Bd. 113, 1920, S. 98.

Legierungen mit 0 bis etwa 1,7% Kohlenstoff bestehen nach dem Festwerden aus einheitlichen Mischkristallen von Eisen und Karbid (Martensit bzw. Austenit).

Legierungen mit 1,7 bis etwa 4,3% Kohlenstoff zeigen im Gefüge Mischkristalle (mit 1,7% Kohlenstoff), die in einem eutektischen Gemenge liegen. Das Eutektikum baut sich auf aus einzelnen Lamellen dieser Mischkristalle (mit 1,7% Kohlenstoff) und aus Karbidlamellen (mit 6,67% Kohlenstoff). Diesem Mischkristall-Karbid-Eutektikum hat Wüst den Namen Ledeburit [1]) gegeben.

Lichtbild, Abb. 35 (Tafel IV), zeigt in 350facher linearer Vergrößerung das Gefüge einer bei 1087° C. abgeschreckten Eisen-Kohlenstofflegierung mit 3,28% Gesamtkohlenstoff. Es besteht aus Mischkristallen (Martensit) und dem Eutektikum [2]) (Ledeburit).

Legierungen mit 4,3% Kohlenstoff enthalten nur Eutektikum (Ledeburit). Legierungen mit 4,3 bis nahe an 6,67% Kohlenstoff bestehen aus primär ausgeschiedenen Karbidkristallen und Eutektikum. Legierungen mit 6,67% Kohlenstoff müssen nur aus Karbid bestehen.

Wie das Erstarrungsschaubild bei noch höheren Kohlenstoffgehalten verläuft, ist experimentell nicht festgestellt. Im weiteren Verlauf der Abkühlung findet eine Verschiebung in den Raumteilen von Karbid und Mischkristallen (feste Lösung — Martensit) statt. Die Menge des Karbids wächst auf Kosten der Mischkristalle, denn es scheidet sich, wie wir wissen, aus den Mischkristallen (Martensit) längs des Kurvenzuges E O Karbid (Zementit) aus, der sich an den bereits vorhandenen Karbidteilchen ansetzt. Die feste Lösung (Martensit) nimmt infolge dieser Ausscheidung ständig an Kohlenstoff ab, bis sie bei 721° C. den Wert 0,9% Kohlenstoff erreicht hat. Hier wandelt sich der Martensit unter Wärmeabgabe in das Eutektoid Eisen und Eisenkarbid (Perlit) um. Lichtbild, Abb. 36 (Tafel IV, v = 1650),

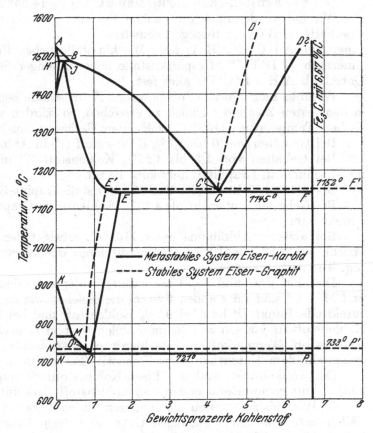

Abb. 34. Erstarrungsschaubild.

zeigt das kennzeichnende Gefüge für solche graphitfreie, weiße Roheisensorten. Im Lichtbild sind sichtbar: Zementit und Perlit.

Daß der Zementit keinem stabilen Zustand entspricht, erhellt auch schon daraus, daß es gelingt, durch längeres Glühen eines vorher weiß erstarrten Roheisens eine Zerlegung des Karbids in seine beiden Komponenten Eisen und Kohle nach der Gleichung $Fe_3C = 3 Fe + C$ zu bewirken (Temperwirkung). Ein ursprünglich weiß erstarrtes Roheisen zeigte nach 104stündigem Glühen im Holzkohlenfeuer das im Lichtbild, Abb. 37 (Tafel IV, v = 365), dargestellte Gefüge. An einzelnen Stellen ist der Zementit infolge

---

[1]) Zu Ehren des verstorbenen Altmeisters der Eisenhüttenkunde A. Ledebur.

[2]) Die im Lichtbild sichtbaren dunklen Stellen in der Umgebung des Martensits sind Troostitstellen. Vgl. auch E. Heyn und O. Bauer: „Zur Metallographie des Roheisens". Stahleisen 1907, 1565 und 1621.

des Glühens in seine Bestandteile Eisen und im Lichtbild schwarz erscheinende Kohle (Temperkohle) zerfallen [1]).

Das stabile System Eisen-Graphit.

Die in Abb. 34 gestrichelt ausgezogenen Linienzüge entsprechen dem stabilen System Eisen-Graphit.

Auch im stabilen System scheidet sich das Eisen nach übereinstimmenden Angaben sämtlicher Forscher bei Konzentrationen zwischen O und C' % Kohlenstoff längs des Kurvenzuges A B C' primär in Form von Mischkristallen aus.

Der Gehalt der Mischkristalle an Kohlenstoff ist durch die Kurvenstücke A H und J E' gegeben. Längs des Kurvenzuges C' D' scheidet sich primär Graphit aus [2]).

Das Mischkristall-Graphiteutektikum C' liegt bei 4,25% Kohlenstoff und bei 1152° C.[3]).

Wir haben demnach im stabilen System:

Oberhalb   A B C' D': flüssige Schmelze.

Innerhalb A B C' E' J H A: feste Mischkristalle neben flüssiger Schmelze.

Innerhalb C' D' F' C': Graphitkristalle neben flüssiger Schmelze.

Unterhalb A H J E' C' F': alles fest.

Wenn es möglich wäre, obige stabile Endzustände beim Übergang aus dem flüssigen in den festen Zustand wirklich zu erreichen, so würden wir dicht unterhalb der eutektischen Temperatur (1152° C.) folgenden Gefügeaufbau haben:

Bei Gehalten von 0 bis 1,3% Kohlenstoff (E' in Abb. 34): homogene Mischkristalle.

Bei Gehalten von 1,3 bis 4,25% Kohlenstoff (C' in Abb. 34): Mischkristalle, die im Mischkristall-Graphit-Eutektikum liegen.

Bei 4,25% Kohlenstoff: Nur Mischkristall-Graphit-Eutektikum.

Bei Gehalten mit mehr als 4,25% Kohlenstoff: Graphit [2]) im Mischkristall-Graphit-Eutektikum.

Bei weiterer Abkühlung unter 1152° C. scheidet der mit Graphit gesättigte stabile Mischkristall E' mit 1,3% Kohlenstoff längs des Kurvenzuges E' O' Kohlenstoff, als sog. Temperkohle, aus.

Die der β-γ- und α-β-Umwandlung entsprechenden Linienzüge K — M, L — M und M — O' sind im stabilen System die gleichen wie im metastabilen, jedoch liegt der eutektoide Punkt O' hier bei 0,7% Kohlenstoff und bei 733° C. Die feste Lösung von Kohlenstoff in γ-Eisen zerfällt im stabilen System in α-Eisen (Ferrit) und elementaren Kohlenstoff (Temperkohle). Das hierdurch entstehende Eutektoid Ferrit-Temperkohle entspricht dem Eutektoid Ferrit-Zementit (Perlit) im metastabilen System.

Die vollkommen stabilen Eisen-Kohlenstofflegierungen könnten demnach unter 733° C. nur reines Eisen und reinen Kohlenstoff (Graphit und Temperkohle) enthalten.

In Wirklichkeit treffen die oben gemachten Voraussetzungen nur in den seltensten Fällen unter besonders günstigen Umständen (sehr langsamer Verlauf der Abkühlung, hoher Siliziumgehalt) ein, selbst dann aber wird das endgültige Gleichgewicht meist nur örtlich erreicht.

Lichtbild, Abb. 38, (Tafel IV, v = 350) läßt das Graphit-Eutektoid gut erkennen. Der Endzustand ist jedoch noch nicht erreicht, da die längs A B C' (s. Abb. 34) ausgeschiedenen Mischkristalle im Lichtbild, Abb. 38, aus Perlit bestehen, der Zerfall der Mischkristalle nach E' O' also nicht eingetreten ist. Auch das Eutektoid besteht aus Perlit und Graphit.

---

[1]) An der Ausscheidung von Temperkohle beim Glühen oberhalb 721° C. nehmen wahrscheinlich auch die Mischkristalle teil.

[2]) Da die Unterschiede in den spezifischen Gewichten zwischen Graphit und Schmelze sehr groß sind, so steigen die sich aus der flüssigen Schmelze primär ausscheidenden Graphitblätter sofort an die Oberfläche des Bades und bilden dort den sog. Garschaum in Form von Blättchen in lockeren Anhäufungen. Daraus erklärt sich auch, daß die erstarrten „tiefgrauen Roheisensorten" gewöhnlich nur etwa 4,25% Kohlenstoff (eutektischer Gehalt) enthalten, weil der Überschuß bereits zur Ausscheidung kommt, so lange noch die Hauptmasse des Bades flüssig ist.

[3]) R. Ruer und F. Goerens: Ferrum. Bd. 14, 1917, S. 161.

Lichtbild, Abb. 39 (Tafel IV, v = 350), entspricht einem schwedischen Holzkohlen-roheisen mit 3,7% Gesamtkohlenstoff, 3,46% Graphit und 1,29% Silizium. Örtlich ist der stabile Endzustand erreicht. Das Gefüge besteht in der Hauptsache, soweit es im Lichtbild sichtbar ist, aus Ferrit und Graphit, die nach Art der eutektoiden Gemenge angeordnet sind. Perlit ist nur noch in geringen Mengen sichtbar.

In der Regel stellen sich aber bei der Erstarrung technischer Roheisensorten zwischen den beiden Grenzsystemen Eisen-Karbid (metastabil) und Eisen-Graphit (stabil) Misch-systeme ein, da die Neigung der Eisen-Kohlenstofflegierungen, zunächst nach dem meta-stabilen System (weißes Roheisen) zu erstarren, sehr groß ist und die praktisch in Frage kommenden Abkühlungszeiten meist zu kurz bemessen sind, um das stabile Gleich-gewicht zu erreichen.

Der Erstarrungsvorgang des technischen grauen Roheisens.

Der Erstarrungsvorgang des technischen grauen Roheisens spielt sich meist wie folgt ab: Wir nehmen an, daß genügend Silizium [1]) im Eisen enthalten ist und die Ab-kühlung genügend langsam geleitet wird, um den Anreiz zur Graphitausscheidung zu geben. Zunächst setzt die beginnende Erstarrung wie beim weißen Roheisen ein. Bei Beginn der Erstarrung des Mischkristall-Karbid-Eutektikums wird durch den höheren Siliziumgehalt, verbunden mit langsamem Durchgang durch die eutektische Temperatur, der Anreiz zur Aufhebung der Unterkühlung gegeben. Es bildet sich ein Graphitkeim, der nun seinerseits wieder als Anreiz zur Ent-stehung neuer Keime dient. Die Graphit-menge wird nun rasch wachsen. Sie entzieht ihrer Umgebung Kohlenstoff, und es bildet sich infolgedessen um den Graphit ein kohlen-stoffarmer Hof. Die Hauptmenge des Gra-phits wird während oder unmittelbar nach der Erstarrung des Mischkristalle-Karbid-Eutektikums ausgeschieden [2]).

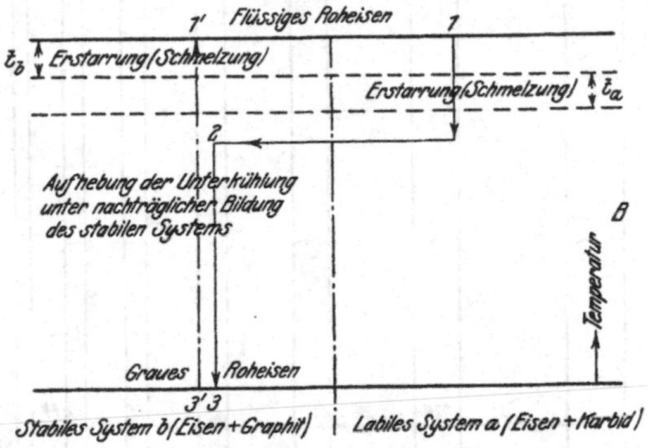

Die in der Praxis vielfach beobachtete Erscheinung, daß das graue, graphitreiche

Abb. 40. Erstarrungsvorgang des grauen Roheisens.

Eisen bei höherer Temperatur schmilzt, als es erstarrt, findet hierdurch ihre unge-zwungene Erklärung (vgl. Abb. 40). Das flüssige Roheisen müßte eigentlich im Tempe-raturbereich t_b zu dem stabilen System Eisen-Graphit erstarren. Die Neigung zur Unter-kühlung ist jedoch sehr groß. Das Eisen erstarrt in dem etwas niedrigeren Temperatur-bereich t_a zu dem labilen System Eisen-Karbid. Ist der Anreiz zur Aufhebung der Unterkühlung vorhanden, so setzt, noch während oder unmittelbar nach Erstarrung des Mischkristall-Karbid-Eutektikums, die Graphitbildung ein. Die weitere Erstarrung und Abkühlung erfolgt nach dem Pfeil 1, 2, 3 in Abb. 40. Dieser tritt aus dem labilen Bereich über in das stabile System, und es bildet sich graues Roheisen. Wenn nun das graue Roheisen wieder erhitzt wird, so geht der Vorgang nach Maßgabe des Pfeiles 3', 1'; er vollzieht sich also innerhalb des stabilen Bereiches. Die Schmelzung erfolgt infolge-dessen nicht bei t_a, sondern bei dem höher liegenden Temperaturintervall t_b.

Die Lichtbilder, Abb. 41 und 42 (Tafel V), sind kennzeichnend für das Gefüge solcher technischer grauer Roheisensorten. Lichtbild, Abb. 41, entspricht einem grauen Roheisen mit 3,38% Gesamtkohlenstoff, 2,77% Graphit. Im Gefüge sind sichtbar: Graphitblätter, die zum Teil in Ferrit, zum Teil in Perlit eingebettet liegen. Zementit ist nur wenig vor-handen.

Lichtbild, Abb. 42, entspricht einem grauen Gußeisen mit 3,31% Gesamtkohlen-stoff, 2,81% Graphit und 1,93% Silizium. Die lineare Vergrößerung ist 350fach. Das

---

[1]) Über den Einfluß des Siliziums siehe weiter unten.
[2]) Vgl. E. Heyn und O. Bauer: „Zur Metallographie des Roheisens". Stahleisen 1907, S. 1565 und 1621.

eine Graphitblatt ist nahezu vollständig von Ferrit umgeben. Die Grundmasse ist Perlit neben wenig Zementit.

Lichtbild, Abb. 43 (Tafel V), ist ein kennzeichnendes Beispiel für die verschiedene Art der Keimwirkung. Der Graphit hat sich in Gestalt von Nestern um die einzelnen Keimzentren ausgeschieden. Das Bild entspricht einem Gußeisen von der gleichen Zusammensetzung wie Lichtbild, Abb. 42.

Es ist leicht verständlich, daß die Festigkeitseigenschaften des Gußeisens in hohem Maße durch die Gesamtmenge und durch die Art der Verteilung des Graphits beeinflußt werden. Menge und Art der Verteilung sind aber wieder abhängig von der Abkühlungsgeschwindigkeit des Gusses, wie aus nachfolgendem Beispiel ersichtlich [1]). Aus einem Gußeisen folgender Zusammensetzung:

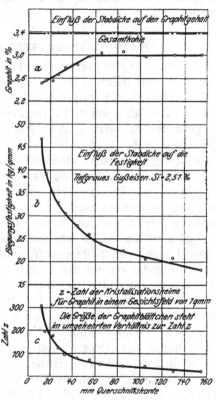

Gesamtkohlenstoff . . 3,38 %
Silizium . . . . 2,51 „
Mangan . . . . 0,81 „
Phosphor . . . . . . 0,56 „
Schwefel . . . . . . 0,095 „

wurden Stäbe von verschiedener Dicke (12 × 12 mm bis 155 × 155 mm), nach Abb. 44 in

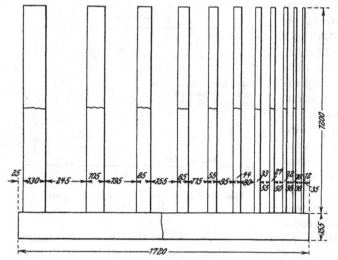

Abb. 44. Verschieden dicke Probestäbe.

Abb. 45. Einfluß der Probestabdicke.

einem Guß hergestellt. Der Einfluß der Stabdicke auf die Graphitmenge ist aus Abb. 45 ersichtlich. Die Abszissen geben die Kantenlänge des quadratischen Querschnitts der Stäbe, die Ordinaten den Graphitgehalt in Prozenten wieder [2]). Der Graphitgehalt steigt von 2,5 % Graphit (Stab mit dem geringsten Querschnitt) zunächst bis etwa 3 % (Stab mit 55 mm Kantenlänge) an und bleibt von da an nahezu gleich hoch. Die zugehörigen Biegefestigkeiten sind in Abb. 45 in kg/qmm eingetragen. Der geringe Unterschied in den Graphitgehalten gibt allein keine ausreichende Erklärung für die sehr erheblichen Unterschiede in den Biegefestigkeiten, wie sie Abb. 45 zum Ausdruck bringt, zumal von Stab 55 × 55 mm an trotz gleich bleibenden Graphitgehaltes die Biegefestigkeit noch weiter abnimmt.

Hier müssen demnach noch andere Einflüsse mitspielen; vor allem kommt im vorliegenden Fall die Art der Verteilung des Graphits in Frage. Je größer die Zahl der Graphitblättchen in einer bestimmten Fläche ist, um so kleiner fallen bei gleich großem Gesamt-

---

[1]) Aus E. Heyn: „Metallographische Untersuchungen für das Gießereiwesen". Stahleisen 1906, S. 1295 und 1386. Siehe ferner Oscar Leyde: „Festigkeit und Struktur des Gußeisens". Stahleisen 1904, S. 94 und von demselben Verfasser: „Prüfung von Gußeisen". Stahleisen 1904, S. 186.

[2]) Die Analysen beziehen sich auf Proben, die aus der Stabmitte entnommen wurden.

graphitgehalt die einzelnen Blättchen aus. Bei geringer Anzahl der Graphitblätter muß das einzelne Blättchen, gleichen Gesamtgraphitgehalt vorausgesetzt, groß und kräftig entwickelt sein. Dies läßt sich zahlenmäßig festlegen. Das Ergebnis der Zählung der einzelnen Graphitkeime, die in 1 qmm des Gesichtsfeldes enthalten sind, ist in Abb. 45 graphisch eingetragen. Wie ersichtlich, ist die Zahl der einzelnen Graphitblättchen in den dünnsten Stäben am größten, in den dicksten am kleinsten.

In Lichtbild, Abb. 46 (Tafel V), sind die Graphitblätter des 12 mm und des 105 mm dicken Stabes bei gleicher linearer Vergrößerung (v = 117) abgebildet. Der Unterschied ist sehr groß. Es ist verständlich, daß so lange und große Graphitblätter, wie in Abb. 46 rechts, infolge Unterbrechung des Zusammenhanges des Eisens auf Verminderung der Festigkeit hinwirken müssen.

Die Neigung des Eisens beim Erstarren, Graphit zur Ausscheidung zu bringen, ist in erster Linie abhängig von der Abkühlungsgeschwindigkeit, vor allem von der Zeitdauer des Durchgangs durch die eutektische Temperatur. Die Graphitausscheidung kann aber durch Zusätze an gewissen Fremdkörpern teils begünstigt, teils erschwert werden. Auf den nachfolgenden Seiten soll der Einfluß einiger besonders wichtiger Stoffe auf kohlenstoffhaltiges Eisen kurz besprochen werden.

C. Eisen und Silizium.

Silizium ist aus Kieselsäure (SiO_2) bei Abwesenheit von metallischem Eisen erst bei der Temperatur des elektrischen Ofens durch Kohle reduzierbar. Ist jedoch Eisen zugegen, so wird Kieselsäure verhältnismäßig leicht durch Kohlenstoff reduziert. Hierdurch erklärt es sich, daß bei der Verhüttung kieselsäurehaltiger Eisenerze im Hochofen stets ein mehr oder weniger großer Prozentgehalt an Silizium sich im Roheisen vorfindet. Je heißer der Ofen geht, um so mehr Silizium nimmt das Eisen auf.

In älteren Arbeiten über Eisen und Silizium findet man eine ganze Reihe von Eisen-Siliziden (chemischen Verbindungen zwischen Eisen und Silizium) verzeichnet. Folgende Verbindungen wurden angenommen [1]:

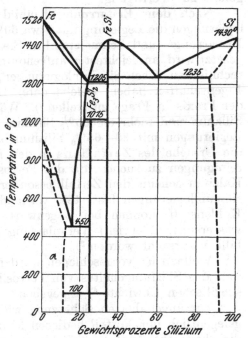

Abb. 47. Erstarrungsschaubild der Eisen-Siliziumlegierungen.

$Fe_3 Si$ mit 85,55% Eisen 14,45% Silizium
$Fe_2 Si$ „ 79,8 % „ 20,2 % „
$Fe_3 Si_2$ „ 74,75% „ 25,25% „
$Fe Si$ „ 66,4 % „ **33,6 %** „
$Fe Si_2$ „ 49,7 % „ 50,3 % „
$Fe Si_3$ „ 59,7 % „ 50,3 % „

Guertler und Tammann [2] vermochten mit Hilfe der thermischen Analyse nur eine Verbindung, das Eisen-Silizid FeSi mit 33,6% Silizium einwandfrei nachzuweisen. Ein zweites Eisensilizid Fe_2Si, das ursprünglich von denselben Forschern angenommen war, scheint nach Untersuchungen von Gontermann [3] nicht zu existieren.

[1] Vgl. auch W. Pick und W. Conrad: „Die Herstellung von hochprozentigem Ferrosilizium im elektrischen Ofen." Halle a. d. S. 1909.

[2] Guertler und Tammann: „Über die Verbindungen des Eisens mit Silizium". Zeitschr. f. anorg. Chem. Bd. 47, 1905, S. 163.

[3] W. Gontermann: „Über einige Eisen-Silizium-Kohlenstofflegierungen". Zeitschr. f. anorg. Chem. Bd. 59, 1908, S. 373.

Murakami [1]) stellt eine weitere, sich bei 1015^0 C. im bereits erstarrten Zustand bildende chemische Verbindung Fe_3Si_2 (mit 25,25$\%$ Si) fest.

In Abb. 47 ist das Erstarrungs- und Umwandlungsschaubild der Eisen-Siliziumlegierungen nach Guertler und Tammann, Gontermann und Murakami wiedergegeben. Die gestrichelt ausgezogenen Linienzüge sollen andeuten, daß sie nicht durch den praktischen Versuch ermittelt sind, sondern nur dem wahrscheinlichen, theoretischen Verlauf entsprechen.

Der Erstarrungspunkt des kohlenstofffreien Eisens wird hiernach durch steigenden Siliziumgehalt (bis etwa 22$\%$ Silizium) schnell in tiefere Temperaturzonen heruntergedrückt. Die Schmelzpunktserniedrigung beträgt rund $14,6^0$ C. für je 1$\%$ Silizium.

Steigt der Siliziumgehalt über 22$\%$ hinaus, so steigt der Beginn der Erstarrung wieder an, bis er bei der Erstarrungstemperatur der chemischen Verbindung FeSi mit 33,6$\%$ Si den Höchstwert (1425^0 C.) erreicht hat, um von da ab bis zum eutektischen Punkt mit etwa 60$\%$ Silizium wieder abzufallen. Bei noch weiterer Steigerung des Siliziumgehaltes tritt wieder Erhöhung des Beginns der Erstarrung ein, die sich bis zum Schmelzpunkt des reinen Siliziums (1430^0 C.) erstreckt.

Die chemische Verbindung Fe_3Si_2 bildet mit dem α-Mischkristall bei 450^0C. ein Eutektoid. Bei etwa 100^0 C. geht das bei Zimmerwärme magnetisierbare Silizid Fe_3Si_2 in eine bei höherer Temperatur nicht magnetisierbare Form über.

Während man früher im Hochofen nur Siliziumeisen mit höchstens 20$\%$ Silizium herstellte, gelingt es jetzt leicht mit Hilfe des elektrischen Ofens Ferrosilizium mit über 90$\%$ Silizium, ja selbst nahezu reines Silizium technisch darzustellen. Dem Hüttenmann stehen daher jetzt Eisen-Siliziumlegierungen mit jedem gewünschten Siliziumgehalt zur Verfügung.

Nach dem Erstarrungsschaubild hat von allen hochprozentigen Eisen-Siliziumlegierungen die Legierung mit etwa 60$\%$ Silizium (eutektische Legierung) den niedrigsten Erstarrungs- und Schmelzpunkt. Sie wird demnach von dem Metallbade, dem sie zugesetzt wird, am leichtesten aufgenommen. Sie fällt jedoch noch in das Bereich derjenigen technischen Eisen-Siliziumlegierungen, die einige teils störende, teils sogar gefährliche Eigenschaften haben, welche unter Umständen geeignet sind, ihre Verwendbarkeit in der Praxis in Frage zu stellen [2]). Während nämlich Ferrosilizium mit weniger als 30$\%$ Silizium und mehr als 65$\%$ Silizium beim Lagern fest bleibt, zerfallen die technischen Legierungen mit 30—65$\%$ Silizium häufig zu einem sandigen Pulver. Vermutlich ist die Ursache des Zerfallens in den im technischen Ferrosilizium auftretenden Verunreinigungen zu suchen, da das Ferrosilizium um so beständiger wird, je reiner es ist. Kalzium scheint den Zerfall besonders zu begünstigen. Andere, in technischen Ferrosiliziumlegierungen fast stets vorhandene Verunreinigungen, namentlich Phosphor und Kohlenstoff, können bei Gegenwart von Feuchtigkeit zu Gasentwicklung (Phosphorwasserstoff, Azetylen) Veranlassung geben. Hierdurch sind schon häufig Unglücksfälle verursacht worden [3]).

Vielfach ist vorgeschlagen worden, die spezifischen Gewichte zum schnellen Nachweis des Siliziumgehaltes von Ferrosilizium heranzuziehen. In Zahlentafel 23 sind die spezifischen Gewichte [4]) angegeben.

Zur angenäherten Schätzung wird man sich der spezifischen Gewichtsbestimmung gelegentlich mit Vorteil bedienen können. Zur Ermittelung des genauen Gehaltes wird die chemische Analyse nicht zu umgehen sein.

Eine für gewisse Zwecke sehr wertvolle Eigenschaft hochprozentiger Eisen-Siliziumlegierungen ist ihre hohe Widerstandsfähigkeit gegen Säuren, vor allem gegen

---

[1]) Science Reports Tohoku Imp. Univ. Bd. 10, 1921, Nr. 2. Daraus Auszug in Stahleisen 1922, S. 667; vgl. auch Abb. 61, S. 150.

[2]) Vgl. hierüber auch P. Lebeau: „Über die von Ferro-Silizium unter Einwirkung von feuchter Luft abgegebenen giftigen Gase". Rev. Mét. 1909, S. 907.

[3]) Näheres über die Eigenschaften und Verunreinigungen im technischen Ferrosilizium siehe im Kapitel „Ferrolegierungen", S. 148.

[4]) M. v. Schwarz: „Untersuchungen über Ferrosilizium". Ferrum Bd. 11, 1913, S. 80.

Schwefelsäure. Nach Versuchen von Jouve [1] ist es möglich, in Gefäßen aus Silizium-Eisen verdünnte Schwefelsäure von 22—28% H_2SO_4 auf 99,9% H_2SO_4 zu konzentrieren, ohne den Apparat zu wechseln und ohne daß Eisen in die Säure geht [2]. Auch bei Anwendung des Kontaktverfahrens, wobei allerdings auch gewöhnliches Gußeisen nur schwach angegriffen wird, ist die Verwendung siliziumreicher Legierungen vorteilhaft, da dadurch die Gebrauchsfähigkeit der Apparate ganz außerordentlich verlängert wird. Bei einer Eisen-Siliziumlegierung mit 20,6% Silizium, die heißer Schwefelsäure (24% H_2SO_4) ausgesetzt wurde, betrug nach Jouve der Gewichtsverlust nach 2 Monaten nur 0,06%, während er bei Gußeisen mit 3% Silizium unter den gleichen Versuchsbedingungen nach 2 Stunden bereits 44,6% und bei siliziumarmem Gußeisen 46% ausmachte. Salzsäure und Salpetersäure greifen die Eisen-Siliziumlegierungen leichter an als Schwefelsäure; die Empfindlichkeit der Legierungen gegenüber dem Angriff vermindert sich aber mit der Höhe des Siliziumgehaltes. Umgekehrt verhalten sich Alkalien und Flußsäure. Je höher der Siliziumgehalt der Legierungen, um so leichter tritt Lösung ein.

Zahlentafel 23.

Spezifische Gewichte von Ferrosilizium [3].

Si in %	Spez. Gew.	Ermittelt bei ° C.	Si in %	Spez. Gew.	Ermittelt bei ° C.
0,01	7,883	19,2	40,2	5,378	21,6
2,0	7,784	19,8	46,8	4,876	21,5
7,5	7,352	19,5	51,8	4,406	21,4
15,0	7,032	20,3	65,9	3,367	21,8
20,0	6,696	20,3	79,4	2,787	21,8
21,9	6,546	20,0	93,4	2,363	21,8
24,8	6,432	19,5	95,0	2,322	21,9
27,2	6,248	18,9	100,0	2,309	22,6
29,3	6,198	20,3			

Eisen-Silizium-Kohlenstofflegierungen mit niedrigem Kohlenstoffgehalt.

Eisen-Silizium-Kohlenstofflegierungen, sog. Siliziumstähle, haben nur begrenzte praktische Verwendungsmöglichkeit, da durch Siliziumzusatz die mechanischen Eigenschaften der reinen Kohlenstoffstähle nicht verbessert werden. Die Festigkeit wird allerdings bis zum Höchstgehalt von etwa 4,5% Silizium gesteigert, doch ist die Steigerung im Vergleich zu der durch Kohlenstoff bewirkten nur unbedeutend; gleichzeitig wächst in sehr erheblichem Maße die Sprödigkeit.

Der Einfluß des Siliziums ist zudem verschieden, je nachdem es beim Frischverfahren nicht vollständig entfernt oder als Desoxydationsmittel in Form von Ferrosilizium zugesetzt wurde. Wird lediglich mit Ferrosilizium desoxydiert, so entsteht Kieselsäure, die mit dem Stahlbade eine Emulsion bildet und nur langsam nach oben steigt. Das Fertigerzeugnis ist alsdann „faulbrüchig". Wird aber gleichzeitig Mangan dem Eisenbade zugesetzt, so entsteht ein dünnflüssiges Mangansilikat, das sich vom Eisenbade leicht trennt. Silizium verhindert das Austreten gelöster Gase aus dem erstarrenden Eisen und trägt daher zur Erzielung dichten Gusses bei.

Für gewisse Sondererzeugnisse ist jedoch ein hoher Siliziumgehalt erwünscht. Für Dynamobleche z. B., bei denen es weniger auf Festigkeit als auf das magnetische Verhalten des Materials ankommt, verwendet man in neuerer Zeit mit Vorliebe eine Legierung mit 2—4% Silizium bei möglichst niedrigem Kohlenstoffgehalt (0,0 bis höchstens 0,1%). Diese „Siliziumstähle" haben sehr geringe Hysteresis bei größter

---

[1] A. Jouve: „Einfluß des Siliziums auf die physikalischen und chemischen Eigenschaften von Eisen". Met. 1908, S. 626.

[2] Siehe auch Geißel: „Guß für die chemische Industrie". Gieß.-Zg 1919, S. 257/292.

[3] Vgl. auch Zahlentafel 68 und 69 auf S. 149.

Permeabilität. Sie erfüllen also in hervorragendem Maße die Anforderungen, die man an gutes Ankermaterial für Dynamomaschinen stellen muß [1]).

Da ferner ein bestimmter, nicht zu hoher Siliziumgehalt die Elastizitätsgrenze des Eisens wesentlich steigert, so verwendet man siliziumhaltige Stähle für die Herstellung von Federn, Bruchbändern u. dgl. Nachstehende Zahlentafel 24 gibt nach Mars [2]) eine Übersicht über die Hauptverwendungszwecke der Siliziumstähle.

Zahlentafel 24.
Siliziumstähle.

Verwendungszweck	Silizium %	Kohlenstoff %	Mangan %
Federn, Bruchbänder u. dgl.	0,6—0,7	0,5—0,6	0,8—1,0
Mittelharter Federstahl	1,0—1,5	0,45—0,55	0,4—0,5
Harter Federstahl.	2,5	etwa 0,3	—
Transformatorenblech	2	weniger als 0,1	0,3
Dynamoblech	4	weniger als 0,1	weniger als 0,1

Das Gefüge der Eisen-Silizium-Kohlenstofflegierungen mit niedrigen Kohlenstoffgehalten unterscheidet sich bei Gehalten bis zu etwa 5 % [3]) Silizium nicht von dem Gefüge siliziumfreier Kohlenstoffstähle. Es besteht aus Ferrit und Perlit bzw. Zementit und Perlit [4]). Bemerkenswert ist die Tatsache, daß schon bei geringen Siliziumgehalten das Gefüge des Eisens erheblich grobkristallinischer ist als bei siliziumfreiem Material. Mit steigendem Siliziumgehalt scheint nach Versuchen von Gontermann [5]) der Perlitpunkt näher an das reine Eisen heranzurücken, er wird also mit Bezug auf Abb. 12 nach links verschoben. So fand er z. B. im Gefüge eines Stahles mit 0,81 % Kohlenstoff und 2,09 % Silizium bereits freien Zementit eingebettet im Perlit, während im Gefüge eines siliziumfreien Kohlenstoffstahles mit 0,81 % Kohlenstoff vorwiegend Perlit neben geringen Resten von Ferrit zu erwarten wäre.

Zahlentafel 25.
Perlitbildung und Siliziumgehalt.

Gehalte		Temperatur der Perlitbildung in ° C. (Mittelwerte aus zahlreichen Einzelbestimmungen)
% Silizium	% Kohlenstoff	
etwa 0,92	0,85 steigend bis 3,88	etwa 713° C.
„ 1,62	1,96 „ „ 3,67	„ 724° C.
„ 2,04	0,80 „ „ 3,58	„ 730° C.
„ 3,02	1,16 „ „ 3,45	„ 758° C.
„ 4,10	0,72 „ „ 3,22	„ 785° C.
„ 5,98	0,64 „ „ 2,67	„ 834° C.
„ 7,70	0,82 „ „ 2,13	„ 983° C.
„ 8,60	0,81 „ „ 1,88	nur noch undeutlich zu erkennen vielleicht 995° C.

---

[1]) Vgl. Emil Kolben: „Der Einfluß des Siliziums auf die elektrischen und magnetischen Eigenschaften des Eisens". Rundsch. f. Techn. u. Wirtsch. 1909, S. 1—10; ferner G. Mars: „Magnetstahl und permanenter Magnetismus". Stahleisen 1909, S. 1675; vgl. auch S. 372.

[2]) G. Mars: „Spezialstähle". Stuttgart 1912.

[3]) Léon Guillet: Les Aciers Spéciaux. Paris, Dunod 1904.

[4]) In dem Perlit einer Eisen-Silizium-Kohlenstofflegierung ist sowohl der Ferrit als auch der Zementit siliziumhaltig. In welchem Maße sich das Silizium auf den Ferrit und den Zementit verteilt, kann zur Zeit nicht angegeben werden.

[5]) W. Gontermann: Zeitschr. f. anorg. Chem. Bd. 59, 1908, S. 373.

Einwandfrei wurde ferner durch Gontermann festgestellt, daß der Umwandlungspunkt des Martensits zu Perlit durch steigenden Siliziumgehalt in höhere Temperaturzonen heraufgerückt wird [1]). Er fand die in Zahlentafel 25 angegebenen Werte.

Daraus folgt, daß Siliziumstähle, um Härtung zu erzielen, von höheren Temperaturen abgeschreckt werden müssen als reine Kohlenstoffstähle.

Eisen-Silizium-Kohlenstofflegierungen mit höheren Kohlenstoffgehalten.

Durch Siliziumzusatz zu Eisen-Kohlenstofflegierungen mit höheren
Kohlenstoffgehalten (Roheisen, Gußeisen) wird die Neigung des Eisens,
Graphit auszuscheiden, also nach dem stabilen System als graues Gußeisen zu erstarren, ganz erheblich gesteigert [2]). Es soll hier jedoch nochmals hervorgehoben werden, daß, um graues graphithaltiges Gußeisen zu erhalten, Siliziumzusatz
nicht unbedingt notwendig ist, da auch ganz siliziumarme Gußeisensorten grau erstarren,
wenn die Abkühlungszeiten entsprechend langsam gewählt werden. Silizium wirkt
aber begünstigend auf die Graphitausscheidung. Bezüglich des Einflusses des Siliziums
können folgende Gesichtspunkte in Betracht kommen:

a) Verminderung des Sättigungsvermögens des flüssigen Eisens gegenüber Kohlenstoff.

b) Neigung des Siliziums, die Unterkühlung des Systems aufzuheben und so den
Anstoß zu geben zum Übergang in das stabile graphithaltige System.

Das Silizium vermag zweifellos den eutektischen Kohlenstoffgehalt zu vermindern,
so daß bei Gegenwart genügender Mengen von Silizium Legierungen mit einem bestimmten
Kohlenstoffgehalt bereits übereutektisch sein können, die bei Fehlen des Siliziums oder
bei geringeren Siliziummengen noch untereutektisch sind [3]). Bei siliziumfreien Roheisensorten erfolgt die Graphitausscheidung (Aufhebung der Unterkühlung) um so leichter,
je näher der Kohlenstoffgehalt dem eutektischen Betrag rückt oder ihn womöglich überschreitet. Da nun durch den Siliziumgehalt das Sättigungsvermögen erniedrigt wird,
so sind bereits kohlenstoffärmere Legierungen der Sättigungsgrenze nahe und die Neigung
der siliziumreicheren Legierungen, in graues Roheisen überzugehen, wäre erklärlich.
Diese Wirkung kann aber nicht die einzige sein, vielmehr scheint das Silizium auch direkt
als „Katalysator" zu wirken. Es würde dann ein bestimmter Mindestbetrag von Silizium
erforderlich sein, um die Graphitausscheidung in die Wege zu leiten, eine diesen Betrag
überschreitende Menge brauchte dann aber wesentliche Steigerung der Wirkung nicht
herbeizuführen. Diese letztere Annahme findet durch Versuche von Wüst [4]) und von
W. H. Hatfield [5]) volle Bestätigung. Wüst und Petersen verwandten zu ihren Versuchen ein schwedisches Holzkohlenroheisen folgender Zusammensetzung:

Kohlenstoff . .	3,91%	Phosphor. .	0,02 %
Silizium. . . .	0,12%	Schwefel . .	0,008%
Mangan . . .	0,18%	Kupfer. . .	0,007%.

Sie schmolzen es unter einer Holzkohlendecke mit steigenden Mengen von hochprozentigem Ferrosilizium unter möglichst gleichen Versuchsbedingungen zusammen
und bestimmten in den erschmolzenen Metallkönigen den Gesamtkohlenstoff-, den
Graphit- und den Siliziumgehalt. Die in Zahlentafel 26 mitgeteilten Versuchsergebnisse
sind der genannten Arbeit entnommen.

---

[1]) Auch Wüst fand deutliche Erhöhung des Perlitpunktes mit steigendem Siliziumgehalt.
Vgl. „Beitrag zum Einfluß des Siliziums auf das System Eisen-Kohlenstoff". F. Wüst und O.
Petersen. Met. 1906, S. 811.

[2]) Den Entwurf eines Gußeisen-Schaubilds gibt Ed. Maurer: Kruppsche Monatshefte 1924.
Juli. S. 115.

[3]) Vgl. E. Heyn und O. Bauer: „Zur Metallographie des Roheisens". Stahleisen 1907, S. 1565
und 1621.

[4]) F. Wüst und O. Petersen: „Beitrag zum Einfluß des Siliziums auf das System Eisen-
Kohlenstoff". Met. 1906, S. 811, auszüglich Stahleisen 1907, S. 482.

[5]) J. Iron Steel Inst. 1906, Bd. 2, S. 157.

Zahlentafel 26.

Einfluß des Siliziums auf das Sättigungsvermögen des Eisens für Kohlenstoff und auf die Graphitausscheidung.

Nummer der Schmelze	Silizium in %	Gesamt-Kohlenstoff in %	1 Teil Silizium verdrängt Kohlenstoff [1]	Graphit in %	Graphit in Prozenten des Gesamt-Kohlenstoffs
1	0,13	4,29	0,077	1,47	33,3
2	0,21	4,23	0,333	nicht bestimmt	nicht bestimmt
3	0,41	4,11	0,463	2,56	62,0
4	0,66	4,05	0,379	nicht bestimmt	nicht bestimmt
5	1,14	3,96	0,298	2,69	68
6	1,41	3,88	0,298	2,91	75
7	2,07	3,79	0,246	3,25	85,8
8	2,68	3,56	0,276	3,05	85,7
9	3,25	3,41	0,273	3,33	97,6
10	3,69	3,32	0,265	3,18	95,8
11	3,96	3,24	0,268	3,18	98,0
12	4,86	3,08	0,251	2,93	95,1
13	5,06	2,86	0,284	2,59	90,5
14	13,54	1,94	0,175	1,45	74,7
15	18,76	1,19	0,165	1,05	88,2
16	26,93	0,87	0,127	Spuren	Spuren

In Abb. 48 sind die Siliziumgehalte als Abszissen und die zugehörigen Gesamtkohlenstoff- und Graphitgehalte als Ordinaten eingetragen. Aus den Versuchen geht

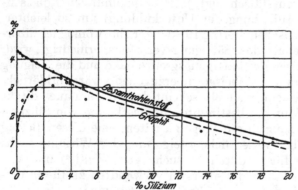

Abb. 48. Einfluß des Siliziums auf das Sättigungsvermögen des Eisens für Kohlenstoff.

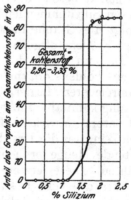

Abb. 49. Siliziumgehalt und Graphitbildung.

deutlich die kohlenstoffverdrängende Wirkung des Siliziums hervor. Der eutektische Gehalt an Kohlenstoff (von Wüst und Petersen zu 4,3% angenommen) wurde durch steigenden Zusatz von Silizium immer mehr verringert, infolgedessen schied sich Graphit primär aus und trat als „Garschaum" an die Oberfläche, das Metallbad kohlenstoffärmer zurücklassend. Jedem Gehalt an Silizium entspricht also in Zahlentafel 26 ein zugehöriger eutektischer Kohlenstoffgehalt. Sehr deutlich kommt aber auch in Abb. 48 die katalytische Wirkung des Siliziums in bezug auf die Graphitausscheidung im Eutektikum zum Ausdruck. Sie erreicht unter den obigen Versuchsbedingungen ihren Höchstbetrag zwischen 2 und 3% Silizium. Bei diesem Gehalt ist nahezu der gesamte Kohlenstoff als Graphit vorhanden, so daß weitere Steigerung des Siliziumzusatzes zwecklos ist.

Damit stehen auch die Versuche von W. H. Hatfield in Einklang, deren Ergebnisse in Abb. 49 dargestellt sind. Unter den von Hatfield angewendeten Versuchsbedingungen

---

[1] Der eutektische Kohlenstoffgehalt des siliziumfreien Eisens ist zu 4,3% Kohlenstoff angenommen. Von diesem Wert ist der gefundene Gesamtkohlenstoff abgezogen und der Restbetrag durch den zugehörigen Siliziumgehalt geteilt.

liegt der Grenzbetrag, bei dem der Höchstbetrag der Graphitausscheidung erreicht ist, bei etwa 1,7 % Silizium. Ohne Siliziumzusatz erstarrte das Hatfieldsche Eisen „weiß"[1]).

Auch in der nachfolgenden Zusammenstellung der Ergebnisse von Versuchen **Turners**[2]) (Zahlentafel 27) kommt der Einfluß eines steigenden Siliziumgehaltes auf die Graphitausscheidung noch deutlich zum Ausdruck, obgleich mit dem Siliziumgehalt gleichzeitig der Mangangehalt steigt[3]).

Zahlentafel 27.
Siliziumgehalt und Graphitausscheidung.

Silizium %	Gesamt-Kohlenstoff %	Graphit %	Mangan %	Bemerkungen
0,19	1,98	0,38	0,14	Der durchschnittliche Phosphor-
0,45	2,00	0,10	0,21	gehalt betrug etwa 0,3 %, der
0,96	2,09	0,24	0,26	Schwefelgehalt 0,04 %.
1,37	2,21	0,50	—	
1,96	2,18	1,62	0,60	
2,51	1,87	1,19	0,75	
2,96	2,23	1,43	0,70	
3,92	2,01	1,81	0,84	
4,74	2,03	1,66	0,95	
7,83	1,86	1,48	1,36	
9,80	1,81	1,12	1,95	

Der Höchstbetrag der Graphitausscheidung wird hier bei etwa 3—4 % Silizium erreicht. Die Übersicht wird jedoch durch den steigenden Mangan- und wechselnden Gesamtkohlenstoffgehalt getrübt. **Thomas D. West**[4]) gibt als Grenzgehalt, bei dem unter normalen Verhältnissen der Höchstgehalt an Graphit zur Ausscheidung kommt, 2,7—3 % Silizium an.

Im allgemeinen wirkt ein mäßiger Siliziumgehalt (bis etwa 3 % Silizium) günstig auf die Eigenschaften des Gußeisens. Er verringert die Schwindung, verringert das Lösungsvermögen des Eisens für Gase und erhöht die Festigkeit, während die Härte nur sehr unbedeutend gesteigert wird. Sobald jedoch der Siliziumgehalt überschritten ist, bei dem das Höchstmaß der Graphitausscheidung erreicht wird, wirkt Silizium direkt schädlich. Das Gußeisen bekommt einen feinkörnigen Bruch, es wird spröde und faulbrüchig. Die Anwendung von Siliziumzusatz zum Gußeisen muß daher mit Vorsicht und Sachkenntnis gehandhabt werden.

Der günstige Einfluß eines mittleren Siliziumgehaltes auf die Bildung der Temperkohle ist wiederholt durch ältere und neuere Versuche bestätigt worden. Unter sonst gleichen Versuchsbedingungen tritt die Temperkohleausscheidung bei um so tieferen Temperaturen ein, je höher der Siliziumgehalt ist. Sinkt der Siliziumgehalt unter 0,5 %, so muß das Gußstück in der Regel zweimal im Temperofen geglüht werden. Als ideale Zusammensetzung eines für Temperguß vorzüglich geeigneten Roheisens teilt **Wüst**[5]) folgende mit:

---

[1]) Nach den Versuchen von **Wüst** und **Petersen** und von **Hatfield** ist der Betrag an Silizium, durch dessen Zugabe zum Roheisen der Höchstgehalt an Graphit zur Ausscheidung kommt, nicht konstant (Wüst 2—3 % Silizium, Hatfield 1,7 % Silizium). Das ist nicht weiter auffällig, da die Versuche unter verschiedenen Versuchsbedingungen mit verschiedenen Ausgangsstoffen durchgeführt wurden. Im allgemeinen wird um so weniger Silizium erforderlich sein, je langsamer die Abkühlung der Schmelze erfolgt.

[2]) J. Iron Steel Inst. 1886, Bd. 1, S. 174.

[3]) Über den Einfluß des Mangans auf die Graphitausscheidung siehe unter „Eisen und Mangan", S. 87.

[4]) „Metallurgie des Gußeisens" von **Thomas D. West**, bearbeitet von B. **Osann**. Stahleisen 1907, S. 596.

[5]) „Roheisen für den Temperprozeß", Stahleisen 1904, S. 305. Mitt. a. d. Eisenhüttenmännischen Institut d. Kgl. Techn. Hochschule Aachen. Bd. 1, S. 75. Halle a. d. S. 1906; s. a. S. 259.

Gesamtkohlenstoff möglichst nicht über . . . . 3,00 %
Silizium nicht viel über . . . . 1,20 %
Mangan (höchstens) . . . . 0,4 %
Phosphor (höchstens) . . . . 0,1 %
Schwefel möglichst unter . . . . 0,05 %.

Ledebur [1]) gibt folgende anzustrebende Zusammensetzung der zum Glühen bestimmten Gußstücke an:

Kohlenstoff . . . . 2,8—3,1 %
Silizium . . . . 0,6—0,8 %
Mangan (höchstens) . . . . . . 0,4 %
Phosphor (höchstens) . . . . . . 0,20 %
Schwefel (höchstens) . . . . . . 0,15 %.

Nächst der chemischen Zusammensetzung spielen beim Temperverfahren Glühdauer und Glühtemperatur eine maßgebende Rolle. Sehr deutlich kommen diese Einflüsse in nachstehend mitgeteilten Versuchen von F. H. Cole Estep [2]) zum Ausdruck. Als Ausgangsmaterial dient ein weißes Eisen mit 3,05 % Kohlenstoff, 0,77 % Silizium, 0,204 % Schwefel, 0,18 % Phosphor, 0,50 % Mangan.

Die Glühversuche ergaben die in Zahlentafel 28 mitgeteilten Ergebnisse:

Zahlentafel 28.

Kohlenstoffgehalt und Glühtemperatur beim Temperverfahren.

Glühtemperatur 565°				Glühtemperatur 788°				Glühtemperatur 870°			
Glüh-dauer h	Gesamt C %	Graphit %	Geb. C %	Glüh-dauer h	Gesamt C %	Graphit %	Geb. C %	Glüh-dauer h	Gesamt C %	Graphit %	Geb. C %
24	3,05	0,03	3,02	168	2,71	0,96	1,75	8	2,72	1,28	1,44
40	2,95	0,26	2,69	216	2,66	1,46	1,20	14	2,70	1,34	1,36
70	2,91	0,37	2,54	264	2,55	1,75	0,80	20	2,69	1,37	1,32
151	2,90	0,56	2,34	312	2,53	1,84	0,69	32	2,68	2,16	0,47
195	2,72	0,79	1,93	358	2,45	2,25	0,20	38	2,60	2,30	0,30
									2,55	2,48	0,07

Bei 565° C. ist die Temperwirkung auch bei langer Glühdauer nur unerheblich. Bei 788° C. waren zum Teil sehr lange Glühdauern erforderlich, um die gleiche Temperwirkung zu erzielen, wie sie bei 870° C. in wenigen Stunden erreicht wurden.

D. Eisen und Mangan.

Mangan ist im Hochofen aus seinen Erzen erheblich schwerer reduzierbar als Eisen. Hohe Temperatur, stark basische Schlacke, reichliches Verhältnis des Brennstoffes zum Erz und langsamer Ofengang begünstigen die Reduktion. Die im Hochofen erzeugten Eisen-Manganlegierungen können bis zu 85 % Mangan enthalten. Mit dem Mangangehalt steigt gleichzeitig der Kohlenstoffgehalt. Nach Ledebur kann dieser in den manganreichsten Sorten bis 7,5 % betragen, sofern nicht ein größerer Siliziumgehalt zugegen ist [3]).

Vermittels des aluminothermischen Verfahrens nach Goldschmidt gelingt es, kohlenstofffreies Mangan von hohem Reinheitsgrad herzustellen. Nach Levin und Tammann enthielt ein solches Mangan 99,4 % Mangan, 0,43 % Silizium, 0,13 % Eisen und 0,01 % Kupfer. Das vollständige Erstarrungsschaubild der kohlenstofffreien Eisen-Manganlegierungen ist von Rümelin und Fick [4]) festgestellt (s. Abb. 50). Hiernach

---

[1]) A. Ledebur: „Handbuch der Eisen- und Stahlgießerei". Leipzig 1901, S. 388.
[2]) Foundry: 1921, Vol. 2, S. 644.
[3]) Vgl. S. 118 u. 152.
[4]) Rümelin und Fick: „Beiträge zur Kenntnis des Systems Eisen-Mangan". Ferrum Bd. 12, 1915, S. 41.

lösen sich Eisen und Mangan im flüssigen Zustand in allen Verhältnissen und bilden auch im festen Zustand eine lückenlose Reihe von Mischkristallen.

Die $\delta \rightarrow \gamma$-Umwandlung des Eisens wird durch Mangan in ähnlicher Weise beein-flußt wie durch Kohlenstoff (s. Abb. 34). Die $\gamma \rightarrow \beta$-Umwandlung wird durch 3% Mangan um rund 90^0 erniedrigt und bleibt dann bei etwa 810^0 konstant. Sie konnte bis zu einem Gehalt von 50% Mangan beobachtet werden. Auch die $\beta \rightarrow \alpha$-Umwandlung sinkt mit steigendem Mangangehalt, jedoch langsamer als die erstgenannte. Die α-Mischkristalle sind magnetisierbar. Die β- und γ-Mischkristalle folgen dem Magneten nicht. Das reine Mangan besitzt einen Umwandlungspunkt bei 1146^0 C., der durch steigenden Eisengehalt ebenfalls erniedrigt wird. Bisher ist es nur gelungen, diese Umwandlung bis zu 10% Eisen zu verfolgen.

Reine Eisen-Manganlegierungen (kohlenstofffrei) mit niedrigen Mangangehalten finden in der Technik kaum irgend eine Anwendung. Die manganreichen technischen Ferromangane (bis zu 80% Mangan und mehr), die im wesentlichen zur Desoxydation des Stahlbades dienen, enthalten in der Regel mehr oder weniger große Mengen anderer Bestandteile, hauptsächlich Phosphor, Silizium und Kohlenstoff. Hochprozentige Ferro-manganlegierungen mit mehr als 82% Mangan zerfallen beim Lagern im Freien leicht zu Pulver. Da der Zerfall bei Gegenwart von Feuchtigkeit leichter eintritt als beim Lagern im trockenen Raum, so ist anzunehmen, daß es sich hierbei um Verwitterungserscheinungen chemischer Art handelt. Es ist aber nicht aus-geschlossen, daß auch die Modifikationsänderung des Mangans dabei eine Rolle spielt. Völlig ge-klärt sind diese Zerfallserscheinungen jedoch noch nicht [1].

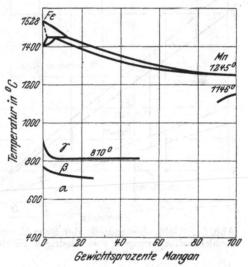

Abb. 50. Erstarrungsschaubild der Eisen-Manganlegierungen.

Mangan-Kohlenstoff.

Die Vorgänge, die sich beim Erstarren des Systems Mangan-Kohlenstoff abspielen, sind in einer eingehenden Studie von Stadeler [2] be-schrieben. Danach vermag Mangan bis zu $6,72\%$ Kohlenstoff aufzunehmen, welcher Gehalt der chemischen Formel Mn_3C entspricht. Das Karbid bildet mit Mangan eine einzige Reihe von Misch-kristallen mit einem nur schwach ausgeprägten Höchstpunkt der Kurve beginnender Erstarrung. Der Höchstpunkt (1271^0 C.) liegt bei $3,32\%$ Kohlenstoff. Im festen Zustand besitzen die Legierungen mit 0 bis $3,6\%$ Kohlenstoff eine Lücke in der Löslichkeit, die für $0,7\%$ Kohlenstoff bei etwa 810^0 liegt, mit steigendem Kohlenstoffgehalt auf etwa 870^0 ansteigt, um dann schnell wieder abzufallen. Innerhalb dieser Lücke bestehen zwei Mischkristalle nebeneinander. Das Mangankarbid Mn_3C ist im Gegensatz zu dem Eisenkarbid Fe_3C bei allen Temperaturen unterhalb des Erstarrungspunktes stabil. Der Erstarrungspunkt des Karbides Mn_3C liegt nach Stadeler bei 1217^0 C., das spezifische Gewicht ist 6,888.

Reines Mangan kann nach Wüst im festen Zustand keinen Kohlenstoff aufnehmen, läßt sich also nicht wie reines Eisen zementieren.

Eisen-Mangan-Kohlenstofflegierungen mit niedrigen Kohlenstoffgehalten.

Da Eisen und Mangan Mischkristalle bilden und auch das Mangankarbid Mn_3C sich mit dem Eisenkarbid Fe_3C zu Mischkristallen vereinigt, so treten in den Mangan-Kohlenstoffstählen die gleichen Gefügebestandteile wie in reinen Eisen-Kohlenstoffstählen

---

[1] Vgl. S. 153.

[2] „Beitrag zur Kenntnis des Mangans und seiner Legierungen mit Kohlenstoff." Met. 1908, S. 260.

auf, nur ist sowohl der Ferrit als auch der Zementit manganhaltig. Die Wirkung eines Manganzusatzes zu Eisen-Kohlenstofflegierungen mit niedrigen Kohlenstoffgehalten äußert sich vor allem darin, daß durch steigenden Mangangehalt die Perlitumwandlung schnell in tiefere Temperaturzonen heruntergedrückt wird, und daß um so weniger Mangan hierzu erforderlich ist, je mehr Kohlenstoff der Stahl enthält. Bei geeigneter Wahl von Mangan- und Kohlenstoffgehalt kann die Umwandlung des Martensits in Perlit unter Zimmerwärme heruntergedrückt werden. Der martensitische Zustand, der für gewöhnliche Eisen-Kohlenstoffstähle nur durch schroffes Abschrecken (Härten) erhalten wird, der also für Zimmerwärme einem labilen Zustand entspricht, wird dadurch für Zimmerwärme stabil[1]). Die Perlitumwandlung tritt nicht ein, da sie unterhalb Zimmerwärme liegt, der Stahl ist naturhart.

Aber selbst wenn die Umwandlung Martensit-Perlit nicht so tief zu liegen kommt, daß sie erst unterhalb Zimmerwärme vor sich geht, so kann auch schon bei weniger tiefen Umwandlungstemperaturen der Vorgang der Umwandlung von Martensit zu Perlit infolge des Zusatzes von Mangan so verlangsamt werden, daß schon Abkühlung im Luftstrom genügt, um die Umwandlung entweder zu hintertreiben oder wenigstens einen gewissen Anlaßgrad zu erreichen[2]).

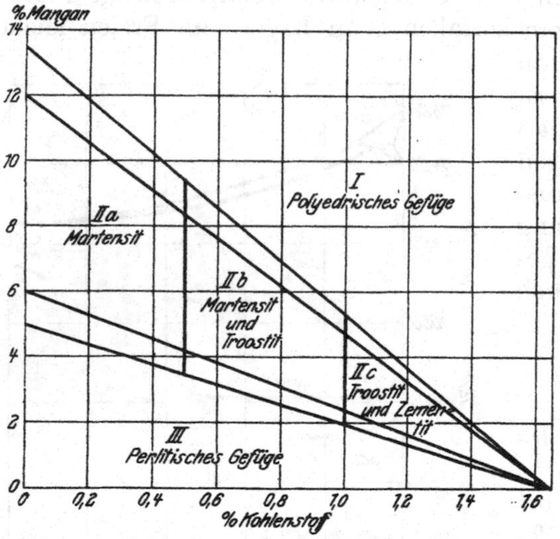

Die von Guillet[3]) gegebene graphische Darstellung in Abb. 51 gewährt eine gute Übersicht über die in Eisen-Mangan-Kohlenstofflegierungen mit Gehalten bis zu etwa 1,65% Kohlenstoff auftretenden Gefügebestandteile. Das Guilletsche polyedrische Gefüge in Zone I der Abb. 51 entspricht dem Austenitgefüge in Kohlenstoffstählen. In Zone IIa ist das Gefüge bei geringen Kohlenstoffgehalten „martensitisch". Bei höheren Gehalten an Kohlenstoff treten neben Martensit troostitähnliche Gefügebestandteile (IIb) und bei Gehalten über 1% Kohlenstoff Karbide neben Troostit auf (IIc). Das Gefüge in Zone III entspricht dem Gefüge von Kohlenstoffstählen, die der langsamen Abkühlung überlassen

Abb. 51. Gefügebestandteile der Eisen-Mangan-Kohlenstofflegierungen mit niedrigen Kohlenstoffgehalten.

waren. Zwischen den einzelnen Zonen I, II, III liegen Übergangszonen. Aus dem Schaubild geht deutlich hervor, daß zur Änderung des Gefüges um so weniger Mangan erforderlich ist, je höher der Kohlenstoffgehalt steigt. So zeigt z. B. ein Stahl mit 4% Mangan und 0,2% Kohlenstoff noch perlitisches Gefüge. Steigt der Kohlenstoffgehalt auf 0,7% bei gleichbleibendem Mangangehalt, so geht das Gefüge in ein Gemenge von Martensit + Troostit über und bei 1,4% Kohlenstoff besteht es aus Polyedern (Austenit). Der Kohlenstoff übt also hier die gleiche Wirkung aus, wie Abschrecken bei manganfreien Stählen.

Die Festigkeit kohlenstoffarmen Eisens wird durch steigenden Mangangehalt bis zu einem Grenzwert gesteigert, über diesen hinaus nimmt sie rasch wieder ab. Nach Versuchen Guillets erreicht die Festigkeit bei kohlenstoffarmem Material ihren Höchstwert bei etwa 5—6% Mangan. Der Höchstwert der Festigkeit wird um so eher erreicht, je mehr Kohlenstoff neben Mangan zugegen ist. So liegt z. B. bei Stahl mit 0,8% Kohlenstoff die höchste Festigkeit bei etwa 1% Mangan. Mit der Festigkeit steigt gleichzeitig

---

[1]) Die Wirkung kann durch Kombination zweier oder mehr Stoffe (z. B. Mangan + Nickel u. a.) noch verstärkt werden.

[2]) Alle diese Vorgänge sind für die Praxis von höchster Bedeutung, auf ihnen ist die große Industrie der Sonderstahlsorten (Schnelldrehstähle usw.) begründet.

[3]) L. Guillet: Les Aciers Spéciaux. Paris: Dunod 1904.

die Elastizitätsgrenze; die Folge ist, daß Zähigkeit und Dehnbarkeit des Eisens mit zunehmendem Mangangehalt sich schnell verringern [1]).

Die Schmiedbarkeit wird durch höheren Mangangehalt um so mehr erschwert, je höher gleichzeitig der Kohlenstoffgehalt ist. Bei kohlenstoffarmem Material (Flußeisen) ist jedoch ein kleiner Mangangehalt (bis etwa 0,7 % Mn) erwünscht, da er die schädliche Wirkung von Schwefel und Eisenoxydul wieder aufhebt.

Die Schweißbarkeit wird durch wachsenden Mangangehalt erschwert. Schon bei etwa 1 % Mangan ist Flußeisen nicht mehr schweißbar.

Eisen-Mangan-Kohlenstofflegierungen mit hohen Kohlenstoffgehalten.

Für den Gießereimann ist von wesentlichem Interesse der Umstand, daß mit steigendem Mangangehalt des Gußeisens Erschwerung und Verzögerung der Graphitausscheidung Hand in Hand gehen. Das Eisen neigt, je höher der Mangangehalt ist, um so mehr dazu, nach dem System Eisen-Karbid, also weiß, zu erstarren. Manganreiches Weißeisen kann daher einen größeren Silizium- und Kohlenstoffgehalt besitzen, ohne grau zu werden, als manganarmes.

Nach Untersuchungen von Wüst und Meißner [2]) stehen Mangan und Silizium bezüglich der Erschwerung und Begünstigung der Graphitausscheidung und der Größe der einzelnen Graphitblätter in einer gewissen Wechselbeziehung. Bei einem Graueisen mit 1,5 % Silizium bewirkten nach Wüst und Meißner geringe Mangangehalte (bis 0,3 % Mn) sogar eine geringe Erhöhung der Graphitbildung. Weitere Steigerung des Mangangehaltes bis 2,5 % war ohne Einwirkung auf die Menge des gebildeten Graphits, die Größe der einzelnen Graphitblätter nahm jedoch deutlich ab. Weitere Steigerung des Mangangehaltes verhinderte schließlich die Graphitausscheidung, das Eisen erstarrte völlig „weiß". Der Grund hierfür liegt vermutlich darin, daß das Mangankarbid Mn_3C im Gegensatz zu dem Eisenkarbid Fe_3C stabil ist. Da Mn_3C und Fe_3C Mischkristalle bilden, so wird dem instabilen Fe_3C durch den Gehalt an Mn_3C ebenfalls ein mehr oder weniger hoher Grad der Stabilität verliehen. Sehr deutlich kommt dieser Einfluß des Mangans auch in der die Abscheidung der Temperkohle hindernden Wirkung zum Ausdruck. Nach Versuchen von Wüst und Schlösser [3]) macht sich schon ein Gehalt von 0,51 % Mangan deutlich störend bemerkbar. Ledebur gibt einen Mangangehalt von höchstens 0,4 % als zulässig bei der Herstellung von Temperguß an.

Zahlentafel 29.
Zunahme des Kohlenstoffgehalts mit steigendem Mangangehalt.

Mangan %	Gesamt-Kohlenstoffgehalt %	Mangan %	Gesamt-Kohlenstoffgehalt %
0,06	4,28	28,54	5,19
1,17	4,22	31,72	5,26
1,53	4,33	32,20	5,35
4,90	4,42	33,60	5,39
7,53	4,46	37,76	5,48
15,30	4,64	45,22	5,83
22,75	4,82	50,90	5,84
23,70	4,88	64,38	5,97
27,52	4,95	77,57	6,74

In ursächlichem Zusammenhang mit der Bildung eines stabilen Mangankarbides in den Eisen-Kohlenstoff-Manganlegierungen steht die Tatsache, daß manganhaltige

---

[1]) Nähere Angaben über die durch Manganzusatz hervorgerufenen Festigkeitsänderungen siehe im Abschnitt über Festigkeitseigenschaften, S. 408.

[2]) F. Wüst und H. Meißner: „Über den Einfluß von Mangan auf die mechanischen Eigenschaften des grauen Gußeisens". Ferrum Bd. 11, 1914, S. 98.

[3]) „Der Einfluß von Kohlenstoff, Silizium, Mangan, Schwefel und Phosphor auf die Bildung der Temperkohle in Eisen." Stahleisen 1904, S. 1120.

Roheisensorten auch nach der Erstarrung erheblich größere Kohlenstoffmengen zurückhalten können als manganarme [1]). Nach Versuchen von Wüst [2]) stieg der Gesamtkohlengehalt mit steigendem Mangangehalt in der in Zahlentafel 29 angegebenen Weise.

Während das Ausgangsmaterial bei den Versuchen von Wüst tiefgrau erstarrte, wurde schon die Schmelze mit 1,53% Mangan nahezu weiß. Bei weiterem Zusatz von Mangan erstarrten die Schmelzen vollständig weiß unter Ausscheidung von primären Zementitkristallen (Mischkristallen von Fe_3C und Mn_3C). Das Ende der Erstarrung des Roheisens wird durch steigenden Mangangehalt nur unwesentlich beeinflußt. Wüst fand bis 6% Mangan zunächst eine geringe Erniedrigung der eutektischen Erstarrung (Linie E—C—F in Abb. 34) um etwa 8° C. Bis zu 13% Mangan behielt der eutektische Punkt diese Lage, bei höheren Gehalten machte sich eine langsame Steigerung bemerkbar. Bei 80% Mangan lag der Punkt bei 1258° C. Der Perlitpunkt (Umwandlung der festen Lösung in das eutektische Gemenge von Ferrit und Zementit) konnte von Wüst bei Gehalten mit über 5% Mangan nicht mehr beobachtet werden. Das stimmt gut mit den Beobachtungen von Guillet überein, nach denen auf die Lage der Haltepunkte nicht nur der Mangangehalt, sondern auch der Kohlenstoffgehalt von Einfluß ist (vgl. Abb. 51).

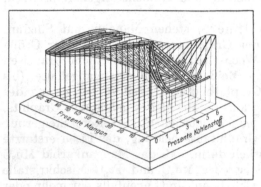

Abb. 52. Erstarrungsschaubild der Eisen-Mangan-Kohlenstofflegierungen.

Abb. 52 zeigt in übersichtlicher Weise Beginn und Ende der Erstarrung sämtlicher Eisen-Mangan-Kohlenstofflegierungen mit Kohlenstoffgehalten bis zu 6,72% Kohlenstoff (entsprechend dem Mangankarbid Mr_3C) [3]).

In nicht zu großen Mengen wirkt Mangan günstig auf das Verhalten des grauen Gußeisens. In dünnwandigen Gußstücken sollte jedoch der Mangangehalt 1% nicht überschreiten, sofern der Siliziumgehalt nicht über 2,5% hinausgeht, da sonst bei höherem Mangangehalt das Eisen weiß erstarrt. Mangan ist ein sehr kräftiges Desoxydationsmittel für oxydische Eisenverbindungen, die es unter Bildung von Manganoxydul reduziert.

Über den günstigen Einfluß des Mangans auf Eisen mit hohem Schwefelgehalt siehe unter „Eisen und Schwefel" [4]). Eine merkliche Beeinflussung des Phosphorgehaltes im Eisen findet durch steigenden Mangangehalt nicht statt, auch läßt sich Phosphor durch Mangan nicht unmittelbar aus dem Eisen abscheiden, wie es z. B. der Schwefel tut. Über den Einfluß des Mangans auf Schwindung, Seigerung, Gasentwicklung usw. im Gußeisen siehe unter den betreffenden Abschnitten.

E. Eisen und Phosphor.

Beim reduzierenden Schmelzen phosphorhaltiger Eisenerze mit Kohle im Hochofen wird ein großer Teil des Phosphors der Erze reduziert und vom Eisen aufgenommen.

---

[1]) Bei beginnender Erstarrung manganfreier Eisen-Kohlenstofflegierungen nach dem stabilen System (längs des Kurvenzuges D'—C' in Abb. 34) wird Graphit ausgeschieden, der als Garschaum an die Badoberfläche steigt und somit die Schmelze kohlenstoffärmer zurückläßt. Bei höheren Mangangehalten geht die Erstarrung nach dem weniger stabilen System Eisen-Karbid vor sich, wobei sich längs D—C in Abb. 34 Karbid (Mischkristalle von Eisen-Karbid und Mangan-Karbid) ausscheidet, das wegen des geringen Unterschiedes im spezifischen Gewichte zwischen Schmelze und Karbid keine Veranlassung hat, aus dem Bade auszutreten, sondern in der Schmelze bleibt und somit die Schmelze nach der Erstarrung kohlenstoffreicher erscheinen läßt als bei manganfreien Eisen-Kohlenstofflegierungen.

[2]) „Beitrag zum Einfluß des Mangans auf das System Eisen-Kohlenstoff". Met. 1909, S. 3.

[3]) Die Abbildung ist mit Genehmigung von P. Goerens der Arbeit: „Über den Einfluß von Fremdkörpern auf das Zustandsdiagramm der Eisen-Kohlenstofflegierungen", Met. 1909, S. 531, entnommen.

[4]) Seite 94.

Die Reduktion ist um so vollständiger, je höher die Temperatur und je eisenärmer die entstehende Schlacke ist. Bei der Weiterverarbeitung des Roheisens zu Schmiedeisen oder Stahl kann der größte Teil des Phosphors wieder entfernt werden (Thomasverfahren, Martinverfahren); geringe Mengen verbleiben jedoch stets im Eisen, seine mechanischen Eigenschaften stark beeinflussend.

Die ersten eingehenderen Untersuchungen über die Konstitution der Eisen-Phosphorlegierungen stammen von Stead[1]. Saklatwalla[2]) untersuchte das System Eisen-Phosphor bis zu 21 % Phosphor. Gercke[3]) prüfte dessen Arbeit nach und beseitigte einige Unstimmigkeiten in ihr. Abb. 53 gibt das Erstarrungsschaubild Saklatwalla-Gercke wieder. Eisen und Phosphor bilden hiernach zwei chemische Verbindungen Fe_3P mit 15,6 % Phosphor und Fe_2P mit 21,7 % Phosphor. Durch steigenden Phosphorgehalt bis zu etwa 10,2 % wird der Erstarrungspunkt des reinen Eisens schnell in tiefere Temperaturzonen heruntergedrückt. Die Schmelzpunktserniedrigung ist sehr bedeutend, sie beträgt für je 1 % Phosphor rund 50° C.

Die Untersuchungen Steads, Saklatwallas und Gerckes stimmen darin überein, daß nahezu kohlenstofffreies Eisen bis zu 1,7 % Phosphor in fester Lösung festhalten kann. Die sich längs A B in Abb. 53 ausscheidenden Kristalle sind demnach nicht reines Eisen, sondern Mischkristalle von Eisen und Phosphor. Erst von 1,7 % Phosphor an tritt im Gefüge der erstarrten Legierungen das Eutektikum Mischkristalle + Phosphid Fe_3P auf. Der eutektische Punkt liegt bei 10,2 % Phosphor und bei 1000° C. Längs B C scheiden sich Phosphidkristalle (Fe_3P) aus, wobei der Beginn der Erstarrung bis zu dem Gehalt, der der chemischen Verbindung Fe_3P entspricht, ansteigt. Bei weiterer Steigerung des Phosphorgehaltes sinkt wieder der Beginn der Erstarrung bis zu dem zweiten eutektischen Punkt bei etwa 16,2 % Phosphor und 960° C., um von hier an wieder bis zu

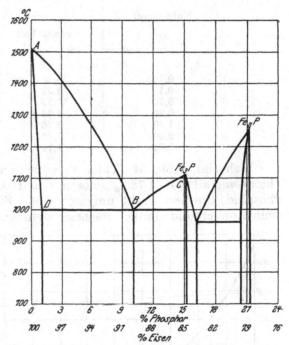

Abb. 53. Erstarrungsschaubild der Eisen-Phosphorlegierungen.

der Zusammensetzung, die der chemischen Verbindung Fe_2P entspricht, anzusteigen.

Über den Einfluß des Phosphors auf die Lage der Haltepunkte des Eisens (Umwandlung von γ- in β-Eisen und β- in α-Eisen) liegen keine sicheren Angaben vor. Nach den Versuchen Gerckes scheint Phosphor die Umwandlungen zu verhindern, so daß der gesättigte Mischkristall auch noch bei Zimmerwärme das Eisen in Form der γ-Modifikation enthält.

Eisen-Phosphor-Kohlenstofflegierungen mit niedrigen Kohlenstoffgehalten.

Praktisch kommen bei kohlenstoffarmen Eisensorten nur verhältnismäßig niedrige Phosphorgehalte in Frage[4]). Sie übersteigen im allgemeinen wohl kaum jemals die Mischkristallgrenze, die bei kohlenstofffreiem Material bei 1,7 % P liegt.

---

[1]) J. E. Stead: J. Iron Steel Inst. 1900. Bd. 2, S. 109.

[2]) Dissertation, Techn. Hochschule Berlin. J. Iron Steel Inst. 1908. Vol. 2, S. 92.

[3]) „Experimentelle, thermische und metallographische Untersuchungen über das System Eisen-Phosphor". Met. 1908, S. 604.

[4]) Sofern es sich nicht um Herstellung phosphorreicher Ferro-Phosphorlegierungen für besondere Zwecke handelt.

Mit steigendem Kohlenstoffgehalt wird jedoch, nach übereinstimmenden Versuchen von Stead, Fettweis und von Wüst [1]), das Lösungsvermögen des Eisens für Phosphor im festen Zustand verringert. Der Punkt D in Abb. 53 rückt weiter nach links. Es scheiden sich mit steigendem Kohlenstoffgehalt wachsende Mengen Phosphid aus der festen Lösung aus. Bei langsamer Abkühlung erscheint alsdann im Gefüge das Phosphid umgeben von Perlit. Immerhin vermag selbst ein Stahl mit 0,8% Kohlenstoff immer noch etwa 0,7% Phosphor in fester Lösung (als Mischkristall) zu halten. Die nachfolgende Zahlentafel 30 von Stead zeigt deutlich den Einfluß des steigenden Kohlenstoffgehaltes auf die Phosphidausscheidung.

Zahlentafel 30.
Kohlenstoffgehalt und Phosphidausscheidung.

Kohlenstoff %	Phosphor %		
	Gesamtgehalt	als freies Phosphid im Eutektikum	in fester Lösung (Mischkristall)
—	1,75	—	1,75
0,125	1,55	0,18	1,37
0,18	1,77	0,59	1,18
0,70	1,75	1,00	0,75
0,80	1,76	1,06	0,70
1,40	1,76	1,16	0,60
2,00	1,73	1,18	0,55
3,50	1,71	1,40	0,31

Lichtbild, Abb. 54 (Tafel V) entspricht einem noch nicht völlig entphosphorten Thomasmetall mit 1,78% Phosphor und 0,17% Kohlenstoff. Die hellen Adern sind Phosphid, die von Perlit umgeben sind. Sie liegen in den nach Ätzung mit Kupferammoniumchlorid dunkel erscheinenden Mischkristallen von Eisen und Phosphor. Da der Gesamtphosphorgehalt nur wenig über 1,7% beträgt, so wären im Gefüge kohlenstofffreien Eisens nur sehr geringe Spuren von Phosphoreutektikum zu erwarten. Der Gehalt von 0,17% Kohlenstoff hat bereits genügt, um recht beträchtliche Mengen von Phosphid zur Ausscheidung zu bringen (vgl. auch Zahlentafel 30).

Ein ausgezeichnetes Ätzmittel für kohlenstoffarme Eisensorten, in denen das Phosphid in fester Lösung (Mischkristall) auftritt, ist nach Heyn [2]) Ätzung mit Kupferammoniumchlorid (1 : 12). Die phosphorreichen Mischkristalle nehmen dabei einen dunklen, bräunlichen bis bronzefarbenen Ton an, während die phosphorarmen Ferritkristalle hell erscheinen.

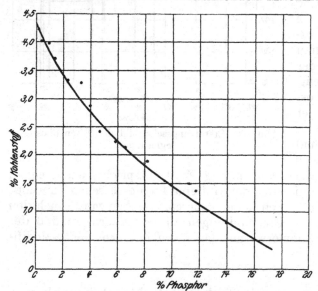

Abb. 55. Phosphorgehalt und Lösungsfähigkeit des Eisens für Kohlenstoff.

Für kohlenstoffreichere Eisensorten mit mehr als 0,5% C eignet sich besser das Oberhoffersche Ätzmittel [3]). Meist pflegt auch das Gefüge des Eisens

---

[1]) F. Wüst: „Beitrag zum Einfluß des Phosphors auf das System Eisen-Kohlenstoff". Metallurgie. Bd. 5, 1908, S. 73.

[2]) E. Heyn: „Bericht über Ätzverfahren zur makroskopischen Gefügeuntersuchung des schmiedbaren Eisens und über die damit zu erzielenden Ergebnisse". Mitt. Materialpr.-Amt 1906, S. 253; ferner E. Heyn: „Einiges aus der metallographischen Praxis". Stahleisen 1906, S. 8.

[3]) P. Oberhoffer: „Über neuere Ätzmittel zur Ermittelung der Verteilung des Phosphors in Eisen und Stahl". Stahleisen 1916, S. 798.

an Stellen mit Phosphoranreicherungen erheblich grobkristallinischer zu sein als dort, wo nur geringe Mengen von Phosphor vorhanden sind.

Schon durch geringe Phosphorgehalte werden die mechanischen Eigenschaften des Flußeisens in hohem Maße ungünstig beeinflußt. Festigkeit und Härte werden zwar in geringem Maße gesteigert, sehr erheblich nimmt aber die Sprödigkeit zu; das Material wird kaltbrüchig [1]. Da Phosphor außerdem sehr stark zur Seigerung (sowohl zu interkristalliner als auch zur Blockseigerung) neigt [2], so werden die Gefahren, die reichliche Phosphorgehalte im kohlenstoffarmen Flußeisen bedingen, dadurch nur noch mehr vergrößert.

Eisen-Phosphor-Kohlenstofflegierungen mit hohen Kohlenstoffgehalten (Roheisen, Gußeisen).

Der Einfluß des Phosphors auf hochgekohlte Eisensorten kommt deutlich in der Verringerung der Lösungsfähigkeit des flüssigen Eisens für Kohlenstoff zum Ausdruck. Versuche hierüber sind von Wüst [3], ferner von Goerens und Dobbelstein [4] ausgeführt. Als Ausgangsmaterial verwendete Wüst schwedisches Roheisen mit 3,92% Gesamt-Kohlenstoff, 0,13% Silizium, 0,19% Mangan, 0,008% Schwefel, 0,018% Phosphor und 0,005% Kupfer. Das Roheisen wurde unter einer Zuckerkohledecke mit steigenden Mengen Ferro-Phosphor (mit 24% Phosphor) zusammengeschmolzen. In Zahlentafel 31 sind die Versuchsergebnisse mitgeteilt und in Abb. 55 graphisch aufgetragen.

Zahlentafel 31.
Phosphorgehalt und Lösungsfähigkeit des Eisens für Kohlenstoff.

Nr.	Temperatur, auf der die Schmelze 1 Stunde gehalten wurde °C.	Phosphor in .%	Kohlenstoff in %
1	1145	0,02	4,27
2	1130	0,07	4,22
3	1130	0,28	4,04
4	1110	0,88	3,98
5	1070	2,34	3,34
6	1040	3,27	3,29
7	1020	3,94	2,88
8	1005	4,61	2,41
9	960	5,80	2,24
10	1000	6,55	2,14
11	1050	8,17	1,89
12	1060	11,72	1,36
13	1105	13,90	0,80
14	1340	21,56	0,28

Im Durchschnitt verdrängt je ein Teil Phosphor etwa 0,3 Teile Kohlenstoff. Sehr beträchtlich ist der Einfluß eines steigenden Phosphorgehaltes auf Beginn und Ende der Erstarrung des Roheisens. Während die mit Kohlenstoff gesättigte phosphorarme Schmelze 1 (s. Zahlentafel 31) bei 1145° C. erstarrte [5], trat bereits bei sehr geringen Gehalten an Phosphor deutliche Erniedrigung des Beginnes der Erstarrung ein. Ein kleiner

---

[1] Angaben über den Einfluß des Phosphors auf die Festigkeitseigenschaften des Materials siehe im Abschnitt Festigkeitseigenschaften, S. 408.

[2] Beispiele über Seigerungen siehe auch „Probenahme und Analyse von Eisen und Stahl" von O. Bauer und E. Deiß, II. Aufl. Berlin 1922; ferner O. Bauer: „Phosphorseigerungen in Flußeisen". Mitt. Materialpr.-Amt 1922, H. 1 u. 2, S. 71; ferner s. S. 285.

[3] F. Wüst: „Beitrag zum Einfluß des Phosphors auf das System Eisen-Kohlenstoff". Met. 1908, S. 73.

[4] P. Goerens und W. Dobbelstein: „Weitere Untersuchungen über das ternäre System Eisen-Phosphor-Kohlenstoff. Met. 1908, S. 562.

[5] Der Erstarrungspunkt bei 1145° C. entspricht bei einem Kohlenstoffgehalt von 4,2% der Erstarrung des binären Eutektikums Mischkristalle-Karbid.

Rest der Schmelze blieb noch flüssig und erstarrte erst bei 950⁰ C. Der Haltepunkt bei 950⁰ C. entspricht der Erstarrung eines ternären Eutektikums Mischkristalle-Karbid-Phosphid. Durch steigenden Phosphorgehalt wird demnach einerseits der Beginn der Erstarrung des binären Eutektikums in immer tiefere Temperaturzonen heruntergedrückt, anderseits aber auch die Menge des zur Erstarrung kommenden binären Eutektikums unter gleichzeitiger Verringerung des Gesamtkohlenstoffgehaltes immer mehr vermindert. Die Menge des ternären Eutektikums wächst, bis schließlich nach Goerens und Dobbelstein bei 953⁰ C. nur noch ternäres Eutektikum zur Erstarrung kommt. Die chemische Zusammensetzung des ternären Eutektikums ist: 6,89% Phosphor, 1,96% Kohlenstoff, 91,15% Eisen.

In Abb. 56 ist das ternäre Zustandsschaubild Eisen-Karbid-Phosphid, soweit es nach den Untersuchungen von Wüst, Goerens und Dobbelstein zur Zeit vorliegt, wieder-

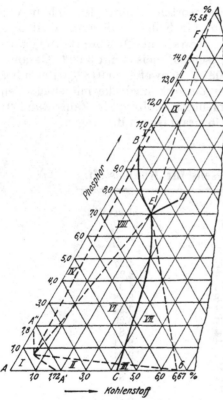

Abb. 56. Zustandsschaubild Eisen-Karbid-Phosphid.

gegeben [1]). Die mikroskopische Unterscheidung von Karbid und freiem Phosphid wird dadurch erschwert, daß beide von den meisten Ätzmitteln fast gar nicht angegriffen werden. Stead bediente sich zur Unterscheidung mit Erfolg der Erzeugung von Anlauffarben. Das Phosphid läuft erheblich langsamer an als das Karbid, so daß dadurch eine sichere Unterscheidung ermöglicht wird [2]).

Im tiefgrauen, graphithaltigen Gußeisen tritt in der Regel nicht das ternäre Eutektikum, sondern ein binäres Phosphid-Eutektikum auf, da das Karbid unter Graphit bzw. Temperkohleausscheidung zersetzt ist.

Über den Einfluß des Phosphors auf die Graphitausscheidung im Roheisen liegen nur wenige Versuche vor. Aus den Versuchen von Stead [3]) und von Wüst [4]) scheint aber mit Sicherheit hervorzugehen, daß ein steigender Phosphorgehalt auf die Graphitausscheidung nicht hindernd, sondern fördernd einwirkt. Allerdings ist die Wirkung bei weitem nicht so kräftig wie die eines mittleren Siliziumgehaltes, auch macht sie sich erst bei recht hohen Phosphorgehalten deutlich bemerkbar. Bei siliziumarmen Roheisensorten (0,5% Silizium) war nach Versuchen von Wüst eine deutliche Steigerung der Graphitausscheidung erst von etwa 2,5% Phosphor an bemerkbar, sie erreichte bei etwa 5% Phosphor ihren Höchstgehalt mit 60% des Gesamtkohlenstoffgehalts [5]). Bei einem Siliziumgehalt von 0,9% trat eine Steigerung der Graphitausscheidung erst bei etwas über 3% Phosphor auf.

Eigenartig ist die von Wüst gemachte Beobachtung, daß in phosphorreichen Roheisensorten der Graphit die Neigung zeigt, sich in Nestern auszuscheiden (s. z. B. Lichtbild, Abb. 43 Tafel V).

---

[1]) Entnommen aus P. Oberhoffer: „Das schmiedbare Eisen". S. 41. Berlin 1920.

[2]) Über die Erzeugung von Anlauffarben muß auf die Literatur verwiesen werden. J. E. Stead: J. Iron Steel Inst. 1900. Bd. 2, S. 60; ferner E. Heyn und O. Bauer: „Metallographie". Bd. 1: Leipzig-Berlin, Sammlung Göschen, 2. Aufl., 1920.

[3]) J. E. Stead: J. Iron Steel Inst. 1900. Bd. 2, S. 102.

[4]) F. Wüst: „Über die Abhängigkeit der Graphitausscheidung von der Anwesenheit fremder Elemente im Roheisen". Met. 1906, S. 169.

[5]) Das Eisen erstarrte unter den von Wüst gewählten Versuchsbedingungen ohne Phosphorzusatz „weiß".

Die statischen Festigkeitseigenschaften (Zug-, Biegefestigkeit, Durchbiegung) des grauen Gußeisens werden durch geringe Phosphorzusätze (bis zu $0,3\%$ P) günstig beeinflußt [1]). Eine ungünstige Beeinflussung tritt erst bei Gehalten über $0,6\%$ Phosphor auf.

Die dynamischen Festigkeitseigenschaften (gemessen durch die spezifische Schlagarbeit an gekerbten Probestäben) werden durch Phosphor bis zu $0,6\%$ ungünstig beeinflußt. Höhere Phosphorgehalte bedingen nur noch geringe weitere Verschlechterung.

Phosphor erhöht demnach die Sprödigkeit des Gußeisens. Im allgemeinen jedoch verträgt ein kohlenstoffreicheres Material (Gußeisen, Roheisen) einen erheblich höheren Phosphorgehalt als kohlenstoffarmes, schmiedbares Eisen. Während ein Phosphorgehalt von $0,1\%$ in jedem Fall deutlich das Verhalten des kohlenstoffarmen schmiedbaren Eisens schädigt, sind beim Gußeisen Phosphorgehalte bis 1% und darüber nicht ungewöhnlich und zumal in manganarmen Roheisensorten mit $2—2,5\%$ Silizium auch nicht als besonders schädlich zu betrachten, sofern die betreffenden Gegenstände nicht etwa heftigen Erschütterungen unterworfen sind. Wo aber das Gußstück im Betrieb auf Stoßfestigkeit beansprucht wird, sollte man vorsichtigerweise ein Roheisen mit nicht mehr als $0,4\%$ Phosphor wählen.

Mitunter ist ein hoher Phosphorgehalt von Vorteil, namentlich in den Fällen, wo es sich um Herstellung möglichst scharfer Abgüsse (Kunstguß usw.) handelt, die keiner erheblichen Beanspruchung auf Festigkeit ausgesetzt sind. Die Tatsache, daß phosphorreiches Roheisen schärfere Abgüsse liefert als phosphorfreies, steht vermutlich mit der bei niedriger Temperatur (950^0 C.) erfolgenden Erstarrung des ternären Eutektikums in Zusammenhang, zumal nach Versuchen von Turner [2]) das ternäre Eutektikum unter Volumvermehrung erstarrt. Für Gegenstände, die im Betrieb hohen Hitzegraden unter starker Beanspruchung auf Festigkeit ausgesetzt sind, z. B. Roststäbe, dürfte jedoch aus obigem Grunde ein möglichst phosphorarmes Eisen am zweckmäßigsten sein.

Über den Einfluß des Phosphors auf die Ausscheidung der Temperkohle liegen keine erschöpfenden Versuchsergebnisse vor. Jedoch scheint ein Phosphorgehalt des Roheisens eher fördernd als störend auf die Ausscheidung der Temperkohle einzuwirken [3]).

F. Eisen und Schwefel.

Zahlreiche Eisenerze enthalten mehr oder weniger große Mengen an Schwefel. Ein großer Teil des Schwefels kann zwar durch zweckmäßig geleitete Röstung entfernt werden; geringe Mengen bleiben aber zurück. Reich an Schwefel pflegen auch viele zur Verhüttung der Erze verwendete mineralische Brennstoffe (Steinkohlen und der aus ihnen dargestellte Koks) zu sein. Dem Eisen ist also bei der Darstellung reichlich Gelegenheit gegeben, Schwefel aufzunehmen. Als Gegenmaßregel dient die Bildung stark basischer, kalkreicher Schlacken. Schwefeleisen wird bei Gegenwart von Kalk und Kohlenstoff unter Bildung von Schwefelkalzium und Kohlenoxyd zu Eisen reduziert. Das Schwefelkalzium wird von der Schlacke aufgenommen.

$$FeS + CaO + C = Fe + CaS + CO.$$

Je kalkreicher die Schlacke und je höher die Temperatur ist, um so vollständiger ist die Reduktion. Ein mehr oder weniger großer Rest von Schwefel bleibt aber stets im Roheisen zurück.

Beim Verblasen von Roheisen im basischen Konverter kann sogar eine Rückschwefelung des Eisenbades durch den Schwefelgehalt des Zuschlagkalks eintreten, wenn das Einsatzeisen reich an Silizium ist. Das Silizium verbrennt bereits in der ersten Zeit des Blasens, tritt als Kieselsäure in die Schlacke und verleiht ihr sauren Charakter, wodurch die Rückschwefelung des Eisenbades begünstigt wird.

---

[1]) F. Wüst und R. Stotz: „Über den Einfluß des Phosphors auf die mechanischen Eigenschaften des grauen Gußeisens". Ferrum. Bd. 12, 1915, S. 89 u. 105.

[2]) T. Turner: „Volumen und Temperaturänderungen während der Abkühlung von Roheisen". Met. 1906, S. 317. J. Iron Steel Inst. 1906. Bd. 1, S. 48.

[3]) Vgl. S. 255.

Während man früher das Auftreten einer ganzen Reihe von Eisen-Schwefelverbin-
dungen beim Zusammenschmelzen von Eisen und Schwefel annahm [1]), ist durch die
Untersuchungen von H. le Chatelier und Ziegler [2]), von W. Treitschke und G.
Tammann [3]), von K. Friedrich [4]) sowie von Loebe und Becker [5]) einwandfrei nach-
gewiesen, daß in Schmelzen von Eisen und Schwefel stets nur eine Verbindung, das
Eisensulfür FeS, auftritt. Während Treitschke und Tammann annahmen, daß Eisen und
Eisensulfür im flüssigen Zustand nicht unbegrenzt mischbar sind, daß also bei bestimmten
Gehalten an Schwefeleisen Schichtenbildung eintritt, scheint nach den neueren Unter-
suchungen von Friedrich, sowie von Loebe und Becker Schichtenbildung nicht einzutreten.

In Abb. 57 ist das Zustandsschaubild Eisen-Schwefeleisen nach den Untersuchungen
von Becker wiedergegeben. Der Schmelzpunkt des Schwefeleisens liegt bei 1193° C.,
der eutektische Punkt bei 84,6% Schwefeleisen (= 30,8% Schwefel) und bei 985° C.
Die Umwandlungspunkte des Eisens werden durch den Schwefelzusatz nicht beeinflußt.
Die bei 898° C. verlaufende Wagerechte entspricht demnach der Umwandlung von γ- in
β-Eisen und die Wagerechte bei 768° C. der Umwandlung von β- in α-Eisen. Das Schwefeleisen weist bei 298°. C. und 138° C. Modifikations-
änderungen auf.

Die Modifikationsänderung bei 138° C. tritt jedoch nach Untersuchungen von Rinne und Boeke [6])
erst bei Schmelzen auf, die mehr als 7% Eisen enthalten, sie ist mit einer nicht unbeträchtlichen
Volumenvermehrung verbunden.

Nach dem Erstarrungsschaubild Abb. 57 ist im
erstarrten Zustand das Lösungsvermögen des Eisens
für Schwefel (bzw. für Schwefeleisen) gleich Null. Im
Kleingefüge treten dementsprechend auch schon bei
sehr geringen Schwefelgehalten Spuren des Eutektikums, meist in rundlichen Flecken und Punkten auf.
Bei steigenden Schwefelgehalten wächst die Menge
des Eutektikums schnell. Lichtbild Abb. 58 (Tafel V)
zeigt ein Eisen mit 2,4% Schwefel (6,7% FeS).
Gelblich-graue Maschen eines Netzes von Schwefeleisen umhüllen die Ferritkörner.

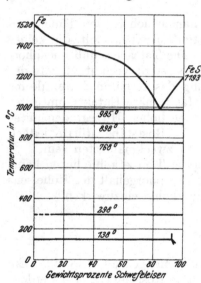

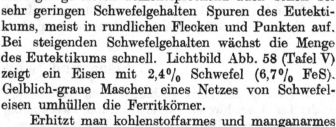

Abb. 57. Eisen-Schwefeleisen.

Erhitzt man kohlenstoffarmes und manganarmes
Eisen, das einen hohen Schwefelgehalt aufweist, zur
Rotglut, so wird es bei dieser Temperatur bei der Bearbeitung (Hämmern, Schmieden)
rissig, brüchig, es verliert seinen Zusammenhang und fällt mitunter in Brocken aus-
einander: Schwefel macht Eisen in hohem Maße rotbrüchig. Die Ursachen für die
Rotbrüchigkeit ergeben sich ohne weiteres aus dem Zustandsschaubild. Die einzelnen
Eisenkörner sind bei hohen Schwefelgehalten, oberhalb 985° C., von einer flüssigen
Schicht von Schwefeleisen umgeben, haben also gar keinen Zusammenhang mehr.
Enthält das Eisen neben Schwefel noch oxydische Einschlüsse, so kann dadurch die
schädliche Wirkung des Schwefels erheblich verstärkt werden. Günstig dagegen
wirkt Mangan. Nach Ledebur vermag Eisen mit 0,7% Mangan bis zu 0,1% Schwefel
zu enthalten, ohne deutlichen Rotbruch zu zeigen, während z. B. manganfreies schmied-

---

[1]) Folgende Verbindungen finden sich in älteren Werken:
FeS_2, Fe_2S_3, Fe_7S_8, FeS, Fe_4S_3, Fe_2S, Fe_8S, $Fe_{11}S_{12}$.
[2]) Bull. S. d'Enc. Bd. 101, 1902, S. 368.
[3]) „Über das Zustandsdiagramm von Eisen und Schwefel". Zeitschr. f. anorg. Chem. Bd. 49,
1906, S. 320.
[4]) K. Friedrich: „Notiz über das Schmelzdiagramm des Systems Schwefeleisen-Eisen".
Met. 1910, S. 257.
[5]) E. Becker und R. Loebe: „Das System Eisen-Schwefeleisen". Zeitschr. f. anorg. Chem.
Bd. 77, 1912, S. 301.
[6]) „Die Modifikationsänderung des Schwefeleisens". Zeitschr. f. anorg. Chem. Bd. 53, 1907,
S. 338.

bares Eisen (Schweißeisen) schon bei 0,02 % Schwefel merkliche Neigung zum Rotbruch besitzt. Die günstige Wirkung des Mangans beruht auf der großen Verwandtschaft des Mangans zum Schwefel. Statt des Eisensulfürs ist Mangansulfür vorhanden, das einen erheblich höheren Schmelzpunkt hat. Unter dem Mikroskop erscheint das Schwefelmangan als taubengraue Substanz.

Die Kaltbildsamkeit des Eisens erfährt nach Versuchen von Unger [1] selbst bis zu 0,2 % Schwefel kaum eine Beeinträchtigung. Aus schwefelhaltigem Eisen ließen sich nach Unger anstandslos Stanzbleche und Draht herstellen [2].

Die Schwefelmetalle neigen ebenso wie die Phosphide sehr stark zur Seigerung. Auch aus diesem Grunde ist daher Schwefel im Eisen ein sehr wenig gern gesehener Bestandteil [3].

Sowohl Schwefel-Eisen als auch Schwefel-Mangan entwickeln mit Salzsäure Schwefelwasserstoff. Hierauf gründet sich ein einfaches Verfahren (nach E. Heyn und O. Bauer), im Eisen Stellen mit Schwefelanreicherungen auch ohne Mikroskop nachzuweisen. Auf die rohgeschliffene oder auch nur mit der Schlichtfeile geglättete Probe wird ein Seidenläppchen gelegt und dieses mit einer salzsauren Quecksilberchloridlösung befeuchtet [4]. Dort, wo im Schliff Schwefeleinschlüsse vorhanden sind, wird Schwefelwasserstoff gebildet; derselbe fällt aus der salzsauren Quecksilberchloridlösung schwarzes Schwefelquecksilber aus, das am Seidenläppchen haften bleibt und so das Erkennen der sulfürreicheren Stellen im Eisen gestattet.

Auch das Baumannsche Abdruckverfahren mit Bromsilberpapier leistet zur Erkennung von Schwefelanreicherungen im Eisen sehr gute Dienste [5].

Eisen-Schwefel-Kohlenstoff.

Schwefel drückt das Sättigungsvermögen des Eisens für Kohlenstoff herunter und wirkt gleichzeitig hindernd auf die Graphitausscheidung im Roheisen. Schwefel und Silizium wirken demnach entgegengesetzt. Dieses Verhalten kommt sehr deutlich in den beiden Zahlentafeln 32 und 33 zum Ausdruck [6].

Zahlentafel 32.

Schwefel und Sättigungsvermögen des Eisens für Kohlenstoff.

Nummer der Schmelze	Schwefel %	Gesamt-kohlenstoff %	Graphit %	Silizium %	Mangan %	Phosphor %	Graphit in % des Gesamt-kohlenstoffs
1	0,053	3,15	1,630	1,175	0,19	0,007	48,6
2	0,086	3,33	1,400	—	—	—	43,5
3	0,105	3,31	1,310	1,173	0,19	—	39,7
4	0,123	3,28	0,790	—	—	—	24,1
6	0,192	3,23	0,540	1,130	0,18	0,007	16,9
5	0,239	3,20	0,390	—	—	—	12,2
7	0,296	3,17	0,320	—	—	—	10,3
8	0,414	3,13	0,196	1,02	0,17	—	4,7
9	0,589	3,08	0,045	1,00	0,16	—	1,5
10	1,103	3,02	0,032	0,98	0,16	0,007	1,1

[1] Am. Mach. 1916, S. 191. Siehe auch Stahleisen 1917, S. 592.

[2] Über den Einfluß des Schwefels auf die Festigkeitseigenschaften siehe im Abschnitt „Festigkeitseigenschaften" S. 409.

[3] Ausführlicheres über Seigerungserscheinungen siehe unter „Wichtigste Eigenschaften des gießbaren Eisens usw." S. 280.

[4] 10 g Quecksilberchlorid + 20 ccm Salzsäure (1,124 spez. Gew.) in 100 ccm Wasser. Siehe Bauer und Deiß: „Probenahme und Analyse von Eisen und Stahl". 2. Aufl., S. 10. Berlin 1922.

[5] Siehe Oberhoffer und Knipping: „Untersuchungen über die Baumannsche Schwefelprobe und Beiträge zur Kenntnis des Verhaltens von Phosphor im Eisen". Stahleisen 1921, S. 1253.

[6] Die Zahlentafeln sind der Arbeit von Wüst: „Über die Abhängigkeit der Graphitausscheidung von der Anwesenheit fremder Elemente im Roheisen", Met. 1906, S. 169 u. 201, entnommen.

Zahlentafel 33.
Schwefel und Sättigungsvermögen des Eisens für Kohlenstoff.

Nummer der Schmelze	Schwefel %	Gesamt-kohlenstoff %	Graphit %	Silizium %	Mangan %	Phosphor %	Graphit in % des Gesamt-kohlenstoffs
1	0,062	3,44	2,17	2,10	0,19	0,007	63,1
2	0,092	3,42	1,83	—	—	—	53,5
3	0,130	3,39	1,54	2,08	0,19	—	45,4
4	0,179	3,36	1,52	2,07	0,18	—	45,3
5	0,249	3,30	1,49	2,02	—	0,007	45,4
6	0,321	3,25	1,51	1,99	0,18	—	46,5
7	0,480	3,17	1,50	1,99	—	—	47,4
8	0,587	3,08	0,85	1,98	0,17	—	27,5
9	0,658	3,00	0,12	1,95	—	—	4,0
10	1,171	2,90	0,039	1,93	0,16	0,007	1,3

Unter den von Wüst gewählten Versuchsbedingungen kommt hiernach bei niedrigen Siliziumgehalten (etwa 1,1%) die Erschwerung der Graphitausscheidung schon bei Gehalten von 0,1% Schwefel deutlich zum Ausdruck. Bei 0,4% Schwefel ist die Graphitausscheidung nur noch gering. Bei höheren Siliziumgehalten (rund 2%) trat zunächst auch schon bei geringen Schwefelgehalten Erschwerung der Graphitbildung ein. Dann blieb die Graphitmenge bis etwa 0,5% Schwefel annähernd die gleiche (etwa 45% des Gesamtkohlenstoffgehaltes) und fiel bei noch weiterer Steigerung des Schwefelgehaltes sehr schnell.

Diese Versuche haben selbstverständlich nur einen qualitativen Wert. Bei großen Gußstücken, bei denen die Abkühlung sehr langsam vor sich geht, können sich die Verhältnisse ganz beträchtlich verschieben. Immerhin weisen sie deutlich darauf hin, daß zur Erzielung tiefgrauen Gußeisens möglichst geringer Schwefelgehalt vorteilhaft ist. Ledebur schreibt: „Schwefel sollte in allen Fällen nur in geringen Mengen im Roheisen anwesend sein; 0,1% Schwefel ist schon ziemlich reichlich." Ebenso wie der Schwefel der Graphitausscheidung entgegenwirkt, stört er auch die Bildung der Temperkohle im Eisen. Schwefelreiches weißes Eisen bedarf höherer Temperatur und längerer Glühdauer, um die gleiche Menge Temperkohle abzuscheiden, wie schwefelarmes Material. Diese Wirkung des Schwefels soll nach Untersuchungen von Hatfield [1] darauf zurückzuführen sein, daß das Karbid befähigt ist, eine mit steigendem Schwefelgehalt steigende Menge von Schwefel aufzunehmen, wodurch die Stabilität des Karbids bei hohen Temperaturen erhöht wird. Ob der im Karbid zurückgehaltene Schwefel als chemische Verbindung oder in fester Lösung auftritt, konnte nicht festgestellt werden.

Silizium hebt nach Hatfield vermutlich durch Bildung eines Siliziumsulfids die schädliche Wirkung des Schwefels zum Teil wieder auf.

Vielfach wird auch die zuweilen auftretende störende Erscheinung des „umgekehrten Hartgusses", bei der der Kern weiß, der Rand jedoch grau erstarrt, auf einen reichlichen Schwefelgehalt des Gußeisens zurückgeführt. In der Tat weisen Gußstücke, die die Erscheinung des „umgekehrten Hartgusses" zeigen, meist Schwefelgehalte auf, die über 0,14 bis 0,2% Schwefel liegen. Anreicherung des Schwefels im „weißen" Kern konnte jedoch in den meisten Fällen nicht nachgewiesen werden. Ob der reichliche Schwefelgehalt als alleinige Ursache für die Entstehung des „umgekehrten Hartgusses" anzusehen ist, steht zur Zeit noch nicht fest, anzunehmen ist aber, daß er, namentlich auch im Hinblick auf die erwähnten Untersuchungen Hatfields, seine Bildung begünstigen wird [2].

[1] J. Iron Steel Institute 1913, Bd. 1, S. 139. Auszug in Ferrum Bd. 11, 1913/14, S. 315.

[2] Von einigen Forschern wird auch angenommen, daß der „umgekehrte Hartguß" dem Druck der äußeren, bereits grau erstarrten Schicht, auf die inneren Teile zuzuschreiben sei. Infolge des Druckes wird die Graphitbildung im Innern wegen der Unmöglichkeit der dazu erforderlichen Ausdehnung des Metalles verhindert. Ein solcher innen gehärteter Guß soll im allgemeinen nur bei reichlichem Siliziumgehalt und gleichzeitig reichlichem Schwefelgehalt auftreten. Von anderer Seite wird wieder angenommen, daß ein reichlicher Eisenoxydulgehalt, schließlich auch noch ein hoher Gasgehalt des Gußeisens den „umgekehrten Hartguß" begünstigt. Näheres s. a. S. 288.

Nach Untersuchungen von Wüst und Miny [1]) ist die Wirkung des Schwefels auf die Festigkeitseigenschaften des Gußeisens abhängig von der Anwesenheit von Mangan. Nur bei manganhaltigen Sorten wurde eine deutlich verschlechternde Wirkung steigender Schwefelgehalte nachgewiesen, indessen sinken auch bei schwefelreichen Schmelzen die Werte für statische und dynamische Festigkeit (Zug-Biegefestigkeit, Durchbiegung sowie Schlagfestigkeit) nicht unter diejenigen von manganfreien Schmelzen. Diese überraschende Tatsache findet vielleicht darin ihre Erklärung, daß mit steigendem Schwefelgehalt immer größere Mengen von Mangan nach der Formel:

$$Mn + FeS = MnS + Fe$$

als Schwefelmangan gebunden werden und somit das Mangan keine die Festigkeit des Eisens erhöhende Wirkung (z. B. als Mischkristall im Ferrit) mehr ausüben kann.

Die Härte (Kugeldruckhärte) der Gußstücke stieg nach Wüst und Miny in allen Fällen mit wachsendem Schwefelgehalt. Dies läßt darauf schließen, daß die härtesteigernde Wirkung des Schwefels unabhängig davon ist, ob dieser als FeS oder MnS im Gußeisen vorhanden ist [2]).

Die Frage der Entschwefelung des Gußeisens ist bis heute noch nicht in vollem Umfange gelöst. Bei dem vom Hochofen kommenden Roheisen findet im Mischer eine ziemlich weitgehende selbsttätige Entschwefelung statt. Voraussetzung ist jedoch, daß das Eisen genügend Mangan enthält, um den Schwefel zu binden. Da das Schwefelmangan im Gegensatz zum Schwefeleisen bei den Temperaturen, die im Mischer herrschen, bereits fest ist, steigt es allmählich nach oben, wobei der Schwefel durch den Sauerstoff der Atmosphäre verbrannt und das Mangan verschlackt wird. Beim Umschmelzen im Kuppelofen hat das Eisen wieder Gelegenheit, aus dem Brennstoff (Koks) Schwefel aufzunehmen. Durch reichlichen Kalksteinzuschlag ist man zwar imstande, zu verhindern, daß das Eisen im Kuppelofen weiteren Schwefel aufnimmt, sehr kalkreiche Schlacken sind aber wieder sehr strengflüssig, auch greifen sie das Ofenfutter stark an, so daß hierdurch Grenzen gezogen sind, die aus praktischen und wirtschaftlichen Gründen nicht überschritten werden können.

Neuerdings sind Verfahren in Aufnahme gekommen, die eine Entschwefelung des Gußeisens im Vorherd oder in der Gießpfanne bezwecken [3]).

* * *

Die in den Abschnitten C bis F behandelten Stoffe Silizium, Mangan, Phosphor und Schwefel sind die wichtigsten ständigen Begleiter eines jeden im Großbetrieb erzeugten Eisens (schmiedbares Eisen, Stahl, Roheisen, Gußeisen). **Ihre** eingehendere Behandlung auch im vorliegenden Werk erschien daher gerechtfertigt. Die in den Abschnitten G bis M aufgeführten Fremdstoffe treten im Eisen teils nur in Spuren, als zufällige Verunreinigungen, auf, teils werden sie absichtlich als Legierungsbestandteile oder aus anderen Gründen, z. B. zum Zwecke der Desoxydation, zugesetzt. Sie sollen im nachfolgenden nur insoweit besprochen werden, als ihr Einfluß auf die Eigenschaften des Gußeisens von Wichtigkeit ist [4]).

G. Eisen und Kupfer.

Bei der Verhüttung wird der Kupfergehalt der Eisenerze fast vollständig vom Eisen aufgenommen. Da Kupfer leichter reduzierbar und schwerer oxydierbar ist als Eisen,

---

[1]) F. Wüst und J. Miny: „Über den Einfluß des Schwefels auf die mechanischen Eigenschaften des grauen Gußeisens". Ferrum Bd. 14, 1917, S. 97 u. 113; auszugsw. Stahleisen. 1917, S. 619.

[2]) Weitere Angaben über Festigkeitseigenschaften siehe Seite 409.

[3]) Z. B. das Waltersche Entschwefelungsverfahren, vgl. S. 160 u. 183. Ferner s. Stahleisen 1922, S. 137.

[4]) Wegen des Einflusses gewisser Legierungsbestandteile (Nickel, Chrom, Vanadin usw.) auf die Eigenschaften des schmiedbaren Eisens und des Stahles vgl. G. Mars: „Die Spezialstähle". Stuttgart 1912; ferner P. Oberhoffer: „Das schmiedbare Eisen". Berlin 1920.

so kann die einmal aufgenommene Kupfermenge durch Oxydation nicht mehr aus dem Bad entfernt werden, sondern sie begleitet das Eisen durch alle Stufen der Verarbeitung.

Über die Legierungsfähigkeit des Eisens mit Kupfer bestanden bis vor kurzem noch Zweifel. So findet sich selbst bis in die neuere Zeit in dem Schrifttum [1]) die Behauptung, daß das Kupfer im Eisen lediglich als feinverteilte Suspension auftritt, daß es demnach auch ohne Einfluß auf Schmelzpunkt und Lage der Haltepunkte des reinen Eisens sei. Mit dieser Annahme stehen verschiedene ältere Versuche im Widerspruch, nach denen deutliche Beeinflussung der Umwandlungspunkte des Eisens beobachtet wurde [2]). R. Sahmen [3]) glaubt sogar nachgewiesen zu haben, daß geschmolzenes Kupfer und Eisen in allen Verhältnissen mischbar seien.

Endgültige Aufklärung über die Legierungsfähigkeit von Eisen und Kupfer haben erst die Arbeiten von Ruer und Fick [4]) sowie von Ruer und F. Goerens [5]) erbracht.

Hiernach wird der Schmelzpunkt des reinen Eisens (1528° C.) durch steigenden Kupferzusatz (bis zu 26% Cu) bis auf 1440° C. erniedrigt. Zwischen 26 und 71% Kupfer besteht eine Mischungslücke im flüssigen Zustand. Alle Schmelzen innerhalb dieser Mischungslücke lagern sich danach bei der Erstarrung in zwei Schichten übereinander.

Mit δ-Eisen bildet Kupfer Mischkristalle, die bei 1475° C. höchstens etwa 5% Kupfer enthalten. Die γ-β-Umwandlung wird durch steigenden Kupferzusatz erniedrigt, von 2,3% Kupfer an bleibt sie nach Ruer und Goerens bei etwa 833° C. konstant. Die β-α-Umwandlung fällt bis 1% Kupfer auf 759° C. und bleibt dann ebenfalls konstant.

Auch über den Einfluß des Kupfers auf die Eigenschaften des Eisens finden sich die widersprechendsten Angaben im Schrifttum. Vielfach wird angenommen, daß schon geringe Kupfermengen Rotbrüchigkeit hervorrufen. Dieser Annahme widersprechen zahlreiche neuere Versuche. So zeigten z. B. J. E. Stead und J. Evans [6]), daß bei kohlenstoffarmen Eisensorten ein Kupfergehalt innerhalb der Grenzen 0,5—1,3% ohne Nachteil ist. Mit sehr reinen Eisen-Kupferlegierungen stellten Ch. F. Burgeß und J. Aston Schmiedeversuche an. Sie fanden, daß Legierungen mit einem Kupfergehalt bis zu 2% sich gut bei niedriger Temperatur schmieden ließen. Erst bei höheren Gehalten an Kupfer litt die Schmiedbarkeit [7]). F. H. Wingham [8]) fand, daß Kohlenstoffstahl mit 0,7% Kohlenstoff durch Kupferzusatz von 0,25% nicht wesentlich verschlechtert wurde.

Zu beachten ist, daß überall, wo Kupfer in Eisenerzen auftritt, auch Schwefel zugegen ist, und daß daher vermutlich die etwa beobachtete Rotbrüchigkeit nicht auf den Kupfer-, sondern auf den Schwefelgehalt des Materials zurückzuführen ist [9]).

Durch Zusatz von Kohlenstoff wird die Lösungsfähigkeit des Eisens für Kupfer vermindert. In den geringen Mengen, in denen Kupfer im Roheisen auftritt, scheint es ohne Einfluß auf die Graphitausscheidung zu sein. Da kupferreiche Roheisensorten weder vom technischen noch vom wirtschaftlichen Standpunkt besondere Bedeutung besitzen, so ist das Schrifttum hierüber zur Zeit sehr unvollständig.

H. Eisen, Nickel und Kobalt.

Das vom Hochofen kommende Roheisen enthält, wenn überhaupt, so nur Spuren von Nickel und von Kobalt. Wenn daher Nickel oder Kobalt im Eisen und Stahl in größeren Mengen auftreten, so handelt es sich stets um absichtlich zugesetzte Mengen.

---

[1]) Vgl. z. B. V. O. Pfeiffer: „Über die Legierungsfähigkeit des Kupfers mit reinem Eisen und den Eisen-Kohlenstofflegierungen". Met. 1906, S. 281.

[2]) Vgl. z. B. die Untersuchungen P. Breuils über Kupferstahl. Compt. rend. Bd. 142, 1906, S. 1421.

[3]) Zeitschr. f. anorg. Chem. Bd. 57, 1908, S. 1.

[4]) R. Ruer und K. Fick: „Das System Eisen-Kupfer". Ferrum Bd. 11, 1913/14, S. 39.

[5]) R. Ruer und F. Goerens: „Das System Eisen-Kupfer". Ferrum Bd. 14, 1916/17, S. 49.

[6]) J. Iron Steel Inst. 1901, Bd. 1, S. 89.

[7]) Iron Age 1909, Bd. 84, S. 1476.

[8]) „Der Einfluß von Kupfer auf Stahl". Met. 1906, S. 328.

[9]) Angaben über den Einfluß des Kupfers auf die Festigkeit siehe S. 409.

Der Einfluß eines steigenden Nickelgehaltes auf die Eigenschaften von kohlenstoffarmem Eisen und von Stahl ist sehr erheblich. Über die Nickel-Stähle besteht bereits eine umfangreiche Literatur[1]), auf die jedoch an dieser Stelle nicht eingegangen werden kann.

Um so auffallender erscheint es, daß man dem Nickel, ebenso wie dem Kobalt, als Zusatz zum Gußeisen in der Praxis noch so gut wie gar keine Beachtung geschenkt hat. Guillet[2]) hat einige Schmelzen von Gußeisen mit steigenden Nickelzusätzen hergestellt. Seine Untersuchungen erstreckten sich jedoch lediglich auf den Einfluß des Nickels auf das Kleingefüge. Er fand, daß mit steigendem Nickelgehalt die Neigung zur Graphitausscheidung wächst, und daß der Perlit schon bei geringen Nickelgehalten sorbitisch wird. Bei höheren Nickelgehalten tritt an Stelle des Sorbits Austenit. Auch der Zementit wird durch den Nickelgehalt beeinflußt. Seine Menge nimmt mit wachsendem Nickelgehalt ab, er tritt immer nur in Nadeln auf, die von Troosto-Sorbit umgeben sind, und bei Gehalten, die zwischen 12 und 20% Nickel liegen, besteht das ganze Gefüge schließlich nur noch aus Austenit und Graphit.

Bauer und Piwowarsky[3]) untersuchten den Einfluß kleiner Nickel- und Kobaltzusätze auf die physikalischen und chemischen Eigenschaften des Gußeisens. Sie konnten die Beobachtung Guillets, daß ein Nickelzusatz die Graphitausscheidung befördert, bestätigen. Die günstigsten Festigkeitswerte wurden bei etwa 1% Nickel erzielt. Die Steigerung der Biegefestigkeit gegenüber dem ursprünglichen Gußeisen betrug annähernd 30% bei nahezu gleicher Durchbiegung. Die Erhöhung der Druckfestigkeit erreichte ebenfalls 30%, während die Zugfestigkeit um 25% und die Härte um 18% anwuchs. Die Säurelöslichkeit nahm etwas ab. Eine Steigerung des Nickelzusatzes über 1,5% bringt praktisch keinen Nutzen, da der Einfluß des Nickels auf die Graphitausscheidung sich bereits geltend macht, so daß die günstige Wirkung auf die mechanischen Eigenschaften durch die steigende Graphitausscheidung überdeckt wird. Der Einfluß des Kobaltzusatzes ist dem des Nickels gerade entgegengesetzt. Die Biegefestigkeit fällt stark, auch die Zug- und Druckfestigkeit zeigen ein langsames Nachgeben. Der Graphitausscheidung wirkt Kobalt entgegen und begünstigt die Karbidbildung. Demnach kommt ein Kobaltzusatz für die Veredelung des Gußeisens nicht in Frage.

J. Eisen und Aluminium.

Bei der Verhüttung tonerdehaltiger Erze im Hochofen wird Aluminium nicht reduziert. Tritt daher Aluminium im schmiedbaren Eisen oder im Gußeisen auf, so kann es nur durch nachträgliche, beabsichtigte oder unbeabsichtigte Zugabe hineingelangt sein. Häufig wird Aluminium bei der Flußstahlerzeugung zur Zerstörung des gelösten Eisenoxyduls und Ausscheidung des Sauerstoffs zugesetzt. Da aber durch Aluminiumzusatz die mechanischen Eigenschaften des Eisens nicht verbessert, sondern verschlechtert werden[4]), so ist der Zusatz so zu bemessen, daß er eben ausreicht, um die Sauerstoffausscheidung zu bewirken, ohne einen erheblichen Überschuß zu hinterlassen.

Eisen und Aluminium[5]) bilden bis etwa 34% Aluminium Mischkristalle, sodaß im Gefüge selbst hohe Aluminiumgehalte nicht erkennbar sind. Der Umwandlungspunkt von γ- in β-Eisen wird durch die Gegenwart von Aluminium erniedrigt. Genauere Angaben hierüber fehlen zur Zeit.

Das vollständige, ternäre Erstarrungsschaubild Eisen-Aluminium-Kohlenstoff ist noch nicht untersucht. Über den Einfluß des Aluminiums auf kohlehaltiges Eisen finden

---

[1]) Näheres hierüber siehe G. Mars: „Die Spezialstähle", und P. Oberhoffer: „Das schmiedbare Eisen".

[2]) Revue de Métallurgie 1908, Mai, S. 306, daraus Auszug in Stahleisen 1908, S. 1220.

[3]) O. Bauer und E. Piwowarsky: „Der Einfluß eines Nickel- und Kobaltzusatzes auf die physikalischen Eigenschaften des Gußeisens". Stahleisen 1920, S. 1300.

[4]) Vgl. S. 410.

[5]) „Über die Legierungen des Aluminiums mit Kupfer, Eisen, Nickel, Kobalt, Blei und Kadmium", A. Gwyer: Zeitschr. f. anorg. Chem. Bd. 57, 1908, S. 113.

sich im Schrifttum nur vereinzelte Angaben. Aluminium begünstigt, wenn es in nicht zu großen Mengen im Eisen vorhanden ist (bis etwa 1%), in hohem Maße die Graphitausscheidung im Roheisen. Nach Versuchen von Borsig [1] würde, um unter sonst gleichen Versuchsbedingungen die gleiche Graphitmenge zur Ausscheidung zu bringen, etwa zehnmal mehr Silizium als Aluminium erforderlich sein (vgl. Zahlentafel 34).

Zahlentafel 34.
Aluminium, bzw. Silizium und Graphitausscheidung.

Aluminium %	Graphit %	Gesamt-Kohlenstoff %	Silizium %	Mangan %	Silizium %	Graphit %	Gesamt-Kohlenstoff %	Mangan %
0	0,05	3,04	0,25	Spur	0,67	0,15	2,92	0,35
0,05	0,08	3,03	0,23	,,	0,84	0,49	3,14	0,26
0,11	0,85	3,02	0,25	,,	1,45	0,85	3,02	0,85
0,16	1,53	3,21	0,28	,,	1,55	1,15	3,23	0,65

Steigt der Aluminiumgehalt des Eisens über 1%, so hört nicht nur die die Graphitbildung befördernde Wirkung auf, sondern das Aluminium verhindert alsdann die Graphitausscheidung. Gleichzeitig scheint sich bei hohen Aluminiumgehalten die Lösungsfähigkeit des Eisens für Kohlenstoff zu verringern [2]. Dies Verhalten kommt deutlich in den in Zahlentafel 35 zusammengestellten Versuchsergebnissen von Hogg zum Ausdruck. Weißes Roheisen wurde hierbei unter stets gleichen Versuchsbedingungen mit verschiedenen Mengen Aluminium zusammengeschmolzen.

Zahlentafel 35.
Aluminium und Lösungsfähigkeit des Eisens für Kohlenstoff.

Aluminium %	Graphit %	Gesamt-Kohlenstoff %	Silizium %	Mangan %
—	0,67	3,62	0,95	nicht bestimmt
0,92	3,48	3,62	0,50	0,16
4,05	2,05	3,58	0,42	nicht bestimmt
12,20	0,16	3,25	0,40	0,15

Der Höchstbetrag der Graphitausscheidung liegt bei 0,92% Aluminium, bei höheren Gehalten fällt die Menge des ausgeschiedenen Graphits, gleichzeitig sinkt langsam der Gesamtkohlenstoffgehalt. Dieselbe Erscheinung konnte auch in siliziumreicheren Schmelzen (vgl. Zahlentafel 36) beobachtet werden.

Zahlentafel 36.
Aluminium und Graphitausscheidung.

Aluminium %	Graphit %	Gesamt-Kohlenstoff %	Silizium %	Mangan %
—	2,33	4,18	0,75	0,28
0,85	3,22	4,15	0,75	nicht bestimmt
1,92	2,77	4,18	0,67	nicht bestimmt
3,86	1,67	4,07	0,62	0,20
8,15	1,58	3,80	0,70	nicht bestimmt
11,82	0,22	3,44	0,62	0,21

---

[1] Stahleisen 1894, S. 10.
[2] Vgl. Hogg: J. Iron Steel Inst. 1894, Bd. 2, S. 104, daraus Stahleisen 1895, S. 407.

Obige ältere Versuche von Borsig und Hogg wurden durch neuere Versuche von Melland und Waldron [1]) vollauf bestätigt. In Abb. 59 sind die Versuchsergebnisse graphisch eingetragen. Der Graphitgehalt steigt zunächst sowohl in den rasch (Kokillenguß), als auch in den langsam (in auf Rotglut erhitzter Gießform) abgekühlten Proben stark. In den rasch abgekühlten Proben tritt der Höchstbetrag der Graphitausscheidung bei etwa $0,5\%$, in den langsam abgekühlten schon bei etwa $0,25\%$ Aluminium ein. Von da ab verringert sich die Menge des ausgeschiedenen Graphits schnell, gleichzeitig sinkt langsam der Gesamtkohlenstoffgehalt.

K. Eisen und Arsen.

Enthalten die zur Verhüttung gelangenden Erze Arsen, so geht dies trotz seiner Flüchtigkeit zum großen Teil in das Eisen über und begleitet es durch die Verarbeitung. Zahlreiche Eisensorten des Handels enthalten daher kleine Mengen Arsen, selten mehr als $0,05\%$, gewöhnlich erheblich weniger.

Wie Friedrich [2]) festgestellt hat, bilden Eisen und Arsen bis zu etwa $7,5\%$ Arsen Mischkristalle. Unter dem Mikroskop sind daher die im technischen Eisen enthaltenen geringen Mengen von Arsen nicht erkennbar. Ebenso wie Phosphor und Schwefel neigt auch Arsen im Eisen stark zur Seigerung, es findet sich daher auch meistens an den Stellen im Eisen örtlich angereichert, wo Phosphor- und Schwefel-Seigerungen vorhanden sind.

Die Wirkung des Arsens auf die Eigenschaften des Eisens ist im allgemeinen eine ungünstige, doch hat

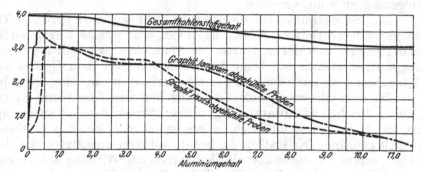

Abb. 59. Einfluß eines steigenden Aluminiumgehaltes auf die Graphitausscheidung im Roheisen.

man die schädliche Wirkung geringer Mengen von Arsen früher vielfach überschätzt [3]); so tritt nach Ledebur eine bemerkbare Steigerung der Sprödigkeit von schmiedbarem Eisen erst ein, wenn der Arsengehalt $0,2\%$ übersteigt. Wenig leidet die Schmiedbarkeit in Rotglut. Eisen mit 4% Arsen ließ sich nach Ledebur in Rotglut gut schmieden, es war aber bei Zimmerwärme bereits sehr spröde. Arsen tritt im Eisen selten allein auf, sondern fast stets in Gemeinschaft mit Phosphor und Schwefel. Die durch den Phosphor- und Schwefelgehalt bedingten schlechten Eigenschaften des Materials werden durch den Arsengehalt weiter gesteigert.

Die Aufnahmefähigkeit des Eisens für Kohlenstoff wird durch steigenden Arsengehalt nicht erheblich vermindert, auch scheinen so kleine Arsengehalte, wie sie im technischen Roheisen vorkommen, ohne merkbaren Einfluß auf die Graphitbildung zu sein.

L. Eisen und Titan.

Titansäure ist im Hochofen nur schwer reduzierbar. Die in zahlreichen Eisenerzen vorhandene Titansäure geht daher bei der Verhüttung der Erze zum größten Teil in die Schlacke über und nur ein kleiner Teil wird vom Roheisen aufgenommen. Nach Ledebur läßt sich ziemlich häufig ein geringer Titangehalt (bis höchstens $0,2\%$ Titan) im Roheisen nachweisen. Im elektrischen Ofen oder auch nach dem Goldschmidtschen

[1]) Stahleisen 1901, S. 54.
[2]) „Eisen und Arsen". Met. 1907, S. 129.
[3]) J. Liedgens: „Der Einfluß des Arsens auf die Eigenschaften des Flußeisens". Stahleisen 1912, S. 2109.

aluminothermischen Verfahren gelingt es leicht, Titan-Eisenlegierungen mit jedem
gewünschten Titangehalt zu gewinnen. Während man früher dem Titangehalt des Roheisens wenig Beachtung schenkte, ja ihn vielfach als unerwünscht hinstellte, scheint
nach neueren Versuchen ein gewisser Titangehalt im Eisen nicht nur nicht schädlich,
sondern unter Umständen nützlich zu sein [1]).

Das Erstarrungsschaubild Eisen-Titan ist von J. Lamort aufgestellt [2]), die Untersuchungen erstrecken sich jedoch nur bis zu etwa 22% Titan. Im flüssigen Zustand
besteht völlige Mischbarkeit, dagegen löst festes Eisen nur etwa $6,3\%$ Titan. Der eutektische Punkt liegt bei $13,2\%$ Titan und bei 1298° C. Titan und Eisen bilden wahrscheinlich eine chemische Verbindung Fe_3Ti mit $22,3\%$ Titan.

Das Gefüge kohlenstoffhaltigen Eisens wird nach Guillet [3]) durch Titangehalte
bis zu 9% Titan nicht verändert. Versuche Guillets, den Einfluß eines steigenden
Titangehaltes auf die Festigkeitseigenschaften des Eisens zu ermitteln, zeigten, daß
selbst bis zu Gehalten von etwa 9% Titan eine irgendwie erhebliche Steigerung der
Festigkeit nicht eintrat. Guillet zog aus seinen Versuchen den Schluß, daß „der Einfluß des Titans auf die Eigenschaften des Stahles nahezu gleich Null ist und daß das
Titan daher kein technisches Interesse besitzt." Neuere Versuche Piwowarskys mit
geringen Titanzusätzen zum Flußeisen, Stahl und Gußeisen scheinen dieser Schluß-
folgerung zu widersprechen.

Der Schwerpunkt für die günstige Wirkung eines geringen Titanzusatzes liegt auf
einem anderen Gebiet. Titan hat eine sehr große Verwandtschaft zum Sauerstoff, eignet sich daher, ebenso wie Aluminium, sehr gut als Desoxydationsmittel. Die
Zugabe hat ebenso wie beim Aluminium kurz vor dem Guß zu erfolgen. Ein größerer
Titanzusatz, als zur Desoxydation erforderlich, ist zwecklos, wirkt jedoch nicht schädlich.

Die ebenfalls sehr große Verwandtschaft des Titans zum Stickstoff soll es ermöglichen, durch Titanzusatz völlig stickstofffreies Material zu erzeugen. Das Titannitrid
ist im festen Eisen unlöslich, es erscheint im Mikroskop in Form von quadratischen,
rötlich gefärbten Kristallen, die bereits auf dem ungeätzten Schliff erkennbar sind. Beachtenswerte Versuche über die desoxydierende Wirkung des Titans sind von Slocum [4])
und Ed. v. Maltitz [5]) veröffentlicht. Sowohl Slocum als auch Maltitz fanden beim
Vergleich von Bessemerschienenstahl, der auf gewöhnliche Weise hergestellt war und
solchem, der durch Titanzusatz desoxydiert war, eine Überlegenheit des letzteren gegenüber dem ersteren. Die Schlagfestigkeit, Zerreißfestigkeit und die Elastizitätsgrenze
waren gestiegen. Die Härte (Kugeldruckprobe) hatte keine wesentliche Veränderung
erfahren. Auch waren die mit Titan desoxydierten Blöcke nahezu seigerungsfrei [6]).

Stoughton hat Versuche über die Wirkung des Titans auf Gußeisen angestellt [7]).
Er kommt zu dem Schluß, daß es „durch vorschriftsmäßige Behandlung mit Ferro-
titanlegierung sehr gut möglich ist, die Festigkeit von Gußeisen um 30 bis 50% zu erhöhen." Um ein abschließendes Urteil über die günstige Wirkung eines Titanzusatzes zum
Flußeisen und Stahl zu gewinnen, reichen die wenigen, bisher veröffentlichten Versuchsergebnisse nicht aus. Darin scheinen jedoch die Ansichten übereinzustimmen, daß zu
hoher Titanzusatz zwecklos, jedoch nicht schädlich ist [8]).

Da hochprozentige Ferrotitanlegierungen sich wegen ihres hohen Schmelzpunktes
nur schwierig im Bade lösen, so empfiehlt es sich, Legierungen von $10—15\%$igem Ferrotitan zu verwenden. Nach Maltitz genügt $1/2—1\%$ dieser Legierung in den meisten
Fällen, um Stahl von der Härte des Schienenstahls zu veredeln.

---

[1]) S. E. Piwowarsky: Titan im Grauguß. Stahleisen 1923, S. 150.
[2]) J. Lamort: „Über Titan-Eisenlegierungen". Ferrum Bd. 11, 1914, S. 225.
[3]) Les Aciers Spéciaux. Paris: Dunod 1905, S. 72.
[4]) „Titan in Stahl und Eisen". Ir. Tr. Rev. 1909, S. 408, hieraus Stahleisen 1909, S. 1171.
[5]) „Der Einfluß des Titans auf Stahl, besonders auf Schienenstahl". Stahleisen 1909, S. 1593.
[6]) Vgl. auch Wickhorst: „Titan in Schienenstahl". Iron Age 1912, Bd. 2, S. 718/19.
[7]) Bradley Stoughton: „Über Titan und seine reinigende Wirkung auf Gußeisen". Ferrum
Bd. 11, 1913/14, S. 12.
[8]) Vgl. L. Treuheit: Versuche mit Ferro-Titan-Thermit und niedrigprozentigem Ferro-Titan
für Gußeisen und Stahlformguß. Stahleisen 1910, S. 1192.

A. J. Rossi [1]) dürfte einer der ersten gewesen sein, der die Furcht vor der ungünstigen Einwirkung der Titansäure auf den Hochofengang zurückwies und zugleich auf den günstigen Einfluß eines geringen Titangehaltes im Gußeisen aufmerksam machte. Erkennbarer Einfluß auf das Lösungsvermögen des Eisens für Kohlenstoff scheint nach den vorliegenden unzureichenden Versuchsergebnissen nicht zu bestehen. Versuche Moldenkes [2]) weisen jedoch darauf hin, daß Titan die Graphitausscheidung im Eisen begünstigt.

M. Eisen und Vanadium.

Einzelne Eisenerze, Bohnerze und gewisse Magneteisensteine, enthalten geringe Mengen von Vanadium. Beim reduzierenden Schmelzen im Hochofen geht ein Teil davon in das Roheisen über, so daß man nicht selten kleine Mengen von Vanadium im Roheisen findet. Auf aluminothermischem oder auch auf elektrischem Wege gelingt es, hochprozentige Ferro-Vanadiumlegierungen zu erschmelzen.

Die Wirkung des Vanadiums auf die Eigenschaften von Eisen und Stahl ist nach sämtlichen vorliegenden, älteren und neueren Versuchsergebnissen unzweifelhaft eine günstige. Sie äußert sich in zweifacher Weise. Erstens wirkt Vanadium infolge seiner großen Verwandtschaft zum Sauerstoff sehr kräftig desoxydierend auf das Metallbad ein und zweitens steigert es, bis zu bestimmten Gehalten, auch die Festigkeit des Materials.

Die ersten systematischen Untersuchungen über den Einfluß des Vanadiums auf die Festigkeit von Eisen und Stahl sind von Guillet ausgeführt [3]). Sie wurden später durch Versuche von Pütz [4]) voll bestätigt. Hiernach wird durch bis zu etwa 1 % Vanadium die Festigkeit ganz beträchtlich gesteigert, allerdings unter gleichzeitiger Verminderung der Dehnung. Guillet fand folgende Werte (s. Zahlentafel 37):

Zahlentafel 37.
Einfluß des Vanadiums auf die Festigkeitseigenschaften.

Kohlenstoff %	Vanadium %	Zerreißfestigkeit kg/qmm	Dehnung %
0,12	0,60	69,1	12
0,14	0,75	85,3	11,5
0,11	1,04	91,3	10

Bei höheren Gehalten an Vanadium sinkt die Festigkeit, gleichzeitig wächst die Sprödigkeit des Materials.

Das mikroskopische Gefüge entspricht bei Gehalten bis etwa 1 % Vanadium dem von Kohlenstoff-Eisen, da Eisen und Vanadium Mischkristalle bilden [5]). Bei höheren Gehalten und bei gleichzeitiger Gegenwart von Kohlenstoff erscheint im Gefüge ein karbidähnlicher Gefügebestandteil (nach Pütz vermutlich das Karbid V_2C_3). Die Lage der Haltepunkte des Eisens wird nach Pütz durch einen geringen Vanadiumgehalt in höhere Temperaturzonen verschoben, bei höheren Gehalten tritt nach Versuchen von Portevin [6]) wieder Erniedrigung ein. Genauere Angaben können zur Zeit nicht gemacht werden, da das System Eisen-Vanadium-Kohlenstoff erst sehr unvollständig untersucht ist.

Auch auf Gußeisen scheint Vanadium einen in jeder Beziehung günstigen Einfluß auszuüben. Moldenke [7]) führte im Kuppelofen eine Reihe von Versuchschmelzen

---

[1]) Iron Age Bd. 57, 1896, S. 354.
[2]) R. Moldenke: Iron Age 1908, S. 1038.
[3]) Les Aciers Spéciaux. Paris: Dunod 1904.
[4]) „Der Einfluß des Vanadiums auf Eisen und Stahl". Met. 1906, S. 635, 649, 677, 714.
[5]) Das Erstarrungsschaubild „Eisen-Vanadium" ist von Vogel und Tammann festgestellt. Zeitschr. f. anorg. Chem. Bd. 58, 1908, S. 77.
[6]) A. Portevin: „Beitrag zum Studium der ternären Stähle". Rev. Mét. 1909, S. 1264.
[7]) „Versuche mit Vanadium in Gußeisen". Foundry 1908, S. 17.

aus. Die Probestähle wurden unter möglichst gleichen Versuchsbedingungen mit und ohne Vanadiumzusatz [1]) gegossen. In allen Fällen wiesen die mit Vanadiumzusatz gegossenen Probestäbe höhere Bruchlast bei gleicher oder höherer Durchbiegung auf als die ohne Vanadiumzusatz erschmolzenen. Der Gehalt der fertigen Stäbe an Vanadium schwankte zwischen 0,22 und 0,45%. Über den Einfluß des Vanadiums auf die Graphitausscheidung im Gußeisen ist Genaueres zur Zeit nicht bekannt. Nach allen bisher vorliegenden, allerdings noch sehr lückenhaften Veröffentlichungen scheint das Vanadium sowohl bei der Stahlerzeugung als auch in der Gießereitechnik vor allem als sehr kräftig wirkendes Desoxydationsmittel Beachtung zu verdienen. Selbst in Fällen, in denen sich nach erfolgter Desoxydation im Fertigerzeugnis Vanadium nicht mehr oder nur noch in Spuren nachweisen ließ, war eine deutliche Verbesserung des Materials unverkennbar. Der hohe Preis steht allerdings vorläufig noch der Verwendung auf breiterer Grundlage hindernd im Wege.

Literatur.

Einzelne Werke.

Ledebur, A.: Handbuch der Eisen- und Stahlgießerei. 3. Aufl. Leipzig 1901.
— Handbuch der Eisenhüttenkunde. Bd. 1, 2, 3. 5. Aufl. Leipzig 1906/08.
Osann, B.: Lehrbuch der Eisen- und Stahlgießerei. 5. Aufl. Leipzig 1922.
— Lehrbuch der Eisenhüttenkunde. Bd. 1 u. 2. Leipzig: Wilhelm Engelmann 1916/22.
Ewing, J. A.: Magnetische Induktion in Eisen und verwandten Metallen, deutsch von Holborn und Lindeck. Berlin 1892.
Heyn, E.: Die Metallographie im Dienste der Hüttenkunde. Freiberg (Sachsen) 1903.
Roozeboom, H. W. Bakhuis: Die heterogenen Gleichgewichte vom Standpunkte der Phasenlehre. Braunschweig 1904.
Take, E.: Magnetische Untersuchungen. Inaug.-Diss. Marburg 1904.
Guillet, L.: Les Aciers Spéciaux. Paris 1904.
West, Thomas D.: Metallurgy of Cast Iron. Cleveland, Ohio, U. S. A. 1907.
Saklatwalla: Die Konstitution der Eisen-Phosphorlegierungen. Dissertation der Technischen Hochschule Berlin 1908.
Pick und Conrad, W.: Die Herstellung von hochprozentigem Ferrosilizium im elektrischen Ofen. Halle a. d. S. 1909.
Mars, G.: Die Spezialstähle. Stuttgart 1912.
Mathesius, W.: Die physikalischen und chemischen Grundlagen des Eisenhüttenwesens. 2. Aufl. Leipzig 1924.
Mueller, E., und G. Grube: Das Eisen und seine Verbindungen, mit einem Anhang: Legierungen. Dresden und Leipzig 1917.
Heyn, E., und O. Bauer: Metallographie. Bd. 1 u. 2. Sammlung Göschen. Leipzig-Berlin 1920. 2. Aufl.
Oberhoffer, P.: Das schmiedbare Eisen. Berlin 1920.
Bauer, O., und E. Deiß: Probenahme und Analyse von Eisen und Stahl. 2. Aufl. Berlin 1922.
Goerens, P.: Einführung in die Metallographie. 3. u. 4. Aufl. Halle a. d. S. 1922.
Hütte: Taschenbuch für Eisenhüttenleute. 2. Aufl. Berlin 1922.
Ruer, R.: Metallographie in elementarer Darstellung. 2. Aufl. Leipzig 1922.

Abhandlungen.
Eisen und Kohlenstoff.

Gore: On a momentary molecular change in iron wire. Proc. of the Roy. Soc. of London Bd. 17, 1869, S. 260—265.
Barret: On certain remarkables molecular changes occurring in iron wire at a low red heat. Phil. Mag. London 4. Bd. 46, 1893, S. 472—478.
Osmond, F.: Sur les phénoménes qui se produisent pendant le chauffage et le refroidissement de l'acier fondu. Compt. rend. Bd. 103, 1886, S. 743—746; ferner 1886, S. 1135—1137.
Hopkinson: Magnetic and other physical properties of iron at a high temperature. Philosophical Transactions of the Royal Society of London 1889, Bd. 2, S. 443.
Osmond, F.: Critical points of Iron and Steel. J. Iron Steel Inst. 1890, Bd. 1, S. 62.
Roberts-Austen: Fünfter Bericht an das Alloys Research Committee. Proc. Inst. Mech. Eng. 1899, Febr.
Roozeboom, H. W. Bakhuis: Eisen und Stahl vom Standpunkt der Phasenlehre. Zeitschr. f. phys. Chem. Bd. 34, 1900, S. 437.

---

[1]) Das Vanadium wurde am vorteilhaftesten als hochgekohltes Ferrovanadium in Pulverform zugegeben. Die Legierung enthielt 14,7% Vanadium und 6,4% Kohlenstoff.

Osmond, F.: Méthode générale pour l'analyse micrographique des aciers au carbone. Contribution á l'étude des alliages. Paris 1901. Deutsch von L. Heurich. Halle 1906.

Charpy et Grenet: Sur l'équilibre des Systèmes fer-carbone. Bull. S. d'Enc. 1902, S. 399.

Carpenter and Keeling: The Range of solidification and the critical Ranges of Iron Carbon Alloys. J. Iron Steel Inst. 1904, Bd. 1, S. 224.

Heyn, E.: Labile und metastabile Gleichgewichte in Eisen-Kohlenstofflegierungen. Zeitschr. f. Elektrochem. 1904, S. 491.

— 1. Bericht über die mikroskopische Untersuchung der vom Sonderausschuß für Eisenlegierungen des Vereins zur Beförderung des Gewerbfleißes hergestellten Legierungen. Verh. Gewerbfl. 1904, S. 355.

Leyde, Oscar: Festigkeit und Struktur des Gußeisens. Stahleisen 1904, S. 94.

— Prüfung des Gußeisens. Stahleisen 1904, S. 186.

Charpy, G.: Sur l'équilibre des alliages fer carbone. Compt. rend. Bd. 2, 1905, S. 948.

Boynton. H. C.: Hardness of the Constituents of Iron and Steel. J. Iron Steel Inst. 1906, Bd. 2, S. 287.

Hatfield, W. H.: Influence of the condition of the several Varieties of Carbon upon the strength of cast iron cast and heat treated. J. Iron Steel Inst. 1906, Bd. 2, S. 157.

Heyn, E.: Metallographische Untersuchungen f. d. Gießereiwesen. Stahleisen 1906, S. 1295 u. 1386.

Heyn, E., und O. Bauer: Über den inneren Aufbau gehärteten und angelassenen Werkzeugstahls. Beiträge zur Aufklärung über das Wesen der Gefügebestandteile Troostit und Sorbit. Mitt. Materialpr.-Amt 1906, H. 1, S. 529; Stahleisen 1906, S. 778, 915 u. 991.

Osmond und Cartaud: Die Kristallographie des Eisens. Met. 1906, S. 522.

Heyn, E., und O. Bauer: Zur Metallographie des Roheisens. Stahleisen 1907, S. 1565 u. 1621.

Heyn, E., und O. Bauer: Der Einfluß der Vorbehandlung des Stahles auf die Löslichkeit gegenüber Schwefelsäure; die Möglichkeit, aus der Löslichkeit Schlüsse zu ziehen auf die Vorbehandlung des Materials. J. Iron Steel Inst. 1909, Bd. 1, S. 109. Deutsch: Mitt. Materialpr.-Amt 1909, H. 2 u. 3, S. 57. Auszug siehe Stahleisen 1909, S. 733, 785 u. 870.

Wüst, F.: Über die Entwicklung des Zustandsdiagramms der Eisen-Kohlenstofflegierungen. Met. 1909, S. 512.

Hanemann, H.: Kohlenstoffgehalte und Gefügeerscheinungen hochgekohlter Eisen-Kohlenstofflegierungen. Stahleisen 1911, S. 333.

Ruer, R., und N. Iljin: Zur Kenntnis des stabilen Systems Eisen-Kohlenstoff. Met. 1911, S. 97.

Ruer, R., und R. Klesper: Die $\gamma\delta$-Umwandlung des reinen Eisens und ihre Beeinflussung durch Kohlenstoff, Silizium, Kobalt und Kupfer. Ferrum Bd. 11, 1914, S. 257.

Ruer, R., und F. Goerens: Über die Schmelz- und Kristallisationsvorgänge bei den Eisen-Kohlenstofflegierungen. Ferrum Bd. 14, 1917, S. 161.

Ruer, R., und J. Biren: Über die Löslichkeit des Graphits in geschmolzenem Eisen. Zeitschr. f. anorg. u. allg. Chem. Bd. 113, 1920, S. 98.

Bauer, O., und W. Schneider: Beitrag zur Kenntnis des Elektrolyteisens. Stahleisen 1921, S. 647.

Bauer, O.: „Das Perlitgußeisen, seine Herstellung, Festigkeitseigenschaften und Anwendungsmöglichkeiten." Stahleisen 1923. S. 553.

Bauer, O., und K. Sipp: „Versuche zur Klärung der Abhängigkeit der Schwindung und Lunkerung beim Gußeisen von der Gattierung." Stahleisen 1923, S. 1239.

Eisen und Silizium.

Turner, Th.: The constituents of Cast Iron. J. Iron Steel Inst. 1886, Bd. 1, S. 174.

Baker, Th.: The Influence of Silicon on Iron. J. Iron Steel Inst. 1903, Bd. 2, S. 313; auszugsw. Stahleisen 1904, S. 514.

Wüst, F.: Roheisen für den Temperprozeß. Stahleisen 1904, S. 305. Mitt. aus dem Eisenhüttenmännischen Institut der Kgl. Techn. Hochschule Aachen Bd. 1, S. 75. Halle a. d. S. 1906.

Guertler und Tammann: Über die Verbindungen des Eisens mit Silizium. Zeitschr. f. anorg. Chem. Bd. 47, 1905, S. 163.

Wüst, F., und O. Petersen: Beitrag zum Einfluß des Siliziums auf das System Eisen-Kohlenstoff. Met. 1906, S. 811. Auszugsw. Stahleisen 1907, S. 482.

Heyn, E., und O. Bauer: Zur Metallographie des Roheisens. Stahleisen 1907, S. 1565 und 1621.

Gontermann, W.: Über einige Eisen-Silizium-Kohlenstofflegierungen. Z. f. anorg. Chem. Bd. 59, 1908, S. 373.

Jouve, A.: Einfluß des Siliziums auf die physikalischen und chemischen Eigenschaften von Eisen. Met. 1908, S. 626.

Kolben, Emil: Der Einfluß des Siliziums auf die elektrischen und magnetischen Eigenschaften des Eisens. Rundsch. f. Techn. u. Wirtsch. 1909, S. 1—10.

Lebeau, P.: Sur les Gas Toxiques dégagés par les Ferrosiliciums. Rev. Mét. 1909, S. 907.

Mars, G.: Magnetstahl und permanenter Magnetismus. Stahleisen 1909, S. 1673.

v. Schwarz, M.: Untersuchungen über Ferrosilizium. Ferrum Bd. 11, 1913/14, S. 80.

Geissel: Guß für die chemische Industrie. Gießerei-Zeitung 1919, S. 257 u. 292.

Murakami, P.: Das System Eisen-Silizium. Science Reports Tohoku Imp. Univ. Bd. 10, 1921, Nr. 3. Auszug in Stahleisen 1922, S. 667.

Maurer, Ed.: Über ein Gußeisendiagramm. Kruppsche Monatshefte 1924, Juli, S. 115.

Eisen und Mangan.

Hadfield, R. A.: On manganese steel. J. Iron Steel Inst. 1888, Bd. 2, S. 41.

Wüst, F., und P. Schlösser: Der Einfluß von Kohlenstoff, Silizium, Mangan, Schwefel, Phosphor auf die Bildung der Temperkohle im Eisen. Stahleisen 1904, S. 1120.

Lewin und Tammann: Über Mangan-Eisenlegierungen. Zeitschr. f. anorg. Chem. Bd. 47, 1905, S. 136.

Stadeler, A.: Beitrag zur Kenntnis des Mangans und seiner Legierungen mit Kohlenstoff. Met. 1908, S. 260.

Goerens, P.: Über den Einfluß von Fremdkörpern auf das Zustandsdiagramm der Eisen-Kohlenstofflegierungen. Met. 1909, S. 531 u. 537.

Wüst, F.: Beitrag zum Einfluß des Mangans auf das System Eisen-Kohlenstoff. Met. 1909, S. 3.

Wüst, F., und H. Meißner: Über den Einfluß von Mangan auf die mechanischen Eigenschaften des grauen Gußeisens. Ferrum Bd. 11, 1914, S. 98.

Rümelin und Fick: Beiträge zur Kenntnis des Systems Eisen-Mangan. Ferrum Bd. 12, 1915, S. 41.

Eisen und Phosphor.

Stead, J. E.: Iron and Phosphorus. J. Iron Steel Inst. Vol. 2, 1900, S. 60.

Fettweis, F.: Versuche über den Einfluß des Phosphors auf das Sättigungsvermögen des Eisens für Kohlenstoff. Met. 1906, S. 60.

Heyn, E.: Bericht über Ätzverfahren zur makroskopischen Gefügeuntersuchung des schmiedbaren Eisens und über die damit zu erzielenden Ergebnisse. Mitt. Materialpr.-Amt 1906, S. 253.

— Einiges aus der metallographischen Praxis. Stahleisen 1906, S. 8.

Turner, Th.: Volumen und Temperaturänderungen während der Abkühlung von Roheisen. Met. 1906, S. 317. J. Iron Steel Inst. 1906, Bd. 1, S. 48.

Wüst, F.: Über die Abhängigkeit der Graphitausscheidung von der Anwesenheit fremder Elemente im Roheisen. Met. 1906, S. 169.

Gercke, F.: Experimentelle, thermische und metallographische Untersuchungen über das System Eisen-Phosphor. Met. 1908, S. 604.

Wüst, F.: Beitrag zum Einfluß des Phosphors auf das System Eisen-Kohlenstoff. Met. 1908, S. 73.

Goerens, P., und W. Dobbelstein: Weitere Untersuchungen über das ternäre System Eisen-Phosphor-Kohlenstoff. Met. 1908, S. 562.

Wüst, F., und R. Stotz: Über den Einfluß des Phosphors auf die mechanischen Eigenschaften des grauen Gußeisens. Ferrum Bd. 12, 1915, S. 89 u. 105.

Oberhoffer, P.: Über neuere Ätzmittel zur Ermittelung der Verteilung des Phosphors in Eisen und Stahl. Stahleisen 1916, S. 798.

Bauer, O.: Phosphorseigerungen in Flußeisen. Mitt. a. d. Materialpr.-Amt 1922, S. 71.

Eisen und Schwefel.

Chatelier, H. le, und Ziegler: Sulfur de Fer, ses propriétés et son état dans le fer fondu. Bull. S. d'Enc. Bd. 101, 1902, S. 368.

Treitschke und Tammann: Über das Zustandsdiagramm von Eisen und Schwefel. Zeitschr. f. anorg. Chem. Bd. 49, 1906, S. 320.

Rinne und Boeke: Die Modifikationsänderung des Schwefeleisens. Z. f. anorg. Chem. Bd. 53, 1907, S. 338.

Friedrich, K.: Notiz über das Schmelzdiagramm des Systems Schwefeleisen-Eisen. Met. 1910, S. 257.

Becker, E., und R. Loebe: Das System Eisen-Schwefeleisen. Zeitschr. f. anorg. Chem. Bd. 77, 1912, S. 301.

Wüst und Miny: Über den Einfluß des Schwefels auf die mechanischen Eigenschaften des grauen Gußeisens. Ferrum Bd. 14, 1917, S. 97 u. 113.

Schmauser, J.: Über den Einfluß des Schwefels auf Gußeisen bei verschiedenen Wandstärken. Gieß.-Zg. 1920, S. 309, 335, 353, 367, 383 u. 402.

Oberhoffer und Knipping: Untersuchungen über die Baumannsche Schwefelprobe und Beiträge zur Kenntnis des Verhaltens von Phosphor im Eisen. Stahleisen 1921, S. 1253.

Eisen und Kupfer.

Stead und Evans: The Influence of Copper on Steel Rails and Plates. J. Iron Steel Inst. 1901, Bd. 1, S. 89.

Pfeiffer, V. O.: Über die Legierungsfähigkeit des Kupfers mit reinem Eisen und den Eisen-Kohlenstofflegierungen. Met. 1906, S. 281.

Wigham: Der Einfluß von Kupfer auf Stahl. Met. 1906, S. 328.

Sahmen: Über die Legierungsfähigkeit des Kupfers mit Kobalt, Eisen, Mangan und Magnesium. Zeitschr. f. anorg. Chem. Bd. 57, 1908, S. 1.

Burgess and Aston: Physical Properties of Iron Copper Alloys. Iron Age Bd. 84, 1909, S. 1476.

Ruer, R., und K. Fick: Das System Eisen-Kupfer. Ferrum Bd. 11, 1913/14, S. 39.

Ruer, R., und F. Goerens: Das System Eisen-Kupfer. Ferrum Bd. 14, 1916/17, S. 49.

Eisen und Nickel (und Kobalt).]

Kaneko, K., und R. Ruer: Das System Eisen-Kobalt. Ferrum Bd. 11, 1913, S. 33.
Bauer, O., und E. Piwowarsky: Der Einfluß eines Nickel- und Kobaltzusatzes auf die physikalischen Eigenschaften des Gußeisens. Stahleisen 1920, S. 1300.

Eisen und Aluminium.

Borsig, A.: Versuche über den Zusatz von Aluminium zum Roheisen. Stahleisen 1894, S. 6.
Hogg, T. W.: On the Influence of Aluminium upon the carbon in ferro carbon alloys. J. Iron Steel Inst. 1894, Bd. 2, S. 104, auszüglich Stahleisen 1895, S. 407.
Melland und Waldron: Über den Einfluß eines Aluminiumzusatzes auf Gußeisen. Stahleisen 1901, S. 54.
Gwyer, A.: Über die Legierungen des Aluminiums mit Kupfer, Eisen, Nickel, Kobalt, Blei und Kadmium. Zeitschr. f. anorg. Chem. Bd. 57, 1908, S. 113.

Eisen und Arsen.

Stead, J. E.: The effect of arsenic on steel. J. Iron Steel Inst. 1895, Bd. 1, S. 77.
Friedrich, K.: Eisen und Arsen. Met. 1907, S. 129.
Liedgens, J.: Der Einfluß des Arsens auf die Eigenschaften des Flußeisens. Stahleisen 1912, S. 2109.

Eisen und Titan.

Moldenke, R.: Titanium in Cast Iron. Iron Age Vol. 81, 1908, S. 1934.
v. Maltitz, E.: Der Einfluß des Titans auf Stahl, besonders auf Schienenstahl. Stahleisen 1909, S. 1593.
Slocum, Ch. V.: Titan in Stahl und Eisen. Iron Coal Trades Rev. 1909, S. 408; auszüglich Stahleisen 1909, S. 1171.
Treuheit, L.: Aus der Eisen- und Stahlgießereipraxis. Stahleisen 1909, S. 1025.
— Versuche mit Ferro-Titan-Thermit und niedrigprozentigem Ferro-Titan für Gußeisen und Stahlformguß. Stahleisen 1910, S. 1192.
Wickhorst, M. H.: Titan in Schienenstahl. Iron Age 1912, S. 718.
Lamort, J.: Über Titan-Eisenlegierungen. Ferrum Bd. 11, 1913/14, S. 225.
Bradley Stoughton: Über Titan und seine reinigende Wirkung auf Gußeisen. Ferrum Bd. 11, 1913/14, S. 12.
Piwowarsky, E.: Titan im Grauguß. Stahleisen 1923, S. 1491.

Eisen und Vanadium.

Pütz, P.: Der Einfluß des Vanadiums auf Eisen und Stahl. Met. 1906, S. 635, 649, 677 u. 714.
Moldenke, R.: Versuche mit Vanadium im Gußeisen. Foundry Bd. 32, 1908, S. 17.
Vogel und Tammann: Eisen und Vanadium. Zeitschr. f. anorg. Chem. Bd. 58, 1908, S. 77.
Portevin, A.: Beitrag zum Studium der ternären Stähle. Rev. Mét. 1909, S. 1264.

V. Das Roheisen.

Von

Dr.-Ing. C. Geiger.

Die Darstellung des Roheisens.

Das Roheisen ist eine Eisen-Kohlenstofflegierung, deren Mindestgehalt an Kohlenstoff bei 2% liegt [1]. Weitere wichtige Bestandteile, die zwar in unterschiedlichen Mengen, aber stets in den technischen Roheisensorten vorkommen, sind Silizium, Mangan, Phosphor und Schwefel. Sonstige Stoffe, die häufig in Roheisensorten angetroffen werden, wie Kupfer, Nickel, Arsen, Chrom, Titan, Vanadium, sind Begleiter, die durch die Eigenart der zur Darstellung des betreffenden Roheisens verwendeten Erze bedingt sind.

Abgesehen von den verhältnismäßig geringen Mengen an sog. synthetischem Roheisen, das durch Einschmelzen von Eisenspänen und Schrott im elektrischen Lichtbogen- oder Induktionsofen dargestellt wird, wird das Roheisen im Hochofen durch ein reduzierendes Schmelzen aus den Eisenerzen gewonnen. Als solche kommen in erster Linie die natürlichen Sauerstoffverbindungen des Eisens in Betracht; sodann werden im Hochofen auch eisenhaltige Abfälle aus anderen Betrieben der chemischen und metallurgischen Industrie verschmolzen, z. B. die abgerösteten und ausgelaugten Rückstände der Schwefel- und Kupferkiese, eisen- und manganreiche Schlacken, Schrotteisen u. a. m. Eine Übersicht über einige der wichtigsten eisenhaltigen Stoffe zur Verhüttung im Hochofen gibt die Zahlentafel 38 [2]. Die Verschiedenheit der Eisenerze in ihren Gehalten an Phosphor und Mangan ist von bestimmendem Einfluß für ihre Verwendung zum Erblasen einer Roheisengattung, wie aus nachstehender Aufstellung hervorgeht (vgl. Zahlentafel 39).

Um die Gangart der Erze zu verschlacken, müssen ihnen Zuschlagstoffe, gewöhnlich Kalkstein, beigemengt werden. Die so entstandene Erz-Zuschlagmischung nennt der Hüttenmann Möller. Die Möllerberechnung bezweckt, das Gewichtsverhältnis zwischen den einzelnen Erzen einer Gattierung einerseits und zwischen Erz und Zuschlag anderseits zu ermitteln, nach dem erfahrungsgemäß eine Schlacke von einer bestimmten Zusammensetzung erzielt wird. Diese wiederum bedingt die Art und Gattung des zu erblasenden Roheisens [3].

Die große Bedeutung, die der Hochofen nicht allein in der Geschichte des Eisengießereiwesens, sondern auch heute noch für die Darstellung des Gußeisens erster Schmelzung hat, rechtfertigt ein kurzes Eingehen auf die Betriebsbedingungen der Eisenhochöfen.

---

[1] Eine Ausnahme findet bei sehr hohen Gehalten an Silizium statt (vgl. S. 81).

[2] In der Aufstellung sind nur die Bestandteile angegeben, welche für die Berechnung des Schmelzvorganges im Hochofen von Bedeutung sind.

[3] Bei der Möllerberechnung, für welche die Analysen der Erze und Zuschläge die Grundlage bilden, ist zu beachten, daß von den Bestandteilen der Beschickung, d. h. Möller plus Brennstoffasche, einerseits auch bei gutem, normalem Gang des Kokshochofens stets geringe Mengen Eisen (mindestens 0,4%) in Form von Eisenoxydul, dazu etwa ein Drittel des Mangangehalts in die Schlacke gehen, während anderseits Phosphor, Kupfer und Arsen vollständig, Schwefel sehr begierig von dem Roheisen aufgenommen werden. Das für das Roheisen so wichtige Silizium muß aus der Kieselsäure der Beschickung reduziert werden.

Zahlentafel 38.

Einige für die Versorgung der deutschen Hochöfen wichtige Eisenerze und eisenhaltige Abfallstoffe.

	Bedeutende Vorkommen	Fe %	Mn %	P %	S %	CaO %	MgO %	Al₂O₃ %	SiO₂ %	Bemerkungen
Magneteisenstein	Schweden (Grängesberg, Gellivara, Kiruna)	59—67	0,2—1,5	0,08—3,0[1]	0,04—0,1	2—8	0,7—1,8	0,9—2,8	2,0—5,5	meist titanhaltig [1] Nach dem Phosphorgehalt verschiedene Klassen.
Roteisenstein, dichter	Lahn-, Dillgegend	42—47	0,2—0,3	0,2—0,4	—	2,5—3,5	0,5	2—3	14—26	
„ Wabana	Neufundland	50	Spur	0,75	0,04	2,0	0,4	4,8	14	
Brauneisenstein	Spanien (Bilbao, Rubio, Santander u. a.)	49—55	0,5—1,6	0,02—0,07	0,04—0,07	0,5—1,0	0,2—0,7	2,2—3,8	5—11	häufig kupferhaltig
„	Lahngebiet	35—43	1—5	0,5—1,5	0,18	1,0—35	0,5	4—11	13—17	
„	Oberschlesien	26—33	0,3—1,3	0,15	—	um 1	0,3—1,4	5—8	12—22	
„ (kieselige Minette)	Lothringen-Luxemburg	32—36	0,2—0,4	0,75	—	11—12	1,8—2,0	3—4	13—16	
„ kalkige	„ „	30—34	0,2—0,4	0,65	—	15	1,5	5—7	6—12	
Raseneisenstein	Norddeutschland, Holland, Belgien	36—44	0,3	2—3	—	0,5	3,3	2,0—2,5	8—13	
Spateisenstein, geröstet	Siegerland	42—48	8—10	geringe Mengen	—	0,5—1,0	0,6—2,0	0,7—1,5	8—16	kupferhaltig
Puddelschlacke, rhein.-westfäl.	—	50—61	0,8—3,0	2,0—3,5	0,3	0,6	0,3	0,6	8—15	
Kiesabbrände (Purple Ore)	—	58—64	0,1—0,2	Spuren	1—3	0,3—0,8	0,1	0,8—2,0	3—4	meist kupferhaltig
Schweißschlacke	—	45—53	0,3—0,7	0,03	0,15	1—1,5	1,5—1,9	2—3	24—39	
Manganerz	Kaukasus	1,1—1,6	48—51	0,2—0,4	—	geringe Mengen	geringe Mengen	3,5	8—10	
Zuschlags-Kalkstein	—	0,9	—	0,02	—	51,30	2,33	0,08	1,05	

Zahlentafel 39.
Verwendbarkeit der Eisenerze im Hochofen [1]).

Roheisengattung	Bessemerroheisen und Hämatit	Gießereiroheisen	Luxemburger Roheisen
Eisenerzsorten	Rostspate	Roteisensteine	Minette
,,	Brauneisensteine	Eisenglanz	oolithische
,,	Roteisensteine	Glaskopf	Brauneisenerze
,,	Purple Ore	Brauneisensteine	Bohnerze
,,	Magneteisensteine	Kiesabbrände	Rasenerze
,,	—	Sphärosiderite	Magneteisensteine
,,		Magneteisensteine	—
Phosphorgehalt	Spuren	mittel	hoch
Mangangehalt	gering	gering	gering
Kupfergehalt	—	Spuren	Spuren
Arsengehalt	—	Spuren	Spuren
Chromgehalt	—	—	—

Roheisengattung	Martinrohcisen	Puddelroheisen	Thomasroheisen
Eisenerzsorten	Roteisensteine	Spate	Magneteisensteine
,,	Schweißschlacke	Brauneisenerze	Puddelschlacke
,,	Kohleneisensteine	Minette	Bohnerze
,,	Brauneisenerze	Puddelschlacke	Minette
,,	Rostspate	Schweißschlacke	Rasenerze
,,	—	Frischschlacke	Spate
,,		Toneisensteine	—
Phosphorgehalt	gering	mittel	hoch
Mangangehalt	mittel	mittel	mittel
Kupfergehalt	gering	gering	—
Arsengehalt	—	—	—
Chromgehalt	Spuren	—	Spuren

Man unterscheidet heute zwischen dem gewöhnlich als Hochofen bezeichneten **Blashochofen**, einem Schachtofen, der mittels unter Druck stehender Verbrennungsluft (Wind) betrieben wird, und bei dem sowohl der Wärmebedarf für das Schmelzen und Überhitzen der Beschickung, als auch der Kohlenstoffbedarf für die Kohlung des Roheisens aus dem aufgegebenen Brennstoff [Koks, Holzkohle oder Anthrazit [2])] gedeckt wird und dem ohne Gebläsewind betriebenen **Elektrohochofen**, bei dem die für das Schmelzen benötigte Wärme durch den elektrischen Strom beschafft wird, während der aufgegebene Brennstoff nur als Zuschlag anzusehen ist und allein zur Kohlung des Erzeugnisses dienen soll [3]).

Die Anwendung des einen oder anderen Hochofenverfahrens hängt von den Kosten für die Erzeugung der zum Schmelzen der Beschickung erforderlichen Wärme ab. Während beim Blashochofen zur Darstellung einer Tonne Roheisen durchschnittlich 1000 bis 1200 kg Koks gebraucht werden, benötigt der Elektrohochofen unter sonst gleichen Bedingungen etwa 350 kg Koks und 2300 KWst. Unter Berücksichtigung des verschiedenen Wärmewertes der Gichtgase von Blashochofen und Elektrohochofen [4]) kann man sagen, daß die wirtschaftliche Gleichheit dann vorliegt, wenn 1 kg Koks etwa viermal soviel kostet wie 1 KWst. Daraus geht hervor, daß der Elektrohochofen nur für Länder

---

[1]) Aus **Simmersbach**: Die Eisenindustrie. S. 17.

[2]) In Nordamerika, Südrußland und auch in Schottland wird als Brennstoff mitunter roher Anthrazit, teils allein, teils im Gemenge mit Koks benutzt.

[3]) Im Dauerbetrieb hat sich von Elektrohochöfen bis jetzt nur ein System, der von den schwedischen Ingenieuren **Grönwall**, **Lindblad** und **Ståhlhane** entworfene Elektrometallofen bewährt; vgl. Stahleisen 1921, S. 1481, 1572; 1922, S. 460.

[4]) Vgl. S. 530.

in Betracht kommt, die über billige Wasserkräfte verfügen und weit entfernt von Kohlenvorkommen liegen. Aller Wahrscheinlichkeit nach wird auch in absehbarer Zukunft die Massenerzeugung von Roheisen nur im Blashochofen erfolgen.

Abb. 60 zeigt einen neuzeitlichen Blashochofen mit einem Teil seines Zubehörs im Schnitt. Sie läßt erkennen, daß das Profil eines Hochofens bei kreisrundem Querschnitt durch zwei mit ihren großen Grundflächen zusammenstoßende Kegelstümpfe gebildet wird, Schacht a und Rast b, an die sich unten ein zylindrischer Teil, das Gestell c, anschließt. Zwischen Schacht und Rast liegt ein kurzer Zylinder, der Kohlensack. Die Verhältnisse des Profils, Höhe und Neigung von Schacht und Rast (Schachtwinkel bzw. Rastwinkel) richten sich nach der Reduzierbarkeit der hauptsächlich zu verschmelzenden Eisenerze, indem z. B. schwer reduzierbare Erze eine lange Vorbereitungszeit, also einen hohen Schacht, benötigen.

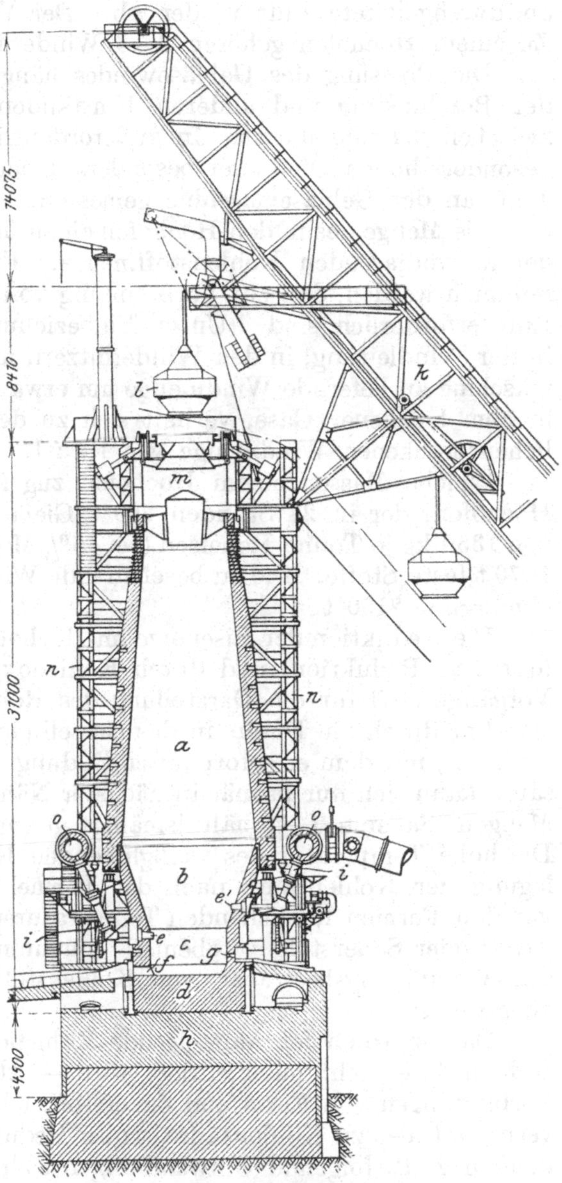

Die ganze Höhe eines rheinisch-westfälischen Hochofens der neuesten Zeit beträgt etwa 23 bis 28 m, von Hüttensohle bis Gichtbühne gerechnet, der Fassungsraum, d. h. der nutzbare Ofeninhalt 600—700 cbm, die Erzeugung in 24 Stunden 300—400 t Roheisen bei einem Möllerausbringen von 40—48%. Gießereiroheisen wird vielfach in kleineren Hochöfen mit 100—200 t Tageserzeugung dargestellt. Für die Erzeugung von 1 t Hämatit oder Gießereiroheisen werden 1250—1350 kg Koks benötigt.

Die Schacht- und Rastwandungen der Hochöfen werden aus Schamotte-Formsteinen verschiedener Feuerfestigkeit aufgemauert, während für Gestell und Bodenstein d in der Regel saure Formsteine oder Kohlenstoffsteine verwendet werden. Das Schachtmauerwerk wird bei uns durch eiserne Bänder zusammengehalten, dagegen werden Rast und Gestell meistens mit einem schmiedeisernen Panzer umkleidet. Der Schacht ruht auf einer Reihe Säulen, während das den Ofen umgebende Eisengerüst n zum Tragen des Gichtverschlusses, des Windkranzes o und häufig auch des Rastpanzers dient. Die Gichtöffnung ist durch einen meist doppelten Verschluß m gegen Verluste an Gasen gesichert.

Abb. 60. Schnitt durch einen Hochofen.

a Schacht, b Rast, c Gestell, d Bodenstein, e Windeintritt (Düse und Form), e' Notwindform (nur bei Betriebsstörungen in Verwendung), f Stichloch (Roheisenabstisch), g Schlackenform (Schlackenausfluß), h Fundamentmauerwerk, i Düsenstock, k Gichtaufzug (Schrägaufzug), l Förderkübel mit Beschickung, m Gichtverschluß, n Hochofengerüst, o Windleitung (Windkranz).

Brennstoff und Möller werden abwechselnd in durch die Erfahrung festgelegten Sätzen mittels Steil- oder Schrägaufzug k zur Gicht m befördert und dort in den Trichter aufgegeben, während der Wind durch die Düsen e eingeblasen wird. Die Durchsetzzeit der Hochöfen beträgt für Gießereiroheisen etwa 20—24 Stunden. Allgemein arbeiten heute die Hochöfen mit auf 700—800⁰ C. vorgewärmtem Wind. Auch das sog. kalt erblasene Roheisen wird mit Windtemperaturen von 300—400⁰ C. dargestellt. Zur Winderhitzung dienen die Cowper-Apparate, innen mit einem System feuerfester Steine ausgesetzte, 20—30 m hohe, 5—6 m i. D. messende eiserne Zylinder. Sie werden abwechselnd durch Gichtgas aufgeheizt und geben dann einen Teil ihres Wärmevorrats an durchgeleitete Luft wieder ab. Der Vorgang entspricht der Regenerativfeuerung. Zu einem Hochofen gehören 3—4 Winderhitzer.

Die Pressung des Gebläsewindes hängt mit der Höhe des Ofens, der Stückgröße der Beschickung und anderen Umständen zusammen und schwankt in Deutschland zwischen 0,4 und 0,8 at. In außerordentlichen Fällen, bei Betriebsstörungen und bei besonders hohen Öfen oder besonders feiner Beschickung, steigt die Pressung auch über 1 at, an der Gebläsemaschine gemessen.

Die Menge des in den Hochofen einzuführenden (trockenen) Windes richtet sich nach der zu vergasenden Kohlenstoffmenge. Für rohe Überschlagsrechnungen kann angenommen werden, daß zur Verbrennung von 1 t Koks im Hochofen annähernd 3000 cbm Luft erforderlich sind. Unter Einbeziehung der Luftfeuchtigkeit, der Undichtheiten in der Windleitung, in den Winderhitzern und anderer Verluste ist die von der Gebläsemaschine zu liefernde Windmenge um etwa 40% höher anzusetzen. Die Gichtgasmenge, in cbm trockener Gase, verhält sich zu der für die Verbrennung des Kokses erforderlichen trockenen Windmenge wie 1,4 : 1.

Welche Massen einem Hochofen zugeführt werden, zeigt folgendes Beispiel: Ein Hochofen, der in 24 Stunden 300 t Gießereiroheisen liefere und einen Koksverbrauch von 1350 kg je Tonne Roheisen (bei 45% Möllerausbringen) habe, benötigt in 24 Stunden 1070 t feste Stoffe. Die zu beschaffende Windmenge dagegen berechnet sich auf 1,7 Mill. cbm = ∼ 2100 t.

Die Reduktion der Eisenerze im Hochofen wird durch Koks, d. h. festen Kohlenstoff (direkte Reduktion) und durch Kohlenoxyd (indirekte Reduktion) bewirkt. Beide Vorgänge sind für die Darstellung des Roheisens stets erforderlich.

Der durch die Düsen in das Gestell einströmende heiße Wind trifft dort glühenden Koks an, mit dem er sofort unter Bildung von Kohlenoxyd in Reaktion tritt. Kohlensäure kann sich nur primär in nächster Nähe der Formen bilden, d. h. da, wo reichliche Mengen Sauerstoff verhältnismäßig geringen Mengen Kohlenstoff gegenüberstehen. Die hohe Temperatur des weißglühenden Kokses veranlaßt in kürzester Zeit eine Zerlegung der Kohlensäure nach der Formel $CO_2 + C = 2\,CO$, da Kohlensäure bei den vor den Formen herrschenden Temperaturen von 1600—1800⁰ C. nicht mehr beständig ist. Freier Sauerstoff ist ebenfalls nur unmittelbar oberhalb der Formen denkbar, weil das Vereinigungsbestreben von Kohlenstoff und Sauerstoff bei diesen Temperaturen zu groß ist.

Das im Hochofen aufsteigende Kohlenoxyd findet in Temperaturen, bei denen die Kohlensäure nicht mehr zerlegt wird — theoretisch unter 1000⁰ C. —, Eisenerze vor, Verbindungen von Eisen und Sauerstoff, und nimmt deren Sauerstoff mit Begierde auf, verbrennt also zu Kohlensäure, wobei Reduktion des Erzes zu Eisen stattfindet. Dabei können z. B. folgende Umwandlungen sich vollziehen:

$$3\,Fe_2O_3 + CO = 2\,Fe_3O_4 + CO_2$$
$$Fe_3O_4 + CO = 3\,FeO + CO_2$$
$$FeO + CO = Fe + CO_2$$

Bei der großen Geschwindigkeit der aufsteigenden Gase (etwa 3,5—4 m in der Sekunde) wird nur ein Teil des Kohlenoxyds verbrannt, die Reduktion durch Kohlenoxyd ist daher niemals eine vollständige. Durch die Vermischung mit Kohlensäure nimmt die reduzierende Wirkung der aufsteigenden Gase ab und kann unter Umständen, bei eingetretenem Gleichgewicht zwischen Kohlensäure und Kohlenoxyd, auch ausgeglichen werden. In höheren Ofenzonen mit niedrigerer Temperatur bis herab zu etwa 400⁰ verläuft die eingangs genannte Reaktion umgekehrt, und unter Ausscheidung von fein verteiltem Kohlenstoff entsteht wiederum Kohlensäure: $2\,CO = C + CO_2$. Von der Schilderung weiterer nebenher laufender Umsetzungen sei hier abgesehen.

Die Beschickung gelangt in den kältesten Teil des Hochofens, wird dort durch die abziehenden Gase erwärmt und verliert beim Niedersinken bald ihren Wassergehalt. Etwa von 300° an beginnt die Einwirkung des Kohlenoxyds auf die Eisenerze, die sog. indirekte Reduktion. Bei 700—800° geben die Karbonate (ungerösteter Spateisenstein, Kalkstein) ihre Kohlensäure ab. Nebenher findet die Zerlegung des Kohlenoxyds in Kohlensäure und Kohlenstoff statt, der letztere scheidet sich zwar in fester Form, aber ungemein fein verteilt auf dem metallischen, schwammförmigen und noch mit der Gangart der Erze vermengten Eisen aus und wird von diesem allmählich aufgenommen, das Eisen wird gekohlt, und es entsteht eine Eisen-Kohlenstofflegierung mit verhältnismäßig niedrigem Schmelzpunkt. Das Schmelzen dieses Eisenschwamms, die Bildung der Schlacke aus der Gangart und die Reduktion der noch nicht reduzierten Eisenverbindungen, endlich auch die Reduktion von Mangan, Phosphor und Silizium aus der Beschickung, alle diese Vorgänge vollziehen sich in den untersten Partien der Rast und in den oberen Teilen des Gestells und können nur durch Kohlenstoff (direkte Reduktion) bewirkt werden.

Die geschmolzenen Massen rieseln im Gestell durch die Zwischenräume der weißglühenden Koksstücke, wobei das Eisen weiter aufgekohlt wird, und sammeln sich, nach dem spezifischen Gewicht in Roheisen und Schlacke getrennt, dort an. Das dem Hochofen beim Abstich entströmende Roheisen wird entweder, falls es unmittelbar zur Weiterverarbeitung auf Flußstahl oder zum Gießen (Gußwaren erster Schmelzung) verwendet werden soll, in Pfannen aufgefangen und in flüssigem Zustand an seinen Verwendungsort befördert, oder durch Laufrinnen in die Masselbetten, Formen aus feuchtem Sand, geleitet, in denen es zu Masseln erstarrt.

Die Masselbetten sind in der Regel so angeordnet, daß von der aus dem Stichloch des Ofens führenden Gosse quer über das Gießbett parallele Sandrinnen in etwa $1\frac{1}{2}$ m Abstand abzweigen, an die sich wie die Zinken bei einem Kamm die möglichst nahe beieinander liegenden eigentlichen, etwa 1 m langen Masselformen anschließen. Zum Schutz gegen Regen, der ein Kochen des Roheisens in den Masselformen und damit mit Löchern und Hohlräumen durchsetzte Masseln hervorrufen kann, sollen die Gießbetten überdacht sein.

Die Gestalt und Größe der Roheisenmasseln ist sowohl in den einzelnen Bezirken als auch auf den Hochofenwerken eines Bezirks verschieden. Gewöhnlich haben die Masseln halbzylindrische Form, doch liefern bestimmte Werke auch plattenförmige; auch die Kämme haben eine andere Gestalt als die eigentlichen Masseln. Im Siegerland unterscheidet man noch zwischen Masseln und Bahnen, je nachdem es sich um Gießerei- oder Zusatzeisen handelt. Siegerländer Gießereiroheisenmasseln haben etwa folgende Maße: 700×90×80 mm, sind mit 3 Einkerbungen versehen und wiegen etwa 35 kg. Während das Masseleisen warm aufgebrochen wird, wird das in langen Leisten gegossene Stahleisen, Spiegeleisen usw. abgekühlt und dann in Stücke zerschlagen. Weißes und spiegeliges Siegerländer Zusatzeisen läßt sich leicht zerkleinern, meliertes und graues schlecht und wird daher in dünnen Leisten von 250—400 mm Länge und 30—50 mm Dicke mit starken Einkerbungen gegossen.

Die bei der Darstellung des Roheisens entstehenden Schlacken sind durch einen reichlichen Kieselsäuregehalt gekennzeichnet (vgl. Zahlentafel 40). Außerdem enthalten sie in größeren Mengen Tonerde und Kalk, ferner Magnesia, Alkalien, Schwefelverbindungen, häufig Phosphorsäure, mitunter Titan- und Vanadinsäure und in schwankenden Mengen stets Eisenoxydul und Manganoxydul. Die an erster Stelle genannten Basen bilden vornehmlich Silikate mit der Kieselsäure.

Bis in die Mitte des vorigen Jahrhunderts wurden die Eisenhochöfen vorwiegend mit Holzkohle als Brennstoff betrieben; die bei diesem Betrieb fallenden Schlacken enthalten soviel Kieselsäure, daß ihre Zusammensetzung der von Bi- oder selbst Trisilikaten entspricht, d. h. der Sauerstoffgehalt der Kieselsäure ist zwei- bis dreimal so groß wie der der Basen (Tonerde + Alkalische Erden + Metalloxyde). Derartige saure Schlacken lassen sich während des Erstarrens zu dünnen Fäden ausziehen und werden daher auch als „lang" bezeichnet im Gegensatz zu den kurz abbrechenden (daher „kurzen"),

basischen Schlacken. Die Verwendung von Holzkohle zum Betrieb der neuzeitlichen
Hochöfen mit erhöhter Leistung mußte aus dem Grunde verschwinden, weil es unmöglich wurde, Holzkohlen in den von der Hochofenindustrie benötigten Mengen zu
beschaffen. In Deutschland sind nur noch fünf Holzkohlenhochöfen vorhanden mit einer
Tagesleistung von zusammen etwa 35 t. Auch diese können nicht dauernd in Betrieb
gehalten werden.

Zahlentafel 40.
Zusammensetzung deutscher Hochofenschlacken.

Roheisengattung	Bezirk	SiO_2 %	Al_2O_3 %	FeO %	MnO %	CaO %	MgO %	CaS %
Gießereiroheisen	Rheinl.-Westf.	30–36	12–17	0,5–1,5	0,3–0,6	43–49	1,8–4,0	1,7–5,5
„	Süddeutschland, Lahn-Dillkreis, Saargebiet . .	35–40	10–21	0,2–1,3	0,2–0,5	41–50	1,0–4,5	2,0–3,0
„	Nord- u. Mittel-deutschland	28–32	8–22	1,0–2,0	0,2–1,5	42–46	4,0–12	1–2,0
„	Oberschlesien .	34–37	6,7–9	0,9–2,0	0,9–2,0	34–35	12–15	5–8,0
Hämatitroheisen	Rheinl.-Westf. .	31,5–36	9,7–15,6	0,5–1,2	0,5–1,0	43–48	1,4–6,2	2,4–5,4
„	Nord- u. Mittel-deutschland	32–34	10,5–13,5	0,5–0,9	0,3–0,4	40–47	2,5–3,4	2,1–7,5
„	Oberschlesien .	34	11,3	1,6	0,6	32,5	13,9	6,0
Temperroheisen	Rheinl.-Westf. .	29	16,0	1,0	—	46,0	4,0	4,0
Gießereizusatz-roheisen . . .	Siegerland . . .	37,4	26,7	3,2	10,3	31,2	2,8	?
Thomasroheisen	Rheinl.-Westf. .	29–35	10–15	1,0–2,2	1,7–5,0	38–46	1,2–6,7	1,0–5,0
Stahlroheisen . .	Siegerland . . .	33,0–37,0	6,1–14,0	0,8–4,4	6,4–15,7	29–41	2,0–10,5	2,7–4,3
Martinroheisen	Siegerland . . .	35,6	13,75	1,3	4,2	39,8	2,3	?
Ferromangan-eisen	Oberschlesien .	41,2	13,3	4,2	8,0	23,6	4,3	2,5
Holzkohlenroh-eisen [1]	Harz	56,9	6,4	1,7	2,0	28,5	2,6	0,6

Koks besitzt gegenüber der Holzkohle als Brennstoff für den Hochofen den ohne
Frage großen Nachteil, daß er bedeutendere Schwefelgehalte aufweist, wodurch es dem
Eisen bei der großen Verwandtschaft zwischen Eisen und Schwefel möglich gemacht
wird, sich mit Schwefel aus dem Brennstoff anzureichern. Der Koksschwefel wird im
Hochofen durch die aufsteigende Kohlensäure zu schwefliger Säure oxydiert, die sich
mit dem reduzierten Eisen zu Eisenoxydul und Schwefeleisen umsetzt. Bei dem Koks-
hochofenbetrieb muß man in dem Bestreben, den Schwefelgehalt des Kokses unter Bildung
von Schwefelkalzium in die Schlacke überzuführen und so unschädlich zu machen, auf
eine Schlacke hinzielen, deren Silizierungsstufe zwischen dem Sesqui- und Singulosilikat
liegt, bei der also der Sauerstoffgehalt der Kieselsäure das anderthalbfache des Sauerstoffgehaltes der Basen beträgt bzw. ihm gleich ist. Nähert sich aber die Silizierungsstufe
einer Schlacke dem Singulosilikat, so tritt unter Umständen die Tonerde mit dem Charakter
einer Säure auf und schließt sich mit anderen Metalloxyden oder -oxydulen zu Verbindungen zusammen (Aluminaten). Daher arbeiten die meisten Hochöfner auf eine möglichst kurze Schlacke hin, die also stets einen gewissen Überschuß an Kalk enthält. So
zusammengesetzten Schlacken ist nun eine hohe Schmelztemperatur eigen. Von der
Höhe der im Hochofen über den Windformen herrschenden Temperatur hängt es aber

---

[1] Aus Ledebur: Handb. d. Eisenhüttenkunde. 5. Aufl. Bd. 2, 1906. S. 223.

wiederum ab, wie groß der Gehalt des Roheisens an den Bestandteilen Silizium, Kohlenstoff, Mangan, Phosphor und Schwefel sich gestaltet und fernerhin, ob weißes oder graues Roheisen erblasen wird.

Aus dem Gesagten geht hervor, daß das im Holzkohlenhochofen, d. h. bei niedrigerer Temperatur erzeugte Roheisen weniger fremde Bestandteile enthält, also reiner sein muß als das im Kokshochofen erblasene. Dieser Umstand läßt das Holzkohlenroheisen für den Guß bestimmter Waren geeigneter erscheinen. Anderseits ließ sich die Darstellung mancher unserer heutigen Roheisenarten im Hochofen erst erreichen, als man es gelernt hatte, den Gebläsewind hoch zu erhitzen und damit die für die Reduktion größerer Mengen Silizium, wie sie hochsiliziertes Gießereiroheisen oder Ferrosilizium aufweisen, nötige Temperatur im Gestelle des Hochofens zu erzielen.

Die kalterblasenen Roheisen pflegen niedrigeren Kohlenstoff- und niedrigeren Siliziumgehalt aufzuweisen als die mit warmem Wind dargestellten [1]). Dieselbe Zusammensetzung läßt sich gewöhnlich auch mit warmem Wind bei saurer Schlackenführung mit niedrigeren Gestehungskosten erreichen [2]). Die Ansicht, daß das in kleinen Hochöfen bei kaltem Winde erblasene Roheisen im Kuppelofen sich leichter erschließt als die bei heißem Wind in großen Öfen erzeugten Roheisensorten [3]), entbehrt des Beweises.

Von Gießereifachleuten wird hin und wieder die Ansicht vertreten, daß Roheisen trotz gleicher Analyse sehr verschiedene Eigenschaften haben könne, je nachdem es bei langsamem oder gesteigertem Betrieb erblasen worden ist. Als Beweis werden z. B. die in langsam betriebenen Hochöfen dargestellten englischen Roheisenmarken angeführt, die auch bei hohem Zusatz billigen Brucheisens Dünnflüssigkeit und leichte Bearbeitbarkeit der Waren sichern sollen, weshalb sie häufig vor dem Kriege von Gießereien, die leichten, verzierten Geschirr- und Plattenguß herstellten, bevorzugt wurden [4]). Eine hinreichende Aufklärung dieser Angelegenheit ist noch nicht gelungen.

Während bei den britischen Roheisenmarken schon seit vielen Jahren zwischen „all-mine-" und „part-mine"-Eisen unterschieden wird, d. h. zwischen Roheisen, das vollständig und das nur zum Teil aus Erzen, im übrigen aus Gußbruch und Schrott erblasen wird, war die Verwendung von Gußbruch und Schrott im Hochofen vor dem Kriege in Deutschland weniger bekannt, allerdings auch weniger Brauch [5]). Der in der Industrie fallende Gußbruch und Stahlschrott muß, um wieder verwertet werden zu können, umgeschmolzen werden. Als Umschmelzvorrichtungen für den Gußbruch kommen in erster Linie Hochofen und Kuppelofen und bei großen Stücken der Flammofen, für Stahlschrott Siemens-Martin-Ofen und Hochofen in Betracht. In dem Kuppelofen gelingt es nur, den Silizium- und Mangangehalt der Beschickung wieder aufzufrischen, während alle Versuche, durch Zuschläge verschiedenster Art den Schwefelgehalt zu vermindern, nur geringen Erfolg gehabt haben. Gußbruch, der infolge häufigen Umschmelzens im Kuppelofen starke Schwefelanreicherung erlitten hat, muß daher unter allen Umständen im Hochofen aufgegeben werden, da dieser allein bei dem nötigen Koks- und Kalksteinzuschlag in wirtschaftlicher Weise die Auffrischungs- und Entschwefelungsarbeit durchzuführen vermag. Auch zum Umschmelzen von Spänen und Brandguß ist der Hochofen am zweckmäßigsten.

Das Umschmelzen von Stahlschrott erfolgte früher in der Regel im Martinofen, nur in besonderen Fällen wurde Schrott dem Hochofen zugewiesen, namentlich dann, wenn infolge der Minderwertigkeit des Schrotts und der ungünstigen Beurteilung seitens der Martinwerke die Verarbeitung im Hochofen noch gewisse Vorteile bot. Der Menge nach waren dies aber im Verhältnis zur gesamten Schrottmenge nur unwesentliche Posten. Bei Ausbruch des Krieges setzte eine erhebliche Vermehrung der Stahlspäneerzeugung durch die Rüstungsarbeiten ein, und es ergab sich ganz von selbst, daß der größte Teil

---

[1]) Vgl. Stahleisen 1922, S. 1781.
[2]) S. Stahleisen 1920, S. 786.
[3]) Stahleisen 1905, S. 1315.
[4]) S. a. Foundry Trade Journal 1921. S. 495.
[5]) Vgl. Zahlentafel 17, S. 55.

8*

dieser Späne den Hochofenwerken zugeführt wurde. Technische Gesichtspunkte traten immer schärfer hervor, als der Mangel an phosphorarmen Erzen und der Mangel an Mangan für die Kriegswirtschaft große Sorge hervorriefen und zur Herstellung von Stahleisen aus Spänen und Manganschlacken und von Hämatit aus phosphorarmen Stahlspänen führten. Nach Beendigung des Krieges brachten das deutsche Valutaelend, die Zerstörung von Kriegsgerät und die Einschränkung der für die Hochofenwerke verfügbaren Koksmengen neue wirtschaftliche Gesichtspunkte für die Verarbeitung von Schrott im Hochofen.

Aus volkswirtschaftlichen Gründen haben ja heute einheimische Erze die Grundlage für jeden deutschen Hochofenmöller zu bilden. Diese sind aber fast durchweg arm an Eisen und müssen daher zwecks wirtschaftlicher Verhüttung durch Zuschläge angereichert werden. Ihre Anreicherung kann nun entweder durch ausländische reiche Erze oder durch sonstige eisenreiche Abfallstoffe erfolgen. In Zeiten, in denen infolge des Valutastandes die Beschaffung ersterer Schwierigkeiten macht, sind die Hochofenwerke gezwungen, auf letztere, wozu auch Schrott und Gußbruch zählen, zurückzukommen, wenn nicht die Roheisenerzeugung zurückgehen soll, mit der keineswegs den Abnehmern gedient wäre. Die Verwendung von Schrott und Bruch im Hochofen ist also mehr zu einer wirtschaftlichen als einer technischen Angelegenheit geworden.

Der Beweis, daß durch einen Zusatz von Brucheisen oder Schrott zum Hochofenmöller minderwertiges Eisen entsteht, konnte noch von keiner Seite erbracht werden. Die Ansicht, daß die Verarbeitung von Schrott im Hochofen nur als Einschmelzarbeit anzusehen ist und demgemäß mit den Kuppelofenvorgängen verglichen werden kann, ist unrichtig schon aus dem Grunde, weil nicht, wie im Kuppelofen, Roheisen aufgegeben und Roheisen ziemlich unverändert im Abstich wieder erhalten wird, sondern weil eine Umwandlung vor sich geht. Es wird nicht nur das in den Rohstoffen enthaltene Eisen umgeschmolzen, sondern auch aus den Zusätzen Silizium, Phosphor und Mangan reduziert, und diese Bestandteile werden, ebenso wie ein Teil des Kokskohlenstoffs, durch chemische oder physikalische Lösung mit dem geschmolzenen Eisen verbunden. Um die Reduktion von Silizium, Phosphor und Mangan sicher zu stellen, muß im Hochofen eine gewisse, außerordentliche Schlackenmenge geführt werden, und man muß daher über den reinen Schmelzaufwand an Koks, der dem Kuppelofenschmelzen entspricht, hinaus noch Koks aufgeben.

Auch für die Darstellung des sogenannten synthetischen Roheisens aus Schrott im Elektroofen durch Aufkohlung lagen in Ländern, die über billige elektrische Energie verfügen, in der Kriegs- und Nachkriegszeit ähnliche Gründe vor. Dazu kam noch, daß in den auf die Einfuhr von Erzen und Roheisen angewiesenen Ländern der Mangel an hochwertigen Roheisenmarken drückend empfunden wurde, was selbst zur Aufnahme von Arbeitsverfahren geführt hat, die unter normalen Verhältnissen vom geschäftlichen Standpunkt aus kaum in Betracht gekommen wären [1]. Auch bei diesem Erzeugnis haben chemische und metallographische Untersuchungen [2] zum mindesten die Gleichwertigkeit mit normalem Roheisen ergeben. Eigentümlich muten Vorwürfe gegen das im Elektroofen aus Schrott erzeugte Roheisen an, während das unter gleichen oder ähnlichen Bedingungen dargestellte Fertigerzeugnis nach dem Vergießen in Formen zu Elektrograuguß in den meisten Fällen als vorzüglich gepriesen wird [3].

Einteilung des Roheisens.

Das Roheisen wird nach verschiedenen Gesichtspunkten eingeteilt. Neben der schon erwähnten Trennung in Holzkohlen- und Koksroheisen, sowie nach der Tem-

---

[1] Vgl. H. Kalpers: Die Herstellung von synthetischem Guß im Elektroofen. Stahleisen 1920, S. 437. J. Bronn: Synthetische Herstellung von Gießereiroheisen und dessen Eigenschaften. Stahleisen. 1921, S. 881. R. Durrer: Erzeugung von synthetischem Roheisen. Stahleisen. 1921, S. 1039 bis 1040. K. Dornhecker: Über die Herstellung von synthetischem Roheisen bei den Eisen- und Stahlwerken Oehler & Co., Aarau (Schweiz). Stahleisen 1921, S. 1883. K. Dornhecker: Die Anwendung des Elektroofens bei Herstellung von Roheisen und Guß. Stahleisen 1922, S. 1356, 1783.

[2] Stahleisen 1921, S. 1865/1867. Analysen s. Zahlentafel 51.

[3] Stahleisen 1922, S. 1357.

peratur des Gebläsewindes in kalt- und warmerblasenes Roheisen unterscheidet man nach dem Bruchaussehen graues und weißes Roheisen [1]).

Graues Roheisen enthält den Kohlenstoff vornehmlich in graphitischer Form, weißes in gebundener. Für ersteres ist der wesentlichste Bestandteil das Silizium, das die Ausscheidung des graphitischen Kohlenstoffes bewirkt, für das letztere das Mangan. Je nach dem Verhältnis der beiden Körper zueinander fällt das Gefüge derart aus, daß unter den Erstarrungsverhältnissen der Praxis bei Abwesenheit ausnehmend hoher Schwefelgehalte und in Gegenwart nur geringer Manganmengen bereits geringe Mengen Silizium genügen, um grauen Bruch zu erzeugen. Mit der Zunahme jenes Elementes ist jedoch auch ein erhöhter Betrag an Silizium für Bildung grauen Eisens nötig. Da mit steigendem Mangangehalt eine Erschwerung und Verzögerung der Graphitausscheidung Hand in Hand geht, so hat manganreiches Eisen stets weißen Bruch. Anderseits wird die Aufnahmefähigkeit des Eisens für Kohlenstoff durch Mangan gesteigert, woraus folgt, daß manganreiche, weiße Roheisenarten einen höheren Gesamtkohlenstoffgehalt aufzuweisen vermögen als graue, siliziumreiche. Die graphitreichsten Roheisen sind solche, welche ungefähr 2% Silizium neben 3,5—4,1% Kohlenstoff enthalten [2]).

Ledebur teilt das Koksroheisen in folgende Arten ein [3]):

1. Siliziumroheisen (Ferrosilizium) mit 6% und mehr Silizium; die übliche Handelsware enthält zwischen 10 und 14% Silizium. Der Kohlenstoffgehalt ist niedrig und sinkt von etwa 3% bei den siliziumärmeren Sorten bis zu 1% und darunter bei den hochsilizierten Marken [4]). Die Farbe des frischen Bruches ist bei letzteren gelblichweiß, bei ersteren grau; das Gefüge ist feinkörnig. Das Ferrosilizium muß bei reichlichem Kokssatz und mit heißem Wind im Hochofen erblasen werden, da die Kieselsäure nur durch Kohlenstoff reduziert wird. Als Ausgangsstoffe für das Ferrosilizium dienen vorwiegend tonerdehaltige Eisenerze.

Verwendung: Zur Desoxydation von Flußeisen, seltener in der Eisengießerei.

2. Siliziumreiches, graues Roheisen: Siliziumgehalt 3,5—5%, Gesamtkohlenstoffgehalt 3,0—3,5%; der Kohlenstoff ist größtenteils als Graphit ausgeschieden. Mangan fehlt fast ganz. Die Bruchfläche ist lichtgrau mit Stich ins Gelbliche; meist hat das Eisen eigentümlich feinkörniges, fast schuppiges Gefüge. Wegen seines feinen Korns kann diese Roheisenart leicht mit niedrigsiliziertem, graphitarmem (lichtgrauem) Roheisen verwechselt werden.

Verwendung: Zusatzeisen zu siliziumärmeren Sorten in der Eisengießerei; wenn phosphorarm, zum Bessemerverfahren.

3. Tiefgraues Roheisen: Siliziumgehalt 2—3,5%, Gesamtkohlenstoffgehalt 3,8—4%, Graphitgehalt 3,2—3,6%. Bei Anwesenheit nur ganz geringer Mengen Mangan können schon 1,5% Silizium dasselbe Gefüge hervorrufen. Graphitblättchen bedecken vollständig die Bruchfläche; das Gefüge ist ausgeprägt körnig. Häufig findet sich starke Ausscheidung von Garschaum (Graphit) auf der Oberfläche oder in Düsen.

Verwendung: Ähnlich wie 2.

4. Gewöhnliches graues Roheisen: Siliziumgehalt selten über 2%, Gesamtkohlenstoffgehalt selten über 3,5%, Graphitgehalt um 3,0%; das Gefüge ist etwas feinkörniger, die Garschaumbildung geringer.

Verwendung: Gießereiroheisen Nr. I bis Nr. III.

5. Lichtgraues Roheisen (halbiertes Roheisen). Siliziumgehalt 1,0—1,5%, Gesamtkohlenstoffgehalt 3—3,5%, Graphitgehalt um 2%. Das Gefüge ist feinkörnig; die graphitarmen Sorten heißen halbiertes oder meliertes Roheisen.

Verwendung: Meistens in der Gießerei, auch für Puddel- und wenn phosphorarm für Bessemerverfahren.

[1]) Vgl. Einleitung S. 3.

[2]) Die Graphitausscheidung bei Holzkohlenroheisen ist in der Regel eine viel feinkörnigere als bei Koksroheisen, so daß an der Eigenart der Kornbildung bei einiger Übung schon die beiden Roheisenarten erkennbar sein sollen.

[3]) Näheres s. Ledebur: Handbuch der Eisenhüttenkunde. Bd. 2, ferner: Ledebur, Das Roheisen. 5. Aufl. (von Fr. Zeyringer) Leipzig 1924.

[4]) Näheres über die im Elektroofen dargestellten Eisen-Siliziumlegierungen s. S. 148.

6. Grelles oder halbweißes Roheisen: Siliziumgehalt gewöhnlich um 1%, Gesamtkohlenstoffgehalt 2,5—3%, Graphitbildung gering; das Eisen ist häufig schwefelreich; es fällt meist bei kleinen Störungen des Ofenganges (Ausfalleisen) und bildet den Übergang von Graueisen zum Weißeisen.

Verwendung: Zum Teil als Temperroheisen, ferner zum Puddelverfahren.

Es schließen sich nun die weißen Roheisensorten an:

7. Gewöhnliches Weißeisen: Siliziumgehalt unter 0,8%, Kohlenstoffgehalt selten über 3%, Mangangehalt bis 1%, Schwefelgehalt meist hoch (0,10—0,25%). Der Bruch ist feinkörnig, die Farbe der Bruchfläche weiß mit Stich ins Graue. Die Masseln klingen klar beim Anschlagen.

Verwendung: Zur Darstellung von schmiedbarem Eisen, bei geringen Schwefelgehalten auch als Temperroheisen.

8. Weißstrahliges Roheisen: Siliziumgehalt 0,5—1,2%, Kohlenstoffgehalt 3—4,5%, Mangangehalt 1—4%, Schwefelgehalt durchschnittlich niedriger als bei 7. Die Farbe der Bruchfläche ist reinweiß. Die Strahlen sind senkrecht gegen die Abkühlungsflächen gerichtet.

Verwendung: Zur Darstellung von schmiedbarem Eisen: wenn phosphorreich Thomasroheisen, phosphorarm Puddelroheisen.

9. Spiegeleisen: Siliziumgehalt 0,2—1,2%, Kohlenstoffgehalt 4—5%, Mangangehalt 5—20%, Schwefelgehalt stets gering, Phosphorgehalt ebenfalls gering. Spiegeleisen mit 4—6% Mangan heißt auch Stahleisen. Der Bruch weist große ebene Absonderungsflächen (blätteriges Gefüge) von weißer Farbe auf, die rechtwinklig gegen die Abkühlungsflächen gerichtet sind, sich gegenseitig aber in verschiedenen Richtungen kreuzen (Spiegel). Silikospiegeleisen enthält neben etwa 20% Mangan, 10 bis 12 und mehr Prozent Silizium, 2—2,5% Kohlenstoff und etwa 0,18% Phosphor.

Verwendung: Bei der Darstellung des schmiedbaren Eisens.

10. Eisenmangane (Ferromangan): Siliziumgehalt 1,3—0,2%, Kohlenstoffgehalt 5—7,5%, Mangangehalt 30—85%. Das Gefüge ist dicht, feinkörnig, jedoch häufig durch nadelförmige Kristalle unterbrochen. Die Farbe ist gelblichweiß mit Anlauffarben in allen Farben des Regenbogens. Durch einen Mangangehalt von 25% werden die magnetischen Eigenschaften des Eisens vollständig aufgehoben.

Verwendung: Bei der Darstellung von Flußeisen.

In der Praxis hat sich diese Unterscheidung Ledeburs nicht durchsetzen können, man teilt in Deutschland das Roheisen nach der Zusammensetzung und der Verwendung meist in folgende Gattungen ein:

> Hämatit,
> Gießereiroheisen,
> Bessemerroheisen,
> Thomasroheisen,
> Puddelroheisen,
> Martinroheisen (hierzu Stahleisen),
> Spiegeleisen.

Bei dieser Einteilung sind nicht eingereiht Ferrosilizium, Ferromangan, sowie alle Roheisen von besonderer Beschaffenheit (Sonder- oder Spezialroheisen) und endlich die in Abschnitt IX zu besprechenden, nicht im Hochofen erblasenen Ferrolegierungen.

Handelsüblich versteht man unter Gießereiroheisen graue Arten mit guter Kornbildung und entsprechendem Siliziumgehalt. Hämatit ist ein phosphorarmes Gießereiroheisen. Der Name stammt von dem in früheren Zeiten für die Darstellung benutzten Eisenglanz (Blutstein oder Hämatit), einem phosphorreinen, kristallisierten Roteisenerz. Durch mäßig hohen Mangangehalt (bis zu 1,2%) unterscheidet sich Hämatit von dem manganreicheren Bessemerroheisen (s. Zahlentafel 41). Ursprünglich auf 0,07% festgesetzt, war der zulässige Phosphorgehalt bereits vor dem Krieg auf 0,10% gestiegen. In den letzten Jahren ist die Phosphorgrenze bei den deutschen Marken noch stärker erweitert worden, einmal infolge der großen Schwierigkeiten in der Beschaffung phosphorarmer Erze und weiter wegen des bis auf 0,04 % gestiegenen Phosphorgehalts des Ruhrkokses und des häufig 0,02 % Phosphor aufweisenden Zuschlagkalksteins. Hämatit mit 0,04 % Phosphor, wie es von Kleinbessemereien verlangt wird, ist mit deutschen Rohstoffen nicht erreichbar. Auch die englischen Hämatitroheisen, deren Mangangehalt mitunter bis über 1,5 % steigt, zeigen nicht mehr die vor dem Kriege üblichen niedrigen Phosphorgehalte von weniger als 0,06 % (vgl. Zahlentafel 57).

Zahlentafel 41.

Übersicht über die Roheisengattungen mit Ausnahme von Hämatit und Gießereiroheisen.

Bezeichnung	C %	Si %	Mn %	P %	S %	Cu %
Bessemer-Roheisen	3,50	1,75	1,00	0,10	0,04	—
„	3,76	2,52	3,90	0,07	0,03	—
„ I Siegerland	3,50—4,00	unter 2	2—5	max. 0,1	0,04	—
„ II	3,50—4,00	über 2	3—5	max. 0,1	0,04	—
„ Alpenländer	3,50	2,0—2,5	3,5—4,0	0,08	0,04	—
„ Nordamerika	3,3—3,7	0,6—2,5	0,5—1,0	0,06—0,08	0,05—0,08	—
Puddel-, Rheinl.-Westf., gewöhnliches	2,0—2,4	0,2—0,4	0,4—0,6	1,0—1,3	0,2—0,3	0,04—0,05
„ „ strahliges	2,5—3,0	0,3—0,7	2,2—2,6	0,5—0,7	0,04—0,05	0,07—0,10
„ „ hochstrahliges	3,0—3,4	0,5—0,6	4—5	0,4—0,6	0,02—0,03	0,10—0,16
„ weiß, Siegerland	3,0—4,0	0,5	3—5	unter 0,3	unter 0,1	—
„ meliert	um 3,0	1,2	3—5	„ 0,3	„ 0,1	—
„ grau	3,0—3,5	1,5—2	3—5	„ 0,3	„ 0,1	—
„ Oberschlesien, weiß	—	0,5—1,5	1,0—2,5	0,5—0,7	0,05—0,10	0,10
„ „ grau		1,5—2,5	1,5—2,5	0,5—0,7	0,05—0,10	0,10
Martin-, weiß	—	0,5—0,8	2—6	unter 0,3	unter 0,10	—
„ grau	—	1,25—1,50	1,20	0,10	„ 0,10	—
„ Oberschlesien, weiß		1,50	3,0—4,5	0,30	0,05	0,10
„ „ grau		2,50	3,0—4,5	0,30	0,05	0,10
„ Ia. weiß, Mähren	3—4	0,4—0,8	1,8—3,0	0,4—0,8	0,09—0,12	—
„ „ grau „	3—4	1,0—2,0	2,0—3,0	0,4—0,8	0,03—0,08	—
„ Qualitäts, weiß, Mähren	3—4	0,4—0,8	2,0—3,0	max. 0,30	0,04—0,10	—
„ „ grau „	3,5	1,0—2,0	2,0—3,5	„ 0,30	0,03—0,06	—
„ grau, österr. Schlesien	3—4	2,0—3,0	3,0—4,5	0,6	0,02—0,05	—
Stahleisen, Rheinland-Westfalen		0,4—1,3	4—6	0,07—0,08	0,01—0,03	unter 0,05
„ Siegerland	3,0—3,5	unter 1,0	4—6	max. 0,1	unter 0,1	max. 0,4
„ (Späneeisen), Siegerland	3,0—3,5	„ 1,0	3—5	„ 0,12	„ 0,1	„ 0,15
„ Oberschlesien	—	1,5—2,5	3,5—4,5	0,10—0,15	0,05	0,10
„ weiß, normal, Tschechoslovakei	3,0—3,5	0,4—0,7	1,5—2,0	0,3—0,5	0,06—0,1	—
„ grau „	3,0—3,5	1,2—2,0	1,7—2,5	0,3—0,5	0,05—0,08	—
„ „ spezial „	3,0—3,5	1,5—2,0	2,4—3,0	max. 0,2	max. 0,05	—
„ luckig, weiß, Alpines	2,0—3,0	0,1—0,25	1,0—2,0	0,05—0,15	0,15—0,25	—
„ feinstrahlig, weiß, Alpines	3,50—4,50	0,2—0,5	2,5—3,5	0,1—0,3	0,05—0,12	—
„ grobstrahlig, weiß, Alpines	3,80—4,50	0,2—0,5	3,0—4,0	0,1—0,3	0,05—0,10	—
„ halbiert, weiß, Alpines	3,80—4,80	0,6—1,2	3,0—4,5	0,1—0,3	0,05—0,10	—
Thomas-, Rheinl.-Westfalen	2,8—3,5	0,2—0,5	1,0—1,5 nicht	1,8—2,4	0,1—0,2	0,05—0,07
„ „ Marke Mn	—	—	unter 2,0	1,80	0,12	—
„ „ „ M M	3,7—3,9	0,3—0,8	um 1,50	1,80	0,12	—
„ „ „ O M	3,2—3,7	0,3—1,0	unter 1,0	1,0—1,8	0,12	—
„ Ilsede	3,50	0,40	2,00	2,75	0,06	—
„ Lothringen- Marke Mn	2,8—3,4	0,4—0,8	unter 1,5	1,7—1,85	0,04—0,07	—
„ Luxemburg „ O M	2,8—3,4	0,4—0,8	0,3—0,4	1,7—1,85	0,08—0,15	—
Spiegeleisen, 6—8 %, Siegerland	4—5	unter 1	6—8	max. 0,1	unter 0,05	—
„ 12—14 %, Siegerland	4—5	0,5	12—14	„ 0,1	„ 0,05	—
„ 18—22 %, „	4—5	0,5	18—22	„ 0,1	„ 0,05	—
„ Alpines	3,8—4,8	0,3—0,8	3,5—7,0	0,1—0,3	0,05—0,08	—
„ Mähren	—	0,5—1,5	10—15	um 0,6	0,01—0,05	—
„ England	5,50	0,80	20	0,07	Spuren	0,10—0,20
Ferromangan, Rheinland-Westfalen	7,50	0,45	80,70	0,40	0,01	0,05
„ „	6,00	0,80	60,40	0,25	0,01	0,13
„ Mähren	—	0,5—1,5	55—75	um 0,6	0,01—0,02	—
Ferrosilizium, Rheinland-Westfalen	—	8—10	0,6—1,0	0,07	0,01	—
„ „	—	13,57	0,82	0,086	—	—
„ Mähren	—	10—15	um 0,7	um 0,6	0,06—0,10	—
„ Nordamerika	—	10	0,10	0,50	0,04	—
Siliko-Spiegel	1,5—3,5	4—10	20—50	—	—	—
„ Mangan	0,35	um 2,5	55—70	—	—	—

Gießereiroheisen mit mittleren Gehalten an Mangan (0,5—1%) und Phosphor (0,4—0,8%) wird als „Deutsches", mit hohem Phosphorgehalt (etwa 1,8%) als „Luxemburger" bezeichnet. Die Eigentümlichkeiten schwedischer, englischer, schottischer und anderer Marken, sowie der Sonderroheisen und Zusatzroheisen sind weiter unten bei Besprechung der einzelnen Länder behandelt.

Die anderen Roheisengattungen dienen vornehmlich zur Darstellung von schmiedbarem Eisen (vgl. Zahlentafel 41).

Das Bessemerroheisen ist ein graues, phosphorarmes Roheisen und wird entweder in erster Schmelzung (aus dem Hochofen) oder nach dem Umschmelzen im Kuppelofen im sauer zugestellten Konverter mittels durch das Eisenbad geblasener Luft gefrischt und dadurch in Flußeisen oder -stahl umgewandelt. Seine Zusammensetzung schwankt etwa in folgenden Grenzen: 3,5—4% Kohlenstoff, 1,2—3% Silizium, 1—3% Mangan, unter 0,10% Phosphor, unter 0,10% Schwefel.

Bei dem Bessemerverfahren werden durch die Verbrennung von Eisen und Kohlenstoff, vornehmlich aber von Silizium und Mangan Temperatursteigerungen erzielt [1] und auf diese Weise das Bad flüssig erhalten. Je höher daher der Siliziumgehalt des Bessemerroheisens ist, um so geringer kann die Manganmenge sein [2].

Das Thomasroheisen dagegen ist ein phosphorreiches Weißstrahleisen und wird wie das Bessemerroheisen zu Flußeisen oder -Stahl, jedoch im basisch zugestellten Konverter verblasen. Seine chemische Zusammensetzung ist etwa nachstehende: 3 bis 3,5% Kohlenstoff, möglichst unter 0,5% Silizium, 0,8—2% Mangan, 1,7—3% Phosphor, möglichst unter 0,10% Schwefel.

Man unterscheidet:

Mn Eisen mit über 2% Mangan,
M.M. Eisen mit etwa 1,5% Mangan,
O.M. Eisen mit unter 1% Mangan.

Da der größte Teil der deutschen Eisenerze beträchtliche Mengen an Phosphorsäure aufweist, ist das Thomasverfahren für die Massenerzeugung von Flußeisen und -Stahl bei uns von großer Bedeutung geworden. Der Phosphorgehalt des Roheisens kann durch basisches Futter (Dolomitfutter der Konverter) gebunden werden. Bei dem Thomasverfahren bildet der Phosphor die Hauptwärmequelle, so daß ein hoher Siliziumgehalt des Roheisens nicht nötig ist.

Das Puddelroheisen wird im Puddelofen zu Luppen (Schweißeisen) verarbeitet, aus denen durch Schmieden oder Walzen die Fertigfabrikate dargestellt werden. Im allgemeinen haben die Puddelroheisen weißen, mitunter melierten, aber auch grauen Bruch. Die chemische Zusammensetzung des Puddelroheisens schwankt in weiten Grenzen, doch ist ein gewisser Mangangehalt von Wichtigkeit.

Die ungefähre Zusammensetzung des Puddelroheisens ist: 2—3,5% Kohlenstoff, 0,2—1,2% Silizium, 0,5—5% Mangan, 0,2—1,0% Phosphor, 0,02—0,2% Schwefel.

Silizium- und manganarmes Puddelroheisen wird auch als Zusatzeisen in der Eisengießerei verwendet.

Das Martinroheisen wird zur Flußstahl- oder -Eisendarstellung im Siemens-Martin-Ofen (Herdofen) mit saurer oder basischer Zustellung verwendet [3]. Die chemische Zusammensetzung des Martinroheisens für das saure Verfahren hält sich meist etwa innerhalb nachstehender Grenzen: Kohlenstoff 3—4%, Silizium 1,5—3,0%, Mangan 1—2%, Phosphor stets unter 0,1%, Schwefel unter 0,10%.

Für das basische Verfahren ist zwar Roheisen von nahezu beliebiger Zusammensetzung verwendbar, vorgezogen wird aber etwa nachstehende: Kohlenstoff 3—4%, Silizium unter 1,5%, Mangan 1—4%, Phosphor bis 1%, möglichst unter 0,4%, Schwefel möglichst unter 0,10%.

---

[1] S. Zahlentafel 174, S. 449.
[2] Näheres s. S. 237.
[3] Näheres s. S. 234.

Stahleisen dient ebenfalls zur Flußstahlerzeugung auf dem Herdofen. Es enthält: 3,5—4,5% Kohlenstoff, 0,3—1% Silizium, 3—6% Mangan, unter 0,1% Phosphor, geringe Mengen Schwefel, bis 0,4% Kupfer.

Über Spiegeleisen ist, ebenso wie über die Eisenmangane, bereits oben (S. 118) Näheres angegeben [1]).

Allgemeines über das Gießereiroheisen einschließlich Hämatit.

Im Handel teilte man früher stets und heute noch vielfach das graue Gießereiroheisen gemeinhin in Grobkorn und Feinkorn, wobei man unter Korn die Gesamtheit der einzelnen Absonderungsflächen des Gefüges versteht, die beim Erstarren des Eisens sich durch Ausscheidung des Kohlenstoffes als Graphit bilden. Die Größe der einzelnen Graphitblätter steigt bei grobkörnigem Roheisen bis zu 5 mm Durchmesser, während man bei Feinkorn mitunter mit unbewaffnetem Auge kaum die einzelnen Flächen zu erkennen und zu unterscheiden vermag. Je dunkler die Farbe des Bruches ist, und je größer die einzelnen Graphitblätter sind, für desto wertvoller wird ein Roheisen von dem Gießereimann der alten Schule gehalten. Derselbe kennt nach dem Korn fünf Nummern. Der Brauch hat es mit sich gebracht, daß Nr. II meist nur bei phosphorarmem Gießereiroheisen, dem Hämatit, wenn hier überhaupt Nummern unterschieden werden, im Handel erscheint. Zwischen Nr. I und Nr. III gibt es für Gießereiroheisen fast gar keine feststehenden Grenzen in bezug auf irgend einen Bestandteil, ebenso zwischen den Nr. III, IV und V. Bei phosphorreichem Eisen (Luxemburger), das infolge seiner geringeren Festigkeitseigenschaften nicht den Wert von Nr. I hat, pflegt man auch die Reihenfolge trotz seines der Nr. I entsprechenden Korns mit Nr. III zu beginnen und mit Nr. VII zu endigen [2]).

Die Kornbildung wird, wie auf S. 81 näher ausgeführt worden ist, bei den unter gewöhnlichen Verhältnissen erkalteten Roheisensorten hervorgerufen bzw. verstärkt durch einen hohen Siliziumgehalt. Da das Silizium einer der wichtigsten Bestandteile des Eisens für die Herstellung von Gußwaren ist [3]), indem es den Guß weich macht, so ist der Rückschluß an und für sich nicht unberechtigt, daß ein tiefgraues, grobkörniges Roheisen von diesem wertvollen Bestandteil größere Mengen enthält als ein weniger graues und weniger grobkörniges. Nun ist aber eine Folge der Kohlenstoff verdrängenden Wirkung des Siliziums, daß bei hohem Siliziumgehalt das Eisen weniger Gesamtkohlenstoff aufnehmen und daher auch weniger Graphit ausscheiden kann. Siliziumreiches, graues Roheisen mit mehr als 3,5% Silizium, das nur bei heißem Ofengang, d. h. bei Aufwendung von viel Brennstoff fällt, hat stets feines Korn (vgl. S. 117). Das Maximum der Kornbildung scheint im allgemeinen bei etwa 2,2% Silizium für Gießereiroheisen aus Kokshochöfen zu liegen [4]). Daher ist verständlich, daß ein Roheisen mit nur 2,0% Silizium, das als meist Nr. III bezeichnet wird (vgl. S. 143) einen höheren Gesamtkohlenstoff haben kann als ein Eisen Nr. I mit 2,5% Silizium. Die Wirkung des Siliziums beweisen folgende Analysen eines Luxemburger Hochofenwerks:

Si %	Ges. C %	S %
6,01	2,70	0,010
4,81	2,90	0,010
3,61	3,20	0,015
2,63	3,40	0,020
2,35	3,50	0,030

Bei Roheisen, das zum Umschmelzen bestimmt ist, wobei der Siliziumgehalt sich durch Zusatz anderer Eisensorten, Gußbruch oder Stahl herabdrücken läßt, kann ein hoher Siliziumgehalt im allgemeinen nur als vorteilhaft

---

[1]) Näheres über die in England und Nordamerika übliche Einteilung s. unter diesen Ländern.
[2]) Vgl. auch die Einteilung des Comptoir de Fontes de Longwy, S. 128.
[3]) J. Habscheidt: Die Bedeutung des Siliziumgehalts des Roheisens in der Eisen- und Stahlgießerei. Gieß.-Zg. 1919, S. 241/244.
[4]) Vgl. auch S. 82, Abb. 49.

bezeichnet werden. Von der Höhe des Siliziumgehaltes hängt besonders auch
die Fähigkeit eines Roheisens ab, ein mehrfaches Umschmelzen zu ertragen, ohne in
weißes Eisen überzugehen oder hart zu werden. Versuche, die C. Müller schon vor
längeren Jahren auf der Friedrich-Wilhelmshütte zu Mülheim a. d. Ruhr angestellt hat,
um die Veränderungen in der chemischen Zusammensetzung eines Gießereiroheisens
durch mehrmaliges Umschmelzen im Kuppelofen festzustellen, hatten folgende Ergebnisse
[s. Zahlentafel 42 [1])].

Zahlentafel 42.

Veränderungen von Gießereiroheisen durch wiederholtes Umschmelzen.

	Si %	Graphit %	Geb. C %	Mn %	P %	S %
Roheisen vor dem Umschmelzen	2,97	3,61	0,28	0,71	0,68	0,024
Nach der 1. Umschmelzung	2,74	3,47	0 34	0,48	0,71	0,025
„ „ 2. „	2,47	3,30	0,59	0,46	0,70	0,031
„ „ 3. „	2,18	3,04	0,71	0,41	0,72	0,034
„ „ 4. „	2,07	2,93	0,79	0,42	0,74	0,045
„ „ 5. „	1,81	2,80	0,87	0,39	0,73	0,049
„ „ 6. „	1,65	2,64	0,92	0,35	0,75	0,056

Wie ersichtlich, nimmt der Siliziumgehalt neben dem Mangangehalt allmählich
ab, während der Graphit zum Teil in gebundenen Kohlenstoff übergeht. Nach
R. Fichtner [2]) verbrennen während des Schmelzens im Kuppelofen bis zu 20% des
Siliziums und 33% und darüber des Mangangehalts der Beschickung. Da das Mangan
zuerst verbrennt, schützt es das Silizium vor der Oxydation.

Ungünstig auf die Kornbildung wirken Schwefel und Mangan. Doch ist letzteres
Element nur sehr selten im Gießereiroheisen in solchen Mengen vorhanden, daß die Graphitausscheidung merklich beeinflußt wird. Immerhin ist es möglich, bei Einhaltung gewisser
Bedingungen Roheisen, das 2% Mangan enthält, selbst bei verhältnismäßig niedrigem
Siliziumgehalt mit schönem Korn herzustellen [3]). Wenn nämlich das Roheisen im Hochofen stark überhitzt wird, so löst es bei höherem Mangangehalt mehr Kohlenstoff und
vermag daher beim Erstarren auch mehr Graphit auszuscheiden. Weitaus bedeutsamer
als die Einflüsse des Mangans auf die Graphitbildung beim Gießereiroheisen sind dagegen
die des Schwefels, indem schon eine geringe Vermehrung des Schwefelgehaltes den
Graphitgehalt stark verringern kann (vgl. S. 95).

Daß endlich langsame Abkühlung die Kornbildung beim Gießereiroheisen begünstigt,
wurde bereits erwähnt (vgl. S. 77). Diesen Umstand machen sich hin und wieder Hochofenwerke zu Nutzen, indem sie sofort nach dem Einlaufen des Roheisens in die Masselbetten die noch hellglühenden, im Innern flüssigen Masseln mit einer Sandschicht bedecken.
Derartiges Roheisen mit künstlich hervorgerufener stärkerer Kornbildung ist daran zu
erkennen, daß auch an der beim Guß nach oben gekehrten, ebenen Fläche der Masseln
Sandkörner anhaften. Die Querschnittsform der Masseln, ob halbrund, rhombisch oder
segmentartig, kann ebenfalls auf das schnellere oder langsamere Erstarren des Roheisens
Einfluß haben.

Gießereiroheisen verschiedener Herkunft.

A. Deutsches Reich. Die Erzeugung von Gießereiroheisen mittels Koks in den
einzelnen Bezirken Deutschlands vollzieht sich auf verschiedenen Grundlagen und unter
andersartigen Bedingungen. Die Niederrheinisch-Westfälischen Hochöfen verschmolzen bis Ende der 1870er Jahre hauptsächlich Rot- und Braun-Eisensteine aus

---

[1]) Stahleisen 1895, S. 154; vgl. auch die Schmelzversuche mit Ferrosilizium von Jüngst:
Z. Berg-, Hütten-, Sal.-Wes. 1890, S. 1, auszugsw. Stahleisen 1890, S. 292; ferner W. Cretin:
Veränderung der chemischen Zusammensetzung durch ständiges Wiedereinschmelzen der Eingüsse
in Gußgattierungen und Berechnung der Grenzwerte durch geometrische Reihen. Gieß.-Zg. 1918,
S. 188/189.
[2]) Stahleisen 1916, S. 181.
[3]) Vgl. Stahleisen 1902, S. 48.

Nassau, Hessen, Westfalen, Rasenerz aus Holland, Belgien, Westfalen und endlich westfälischen Kohleneisenstein (Blackband). Mit dem aus diesen Erzen von wenig schwankender Analyse zusammengesetzten Möller wurde ein Roheisen von annähernd 1 % Phosphor erblasen. Da aber die nur in beschränkten Mengen und in meistens geringer Güte zur Verfügung stehenden Erze zur Deckung des damals rasch und stetig steigenden Bedarfs an Gießereiroheisen bei weitem nicht ausreichten, so mußten die Werke zur Verhüttung ausländischer Erze schreiten. Solche wurden zumeist aus Schweden, Spanien, Nordafrika bezogen, dazu wurden nennenswerte Mengen Lothringer Minetteerze und eisenhaltige Schlacken, Kiesabbrände u. a. verschmolzen. Die fremden Erze hatten bei dem Vorzug eines hohen Eisengehaltes im übrigen sehr unterschiedliche Zusammensetzung, hauptsächlich betreffs des Phosphorgehalts. Es vollzog sich eine erhebliche Umwälzung in der Beschaffenheit der niederrheinisch-westfälischen Roheisenmarken, indem man es vollständig in der Hand hatte, durch eine beliebige Gattierung die Höhe des Phosphor- und auch des Mangangehaltes im Roheisen zu verändern. Man erbläst seitdem in Rheinland-Westfalen, ebenso am Mittelrhein gewöhnlich ein Gießereiroheisen mit mittlerem Phosphorgehalt, etwa 0,4—0,8 %, und 0,5—1 % Mangan, das sog. deutsche Gießereiroheisen, ferner Hämatit, ist aber in der Lage, durch entsprechende Gattierung auch andere Marken darzustellen (vgl. Zahlentafel 43 u. 44).

Zahlentafel 43 [1]).

Niederrheinisch-Westfälische Gießereiroheisen.

Werk	Ges. C %	Graphit %	Si %	Mn %	P %	S %	Cu %
a) Hämatit.							
A.-G. für Hüttenbetrieb, Meiderich	3,80—4,20	3,50—3,90	2,50—3,50	0,80—1,10	0,08—0,10	0,03—0,05	0,04
Friedr.-Wilhelmshütte, Mülheim/Ruhr, manganarm	um 4,00	—	3,50—4,50	0,60—0,70	0,08—0,10	0,02	—
„ manganarm	„ 4,00	—	2,00—3,00	0,40—0,60	0,08—0,10	0,02	—
„ manganreich	„ 4,00	—	3,50—4,50	0,95—1,30	0,08—0,10	0,02	—
„ manganreich	„ 4,00	—	2,00—3,00	1,00—1,40	0,08—0,10	0,03	—
Gutehoffnungshütte	3,50—4,00	—	2,50—3,50	0,80—1,00	0,07—0,10	0,02—0,03	0,04—0,08
Krupp-Rheinhausen gewöhnlich	4,00—4,20	—	2,00—3,00	0,20—1,00	0,07	0,01	—
„ manganarm	um 4,00	—	2,00—3,00	unter 0,50	0,07—0,10	0,02—0,05	—
„ extra manganarm	„ 4,00	—	2,00—3,00	„ 0,25	0,07—0,10	0,02—0,05	—
Gelsenkirchener Bergw.-A.-G. (Schalke)	3,90—4,20	—	2,00—3,50	um 0,80	0,11	0,04	—
b) Gießereiroheisen.							
A.-G. f. H. B. Meiderich, Nr. I	3,80—4,20	3,50—3,90	2,50—3,20	0,70—1,00	um 0,50	0,015-0,03	0,04
„ „ Nr. III	3,50—3,90	3,10—3,50	2,00—2,50	0,70—1,00	„ 0,50	0,03—0,05	0,04
„ „ Nr. IV	3,50—3,90	3,10—3,50	2,00—3,00	0,60—0,80	„ 1,00	0,03—0,05	0,04
Friedrich-Wilhelmshütte, phosphorreich	um 4,00	—	3,00—4,00	um 0,50	0,70—0,80	0,02—0,04	—
„ phosphorreich	„ 4,00	—	1,80—2,40	„ 0,50	0,70—0,80	0,02—0,04	—
„ phosphorarm	„ 4,00	—	3,00—4,00	„ 0,50	0,40—0,50	0,02—0,03	—
„ phosphorarm	„ 4,00	—	1,80—2,40	„ 0,50	0,40—0,50	0,02—0,04	—
Gutehoffnungshütte Nr. I	3,50—4,00	—	2,50—4,00	0,55—0,65	0,30—0,50	0,01—0,03	0,05—0,06
„ Nr. III	3,50—4,00	—	2,00—3,00	0,55—0,60	0,65—0,75	0,02—0,04	0,08—0,10
„ Luxemburger	3,50—4,00	—	2,00—3,00	0,70—1,05	1,10—1,50	0,02—0,04	0,07—0,10
Krupp-Rheinhausen	3,60—4,00	—	2,00—3,00	0,50—0,70	um 0,50 ?	0,02—0,06	—

Die Erzeugung von Gießereiroheisen im Siegerland, das seit alters wegen seiner manganhaltigen, für die Darstellung von Spiegeleisen und Puddeleisen geeigneten Eisensteine berühmt ist, ist mit Ausnahme der Sondermarken für die Walzengießerei jüngeren

---

[1]) Die Zahlentafeln 43 u. ff. sind auf Grund privater Angaben und Mitteilungen von W. H. Müller in Rotterdam und Essen, Possehl G. m. b. H. in Lübeck, W. Sohler in Mannheim u. a. zusammengestellt. Weitere, meistens ältere Analysen sind zusammengestellt in Gieß.-Zg. 1916. S. 234.

Datums. Es dienen dazu manganärmere geröstete Spate, Brauneisensteine und Eisenglanz der Umgegend. Weiter werden Nassauische Erze eingeführt (vgl. Zahlentafel 45).
Das Siegerländer Zusatz- und Walzengußroheisen wird mit langer Schlacke in
kleinen Kokshochöfen aus Siegerländer Rostspat, Braun- und Roteisenstein bei einer
Windtemperatur von 400—600⁰ C. erblasen. Es enthält bis 3,0% Silizium, 3—5% Mangan,
0,1—0,5% Phosphor und unter 0,10% Schwefel und kann weiß, meliert oder grau fallen.
Das graue Walzengußeisen soll jedoch möglichst wenig Graphitausscheidung haben,
also möglichst feinkörnig sein. Am meisten wird ein graues feinkörniges Eisen mit sog.
weißen Spitzen und muldenförmiger Oberfläche geschätzt [1].

Für den Hochofenbetrieb an der Lahn und Dill und in Oberhessen bilden die
Rot- und Brauneisensteinvorkommen der dortigen Bezirke die Grundlage, während
der Brennstoff aus Westfalen bezogen werden muß (vgl. Zahlentafel 44).

Die oberschlesische Hochofenindustrie hat in früheren Jahren vornehmlich die
dort vorkommenden mulmigen, eisenarmen Brauneisensteine verhüttet; zur Anreicherung
des Möllers wurden teure Erze aus Schweden, Ungarn, Polen und Schlacken verschiedener
Herkunft zugeschlagen. Infolge der zunehmenden Erschöpfung der einheimischen Erze
steigt die Menge der fremden. Da zudem die oberschlesische Kokskohle nur geringes
Ausbringen hat und einen lockeren, wenig festen Koks gibt, so sind die Selbstkosten
für Erzeugung von Gießereiroheisen hohe (vgl. Zahlentafel 46).

Zahlentafel 44.
Gießereiroheisen vom Mittelrhein und aus Hessen-Nassau.

Werk	Ges. C %	Si %	Mn %	P %	S %	Cu %
a) Hämatit (fehlt).						
b) Gießereiroheisen.						
Concordiahütte bei Bendorf Nr. I . .	—	2,50—3,50	0,60—1,00	0,50—0,80	0,02—0,04	—
,, ,, ,, Nr. III .	—	1,50—2,20	0,60—1,00	0,50—0,80	0,05—0,08	
Buderus Nr. I	3,70	2,20—3,00	0,50—0,60	0,50	bis 0,04	—
,, Nr. III	3,80	1,80—2,20	0,50—0,60	0,50	0,04—0,06	—
,, R	3,70	2,20—3,00	0,50—0,60	1,50	bis 0,04	—
,, K	3,80	2,10—3,00	2,00	0,50	,, 0,04	—

Zahlentafel 45.
Siegerländer Gießereiroheisen.

Werk	Ges. C %	Graphit %	Si %	Mn %	P %	S %	Cu %
a) Hämatit (fehlt).							
b) Gießereiroheisen.							
Charlottenhütte Nr. I	3,5—4,0	3,0—3,5	2,25—3,50	max. 1,00	max. 0,70	0,04	—
,, Nr. III	3,5—4,0	3,0—3,5	1,80—2,50	,, 1,00	,, 1,00	0,06	—
Bremerhütte Nr. I	3,50—4,00	3,10—3,60	2,50—3,50	0,50—0,80	um 0,60	0,01—0,03	—
,, Nr. III	3,50—4,00	3,10—3,60	1,80—2,50	um 0,80	,, 0,60	unter 0,03	—
Hainerhütte, grau	um 3,00	um 2,00	um 1,50	um 3,00	0,15—0,20	,, 0,045	um 0,25
,, weiß	,, 3,00	—	,, 0,50	3,00—4,00	0,15—0,20	,, 0,045	,, 0,25
Rolandshütte, weiß	3,70	—	0,30	1,88	0,07	0,013	—
Zusatzeisen (Walzenguß), weiß . .	um 4	—	unter 1,0	3—5	unter 0,25	0,05	—
,, ,, grau . .	um 4	—	1,5—3,0	3—5	,, 0,25	0,05	—
,, ,, hellmeliert .	um 4	—	1,2—1,5	3—5	,, 0,25	0,05	—
,, ,, graumeliert .	um 4	—	1,2—1,5	3—5	,, 0,25	0,05	—
,, kalt erblasen, weiß .	um 2,8	—	0,6—0,8	3—5	0,27	0,04	0,3
,, ,, meliert .	um 2,8	—	0,8—1,5	2—3	0,2	0,04	0,3
,, ,, grau .	um 2,8	—	1,5—2,0	2—3	0,3	0,04	0,2

[1] Vgl. Stahleisen 1902, S. 114; über kohlenstoffarmes Zusatzeisen s. Stahleisen 1920, S. 786.

Zahlentafel 46.
Oberschlesische Gießereiroheisen.

Werk	Ges. C %	Si %	Mn %	P %	S %
a) Hämatit.					
Borsigwerk	3,80—4,00	1,80—3,00	1,00—1,25	max. 0,10	0,03—0,06
Falvahütte	3,60	2,00—3,50	0,80—1,25	„ 0,08	0,04—0,07
Donnersmarckhütte	3,80	2,25—3,25	0,80—1,00	„ 0,10	0,05
b) Gießereiroheisen.					
Borsigwerk	3,60—4,00	2,50—3,00	1,50—2,00	0,30—0,50	0,03—0,06
Donnersmarckhütte	3,50—4,00	2,50—4,00	1,00—1,60	0,30—0,60	0,02—0,06
„ Luxemburger Nr. III	3,50	2,50—3,50	0,80—1,00	bis 1,60	0,05
Falvahütte	3,50—3,80	2,50—3,50	1,00—1,50	0,50—0,70	0,04—0,07
„ Englisch Nr. III	3,50	3,00—3,50	0,80—1,00	1,20—1,50	0,05—0,07
Hubertushütte	3,50—3,80	2,00—3,50	1,25—2,00	0,30—0,70	0,02—0,07

Zahlentafel 47.
Sonstige deutsche Gießereiroheisen (Auswahl).

Werk	Ges. C %	Si %	Mn %	P %	S %
a) Hämatit.					
Kraft (Stettin)	—	2,50—3,50	0,50—1,00	0,10	0,05
Lübeck	4,00—4,20	2,50—4,00	0,60—1,20	0,05—0,08	0,015
Georgsmarien-Hütte	—	2,10	1,05	0,11	0,04
b) Gießereiroheisen.					
Kraft (Stettin) Nr. I	3,60	3,15	0,66	0,46	0,015
„ „ Nr. III	—	3,31	0,49	0,87	0,020
Lübeck, Nr. I	4,00—4,20	2,50—3,50	0,60—1,00	0,20—0,30	0,018
„ Deutsch Nr. III	3,90—4,10	2,50—3,00	0,60 0,90	0,40—0,60	0,01—0,03
„ Englisch Nr. III	3,80—4,10	2,00—3,00	0,60—0,90	1,00—1,20	0,01—0,03
Georgsmarien-Hütte	—	3,40	0,75	0,59	0,02
Mathildenhütte, Nr. III	3,80—4,00	1,70 2,20	0,40—0,60	1,20—1,40	0,02—0,04
Amberg, Nr. III	3,30—3,60	2,50	0,30	1,10	0,04
„ Nr. V	3,50	1,30	0,30	1,20	0,030

Zahlentafel 48.
Deutsche Holzkohlenroheisen.

Werk	Ges. C %	Si %	Mn %	P %	S %
Harzer Werke zu Rübeland und Zorge, grau .	3,72	1,46	0,60	0,71	0,026
Neuhütte, J. W. Bleymüller, Schmalkalden, weiß	2,45	1,00	6,65	0,10	0,056
„ „ „ weiß	3,05	0,79	6,32	0,11	0,031
Staatl. Hüttenamt Rothehütte i. Harz, grau .	—	1,48	0,63	0,59	0,043

Eine weitere Gruppe bilden die in den letzten Jahrzehnten an der Küste der deutschen Nord- und Ostsee entstandenen Hochofenwerke (Stettin, Lübeck, Bremen), die größtenteils mit ausländischen Erzen und englischem Koks arbeiten. Die billigen Frachtverhältnisse zur See ermöglichen diesen Werken niedrige Gestehungskosten (vgl. Zahlentafel 47).

Endlich sind als kleinere Bezirke für die Herstellung von Gießereiroheisen in Kokshochöfen die Georgsmarien-Hütte bei Osnabrück, die Mathildenhütte bei Harzburg und die Luitpoldhütte des Staatl. Bayerischen Berg- und Hüttenamtes Amberg zu nennen, die sämtlich auf in der Nähe gelegenen Eisenerzvorkommen gegründet sind und neben diesen meist reiche fremde Erze und Eisenabfälle verschmelzen [1] (vgl. Zahlentafel 47).

Zahlentafel 49.
Deutsche Sonderroheisen, im Kokshochofen erblasen.

Werk	Marke	Ges. C %	Si %	Mn %	P %	S %	Cu %
Concordiahütte, Bendorf, hämatitartig . .	C—H	2,50—2,80	1,50—1,80	0,60—0,80	unter 0,10	0,03—0,04	—
„ gießereieisenartig	C—G	2,50—2,80	1,50—1,80	0,60—0,80	0,50—0,75	0,05	—
Friedrich-Wilhelmshütte, Mülheim a. Ruhr, hämatitartig	Silbereisen	2,20—2,80	1,30—1,80	0,60—0,90	0,06—0,09	0,02—0,05	—
„ gießereieisenartig	„	2,20—2,80	1,30—1,80	0,60—0,90	0,30—0,60	0,02—0,05	—
Kupferhütte, Duisburg, grau	Holzkohlen-	3,75—4,20	1,20—1,50	0,15	0,08	0,02	} 0,15—0,18
„ „ meliert	roheisen-	3,50—3,70	0,80	0,15	0,08	0,07	
„ „ weiß	ersatz	3,20—3,50	0,50	0,15	0,08	0,15	

Zahlentafel 50.
Gießereiroheisen aus Lothringen, Luxemburg und von der Saar.

Werk	Ges. C %	Graphit %	Si %	Mn %	P %	S %
a) Hämatit.						
Soc. Lorraine Minière et Métallurgique [2]	4,00—4,30	3,50—3,80	2,50—3,00	0,80—1,30	0,08 max.	0,03 max.
Desgl., für Walzenguß . . .	4,00—4,30	3,50—3,80	2,00—3,00	0,60—0,80	0,08 max.	0,03 max.
„ „ „ . . .	3,80—4,10	3,40—3,60	2,00—3,00	0,40—0,60	0,08 max.	0,03 max.
„ manganreich	3,80—4,50	3,00—3,50	1,50—2,50	2,00—3,00	0,08 max.	0,03 max.
„ „Halbhämatit" . . .	4,00—4,30	3,50—3,80	2,00—3,00	0,50—1,00	0,10—0,20	0,03 max.
b) Gießereiroheisen.						
Le Gallais, Metz & Co., Nr. III	3,40—3,70	—	2,00—2,50	0,35—0,55	1,80—1,90	0,03—0,06
Rodingen Nr. III	3,00—3,60	—	2,00—3,00	—	1,70—1,85	0,03—0,05
„ Nr. V	3,00—3,50	—	1,50—2,50	—	1,70—1,85	0,04—0,07
Sambre & Moselle, Maizière, Nr. III	3,20—3,70	2,90—3,20	2,20—2,50	0,30—0,40	1,70—1,85	0,01—0,03
„ Nr. V	3,00—3,40	—	1,20—2,20	0,30—0,40	1,70—1,85	0,04—0,07
Audun le Tische, Nr. I . .	3,10—3,40	—	2,50—2,80	0,35—0,45	1,85	0,005
„ Nr. III . .	3,40—3,70	—	2,40—3,00	0,35—0,45	1,85	—
„ Nr. IV . .	3,20—3,30	—	2,20—2,70	0,35—0,45	1,85	—
„ Nr. V . . .	3,10—3,20	—	2,20—2,70	0,35—0,45	1,85	—
Eisen- u. Stahlwerke Steinfort, Nr. III	3,40	—	2,63	0,42	1,95	0,02
„ Nr. III	3,50	—	2,35	0,42	1,95	0,03
„ Nr. IV	3,50	—	1,70	0,42	1,95	0,06
„ Nr. V	3,41	—	1,40	0,42	1,95	0,08
Longwy, Nr. III }	—	—	2,90	0,40	1,90	0,016
„ Nr. IV } [3]	—	—	2,56	0,40	1,90	0,006
„ Nr. V }	—	—	2,83	0,40	1,90	0,041
„ Nr. III }	—	—	2,54	0,40	1,90	0,020
„ Nr. IV } [4]	—	—	2,12	0,40	1,90	0,005
„ Nr. V }	—	—	2,04	0,40	1,90	0,070
Athus, Nr. III.	3,25	—	2,90	0,35	1,85	0,05
Halbergerhütte (Saar), Nr. III	3,50—3,70	2,90—3,10	2,00—2,50	0,40	1,70—1,85	0,03—0,05
„ „ „ Nr. III gar [5]	3,40—3,60	3,10—3,20	2,50—3,00	0,40	1,70—1,85	0,02—0,03
„ „ „ Nr. IV	3,00—3,40	2,70—2,90	1,70—2,30	0,40	1,70—1,85	0,05—0,07
„ „ „ Nr. V	3,00—3,40	2,30—2,70	1,20—2,20	0,30—0,40	1,70—1,85	0,04—0,10

---

[1] Die Ilsederhütte bei Peine und die Maximilianshütte bei Unterwellenborn i. Th. erblasen kein Gießereiroheisen, die Maximilianshütte bei Rosenberg in Bayern und die Schwäbischen Hüttenwerke in Wasseralfingen nur solches für den eigenen Bedarf.

[2] Fonderie moderne 1923, Dezemberheft S. 443.

[3] Glatte Haut.

[4] Rauhe Haut.

[5] Über 2,5% Si.

Die wenigen noch vorhandenen Holzkohlenhochöfen Deutschlands sind in Zahlentafel 48 zusammengestellt. Sie gehen, soweit sie in Betrieb sind, ausnahmslos auf Roheisensorten, die für Sonderzwecke in der Gießerei Verwendung finden.

Mit der Herstellung von Sondermarken für Gießereizwecke befaßt sich in Deutschland eine Reihe von Kokshochofenwerken, wie aus der Zusammenstellung der Zahlentafel 49 hervorgeht [1]).

---

[1]) Für den gemeinsamen Verkauf ihrer gesamten, auf den Markt zu bringenden Roheisenerzeugung hatten bereits im Jahre 1899 die deutschen und luxemburgischen Hochofenwerke ein Roheisensyndikat in Düsseldorf gegründet. Die Verbandszeit lief Ende 1908 ab, und es gelang bei der rückläufigen Marktlage nicht, einen gangbaren Weg für die Erneuerung zu finden. Erst 1910 wurde nach langen Verhandlungen die Mehrzahl der Hochofenwerke zu einem neuen Roheisenverband, G. m. b. H., in Essen a. d. Ruhr zusammengeschlossen. Seit 1920 besteht eine Zweigstelle in Saarbrücken zur Erleichterung des Geschäftsverkehrs mit den Werken im Saargebiet, Lothringen und Luxemburg. Die Mitglieder verkaufen dem Verbande ihre gesamte zollinländische Erzeugung an Roheisen, einschließlich des Ausfall- und Rinneneisens, jedoch mit Ausnahme des Selbstverbrauchs, während der Verband die Verpflichtung der Abnahme und des Weiterverkaufs übernimmt. Jedes Mitglied ist verpflichtet, alle einlaufenden Anfragen und Aufträge dem Verband zu überweisen und diesem die Erledigung zu überlassen. Mit einzelnen Firmen, z. B. Concordiahütte-Bendorf, Deutsch-Luxemburgische Bergwerks- und Hütten-Aktiengesellschaft in Mülheim a. d. Ruhr sind besondere Abmachungen getroffen, wonach ihre Sondermarken nicht als Roheisen im Sinne des Verbandsvertrags anzusehen sind, jedoch unterstehen diese Roheisenmarken ebenfalls der Kontrolle des Roheisenverbands bezüglich Erzeugung, Versand, Selbstverbrauch und Verkauf.

Zur Zeit (Ende 1924) umfaßt der Roheisenverband alle deutschen Kokshochofenwerke, soweit sie Gießereiroheisen auf den Markt bringen. Mitglieder sind folgende Firmen:

Mitglieder des Roheisenverbands:

A.-G. Charlottenhütte Abt. Niederschelden (Sieg); Abt. Eiserner Hütte, Eisern, Krs. Siegen; Abt. Köln-Müsen, Kreuztal, Krs. Siegen.

A.-G. für Hüttenbetrieb, Duisburg-Meiderich.

A.-G. Niederscheldener Hütte, Niederschelden a. d. Sieg.

Bergbau- und Hütten-A.-G. Friedrichshütte, Abt. Herdorf i. Siegerland; Abt. Alte Herdorfer Hütte, Herdorf i. Siegerland.

Birlenbacher Hütte G. m. b. H., Geisweid b. Siegen.

Bochumer Verein für Bergbau und Gußstahlfabrikation, Bochum.

Buderussche Eisenwerke, Abt. Sophienhütte, Wetzlar; Abt. Georgshütte, Burgsolms, Krs. Wetzlar.

Deutsch-Luxemb. Bergw. u. Hütten-A.-G., Abt. Dortmunder Union, Dortmund; Abt. Friedrich-Wilhelmshütte, Mülheim a. d. Ruhr; Abt. Horst, Horst a. d. Ruhr.

Duisburger Kupferhütte, Duisburg.

Eisen- und Stahlwerk Hoesch A.-G., Dortmund.

Eisenwerk Kraft, Niederrheinische Hütte, Duisburg-Hochfeld.

Geisweider Eisenwerke A.-G., Geisweid, Krs. Siegen.

Gelsenkirchener Bergw. A.-G. Abt. Hochöfen, Gelsenkirchen; Abt. Hüsten, Hüsten i. W.; Abt. Vulkan, Duisburg.

Gewerkschaft Grünebacher Hütte, Daaden, Siegerland.

Gutehoffnungshütte, A.-V. für Bergbau und Hüttenbetrieb, Oberhausen i. Rhld.

Haigerer Hütte A.-G., Haiger, Dillkreis.

Henschel & Sohn, G. m. b. H., Abt. Henrichshütte, Hattingen a. Ruhr.

Hessen-Nassauischer Hüttenverein G. m. b. H., Abt. Hochofenwerk Oberscheld, Oberscheld b. Dillenburg.

Hochofenwerk Lübeck A.-G., Herrenwyk im Lübeckschen; Zweigniederlassung „Hütte Kraft", Stolzenhagen b. Kratzwiek b. Stettin; Abt. Rolandshütte Weidenau a. d. Sieg.

Hohenzollernhütte A.-G., Emden.

Ilseder Hütte A.-G., Groß-Ilsede b. Hannover.

Klöckner-Werke A.-G., Abt. Georgsmarienhütte, Georgsmarienhütte, Krs. Osnabrück; Abt. Hasper Eisen- und Stahlwerk, Haspe i. W.; Abt. Mannstaedtwerke, Troisdorf b. Köln.

Fried. Krupp A.-G., Essen a. d. Ruhr, Abt. Friedrich-Alfred-Hütte, Rheinhausen; Abt. Hermannshütte, Hermannshütte b. Neuwied; Abt. Mülhofenerhütte, Mülhofen bei Engers a. Rh.

Mathildenhütte A.-G. für Bergbau und Hüttenbetrieb, Bad Harzburg.

Niederdreisbacher Hütte G. m. b. H., Niederdreisbach.

Norddeutsche Hütte A.-G. Oslebshausen b. Bremen.

Peipers & Co. A.-G. für Walzenguß, Abt. Hainer Hütte, Siegen i. W.

Phoenix A.-G. für Bergbau und Hüttenbetrieb, Abt. Dortmunder Hochofenwerk, Dortmund; Abt. Ruhrort, Duisburg-Ruhrort; Abt. Hochofenwerk Bergeborbeck, Essen-Bergeborbeck; Abt. Hörder Verein, Hörde i. W.

B. Der Minettebezirk (Lothringen-Luxemburg-Saargebiet). Die Roheisenerzeugung in Lothringen-Luxemburg gründet sich auf dem überaus mächtigen Vorkommen der Minetteerze, oolithischer Brauneisensteine mit teils kalkigem, teils tonigem oder kieseligem Bindemittel. Bei im Mittel 0,7% Phosphor sinkt der Eisengehalt der zur Verhüttung gelangenden Erze von 36—38% bis auf 28%. Die an Stelle des Zuschlagkalksteins häufig verwendeten kalkigen Erze weisen meist einen niedrigeren Eisengehalt auf. Als Brennstoff dient von der Saar oder besser aus Westfalen bezogener Koks. Die diesen Erzen eigene hohe Menge Phosphorsäure verleiht dem Roheisen einen gleichbleibenden Gehalt von 1,7—2,0% Phosphor. Das Lothringer-Luxemburger Gießereiroheisen kann daher vielfach nur als Zusatzeisen zu phosphorarmen Marken gelten. Die Klassierung und zum Teil auch der Verkauf des Lothringer-Luxemburger Gießereiroheisens erfolgt einerseits nach dem Siliziumgehalt etwa wie folgt: Nr. I mehr als 3,00% Si, Nr. II 2,50—3,00% Si, Nr. III 1,80—2,50% Si, Nr. IV und V 1,80—2,25% Si. Für Nr. IV und V ist das Korn maßgebend. Anderseits wird immer noch die Einteilung des Comptoir de Fontes de Longwy angewandt, bei der nur nach dem Korn geschieden wird. Nr. I und II ist bloß für Hämatit üblich, Nr. III ist Grobkorn, Nr. IV Mittelkorn und Nr. V Feinkorn. Wie unzuverlässig diese Einteilung ist, zeigen nach G. Maurel folgende Mittelwerte [1]):

	Si %	Ges. C %	Graphit %	S %
Grobkorn	3,72	3,15	2,77	0,007
Mittelkorn	3,88	3,07	2,81	0,006
Feinkorn	3,71	3,32	2,95	0,007

Im angrenzenden, nur etwa 90 km entfernten Saargebiet wird Gießereiroheisen ebenfalls aus Lothringer Minette erblasen, die Vorkommen toniger Brauneisensteine innerhalb des Saarbrücker Steinkohlengebirgs sind ohne Bedeutung geworden.

Seit der Abtrennung Elsaß-Lothringens vom Deutschen Reich, wodurch Deutschland rund 78% seines Vorrats an Eisenerzen genommen wurden, teilen sich Frankreich mit über 100 000 ha, Luxemburg mit 3700 ha und Belgien mit 354 ha in den Besitz der Minettelagerstätten.

Analysen von Gießereiroheisen aus dem Minettebezirk und dem Saargebiet sind in Zahlentafel 50 zusammengestellt.

C. Frankreich. Als weitaus wichtigste Eisenerze kommen für Frankreich die an seiner Ostgrenze, an der Mosel und Maas, auftretenden oolithischen Minetten in Betracht,

---

Rheinische Stahlwerke, Duisburg-Meiderich.

Rombacher Hüttenwerke, Abt. Concordiahütte, Engers a. Rh.; Abt. Marienhütte, Eiserfeld a. d. Sieg.

Storch & Schöneberg A.-G. für Bergbau und Hüttenbetr., Abt. Kirchen a. d. Sieg.; Abt. Bremerhütte, Geisweid. Krs. Siegen; Abt. Gosenbacher Hütte b. Niederschelden.

Vereinigte Stahlwerke van der Zypen und Wissener Eisenhütten A.-G., Abt. Alfredhütte, Wissen a. d. Sieg.; Abt. Heinrichshütte, Hamm a. d. Sieg.

Verkaufsvereinigung des Ostdeutschen Roheisensyndikats, G. m. b. H., Beuthen i. O.S.

Walzengießerei vorm. Kölsch & Co., A.-G. Abt. Eiserfelder Hütte, Eiserfeld.

Westf. Eisen- und Drahtwerke A.-G., Abt. Aplerbeck i. W.

Die Verkaufsvereinigung des Ostdeutschen Roheisen-Syndikats G. m. b. H. in Beuthen O.S., hat zur Zeit, nachdem die in Polnisch-Oberschlesien liegenden Werke ausgeschieden sind, mit denen aber auch heute noch gewisse Vereinbarungen bestehen, folgende drei Mitglieder: Oberschlesische Eisenindustrie, A.-G. für Bergbau und Hüttenindustrie in Gleiwitz, Werk Julienhütte; Borsigwerk A.-G. in Borsigwerk, und Donnersmarckhütte, Oberschles. Eisen- und Kohlenwerke A.-G. in Hindenburg O.S.

Dem Roheisenverband in besonderen Gruppen angegliedert sind die

Ferro-Mangan-Gemeinschaft, gebildet von den Werken: A.-G. für Hüttenbetrieb, Duisburg-Meiderich; Donnersmarckhütte, A.-G., Hindenburg O.S.; Gelsenkirchener Bergwerks-A.G., Abt. Hochöfen, Gelsenkirchen; Gutehoffnungshütte, Aktienverein, Oberhausen (Rhld.); Fried. Krupp, A.-G., Essen; und die

Ferro-Silicium-Gemeinschaft, bestehend aus den Werken: A.-G. für Hüttenbetrieb, Duisburg-Meiderich und Gelsenkirchener Bergwerks-A.-G., Abt. Hochöfen, Gelsenkirchen.

Eine Liste sämtlicher deutscher Hochofenwerke nebst Angabe ihrer Leistungsfähigkeit ist enthalten in „Gemeinfaßliche Darstellung des Eisenhüttenwesens", herausgegeben vom Verein deutscher Eisenhüttenleute in Düsseldorf, 12. Aufl. 1924.

[1]) Révue de l'Industrie Minérale 1923, Nr. 65, S. 493.

aus denen ein dem Luxemburger entsprechendes Roheisen dargestellt wird. Der alt-
französische Minettebezirk umfaßte die Becken von Nanzig, Briey und Longwy; durch
das Versailler Diktat kamen die deutsch-lothringischen Werke zwischen Metz und Dieden-
hofen mit 65 Hochöfen hinzu. Neuerdings werden dort auch Hämatit und Sonderroheisen erblasen. Nähere Angaben s. oben unter B. Der Minettebezirk; Analysen siehe
Zahlentafel 50.

Eine weitere Gruppe bilden die Hütten im Norden Frankreichs in den Departe-
ments Nord und Pas de Calais entlang der belgischen Grenze. Sie verarbeiten sowohl
einheimische Rot- und Brauneisensteine als auch ausländische (spanische, afrikanische)
Erze mit Koks aus dem dortigen Bezirk vornehmlich zur Stahldarstellung. Im Krieg
entstanden dort verschiedene neue Werke, das bedeutendste ist die Société Normande
de Métallurgie in Caen [1]). Endlich befinden sich eine Reihe von Hochofenwerken in
Mittel-, Süd- und Südwestfrankreich, die die reichen Brauneisensteine der Champagne
und der Franche Comté, sowie Spate aus den Alpen, Hämatite und Spate aus den
Pyrenäen und Sphärosiderite (südlich von Lyon) verhütten.

Während des Krieges ist in den Werken zu Livet, Villefranche, Limoges, Nanterre
u. a. in den französischen Alpen die Darstellung von sog. synthetischem Roheisen aus
Eisen- und Stahlabfällen aufgenommen worden [2]). Analysen gibt Zahlentafel 51.

D. Belgien. Die belgische Roheisenindustrie verwendet zum weitaus größten Teil
fremde Erze (Minette, schwedische, spanische Erze) und eigenen Koks aus den Becken von
Lüttich und Charleroi. Hochofenwerke bestehen in folgenden Provinzen: Hennegau
und Brabant (Sambre et Moselle, Thy-le-Château, Hainaut, Monceau, La Providence,
Châtelineau, Clabecq), Lüttich (Cockerill, Ougrée, Angleur, Espérance); Luxemburg (Athus, Halanzy, Musson). Gießereiroheisen wird fast nur in Luxemburg, hauptsächlich aus Minetten, erblasen (vgl. Zahlentafel 50).

E. Schweiz. Solange es die Valutaverhältnisse zuließen, wurde auf den von Rollschen
Eisenwerken zu Choindez a. d. Birs im Jura ein Hochofen betrieben, dessen Erzeugung
hauptsächlich in der zugehörigen Röhrengießerei vergossen wurde. Synthetisches
Roheisen wird von der Firma Oehler & Co. in Aarau im Elektroofen dargestellt [3])
(vgl. Zahlentafel 51).

Zahlentafel 51.
Synthetische Roheisen.

Werk	Ges. C %	Si %	Mn %	P %	S %
Société des Établissements Keller et Leleux, Livet (Isère), Frankreich	3,55	0,52	0,48	?	Spuren
Oehler & Cie., A.-G., Aarau (Schweiz)	3,40—4,00	4,0—4,3	0,5	0,1	0,02 max.
„	3,40—4,00	3,5—4,0	0,8	0,1	0,02 „
„	3,5	1,8—2,5	1,2—2,0	0,1	0,02 „
„	3,5	0,5—1,0	0,6	0,1	0,02 „
„ (Sonderroheisen)	2,0—2,5	0,5—1,0	0,5—1,0	um 0,1	0,02 „

F. Nachfolgestaaten des ehemaligen Österreich-Ungarn. Die nicht
unbedeutende Eisenindustrie des ehemaligen österreich-ungarischen Staatengebildes ist
auf folgende Staaten übergegangen: Deutsch-Österreich, Ungarn, Tschechoslovakei,
Südslavien, Rumänien, Italien. Abgesehen von dem an Italien abgetretenen Hochofenwerk in Servola bei Triest sind die Hochofenwerke auf örtliche, zum Teil reiche
Erzvorkommen gegründet, doch mangelt es ihnen allen außer den in der Tschechoslovakei
gelegenen an verkokbarer Kohle.

Die vielen kleinen Hochofenwerke, vornehmlich in den Alpenländern, die Holzkohlenroheisen erbliesen, sind in den letzten 40 Jahren fast vollständig eingegangen,

---

[1]) Vgl. Stahleisen 1913, S. 783; 1916, S. 384; 1919, S. 955.
[2]) Vgl. Stahleisen 1920, S. 437, s. a. Fußnote [1]) auf S. 116.
[3]) Stahleisen 1921, S. 1883.

Zahlentafel 52.
Gießereiroheisen der österreich-ungarischen Nachfolgestaaten.

Werk	Roheisen-gattung	Ges. C %	Si %	Mn %	P %	S %	Cu %
1. Deutsch-Österreich.							
Alpine Montangesellschaft, Eisenerz	Gießerei-Zusatzeisen, lichtgrau	3,80—4,80	1,20—2,00	2,50—4,00	0,10—0,30	0,05—0,10	—
	desgl. tiefgrau	3,80—4,80	1,50—4,00	1,00—3,50	0,10—0,30	0,05—0,10	—
„Concordiahütte „Sulzau-Werfen [Salzburg¹)]	Holzkohlen-roheisen	4,00—4,40	0,90—1,30	1,20—1,50	0,14—0,18	0,006-0,06	0,02
2. Ungarn (fehlt).							
3. Tschechoslovakei.							
Röhrenwalzwerk Albert Hahn, Oderberg (Schlesien).	Gießerei Nr. I	3,50—4,00	2,50—3,50	0.85—1 00	um 0,4	0,015-0,04	—
„ „	„ Nr. III	3,00—3,50	1,50—2,00	um 0,8	„ 0,4	bis 0,1	—
Eisenwerk Trzynietz (Schlesien) der Berg- u. Hüttenwerksges.	Hämatit	4,00—4,50	2,00—3,50	0,70—1,00	0,20	0,015-0,04	—
	Gießerei Nr. I	3,60—4,20	2,00—3,00	0,70—1,20	0,50—1,10	0,01—0,03	—
„ „	„ Nr. III	3,00—3,50	1,20—1,80	0,60—1,10	0,70—1,10	0,03—0,06	—
Hochofenwerk Königshof, vorm. Prager Eisenindustrie A.-G.¹)	Hämatit	3,00—4,00	2,00—3,00	0,70—1,20	0,12—0,17	0,01—0,03	—
	Gießerei Nr. I	3,50—4,00	2,21—4,62	0,55—1,00	1,04—1,45	0,025-0,04	—
Witkowitzer Bergbau- u. Eisenhütten-Gewerksch. (Mähren) .	Gießerei Nr. I	3,50—4,00	2,00—3,00	0,40—1,00	0,50—0,80	0,01—0,03	—
„ „	„ engl. Nr. I	3,50—4,00	2,00—3,00	0,40—0,80	1,30—2,50²)	0,01—0,03	—
„ „	Hämatit Nr. I	3,50—4,00	2,20—3,20	0,40—1,00	0,12—0,18	0,01—0,03	—
„ „	Hartgußroheisen weiß	—	0,40—0,80	0,40—0,90	0,40—0,80	0,10—0,20	—
„ „	„ grau	—	0,60—1,20	um 1,00	0,40—0,80	0,06—0,10	—
Hochofenwerk Ztratená (Slovak.)	Holzkohlen-Koksroheisen³)	—	0,60—1,00	2,50—3,00	0,15—0,20	0,04	—
v. Philipp Coburg'sche Berg- u. Hüttenw.-A.-G. in Trnava¹).	Holzkohlen, halbiert	3,20—3,50	0,50—0,80	2,00—3,00	0,08—0,12	0,02—0,04	—
„ „	„ grau	3,50—4,00	1,00—1,50	2,00—3,00	0,08—0,12	0,02—0,04	—
4. Südslavien.							
Hochofenwerk Vareš in Vareš .	Graueisen	2,77	1,85	1,97	0,11	0,016	0,10—0,17⁴)
„ „ „	Weißeisen	3,00	1,00—2,20	3,00—4,50	0,20	0,06—0,10	0,10—0,18⁴)
5. Rumänien.							
Hochofenwerk Vajdahunyad des kgl. ungar. Eisenwerksamts, Komitat Hunyad (Siebenbürgen)	Gießerei Nr. 1	3,00—3,50	3,20	3,25	0,05—0,09	—	—
6. Italien.							
Hochofenwerk Servola b. Triest¹) (Krainische Indusirie A. G. .	Hämatit	3,50—4,00	2,70—3,40	0,90	0,06—0,10	0,02—0,04	—
„ „ „	Gießereiroheisen	3,70	3,00	1,00	0,10—0,20	0,03	—

dafür haben sich in den einzelnen Staaten zum Teil recht kräftige Hochofenbezirke entwickelt, die beinahe ausschließlich Koksroheisen erzeugen. Holzkohlenroheisen wird nur in Steiermark, in der Tschechoslovakei (Ztratená) und in Südslavien (Vareš) dargestellt. Die Concordiahütte in Sulzau-Werfen hat in früheren Jahren Holzkohlenroheisen erblasen, sie besitzt jetzt einen Kokshochofen.

Die Orte, an denen sich Hochofenwerke befinden, sind folgende:

1. Deutsch-Österreich: Steiermark: Donawitz, Eisenerz, Hieflau, Vordernberg; Salzburg: Sulzau-Werfen.

---

¹) Zur Zeit außer Betrieb.
²) Nach Bedarf.
³) 15% Koks.
⁴) 0,06—0,10% Sb.

2. **Ungarn**: Ozd (Komitat Borsod).

3. **Tschechoslovakei**: Schlesien: Trzynietz, Oderberg; Mähren: Witkowitz; Böhmen: Kladno, Komorau, Königshof; Slovakei: Tisovek, Ztratená, Nyustya, Likér.

4. **Südslavien**: Bosnien: Vareš.

5. **Rumänien**: Siebenbürgen: Vajdahunyad, Resicza, Anina, Kálán, Nadrág.

6. **Italien**: Istrien: Servola (seit 1915 außer Betrieb).

Mit Ausnahme der Witkowitzer und Trzynietzer Hochöfen liegen die Hochofenwerke, wie bereits gesagt, an reichen Fundstellen von Eisenerzen, z. B. in Deutsch-Österreich die Spat- und Brauneisensteine des steierischen Erzberges, in Ungarn die Brauneisensteinvorkommen bei Rudabanya, in Böhmen Brauneisenerze bei Nušic und Kladno, in Südslavien Roteisensteine bei Vareš.

Witkowitz und Trzynietz verfügen zwar durch ihre Lage im Ostrau-Karwiner Kohlenrevier reichlich über Koks, müssen aber, nachdem die örtlichen Erzvorkommen bedeutungslos geworden sind, die Erze verteuert durch bedeutende Eisenbahnfrachten aus Schweden, aus der Slovakei u. a. O. beziehen. In beträchtlichen Mengen verhütten diese letzteren Werke auch eisenreiche Schlacken und Kiesabbrände in Form von Agglomeraten. Das bekannte Hochofenwerk Krompach in der Tschechoslovakei ist stillgelegt.

Südslavien besitzt bei landwirtschaftlichem Charakter keine aufgeschlossenen Steinkohlenlager, ebenso werden von den Eisenerzvorkommen zur Zeit nur wenige abgebaut. Als einziges, dazu kleines Hochofenwerk ist die Anlage von Vareš zu nennen, wo Roheisen mit Koks und Holzkohle erblasen wird. Ohne Bedeutung ist ein kleiner Holzkohlenhochofen in Topusko [Kroatien [1])].

Zahlentafel 52 enthält eine Auswahl der von den Nachfolgestaaten erblasenen Gießereiroheisenmarken. Bezüglich der sonstigen Roheisengattungen vgl. Zahlentafel 41.

G. Großbritannien. Einesteils gute und ausgedehnte Kohlen- und Eisenerzvorkommen, anderenteils günstige Fracht- und Absatzverhältnisse infolge zahlreicher Wasserstraßen und der Nachbarschaft des Meeres haben der Eisenindustrie Englands und Schottlands zu hoher Blüte verholfen. Trotz lange währenden Abbaues vermögen auch heute noch die einheimischen Gruben einen nennenswerten Teil des Bedarfs an Eisenerzen zu decken. Der Rest wird vorzugsweise aus Spanien, Schweden, Nordafrika, u. a. Bezirken eingeführt.

Zahlentafel 53.
Englische Hämatitroheisen [2]).

Werk	Marke	Ges. C %	Graphit %	Si %	Mn %	P %	S %
Distington Hematite Iron Co. Ltd.	Distington Nr. III	3,82	3,37	2,50	0,18	0,04 bis	0,035
Millom & Askam Hematite Iron Co., Ltd..	Milldam [3])	3,90	3,65	2,25 bis 2,75	1,20	0,025	bis 0,02
„ „ . „ „	Millstone [3])	3,90	3,65	2,25 bis 2,75	1,20	0,04	0,04
„ „ „ „	Askam Nr. III	3,56	3,26	2,00	0,60	0,04	unt. 0,030
Whitehaven Hematite Iron & Steel Co., Ltd. (Durchschnitt) . .	Cleator Nr. III	3,40	3,00	2,50	0,10	0,05	0,010
Palmers Shipbuilding & Iron Co., Ltd..	Tyneside Nr. II	4,02	3,75	1,85	1,60	0,04	0,035
?	H. Ayresome Nr. III	3,80	3,55	2,50	1,25	0,05	0,080
?	B. S. Hematite Nr. I	3,75	3,50	2,45	1,50	0,05	0,030
Ebbw Vale Steel, Iron and Coal Comp. (Wales)	E. B. B. W. Nr. I	3,67	3,50	2,50	0,50	0,06	0,03
„ „	„ Nr. II	3,61	3,37	2,00	0,50	0,06	0,05
„ „	„ Nr. III	3,40	3,05	1,80	0,50	0,06	0,06

[1]) Stahleisen 1922, S. 115—116.
[2]) Weitere Analysen s. Foundry Tr. J. 1923, S. 199.
[3]) As 0,015%; Cu 0,02%.

9*

Zahlentafel 54.
Englische Gießereiroheisen [1]).
Gruppe a. Northamptonshire und Cleveland.

W e r k	Marke	Ges. C %	Graphit %	Si %	Mn %	P %	S %
Bell Bros., Ltd., Middlesbrough	Clarence, Nr. I	3,45	3,30	2,90	0,60	1,52	0,030
„ „ „ „	„ Nr. III	3,28	3,01	2,80	0,58	1,50	0,036
„ „ „ „	„ Nr. IV	3,48	3,00	2,31	0,50	1,55	0,075
„ „ „ „	„ weiß	3,10	—	0,93	0,30	1,52	0,250
The Carlton Iron Co., Ltd. . .	Carlton, Nr. I	3,35	3,29	3,19	0,32	1,29	0,038
„ „ „ „ „	„ meliert	3,30	1,25	1,79	0,32	1,45	0,190
Bolkow, Vaughan & Co., Ltd. .	Cleveland	3,45	3,25	3,25	0,75	1,50	0,048
Palmers Shipbuilding and Iron Co., Ltd..	Jarrow, Nr. I	3,75	3,65	3,00	0,55	1,10	0,020
„ „	„ Nr. IV	3,40	2,90	1,80	0,40	1,15	0,065
Cochrane & Co., Ltd.	Ormesby, Nr. III	3,23	3,15	2,78	0,52	1,35	0,068
Sir B. Samuelson & Co., Ltd. .	B. S. Newport, Nr. I	3,70	3,60	2,75	0,55	1,40	0,030
Jolip Iron Co., Northamptonshire	Nr. I	3,80	3,70	3,0 bis 3,5	0,30	1,60	0,03 bis 0,05
„ „ „ „	Nr. II	3,60	3,50	3,0 bis 3,5	0,30	1,60	0,025
„ „ „ „	Nr. III	3,10 bis 3,60	3,0 bis 3,5	3,5	0,30	1,60	0,04
Thomas Butlin & Co., Northamptonshire	Nr. III	3,35	3,22	1,78	0,40	1,61	0,018

Gruppe b. Nord-Staffordshire, Derbyshire, Lincolnshire.

W e r k	Marke	Ges. C %	Graphit %	Si %	Mn %	P %	S %
Derbyshire Clay Cross Co., Sheffield	Clay Cross, Nr. I	3,11	2,47	3,33	0,21	0,54	0,020
Devonshire Iron Works	„ „ Nr. III	3,35	3,05	2,52	0,68	1,55	0,020
Derby Iron & Coal Co., Ltd.. .	„ „ Nr. III	2,98	Spur	2,67	0,76	1,54	0,060
James Oakes & Co..	„0000", Nr. III	4,00	3,57	1,51	0,81	1,20	0,024
Sheepbridge Coal & Iron Co., Ltd. Derbyshire	Sheepbridge, Nr. I	3,82	3,74	3,17	0,89	1,40	0,100
„	„ Nr. III	3,49	3,25	2,80	0,85	1,44	0,030
Staveley Coal & Iron Co., Ltd.,	Staveley, Nr. II	3,43	3,16	3,52	1,06	1,24	0,050
„ „	„ Nr. IV	3,41	3,12	2,68	1,73	1,27	0,070
„ „	„ meliert	3,26	2,18	0,96	1,30	1,44	0,190
Frodingham Iron Steel Co., Lincolnshire	Frodingham, Nr. I	2,28	2,12	2,75	1,89	1,50	0,023
„ „	„ Nr. IV	?	?	1,80	1,50	1,50	0,080

Zahlentafel 55.
Britische Sonderroheisen.

W e r k	Marke	Ges. C %	Graphit %	Si %	Mn %	P %	S %
T. u. J. Bradley, South Staffordshire.	kalterblasenes Hartgußeisen	3,18	?	0,95	0,65	0,38	0,08
„ „	kalterblasenes weiches Eisen	3,50	?	0,50	0,65	0,38	0,08
„ „	Zylinderroheisen	3,75	?	0,12	0,65	0,38	0,06
Goldendale	„	—	—	—	0,75 bis 3,0	1,3 bis 2,0	0,06 bis 0,10

---

[1]) Vgl. auch Stahleisen. 1921, S. 412; Foundry Tr. J. 1923, S. 199.

Von den Eisenerzen Englands sind in erster Linie zu nennen die zwar nicht hochprozentigen, aber in großen Mengen in der Nähe der Küste vorkommenden phosphorreichen Toneisensteine des Clevelandbezirks (Middlesbrough), aus denen ein bedeutender Prozentsatz des englischen Gießereiroheisens erblasen wird. Für gleiche Zwecke werden in den Grafschaften Lincoln und Northampton ansehnliche Mengen Erze, hauptsächlich Brauneisensteine, gefördert. Endlich dienen zur Darstellung von Hämatitroheisen (s. Zahlentafel 53) die an der Westküste von Nordengland, in Cumberland, auftretenden Roteisensteine. Die bekannten und bedeutenden Lager von Kohleneisensteinen („Blackbands") und Toneisensteinen der Gegend von Glasgow in Schottland, aus denen das schottische Gießereiroheisen erblasen wurde, sind nahezu erschöpft. Die Steigerung in der Verhüttung ausländischer Erze macht sich in den letzten Jahren durch geringere Gleichmäßigkeit der Marken stark bemerkbar.

Bei den britischen Roheisen unterscheidet man die Nr. I bis VI, wovon Nr. I bis III Gießereiroheisen bedeuten. Bei den einzelnen Nummern kennt man vielfach mehrere Qualitäten, z. B. Nr. I weiches („soft") und Nr. I gewöhnliches Roheisen. Nr. IV wird in zwei Qualitäten gehandelt, und zwar als Gießereiroheisen, das für Hartgußwalzen und Guß für hydraulische Zwecke empfohlen wird, und als Nr. IV „forge", d. h. als Puddel-Roheisen. Die Nr. V und VI sind im Bruch stark meliert bis weiß [1]. Anderseits kennt man in England und auch in Nordamerika „All-mine"- und „Part-mine"- Roheisen, ferner „Cinder"-Roheisen. All-mine-Roheisen wird ausschließlich aus Erzen erblasen, während Part-mine-Roheisen aus Erzen und eisenhaltigen Abfällen (Schrott, Gußbruch u. a.) hergestellt wird. Cinder-Roheisen wird aus Eisenschlacken der Puddelöfen, Schweißöfen usw. erzeugt. Dieses Roheisen hat demgemäß hohen Phosphor- und Schwefelgehalt und ist meist weiß, hart und spröde. Das Schlackenroheisen von Staffordshire ist als das beste unter diesen Eisensorten bekannt, da es infolge des höheren Mangangehaltes der Beschickung ärmer an Schwefel ist.

Weiterhin gibt es Gießereiroheisen, die mit „refined pig" oder „special refined pig" bezeichnet sind. Diese Marken sind wahrscheinlich meist nicht, wie der Name besagen soll, vorgefrischt, sondern mit mäßig hohen Windtemperaturen aus Erzen erblasen und könnten ebensogut als „all-mine" bezeichnet werden (Zahlentafel 55).

Die kalterblasenen (cold blast) Eisensorten aus England und Wales sollen unter $0,4\%$ Phosphor, unter $0,06\%$ Schwefel und nicht über $0,60\%$ Mangan enthalten (vgl. Zahlentafel 55). Die Bezeichnung „Frodair" bedeutet nur, daß ein Roheisen mit heißem Wind erblasen wurde, im Gegensatz zu „Coldair", d. h. mit kaltem Wind dargestelltem Roheisen. Das englische Temperroheisen weist abgesehen von einigen wenigen Marken sehr hohen Schwefelgehalt (um $0,2\%$) auf.

Von den britischen Gießereiroheisenmarken, die früher in Deutschland allgemein ungleich höher als die einheimischen bewertet wurden [2] und den deutschen Markt beherrschten, kann man zwei Gruppen unterscheiden. Zu der ersten, dem englischen Roheisen (vgl. Zahlentafel 54), gehören diejenigen Marken, welche gemeinhin im Handel bekannt sind als Nord-Staffordshire, Derbyshire, Lincolnshire oder Frodingham, Northamptonshire und Cleveland oder Middlesbrough. Bezeichnend ist für diese Marken, daß sie sämtlich einen hohen Phosphorgehalt — selten unter 1%, meist gegen, nicht über $1,5\%$ — besitzen. Weiterhin soll sich der Schwefelgehalt in den Nummern I—III fast ständig unter $0,06\%$ halten und selbst bei Nr. IV selten über $0,08\%$ steigen. Die Gruppe läßt sich nach dem Mangangehalt, bedingt durch die verschmolzenen Erze, in zwei Klassen teilen, nämlich

a) Northamptonshire- und Clevelandroheisen mit einem üblichen Mangangehalt von unter $0,75\%$ (meist unter $0,6\%$) und

b) Nord-Staffordshire-, Derbyshire- und Lincolnshire-Roheisen mit gewöhnlich über $0,75\%$ (meist $1,0\%$), selbst bis $1,75\%$ Mangan.

---

[1] Näheres vgl. Stahleisen 1909, S. 181.
[2] Vgl. auch die Gegenüberstellung deutscher und britischer Marken. Stahleisen. 1912, S. 536.

Von der zweiten Gruppe, den schottischen Roheisen (vgl. Zahlentafel 56), seien angeführt die Marken: Shotts, Eglinton, Glengarnock, Carron, Gartsherrie und Summerlee. Sie sind gekennzeichnet durch hohen Mangan- — meist über 1,0%, nicht über 2,0% — und mäßig hohen Phosphorgehalt. Letzterer steigt bis über 1% und fällt bis 0,5%. Bei den Nr. I—III soll der Schwefelgehalt nicht über 0,06%, bei Nr. IV und V nicht über 0,08% betragen. Der hohe Mangangehalt der schottischen Marken schützt zwar das wertvolle Silizium beim Umschmelzen vor dem Verbrennen, doch wird der Guß durch den größeren Prozentsatz an Mangan spröder.

Zahlentafel 56.
Schottische Gießereiroheisen.

Werk	Marke	Ges. C %	Graphit %	Si %	Mn %	P %	S %
Carron Iron Works	Carron, Nr. I	3,64	3,50	2,80	1,00	0,75	0,035
„ „ „	„ Nr. III	3,55	3,35	2,15	0,91	0,75	0,060
Coltness Iron Co., Ltd.	Coltness, Nr. I	3,65	3,45	3,43	1,38	0,98	0,022
James Dunlop & Co., Ltd. . .	Clyde, Nr. I	3,44	3,35	3,26	0,79	0,48	0,030
The Glengarnock Iron & Steel Co., Ltd.	Glengarnock Nr. III	3,50	3,25	3,00	1,00	0,60	0,050
Merry & Cuninghame, Ltd. . .	Carnbroe, Nr. III	3,60	3,20	3,00	1,20	0,95	0,048
Summerlee & Mossend Iron & Steel Co., Ltd.	Summerlee, Nr. I	3,39	3,23	2,85	0,87	0,90	0,020
Shotts Iron Company	Shotts Nr. I	3,43	3,25	3,25	0,93	0,80	0,02
„ „ „	„ Nr. III soft	3,23	3,00	2,80	0,93	0,80	0,03
„ „ „	„ Nr. III medium	3,31	2,98	2,60	0,93	0,80	0,05
„ „ „	„ Nr. III hard	3,35	2,90	2,40	0,93	0,80	0,06
„ „ „	„ white	3,40	—	0,56	0,90	0,70	0,30

Zahlentafel 57.
Schwankungen in der Zusammensetzung britischer Roheisen [1]).

Herkunft	Lieferungen aus den Jahren	Gesamt- gewicht t	Anzahl der Proben	Gehalte [2]) Si %	Mn %	P %	S %
a) Hämatite. Durham und Northumberland Nr. III	1916/19	382	53	1,7—4,6 (2,0—2,5)	0,6—1,8 (1,1 max.)	0,01—0,6 (0,05 max.)	0,02—0,09 (0,06)
„ „ „ Nr. IV	1920	83	33	0,7—1,5 (um 1,0)	0,6—1,0 (um 0,7)	0,09—0,27 (um 0,06)	0,09—0,27 (0,10—0,15)
Cleveland, hochsiliziert . .	1920	493	125	1,7—4,5 (3,0—3,5)	0,7—2,0 (um 1,5)	0,02—0,05 (unter 0,05)	0,01—0,11 (0,01—0,05)
„ Nr. I	1919/20	200	48	2,5—3,8 (3,0—3,5)	0,6—1,4 (unter 1,5)	0,02—0,05 (unter 0,05)	0,01—0,07 (0,01—0,05)
b) Gießereiroheisen. Durham und Northumberland Nr. III	1916/20	2282	309	1,6—5,0 (2,8)	0,4—0,8 (0,6)	1,1—1,7 (1,5)	0,01—0,13 (0,04)
„ „ „ Nr. III	1915/19	779	165	1,6—3,9 (2,6)	0,4—0,7 (0,5)	1,4—1,7 (1,4)	0,02—0,09 (0,02)
Cleveland, Nr. III	1917/18	297	43	2,3—3,7 (2,5—3,0)	0,4—0,6 (0,6)	1,5—1,9 (1,5)	0,03—0,08 (0,05)
Schottisches, Nr. III	1916/19	972	160	1,8—4,8 (2,3)	0,8—2,8 (1,9)	0,6—1,3 (0,7)	0,01—0,11 (0,04)

[1]) Aus Foundry Trade Journal 1921, S. 497.
[2]) Die eingeklammerten Zahlen stellen die vom Hochofenwerk angegebene Analyse dar.

Vor dem Kriege wurde das englische und schottische Roheisen fast ausschließlich nach Marken und nach dem Bruchaussehen gehandelt, da sich die Eisenwerke mit Erfolg weigerten, irgend eine Gewähr für die Analyse ihres Eisens zu übernehmen. Auf Grund der während des Krieges stetig abnehmenden Güte des Eisens — infolge schlechter Kokslieferungen und anderer Betriebserschwernisse wurde vielfach nahezu unbrauchbares, von den gewohnten Marken völlig abweichendes Roheisen geliefert — änderten sich diese Verhältnisse. Die Werke begannen kleine Mengen bestimmten Analysen entsprechenden Eisens zu liefern gegen die Verpflichtung der Abnehmer, zu gleicher Zeit bestimmte Mengen Roheisen minderer Güte zu übernehmen. Damit wollte man sich gegenseitig an den Handel nach Analyse gewöhnen, indes scheint der Erfolg nicht hervorragend gewesen zu sein. Zahlentafel 57, die einen Auszug aus einer englischen Zusammenstellung bildet, läßt die Unterschiede zwischen den Angaben der Hochofenwerke und dem Befund der Gießerei erkennen.

H. Spanien. Die spanischen Gruben versorgen einen großen Teil der westeuropäischen Hochöfen mit reichen Eisenerzen. Im Lande selbst werden in den Provinzen Viscaya und Santander nur Hämatit und Bessemerroheisen, in Asturien ein ziemlich stark phosphorhaltiges Roheisen erblasen. Die Einteilung des Gießereiroheisens gleicht der in England üblichen. Für die Ausfuhr nach Deutschland kommt nur das Roheisen von Viscaya, für die nach Italien das von Santander in Betracht (vgl. Zahlentafel 58).

Zahlentafel 58.
Spanische Gießereiroheisen.

Herkunft	Bezeichnung	Ges. C %	Si %	Mn %	P %	S %
a) Hämatite.						
Vizcaya	Nr. I	4,00—4,50	3,00—3,50	0,50—1,00	0,03—0,05	0,02—0,05
„	Nr. III	3,50—4,00	2,00—2,50	0,50—1,00	0,03—0,05	0,02—0,05
„	Nr. IV	3,00—3,50	1,50—2,00	0,50—1,00	0,03—0,05	0,06—0,09
„	Nr. V	3,00—3,50	1,25—1,50	0,50—1,00	0,03—0,05	0,06—0,09
„	Nr. VI	2,50—3,00	1,00—1,25	0,50—1,00	0,03—0,05	0,10—0,20
b) Gießereiroheisen.						
Santander	—	3,50—4,00	1,50—2,50	1,00—2,50	0,10—0,15	0,02—0,05
Asturien	—	3,00—4,00	1,50—3,00	0,50—1,00	0,50—1,00	0,03—0,06
Valencia	—	3,50—4,00	1,50—3,50	1,00—1,10	0,20—0,30	0,02—0,05

J. Italien. Die bekanntesten und wichtigsten Eisenerze Italiens sind die phosphorarmen Roteisensteine (Hämatite) der Insel Elba. Zum Teil werden sie im Lande selbst (Porto Ferrajo, Piombino, Ilva b. Neapel) für sich allein zu Hämatitroheisen oder im Gemenge mit phosphorreichen Erzen verschmolzen. Eine im Erlöschen begriffene Industrie bilden die wenigen, noch vorhandenen Holzkohlenhochöfen in den Alpentälern der Lombardei. An ihre Stelle treten immer mehr Elektroöfen, die die bedeutenden Wasserkräfte zur Darstellung von Elektroroheisen und Ferrolegierungen ausnutzen, eine für das kohlenarme Land sehr wichtige neue Industrie [1]). Die Zukunft des Hochofenwerks Servola bei Triest nach seinem Übergang in italienischen Besitz ist ungewiß (vgl. S. 129).

K. Schweden. Unter den schwedischen Roheisen sind vor allem die Holzkohlenroheisen zu erwähnen, die aus phosphor- und manganarmen Magneteisensteinen (Gellivara, Kirunavara) bei warmem oder kaltem Winde, meist in kleinen Hochöfen, erblasen werden. Ihre Zusammensetzung geht aus den Analysen der Zahlentafel 59 hervor. Der hohe Preis dieser Holzkohlenroheisenmarken rechtfertigt ihre Verwendung nur zum Einschmelzen im Tiegelofen, da ihr Hauptvorzug, der geringe Schwefelgehalt, beim

---

[1]) Vgl. Stahleisen 1922, S. 832, 845.

Umschmelzen im Kuppelofen zunichte wird. Die Darstellung von Roheisen im Elektro-hochofen hat für auch Schweden steigende Bedeutung (s. Zahlentafel 60, vgl. auch S. 110).

L. Norwegen. Trotz gewaltiger und reicher Eisenerzlager (Sydvaranger, Lofoten, Bogen, Salangen, Drontheim, Dunderland) hat sich infolge Mangels an Kohlen und Verteuerung der Holzkohlen eine norwegische Eisenindustrie nicht entwickeln können. Ob die Kohlenschätze Spitzbergens eine Änderung hervorrufen, läßt sich noch nicht übersehen. Dagegen haben die starken Wasserkräfte die Gründung einiger Elektro-hochofenwerke veranlaßt (Zahlentafel 60).

Zahlentafel 59.
Schwedische Holzkohlenroheisen.

Werk	Marke	Ges. C %	Graphit %	Si %	Mn %	P %	S %	Geeignet für
?	C-D weiß [1]	4,00—4,10	—	0,15—0,20	0,10—0,12	0,06—0,07	0,01—0,018	Temper- und Hartguß
?	C-D grau [1]	3,90—4,10	2,90—3,00	1,00—1,25	0,10—0,12	0,05	0,01—0,025	desgl.
?	B-L ↑ 18 weiß [1]	3,80—4,00	—	0,20	0,20	0,06	0,020	desgl.
?	B-L ↑ 18 grau [1]	4,00—4,20	—	1,00—1,50	0,20	0,06	0,012	desgl.
?	Å-B weiß [1]	4,20—4,30	—	0,33	0,45	0,09	0,03	desgl.
?	Å-B grau [1]	4,20	2,50	1,50	0,50	0,09	0,024	desgl.
?	N-L (mit Krone)[1]	um 4,00	—	0,70—1,00	0,50—1,00	0,06	0,030	Hartguß
?	S-L, grau [2]	„ 4,00	—	1,00—1,25	0,10—0,12	0,06	0,01—0,025	hochbean-spruchten Ma-schinenguß
?	J-L weiß [2]	„ 4,00	—	0,20	0,20	0,02	0,01	Stahldar-stellung
?	N-L (mit Krone)[2], weiß	„ 4,00	—	0,20—0,25	0,20—0,25	0,02	0,01	desgl.

Zahlentafel 60.
Elektroroheisen.

Werk	Ges. C %	Si %	Mn %	P %	S %
Domnarfvet } Bessemerroheisen [3]	—	1—1,5	3—3,5	0,016	0,008
Trollhättan } Martinroheisen [3]	3,0—3,5	0,65	0,31	0,015	0,018
Lancashire [3]	2,88	0,41	0,22	0,042	0,018
Arendal (Norwegen) [4]	3,80	2,50	0,35	0,60	0,04

M. Finnland. In dem kohlenarmen und schwachbesiedelten Lande besteht keine Eisenindustrie nennenswerten Umfangs. Aus See- und Sumpferzen werden geringe Mengen Holzkohlenroheisen, Gießerei- und Puddelroheisen von wechselnder Zusammen-setzung erblasen [5].

N. Polen. Die Kohlenlager Polens hängen mit denen Oberschlesiens zusammen. In ihrem Erzbezug, wie was sonstige Verhältnisse angeht, stehen die polnischen Hütten-werke den oberschlesischen nahe, mit denen sie vor dem Krieg als deutscher Besitz viel-fach vereinigt waren. Die polnischen Roheisenmarken stimmen daher mit den ober-schlesischen überein [6] (s. Zahlentafel 46).

---

[1] Wird in kleinen Masseln geliefert.
[2] Wird in Platten geliefert.
[3] Tekn. Tidskr., Kemi och Bergsvetenskap, 1921, S. 64.
[4] Stahleisen 1923, S. 110.
[5] Analysen vgl. Stahleisen 1910, S. 1112.
[6] Vgl. Stahleisen 1916, S. 48—52.

O. Sowjetrußland und Ukraine. Über die Verhältnisse der Eisenindustrie in den meisten der russischen Nachfolgestaaten liegen zur Zeit der Abfassung dieser Zusammenstellung keine zuverlässigen Nachrichten vor.

Als roheisenerzeugende Bezirke des früheren russischen Reiches waren, ihrer Bedeutung nach geordnet, anzuführen Südrußland, Ural, Polen, Moskauer Bezirk, Nordrußland mit Finnland und Sibirien. Hiervon sind als jetzt selbständige Staaten an anderer Stelle behandelt Polen und Finnland. Südrußland, d. h. die jetzige, ebenfalls selbständige Ukraine, bildet mit Sowjetrußland wirtschaftlich eine Einheit.

In den einzelnen Bezirken des riesengroßen Reiches herrschten naturgemäß verschiedenartige Bedingungen für eine Roheisenindustrie. Im Ural wurde ausschließlich Holzkohlenroheisen aus Magneteisensteinen und hochhaltigen Brauneisenerzen erblasen; die ebenfalls mit Holzkohle arbeitenden Hochöfen der Moskauer Gegend, von Nordrußland und Sibirien erzeugten nur geringe Mengen, während die Ukraine-Werke Koks, zum Teil auch rohen Anthrazit verwendeten. Den Erzbedarf der letztgenannten, an Wichtigkeit alle anderen weit überragenden Hochöfen der Bezirke Charkoff, Ekaterinoslaw und Land der Donischen Kosaken, deckten die reichen Roteisensteinlager von Krivoi Rog, die phosphorhaltigen Erze des Donetzbeckens und für Sonderzwecke die gleichfalls phosphorreichen Kertscher Bohnerze. Als Brennstoff diente Koks, der aus Kohle des Donetzbeckens gebrannt wurde.

Zahlentafel 61.
Russische Gießereiroheisen.

Herkunft	Ges. C %	Graphit %	Si %	Mn %	P %	S %	Cu %
I. Koksroheisen aus der Ukraine.							
a) Hämatite.							
Dnjeprower Werke ⎧ Nr. 0 .	3,36	3,30	4,50	0,85	0,08	0,01	—
in Kamienskoje ⎩ Nr. 0 .	3,06	2,98	3,27	0,42	0,06	0,02	—
Kramatorskaja Nr. 0 . . .	3,50—4,00	—	3,00—4,00	0,50—0,80	0,09	0,02	—
„ Nr. I	3,00—4,00	—	2,50—3,00	0,60—1,00	0,09	0,03	—
„ Nr. II . . .	3,00—4,00	—	1,70—2,50	0,80—1,00	0,09	0,05	—
b) Gießereiroheisen.							
Gdanzews Nr. I	3,71	3,20	2,59	0,09	0,17	0,024	—
Jusowo Nr. I	3,70	3,50	2,07	0,91	0,09	0,05	—
„ Nr. III	3,40	2,20	1,97	0,52	0,13	0,02	—
„ Nr. IV	3,45	1,53	1,68	0,52	0,09	0,02	—
Olchowaja Nr. III	4,10	2,15	1,79	1,25	0,33	0,02	—
Dnjeprower Werke ⎧ Nr. I .	—	2,84	2,65	0,57	0,11	0,03	—
in Kamineskoje ⎩ Nr. II .	3,87	2,76	2,36	0,82	0,08	Spuren	—
Kramatorskaja Nr. 0 . . .	3,50—4,00	—	3,00—4,00	0,50—0,80	0,15—0,30	0,02	—
Druschkowka	—	—	1,50—2,00	0,30—0,60	0,09—0,15	0,03	—
II. Holzkohlenroheisen aus dem Ural.							
a) Hämatit.							
Sigasinsk	4,02	3,17	2,52	unter 0,05	0,05	unt. 0,002	—
Kuschwinski	3,43	3,17	3,22	0,72	0,09	0,06	0,03
Kutimsk (hämatitartig). . .	3,47	2,20	1,12	0,08	0,06	0,008	—
b) Gießereiroheisen.							
Utkinsk Nr. I	3,45	2,85	2,39	0,75	0,23	0,02	—
Kaginsk Nr. I	3,48	3,13	2,20	0,20	0,19	0,02	—
Nishni Tagilsk Nr. II . . .	3,94	3,08	0,93	1,07	0,08	0,009	0,09
Satkinsk Nr. III	4,42	3,95	1,45	1,97	0,04	0,005	0,01
Newjansk Nr. IV	3,90	2,10	1,12	0,50	0,25	0,01	—
Bissertsk Nr. IV	3,00	1,75	1,07	0,31	0,56	0,035	—

In Vorkriegszeiten führten die südrussischen Hochofenwerke meist 5 Nummern Gießereiroheisen, Nr. 0, I, II, III, IV, entsprechend dem Siliziumgehalt, doch bestanden weder eine ausgearbeitete Klassifikation, noch so feste einheitliche Marken, wie z. B. in Schweden, da die Nachfrage gering und nicht ausgebildet war. Obgleich die russischen Werke insgesamt beliebigen Anforderungen in Beschaffenheit und Menge hätten genügen können, waren weder russische Koks- noch Holzkohlenroheisen auf dem auswärtigen Markte anzutreffen. Zahlentafel 61 enthält eine Auswahl von Roheisen aus dem Ural und Südrußland aus Vorkriegszeiten.

P. Vereinigte Staaten von Nordamerika. Die Hochofenindustrie der Vereinigten Staaten ist schon jetzt über weite Gebiete zerstreut und wird sich allem Anschein nach noch weiter ausdehnen. Die Hauptindustriegebiete sind folgende:

1. Die Hochofenwerke im Osten oder in der Nähe der Atlantischen Küste. Ihre Grundlagen bilden örtliche Vorkommen von Magneteisensteinen und ausländische Erze (Schweden, Spanien, Neufundland, Cuba, Chile), während die Kohle von Pennsylvanien oder West-Virginien stammt.

2. Der Bezirk von Pittsburgh einschließlich Youngstown und den sog. Eisentälern. Er stützt sich auf die großen Kohlenvorkommen von Pennsylvanien und führt die Erze vom Oberen See über 1800 km auf dem Wasser- oder Landwege heran.

3. Die Bezirke am Erie-See bei Buffalo und Cleveland und der sog. westliche Bezirk um Chicago. Sie verhütten Erze vom Oberen See und Kohle aus Pennsylvanien, von West-Virginien und Kentucky.

4. Der südliche Bezirk von Alabama. Er verfügt über örtliche Eisenerz- und Kohlenvorräte. Des Klimas wegen setzt sich die Arbeiterschaft hauptsächlich aus Negern zusammen.

Die Erze vom Oberen See sind meist phosphorarme Rot- und Brauneisensteine mit um 50% Eisen. Da die Verfrachtung vielfach auf dem Wasserweg erfolgt und auch die Eisenbahnen ermäßigte Tarife für Erze haben, so können selbst die weit entfernten Hochofenwerke die Erze billig beziehen. Außer Koksroheisen wird auch noch Holzkohlenroheisen in beträchtlichen Mengen erblasen.

In den Vereinigten Staaten pflegt man das Roheisen, wie folgt, einzuteilen (s. Zahlentafel 62):

Zahlentafel 62.

Einteilung der amerikanischen Roheisengattungen [1]).

Gattung	Bezeichnung	Si %	Mn %	P %	S %
Gießereieisen Nr. I	Foundry Nr. I	2,50—3,00	unter 1,0	0,5—1,0	unter 0,035
„ Nr. II . . .	„ Nr. II	2,00—2,50	„ 1,0	0,5—1,0	„ 0,045
„ Nr. III . . .	„ Nr. III	1,50—2,00	„ 1,0	0,5—1,0	„ 0,055
Temperroheisen	malleable	0,75—1,50	„ 1,0	unter 0,2	„ 0,050
Graues Puddelroheisen. . .	gray forge	unter 1,50	„ 1,0	„ 1,0	„ 0,010
Bessemerroheisen	Bessemer	1,00—2,00	„ 1 0	., 0,1	., 0,050
Phosphorarmes Roheisen .	low phosphorus [2])	unter 2,00	„ 1,0	„ 0,03	„ 0,030
Basisches Roheisen	basic [2])	„ 1,00	„ 1,0	„ 1,0	„ 0,050
Thomas-Roheisen	basic Bessemer [2])	„ 1,00	1,00—2,00	2,0—3,0	„ 0,050

Wie die Zahlentafel 62 und 63 dartun, haben die amerikanischen Gießereiroheisenmarken nur selten Phosphorgehalte, die über 1,2% hinausgehen. Der Mangangehalt

---

[1]) Aus Forsythe, Meißner und Mohr: The Blast Furnace and the Manufacture of Pig Iron. 3. Aufl. New York 1922.

[2]) Low Phosphorus Pig (Roheisen mit niedrigem Phosphorgehalt) dient zur Darstellung von Flußeisen oder -stahl im Kleinkonverter oder im Tiegelofen, während Basic Pig (basisches Roheisen) für die basischen Herdofenverfahren gebraucht wird. Es kann soviel Phosphor aufweisen, wie die Verfahren praktisch zulassen, ohne das Endergebnis zu beeinträchtigen. Basic Bessemer entspricht unserem Thomasroheisen.

ist häufig niedriger als der der deutschen Sorten. Die Verwendung solcher Roheisen im Gießereibetrieb setzt eine gute Beschaffenheit des Schmelzkokses voraus, wie ja überhaupt bekanntlich der amerikanische Gießereikoks selten über 0,7% Schwefel enthält, während westfälischer 1,0—1,5% Schwefel aufweist. Um den Koksschwefel beim Kuppelofenschmelzen nach Möglichkeit unschädlich zu machen, hat der deutsche Gießereimann eine manganreichere Gattierung nötig als der amerikanische. Naturgemäß enthalten infolgedessen die deutschen Gußwaren etwas mehr Schwefel und Mangan als die amerikanischen, sind also auch härter.

Zahlentafel 63.
Gießereiroheisen aus den Vereinigten Staaten.

Werk	Marke	Ges. C %	Graphit %	Si %	Mn %	P %	S %
I. Koksroheisen.							
Aus den Nordstaaten . .	Gießerei	—	—	1,25—3,75	0,40—1,00	0,40—0,90	0,03—0,05
„ „ Oststaaten . . .	„	—	—	1,25—3,75	0,40—1,00	0,40—0,90	0,03—0,05
„ „ Südstaaten . . .	„	—	—	1,75—3,75	0,20—0,60	0,70—1,50	0,03—0,05
„ „ Nordstaaten . .	Basisches Roheisen	—	—	1,00 max.	0,75—1,50	0,50	0,05 max.
„ „ Oststaaten . . .	„	—	—	1,00 „	0,75—1,50	0,50	0,05 „
„ „ Südstaaten . . .	„	—	—	1,00 „	0,20—0,60	0,70—1,00	0,05 „
—	Bessemer- roheisen	—	—	1,00—3,00	0,40—1,50	0,10 max.	0,05 „
—	Temper- roheisen	—	—	0,75—1,75	0,40—1,50	0,20 „	0,05 „
aus den Nordstaaten . .	Sonder- roheisen	—	—	1,25—3,75	0,40—1,25	0,15—0,40	0,02—0,05
„ „ Südstaaten . .	„	—	—	1,25—3,75	1,00—1,50	0,50—0,60	0,02—0,05
„ „ „ . .	„	—	—	1,24—4,25	1,00—1,40	0,40—0,90	0,05 max.
Pioneer Furnace, Alabama	Pioneer Nr. III	3,40	3,00	2,09	0,56	0,68	0,048
Niagara Furnaces, New York	Tonawanda Nr. I	3,46	3,13	3,00	0,75	0,70	0,033
Cherry Valley Furnace, Ohio	Cherry Valley	—	—	2,21	0,61	0,94	0,066
Isabella Furnaces, Ohio .	Isabella	—	—	3,09	1,00	0,75	0,028
Seneca Furnace, Ohio . .	Seneca Nr. III	—	—	2,39	0,41	0,28	0,009
	„ Nr. II	—	—	1,41	0,46	0,24	0,208
Bellefonte Furnace, Pennsylvania	Bellefonte	3,60	3,30	2,21	0,39	0,66	0,079
Clinton Furnace, Pittsburgh	Clinton	3,25	3,00	1,81	1,29	0,51	0,013
Emporium Furnace, Pennsylvania	Emporium	3,97	3,75	3,29	0,63	0,80	0,010
Bon Air Coal und Iron Co., Tennessee	Mannie	3,40	—	4,36	0,51	2,16	0,073
II. Holzkohlen- roheisen.							
Aus den Nordstaaten . .	?	—	—	0,10—2,50	—	0,15—0,28	0,01—0,03
„ „ Südstaaten . .	?	—	—	0,10—1,75	—	0,40—0,60	0,02—0,03
„ „ „	kalt erblasen	—	—	1,50—2,00	—	0,35—0,45	0,01—0,02
Hinkle Furnace, Ashland, Wisconsin	Hinkle Nr. I	3,50—4,25	3,30—3,80	1,00—2,00	0,40—0,90	0,14	0,019
Alabama & Georgia Iron Co., Georgia	Cherokee Nr. I	3,11	2,37	1,02	Spuren	0,40	0,020
Rome Furnace Co., Georgia	Rome Nr. I	3,80	3,60	1,50	0,60	0,40	Spuren
„ „ „	„ Nr. III	3,67	3,30	0,80	0,60	0,40	Spuren
Muirkirk Furnace, Maryland	Muirkirk Nr. II	3,70	3,16	1,48	1,74	0,29	0,044
Antrim Furnace, Michigan	Antrim Nr. I	3,82	3,40	2,00—2,50	0,45	0,20	0,014
Salesbury Carbonate Co., New York	Carbonate Nr. II	3,98	3,70	1,84	0,40	0,25	0,049

Im Jahre 1918 hat ein Ausschuß des American Iron and Steel Institute nachstehende neue Einteilung des Gießereiroheisens aufgestellt [1]):

Nr. 1 „soft" (weich)-Eisen	3,25—3,74 %	Si	0,05 und darunter %	S
„ 1 Gießereieisen	2,75—3,24 „	„	0,05 „	„ „
„ 2 soft-Eisen	2,25—2,74 „	„	0,05 „	„ „
„ 2 Gießereieisen	1,75—2,24 „	„	0,05 „	„ „
„ 3 Gießereieisen	1,25—1,74 „	„	0,05 „	„ „
„ 4 Gießerei- oder Puddelroheisen .	0,75—1,24 „	„	0,05—0,08 %	S.

Sonderroheisen.

Die chemische Zusammensetzung gewisser Gußwarenklassen, wie Zylinder-, Temper- und Hartguß und die physikalischen Anforderungen zwingen in der Gießerei zur Verwendung von Sonderroheisenmarken, die teils ausnehmend niedrige Gehalte an Kohlenstoff, Silizium, Mangan, Phosphor oder Schwefel, teils besonders hohe Gehalte an dem einen oder anderen dieser Begleitstoffe aufweisen (s. Zahlentafel 49, 51, 59, 60). Ihre Darstellung erfolgt je nach den gestellten Anforderungen im Holzkohlen- oder Kokshochofen oder im Elektroofen.

Manchmal wird das Hochofeneisen auch einer besonderen Nachbehandlung, z. B. einem Frischverfahren, zwecks Erniedrigung des Kohlenstoffgehalts unterworfen. Derselbe Erfolg wird nach einem anderen Verfahren (Henning) durch Mischen von flüssigem Roheisen und flüssigem Stahl erreicht [2]). Solche kohlenstoffarmen Roheisen sind wichtig für die Herstellung von Gußstücken, die besondere magnetische Eigenschaften aufweisen sollen [3]).

Für den Guß von Dampf- und Gasmotorenzylindern, der häufig aus dem gewöhnlichen Gießereiroheisen und Hämatit nicht in der gewünschten Zusammensetzung erreicht werden kann, bedarf man eines silizium- und schwefelarmen Roheisens. Meist soll der Siliziumgehalt unter 1,4 %, der Phosphorgehalt unter 0,35 % und der Schwefelgehalt unter 0,075 % bleiben. Steigt der Mangangehalt über 1 %, so werden die Festigkeitseigenschaften beeinträchtigt. Eine bestimmte untere Grenze für die Manganmenge braucht nicht festgesetzt zu werden, doch ist es empfehlenswert, den Mangangehalt mit Rücksicht auf den Schwefelgehalt nicht unter 0,75 % sinken zu lassen.

Der Tempergießer wünscht ein an Fremdkörpern möglichst armes Roheisen. Geilenkirchen fordert für den Temperprozeß ein Roheisen von etwa folgender Zusammensetzung [4]):

Kohlenstoff unter 3 %.
Silizium 0,4—0,8 %.
Mangan höchstens 0,4 %,
Phosphor nicht über 0,2 %, möglichst unter 0,1 %,
Schwefel nicht über 0,1 %, möglichst unter 0,05 %.

Nur selten steht jedoch dem Tempergießer ein Roheisen von einer für seine Zwecke derart vorzüglichen Beschaffenheit zur Verfügung. Meist weicht die Zusammensetzung der Temperroheisenmarken erheblich von den oben angegebenen Anforderungen ab, was sich aus den Schwierigkeiten erklären läßt, welche die Erzielung eines niedrig gekohlten und niedrig silizierten Roheisens im Hochofen verursacht, das wenig Schwefel enthalten soll, wozu noch als sehr erschwerender Umstand der geforderte niedrige Mangan-

---

[1]) Iron Age 1921, 1. Dez., S. 1420.
[2]) Stahleisen 1913, S. 1971.
[3]) Nach A. Liebrich (Stahleisen 1920, S. 786) läßt sich in den kleinen Siegerländer Hochöfen mit langer Schlacke und mit geringerer Windtemperatur ein Walzenguß- und Zusatzeisen erblasen, das ärmer an Kohlenstoff ist als ein mit gleichem Möller in größeren Öfen erzeugtes. Die Zusammensetzung des Roheisens schwankt im Kohlenstoffgehalt zwischen 2 und 3 %, im Siliziumgehalt zwischen 1,80 und 2,40 %, im Mangangehalt zwischen 1,10 und 1,60 %. Bei Kohlenstoffarmut zeigt ein solches graues Eisen, auch wenn es über 2 % Silizium enthält, meist das sog. forellenartige Gefüge, d. h. graue Punkte sind von hellen Ringen umzogen, so daß es von manchen Verbrauchern als meliert angesehen wird.
[4]) Stahleisen 1907, S. 66.

gehalt kommt. Die Grenze für den Schwefelgehalt kann im Kokshochofen nicht eingehalten werden, derselbe wird in den meisten Fällen über 0,1% steigen. Nur im Holzkohlenhochofen kann ein niedrig siliziertes Eisen mit wenig Schwefel erzeugt werden; meist wird jedoch die weitere Forderung eines niedrigen Kohlenstoffgehalts auch hier nicht erfüllt werden können, da im Holzkohlenhochofen die Umstände für die Kohlenstoffaufnahme besonders günstig sind. Da aber bei dem zumeist üblichen Umschmelzen im Kuppelofen das Roheisen sowieso Schwefel aufnimmt, so ist Holzkohlenroheisen in diesem Falle nicht erforderlich, und es kann billigeres, wenn auch schwefelhaltiges Koksroheisen mit demselben Erfolg verwendet werden.

Für Hartgußzwecke soll nach Ledebur das Roheisen nur so viel Silizium enthalten, daß bei langsamer Abkühlung zwar reichlich Graphitbildung erfolgt, bei plötzlicher Abkühlung jedoch weißes Eisen entsteht. Je höher der Kohlenstoffgehalt ist, desto niedriger muß daher der Siliziumgehalt sein und umgekehrt. Diesen Anforderungen entspricht am ehesten Holzkohlenroheisen.

Lieferung des Gießereiroheisens.

Die Erfahrungen vieler Jahre haben zur Genüge dargetan, daß die Beschaffenheit des Gießereiroheisens sich nicht nach dem Aussehen des Bruches beurteilen läßt [1]), daß vielmehr nur die Zusammensetzung, besonders die Gehalte an Silizium, Mangan, Phosphor und Schwefel, den Wert eines Roheisens für den Verbraucher bestimmen.

In früheren Zeiten, in denen das Roheisen unter wenig wechselnden Verhältnissen aus heimischen Rohstoffen dargestellt wurde, schwankten nur die Gehalte an Silizium, Schwefel und Kohlenstoff, und der Ofengang ergab für den Schmelzmeister die Möglichkeit, das Roheisen als gut gekohlt und siliziert, also als Nr. I, oder als gering gekohlt, Nr. III, zu bezeichnen und damit dem Verbraucher einen Anhalt für die Zusammensetzung zu geben. Heute verschmilzt zur Darstellung von Gießereiroheisen kaum irgendwo ein Hochofenwerk nur heimische Erze; in der Regel werden auch fremde, unter dem Gesichtspunkt des Preises gekaufte Eisensteine verhüttet, und damit wird eine Unsicherheit auch für die Gehalte an Mangan und Phosphor hereingebracht. Diese Verhältnisse machten sich z. B. besonders in den Kriegsjahren bemerkbar, als die Beschaffung bestimmter Erze sich nicht immer ermöglichen ließ.

So wäre es eigentlich gegeben, die Analyse des Roheisens beim Handel zugrunde zu legen, wobei vorausgesetzt wird, daß der Käufer die für seine Zwecke günstigste Zusammensetzung vorschreibt. In diesem Fall könnte sich der Preis nach den Herstellungskosten richten, und für Einhaltung besonders enger Grenzen in der Zusammensetzung, also für gewährleistete Analyse, wäre ein Aufpreis am Platze. In der Tat sind auch schon seit Jahren, vorzugsweise in den Vereinigten Staaten und in Deutschland, Bewegungen im Gange, um beim Handel die chemische Analyse zugrunde zu legen; dieselben haben aber noch nicht zu einem endgültigen Ergebnis geführt. Ein Hemmnis bildeten gewisse, meist kleinere, von reinen Praktikern geleitete Werke. Diese erreichten auch unter den Verhältnissen der Vorkriegszeit noch sehr häufig durch Schmelzversuche mit verschiedenen Gattierungen oder mit Rezepten gute Erfolge und wollten daher von Analysen, mit denen sie doch nichts anzufangen verstanden, nichts wissen. Sie waren natürlich auch nicht in der Lage, Analysenvorschriften zu machen. So kam man verschiedenenorts dazu, den Abschlüssen in Roheisen zwar die Analyse zugrunde zu legen, aber nur insoweit, als nicht die Beschaffenheit des betreffenden Roheisens durch Handelsgebrauch hinlänglich bekannt und festgelegt war.

Am frühesten haben diese Bestrebungen in den Vereinigten Staaten zu einem Ergebnis geführt. Dort brachte bereits im Jahre 1908 das Zusammenarbeiten eines

---

[1]) Beobachtungen über starke Unterschiede in der Zusammensetzung von Gießereiroheisen sind veröffentlicht von G. Reininger: Gieß.-Zg. 1904, S. 217; O. Leyde: Stahleisen 1904, S. 805; C. Henning: Stahleisen 1904, S. 1314; F. Wüst: Stahleisen 1905, S. 285; E. Neufang: Stahleisen 1908, S. 553; M. Orthey: Gieß.-Zg. 1909, S. 12; R. Fichtner: Stahleisen 1916, S. 183—189. S. 311—318. (Letztgenannte Arbeit enthält auch Schaubilder über die Schwankungen der Lieferungen.)

Ausschusses der American Foundrymens' Association mit der American Society for Testing Materials und einigen weiteren Verbänden Vorschriften für den Einkauf von Gießereiroheisen zur Annahme [1]). Diese empfehlen, um Gleichmäßigkeit in die Notierungen zu bringen, die Berücksichtigung folgender Prozentgehalte und zulässigen Schwankungen:

Silizium: Abstufungen: 1,00, 1,50, 2,00, 2,50, 3,00%; 0,25% zulässige Abweichung nach beiden Seiten.

Mangan: Abstufungen: 0,20, 0,40, 0,60, 0,80, 1,00, 1,25, 1,50%. 0,20% zulässige Abweichung nach beiden Seiten.

Phosphor: Abstufungen: wie bei Mangan. 0,15% zulässige Abweichung nach beiden Seiten.

Schwefel: 0,04, 0,05, 0,06, 0,07, 0,08, 0,09, 0,10% Höchstgehalte.

Gesamtkohlenstoff: 3,00, 3,20, 3,40, 3,60, 3,80% Mindestgehalt.

Sämtliche fünf Elemente brauchen nicht bei allen Lieferungen vorgeschrieben zu werden. Werden für einen der Fremdkörper Gehalte gewünscht, die die Mitte obiger Zahlenreihen halten, so ist dies besonders zu vermerken. Für Phosphor und Mangan können die angeführten Zahlen als Höchst- oder Mindestgehalte verwendet werden, trotzdem sind die oben wiedergegebenen Schwankungen zuzulassen.

Für Marktnotierungen soll ein Eisen von 2% Silizium (mit zulässiger Abweichung) und 0,05% Schwefel (Höchstgehalt) als Basis genommen werden. Dieser sog. Grundgehalt wird mit B bezeichnet. Auf dem Grundpreis B und einer in dem jeweiligen Kaufvertrag besonders angesetzten Preiskonstanten C baut sich eine Tafel (vgl. Zahlentafel 64) auf, aus der jederzeit bei abweichendem Schwefel- und Siliziumgehalt der Preis des Roheisens zu berechnen ist, z. B. als Preis für ein Roheisen mit 1,75% Silizium und 0,07% Schwefel ergibt sich aus Zahlentafel 64: B — 3 C. Das Verfahren ist einfach, über seinen Erfolg werden keine Angaben gemacht.

Zahlentafel 64.
Tafel zur Berechnung des Roheisenpreises.

Schwefel %	Silizium in %									
	3,25	3,00	2,75	2,50	2,25	2,00	1,75	1,50	1,25	1,00
0,04	B+6C	B+5C	B+4C	B+3C	B+2C	B+1C	B	B—1C	B—2C	B—C3
0,05	B+5C	B+4C	B+3C	B+2C	B+1C	B	B—1C	B—2C	B—3C	B—4C
0,06	B+4C	B+3C	B+2C	B+1C	B	B—1C	B—2C	B—3C	B—4C	B—5C
0,07	B+3C	B+2C	B+1C	B	B—1C	B—2C	B—3C	B—4C	B—5C	B—6C
0,08	B+2C	B+1C	B	B—1C	B—2C	B—3C	B—4C	B—5C	B—6C	B—7C
0,09	B+1C	B	B—1C	B—2C	B—3C	B—4C	B—5C	B—6C	B—7C	B—8C
0,10	B	B—1C	B—2C	B—3C	B—4C	B—5C	B—6C	B—7C	B—8C	B—9C

In Deutschland hat, ebenfalls im Jahre 1908, der Verein Deutscher Eisengießereien Vorschläge gemacht, die später zum Teil etwas abgeändert wurden. Zahlentafel 65 gibt die endgültigen Zahlen. Danach sollen im Handel drei Roheisentypen unterschieden werden, Hämatit, Deutsches und Luxemburger Roheisen, die je wieder in drei Sorten zerfallen. Diese Einteilung beruht auf dem Gehalt an Phosphor als dem gefährlichsten Feind eines auf Festigkeit beanspruchten Gußeisens. Rheinisch-westfälisches Gießereiroheisen enthält (vgl. S. 123) im Durchschnitt 0,4—0,8% Phosphor, eine Höhe, die für gewöhnlich nicht schadet; im Luxemburger Roheisen steigt der Phosphorgehalt auf 1,75% und darüber, sodaß diese Sorte nur in Fällen, bei denen es nicht auf große Festigkeit ankommt, brauchbar ist. Hämatit stellt infolge seines niedrigen Phosphorgehaltes ein Material dar, das Erschütterungen und ähnlich wirkende Einflüsse, wie ungleichmäßige Erhitzung, vorzüglich aushalten kann.

---

[1]) Näheres vgl. Stahleisen 1909, S. 1035—1036. Dort sind auch Mitteilungen über Probenahme, Bußen und Schlüsselworte zu finden; ferner Stahleisen 1923, S. 1501.

Die Einteilung spricht für sich, sodaß es sich fast erübrigt, näher darauf einzugehen. Besonders abgestuft sind die Sorten nach dem Siliziumgehalt, während die Gehalte an Mangan, Phosphor und Schwefel für die drei Sorten einer Roheisengattung fast durchweg die gleichen sind. Im gewöhnlichen Gießereibetrieb, wo es meistens nur auf genügende Weichheit ankommt, erweisen sich besonders störend die Lieferungen unter der Mindest-Siliziumgrenze. Die Vorschläge enthalten deshalb ausdrücklich für die Siliziumgehalte die Formel „nicht weniger als" und für die in größeren Mengen schädlich wirkenden Bestandteile an Mangan, Phosphor und Schwefel die Bestimmung „nicht mehr als". R. Fichtner hat untersucht, wie die tatsächlichen Lieferungen sich zu den vorstehend angeführten Vorschlägen verhalten, und dabei gefunden, daß mit wenigen Ausnahmen die einzelnen Lieferungen in die Grenzen hineinfallen [1].

Anderseits hat der Roheisenverband im Jahre 1910 für die ihm angehörigen Werke Normalanalysen aufgestellt (s. Zahlentafel 66).

Zahlentafel 65.
Vorschläge des Vereins Deutscher Eisengießereien [2]).

Roheisensorten	Si % nicht weniger als	Mn % nicht mehr als	P % nicht mehr als	S % nicht mehr als
Hämatit No. I	3,0	1,2	0,1	0,04
„ Nr. II	2,5	1,2	0,1	0,04
„ Nr. III	1,8	1,2	0,1	0,04
Gießerei, Deutsch, Nr. I	3,0	0,8	0,6	0,04
„ „ Nr. II	2,5	0,8	0,7	0,04
„ „ Nr. III	1,8	0,8	0,8	0,06
Luxemburger, Nr. I	3,0	0,7	1,7	0,03
„ Nr. II	2,5	0,7	1,7	0,04
„ Nr. III	1,8	0,7	1,7	0,06

Zahlentafel 66.
Normalanalysen des Roheisenverbands.

	Si %	Mn %	P %	S %	Cu %
Hämatit.	2—3	max. 1,2	max. 0,1	max. 0,04	—
Gießereiroheisen, Nr. I	2,25—3	„ 1	„ 0,7	„ 0,04	—
„ Nr. III	1,8—2,5	„ 1	„ 0,9	„ 0,06	—
„ Qualität englisch, Nr. III	2—2,5	„ 1,25	1—1,5	„ 0,06	—
„ Luxemburger, Nr. III . .	1,8—2,5	„ 0,8	1,4—1,8	„ 0,06	—
Bessemereisen bzw. graues Stahleisen .	unter 2,0	1,2—3	max. 0,1	„ 0,04	—
Stahleisen	„ 1,0	2—6	unter 0,1	unter 0,04	unter 0,4
Qualitäts-Puddeleisen	„ 1,0	3—5	„ 0,3	—	max. 0,3

Diese kennen weniger Sorten als die vorgenannten Vorschläge des Vereins Deutscher Eisengießereien, dafür liefert aber der Roheisenverband gegen entsprechenden Aufpreis in verschiedenen Abstufungen Hämatit mit bis zu 4% Silizium, mit bis max. $0,2\%$ Mangan, max. $0,04\%$ Phosphor, max. $0,02\%$ Schwefel, sowie Gießereiroheisen Nr. I mit bis zu 4% Silizium, max. $0,6\%$ Mangan und mit bis max. $0,02\%$ Schwefel, Gießereiroheisen, Englisch Nr. III und Luxemburger Nr. III mit bis $3,5\%$ Silizium, Bessemerroheisen mit über 3% Silizium, mit Mangangehalten von $3—6\%$, Stahleisen mit max. $0,1\%$ Kupfer[3].

---

[1] Stahleisen 1916. S. 312—318.

[2] Stahleisen 1916, S. 312; die ursprüngliche Fassung ist angegeben in „Mitteilungen des Vereins Deutscher Eisengießereien" 1909, September/Oktoberheft, S. 344.

[3] s. auch Stahleisen 1924, S. 1789.

Aufpreise hat der Roheisenverband auch festgesetzt für dünne Masseln (ca. 80 × 80 mm), für einmaliges Zerkleinern der Masseln, Zerkleinern in den Kerben und für genaue Angabe der Analyse der einzelnen Sendungen innerhalb der Normalgrenzen. Neuerdings hat der Roheisenverband auf Grund von Verhandlungen zwischen Vertretern der Hochofenwerke und der Eisengießereien die Einführung weiterer Normalqualitäten für Gießereiroheisen und Hämatit mit bestimmten Abstufungen im Siliziumgehalt usw. ins Auge gefaßt.

Wenn bei den Lieferungen nach den bestehenden Vorschriften des Roheisenverbandes noch ständig von den Eisengießereien über Schwankungen in der Zusammensetzung des Roheisens, vornehmlich im Silizium- und Schwefelgehalt, geklagt wird, so muß auch auf die Schwierigkeiten hingewiesen werden, die der Hochofenbetrieb und der Versand des Roheisens mit sich bringen. Es ist bekannt und z. B. durch umfangreiche Untersuchungen von Wüst und Hülzer erneut bestätigt [1]), daß auch bei derselben Möllerung und bei peinlich beobachteten Betriebsverhältnissen nicht bloß infolge des dauernd kleine Schwankungen aufweisenden Ofengangs [2]) bei aufeinanderfolgenden Abstichen, sondern selbst innerhalb eines Abstiches Unterschiede in den Silizium- und Schwefelgehalten des Roheisens auftreten. Bei den Untersuchungen von Wüst und Hülzer an einem Hochofen, der arbeitstäglich 120 t Gießereiroheisen lieferte, wurde eine Probenreihe unmittelbar am Stichloch des Hochofens dem flüssigen Roheisen entnommen, während eine zweite Probenreihe aus den einzelnen Masselbetten und zwar immer an derselben Stelle gewonnen wurde. Als Schlußergebnis ging hervor, daß die einzelnen Teile eines Abstiches nennenswerte Unterschiede in den Gehalten an Mangan und Phosphor nicht aufweisen, daß aber im Siliziumgehalt Schwankungen auftreten können, die bis zu 1% gehen und bis zu 30% des Siliziumgehalts ausmachen. Die Unterschiede im Schwefelgehalt hängen von den Schwankungen im Gehalt an Silizium ab.

Platzmangel, wie auch verschiedene technische Gründe erlauben es selbst in Zeiten flauen Geschäftsganges den meisten Hochofenwerken nicht, bei der Stapelung da-Roheisens so feine und weitgehende Trennungen vorzunehmen, um diese Schwankungen zu berücksichtigen, während bei flottem Geschäftsgang überhaupt keine Gelegenheit dafür sich gibt und der Versand abstichweise sofort erfolgen muß. Daher sind gewisse Staffelungen im Siliziumgehalt, wie sie auch bei den oben angeführten amerikanischen Vorschriften zum Ausdruck kommen, nicht zu umgehen [3]).

Trotz allem ist und bleibt das von den Gießereien anzustrebende Ziel der Verkauf des Gießereiroheisens nach Analyse unter Berücksichtigung des oben Gesagten, da dadurch allein eine Regelmäßigkeit der verschiedenen Lieferungen gewährleistet wird. Die Meinung, daß dann die Hochofenwerke für manches Roheisen, das sie heute immer

---

[1]) Stahleisen 1905, S. 287. Vgl. auch Zahlentafel 57, Schwankungen in der Zusammensetzung britischer Roheisenmarken.

[2]) Den Hochofengang beeinflussen u. a. die physikalische und chemische Zusammensetzung von Erz und Koks, Wechsel der Windtemperatur und der Windfeuchtigkeit, Unregelmäßigkeiten beim Gichten, der Niedergang der Beschickung und der Gegenstrom der Gase, da hierdurch die Reduktions- und Kohlungsverhältnisse verändert werden. (Vgl. auch Stahleisen 1922, S. 1781.)

[3]) Als Mittel zur Erreichung weitestgehender gleichmäßiger Beschaffenheit der Erzeugung eines oder mehrerer Hochöfen einer Anlage könnte nur die von verschiedenen Seiten schon vorgeschlagene Einschaltung großer Mischer von einigen 100 t Fassungsraum in die Hochofenbetriebe zur Aufnahme des flüssigen Roheisens in Betracht kommen. Eine solche Einrichtung würde aber wieder die Gestehungskosten des Roheisens beeinflussen. Nach den Erfahrungen, die man bei ähnlichen, bereits seit Jahren in Stahlwerksbetrieben verwendeten Mischeranlagen gemacht hat, findet sowohl im geheizten als auch im nichtgeheizten Mischer eine merkbare Entschwefelung statt. Diese ist nicht allein auf die Funktion des Mischens zurückzuführen, sondern vielfach schon auf die ständige Erschütterung beim Transport, welche die Eisenmassen in Bewegung bringt, so daß sie sich mischen, und den Schwefel sowohl mit Mangan, als auch mit der oxydierenden Luft in Bindung gehen lassen. Schon der starke Schwefelgeruch beim Fahren der Pfannen liefert einen deutlichen Beweis für diese lebhafte Reaktion. Nicht minder fördern auch häufiges Kippen und Ein- und Ausgießen im Mischer die angestrebten Reaktionen. Daß der Mischer sich als Frischapparat ausbilden ließe, in dem es gelingt, die Gehalte an Silizium, Mangan und Phosphor herabzudrücken und auf diese Weise ein für den unmittelbaren Guß vom Hochofen geeignetes Eisen zu gewinnen, sei ebenfalls erwähnt. (Näheres s. Stahleisen 1911, S. 253, 337, 387.)

verkaufen können, z. B. das beim Umsetzen eines Hochofens fallende (Ausfalleisen), keinen Absatz mehr finden, ist irrig, denn ein zeitgemäßer Gießereibetrieb muß auf einer solchen Höhe stehen, daß er jedes Roheisen verarbeiten kann, wenn ihm nur dessen Zusammensetzung genau bekannt ist. Da die Hochofenwerke sowieso den Siliziumgehalt eines jeden Abstichs feststellen, würde bis dahin den Gießereien mit Angaben über die Siliziumgehalte der Abstiche, aus denen eine Lieferung stammt, schon außerordentlich gedient sein. Da es natürlich unmöglich ist, in der Praxis jede einzelne Massel für sich zu untersuchen, so muß bei der Probenahme sowohl eines Abstichs, als auch von einer Lieferung darauf gesehen werden, daß die Analyse Mittelwerte darstellt [1]).

Hier muß noch darauf hingewiesen werden, daß auch die größeren Gießereien selbst, wenigstens in gewissen Grenzen, durch zweckentsprechende Stapelung ihres Roheisenvorrats Zufälligkeiten in der Zusammensetzung des angelieferten Roheisens auszugleichen vermögen. Der Inhalt jeder ankommenden Roheisensendung kann derart gelagert werden, daß die Masseln des ersten Wagens nebeneinander in einer Reihe auf dem Erdboden ausgebreitet werden, wobei Massel an Massel zu liegen kommt. Der Inhalt des zweiten Wagens wird in genau der gleichen Weise auf die Masseln des ersten Wagens gelagert, der Inhalt des dritten auf die Masseln des zweiten usf. Beim Verschmelzen wird am Kopfende des auf diese Weise gebildeten Stapels mit dem Abtragen begonnen und dadurch erreicht, daß die Unterschiede in den Wagenlieferungen für den Zeitraum, den ein Stapel ausreichen soll, auf ein Mindestmaß herabgedrückt werden.

Neben der Forderung gleichmäßiger Zusammensetzung wird schon seit Jahren von den Eisengießereien an die Hochofenwerke die weitere Forderung gestellt, das Roheisen in gleichförmigen und gut zu zerkleinernden Masseln ohne Sandanhang zu liefern [2]). Diese Forderung zu erfüllen, ist nur möglich durch Einführung des Kokillengusses.

Was zunächst den Sandanhang betrifft, so sind die den in Sand gegossenen Masseln anhaftenden Sand- und Schlackenmengen für den Gießereileiter nicht erwünscht, weil sie einmal auf das Gewicht der Roheisenlieferung einwirken, und weiter, weil sie beim Umschmelzen des Roheisens einen besonderen Kalksteinzuschlag zwecks Verschlackung nötig machen. Um festzustellen, wie groß die Sandmengen zuweilen sind, bestimmte Waldeck [3]) durch 41 Versuche den Sandgehalt einer sehr sandfreien Roheisenmarke in der Weise, daß er jedesmal einige Masseln genau wog und dann durch Bürsten und Klopfen die anhaftenden Sand- und Schlackenteilchen sorgfältig entfernte. Letztere wurden gesammelt und gewogen, ebenso erfolgte Rückwägung der Masseln zur Erzielung von Kontrollergebnissen. Hierbei enthielten 10 t Roheisen an Sand:

Anzahl der Versuche	Sand schwankt in kg zwischen	Mittel kg
11	16— 97	60,0
6	17—112	72,0
6	43—171	76,5
6	32— 96	73,2
6	34—141	88,6
	25— 81	48,1
	Durchschnitt	70,0

Nimmt man weiterhin die Sandmengen, welche im Eisenbahnwagen zurückgeblieben sind, und die, welche sich beim Tragen des Eisens bis zur Wage und bei anderen Gelegenheiten abgerieben haben, zusammen zu 33% an, so erhält man mindestens 100 kg Sand auf 10 t Roheisen. Das betreffende Hochofenwerk bewilligte für

1 Eisenbahnwaggon von 10 t . . . . . 20 kg Übergewicht
1 Eisenbahnwaggon von 15 t . . . . . 30 kg Übergewicht.

---

[1]) Näheres über Probenahme s. S. 626.
[2]) Durch schwierige Zerkleinerung zeichnen sich die Siegerländer manganreichen Zusatzeisensorten aus.
[3]) Eisenzg. 1903, S. 497.

Es ergab sich also ein Untergewicht von mindestens 80 kg, abgesehen von den Betriebsschwierigkeiten und dem höheren Koksverbrauch, und ein entsprechender geldlicher Schaden. Wie bemerkt, wurden diese Untersuchungen an einer sandarmen Roheisenmarke vorgenommen. Andere Feststellungen auf Großgießereien haben ergeben, daß der Sandanhang vor Abgang der Sendung von dem Hochofenwerk zwischen 2,5 und 3% des Eisengewichts ausmachte.

Die Anwendung der Kokillen für die Formgebung des Gießereieisens hat bisher in Deutschland noch keinen Eingang gefunden. Das Vergießen von Einzelmasseln unmittelbar aus dem Hochofen erscheint nicht angängig, weil es notwendig ist, Laufstück und Masseln in rotwarmem Zustand voneinander zu trennen. Wohl aber läßt sie sich erreichen durch die Anwendung von Gießmaschinen, die von Gießpfannen bedient werden. Die älteren Gießmaschinen lieferten eine plattenartige Massel, die für Gießereizwecke noch zerkleinert werden mußte [1]. Gegenüber der gebräuchlichen Sandmassel war die Plattenmassel ungleich schwieriger zu zerschlagen und konnte sich daher nicht in den Gießereien einführen. Neuere Gießmaschinen dagegen stellen eine Massel her, die durchaus der Sandmassel entspricht; es macht nicht einmal Schwierigkeiten, kleine, dünne Masseln für Temperguß zu erzeugen. Meist beträgt das Gewicht der einmal gekerbten Massel etwa 40 kg.

In den Kokillen wird niemals ein grobkörniges Roheisen erhalten, mitunter wird es sogar einen weißen Saum haben. Häufig läßt auch beim Kokillenguß die Stärke des entstehenden weißen Saums, die Härtung, für die vorläufige Beurteilung mindestens ebenso sichere Schlußfolgerungen über die Höhe des Silizium- und Mangangehalts, sowie allgemein über die Neigung eines Eisens, hart zu werden, zu, wie die altherkömmliche Bewertung nach dem Korn. Naturgemäß wird jedoch auch beim maschinengegossenen Eisen das Bruchaussehen durch die Gießtemperatur, wie durch die Wärme und Kalkung der Gießbecher beeinflußt [2]. In Amerika kamen die ersten Roheisengießmaschinen im Jahre 1897 auf. Mit der Unterbringung der damit erzeugten Masseln hatte man anfangs große Schwierigkeiten, bis es durch die aufklärende Tätigkeit, besonders von Thomas D. West und Moldenke gelang, die Fachleute von den Vorteilen zu überzeugen, die bei Verwendung des Maschineneisens erreicht werden [3]. Heute ziehen die bestgeleiteten Betriebe dort allgemein das reinere und daher rascher schmelzende Kokilleneisen vor. Moldenke gibt an [4], daß die vielfach vorgebrachten Nachteile des Kokilleneisens, wie übermäßige Stärke der Masseln, vorzeitiges Schmelzen bei Gattierung mit in Sand gegossenen Masseln, Ausschmelzen des Masselinneren vor dem Weichwerden der Schale, durch die Vorteile niedrigerer Schmelzpunkte, daher bei gleichem Kokssatz höhere Überhitzung, und Abwesenheit von zu verschlackendem Sand beim täglichen Gebrauch weit überwogen werden.

Literatur.

a) Einzelne Werke.

Ledebur, A.: Das Roheisen mit besonderer Berücksichtigung seiner Verwendung für die Eisengießerei. 5. Aufl. ergänzt von Fr. Zeyringer, Leipzig 1924.
— Handbuch der Eisenhüttenkunde. Zweite Abteilung: Das Roheisen und seine Darstellung. 5. Aufl. Leipzig 1906.
Simmersbach, O.: Die Eisenindustrie. Leipzig u. Berlin 1906.
Seymour, R. Church: Analyses of Pig Iron. Vol. 1 u. 2. San Francisco. 1900 u. 1902.
Osann, B.: Lehrbuch der Eisenhüttenkunde. 2. Aufl. Bd. 1. Leipzig 1923.
— Lehrbuch der Eisen- u. Stahlgießerei. 5. Aufl. Leipzig 1922.
Mathesius, W.: Die physikalischen und chemischen Grundlagen des Eisenhüttenwesens. 2. Aufl. Leipzig 1924.
Gemeinfaßliche Darstellung des Eisenhüttenwesens. 12. Aufl. Düsseldorf 1924.

[1] Roheisengießmaschinen sind beschrieben in Stahleisen 1901, S. 163, 850; 1912, S. 1438; 1913, S. 1814.
[2] Stahleisen 1919, S. 226.
[3] Stahleisen 1898, S. 214: vgl. weiterhin Stahleisen 1902, S. 320.
[4] Foundry 1922, S. 375; s. a. Stahleisen 1907, S. 623.

b) Abhandlungen.

Wachler, R.: Vergleichende Qualitätsuntersuchungen rheinisch-westfälischen und ausländischen Gießereiroheisens. Glaser's Annalen, Bd. 3, 1878, S. 1, 41, 85, 129, 222, 261, 309, 315. Als Sonderabdruck erschienen. Berlin 1879.

Jüngst, C.: Schmelzversuche mit Ferrosilizium. Z. Berg-, Hütten-, Sal.-Wes. 1890, S. 1; auszugsweise bearbeitet von A. Ledebur in Stahleisen 1890, S. 292.

Boecker, M., Schilling, A., Weinlig, A., Müller, C.: Berichterstattung über die Fortschritte der deutschen Roheisenerzeugung seit dem Jahre 1882 vor der Hauptversammlung des Vereins deutscher Eisenhüttenleute. 1895. Stahleisen 1895, S. 132.

Ledebur, A.: Gießereiroheisen und Gußeisen. Stahleisen 1896, S. 433.

Wüst, F.: Die Bewertung des Roheisens auf Grund seines Verhaltens beim Gattieren mit Brucheisen. Stahleisen 1897, S. 848.

Ledebur, A.: Aus der Gießerei. Über Roheisenmasseln für die Gießerei. Stahleisen 1898, S. 214.

Münker, E.: Über das Roheisen des Siegerlandes und seine Verwendung. Z. d. V. d. I. 1901, S. 1857; Stahleisen 1902, S. 114.

Grau, B.: Herstellung von Gießereiroheisen und der Gießereibetrieb im allgemeinen. Stahleisen 1902, S. 5; (Neumark, M.), S. 48.

Klassifikation des russischen Koksroheisens. Rig. Ind. Z. 1902, S. 47; auszugsweise Jahrbuch für das Eisenhüttenwesen 1902, S. 291. Düsseldorf 1905.

Osann, B.: Zur Frage der Prüfung, Beurteilung und Einteilung von Gießereiroheisen und Gußeisen. Stahleisen 1902, S. 316.

Wüst, F.: Roheisen für den Temperprozeß. Stahleisen 1904, S. 305.

Leyde, O.: Angewandte Chemie im Gießereibetriebe. Stahleisen 1904, S. 801 u. 879.

Simmersbach, O.: Einteilung und Bewertung des Gießereiroheisens. Glückauf 1904, S. 1462.

Wüst, F.: Klassifikationsvorschläge für Gießereiroheisen. Stahleisen 1905, S. 222, 283 u. 345.

Simmersbach, O.: Die Auswahl des Gießereiroheisens für bestimmte Zwecke. Gieß.-Zg. 1905, S. 559.

Henning, C.: Die Chemie im Gießereibetriebe. Stahleisen 1905, S. 1253 u. 1313.

Orthey, M.: Chemische Zusammensetzung und Festigkeit des Gußeisens. Met. 1907, S. 196.

Englische Roheisenmarken. Foundry Trade Journ. 1907, S. 369; 1908, S. 49; 1921, S. 497.

Schott, E. A.: Die Auswahl und Prüfung von Gießereiroheisen. Stahleisen 1909, S. 181 (nach F. M. Thomas: Castings. 1908, S. 2149).

— Die Einteilung von Roheisen, Eisenlegierungen und Koks nach amerikanischen Gesichtspunkten. Stahleisen 1908, S. 1577 (bearbeitet nach E. A. Kebler in Ir Tr. Rev. 1908, S. 1183).

Orthey, M.: Über die Brauchbarkeit ausländischer Spezialeisensorten und die Zusammensetzung von Gußschrott. Stahleisen 1909, S. 507, 552.

Vorschriften für den Einkauf von Gießereiroheisen der American Foundrymens' Association. Stahleisen 1909, S. 1035; 1923, S. 1501.

Normalanalysen der deutschen Gießereiroheisens. Stahleisen. 1912. S. 531.

Prüfungsverfahren für Gießereiroheisen. Stahleisen 1912, S. 2181.

Unzulänglichkeit der Nummerneinteilung und die Einteilung nach der Analyse. Stahleisen 1913, S. 1067.

Einteilung des englischen Gießereieisens. Stahleisen 1914, S. 364.

Reiniger, G.: Über Gießereiroheisen. Gieß. Ztg. 1914, S. 121.

Eisengießerei und Roheisenverband. Gießerei 1914, S. 23.

Fichtner, R.: Beitrag zur Gattierungsfrage in der Gießerei. Stahleisen 1916, S. 77, 181, 311, 411, 507.

Keep, W. J.: Verwendung des Roheisens in der Gießerei. Foundry 1917, S. 374.

Goerens, Fr.: Über die chemischen und physikalischen Eigenschaften von Gießereiroheisen. Stahleisen 1918, S. 683. (Nach J. B. Johnson jr., Metallurgical and Chemical Engineering 1916, S. 530, 588, 642, 683.)

Habscheid, J.: Die Bedeutung des Siliziumgehalts des Roheisens in der Eisen- und Stahlgießerei. Gieß.-Zg. 1919, S. 241.

VI. Ferrolegierungen und Zusatzmetalle.

Von

𝔇r. 𝔍ng. R. Durrer.

Allgemeines.

Die Verwendung von Ferrolegierungen in der Eisen- und Stahlgießerei hat mit der Entwicklung der Elektrometallurgie, dem Ausbau der chemischen Analyse und deren Einführung in die Eisen- und Stahlgießereien und schließlich unter dem Einfluß der durch den Krieg bedingten Verhältnisse eine steigende Bedeutung gewonnen. Sie besteht darin, daß die Legierungen bzw. Zusatzmetalle im Schmelzofen oder nach erfolgtem Abstich dem Eisen zugegeben werden zu dem Zwecke, eine Verbesserung desselben vor erfolgtem Gießen herbeizuführen (Desoxydation) oder dem Fertigmaterial eine Zusammensetzung zu geben, die durch alleinige Anwendung der dem Gießer zur Verfügung stehenden Eisensorten nicht oder doch nur auf unzweckmäßige Weise zu erreichen ist.

Für die Erzeugung der in der Eisen- und Stahlgießerei zur Verwendung gelangenden Legierungen kommen in der Hauptsache der Hochofen und der Elektroofen in Betracht. Im Hochofen werden Ferrosilizium bis etwa 15 % Silizium, Ferromangan und kohlenstoffreiches Ferrochrom hergestellt [1]. Für die Erzeugung der übrigen Legierungen wie auch der vorgenannten kommt der elektrische Niederschachtofen in Betracht [2]. Als solcher wird heute, nachdem Versuche mit geschlossenen Öfen ohne guten Erfolg geblieben sind, wohl nur noch der offene Ofen verwendet.

Die wichtigsten für die Eisen- und Stahlgießerei in Frage kommenden Legierungen und Zusatzmetalle sind die folgenden:

Ferrosilizium,
Spiegeleisen und Ferromangan,
Silikomangan,
Aluminium und Ferroaluminium,
Ferrotitan,
Ferrophosphor.

Ferrosilizium.

Ferrosilizium hat unter allen Legierungen die größte Bedeutung für die Eisen- und Stahlgießerei. Mit Gehalten von mehr als 15 % wird es im Elektroofen, mit niedrigeren Gehalten auch im Hochofen hergestellt [3]. Bei der Erzeugung im Hochofen wird die Schlacke sehr sauer, insbesondere reich an Tonerde, geführt. Da die Reduktion der Kieselsäure eine direkte und der Wärmebedarf für die Reduktion beträchtlich ist, ist der Brennstoffverbrauch ein hoher. Grundbedingung ist eine sehr hohe Temperatur, daher muß der Gebläsewind stark erhitzt werden. Die Erzeugung von Ferrosilizium im Hochofen ist schwierig und mit häufigen Störungen verbunden.

Beim elektrischen Ofen wird als Eisenträger meist Schrott, vorteilhaft in Form von Spänen, als Siliziumträger Quarz, für die Kohlung meist Koks oder Holzkohle verwendet. Bei geeigneten örtlichen Verhältnissen kann die Verwendung von stark kieseligen Eisenerzen und kieseligen Anthraziten vorteilhaft sein.

---

[1] Vgl. S. 119.   [2] Näheres folgt in Bd. 2.   [3] Vgl. S. 117.

Handelsüblich sind die Sorten mit etwa folgenden Gehalten: 12, 25, 45, 75 und 90%. Zahlentafel 67 gibt Aufschluß über die ungefähre Zusammensetzung der verschiedenen Sorten.

Zahlentafel 67.
Analysen von Ferrosilizium.

Si %	C %	Mn %	P %	S %
10—15	2—1	1—2	unter 0,1	unter 0,05
25	0,5	unter 1	„ 0,1	„ 0,05
45	0,1—0,2	„ 0,5	„ 0,1	„ 0,05
75	unter 0,1	„ 0,5	„ 0,1	„ 0,05
90	„ 0,1	„ 0,5	„ 0,1	„ 0,05

Der Schwefelgehalt kann durch geeignete Betriebsführung, selbst bei ziemlich unreinen Rohstoffen, ohne Schwierigkeiten auf weniger als 0,01% herabgedrückt werden. Der Phosphorgehalt ist naturgemäß von der Zusammensetzung des Möllers abhängig, da praktisch der gesamte im Möller enthaltene Phosphor in das Metall geht. Der Kohlenstoffgehalt ist vom Siliziumgehalt abhängig [1]).

Neben der chemischen Analyse gibt die Bestimmung des spezifischen Gewichts einen ersten Anhalt für den Siliziumgehalt. J. Rothe [2]) gibt folgende Werte an (s. Zahlentafel 68).

Zahlentafel 68.
Spezifische Gewichte von Ferrosilizium nach Rothe [3]).

Si in %	Spez. Gewicht	Ermittelt bei ⁰ C.
11,58	6,46	20,3
15,81	6,88	20,7
22,83	6,51	17,3
23,47	6,51	19,5
24,26	6,48	17,2
29,04	6,40	19,9
32,05	6,18	16,7
47,25	4,55	21,0
77,29	2,93	19,6

Eine die reicheren Legierungen umfassende Zusammenstellung der spezifischen Gewichte (bei 20⁰ bestimmt) ist in Zahlentafel 69 wiedergegeben.

Zahlentafel 69.
Spezifische Gewichte von reicherem Ferrosilizium.

Si in %	Spez. Gewicht	Si in %	Spez. Gewicht
49,10	4,630	71,25	3,222
50,90	4,342	72,00	3,220
52,30	4,200	72,55	3,205
56,01	4,260	72,90	3,162
59,70	4,101	74,82	3,060
61,40	3,857	75,90	3,051
61,95	3,780	76,00	3,050
64,10	3,602	76,28	3,010
65,70	3,560	77,50	2,944
66,25	3,463	93,41	2,542
70,32	3,260		

[1]) Vgl. auch Analysen von Ferrosiliziumschlacken. Stahleisen 1908, S. 1122.
[2]) Mitt. Materialpr.-Amt 1907, Nr. 1, S. 51/2. Vgl. auch Stahleisen 1907, S. 928.
[3]) Vgl. auch Zahlentafel 23 auf S. 79.

v. Schwarz [1]) hat das spezifische Gewicht über das ganze Konzentrationsgebiet hin bestimmt. Das Ergebnis ist bereits zusammenfassend in Zahlentafel 23 (S. 79) wiedergegeben. v. Schwarz hat in graphischer Weise die verschiedenen Werte der Literatur über die Bestimmung des spezifischen Gewichts von Eisen-Silizium-Legierungen zusammengestellt, die zeigt, daß die äußersten Werte im Durchschnitt um durchweg mehr als 10 % auseinander liegen.

Vor Bestimmung des spezifischen Gewichts muß das Ferrosilizium wegen seiner Porosität und Gaseinschlüsse zweckmäßigerweise gepulvert werden. Näheres über die Art der Bestimmung geben v. Schwarz und Lowzow [2]) an.

Wegen der verhältnismäßig geringen Veränderung des spezifischen Gewichtes mit dem Siliziumgehalt und des aus diesem Grunde verhältnismäßig großen Einflusses der örtlichen Verhältnisse (sonstige Zusammensetzung des Ferrosiliziums, Versuchsbedingungen usw.) ist anzuempfehlen, dort, wo dieses Verfahren angewendet werden soll, durch eigene Bestimmungen eine Zahlentafel aufzustellen.

Abb. 61 zeigt das Zustandsschaubild der Eisen-Siliziumlegierungen, wie es von N. Kurnakow und G. Urasow [3]) gefunden wurde. In seinem linken Teile deckt es sich im

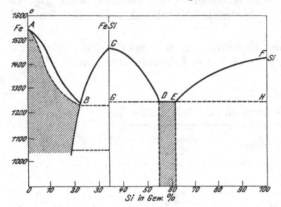

wesentlichen mit den Untersuchungen von Guertler und Tammann [4]) und denjenigen von Takejirô Murakami [5]) (vgl. Abb. 47, S. 77), während es bei Gehalten von mehr als 33,7 % Si einen grundsätzlichen Unterschied gegenüber den bisherigen Beobachtungen aufweist [6]). Die Legierungen mit 55,2—61,5 % weisen kein Eutektikum auf, sondern kristallisieren bei fast konstanter Temperatur unter Bildung einer neuen festen Phase (Lebeauit) von veränderlicher Zusammensetzung, die in allen Legierungen von 33,7—100 % Silizium enthalten ist.

Abb. 61. Zustandsschaubild der Eisen-Siliziumlegierungen.

Kurnakow und Urasow haben weiter festgestellt, daß Lebeauit mit Phosphor und Aluminium ternäre und quaternäre feste Lösungen bildet. Während die ternären Legierungen durch Wasser nicht verändert werden, zerfallen die quaternären Legierungen in Gegenwart von Wasser unter Bildung von phosphorwasserstoffhaltigen Gasen. Hiermit ist eine Erklärung für den Zerfall gewisser Ferrosiliziumsorten und deren Giftigkeit und Explosivität gefunden. Die aus dem Ferrosilizium sich entwickelnden Gase sind selbstentzündlich, so daß mit derartigem Material angefüllte Fässer ohne äußeren Anlaß explodieren können. Häufig genügt auch eine Erschütterung eines solchen Fasses, um

[1]) Dissert. München 1912. Hier ist auch eine ausführliche Literaturzusammenstellung über die bis 1912 veröffentlichten Arbeiten, betreffend Bestimmungen des spezifischen Gewichts von Eisen-Silizium-Legierungen, zu finden.

[2]) A. T. Lowzow: Influence of silicon upon the properties of ferrosilicon. Chem. Metallurg. Engg. 1921, S. 481/4.

[3]) N. Kurnakow und G. Urasow: Toxische Eigenschaften des Ferrosiliziums des Handels. Z. f. anorg. u. allg. Chemie 123, 1922, S. 89/131. (Die Arbeit stammt aus dem Jahre 1915 und ist im Polytechnischen Institut in St. Petersburg ausgeführt worden.) Vgl. auch Stahleisen 1923, S. 82/83.

[4]) Z. f. anorg. u. allg. Chem. Bd. 47, 1905, S. 1—63.

[5]) On the Equilibrium Diagram of Iron-Silicon System. The Science Reports of the Tôhoku Imperial University X. 1921, Nr. 2, S. 79/92. Vgl. auch Stahleisen 1922, S. 667/668.

[6]) Für den Nichtmetallographen sei erwähnt, daß die Linie ABCDEF die Schmelzkurve darstellt, und also in jedem Punkte für die entsprechende Zusammensetzung den zugehörigen Schmelzpunkt angibt. Zu berücksichtigen ist, daß die auf diese Weise sich ergebenden Schmelzpunkte sich auf reine Eisen-Siliziumlegierungen beziehen; die im technischen Ferrosilizium stets enthaltenen Fremdbestandteile setzen den Schmelzpunkt entsprechend der Höhe der Beimengung etwas herab. Praktisch kann aber mit den Schmelzpunkten des Schaubilds gerechnet werden.

die Explosion auszulösen. Wahrscheinlich sind neben Phosphin (PH_3), das nicht selbstentzündlich ist, noch geringe Mengen des selbstentzündlichen flüssigen Phosphorwasserstoffs (P_2H_4) vorhanden, der die Explosion einleitet. P_2H_4 bildet sich meist in geringen Mengen bei der Erzeugung von PH_3.

Durch das Zerfallen ändert das Ferrosilizium nur seine äußere Form, nicht aber seine metallurgischen Eigenschaften, so daß es ohne weiteres, wenn nicht aus besonderen Gründen stückiges Material erforderlich ist, verwendet werden kann, wobei allerdings auf die mit dem Zerfallen verbundene Gasentwicklung Rücksicht genommen werden muß. Durch Verpacken des Ferrosiliziums in Holzkisten und Lüften des Aufbewahrungsraumes wird eine Explosion vermieden. Verfasser hat im Betriebe die Beobachtung gemacht, daß bei Verwendung von phosphor- und tonerdehaltigem Möller die Zerfallserscheinungen, verbunden mit Gasentwicklung, bis zu etwa 30% Silizium hinunter auftreten, daß sie dagegen bei etwa 70%, auch bei starken Verunreinigungen, aufhören.

Die Verwendung von Ferrosilizium in der Eisen- und Stahlgießerei beruht einmal auf seiner Eigenschaft als Desoxydationsmittel (ähnlich dem Ferromangan) und dann in der Beeinflussung der Eigenschaften des Gusses als dessen Bestandteil. Silizium erniedrigt den eutektischen Kohlenstoffgehalt, und zwar bis zu etwa 5% Silizium mit je 1% um etwa $0,3\%$ [1]). Die Garschaumbildung tritt also mit steigendem Siliziumgehalt bei niedrigerem Kohlenstoffgehalt ein. Ein ternäres Eutektikum Eisen-Silizium-Kohlenstoff besteht nicht. Da das Silizium die Zerlegung von Eisenkarbid begünstigt ($Fe_3C \rightarrow 3\,Fe + C$), wächst der Anteil des Graphits am Gesamtkohlenstoff mit steigendem Siliziumgehalt. Schon bei etwa 1% Silizium liegen etwa 70% des Gesamtkohlenstoffs in Form von Graphit vor. Bei etwa $2,7\%$ Silizium erreicht der Graphitgehalt im Roheisen den höchsten und damit die Härte den geringsten Wert, zumal noch Perlit oder Ferrit hinzutritt. Mit weiter steigendem Siliziumgehalt nimmt die Härte wieder zu. In ähnlicher Weise wie die Härte verändern sich die Biege- und die Zugfestigkeit. Wüst hat beobachtet, daß Silizium und Schwefel im flüssigen Eisen eine flüchtige Verbindung bilden. Bei starkem Überhitzen des Eisenbades kann auf Grund dieser Reaktion ein beträchtlicher Teil des Schwefels ausgetrieben werden [2]).

Das Ferrosilizium wird entweder im Schmelzofen oder in der Pfanne zugegeben. Da, wie das Zustandsschaubild (Abb. 61) zeigt, die Schmelztemperatur der gebräuchlichen Sorten beträchtlich höher liegt als die des zu vergießenden Eisens, insbesondere des Gußeisens, so wärmt man das Ferrosilizium, sofern es in der Pfanne zugegeben werden soll, zweckmäßig vor. Man vermindert auf diese Weise die Abkühlung des Eisenbades und den Abbrand an Silizium. Wird das Ferrosilizium im Kuppelofen zugegeben, so unterliegt es der Einwirkung der heißen Ofengase, insbesondere des Gebläsewindes, und erleidet einen mehr oder minder großen Abbrand bevor es in das Eisenbad gelangt. Es bestand deshalb das Bestreben, ein Verfahren ausfindig zu machen, um das Ferrosilizium auf seinem Wege bis zum Eisenbade zu schützen. Nach dem Verfahren der Maschinenfabrik Eßlingen [3]) wird das Ferrosilizium auf eine bestimmte Körnung zerkleinert und mit einem zementartigen Bindemittel zu Briketts, den sogenannten E.K.-Paketen, verarbeitet [4]). Diese Briketts schmelzen erst in der Schmelzzone, wo die Legierung in das Eisenbad, das Bindemittel in die Schlacke übergeht. In verschiedenen schweizerischen Gießereien wird das hochprozentige (45- und 75-prozentige) Ferrosilizium in Rohrstücke, die an den Enden mit Holzpfropfen verschlossen werden, verpackt und in dieser Form dem Kuppelofen zugegeben. Die Anwendung eines derartigen Verfahrens hat noch den weiteren Zweck, bei feinkörnigem oder zerfallendem Ferrosilizium das Vorrieseln im Ofen zu vermeiden.

---

[1]) Wüst und Petersen: Metallurgie 1906, S. 811; vgl. auch S. 81.

[2]) Im elektrischen Niederschachtofen, in dem siliziumhaltiges Roheisen aus Erz mit etwa 4% Schwefel hergestellt wurde, gelang es allein durch geeignete Temperaturführung, den Schwefelgehalt auf unter $0,1\%$ herabzudrücken. Weitere Ausführungen über den Einfluß von Silizium auf Eisen- und Stahlguß finden sich S. 81 u. ff.; vgl. auch S. 160.

[3]) G. Schury: Die Verwendung von Ferrosilizium und anderen Schmelzzusätzen im Gießereischachtofen. Stahleisen 1920, S. 1452/1453.

[4]) s. S. 182.

Dort, wo nicht genügende Gründe die Anwendung hochhaltigen Ferrosiliziums verlangen, kann zur Umgehung der vorgenannten Nachteile niedrigprozentiges Ferrosilizium gebraucht werden. Dieses verhält sich hinsichtlich des Schmelzens und seiner Stückigkeit ähnlich wie Roheisen; der Siliziumabbrand dieses Materials ist ein verhältnismäßig geringer. Verschiedene dem Verfasser bekannte Gießereien arbeiten aus wirtschaftlichen und metallurgischen Gründen [1]) in dieser Weise, soweit es sich um nicht außergewöhnlich hoch siliziertem Guß handelt.

Spiegeleisen und Ferromangan.

Eisenlegierungen mit 5 bis zu etwa 20 % Mangan werden Spiegeleisen, mit höherem Mangangehalt Ferromangan genannt. Die Eisen-Manganlegierungen werden vorzugsweise im Hochofen, in geringerem Maße im elektrischen Ofen hergestellt. Spiegeleisen wird meist mit einem Gehalt von 10—20 %, Ferromangan mit einem solchen von 80 % Mangan verwendet [2]).

Als Manganträger dienen die Manganerze und manganhaltigen Eisenerze. Für die Herstellung von hochhaltigem Ferromangan (80 %) kommen nur Erze mit 45—55 % Mangan (hauptsächlich kaukasisches, indisches und brasilianisches Erz) [3]), für die von Spiegeleisen ärmere Erze, in Deutschland hauptsächlich der Siegerländer Spateisenstein in Frage. Die Reduktion der Manganoxyde geht beträchtlich schwieriger vor sich als die der Eisenoxyde, so daß eine wesentliche Manganreduktion erst nach Beendigung der Eisenreduktion einsetzt. Während das Eisen praktisch fast vollständig in das Metallbad übergeht, gewinnt man im Hochofen im günstigsten Falle etwa 70 % des im Möller enthaltenen Mangans; im elektrischen Ofen ist das Ausbringen etwas höher. Die Schlacke muß stark basisch geführt werden und muß beträchtliche Mengen unter den herrschenden Bedingungen reduzierbarer basischer Oxyde (MnO) enthalten, um eine umfangreichere Reduktion der Kieselsäure zu vermeiden.

Aus Zahlentafel 70 geht die durchschnittliche Zusammensetzung der Eisen-Mangan-Legierungen hervor.

Zahlentafel 70.
Durchschnittliche Zusammensetzung der Eisen-Mangan-Legierungen [4]).

Legierung	Mn %	Si %	P %	S %	C %	Fe %
Spiegeleisen	6—20	0,5—1,0	unter 0,1	unter 0,05	4—5	88—73
Ferromangan	25—80	0,5—1,5	„ 0,5	„ 0,05	5—7	69—12

Das von G. Rümelin und K. Fick aufgestellte Zustandsschaubild des Systems Eisen-Mangan ist in Abb. 50 (S. 85) wiedergegeben. δ-Eisen bildet mit Mangan Mischkristalle, die im Höchstfall (1455°) 2 % Mangan enthalten. Legierungen mit mehr als 13 % Mangan kristallisieren zu einer lückenlosen Reihe von Mischkristallen. Durch einen Zusatz von 1 % Mn wird die γ-β-Umwandlung um 68° erniedrigt; ein weiterer Manganzusatz verändert die Umwandlungstemperatur nicht mehr (dieser Umwandlungspunkt wurde bis 50 % Mn untersucht). Die Temperatur der β-α-Umwandlung nimmt mit steigendem Manganzusatz zunächst rascher, dann langsamer ab, um bei der Konzentration von 50 %, bis zu der diese Umwandlung untersucht wurde, annähernd konstant zu bleiben.

---

[1]) Eine Gießerei teilte dem Verfasser mit, daß nach ihrer Erfahrung sich das niedrighaltige Ferrosilizium besser, d. h. gleichmäßiger legiere.

[2]) Während des Krieges und nach demselben ist dieser Mangangehalt infolge des Mangels an hochhaltigen Manganerzen beträchtlich vermindert worden; teilweise wird heute noch ein Ferromangan mit nur 30 % gebraucht.

[3]) Vgl. Zahlentafel 38, S. 109.   [4]) Vgl. auch Zahlentafel 41, S. 119.

Der Umstand, daß Mangan sowohl mit Eisen als auch mit Eisenkarbid Mischkristalle bildet, gestaltet das ternäre System Eisen-Mangan-Kohlenstoff verhältnismäßig einfach. Es kann praktisch als binäres System aufgefaßt werden, wobei an Stelle der einzelnen Karbide (Eisen- und Mangankarbid) das Doppelkarbid und an Stelle der festen Lösung des Monokarbids im Metall die feste Lösung des Doppelkarbids zu setzen ist.

Hochhaltiges Ferromangan zerfällt an der Luft und wird zweckmäßigerweise in geschlossenen Räumen aufbewahrt. Auch niedrigerhaltiges Ferromangan und Spiegeleisen neigt zum Zerfall, allerdings nicht zu Pulver, sondern zu Stücken. Dieser Vorgang ist auf innere Spannungen zurückzuführen, deren Wirkung durch Temperaturunterschiede verstärkt wird.

Mangan erhöht die Aufnahmefähigkeit des Roheisens für Kohlenstoff (etwa 7% bei 80%igem Ferromangan); bis zu etwa $0,3\%$ Mangan wird auch die Graphitausscheidung verstärkt; höhere Mangangehalte wirken in umgekehrter Richtung. Die Härte nimmt mit steigendem Mangangehalt zunächst langsam, dann stärker zu. Zug- und Biegefestigkeit werden bis etwa 1% Mangan erhöht, von da ab erniedrigt. Biegefestigkeit und Kerbzähigkeit werden durch steigenden Mangangehalt vermindert. Schwefel wird durch Mangan in Form des unlöslichen Sulfids (MnS) abgeschieden, wodurch nebst anderen Vorteilen der Flüssigkeitsgrad des Bades erhöht wird; außerdem wirkt aber Mangan auch unmittelbar günstig auf die Dünnflüssigkeit des Eisens ein [1]).

Zweck der Verwendung der Eisen-Manganlegierungen ist, dem Eisen den gewünschten Mangangehalt zu verleihen, wie auch die Desoxydierung des Bades auf Grund der leichten Oxydierbarkeit des Mangans. Die Eisen-Manganlegierungen können sowohl mit der Charge heruntergeschmolzen, als auch in der Pfanne zugesetzt werden. Für die Zugabe im Kuppelofen gilt das beim Ferrosilizium Gesagte [2]). In analoger Weise wie für den Siliziumzusatz werden auch für den Manganzusatz die sogenannten E.-K. Pakete hergestellt. Wie beim Ferrosilizium ist auch beim Ferromangan die mit der Zugabe bedingte Abkühlung zu beachten und gegebenenfalls durch Vorwärmung zu vermeiden.

Silikospiegel und Silikomangan.

Mit Silikospiegel und Silikomangan (Ferromangansilizium) werden die Eisen-Silizium-Manganlegierungen bezeichnet, und zwar mit Silikospiegel die niedrighaltigen dem Spiegeleisen entsprechenden, mit Silikomangan die höherhaltigen. Diese Legierungen wurden bis zum Kriege im Verhältnis zum Ferrosilizium und Ferromangan in geringem Umfange angewendet Erst als durch den Ausbruch des Krieges diese Stoffe, insbesondere das Ferromangan, infolge des Mangels an hochhaltigen Manganerzen knapp wurden, wurden Eisen-Silizium-Manganlegierungen in größerer Menge hergestellt.

Silikospiegel wird im Hochofen und Elektroofen, Silikomangan nur im Elektroofen erzeugt. Die Erzeugung im Hochofen ist mit beträchtlichen Schwierigkeiten verbunden und ist außerordentlich kostspielig (stark saure Schlacke, hoher Koksverbrauch und hohe Windtemperatur), so daß die Herstellungsart kaum mehr in Betracht kommt. Früher wurde Silikomangan in der Weise dargestellt, daß man Ferrosilizium und Ferromangan getrennt erzeugte und dann in einer geteerten Pfanne mischte, wobei der größte Teil des im Ferromangan enthaltenen Kohlenstoffs sich in Form von Graphit ausschied. Später ging man zur unmittelbaren Erzeugung über. Als Mangan- und Siliziumträger kommen hauptsächlich kieselsäurereiche Manganerze und manganhaltige Eisenerze, sowie Ferromangan- und Spiegeleisenschlacken in Frage. In Amerika sind während des Krieges große Mengen der vorgenannten Erze verhüttet worden, während in Deutschland die Siegerländer Schlacken als Rohstoff benutzt wurden. Die typische Zusammensetzung dieser Legierungen geht aus Zahlentafel 71 hervor.

---

[1]) S. auch O. Wedemeyer: Über die Verwendung von Manganerzen als Entschweflungsmittel beim Schmelzen von Gußeisen. Stahleisen 1904, S. 1316, 1377. Nähere Einzelheiten über den Einfluß des Mangans auf die Eigenschaften des Eisens siehe S. 84 u. ff.

[2]) Vgl. S. 151.

Zahlentafel 71.

Durchschnittliche Zusammensetzung der Eisen-Mangan-Siliziumlegierungen.

Legierung	Mn %	Si %	Fe %	C %	P %	S %
Silikospiegel	20—50	10—20	70—25	1,0—3,0	unter 0,2	unter 0,05
Silikomangan	50—70	20—30	25—5	unter 1,0	,, 0,1	,, 0,05
Beispiel	20	10	70	2	0,1	0,02
,, ...	50	20	29	1	0,05	0,02
,, ...	50	30	19	1	0,05	0,02
,, ...	70	20	9	0,8	0,05	0,02

Der bei Verwendung von Silikospiegel bzw. Silikomangan im Eisen verbleibende Teil an Mangan und Silizium ist bei gleichem Zusatz größer als bei Benutzung von Ferromangan bzw. Ferrosilizium, die Ausnutzung von Mangan und Silizium ist somit eine bessere. Gegenüber dem Ferromangan enthält Silikomangan nur wenig Kohlenstoff und Phosphor. Da auch der Schwefelgehalt sehr gering ist, kann Silikomangan zur Herstellung von Sonderwaren verwendet werden. (Die im elektrischen Ofen erzeugten Legierungen sind reiner als die im Hochofen hergestellten.) Bis zu einem Siliziumgehalt von etwa 10% liegt der Kohlenstoff zum größten Teil in gebundener Form vor; mit weiter steigendem Siliziumgehalt wächst der Anteil an graphitischem Kohlenstoff, bis bei etwa 15% Silizium der größte Teil in dieser Form vorhanden ist. Die Legierungen sind infolge ihrer Sprödigkeit leicht zu zerkleinern.

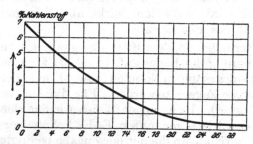

Abb. 62. Abhängigkeit zwischen Kohlenstoff- und Siliziumgehalt bei Eisen-Silizium-Mangan-Legierungen mit 60—70% Mn.

Abb. 62 zeigt die Abhängigkeit zwischen Kohlenstoff- und Siliziumgehalt bei einem Erzeugnis mit 60—70% Mangan. Bis zu einem Siliziumgehalt von 5% sollen die möglichen Abweichungen von der angegebenen Kurve höchstenfalls 0,75%, bei etwa 10% noch höchstenfalls 0,5% und bei etwa 15% Silizium noch etwa 0,1—0,2% betragen.

Die Desoxydation kann mit Silikomangan an Stelle von Ferromangan, wie auch von Ferrosilizium durchgeführt werden. Der Einfluß der beiden Komponenten im Silikomangan ist dabei größer als die Summe der Einzelwirkungen der beiden Metalle im Ferromangan bzw. Ferrosilizium. Die bei der Desoxydation mittels Ferrosilizium sich bildende Kieselsäure scheidet sich schwerer aus dem Metallbade aus, als die bei Anwendung von Silikomangan sich bildenden Mangansilikate[1]. Der Zusatz von Silikospiegel bzw. Silikomangan erfolgt in gleicher Weise wie beim Ferrosilizium bzw. Ferromangan.

Die Erfahrungen mit Silikospiegel und Silikomangan stammen im wesentlichen aus Amerika; sie besagen, daß im allgemeinen die Verwendung der Doppellegierung ein besseres Ergebnis zeitigt als diejenige der Einzellegierungen. Insbesondere wird eine Legierung mit etwa 55% Mangan und etwa 20% Silizium als die geeignetste bezeichnet. Ein abschließendes Urteil liegt aber bis heute noch nicht vor. Die Frage, ob die Doppellegierung oder die Einzellegierungen zu verwenden seien, wird in der Hauptsache eine Frage des Preises bleiben.

Aluminium und Ferroaluminium.

Aluminium wird sowohl als Metall als auch legiert, insbesondere mit Eisen (Ferroaluminium), in der Stahlgießerei, weniger in der Eisengießerei, gebraucht. Aluminium wird durch Elektrolyse im Schmelzflusse aus Bauxit (Tonerde) erzeugt. Aluminiumoxyd wird hierbei in Aluminium und Sauerstoff zerlegt; das Aluminium scheidet sich an der

---

[1] Vgl. auch S. 79.

Kathode ab und sammelt sich am Boden des Ofens an, der Sauerstoff wandert nach der Anode (Kohlenelektrode) und verbrennt mit dem Kohlenstoff. Die Vorgänge spielen sich im wesentlichen nach den folgenden beiden Gleichungen ab:

$$Al_2 O_3 + 3 C = 2 Al + 3 CO;$$
$$2 Al_2 O_3 + 3 C = 4 Al + 3 CO_2 \text{ [1]}).$$

Das technische Aluminium enthält mindestens $90^0/_0$ Aluminium, meist $98-99^0/_0$, teilweise bis $99,5^0/_0$. Als Fremdbestandteile kommen im wesentlichen Silizium, Eisen, Kohlenstoff und Stickstoff in Frage.

Das Ferroaluminium wird durch Auflösen von Aluminium in flüssigem Eisen oder durch Reduktion eines Gemisches von Tonerde und Eisen im elektrischen Ofen oder durch Reduktion eisenreicher Bauxite, ebenfalls im elektrischen Ofen, dargestellt. Da Eisen und Aluminium sich verhältnismäßig schwer legieren, weist die nach den beiden erstgenannten Verfahren erzeugte Legierung häufig eine etwas inhomogene Zusammensetzung auf.

Ferroaluminium enthält meist $10-20^0/_0$ Aluminium. Nachstehend ist eine typische Zusammensetzung angegeben:

$20^0/_0$ Al	unter $0,04^0/_0$ S
unter $2^0/_0$ Si	,, $0,04^0/_0$ P
,, $0,2^0/_0$ Mn	rd. $77^0/_0$ Fe.
,, $1^0/_0$ C	

Wird der Möller, aus dem Ferroaluminium reduziert wird, stark kieselig gewählt, so entsteht ein Siliko-Aluminium (Ferro-Aluminium-Silizium). Es wird mit $40-50^0/_0$ Si, $35-45^0/_0$ Fe und $25-10^0/_0$ Al hergestellt und in Eisengießereien, wenn überhaupt, nur selten angewendet.

Das Aluminium ist ein weißes, stark glänzendes Metall mit dem spezifischen Gewicht $2,6-2,7$ je nach dem Zustand (gewalzt, gezogen, flüssig). Der Schmelzpunkt liegt bei 657^0; die Schmelzwärme beträgt 94 cal/g (die größte aller bisher untersuchten Metalle). Die für den Gießereimann wichtigste Eigenschaft des Aluminiums ist sein außerordentlich starkes Bestreben, sich mit Sauerstoff zu verbinden. Es entzieht den Oxyden anderer Metalle, wie Eisen, Mangan, Chrom usw. den Sauerstoff, sich selbst zu Al_2O_3 oxydierend, die Metalloxyde zu Metall reduzierend, und ist somit ein äußerst wirksames Desoxydationsmittel. Bei der Verwendung des Aluminiums ist auf den Umstand zu achten, daß zu große Zusätze das Eisen dickflüssig machen. Nach Wüst genügt ein Zusatz von $0,02-0,05^0/_0$ stets, um das im Bade gelöste Eisenoxydul zu reduzieren und ein dichtes Gußstück zu gewährleisten [2]). Wüst empfiehlt die Anwendung von Aluminium nur bei mattem Eisen, dessen niedrige Temperatur eine Zugabe von Ferromangan oder Ferrosilizium nicht mehr zulassen würde.

Aluminium ist bis zu einem Gehalt von etwa $35^0/_0$ in Eisen löslich, auf welcher Eigenschaft die Erzeugung von Ferroaluminium beruht. Die Temperatur der primären Kristallisation erniedrigt sich dabei vom Schmelzpunkt des reinen Eisens auf etwa 1280^0. Die Aufnahmefähigkeit des Eisens für Kohlenstoff wird durch geringe Mengen Aluminium vermindert, die Graphitbildung begünstigt [3]). Bei gleichzeitiger Anwesenheit von Aluminium und Silizium wird jedoch die Graphitbildung verhindert.

Der Zusatz des Aluminiums oder Ferroaluminiums kommt naturgemäß nur in der Pfanne, nicht zur Charge, in Frage, und zwar wird das Aluminium in stückiger Form zusammen mit dem Metallstrahl in die Pfanne geworfen. Da die bei der Desoxydation gebildete Tonerde nur schwer in die Schlacke geht, entfernt man, wenn man überhaupt Aluminium oder dessen Eisenlegierung anwenden will, die Hauptmenge des Sauerstoffs mit Ferrosilizium oder Ferromangan und nur den letzten Rest durch Aluminium.

In diesem Zusammenhange sei auch das Goldschmidtsche Lunkerthermit erwähnt, das zur Warmhaltung der Steigetrichter und damit zur Vermeidung der Lunker-

---

[1]) Näheres hierüber siehe z. B. Ullmann: Enzyklopädie der technischen Chemie. Berlin 1914, Bd. 1.

[2]) F. Wüst: Über die Ursachen des Entstehens von Fehlgüssen. Stahleisen 1900, S. 1041 ff.

[3]) Vgl. S. 100.

bildung dient. Es besteht im wesentlichen aus einer Mischung von Aluminium und Eisenoxydul in der nachstehenden Reaktionsgleichung entsprechenden Mengen:

$$3\,FeO + 2\,Al = 3\,Fe + Al_2O_3.$$

Das Lunkerthermit wird lose mit Hilfe einer Schaufel oder in Papier verpackt in den aufsteigenden Metallstrahl geworfen. Bei Gußeisen muß zur Einleitung der Reaktion etwas Entzündungsgemisch hinzugefügt werden, während dies bei Stahl infolge der höheren Temperatur des Metalls nicht erforderlich ist. Das Lunkerthermit wird auch zur Aufwärmung matt gewordenen Gußeisens oder Stahls benützt.

Ferrotitan.

Ferrotitan hat auf Grund des Umstandes, daß man über den Einfluß des Titans auf das Eisen und seine gaseliminierenden Eigenschaften [1] lange Jahre im unklaren war, und daß diese Fragen auch heute noch nicht völlig geklärt sind, nur langsam Eingang in die Gießereien gefunden.

Ferrotitan wird im elektrischen Ofen oder nach dem aluminothermischen Verfahren hergestellt. Als Rohstoffe kommen vorzugsweise Rutil mit $90-98\%$ Titansäure (TiO_2) und Titaneisenerze in Frage, welch letztere in großen Mengen weit verbreitet sowohl als Stückerz als auch als sogenannter Titaneisensand mit $50-60\%$ Eisen und etwa 10% TiO_2 vorkommen. Infolge des Bestrebens des Titans, mit Kohlenstoff Karbide und mit Stickstoff Nitride zu bilden, ergibt sich bei der Reduktion mit Kohlenstoff eine karbid- und nitridhaltige Legierung. Zu einem günstigeren Ergebnis führt die Reduktion mit Aluminium. In Zahlentafel 72 sind einige typische Zusammensetzungen von Ferrotitan angegeben, das nach dem oben angegebenen Verfahren in jedem Prozentgehalt erzeugt werden kann, in der Eisen- und Stahlgießerei aber vorzugsweise mit einem Gehalt von $10-15\%$ Titan zur Verwendung gelangt.

Zahlentafel 72.
Typische Zusammensetzung von Ferrotitan.

Ti %	Fe %	Mn %	Si %	P %	S %
10—12	89—87	unter 0,5	unter 1,5	unter 0,05	unter 0,05
20	70—77	,, 0,5	,, 1,5	,, 0,05	,, 0,05
50	45	,, 0,5	,, 1,5	,, 0,05	,, 0,05

Kohlenstoffhaltiges Ferrotitan mit $5-8\%$ Kohlenstoff enthält den Kohlenstoff fast ausschließlich als Graphit, während der Gehalt an gebundenem Kohlenstoff nur $0,12-0,15\%$ beträgt.

Abb. 63 zeigt das von J. Lamort aufgestellte Schmelzschaubild der Eisen-Titanlegierungen [2][3]. Es umfaßt Legierungen bis etwa 22% Titan, also auch diejenigen, welche in der Gießerei vorzugsweise verwendet werden. Nach der titanreichen Seite hin ist das Schaubild noch nicht untersucht. Der Schmelzpunkt von reinem Titan liegt nach Burgeß und Waltenburg [4] bei 1795°. Wenn auch durch Zusatz von Eisen der Schmelzpunkt erniedrigt wird, so liegt er bei hochhaltigen Legierungen doch noch wesentlich über demjenigen von Stahl und insbesondere von Roheisen, so daß die mit hochhaltigen Legierungen früher angestellten Versuche zwecks Erzielung eines Titangehaltes im Eisen nicht zum Ziele führen konnten. Der Mißerfolg wurde noch begünstigt durch

---

[1] Vgl. S. 102.
[2] Ferrum Bd. 11, 1914, S. 225/234.
[3] Für den Nichtmetallographen sei erwähnt, daß der Linienzug ABE die Temperatur der beginnenden Erstarrung für die verschiedenen Konzentrationen, der Linienzug ACBD diejenige der beendeten Erstarrung angibt.
[4] Z. f. anorg. Chem. Bd. 82, 1913, S. 361.

das geringe spezifische Gewicht des Titans (etwa 4,5) gegenüber dem beträchtlich höheren des Eisens. Das kohlefreie Goldschmidtsche Ferrotitan mit etwa 22—25% Titan und 5% Aluminium schmilzt bei 1330—1350°.

Über das ternäre System Eisen-Kohlenstoff-Titan liegt eine Untersuchung von R. Vogel[1]) vor, die sich aber nur mit den Vorgängen im erstarrten Zustande befaßt. Im wesentlichen wird festgestellt, daß Titan die Temperatur der Perlitumwandlung nicht wesentlich beeinflußt, jedoch dieselbe bei langsamer Abkühlung teilweise unterdrückt.

Die Verwendung des Ferrotitans in der Eisen- und Stahlgießerei beruht im wesentlichen auf seiner reinigenden Wirkung auf das Bad; es wird jedoch auch benutzt, um dem Eisen einen bestimmten Titangehalt zu verleihen, um damit eine Verbesserung verschiedener Eigenschaften zu erzielen. Die reinigende Wirkung beruht auf der Eigenschaft des Titans, Sauerstoff und Stickstoff zu binden, überhaupt das Bad zu entgasen. Zum mindesten ein Teil der guten Eigenschaften, die einem Titangehalt im Eisen zugeschrieben werden, dürfte dieser reinigenden Wirkung entspringen.

Titan begünstigt die Graphitbildung im Roheisen, und zwar wesentlich stärker als Silizium; das Maximum der prozentualen Graphitbildung ist, unabhängig vom Siliziumgehalt, bei 0,1% Titan bereits überschritten[2]). Infolge dieser starken Graphitbildung tritt eine wesentliche Beeinflussung der Festigkeitseigenschaften erst oberhalb dieses Höchstwertes ein, und zwar in deutlich günstigem Sinne. Bei silizium- und damit graphitreichem Roheisen tritt naturgemäß diese günstige Wirkung schon bei einem niedrigeren Titangehalt ein als bei einem silizium- und damit graphitarmen Material. Mit wachsendem Gesamttitangehalt stellte Piwowarsky[3]) eine zunehmende Verfeinerung des Gefüges fest, während er jedoch bis zu einem Gesamtgehalt des Eisens an Titan von 1% kein metallisches Titan nachweisen konnte. Hieraus geht hervor, daß die gefügeverfeinernde Wirkung und die damit verbundene Verbesserung der Festigkeitseigenschaften im wesentlichen auf die Säuberung des Metalls

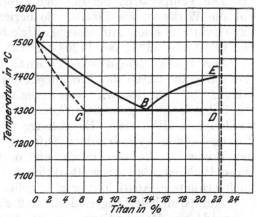

Abb. 63. Schmelzschaubild der Eisen-Titanlegierungen.

zurückzuführen ist. Die Löslichkeit in Säuren nimmt, soweit Untersuchungen angestellt worden sind, mit steigendem Titangehalt ab.

Beim Stahlformguß ist die Wirkung eine analoge. Auch hier ist der jeweilige Einfluß im wesentlichen auf die reinigende Wirkung des Titans zurückzuführen. Auch beim Stahl haben Untersuchungen ergeben, daß Titan nur dann im Fertigmaterial als Metall nachzuweisen ist, wenn es in großer Menge zugesetzt wird. Wenn man, wie sich bei den Versuchen von Piwowarsky mit Roheisen ergeben hat, annimmt, daß bis zu 1% Zusatz Titan noch nicht als Metall im Gusse festzustellen ist, so heißt das, daß alles Titan zur Beseitigung der im Bade enthaltenen Verunreinigungen, wie Sauerstoff und Stickstoff, verbraucht worden ist.

Diesen günstigen Beobachtungen über die Wirkung des Titans stehen frühere entgegengesetzt lautende gegenüber. Auf Grund der zahlreichen jüngeren Forschungen, die anscheinend einwandfrei durchgeführt worden sind und die zu günstigen Ergebnissen geführt haben, ist anzunehmen, daß bei den anders lautenden Untersuchungen irgendwelche nicht erkannte Nebenumstände ein unrichtiges Bild geliefert haben. So berichtet beispielsweise Gale[4]) über ungünstige Beeinflussung der Festigkeitseigenschaften durch

---

[1]) Ferrum Bd. 14, 1917, S. 177.
[2]) Die Graphitausscheidung wird dadurch begünstigt, daß auf Grund der großen Verwandtschaft des Titans zu Sauerstoff, Stickstoff und Schwefel diese Elemente, die durchweg einer Graphitbildung entgegenwirken, beseitigt werden.
[3]) Stahleisen 1923, S. 1491.   [4]) Stahleisen 1913, S. 367.

Titan, das einem Ferrotitan mit etwa $7,5\%$ Aluminium entstammte. Nun scheint aus anderen Beobachtungen hervorzugehen, daß Aluminium in Gegenwart von Titan ungünstig wirkt, so daß vielleicht dieser sehr hohe Aluminiumgehalt im vorliegenden Falle die Ursache für das ungünstige Ergebnis sein dürfte. Vor allem scheint aber der Umstand nicht stets berücksichtigt worden zu sein, daß die volle Wirkung des Titanzusatzes eine Funktion der Temperatur ist und daß zur Abscheidung der bei der Säuberung des Bades gebildeten Titanverbindungen eine gewisse Zeit gehört.

Der Zusatz des Ferrotitans zum Eisen erfolgt am zweckmäßigsten mit dem in die Pfanne laufenden Stahl. Wie auch bei den anderen Zusätzen ist darauf zu achten, daß die Legierung nicht mit der Schlacke in Berührung kommt, da diese die Legierung einhüllt und dadurch die Auflösung erschwert. Bei $10-15\%$igem Ferrotitan tritt ein augenblickliches Auflösen ein. Das Ferrotitan kann in der angelieferten Form ohne weitere Vorbehandlung verwendet werden. Nach erfolgter Zugabe tritt eine geringe Temperaturerhöhung ein. Man muß nach dem Zusatz das Metall noch etwas abstehen lassen, um den entstandenen Titanverbindungen Gelegenheit zu geben, in die Schlacke überzugehen [1]). Die Legierung darf nicht in der Pfanne vorgewärmt werden, weil sie sonst oxydiert und unwirksam wird.

Die Temperatur, bei der der Zusatz erfolgt, ist anscheinend von großem Einfluß auf die Wirkung des Titans. So berichtet Longmuir [2]), daß er mit Titanzusatz bei 1230^0 ein Gußeisen mit einer Festigkeit von 16,9 kg/qmm erzielt habe, während diese bei 1320^0 um 33%, bei 1120^0 um 25% niedriger gewesen sei.

Das Goldschmidtsche Titanthermit besitzt die Eigenheit, daß sich das Titan erst durch die durch das Einbringen des Thermits in das Metallbad eingeleitete Reaktion bildet. Die Reaktion wird von einem starken Aufwallen des Bades begleitet. Das Titanthermit gelangt in gepreßter Form, in Büchsen verpackt, in den Handel. Diese Büchsen werden mit Hilfe einer Eisenstange und einer in der Achse der Büchse angebrachten durchgehenden zylindrischen Öffnung nach vorheriger leichter Anwärmung bis auf den Boden des Bades getaucht und dort bis zur Beendigung der Reaktion festgehalten. Wesentlich ist, daß diese Reaktion bei möglichst hoher Temperatur, also unmittelbar nach erfolgtem Abstich, vor sich geht.

Auf Grund der Eigenschaft, daß sich Titan auch mit Mangan legiert, stellt Goldschmidt ein Mangantitan mit $30-35\%$ Titan her.

Ferrophosphor.

Ferrophosphor wird sowohl im Hochofen als auch im Elektroofen hergestellt. Als Phosphorträger kommt Kalziumphosphat in Betracht. Die Zusammenstellung in Zahlentafel 73 gibt die Grenzen an, innerhalb deren sich die Zusammensetzung normalen Ferrophosphors bewegt.

Zahlentafel 73.

Zusammensetzung des Ferrophosphors.

P	$15-30\%$	Si unter 3%
Fe	$81-66\%$	S „ $0,3\%$
Mn	unter 5%	C „ $1,5\%$.

Der Vollständigkeit wegen sei nachstehend auch die Zusammensetzung des Phosphormangans, das auf analoge Weise wie Ferrophosphor erzeugt wird, jedoch in der Eisengießerei noch seltener Verwendung findet, angegeben [3]).

---

[1]) Die Titan Alloy Mfg. Co. gibt folgende Vorschriften für die Behandlung von Martinstahl mit $0,3\%$ und mehr Kohlenstoff an. Rückkohlungs- und Desoxydationsmittel, mit Ausnahme von Ferrosilizium und Titan, sind vor dem Abstich in den Ofen zu bringen, Ferrosilizium nach Beginn des Abstichs in die Pfanne, Ferrotitan, wenn die Pfanne bereits ein Viertel voll ist; dann soll der Stahl 8 Minuten in der Pfanne stehen. (Stahleisen 1913, S. 534.)

[2]) J. Iron Steel Inst. 1903, Bd. 1, S. 457; 1904, Bd. 1, S. 420. Vgl. auch Stahleisen 1913, S. 1823.

[3]) Nach Stahleisen 1908, S. 1581.

Mn 65%   C 2%
P 25%   Si 1%
Fe 7%

Abb. 53 (S. 89) zeigt das Zustandsschaubild des Systems Eisen-Phosphor nach Stead, Saklatwalla und Gercke [1]). Das Schaubild zeigt, daß Phosphor nur bis zu 1,7%, und zwar als Fe_3P, im Eisen löslich ist. Das erste Eutektikum besteht aus Mischkristallen und Fe_3P (15,6% Phosphor), das zweite aus Fe_3P und Fe_2P (21,7% Phosphor). Das ternäre System Eisen-Phosphor Kohlenstoff [2]) zeigt ein ternäres Eutektikum (der eutektische Haltepunkt liegt bei 953°) bei 91,15% Eisen, 6,89% Phosphor und 1,96% Kohlenstoff mit folgenden Gefügebestandteilen: Mischkristalle, Fe_3P und Fe_3C. Es erstarrt unter Volumenvergrößerung. Mit steigendem Phosphorgehalt wächst die Korngröße des Ferrits und damit die Sprödigkeit des Eisens.

Phosphor erniedrigt, wie das Schaubild zeigt, den Schmelzpunkt des Eisens beträchtlich. Der Flüssigkeitsgrad wird erhöht, welche Eigenschaft insbesondere bei dünnwandigen Gußstücken mit geringen Spannungen und bei Kunstguß von Bedeutung ist. Die Härte des Roheisens wächst mit steigendem Phosphorgehalt, die Durchbiegung bleibt bis etwa 0,6% Phosphor unbeeinflußt, nimmt bei weiterem Phosphorzusatz aber stark ab. Die Kerbzähigkeit wird durch Phosphor vermindert, während die Zug- und Biegefestigkeit zunächst (bis 0,3%) zunimmt, dann aber ebenfalls sinkt. Die Graphitabscheidung wird bis etwa 0,6% Phosphor nur wenig beeinflußt, darüber hinaus bilden sich Graphitnester, die die Festigkeitseigenschaften verschlechtern.

Auf den Stahl wirkt Phosphor in analoger Weise ein. Infolge des niedrigen Schmelzpunktes des Phosphideutektikums ist Phosphor stark am Seigerungsvorgang beteiligt. In analoger Weise wie für den Silizium- und Manganzusatz werden auch für den Phosphorzusatz die sogenannten E.K.-Pakete hergestellt [3]).

Die Zugabe des Ferrophosphors erfolgt in der Regel in die Pfanne; dort läßt man es warm werden, sticht ab und rührt um.

Sonstige Metalle und Legierungen.

Außer mit den besprochenen sind gelegentlich auch mit anderen Metallen und Legierungen Versuche angestellt worden, um das Metallbad zu reinigen und durch Verleihung eines bestimmten Gehaltes des betreffenden Elementes dem Gußstück bessere Eigenschaften zu geben. Es handelt sich dabei jedoch durchweg um vereinzelte Versuche, deren praktische Übertragung auf den Eisen- und Stahlgießereibetrieb nicht eingetreten ist. Die Ursache hierzu ist zum Teil in den verhältnismäßig hohen Preisen zu suchen, meist wohl aber darin, daß die mit der Zugabe erzielten Verbesserungen unter den Ergebnissen lagen, die mit den bekannten Zusatzstoffen zu erreichen sind. Aus diesem Grunde genügt eine kurze Anführung solcher Zusatzstoffe.

Kalzium, Natrium und Magnesium sind gelegentlich als Desoxydationsmittel versucht worden [4]). Zusätze von Nickel in Form von Ferronickel mit 25—75% Nickel und geringen Mengen von Kohlenstoff, Silizium, Mangan, Phosphor und Schwefel haben eine Zunahme der Zug- und Biegefestigkeit und des Widerstandes gegen Säure- und Basenangriff des Gußeisens ergeben; bei dem hohen Preis des Nickels kommt jedoch eine umfangreichere praktische Verwendung nicht in Frage. Auch Chrom in Form von Ferrochrom ist gelegentlich angewendet worden, ohne aber einen günstigen Einfluß zu zeigen, ganz abgesehen von den sonstigen Umständen, die seiner Einführung in die Praxis entgegenstehen. Vanadium soll sehr günstig auf die Festigkeitseigenschaften einwirken; Näheres ist jedoch darüber nicht bekannt geworden, außerdem steht sein hoher Preis der Anwendung hindernd im Wege. Bor wirkt ähnlich wie Silizium; es vermindert die Lösungs-

---

[1]) Für den Nichtmetallographen sei auf die Fußnote 3 auf S. 156 verwiesen.
[2]) Schaubild: Metallurgie Bd. 5, 1908, S. 564.
[3]) Vgl. S. 151.
[4]) F. Wüst: Stahleisen 1900, S. 1041 ff. — Th. Geilenkirchen: Herstellung dichter Güsse durch desoxydierende Zuschläge. Stahleisen 1908, S. 592/596.

fähigkeit des Eisens für Kohlenstoff und begünstigt dessen Ausscheidung in Form von Graphit. Eine praktische Anwendung ist bisher nicht erfolgt.

Zum Schlusse sei noch der Waltersche Entschwefelungszusatz besprochen [1]. Dieser in Form von Briketts vorliegende Zusatz enthält im wesentlichen, soweit darüber Veröffentlichungen vorliegen, Verbindungen von Alkalien und Erdalkalien, die den Schwefel als Sulfid binden. Das Verfahren besteht darin, daß die Briketts im Vorherd oder in der Pfanne dem möglichst schlackenfreien Eisenbad zugefügt werden. Zur Verdickung der sich bildenden Schwefelschlacke wird dieser kleinstückiger Kalkstein zugesetzt und daraufhin die versteifte Schlacke abgezogen. Der Schwefel ist auf diese Weise bis zu 75% aus dem Bade entfernt worden; außerdem ist auch eine gute Entgasung und Entfernung sonstiger Verunreinigungen eingetreten.

Verfasser hat bei Herstellung von synthetischem Roheisen Entschwefelungsversuche mit Rohsoda durchgeführt. Die Betriebsverhältnisse waren derart, daß das im Elektroofen erschmolzene Roheisen in eine Pfanne abgestochen und aus dieser in eiserne Kokillen vergossen wurde. Von etwa 10 Kokillen wurde in jede zweite von Hand etwas Rohsoda gleichmäßig über den Boden gestreut und daraufhin die Kokillen vollgegossen derart, daß abwechselnd eine mit Soda bestreute und eine sodafreie Kokille an die Reihe kam. Es bildete sich in den sodahaltigen Kokillen sofort eine schwarze Sulfidschlacke. Im Durchschnitt betrug die Schwefelabnahme durch dieses rohe Verfahren etwa 50%. Die Versuche wurden bei verschiedenen Eisensorten durchgeführt, deren Schwefelgehalt im nicht behandelten Zustande zwischen 0,02 und $0,1\%$ schwankte. Gleichartige Versuche wurden bei einem Roheisen angestellt, das aus einem etwa 4% Schwefel enthaltenden Erz hergestellt wurde. Je höher der Gesamtgehalt an Schwefel war, um so größer war im allgemeinen die prozentuale Abnahme durch den Sodazusatz, der bis etwa 80% anstieg. Es zeigte sich übrigens, daß bei geeigneter Betriebsführung, insbesondere hoher Temperatur, der Schwefel ohne irgendwelchen Zusatz entfernt werden konnte. Der Möller bestand lediglich aus dem schwefelreichen Erz und geringwertigem Koks. Der Schwefelgehalt im Roheisen konnte bei gutem Ofengang unter $0,1\%$ gebracht werden. Die Versuche zeigten, daß im elektrischen Ofen eine Entschwefelung durch geeignete Temperaturführung allein vorgenommen werden kann.

Literatur.

Ferrosilizium.

Guertler und Tammann: Über die Verbindungen des Eisens mit Silizium. Z. f. anorg. Chem. Bd. 47, 1905, S. 163.

Wüst und Petersen: Beitrag zum Einfluß des Siliziums auf das System Eisen-Kohlenstoff. Metallurgie 1906, S. 811; auszugsw. Stahleisen 1907, S. 482.

Zusatz von Ferrosilizium zu geschmolzenem Gußeisen. Iron Age 1907, S. 501, 752, 1136.

Die Gefahren des Ferrosiliziums. Iron Coal Trades Rev. 1907, S. 734.

Rothe, J.: Über die Beziehungen zwischen dem spezifischen Gewicht und dem Siliziumgehalt im Ferrosilizium. Mitt. Materialpr.-Amt 1907, Nr. 1, S. 51. Vgl. Stahleisen 1907, S. 928.

Ferrosilizium, Gehaltsbestimmung des Siliziums mit Hilfe des spez. Gewichts. Stahleisen 1907, S. 1543.

Speziallegierungen im Gießereibetrieb. Stahleisen 1907, S. 1269.

Conrad, W.: Über die Fortschritte in der Verwendung großer elektrischer Öfen zur Fabrikation von Kalziumkarbid und hochprozentigem Ferrosilizium. Stahleisen 1908, S. 793, 836.

Analysen von Ferrosiliziumschlacken. Stahleisen 1908, S. 1122.

Venator: W., Über Eisenlegierungen und Metalle für die Stahlindustrie. Stahleisen 1908, S. 48, 82.

Geilenkirchen, Th.: Herstellung dichter Güsse durch desoxydierende Zuschläge. Stahleisen 1908, S. 592.

Westhoff, F.: Über Verwendung hochprozentigen Ferrosiliziums in der Eisengießerei. Stahleisen 1908, S. 1246, 1509.

Gontermann, W.: Über einige Eisen-Silizium-Kohlenstofflegierungen. Z. f. anorg. Chem. Bd. 59, 1908, S. 373.

Gefahren beim Transport von Ferrosilizium. Iron Age 1908, S. 997. Vgl. Stahleisen 1908, S. 1895.

Wilson, D. R.: Hochprozentiges Ferrosilizium. Stahleisen 1909, S. 473.

Treuheit, L.: Verwendung von 50%igem Ferrosilizium. Stahleisen 1909, S. 1024.

---

[1] Stahleisen 1922, S. 137, 506. Gieß.-Zg. 1922, S. 43, 206, 280, 652; vgl. auch S. 183.

Cronquist, A. W.: Phosphorwasserstoff in Ferrosilizium. Stahleisen 1909, S. 1076.

Lebeau, P.: Untersuchungen über die infolge Feuchtigkeit in Ferrosilizium sich bildenden giftigen Gase. Rev. Mét. 1909, S. 907; vgl. auch Stahleisen 1909, S. 1526.

Ferrosilizium (dessen Gefährlichkeit). Stahleisen 1909, S. 2024.

Anwendung des Ferrosiliziums in der Gießerei. Stahleisen 1909, S. 1404.

Pick und Conrad: Die Herstellung von hochprozentigem Ferrosilizium. Halle a. d. S. 1909.

Über die aus dem Ferrosilizium sich bildenden Gase und seine Gefahren beim Transport. Stahleisen 1910, S. 461, 1123.

Preuß, Georg: Beiträge zur Siliziumbestimmung im hochprozentigen Ferrosilizium. Stahleisen 1910, S. 459, 1130; 1911, S. 2108.

Vorschriften über den Transport von Ferrosilizium. Stahleisen 1910, S. 2209; 1911, S. 76; 1914, S. 221.

Ljaskoffski, J.: Die Anwendung des hochprozentigen Ferrosiliziums beim Martinverfahren. Journ. d. russ. metallurg. Ges. 1911, S. 340/56.

Gumberz, A. v.: Ferrosilizium-Explosionen und ihre vermutlichen Ursachen. Stahleisen 1912, S. 267, 1344.

Shukowski, G. J.: Das Ferrosilizium und seine gefährlichen Eigenschaften beim Versand und Lagern. Gorni-Journal 1912, S. 129, 304. Vgl. Stahleisen 1912, S. 922, 1242.

Schwarz, M. v.: Untersuchungen über Ferrosilizium. Dissert. München 1912. Vgl. Ferrum Bd. 11, 1913/14, S. 80.

Die Verpackung von Ferrosilizium. Stahleisen 1913, S. 908.

Kurnakow, N. S., G. G. Urasow und G. S. Jelin: Giftige Eigenschaften der Handelssorten von Ferrosilizium. Chem.-Zg. 1913, S. 1077.

Schwarz, M. v.: Untersuchung über die Oxydierbarkeit von Ferrosilizium. Z. f. anorg. Chem. 1913, S. 353. Vgl. Stahleisen 1913, S. 1456.

Lyon, Keeney und Cullen: The Electric Furnace in Metallurgical Work. Bull. 77. Department of the Interior. Bureau of Mines Washington 1914.

Versorgung der deutschen Eisenindustrie mit Ferrosilizium im Kriege. Stahleisen 1917, S. 256; 1918, S. 376; 1920, S. 1554.

Lange, Fr.: Herstellung von Ferrosilizium im Hochofen. Stahleisen 1917, S. 262.

Parravano, Nicola: Die desoxydierenden Eisenlegierungen. Industria 1919, S. 363.

Treuheit, L.: Zusatz von Ferrosilizium in die Kleinbessemerbirne. Stahleisen 1919, S. 1002, 1139.

Osann, B.: Die Wärmeberechnung des Konverters. Stahleisen 1919, S. 961.

Gumlich, E.: Magnetische Eigenschaften von Siliziumlegierungen. Stahleisen 1919, S. 846, 901.

Einfluß des Siliziums auf Gußeisen. Foundry Trade Journ. 1920, S. 101. Vgl. Stahleisen 1920, S. 444.

Turner, T.: Silizium im Gußeisen. Foundry 1920, S. 184. Vgl. Stahleisen 1920, S. 592.

Säurefestigkeit verschiedener hochsiliziumhaltiger Eisenlegierungen. Génie civil 1920, S. 214.

Schury, G.: Die Verwendung von Ferrosilizium und anderen Schmelzzusätzen im Gießereischachtofen. Stahleisen 1920, S. 1452.

Graphitausscheidung durch Silizium. Stahleisen 1921, S. 346.

Raven, F. A.: Eigenschaften des Ferrosiliziums. Trans. Amer. Electr. Soc. Bd. 37, 1920, S. 329.

Lowzow, A. T.: Influence of silicon upon the properties of ferrosilicon. Chem. Metallurg. Engg. Bd. 24, 1921, S. 481.

On the Equilibrium Diagram of Iron-Silicon System. The Science Reports of the Tôhoku Imperial University, 10, 1921, Nr. 2, S. 79. Vgl. Stahleisen 1922, S. 667.

Über Silikothermie und ihre praktische Anwendung. Stahleisen 1922, S. 501.

Oberhoffer, P.: Zur Kenntnis der Eisen-Siliziumlegierungen. Stahleisen 1924, S. 979.

Hengstenberg, O.: Über die Dichte von Eisen-Siliziumlegierungen und deren Beziehung zum Zustandsdiagramm. Stahleisen 1924, Seite 914.

Spiegeleisen und Ferromangan.

Roberts, E. G. Cl. und E. A. Wraight: Herstellung von kohlenstofffreiem Ferromangan. J. Iron Steel Inst. 1906, Bd. 2. Vgl. Stahleisen 1907, S. 719; 1909, S. 1123.

Osann, B.: Schmelzpunkte von Eisenmangan. Stahleisen 1907, S. 600.

Ferromangan und Spiegeleisen. Stahleisen 1907, S. 1269.

Neues Verfahren zur Herstellung von Manganlegierungen. Stahleisen 1907, S. 1751.

Guillet, L.: Die Konstitution von Manganroheisen. Comptes Rendus 1908, S. 74.

Venator, W.: Spiegeleisen und Ferromangan. Stahleisen 1908, S. 43.

— Metalle auf aluminothermischem Wege hergestellt. Stahleisen 1908, S. 261.

Geilenkirchen, Th.: Herstellung dichter Güsse durch desoxydierende Zuschläge. Stahleisen 1908, S. 592.

Wüst, F.: Beitrag zum Einfluß des Mangans auf das System Eisen-Kohlenstoff. Metallurgie Bd. 6, 1909, S. 3.

Goerens, P.: Das System Eisen-Mangan-Kohlenstoff. Met. Bd. 6, 1909, S. 537.

Jakobi, J.: Ferromangan im Hochofen. Stahleisen 1909, S. 1119.

Arnold, J. O. und F. K. Knowles: Einfluß des Kohlenstoffs in Eisen-Mangan-Legierungen auf deren Eigenschaften. Stahleisen 1911, S. 1730.

Bronn, J. und W. Schemmann: Das Umschmelzen von Ferromangan und das Desoxydieren mittels flüssigen Ferromanganzusatzes. Stahleisen 1911, S. 1375.

Schroeder, F.: Über das Umschmelzen von Ferromangan im elektrischen Ofen und das Arbeiten mit flüssigem Ferromangan. Stahleisen 1911, S. 1457.

Priwoznik, E.: Die technische Bedeutung des Mangans und seiner Verbindungen. Öst. Z. f. B. u. H. 1911, S. 582.

Korten, R.: Über das Umschmelzen von Ferromangan im elektrischen Ofen. Stahleisen 1912, S. 425.

Schüphaus, H.: Über Möller- und Gestehungskosten von Ferromangan. Berg- und Hüttenm. Rundschau 1911, S. 21. Vgl. Stahleisen 1912, S. 794.

Indenkempen, E.: Wirtschaftlichkeit der verschiedenen Ferromangan-Schmelzöfen. Stahleisen 1914, S. 803.

Lyon, Keeney und Cullen: The Electric Furnace in Metallurgical Work. Department of the Interior, Bureau of Mines 1914, Bull. 77.

Rümelin, G. und K. Fick: Beiträge zur Kenntnis des Systems Eisen-Mangan. Ferrum Bd. 12, 1915, S. 41. Vgl. Stahleisen 1915, S. 935.

Schmelzen und Warmhalten von Ferromangan im elektrischen Ofen. Stahleisen 1915, S. 49.

Rodenhauser, W.: Ferromangan als Desoxydationsmittel im festen und flüssigen Zustand und das Ferromanganschmelzen. Leipzig 1915.

Bittner, F.: Über die Wärmebilanz eines zum Einschmelzen von Ferromangan benutzten Nathusius-Ofens. Stahleisen 1917, S. 49, 719.

Simmersbach, O.: Die Herstellung von Ferromangan im Hochofen. Stahleisen 1917, S. 894 u. 919.

Wüst, F., A. Meuthen und R. Durrer: Die Temperatur-Wärmeinhaltskurven der technisch wichtigen Metalle. Forsch.-Arb. Ing. H. 204. Berlin 1918, S. 48.

Schmelzen des Ferromanganzusatzes. Stahleisen 1918, S. 111.

Hummel, E. C.: Flüssiges Ferromangan in der Stahlerzeugung. Iron Age 1918, S. 208.

Gumlich, E.: Über die Abhängigkeit der magnetischen Eigenschaften des spezifischen Widerstandes und der Dichte der Manganlegierungen von der chemischen Zusammensetzung und der thermischen Behandlung. Stahleisen 1919, S. 966. Vgl. Stahleisen 1920, S. 1101.

Hartig, F.: Stromersparnis bei elektrischen Stahlwerksöfen. Stahleisen 1919, S. 1170.

Goldmann, E.: Ersparung von Ferromangan durch Flußspat. Stahleisen 1919, S. 1385; 1920, S. 754.

Jung, A.: Ferromangan als Desoxydationsmittel. Stahleisen 1919, S. 14.

Oberhoffer, P. und K. d'Huart: Beiträge zur Kenntnis oxydischer Schlackeneinschlüsse sowie der Desoxydationsvorgänge im Flußeisen. Stahleisen 1919, S. 196.

Keil, O. v.: Desoxydationsvorgänge im Thomasverfahren. Stahleisen 1921, S. 605.

„Hütte", Taschenbuch für Eisenhüttenleute. Berlin 1922, S. 60.

Manganese, uses, preparation, mining costs and the production of ferro-alloys. Department of the Interior, Bureau of Mines 1920, Bull. 173. Vgl. Stahleisen 1923, S. 693.

Silikospiegel und Silikomangan.

Siliziumspiegel. Stahleisen 1907, S. 1269.

Venator, W.: Ferromangansilizium, Silikospiegel. Stahleisen 1908. S. 84.

Siliziummangan für Stahlformguß. Iron Age 1915, S. 855. Vgl. Stahleisen 1920, S. 887.

Hoyt, L.: Verwendung von Mangan-Siliziumlegierungen. Iron Age 1919, S. 1363. Vgl. Stahleisen 1920, S. 656.

Manganese, uses, preparation, mining costs and the production of ferro-alloys. Department of the Interior, Bureau of Mines 1920, Bull. 173. Vgl. Stahleisen 1923, S. 693.

Aluminium und Ferroaluminium.

Wüst, F.: Über die Ursachen des Entstehens von Fehlgüssen. Stahleisen 1900, S. 1041.

Minet, A.: The production of aluminium and its industrial use. New York 1905.

Borchers, W.: Hüttenwesen. Halle a. d. S. 1908.

Geilenkirchen, Th.: Herstellung dichter Güsse durch desoxydierende Zuschläge. Stahleisen 1908, S. 592.

Gwyer, A. G. C.: Über die Legierungen des Aluminiums mit Kupfer, Eisen, Nickel, Kobalt, Blei und Kadmium. Z. f. anorg. Chem. Bd. 57, 1908, S. 129.

Venator, W.: Aluminium und Ferroaluminium. Stahleisen 1908, S. 85, 149.

Treuheit, L.: Aus der Eisen- und Stahlgießereipraxis. Stahleisen 1909, S. 1193.

Aluminiumzusatz zum Gußeisen. Stahleisen 1909, S. 1564.

Hutton, R. S. und J. E. Petavel: Aluminium. Mineral Industry 19, 1910, S. 18; 20, 1911, S. 22.

Guillet, L.: Etude Industriel des Alliages Métalliques. S. 930.

Robin, F.: Traité de Métallographie 1912, S. 304.

Lyon, Keeney und Cullen: The Electric Furnace in Metallurgical Work. Department of the Interior, Bureau of Mines 1914, Bull. 77, S. 72, 125.

Ullmann: Enzyklopädie der technischen Chemie. Berlin 1914.

Wüst, F., A. Meuthen, R. Durrer: Die Temperaturwärmeinhaltskurven der technisch wichtigen Metalle. Forsch.-Arb. Ing. Heft 204. Berlin 1918, S. 41.

Ferrotitan.

Venator, W.: Ferrotitan in der Stahlindustrie. Stahleisen 1908, S. 259.

Feise, B.: Über Titan als Zusatz zum Gußeisen. Stahleisen 1908, S. 697.

Moldenke, R.: Titan im Gußeisen. Iron Age 1908, S. 1934. Vgl. Stahleisen 1908, S. 1286.

Ferrotitan in der Eisen- und Stahlgießerei. Stahleisen 1909, S. 1025, 1410.

Slocum, Ch. v.: Wirkung von Titanlegierungen auf Stahl. Iron Coal Trades Rev. 1909, S. 408. Vgl. Stahleisen 1909, S. 1171.

Maltitz, Ed. v.: Der Einfluß des Titans auf Stahl, besonders auf Schienenstahl. Stahleisen 1909, S. 1593.

Treuheit, L.: Versuche mit Ferrotitan-Thermit und niedrigprozentigem Ferrotitan für Gußeisen und Stahlformguß. Stahleisen 1910, S. 1192.

Slocum, Ch. v.: Titan in Eisen und Stahl. Iron Age 1911, S. 1322. Vgl. Stahleisen 1911, S. 1792.

Stoughton, B.: Über die Herstellung von Flußeisenblöcken. Railway Age Gaz. 1913, S. 245.

Gale, C. H.: Zusatz von Titan zu schmiedbarem Guß. Stahleisen 1913, S. 367.

Ferrotitan-Zusätze zum Stahl. Iron Age 1913, S. 406.

Stoughton, B.: Ferrotitan für Eisenguß. Iron Age 1912, S. 789. Transact. Amer. Inst. Mining. Eng. 1912, S. 1245. Vgl. Stahleisen 1913, S. 1823.

Lamort, J.: Über Titaneisenlegierungen. Ferrum Bd. 11, 1914, S. 225.

Vogel, R.: Über den Einfluß von Titan auf die Perlitbildung im Kohlenstoffstahl. Ferrum Bd. 14, 1917, S. 177. Vgl. Stahleisen 1918, S. 1164.

Parravano, Nicola: Die desoxydierenden Eisenlegierungen. Industria 1919, S. 363.

Heskett, J. A.: Über die Verhüttung von Titaneisensand. Stahleisen 1920, S. 1420.

Durrer, R.: Über die Verhüttung von Titaneisensand. Stahleisen 1920, S. 938.

Janssen, W. A.: Verwendung von Titan bei der Herstellung von Stahlguß. Stahleisen 1917, S. 312.

Comstock, G. F.: Einfluß von Aluminium- und Titanzugabe auf die Schwefelseigerung in Stahl. Iron Age 1920, S. 1784.

Ullmann: Enzyklopädie der technischen Chemie. Berlin 1922, Bd. 11, S. 177ff.

Piwowarsky, E.: Über Titan im Grauguß. Stahleisen 1923, S. 1491.

Ferrophosphor.

Ferrophosphor: Iron Coal Trades Rev. 1907, S. 1040.

Phosphor im Gußeisen. Stahleisen 1907, S. 597.

Westhoff, F.: Über Verwendung von Ferrophosphor in der Eisengießerei. Stahleisen 1908, S. 1249.

Venator, W.: Über Eisenlegierungen und Metalle für die Stahlindustrie. Stahleisen 1908, S. 259.

Wüst, F.: Beitrag zum Einfluß des Phosphors auf das System Eisen-Kohlenstoff. Met. Bd. 5, 1908, S. 73.

Goerens, P. und W. Dobbelstein: Weitere Untersuchungen über das ternäre System Eisen-Phosphor-Kohlenstoff. Met. Bd. 5, 1908, S. 561.

Gercke, E.: Experimentelle und metallographische Untersuchung über das System Eisen-Phosphor. Met. Bd. 5, 1908, S. 604.

Saklatwalla, B.: Eisen und Phosphor, die Konstitution ihrer Verbindungen. Stahleisen 1908, S. 740.

Stead, J. E.: Zustandsdiagramm des Systems Eisen-Phosphor. J. Iron Steel Inst. 1900, 2, S. 60. — Legierungen von Eisen, Kohlenstoff und Phosphor. Stahleisen 1909, S. 913.

Konstantinow, N.: Über die Phosphide des Eisens. Z. f. anorg. Chem. 1910, S. 209.

Wüst, F. und H. L. Felser: Der Einfluß der Seigerung auf die Festigkeit des Flußeisens. Stahleisen 1910, S. 2154.

Stead, J. E.: Some of the ternary alloys of iron, carbon and phosphorus. J. Chem. Soc. Ind. S. 173. Vgl. Stahleisen 1914, S. 772, 1302.

Heike, W.: Über den Einfluß des Phosphors im Gußeisen. Stahleisen 1914, S. 918.

Toucedas, E.: Wirkung des Phosphors im Temperguß. Iron Age 1915, S. 924. Vgl. Stahleisen 1915, S. 1330.

Wüst, F. und R. Stotz: Über den Einfluß des Phosphors auf die mechanischen Eigenschaften des grauen Gußeisens. Ferrum Bd. 12, 1915, S. 89, 105.

Einfluß des Phosphors auf die Eigenschaften des Gußeisens. Stahleisen 1916, S. 1036.

Hatfield, W. H.: Phosphor in Eisen und Stahl. Stahleisen 1916, S. 223.

Einfluß des Phosphors auf die Eigenschaften des Stahls. Stahleisen 1917, S. 291.

Stead, J. E.: Eisen, Kohlenstoff und Phosphor. Stahleisen 1918, S. 831.

VII. Gußbruch und Schrott.

Von

Oberbergrat J. Hornung.

Allgemeines.

Im Haushalt der Eisen- und Stahlgießereien spielt von jeher die Verwendung von Altmaterial eine außerordentlich wichtige Rolle. Beeinflußt sie doch, wenn bei der technischen Verwertung dieser Stoffe mit weiser Vorsicht vorgegangen wird, die Gestehungskosten recht günstig. Gerade in der jetzigen Zeit ist der Gießereifachmann mehr denn je auf die Verwertung von Altstoffen angewiesen.

Unter den Begriff „Altmaterial" im hüttenmännischen Sinne fallen sämtliche metallischen Eisenerzeugnisse, sobald sie ihrem ursprünglichen Zwecke, absichtlich oder unabsichtlich, entzogen worden sind, sich demnach in zerstörtem oder unbrauchbarem Zustande befinden. Im Gegensatz zu den übrigen Rohstoffen, die der Gießereifachmann benötigt, sind die Altstoffe ihrer Größe, ihrer Menge und ihrer Güte nach gewissen Einschränkungen und Schwankungen unterworfen. Bekanntlich werden sie nicht nach Belieben, wenigstens mengenmäßig, erzeugt, sondern sie können lediglich durch die Sammeltätigkeit, also durch den Fleiß einzelner, erfaßt und ihrer Bestimmung, dem wiederholten Umschmelzen, zugeführt werden. Auf diese Weise liefert der Schrotthandel, der sich dieser Aufgabe unterzieht, den Betrieben alljährlich gewaltige Mengen.

Der bestimmende Gesichtspunkt für die Unterscheidung der beiden Hauptgruppen, Gußbruch und Schrott, in manchen Gegenden auch Gußeisenschrott und Stahlschrott genannt, liegt in der Höhe des Kohlenstoffgehalts. Während zur Gußbruch-Gruppe alle jene Stoffe gehören, die zwischen 1,5 bis 3,5% Kohlenstoff aufzuweisen haben, zählen die Stoffe, die unter 1% Kohlenstoff besitzen, zum Schrott. Von den jährlich gesammelten Stoffen dieser beiden Gruppen treffen etwa 15 bis 20% auf die Gruppe Gußbruch, 80 bis 85% auf die Schrottgruppe. Während Gußbruch fast ausschließlich im Kuppelofen umgeschmolzen wird, wird Schrott vielfach im Konverter, besonders aber im Martinofen verarbeitet [1]).

Gußbruch.

Bei dem Gußbruch unterscheidet der Eisengießer zwei Untergruppen: Hausbruch und Kaufbruch. Unter Hausbruch versteht man den gesamten Anfall an Fehlgüssen, Eingüssen, Trichtern oder Steigern, an Pfannenschalen, Spritzeisen und Abfalleisen, herrührend von dem ersten und letzten Abstich jeder einzelnen Kuppelofenschmelzung im eigenen Betriebe. Nach jeder Kuppelofenreise werden sämtliche Abfälle in der Gießerei und in der Putzerei gesammelt, um von neuem auf die Gicht gebracht zu werden.

Mit Kaufbruch, zum Unterschied vom Hausbruch, oft auch „fremder" Bruch genannt, bezeichnet der Eisengießer in erster Linie jenen Bruch, der nicht aus seinem Betriebe stammt, sondern von ihm räumlich entlegenen Sammelstellen entnommen, mit anderen Worten, „vom Handel" käuflich erworben ist.

---

[1]) Bezüglich der Schrottverschmelzung im Hochofen s. S. 115.

Den Leiter einer Eisengießerei veranlassen vorwiegend Gründe wirtschaftlicher Natur, neben den im eigenen Betrieb erzeugten Eingüssen, Trichtern u. dgl. nach Tunlichkeit fremden Bruch, der in normalen Zeiten im Preise niedriger als Roheisen steht, seinen Roheisenmischungen zuzusetzen, um auf solche Weise für das Kuppelofenschmelzen möglichst billige Gattierungen zu erhalten.

Hierzu kommt, daß für die Herstellung mancher Gußwarenklassen, wie mittlerer und starkwandiger Maschinenguß, Zylinderguß, die im Kokshochofen erblasenen Gießereiroheisenmarken meist einen zu hohen Siliziumgehalt aufweisen, um damit Guß von dichter, feinkörniger Beschaffenheit, also mit möglichst hoher Festigkeit und Zähigkeit zu erlangen. Die Erniedrigung des Siliziumgehalts einer Mischung aus Gießereiroheisen läßt sich zwar durch Zusatz billiger, weißer Roheisensorten (Puddelroheisen) erreichen, doch hat dieses Hilfsmittel Übelstände im Gefolge. Verwendet man nämlich manganarmes Roheisen, so bringt man mit demselben gewöhnlich große Schwefelmengen in das Gußstück, während beim Zuschlag manganreichen Roheisens die Gefahr nahe liegt, daß der Mangangehalt des Gußstückes zu hoch wird. In beiden Fällen leidet die Zähigkeit des Materials.

Wie nun einerseits in vielen Fällen das Roheisen des Schrottzusatzes bedarf, um zu grobe Kornbildung in dem fertigen Gußstück zu vermeiden, so benötigen anderseits die in der Eisengießerei entstehenden Abfälle und Ausschußstücke bei der Umschmelzung eines siliziumreicheren Zusatzes, da bei jedem erneuten Umschmelzen grauen Roheisens das Silizium und damit der Graphitgehalt durch Abbrand sich zu verringern pflegen[1]). Auch kann der Schwefelgehalt von Trichtern und Eingüssen leicht eine solche Höhe erreichen, daß Gegenmaßregeln erforderlich sind. Bekanntlich haben sich namentlich gegen Ende der Kriegszeit diese „Inzucht"erscheinungen sehr unangenehm bemerkbar gemacht. Diese Umstände bergen auch die Gefahr in sich, Gußstücke mit weißen Ecken und Kanten zu erhalten, die sich mit den gewöhnlichen Mitteln nicht mehr bearbeiten lassen. Erfahrungsgemäß fallen größere Gußstücke, die unter ausschließlicher Verwendung von Brucheisen gegossen worden sind, sehr hart und spröde aus. Wo also die Verwendung teurer Sonderroheisenmarken nicht unumgänglich nötig ist, lassen sich durch geeignete Mischungen von Roheisen und Gußbruch oder in bestimmten Fällen auch Stahl- und Schmiedeisenschrott auf billigerem Wege gute Erfolge erzielen.

Um aber Mißerfolge zu vermeiden, ist Vorsicht bei der Verwendung von Altstoffen für Gußwarenklassen mit bestimmten, vorgeschriebenen, chemischen und physikalischen Eigenschaften geboten, denn die größte Sorgfalt in der Auswahl der Roheisensorten und bei der Gattierung kann durch Zusatz ungeeigneten Bruchs ihren Wert vollständig einbüßen. Deshalb ist der Gebrauch fremden Bruchs bei der Herstellung wichtiger Gußstücke, wie Zylinder, zu vermeiden. Auch die landläufige Ansicht, zu Gattierungen für Ofen- und Herdguß, die, um gut auszulaufen, eines hohen Phosphorgehaltes bedürfen, sei alles mögliche Eisen gut genug, ist nicht zutreffend. Wohl werden an solche Stücke keine hohen Festigkeitsanforderungen gestellt, doch ist ein entsprechender Siliziumgehalt nötig, um ein Springen der Gußwaren zu verhindern.

Lange Zeit hindurch blieben die Bestrebungen der Gußbruch verarbeitenden Gießereien, den Einkauf von Gußbruch im Benehmen mit dem Schrotthandel in geordnete Bahnen zu bringen, erfolglos. Erst dem Eingreifen des Vereins Deutscher Eisengießereien und der von ihm gegründeten Gußbruch-Einkauf-G. m. b. H., Düsseldorf, die vor wenigen Jahren ihre Tätigkeit aufnahm und über deren Organisation weiter unten eingehend berichtet wird, gelang es, Lieferbedingungen zu vereinbaren, deren Grundlagen auf folgender Sortimentsliste beruhen:

Sorte I: Spezialgußbruch. Hämatitkokillenbruch aus Stahlwerkskokillen (Hämatitersatz), Ia. Zylindergußbruch, hochsilizierter, säurebeständiger Guß und Hartguß, zerkleinert oder unzerkleinert.

Sorte II: Maschinengußbruch, kuppelofenfertig zerkleinert. Teile von Werkzeugmaschinen, Maschinen aus der Textilindustrie, starkwandige Stücke von landwirtschaftlichen Maschinen, Motoren usw.

---

[1]) Vgl. S. 121.

Sorte IIa: Maschinengußbruch, unzerkleinert. Sonst wie vorher.

Sorte III: Sonstiger Gußbruch, kuppelofenfertig zerkleinert, dick- oder dünnwandiger Röhrenbruch, Bauguß (Säulen stehend oder liegend gegossen), Heiz- und Rippenkörper, Kanalguß, Belegplatten, Bremsklötze, Graugußgranaten, Feuerungsteile unverbrannt mit Ausnahme von Roststäben, Achslager (Achskisten), leichter Guß von landwirtschaftlichen Maschinen, Nähmaschinen, Automatenguß usw.

Sorte IV: Ofen- und Topfguß, kuppelofenfertig zerkleinert.

Sorte V: Brandguß. Roststäbe jeder Gattung und Gruppe, Feuerungsteile angebrannt, ausgelaugte Röhren und Schalen aus der chemischen Industrie, zerkleinerte Tempertöpfe, verbrannte Retorten usw.

Unter den hier aufgeführten Sorten ist die Sorte II, Maschinengußbruch, am meisten verlangt. Ihr folgen die Sorten III und IV, während Sorte V fast ausschließlich in den

Zahlentafel 74.
Analysen von Gußbruch.

Bezeichnung	Ges.-C %	Si %	Mn %	P %	S %	As u. Cu %
Hämatitbruch	3,84	2,24	1,00	0,10	0,042	—
„	3,39	1,46	0,84	0,12	0,124	—
„	3,50	1,30	0,72	0,16	0,085	—
Kokillenbruch	3,20	2,40	0,40	0,12	0,090	—
„	3,54	1,69	0,80	0,20	0,090	—
„	3,60	1,49	0,94	0,11	0,082	—
Dampfzylinder	3,58	2,23	0,65	1,10	0,111	—
„	3,46	2,00	0,42	0,27	0,174	—
„	3,47	1,57	0,51	0,59	0,124	—
„	3,46	1,45	0,99	0,79	0,099	—
„	3,67	1,14	0,20	0,44	0,094	—
„	3,50	1,12	1,21	0,28	0,078	—
„	3,57	0,92	0,67	0,67	0,123	—
„ für Schiffsmaschinen	3,34	1,13	0,81	0,57	0,120	—
„ „ „	—	1,00	0,53	0,44	0,080	—
Lokomotivzylinder	3,43	1,25	0,60	0,97	0,165	—
„	3,43	1,09	0,94	0,78	0,134	—
„	3,36	1,07	0,69	0,82	0,110	—
Gasmotorenzylinder	—	1,03	1,03	0,33	0,071	—
„	3,54	0,99	0,98	0,22	0,082	—
„	3,47	0,71	—	0,69	0,157	—
Automobilzylinder (französisch)	3,47	2,45	0,40	0,72	0,102	—
„ (englisch)	—	2,73	0,41	1,14	0,083	—
„ (Vereinigte Staaten) . .	3,04	2,55	0,32	0,82	0,100	—
„ „ „ . . .	3,91	1,67	0,82	0,44	0,068	—
„ (Mercedes)	3,36	2,29	0,60	0,83	0,090	—
Gasmotorenrahmen	—	1,45	0,71	0,57	0,070	—
Bajonettrahmen zu einer Walzenzugmaschine	—	1,31	0,87	0,65	0,089	—
Walzenständer	3,07	1,18	0,73	0,33	0,083	—
„	—	1,08	0,77	0,38	0,083	—
Lochmaschinenständer	—	1,27	0,78	0,18	0,056	—
Plunger	—	0,94	0,90	0,33	0,069	—
Schwungrad	—	1,44	0,96	0,46	0,096	—
Magnetrad	—	1,18	1,01	0,45	0,088	—
Schneckenrad zu einer Pfanne	—	2,05	1,15	1,09	0,065	—
Planscheibe (Belgien)	3,12	3,03	0,60	1,64	0,040	As 0,06
Plunger für hydraulische Presse	3,13	0,58	0,58	0,58	0,104	—
Tisch „ „ „	3,19	1,60	0,60	0,60	0,141	—
Hartgußwalze	2,07	0,36	0,80	0,32	0,097	Cu 0,104
„	1,94	0,39	0,77	0,39	0,104	„ 0,108
„	2,02	0,42	1,25	0,41	0,082	„ 0,128
„	2,24	0,69	1,73	0,63	0,041	„ 0,140
„ (Trio-Fertigwalze)	2,59	0,72	1,36	0,56	0,051	„ 0,112
Maschinenbruch, Mischung	3,31	1,93	0,60	0,71	0,070	„ 0,040
„ „	3,36	1,55	0,62	0,60	0,080	—
Tempertöpfe, geglüht	0,10	1,70	0,68	0,37	0,781	—
„ „	0,28	1,45	0,56	0,06	0,315	—
Gußbriketts	3,50	2,32	0,60	0,65	0,110	Cu 0,21
„	3,50	2,21	0,64	0,69	0,108	—
„	3,60	2,51	0,33	0,50	0,105	—
Stahlabfälle	0,46	0,27	1,32	0,07	0,053	—

Hochofen wandert. Wegen des hohen Schwefel- und Sauerstoffgehaltes ist der „Brandguß" für den Eisengießer im allgemeinen, insbesondere in größeren Mengen, unverwendbar [1]).

In den erwähnten Lieferbedingungen ist ausdrücklich hervorgehoben, daß die Sendungen der Sorten I, II und IIa stets frei sein müssen von Schmiedeisen und Stahlabfällen, sowie von den Sorten III bis V.

Wie oben angedeutet, ist bei der Gattierung mit Kaufbruch große Sorgfalt anzuwenden, da in den seltensten Fällen den Eisengießern die chemischen Zusammensetzungen desselben bekannt sind [2]). In jenen Gießereien, die mit Laboratorien ausgestattet sind, ist es leichter, den dabei auftretenden Schwierigkeiten zu begegnen, als in Gießereien, denen derartige Einrichtungen fehlen. Zahlentafel 74 gibt eine Auswahl von Analysen häufiger vorkommender Altstücke. Immerhin wird sich der Eisengießer dadurch zu helfen wissen, daß er je nach den Wandstärken, d. h. nach der Gruppe und dem Aussehen des Bruches sortiert, um so einigermaßen Anhaltspunkte zu besitzen. Um dem noch unerfahreneren Gießereifachmann sogenannte Faustregeln an die Hand zu geben, seien ihm aus der Praxis folgende Durchschnittsanalysen für die Verwendung und die Errechnung der Gattierung mit den oben angeführten Sorten angegeben:

	C	Si	Mn	P	S
Gruppe I	3,51%	1,7—2,3%	0,85%	0,82%	0,123%
Gruppe II und IIa .	3,04 „	2,52%	0,59 „	0,63 „	0,180 „
Gruppe III	3,00 „	2,00 „	0,6 „	0,89 „	0,190 „
Gruppe IV	3,05 „	1,8 „	0,4 „	1,73 „	0,195 „

Daß die chemische Zusammensetzung der den obigen Sorten zugeteilten Stücke vielfach in weiten Grenzen schwankt, ist durch ihre bunte Mannigfaltigkeit und ihre verschiedenartige Herkunft schon gegeben. Besonders stark pflegen die Unterschiede bei dem Ofen- und Topfguß zu sein, was zum Teil dem Umstand zuzuschreiben ist, daß zu dieser Schrottart fast alle kleineren Bruchstücke, deren Ursprung zweifelhaft ist, geworfen werden. Derartige Stücke und Stückchen werden überall gesammelt und in kleinen Mengen beim Alteisenhändler verkauft. Dieser gibt sie meistens weiter an die großen Schrotthandlungen, die mit den verarbeitenden Werken in Verbindung stehen, und von dort aus gelangen sie in bunt zusammengewürfelten Mengen an die Gießereien. Es kann sich alles dort finden: Bruchstücke von Roheisenmasseln, Roststäbe, Kochtöpfe, Kohlenkasten, Herdplatten, kleine Maschinengußteile usw., selbst Flußeisen und Stahlgußstücke. Orthey hat einige Lieferungen solchen sog. Potterieschrotts untersucht, indem er möglichst verschiedene Stücke herausgriff und analysierte. Allein die Flußeisenstücke wurden nicht untersucht, da deren Zusammensetzung nur in geringen Grenzen schwankt. Auch ließ sich der Prozentsatz der Lieferungen an den einzelnen zusammenpassenden Stücken nicht feststellen. Die Angaben über die Ergebnisse lauten [3]) (s. Zahlentafel 75):

Zahlentafel 75.
Zusammensetzung einer Waggonlieferung Potterieschrott.

Stück	Si %	Mn %	P %	S %
1	2,68	0,40	1,16	0,040
2	2,42	0,46	1,02	0,054
3	2,25	0,52	0,98	0,049
4	1,24	1,08	0,18	0,164
5	1,84	0,68	0,45	0,087
6	1,35	1,02	0,12	0,149
7	1,42	0,98	0,24	0,124
8	2,50	0,36	1,09	0,039
9	1,65	0,54	0,48	0,078
Durchschnitt	1,93	0,67	0,65	0,087

---

[1]) Vgl. S. 115.

[2]) Vgl. R. Fichtner: Beitrag zur Gattierungsfrage in der Gießerei. Stahleisen 1916, S. 77, 181, 311, 411, 507.

[3]) Stahleisen 1909, S. 555.

Nach der sog. Harzburger Druckschrift [1]), die für die Eisengießereien, soweit sie dem Verein Deutscher Eisengießereien angehören, die Grundlage für den Aufbau der Gestehungskosten bildet, wird die Verwendung von 25% bis 35% Gußbruch je nach der Sorte bei Errechnung der einzelnen Gattierungen empfohlen. Dieser Prozentsatz kann ruhig in Anwendung gebracht werden, wenn nur Gußstücke mit 10 bis 12 kg Zugfestigkeit je Quadratmillimeter und darunter herzustellen sind. Sollen indes hochwertige Gußstücke, Lokomotivzylinder, Automobilteile, wie Zylinder, Ventile, Ventilköpfe usw. gegossen werden, so muß von der Verwendung von Altstoffen, gleich welcher Sorte, sofern eben nicht Hämatitkokillenbruch, im eigenen Laboratorium analysiert, zur Verwendung steht, unter allen Umständen abgesehen werden. Auch sei darauf hingewiesen, daß bei Bestellungen von Gußbruch, gleich welcher Gattung, stets der Handel darauf aufmerksam zu machen ist, ob das Material in zerkleinertem, also kuppelofenfertigem oder unzerkleinertem Zustande angeliefert werden soll.

Sorte IIa, unzerkleinerter Maschinengußbruch, kommt nur für jene Gießereien in Betracht, die im Besitze eines Fallwerkes sind, falls sie sich nicht dazu entschließen, dieses Material durch dritte zerkleinern zu lassen. Ganz schwere Stücke, wie Walzen, Schabotten u. dgl., müssen stets, wenn sie nicht im Flammofen, sondern im Kuppelofen umgeschmolzen werden sollen, vor dem Aufgeben gesprengt werden [2]). Stücke aus säurebeständigem Guß, sowie Bruchteile von Hartgußstücken finden, sofern sie nicht hinsichtlich ihrer chemischen Zusammensetzungen gelitten haben, am zweckmäßigsten zur Herstellung gleichartiger Gußstücke wiederum Verwendung.

Zum Schmelzverfahren im Kuppelofen wird in kleinen Mengen auch Stahlschrott herangezogen, wenn es sich darum handelt, Gußstücke mit geringerem Kohlenstoffgehalt herzustellen. Bei dem Guß von stark beanspruchten Zylindern (Lokomotivzylindern) hat sich ein Zusatz von 5 bis 10% Stahlschrott vielfach bewährt. Über 10% hinauszugehen, ist in seltenen Fällen möglich [3]).

Schrott (Stahlschrott).

Genau wie im Gußbruchhandel war auch der Verbraucher von Schrott nicht selten der Willkür des Handels ausgesetzt. Die große wirtschaftliche Bedeutung aber, die die Verwendung des Schrotts in den Stahlgießereien und im Martinofen im Laufe der Zeit gewonnen hatte, erheischte mit dringender Notwendigkeit die Regelung des Schrotthandels. Auch hier ging die Stahlwerksindustrie mit der Schrott-Handels-G. b. m. H. in Düsseldorf bahnbrechend vor.

Vor allem strebte sie danach, bezüglich der Verhüttungsfähigkeit der verschiedenen Schrottsorten mit dem Schrotthandel besondere Vereinbarungen zu treffen. Nach diesen Bestimmungen darf Schrott, sofern er verhüttungsfähig sein soll, nur in muldenfähigen Stücken geliefert werden, die nicht über 1,5 m lang und 0,5 m breit sind und ein Stückgewicht von mehr als 200 kg nicht überschreiten. Er muß ferner frei sein von allen für die Verhüttung schädlichen Bestandteilen und Überzügen. Diese Haftung bezieht sich nicht auf das Freisein von Sprengstoffen, trotzdem der Schrotthandel auch in dieser Hinsicht alle erdenkliche Sorgfalt anzuwenden hat.

Im Schrotthandel unterscheidet man gleich dem Gußbruch 2 Hauptgruppen, nämlich „neuen" und „alten" Schrott.

Unter Neuschrott versteht man handelsüblich alle Abfälle, die bei der Herstellung und bei der Verarbeitung von Stahlerzeugnissen, so Stahlformgußstücken und Halbfabrikaten, entfallen, gleichgültig, ob sie dem Martinofen oder dem Konverter entstammen.

---

[1]) A. Seidel, Kalkulationsgrundsätze und Mindestpreise, 1919. (Nach einem Bericht, erstattet gelegentlich der Hauptversammlung des Vereins Deutscher Eisengießereien 1919 in Bad Harzburg.) Eine Kritik und Verbesserungsvorschläge sind enthalten in „Maschinenbau Betrieb" 1923, Oktober, S. 16.

[2]) Mit solchen Arbeiten befassen sich in Deutschland nur wenige Firmen (z. B. Gebr. Kuhmichel, G. m. b. H. in Bochum-Riemke).

[3]) Näheres vgl. S. 189.

Eigentlich müßte man entsprechend der Bezeichnung „Hausbruch" diesen Entfall auch „Hausschrott" nennen. Sein Entfall steigt mit der Höhe der Eisen- und Stahlerzeugung, während der Altschrott, den man am besten in gleicher Weise wie „Kaufbruch" als „Kaufschrott" ansprechen dürfte, ebenso wie Gußbruch der Sammeltätigkeit des Handels entstammt. Auch hier ist das Verhältnis zwischen Kaufschrott und Hausschrott ungefähr das gleiche wie beim Gußbruch. Der Hausschrottanfall, der am größten in Stahlwerksbetrieben und bei der Herstellung von Kleineisenerzeugnissen (z. B. Schüppenschrott, Gratschrott, Messer- und Scherenschrott, Stiftenschrott, Flanschen- und Mutternschrott usw.) ist, überwiegt bei weitem die Menge des Sammelschrotts. Da die Einfuhr von Schrott heute — im letzten Friedensjahre betrug die Einfuhr rund 314 000 Tonnen — kaum mehr möglich ist, ist es im Interesse der deutschen Eisenwirtschaft gelegen, wenn die Sammeltätigkeit des Kaufschrotts nach jeder Richtung hin gefördert wird. Aus diesem Grunde hat das Reichswirtschaftsministerium ein Ausfuhrverbot von Gußbruch und Schrott erlassen, an dem heute noch mit aller Strenge festgehalten wird. Nur geringe Mengen werden dem Nachbarlande Österreich überlassen.

Den neuen Schrott teilt man in folgende Klassen:

1. Frischer, schwerer Walzwerkschrott, ab Walzwerk verladen: Eisenbahnschienen, Schwellen, Formeisen, Blöcke und Knüppel.
2. Frischer, leichter Walzwerkschrott, ab Walzwerk verladen: Grubenschienen, U-Winkel, Flach- und sonstiges Stabeisenmaterial von der Stabeisen-, Mittel- und Feinstraße.
3. Frischer Grobblechschrott, ab Walzwerk verladen, mindestens 5 mm stark.
4. Gebündelter frischer Walzwerkfeinblechschrott, ab Walzwerk verladen, von Blechen unter 5 mm Dicke, fest und lagerhaft gebündelt.
6. Frische Stahlblechpakete aus der Schaufelfabrikation, sonst wie Nr. 5.
5. Frische Fabrikblechabfälle, frei von metallischen Überzügen, fest und lagerhaft gebündelt.
7. Frischer Röhrenschrott.
8. Neuer Walzdrahtschrott, ab Walzwerk verladen, in festgebundenen Ringen, gebündelt oder gewickelt.
9. Neue Drahtpakete.
10. Schaufelschrott und leichter Gratschrott, Messer- und Scherenschrott, kurzes, mit der Schaufel zu verarbeitendes Material.
11. Stiftenspitzen.
12. Neue, lose Blechabfälle, frei von metallischen Überzügen, sonst wie unter Nr. 5.
13. Neuer, schwerer Fabrikkernschrott und Konstruktionsschrott über 6 mm stark.
14a. Preßstahlgranaten, umringt.
14b. „ metallfrei.
16. Tiegelfertiger Schrott für Tiegeleinsatz.

Der alte Schrott wird, wie folgt, eingeteilt:

17. Eisen- und Stahlspäne aller Art.
17a. Gußspäne für chemische Fabriken.
18. Schwerer Walzwerkschrott vom Lager, sonst wie Nr. 1.
19. Stahlschienenstücke (frei von Schmiedeisen und Stahlkopfschienen) und Bandagenschrott.
20. Stahllaschen und Unterlagsplatten von der Staatsbahn.
21. Federstahlschrott von Eisenbahnen und Lokomotiven.
22. Eisenbahnschienen, frei von Erdanhaftungen.
23. Stahlgußherzstücke.
24. Räder aus Eisen und Stahl, nicht über 1,10 m Durchmesser mit und ohne Bandagen.
25. Eisenbahnwerkstättenkernschrott.
26. Schwere Stahlgußteile.
27. Ia. Kernschrott.
28. Martinschrott (chargierfähige Eisenbahnabfälle — Sammelschrott).
29. Entzinnte Pakete Marke „Goldschmidt", fest und lagerhaft gebündelt.
30. Entzinnte Pakete anderer Herkunft, fest und lagerhaft gebündelt.
31. Drahtseile, rein und frei von Zink, die Seile unter 13 mm in Rollen, unter 900 mm äußeren Durchmesser, 300 mm dick gebunden.
32. Starke Drahtseile, geschnitten auf nicht über 1,5 m lang.
33. Schmelzeisen, Blechschrott jeglicher Art, die Maße 1,5 mal 1 m nicht übersteigend, frei von großen Hohlkörpern.
34. Sonstiger Schrott [1]).

---

[1]) Die sogenannten Patenthufeisen sind Temperguß und haben bedeutende Phosphor- und Schwefelgehalte; ebenso ist Mutternschrott meist phosphorhaltig.

Die in dieser Liste aufgeführten Stoffe finden ohne Ausnahme in jenen Stahlgießereien, die aus dem Martinofen gießen, restlos ihre Verarbeitung. Mit Recht weist schon Ledebur darauf hin, daß jeder Eisenabfall im Martinofen aufgearbeitet werden kann, wenn er nur frei von schädlichen Nebenbestandteilen, insbesondere von Kupfer- und Zinnüberzügen ist [1]). Anders liegen indes die Verhältnisse für Stahlgießereien, die vom Kleinkonverter aus mit flüssigem Stahle versorgt werden. Für sie kommen lediglich die unter Nr. 1 bis 4, 13, 14a, 18, 19, 20, 21 und 27 in der Schrottliste aufgeführten Abfälle in Frage, stets aber auch dann nur, wenn sie dermaßen zerkleinert sind, daß sie im Kuppelofen umgeschmolzen werden können. Bis zu welchem Grade diese Stoffe zerkleinert werden müssen, hängt in erster Linie vom lichten Durchmesser des zur Verfügung stehenden Kuppelofens ab. Entweder muß das Material kuppelofenfertig zerkleinert gekauft werden, oder aber im Werkshof der Gießerei mit Scheren und Stahlsägen entsprechend zerschnitten werden.

Während hoher Phosphor- und Schwefelgehalt bei der Verarbeitung im basischen Martinofen keinerlei Schwierigkeiten bereiten, muß der Stahlgießer, der aus der Kleinbirne gießt, bei der Errechnung der Gattierung für das Rinneneisen, das er in die Birne geben will, äußerst vorsichtig zu Werke gehen. Vor allem muß er darauf bedacht sein, möglichst phosphorarme Rohstoffe zu setzen, da bekanntlich der Phosphorgehalt im Kuppelofen nicht nur nicht gemindert wird, sondern infolge des Abbrandes eine Anreicherung, wenn auch nur in verhältnismäßig unbedeutenden Mengen [2]), erfährt.

Ähnlich liegen die Verhältnisse hinsichtlich des Schwefelgehaltes im Kuppelofen und in der Birne, obschon in beiden Schmelzvorrichtungen durch einen bestimmten Zusatz von Ferro-Mangan die unangenehmen Folgen der Anwesenheit des Schwefels gemildert werden können.

Besondere Aufmerksamkeit muß man dem Hausschrott zuwenden dadurch, daß die anfallenden Stahlformgußstücke, Trichter und Eingüsse täglich einer chemischen Untersuchung unterzogen werden; denn nicht allein die Gehalte an Schwefel und Phosphor üben eine schädliche Einwirkung auf das Endergebnis aus, sondern auch ein zu hoher Gehalt an Silizium und Mangan.

Späne.

Unter den Begriff Altmaterial fällt auch ein Abfallerzeugnis der Maschinenfabriken, die Grauguß- und Schmiedeisendrehspäne, deren Verhüttung in ihrer ursprünglichen Form im Kuppelofen nicht möglich ist. Erst nachdem es gelungen war, die Späne in Brikettform zu bringen, konnten sie Eingang in den Gießereien finden [3]).

Schon seit Jahrzehnten war man bestrebt, die Gußeisen- und ebenso die Stahl- und Schmiedeisenspäne durch Umschmelzen im eigenen Werk wieder zu verwerten. Das Schmelzen gelang wohl in Tiegelöfen und in Flammöfen, ebenso konnten kleinere Spänemengen in der Gießpfanne aufgelöst werden, dagegen führten die Bestrebungen, lose Späne im Kuppelofen niederzuschmelzen, stets zu Mißerfolgen, indem das Material vorzeitig verbrannte. Messerschmitt rechnet bei diesem Verfahren mit bis zu 50% Verlust [4]).

Man versuchte daher, das Ziel auf Umwegen zu erreichen. 1872 wurde dem Amerikaner G. Whitney ein Verfahren patentiert, nach dem Späne in hölzernen Kasten in den Kuppelofen aufgegeben wurden. Ein bemerkenswerter Abbrand wurde bei Zusatz geringer Prozentsätze nicht beachtet, wohl aber bewirkte der Spänezusatz tiefere Abschreckung der Gußstücke. Auf einem nordamerikanischen Werke wurden etwa 8000 kg Späne in Holzkasten über etwa 1000 kg Roheisen zu Masseln verschmolzen, die einen Siliziumabbrand von etwa 2,5% zu 0,5 bis 1% zeigten bei völlig weißem Bruche; der Verlust bei solcher Schmelzung stellte sich auf 10%. Während es bei unmittelbarer Benutzung der Späne nicht zu empfehlen war, Stücke mit bestimmten Anforderungen zu gießen,

[1]) S. A. Ledebur, Handbuch der Eisenhüttenkunde, 5. Aufl. Leipzig 1908. Bd. 3, S. 343.
[2]) Vgl. S. 188.
[3]) Näheres s. S. 178.
[4]) Stahleisen 1910, S. 2064.

da die Beschickung leicht durch einen vorzeitig im Ofen zerbrochenen Kasten völlig umgeworfen werden konnte, war das Material als Zusatzeisen gut verwertbar. Das Verfahren hing aber von der Marktlage im Holz- und Eisenhandel ab. 1892 wurde das Holz so teuer und das Eisen so billig, daß man zur Verwendung gußeiserner Töpfe übergehen mußte; diese sollten nur aus Resteisen gegossen werden. Obgleich nun das mit eisernen Töpfen erschmolzene Gußeisen besser war als das mit Holzkasten hergestellte und nicht der Roheisenunterlage bedurfte, obgleich es unmittelbar verwendbar war, 20 kg/qmm Zugfestigkeit ergab, im Korn fein, dicht und hell war, dabei nicht hart, so verbot sich die dauernde Verwendung, weil das Verfahren sich häufig zu teuer stellte. Im Laufe der Jahre hat sich daran nichts geändert.

Ein sehr altes Verfahren ist es auch, mit Spänen zur Häfte Masselformen zu füllen und darüber flüssiges Eisen zu gießen. Die Späne sind dann eingeschmolzen und dem festen Masseleisen gleich zu verwenden. Dieses Verfahren wurde früher da geübt, wo man nur an gewissen Tagen der Woche die Formen abgoß, und mit Rücksicht darauf, daß keine Formen ungegossen blieben, stets einen gewissen Überschuß an flüssigem Eisen haben mußte. Für die heutigen Betriebsweisen hat das Verfahren keinen Wert mehr, denn es wäre sinnlos, Roheisen zu schmelzen, um Späne behufs ihrer Verwertung einzuschmelzen.

Die wirtschaftliche Bedeutung des Gußbruch- und Schrottverbrauchs[1]).

Die große wirtschaftliche Bedeutung, die der Verbrauch an Gußbruch und Schrott erlangt hat, geht am besten aus der Tatsache hervor, daß bereits im letzten Friedensjahre (1913) nach der amtlichen Statistik rund 6,8 Millionen Tonnen dieser Stoffe zur Verarbeitung gebracht wurden. Über die Mengen, die während des Krieges verbraucht wurden, bestehen bis heute noch keine sicheren Angaben. Mit Bestimmtheit kann jedoch angenommen werden, daß der Verbrauch das zehnfache des letzten Friedensjahres war. Wenn auch während der Zeit des Übergangs und der Umstellung der Kriegsarbeit in die Friedensarbeit ein gewisser Stillstand im Verbrauch der Altmaterialien eingetreten ist, so stieg er vom Jahre 1919 an ganz erheblich. Standen doch von diesem Zeitpunkte an der Eisenindustrie große Mengen aus Kriegsbeständen zur Verfügung. Dieser Umstand war für die deutsche Eisenindustrie von besonderem Nutzen deswegen, weil Deutschland heute ein an Erzen und damit an Eisen armes Land geworden ist. Dazu kommt, daß die schlechte Währung der deutschen Papiermark, die den Bezug von Auslandserzen und Roheisen außerordentlich erschwerte, die Verwendung von Gußbruch und Schrott stark in den Vordergrund gedrängt hat. Naturgemäß mußte deshalb die Nachfrage nach Gußbruch und Schrott immer größer, das Angebot dagegen immer geringer werden, obgleich durch die Zerstörung von Heereswerken aller Art, durch die Niederlegung ganzer Fabriken usw. gewaltige Mengen dem Markte zuflossen. Wurde hierdurch schon der Markt in starke Schwankungen versetzt, so geschah dies in steigendem Maßstabe noch dadurch, daß eine Anzahl neuer Schrotthändler auftauchte, die die Gewohnheiten des rechtlichen Handels nicht selten zu umgehen wußten. Im Laufe der Zeit bildeten sich denn auch ganz unhaltbare Verhältnisse auf dem Schrott- und Gußbruchmarkte aus. Das Grundübel dieser trüben Erscheinung ist darin zu suchen, daß Gußbruch und Schrott nicht erzeugt, sondern gesammelt und aus den abgängigen Maschinenanlagen gewonnen werden müssen. Auf einem solchen Markte, der nicht entsprechend der Nachfrage durch Erzeugung verstärkt werden kann, trieben und treiben Kräfte ihr Spiel, die sich im einzelnen nicht erkennen lassen. Tatsächlich unterscheidet sich denn auch der Gußbruch- und Schrottmarkt in keiner Weise vom Effekten- und Valutamarkt. Zum Beweise dafür sei folgende Tatsache angeführt: Die Tonne Maschinenbruch kostete am 2. Mai 1920 bei einem Dollarstande von 66 Mark 650 Mark, während am 24. Oktober 1922 bei einem Dollarstande von 4300 für die Tonne Gußbruch 65 000 Mark gefordert wurden. Daraus dürfte zu erkennen sein, daß der Preis der Altstoffe der

---

[1]) Vgl. Zahlentafel 17, S. 55.

Entwertung der Papiermark sowie den Roheisenpreisen weit vorausgeeilt war, eine unum-
stößliche Tatsache, die auf das spekulative Vorgehen des Handels zum Teil zurückzuführen
war. Um diese Zustände am Gußbruch- und Schrottmarkte in seinen Wirkungen herabzudrücken, vor allem aber um die Auswüchse des unrechtlichen Handels nach Kräften
auszumerzen, mußten die Verbraucher am Gußbruch- und Schrottmarkte handelnd
vorgehen.

In der Erkenntnis der Not der Eisen- und Stahlgießereien griff daher der Vertreter
der wirtschaftlichen Belange der deutschen Eisengießereien, der Verein Deutscher Eisengießereien in Düsseldorf, zur Selbsthilfe dadurch, daß er im Frühjahr 1919 aus sich heraus
eine Gußbruch-Einkauf-G. m. b. H. in Düsseldorf gründete, deren Aufgabe war, die
Eisen- und Stahlgießereien mit den nötigsten Mengen Altstoffe zu versorgen. Ein großer
Teil der Gießereien erkannte alsbald den wirtschaftlichen Nutzen dieser Schöpfung,
die sofort daran ging, mit dem Handel bindende Lieferbedingungen zu vereinbaren,
Sorten und Preise festzulegen, nach innen durch Aufstellung von Satzungen, durch
Ausarbeitung von Anweisungen für den Geschäftsverkehr, durch Herausgabe von Richtlinien für die Abnahme der gelieferten Stoffe (Lieferungsverzug, Gütestreitigkeiten,
Überlieferungen) die Organisation auszubauen und zu stärken. Sie errichtete in den
größten Industriezentren, so in Berlin, Breslau, Chemnitz, Hannover, Mannheim und
München Zweigstellen, um den Verkehr mit den Mitgliedern zu erleichtern, und die
vorhandenen Gußbruch- und Schrottmengen auf kürzestem Wege erfassen und möglichst
preisgünstig den Gießereien zuführen zu können.

In Friedenszeiten war der Preis für Gußbruch und Schrott stets niedriger als der des
Roheisens. In dieser Hinsicht ist aus den wiederholt erwähnten Gründen (Mangel an Erzen
und Roheisen, schlechte Währung der Papiermark) eine vollständige Änderung nach dem
Krieg eingetreten. Gußbruch und Schrott wurden nicht selten teurer bezahlt als Roheisen. Die natürliche Folge davon ist, daß bei der Abwicklung der einzelnen Kauf-
geschäfte, die mit dem Handel getätigt werden, ganz besondere Aufmerksamkeit und
Sorgfalt zu verwenden sind. Zweifellos sind hier die Kräfte der vertragschließenden
Parteien ungleich, denn der Eisengießer und der Stahlformgießer beschäftigen sich nur ab
und zu mit dem Einkauf von Altstoffen, während der Handel hierin seine Hauptaufgabe
erblickt. In Anbetracht dieser Tatsache hat die Gußbruch-Einkauf-G. m. b. H. in Düsseldorf die Überwachung der zum Nutzen ihrer Mitglieder abgeschlossenen Kaufverträge
übernommen und den Mitgliedern nachfolgende Richtlinien an die Hand gegeben:

Richtlinien der Gußbruch-Einkauf G. m. b. H.

a) Lieferungsverzug.

Bei jedem Kaufabschluß ist darauf zu achten, daß der Verkäufer mit der Auftragsbestätigung
eine bestimmte Lieferfrist mit kalendermäßig festgelegtem Enddatum zusagt.

Liefert der Verkäufer bis zu diesem Termin entweder überhaupt nicht oder bleibt er mit einem
Teil der Lieferung im Rückstand, so gerät er, ohne daß es einer Mahnung oder Inverzugsetzung bedarf, entweder mit der ganzen Lieferung oder mit dem rückständigen Teil der Lieferung in Verzug.

Ist ein kalendermäßig festgelegtes Enddatum nicht bestimmt, so bedarf es, um den Verzug des
Verkäufers herbeizuführen, zunächst nach Ablauf der Frist einer Mahnung von seiten des Käufers.
Eine Form für diese Mahnung ist nicht vorgeschrieben. Sie erfolgt aber am zweckmäßigsten mittels
eingeschriebenen Briefes und ist, falls sie telegraphisch erfolgt, durch eingeschriebenen Brief zu bestätigen. Befindet sich nun der Verkäufer durch den fruchtlosen Ablauf des kalendermäßig
bestimmten Enddatums in Verzug, so hat der Käufer zunächst ein zweifaches Wahlrecht;

1. kann der Käufer die Lieferung des bestellten Materials verlangen und neben der Lieferung
   Ersatz seines ihm durch die verspätete Lieferung entstandenen Schadens geltend machen (§ 286,
   Abs. 1 BGB.). Dies empfiehlt sich, wenn der Marktpreis eine steigende Tendenz zeigt, da der
   Käufer alsdann ein Interesse daran hat, das Material zu niedrigerem Abschlußpreis zu erhalten,
2. kann der Käufer, wenn er infolge einer Preissenkung oder aus anderen Gründen kein Interesse
   an der Auslieferung hat, dem Verkäufer eine angemessene Frist zur Lieferung mit der ausdrück-
   lichen Erklärung stellen, daß er die Annahme der Leistung nach dem Ablauf der gestellten
   Frist ablehne (§ 326 BGB.).

Es empfiehlt sich hierbei unter Benutzung des Wortlauts, den das Gesetz selbst enthält, wie folgt
zu schreiben:

„Da Sie sich mit der Lieferung (bzw. Teil der Lieferung) im Verzuge befinden, stelle ich Ihnen hiermit zur Lieferung eine Frist bis zum .... und erkläre Ihnen gleichzeitig, daß ich die Annahme der Leistung nach dem Ablauf der Frist ablehne."

Läßt der Verkäufer auch diese Frist, die angemessen sein, d. h. mindestens 8 bis 10 Tage und mehr je nach Lage des Falles betragen muß, ohne zu liefern bzw. auszuliefern, verstreichen, so hat der Käufer nach Ablauf der Frist wiederum ein zweifaches Wahlrecht:

1. kann er von dem ganzen Vertrage zurücktreten,
2. kann er Schadenersatz wegen Nichterfüllung verlangen, oder aber dem Verkäufer eine weitere Verzugsfrist gewähren, muß sich jedoch hierzu das Einverständnis des Käufers holen, am besten telegraphisch.

Einen Anspruch auf Lieferung hat aber der Käufer nach Ablauf der Frist nicht mehr.

Wählt der Käufer nach Ablauf der Frist den Rücktritt und teilt dieses dem Verkäufer mit, so sind hierdurch die vertraglichen Beziehungen zwischen den Parteien bezüglich der rückständigen Lieferung oder des rückständigen Teiles der Lieferung erledigt.

Wählt der Käufer Schadenersatz wegen Nichterfüllung, so muß er nachweisen, daß ihm durch die Nichtlieferung ein Schaden entstanden ist. Der Käufer hat beispielsweise einen Schaden, wenn der Preis des Materials gestiegen ist. Er kann dann die Ware anderweitig einkaufen (Deckungskauf) und Ersatz des Mehrkaufspreises von dem Verkäufer verlangen. In diesen Fällen ist die Gußbruch-Einkauf-G. b. m. H. in Düsseldorf möglichst drahtlich mit dem Deckungskauf zu beauftragen.

Die Berechnung des durch die Nichtlieferung entstandenen Schadens kann auch abstrakt erfolgen, d. h. als Schadenersatz kann, ohne daß Deckungskauf vorgenommen wird, die Differenz zwischen Einkaufspreis und dem zur Zeit des Lieferungsverzuges gültigen Preis gefordert werden.

Von einer solchen Berechnung möchten wir aber abraten, da das Reichsgericht in seinen neuesten Entscheidungen den durch die Nichtlieferung entstandenen Schaden auf Grund der abstrakten Berechnung insoweit begrenzt, als nicht die tatsächliche Differenz, sondern lediglich die „angemessene" Differenz, d. h. in der Regel nicht mehr als 10% des Einkaufspreises gefordert werden können.

b) Qualitätsstreitigkeiten.

Bei mangelhafter Lieferung, d. h. bei Lieferung nicht sortengemäßen Materials von seiten der Verkäufer ist folgendes zu beachten: Sobald das Material auf der Empfangsstation eintrifft, muß der Käufer dasselbe eingehend und sorgfältig untersuchen.

Soweit tunlich, ist diese Untersuchung in der Regel durch mehrere sachverständige Zeugen (Angestellte usw.) auf dem Ankunftsgüterbahnhof vor Entladung des Waggons vorzunehmen.

Allerdings findet die vom Handel vertretene Auffassung, daß die Untersuchung von Schrottsendungen stets in der Weise erfolgen muß, daß mangelhafte Sendungen auf dem Waggon selbst in unabgeladenem Zustande zur Verfügung gestellt werden müssen, weder in den gesetzlichen Bestimmungen selbst, noch in gerichtlichen Entscheidungen eine Stütze.

Ist vielmehr die Entladung eines Waggons zur ordnungsgemäßen Untersuchung nicht zu vermeiden, bzw. ergibt sich erst bei oder nach der Entladung, daß der Inhalt der Ladung nicht sortengemäß ist, so kann die Bemängelung auch dann noch mit voller Rechtswirkung erfolgen. Nur ist in diesem Falle dafür Sorge zu tragen, daß der Inhalt der Ladung getrennt von anderen Schrottbeständen gelagert, sicher gestellt, als Eigentum des Lieferanten behandelt und solange nichts davon entnommen und verbraucht wird, bis der Qualitätsstreit mit dem Lieferanten geregelt ist.

Von größter Wichtigkeit und Bedeutung ist, daß der Käufer (Empfänger), sobald festgestellt ist, daß das gelieferte Material der Bestellung nicht entspricht, seiner gesetzlich vorgeschriebenen Pflicht, die Mängel der Lieferung dem Verkäufer gegenüber sofort unverzüglich zu rügen, genügt (§ 377 BGB.). Damit in dieser Beziehung nichts versäumt wird, ist es zweckmäßig, die Hauptmängel dem Verkäufer sofort auf telegraphischem Wege mitzuteilen und die Bemängelung anschließend schriftlich durch Einschreibebrief ausführlich zu begründen. Die Rügeanzeige muß ausreichende Angaben darüber enthalten, welche Mängel die Lieferung aufweist, z. B. Art und Umfang (Gewicht) sortenwidriger Beiladung, nicht genügende Zerkleinerung des Bruchs usw.

Ist die Rüge rechtzeitig und ordnungsgemäß vom Käufer angebracht, so hat der Käufer ein dreifaches Wahlrecht:

1. kann der Käufer Minderung, d. h. Herabsetzung des Kaufpreises in dem Verhältnisse, in welchem zur Zeit des Verkaufes der Wert des mangelhaften Materials zum Wert des mangelfreien Materials gestanden haben würde, verlangen;
2. kann der Käufer wandeln, d. h. er kann dem Verkäufer die mangelhafte Ladung zur Verfügung stellen, ohne daß der Käufer das Recht hat, Ersatz zu liefern;
3. kann der Käufer verlangen, daß der Verkäufer ihm statt des mangelhaften Materials sortengemäßes Material liefert. Dieses Recht, Ersatz zu fordern, steht nur dem Käufer zu; der Verkäufer hat kein Recht, Ersatzlieferung ohne Einverständnis des Käufers zu leisten.

Von dem Recht zu 1 auf Minderung (Herabsetzung des Kaufpreises) machen die Mitglieder zweckmäßig nur dann Gebrauch, wenn sie für das mangelhafte oder minderwertige Material ebenfalls Verwendung haben und um Schmelzmaterial verlegen sind. Es empfiehlt sich, falls eine Einigung über die Herabsetzung des Kaufpreises vor Ingebrauchnahme des mangelhaften oder minderwertigen Materials nicht erzielt ist, namentlich dann, wenn der Lieferant als rücksichtslos und unnachgiebig

bekannt ist, Art und Umfang der Mängel der Ladung durch ein Beweissicherungsverfahren feststellen zu lassen.

Das Beweissicherungsverfahren erfolgt in der Weise, daß das zuständige Amtsgericht auf Antrag
des Käufers Zeugen und Sachverständige über Art und Umfang der Mängel der Ladung vernimmt
und ihre Aussagen protokollarisch festlegt. Diese Aussagen können alsdann, falls es zu einem Rechts-
streit bezüglich der Ladung kommt, für denselben benutzt werden, wobei die Bestimmungen der
§§ 485—494 der Zivilprozeßordnung zu beachten sind (s. unter D).

Bei der Entscheidung der Frage, ob der Käufer von dem Recht zu 2 auf Wandlung oder von
dem Recht zu 3 auf Ersatzlieferung in einwandfreier Beschaffenheit Gebrauch machen soll, ist neben
den besonderen Verhältnissen des Einzelfalles und des jeweiligen Empfängers namentlich auch die
Marktlage bzw. Veränderungen derselben in der Zeit zwischen Bestellung und Eingang der Ware
ausschlaggebend zu berücksichtigen.

Ist der Marktpreis inzwischen gefallen, so ist zweckmäßig gemäß Ziffer 2 zu wandeln, also die
ganze Ladung zur Verfügung zu stellen, ohne Anspruch auf Ersatz.

Ist umgekehrt der Marktpreis inzwischen gestiegen, so wird der Käufer von seinem Rechte
gemäß Ziffer 3 Gebrauch machen und Ersatzlieferung in einwandfreier Beschaffenheit verlangen.
In diesem Falle ist dem Verkäufer für die Ersatzlieferung eine angemessene kalendermäßig bestimmte
Frist zu stellen und weiter nach den in Abschnitt A für Lieferungsverzug gegebenen Richtlinien zu
verfahren.

Wir weisen aber nochmals mit größtem Nachdruck darauf hin, daß die Geltendmachung der
vorstehend unter 1 bis 3 erläuterten Rechte des Käufers in allen Fällen davon abhängig ist, daß die
Mängel einlaufender Gußbruchladungen unverzüglich nach Eingang derselben bzw. nach Abschluß
der Untersuchung, welche sofort nach Eingang vorzunehmen ist, dem Verkäufer gegenüber klar
und unzweideutig gerügt werden müssen.

Bei der telegraphischen und schriftlichen Mängelrüge braucht der Käufer noch nicht zu erklären,
welche von den vorstehend unter 1, 2 und 3 ihm wahlweise zustehenden Rechten er geltend machen
will. Es genügt vielmehr, wenn der Käufer seine Entschließung, welches Recht er im Einzelfalle
ausüben will, dem Verkäufer innerhalb von 6 Monaten nach Lieferung mitteilt (§ 477 BGB.).

c) Überlieferungen.

Überlieferungen, soweit sie nicht unbedeutend und durch die Technik der Verladung bedingt
sind, muß der Empfänger unverzüglich nach Eingang dem Verkäufer gegenüber beanstanden, wenn
er dieselben nicht zum Kaufpreise übernehmen will. Für solche Beanstandungen sind die gleichen
Bestimmungen zu beachten, welche für die Rüge von Qualitätsmängeln unter Abschnitt B erläutert
worden sind (Qualitätsmängelrüge, § 378 HGB.).

Bei der Austragung von Qualitätsreklamationen wirkt erschwerend, daß die Abnahme namentlich für die Hauptsorte prima Maschinengußbruch von den Verbrauchern nicht einheitlich gehandhabt
wird und daß über den Begriff „prima Maschinengußbruch kuppelofengerecht zerkleinert" eine Einheitlichkeit nicht besteht. Abgesehen von der unterschiedlichen Auffassung in den verschiedenen Wirt-
schaftsbezirken bestehen schon die beachtenswertesten Unterschiede zwischen den Abnehmern des
gleichen Wirtschaftsbezirkes.

Diese haben dazu geführt, daß der Handel einen Handelsbrauch bzw. eine Handelsübung heraus-
zubilden bestrebt war, die seinen eigenen Interessen entspricht und die Beiladung und Mitlieferung
von verschiedenen Gußbruchsorten zuläßt, die von der Mehrzahl der Verbraucher als geringwertig
angesehen werden. Die während der Kriegszeit herrschende Knappheit in Gußbruch, die auch nach
Kriegsende bis März 1920 weiter bestanden hat, hat dazu beigetragen, daß die Lieferung von Gußbruchladungen gemischter Zusammensetzung in zunehmendem Maße vom Handel als „handelsüblich"
durchgesetzt werden konnte..

Auch die in der Kriegszwangswirtschaft von den Behörden nach Verständigung mit den Inter-
essenten herausgegebenen Sortenlisten haben bei der drängenden Nachfrage keine wesentliche Besserung herbeigeführt, immerhin aber bildeten diese Sortenlisten, welche den Gießereien bekannt sind,
und die von unserer Gesellschaft mit den Händlern vereinbarte Sortenliste eine wichtige Grundlage
und Handhabe für die Behandlung von Qualitätsstreitigkeiten.

Ferner enthält die nach eingehenden Beratungen im Gußbruchausschuß des Eisenwirtschafts-
bundes am 5. Februar 1921 vom Reichswirtschaftsministerium erlassene Verordnung über die Festsetzung von Höchstpreisen für Schrott (Deutscher Reichsanzeiger Nr. 33 vom 9. Februar 1921) eine
Sortenliste für Gußbruch, in welcher gleichzeitig das Wertverhältnis der verschiedenen Sorten zueinander auf die Indexziffer 100 für prima kuppelofenfertig zerkleinerten Maschinengußbruch berechnet,
angegeben ist. Wenn das Verhältnis der Preise für Maschinengußbruch zu den übrigen Gußsorten
selbstverständlich auch kein starres ist, sondern von der Marktlage der verschiedenen Gußbruchsorten selbst jeweils bestimmt wird, so bieten doch die in dieser Sortenliste angegebenen Indexziffern
dem Verbraucher einen gewissen Anhalt für die Bewertung.

Da die Konventionsliste unserer Gesellschaft im wesentlichen mit der Sortenliste aus der Verordnung über die Festsetzung von Höchstpreisen für Schrott vom 5. Februar 1921 übereinstimmt,
bringen wir unsere Sortenliste auf Seite 11 zum Abdruck unter Beifügung der Indexziffern aus der
genannten Verordnung, weisen aber ausdrücklich darauf hin, daß diese Bewertungsskala für beide
Teile unverbindlich ist und lediglich einen Anhalt in Streitfällen bieten kann. Wir bitten unsere

Mitglieder, sich bei der Handhabung der Abnahme nicht von der Marktlage, sondern ausschließlich von dem Grundsatz der Vertragstreue und der Billigkeit leiten zu lassen. Jedes andere Verfahren kann dem einzelnen vielleicht einen kleinen Augenblicksvorteil verschaffen, schädigt aber die Gesamtheit der Verbraucher in ihrem berechtigten Bestreben nach reeller Behandlung durch die Gußbruchlieferanten und verhindert die wirksame Bekämpfung der Machenschaften und Auswüchse, die sich in der Kriegs- und Nachkriegszeit zum Schaden der Verbraucher ausgebreitet haben. In diesem Zusammenhang darf nicht außer acht gelassen werden, daß Gußbruch aus Abbrüchen oder im Sammelverfahren in den Verkehr gelangt, daß also hinsichtlich der Einheitlichkeit keine Anforderungen an Gußbruch gestellt werden dürfen, wie sie nur durch ein Erzeugung gewonnenes Produkt (Roheisen usw.) erfüllen kann. Auch geben Anforderungen, die den wirklichen Verhältnissen keine Rechnung tragen, unter Umständen dem Lieferanten das ·Recht, seinerseits vom Vertrage zurückzutreten.

d) Indexwerte.

Bei Streitigkeiten mit den Händlern über die Güte der gelieferten Materialien geben die Indexwerte gewisse Anhaltspunkte für die Wertfestsetzung. Aus diesem Grunde mußten sie hier Aufnahme finden:

Gruppe	Sorte	Wertverhältnis
I	Spezialgußbruch, z. B. Hämatitgußbruch, Kokillengußbruch (Hämatitersatz)	125
II	Prima Maschinengußbruch, kuppelofenfertig zerkleinert	100
III	Sonstiger Gußbruch, wie: Röhrenbruch, Baugußbruch, Kanalisationsteile, Belegplatten, Bremsklötze, Graugußgranaten, Achslager, dünnwandiger landwirtschaftlicher Guß usw.	90
IV	Ofen- und Topfguß	75
V	Brandguß, Roststäbe, Retorten usw.	55

Zeitlich später, auch unter anderen Voraussetzungen, unternahm, um in erster Linie die eigenen Interessen zu wahren, der Schrotthandel im Benehmen mit den Verbrauchern die Gründung des Vereins zur Wahrung gemeinsamer wirtschaftlicher Interessen des Schrotthandels, dem heute sämtliche Schrotthändler und Verbraucher Deutschlands angehören. Er gab im Einvernehmen mit den Verbrauchern der deutschen Eisenindustrie genaue Lieferbedingungen, die sogenannten Düsseldorfer Bedingungen, heraus, deren Kenntnis für den Techniker nicht weniger wichtig ist als für den Kaufmann und die daher nachstehend wiedergegeben werden.

Düsseldorfer Bedingungen.

Nachstehende Bedingungen sind für Käufer und Verkäufer bei Abschlüssen in Schrott bindend, sobald bei Tätigung des Abschlusses „Düsseldorfer Bedingungen" vereinbart sind.

1. Jedes Angebot oder Gebot ist, wenn nicht ausdrücklich etwas anderes vereinbart ist, nur gültig auf sofortige Zusage.

2. Freibleibend bedeutet unverbindlich.

3. Die Tonne ist gleich tausend Kilogramm.

4. „Frei Revier" oder „frei Rheinisch-westfälisches Revier" heißt „frachtfrei nach allen geographisch zwischen den Plätzen Dortmund, Hagen, Düsseldorf oder Rheinhausen-Friemersheim gelegenen Verbrauchswerken oder Lagerplätzen, diese Städte und Lagerplätze selbst mit eingeschlossen."

5. Chargierfähig für Martinwerke — ofenfertig bedeutet muldenfähiges, nicht sperriges Material von nicht über 1,5 m Länge, 0,5 m Breite und nicht über 200 kg Stückgewicht. Das Material muß frei sein von Bestandteilen und Überzügen, die für die Verhüttung schädlich sind.

Andere Abmessungen bedingen Vereinbarungen von Fall zu Fall.

6. Unter Aufrechterhaltung der Lieferantenhaftung für die Anwendung des billigsten Frachtsatzes wird dem Lieferanten frei gestellt, wenn eine oder zwei Ladungen (Doppelladungen oder Waggons) Gegenstand des Kaufvertrages sind, 10 bis 15 bzw. 20 bis 30 Tonnen zu liefern. Bei einer Vielzahl von Ladungen als Quantitätsbezeichnung ergibt sich das Gegengewicht mit je 10 Tonnen für die Ladung (z. B. 5 Ladungen sind 50 Tonnen).

7. „Circa" (ca.) heißt „± 5%" (plus oder minus 5 vom Hundert). Bei Mengen über 100 Tonnen darf diese Toleranz jedoch nicht mehr als 5 Tonnen maximal betragen. Bei Gewichtsbestimmungen ohne „Circa"-Zusatz ist nur die feste Abschlußmenge Vertragsgegenstand.

8. Bei Gewichtsangabe „von — bis — Tonnen" hat der Verkäufer die Wahl, das geringere oder das höhere Quantum zu liefern. Der Käufer hat hingegen jederzeit das Recht, mit dreitägiger Fristsetzung Bestimmung der genauen Liefermenge zu verlangen. Mangels dieser Erklärung ist die Mindestmenge Vertragsgegenstand.

9. Bei Lieferungen über das abgeschlossene Quantum hinaus hat der Käufer die Wahl:

a) die überlieferten Mengen zu dem Preis zu verrechnen, der am Tage des Bekanntwerdens der Überlieferung gültig war;

b) die Übernahme der überlieferten Menge zu verweigern;

c) gleichwertige Ware auf Verkäufers Kosten zurückzuliefern;

d) Schadenersatz zu verlangen, namentlich auch soweit durch die Überlieferung der Käufer in seinen anderen Dispositionen benachteiligt wurde;

e) die Sache so zu behandeln, als ob die Überlieferung überhaupt nicht in irgend einem Vertragsvorgang liege.

Die Rechte des Käufers können auch unter verschiedenen dieser Gesichtspunkte gleichzeitig gewahrt werden. Bei Überlieferung von nicht mehr als 20 Tonnen ist das Recht unter e) nicht gegeben.

10. „Werksgewicht" bedeutet Bindung beider Vertragsteile an die Gewichtsfeststellung durch das empfangende Werk bzw. Lager. Die Gewichtsermittlung muß durch Verwiegen des beladenen und entladenen Waggons vorgenommen werden. Mangels Gewichtsfeststellung durch das empfangende Werk bzw. Lager gilt unter den Lieferanten das zwischen dem Werk und dem Lieferanten verrechnete Gewicht.

11. „Werksbefund" bedeutet, daß die auf dem Werk bzw. Lager getroffenen Feststellungen von dem Käufer alsbald an den Lieferanten weiter gegeben werden müssen, und daß die etwa vorliegenden Mängelrügen rechtzeitig sind, soferne sie nur ordnungsmäßig hinter der Werksfeststellung der Reihe nach an die Lieferanten weiter geleitet werden. Die auf dem Werk getroffenen Feststellungen gelten als anerkannt, wenn nicht unverzüglich von der an der Lieferung beteiligten Firma Widerspruch erhoben wird.

12. Die Mängelrüge muß vor oder während des Entladens ausgesprochen werden. Bei Beziehern ohne Gleisanschluß gilt die Mängelrüge noch als rechtzeitig, wenn sie bei Ankunft der Ware auf dem Lager oder dem Fabrikhof unverzüglich erfolgt. Nach der Entladung gilt das Material als abgenommen und genehmigt, sofern sich nicht nachher noch „geheime Mängel" herausstellen.

13. Wird über eine geweigerte Ladung von seiten des Lieferanten nach anderer Seite verfügt, so bedeutet die Fortnahme des Materials die Anerkennung der Weigerung. Sämtliche entstehenden Kosten, wie Standgelder, Rangiergebühren, Löhne, Telegramm- und Fernsprechgebühren und andere Spesen gehen zu Lasten des Lieferanten.

14. Die Lieferung ist als erfolgt anzusehen, wenn das Material auf dem Bestimmungswerk oder -ort eingetroffen ist.

Die Vereinbarung eines Preises „ab Lieferstation" schließt eine Mängelrüge nach Eingang der Ware auf der Bestimmungsstation nicht aus.

15. Die Zahlung der Rechnungen hat, wenn nichts anderes vereinbart ist, am 15. bis 20. des der Lieferung folgenden Monats — geordneten Eingang und rechtzeitige Berechnung des Materials vorausgesetzt — zu erfolgen. Das Material ist geordnet eingegangen, wenn die Werksaufgabe vorliegt.

16. Die Vertragsteile unterwerfen sich unter Ausschluß des Rechtsweges für alle Streitsummen bis zu einem Betrage von Mk. 30 000 einem Schiedsgericht.

Bei Geltendmachung von Gegenforderungen entscheidet das Schiedsgericht über seine Zuständigkeit selbst und endgültig. Dasselbe gilt für Wertfestsetzung der Klageforderung in bezug auf Feststellung der Kosten.

In das Schiedsgericht beruft ein jeder Streitteil einen Schiedsrichter aus dem Kreise der Vereinsmitglieder bzw. deren Angestellten. Sofern diese den Streit nicht zu schlichten vermögen, wählen sie einen Obmann. Ist eine Einigung über die Person des Obmannes nicht möglich, so haben die Schiedsrichter eine deutsche Handelskammer um die Ernennung eines Obmannes zu bitten. Wenn die Schiedsrichter sich über die anzurufende Handelskammer nicht einigen können, so soll durch das Los entschieden werden, welche der beiden vorgeschlagenen Handelskammern den Obmann zu ernennen hat. Der zu ernennende Obmann muß Volljurist sein. Auch bei Streitgegenständen von mehr als Mk. 30 000 soll die Anrufung eines Schiedsgerichtes tunlichst versucht werden.

Für das Schiedsgerichtsverfahren sind im übrigen die Vorschriften der Zivil-Prozeßordnung maßgebend.

Wenn auch diese Bedingungen zweifellos den Schrottkäufer vor mancherlei Willkür des Schrottverkäufers schützen, so wird doch in vielen Fällen der erstere mehr Nutzen aus den Richtlinien, wie sie von der Gußbruch-Einkauf-G. m. b. H., Düsseldorf, aufgestellt worden sind, schöpfen. Denn es muß unbedingt zugestanden werden, daß mit den Richtlinien ein Teil erzieherischer Arbeit geleistet worden ist.

Literatur.

Scott, W. G.: Scrap Iron Specifications. Foundry Bd. 25, 1904, S. 116.

Henning, C.: Die Chemie im Gießereibetriebe. Stahleisen 1905, S. 1313.

Hemmer, L.: Verarbeitung von Gußschrott im Eisengießereibetriebe. Gieß.-Zg. 1907, S. 129, 168.

Orthey, M.: Über die Brauchbarkeit ausländischer Spezialeisensorten und die Zusammensetzung von Gußschrott. Stahleisen 1909, S. 552.

Leyde, O.: Brikettierung von Metallspänen und deren Wert für die Eisen- und Bronzegießereien. Stahleisen 1909, S. 1881.

Jacobson, J.: Verwendung von Gußspänen. Foundry 1911, Januarheft, S. 220; auszügl. Stahleisen 1911, S. 315.

Emmel, C.: Umschmelzen von Gußspänen im Kuppelofen und Verwendung des dadurch erzeugten Spaneisens als Zusatzeisen. Stahleisen 1911, S. 1413.

Adämmer, H.: Etwas über Spaneisen. Stahleisen 1911, S. 1799.

Ofen zum Umschmelzen von Spänen. Stahleisen 1911, S. 1814.

Prince-Verfahren zur Verwendung von Eisenspänen im Kuppelofen. Stahleisen 1912, S. 689.

Gilles, Chr.: Der Wagnersche Späneeinpreßapparat. Gieß.-Zg. 1914, S. 441, 478; auszügl. Stahleisen 1914, S. 1092.

Fichtner, R.: Beitrag zur Gattierungsfrage in der Gießerei. Stahleisen 1916, S. 77, 181, 311, 411, 507.

Einschmelzen von Eisen- und Stahlspänen im Kuppelofen (nach einem Vortrag von J. A. Murphy). Stahleisen 1917, S. 311.

VIII. Die Brikettierung der Eisen- und Stahlspäne und der Schmelzzusätze.

Von

Dipl.-Ing. S. J. Waldmann.

Allgemeines.

In der neuesten Zeit ist die Anwendung von Briketts (Blöcken, Formlingen) sowohl bei der Darstellung von Gußeisen als auch in verschiedenen Fällen in der Stahlgießerei von erheblicher Bedeutung geworden [1]). Im Gegensatz zu der Zeit vor dem Kriege, in der im allgemeinen nur das kaltgepreßte Spänebrikett bekannt war, ist durch planmäßigen Ausbau die Anwendung von Briketts für die metallurgischen Arbeitsverfahren im Gießereiwesen zu einer abgerundeten Technik geworden.

Das Spänebrikett der Vorkriegszeit hatte den Zweck, die zur Verhüttung weniger geeigneten losen Eisen- und Stahlspäne zum raumsparenden Brikett zu verdichten, das ein wirtschaftliches Niederschmelzen zuließ. Veranlaßt durch die wirtschaftlichen Umwälzungen während und nach dem Kriege wurde eine Reihe von Erfahrungen gesammelt und sind Erzeugnisse entstanden, die heute zu unentbehrlichen Hilfsmitteln geworden sind.

Zum Zweck der Übersicht sei auf nachstehende Zusammenstellung verwiesen, in der die heute allgemein angewandten Briketts zusammengestellt sind, die beim Erschmelzen von Eisenlegierungen verwendet werden. Eine Zweiteilung ist erkenntlich, wonach die Brikettierverfahren einmal wie früher unter Benutzung verbesserter Arbeitsweisen auf die Verblockung von Eisenabfällen, neuerdings auch von Stahlspänen angewandt werden. Die neueren Verfahren haben gegenüber den früheren Kaltbrikettierverfahren von Ronay, Weiß usw. [2]) eine Reihe von Möglichkeiten eröffnet, die früher nicht erreichbar waren. Weiter aber haben sich Verfahren für die Brikettierung von Schmelzzusätzen entwickelt, womit eine Beeinflussung der Eisenbegleiter ermöglicht wird.

Brikettierung von Eisen- und Stahlspänen.

In Deutschland sind mehrere Anlagen [3]) in Betrieb, die sich mit der Herstellung und dem Verkauf von kaltgepreßten Spänebriketts nach dem älteren Brikettierverfahren Ronay befassen und auch die Lohnbrikettierung von Spänen übernehmen. Dabei werden die Späne lediglich unter Anwendung sehr hoher Drücke zu einem Brikett geformt [4]). In der Hauptsache hat das Verfahren Anwendung nur für Gußspäne gefunden, und die Erzeugnisse haben als handelsüblicher Einsatzstoff in den Gießereien sich einen gewissen Platz gesichert. In normalen Zeiten liegt ein Anreiz für die Verwendung von Spänebriketts unter Umständen in der etwas günstigeren Preisgestaltung für die Eiseneinheit im Schmelzsatz und ferner in der Möglichkeit, den eigenen Entfall an Spänen durch Lohnbrikettierung für den eigenen Schmelzbetrieb wieder brauchbar zu machen. Auch ergibt das gleichmäßige

---

[1]) Vgl. S. 170.

[2]) S. Literaturzusammenstellung S. 183.

[3]) Sächsische Metall-Brikettwerke, Chemnitz, Süddeutsches Metallbrikettwerk, Geislingen, Henschel & Sohn, Kassel usw.

[4]) Näheres s. z. B. Stahleisen 1912, S. 135.

Format des Briketteinsatzes eine angenehme Anwendung bezüglich der Gleichmäßigkeit des Schmelzganges.

Die Anwendung der Briketts nach dem Ronay-Verfahren hat schon früh zu der Erkenntnis geführt, daß mit ihrer Hilfe auch die Beschaffenheit der Eisenschmelze beeinflußt werden kann, da eine nicht unwesentliche Erniedrigung des Gesamtkohlenstoffgehaltes durch den Brikettzusatz sich erzielen läßt [1]).

Anwendungs-gebiet	Basis u. Begleit-met.	Regulierkomponenten					Brikettierungs-		
		−	+	+	+	−	Zweck	Verfahren	
Stahl- u. Edelstahlerzeugung	Ni (Cr, W)						Nutzbarmachung von Sparstoffen	Deutsch-Luxemb. (Waldmann)	Brikettierung von Eisen- u. Stahlspänen
	Fe						Graugußherstellung	Weiß-Ronay Deutsch.-Luxemb. (Waldmann)	
	Fe						Stahlherstellung a) Martinofen b) Kleinbirne	Deutsch-Luxemb. (Waldmann)	
	C						Erhöhung der Festigkeit	Ronay-Weiß Deutsch-Luxemb. (Waldmann)	
Graugießerei			Si				Für Kleinbessemereien	Maschinenfabrik Eßlingen (Greiner)	Brikettierung von Schmelzzusätzen
					Mn		Erhöhung d. Bearbeitungsfähigk.	„	
					Mn		Erhöhung der Dichte	„	
					P		Erhöhung der Dünnflüssigkeit	„	
						S	Reinigung Desoxydation Entgasung	(Walter) (Dürkopp-Luyken)	

Das Fachschrifttum hat sich in der Vorkriegszeit bis in die Kriegsjahre hinein mit dieser Frage sehr eingehend beschäftigt. Bestrebungen, mit Hilfe der Spänebriketts einen Ersatz für Sonderroheisen-Sorten (z. B. kohlenstoffarmes Roheisen, Zylindereisen usw.) zu finden, waren überall im Gang, und an der einen oder anderen Stelle, besonders in Betrieben, die auf dichtes Eisen Wert legen müssen, z. B. bei der Herstellung von Lokomotivzylindern u. dgl., wurde in der Tat durch jahrelange Übung mit ausreichendem Erfolge vorteilhaft mit Ronay-Briketts gearbeitet. Die vielen Versuche und der Meinungsaustausch im Schrifttum verebbten später infolge der ununterbrochenen Störungen des Wirtschaftslebens [2]).

Während des Krieges begann die Frage der Aufarbeitung von Spänen plötzlich an Bedeutung außerordentlich zu gewinnen, insofern, als zuerst durch die Geschoß- und später durch die Geschützanfertigung usw. der Entfall, namentlich an Stahlspänen, ein ungeahntes Maß erreichte. War die Wiederverwendung der Gußspäne im Kuppelofen infolge der ungeeigneten Korngröße, der Störungen im Winddurchgang und im Niedergang der Sätze schon sehr groß, so ergaben sich auch bei der Verarbeitung der großen Mengen Geschoß-Stahlspäne im Siemens-Martinofen erhebliche Schwierigkeiten. Der Späneeinsatz schichtet sich im Martinofen immerhin bis zu einer gewissen Dicke auf und bietet in dieser Form der darüberstreichenden Flamme und dem Eindringen der Wärme durch die lose Lagerung einen außerordentlich wirksamen Widerstand. Man kann im

---

[1]) S. Literaturzusammenstellung S. 183.
[2]) Über die Verwendung von Briketts an Stelle von kohlenstoffarmem Roheisen wird weiter unten (auf S. 180) noch die Rede sein.

Martinofen beobachten, daß die Oberflächen der Spänehaufen bereits weißglühend sind und abtropfen, während in verhältnismäßig geringer Tiefe trotz der hohen äußeren Temperatur die Späne noch vollkommen schwarz sind.

Die Martinierung der Geschoßspäne geschah also meist schon unter Hinnahme gewisser Unbequemlichkeiten. Kritisch wurde jedoch die Angelegenheit bei den Spänen, die aus der Geschützfertigung stammten. Der Späneentfall war im Verhältnis zu den Rohstahlmengen außerordentlich hoch (bis zu 60%), und die aus den Werkstätten zurückkehrenden Späne konnten bei ihrem großen Volumen im Kreislauf nicht wieder vollständig in die Ofenräume eingesetzt werden, da durch die erwähnte schlechte Einschmelzbarkeit die Dauer der einzelnen Hitzen sehr verlängert worden wäre, was unter keinen Umständen zugelassen werden konnte, denn die Öfen mußten aus Kriegsnotwendigkeit hergeben, was nur irgend geleistet werden konnte. Die Folge war, daß große Mengen von Spänen aus der Geschützfertigung zunächst auf Lager genommen wurden, und so einen gewaltigen, totliegenden Nickelgehalt darstellten, während für die Erzeugung des Rohstahls frisches, reines Nickel zugesetzt werden mußte, und dadurch die ohnehin sehr bedrohlich geringen Bestände an reinem Nickel weiter angegriffen wurden. In der Tat führten diese Verhältnisse eine Zeitlang dazu, die Seelenrohre der Geschütze mit abweichend niedrigem Nickelgehalt herzustellen. Inzwischen waren die Bestände an nickelhaltigen Spänen weiter gestiegen, und man griff gelegentlich zur Verhüttung im Hochofen, allerdings mit dem Nachteil der Verdünnung und Verschleuderung des Nickelgehalts, dessen Ausbreitung in das Roheisen vielfach unerwünscht war.

Erst die gelungene Umwandlungsmöglichkeit auch der härtesten Stahlspäne durch ein Schmiedeverfahren in ein festes und dichtes Brikett nach Waldmann[1]) ermöglichte die Nutzbarmachung der an die großen Spänehaufen gebundenen Nickelbestände, damit Schonung der Reinnickelvorräte und in der Folge ein gleichmäßiges Einführen des Entfalls der Werkstätten in die Martin-Stahlerzeugung. Für die Zwecke des Umwandelns der Späne nach diesem Heißbrikettierverfahren der Späne-Blockschrott G. m. b. H. in Berlin und Dortmund war eine große Anlage mit 200 t Tagesleistung in Gelsenkirchen, ferner eine Anlage in Siegen entstanden, und endlich eine im Oberschlesischen Industriebezirk[2]).

Das Verfahren besteht darin, daß Gußeisen- und Stahlspäne in gasgeheizten Drehöfen im reduzierenden Gasstrom auf Schmiedetemperatur erwärmt und unter dem Dampfhammer zu Blöcken verdichtet werden, die ein spezifisches Gewicht bis zu 6,3, ja bis zu 7,0 aufweisen, im Gegensatz zu den viel loseren, früher bekannten Briketts. Die nach dem Heißbrikettierverfahren gewonnenen Briketts fallen billiger aus, da die Anlagen hohe Leistungsfähigkeiten haben, ferner ist die Vorbehandlung im reduzierenden heißen Gasstrom für die metallurgische Brauchbarkeit später von Bedeutung. Durch das Verfahren lassen sich auch erheblich sperrige Stahlspäne einwandfrei verarbeiten. Die so gewonnenen Späneblöcke sind infolge ihrer hohen Dichte besonders lagerfähig und außerordentlich fest.

Die Frage der Anwendung von Eisenbriketts im Gießereibetrieb war, wie schon erwähnt, stark abhängig von ihrer Beschaffenheit. Die Nachkriegszeit mit ihren wirtschaftlichen Sinnlosigkeiten ließ die Beachtung der Spänebriketts nicht wieder aufleben, da für Späne im Handel dauernd Kernschrottpreise bezahlt wurden.

Neuerdings wird an verschiedenen Stellen versucht, an Hand dieser verbesserten Briketts die eingangs des Krieges zurückgetretene Frage des Ersatzes von kohlenstoffarmem Roheisen durch Späneblöcke wieder mit Nachdruck aufzunehmen. In der Tat haben die Versuche gute Ergebnisse erbracht. Bei der Brikettierung von Gußeisenspänen überhaupt wird eine starke mechanische Aussonderung von Graphit bewirkt, da eben ein außerordentlich großer Teil des Gesamtkohlenstoffs in lockerer Graphitform im Gußspan enthalten ist. Bei der Heißbrikettierung aber wird durch die nachhaltige, etwa

---

[1]) Verfahren der Deutsch-Luxemburg. Bergw. & Hütten-A.G., durch Patente geschützt.

[2]) Die beiden erstgenannten Anlagen sind der Friedenswirtschaft zugeführt worden und beschäftigen sich heute mit der Lieferung von Späneblöcken aus Gußeisen und Stahlspänen für Eisen- und Stahlgießereien.

10 Minuten dauernde Trommelung der Späne im Drehofen und die Zugwirkung des durchstreichenden Gasstroms die Aussonderung des Graphits bewußt und verstärkt herbeigeführt, und es ist dann ein Einsatz mechanisch erreichbar, dessen Kohlenstoffeinstellung in weiten Grenzen nach unten geregelt werden kann, ohne die hohen Herstellungskosten der flüssigen Verfahren für kohlenstoffarmes Roheisen zu erreichen.

Gewöhnlich ist es richtiger, mit Briketts oder kohlenstoffarmem Roheisen zu arbeiten an Stelle von Stahlzusätzen, da letztere die Betriebsverhältnisse des Kuppelofens verändern und zu höheren Ofentemperaturen führen und dadurch das Sättigungsvermögen der Eisenlegierung für Kohlenstoff steigern. Sobald dauerhafte Wirtschaftsverhältnisse Wert und Preise der Einsatzstoffe wieder in Einklang bringen, wird es an Bestrebungen nicht fehlen, diese Möglichkeiten auf Brauchbarkeit zu prüfen, nämlich, ob die Einwirkung des kohlenstoffarmen Roheisens nicht durch Briketts bei wesentlich geringeren Kostenaufwendungen erreichbar ist.

Eine besondere Anwendung erfahren Stahlblöcke, die nach diesem Verfahren gewonnen sind, in der Klein-Bessemerei. Hier muß auf sehr niedrigen Phosphorgehalt des Einsatzes gesehen werden. Deshalb kommen Späneblöcke in den Handel, die aus besonders geeigneten, den Hüttenwerken entstammenden Spänen angefertigt sind, wie sie bei der Herstellung von Eisenbahn-Material entfallen (z. B. Späne von Radsätzen). Der Kohlenstoffgehalt, der niedrige Phosphorgehalt und die Einheitlichkeit des Rohstoffes ergeben für die Erschmelzung des Rinneneisens als Einsatz für die Birne einen schätzenswerten Vorteil. Da auch das Format der Briketts vollkommen einheitlich ist, so ist der Einsatz für das an sich schon schwierige Stahlschmelzen in bezug auf Zusammensetzung des Rinneneisens sowohl als auch auf den Koksverbrauch und gleichmäßigen Gang des Kuppelofens von günstigem Einfluß. Wenn man bedenkt, daß in den Kuppelöfen bei der immer wiederkehrenden Schrottknappheit manchmal im Format gänzlich ungeeignete Einsätze, wie z. B. Trichter von Stahlgußstücken usw. verwendet werden, deren Aufarbeitung nur mit Störungen im Kuppelofengang und mit hohem Koksverbrauch erkauft werden müssen, so ist verständlich, daß, da auch das Format der Briketts vollkommen einheitlich ist, bei dem an sich schon schwierigen Stahlschmelzen die Zusammensetzung des Rinneneisens sowohl auf den Koksverbrauch, als auch auf den gleichmäßigen Gang des Kuppelofens einen günstigen Einfluß ausübt.

Brikettierung von Schmelzzusätzen.

Der Einfachheit wegen sei die Anwendung der Briketts aus Schmelzzusätzen am Kuppelofenverfahren erläutert. Die Gewinnung der vielartigen Eisenlegierungen, wie sie je nach Art und Zweck der herzustellenden Gußstücke erforderlich sind, wäre einfach, wenn die Möglichkeit gegeben wäre, die einzelnen Bestandteile des fertigen Eisens gewissermaßen zu addieren, ein Verfahren, wie es nur im Tiegelofen möglich ist. Ihm steht aber beim Kuppelofenschmelzen eine Reihe von Schwierigkeiten entgegen.

1. Die einzelnen Elemente stehen nur in Form fertiger Eisenlegierungen zur Verfügung, worin sie aber nur in starker Verdünnung anwesend sind. In Form von Roheisen sind sie in vorbedingter Zusammensetzung als Schrott, außerdem noch mit stark unterschiedlicher und sehr unsicherer Zusammensetzung verfügbar. Das Gattieren ist also schwierig, weil jeder beabsichtigte Zusatz nur zusammen mit anderen Eisenbegleitern erfolgen kann, also die Einregelung jedes einzelnen Elementes die gleichzeitige und unerwünschte Abänderung der übrigen zur Folge hat.

2. Die Mehrzahl der Elemente wird durch die frischende Wirkung des Kuppelofens überdies noch stark verändert.

Die willkürliche und unabhängige Einstellbarkeit der einzelnen Legierungsbestandteile war deshalb beim Kuppelofenverfahren von jeher erstrebenswert, allein in der Vorkriegszeit war die Möglichkeit der jederzeitigen Beschaffung wünschenswert zusammengesetzter Einsatzstoffe einfach. Es war also möglich, das Programm einer Gießerei durchzuführen, wenn dafür ein für allemal die Einsätze ausprobiert worden waren. Im allgemeinen war die Ofenführung stetig, und nach ihr hatte sich die Beschaffung der Rohstoffe eingestellt.

Mit zunehmender Zerrüttung des wirtschaftlichen Aufbaues traten in der Rohstoffversorgung der Gießereien nie gekannte Erscheinungen ein: der Zulauf von Roheisen blieb überhaupt aus, gewisse Sorten wurden knapp, kamen unregelmäßig und dann häufig in so wechselnder Zusammensetzung, daß sie praktisch nicht mehr die ursprünglich angeforderten Sorten darstellten.

Häufig mußte in erhöhtem Maße zu Altstoffen gegriffen werden; der scharfe, sortierende Einfluß des Schrotthandels hatte an Sorgfalt außerordentlich verloren, und abgesehen von der starken Schwefelanreicherung, die sich allmählich bei Altstoffen immer deutlicher kennzeichnet, war die Altstoffzusammensetzung außerordentlich unsicher. In mehr oder weniger abgeschwächter Form haben wir für eine voraussichtlich lange Zeit noch mit diesen Verhältnissen zu rechnen. Der Ofenbetrieb ist zu einer früher nicht gekannten Wichtigkeit gelangt, das Bedürfnis der unabhängigen Regelbarkeit der Eisenbegleiter hat sich gebieterisch erhoben, und der Kuppelofen ist auf dem Wege, aus einem einfachen Umschmelzwerkzeug, das man in die Hand eines nach Erfahrungen arbeitenden Praktikers geben konnte, ein Werkzeug zur Vornahme metallurgischer Vorgänge zu werden, das die Aufgabe hat, aus stets sich verändernden Rohstoffen jede gewünschte Eisenschmelze herzustellen.

Die geschilderten Verhältnisse machten sich zuerst drückend bemerkbar in der Unsicherheit der Siliziumeinstellung des Gußeisens, von der viele wichtige Eigenschaften, namentlich die Bearbeitbarkeit, abhängen. Je feiner die Gußerzeugnisse verlangt wurden, um so empfindlicher zeigte der immer größer werdende Anteil des Fehlgusses die Notwendigkeit des Auffindens einer Aushilfe. Dies gelang in der Erfindung der E.K.-Pakete durch die Maschinenfabrik Eßlingen.

Der Gedanke liegt nahe mit Hilfe der Zuführung von Ferrosilizium [1]) eine Siliziumeinstellung im Kuppelofen zu erreichen, allein die frischende Wirkung des Kuppelofens verbrennt einen solchen Teil der zugesetzten Ferrosiliziummenge, daß mit irgend einer Aussicht auf Erfolg eine dauernde Regelung des Schmelzvorganges nicht erreichbar ist. Infolgedessen ging Fr. Greiner in Eßlingen dazu über, geeignetes Ferrosilizium in Brikettform einzubinden, so daß Silizium durch die Frischwirkung des Ofens nicht berührt werden kann, anderseits hält aber das Brikett der Einwirkung der hohen Temperaturen im Ofen solange stand, bis das eingebundene Ferrosilizium sicher in den Eisensumpf hinunter geführt worden ist. Erst nachdem das Bindemittel von der Kuppelofenschlacke gelöst ist, mischt sich das hoch vorgewärmte Ferrosilizium entsprechend den niedergehenden Eisengichten selbsttätig in dem Eisenbad. Durch die weitere Mischung während des Einlaufs des Eisens in die Pfanne wird eine ausreichende Gleichmäßigkeit erzielt. Da das in das Brikett eingebundene, abgemessene Silizium praktisch quantitativ in das Eisenbad hineingebracht wird, lassen sich bestimmte Gußeisensorten mit einer sehr hohen Treffsicherheit darstellen. Verminderung des Ausschusses, Verbesserung der Bearbeitbarkeit und weitgehende Unabhängigkeit sind durch die Anwendung gegeben.

Als Beispiel sei eine Art der Anwendung der E.K.-Pakete erwähnt, die in der Kleinbessemerei in steigendem Maße sich einführt. Bestimmend für den Verlauf des Frischvorganges in der Birne ist der Siliziumgehalt des Rinneneisens, das aus dem Kuppelofen gewonnen wird. Der Siliziumgehalt konnte dem Eisen nur durch Hämatit zugeführt werden, also unter Mitschleppen eines erheblichen Eisenballastes. Hierdurch war eigentlich die Aufteilung des Einsatzes in etwa 60% Stahlschrott und 40% Hämatit bedingt. Das Roheisen führt in den letzten Jahren im allgemeinen höhere Phosphorgehalte, als der für die Kleinbessemerei ausgewählte Stahlschrott; besonders in der Nachkriegszeit schwankte der Phosphorgehalt häufig in unzulässiger Weise [2]). Heute wird an gewissen Stellen, unter starker Anwendung der E.K.-Pakete, das Kleinkonverterverfahren anstandslos aus reinen Stahlschrottschmelzungen durchgeführt, die somit auf Grund des Phosphorgehaltes des phosphorärmsten Stahlschrotts, der erhältlich ist, bereitet werden können. Die Beschaffung geeigneten Konverterschrotts ist nicht immer leicht.

In gleicher Weise werden Briketts hergestellt, die ermöglichen, den Gehalt des Eisens an Phosphor und Mangan treffsicher einzustellen, bei Phosphor allerdings

---

[1]) Vgl. S. 148.   [2]) Vgl. S. 118.

zunächst nur im Sinne einer Erhöhung des Phosphorgehaltes auf ein wünschenswertes Maß, beispielsweise im Falle des Mangels an Luxemburger Roheisen. Bestrebungen, z. B. auch auf eine Abscheidung des Phosphors einzuwirken, haben noch nicht zu einem Erfolge geführt. Die neueste Zeit hat ein Manganpaket nach den E.K.-Paketen der Maschinenfabrik Eßlingen gebracht, das gestattet, im Falle von Manganmangel wirksam einzugreifen. Durch Anwendung des Manganpakets ist man in der Lage, Schwefelzubrand zu vermeiden.

Auch die Frage der Beeinflussung des Schwefelgehaltes ist in jüngster Zeit geradezu zu einer Lebensfrage geworden [1]). Ein neuartiger Weg wurde von Richard Walter vorgeschlagen und durch Schmelzzusätze in Brikettform verwirklicht [2]); dabei wird das abgestochene Eisen erst von seiner, vom Schmelzverfahren herrührenden sauren Schlacke gänzlich befreit, sodann wird auf das flüssige Eisenbad, zunächst in der Pfanne mit Hilfe von rasch schmelzenden Briketts, eine alkalische Schlacke aufgebracht, die mit den Schwefelverbindungen im Eisen in Wechselwirkung tritt, so daß der Schwefel der Mangansulfid- und Eisensulfid-Verbindungen von der Schlacke aufgenommen und dem Eisenbad entzogen wird. Die sehr reaktionsfähige Schlacke wird, nachdem sie ihren Zweck erfüllt hat, durch Zusatz von feingepulvertem Kalk verdickt und abgekrampt, und das Eisen ist zum Vergießen brauchbar. Die Verluste durch Strahlung und Leitung und damit der Temperaturabfall des Eisenbades in Verbindung mit dem Wärmeverbrauch der zu schmelzenden Briketts machen sich bei kleinen Pfannen verhältnismäßig ungünstiger bemerkbar als bei großen Mengen.

Der Entschwefelungsvorgang ist abhängig von der Zeit; hohe Temperaturen und lange Einwirkung ergeben eine bessere Entschwefelung als kurze Einwirkung bei fallender Temperatur [3]).

Infolge der Möglichkeiten, die durch die verschiedenen Brikettierverfahren gegeben sind, werden neuerdings im Kuppelofen Schmelzungen mit sehr starkem Gußbruchanteil und mit nur wenig Roheisenanteil (bis herunter zu $10^0/_0$ Roheisen) durchgeführt, die trotzdem Gußeisen ergeben, das zu Automobil-, Nähmaschinen- und Schreibmaschinenguß ohne weiteres verwandt werden kann.

Literatur.
a) Einzelne Werke.

Franke, G.: Handbuch der Brikettbereitung. Stuttgart 1910, Bd. 2.

b) Abhandlungen.

Leyde, O.: Brikettierung von Metallspänen und deren Wert für die Eisen- und Bronzegießereien. Stahleisen 1909, S. 1881.

Schumacher, E.: Die Brikettierung von Eisen- und Metallspänen. Gieß.-Zg. 1910, S. 553.

Leber, E.: Wie erklärt sich der Einfluß der Spänebriketts auf das Gußeisen? Stahleisen 1910, S. 1759.

Messerschmitt, A.: Die Brikettierung von Guß- und Eisenspänen und ihre Schmelzung im Kuppelofen. Stahleisen 1910, S. 2063.

Schott, E. A.: Die Verwendung von Briketts aus Stahl- und Gußspänen im Kuppelofenbetrieb. Stahleisen 1911, S. 1044.

Schoemann, E.: Zur Frage der Verwendung gußeiserner Spänebriketts. Stahleisen 1911, S. 1045.

Mehrtens, J.: Brikettieranlagen zur Herstellung von Eisen- und Metallspänebriketts der Hochdruckbrikettierung G. m. b. H. in Berlin. Stahleisen 1912, S. 135.

Matz, H.: Über die Anwendung von Briketts aus Gußeisenspänen im Gießereibetrieb. Chem.-Zg. 1913, S. 375.

Wüst, F.: Über den Einfluß eines Spänebrikettzusatzes auf den Verlauf des Kuppelofenprozesses und auf die Beschaffenheit des erschmolzenen Eisens. Ferrum 1915, Bd. 13, S. 157; auszügl. Stahleisen 1916, S. 86, 190.

Fichtner, R.: Beitrag zur Gattierungsfrage in der Gießerei. Stahleisen 1916, S. 77, 181, 311, 411, 507.

---

[1]) Über Verwendung von Manganerzen als Entschwefelungsmittel beim Schmelzen von Gußeisen (Wedemeyer) s. Stahleisen 1904, S. 1316, 1377.

[2]) Näheres s. S. 160.

[3]) Um sich von den Einflüssen der Pfannenbehandlung frei zu machen, haben Dürkopp-Luyken und Rein eine besondere Vorherd-Konstruktion R.D.Pa., entwickelt, in der bei Erreichbarkeit ständig hoher Temperaturen eine verhältnismäßig lange Einwirkungsdauer des Entschwefelungsmittels auf das Eisenbad unter gänzlichem Fernhalten der sauren Kuppelofen-Schlacke von dem Entschwefelungs-Vorherd ermöglicht wird.

IX. Das Gußeisen und das Gattieren.

Von

Ingenieur C. Irresberger.

Allgemeines.

Bis vor etwa drei Jahrzehnten beurteilte man das Gießereiroheisen allgemein nur nach seiner Herkunft, seinem Bruchaussehen — Farbe, Glanz, Gefüge — und dem Widerstande, den es der Zerkleinerung entgegensetzte. Bei diesem Verfahren war man vor den unangenehmsten Überraschungen niemals sicher, denn die äußerlichen Merkmale reichten schon damals nicht immer aus, um das Wesen, die Zusammensetzung eines Roheisens zu erkennen. Es ging aber immerhin an, solange an die Gußwaren nur die einfachsten Anforderungen gestellt wurden, solange die Gießereien nur mit wenigen bestimmten Roheisenmarken eines engeren Bezirkes zu rechnen hatten, und solange dieselben Hochöfen dieselben Erze verhütteten. Das alles hat sich gründlich geändert. An den Guß werden in bezug auf Abmessungen, Genauigkeit, schwierige Form, Festigkeit, Härte und mancherlei Sondereigenschaften Anforderungen gestellt, die man sich in der „guten alten Zeit" nicht hätte träumen lassen; anderseits bietet die Herkunft vieler Roheisenmarken jetzt nicht mehr die Gewähr für eine bestimmte Zusammensetzung des Roheisens [1]).

Die Schwierigkeiten wurden zu einem erheblichen Teile überwunden durch Heranziehung der analytischen Chemie in den Dienst der Gießereipraxis. Sie lehrte die chemische Gliederung des Roheisens erkennen, und mit ihrer Hilfe wurden die Einflüsse einzelner Bestandteile und verschiedener Zusammensetzungen auf die technischen Eigenschaften des Gußeisens und der daraus hergestellten Waren ermittelt. Sie lehrte auch den Einfluß verschiedener Schmelzverfahren auf die chemische Zusammensetzung erkennen und wies nach, daß in verschiedenartige Formen vergossenes Eisen von durchaus gleicher Beschaffenheit recht abweichende Eigenschaften annehmen kann. Sie vermochte aber nicht nachzuweisen, warum der Analyse nach gleiches Eisen so verschieden ausfallen konnte. Erst die auf Grund metallographischer Untersuchungen erlangte Erkenntnis vom Gefüge des Gußeisens brachte Aufklärung vieler bis dahin rätselhafter Erscheinungen. Es wurde sowohl die Abhängigkeit der technischen Eigenschaften eines Gußeisens von seinem Gefügebau, als auch die Abhängigkeit des Gefügebaues selbst von der chemischen Zusammensetzung und von den Abkühlungsverhältnissen vor, während und nach dem Gießen erkannt. Bildete die Beurteilung des Roh- und Gußeisens nach dem Bruchaussehen und nach seinem Verhalten während des Brechens die erste Stufe bei der Erzeugung von Gußeisen beabsichtigter Beschaffenheit und die Erkenntnis des Einflusses der verschiedenen Fremdkörper eine zweite Stufe, so darf die bewußte Beeinflussung des Gefügeaufbaues durch die Gattierung [2]) und die Regelung der Abkühlungsverhältnisse als dritte, wesentlich freieren Aus- und Überblick gewährende Stufe angesehen werden.

In Amerika begannen etwa um die Mitte der 90er Jahre des vergangenen Jahrhunderts chemische Laboratorien sich in den Gießereien einzubürgern. Bei uns ist

---

[1]) Vgl. auch S. 141.

[2]) Unter Gattieren versteht man das Zusammenstellen oder Mischen der für eine Schmelzung erforderlichen Eisensorten; die Mischungen selbst heißen Gattierungen.

man langsam gefolgt, die ersten Laboratorien wurden um die Wende des Jahrhunderts einzelnen Großgießereien angegliedert, und heute sind leistungsfähige Gießereien ohne Laboratorium schon zur seltenen Ausnahme geworden. Einzelne Gießereien beschränken sich darauf, den Siliziumgehalt des Roheisens festzustellen, größere Werke lassen aber ihr Eisen regelmäßig auch auf die Gehalte an Schwefel, Phosphor und Mangan untersuchen. In einzelnen Laboratorien werden die Prüfungen auf den Kohlenstoff und die seltener im Roheisen enthaltenen Elemente ausgedehnt. Die Kosten eines Laboratoriums machen sich durch Vermeidung von Ausschuß, Verbilligung der Gattierungen, Ersparnisse an Bearbeitungskosten und Werkzeugen und den Fortfall mannigfacher Verdrießlichkeiten vielfach bezahlt.

Heute kommt es kaum mehr vor, daß eine Gießerei beim Einkaufe von Roheisen keinen Wert auf dessen chemische Zusammensetzung legt, nur wird noch oft der Fehler gemacht, sich auf die Qualitätsangaben Nr. I und Nr. III, oder Nr. IV, V und VI zu viel zu verlassen. Im allgemeinen ist freilich Gießereieisen Nr. I siliziumreicher als Eisen Nr. III, nicht allzu selten ist aber das Gegenteil der Fall. Man soll das Eisen nur unter Gewährleistung bestimmter Grenzwerte seiner Zusammensetzung kaufen[1]). Eine Gießerei für Qualitätsguß darf sich nicht mit den vom Hochofenwerk innerhalb weiter Grenzen gehaltenen Unterscheidungen begnügen, sie muß das empfangene Eisen auf den genauen Durchschnittswert untersuchen und danach sortieren. Ebenso ist das von auswärts bezogene Brucheisen nach Möglichkeit zu prüfen und nach seinen Gehalten getrennt zu lagern[2]). Die Zusammensetzung des eigenen Brucheisens ist, sofern es nach Gattierungen getrennt gehalten wird, genau genug bekannt.

Metallurgische Grundlagen.

Kohlenstoff und Silizium sind von allen Fremdkörpern in größter Menge im Gußeisen vertreten. Sie stehen miteinander in Wechselbeziehung: je mehr Silizium ein Eisen enthält, desto weniger Kohlenstoff vermag es aufzunehmen und in desto größerem Umfange wird vorhandener Kohlenstoff als Graphit ausgeschieden[3]). Die Härte des Eisens nimmt mit seinem Gehalte an chemisch gebundenem Kohlenstoff zu und mit der Menge des ausgeschiedenen Graphites ab. Steigender Graphitgehalt beeinträchtigt insbesondere die Festigkeit, da die Graphitblättchen das Gefüge des Eisens unterbrechen.

Da das Silizium die Graphitausscheidung befördert, muß zur Erreichung gleicher Härte unter sonst gleichen Umständen davon um so mehr vorhanden sein, je geringer die Wandstärken werden. Nach Wüst[4]) sind für weichen, leicht zu bearbeitenden Maschinenguß folgende Werte erforderlich:

| Wandstärke mm . . . . | 10 | 20 | 30 | 40 | über 40 |
| Siliziumgehalt % . . . . | 2,3 | 2,1 | 1,9 | 1,7 | 1,5 |

Dünnere Wandstärken erfordern höheren Siliziumgehalt, weil die Graphitausscheidung in hohem Maße auch von der Geschwindigkeit der Abkühlung abhängt. Je rascher ein Gußeisen abkühlt, um so weniger wird unter sonst gleichen Umständen Graphit ausgeschieden, und um so mehr Silizium muß daher zur Erzielung guter Bearbeitbarkeit vorgesehen werden. Diesbezüglich besteht aber bei etwa 2,75% Siliziumgehalt ein Grenzwert, nach dessen Überschreitung das Eisen wieder härter und schließlich weiß wird. Die Wirkung verschiedener Siliziumgehalte auf die Graphitabscheidung in mangan-, phosphor-, schwefel- und kupferarmen Eisen zeigt Zahlentafel 26 auf S. 82.

Der Abbrand[5]) an Silizium während des Umschmelzens hängt noch mehr als von der Menge des Siliziums selbst von der Menge des vorhandenen Mangans ab. Bei einem Eisen mit 1,5—2,5% Silizium und 1—1,5% Mangan kann durchschnittlich eine Minderung des Siliziumgehaltes um etwa 8% in Rechnung gestellt werden. Der Verlust sinkt mit

[1]) Vgl. S. 141.   [2]) Vgl. S. 167 u. 210.   [3]) Vgl. S. 121.
[4]) Stahleisen 1897, S. 848.
[5]) Unter Abbrand ist verstanden der während des Schmelzvorganges durch Oxydation erfolgte Verlust an Eisen und seinen wesentlichen Begleitern; vgl. S. 121ff.

steigendem Mangangehalte und wächst bei größerer Siliziummenge. Die genauen für jeden Einzelfall zutreffenden Werte müssen auf Grund der fortlaufenden Betriebsanalysen festgestellt werden [1]).

In welchem Maße der Siliziumgehalt von Schmelzung zu Schmelzung abnimmt, falls er nicht durch entsprechende Zugaben immer wieder aufgebessert wird, zeigt die auf Grund Jüngstscher Analysen gemachte Zusammenstellung der Zahlentafel 76.

Zahlentafel 76.
Abbrand der verschiedenen Bestandteile des Gußeisens bei wiederholtem Umschmelzen.

Roheisen	Silizium %	Gesamt-kohlenstoff %	Graphit %	Mangan %	Phosphor %	Schwefel %
Vor dem Umschmelzen	2,30	3,10	2,35	2,00	0,29	0,04
Nach 1 maligem Umschmelzen	2,42	3,33	2,73	1,09	0,31	0,04
„ 2 „ „	2,28	3,32	2,75	0,80	0,32	0,05
„ 3 „ „	1,92	3,30	2,48	0,66	0,27	0,05
„ 4 „ „	1,38	3,34	2,54	0,44	0,30	0,09
„ 5 „ „	1,30	3,31	2,16	0,43	0,30	0,10
„ 6 „ „	1,16	3,34	2,08	0,36	0,28	0,20

Die Zunahme des Siliziumgehaltes nach der ersten Umschmelzung beruht auf dem starken Abbrande an Mangan. Die absolute Siliziummenge ist nicht größer geworden, nur der verhältnismäßige Anteil an diesem Elemente hat eine Steigerung erfahren. Die Werte der Zahlentafel 76 lehren, daß es nicht angeht, auf Grund irgend eines bestimmten Siliziumgehaltes eine Normalgattierung unter Verwendung eines stets gleichmäßigen Anteiles an Abfällen der vorhergehenden Schmelzung zu benutzen, da diese Abfälle dabei immer minderwertiger würden. Der Siliziumgehalt einer jeden Schmelzung ist durch Analyse zu ermitteln, auf Grund deren dann die neue Gattierung zusammenzustellen ist.

Der Kohlenstoffgehalt kann durch kohlenstoffarme Bestandteile etwas vermindert werden. Diese Minderung hält sich aber innerhalb enger Grenzen, da solche Zusätze, z. B. Stahl und Schmiedeisen, sich im Kuppelofen zu Graueisen umwandeln. Sehr kohlenstoffreiches Eisen kann einen Teil seines Kohlenstoffgehaltes verlieren.

Das Mengenverhältnis zwischen dem Kohlenstoff- und dem Siliziumgehalt ist in erster Linie bestimmend für den Gefügeaufbau und damit für die mechanischen und technischen Eigenschaften des Gußeisens. Die Abscheidung eines Teiles des Kohlenstoffes als Graphit und insbesondere die Form, in der der Graphit abgeschieden wird, hängt außerdem in hohem Maße vom Wärmeunterschied zwischen dem flüssigen Eisen und den Wänden der Form ab. Diesbezüglich schufen die Forschungen von Diefenthäler und von Sipp [2]) einige Klarheit und führten zur zuverlässigen Herstellung von Perlitguß, d. i. Gußeisen, dessen Gefüge ausschließlich aus Perlit und Graphit besteht. Da die Perlitbildung begünstigt wird, wenn die Gattierung möglichst geringen Anreiz zur Graphitbildung gibt, gelangten hier Gattierungen zur Verwendung, deren Siliziumgehalt weit unter den auf S. 185 für verschiedene Wandstärken angegebenen Siliziumgehalten liegen.

Mit steigendem Siliziumgehalte nimmt die Schwindung und die Lunkerbildung ab.

Das Silizium bildet im allgemeinen die Grundlage aller Gattierungen. Mit Ausnahme von Sonderguß, wie feuer- und säurebeständiger Guß, sowie Guß mit bestimmten magnetischen Eigenschaften für elektrotechnische Zwecke u. dgl. ist es nicht angezeigt, den Siliziumgehalt höher als 3% zu bemessen. Bei Siliziumgehalten bis zu 1% bleibt der Guß auch bei Wärmebeanspruchungen, wie sie in Explosionsmotoren üblich sind, unverändert; darüber hinaus tritt in steigendem Maße ein Übergang vom ursprünglich mehr perlitischen Gefüge zum Ferritgefüge ein.

---

[1]) Vgl. Wüst und Sulzer-Großmann, Stahleisen 1904, S. 28, 103.
[2]) Stahleisen 1920, S. 1141 und 1923, S. 553.

Mangan wirkt vielfach im entgegengesetzten Sinne wie Silizium. Es fördert die Anreicherung an Gesamtkohlenstoff, beeinträchtigt aber die Abscheidung von Graphit. Infolgedessen machen größere Manganmengen das Eisen härter. Bei Mengen unter 1% tritt eine geringe Erhöhung der Festigkeit ein. Mangan schützt das Silizium vor der Oxydation. Bei einem Gehalte von etwa $3,5\%$ Mangan kann sogar durch Reduktion aus der Schlacke eine Anreicherung an Silizium eintreten. Der Abbrand hängt von der Menge des vorhandenen Mangans ab und kann im allgemeinen auf Grund der folgenden Aufstellung in Rechnung gesetzt werden.

Mangangehalt des Roheisens	Abbrand
$0,2-0,5\%$	5%
$0,5-0,1\%$	10%
$1,0-1,5\%$	15%
$1,5-2,0\%$	25%
über $2,0\%$	bis 50%

Mit steigendem Mangangehalte wächst die Neigung zur Lunkerbildung und erreicht bei $1,21\%$ den Höchstwert. Der Einfluß verschiedener Mangangehalte auf die Schwindung ist ziemlich unregelmäßig und bedarf noch weiterer Klärung [1]. Mangan erhöht die Festigkeit, vorausgesetzt, daß der Phosphorgehalt in bescheidenen Grenzen bleibt. Bei Phosphorgehalten über $1,00\%$ soll der Mangangehalt $0,7\%$ nicht überschreiten, andernfalls geht die Festigkeit rasch zurück. Mangan wirkt den ungünstigen Einflüssen eines nennenswerten Schwefelgehaltes ausgleichend entgegen.

Schwefel ist fast immer ein unerwünschter Begleiter, er macht das Eisen dickflüssig und vergrößert die Schwindung. Eisen von gleicher Temperatur und gleicher sonstiger chemischer Zusammensetzung erstarrt um so rascher, je mehr Schwefel es enthält. In dieser Beziehung treten schon deutlich wahrnehmbare Unterschiede bei $0,07$ und $0,1\%$ Schwefel auf. Im übrigen ist ein Schwefelgehalt von $0,1-0,15\%$ ohne merkbaren Einfluß auf die technischen Eigenschaften des Gußeisens. Höhere Gehalte steigern die Härte und Sprödigkeit.

Die Wirkung des Schwefels hängt in hohem Maße vom gleichzeitigen Mangangehalte ab, ist aber unabhängig vom Siliziumgehalte. Schwefel fördert die Neigung des Gußeisens, weiß zu werden, da er der Graphitausscheidung sehr kräftig entgegenwirkt. Diese Neigung besteht aber nicht, solange der Schwefelgehalt unter $0,022\%$ bleibt. Unter sonst gleichen Umständen zeigen schwefelreichere Abgüsse größere Neigung zur Lunkerbildung und höheres Schwindmaß. Die Zug- und Bruchfestigkeit, Durchbiegung und Schlagfestigkeit manganarmer Schmelzen wird durch Schwefelgehalte bis zu $0,05\%$ kaum verändert. Dagegen verschlechtern sich die mechanischen Eigenschaften mit zunehmendem Schwefelgehalte. Wachsender Schwefelgehalt steigert fast immer die Härte der Abgüsse, gleichviel, wie sie im übrigen zusammengesetzt sein mögen. Der Schwefel kommt im Gefüge der Abgüsse in Form von Einschlüssen vor. Diese Einschlüsse haben bei manganarmen Schmelzen gerundete Formen, und bilden bei manganreicheren Schmelzen wohlausgebildete, geradlinig begrenzte Kristalle. Bei rein perlitischen Güssen sind Schwefelgehalte von $0,15-0,2\%$ unschädlich. Nach Untersuchungen von Siegle [2] soll Schwefel in bezug auf die physikalischen Eigenschaften des Gußeisens die höchsten Werte zeitigen, falls das Schwefel-Siliziumverhältnis $1:10$ beträgt. Diese Feststellung bedarf aber noch eingehenderer Untersuchung, weshalb es sich noch immer empfiehlt, auf möglichst niedrigen Schwefelgehalt hinzuarbeiten und, da das Eisen beim Schmelzen im Kuppelofen fast immer eine Schwefelanreicherung erfährt, auf einen möglichst niedrigen Schwefelgehalt im Roheisen großes Gewicht zu legen.

Phosphor begünstigt die Graphitbildung, macht das Eisen dünnflüssiger und bewirkt gutes Ausfüllen der Formen. In Mengen unter $0,5\%$ beeinflußt er die Festigkeit und Zähigkeit nicht ungünstig, darüber hinaus macht er den Guß härter und spröder. Phosphorreiche Abgüsse sind schroffem Wärmewechsel gegenüber empfindlich. Phosphor wirkt der Lunkerbildung recht beträchtlich entgegen und ist darum insbesondere bei

---

[1] Vgl. S. 326.
[2] „Carbon in Foundry Irons und Castings" Foundry-Trade-J. 1923, S. 12.

Abgüssen mit stark wechselnden Querschnitten von Vorteil. Wachsender Phosphorgehalt trägt aber auch dazu bei, den Graphit in stetig größer werdenden Lamellen oder Flocken abzuscheiden, wodurch die Schlagfestigkeit der Abgüsse verringert wird. Aus diesem Grunde wird man im allgemeinen nur bei kleineren Abgüssen mit stark wechselnden Querschnitten höhere Phosphorgehalte vorsehen. Den schädlichen Einflüssen des Phosphors wirkt ein höherer Siliziumgehalt entgegen. Mit einem Mischungsverhältnis Phosphor zu Silizium von 1,25 : 3,00 lassen sich auch bei hoch beanspruchten Abgüssen beste Erfolge erzielen. Beim Schmelzen im Kuppelofen nimmt der Phosphorgehalt nicht ab, man hat im Gegenteil mit einer geringen Zunahme entsprechend der Gewichtsverminderung durch den Abbrand an Eisen, Mangan und Silizium zu rechnen.

Arsen wirkt in wesentlich verstärktem Maße ähnlich wie Schwefel. Es kommt nicht allzu selten im Roheisen vor und verrät sich in größeren Mengen durch einen eigenartigen Geruch, der auf der Gichtbühne, mitunter auch am Eisenabstich bemerkbar wird.

Kupfer ist im allgemeinen schon in ganz geringen Mengen ein unerwünschter Begleiter des Eisens. Es geht mit dem Schwefel Verbindungen ein, die sich unregelmäßig ablagern und durch Störung des gleichmäßigen Gefüges die Festigkeit mindern. In Eisen mit $0,09\%$ und weniger Schwefelgehalt wirkt ein nachträglicher Zusatz von $0,5\%$ Kupfer nicht schädlich. Der Bruch bleibt unverändert und die metallographische Untersuchung läßt das Vorhandensein von Kupfer oder einer Kupferverbindung nicht erkennen [1]. Kupfer scheint der Graphitabscheidung günstig zu sein, bewirkt aber dennoch eine Zunahme der Brinellhärte.

Nickel legiert sich mit Eisen in allen Verhältnissen. Es bewirkt in Mengen von 1% beträchtliche Graphitausscheidung und eine Herabminderung des Gesamtkohlenstoffgehaltes [2]. Untersuchungen von O. Bauer, E. Piwowarsky und K. Ebbefeld haben bei etwa 1% Nickel die günstigsten Zahlen gezeigt [3]. Die Steigerung der Biegefestigkeit gegenüber dem ursprünglichen Eisen betrug annähernd 30% bei nahezu gleicher Durchbiegung und gleichbleibender spezifischer Schlagarbeit. Die Druckfestigkeit erreichte eine Verbesserung um 30%, die Zugfestigkeit wuchs um 25%, während die Härte nur um 18% zunahm. Metallographisch zeigten sämtliche Schmelzen das normale Gefüge eines guten grauen Gußeisens. Durch Zusatz von $4—5\%$ Nickel zu Kolbenring-Gattierungen wird eine nach dem Bearbeiten außerordentlich feine und gleichmäßige Oberfläche und eine Festigkeit bis zu 2400 kg/qcm erzielt [4].

Das Nickel wird erst in der Pfanne in Form von Elektrolytnickel, von Ferronickel mit $25—75\%$ Nickel oder von Nickelthermit dem Eisen zugesetzt.

Kobalt wirkt entgegengesetzt wie Nickel, es hemmt die Graphitausscheidung und wirkt in keiner Weise verbessernd auf die technischen Eigenschaften des Gußeisens.

Chrom galt früher als ein gefährlicher Fremdkörper im Gußeisen. Erst in jüngster Zeit wurden seine Vorzüge, insbesondere für siliziumärmere Gußeisensorten, z. B. für Zylindereisen erkannt [5]. Es erhöht die Löslichkeit des Kohlenstoffes und macht, ähnlich wie Phosphor, die Schmelze dünnflüssiger und länger flüssig bleibend. Es wirkt auf siliziumreiches gewöhnliches Graueisen ebenso wie auf siliziumärmeres Zylindereisen kornverfeinernd, festigkeitserhöhend und härtend. Die günstigsten Wirkungen dürften bei Gattierungen mit etwa $2,0\%$ Silizium bei einer Zusatzmenge von $0,2—0,3\%$ Chrom und bei Eisen mit $1,3—1,5\%$ Silizium bei etwa $0,75\%$ Chrom zu erreichen sein. Zylindereisen mit $0,75\%$ Chrom ist bereits meliert und nur noch schwierig bearbeitbar. Chromzusätze erfolgen nur in der Pfanne in Form von Ferrochrom mit hohem (65%) Chromgehalt. Da Gußeisen mit Chromzusätzen in den angeführten Mengen sich von außen bis zum Kerne sowohl im Gefügebilde, als auch in der Härte durch völlige Gleichmäßigkeit auszeichnet — diese über den ganzen Querschnitt gleiche Härte entspricht der Härte eines aus gleichem Eisen ohne Chromzusatz gegossenen Stückes in nächster Nähe des Außenrandes —

[1] Stahleisen 1924, S. 498.   [2] Stahleisen 1908, S. 1220.
[3] Stahleisen 1920, S. 1301 und 1923, S. 967.
[4] Foundry-Trade-J. 1922, S. 505.
[5] O. Smalley: Effect of Spec. Elements on Cast Iron. Foundry-Trade-J. 1923, I. S. 5.

eignet es sich insbesondere für Hartwalzen, Zahnräder und ähnliche Teile, bei denen größte Widerstandsfähigkeit gegen reibende Beanspruchung von lebenswichtiger Bedeutung ist.

Titanzusätze vermögen das Gußeisen ganz wesentlich zu verbessern. Sie wirken auf die Graphitbildung im selben Sinne wie Silizium, jedoch in wesentlich verstärktem Maße, so zwar, daß unabhängig vom Siliziumgehalte der Höhepunkt der Graphitbildung bereits bei $0,1\%$ Gesamt-Titangehalt überschritten ist. Höhere Titanzusätze bis zu $0,58\%$ bewirken eine Steigerung der Biegefestigkeit bis zu 50%. Steigender Titanzusatz verfeinert das Korn und ist von günstigem Einfluß auf die mechanischen Eigenschaften des Gußeisens. Mit zunehmendem Titangehalt nimmt die Säurelöslichkeit ab bei gleichzeitig anwachsender Widerstandsfähigkeit gegen atmosphärische Einflüsse. Der Einfluß des Titans dürfte vor allem auf seiner reinigenden Wirkung beruhen. Das dem Eisenbade zugesetzte Titan erleidet einen Abbrand bis zu 70%. Infolge des hohen Schmelzpunktes reinen Titans (1800^0) empfiehlt es sich, nicht zu hochprozentige und daher hochschmelzende Titan-Ferrolegierungen zu verwenden, auch ist es besser hochgekohltes Ferrotitan statt aluminothermisch hergestellter Zusatzlegierungen zu benützen, da die letzteren größere Neigung zu verschlacken haben. Der Titanzusatz soll möglichst unmittelbar vor dem Gießen erfolgen. Ein je größerer Zeitraum zwischen dem Zusetzen und dem Gießen verstreicht, um so mehr Titan geht verloren [1].

Molybdänzusätze wirken kornverfeinernd, sie begünstigen die Graphitausscheidung und wirken auf eine Verfeinerung der Graphitteilchen hin. Molybdän drückt auch den Schwefelgehalt recht erheblich herunter. Der Guß wird fester und zäher. Zusatzmengen bis zu $0,5\%$ beeinflussen die Bearbeitbarkeit der Abgüsse nicht, größere Zusätze machen rasch zunehmend die Bearbeitung schwieriger. Besonders wertvoll erwiesen sich Molybdänzusätze für Abgüsse, die grob reibender Beanspruchung unterworfen sind, wie Steinbrecherbacken, Mahlplatten, Läuferringe und andere Teile mehr. Auch für Zylinder- und Pumpenfutter haben sich Molybdänzusätze bewährt [2].

Vanadium soll bei Zusätzen von $0,01\%$ die Festigkeit um $10-20\%$ erhöhen, das Korn verfeinern und eine gleichmäßigere Verteilung des Graphits bewirken. Bei Hartguß wird die Härtungsschicht dicker und zäher und bleibt bearbeitungsfähig. Titan und Vanadium werden dem Eisen in feingepulvertem Zustande zugesetzt. In Amerika findet eine Zusatzlegierung aus $30-35\%$ Vanadium, $10-15\%$ Silizium, $5-10\%$ Mangan und $2-5\%$ Aluminium, die sich im Eisenbade leicht löst, Verwendung [3].

Schmiedeisen- und Stahlzusätze dienen zur Verringerung des Gehaltes an allen Fremdkörpern im Gußeisen. Solche Zusätze nehmen in der Kohlenoxydatmosphäre des Kuppelofens in Berührung mit dem Koks Kohlenstoff auf, und zwar um so mehr, je höher die Wärme ansteigt. Da der Schmelzpunkt des Eisens mit wachsendem Kohlenstoffgehalt fällt, gerät der Stahl bzw. das Schmiedeisen durch diesen Vorgang in einen Zustand, in dem er bei den vorhandenen Temperaturen leicht verflüssigt werden kann. Da seine durchschnittliche Temperatur in der Schmelzzone $1350-1400^0$ beträgt, bedarf das Eisen zu seiner erfolgreichen Verflüssigung eines Kohlenstoffgehaltes von $3-4\%$.

Insbesondere in amerikanischen Gießereien arbeitet man sehr viel mit Stahlzusätzen. Nach Moldenke [4] wird regelmäßig mit 5% Stahlzusatz gesetzt. Es gibt dort Werke, die bis auf 40% gehen. Ohne besondere Vorkehrungen würde der Guß freilich voller Blasen und schwammig werden. Setzt man aber 4% Mangan (von dem 3% wieder verschwinden) in Form von Ferromangan zu, so ergeben sich ganz ausgezeichnete Gußstücke. Dieses Verfahren findet besonders bei Güssen für elektrische Zwecke Anwendung. Auch schwere hydraulische Preßzylinder mit $100-150$ mm Wandstärke fallen mit 40% Schmiedeisenzusatz sehr gut aus. Die sonst immer Schwierigkeiten verursachenden Späne drehten sich wie Schmiedeisen, und die Abgüsse hielten noch bei 500 at dicht [5].

---

[1] Vgl. S. 156.
[2] O. Smalley: Effect of Spez. Elements on Cast Iron. Foundry-Trade J. 1923, I. S. 3/5.
[3] Iron Age 1911, 8. Juni, S. 1398 u. f.
[4] Stahleisen 1910, S. 718.
[5] Nach O. Leyde: Stahleisen 1910, S. 718.

Beim Zusatze von Stahl- und noch mehr von Schmiedeisen muß möglichst heiß gegossen und das Eisen in der Pfanne sehr gründlich verrührt werden, da die einzelnen Abstiche ziemlich ungleich ausfallen. Adämmer stellte in ein und derselben Schmelzung folgende Abweichungen fest: C 3,28 bis 3,45%, Si 0,59 bis 0,52%, Mn 0,55 bis 0,82%, P 0,19 bis 0,23%, S 0,129 bis 0,052% [1]).

Einteilung der Graugußarten.

Noch vor etwa zwei Jahrzehnten pflegte man die verschiedenen Erzeugnisse der Graugießerei nur ganz grob auf Grund ihres Verwendungszweckes in einige wenige Gruppen einzuteilen. Ledebur erwähnt in seinem 1901 in letzter Auflage erschienenen Handbuche der Eisen- und Stahlgießerei nur drei Gruppen: Gewöhnlicher Maschinen- und Bauguß, Röhrenguß und Hartguß. Er deutet aber bereits auf Grund von Arbeiten

Zahlentafel 77.

Vorschlag von O. Leyde für Einteilung des Gußeisens auf Grund der Härte und der Wandstärke bzw. des Siliziumgehaltes.

Härtestufe [2])	Wandstärke mm	Siliziumgehalt %		
		erstrebt	Verlust etwa	Einsatz
Extra weich	unter 5	3,00	0,45	3,45
Sehr weich	5—10	2,55	0,35	2,90
Weich	10—15	2,35	0,30	2,65
Mäßig weich	15—25	2,20	0,25	2,45
Mittel weich	25—40	1,93	0,17	2,10
Mäßig hart	40—60	1,76	0,12	1,88
Hart	60—90	1,55	0,09	1,67
Sehr hart	90—140	1,33	0,06	1,39
Extra hart	140—200	1,14	0,05	1,19
Spezial	über 200	1,02	0,04	1,06

Zahlentafel 78.

Vorschlag von R. Fichtner zur Einteilung des Gußeisens nach der chemischen Zusammensetzung.

Art der Gattierung	Ungefähre Gehalte im Abgusse					Gußwaren
	Si %	Ges.-C im Mittel %	Mn %	P %	S %	
Weichguß	2,2—2,8	3,5	0,5	1—1,5	gering	Naßguß mit sehr geringen Wandstärken
Bauguß	etwa 1,8	3,5	0,6	1—1,4	„	Säulen, Unterlagsplatten, Abdeckungen
Maschineneisen I . .	„ 1,8	3,5	0,6	bis 1,0	„	Lager, Schneckenkasten, Deckel usw.
Druckeisen	„ 1,4	3,0—3,5	0,8	bis 0,5	„	hoch beanspruchter Guß, Ventile, Kolben, Zylinderdeckel.
Maschineneisen II . .	1,2—1,6	3,5	0,7	0,8—1,0	„	Schwerer Guß wie Betten, Rahmen, Schwungräder, Walzenständer.
Grundplatteneisen . .	1,7—2,1	3,5	0,6	bis 0,5	„	Gußstücke von großer Ausdehnung und geringer Wandstärke, Dampfturbinengrundplatten.
Zylindereisen	etwa 1,0	2,8—3,2	etwa 1,0	0,3—0,5	„	Dampfzylinder u. a. T.

---

[1]) Stahleisen 1918, S. 500.
[2]) An Stelle der sehr unbestimmten Härtebezeichnungen oder in Verbindung mit ihnen würde die Angabe der entsprechenden Brinellhärtezahlen gute Dienste tun.

Zahlentafel 79.
Zusammenstellung der wichtigsten Graugußarten nach dem Normenblattentwurfe Nr. 1501 des N.D.I vom 3. Dezember 1920 [1]).

Klasse	Verwendungsbeispiele	Annähernde Zusammensetzung				
		Gesamt-Kohlenstoff %	Silizium %	Mangan %	Phosphor %	Schwefel %
1. Kunstguß	Gegenstände von künstlerischer Form, z. B. Bildwerke, Büsten, Statuen, Schalen, Vasen usw.	3,5—4,2	2,0—2,5	0,6—0,9	0,6—1,2	bis 0,1
2. Feinguß	Zierguß für Säulen, Türen, Möbel, Kästchen, Bilderrahmen, Beleuchtungskörper und ähnliche einfache kunstgewerbliche Gegenstände					
3. Bauguß	a) Säulen b) Bauplatten, Fenster usw. als Kastenguß c) Bauplatten, Fenster usw. als Herdguß d) Abflußrohre und Formstücke e) Kanalisationsteile: α) für Hausentwässerung, β) für Straßenentwässerung f) Gewichte, Poller, Unterlegplatten, Zwischenstücke für Eisen- und Straßenbahnen usw.	3,2—3,8 Je nach Wandstärke und Flächenausdehnung	1,5—2,8	0,6—1,0	0,6—1,0	bis 0,12
4. Guß für Herde und Oefen	Herde, Oefen, Geschirr, Sanitätsguß: a) roh, b) emailliert, inoxydiert oder sonstwie verfeinert	3,2—3,8	2,2—3,0	0,5—0,7	1,0—1,5	bis 0,08
5. Guß für Heizkörper (Radiatoren)	a) Heizkessel und Rippenrohre b) Feuerungsteile, gewöhnliche Roststäbe, hohle Bügeleisen, Gas- und Spirituskocher	3,2—3,8 3,2—3,8	2,0—2,2 2,0—2,2	0,5—0,7 0,5—0,7	0,6—1,0 0,6—1,2	bis 0,06 bis 0,10
6. Guß für Piano- und Flügelplatten	Platten für Klaviere, Flügel und Pianinos	etwa 3,8	2,0—3,0	etwa 0,8	0,1—0,2	bis 0,06
7. Guß für Muffen- und Flanschenrohre	a) Röhren in Normallängen von 40—1500 l.W. b) Röhren in anormalen Abmessungen, c) zugehörige Formstücke	3,2—3,8	1,5—2,5	0,5—1,5	0,5—1,5	bis 0,10
8. Maschinenguß ohne besondere Vorschriften	a) Für den allgemeinen Maschinenbau einschließlich Schiffsbau, b) Werkzeugmaschinen, c) Maschinen der Textilindustrie, d) für die elektrotechnische Industrie, e) Apparate für Gasindustrie, f) landwirtschaftliche Maschinen, g) hauswirtschaftliche Maschinen, k) Schreib- und Rechenmaschinen, Registrierkassen,	3,—3,8 Je nach Wandstärke und Flächenausdehnung	1,5—2,5	0,3—1,5	0,5—1,0	0,12
9. Maschinenguß nach besonderer Vorschrift	a) Guß für allgemeinen Maschinenbau, Schiffsbau usw. nach vorgeschriebener Festigkeit oder Zusammensetzung (Analyse) b) Guß für Dampf-, Gas- und Wasser-Armaturen.	Je nach Vorschrift und Abnahmebedingungen				

[1]) Nur der mit starken Linien eingefaßte Teil entspricht dem Normenblattentwurfe 1501.

Klasse		Verwendungsbeispiele	Annähernde Zusammensetzung				
			Gesamt-kohlen-stoff $\%$	Silizium $\%$	Mangan $\%$	Phosphor $\%$	Schwefel $\%$
10.	Zylinderguß	a) Dampf-, Gas- und Wasser-zylinder, b) Zylinder für Kraftfahrzeuge, Schiffs- und Flugmotoren	3,2—3,8	1,0—1,8	0,6—0,8	bis 0,5	bis 0,08
11.	Hartguß	a) Vollhartguß: Straßenwal-zenringe, Laufräder für Dampfpflüge, hydraulische Kolben, gezahnte Walzen für Koks- und Kohlen-brecher, b) Schalenhartguß mit gehär-teter Oberfläche: Koller-gangsringe und Platten, Kugelmühlenplatten, Stein-brecherplatten, Eisenbahn-(Griffin-)räder, Stempel, Ziehringe u. ä. T.	3,0—3,6	0,85 bis 1,10	bis zu 2,0	0,05—0,9	möglichst gering
12. u. 13.	Walzenguß	a) Hartgußwalzen für Walzen-straßen, b) Halbharte Walzen für Wal-zenstraßen, c) Lehmgußwalzen für Wal-zenstraßen, d) Druckerei-, Müllerei-, Pa-pier-, Textilmaschinen-, Zuckermühlen- und sonstige Walzen					
14.	Guß für Ge-schoßkörper	Hand- und Geschützgranaten	3,10 bis 3,40	1,05 bis 2,25	0,50 bis 1,50	möglichst niedrig	bis 0,05
15.	Säure- und al-kalibeständiger Guß	Rohre, Schalen, Töpfe, Hähne, Kessel, Pumpenteile für die che-mische Industrie	2,8—3,5	0,5—1,2	0,4—1,8	0,1—0,5	0,05 bis 0,10
16.	Feuerbestän-diger Guß	a) ohne besondere Festigkeit, wie Roststäbe, Feuerungs-zubehörteile aller Art, b) für besondere Beanspruch-ungen, z. B. Retorten, Glüh-töpfe, Schmelzkessel für leicht schmelzbare Metalle	3,5—4,0 3,5—4,5	1,0—2,0 1,5—2,8	0,5—0,8 0,5—1,2	0,30 0,20	höchst 0,08 höchst 0,06
17.	Blockformen-guß	Blockformen (Kokillen) für Stahl-guß; dann Formen für Grauguß und für die Glasindustrie	3,3—4,4	1,6—3,0	0,6—1,2	0,06 bis 0,18	höchst 0,05
18.	Tübbingsguß	Schachtringe (Tübbings)	3,0—3,5	1,5—2,0	0,80	0,40	höchst 0,08
19.	Guß für Brems-klötze	Bremsklötze und sonstige durch gleitende Reibung beanspruchte Teile	3,0—3,3	1,0—1,2	etwa 1,0	0,80	über 0,15
20.	Guß für Ambosse	Ambosse, Schabotten, große Pol-ler, schwerste glatte Unterleg-platten	2,8—3,2	0,8—1,2	0,6—1,0	bis 0,50	bis 0,08
	Schleuderguß	Kolbenringe, Druckrohre, Rohr-nippel, Schwungscheiben.	etwa 3,9	1,8—2,5	0,40 bis 1,20	0,80—1,2	unter 0,14
	Perlitguß	Zylinder, Kolben, Kolbenringe, Gleitbahnen, Getrieberäder, alle Teile, die gleitender Reibung unterworfen sind	3,0—3,2	bis 1,5	etwa 0,80	bis 0,5	bis 0,20
	Schalen-weichguß	Abfluß- und Druckrohrform-stücke, Geschosse, Roststäbe, Werkzeugmaschinenteile, Werk-zeuge, einfache Massenware aller Art	3,5—4,2	2,0—2,8	0,5—1,0	bis 1,2	bis 0,24

Wüsts über die Beziehungen zwischen Wandstärke und Siliziumgehalt eine Gliederung der Waren nach dem in jedem Falle erforderlichen Siliziumgehalte an. Im Jahre 1904 regte dann Leyde an [1]), den Siliziumgehalt als allein ausschlagend für die Einteilung des Gußeisens zu erklären nnd dementsprechend die Einteilung nach Zahlentafel 77 zu treffen.

Auf Grund eigener Erfahrung schlug im Jahre 1916 R. Fichtner eine schon brauchbarere Einteilung nach der chemischen Zusammensetzung in die 7 Klassen: Weichguß, Bauguß, Maschinenguß I, Druckeisen, Maschinenguß II, Grundplatteneisen und Zylindereisen nach Zahlentafel 78 vor [2]).

Ende 1919 beschloß der Unterausschuß für die Benennung von Gießereierzeugnissen des Normenausschusses der deutschen Industrie in Berlin, an alle beteiligten Verbände in Form eines Fragebogens Grundlagen für eine möglichst weitgehend alle Bedürfnisse berücksichtigende Einteilung zu übermitteln. Diese Grundlagen sahen eine Einteilung in 13 Gußklassen vor, die im nächsten Jahre zur Festsetzung des Normenblattes „Gußeisen" mit 19 Unterabteilungen führte. Dieses Normenblatt bedeutet noch keine endgültige Regelung, es soll aber den verschiedenen Verbänden und den einzelnen Gießereien Anregung zu zweckmäßigeren Vorschlägen und zur Einfügung weiterer Gußarten an richtiger Stelle geben. Zahlentafel 79 gibt diese Zusammenstellung nach dem Entwurfe Nr. 1501 wieder. Die angegebenen Zahlen der chemischen Gehalte sind nur annähernde Grenz- bzw. Durchschnittswerte. Eine bemerkenswert einfache nach 9 Gußwarenarten mit 27 den verschiedenen Wandstärken entsprechenden Unterabteilungen gegliederte Gußklasseneinteilung veröffentlichte Karl Lehmann [3]).

Beschaffenheit und Zusammensetzung der einzelnen Graugußarten.

Bau- und Maschinenguß für normale Beanspruchung.

Hier kommt es in erster Linie auf Billigkeit der Gattierung an. Solcher Guß, an den keine sonderlichen Festigkeits-, Dichtigkeits- und sonstige Ansprüche gestellt werden und der keine nennenswerte Bearbeitung erfährt, erhält folgende Zusammensetzung im gattierten Eisen.

Silizium	$1,50-2,50\%$
Mangan	$0,50-1,50\%$
Phosphor	$0,50-1,50\%$
Schwefel	unter $0,10\%$

Es kommt fast nur darauf an, daß der Siliziumgehalt hoch genug ist, um Sprödigkeit und Spannungen infolge zu harten Gusses zu vermeiden. Man wird ihn daher im Einzelfalle nach den geringsten herzustellenden Wandstärken nach folgenden Werten bemessen:

Wandstärke	bis 10 mm	20 mm	40 mm	70 mm	100 mm
Siliziumgehalt	$2,3\%$	$2,0\%$	$1,8\%$	$1,5\%$	$1,2\%$

Baugußteile für besondere Beanspruchung.

In diese Gußwarenklasse fallen hauptsächlich Säulen und Fenster. Beide Gußarten erfordern ein sorgfältiger zusammengesetztes Eisen. Beim Säulenguß ist neben richtiger Bemessung des Siliziumgehaltes, die entsprechend den oben angegebenen Zahlen für gewöhnlichen Bauguß zu bewirken ist, niedriger Mangangehalt zur Hintanhaltung von Schwindungsspannungen und mittlerer Phosphorgehalt wichtig, einerseits um das Eisen, das beim Gusse verhältnismäßig lange Wege zu durchlaufen hat, dünnflüssig genug zu machen, und anderseits um nicht durch zu hohen Phosphorgehalt die Schlagfestigkeit in unzulässiger Weise zu vermindern. Aus letzterer Erwägung empfiehlt es sich zugleich, den Schwefelgehalt möglichst niedrig zu halten. Man behält darum folgende Zusammensetzung des Eisens im Auge:

---

[1]) Stahleisen, 1904, S. 879.   [2]) Stahleisen 1916, S. 314.
[3]) Z. f. Gieß.-Praxis (Eisen-Zg.) 1921, S. 669 u. 684.

Silizium . . . . 1,0 — 3,00%
Mangan . . . . 0,5 — 1,00%
Phosphor . . . . unter 0,50%
Schwefel . . . . unter 0,09%
Gesamtkohlenstoff . . . . 3,60 — 2,25%

In erster Linie kommt es auf das Verhältnis des Gehaltes an Gesamtkohlenstoff zu dem an Silizium an. Da das Silizium die Ausscheidung des Kohlenstoffs als Graphit befördert, ein höherer Graphitgehalt aber die Festigkeit mindert, entspricht der oberen Ziffer des Siliziums die untere des Kohlenstoffs. Bei gegebenem Siliziumgehalt erhält man die entsprechende Menge Gesamtkohlenstoff nach der Erfahrungsformel $C = 4,2 - \dfrac{Si}{1,5}$, wobei man mit dem Silizium innerhalb der Grenzen der Wüstschen Zahlen bleibt.

Die Grenzwerte des Gesamtkohlenstoffs zu überschreiten, ist nicht ratsam, ein höherer Gehalt macht den Guß weicher und weniger fest, ein niedrigerer aber spröder.

Das Eisen für Fenster, gleichviel ob es sich um Herd- oder um Kastenguß handelt, bedarf, damit die schwachen Querschnitte gut auslaufen, eines höheren Phosphorgehaltes, während der Mangangehalt derselbe bleiben kann. Ein niedriger Schwefelgehalt ist hier noch wichtiger als beim Säulenguß, da die Fenster, ehe sie an der Verwendungsstelle fest eingebaut sind, im Verhältnis zu ihren Wandstärken recht groben Stoßbeanspruchungen ausgesetzt sind. Die Eisenzusammensetzung ist demnach je nach den Wandstärken:

Wandstärke . . bis zu	10 mm	20 mm	30 mm	40 mm
Silizium	2,6%	2,4%	2,2%	2,0%
Mangan	0,7%	0,7%	0,7%	0,7%
Phosphor	1,0%	1,0%	1,0%	1,0%
Schwefel . . . unter	0,08%	unter 0,08%	unter 0,08%	unter 0,08%

Für Röhren, die einem höheren Druck unterworfen sind, geht man mit dem Phosphor- und Mangangehalt auf je 0,50 — 0,75% herunter und bemißt den Siliziumgehalt nach der unteren Grenze des der entsprechenden Wandstärke (S. 185) zu entnehmenden Wertes.

Für Geschirr- (Poterie), Ofen- und Herdguß muß der erforderlichen Dünnflüssigkeit halber die höhere Grenze des Phosphorgehaltes eingehalten werden, ebenso die des Siliziums, während der Mangangehalt besser an die untere Grenze sinkt. Gleichzeitig ist möglichst schwefelfreies Eisen zu wählen. Gewöhnlicher Bau-, Handels- und Röhrenguß verträgt ohne Gefahr ziemlich weitgehende Gattierungsunterschiede, weshalb in ausgedehntestem Maße Brucheisen (Gußschrott) verwendet werden kann.

Maschinenguß für höhere Beanspruchung.

Fast aller Maschinenguß soll neben ausreichender Festigkeit gute Bearbeitungsfähigkeit und dichtes Korn der bearbeiteten Flächen aufweisen, dabei möglichst wenig spröde sein. Viele Teile bedürfen außerdem besonderer Widerstandsfähigkeit gegen gleitende oder rollende Reibung, und manche müssen zugleich die höchst erreichbare Festigkeit haben. Diesen verschiedenen Beanspruchungen folgend, sind in der Hauptsache nachstehende Gattierungen zu unterscheiden:

a) Weiches Eisen für dünnwandige oder sperrige Maschinenteile, Riemenscheiben, Nähmaschinen und Webstuhlteile, landwirtschaftliche Maschinen und ähnliche Stücke.

Zusammensetzung: Silizium . . . . 2,25 — 3,00%
Mangan . . . . 0,80 — 1,25%
Phosphor . . . . 0,50 — 1,00%
Schwefel . . . . unter 0,07%
Gesamtkohlenstoff . . . über 3,60%
Graphit . . . . . . über 3,25%

Die Bestimmung des Siliziumgehaltes allein nach der Wandstärke geht bei Gußstücken dieser Art infolge ihrer mannigfaltigen Formen meist nicht an. Der Kranz einer Riemenscheibe z. B. kann 8 — 10 mm stark sein, während die Arme 20 mm und die Nabe eine noch größere Wandstärke aufweisen. Da der Kranz bearbeitet wird, ist auf ihn in erster Linie Rücksicht zu nehmen. Für stärkere Stücke wird man sich an die untere, für schwächere an die obere Grenze des Phosphorgehaltes halten, denn ein Eisen dieser Art fällt um so weicher aus, je mehr die Menge des Phosphors sich $1^0/_0$ nähert. Auch der Schwefel beeinflußt die Härte und in der Folge die Bearbeitfähigkeit des Gusses, der um so weicher wird, je weniger Schwefel er enthält. Der Gesamtkohlenstoffgehalt muß mindestens $3,6^0/_0$ betragen, um bei mindestens $90^0/_0$ Graphitausscheidung dem dünnwandigen Gusse die nötige Weichheit zu sichern. Eine geringere Graphitausscheidung ist nicht erwünscht, da das dann höher gekohlte Eisen zu Härtung neigen würde. Der Mangangehalt darf nicht unter $0,8^0/_0$ bemessen werden, ein geringerer Satz vermag das Silizium nicht vor beträchtlichem Abbrand zu schützen, ebensowenig darf das Mangan die Grenze von $1,25^0/_0$ nennenswert übersteigen, da es sonst durch Beschränkung der Graphitbildung härtend wirken würde.

b) Mittelhartes Eisen für größere Gußstücke mit verhältnismäßig kräftigen Querschnitten, Zahnräder, mittlerer und großer Dampf- und Wasserarmaturenguß, kleine Motorzylinder, Gewichte und dergleichen Stücke:

Zusammensetzung:

Silizium	$1,50-2,25^0/_0$
Mangan	$0,30-0,80^0/_0$
Phosphor	$0,50-0,80^0/_0$
Schwefel	unter $0,08^0/_0$
Gesamtkohlenstoff	$3,00-4,00^0/_0$
Graphit	$2,25-3,25^0/_0$

Der Graphitgehalt soll $80-90^0/_0$ des Gesamtkohlenstoffgehaltes betragen. Stücke, die der Schwindung geringen Widerstand entgegensetzen, erfordern den niedrigeren Mangangehalt; der höhere Phosphorgehalt wird bei dünnwandigen Gußstücken gewählt, um zuverlässiges Auslaufen der wenig dünnflüssigen Gattierung zu befördern. Ein Schwefelgehalt von $0,08^0/_0$ soll des starken Schwindens wegen nicht überschritten werden.

c) Hartes Eisen für hydraulische Preßzylinder und Kolben, Hochdruckventile, aus dem vollen geschnittene Zahnräder, Kompressoren, große Gußstücke mit sehr starken Wänden und ähnliche Teile:

Zusammensetzung:

Silizium	$1,00-1,60^0/_0$
Mangan	$0,30-0,60^0/_0$
Phosphor	$0,30-0,70^0/_0$
Schwefel	unter $0,09^0/_0$
Gesamtkohlenstoff	unter $3,80^0/_0$
Graphit	unter $2,25^0/_0$ [1]

Die unterste Siliziumstufe wird nur bei größten Wandstärken und Gußstücken von verhältnismäßig geringer Flächenausdehnung gewählt. Zugleich muß sich der Mangangehalt der oberen Grenze nähern, um das Abbrennen des Siliziums möglichst zu beschränken. Ein höherer Mangangehalt ist zu vermeiden, er würde nur die Neigung zum Nachsaugen fördern. Dagegen ist ein Schwefelgehalt bis zu $0,09^0/_0$ bei einem sich der Höchstgrenze nähernden Mangangehalt nützlich, er fördert die Verschlackung des Mangans als Schwefelmangan. Man darf sich aber nicht verleiten lassen, wegen eines etwas höheren Schwefelgehaltes die Menge des Mangans beträchtlich über die obere Grenze zu erhöhen, denn es handelt sich immer nur um hundertstel Prozente Schwefel, die zehntel Prozenten Mangan gegenüberstehen. Schwefel über $0,09^0/_0$ ist gefährlich, er erzeugt Hohlräume im Innern des Gusses, macht ihn brüchig und spröde und führt zur Blasenbildung und zu schwammig-porösen Stellen in großem Umfange. Wenn man gezwungen ist, schwefelreiches Roheisen zu verarbeiten, muß man durch Zusätze an die obere Grenze des Phosphorgehaltes gehen, um das Eisen in der Pfanne länger flüssig zu erhalten und den Gasen mehr Zeit zum Entweichen lassen zu können. Der Graphitgehalt beträgt je nach der Stärke des Gußstückes $50-75^0/_0$ der Gesamtkohlenstoffmenge. Infolge des langsameren Erstarrens und Abkühlens bewirkt steigende Wandstärke vermehrte Graphitausscheidung, daher muß für schwächere Wandungen auf mehr, für stärkere auf weniger Gesamtkohlenstoff gesehen werden. Ein bewährtes Mittel zur Minderung des Gesamtkohlenstoffgehaltes bilden Stahlzusätze, mit denen man bis zu $40^0/_0$ gehen

---

[1] W. J. Keep empfiehlt für hydraulische Zylinder: $1^0/_0$ Silizium, $0,5^0/_0$ Phosphor, $0,07^0/_0$ Schwefel und $0,7^0/_0$ Mangan (Foundry 1908, Dezemberheft S. 177).

13*

kann. Stahl ist seiner leichteren Schmelzbarkeit halber dem Schmiedeisen vorzuziehen; ungeeignet sind Zusätze von Temperguß und -stahl, die in den Abgüssen harte Stellen und Blasen bewirken.

d) **Eisen für kleinere Reibungsteile, Bremsschuhe, Reibungsklötze und ähnliche Stücke, die nicht auf Schalen gegossen werden sollen:**

Zusammensetzung: Silizium . . . . 2,00—2,50%
                Mangan . . . . unter 0,70%
                Phosphor . . . . unter 0,70%
                Schwefel . . . . unter 0,15% [1]

Hoher Schwefelgehalt wirkt dem graphitausscheidenden Bestreben des großen Siliziumgehaltes entgegen und führt zu einem ziemlich festen, besonders für Reibung sehr widerstandsfähigen Eisen, das aber stark schwindet und darum nur für gedrungene Stücke, die der Schwindung nach keiner Richtung Widerstand entgegensetzen, geeignet ist. Für solche Teile kommt in jüngster Zeit der Perlitguß immer mehr in Geltung (s. S. 208).

e) **Eisen für größere und größte Dampf- und Gasmotorenzylinder:**

Zusammensetzung: Silizium . . . . 0,90—1,60%
                Mangan . . . . 0,60—1,00%
                Phosphor . . . . . . 0,20—0,50%
                Schwefel . . . . . . unter 0,075%
                Gesamtkohlenstoff . . . 2,90—3,60%

Der früher auch in Deutschland herrschende Brauch, Gattierungen aus englischen Eisensorten, die neben einem Phophorgehalte bis zu 1,5% bis zu 0,13% Schwefel enthalten, zu verwenden, dürfte jetzt zum größten Teile verlassen worden sein zugunsten des Bestrebens, ziemlich hochgekohltes Eisen mit möglichst wenig Fremdkörpern zu benutzen. Die höhere Kohlung vermehrt die Festigkeit, auf die es hier vor allem ankommt, und der Siliziumgehalt wird soweit beschränkt, daß eben noch genügend Korn zur Bearbeitung der Stücke gebildet wird. Diesen Erwägungen entspricht die oben angegebene Zusammensetzung. Die Höchstgrenze des Siliziumgehaltes wird nur bei verhältnismäßig dünnwandigen Zylindern gewählt, denn man hat in jedem Falle auf möglichst wenig Silizium zu sehen, um die Graphitausscheidung auf das unbedingt erforderliche Mindestmaß zu beschränken. Ein ziemlich hoher Mangangehalt ist zur Zurückdämmung des Schwefels unentbehrlich, er beeinträchtigt bis zu etwa 1% nicht die Festigkeit des Eisens, wird aber darüber hinaus gefährlich. Ein geringer Phosphorgehalt ist für die Dünnflüssigkeit unentbehrlich, das Eisen füllt sonst die Kanten nicht mehr tadellos aus und erstarrt in dünneren Wandstärken so rasch, daß Gußspannungen gefährlich werden. Die Festigkeit wird bei einem der oberen Grenze des Sonderfalles genäherten Siliziumgehalte und nicht allzu hohem Gesamtkohlenstoff- und Mangangehalt nicht beeinträchtigt, vielfach ist man sogar überzeugt, daß ein Phosphorgehalt bis zu 0,5% die Festigkeit keines Graueisens beeinträchtige. Besonderes Gewicht ist auf einen möglichst niedrigen Schwefelgehalt zu legen. Nach diesen Grundsätzen zusammengestellte Gattierungen führen billiger und bei entsprechender Sachkunde auch zuverlässiger zum Ziele als die oben erwähnten Mischungen phosphor- und schwefelreicher fremder Eisensorten. Zahlentafel 80 [2] zeigt Zusammensetzung und Festigkeitswerte des Eisens für große Gas- und Dampfzylinder, Rahmen, Gestelle und gewöhnlichen Maschinenguß einer ersten deutschen Maschinenfabrik.

f) **Lokomotivzylinder** werden mit niedrigem Ges.-Kohlenstoffgehalt, einem Siliziumgehalte von 1,3—1,5%, etwa 0,5% Phosphor und mittlerem Mangangehalt hergestellt, da sie ebensosehr beste Widerstandsfähigkeit gegen gleitende Reibung, wie gegen Stoß- und Druckbeanspruchungen haben müssen. Zusammensetzungen nach Zahlentafel 81 [3], die nach Kriegsende in einer Lokomotivfabrik ausgeführt wurden, haben sich bestens bewährt.

---

[1] J. W. Keep, Stahleisen 1908, S. 93.
[2] Nach J. Treuheit, Stahleisen 1908, S. 1317.
[3] Nach Hugo Mainz: Gieß.-Zg. 1919, S. 19.

Zahlentafel 80.

Zusammensetzung und Festigkeit des Zylinder- und Maschineneisens einer großen deutschen Maschinenfabrik.

	Gaszylinder u. dgl.	Dampfzylinder gebohrt	Dampfzylinder mit Einsatz	Rahmen und Gestelle	Gewöhnlicher Maschinenguß	Kolbenring und Sonder-Kleinguß
Ges. Kohlenstoff . . %	2,9—3,2	3,2—3,4	3,4—3,5	3,4—3,6	3,5—3,8	3,0—3,3
Silizium . . . . %	0,9—1,0	1,0—1,2	1,3—1,5	1,4—1,6	1,5—1,9	1,2—1,5
Mangan . . . . . %	0,6—0,9	0,6—0,8	0,6—0,7	0,5—0,7	0,5—0,6	0,7—0,8
Phosphor . . . . %	0,1—0,2	0,3—0,5	0,4—0,5	0,5—0,8	0,8—0,1	0,6—0,8
Schwefel . . . . %	0,08—0,09	0,08—0,09	0,08—0,09	0,08—0,09	0,08—0,10	0,07—0,08
Kupfer . . . . . %	0,05	0,05	Spur	0,06—0,08	0,08—0,10	0,03
Wandstärke . . . mm	50—100	35—55	35—55	35—100	10—35	10—40
Zugfestigkeit . kg/qmm	26—22	22—18	20—16	18—14	16—12	22—18
Biegefestigkeit . kg/qmm	45—40	42—38	38—32	35—30	30—26	40—35
Durchbiegung . . . mm	22—7	18—8	15—10	18—8	16—10	25—12
Probestab { Durchm. mm	40—100	40—80	40—80	30—80	30—50	30—50
Länge mm	1000	1000	1000	1000	1000	1000
E etwa	850 000	1 100 000	1 000 000	950 000	925 000	900 000

Zahlentafel 81.

Zusammensetzung und Festigkeit des Lokomotivzylindereisens einer großen deutschen Lokomotivfabrik.

		Si %	Ges. C %	Mn %	P %	S %	Durchschnittliche Zugfestigkeit im Probestabe kg/qmm
Gattierung I	im Satze	1,66	3,33	1,08	0,46	0,028	—
	im Abguß	1,34	n. best.	0,93	0,45	0,067	19,05
„ II	im Satze	1,78	2,96	1,23	0,58	0,069	—
	im Abguß	1,46	3,20	1,00	0,70	0,092	19,10
„ III	im Satze	1,63	2,82	1,24	0,58	0,071	—
	im Abguß	1,35	3,24	0,90	0,82	0,090	19,11
„ IV	im Satze	1,46	3,03	1,22	0,67	0,063	—
	im Abguß	1,55	n. best.	n. best.	n. best.	n. best.	18,81
„ V	im Satze	1,82	3,16	1,09	0,51	0,023	—
	im Abguß	1,40	3,50	1,00	0,50	0,058	19,58

Zahlentafel 82.

Zusammensetzung der Selbstfahrerzylinder einer amerikanischen Sondergießerei für Zylinderblöcke [1].

Bestandteil	Zusammensetzung I	Zusammensetzung II
Gesamt-Kohlenstoff . . . %	3,30—3,50	
Gebundener Kohlenstoff . %	0,40—0,45	
Mangan . . . . %	0,65—0,80	
Phosphor . . . . . . %	0,30—0,35	
Schwefel . . . . . . %	unter 0,10	
Silizium . . . . . . %	2,00—2,20	2,25—2,40
Zugfestigkeit . . . . kg/qmm	19,6—22,4	17,5—19,6
Biegefestigkeit . . . kg/qmm	21,0—24,5	17,5—21,0
Brinellhärte	410—430	440—470

[1] Stahleisen 1921, S. 1533.

Zahlentafel 83.

Zusammensetzung von englischen Selbstfahrerzylindern mit verschiedener Kühlung [1]).

Bestandteil	Zylinder ohne Kühlung %	Wassergekühlte Zylinder %	Luftgekühlte Zylinder %
Gesamt-Kohlenstoff	3,1—3,4	3,10	3,10
Gebundener Kohlenstoff	0,4—0,7	0,65	0,60
Silizium	1,5—2,2	1,00	1,90
Mangan	0,6—1,2	1,60	0,80
Phosphor	0,4—1,0	0,80	1,00
Schwefel	0,08—0,12	0,09	0,10

Zahlentafel 84.

Zusammensetzung des Kolbenringeisens der British Piston Ring Co. Ltd. in Coventry, England [2]).

Bestandteil	In Sand gegossene Ringe %	Schleudergußringe %
Gesamt-Kohlenstoff	unter 3,60	unter 3,90
Gebundener Kohlenstoff . . .	0,55—0,80	0,45—0,80
Silizium	unter 1,80	1,80—2,50
Mangan	0,6—1,2	0,40—1,20
Phosphor	unter 1,00	unter 1,20
Schwefel	„ 0,14	„ 0,14

Zahlentafel 85.

Zusammensetzung amerikanischen Kolbenringeisens [3]).

Bestandteil	I %	II %
Gesamt-Kohlenstoff . .	3,43	3,20
Gebundener Kohlenstoff	0,53	0,63
Graphit	2,90	2,57
Silizium	1,44	1,49
Schwefel	0,12	0,09
Phosphor	0,75	0,80
Mangan	1,17	1,09
Festigkeit . . . kg/qmm	20,32	25,62

    g) **Kraftwagenzylinder** zählen zu den höchstbeanspruchten Gußwaren. Sie bedürfen großer Zähigkeit, müssen hohe Druckfestigkeit besitzen und reibender Beanspruchung gegenüber von höchster Widerstandsfähigkeit sein. Infolge ihrer meist sehr verwickelten, stark wechselnde Querschnitte bedingenden Form muß das für sie verwendete Eisen hohen Flüssigkeitsgrad und möglichst geringe Neigung zur Lunkerbildung haben. Es empfiehlt sich, den Kohlenstoffgehalt niedrig zu halten, was durch Zusatz von Stahlabfällen, den man in Mengen von 8 bis zu 20% macht, zugleich mit einer Minderung des Schwefelgehaltes erreicht wird. In Amerika arbeitet man mit verhältnismäßig hohen Siliziumgehalten, wie die Werte der Zahlentafel 82 zeigen. Zu unterscheiden ist auch bezüglich der Beanspruchung solcher Zylinder, je nachdem sie ohne Kühlung, mit Wasserkühlung oder mit Luftkühlung zu arbeiten haben. Zahlentafel 83 gibt auf Grund einer englischen Quelle die für diese verschiedenen Fälle wechselnden Zusammensetzungen des Eisens an.

---

[1]) Foundry-Trade J. 1922, S. 530.
[2]) Stahleisen 1922, S. 841.   [3]) Stahleisen 1921, S. 728.

h) **Kolbenringe** sind ähnlichen, wenn auch geringeren Ansprüchen wie die Zylinder unterworfen, in denen sie zu arbeiten haben. Über die Frage, ob das Kolbenringeisen härter sein darf als dasjenige des zugehörigen Zylinders, gehen die Meinungen auseinander. Adämmer tritt für härtere Ringe ein[1] auf Grund jahrelanger Bewährung solcher Ringe ohne Verschleiß der Zylinder. Der Bericht des Materialprüfungsamtes Berlin-Lichterfelde über das Jahr 1918/19 verlangt dagegen für Kolbenringe stets ein möglichst weiches Eisen [2]. Allgemein wird große Elastizität und Zähigkeit verlangt. Die fertigen Ringe sollen sich durch Hämmern strecken oder auch auf kleineren Durchmesser bringen lassen. Die preußische Staatsbahn schrieb eine Festigkeit von mindestens 14 und höchstens 16 kg/qmm vor, was die Auswahl eines verhältnismäßig weichen Eisens erforderte. Entsprechend diesen Bedingungen wird bei Ringen über 500 mm Durchmesser ein Siliziumgehalt von $1,25-1,50\%$ genügen, während bei den kleinsten und schwächsten Ringen damit bis auf $2,80\%$ hinaufgegangen werden muß. Der Kohlenstoffgehalt ist niedrig zu halten (Stahlzusatz!), ebenso sind der Phosphor- und der Schwefelgehalt möglichst herabzudrücken. Bei der Zusammensetzung des Eisens ist auf das Gießverfahren Bedacht zu nehmen, je nachdem ob der Guß in Sandformen, in kalten oder heißen unbewegten Schreckschalen oder in schnell kreisenden Schreckschalen oder Sandformen (Schleuderguß) erfolgt. Adämmer empfiehlt in der Gattierung für die in Sandformen gegossene Ringe Zusammensetzungen von

	Ges.-C %	Si %	Mn %	P %	S %
Satz I	2,84	1,13	0,73	0,075	0,053
Satz II	2,76	1,26	1,51	0,089	0,053

Die British Piston-Ring Co. in Coventry stellt ihre Kolbenringbüchsen, das sind Büchsen, von denen die einzelnen Ringe abgestochen werden, nach Zahlentafel 84 zusammen [3]. Zahlentafel 85 enthält in Amerika gebräuchliche Zusammensetzungen fertiger Kolbenringe, die aber insbesondere bei Heizmotoren infolge zu grobkörnigen Gefüges Beanstandungen fanden. Mit solchem Eisen ausgeführte Proben hatten Festigkeiten von $20,32-25,62$ kg/qmm. Ein im Kuppelofen mit Stahlzusatz erschmolzenes Eisen ergab im Abgusse folgende Werte:

Ges.-C	$3,42\%$	Ringdurchmesser	94,4 m/m
Geb. C	$0,59\%$	Ringhöhe	50,1 m/m
Graphit	$2,83\%$	Ringbreite	3,6 m/m
Si	$1,60\%$	Dehnung bei 15,88 kg/mm .	$4,4\%$
Mn	$0,85\%$	Bleibende Streckung	$0,6\%$
P	$0,63\%$	Gesamte Dehnung	$11,4\%$
S	$0,13\%$	Bruchfestigkeit	28,49 kg/qmm

Die Wirkung verschiedener Formstoffe auf den Gehalt an gebundenem Kohlenstoff zeigt Zahlentafel 86, während die Zahlentafel 87 Zusammensetzung und Festigkeit von Abgüssen aus Sandformen, aus feststehenden und aus umlaufenden Schreckschalen wiedergibt.

Zahlentafel 86.

Wirkung verschiedener Formbeschaffenheit auf den Gehalt an gebundenem Kohlenstoff[4].

Eisen Nr.		I	II	III	IV
Sandform	geb. C %	0,47	0,48	—	0,48
heiße } Schreckschale .	geb. C %	0,34	0,36	0,34	0,23
kalte }	geb. C %	0,39	0,35	0,38	0,35

---

[1] Gieß.-Zg. 1918, S. 217.   [2] Stahleisen 1920, S. 694.
[3] Stahleisen 1922, 841.   [4] Stahleisen 1921, S. 728.

Zahlentafel 87.

Zusammensetzung von Kolbenringen aus Sandformen, aus feststehenden und aus umlaufenden Schreckschalen [1]).

Bestandteil	Sandform	Schreckschale	
		feststehend	umlaufend
Gesamt-Kohlenstoff . . . . %	3,38	2,93	3,43
Gebundener Kohlenstoff . . %	0,78	0,76	0,73
Graphit . . . . %	2,60	2,17	2,70
Silizium . . . . %	1,70	2,63	1,86
Mangan . . . . %	0,63	0,65	0,99
Phosphor . . . . %	1,05	0,14 (?)	1,00
Schwefel . . . . %	0,11	0,06	0,10
Festigkeit . . . . . . kg/mm	26,11	32,13	24,64

Blockformen (Stahlwerkskokillen).

Blockformen zählen, was die chemische Zusammensetzung angeht, zu den empfindlichsten Gußstücken. Schon verhältnismäßig geringfügige Schwankungen eines Bestandteiles vermögen die Lebensdauer der Abgüsse wesentlich zu beeinflussen. Man hat zwischen zwei Zusammensetzungsreihen zu unterscheiden, je nachdem zur Gattierung Hämatit oder Holzkohleneisen verwendet wird. Beim Verschmelzen von Hämatit muß auf hohen Silizium-, niedrigen Mangan- und Phosphorgehalt gesehen werden, während beim Verarbeiten von Holzkohlenroheisen das Ziel mit niedrigem Silizium- und verhältnismäßig hohem Mangan- und Phosphorgehalt erreicht wird. Nach Lochner [2]) bewährt sich bei Verwendung reinen Hämatiteisens am besten ein Material von möglichst geringem Schwefel- und Phosphorgehalt (tunlichst nicht über 0,1 %), mit nicht über 1,25 % Mangan und einem Siliziumgehalt je nach Wandstärke bis zu 2,5 %. Simmersbach [3]) empfiehlt Gattierungen mit folgenden ziemlich reichlichen Spielraum gestattenden Grenzwerten:

Silizium . . . . 1,6 —3,00 %
Mangan . . . . 0,6 —1,20 %
Phosphor . . . . 0,06—0,12 %
Schwefel . . . . unter 0,075 %
Gesamtkohlenstoff . . . . . 3,30—4,40 %

Bei schweren Gußstücken ist ein niedrigerer Kohlungsgrad höherem Siliziumgehalte vorzuziehen. Man begnügt sich dann mit 2 % Silizium und 3,50 % Gesamtkohlenstoff, wodurch die äußerst schädliche gröbere Graphitbildung verhindert wird. Bei kleineren Stücken mit geringer Wandstärke läßt sich noch mit 4,4 % Kohlenstoff ein ausreichend feinkörniges Gefüge erzielen. Zu wenig Silizium fördert die Neigung zum Reißen, zu viel Silizium entwickelt Garschaum, der sich an den Kern anlegt und schwammige Stellen an den Innenwänden bewirkt.

Etwas hoher Mangangehalt ist nicht gefährlich, da Mangan dem Schwefel entgegenwirkt und schon während des Schmelzens vermindert wird. Höherer Mangangehalt erfordert höheren Siliziumgehalt, damit nicht die Graphitbildung allzusehr behindert wird.

Am gefährlichsten wirken Schwefel und Arsen. Beide fördern Rotbrüchigkeit und verursachen frühes Reißen der Blockformen, mitunter schon in der Form. Arsenhaltiges Eisen wird am besten ganz vermieden. Ein zu hoher Phosphorgehalt (über 0,1 %) kann das Zerspringen einer Blockform schon beim ersten Gusse, ja selbst schon beim Anwärmen zur Folge haben. Messerschmitt hat beobachtet, daß ein Phosphorgehalt von 0,4 % die Haltbarkeit auf 1/4 bis 1/3 herabsetzt.

Anders sind die Wirkungen beim Verschmelzen von Holzkohlenroheisen. Reusch [4]) berichtet von einer Holzkohleneisen-Blockform, die 300 Güsse aushielt und folgende

---

[1]) Stahleisen 1921, S. 728.
[2]) Einiges über Stahlwerkskokillen. Stahleisen 1907, S. 137.
[3]) Die Auswahl des Gießereiroheisens für bestimmte Zwecke. Gieß.-Zg. 1905, 561.
[4]) Stahleisen 1903, S. 375.

Zusammensetzung hatte: 3,29% Graphit, 0,58% geb. Kohlenstoff, 1,27% Silizium, 0,29% Mangan, 0,15% Phosphor, 0,061% Schwefel. Auf dem Eisenwerk Sulzau-Werfen bei Salzburg, dessen Blockformen ausgezeichneten Ruf genießen, wurde unmittelbar aus Holzkohlenhochöfen mit Eisen von folgender Zusammensetzung gegossen [1]).

	Kohlenstoff %	Silizium %	Mangan %	Phosphor %	Schwefel %
Erste Probenreihe	4 —4,4	0,91—1,3	1 —1,2	0,09—0,18	0,05
Zweite Probenreihe	3,9—4,5	0,9 —2,5	1,0—1,5	0,14—0,17	0,03—0,05

Mit diesem Eisen gegossene Blockformen haben folgende Zahl von Güssen ausgehalten:

Blockform von 3 t Stückgewicht . . . . . 225 Güsse
„ „ 2 t „ . . . . . 180 „
Vierfache Brammenform . . . . 150 „

Der Grund zu so hervorragender Haltbarkeit ist im hohen Kohlenstoffgehalt zu suchen, der trotz des niedrigen Siliziumgehaltes ausreichende Graphitbildung bewirkt. Zugleich bleibt ein großer Teil Kohlenstoff gebunden und verleiht dem Gusse die hohe Zugfestigkeit und Widerstandsfähigkeit gegen Zerreißung im kalten und warmen Zustande [2]).

Dauerformen für Grauguß, für Nichteisenmetalle und für Glaswaren.

Für diese Dauerformen gelten im allgemeinen die gleichen Grundsätze wie für Blockformen; je mehr man sich deren Zusammensetzung nähert, desto längere Lebensdauer versprechen die Formen. Von den drei Proben, deren Zusammensetzung die Zahlentafel 88 wiedergibt, hat sich die Probe III weniger gut bewährt als die Proben I und II. Ein höherer Siliziumgehalt ist demnach zu vermeiden, wogegen ausgiebiger Phosphorgehalt unschädlich ist.

Zahlentafel 88.
Zusammensetzung dreier Formen für weichen Grauguß [3]).

Probe	Graphit %	Geb. C %	Si %	Mn %	P %	S %
I	3,17	0,13	2,15	0,41	1,26	0,186
II	2,76	0,84	2,02	0,29	0,89	0,07
III	2,98	0,19	3,30	0,12	0,67	0,57 (?)

Hartguß.

Der Querschnitt eines auf Schalen gegossenen Hartgußstückes besteht aus drei Zonen, einer weißen, einer halbierten und einer grauen. Die Gattierung muß daher auf der Grenze zwischen weißem und grauem Roheisen liegen, um je nach den Beeinflussungen

---

[1]) Nach Mitteilungen von A. Zenzes auf der Versammlung Deutscher Gießereifachleute in Düsseldorf am 8. u. 9. Dezember 1906, Stahleisen 1907, S. 182.

[2]) Die Concordiahütte in Engers stellt ein durch seine große Festigkeit bekanntes kohlenstoffarmes Eisen her, indem sie graues Hämatit in der Birne bei hoher Temperatur auf 1,5—2% Kohlenstoff frischt und dann mit 50—100 % Graueisen mischt. So ausgezeichnet sich dieses Eisen für in der Kälte hoch beanspruchte Gußstücke bewährt hat, so wenig ist es für Kokillen geeignet. Damit hergestellte Blockformen sprangen nach Mitteilungen von A. Zenzes beim ersten Gusse, ein Beweis, daß für Kokillen ein hoher Gesamtkohlenstoff unentbehrlich ist.

[3]) Stahleisen 1909, S. 1035.

während des Erstarrens graues oder weißes Eisen zu ergeben. Die beschleunigte Abkühlung der weißen Zone verhindert zum größten Teile die Graphitausscheidung und vermehrt zugleich den Gesamtkohlenstoffgehalt dieser Zone auf Kosten der grauen, wie
Zahlentafel 89 dartut.

Zahlentafel 89.

Verschiedene Zusammensetzung des Eisens der weißen und der grauen Zone in abgeschrecktem Eisen [1].

Probe		Gesamt-Kohlen-stoff %	Graphit %	Silizium %	Mangan %	Phosphor %	Schwefel %	Kupfer %
Nr. 1	weiß	2,89	0,14	1,46	1,39	0,68	0,03	—
	grau	2,37	2,27	1,50	1,08	—	0,03	Spuren
Nr. 2	weiß	3,26	0,08	0,91	1,53	0,52	0,08	—
	grau	3,05	1,86	1,09	1,16	0,56	0,08	—
Nr. 3	weiß	3,07	0,03	0,25	1,05	0,62	0,03	—
	grau	2,42	1,52	0,70	1,01	0,59	0,03	—

Die Proben hatten die übliche Masselform und wurden in Formen gegossen, deren
Boden aus einer kräftigen Gußschale bestand, während die Wände aus Sand waren. Nach
dem Gusse wurden die Oberfläche und die ganze Form mit Sand bedeckt und langsamer
Abkühlung überlassen. Die Zusammensetzung der Proben ist typisch für die Tiefe der
Härtung:

Probe Nr. 1 Härtetiefe, einstrahlend 15—20 mm
„   „   2 „   „   32—48 „
„   „   3 „   „   55—75 „

.Sie zeigt außerdem, daß bei der Probenahme zur Analyse sehr vorsichtig vorgegangen
werden muß, denn die gehärtete und die weiche Zone weisen außer im Graphit und Gesamt-
kohlenstoffgehalte zum Teil auch im Silizium- und Mangangehalte beträchtliche Unterschiede auf. Die zu untersuchenden Späne müssen daher stets von einem vollen Querschnitte gewonnen werden.

Die beste Härtewirkung ließe sich mit einem Eisen von 2—3 % Mangan und mäßigem
Siliziumgehalte (etwa 1,5 %) erzielen. Solches Eisen schwindet aber stark, besonders
im weißen Teile, und es treten infolgedessen bei der Abkühlung leicht feine Risse, sogenannte
Hartborsten, in der gehärteten Schicht auf, die sich stärker zusammenzieht als der
eingeschlossene graue Kern. Infolge der starken Schwindung entstehen auch allgemeine
Spannungen, die um so leichter zum Zerspringen des Gußstückes führen, als das manganreichere Eisen an und für sich ziemlich spröde ist.

Dagegen ist ein manganärmeres Eisen mit nur so viel Silizium, daß der vorhandene
Kohlenstoff bei langsamer Erstarrung und Abkühlung graphitische Form annimmt,
bei beschleunigter aber gebunden bleibt, für alle Hartgußzwecke bestgeeignet. Diese
Tatsache wird allgemein anerkannt, im einzelnen gehen aber die Meinungen über die
bestgeeigneten Gattierungen auch hier weit auseinander. Ledebur [2] verlangt im
fertigen Gusse:

Gesamtkohlenstoff . . . . . . 3,5—3,8 %
Silizium . . . . 0,5—0,8 %
Mangan . . . . 0,1—0,4 %
Phosphor . . . . unter 0,45 %

und läßt nur bei dicken, spannungsfreien Gußstücken den Mangangehalt bis 1 % oder
etwas darüber ansteigen. Simmersbach [3] empfiehlt im Roheisen:

[1] Nach H. Wedding und F. Cremer, Chemische und metallographische Untersuchungen
des Hartgusses. Stahleisen 1907, S. 835.
[2] Handb. d. Eisen- u. Stahlgießerei, 3. Aufl. 1901, S. 379.
[3] Die Auswahl des Gießereiroheisens f. bestimmte Zwecke. Gieß.-Zg. 1905, S. 502.

Gesamtkohlenstoff	unter 3,60%
Silizium	0,5—1,00%
Mangan	0,5—1,25%
Phosphor	0,15—0,25%
Schwefel	unter 0,1 %

Der Siliziumgehalt kann um so niedriger sein, je höher der Kohlenstoffgehalt ist; hoher Kohlenstoffgehalt beeinflußt die Festigkeit weniger als hoher Siliziumgehalt. Darum ist viel Gesamtkohlenstoff erwünscht; Roheisen mit 0,5% Silizium kann bis 3,6% Kohlenstoff enthalten. Beim Walzenguß wird der Kohlenstoffgehalt im fertigen Stücke zwischen 2,4—4,2% gehalten und nähert sich der unteren Grenze, wenn der Guß möglichst zäh werden soll.

Zur Herabsetzung des Kohlenstoffgehalts werden bis zu 30% Schmiedeisen- und Stahlzusätze aufgegeben. Stahlzusätze ergeben infolge ihres dem grauen Roheisen näher liegenden Schmelzpunktes zuverlässigere Gattierungen als solche aus Schmiedeisen, bei denen es leicht vorkommt, daß das Roheisen einiger Gichten schmilzt und sich im Herde sammelt, ehe auch das Schmiedeisen sich verflüssigt. Übereinstimmenderes Schmelzen wird durch Zerkleinerung der Stahlabfälle oder Auswahl kleinstückiger Abfälle gefördert. Es darf aber dabei eine gewisse Grenze nach unten nicht überschritten werden, da sonst eine ausgiebige Oxydierung unvermeidlich ist. Auf einigen Werken werden Stahlabfälle und Roheisen vor der eigentlichen Verwendung zusammen umgeschmolzen und in Masseln vergossen, die ungefähr die halbe Querschnittsfläche des gewöhnlichen Roheisens haben. Die Umschmelzmasseln werden im Kuppelofen mit den anderen Roheisensorten annähernd gleichzeitig flüssig. Das Verfahren ist aber nur anwendbar, wenn genügend schwefelfreier Brennstoff zur Verfügung steht, andernfalls kann durch das zweimalige Schmelzen auch eines nur kleinen Teiles der Gattierung eine bedenkliche Schwefelanreicherung erfolgen. Der Schwefelgehalt im Gußstück soll 0,1% nicht überschreiten, sonst neigt das Eisen stark zum Schwinden und wird leicht rissig. Der Phosphorgehalt kann meistens ohne Schaden bis auf 0,6% steigen.

Der höchste Härtegrad wird als „grellhart" bezeichnet. Grellhartes Eisen kennzeichnet sich durch einen eigenartigen muscheligen Bruch, der wesentlich schwieriger zu erreichen ist als tiefgehende Härtung. Die Gattierung muß sich mit dem Mangangehalt der oberen Grenze (1,25%) nähern und bei möglichst hohem Kohlenstoffgehalt wenig Silizium (etwa 0,5%) enthalten. Die besten Ergebnisse werden mit Holzkohlenroheisen erzielt [1]). Diese Eisensorten enthalten neben wenig Silizium und viel Kohlenstoff sehr wenig Schwefel. Der Garschaum eines Eisenbades mit reichlichem Holzkohleneisenzusatz schwimmt auf der Oberfläche ähnlich wie Sahne auf der Milch, ganz anders wie bei reinem Koksroheisen. Daraus wird geschlossen, daß die Graphitausscheidung überhaupt in anderer Weise vor sich geht. Ein Hartgußkenner vermag es der Bruchfläche eines Stückes anzusehen, ob dafür viel oder wenig Holzkohleneisen verwendet wurde. Ganz im allgemeinen bewähren sich für Hartguß Eisensorten mit den niedrigsten Gehalten an allen zur Qualitätsgewinnung nicht unbedingt erforderlichen Fremdkörpern. Die sichersten Gattierungen ergeben mangan- und phosphorarme, aber möglichst kohlenstoffreiche Weißeisen mit nur soviel Zusatz von Graueisen, wie zur Erreichung des zur beabsichtigten Härte erforderlichen Siliziumgehaltes nötig ist.

Kalander-, Pappensatinier-, Nickeldressier- und Hartzerkleinerungswalzen erfordern die härtesten Gattierungen. Müllereiwalzen gibt man höchstens 1% Mangan, während der Mangangehalt von Eisenwalzwerks-Walzen sich etwa um 0,5% bewegt.

Über die bestgeeignete Zusammensetzung des Eisens für Hartgußwalzen ist man sich noch recht wenig einig. Schwedische Walzengießereien arbeiten mit 3,25—3,50% Kohlenstoff und 1% Mangan, aber mit nicht mehr als 0,05% Phosphor im Abgusse, wogegen man in amerikanischen Gießereien mit einem Mangangehalt von 0,2—0,3% und mindestens 0,05% Phosphor rechnet. Der Kohlenstoff wird

---

[1]) Osann vertritt die Ansicht, daß es ohne Holzkohleneisen überhaupt nicht geht, und daß zur Erreichung größter Härte mindestens ein Zusatz von 30% Holzkohleneisen erforderlich ist. Stahleisen 1910, S. 1363.

in amerikanischen Gießereien wesentlich geringer bemessen. Bei Beurteilung der Eisenzusammensetzung im Abgusse ist zwischen dem Eisen im Walzenkerne und demjenigen an der Walzenoberfläche zu unterscheiden. Nach einer französischen Quelle [1]) beträgt die durchschnittliche Zusammensetzung des Walzenkernes 3,25% Ges.·C, 2,40% Graphit, 0,85% P, 0,05% S und 0,80% Si; diejenige der gehärteten Oberfläche dagegen 3,25% Ges.-C, 0,25% Graphit, 0,35% Mn, 0,80% Si, 0,85% P und 0,05 S. Im großen und ganzen dürften die französischen Gehalte etwa in der Mitte zwischen den schwedischen und den amerikanischen liegen. Auch in Deutschland wird meist mit den Mittelwerten gearbeitet, der Kohlenstoffgehalt aber mitunter höher (bis zu 3,6%) und der Phosphorgehalt etwas niedriger (0,15—0,25%) als der französischen Quelle zufolge bemessen. Auch mit dem Mangangehalte wird in Deutschland erheblich höher (in Sonderfällen sogar bis zu 2%) gegangen. Zahlentafel 90 zeigt die Zusammensetzung verschiedener deutscher Hartgußwalzen und sonstiger Hartgußteile.

Zahlentafel 90.

Zusammensetzung verschiedener Hartgußwalzen und sonstiger Hartgußteile und Grundlagen für ihre Gattierung [2]).

Abgüsse	Gesamt-Kohlenstoff %	Mangan %	Silizium %	Gattierung		Graues Roheisen verschiedener Sorten %
				Hartbruch [3])		
				%	Weißeisen, Spiegel- u. meliertes Eisen %	
Laufräder	3,09	1,03	0,85	40	10	50
Schwere griffige Laufräder für Dampfpflüge, Dampfwalzen usw. ohne Schreckschale gegossen	3,10	1,13	0,81	30	30	40
Starkwandige Glattwalzen für harte knorpelige Braunkohle	3,44	1,48	0,86	30	25	45
Schwere Kalanderwalzen, Kollergangs- und Walzenringe	3,46	2,00	0,89	32	32	36
Schwere Gummi-Kalanderwalzen	3,43	2,10	0,89	25	57	18
Kugelmühlplatten	3,05	1,41	0,97	30	30	40
Lederwalzen	3,35	1,28	0,99	30	17	53
Mittlere Ziegelei-Zerkleinerungswalzen	3,63	1,60	0,99	30	22	48
Schwache Kalanderwalzen, Tonwalzen, Brecherplatten	3,54	1,54	1,00	40	23	37
Mittlere Kalander- und größere Mühlenwalzen	3,57	1,78	1,00	30	34	36
Kollergangsplatten, Schrotmühlwalzen, kleine Ziegeleiwalzen	3,50	1,38	1,03	35	30	35
Schwachwandige Walzen von mittlerem Durchmesser	3,63	1,67	1,03	38	20	42
Straßenwalzen in Lehm ohne Schreckschale gegossen	3,02	1,11	1,05	30	30	40
Schwache Mahlscheiben, Stempel, Schwalbungen für Brikett- und Ziehpressen	3,52	1,22	1,09	30	30	40
Garten-, Beton- und Asphaltwalzen	3,09	1,26	1,10	30	30	40
Braunkohlenbrechwalzen mit scharfen Zacken	3,19	1,34	1,14	30	20	50

Man kann Hartgußeisen im Kuppel- und im Flammofen schmelzen. Siegener und rheinische Gießereien pflegen im Flammofen zu schmelzen, während andere leistungsfähige Hersteller von Hartguß sich ausschließlich des Kuppelofens bedienen. In beiden Fällen ist auf Erhaltung eines möglichst hohen Kohlenstoffgehaltes zu achten, beim Kuppelofen durch reichliche Bemessung des Brennstoffs, beim Flammofen durch einen Überschuß an Mangan und durch beschleunigtes Schmelzen. Mangan schützt den Kohlenstoff vor Oxydation, das Schmelzen muß daher beendigt sein, sobald auch der Kohlenstoff zu verbrennen beginnen würde [4]).

---

[1]) Kluytmans: Cylindres de Laminoirs en Fonte trempée. Fonderie Mod. 1921, S. 81.
[2]) Zusammengestellt nach R. Weber: Fabrikation des Hartgusses. Berlin 1913.
[3]) Der Hartbruch enthält etwa 3,5% Ges.-C, 1,2—1,6% Mn, 0,5—0,65% Si.
[4]) Vgl. auch E. Schüz: Über die wissenschaftlichen Grundlagen zur Herstellung von Hartgußwalzen. Stahleisen 1922, S. 1610, 1773, 1900.

Feuerbeständiger Guß.

Für Gußwaren, die zugleich feuerbeständig und von höherer Festigkeit sein sollen, kommen die Gattierungen für Blockformen (S. 200) in Frage. In Fällen dagegen, bei denen es nur auf möglichst hohe Feuerbeständigkeit ankommt, z. B. beim Guß von Roststäben, muß nur auf hohe Kohlung neben niedrigem Graphitgehalt geachtet werden, um recht feines Korn und viel gebundene Kohle zu erzielen. Dadurch wird das Eisen vor der Oxydationswirkung geschützt, der Kohlenstoff verbrennt, ohne eine merkliche Schädigung zu bewirken. Niedriger Mangan- und niedriger Schwefelgehalt sind die besten Mittel zur Erhöhung der Widerstandsfähigkeit gegen Feuerangriffe. Auch der Phosphorgehalt muß, da er das Eisen in der Hitze besonders spröde macht, niedrig bemessen werden.

Das Roheisen soll $1-2\%$ Silizium (je nach der Wandstärke der Abgüsse), weniger als $0,5\%$ Mangan, als $0,3\%$ Phosphor und als $0,07\%$ Schwefel, sowie mindestens $3,5\%$ Kohlenstoff enthalten. Zuverlässige und billige Gattierungen geben Hämatit und Siegerländer Roheisen geeigneter Zusammensetzung mit nicht zu viel Eingüssen. Brucheisen und Eingüsse sollen wegen der Gefahr der Schwefelanreicherung 30% nicht überschreiten. Spänebriketts haben sich infolge ihrer starken Neigung zur Schwefelanreicherung für feuerbeständigen Guß schlecht bewährt. Feuerbeständiger Guß soll sehr feinkörnigen und ganz hellgrauen, nicht aber weißen Bruch haben.

Chemisch widerstandsfähiger Guß.

a) Säurebeständiger Guß. Der Schwefel tritt im Eisen mit größter Wahrscheinlichkeit als Schwefeleisen auf. Schwefeleisen wird von Salzsäure, Schwefelsäure und Salpetersäure unter Bildung von Schwefelwasserstoff zersetzt. Schwefel ist daher ein gefährlicher Bestandteil von Gußstücken, die den Angriffen von Säuren ausgesetzt sind. Weniger gefährlich ist ein mittlerer Phosphorgehalt, es ist aber gut, auch ihn in mäßiger Höhe zu halten, da er unter der Einwirkung von Schwefelsäure oder Salzsäure zur Entwicklung von Phosphorwasserstoff und in Verbindung mit Salpetersäure zur Bildung von Phosphorsäure führt. Grobkörnige Graphitausscheidungen würden den Guß lockern, poröser machen und das Eindringen der Säure erleichtern. Man hält daher den Siliziumgehalt möglichst niedrig und geht auch bei ziemlich dünnwandigen Stücken nicht über $1,5\%$. Der Mangangehalt kann sich in mittleren Grenzen halten. Mangan hat Schwefelsäure und Salzsäure gegenüber die gleiche Löslichkeit wie Eisen, wird aber von Salpetersäure rascher als Eisen gelöst, weshalb für Gußteile, die den Angriffen von Salpetersäure ausgesetzt sind, der Mangangehalt möglichst niedrig zu bemessen ist. Simmersbach[1] gibt folgende Gattierungswerte an:

Silizium . . . . $1,20-1,40\%$
Mangan . . . . $0,40-0,60\%$
Phosphor . . . . $0,40-0,60\%$
Schwefel . . . . unter $0,05\%$
Gesamtkohlenstoff . . . . . $3,00-3,50\%$

Von Ledebur[2] untersuchte vorzüglich haltbare Roststäbe enthielten $3,49\%$ Gesamtkohlenstoff, $0,71\%$ Silizium, $0,36\%$ Mangan, $0,63\%$ Phosphor; Schwefel wurde nicht bestimmt.

Zahlentafel 91.
Zusammensetzung im Betriebe bestens bewährter säurewiderstandsfähiger Gußkessel[3].

Ges.-C %	Geb. C %	Graphit %	Si %	Mn %	P %	S %	Verwendung
3,21	0,24	2,97	1,98	1,44	0,140	0,072	Sulfatschale
3,30	0,27	3,03	1,79	0,50	0,185	0,066	„
3,35	0,23	3,12	1,71	0,50	0,195	0,069	„
Nicht bestimmt			2,15	1,30	0,450	0,060	Schwefelsäurekessel

[1] Die Auswahl des Gießereiroheisens für bestimmte Zwecke, Gieß.-Zg. 1905, S. 561.
[2] Ledebur: Handb. d. Eisen- u. Stahlgießerei, 3. Aufl. 1901, S. 70.
[3] Nach Geißel: Gieß.-Zg. 1919, S. 259.

Neben der chemischen Zusammensetzung spielt das Gefüge des Gußeisens eine wichtige Rolle. Eine Grundbedingung für die Erzeugung guter säurebeständiger Gußstücke ist die Erzielung eines gleichmäßigen, feinkörnigen Eisens, da dieses den Flüssigkeiten den Angriff erschwert. Geissel führt die in Zahlentafel 91 ersichtlichen recht verschiedenen Analysenwerte von vier Abgüssen an, die sich sämtlich im Gebrauche gut bewährt haben. Der Schluß, daß hier überall ein gleichmäßig feines Korn zur Wirkung gelangte, ist ebenso berechtigt wie naheliegend.

    b) Säurefestes Eisen. Das säurebeständige Eisen genügte den Anforderungen der chemischen Industrie nicht für alle Zwecke, es ging vielmehr ihr Bestreben dahin, ein säurefestes Eisen zu erlangen. Solcher Grauguß wurde schließlich im hochprozentigen Siliziumeisen gefunden [1]). Hochprozentiges Siliziumeisen wird außer von Flußsäure von keiner anderen Säure in nennenswertem Maße angegriffen. Eine Eisen-Siliziumlegierung mit 20,6 % Silizium, die heißer Schwefelsäure von 22° Beaumé ausgesetzt war, ergab nach 2 Monaten einen Gewichtsverlust von 0,06 %; gewöhnlicher Grauguß büßte unter denselben Bedingungen in 2 Stunden 46 % und Gußeisen mit 3 % Silizium 44,6 % des ursprünglichen Gewichtes ein. Salpetersäure, die weitaus ätzender als Schwefelsäure auf Eisen wirkt, kann in hochprozentigen Ferro-Siliziumgefäßen ohne nennenswerten Schaden am Gefäßmaterial von 36° auf 48,5° Beaumé gebracht werden. Auch gegen Salzsäure und Essigsäure erweist sich hochprozentiges Siliziumeisen als äußerst widerstandsfähig. In England werden Siliziumeisenabgüsse unter den Namen „Feralun“, „Tantiron“ und „Duriron“ verkauft. Tantiron enthält 14—15 % Si, 2,00—2,50 % Mn, 0,05—0,10 % P, 0,05—0,15 % S, 0,75—1,25 % Graphit. Sein Schmelzpunkt liegt bei 1410°, das spezifische Gewicht beträgt 6,8, die Zugfestigkeit 9,3—10,9 kg/qmm. Tantiron eignet sich nicht für Gefäße, die höherem inneren Drucke unterworfen sind. Duriron enthält 14—15 % Si, 0,25—0,35 % Mn, 0,16—0,20 % P, unter 0,05 % S, 0,20—0,60 % Ges.-C und hat 7,0 spezifisches Gewicht, 49,3 kg/qmm Druckfestigkeit und um etwa 25 % geringere Zugfestigkeit als gewöhnliches Eisen [2]).

    In Deutschland erzeugt die Maschinenfabrik Eßlingen in Eßlingen die Marke „Esilit“ nach einem unter Patentschutz stehenden Verfahren zur Verhinderung der Garschaumbildung. Die Marke „Acidur“ wird von der Maschinenbau-A.-G. Golzern-Grimma in Grimma i. Sa. hergestellt. Dieses Eisen ist auch gegen kochende Salpeter- und Schwefelsäure unempfindlich. Auch Fried. Krupp, A.-G. in Essen liefert Gußstücke aus säurefestem Siliziumeisen.

Zahlentafel 92.

Zusammensetzung von deutschen Siliziumeisen [3]).

Nr.	C %	Geb. C %	Graphit %	Si %	Mn %	P %	S %
1	0,81	0,49	0,32	17,25	0,45	0,45	0,10
2	1,06	0,08	0,98	18,73	0,44	0,44	0,04
3	1,80	0,72	1,08	14,10	0,60	0,60	0,06
4	1,32	0,03	1,29	15,30	0,61	0,61	0,04
5	0,80	—	—	18,00	0,33	0,33	0,03

    Aus Ausgangsmaterial zur Erzeugung von Siliziumeisen dienen kohlenstoffarme Rohstoffe. Zum Schmelzen kommt nur teilweise der Kuppelofen, sonst aber der Elektroofen in Frage. Der Formerei begegnen erhebliche Hemmungen durch das hohe, 2 % betragende Schwindmaß; es kommt vor, daß ein Abguß noch in heller Rotglut zerspringt. Gegen diesen Übelstand haben kleine Aluminiumzusätze gute Dienste geleistet.

---

    [1]) A. Jouve: Einfluß des Siliziums auf die physikalischen und chemischen Eigenschaften von Eisen. Metallurgie 1908, S. 625.

    [2]) Nach W. C. Carnell: Säurebeständige Legierungen. J. Ind. Engg. Chem. 1916, Okt. S. 922. Iron Age 1916, 27. Juli, S. 182; Stahleisen 1917, S. 309.

    [3]) Nach Golz: Über säurebeständige Eisen-Silizium-Legierungen und ihre Verwendung f. chem. Apparate. Chem. App. 1917.

Die Abgüsse sind auch im kalten Zustande äußerst spröde, außerdem sehr hart. Ein Siliziumgehalt von 13,5% macht das Bohren fast unmöglich und gestattet nur notdürftigen Angriff mit Schnelldrehstahl. Bei höherem Siliziumgehalte ist eine Bearbeitung nur mit schnellaufenden Schleifscheiben möglich. Zahlentafel 92 zeigt die Zusammensetzung verschiedener deutscher Siliziumeisenabgüsse, unter denen das Eisen Nr. 5 allen Anforderungen entsprochen hat.

c) **Alkalibeständiger Guß.** Die Alkalibeständigkeit des Gußeisens kann nach folgendem Verfahren bestimmt werden: 1 g feinster Bohrspäne wird in einem Porzellantiegel mit Ätznatron eingeschmolzen und solange flüssig gehalten, bis keine Dämpfe mehr entweichen. Dann läßt man die Schmelze erstarren, löst sie, trocknet und wiegt den Rückstand. Das Verhältnis seines Gewichtes zu dem des Einsatzes gibt das Maß der Alkalibeständigkeit. Sie beträgt bei besten Sodaschmelzkesseln 95%. Auf dem gleichen Wege wurde gefunden, daß Silizium und Phosphor die Alkalibeständigkeit am ungünstigsten beeinflussen. Das ist leicht verständlich, denn Silizium wird von Kali- und Natronlauge, Phosphor von heißer Kalilauge völlig gelöst. Als harmlos hat sich Schwefel erwiesen. Mangan vermag den Angriffen alkalischer Laugen zwar ebensogut zu widerstehen wie reines Eisen, es färbt sie aber braun und muß darum möglichst eingeschränkt werden. Feines Korn ist wie beim säurebeständigen Gusse von großer Wichtigkeit. Es erschwert den Flüssigkeiten den Angriff und kann leicht erzielt werden, da der Siliziumgehalt auf das Mindestmaß zurückgedrängt werden muß. Man arbeitet vorteilhaft mit etwa 30% Hämatit, 30% phosphorarmem Gießereieisen, 20% Holzkohlenroheisen und 20% Eingüssen oder Bruch von alten Natronkesseln. Wenn die vorhandenen Eisensorten eine zu siliziumreiche Gattierung ergeben, wird mit etwas Stahlzusatz nachgeholfen. Ein Nickelzusatz von 0,27% im Gußstück, der nach dem Goldschmidtschen Thermitverfahren dem Eisen in der Gießpfanne zugeführt wird, steigert die Haltbarkeit der Kessel gegen die chemischen Einwirkungen der Alkalien um 60%.

Weber [1]) empfiehlt für Sodakessel folgende Zusammensetzung:

Kohlenstoff . . . . 3,5 —3,9%
Silizium . . . . 1,5 —2,2 %
Mangan . . . . 1,2 —1,4 %
Phosphor . . . . 0,1 —0,15%
Schwefel . . . . 0,01—0,06%

betont aber, daß es sich dabei nur um Durchschnittswerte handelt. Der hohe Mangangehalt dürfte Alkalien gegenüber etwas gefährlich sein. Solche Abgüsse werden sich noch besser als gegen alkalische Einflüsse gegen Beanspruchungen durch Säuren bewähren.

Schleuderguß.

Die verschiedenen Schleudergüsse unterscheiden sich hauptsächlich durch die Art und Temperatur der verwendeten Formen. Man verwendet warme, wassergekühlte, und heiße Formen, mit Formstoff ausgekleidete und nackte eiserne Formen. Die Außenseite der in wassergekühlten Formen erzeugten Abgüsse schreckt bis zu einer gewissen Tiefe ab. Durch schnelles Glühen erfolgt die Rückwandlung der Härteschicht in Graueisen. Bisher wurden hauptsächlich Kolbenringe, Druckrohre, Rohrnippel und Schwungscheiben in Schleuderguß hergestellt [2]).

Zahlentafel 84, S. 198 gibt die Zusammensetzung des Eisens für Kolbenringe an. Diese Ringe wurden ursprünglich in ungeschützten eisernen Formen gegossen, wobei sie so fest wurden, daß die Zylinder, in denen sie arbeiteten, rasch verschlissen. Durch Ausfütterung der Formen mit Formmasseringen gelang es, diesen Übelstand zu beseitigen.

Druckröhren werden nach dem De Lavaudschen Verfahren in wassergekühlten Formen und nach dem Verfahren von L. Cammen in heißen Formen hergestellt. Nach dem ersten Verfahren erzeugte Röhren bedürfen nachträglicher Ausglühung, wogegen

---

[1]) Handb. d. Gattierungskunde f. Eisengießereien. 1914.
[2]) Vgl. C. Pardun: Über die wissenschaftlichen Grundlagen des Schleudergusses. Stahleisen 1924, S. 905, 1044, 1200 und C. Irresberger: Der gegenwärtige Stand des Schleuder-(Zentrifugal-)Gusses. Gieß.-Zg. 1924, S. 397.

nach dem zweiten Verfahren gegossene Rohre auch bei Wandstärken von nur 5 mm ohne weitere Nachbehandlung brauchbar sind. Das beim De Lavaud schen Verfahren verwendete Eisen enthält 2,5% Si, 0,06—0,07% S, etwa 0,60% Mn und bis zu 0,80% P [1].

Perlitguß.

Perlitguß, d. i. Grauguß mit rein perlitischem Gefüge, das nur durch feine, gleichmäßig verteilte Graphitabscheidungen unterbrochen wird, ist schon sehr lange bekannt. Seine Erzeugung war aber eine äußerst unsichere Sache, bis es den planmäßigen Versuchen von A. Diefenthäler und K. Sipp gelang, ein Verfahren auszuarbeiten, das mit voller Sicherheit die Erzielung des gewünschten Perlit-Graphit-Gefüges gestattet. Es besteht im wesentlichen in der Verbindung zweier Mittel: in der Veränderung der Gattierung und in der Wärmebehandlung der Form. Zur Verwendung gelangt ein an Kohlenstoff, Silizium und Phosphor armes Gußeisen, ein nennenswerter Schwefelgehalt ist eher nützlich als schädlich.

Theoretisch wäre es möglich, aus ein und derselben Gattierung durch geeignete Wärmebehandlung der Gußform jeden Querschnitt mit dem gleichen Enderzeugnis (Perlit-Graphit-Gefüge) zu vergießen, nachdem durch Vorversuche die für die verschiedenen Querschnitte erforderlichen Abkühlungszeiten einmal festgelegt sind. In der Praxis verfährt man in der Weise, daß man verschiedene Querschnittsgebiete zusammenfaßt und für jedes Gebiet bei gleicher Vorwärmung der Form eine besondere Gattierung wählt. Ein Eisen mit 3,25% Ges.-C, 2,41% Graphit, 0,84% geb. C, 1,11% Si, 0,79% Mn und 0,154 S ergab 50,1 kg/qmm Biegefestigkeit, 16 mm Durchbiegung, 27,4 kg/qmm Zugfestigkeit, 165 Brinellhärte und sehr hohe Wechselschlag- und Schlagbiegefestigkeit.

Perlitisches Gußeisen neigt sehr wenig zur Lunkerbildung und hat höchste Widerstandsfähigkeit gegen Beanspruchungen durch gleitende Reibung. Es eignet sich darum ganz besonders für Teile von Dampfmaschinen und Explosionsmotoren (Zylinderblöcke), für Kolben, Kolbenringe, Zylinder aller Art, Gleitbahnen, Getrieberäder, Schlittenführungen usw. In vielen Fällen können Stücke, die bisher in Stahlguß oder in Temperguß angefertigt wurden, vollwertig durch Perlitabgüsse ersetzt werden. Das nach dem Verfahren von Diefenthäler und Sipp hergestellte Perlitgußeisen wird vielfach als Lanz-Perlit bezeichnet, da die betreffenden Versuche zuerst in der Gießerei der Firma Heinrich Lanz in Mannheim durchgeführt worden sind [2]. Das Verfahren ist unter Nr. 301913 patentiert und wurde von den Patentinhabern wesentlich vervollkommnet und entwickelt.

Schalenweichguß.
(Grauguß aus eisernen Dauerformen.)

Es sind zwei Verfahren zu unterscheiden:

1. Das direkte Verfahren zur unmittelbaren Herstellung von Grauguß, und

2. Das indirekte Verfahren, bei dem die Bildung des Graugusses auf dem Umwege über eine nachträgliche Wärmebehandlung erfolgt.

Beim indirekten Verfahren ist keine besondere Rücksichtnahme auf die Zusammensetzung des Eisens nötig. Das Eisen erhält die Zusammensetzung, die auch bei Herstellung der Abgüsse in Sandformen zu wählen wäre.

Beim direkten Verfahren wird die abschreckende Wirkung der Eisenform durch wärmeschützende Anstriche möglichst aufgehoben oder doch eingeschränkt und in gewissen Fällen eine Besserung der Gattierung durch Herabminderung des Schwefelgehaltes,

---

[1] Foundry 51 (1923) S. 727 u. f., s. a. Stahleisen 1924, S. 121. Näheres über dieses Verfahren wie über das von Holthaus (Stahleisen 1924, S. 905) folgt in Bd. II.

[2] Stahleisen 1920, S. 1141; s. ferner O. Bauer: Das Perlitgußeisen, seine Herstellung, Festigkeitseigenschaften und Anwendungsmöglichkeiten. Stahleisen 1923, S. 553; Gieß.-Zg. 1923, S. 377. — K. Sipp: Perlitgußeisen. Gieß. 1923, S. 491; Stahleisen 1923, S. 1592. — K. Emmel: Perlitguß. Stahleisen 1924, S. 330. Zuschriften dazu von Meyer, Hammermann, Stotz, Emmel, S. 755ff. — K. Sipp: Perlitguß und seine Anwendungsmöglichkeiten. Gieß.-Zg. 1924. S, 379 u. f.

genauere Regelung des Mangan- und des Phosphorgehaltes und reichlichere Bemessung des Siliziumgehaltes angestrebt. Der ausschlaggebende Wert der eisernen Dauerformen liegt auf wirtschaftlichem Gebiete, es erfolgt durch dieses Verfahren aber auch eine wesentliche Verbesserung der Festigkeitswerte (Zahlentafel 93). Zahlentafel 94 läßt ersehen, daß sich bei Verwendung geeigneter Gattierungen ganz hervorragende Ergebnisse erzielen lassen.

Zahlentafel 93.
Vergleichende Festigkeitswerte von Probestäben, die jeweils für die Sand- und die Dauerform aus derselben Gießpfanne gegossen wurden [1]).

Zerreißfestigkeit			Schlagfestigkeit		
Sandform	Dauerform	Zunahme	Sandform	Dauerform	Zunahme
kg/qmm		%	kg/qmm		%
15,6	22,2	42,3	0,7	0,8	14,3
17,3	29,7	71,7	0,6	1,4	133,3
17,9	22,3	24,6	0,7	1,7	143,0
18,0	24,9	38,3	0,5	0,8	60,0
19,0	23,5	23,7	0,8	1,2	50,0

Zahlentafel 94.
Zusammensetzung und Festigkeit von Schalenweichguß verschiedener Zusammensetzung [1]).

Lfde. Nr.	C %	Si %	Mn %	P %	S %	Zerreiß-festigkeit kg/qmm	Dehnung %
1	3,42	2,82	0,55	0,245	0,134	22,40	—
2	3,30	2,27	0,60	0,245	0,141	27,50	—
3	3,17	2,00	0,61	0,125	0,152	31,25	—
4	2,05	1,01	0,68	0,287	0,235	35,00	2

Zahlentafel 95.
Ergebnisse vergleichender Versuche mit Lagerschalen aus gehärtetem Schalen-Weichgusse, Weißmetall und Bronze [1]).

Schmierung: Loser Ring; Kriegsöl Marke Ossag K 6893

Gehärtete Zapfen, 40 mm Durchmesser				Beharrungstemperatur des Zapfens, in einer zentrischen Bohrung gemessen			
n Umdrehungen min	V Gleitgeschwindigkeit in m/sek	p Flächenpressung kg/qcm	Wert p . v	Dauerformguß gehärtet ⁰ C.	Weißmetall ⁰ C.	Bronze I ⁰ C.	Bronze II ⁰ C.
300	0,63		6	25,0	28,0	33,5	32,0
500	1,05	9,5	10	30,0	35,0	37,5	39,5
1000	2,10		20	39,5	43,0	55,5	54,0
1300	2,70		26	44,0	46,0	70,5	62,0
300	0,63		15	28,0	32,5	33,0	35,0
500	1,05	23,8	25	35,0	40,0	42,0	44,0
1000	2,10		50	47,0	53,0	64,5	60,0
1300	2,70		65	53,0	59,0	73,0	69,0
300	0,63		30	34,0	37,0	44,0	51,0
500	1,05	47,8	50	43,0	45,0	50,5	56,0
1000	2,10		100	59,5	61,0	72,0	81,0
1300	2,70		130	70,0	71,0	86,0	95,5

[1]) Nach Hans Rolle: Stahleisen 1919, S. 1129.

Von großem Werte ist die Härtbarkeit dieses Gusses. Es ist möglich, Gußstücke herzustellen, die sich, im Gegensatze zum Hartguß, mit Leichtigkeit bearbeiten, nach der Bearbeitung aber ganz oder nur an einzelnen Stellen härten lassen. Versuche mit gehärteten Lagerschalen auf dem Versuchsfelde der Technischen Hochschule in Berlin ergaben, daß das gehärtete Gußeisen den üblichen Weißmetall- und Bronze-Lagerschalen nicht nur ebenbürtig ist, sondern sie noch um etwas übertrifft. Die Versuchsergebnisse sind in Zahlentafel 95 angeführt. Der Schalenweichguß eröffnet geradezu einen neuen Weg zur vereinfachten Herstellung von schmiedbarem Guß.

Schalenweichguß eignet sich zur Herstellung von Abfluß- und Druckrohrformstücken mannigfacher Art, für Geschosse, Roststäbe, Werkzeugmaschinenteile und Werkzeuge, wie überhaupt für einfachere Abgüsse mannigfacher Art. Um die Entwicklung dieser Gußart hat sich insbesondere Ingenieur Hans Rolle verdient gemacht († Juni 1923), dem es leider nicht vergönnt war, den vollen Erfolg seiner Lebensarbeit noch selbst zu schauen.

Auswahl und Zusammenstellung des Eisens für die verschiedenen Graugußarten.

Bei der Auswahl und dem Zusammenstellen des Eisens für die verschiedenen Gußarten hat man neben den metallurgischen Grundsätzen auf wirtschaftliche Erwägungen und auf gewisse Betriebsbedürfnisse Rücksicht zu nehmen. In metallurgischer Hinsicht muß stets das Ziel vor Augen schweben, die als richtig erkannte Zusammensetzung des Eisens im Gußstück möglichst nahe zu erreichen. Unter gehöriger Beachtung der im Abschnitte über die metallurgischen Grundlagen (S. 185) dargelegten Umstände würde es im allgemeinen nicht besonders schwierig sein, die erfordrlichen Zusammenstellungen richtig zu bewirken. Schwieriger wird die Sache schon, wenn man, was sehr häufig der Fall ist, nicht die gerade bestgeeigneten Roheisenmarken zur Verfügung hat und man gezwungen ist, aus verschiedenen weniger geeigneten Sorten seine Wahl zu treffen, noch schwieriger aber, wenn größere Mengen von fremdem Brucheisen und verschiedenartige eigene Gußabfälle — Trichter, Eingüsse, Ausschußteile — mit zu verarbeiten sind.

Brucheisenzusätze sind aus wirtschaftlichen Gründen erwünscht, da sie fast ausnahmslos beträchtlich billiger zu stehen kommen als gleich zusammengesetztes Roheisen [1]). Brucheisen hat im allgemeinen wesentlich schwächere Wandstärken als das Roheisen, schmilzt infolgedessen rascher und macht das Eisenbad hitziger. Notwendig ist es, jede Gußladung sofort nach Eingang zu sortieren. Dabei sind wohl öfters Widerstände der Leute zu überwinden, die sich aber bald zurechtfinden und es einsehen lernen, daß das Aussuchen Zweck hat. Man kann den Bruch nach seiner Herkunft — Geschirrguß, Ofenguß, kleiner und grober Maschinenguß, Kanalisationsguß u. dgl. — oder nach den Wandstärken und dem Bruchaussehen trennen. Nach der Sortierung machen die einzelnen Schrotthaufen einen ganz anderen, Zutrauen erweckenden Eindruck, der vollauf bestätigt wird, wenn man in der Lage ist, ihn durch Analysen nachzuprüfen. Man findet dann, daß die kleinen und doch ausgesprochen graubrüchigen Stücke einen ziemlich hohen Siliziumgehalt haben, daß Poteriebruch mehr Phosphor enthält als Maschinenbruch, daß ein hoher Schwefelgehalt besonders groben Gußstücken zu eigen ist, und daß man mit seiner Gattierung nicht fehl geht, sofern man nur immer jedes zweifelhafte Bruchstück auf den minderwertigeren Haufen werfen läßt. Es haben sich noch in jeder Gießerei, die sich entschloß, den fremden Gußbruch auszulesen, Leute gefunden, die diese Arbeit mit Geschick zu erledigen verstanden.

Gefährlicher als fremdes Brucheisen kann unrichtig verwendeter eigener Bruch werden. Das Eisen wird bei jeder Schmelzung siliziumärmer und reichert sich gleichzeitig mit Schwefel an. Setzt man die Trichter (Eingüsse) eines Gußtages der nächsten Schmelzung immer wieder zu, ohne für ausreichende Auffrischung durch geeignetes Roheisen zu sorgen, so wird man bald Klagen wegen harten Gusses und bösartigen Nachsaugens zu hören bekommen. Die eigenen Trichter sind allmählich viel schlechter geworden

---

[1]) Vgl. S. 165.

als der fremde Bruch. Der Brauch, erst den ganzen eigenen Bruch des Vortages aufzuarbeiten, ehe man zum fremden greift, ist darum verfehlt.

Es ist freilich aus mancherlei Gründen erwünscht, den eigenen Anfall an Brucheisen an jedem nächstfolgenden Tage vollständig aufzuarbeiten. Um das mit Vorteil durchführen zu können, ist es notwendig, auch den eigenen Bruch, insofern man mit beträchtlich verschiedenen Gattierungen arbeitet, gerade so wie fremden Bruch nach seiner Zusammensetzung auseinander zu halten. Eine genügend genaue Schätzung über die vom Vortage vorhandene Menge an Eigenbruch läßt sich sehr rasch machen, und danach ist man in der Lage zu beurteilen, wieviel eigenen und wieviel fremden Bruch man für seine Sätze verwenden kann. Man wird dann zunächst den gesamten eigenen Bruch aufteilen und ihm so viel fremden Bruch zuschlagen, wie das beabsichtigte Mengenverhältnis zwischen Roheisen und Brucheisen zuläßt. Es geht auch nicht an, eine bewährte Gattierung jahraus und ein beizubehalten. Man hätte in solchen Fällen mit sehr schädlichen Inzuchterscheinungen zu rechnen. Das fortwährende Arbeiten mit derselben Gattierung bringt eine Verschlechterung des eigenen Bruches mit sich, weniger durch Verringerung des Siliziumgehaltes, der durch entsprechenden Zusatz von Roheisen, Ferrosilizium oder EK-Paketen leicht auf gleicher Höhe zu halten ist, als durch Anreicherung des Schwefelgehaltes, mitunter auch des Phosphor- und des Kupfer- oder Arsengehaltes. Je mehr Brucheisen und Luxemburger Roheisen die Sätze enthalten, desto größer ist die Gefahr solcher Inzuchterscheinungen. Man tut, um ihnen vorzubeugen, gut, die Gattierung von Zeit zu Zeit mit einer guten Eisenmarke aufzubessern, z. B. alle 14 Tage den Sätzen an Stelle von 15% Luxemburger Eisen durch 2 Tage eine entsprechende Menge Hämatit zuzusetzen.

Beim Zusatze von Ferrosilizium mit mehr als 5% Silizium treten leicht Entmischungserscheinungen auf, d. h. es erfolgt eine Schichtung von grauem und weißem Eisen übereinander, jedenfalls verursacht durch das verschiedene spezifische Gewicht dieser beiden Eisen. Die Schichtung tritt erst ein, wenn eine gewisse Menge des Ferrosiliziums überschritten wird. Eine genaue Grenze der gefährlichen Menge wurde noch nicht festgestellt. Sie dürfte vom Gehalte der Gattierung auch an anderen Fremdkörpern abhängen und ist bis auf weiteres bei Eintritt solcher Erscheinungen von Fall zu Fall durch Versuche festzustellen.

Auch bei Verwendung von Ferromangan mit 5% Mangan treten manchmal Entmischungen auf. Ein Gußstück, dessen Gattierung 20% fünfprozentiges Ferromangan enthielt, zeigte sowohl an den Ecken als auch im Inneren bis handgroße manganreichere Stellen. Nach Minderung des Zusatzes von hochprozentigem Ferromangan verschwand diese Erscheinung.

Eine ähnliche Wirkung hat mitunter ein Zusatz von Spiegeleisen, der Guß wird fleckig. Unsachgemäß behandelte Zusätze von Schmiedeisen bewirken insbesondere bei Überschreitung von 25% der Zusatzmenge verschieden harte Stellen in den Abgüssen. Das ist besonders dann der Fall, wenn nicht hitzig genug geschmolzen wurde, so daß das Schmiedeisen nicht bis zu dem gute Mischung sichernden Flüssigkeitsgrade gelangte. Verwendet man zugleich Eisensorten mit hohen Mangan- oder Siliziumgehalten, so steigert sich die Gefahr ungenügender Mischung. Bis zu einem gewissen Grade vermag gründliches Durchrühren des Eisenbades in der Pfanne Abhilfe zu schaffen, aber auch nur dann, wenn dasselbe gut hitzig ist.

Beim Zusammenstellen der Gattierungen wird im allgemeinen der Kohlenstoffgehalt außer acht gelassen. Für gewöhnlichen Bau-, Handels- und Maschinenguß pflegt vor allem der Siliziumgehalt ausschlaggebend zu sein. Hat man Maschinengußteile, die sehr leicht bearbeitbar sein müssen, so geht man mit dem Siliziumgehalt etwas höher als den Wandstärken entsprechen würde, und drückt den Mangangehalt herab; ist auf dünnwandigen Geschirr- und Ofenguß Rücksicht zu nehmen, so erhöht man den Phosphorgehalt. Erst wenn es sich um empfindliche Sondergüsse, wie Hartguß, Walzenguß, Klavierplatten, Hochdruckteile usw. handelt, wird es nötig, jedem Bestandteil der Gattierung eingehende Rücksicht zu widmen. In Zahlentafel 96—99 sind einige Ausführungsbeispiele gegeben.

Ausführungsbeispiele.

Zahlentafel 96.

Gußeisen für Bauguß, Säulen usw. [1]).

Einsatz kg	Eisensorte	Si %	Si kg	Mn %	Mn kg	P %	P kg	S %	S kg
300	Deutsch III	2,25	6,75	0,85	2,55	0,90	2,70	0,04	0,12
150	Luxembg. III.	2,50	3,75	0,80	1,20	1,50	2,25	0,04	0,06
300	Maschinenbruch	1,85	5,55	0,70	2,10	0,80	2,40	0,11	0,33
250	Eingüsse usw.	1,90	4,65	0,70	1,75	0,85	2,16	0,10	0,25
1000	Satzgewicht	—	20,70	—	7,60	—	9,48	—	0,76
—	Gehalt %	2,07	—	0,76	—	0,95	—	0,076	—

Die Analyse des Eisens im Abgusse ergab: Si 1,80%, Mn 0,64%, P 0,94%, S 0,120%.
Die Schwefelzunahme erklärt sich durch Anreicherung aus dem Schmelzkoks.

Zahlentafel 97.

Gußeisen für starkwandige Maschinenteile [1]).

Einsatz kg	Eisensorte	Si %	Si kg	Mn %	Mn kg	P %	P kg	S %	S kg
150	Hämatit	3,00	4,50	1,10	1,65	0,08	0,12	0,020	0,03
100	Buderus I	3,40	3,40	1,20	1,20	0,50	0,50	0,020	0,02
150	Schalker III	2,20	3,30	0,75	1,13	0,70	1,05	0,040	0,06
50	Weißeisen	0,40	0,20	10,00	5,00	0,06	0,03	0,030	0,02
200	Maschinenbruch	1,30	2,60	0,80	1,60	0,85	1,70	0,120	0,24
100	Eingüsse, Trichter . . .	1,20	1,20	0,70	0,70	0,40	0,40	0,100	0,10
250	Stahlabfälle	0,25	0,63	0,60	1,50	0,10	0,25	0,100	0,25
1000	Satzgewicht	—	15,83	—	12,78	—	3,65	—	0,72
—	Gehalt %	1,58	—	1,28	—	0,37	—	0,070	—
	Ab- oder Zunahme. . .	—0,16	—	—0,18	—	+0,02	—	0,035	—
	Berechnet	1,42	—	1,10	—	0,37	—	0,105	—
	Laut Analyse	1,38	—	1,12	—	0,39	—	0,125	—

Zahlentafel 98.

Gußeisen für leicht bearbeitbare Maschinenteile mit Zusatz von Ferrosilizium-Paketen geschmolzen [1]).

Einsatz kg	Eisensorte	Si %	Si kg	Mn %	Mn kg	P %	P kg	S %	S kg	Gesamt-C %	Gesamt-C kg
100	Buderus I	2,72	2,72	1,03	1,03	0,63	0,63	—	—	3,50	3,50
100	Zylinderbruch	1,60	1,60	0,70	0,70	0,60	0,60	0,09	0,09	3,40	3,40
150	Maschinenbruch	1,80	2,70	0,60	0,90	0,80	1,20	0,09	0,13	3,40	5,10
150	Eingüsse, Abfälle u. drei Ferro-Silizium-Pakete	2,50	3,75	0,70	1,05	0,60	0,90	0,09	0,15	3,30	4,59
500	Satzgewicht	—	14,32	—	3,68	—	3,33	—	0,375	—	16,95
	Gehalt %	2,98	—	0,730	—	0,66	—	0,075	—	3,39	—

Die Analyse des Eisens ergab durchschnittlich: Si 2,87%, Mn 0,62%, P 0,73%,
S 0,091%, Gesamt-C 3,29%.

---

[1]) Nach Joh. Mehrtens: Deutsches Gieß.-Taschenb., München u. Berlin. Oldenbourg, S. 215.

Zahlentafel 99.
Gußeisen mit Stahlzusatz für hochwertigen Maschinenguß [1]).

Verwendetes Eisen	C %	Si %	Mn %	P %	S %
Hämatit	3,95	3,10	0,98	0,08	0,031
Flußeisen	0,10	0,04	0,50	0,05	0,050
Manganhaltiger Bruch	3,68	0,43	1,60	0,26	0,066
Gattierungsverhältnis	%				
Hämatit 25	0,99	0,78	0,24	0,020	0,008
Flußeisen 35	0,03	0,01	0,18	0,018	0,002
Manganhaltiger Bruch . . . 40	1,48	0,17	0,64	0,104	0,026
Das gesetzte Eisen enthält in %	2,50	0,96	1,06	0,142	0,036
Abstiche	Gehalte der einzelnen Abstiche				
1. Abstich	3,34	0,99	0,71	0,25	0,097
2. ,, ...	3,26	0,75	0,83	0,15	0,092
3. , ...	3,11	0,63	0,77	0,11	0,094
4. ,, ...	3,11	0,63	0,82	0,13	0,089
5. ,, ...	2,58	0,24	0,49	0,14	0,113
Im Mittel	3,08	0,65	0,72	0,16	0,097
Größte Abweichung vom Mittel . .	0,58	0,41	0,23	0,09	0,016
Größte Abweichung vom Mittel in %	16,20	63,10	32,30	60,20	16,400

Das Berechnen und Buchen der Gattierungen.

Die Gattierungen sollen stets auf Grund einer Berechnung zusammengestellt werden gleichviel ob man nur über die vom Händler oder der liefernden Hütte angegebenen Ziffern verfügt, oder ob man genaue im eigenen Laboratorium ermittelte Zahlen an der Hand hat. Die Rechnung kann auf Grund einfacher Gleichungen erfolgen.

a) Soll eine Gußart z. B. 2,4% Silizium enthalten, so ergibt sich bei 10% Silizium-abbrand der in der Gattierung erforderliche Prozentsatz x nach der Gleichung:

$$2,4 = x \frac{100 - 10}{100},$$

$$x = 2,4 \frac{100}{100 - 10} = 2,66\%.$$

In gleicher Weise werden die Gehalte der anderen Bestandteile ermittelt. Nur beim Schwefel pflegt man statt einer prozentualen Zunahme einen dem Schwefelgehalte des Koks entsprechenden Zuschlag, im Durchschnitt 0,05% in Rechnung zu ziehen, d. h. wenn das Gußstück unter 0,1% Schwefel haben soll, darf der Eisen-Einsatz davon nicht mehr als 0,1—0,05 = 0,05% enthalten. Gewöhnlich ist bei der Berechnung auf eine bestimmte Menge Engüsse Rücksicht zu nehmen. Sind im oben angeführten Falle 40% Trichter mit einzuschmelzen, deren Siliziumgehalt 2,4% beträgt, so ergibt sich der Siliziumgehalt des übrigen Einsatzes nach der Gleichung:

$$60.x.0,9 + 40.2,4.0,9 = 100.2,4,$$
$$x = 2,85\%.$$

Stehen neben den 40% Engüssen zwei Roheisensorten von 1,5% und 3,2% Silizium zur Verfügung, so erhält man, wenn x das Eisen mit 1,5% und 60—x das andere Eisen bezeichnen, ihr gegenseitiges Verhältnis nach der Gleichung:

$$x.1,5 + (60-x).3,2 = 60.2,85,$$

wobei x = 12,4 und 60—x = 47,6 wird. Die Gattierung enthält dann bei der Aufgabe in den Kuppelofen genau 2,66% Silizium:

40	kg Engüsse mit 2,4%	ergeben	0,96% Si
12,4	,, Roheisen ,, 1,5%	,,	0,18% ,,
47,6	,, Roheisen ,, 3,2%	,,	1,52% ,,
		Im ganzen	2,66% Si

---

[1]) Nach H. Adämmer: Gieß.-Zg. 1918, S. 199.

b) Ein anderer Weg zur Ausführung dieser Berechnungen ist folgender[1]): Es handle sich um die Erzeugung eines Gußeisens mit 1,80% Si, 0,70% Mn, 0,08% S und 0,50% P. Zur Verfügung stehen drei Roheisensorten A, B, C von der in Zahlentafel 100 angegebenen Zusammensetzung, ferner eigener und fremder Bruch, dessen Zusammensetzung gleichfalls der Zahlentafel zu entnehmen ist. Die Aufgabe geht dahin, mit je 50% Gewichtsteilen Roheisen und Brucheisen zu arbeiten.

Zahlentafel 100.

Chemische Zusammensetzung der Gattierungsbestandteile.

	Si %	Mn %	S %	P %
Soll-Analyse des Abgusses	1,80	0,70	0,08	0,50
Einfluß der Schmelzung	— 0,20	— 0,12	+ 0,02	+ 0,02
Soll-Gehalt der Gattierung	**2,00**	**0,82**	**0,06**	**0,48**
Roheisen A	2,00	0,82	0,06	0,48
„ B	2,83	0,96	0,04	0,40
„ C	1,34	0,98	0,03	0,38
Gießereibruch (30% in der Gattierung)	1,80	0,70	0,08	0,50
Fremder Bruch (20% in der Gattierung)	1,65	0,70	0,08	0,45
Durchschnittsgehalte des Gemenges (30% Gieß- und 20% Fremdbruch)	1,74	0,70	0,08	0,48
Durchschnittsgehalt des gesamten Roheisenbestandteiles der Gattierung	2,26	0,94	0,04	0,48

Zunächst werden die durch Analysen ermittelten bzw. auf Grund solcher vorliegenden Werte in die noch leere Zahlentafel 100 eingetragen, worauf zur Ermittlung der anderen Zahlen geschritten wird. Der Wert für den Siliziumgehalt wird gewonnen durch Teilung der Zahl 1,80 durch 0,90 (d. h. 1,00 weniger 0,10) = 2,00 oder einfacher durch Zuzählung bzw. Abzug der Anreicherungs- und Abbrandswerte in der zweiten wagerechten Spalte der Zahlentafel. Zur Ermittlung des erforderlichen durchschnittlichen Silizium- und Mangangehaltes des zu setzenden Roheisens zieht man vom hundertfachen Gehalte des fertigen Eisens an diesen beiden Elementen (2,00% Si bzw. 0,82% Mn) das Fünfzigfache des Durchschnittsgehaltes beider Brucheisensorten ab und teilt die so ermittelte Ziffer durch die Zahl 50, wobei man zu folgenden Ergebnissen gelangt:

$$\frac{(100 \times 2,00) - (1,74 \times 50)}{50} = 2,26\% \text{ Si im zu setzenden Roheisen.}$$

$$\frac{(100 \times 0,82) - (0,70 \times 50)}{50} = 0,94\% \text{ Mn im zu setzenden Roheisen.}$$

Zur Ermittlung der von den zwei verschiedenen Stapeln A und B zur Erzielung dieser Gehalte zu entnehmenden Mengen ist dann folgende algebraische Rechnung auszuführen:

$$(M \times 2,26) = (X \times 2,83) + (M - X) \times 1,34,$$

wobei M das gesamte Roheisengewicht je Gicht, X das Gewicht des dem Stapel A und demgemäß M — X dasjenige des dem Stapel B zu entnehmenden Eisens bedeutet. Es ergibt sich X = 0,62 M, d. h. man hat vom Stapel A 62% und vom Stapel B 1,00 — 0,62 = 38% des gesamten Roheisengewichtes zu setzen.

Wird der Satz auf Grund des so ermittelten Verhältnisses bemessen, so ergibt sich der Gehalt an Mangan, Schwefel und Phosphor der Gattierung durch einfache Multiplikation der Gehalte an diesen Elementen in jedem Stapel mit den ermittelten Verhältniszahlen (0,62 bzw. 0,38) und Summierung der sich ergebenden Zahlen

$$(0,62 \times 0,96) + (0,38 \times 0,98) = 0,97\% \text{ Mangan}$$
$$(0,62 \times 0,04) + (0,38 \times 0,03) = 0,036\% \text{ Schwefel}$$
$$(0,62 \times 0,40) + (0,38 \times 0,38) = 0,39\% \text{ Phosphor}$$
in der Gattierung.

---

[1]) Nach H. L. Campbell: Chem. Metallurg. Engg. 1923, S. 492/4; auszugsw. Stahleisen 1924, S. 337.

Noch einfacher läßt sich das gegenseitige Verhältnis der den beiden Roheisenstapeln für jeden Satz zu entnehmenden Mengen durch Benutzung folgender Formeln bestimmen:

$$\frac{D-L}{H-L} = \frac{2,26-1,34}{2,83-1,34} = \frac{0,92}{1,49} = 62\% \text{ vom Stapel A}$$

$$\frac{H-D}{H-L} = \frac{2,83-2,26}{2,83-1,34} = \frac{0,57}{1,49} = 38\% \text{ vom Stapel B.}$$

In diesen Formeln bedeute D den gesamten geforderten Siliziumgehalt, H den Siliziumgehalt des Stapels A und L den des Stapels B.

c) Auch auf zeichnerischem Wege läßt sich die Bestimmung der verschiedenen Einzelwerte in übersichtlicher und allgemein brauchbarer Form sehr einfach ermitteln[1]).

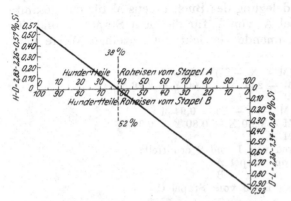

Abb. 64. Schaubild zur Ermittlung des Siliziumgehaltes zweier Roheisensorten.

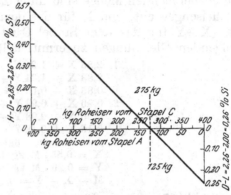

Abb. 65. Schaubild zur Ermittlung des Gewichts zweier Roheisensorten bei gegebenem Siliziumgehalt.

Man trägt auf einer Grundlinie von rechts nach links und von links nach rechts die einander entsprechenden Verhältniszahlen der Gewichte zweier verschiedener Roheisensorten auf (Abb. 64), errichtet an einem Ende dieser Grundlinie eine Lotrechte, verzeichnet auf ihr den Unterschied zwischen dem zu erreichenden Siliziumgehalte der Gattierung und dem Siliziumgehalte des einen Stapels, errichtet am anderen Ende eine Lotrechte im entgegengesetzten Sinne, versieht diese mit einer dem gleichen Werte des zweiten Stapels entsprechenden Merke und verbindet die Punkte beider Vermerke mit einer geraden Linie. Der Schnittpunkt dieser Verbindungslinie mit der wagerechten Grundlinie ergibt die Verhältniszahl für

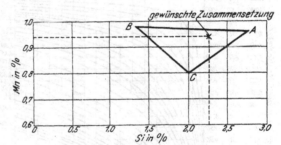

Abb. 66. Zeichnerische Ermittlung der verhältnismäßigen Roheisenmengen für vorgeschriebenen Silizium- und Mangangehalt.

die den beiden Roheisenstapeln zu entnehmenden Mengen. — Handelt es sich darum, die Verhältniszahlen zur Erlangung eines bestimmten Siliziumgehaltes zu ermitteln, so wird in gleicher Weise vorgegangen. Abb. 65 zeigt die Ausführung, falls aus den beiden Stapeln A und C (Zahlentafel 100) ein Satz im Gewichte von 400 kg Roheisen mit 2,26% Silizium zusammenzustellen ist.

In vielen Fällen ist die Gattierung nicht nur auf Grund eines bestimmten Siliziumgehaltes allein zusammenzusetzen, sondern es muß noch ein zweites Element, z. B. Mangan, in die Rechnung einbezogen werden. Diese Aufgabe ist im allgemeinen nur beim Vorhandensein von mindestens drei Roheisensorten zu lösen. Zunächst überzeugt man sich durch Ausführung eines recht einfachen Schaubildes nach Abb. 66, ob die Aufgabe auf Grund der chemischen Zusammensetzung der verfügbaren drei Eisensorten überhaupt lösbar ist. Zu dem Zwecke bestimmt man im Liniennetze, Abb. 66, für jede Eisensorte den

---

[1]) Nach H. L. Campbell: Chem. Metallurg. Engg. 1923, S. 492/4; auszugsw. Stahleisen 1924 S. 337.

Kreuzungspunkt der ihrem Silizium- und Mangangehalte entsprechenden Linien, verbindet die drei Schnittpunkte durch gerade Linien und erhält so das im Schaubilde ersichtliche Dreieck. Fällt der Kreuzungspunkt der Silizium- und der Manganlinie der herzustellenden Gattierung innerhalb dieses Dreieckes, so ist die Ausführungsmöglichkeit gegeben. Im vorliegenden Beispiele entspricht der Punkt A dem Siliziumgehalte 2,83% und dem Mangangehalte 0,96% des Stapels A, der Punkt B den bezüglichen Gehalten von 1,34% und 0,98% des Stapels B, Punkt C den Werten 2,00% und 0,80% des Stapels C und der durch ein × gekennzeichnete Punkt dem Silizium- und Mangangehalte (2,26% Si bzw. 0,94% Mn) der herzustellenden Gattierung. Die Ausführungsmöglichkeit liegt vor, da der Schnittpunkt innerhalb des Dreiecks liegt. Zur Bestimmung der jedem Stapel zu entnehmenden Menge sind unter Zugrundelegung des Buchstabens M für das gesamte Roheisengewicht, von X für das dem Stapel A, von Y für das dem Stapel B und für M−X−Y für das dem Stapel C zu entnehmende Gewicht die einzelnen Werte nach folgenden Gleichungen zu ermitteln [1]:

1. $2,83\,X + 1,34\,Y + 2,00\,(M − X − Y) = 2,26\,M$
   $2,83\,X + 1,34\,Y + 2,00\,M − 2,00\,X − 2,00\,Y = 2,26\,M$
   $0,83\,X − 0,66\,Y = 0,26\,M$
2. $0,96\,X + 0,98\,Y + 0,80\,(M − X − Y) = 0,94\,M$
   $0,96\,X + 0,98\,Y + 0,80\,M − 0,80\,X − 0,80\,Y = 0,94\,M$
   $0,16\,X + 0,18\,Y = 0,14\,M$
3. Aus den Schlußgleichungen von 1 und 2 ermittelt:
   $X = 0,55 \cdot M$ kg Eisen vom Stapel A
   $Y = 0,29 \cdot M$ kg   ,,   ,,   ,,   B
   $M − X − Y = 0,16 \cdot M$ kg Eisen vom Stapel C.

Abb. 67 zeigt ein für den praktischen Gebrauch recht nützliches Schaubild, das bei gegebenem Siliziumgehalte des Brucheisengemenges (1,56%) und gegebenem Mengenverhältnis zwischen Roh- und Brucheisen (1:1) für einen feststehenden Durchschnitts-Siliziumgehalt des zu setzenden Roheisens (2,10%) ohne weiteres das richtige Mischungsverhältnis der Gattierungsbestandteile bei beliebigem Siliziumgehalte zweier Roheisensorten erkennen läßt. Auf der Grundlinie des Schaubildes sind, ausgehend von einem Siliziumgehalte von 2,10%, in Abstufungen von je 0,05% die Siliziumgehalte aufgetragen, während zur linken Seite in lotrechter Anordnung die Mischungsverhältnisse zwischen 1000 Teilen Brucheisen und 1000 Teilen aus je zwei Roheisensorten bestehendem Roheisen aufgetragen wurden. Ausgehend vom unteren linken Eckpunkte (2,10% Silizium), erscheint eine Reihe von Kurven, die Siliziumgehalten von mehr als 2,10% entsprechen. Verfügt man nun z. B. über zwei Roheisensorten, deren eine 1,80% Silizium und deren andere 2,30% Silizium enthält, so hat man die lotrechte Linie von dem mit 1,80 bezeichneten Punkte der Grundlinie bis zu ihrem Schnittpunkte A mit der Kurve des

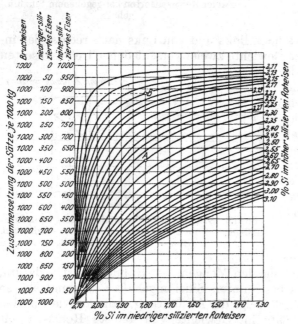

Abb. 67. Schaubild zur Bestimmung des Gattierungsverhältnisses bei gegebenem Siliziumgehalt.
Gewünschter Gehalt im Abguß . . . . 1,65% Silizium
Erforderlicher Gehalt der Gattierung . . 1,83%   ,,
Durchschnittsgehalt des Brucheisens eines
Satzes (50% werden gesetzt) . . . . 1,56/%   ,,
Durchschnittsgehalt des Roheisens eines
Satzes (50% werden gesetzt) . . . . 2,10%   ,,

---

[1] Die Bestimmung des Anteiles der drei Roheisensorten kann auf Grund der Abb. 66 auch auf zeichnerischem Wege erfolgen (A. Ilz, Stahleisen 1924, S. 1209).

2,30% Siliziumgehaltes zu verfolgen und durch diesen Punkt eine wagerechte Linie nach links zu ziehen, um dort das Mischungsverhältnis: 1000 Teile Brucheisen, 400 Teile Roheisen mit 1,80% Silizium (niedriger siliziertes Eisen) und 600 Teile Roheisen mit 2,30% Silizium ablesen zu können. Das Schaubild, Abb. 67, ermöglicht es, innerhalb der Grenzwerte zweier Roheisensorten mit 1,50—2,10% und mit 2,11—3,10% Silizium für irgend eine der beiden Roheisensorten die zur Erreichung eines Siliziumgehaltes von 2,10% im Gesamtroheisensatze erforderliche zweite Roheisensorte und zugleich das erforderliche Mischungsverhältnis zwischen den Roheisensorten und dem Brucheisen zu bestimmen. Besteht z. B. der Wunsch, ein Roheisen mit 1,50% Siliziumgehalt zu verwenden, so hat man nur die Schnittpunkte der betreffenden Lotrechten mit den Kurven der höher silizierten Eisensorten zu verfolgen, um ein beliebiges höher siliziertes Eisen wählen und das entsprechende Mischungsverhältnis feststellen zu können.

Zahlentafel 101.
Bestandstafel.

		Roheisen						Koks	
Bezeichnung		A	B	C	D	E		F	G
Preis je t		79,5 M.	76,4 M.	88,5 M.	75,0 M.	66,4 M.		25 M.	25 M.
Durchschnittsgehalte	Silizium	1,94	2,30	3,60	1,00	2,00		—	—
	Mangan	1,19	0,64	0,29	0,70	0,45		—	—
	Phosphor . . .	1,01	0,473	0,405	0,72	0,70			
	Schwefel . . .	0,024	0,050	0,034	0,05	0,10	Asche	0,92	0,62
	Kohlenstoff . .	3,62	3,56	3,23	3,89	3,45		10,70	12,04
Fortlaufende Tagesdaten	1 Bestand in t	93,85	89,47	84,36	122,00	63,50		67,28	83,42
	Tagesverbr.	5,00	1,00	3,00	—	28,20		4,62	
	2 Bestand in t	88,85	88,47	81,36	122,00	35,30		62,66	83,45
	Tagesverbr.	—	—	—	—	—			
	3 Bestand in t	—	—	—	—	—		—	—
	Tagesverbr.	—	—	—	—	—			
	—	—	—	—	—	—		—	—
	—	—	—	—	—	—		—	—
	—	—	—	—	—	—		—	—
	31 Bestand in t	—	—	—	—	—		—	—
	Tagesverbr.	—	—	—	—	—			
Bestand am Ende des des Monats		—	—	—	—	—		—	—

Zahlentafel 102.
Gattierungstafel.

Gattierungstafel.

Gußgattung: Leichter Maschinenguß.
Schmelztag: 8. 1. 1912.

Bezeichnung	Nummer	Anteil an 1000 kg Gattier.	Silizium %	Gew.-Teile Si	Mangan %	Gew.-Teile Mn	Phosphor %	Gew.-Teile P	Schwefel %	Gew.-Teile S	Gesamt-C %	Gew.-Teile Ges. C
Roheisen . . .	A	100	1,94	1,94	1,19	1,19	1,010	1,010	0,024	0,024	3,62	3,62
„ . . .	B	100	2,30	2,30	0,64	0,64	0,473	0,473	0,050	0,050	3,56	3,56
„ . . .	C	300	3,60	10,80	0,29	0,87	0,405	1,215	0,034	0,102	3,23	9,69
„ . . .	E	200	2,00	4,00	0,45	0,90	0,700	1,400	0,100	0,200	3,45	6,90
Eigener Bruch .	Z	300	1,95	5,85	1,40	1,20	0,550	1,650	0,080	0,240	3,50	10,50
Gesamtgewichte		1000	—	24,89	—	4,80	—	5,748	—	0,616	—	34,27
Prozentualer Durchschnitt . .			2,489	—	0,48	—	0,575	—	0,0616	—	3,43	—
Schmelzverlust oder Zunahme			0,249	—	0,05	—	—	—	0,0400	—	—	—
Netto-Prozent			2,24	—	0,43	—	0,575	—	0,102	—	3,43	—
Prüfungsanalyse.			—	—	—	—	—	—	—	—	—	—

Handelt es sich darum, eine dritte Roheisensorte mitzuverwenden, so ist erst das Mischungsverhältnis für zwei Sorten und danach die entsprechende Menge des dritten Eisens festzustellen. Soll z. B. im angegebenen Falle (Sorte I mit 1,8% Silizium und Sorte II mit 2,3% Silizium) ein Rest von 440 kg Roheisen mit 2,14% Silizium mitverwendet werden, so ergibt der Punkt B des Schaubildes, daß zur Erreichung eines Siliziumgehaltes von 2,10% 120 kg des niedriger silizierten Eisens (1,8% Silizium) mit 880 kg des höher silizierten Eisens (2,14% Silizium) zu setzen sind, d. h. daß bereits ein halber Satz dieses Mischungsverhältnisses den ganzen vorhandenen Bestand der dritten Roheisensorte verschlingt. Man hat also von beiden den Schnittpunkten A und B entsprechenden Sätzen je die Hälfte zu setzen und gelangt so zum Mengenverhältnis von 1000 kg Brucheisen, 260 kg Roheisen mit 1,80% Silizium, 300 kg Roheisen mit 2,30% Silizium und 440 kg Roheisen mit 2,14% Silizium.

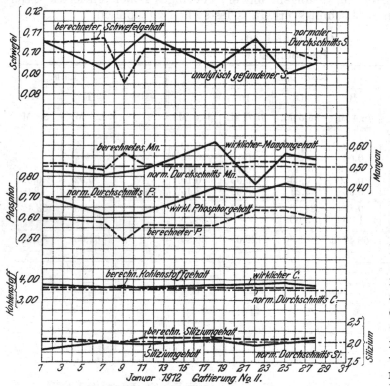

Abb. 68. Vergleich der berechneten und der durch Analyse festgestellten Gattierungsbestandteile.

Bei Ausführung ähnlicher Karten oder Schaubilder ist zunächst der Siliziumgehalt des gesamten Roheisensatzes, das Satzgewicht und das beabsichtigte Verhältnis zwischen der Roheisen- und der Brucheisenmenge festzulegen, worauf man die Kurven für die höheren Siliziumgehalte auf Grund rechnerischer Ermittlung aufträgt. Bezeichnet m das Gewicht in kg des Gesamtroheisens im Satze, x das entsprechende Gewicht an niedriger und m — x an höher siliziertem Roheisen, q den Siliziumgehalt des niedriger und r denjenigen des höher silizierten Eisens, sowie s den Siliziumgehalt des gesamten Roheisens im Satze, so ergibt sich

$$(q \times x) + [r \times (m - x)] = m \times s \text{ und daraus}$$
$$x = \frac{(m \times s) - (m \times r)}{q - r}.$$

Für jeden Siliziumgehalt der Gattierung ist eine besondere Karte anzufertigen; da es sich aber für die meisten Gießereien, soweit es den Siliziumgehalt betrifft, nur um einige Hauptgattierungen handelt, so sind im allgemeinen nicht viele solcher Bilder erforderlich. Sind sie einmal geschaffen, so gewähren sie eine große Bequemlichkeit und ermöglichen rasche Entschlüsse.

Ein Betriebsleiter bedarf heute zur sachgemäßen Gattierung Eisensorten mannigfacher Art und Aufschreibungen, die ihm stets einen sicheren und raschen Einblick über seine Bestände gewähren. Ein gutes Hilfsmittel bietet die Führung einer Bestandstafel nach Zahlentafel 101. Um an Hand der Bestandstafel rasch und übersichtlich gattieren und jederzeit frühere Gattierungen nachprüfen zu können, führt man ein Gattierungsbuch, das nach der Gattierungstafel, Zahlentafel 102, eingeteilt wird. Je nach der Zahl regelmäßig wiederkehrender Gattierungen führt man zwei, drei oder mehrere Gattierungsbücher. Das gewählte Beispiel bezieht sich nur auf leichten Maschinenguß.

Das Verfahren, in den Zahlentafeln die Bestandteile sowohl nach dem Gewichte als auch nach Prozenten anzuführen, ist besser als die Eintragung nur der Prozentangaben, es vereinfacht die Rechnung und macht die Tafeln übersichtlicher und durchsichtiger. Recht nützlich ist auch die regelmäßige Anfertigung von Schaubildern zum Vergleiche der berechneten und der durch Analyse festgestellten Gehalte der einzelnen Bestandteile (Abb. 68). Sie geben in klarster Weise zuverlässige Anhaltspunkte zur Richtigstellung ungenauer Gattierungen.

Literatur.

Ledebur, A.: Von der Herstellung bestimmter Gußwarengattungen. Handb. d. Eisen- u. Stahlgießerei, 3. Aufl. 1910, S. 361—406.

Simmersbach, O.: Die Auswahl des Gießereiroheisens für bestimmte Zwecke. Gieß.-Zg. 1905, S. 559.

Hermann, F.: nach Keep, W. J.: Über Kuppelofenbau und Eisengattierungen. Stahleisen 1908, S. 90.

Adämmer, A.: Über Entmischung von Gußeisen. Stahleisen 1910, S. 898.

Weber, B.: Fabrikation des Hartgusses. Berlin 1913.

Osann, B.: Gattierungsfragen. Gieß.-Zg. 1914, S. 473, 509.

Geißel, A.: Festigkeitsergebnisse bei Verwendung deutschen kohlenstoffarmen Roheisens. Stahleisen 1914, S. 1291.

Fichtner, R.: Beitrag zur Gattierungsfrage in der Gießerei. Stahleisen 1916, S. 77, 181, 311, 411, 507. — Etwas über Stahlzusatz beim Gußeisenschmelzen. Gieß.-Zg. 1918, S. 197 u. 216.

Geißel, A.: Guß für die chemische Industrie. Gieß.-Zg. 1919, S. 257, 292.

Bauer, O. und E. Piwowarsky: Der Einfluß eines Nickel- und Kobaltzusatzes auf die physikalischen und chemischen Eigenschaften des Gußeisens. Stahleisen 1920, S. 1300.

Das Schmelzen im Kuppelofen und die Gattierungen. Z. Gieß.-Praxis. (Eisenztg.) 1921, S. 475, 499, 515.

Schultz, E.: Einfluß von Spiegel- bzw. Phosphorspiegeleisen auf das Gußeisen. Gieß.-Zg. 1921, S. 152 u. 197.

Smalley, O.: The Effect of Special Elements on Cast Iron. Foundry Trade J. 1922, S. 519; 1923, S. 3.

Irresberger, C.: Walzenguß. Gieß.-Zg. 1922, S. 342 u. f.

Schüz, E.: Über die wissenschaftlichen Grundlagen zur Herstellung von Hartgußwalzen. Stahleisen 1922. S. 1610, 1773, 1900.

Piwowarsky, E.: Über Titan im Grauguß. Stahleisen 1923, S. 1491.

Piwowarsky, E. und K. Ebbefeld: Über die Veredlung des Gußeisens durch Nickelzusätze. Stahleisen 1923, S. 967.

Longden, J.: Zur Frage des säurebeständigen Gusses. Foundry Trade J. 1922, S. 466; Gieß.-Zg. 1923. S. 103.

X. Flußstahl.

Von
Dr.-Jng. M. Philips.

Allgemeines.

Für Gußstücke, an die hinsichtlich Festigkeit, Zähigkeit und Widerstandsfähigkeit höhere Ansprüche gestellt werden, verwendet man statt des Gußeisens schmiedbares Eisen, nämlich Flußeisen und Flußstahl.

Wie bereits auf S. 4 ausgeführt worden ist, bezeichnet man mit Flußeisen und Flußstahl ein schmiedbares Eisen, das aus Roheisen im flüssigen Zustande hergestellt worden ist, und zwar versteht man unter Flußeisen gewöhnlich das weichere Metall mit geringem Kohlenstoffgehalt, während man mit Flußstahl das härtere und härtbare kohlenstoffreichere Material bezeichnet. Wenn schon diese Grenzlinie im allgemeinen zwischen Flußeisen und Flußstahl sehr wenig scharf gezogen wird, so trifft dies besonders zu, wenn das Eisen zum Vergießen Verwendung findet. In dem Gießereiwesen hat die Bezeichnung Stahl für das gesamte schmiedbare Eisen soweit Eingang gefunden, daß man jedes Gußstück, selbst wenn es aus ganz weichem, kohlenstoffarmem Eisen gegossen worden ist, gemeinhin als Stahlguß oder Stahlformguß bezeichnet, und die betreffenden Gießereien werden, obwohl sie im allgemeinen den größten Teil ihrer Erzeugung aus weicherem Material herstellen, doch allgemein Stahlgießereien genannt.

Durch den Normenausschuß der Deutschen Industrie ist vor kurzem eine erhebliche Vereinfachung in diesen verschiedenen Bezeichnungen vorgeschlagen worden. Nach Beschluß des Werkstoffausschusses des Normenausschusses soll in Zukunft alles schon ohne Nachbehandlung schmiedbare Eisen als „Stahl" bezeichnet werden, und zwar der im flüssigen Zustand gewonnene Stahl als „Flußstahl", der im teigigen Zustand gewonnene als Schweiß- oder Puddelstahl; die Unterscheidung zwischen Flußeisen für das weichere und Flußstahl für das härtere Material kommt also in Wegfall [1]).

In gleichem Sinne vereinfachen sich die früheren verschiedenen Bezeichnungen für die Erzeugnisse der Stahlgießerei. In Zukunft sollen die bisher als „Flußeisenformguß" und „Stahlformguß" bezeichneten Erzeugnisse einfach als „Stahlguß" (nicht mehr wie früher „Stahlformguß") bezeichnet werden, die „Stahlformgießereien" einfach als „Stahlgießereien". Es wäre sehr zu wünschen, wenn diese vom Normenausschuß vorgeschlagenen Bezeichnungen in Zukunft überall in der Praxis Eingang finden würden.

Das schmiedbare Eisen ist vor dem Roheisen bzw. Gußeisen durch höherwertige mechanische Eigenschaften ausgezeichnet; es besitzt eine größere Festigkeit und Dehnbarkeit und läßt sich bei geeigneter Temperatur schmieden und schweißen. Diese Eigenschaften verdankt es seiner größeren Reinheit, indem es einen weit geringeren Gehalt an Verunreinigungen besitzt als das Roheisen. Der Siliziumgehalt ist im allgemeinen sehr niedrig; bei Flußstahl, der im Tiegel, in einer Birne oder auf einem Herde mit feuerfester Auskleidung von saurer Beschaffenheit erzeugt worden ist, kann er zwar bis auf $0,5\%$ ansteigen, gewöhnlich ist er aber niedriger und erreicht bei den Flußeisensorten, die auf einem Ofenfutter von basischer Natur hergestellt wurden, kaum $0,10\%$. Das

---

[1]) Vgl. S. 6.

Mangan überschreitet, wenn es sich nicht um einen Sonderstahl handelt, nur in seltenen Fällen einen Gehalt von 1%. Schwefel und Phosphor sind im schmiedbaren Eisen gewöhnlich nur in sehr geringen Mengen enthalten; ihre Gehalte liegen meistens unter je 0,1%. Näheres über die Gehalte an diesen verschiedenen Beimengungen wird noch bei Erörterung der einzelnen Stahlsorten mitgeteilt werden.

Den größten Einfluß auf die Eigenschaften des schmiedbaren Eisens übt der Kohlenstoff aus: die Festigkeit nimmt mit steigendem Kohlenstoffgehalt zu, während gleichzeitig die Zähigkeit und Geschmeidigkeit abnimmt. Zahlenmäßig ist diese Wirkung des Kohlenstoffs aus einer Reihe von Versuchen zu entnehmen, die F. O. Arnold [1]) mit Gußstücken aus Tiegelstahl, der aus bestem schwedischen Eisen erschmolzen worden war, angestellt hat. Der Stahl, der in getrockneten Formen gegossen wurde, zeigte bei sonst gleichbleibender chemischer Zusammensetzung einen von 0,07% an bis auf 1,29% steigenden Kohlenstoffgehalt; von jedem Guß wurden dann zwei Proben entnommen, von denen die eine unmittelbar, die andere erst nach vorsichtigem Ausglühen untersucht wurde, wobei die in Zahlentafel 103 zusammengestellten Werte erhalten wurden.

Zahlentafel 103.

Einfluß des Kohlenstoffs auf die Eigenschaften des Flußstahls.

C	Si	Mn	S	P	Im gegossenen Zustande				Im ausgeglühten Zustande			
					Elasti- zitäts- grenze	Zerreiß- festig- keit	Deh- nung	Kon- trak- tion	Elasti- zitäts- grenze	Zerreiß- festig- keit	Deh- nung	Kon- trak- tion
%	%	%	%	%	kg/qmm	kg/qmm	%	%	kg/qmm	kg/qmm	%	%
0,07	0,023	0,05	0,020	0,010	16,84	31,17	30,0	38,7	14,33	30,21	46,0	65,1
0,18	0,010	0,09	0,027	0,010	18,66	31,37	19,5	29,1	14,73	30,73	31,0	47,0
0,37	0,050	0,08	0,030	0,020	23,17	34,29	5,0	5,9	16,19	32,82	12,5	19,8
0,42	0,040	0,06	0,020	0,010	27,12	36,87	6,5	8,4	15,88	37,85	24,5	29,0
0,50	0,075	0,07	0,022	n. b.	27,61	30,37	2,5	1,7	16,57	39,82	16,0	18,4
0,70	0,110	0,10	0,045	n. b.	29,17	31,69	1,5	1,8	21,92	47,75	6,0	5,3
0,97	0,058	0,03	0,025	0,020	35,04	51,06	2,0	1,8	29,20	45,72	4,0	1,7
1,29	0,098	0,28	0,020	0,020	35,12	35,12 (?)	0,0	0,0	26,03	47,14	2,5	3,5

Wie schon auf Seite 1 erwähnt, findet sich der Kohlenstoff im technischen Eisen in mehreren Modifikationen. Im freien Zustande, als Graphit oder Temperkohle, kommt er in schmiedbarem Eisen nicht vor, da die Verhältnisse bei dessen Erzeugung nicht die erforderlichen Bedingungen für die Entstehung dieser Kohlenstofformen bieten; dagegen ist sowohl die Karbidkohle als auch, wenn ein Abschrecken vorausgegangen ist, die Härtungskohle im Flußstahl enthalten. Die Karbidkohle findet sich im Eisen gebunden als Eisenkarbid; dieses Karbid, das sich im flüssigen Eisen in gleichmäßig gelöster Form befindet, scheidet sich bei langsamer Abkühlung in Temperaturen oberhalb 700° C. aus dem bereits erstarrten Eisen aus und lagert sich in freiem Zustande (Zementit) oder gemengt mit reinem Eisen (Ferrit) als lamellares Gebilde (Perlit) innerhalb des Eisens ab. Das Eisenkarbid besitzt an sich eine sehr große Härte, hat aber auf die Härte des Eisens selbst, sofern dieses nur einen ganz geringen Kohlenstoffgehalt aufweist, keinen besonders großen unmittelbaren Einfluß, da es sich in den weichen reinen Eisenkristallen (Ferrit) nur in verhältnismäßig geringen Mengen verteilt vorfindet. Den größten Einfluß auf die Härte des Eisens übt die Härtungskohle (Martensit) aus; sie befindet sich in fester Lösung in dem Eisen gleichmäßig verteilt und entsteht, wenn das Metall von einer Temperatur, bei welcher der Kohlenstoff noch vollkommen gelöst ist, plötzlich in Wasser oder Öl abgeschreckt wird, so daß der Kohlenstoff keine Zeit hat, als Karbid auszuseigern und auf diese Weise gezwungen ist, in fester Lösung in dem Eisen zu verbleiben. Auf diesem Vorgang beruht die Erscheinung des Härtens. Das Mengenverhältnis der Karbidkohle zur Härtungskohle hängt von den Abkühlungs-

[1]) The properties of steel castings. J. Iron Steel Inst. 1901, I, S. 178.

bedingungen ab. Da mit dem steigenden Gehalte an Härtungskohle aber nicht allein die Festigkeit, sondern zugleich auch die Sprödigkeit zunimmt, pflegt man die gehärteten Stücke bis zu einer bestimmten geeigneten Temperatur wieder anzuwärmen, wodurch ein Teil der Härtungskohle in Karbidkohle zurückverwandelt und so die Härte und Sprödigkeit etwas abgeschwächt wird (Anlassen). Dieser teilweise Übergang des Kohlenstoffs aus der festen Lösung in den Zustand der Karbidkohle findet allerdings nicht unmittelbar statt, sondern er durchläuft dabei eine Reihe von mehr oder weniger genau bestimmten Zwischenstufen. Durch die Art des Abschreckens und den Grad des Anlassens ist man imstande, bei dem betreffenden Stahl innerhalb gewisser Grenzen den jeweilig gewünschten Härtegrad zu erzielen [1]).

Die in Zahlentafel 104 mitgeteilten Werte zeigen deutlich die Änderungen des Gehaltes an Karbidkohle und Härtungskohle in Abhängigkeit von der Wärmebehandlung. Zwei Stahlgußstücke, ein Zahnrad und eine Schnecke, aus hartem Tiegelstahl von folgender Zusammensetzung:

	Ges. C %	Si %	Mn %	P %	S %
Zahnrad	0,904	0,180	0,63	0,041	0,008
Schnecke	0,934	0,126	0,71	0,037	0,009

wurden vom Verfasser in dem Zustande untersucht, wie sie aus der Form kamen, dann nachdem sie in einer Muffel vorsichtig bei vollständigem Luftabschluß ausgeglüht worden waren, darauf in gehärtetem und schließlich in angelassenem Zustande. Hierbei war das Zahnrad in Wasser und die Schnecke in Öl gehärtet worden.

Zahlentafel 104.

Änderung der Kohlenstofformen durch die Wärmebehandlung.

Bezeichnung	Gesamt-kohlenstoff %	Karbid-kohle %	Härtungs-kohle %
Zahnrad, aus der Form kommend	0,904	0,904	Spuren
Dasselbe, sorgfältig in einer Muffel bei Luftabschluß ausgeglüht	0,891	0,891	0,000
Dasselbe, in Wasser gehärtet	0,902	0,710	0,192
Dasselbe, angelassen	0,892	0,830	0,062
Schnecke, aus der Form kommend	0,934	0,930	Spuren
Dieselbe, bei Luftabschluß sorgfältig ausgeglüht	0,941	0,941	0,000
Dieselbe, in Öl gehärtet	0,931	0,868	0,063
Dieselbe, angelassen	0,924	0,866	0,038

Da die äußere Schicht eines Gußstücks nach dem Herausheben aus der Form rascher erkaltet als das Innere, enthält sie gewöhnlich eine größere Menge Härtungskohle, die durch ein Ausglühen des Stückes wieder beseitigt werden kann. Auch werden durch ein solches Ausglühen die Spannungen, die in Stahlgußstücken durch die große Schwindung des Stahls, welche doppelt so groß ist wie die des Gußeisens, immer entstehen, ebenfalls entfernt. Zugleich wird durch das Ausglühen das Gefüge des Stahls, das nach dem Gießen immer grobkristallinisch ist, in ein gleichmäßig körniges umgewandelt, wodurch auch wieder die Festigkeit und vor allem die Zähigkeit des Gußstückes gesteigert werden. Die in Zahlentafel 103 zusammengestellten mechanischen Werte für die in ausgeglühtem Zustande untersuchten Proben zeigen im Vergleich zu den in gegossenem Zustande untersuchten deutlich die durch das Ausglühen entstandene Güteverbesserung.

Dem im Flußstahl enthaltenen Sauerstoff ist früher wenig Aufmerksamkeit zugewandt worden, was wohl darauf zurückzuführen ist, daß es noch an einem genauen Verfahren zur Bestimmung des gesamten im Eisen enthaltenen Sauerstoffs fehlte. Während

---

[1]) Nähere Angaben über die verschiedenen Gefügebestandteile, in denen der Kohlenstoff im Stahl auftritt, s. S. 64 u. ff. Es ist auf chemisch-analytischem Wege möglich, die Gehalte an Karbid- und Härtungskohle einzeln und nebeneinander zu bestimmen (vgl. S. 630) und hierdurch zahlenmäßig den Zusammenhang zwischen den Festigkeitseigenschaften und der Höhe bzw. der Art des Kohlenstoffgehaltes zu belegen.

des Frischens nimmt das Eisen durch die oxydierende Wirkung der Luft oder der Erze immer eine gewisse Menge Sauerstoff, wahrscheinlich in Form von Eisenoxydul auf, das sich in metallischem Eisen löst und demselben eine große Sprödigkeit, besonders in der Rotglühhitze, verleiht; zur Beseitigung dieses Eisenoxyduls (Desoxydation) gibt man einen Überschuß an Mangan oder Silizium in Form ihrer Ferrolegierungen, oft auch reines Aluminium hinzu, wodurch das Eisenoxydul unter Bildung von Manganoxydul bzw. Siliziumdioxyd bzw. Tonerde, die alle im Eisenbade unlöslich sind, zerstört wird. Trotzdem bleibt aber immer noch eine gewisse Menge Sauerstoff in dem Eisen zurück, da obige Umsetzung infolge der ungenügenden Durchmischung, der kurzen Zeit der Einwirkung und der großen Verdünnung der in dem flüssigen Eisen aufeinander wirkenden Elemente niemals vollständig sein kann. Oft ist auch die Zeit, während der das Bad nach Zugabe der Desoxydationsmittel zu diesem Zwecke sich selbst überlassen bleibt, zu kurz, als daß die vorstehend genannten Oxydationserzeugnisse, die nach verlaufener Umsetzung sich in dem Eisenbade in feiner suspendierter Form befinden, an die Oberfläche emporsteigen und so zur Abscheidung gelangen können. In der neueren Zeit legt man dem Sauerstoffgehalte des Flußeisens eine etwas größere Bedeutung bei, da man oft glaubt, das spröde Verhalten eines Eisens bei der Weiterverarbeitung darauf zurückführen zu müssen. Ledebur [1]) hat nach einem von ihm angegebenen Verfahren verschiedene Eisensorten auf ihren Sauerstoffgehalt durch Glühen der sorgfältig gereinigten Probe in einem reinen Wasserstoffstrom und Wägen des sich dabei gebildeten Wassers untersucht; hierbei wurde allerdings unter den gewählten Versuchsbedingungen nur der in Form von Eisenoxydul enthaltene Sauerstoff bestimmt, da die Sauerstoffverbindungen des Mangans, Siliziums und Aluminiums durch Wasserstoff nicht reduzierbar sind. Er fand hierbei in einem

Martinstahl	0,032% und 0,070%	Sauerstoff
Thomasstahl	0,042% „ 0,070%	„
Bessemerstahl	0,040% bis 0,070%	„
Tiegelgußstahl	0,045%	„

P. Oberhoffer und O. von Keil [2]) haben die von Ledebur angegebene Arbeitsweise zur Bestimmung des Sauerstoffs erheblich vervollkommnet durch Konstruieren einer zweckmäßigen Apparatur und durch Verflüssigung der zu untersuchenden Probe mittels Zusatzes von schmelzpunkterniedrigenden Stoffen (Zinn-Antimon-Legierung); sie konnten hierbei nachweisen, daß nach diesem Verfahren bei einer Reduktionstemperatur von nur 950⁰ nicht allein der an Eisen, sondern auch der an Mangan gebundene Sauerstoff restlos erfaßt wird, und daß sogar bei Eisen- und Silizium-Sauerstoffverbindungen, deren Kieselsäuregehalte 20% nicht überschreiten, mindestens 93% des Gesamtsauerstoffgehaltes bestimmt werden. Nach dieser Arbeitsweise wurden gefunden in einem

Thomasstahl vor der Desoxydation 0,126% Sauerstoff,
„ nach „ „ 0,089 „ „ .

Aus den Ergebnissen geht hervor, daß vor der Desoxydation der größte Teil des Sauerstoffs an Eisen, nach der Desoxydation der größte Teil dagegen an Mangan gebunden ist; 30% des vor der Desoxydation vorhandenen Sauerstoffs sind im vorliegenden Falle durch die Desoxydation entfernt worden [3]).

Über den Einfluß des Stickstoffs im Flußstahl sind die Ansichten noch geteilt. Es ist nach den eingehenden Untersuchungen von Hj. Braune [4]) nicht zu bezweifeln, daß das flüssige Eisen bei den verschiedenen Herstellungsverfahren Stickstoff aufnimmt; durch die Versuche von Sieverts [5]), Jurisch [6]), Wolfram [7]), Andrew [8]) und Strauß [9])

---

[1]) Stahleisen 1882, S. 193. — Glasers Ann. f. Gewerbe u. Bauwesen 1882, S. 183. — Jüptner: Kompendium der Eisenhüttenkunde 1896, S. 93/94.
[2]) Stahleisen 1920, S. 812; 1921, S. 1449.
[3]) Näheres über den Einfluß des Sauerstoffgehalts auf Eisen und Stahl s. S. 305.
[4]) Stahleisen 1906, S. 1357, 1431, 1496.
[5]) Z. physikal. Chem. 1907, S. 129.
[6]) Dissertation Leipzig 1912; vgl. Stahleisen 1914, S. 252.
[7]) Dissertation Dresden 1913.
[8]) J. Iron Steel Inst. 1912. Bd. 2, S. 225.   [9]) Stahleisen 1914, S. 1917.

ist die Löslichkeit des Stickstoffs im Eisen bewiesen worden. Der Kohlenstoff verhält sich dem Stickstoff gegenüber indifferent, während namentlich das Mangan und das Silizium unmittelbar Stickstoff zu binden vermögen.

Der Stickstoff übt nach den Versuchsergebnissen von Braune von einem gewissen Gehalte ab auf die Zähigkeit des Eisens einen ungünstigen Einfluß aus, und zwar ist das Eisen gegen den Einfluß des Stickstoffs um so empfindlicher, je größer sein Kohlenstoffgehalt ist. Nach Untersuchungen von Petrén und Grabe [1], Tschischewski [2]) und Stromeyer [3] scheinen die Befürchtungen von Braune etwas übertrieben zu sein [4].

F. Wüst und J. Duhr [5]) haben wertvolle Untersuchungen über die Bestimmung des Stickstoffs im Stahl sowie über sein Verhalten bei den Hüttenprozessen angestellt. Nach einem von ihnen ausgearbeiteten Verfahren wurden in verschiedenen Stahlsorten die in Zahlentafel 105 zusammengestellten Ergebnisse ermittelt, wobei die Zahlen Mittel aus 8—10 Einzelbestimmungen darstellen. In einem Siemens Martinstahl, der mit flüssigen Roheisen-Einsatz erzeugt worden war, fanden die genannten Verfasser Stickstoffgehalt zwischen 0,02 und 0,04 %; zu Beginn und am Ende der Schmelzung war der Stickstoffgehalt praktisch gleich. Beim Elektrostahlverfahren (Induktionsofen) konnte gegenüber dem Einsatz eine Anreicherung des Stickstoffs beobachtet werden, die durch die Art der Zuschläge, insbesondere durch die zugegebenen Ferrolegierungen, und in ganz erheblichem Maße durch den zur Aufkohlung zugefügten Koks veranlaßt wird. Beim Windfrischverfahren (Thomasbirne) stieg der Stickstoffgehalt während des Blasens an. Eine Verringerung infolge der Desoxydation wurde nicht beobachtet; es konnte nachgewiesen werden, daß der Stickstoff aus der durchgeblasenen Luft unmittelbar vom Eisen gebunden wird.

Zahlentafel 105.

Stickstoffgehalte in verschiedenen Stahlsorten.

Bezeichnung	Werksanalyse					N
	C %	Si %	Mn %	P %	S %	%
Thomasstahl	0,065	—	0,57	0,075	0,063	0,0170
Thomasstahl	0,450	—	1,04	0,094	0,050	0,0155
Elektrostahl	0,08	0,002	0,28	0,041	0,033	0,0099
Elektrostahl	0,15	0,05	0,41	0,057	0,024	0,0113
Elektrostahl	0,18	0,13	0,62	0,049	0,015	0,0160
Elektrostahl	0,22	0,11	0,53	0,048	0,014	0,0160
saurer Siemens-Martin-Stahl	0,20	0,21	0,46	0,045	0,033	0,0045
saurer Siemens-Martin-Stahl	0,34	0,21	0,54	0,040	0,036	0,0055
basischer Siemens-Martin-Stahl	0,21	0,21	0,57	0,038	0,044	0,0043
basischer Siemens-Martin-Stahl	0,37	0,38	0,68	0,026	0,032	0,0053

Beim Erstarren des flüssigen Stahls in der Gußform treten unvermeidlich Seigerungen dadurch auf, daß, namentlich bei größeren Stücken, die Erstarrung nicht gleichzeitig und gleichmäßig über den ganzen Querschnitt erfolgt, sondern an den Außenflächen beginnt, während die Mitte am längsten flüssig bleibt. Da hierbei zunächst die reinere Legierung von höherem Schmelzpunkt fest wird, reichern sich die Verunreinigungen in dem noch flüssigen Teil an. Durch Ätzung eines Schliffs mit Kupferammoniumchlorid können diese Seigerungen gut sichtbar gemacht werden [6].

Von gewisser Bedeutung für die Eigenschaften von Flußstahl sind unter Umständen auch die darin enthaltenen Schlackeneinschlüsse. Unter dieser Bezeichnung faßt

[1]) Jernkontorets Annaler 1907, S. 1.
[2]) Stahleisen 1908, S. 397; 1916, S. 147.
[3]) The Iron Age 1910, S. 858.
[4]) Näheres über den Einfluß eines Stickstoffgehalts s. S. 300.
[5]) Mitt. Eisenforsch. Bd. 2, 1921, S. 39; auszüglich Stahleisen 1922, S. 1290.
[6]) Näheres über Seigerungen s. S. 278.

man diejenigen nicht metallischen Verunreinigungen zusammen, die bei dem Erzeugungsprozeß von dem flüssigen Metall aufgenommen worden sind und sich beim Erstarren zwischen den Eisenkristallen abscheiden. Sie umfassen also nicht nur eigentliche Schlackenteilchen, die aus dem Schmelzprozeß in fein verteilter Form in dem Stahl zurückgeblieben sind, sondern auch Schwefel- und Phosphorverbindungen sowie Silikate und Oxyde, die bei der Desoxydation des Stahls gebildet worden sind und keine Gelegenheit mehr hatten, sich durch Aufsteigen an die Oberfläche abzuscheiden.

Während des Erzeugungsprozesses des Stahls ist mannigfache Gelegenheit zur Aufnahme solcher Schlackeneinschlüsse gegeben. Bei der Umwandlung des Roheisens in Stahl kommt das Metallbad in innigste Berührung mit der flüssigen Schlacke; dies ist namentlich der Fall in der Kochperiode im Martinofen und während des starken Durchblasens des Windes in der Bessemerbirne, wobei die Schlacke geradezu zerstäubt wird und dann leicht in kleinen Teilchen in das Bad übergehen kann. Ferner bilden sich bei der Desoxydation des Stahls durch Mangan, Silizium und Aluminium Oxyde, die im Bade außerordentlich fein verteilt sind und in diesem Zustande leicht dazu neigen, in dem Bade zurückzubleiben, auch wenn sie bedeutend spezifisch leichter sind als der Stahl.

Eine weitere Gelegenheit zur Bildung von Schlackeneinschlüssen ist beim Abstich des Stahls aus dem Ofen und beim Ausgießen in die Gießpfanne gegeben, da hierbei Stahl und Schlacke durcheinander gewirbelt werden. Selbst wenn hierbei vorsichtig gearbeitet und die Schlacke sogar teilweise vorher abgegossen wird, läßt es sich, namentlich gegen Ende des Ausgießens, nicht ganz vermeiden, daß Stahl und Schlacke gleichzeitig ausfließen. Eine weitere Quelle für die Bildung von Schlacke und Aufnahme von solchen Schlackenteilchen bildet die Berührung des Stahls während des Ausfließens mit dem feuerfesten Material, sei es in der Abstichrinne, sei es in der Stahlpfanne. Die feuerfeste Auskleidung wird durch die Wärme des überhitzten Stahls an der Oberfläche zum Schmelzen und zur Verschlackung gebracht, und die Schlackenteilchen können in gewisser Menge vom Stahl aufgenommen werden, was, z. B. in der Abstichrinne, durch die starke Bewegung begünstigt wird.

Die, wie vorstehend geschildert, zerstäubten Teilchen der Ofenschlacke, der Desoxydationserzeugnisse und des feuerfesten Materials sind infolge ihres geringeren spezifischen Gewichtes natürlich bestrebt, an die Oberfläche zu steigen und sich dort abzuscheiden. Trotzdem läßt es sich nicht immer vermeiden, daß solche Schlackeneinschlüsse zurückbleiben, wenn beispielsweise der Stahl nicht hinreichend dünnflüssig gewesen ist oder die Teilchen so fein suspendiert waren, daß die Zeit, in der der Stahl im Ofen oder in der Gießpfanne stand, nicht vollständig ausgereicht hat, um allen Teilchen die Möglichkeit zum vollständigen Aufsteigen zu geben. Bei denjenigen Stahlerzeugungsverfahren, die einen besonders heißen und deshalb dünnflüssigen Stahl liefern, wie im Tiegel oder im Elektrostahlofen, sind die Schlackeneinschlüsse deshalb auch am geringsten.

Im allgemeinen sind die Mengen der im Stahl zurückbleibenden Schlackenteilchen verhältnismäßig gering, da die Dünnflüssigkeit, die der Stahl zum Vergießen erfordert, für die Abscheidung der Einschlüsse förderlich ist. Gewöhnlich sind sie auch in so feiner Form im Stahl verteilt, daß sie keine ungünstige Wirkung auf die Festigkeitseigenschaften der Enderzeugnisse ausüben; nur wenn sie an der einen oder anderen Stelle im Stahl in größerer Anhäufung auftreten, können sie gefährlich werden, indem die zwischen dem Kristallgefüge eingelagerten Schlackeneinschlüsse als Kerbe wirken und die Festigkeitseigenschaften herabsetzen. F. Giolitti und S. Zublena [1] haben z. B. bemerkenswerte Untersuchungen über das Verhalten von Schlackeneinschlüssen im sauren Stahl ausgeführt, aus denen sich auch die Möglichkeit ergibt, die von den Einschlüssen auf das endgültige Gefüge des Stahls ausgeübten Wirkungen zu verändern.

Die Schlackeneinschlüsse sind in dem erstarrten Stahl in Form kleiner Kügelchen oder Tröpfchen zwischen den Eisenkristallen eingelagert. Nur selten sind sie mit freiem Auge sichtbar; gewöhnlich treten sie in mikroskopisch kleiner Form auf und können auf einem polierten Schliff nach dem Ätzen deutlich sichtbar gemacht werden [2] (vgl. Abb. 69

---

[1] Internat. Zeitschr. f. Metallographie. 1914, S. 35.
[2] F. Pacher: Stahleisen 1912, S. 1647.

bis 72). Die Natur der Schlackeneinschlüsse ist noch wenig geklärt, weil noch kein einwandfreies Verfahren zu ihrer quantitativen Bestimmung gefunden worden ist; der naheliegende Weg, die Einschlüsse des Stahls von diesem durch Lösen zu trennen, um sie dann im Rückstande quantitativ und in ihrer Zusammensetzung zu bestimmen, scheiterte lange Zeit daran, daß ein entsprechendes Lösungsmittel nicht gefunden werden konnte [1]. F. Wüst und N. Kirpach [2] haben durch Abänderung der von Schneider angegebenen Brommethode ein Verfahren ausgearbeitet, das auch von E. Diepschlag [3] zur Untersuchung einiger Stahlsorten benutzt wurde. Einige Ergebnisse dieser Untersuchungen sind in Zahlentafel 106 zusammengestellt. Wenn auch dieses Verfahren eine genaue quantitative Aufklärung über die Zusammensetzung der Schlackeneinschlüsse nicht gibt, so bilden diese Versuche doch einen wichtigen Beitrag zur Lösung dieser Frage.

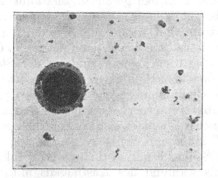

Abb. 69. Birnenstahl vor dem Ferromanganzusatz, Probe gegossen, ungeätzt. V = 330.

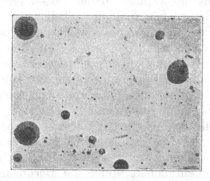

Abb. 70. Birnenstahl vor dem Ferromanganzusatz, Probe gegossen, ungeätzt. V = 100.

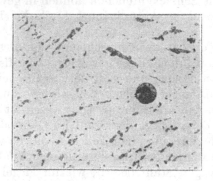

Abb. 71. Elektroflußeisen, Probe vor dem letzten Block entnommen, gegossen, geätzt. V = 100.

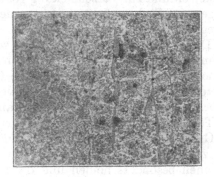

Abb. 72. Tiegelstahl, Fertigprobe mit Pikrinsäure geätzt. V = 100.

Bei den verschiedenen Verfahren zur Herstellung des Stahles aus Roheisen, bei denen fast ausnahmslos die Beseitigung der Verunreinigungen durch die oxydierende Wirkung des Luftsauerstoffs vor sich geht, steht das Eisen mehr oder weniger lange Zeit mit Gasen in Berührung und löst hierbei davon größere oder geringere Mengen in sich auf. Da aber die Löslichkeit für Gase bei dem flüssigen Eisen weit stärker ist als in festem Zustande, so scheidet sich bei dem Erstarren, ähnlich wie bei dem Gefrieren des Wassers zu Eis, ein großer Teil der Gase wieder aus, die von dem Augenblicke an, bei dem die äußere, am raschesten abkühlende Schicht fest geworden ist, in dem Innern des Gußstückes zurückbleiben. Das Entweichen der gelösten Gase aus dem flüssigen schmiedbaren Eisen ist an dem lebhaften Funkensprühen, das im Augenblick des Erstarrens des Metallbades am stärksten ist, deutlich zu erkennen. Diese Lösungsfähigkeit für Gase besitzt allerdings auch das Roheisen, vielleicht sogar in noch höherem Grade; da aber

[1] G. Mars und F. Fischer: Stahleisen 1912, S. 1557 u. 1563.
[2] Mitt. Eisenforsch. zu Düsseldorf. Bd. 1, 1920, S. 31.
[3] Stahleisen 1923, S. 1073.

Zahlentafel 106. **Schlackeneinschlüsse in gewöhnlichen Stählen und Sonderstählen.**

C %	Si %	Mn %	P %	S %	N %	Ni %	Cr %	Schlackeneinschlüsse (Lösungsrückstände) in %	Zusammensetzung der Einschlüsse (Rückstände)
								Kohlenstoffstähle	
0,06	0,01	0,12	0,010	0,010	0,0070	—	—	0,032; 0,026; 0,028	praktisch FeO (Fe₂O₃)
0,11	0,04	0,13	0,015	0,018	0,0077	—	—	0,028; 0,030; 0,030	
1,53	0,09	0,10	0,010	0,010	—	—	—	0,044; 0,046; 0,050	
1,68	0,12	0,14	0,010	0,010	0,0060	—	—	0,041; 0,048; 0,056	
0,94	0,15	0,15	0,010	0,010	—	—	—	0,54; 0,57; 0,56; 0,52	außer Fe wenig SiO₂, kein Mn
1,78	0,17	0,17	0,015	0,080	—	—	—	0,60; 0,65; 0,60; 0,60	desgl.
								Sonderstähle	
0,09	3,85	—	—	—	—	—	—	0,09; 0,10; 0,095; 0,10; 0,09	
0,71	1,60	2,97	—	—	—	—	—	0,31; 0,30; 0,308	0,18% SiO₂, Rest Fe₂O₃
0,085	—	1,31	—	—	—	—	—	0,030; 0,030; 0,028	
0,75	—	—	—	—	—	—	3,74	0,09; 0,10; 0,096	0,04—0,05% Mn₃O₄, 0,048% Fe₂O₃
0,06	—	—	—	—	—	—	1,81	0,23; 0,22; 0,23	
0,72	0,69	1,66	—	—	—	—	—	0,84; 0,73	
0,58	—	—	—	—	—	5,98	—	0,53; 0,55; 0,51; 0,51	65% Fe; wenig SiO₂, kein Mn
0,05	—	—	—	—	—	2,38	—	0,08; 0,09; 0,074	
0,67	—	—	—	—	—	—	—	0,108; 0,12; 0,13	

Zahlentafel 108. **Versuchsergebnisse über die in Stahl gelösten Gase (Oberhoffer und Piwowarsky).**

Bezeichnung	Bestimmung durch Heißextraktion					Bestimmung durch Kaltumsetzung								
						mit Quecksilberchlorid					mit Brom			
	Ges.-Gasmenge ccm	CO₂ ccm	CO ccm	H₂ ccm	N₂ ccm	Ges.-Gasmenge ccm	CO₂ ccm	CO ccm	H₂ ccm	N₂ ccm	Ges.-Gasmenge ccm	CO₂ ccm	CO ccm	H₂ ccm
Thomasstahl vor der Desoxydation	40,99	4,96 (12,10%)	24,79 (60,50%)	8,95 (21,81%)	2,29 (5,59%)	9,23	1,73 (18,75%)	1,50 (16,25%)	4,15 (44,98%)	1,85 (20,02%)	31,7	4,57 (14,44%)	4,52 (16,27%)	22,8 (71,03%)
Thomasstahl nach der Desoxydation	102,96	9,26 (9,00%)	64,59 (62,75%)	22,70 (22,05%)	6,41 (6,20%)	9,64	0,94 (9,76%)	1,27 (13,18%)	4,03 (41,90%)	3,40 (35,16%)	40,5	2,9 (7,15%)	4,3 (10,6%)	33,3 (82,25%)
Martinstahl vor der Desoxydation	—	—	—	—	—	—	—	—	—	—	—	—	—	—
Martinstahl nach der Desoxydation	—	—	—	—	—	—	—	—	—	—	—	—	—	—
Handelsstahl mit 0,15% C	114,8	2,3 (2,0%)	89,4 (77,83%)	23,2 (20,17%)	—	32,60	5,3 (16,3%)	8,5 (26,09%)	18,8 (57,61%)	—	56,36	5,66 (10,1%)	9,2 (16,4%)	41,5 (73,5%)

Kohlenstoff, Silizium und Mangan das Bestreben haben, das Entweichen der Gase aus dem flüssigen Eisen zu verhindern, so sind die eingeschlossenen Gase für das schmiedbare Eisen, das nur ganz geringe Mengen dieser Körper enthält, von weit größerer Bedeutung. An den Schwierigkeiten der eingeschlossenen Gasblasen, die, zunächst unsichtbar, erst bei der Bearbeitung des Gußstückes zum Vorschein kommen, scheiterte lange Zeit die Verwendungsmöglichkeit des Flußstahls zu Gießereizwecken, und erst als man in einem Zusatz von Mangan, Silizium oder Aluminium Mittel gefunden hatte, um die Entstehung der Gaseinschlüsse möglichst zu verhindern oder sie zu verringern, war der Verwendung des Stahls der Weg in die Gießereien geöffnet. Die Frage der in den Gußstücken enthaltenen Gasblasen, also der frei ausgeschiedenen Gase, wird in dem Abschnitt über die Eigenschaften des gießbaren Eisens (auf S. 299) näher erörtert; hier mögen nur einige kurze Ausführungen über die im festen Flußstahl enthaltenen gelösten Gase folgen, da sie auf deren Eigenschaften einen gewissen Einfluß ausüben. Die Mengen dieser Gase sind je nach dem Herstellungsverfahren des Flußstahls verschieden und hängen außerdem auch von dessen Abkühlungs- und Erstarrungsbedingungen ab, da bei langsamer Abkühlung im flüssigen Zustande größere Gasmengen ausgeschieden werden und noch entweichen können, somit der Betrag an gelösten Gasen verringert wird. P. Goerens[1] hat sehr beachtenswerte Untersuchungen über solche Gaseinschlüsse bei verschiedenen Eisensorten angestellt, indem er das zu untersuchende Material in Form von feinen Spänen im luftleeren Raum auf 850—950° C. erhitzte und die hierbei entweichenden Gase auffing und untersuchte. Durch die Wahl der Späneform wurden die in Hohlräumen enthaltenen Gase, deren Mengen für die Frage der Dichtigkeit der Gußstücke maßgebend sind, ganz ausgeschaltet, so daß nur die im Stahl gelösten Gase in den Bereich der Untersuchungen kamen. Von den hierbei erhaltenen Ergebnissen seien in Zahlentafel 107 die folgenden mitgeteilt:

Zahlentafel 107.

Versuchsergebnisse über die im Stahl gelösten Gase (Goerens).

Bezeichnung	Vol.-Gas für 1 Vol. Metall	Zusammensetzung des Materials					Zusammensetzung der Gase				Gasgehalt für 1 ccm Metall			
		P %	Mn %	C %	S %	Si %	CO_2 %	CO %	H_2 %	N_2 %	CO_2 ccm	CO ccm	H_2 ccm	N_2 ccm
Thomasstahl . . .	3,38	0,079	0,40	0,067	0,038	0,021	7,75	76,3	6,0	9,95	0,26	2,58	0,20	0,34
Desgleichen . . .	4,10	0,103	0,49	0,083	0,050	0,050	14,70	65,1	12,2	8,00	0,60	2,67	0,50	0,33
Desgleichen . . .	4,40	0,106	0,43	0,190	0,065	0,017	4,30	79,7	3,5	12,50	0,19	3,51	0,15	0,55
Siemens-Martin-stahl	1,90	0,031	0,93	0,138	0,037	0,003	3,40	82,8	8,1	5,70	0,06	1,57	0,15	0,12
Desgleichen, in d. Pfanne Ferrosilizium zuges.	1,60	0,040	0,93	0,138	0,037	0,350	3,80	74,9	13,9	7,40	0,06	1,20	0,22	0,12
Desgleichen . . .	1,80	0,023	0,60	0,114	0,033	0,003	2,60	83,2	4,7	9,50	0,05	1,50	0,09	0,16
Desgleichen . . .	1,70	0,045	0,77	0,175	0,041	0,007	4,50	79,8	5,6	10,10	0,08	1,36	0,10	0,16
Tiegelstahl . . .	1,90	0,038	0,43	0,400	0,006	0,240	1,30	69,2	18,6	10,90	0,02	1,31	0,35	0,22
Desgleichen . . .	1,50	0,031	0,34	0,420	0,005	0,570	0,70	71,6	7,2	20,50	0,01	1,07	0,11	0,31
Elektroflußeisen .	1,30	0,069	0,12	0,076	0,031	0,023	6,40	84,8	4,7	4,10	0,08	1,10	0,06	0,06
Desgleichen . . .	1,90	0,098	0,22	0,150	0,042	0,169	4,70	78,3	11,7	5,30	0,69	1,49	0,22	0,10

Weitere wichtige Beiträge zur Frage der im Flußstahl gelösten Gase lieferten P. Oberhoffer und A. Beutell[2], A. Vita[3], E. Maurer[4], P. Oberhoffer und E. Piwowarsky[5]. Letztere bestimmten diese Gase einerseits durch Heißextraktion, indem die Stahlprobe unter Zusatz einer Zinn-Antimon-Legierung im Vakuum geschmolzen und

---

[1] Berichte des Internationalen Kongresses für Bergbau, Hüttenwesen usw., Düsseldorf 1910; Abt. Theoretisches Hüttenwesen, S. 94; Metallurgie 1910, S. 384; auszugsweise Stahleisen 1910, S. 1514.

[2] Stahleisen 1919, S. 1584.   [3] Stahleisen 1922, S. 445.   [4] Stahleisen 1922, S. 447.

[5] Stahleisen 1922, S. 801.

die entweichenden Gase abgesaugt und untersucht wurden, andererseits auf nassem Wege durch Kaltumsetzung, indem die Stahlprobe durch Quecksilberchlorid bzw. Brom gelöst und die freiwerdenden Gase aufgefangen wurden. Das Verfahren durch Kaltumsetzung liefert zuverlässigere Ergebnisse, weil die bei der Heißextraktion gewonnenen Gase zum Teil Reaktionsgase sind, die als solche ursprünglich nicht im Stahl vorhanden waren, sondern infolge Einwirkung des im Eisen enthaltenen Sauerstoffs auf den Kohlenstoff bei der Bestimmung selbst entstanden sind; ferner liegt bei dem Heißextraktionsverfahren noch eine Fehlerquelle darin, daß der ursprünglich im Eisen enthaltene Wasserstoff mit den Metallsauerstoffverbindungen unter Wasserbildung reagiert. Die nach diesen beiden Verfahren erhaltenen Befunde (Mittelwerte aus vielen Einzelbestimmungen) sind in Zahlentafel 108 (S. 227) zusammengestellt, wobei sich die absoluten, auf den Normalzustand (0^0 und 760 mm Quecksilbersäule) umgerechneten Zahlen auf je 100 g Metall beziehen, während die in Klammern beigefügten prozentualen Werte auf die Gaszusammensetzung Bezug haben. Aus den Ergebnissen geht hervor, daß in bezug auf die kohlenstoffhaltigen Gase das Kaltumsetzungsverfahren bedeutend niedrigere, aber richtigere Werte liefert, weil eben die Reaktionsgase ausgeschlossen bleiben; die nach dem Bromverfahren gefundenen Wasserstoffwerte können als richtig angesehen werden.

Die Zahlen zeigen, abweichend von den oben angeführten Befunden von Goerens, daß die Gesamtmenge der kohlenstoffhaltigen Gase durch die Desoxydation nur unwesentlich verändert wird, daß der Wasserstoff hingegen dieselbe absolute Menge besitzt (Thomasstahl) oder sogar eine Zunahme erfährt (Martinstahl).

Die Stahlgußstücke werden in den verschiedensten Härtegraden hergestellt, von dem weichsten Flußeisen an, wie es z. B. zu elektrischen Maschinenteilen vergossen wird, bis zum äußerst harten Flußstahl für besonders beanspruchte Stahlgußstücke. Gewöhnlich liegt das Material von seiner Erzeugung her in bereits flüssiger Form vor, so daß ein besonderes Umschmelzen sich erübrigt. Eine gute Übersicht über die handelsüblichen Stahlgießerei-Erzeugnisse, zum Teil nach Angaben von Fried. Krupp und dem Borsigwerk, gibt die folgende, fünf Stahlsorten umfassende Zusammenstellung [1]).

1. Stahlguß für Dynamomaschinen und Motoren. Das Material ist außerordentlich weich mit einem Gehalt von $0,10-0,15^0/_0$ Kohlenstoff, $0,20-0,30^0/_0$ Mangan und $0,20-0,40^0/_0$ Silizium; seine Zerreißfestigkeit beträgt 37—44 kg/qmm bei $20-30^0/_0$ Dehnung und $60^0/_0$ Kontraktion. Die magnetischen Eigenschaften dieses weichen Stahlgusses unterscheiden sich kaum vom besten Schmiedeisen.

2. Stahlguß für den Schiffbau, Lokomotivbau und allgemeinen Maschinenbau. Dieses Material kann entsprechend den Liefervorschriften der damaligen Preußischen Staatseisenbahnen und der Marine in drei verschiedenen Sorten bezogen werden, und zwar

    a) Stahlguß von 37—44 kg/qmm Festigkeit und $20^0/_0$ Dehnung,
    b)   ,,   ,, 40—50   ,   ,,   ,, 18 ,,   ,,
    c)   ,,   ,, 45—55   ,,   ,,   ,, 12 ,,   ,,

Die Kontraktion beträgt etwa $55^0/_0$. Das Material läßt sich leicht bearbeiten und enthält etwa $0,25-0,30^0/_0$ Kohlenstoff, $0,30-0,50^0/_0$ Mangan und $0,30^0/_0$ Silizium.

3. Harter Stahlguß für Maschinenteile, die Stößen ausgesetzt sind oder gegen Verschleiß sehr widerstandsfähig sein müssen, z. B. Scheibenräder, Kammwalzen, Herzstücke, Walzenspindeln usw. Das Material läßt sich noch bearbeiten und hat eine Festigkeit von 50—70 kg/qmm bei einer Streckgrenze von etwa 28 kg/qmm; es enthält $0,50-0,70^0/_0$ Kohlenstoff, $0,35^0/_0$ Silizium und $0,60-0.80^0/_0$ Mangan.

4. Hartstahlguß für Gußstücke, die starkem Verschleiß und starker Bruchbeanspruchung unterworfen sind, z. B. für Teile von Zerkleinerungs- und Bagger-Maschinen, Aufbereitungsvorrichtungen usw. Das Material, das fast die gleiche Härte wie Hartguß, aber dabei noch eine sehr große Zähigkeit aufweist, läßt sich nicht mehr in gewöhnlicher Weise, sondern nur durch Schleifen bearbeiten. Es besitzt eine

---

[1]) Vgl. Simmersbach: Chem.-Zg. 1910, S. 1295; Stephan: Verh. Ver. Gewerbfl. 1910, S. 589.

Zerreißfestigkeit von 60—70 kg/qmm bei einer Streckgrenze von 35 kg/qmm und einer Dehnung von 2—6%.

5. Sonderstahlguß für solche Gußstücke, die außer der dem Stahlguß 1 und 2 eigentümlichen großen Zähigkeit eine höhere Festigkeit und Elastizitätsgrenze besitzen müssen. Das Material erhält diese wertvollen Eigenschaften gewöhnlich durch den Zusatz eines fremden Metalles, z. B. von Nickel, Chrom u. a., und besitzt z. B. eine Zerreißfestigkeit von 60 kg/qmm bei einer Elastizitätsgrenze von 40 kg/qmm, eine Dehnung von etwa 18% und eine Kontraktion von rund 55%. Die Zähigkeit ist so groß, daß Biegeproben von 25 mm Durchmesser sich um 180° kalt biegen lassen, ohne einen Anriß zu zeigen. Dieser teure Stahl findet vorzugsweise Anwendung für Automobilteile, Geschützteile und sonstiges Kriegsgerät.

Das zu diesen Stahlgußsorten erforderliche Material kann durch verschiedene Verfahren hergestellt werden, die in ihrer Art alle ein gutes, leicht vergießbares Erzeugnis liefern, das aber doch je nach der Herstellungsweise bestimmte Merkmale aufweist.

In Zahlentafel 109 sind einige Beispiele [1]) aus der amerikanischen Praxis wiedergegeben.

Zahlentafel 109.
Physikalische Eigenschaften der verschiedenen Stahlgußsorten.

Stahlart	Probe Nr.	C %	Mn %	Si %	P %	S %	Elast.-grenze kg/qmm	Zug-festigkeit kg/qmm	Dehnung auf 2 Zoll %	Querschnitts-verminde-rung %
Bessemerstahl	1	0,11	0,67	0,34	0,04	0,05	27,4	47,8	34,0	59,9
	2	0,13	0,61	0,32	0,04	0,06	25,3	48,9	33,0	57,3
	3	0,13	0,63	0,28	0,05	0,08	24,6	46,4	30,5	53,3
	4	0,25	1,12	0,14	0,05	0,07	31,6	61,5	17,0	30,9
basischer Siemens-Martin-stahl	5	0,28	0,75	0,32	0,016	0,032	26,7	50,3	30,0	44,9
	6	0,25	0,67	0,32	0,013	0,033	34,4	53,0	31,0	48,3
	7	0,25	0,67	0,32	0,013	0,033	24,0	45,7	29,0	43,4
saurer Siemens-Martin-stahl	8	0,20 bis 0,30	0,60 bis 0,70	0,25 bis 0,30	weniger als 0,035	0,040	35,2 bis 36,6	46,0 bis 53,0	35,0 bis 22,0	50,0 bis 30,0
	9	0,38 bis 0,42	0,65 bis 0,75	0,25 bis 0,30	weniger als 0,035	0,045	35,2 bis 36,6	56,2 bis 63,3	20,0 bis 15,0	30,0 bis 20,0
Sonderstahl	3—3½% Nickel-stahl	0,25 bis 0,35	0,60 bis 0,70	0,25 bis 0,30	— —		60 bis 65	55 bis 70	25 bis 15	35 bis 25
	Tiegel-stahl	0,22 0,24	0,71 0,70	0,56 0,59	0,022 0,022	0,050 0,066	24,3 25,3	46,4 49,2	30,0 31,0	53,6 52,0
	Elek-tro-stahl	0,14	0,58	0,37	weniger als 0,02	0,015	26 bis 28	40 bis 42	35 bis 32	63 bis 60

Da der Flußstahl gewöhnlich an Ort und Stelle der Gießerei erzeugt wird, das Stahlwerk mit letzterer also unmittelbar in Verbindung steht, so sollen im folgenden die verschiedenen Herstellungsverfahren in ihren Hauptgrundzügen kurz besprochen und das Erzeugnis in seinen wichtigsten Eigenschaften beschrieben. werden [2]).

Der Tiegelstahl.

Die Herstellung des Stahls im Tiegel war fast ein Jahrhundert lang das einzige Verfahren zur Erzeugung von schmiedbarem Eisen im flüssigen Zustande. Das Verfahren wurde zuerst um 1730 von Huntsman in Sheffield angewandt, um den nach

[1]) E. Cone: Iron Age 1913, S. 1279.
[2]) Ausführlichere Angaben über die verschiedenen Schmelzverfahren werden im zweiten Bande folgen.

anderen Verfahren erzeugten unreinen Stahl durch Umschmelzen in Tiegeln zu reinigen und gleichmäßiger zu machen. Alfred Krupp, dem damaligen Inhaber der Gußstahlfabrik Fried. Krupp in Essen, gelang es im Jahre 1851 zum ersten Male, das flüssige Material zum Gießen von schwereren Blöcken und größeren Stücken zu verwenden, während der Gründer des Bochumer Vereins für Bergbau und Gußstahlfabrikation, Jakob Mayer, als Erfinder des Stahlformgusses anzusehen ist. Das Erzeugnis des Tiegelschmelzens nannte man Gußstahl, weil es damals die einzige Art von gegossenem Stahl darstellte; nachdem aber in der neueren Zeit mehrere Verfahren hierzu ausgebildet worden sind, ist der Begriff „Gußstahl" ein schwankender geworden und dient jetzt

¹/₂ nat. Gr.　　　　　　　　　　　　　　　　　¹/₂ nat. Gr.

Rundeisen, geätzt mit Kupfer-Ammoniumchlorid.

¹/₂ nat. Gr.　　　　　　　　　　　　　　　　　¹/₂ nat. Gr.

Schweißeisen.　**Flacheisen, geätzt mit Pikrinsäure.**　**Flußstahl.**

Abb. 73—76.

oft zur Bezeichnung von in flüssigem Zustande gewonnenem und gegossenem Stahl überhaupt.

Der Tiegelstahl wird hergestellt durch Schmelzen von Schweißeisen, Schweißstahl, Zementstahl oder von Abfällen ganz reinen Flußstahls in Tiegeln [1]). Die Tiegel bestehen aus feuerfestem Ton, meistens mit Graphitzusatz, und fassen, je nach dem Verwendungszweck des Erzeugnisses, 20—60 kg. Zum Schutze des Tiegelinhalts gegen die Einwirkung der Heizgase dient ein aufgelegter Deckel, der mit einer kleinen Öffnung versehen ist, um zur Prüfung des Schmelzgutes eine dünne Eisenstange einführen zu können. Die lufttrockenen Tiegel werden zuerst in schwach erhitzten Räumen langsam angewärmt, dann gefüllt, hierauf in besonderen Brennöfen vorsichtig in Rotglut gebrannt und schließlich in die Schmelzöfen mit Hilfe von langen Zangen eingesetzt. Während früher allgemein kleine, mit Koks geheizte Schachtöfen zum Schmelzen benutzt wurden, verwendet man jetzt fast ausschließlich mit Siemens-Gasfeuerung geheizte Flammöfen, die je nach ihrer Größe auf oder unter der Hüttensohle errichtet sind, und auf deren flachem Herd eine große Anzahl von Tiegeln, 20—100 Stück, Platz finden.

---

[1]) Näheres vgl. Bd. 2.

Bei der Erzeugung von bestem Material für wertvolle Gußstücke, wie Geschützteile, Glocken usw., setzt man die reinsten Eisensorten ein, wie Herdfrischeisen aus den seit alter Zeit betriebenen schwedischen und steirischen Frischfeuern, daraus bereiteten Zementstahl sowie bestes Schweißeisen und Schweißstahl.

Das Schweißeisen wird in Puddelöfen durch Frischen von Roheisen mittels der oxydierenden Wirkung der Heizgase unter Mitwirkung einer eisenoxydreichen Schlacke erzeugt; das allmählich entkohlte Eisen, dessen Schmelzpunkt höher als die im Puddelofen herrschende Temperatur liegt, scheidet sich in Form von Kristallen aus, die im Ofen mit Hilfe von Stangen zusammengeballt und als Luppen aus dem Ofen gezogen werden; diese werden dann unter dem Dampfhammer und darauf in einem Walzwerk zusammengeschweißt. Zwischen den Eisenteilchen bleibt hierbei immer noch eine geringe Menge Schlacke zurück, die an und für sich im Tiegelprozeß zwar nicht schadet, da sie während des Schmelzens abgeschieden wird, deren Menge aber, falls das verwendete Roheisen und infolgedessen auch die Schlacke ziemlich phosphorhaltig ist, nicht zu hoch sein darf. Diese eingeschlossene Schlacke tritt bei der Ätzung einer polierten Schliffffläche des Schweißeisenstücks mit einer Kupfer-Ammoniumchloridlösung deutlich hervor, wobei besonders die phosphorhaltigen Stellen dunkel gefärbt erscheinen, und bildet auf diese Weise ein gutes und einfaches Unterscheidungsmerkmal zwischen Schweißeisen und Flußeisen; letzteres enthält keine eingeschlossene Schlacke in dieser Form und gibt ein gleichmäßiges Ätzbild. Die Abb. 73—76 zeigen deutlich die Unterscheidung dieser beiden Eisensorten.

Den wertvollsten Rohstoff für die Herstellung des Tiegelstahls bildet der Zementstahl, der durch lang andauerndes Glühen von flach geschmiedeten Frischeisen-Stäben in feuerfesten Kisten bei Luftabschluß in Holzkohlenpulver erzeugt wird; je nach der Dauer des Glühens und der Höhe der Temperatur dringt der Kohlenstoff unter Mitwirkung der sich dabei bildenden Gase in das Eisen von außen nach innen ein. Letzteres behält hierbei seinen früheren Reinheitsgrad bei, wie aus den in Zahlentafel 110 mitgeteilten Werten [1]) hervorgeht.

Zahlentafel 110.
Einfluß des Zementierens.

Bezeichnung	C %	Si %	Mn %	P %	S %
Frischeisen, aus bestem Dannemora-Erz kalt erblasen	0,055	0,010	0,06	0,012	0,006
Dasselbe, nach 8 Tage langem Glühen in Holzkohle	0,820	0,008	0,10	0,017	0,006
Dasselbe, nach 10 Tage langem Glühen in Holzkohle	1,155	0,008	0,11	0,013	0,006
Dasselbe, nach 12 Tage langem Glühen in Holzkohle	1,306	0,012	0,09	0,019	0,006

Zahlentafel 111.
Rohstoffe für die Tiegelstahlerzeugung [1]).

Bezeichnung	C %	Si %	Mn %	P %	S %
Schwedischer Herdfrisch-Rohstahl	0,796	0,168	0,24	0,020	0,006
Steirischer Herdfrisch-Rohstahl	0,636	0,244	0,21	0,029	0,011
Steirischer Rosenstahl, beste Qualität	0,943	0,050	0,12	0,011	0,003
Lancashire Handelseisen	0,082	0,050	0,02	0,025	0,003
Kruppscher Puddelstahl	0,795	0,094	0,18	0,012	0,006
Siegerländer Schweißeisen	0,250	0,068	0,15	0,031	0,006
Schwedische Hufnagelabfälle	0,045	0,004	0,21	0,033	0,042

---

[1]) Nach Untersuchungen des Verfassers.

Die aus den Glühkisten genommenen Fertigstäbe zeigen einen grobblätterigen Bruch, nach dessen Aussehen man den Kohlenstoffgehalt annähernd schätzen kann und die Stäbe sortiert, damit die in die Tiegel eingesetzte Füllung keine zu großen Unterschiede im Kohlenstoffgehalt aufweist. Eine Reihe der oben erwähnten Rohstoffe für den Tiegelstahl zeigt Zahlentafel 111.

Wenn es sich um Tiegelstahlgußstücke handelt, an die nicht die allerstrengsten Güteanforderungen gestellt werden, schmilzt man auch Abfälle von weichem Flußeisen, von Bessemer- und Martinstahl ein. Für große Gußstücke geht man zuweilen sogar so weit, Martin- oder Bessemerstahl allein in flüssigem Zustande in Tiegel einzugießen und zur Reinigung $^1/_2-1$ Stunde der höchsten Temperatur in den Schmelzöfen auszusetzen; der so erschmolzene Tiegelstahl, der diesen Namen eigentlich zu unrecht führt, kommt allerdings an Güte dem aus obigen Rohstoffen erzeugten Tiegelstahl keineswegs gleich, reicht jedoch für den jeweiligen Verwendungszweck aus.

Während des Schmelzens, das gewöhnlich 3—4 Stunden dauert, geht im Tiegel eine weitgehende Reinigung des Stahls vor sich. Bei der infolge der hohen Temperatur großen Dünnflüssigkeit des Stahls steigen die darin eingeschlossenen Schlacken und Oxyde an die Oberfläche, und ferner scheiden sich die in dem flüssigen Metall gelösten Gase fast vollständig ab, so daß der Stahl im Tiegel vollkommen ruhig steht und auf diese Weise außerordentlich dichte Gußstücke liefern kann. Um diese Wirkung noch zu verstärken, gibt man dem Einsatz zuweilen kleine Mengen von Ferromangan oder Ferrosilizium und kurz vor dem Gießen etwas Aluminium zu. Nebenher gehen im Tiegel während des Schmelzprozesses auch einige chemische Umänderungen vor sich. Durch den Kohlenstoffgehalt des Einsatzes wird unter Mitwirkung des flüssigen Eisens ein Teil der Kieselsäure der Tiegelmasse reduziert und so Silizium in das Eisen hineingeführt; zugleich nimmt der Einsatz durch den Graphit der Tiegelwandungen Kohlenstoff, im Durchschnitt etwa $0,1^0/_0$, auf, besonders bei Gegenwart von viel Mangan, das teilweise verschlackt und den Tiegel dann stark angreift.

Zahlentafel 112.
Zusammensetzung von Stahlgußstücken aus Tiegelstahl.

Bezeichnung	C $^0/_0$	Si $^0/_0$	Mn $^0/_0$	P $^0/_0$	S $^0/_0$
Scheibenräder für Eisenbahnwagen	0,16—0,20	0,18—0,25	0,80—1,00	0,020	0,014
Lokomotivradstern	0,25—0,38	0,18—0,25	1,00—1,20	0,018	0,012
Zahnrad	0,28	0,33	0,37	0,010	0,025
Baggerbüchsen	0,44	0,26	0,56	0,048	0,053
Kollergangplatte	0,49	0,21	0,50	0,049	0,027
Schneckenrad	0,58	0,37	0,53	0,011	0,018
Sprenggranate, gegossen	0,68—0,75	0,50—0,70	0,60—0,75	0,022	0,019
Ring für Erzwalzen	0,71	0,22	0,73	0,087	0,060
Baggerbolzen	0,80	0,16	0,43	0,011	0,021
Steinbrecherbacken	1,12	0,14	0,62	0,013	0,023

Wegen der reinen Einsatzstoffe und des teuren Schmelzbetriebs ist der Tiegelstahl ein sehr kostspieliges Erzeugnis. Wenn er trotzdem für hochwertige Stahlgußstücke noch dargestellt wird, so ist der Grund darin zu suchen, daß mit Ausnahme des Elektrostahlprozesses kein anderes Verfahren ein Material von so vorzüglichen Eigenschaften zu liefern vermag. Dadurch, daß der Stahl vollkommen vor der oxydierenden Einwirkung der Heizgase geschützt ist, kann er einerseits keine neuen Oxyde bilden und anderseits keine Gase von außen aufnehmen, so daß er bei dem Ausgießen als weitgehend gas- und oxydfrei anzusehen ist. Ferner ist der Tiegelstahl sehr gleichmäßig und besitzt je nach der Zusammensetzung eine hohe Festigkeit und Zähigkeit. Der Kohlenstoffgehalt schwankt entsprechend dem Verwendungszweck des Gußstückes in ziemlich weiten Grenzen. Da ein höherer Mangan- und Siliziumgehalt für dichte Gußstücke förderlich ist, steigt der

Gehalt an Mangan zuweilen auf 1% und darüber und an Silizium bis auf 0,5%. Der Schwefel- und Phosphorgehalt, der gewöhnlich sehr niedrig ist, hängt von der Reinheit der verwendeten Rohstoffe ab, da durch die Schmelzvorgänge der Phosphor gar nicht und der Schwefel nur in ganz unwesentlichen Mengen abgeschieden wird. Man verwendet den Tiegelstahl daher zu Gußstücken, die den höchsten Anforderungen an mechanische Beanspruchungen zu genügen haben, außerdem auch in kleineren Stahlgießereien für Stücke von geringen Abmessungen aus hartem Material; hierzu ist der Tiegelstahl besonders gut geeignet, da er infolge seiner großen Dünnflüssigkeit auch das Gießen ganz dünner Wandstärken gestattet. In Zahlentafel 112 sind einige Beispiele für die Zusammensetzung von Gußstücken aus Tiegelstahl wiedergegeben.

Der Siemens-Martin-Stahl.

Unter dem Siemens-Martin- oder Herdfrischverfahren versteht man die Erzeugung von Flußstahl auf dem Herde eines Flammofens. Die zu diesem Zwecke schon bis zur ersten Hälfte des 19. Jahrhunderts zurückreichenden Versuche führten erst zu einem Erfolge, als die Brüder Friedrich und Wilhelm Siemens durch die nach ihnen benannte Gasfeuerung mit Wiedergewinnung der in den Abgasen enthaltenen Wärme in sogenannten Wärmespeichern (Kammern mit gitterförmiger Füllung von feuerfesten Steinen) ein Mittel gefunden hatten, um die zum Schmelzen des schmiedbaren Eisens erforderlichen hohen Hitzegrade zu erzeugen. Der Siemens-Martin-Ofen [1]) ist ein Flammofen mit muldenförmigem Herd, dessen tiefste Stelle an der Abstichseite liegt; in den beiden Ofenquerwänden liegen getrennte Kanäle, in denen das in besonderen Gaserzeugern hergestellte Gas einerseits und die Verbrennungsluft anderseits, beide in vorgewärmtem Zustande, in den Ofen einströmen, sich an der Austrittsstelle mischen und zur Verbrennung gelangen. Die heißen Verbrennungsgase ziehen auf dem Wege zum Kamin durch ein zweites Paar Wärmespeicher, die hierbei bis zur hellen Rotglut erhitzt werden und dann nach dem Umstellen des Gas- und Luftstromes mit Hilfe von besonderen Umsteuerungsvorrichtungen wieder zum Vorwärmen von Luft und Gas dienen. Die ursprüngliche Art der Erzeugung des Siemens-Martin-Stahls, die auch heute noch fast ausschließlich zur Stahlgußherstellung benutzt wird, erfolgt durch Zusammenschmelzen von schmiedeisernen Abfällen (Schrott) und Roheisen in wechselnden Verhältnissen; gewöhnlich bildet der Schrott $^2/_3-^3/_4$ des Einsatzes. Als Schrott [2]) können alle möglichen Eisen- und Stahlabfälle benutzt werden, alte Schienen und Schwellen, Gußabfälle, Walzenenden, Alteisen, Drehspäne usw., sofern sie keine schädlichen, durch das Schmelzen nicht zu beseitigenden Bestandteile enthalten. Man setzt gewöhnlich, in kleineren Betrieben von Hand, in größeren mit besonderen Maschinen, zuerst das Roheisen in den heißen Ofen ein und gibt dann nach und nach den Schrott zu; bei basischem Herde fügt man teils vor, teils nach dem Einschmelzen noch eine bestimmte Menge Kalk zur Abscheidung des in dem Einsatz enthaltenen Siliziums, Phosphors und zum Teil auch Schwefels zu. Während des Schmelzverlaufes werden allmählich durch die oxydierende Wirkung der Verbrennungsgase die in dem Metallbade enthaltenen Fremdkörper verbrannt, zunächst das Silizium und Mangan, je nach der Ausfütterung des Herdes mit verschiedener Geschwindigkeit, und zugleich, wenn zum Hauptteile auch erst am Schluß, der Kohlenstoff. Auf basischem Herde findet unter Mitwirkung des Kalkzuschlages auch eine Abscheidung des Phosphors statt, die auf saurem Futter wegen der dadurch bedingten sauren Schlacke unmöglich ist. In gleicher Weise kann durch die Wirkung des Kalks und Mangans auch der Schwefelgehalt verringert werden, obwohl es anderseits bei Verfeuerung von sehr schwefelhaltigen Brennstoffen auch vorkommen kann, daß das Bad aus den Verbrennungsgasen Schwefel aufnimmt. Durch die starke Oxydationswirkung während des Schmelzens hat das Metall aber auch eine geringe Menge Sauerstoff in Form von gelöstem Eisenoxydul aufgenommen. Nachdem man sich durch eine Schöpfprobe von der Beendigung des Frischens überzeugt hat, setzt man daher zur Desoxydation (vgl. S. 305)

---

[1]) Näheres vgl. Bd. 2.
[2]) Vgl. S. 168.

und gleichzeitig zur Rückkohlung eine bestimmte Menge Ferromangan, zuweilen auch Spiegeleisen, zu und sticht schließlich das Bad in die Pfanne ab, aus der dann das Gießen unmittelbar oder mit Hilfe von kleineren Handpfannen in die Gußformen erfolgt. Zur Vervollständigung der Desoxydation setzt man in der Gießpfanne häufig auch noch Ferrosilizium oder Aluminium zu.

Die Siemens-Martin-Öfen haben, je nach der Größe der betreffenden Gießerei und der zu gießenden Stücke ein Fassungsvermögen von 5—25 t, zuweilen noch darüber, wenn größere Gußstücke herzustellen sind. Man pflegt aber, wenn der Betrieb es nur irgendwie ermöglicht, doch nicht unter 10 t zu gehen, weil bei den kleineren Öfen die Kosten für das Schmelzen und die Reparaturen unverhältnismäßig hoch steigen; besonders letztere sind infolge der hohen Schmelztemperatur, die zur Erreichung der erforderlichen Dünnflüssigkeit zum Gießen unbedingt notwendig ist, ziemlich hoch. Die Dauer einer einzelnen Schmelzung beträgt etwa 5—7 Stunden, so daß in Berücksichtigung der nach jeder Schmelzung erforderlichen Ausbesserungsarbeiten etwa 3—4 Schmelzungen in 24 Stunden fertiggestellt werden können. Dies ist eine Stahlmenge, die immerhin schon einen umfangreichen Gießereibetrieb voraussetzt.

Um die Frischwirkung der Gase zu verstärken und auf diese Weise den Verlauf des Verfahrens zu beschleunigen, gibt man häufig zu dem Bade einen Zusatz von möglichst reichem und reinem Eisenerz, dessen Sauerstoffgehalt, unter gleichzeitiger Reduktion des Erzes zu metallischem Eisen, eine energische Oxydation der Fremdkörper bewirkt. In einigen Betrieben hat man die Menge des Erzzusatzes sogar so erhöht, daß man ganz auf das Einschmelzen von Schrott verzichtet hat und nur noch Roheisen, dann meistenteils in flüssigem Zustande, einsetzt, so daß sich auf diese Weise vollständige Roheisen-Erz-Frischverfahren im Flammofen entwickelt haben. Es sei dies hier nur kurz angeführt, weil diese Stahldarstellung hauptsächlich für große Erzeugungsmengen, weniger für Formgußherstellung, betrieben wird und daher in das Gebiet der Eisenhüttenkunde gehört; sie interessiert an dieser Stelle nur insoweit, als solche Stahlwerksbetriebe häufig mit einer Stahlgießerei verbunden sind und dann an diese einen Teil ihrer Erzeugung abgeben.

Wie oben erwähnt, stampft man den Ofenherd entweder aus saurem Material (zerkleinerter Quarz mit geringem Zusatz von feuerfestem Ton als Bindemittel) oder aus basischer Masse, nämlich gebranntem Dolomit mit einem geringen Zusatz von entwässertem Teer. Je nach der Wahl solchen Herdfutters ist die Betriebsführung verschieden. Da man auf einem sauren Futter nur eine saure Schlacke schmelzen kann, weil ersteres durch eine basische Schlacke sofort zerstört würde, so ist hierbei eine Abscheidung des Phosphors, wozu ja eine Base erforderlich ist, unmöglich; man ist deshalb bei saurem Betriebe gezwungen, einen fast phosphor- und schwefelreinen Einsatz zu verwenden. Bei dem basischen Verfahren dagegen braucht man keine so große Vorsicht in der Wahl des Roheisens und Schrotts walten zu lassen; man kann hier den Phosphorgehalt bis auf das niedrigste Maß aus dem Metall abscheiden.

Früher glaubte man, einen Unterschied in den Güteeigenschaften zwischen saurem und basischem Siemens-Martin-Stahl feststellen zu können; man kann heute aber sagen, daß sich mit beiden Verfahren gleich gute Stahlsorten erzielen lassen[1]). Von einigen Gießereileuten wird zwar der saure Martinstahl für den Stahlguß noch bevorzugt, besonders zur Erzeugung von mittelharten und harten Qualitäten; man glaubt, aus dem sauren Material leichter dichte Gußstücke, die möglichst frei von Gasblasen sind, herstellen zu können, und führt dies auf seinen höheren Siliziumgehalt zurück. Während das basische Metall das in den Rohstoffen enthaltene Silizium schon gleich im Anfange des Schmelzens verliert und ihm der gewünschte Siliziumgehalt, um ein besseres Gießen zu ermöglichen, nachträglich durch Zusatz von Ferrosilizium in der Pfanne zugeführt werden muß, bleibt in dem sauren Stahl dadurch, daß die Schlacke während des ganzen Schmelzganges sauer gehalten werden kann, immer noch ein Teil des ursprünglichen Siliziums zurück, und es ist nicht zu bezweifeln, daß dieses Silizium auf das Erreichen

---

[1]) Vgl. F. Wüst: Mitt. Eisenforsch. zu Düsseldorf. Bd. 3, 1922, II, S. 29; auszüglich Stahleisen 1923, S. 502.

dichter Güsse besser wirkt als das später in der Pfanne zugesetzte. Das saure Verfahren
hat auch unleugbar den Vorteil, daß man die zum Rückkohlen erforderlichen Zusätze
im Ofen selbst zugeben kann, wodurch eine gleichmäßigere Durchmischung des gießfertigen Metalls gewährleistet wird; dieser Weg verbietet sich bei dem basischen Verfahren
dann, wenn die Schlacke bei der Abscheidung des Phosphors eine bestimmte
Menge dieses schädlichen Körpers in sich aufgenommen hat und bei Zugabe der
kohlenstoffhaltigen Zusätze wieder leicht Phosphor aus der Schlacke reduziert und in
das Bad zurückgeführt werden kann. Auch hört man oft noch die Ansicht vertreten,
daß saurer Stahl weniger schwindet als basischer, daher auch nicht die große Sorgfalt
bei der Herstellung der Gießformen verlange. Da man aber in den letzten Jahrzehnten
gerade in der Schmelzführung basischer Öfen außerordentlich große Fortschritte gemacht
hat, unterliegt es keinem Zweifel, daß man mit beiden Verfahren imstande ist, beliebige
Stahlsorten, sowohl härtere als auch weiche, von gleich guten Eigenschaften zu erzeugen.
Für gewisse Gußstücke, an deren chemische Reinheit oder deren Zähigkeit und Geschmeidigkeit besonders hohe Anforderungen gestellt werden, wie z. B. für Stahlguß
zu Dynamoankern und Polgehäusen, pflegt man wegen der Möglichkeit, auch den Schwefel
und besonders den Phosphor weitgehend zu entfernen, das basische Verfahren vorzuziehen. Wenn man trotzdem in den Stahlgießereien auch jetzt noch mehr saure als basische
Öfen antrifft, so ist das wohl nur darauf zurückzuführen, daß es in kleineren Betrieben
mit geringeren Schwierigkeiten verknüpft ist, den für die Herstellung des sauren Herdes
erforderlichen geeigneten Quarz herbeizuschaffen als die für den basischen Herd notwendige Dolomit-Teer-Mischung.

Durch die Möglichkeit, die Schmelzung bis zur Fertigstellung nach Gutdünken
lange im Ofen halten zu können, ist man in der Lage, auf jede gewünschte Zusammensetzung des Metalls für weiches oder hartes Material hinzuarbeiten. Die Hauptmenge
des Siemens-Martin-Stahls wird zu weichen und mittelharten Gußstücken vergossen, in
geringeren Mengen zu harten Stücken. Je nach der verlangten Festigkeit schwankt
der Kohlenstoffgehalt von etwa 0,10—0,60%, der Mangangehalt von 0,50—1,00%,
selten darüber, während der Gehalt an Schwefel und Phosphor immer unter je 0,10%
betragen soll, was bei dem basischen Verfahren leicht zu erreichen ist. Der Siliziumgehalt
ist bei dem sauren Material gewöhnlich höher, meistens 0,30—0,50%, während das basische
Erzeugnis selten mehr als 0,20% enthält; über 0,50% empfiehlt es sich aber auch bei dem
sauren Verfahren nicht zu gehen, weil sonst die Zähigkeit sehr herabgemindert würde.

Die Zusammensetzung von Stahlgußstücken aus saurem und basischem Siemens-
Martin-Stahl ist in den Zahlentafeln 113 und 114 an einer Reihe von Beispielen[1]
wiedergegeben.

Zahlentafel 113.

Zusammensetzung von Stahlgußstücken aus saurem Siemens-Martin-Stahl.

Bezeichnung	C %	Si %	Mn %	P %	S %
Polgehäuse	0,07	0,071	0,20	0,043	0,063
Stopfbüchsen, Ventilspindeln	0,24	0,258	0,20	0,056	0,048
Gießpfannenring, Hebelstangen	0,26	0,121	0,48	0,081	0,054
Kranteile, Maschinenteile	0,31	0,298	0,65	0,048	0,056
Preßzylinder, Traversen	0,37	0,540	0,75	0,080	0,055
Ring für Roheisenmischer, Scherenständer	0,38	0,490	0,62	0,085	0,065
Kammwalzen	0,45	0,273	0,75	0,080	0,063
Zahnräder, Rollen, Grubenräder	0,47	0,482	0,66	0,081	0,050
Ventilkörper, Brückenauflager	0,49	0,370	0,50	0,079	0,064
Ambosse, Laufringe	0,50	0,410	0,74	0,074	0,054
Kettenscheiben, Schnecken für Transportanlagen . .	0,56	0,445	0,67	0,088	0,065
Glühtöpfe, Seitenkeile für Brecher	0,58	0,482	1,00	0,085	0,042

[1] Aus den Betriebsbüchern der betreffenden Stahlgießereien entnommen.

Zahlentafel 114.
Zusammensetzung von Stahlgußstücken aus basischem Siemens-Martin-Stahl.

Bezeichnung	C %	Si %	Mn %	P %	S %
Dynamo-Anker.	0,078	0,020	0,30	0,035	0,055
Herd- und Deckplatten	0,085	0,173	0,47	0,050	0,048
Ankerplatten, Mannlochplatten.	0,125	0,115	0,43	0,023	0,050
Schlackenkasten	0,165	0,134	0,48	0,023	0,043
Muldenköpfe	0,195	0,121	0,45	0,016	0,045
Bogenstücke, Stutzen.	0,210	0,135	0,55	0,028	0,051
Lagerböcke, Lagerrollen.	0,240	0,110	0,76	0,044	0,035
Seilscheiben, Laufräder	0,270	0,126	0,62	0,023	0,041
Muffen, Walzenspindeln.	0,305	0,154	0,87	0,034	0,038
Kupplungen, Walzenständer	0,330	0,145	0,70	0,042	0,040
Exzenterscheiben, Vorwalzen	0,350	0,170	0,82	0,040	0,033
Zahnräder	0,385	0,128	0,98	0,046	0,040
Herzstücke, Matritzen.	0,400	0,156	0,60	0,050	0,042
Winkelräder	0,430	0,168	0,63	0,055	0,044
Fertigwalzen für große Straßen	0,460	0,128	0,80	0,044	0,054
Kollergangsringe	0,485	0,116	0,85	0,036	0,038
Brechbacken.	0,500	0,212	0,65	0,044	0,045
Fertigwalzen für kleine Straßen	0,530	0,210	0,99	0,047	0,035
Kammwalzen	0,560	0,106	0,84	0,056	0,069
Ventile, Kolben	0,810	0,121	1,10	0,026	0,040

Der Bessemer-Stahl.

Bei dem Bessemer-Verfahren, das von Henry Bessemer im Jahre 1855 erfunden und in die Praxis eingeführt wurde, erfolgt die Abscheidung der Verunreinigungen aus dem Roheisen mittels Blasen von Gebläseluft durch das in einem besonderen Behälter befindliche Roheisen, das entweder unmittelbar vom Hochofen kommend oder nach dem Umschmelzen in Kuppelöfen in flüssigem Zustande eingegeben wird. Der Behälter, der wegen seiner birnenähnlichen Form „Birne" oder auch wegen der darin durchgeführten Umwandlung des Roheisens in schmiedbares Eisen „Konverter" genannt wird, hat die Gestalt eines im mittleren Teile zylindrischen Gefäßes, das unten durch einen zum Zwecke des Windeinblasens mit Düsen versehenen Boden und oben zum Entweichen der gebildeten Gase durch einen kegelförmigen, halsähnlichen Aufsatz abgeschlossen ist. Die Birne ist mittels eines Tragrings in zwei Ständern an zwei Zapfen drehbar aufgehängt, von denen der eine hohl ist, um durch ein mit dem Konverter bewegliches Rohr in den unter dessen Boden liegenden Windkasten Gebläseluft einzuführen; der andere Zapfen trägt eine Zahnrad-Drehvorrichtung, um durch Maschinen- oder Handarbeit die Birne zum Eingießen des Roheisens und Ausgießen des fertigen Metalls umlegen zu können. Die Wandungen und der Boden des Konverters bestehen aus Kieselsäure und werden aus gemahlenem Sandstein oder Quarz, meistens in Form von Ganister (einem neben Tonerde und Eisenoxyd hauptsächlich aus feinen Quarzkörnern bestehenden Gestein), unter Zusatz von etwas feuerfestem Ton als Bindemittel aufgestampft. Die zur Durchführung des Verfahrens erforderliche Wärme (das fertige Metall hat einen höheren Schmelzpunkt als das eingesetzte Roheisen) wird durch die Verbrennung der im Roheisen enthaltenen Fremdkörper, hauptsächlich des Siliziums, geliefert. Es ist daher erforderlich, daß das Roheisen eine hinreichende Menge dieses Körpers, etwa $1-2\%$ besitzt; außerdem enthält es neben $3,5-4\%$ Kohlenstoff gewöhnlich etwa $0,8-2\%$ Mangan und ferner Schwefel und Phosphor in sehr geringen Mengen, jedenfalls unter je $0,1\%$, da aus dem gleichen Grunde, wie bei dem sauren Siemens-Martin-Verfahren, eine Abscheidung des Phosphors auf dem sauren Futter unmöglich ist; gewöhnlich findet infolge des Abbrandes an den anderen Elementen sogar noch eine kleine relative Steigerung des Phosphor- und Schwefelgehaltes statt. Der durch das Roheisenbad streichende Wind, der für größere Birnen durch Zylindergebläse, für kleinere durch Kompressoren oder Kapselgebläse geliefert wird, verbrennt zuerst das Silizium und Mangan und in der Hauptmenge zuletzt den Kohlenstoff; sind diese Körper nach etwa 10—15 Minuten langem Blasen, je nach der Zusammensetzung des Roheisens, abgeschieden, so legt man die Birne um, gibt, wie bei dem Siemens-Martin-Verfahren, die notwendigen Zusätze von Ferromangan oder Ferrosilizium und läßt das nun gießfertige Metall in die Gießpfanne ab. Das Erzeugnis, das eine ähnliche Zusammensetzung wie der saure Siemens-Martin-Stahl besitzt, kann durch entsprechende Wahl und Menge der nach dem Blasen gegebenen Zuschläge in allen gewünschten Härtegraden hergestellt werden, wenn man auch hier hauptsächlich weiche und mittelharte Sorten erzeugt. In Zahlentafel 115 ist die chemische Zusammensetzung von verschiedenen, in der Bessemerbirne hergestellten Stahlsorten mitgeteilt.

Zahlentafel 115.

Zusammensetzung von Bessemerstahl.

Bezeichnung	C %	Si %	Mn %	P %	S %
Bessemerstahl von einem englischen Werk [1]	0,10	0,042	0,51	0,058	0,071
	0,19	0,037	0,49	0,054	0,069
	0,24	0,032	0,89	0,053	0,068
	0,37	0,030	0,98	0,056	0,060
	0,46	0,034	0,88	0,053	0,069
	0,54	0,060	0,86	0,059	0,063
	0,66	0,060	0,99	0,050	0,076
Bessemerstahl von schwedischen Werken [2]	0,30	0,044	0,18	0,033	Spur
	0,58	0,063	0,44	0,024	0,005
	0,60	0,090	0,52	0,026	0,005
	0,70	0,032	0,26	Spur	Spur
	1,23	0,080	0,50	0,027	0,008
Bessemerstahl von deutschen Werken [3]	0,14	0,089	0,28	0,068	0,052
	0,24	0,108	0,98	0,059	0,048
	0,28	0,206	0,61	0,058	0,049
	0,33	0,410	0,70	0,054	0,028
	0,37	0,390	0,68	0,069	0,052
	0,44	0,530	0,87	0,058	0,032
	0,45	0,350	1,08	0,046	0,052
	0,62	0,294	0,88	0,038	0,026

D. D. Mac Guffie [4] macht über englischen Stahlguß aus einem Stock-Konverter folgende Angaben:

C %	Si %	Mn %	P %	S %	Zerreißfestigkeit kg/qmm	Dehnung (auf 3 Zoll) %
0,21	0,28	0,65	0,043	0,015	32,10	32
0,21	0,28	0,72	0,018	0,011	55,10	30
0,30	0,29	0,54	0,041	0,014	55,17	34
0,33	0,32	0,46	0,046	0,015	55,44	20
0,43	0,33	0,75	0,043	0,017	61,43	20

Das ursprüngliche Bessemerverfahren, wie es in Konvertern von großer Fassung, von 10—30 t, durchgeführt wird, dient in den Eisenhütten vorzugsweise zur Erzeugung von Blöcken zum Auswalzen von Handelseisen; nur ein kleiner Teil des erblasenen Metalles wird dann an die häufig mit dem Stahlwerk verbundene Stahlgießerei abgegeben. Soll das Verfahren ausschließlich zum Erblasen von Flußstahl für Stahlguß dienen, wozu lange nicht so große Erzeugungsmengen benötigt werden, so benutzt man Konverter von kleinerer Fassung, von 1—3 t Einsatz, weshalb man diese auch als **Kleinkonverter**

[1] F. W. Harbord: Metallurgie 1907, S. 373.
[2] Stahleisen 1899, S. 917; Brüsewitz: Report of the Iron Office of Sweden.
[3] Aus den Betriebsbüchern der betreffenden Werke entnommen.
[4] The Foundry Trade Journ. 1921, S. 197.

und das Verfahren als Kleinbessemerei bezeichnet. Zugleich hat man die Birnen entsprechend ihrem besonderen Zweck kleineren Änderungen unterworfen; man gibt ihnen z. B. einen massiven Boden und bläst den Wind seitlich entweder durch oder auf das Bad. Hierdurch erzielt man den Vorteil, daß man mit geringerer Windpressung arbeiten kann, daß der ganze Oxydationsvorgang langsamer verläuft und sich dadurch leichter übersehen läßt, und daß schließlich die Haltbarkeit des Konverterfutters erhöht wird. Sonst wird der Betrieb und das Verfahren in gleicher Weise gehandhabt, wie oben ausgeführt. Gegenüber dem Tiegel- und Siemens-Martin-Verfahren hat die Kleinbessemerei verschiedene Vorzüge; sie ist in ihren Anlagekosten billiger, kann ihre Erzeugungsmenge, da die Birne jederzeit stillgesetzt und wieder rasch in Betrieb genommen werden kann, genau dem Gießbedarfe anpassen und eignet sich deshalb besonders für Stahlgießereien von kleinerem Umfang.

Der in der Kleinbessemerbirne erzeugte Stahl kann je nach den verlangten Festigkeitswerten in den verschiedensten Härtegraden durch Zugabe der geeigneten Kohlungsmittel erzeugt werden. Er wird sowohl für ganz weiche Gußstücke von möglichst reiner chemischer Beschaffenheit hergestellt, wie es z. B. die Gestelle für Dynamomaschinen und Motoren rücksichtlich ihrer magnetischen Eigenschaften erfordern, als auch für mittelharte und harte Sorten. Zenzes[1] stellt die in deutschen Kleinbessemereien erzeugten üblichen Sorten in folgender Weise zusammen:

Gehalt an	Flußstahlguß, 37—44 kg/qmm Festigkeit und 20% Dehnung	Flußstahlguß, 45—60 kg/qmm Festigkeit und mindestens 15% Dehnung	Werkzeugstahlguß für Gesenke, Matritzen, Hämmer usw., 60—70 kg/qmm Festigkeit	Dynamostahlguß, mit der besten magnetischen Induktionskurve
Kohlenstoff . . . . . . %	0,15—0,25	0,25—0,35	0,15—1,00	0,10—0,15
Silizium . . . . . . „	0,15—0,25	0,15—0,25	—	0,10—0,15
Mangan . . . . „	0,25—0,50	0,50—0,60	—	0,10—0,15

Für Stahlguß aus einem französischen Kleinbessemereibetrieb (Henricot in St. Etienne), in dem nach dem schwedischen Tropenas-Verfahren gearbeitet wurde, gibt W. Carlsson[2] folgende Werte an, wobei sich die Festigkeitsziffern auf die ausgeglühten Formgußstücke beziehen.

Bezeichnung	Chemische Zusammensetzung			Mechanische Eigenschaften	
	C %	Mn %	Si %	Bruchfestigkeit kg/qmm	Dehnung in % auf 200 mm
Besonders weicher Stahl	0,07	Spur	0,09	38,4	27,5
Weicher Stahl	0,10	0,50	0,15	42,5	23,0
Gewöhnlicher Stahl	0,15	0,50	0,15	44,8	21,0
Halbharter Stahl	0,25	0,65	0,20	54,3	15,0

Der Kohlenstoffgehalt des Kleinbessemerstahls bewegt sich je nach den verlangten Festigkeitswerten in sehr weiten Grenzen, von 0,05 bis etwa 0,8%. Der Gehalt an Mangan schwankt zwischen 0,10 und 1% und an Silizium von 0,05—0,5%, selten geht er darüber hinaus. Der Schwefel- und Phosphorgehalt hängt, wie schon erwähnt, von dem Reinheitsgrade der Einsatzstoffe ab und soll nicht über je 0,1% steigen.

Die guten physikalischen Eigenschaften, die der Kleinbessemerstahl besitzt, zeigt folgende Reihe von Werten, die T. Levoz[3] bei Kleinbessemerschmelzungen der Hütte in Stenay festgestellt hat (siehe Zahlentafel 116).

---

[1] Eisen-Zg. 1909, S. 1034.
[2] Bihang till Jernkontorets Annaler 1907, S. 665.
[3] Quelques vérités sur la mise en pratique des petits convertisseurs Bessemer. Paris 1905, S. 11.

Zahlentafel 116.
Kleinbessemerstahl.

Schmelzung	C %	Si %	Mn %	P %	S %	Bruchfestig-keit kg/qmm	Elastizitäts-grenze kg/qmm	Dehnung %
1	0,086	0,050	0,28	0,05	0,04	41,20	28,95	32,15
2	0,125	0,105	0,33	0,06	0,05	43,50	29,05	30,25
3	0,260	0,112	0,77	0,05	0,06	52,40	32,45	24,50
4	0,310	0,115	0,40	0,05	0,05	50,00	31,35	25,80
5	0,370	0,118	0,98	0,06	0,05	64,50	40,90	20,25
6	0,410	0,120	1,25	0,06	0,06	87,40	53,50	16,87
7	0,445	0,125	0,63	0,05	0,05	79,20	42,22	13,50
8	0,510	0,130	0,78	0,06	0,05	88,45	50,00	11,85

Von den angeführten Schmelzungen wurden die mit 3, 5 und 6 bezeichneten nur bis zum gewünschten Kohlenstoffgehalt heruntergeblasen und die Birne dann gekippt; dieses Verfahren kann jedoch nur durch lange praktische Erfahrung und bei gleichmäßig zusammengesetztem Roheisen durchgeführt werden. Die Schmelzungen 4, 7 und 8 wurden dagegen bis zur vollständigen Entkohlung geblasen und dann durch Spiegeleisenzusatz wieder rückgekohlt.

Zahlentafel 117.
Zusammensetzung von Stahlgußstücken aus dem Kleinkonverter.

Bezeichnung	C %	Si %	Mn %	P %	S %
Dynamostahlguß	0,09	0,08	0,15	0,058	0,027
Polgehäuse	0,10	0,12	0,14	0,004	0,004
Anker für Motoren	0,15	0,14	0,12	0,004	0,003
Querträger	0,15	0,12	0,58	0,062	0,031
Maschinenteile . . . . {	0,19	0,21	0,38	0,016	0,015
	0,24	0,25	0,30	0,015	0,014
Kupplung	0,22	0,25	0,47	0,066	0,048
Teile für Eisenbahnbedarf . . . . {	0,24	0,13	0,75	0,015	0,015
	0,25	0,35	0,65	0,015	0,014
	0,30	0,25	0,70	0,016	0,015
Druckzylinder	0,29	0,35	0,70	0,016	0,021
Ventilkasten	0,31	0,18	0,69	0,071	0,029
Ventilteile . . . . {	0,30	0,21	0,71	n. b.	n. b.
	0,38	0,20	0,77	n. b.	n. b.
	0,48	0,31	0,85	n. b.	n. b.
Preßzylinder	0,41	0,32	0,89	0,048	0,036
Zahnräder	0,55	0,36	0,85	0,016	0,018
Kollergangsteile	0,74	0,25	0,90	0,027	0,014
Nickelstahl . . . . {	0,15	0,20	1,50	n. b.	n. b. Ni 2,00
	0,65	0,60	1,00	n. b.	n. b. 3,00

Infolge der hohen Temperatursteigerung, die das in der Birne befindliche Bad durch die Verbrennungswärme des Siliziums erfährt, und die dem Stahl häufig einen viel höheren Hitzegrad verleiht, als er dem Erzeugnis des Siemens-Martin-Ofens eigen ist, ist der Kleinbessemerstahl sehr dünnflüssig, so daß man imstande ist, damit ganz sperrige und dünnwandige Stücke zu gießen. Man kann daher auch mit Hilfe kleiner angewärmter Handpfannen eine große Reihe von kleinen Stücken gießen, selbst wenn deren Formen in einiger Entfernung vom Kleinkonverter in einer großen Gießerei verteilt sind. Wenn es sich darum handelt, größere Stücke zu gießen, deren Gewicht die Erzeugungsmenge einer Kleinbirne übersteigt, kann man sogar ohne Gefahr des Einfrierens des Metalls in der Gießpfanne zwei oder selbst mehrere hintereinander geblasene Schmelzungen in einer Pfanne vereinigen und dann zusammen vergießen. Infolge der großen Dünnflüssigkeit des Materials haben die Gußstücke eine reine und glatte Oberfläche, wodurch die Putzarbeit sehr vereinfacht wird. Allerdings ist mit dem großen Hitzegrad, bei dem der Stahl vergossen wird, auch die Gefahr verbunden, daß sich in den Gußstücken leicht Schwindungsräume und -risse (vgl. S. 357) bilden, insofern man dieser Gefahr durch längeres Stehenlassen der Gießpfanne oder durch Einwerfen von Schrott zwecks Abkühlung der Schmelzung nicht entgegenarbeiten kann; die Formen müssen daher mit Sorgfalt hergestellt und getrocknet bzw. gebrannt werden. Durch Zusätze von Nickel-, Chrom-, Molybdän- und ähnlichen Eisenlegierungen zu den fertig geblasenen Schmelzungen können auch für bestimmte Zwecke in einfacher Weise Sonderstähle hergestellt werden. Beispiele für die Zusammensetzung von Stahlgußstücken aus dem Kleinkonverter sind in Zahlentafel 117 zusammengestellt [1]).

Der Elektrostahl.

In den letzten Jahrzehnten hat sich in der Praxis ein neues Verfahren zur Darstellung von Flußstahl entwickelt, das für die Stahlgießerei bereits von großer Bedeutung geworden ist und sich in vielen Stahlgießereien, namentlich im Auslande (Nordamerika, Italien), mit Erfolg eingebürgert hat, d. i. die Erzeugung von Flußstahl im elektrischen Ofen. Bei diesem Verfahren schmelzt man in dem elektrischen Ofen entweder Schrott ein, der dann durch Schlackenbehandlung gereinigt wird, oder gießt gefrischtes flüssiges Material aus dem Siemens-Martin-Ofen, der Bessemer- oder der Thomasbirne ein, das dann weiter raffiniert wird.

Bei der Durchführung des elektrischen Schmelzverfahrens kommt der elektrische Strom lediglich als Wärmequelle zur Wirkung; es steht zu diesem Zwecke eine Reihe Ofenbauarten in Anwendung, bei denen die Umwandlung der Stromenergie in Wärme auf verschiedene Weise bewirkt wird. Man kann nach dieser Richtung hin grundsätzlich zwei Gruppen von Öfen unterscheiden [2]): Lichtbogenöfen, bei denen die Wärme hauptsächlich durch den elektrischen Lichtbogen geliefert wird, der seine Wärme auf das Schmelzbad ausstrahlt, und Induktionsöfen, bei denen durch einen Primärstrom in dem als Sekundärstromkreis wirkenden Metallbade nach Art eines Wechselstromtransformators ein Induktionsstrom erzeugt wird, der das Metall erhitzt und zum Schmelzen bringt. Der Ofenherd wird meistens aus basischer Masse (Dolomit-Teer-Mischung), seltener aus saurem Futter (Quarz) hergestellt. Die im Elektroofen vor sich gehenden Reaktionen ähneln in ihren Grundzügen den bei den oben beschriebenen anderen Verfahren auftretenden metallurgischen Vorgängen. Nach dem Einschmelzen gibt man zur Abscheidung der noch vorhandenen oxydierbaren Verunreinigungen, hauptsächlich des Phosphors, Zuschläge von Kalk und Eisenerz oder Walzensinter auf das Bad, worauf nach beendetem Frischen bzw. Entphosphorn geeignete Mengen von Ferromangan, Ferrosilizium oder anderen Reduktionsmitteln zur Desoxydation zugeschlagen werden. Dann wird die Frischschlacke abgezogen und ein neuer Kalkzusatz zur Abscheidung des Schwefels aufgegeben, wozu eine vollkommen metalloxydfreie und so stark kalkbasische Schlacke erforderlich ist, wie sie eben nur in der hohen Temperatur des elektrischen Ofens geschmolzen werden kann. Schließlich folgt in der üblichen Weise das Rückkohlen des Stahls sowie der Zusatz sonstiger, für die gewünschte Zusammensetzung erforderlicher Legierungen und das Ausgießen in die Gießpfanne durch Kippen des Ofens.

Der im Elektroofen erzeugte Stahl zeichnet sich vor den Erzeugnissen der übrigen Verfahren durch weitgehende chemische Reinheit, große Gleichmäßigkeit und als deren Folge durch hochwertige physikalische Eigenschaften aus. Schwefel, Phosphor und Sauerstoff können bis auf geringe Spuren entfernt und ferner kann der Gehalt des flüssigen gießfertigen Stahls an Gasen sehr niedrig gehalten werden. Die Gründe für diese hohen Güteeigenschaften sind in den günstigen Betriebsverhältnissen des Elektroofens zu suchen. Zunächst stellt der elektrische Strom die idealste, reinste Wärmequelle

---

[1]) Von den betreffenden Gießereien mitgeteilte Zahlen.
[2]) Näheres s. Bd. 2.

dar, die sich je nach der Art der gerade im Bade vor sich gehenden Reaktion leicht und in jedem Augenblick sicher regeln läßt. Die in den anderen Öfen vorhandenen Heiz- bzw. Frischgase fehlen vollständig, so daß — ähnlich wie im Tiegel des Tiegelstahlver- fahrens — eine Aufnahme von gasförmigen Verunreinigungen, z. B. von Sauerstoff oder Schwefel aus den Ofengasen, ausgeschlossen ist. Trotzdem läßt sich durch die Art der Zuschläge nach Wunsch eine oxydierende, neutrale oder reduzierende Atmosphäre im Ofen herstellen, wodurch man die gerade im Bade vor sich gehenden Reaktionen erheblich unterstützen kann. Ferner ist die im Ofen herrschende Temperatur so hoch, daß die Reinigungsprozesse viel vollständiger verlaufen, und daß außerdem durch die große Dünnflüssigkeit des heißen Bades eine gründliche Abscheidung der darin verteilten oder emulgierten Schlackenteilchen vor sich gehen kann; dies wird noch durch den Umstand befördert, daß die Schmelzung nach dem Desoxydieren längere Zeit im Ofen verbleibt und so mehr Zeit zur Abscheidung der Verunreinigungen hat. Infolge der weitgehenden Desoxydation und der hohen Temperatur kann der Stahl vollständiger entgast werden, als es bei den übrigen Stahlerzeugungsverfahren, sogar im Tiegelstahlprozeß, möglich ist; vor letzterem besitzt das elektrische Schmelzverfahren den weiteren Vorteil, daß eine Einwirkung, wie sie das Metall durch Aufnahme von Kohlenstoff und Silizium aus den Tiegelwänden erfährt, nicht stattfindet.

Zahlentafel 118.

Zusammensetzung von Elektrostahl für Stahlguß [1]).

C %	Si %	Mn %	P %	S %	Bruchfestigkeit kg/qmm	Dehnung %
0,070	0,030	0,30	0,002	0,013	36,4	30,2
0,080	0,150	0,25	0,030	0,035	38,0	35,0
0,105	0,052	0,36	0,008	0,010	39,2	31,0
0,135	0,147	0,37	0,007	0,013	41,3	28,3
0,150	0,150	0,40	0,030	0,030	45,0	24,0
0,260	0,303	0,62	0,022	0,013	47,9	22,4
0,310	0,135	0,50	0,002	0,015	57,6	16,4
0,400	0,150	0,50	0,035	0,030	55,0	15,0
0,520	0,184	0,69	0,011	0,010	74,2	18,7
0,700	0,150	0,50	0,040	0,030	60,0	12,0
0,790	0,101	0,74	0,040	0,017	84,9	15,8
1,070	0,287	0,45	Spur	0,018	86,8	13,6

Infolge des sehr geringen Gehaltes an gelösten Gasen verhält sich der im Elektro- ofen erzeugte Stahl sehr ruhig in der Gießpfanne und läßt sich daher besonders gut zu sauber aussehenden Gußstücken vergießen. Diese vorzügliche Vergießbarkeit wird noch durch die hohe Temperatur des Metalls erhöht, die es ermöglicht, außerordentlich dünnwandige Gußstücke, selbst von größeren Abmessungen und sperriger Form, zu gießen. Da der Stahl erst nach vollkommen beendeter Desoxydation seine Kohlungs- und anderen Zusätze erhält, so werden diese auch vollständig, fast ohne jeden Abbrand, vom Bade aufgenommen; man ist daher bei dem elektrischen Schmelzen mit einer großen Zuverlässigkeit imstande, ein Material von einer bestimmten gewünschten Zusammen- setzung herzustellen. Die vorzüglichen Eigenschaften des Elektrostahls sind aus der Zahlentafel 118, in der eine Reihe von Betriebszahlen aus verschiedenen Stahlgießereien zusammengestellt sind, deutlich zu ersehen. Hierbei mag noch besonders hervorgehoben werden, daß die elektrischen Öfen der verschiedenen Bauarten wohl alle in der Lage sind, ein vorzügliches Erzeugnis zu liefern. Zwischen ihnen bestehen wohl bezüglich ihrer Anlage- und vielleicht auch Betriebskosten, also ihrer Wirtschaftlichkeit, im einzelnen Unterschiede; dies trifft aber kaum für die Güte ihrer Erzeugnisse zu, da die in den

---

[1]) Aus den Betriebsbüchern der betreffenden Gießereien entnommen.

verschiedenen Ofenbauarten verlaufenden metallurgischen Vorgänge fast alle auf den gleichen Grundsätzen beruhen.

Der im Elektroofen erzeugte Stahl wird besonders zu Gußstücken vergossen, an die sehr weitgehende Anforderungen gestellt werden. Man erschmilzt so Flußstahl von den verschiedensten Härtegraden, von dem weichsten Stahl für elektrische und magnetische Zwecke angefangen in allen Zwischenstufen bis zum härtesten Stahl für bestimmte Sonderzwecke. In Zahlentafel 119 ist die chemische Zusammensetzung einer Reihe von solchen Gußstücken wiedergegeben.

Zahlentafel 119.
Zusammensetzung von Gußstücken aus Elektrostahl [1].

Bezeichnung	C %	Si %	Mn %	P %	S %
Polgehäuse für Dynamomaschinen	0,052	0,008	0,18	0,005	0,006
Eisenbahnwagen-Beschlagteile	0,143	0,163	0,35	0,015	0,010
Lagerteile	0,255	0,235	0,52	0,020	0,012
Windschieber-Rahmen.	0,326	0,265	0,64	0,024	0,021
Brückenauflager	0,416	0,318	0,66	0,009	0,012
Kammwalzen	0,435	0,208	0,71	0,031	0,023
Ventilteile	0,586	0,245	0,75	0,021	0,022
Walze für kleine Triostraße	0,635	0,016	0,46	0,010	0,016
Zahnräder	0,660	0,250	0,55	0,010	0,018
Kolben für Gasmotor	0,726	0,185	0,82	0,020	0,014
Zerkleinerungsplatten für Kugelmühlen	0,860	0,300	1,10	0,013	0,018
Lochdorne für Schrägwalzwerke (Manganstahl) . . .	0,950	0,250	9,80	0,038	0,014

Der Mitisguß.

Unter Mitisguß (von mitis = weich) versteht man Gußstücke, die aus ganz weichem, kohlenstoffarmem Schmiedeisen gegossen worden sind. Als Rohstoff hierzu dienen Abfälle von reinem schwedischem Schweißeisen oder von weichem Flußstahl, wie Hufnageleisen, Blechstanzen, Abfälle der Nieten- und Nägelfabrikation usw., die in Tiegeln eingeschmolzen werden. Wegen des hohen Schmelzpunktes des Schmiedeisens werden die Tiegel in besonders konstruierten, mit Petroleum oder Petroleumrückständen geheizten Schmelzöfen erhitzt, die ähnlich den für die Tiegelstahlerzeugung benutzten Öfen gebaut sind. Nach dem Einschmelzen der 30—40 kg betragenden Tiegelfüllung gibt man zur Erleichterung des Gießens etwas Aluminium in den Tiegel und gießt dann unmittelbar in die vorher stark gebrannten Gießformen.

Die Eigenschaften des Mitisgusses ähneln entsprechend seiner Zusammensetzung denen des Schmiedeisens. Die Gußstücke sind sehr weich und zähe und können leicht mit Werkzeugen bearbeitet werden; sie lassen sich ferner gut schmieden und schweißen. Der Bruch ist glänzend weiß und in unbearbeitetem Zustande grobkristallinisch. Die Festigkeitseigenschaften des Mitisgusses kommen denjenigen des bearbeiteten weichen Flußeisens nicht ganz gleich, da der Zusammenhang des Gefüges durch die grobkristallinische Struktur gegenüber dem sehnigen Gefüge des bearbeiteten Schmiedeisens etwas gelockert wird.

Vieth [2] gibt für eine Reihe von unbearbeiteten Stäben aus Mitisguß folgende Festigkeitszahlen an:

Zerreißfestigkeit kg/qmm	Dehnung %	Kontraktion %
35,1	9,0	21,9
26,4	5,0	19,0
23,6	3,5	17,9
19,3	2,5	14,4

[1] Aus den Betriebsbüchern der betreffenden Gießereien entnommen.
[2] Ad. Vieth: Gießereien und Gußwaren. Bremen 1905, S. 45.

Durch Bearbeiten der Gußstücke unter dem Hammer werden diese Festigkeitseigenschaften, namentlich die Dehnung, bis zu den Werten des geschmiedeten oder
gewalzten weichen Flußeisens gesteigert.

Das Mitisgußverfahren, das zuerst von dem Schweden Nordenfeldt im Jahre
1885 eingeführt wurde, um den schmiedbaren Guß zu ersetzen, hat seither fast ganz an
Bedeutung verloren und ist nur noch an sehr wenigen Stellen in Anwendung. Es konnte
nicht in Wettbewerb treten mit dem Guß aus dem Tiegelofen oder dem Siemens-Martin-
Ofen, bei denen die Siemens-Gasfeuerung mit Wiedergewinnung der Abgaswärme auch
das Schmelzen und Vergießen von ganz weichem Stahl ohne Schwierigkeiten gestattet.

Sonderstähle.

Bei dem neuzeitlichen Maschinenbau werden häufig an bestimmte Konstruktions-
und Stahlgußteile so hohe Anforderungen bezüglich Festigkeit, Elastizität und Zähigkeit
gestellt, daß diesen der gewöhnliche Kohlenstoffstahl nicht mehr genügt. Dies trifft
besonders für solche Maschinenteile zu, die mit Rücksicht auf eine höhere Geschwindigkeit oder ein geringeres Gewicht der Maschine in möglichst kleinen Abmessungen und
Querschnitten gehalten werden sollen; infolge der dadurch bedingten weit höheren spezifischen Beanspruchung des Materials mußten die Güteeigenschaften des Stahls eine
entsprechende Steigerung erfahren. Namentlich war es der Kraftwagenbau, der aus
diesen Gründen, zu denen noch die unregelmäßige, stoßweise Beanspruchung erschwerend
hinzukam, ein Material von außergewöhnlichen mechanischen Eigenschaften verlangte.
Solche hohen Anforderungen erfüllen nur die Sonderstähle, d. h. Stähle, die durch Zusatz
eines oder zweier anderer Metalle, wie Nickel, Mangan, Chrom, Molybdän, Vanadin,
Wolfram u. a., besonders hochwertige Eigenschaften erhalten haben. Die Darstellung
dieser Sonderstähle erfolgt wie die der gewöhnlichen Stahlsorten, entweder im Martinofen, im Tiegel oder im elektrischen Ofen; nachdem der Stahl fertig erschmolzen ist,
werden die betreffenden Metalle im reinen Zustande oder in Form ihrer Eisenlegierungen
dem Stahlbade zugegeben.

Es würde an dieser Stelle zu weit führen, auf die verschiedenen Sonderstähle näher
einzugehen, und muß zu diesem Zwecke auf die Handbücher der Eisenhüttenkunde
verwiesen werden; hier mögen nur in kurzen Umrissen die hauptsächlichsten Eigenschaften
der Sonderstähle, soweit sie für die Herstellung von Stahlguß in Betracht kommen,
angeführt werden.

1. Nickelstahl. Durch einen Zusatz von Nickel wird die Zerreißfestigkeit des
Stahls beträchtlich gesteigert; zugleich nimmt, wie gewöhnlich, die Zähigkeit und Dehnung
etwas ab, aber lange nicht in dem Maße, wie wenn die Steigerung der Festigkeit durch
einen höheren Kohlenstoffgehalt bewirkt worden wäre. Der Nickelstahl besitzt daher
bei seiner großen Festigkeit noch eine hohe Elastizitätsgrenze und eine große Zähigkeit,
weshalb er sich zu Stahlgußstücken für hohe und häufig wechselnde bzw. wiederholte
Beanspruchung besonders eignet. Außerdem verfügt der Nickelstahl über eine große
Härte, namentlich wenn er zugleich einen höheren Kohlenstoffgehalt besitzt. Je nach
den gewünschten Eigenschaften enthält der Nickelstahl $0,2-5\%$ Nickel, selten darüber
hinaus, bei einem Kohlenstoffgehalt von etwa $0,10-0,80\%$. (Beispiele siehe Zahlentafel 120.)

2. Manganstahl. Ein hoher Mangangehalt erhöht die Härte des Stahls in außer-
ordentlichem Maße, und zwar mit steigendem Manganzusatze in verschiedenem Grade.
Bis zu 5% nimmt nach Guillet die Härte des Stahls mit dem Mangangehalte allmählich,
wenn auch nicht außergewöhnlich, zu; dagegen besitzt Manganstahl mit einem Gehalte
von $5-12\%$ Mangan eine besonders große Härte und Festigkeit, dabei aber auch eine
beträchtliche Sprödigkeit. Wegen seiner Härte findet dieser zuerst von Hadfield eingeführte Manganstahl zu Gußstücken, die einem starken Verschleiß ausgesetzt sind, eine
ausgedehnte Verwendung, z. B. für Steinbrecherbacken, Grubenwagenräder, Bagger-
maschinenteile, Herzstücke, Zerkleinerungswalzen, Pochstampfer usw. Beschränkt wird
die Anwendung des Manganstahls nur durch die Schwierigkeit seiner Bearbeitung, da

er infolge seiner Härte kaum durch Werkzeuge, sondern fast nur durch Schleifen mit Schmirgelscheiben bearbeitet werden kann. Bemerkenswert ist die Erscheinung, daß Manganstahl mit etwa 12% Mangan durch Abschrecken bei einer Temperatur von 1000 bis 1100° C. eine Steigerung der Festigkeit, und im Gegensatz zu gewöhnlichem Kohlenstoffstahl, der bei solcher Härtung spröder wird, auch gleichzeitig eine Zunahme der Zähigkeit erfährt. Diese Erscheinung ist wohl darauf zurückzuführen, daß das Eisen in diesen Stählen in der γ-Modifikation vorliegt.

Infolge seines hohen Gehaltes an Mangan, das im flüssigen Stahl stark desoxydierend wirkt, ist der gegossene Manganstahl ziemlich frei von Gasblasen; doch muß man wegen seines sonstigen Verhaltens dem Vergießen große Aufmerksamkeit zuwenden. Infolge seines niedrigen Schmelzpunktes kühlt der Manganstahl schnell ab und kommt rasch zur Erstarrung, so daß das Gießen in sehr kurzer Zeit beendet sein muß. Ferner besitzt er eine außerordentlich große Schwindung, dreimal so stark wie Gußeisen, so daß immer die Gefahr einer starken Lunkerbildung in den Gußstücken vorliegt. Man gießt deshalb meistens mit großen verlorenen Köpfen und vermeidet es, Stücke mit zu großen Wandstärken herzustellen.

Der Gehalt des Manganstahls an anderen Elementen soll möglichst gering sein. Der Kohlenstoffgehalt bewegt sich gewöhnlich zwischen 0,30 und $0,80\%$ und geht nur selten über 1% hinaus. Durch Zugabe von ganz hochprozentigem Ferromangan (80prozentig und darüber), meistens in flüssigem Zustande, zu einem Bade von weichem Flußeisen kann leicht ein niedriger Kohlenstoffgehalt erzielt werden. Beispiele von Gußstücken aus Manganstahl siehe Zahlentafel 120.

Zahlentafel 120.
Zusammensetzung von Gußstücken aus Sonderstählen [1]).

Bezeichnung	C $\%$	Si $\%$	Mn $\%$	P $\%$	S $\%$	Ni $\%$	Cr $\%$	Va $\%$
Nickelstahl								
Zerkleinerungsgußplatte aus einer Kugelmühle	0,070	0,345	0,65	0,045	0,057	0,246	—	—
Zahnräder	0,250	0,216	0,52	0,011	0,019	1,850	—	—
Bremsscheibe	0,361	0,280	0,68	0,023	0,035	3,853	—	—
Amerikanisches Geschützrohr	0,395	0,197	0,75	0,020	0,032	2,620	—	—
Kranz einer Glockenmühle	0,478	0,070	0,67	0,081	0,047	0,182	—	—
Manganstahl.								
Baggermaschinenteile	0,320	0,311	6,32	0,077	0,036	—	—	—
Steinbrecherbacken	0,585	0,265	9,61	0,086	0,042	—	—	—
Lochdorn für Schrägwalzwerke	0,804	0,280	8,70	0,034	0,015	—	—	—
Herzstücke	1.085	0,241	12,24	0,068	0,012	—	—	—
Chromstahl.								
Fertigwalze für Trägerstraße	0,311	0,149	0,98	0,039	0,031	—	0,361	—
Blockwalze	0,382	0,279	1,03	0,035	0,042	—	1,045	—
Siebplatte einer Kugelmühle	0,895	0,280	0,97	0,018	0,014	—	0,480	—
Kupplung	0,146	0,066	0,45	0,008	0,015	1,750	0,260	—
Lager für Automobile	0,305	0,214	0,72	0,016	0,028	3,415	1,844	—
Automobilgehäuse für Getriebe	0,335	0,139	0,54	0,010	0,008	3,100	0,139	Wo
Pilgerschrittwalzen	0,800	0,276	1,05	0,014	0,017	—	2,400	1,45
Vanadinstahl.								Va
Zahnräder für Automobile	0,052	0,316	0,67	0,012	0,028	6,680	—	0,26
Lager für Automobile	0,068	0,184	0,48	0,026	0,033	5,720	1,180	0,19
Rahmenteile für Automobile	0,263	0,116	0,43	0,013	0,009	—	0,934	0,18
Ventilbohrer für harte Gesteine	0,518	0,208	0,86	0,027	0,016	—	1,265	0,16

[1]) Aus den Betriebsbüchern der betreffenden Gießereien entnommen.

3. Chromstahl. Der reine Chromstahl besitzt eine größere Festigkeit und Härte als der gewöhnliche Stahl, ohne daß die Zähigkeit in so großem Maße wie bei letzterem mit zunehmendem Kohlenstoffgehalt vermindert wird. Die Festigkeit nimmt mit steigendem Chromgehalte, bis zu einer Menge von 5%, zu, bei höheren Gehalten aber wieder ab; man geht in der Praxis selten über 2%, gewöhnlich sogar nicht über 1% hinaus, weil die Gütesteigerung durch den teuren Chromzusatz bei den niedrigeren Gehalten verhältnismäßig am größten ist. Wegen seiner größeren Härte findet der Chromstahl Anwendung zu Gußstücken, deren Oberfläche stark beansprucht wird, z. B. für Walzen und große gegossene Geschosse.

Durch einen Zusatz von Nickel werden die Festigkeitseigenschaften des Chromstahls noch gesteigert. Diese Chromnickelstähle besitzen neben der größeren Festigkeit auch noch eine hohe Elastizitätsgrenze und eine verhältnismäßig große Dehnung, wie sie die reinen Nickelstähle nicht aufweisen. Sie werden daher zu Maschinenteilen für starke Arbeitsleistungen, so besonders im Kraftwagenbau, z. B. für Ventile, Zahnräder usw., benutzt. Der Kohlenstoffgehalt schwankt zwischen 0,20 und $0,40\%$; der Gehalt an Nickel beträgt $1,50-4,50\%$ und an Chrom von 0,25 bis zu $1,50\%$. Beispiele siehe Zahlentafel 120.

4. Vanadinstahl. Ein Gehalt des Stahls an Vanadin verbessert dessen Eigenschaften nach verschiedenen Richtungen. Die Festigkeit wird erheblich gesteigert, ohne daß die Dehnung darunter leidet, und gleichzeitig erhöht sich seine Widerstandsfähigkeit gegen Stöße und Erschütterungen. Dieser günstige Einfluß zeigt sich schon bei geringem Vanadingehalt, so daß dieser bei dem technisch verwendeten Vanadinstahl nur $0,25\%$ bis höchstens $0,70\%$ beträgt; z. B. besaß ein Stahl von folgender Zusammensetzung: $0,26\%$ Kohlenstoff, $0,56\%$ Mangan, $0,29\%$ Silizium, $0,047\%$ Phosphor, $0,036\%$ Schwefel und $0,20\%$ Vanadin eine Zerreißfestigkeit von 51,88 kg/qmm, eine Elastizitätsgrenze von 29,33 kg/qmm, eine Dehnung von 32% bei einer Meßlänge von 50,8 mm und eine Querschnittsverminderung von $55,8\%$ [1]). Der Vanadinstahl läßt sich ebenso gut wie der gewöhnliche Stahl vergießen. Seine Bearbeitung erfordert etwas größere Vorsicht, läßt sich aber nach vorausgegangenem Ausglühen der Gußstücke gut durchführen. Infolge seiner hochwertigen Eigenschaften findet der Vanadinstahl besonders für solche Stahlgußstücke Anwendung, die hohe Festigkeit und Widerstandsfähigkeit gegen Erschütterungen verlangen, z. B. für Lokomotivrahmen, Gesteinsbohrer, Automobilteile usw.

Durch einen Zusatz von Vanadin zu den oben beschriebenen Chrom- und Nickelstählen werden deren Eigenschaften noch bedeutend veredelt. Der Chromvanadinstahl besitzt neben höherer Festigkeit eine große Widerstandsfähigkeit gegen wiederholte Beanspruchungen und läßt sich leichter bearbeiten als der Chromnickelstahl. Der Nickelvanadinstahl zeigt eine höhere Zerreißfestigkeit und Elastizitätsgrenze als ein Nickelstahl von sonst gleicher chemischer Zusammensetzung ohne Vanadinzusatz. Beide Stähle finden im Kraftwagenbau häufig Verwendung. Beispiele für die Zusammensetzung von Vanadinstählen siehe Zahlentafel 120.

Literatur.

Einzelwerke.

Ledebur, A.: Handb. d. Eisenhüttenkunde. 5. Aufl. Leipzig 1906—1908.
Levoz, T.: Quelques vérités sur la mise en pratique des petits convertisseurs Bessemer. Paris 1905.

Abhandlungen.

Hadfield, R. A.: On manganese steel. J. Iron Steel Inst. 1888, II, S. 41.
Arnold, F. O.: The properties of steel castings. J. Iron Steel Inst. 1901, I, S. 178.
Carlsson, W.: Om tillverkning i Tyskland af ytbläst stål för gjutgods. Bihang till Jernkontoret Annaler 1907, S. 659.
Zenzes, A.: Die Kleinbessemerei. Eisen-Zg. 1909, S. 1034.

---

[1]) American Machinist 1908, S. 532.

Goerens, P.: Über die Gase aus technischen Eisensorten. Metallurgie 1910, S. 384. Auszugsweise Stahleisen 1910, S. 1514.

Stephan, P.: Die Festigkeitseigenschaften der Konstruktionsmaterialien des Maschinenbaues. Verh. Ver. Gewerbfl. 1910, S. 589.

Pacher, F.: Über verschiedene Arten von Schlackeneinschlüssen im Stahl, ihre mutmaßliche Herkunft und ihre Verminderung. Stahleisen 1912, S. 1647.

Oberhoffer, P. und O. von Keil: Über ein neues Verfahren zur Bestimmung des Sauerstoffs im Eisen. Stahleisen 1921, S. 1449.

Wüst, F. und N. Kirpach: Über die Schlackenbestimmung im Stahl. Mitt. Eisenforsch. Bd. 1, 1920, S. 31; auszüglich Stahleisen 1921, S. 1498.

Oberhoffer, P. und E. Piwowarsky: Zur Bestimmung der Gase im Eisen. Stahleisen 1922, S. 801.

Wüst, F. und J. Duhr: Über ein Stickstoffbestimmungsverfahren in Stahl und Roheisen und über den Stickstoff bei den Hüttenprozessen. Mitt. Eisenforsch. Bd. 2, 1921, S. 39; auszüglich Stahleisen 1922, S. 1290.

Wüst, F.: Vergleichende Untersuchungen an saurem und basischem Stahl. Mitt. Eisenforsch. Bd. 3, II, 1922, S. 29; auszüglich Stahleisen 1923, S. 502.

XI. Der Temperguß oder schmiedbare Guß.

Von

Dr.-Ing. Rudolf Stotz.

Allgemeines.

Unter Temperguß oder schmiedbarem Guß versteht man nach der Begriffsbestimmung des „Normenausschusses der deutschen Industrie [1]" Formstücke, die aus weißem Roheisen gegossen und nachher durch Ausglühen in einem geeigneten Mittel gefrischt oder schmiedbar gemacht worden sind. Die technische Ausführung der Herstellungsverfahren zerfällt also stets in zwei Arbeitsvorgänge: 1. Abgießen des Modells in hartem Weißeisen; 2. „Tempern" oder „Glühfrischen" dieses „Hartgusses" während etwa 7 Tagen in luftdicht abgeschlossenen Glühtöpfen bei 800—1000⁰.

Seinen Eigenschaften nach steht der Temperguß in der Mitte zwischen Grau- und Stahlguß; im Gegensatz zu ersterem besitzen Tempergußstücke eine Zähigkeit, die eine gewisse Schmiedbarkeit und Biegefähigkeit auch in kaltem Zustande zuläßt. Anderseits weist Stahlguß doch noch wesentlich bessere Festigkeitseigenschaften auf, mit denen nur ganz besonders hochwertiger Temperguß hin und wieder in Wettbewerb treten kann. Ein äußerlicher Vorteil des Tempergusses dem Stahlguß gegenüber ist dagegen, daß seine Oberfläche stets vollkommen glatt und sauber ist, während jenen die häufig sehr starken „Pockennarben" sehr unansehnlich machen können. Ein weiterer Vorteil des Tempergusses liegt darin, daß er sich zu ganz kleinen Stücken vergießen läßt, während für Stahlformguß die Schwierigkeiten beim Gießen mit abnehmender Wandstärke zunehmen. Temperguß ist daher gegenüber Stahlguß um so wettbewerbsfähiger, je dünner und kleiner die Abgüsse sind, während er bei sehr schweren Stücken dem Stahlformguß im wesentlichen das Feld überlassen muß.

Auch bei Grauguß können bei ganz kleinen Abgüssen Schwierigkeiten entstehen, da solche Stücke sehr leicht hart werden. Es kann daher auch bei diesen Stücken, besonders wenn äußerste Weichheit zwecks guter Bearbeitbarkeit verlangt wird, der Temperguß größeren Vorteil als Grauguß bieten. Daher wird der Temperguß, besonders in Österreich, auch als „Weichguß" bezeichnet [2].

Das Anwendungsgebiet des Tempergusses ist sehr groß: Von ganz kleinen Stücken im Gewicht von einigen Gramm an, als Schloß-, Gewehr- und Nähmaschinenteile u. dgl., bis zu einigen Kilogramm schweren, in gewissen Fällen sogar zentnerschweren Abgüssen für den Werkzeugmaschinen- und Motorenbau findet diese Gußart vielseitige Anwendung. Die Tempergießereien pflegen daher sich auf einzelne Industriezweige je nach Art und Größe der zu erzeugenden Abgüsse ganz besonders einzurichten. Die Hauptmasse Temperguß liegt bei einem Stückgewicht von etwa $1/2$—1 kg, wie er zu Hebeln, Schraubenschlüsseln, Formstücken für landwirtschaftliche Maschinen, Treib- und Stahlbolzenketten, Rädern, Bechern, Fittings u. dgl. in größten Mengen verbraucht wird. Auch als

---

[1] Vgl. S. 6.
[2] Weichguß ist keine eindeutige Bezeichnung, da manchmal auch Grauguß darunter verstanden wird (vgl. S. 3).

Ersatz für Metall hat sich der Temperguß bei vielen Armaturen und Beschlagteilen durchgesetzt, wobei seine im Verhältnis zu anderen Eisenarten geringe Neigung zu rosten, ihn wertvoll macht.

Die Eigenschaften des Tempergusses sind in ganz besonders hohem Maße von seinem Herstellungsverfahren abhängig; nach diesen unterscheiden wir:

1. „Weißkerniger" Temperguß nach dem europäischen, insbesondere in Deutschland angewendeten Glühfrischverfahren (Abb. 77 links).

2. „Schwarzkerniger" Temperguß („black-heart") nach dem hauptsächlich in Amerika zu ganz besonderer Blüte entwickelten „amerikanischen" Verfahren (Abb. 77 rechts).

3. „Bohrguß", der nur von einigen westfälischen Gießereien als Sondererzeugnis (Schlüssel) hergestellt wird.

Das erstgenannte Verfahren wird derart durchgeführt, daß die harten Rohgußstücke durch Glühen in Sauerstoff abgebenden Körpern allmählich entkohlt werden. Je dicker das Stück ist, desto mehr Kohle wird es noch enthalten und um so größer ist der Unterschied an Kohlenstoff zwischen dem noch hochgekohlten Kern und dem entkohlten Rand. Ganz dünne Stücke dagegen können vollkommen entkohlt sein.

Abb. 77. Natürlicher Bruch von „weißem" und „schwarzem" Temperguß.

Im Gegensatz hierzu wird bei dem amerikanischen Verfahren keine wesentliche Entkohlung bezweckt, sondern nur eine vollkommene Umwandlung des im Rohguß im gebundenen Zustande vorhandenen Kohlenstoffes in die Form der Temperkohle. Durch die Ausscheidung dieser Temperkohle erhält der natürliche Bruch des amerikanischen Gusses eine dunkle schwarze Farbe, während der deutsche einen helleren Bruch besitzt, der entsprechend der mehr oder weniger starken Temperkohlebildung in ein helleres oder dunkleres Grau übergehen kann (s. Abb. 77).

Der „Bohrguß" hat seinen Namen deshalb erhalten, weil aus ihm zumeist Schlüssel hergestellt werden, deren Schaft am Schlüsselbarte ausgebohrt wird. An diesen Temperguß wird daher nur der Anspruch gestellt, daß sich sein schwarzer Kern leicht ausbohren läßt.

Theorien zu den Glühvorgängen.

Die bei den Temperverfahren verlaufenden Vorgänge sind theoretisch auch heute noch nicht vollkommen klar, und die Ansichten darüber haben sich im Laufe der Jahrhunderte mehrmals von Grund auf geändert. Die erste umfassende Forschungsarbeit hierüber hat der berühmte französische Gelehrte und Praktiker Réaumur im Jahre 1722 veröffentlicht [1]. Nach seiner Theorie besteht das Roheisen aus einem durch Schwefel und Salz verunreinigten Stahl; durch Glühen des Gusses in Roteisenstein werden Schwefel und Salz verflüchtigt, so daß bei vollständiger Durchführung des Verfahrens reines Eisen (Schmiedeisen), bei nicht ganz vollkommener Glühung der noch etwas verunreinigte „Stahl" erzeugt wird. Ledebur gab dem Glühfrischvorgang folgende theoretische Erklärung [2]: Bei der Glühtemperatur wird der an der Oberfläche des Gußstückes befindliche Kohlenstoff verbrannt; zum Konzentrationsausgleich fließt aus dem Innern neuer Kohlenstoff zum Rande, wodurch allmählich das ganze Stück entkohlt wird. Auf Grund vielfacher Forschungen stellte Wüst [3] dieser Theorie eine neue gegenüber: Die Entkohlung zerfällt in zwei Vorgänge: Zuerst wird bei Erreichung einer bestimmten Temperatur die Temperkohle ausgefällt, und erst hierauf setzt durch Oxydation dieser Temperkohle die eigentliche Entkohlung ein. Sie wird zunächst dadurch eingeleitet, daß beim Glühen

---

[1] R. A. F. de Réaumur: L'art de convertir le fer forgé en acier et l'art d'adoucir le fer fondu. Paris 1722; vgl. hierzu S. 18.

[2] A. Ledebur: Handbuch der Eisenhüttenkunde. 5. Aufl. Bd. 3, S. 387.

[3] F. Wüst: Über die Theorie des Glühfrischens. Metallurgie 1907, S. 45.

aus dem Glühmittel Sauerstoff frei wird. Dieser oxydiert den an der Oberfläche befindlichen Kohlenstoff zu Kohlensäure. Dieses Gas dringt nun in das glühende Gußstück
ein und vergast die dort befindliche Temperkohle nach dem Vorgang $CO_2 + C = 2\,CO$.
Das hierdurch gebildete Kohlenoxyd wird durch den Sauerstoff des Glühmittels zu Kohlendioxyd regeneriert, wodurch die Vergasung der Temperkohle bis zu einer gewissen Entkohlung des Stückes fortgesetzt wird.

Aber auch die Theorie Wüst ist nicht ohne Widerspruch geblieben. Hatfield[1])
und Stotz[2]) weisen auf die bekannte Beobachtung aus der Praxis hin, daß manchmal
ungenügend getemperte Gußstücke vorkommen, deren Oberfläche 1—2 mm tief entkohlt
ist, während ihr Kern noch aus unzersetztem, hartem Roheisen besteht, in dem sich
gar keine Temperkohle abgeschieden hat. Da nun nach der allgemeinen wissenschaftlichen Anschauung die Temperkohle bei einer bestimmten Temperatur sich ziemlich
gleichmäßig verteilt über den ganzen Querschnitt des Stückes hätte abscheiden sollen,
was aber bei dem unveränderten Kern dieser Stücke nicht der Fall ist, so muß im Rand
eine Entkohlung ohne das Vorhergehen einer solchen allgemeinen Temperkohleabscheidung
stattgefunden haben. Ferner ist aus der Praxis wohl bekannt, daß die Randschichten
von Werkzeugstahl, Stahlformguß u. dgl. häufig infolge des Glühens ziemlich stark
entkohlt sind, ohne daß im Innern des Stückes auch nur Spuren von Temperkohle nachgewiesen werden können. Daher liegt die Annahme nahe, daß weder die Theorie Ledeburs noch die Wüsts den Glühfrischvorgang eines jeden Tempergusses vollkommen
richtig erklärt, denn Ledebur ließ unberücksichtigt, daß die eindringenden Gase in erster
Linie die Entkohlung des Innern bewirken, während Wüst jegliche „Wanderung" des
Kohlenstoffs bestreitet, die jedoch besonders in der Abkühlungsperiode des Glühgutes
eine große Rolle spielt, da zweifellos während dieser Zeit Kohlenstoff vom kohlereicheren
Kern zum kohlearmen Rand nach Art des Zementationsprozesses nachfließt.

Die neueren Forschungen über Tempern und Glühfrischen.

Zum Verständnis des technischen Glühfrischvorganges ist von dem Zustandsschaubild der Eisenkohlenstofflegierungen (Abb. 34, S. 73) auszugehen. In dem Temperrohguß ist der Kohlenstoff wie in jedem Weißeisen mit etwa $3\,^0/_0$ Kohlenstoff als Eisenkarbid vorhanden; er gehört also dem metastabilen System an und wird durch das Glühen
in das stabile System übergeführt. Das Rohguß-Gefüge ist auf Abb. 78 (Tafel VI.) wiedergegeben und besteht aus den dunkel gefärbten Mischkristallen, die bei der Abkühlung
in Perlit und Zementit zerfallen sind, und dem ursprünglichen Eutektikum Ledeburit
aus hellem Zementit und Mischkristallen, welch letztere wie die primären zerfallen sind.
Bei sehr langsam sinkender Temperatur scheidet sich nach der Linie $C'E'$ des stabilen
Systems (Abb. 34, S. 73), entsprechend der verringerten Lösungsfähigkeit des Eisens,
elementarer Kohlenstoff als „Temperkohle" ab. Nach den Arbeiten von Ruer und
Iljin[3]) nimmt jedoch diese Abscheidung erst unterhalb 800^0 C. praktisch meßbare
Werte an, und der Zerfall des Eisenkarbids setzt sich sogar bis 400^0 C. merklich fort.
Sehr wichtig ist, mit welcher Abkühlungsgeschwindigkeit die Temperaturen von 1100
bis 800^0 C. durchlaufen werden, da sich, dieser Zeit entsprechend, um so mehr „Kristallisa-
tionskeime" bilden, die für die Menge der bei der weiteren Abkühlung sich abscheidenden
Temperkohle maßgebend sind. Im Zusammenhang damit steht die für die Praxis wichtige
Erscheinung, daß die Temperkohle um so feiner und zahlreicher sich ausscheidet, je
feinkörniger der Rohguß ist[4]).

---

[1]) W. H. Hatfield: Die phys.-chem. Vorgänge, die mit der Entkohlung von Eisenkohlenstoff-
Legierungen verknüpft sind. Metallurgie 1909, S. 358.
[2]) R. Stotz: Beitrag zur Theorie des Temperprozesses. Stahleisen 1916, S. 501.
[3]) R. Ruer und N. Iljin: Zur Kenntnis des stabilen Systems Eisen-Kohlenstoff. Metallurgie
1911. S. 97.
[4]) A. Philipps und E. S. Davenport: Malleablizing of White Cast Iron. Transact. Amer. Inst.
Min. and Metall. Eng. 1922, Jan. Nr. 1117; auszugsw. Stahleisen 1922, S. 1020. — Hatfield:
Cast Iron in the light of recent research. London, Griffin & Co. 1912.

Außer durch langsame Abkühlung kann Temperkohle aber auch durch Zerlegen des metastabilen Eisenkarbids mittels Erhitzen gebildet werden. Die Menge der abgeschiedenen Temperkohle ist hierbei abhängig von der Höhe der Glühtemperatur und der Dauer der Glühzeit, wie Abb. 79 nach Versuchen von Charpy und Grenet [1]) mit einem Eisen mit 3,2% C und 1,25% Si zeigt. Von größter Wichtigkeit ist auch die chemische Zusammensetzung des Eisens, da durch eine Reihe Untersuchungen festgestellt wurde,

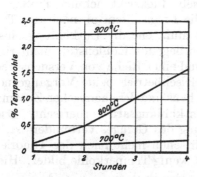

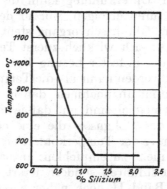

Abb. 79. Abhängigkeit der Temperkohleabscheidung von der Glühzeit und Glühtemperatur.

Abb. 80. Abhängigkeit der Temperkohleabscheidung von dem Siliziumgehalt.

daß Silizium den Zerfall sehr begünstigt, während Mangan und noch mehr Schwefel den gegenteiligen Einfluß ausüben. Den Einfluß des Siliziums zeigt nach Charpy und Grenet [1]) Abb. 80, wonach 1% Silizium die Bildungstemperatur der Temperkohle bei einem Eisen von 3,2—3,6% Kohlenstoff um etwa 450° erniedrigte.

Bei dem technischen Tempervorgang treten die verschiedenen Arten der Temperkohlebildung neben oder nacheinander auf. Außerdem wird gleichzeitig durch „Glühfrischen" eine gewisse Menge Kohlenstoff verbrannt, wodurch die Reaktionen überdeckt werden und eine volle Klarheit in die hierbei sich abspielenden verwickelten chemischen Vorgänge noch nicht geschaffen werden konnte.

Nach amerikanischer Theorie [2]) geht der Tempervorgang, das „Graphitisieren", folgendermaßen vor sich: Beim Erhitzen über den Perlitpunkt wird mit steigender Temperatur eine nach der Linie C A (Abb. 81) bestimmte Menge Zementit von den Mischkristallen gelöst. Da jedoch

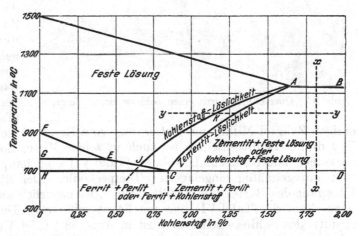

Abb. 81. Tempervorgang und Eisen-Kohlenstoff-Schaubild.

deren Löslichkeit für freien Kohlenstoff geringer ist als für Zementit, so muß sich eine der Linie A J entsprechende Menge Temperkohle gleichzeitig ausscheiden, bis sich bei der betreffenden Glühtemperatur ein dem Punkt K entsprechendes Gleichgewicht

[1]) Charpy et Grenet: Sur l'équilibre des systèmes fer-carbones. Bull. soc. d'enc. 1902, Bd. 102, S. 399.

[2]) A. Hayes, W. J. Diederichs und W. M. Dunlap: Versuche über rasche Graphitisierung weißen Gußeisens und eine Theorie über den Mechanismus der Graphitisierung. Transact. Americ. Soc. for Steel Treating, Bd. 3, 1923, S. 624/39; auszugsw. Stahleisen 1923, S. 975. Vgl. auch: R. S. Archer: Graphitization of White Cast Iron. Foundry 1920, S. 192; auszugsw. Stahleisen 1921, S. 115.

einstellt. Der noch überschüssige Zementit zerfällt durch genügend langes Glühen in Ferrit und Temperkohle. Nachdem nun der Anreiz zur Temperkohlebildung gegeben ist, scheidet sich bei der nachfolgenden genügend langsamen Abkühlung nach der Linie AJ weitere Temperkohle ab. Der Verlauf dieser Linie ist noch nicht genau festgelegt; ihre Verlängerung trifft vermutlich bei etwa $0,6\%$ Kohlenstoff auf die Perlitlinie. Es muß sich also bei dieser Temperatur noch ziemlich viel Temperkohle bilden, bzw. im Falle der Unterkühlung kann die Abscheidung der Temperkohle in noch niedrigeren Temperaturen erfolgen, worauf der praktische Betrieb Rücksicht nehmen muß.

Beim Glühfrischvorgang steht vor allem noch die Frage offen, ob nach der Theorie von Wüst sich wirklich zuerst Temperkohle bilden muß, ehe die Entkohlung einsetzt, oder ob der in fester Lösung bzw. im Eisenkarbid vorliegende Kohlenstoff nicht rascher oxydiert werden kann als die Temperkohle. Auf Grund einer Reihe von Versuchsarbeiten ist bestimmt anzunehmen, daß im praktischen Glühfrischbetrieb beide Vorgänge nebeneinander möglich sind, und daß je nach der Art des Glühens und der chemischen Zusammensetzung des Rohgusses die eine oder die andere Entkohlungsart vorherrscht. Da mit der Bildung der Temperkohle eine starke Auflockerung des Gefüges verbunden ist, wäre es wohl mehr zu empfehlen, anzustreben, das Glühfrischen nicht nach der Theorie von Wüst auszuführen, sondern derart, daß sich möglichst wenig Temperkohle bildet. Hierauf wird in Band II noch näher einzugehen sein.

Das Kleingefüge.

Gehen wir von einem ziemlich dünnen gut entkohlten Tempergußstück aus, so läßt uns der geätzte Querschnitt durch einen Schlüssel (Abb. 82) schon in dreifacher Vergrößerung Gefügeunterschiede je nach der Lage zur Oberfläche erkennen. An der dicksten Stelle, das ist die Mitte des Schlüsselbartes, Zone 1, ist nach Abb. 83 (Tafel VI) noch reichlich Perlit vorhanden; die rundlichen Temperkohleknötchen liegen unregelmäßig

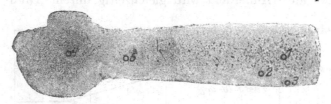

Abb. 82. Querschnitt durch einen Schlüsselbart. Vergr. 3.

zerstreut im Perlit und Ferrit. In der näher am Rande gelegenen Zone 2 ist nach Abb. 84 (Tafel VI) weniger Perlit und mehr Ferrit neben der wieder unregelmäßig zerstreut liegenden Temperkohle vorhanden. Der äußerste Rand dagegen, Zone 3, besteht nach Abb. 85 (Tafel VI) aus reinem Ferrit; in einigen Zehntel Millimeter Entfernung vom Rand ist neben ihm auch Perlit vorhanden. Der dünne Schlüsselschaft ist auch in seiner Mitte, Zone 4, sehr stark entkohlt; das entsprechende Gefügebild, Abb. 86 (Tafel VI) zeigt hauptsächlich Ferrit mit etwas Perlit und unregelmäßig eingelagerter Temperkohle. Der dünnste Teil des Schlüssels, der Übergang des Bartes zum Schaft, Zone 5, ist natürlich am stärksten entkohlt; er besteht nach Abb. 87 (Tafel VI) nur aus Ferrit mit wenig Temperkohle. Der geätzte Querschnitt des Schlüsselschaftes wird in Abb. 88 (Tafel VII) in zehnfacher Vergrößerung wiedergegeben, er besitzt in den einzelnen Zonen das gleiche Gefüge, wie eben beschrieben. Zone 1 entspricht dem Gefüge nach Abb. 83, Zone 2 dem nach Abb. 84 im unteren Teil, und die Randzone 3 besteht aus reinem Ferrit. Der dunkle Fleck auf der rechten Seite in Abb. 88 ist ein oxydischer Schlackeneinschluß, der auf Abb. 89 in hundertfacher Vergrößerung wiedergegeben wird; er ist mit einem breiten Ferritbande umgeben.

Die Oberfläche sowie die dünnen Teile von Temperguß sind meistens so gut wie vollkommen entkohlt, wie das rein ferritische Gefüge nach Abb. 90 (Tafel VII) zeigt. (Die kleinen rundlichen Kriställchen sind blaßgelb aussehende Eisensulfideinschlüsse.) Schon bei wenigen Millimetern Wandstärke ist aber gewöhnlich noch Kohlenstoff vorhanden; das Gefüge besteht dann nach Abb. 91 (Tafel VII) aus einem feinen Gemisch von Ferrit und Perlit mit wenig Temperkohle.

Dieses Gefüge ist kennzeichnend für ein gut entkohltes zähes Tempergußstück. Bei dessen natürlichem Bruch (siehe Abb. 92. a) erkennen wir nur zwei Zonen: Der äußerste Rand ist ganz besonders feinkörnig und zeigt beinahe Neigung zur „Sehnenbildung"; die innere Zone besitzt ebenfalls ein gleichmäßig feines Korn. Ist jedoch die Entkohlung nicht so stark fortgeschritten, so zeigt der innerste Kern gröbere glitzernde Kriställchen (siehe Abb. 92. b); diese Zone besteht aus reinem Perlit, mit wenig Temperkohle, wie Abb. 93 (Tafel VII) erkennen läßt. Bei noch geringerer Entkohlung tritt die eben genannte glitzernde, gröbere Perlitzone in Form eines dünnen Randes auf, die einen feinkörnigen Kern umschließt (siehe Abb. 92. c). Dieser Kern enthält Zementit, der je nach der Höhe des noch vorhandenen Kohlenstoffgehaltes in Form einzelner Kriställchen nach Abb. 94 oder als Netzwerk nach Abb. 95 (Tafel VIII) auftritt. Das Gefüge nach den beiden letzten Abbildungen sollte in einem guten Temperguß nicht vorkommen, da der Guß der Zementitmenge entsprechend immer spröder und schwerer bearbeitbar wird. Bei vollkommen ungenügendem Glühen kann es vorkommen, daß nur die äußersten Randschichten entkohlt wurden, dagegen der Kern noch beinahe glashart ist; dessen Gefüge hat dann beinahe keine Veränderung gegenüber dem Rohguß erfahren, wie Abb. 96 (Tafel VIII) erkennen läßt.

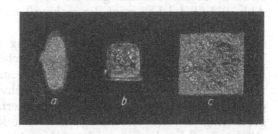

Abb. 92. Natürlicher Bruch von Temperguß.
a = zähe, feinkörnig; b = mit härterem grobkörnigem Kern; c = noch weniger entkohlt.

Wird beim Glühen die Temperatur zu hoch getrieben, so wird der Guß ebenfalls spröde. Der natürliche Bruch zeigt einen grobkristallinen Rand aus großen glitzernden

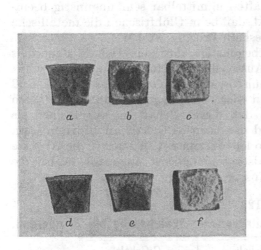

Abb. 103. Amerikanischer Temperguß.

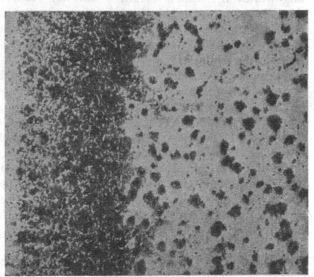

Abb. 105. Querschnitt durch „schwarzkernigen" Guß. Am Rand Perlitzone.

Ferritkristallen, und auch die Ferrit-Perlit-Aggregate sowie die Temperkohle zeigen eine sehr grobe Ausbildung wie Abb. 97 (Tafel VIII) als Gefüge des Kernes und Abb. 98 (Tafel VIII) als Gefüge des Randes erkennen lassen. Bei starker „Überhitzung" zeigt der Ferrit auch die Neigung, sich in groben Kristallen auszuscheiden, die sich unter einem Winkel von 60⁰ schneiden (siehe Abb. 99, Tafel VIII).

Die Oberfläche von Temperguß ist gewöhnlich etwas oxydiert, so daß die äußerste Randzone stets mehr oder weniger Oxyde in Form vereinzelter Pünktchen oder eines Netzwerkes enthält, das die Ferritkristalle umgibt. Hin und wieder ist in derselben

auch etwas Perlit oder Zementit zu finden, wie Abb. 100 (Tafel VIII) deutlich erkennen läßt.

Die bis jetzt betrachteten Gefügebilder entstammen Kuppelofen-Temperguß; ein
etwas anderes Gefüge weist jedoch schwefelarmer Guß auf, bei dem meistens die Temperkohle in einen „Hof" von Ferrit eingebettet ist. Abb. 101 (Tafel IX) gibt den geätzten
Gesamtquerschnitt eines Tiegelgusses wieder: Man sieht deutlich, wie die Temperkohle-
flocken im Inneren am größten sind und nach dem Rande zu immer mehr abnehmen.
Abb. 102 (Tafel IX) zeigt die zackige Temperkohle von Ferrit umgeben; im Perlit ist keine
solche vorhanden.

Dieses Gefüge bildet den Übergang zu dem nach amerikanischer Art hergestellten
Temperguß. Abb. 103 gibt den natürlichen Bruch einiger solcher Stücke wieder: a entspricht dem idealen „Schwarzguß". Sein Gefüge besteht nach Abb. 104 (Tafel IX) aus
reinem Ferrit und Temperkohle. Der „schwarzkernige" Guß b besitzt stets beim Übergang
des weißen Randes in den schwarzen Kern einen Rand aus Perlit, wie die schwache Vergrößerung des Randes nach Abb. 105 erkennen läßt. Der silberhelle Rand der Bruchstücke d und e beruht nicht auf Gefügeunterschieden, sondern darauf, daß an diesen
Stellen die Fasern sehr starken Druckspannungen vor dem Bruch ausgesetzt waren.
Der helle Bruch der Probe c entstand durch einfaches Ausglühen der Probe a und Ab-
kühlenlassen an der Luft, wodurch fast alle Temperkohle in den gelösten Zustand überging; in ähnlicher Weise wurde der ganz weiße Bruch f erhalten, indem Probe d aus Hell-
rotglut in Wasser abgeschreckt wurde [1]).

Chemische Zusammensetzung des Rohgusses.

Die chemische Zusammensetzung des Temperrohgusses ist in erster Linie von dem
angewandten Schmelzverfahren und den Rohstoffen abhängig [2]). Die üblichen Begleiter
des Eisens müssen jedoch stets in gewissen Grenzen gehalten werden. Vor allem darf
der ungetemperte Guß niemals Graphit enthalten, da einesteils die verhältnismäßig
großen Graphitblättchen die Festigkeitseigenschaften unmittelbar sehr ungünstig beeinflussen und anderseits so schwer zu oxydieren sind, daß beim Glühfrischen die metallische
Grundmasse vor dem Graphit verbrannt und deshalb brüchig wird [3]).

Da das Silizium die Graphitabscheidung begünstigt, darf sein Gehalt keinesfalls
so hoch genommen werden, daß eine solche Ausscheidung erfolgt. Anderseits wirkt
das Silizium sehr günstig auf den Gieß- und Glühvorgang, insofern als es dichten Guß
und rasche Temperkohlebildung fördert. Sinkt der Siliziumgehalt unter $0,5\%$, so
wird der Glühvorgang sehr stark verzögert, so daß dieser Gehalt im allgemeinen als
Mindestgrenze angesehen werden kann, während der höchste Gehalt an Silizium etwa
1% beträgt. Da eine Graphitausscheidung um so leichter eintritt, je stärker die Abgüsse
sind, wird der Siliziumgehalt häufig der Wandstärke möglichst angepaßt, wobei die
Zahlentafel 122 einige Anhaltspunkte für die Abstufung gibt:

Zahlentafel 122.

Abhängigkeit des Silizium- und Kohlenstoffgehalts von der Wandstärke bei Temperguß.

Wandstärke des Abgusses	Si-Gehalt $\%$	C-Gehalt $\%$
3— 5 mm	1,25—1,0	3,0—2,8
5— 7 „	1,0 —0,9	2,8—2,7
7—10 „	0,9 —0,8	} 2,7—2,6
10—15 „	0,8 —0,7	
15—20 „	0,7 —0,6	} 2,6—2,5
über 20 „	0,6 —0,5	

---

[1]) Vgl. auch R. Stotz: Über das Kleingefüge des Tempergusses in Zusammenhang mit seinen
Festigkeitseigenschaften. Stahleisen 1920, S. 997.

[2]) Näheres siehe Bd. 2.

[3]) R. Stotz: Beitrag zur Theorie des Temperprozesses. Stahleisen 1916, S. 501.

In starkem Widerspruch damit stehen die Versuchsergebnisse von Leuenberger [1]), der bei schwefelarmem Guß fand, daß die Entkohlung um so stärker ist, je niedriger der Siliziumgehalt unter $0,65^0/_0$ liegt.

Je höher der Gehalt an Kohlenstoff ist, desto mehr neigt der Guß zum „Grau"-werden; bei höherem Kohlenstoffgehalt muß daher der Siliziumgehalt entsprechend erniedrigt werden. Beim Kuppelofenguß kann der Kohlenstoffgehalt nur in engen Grenzen verändert werden; gewöhnlich enthält dieses Eisen $3,3-3,0^0/_0$ Kohlenstoff und durch gesteigerten Zusatz von Schmiedeisen kann er auf etwa $2,8^0/_0$ zeitweilig herabgedrückt werden. Anders verhält es sich beim Flamm-, Siemens-Martin- und Elektroofen, in denen der Kohlenstoffgehalt leicht bis auf $2,4^0/_0$ gesenkt werden kann. Je weniger Kohlenstoff aus dem Rohguß entfernt oder in ihm umgewandelt werden muß, desto rascher verläuft der Tempervorgang, und desto günstiger sind die Festigkeitseigenschaften der getemperten Stücke. Daher wird stets danach gestrebt, den Kohlenstoff möglichst niedrig zu halten; da aber die Gießfähigkeit des schwefelreichen Kuppelofeneisens unter $2,8^0/_0$ Kohlenstoff und des schwefelarmen Flammofeneisens unter $2,2^0/_0$ Kohlenstoff zu schlecht wird, müssen die beiden letzteren Werte als die unteren Grenzen für den Kohlenstoffgehalt angesehen werden.

Einen sehr starken Einfluß auf Gießfähigkeit und Glühung übt der Schwefel aus. Schon lange ist erkannt worden, daß der Schwefel das Eisen dickflüssig macht und den Tempervorgang stark verzögert; insbesondere kann das Tempern nach amerikanischer Art bei einem Rohguß mit über etwa $0,1^0/_0$ Schwefel nicht durchgeführt werden, weil der Schwefel dem Zerfall des Eisenkarbides stark entgegenwirkt. Daher ist der Kuppel-ofenguß zur Erzeugung dieser Gußart ausgeschlossen, da er gewöhnlich zwischen 0,2 bis $0,3^0/_0$ Schwefel, in Ausnahmefällen bei sehr gutem Koks auch etwas weniger bis herab zu $0,15^0/_0$ enthält. Man sucht also den Schwefel möglichst niedrig zu halten, was allerdings nur im Tiegel-, Flamm-, Siemens-Martin- und Elektroofen möglich ist, wo sein Gehalt gewöhnlich zwischen 0,05 und $0,08^0/_0$ liegt. Um der schlechten Wirkung des Schwefels zu begegnen, muß der Siliziumgehalt entsprechend erhöht werden, und zwar können nach den Untersuchungen Lißners [2]) $0,28^0/_0$ Silizium die Wirkung von $0,05^0/_0$ Schwefel aufheben.

Mangan hat ähnlichen Einfluß wie der Schwefel, jedoch nur bei höheren Gehalten, die gleichfalls das Eisenkarbid stabilisieren. Man war in früheren Jahren etwas ängst-licher im Mangangehalt, wo $0,15-0,2^0/_0$ als Höchstgrenze galt, während heute der Temper-guß gewöhnlich $0,2-0,3^0/_0$ Mangan enthält und von einigen Gießereien auch noch $0,4^0/_0$ als zulässig betrachtet werden. Nach amerikanischen Versuchen soll Mangan die ungünstige Wirkung des Schwefels ausgleichen, so daß nach dortiger Betriebserfahrung beim Flamm-ofenguß der Mangangehalt etwa das Drei- bis Vierfache des Schwefelgehaltes [3]) betragen soll, um den ganzen Schwefelgehalt an Mangan zu binden, und um noch einen kleinen Überschuß an diesem im Guß zu haben. Nach den Versuchen von Leuenberger [4]) und Oberhoffer und Welter [5]) soll auch beim Kuppelofen die Erhöhung des Mangan-gehaltes auf $0,4^0/_0$ und darüber günstige Wirkung auf die Festigkeitseigenschaften haben, doch sind hierüber noch weitere Erfahrungen zu sammeln.

Phosphor übt bei den in Frage kommenden kleinen Mengen keinen Einfluß auf den Tempervorgang aus. Sein Gehalt wird jedoch beim weißen Temperguß so niedrig wie möglich genommen, da Phosphor die Schlagfestigkeit besonders bei Anwesenheit von gebundenem Kohlenstoff stark beeinträchtigt. Er beträgt hier gewöhnlich $0,1-0,15^0/_0$.

---

[1]) E. Leuenberger: Über den Einfluß des Siliziums und der Glühdauer auf die mechanischen Eigenschaften des schmiedbaren Gusses. Stahleisen 1917, S. 514 u. 601.

[2]) A. Lißner: Beiträge zur Kenntnis der Temperkohlebildung im Kuppelofentemperguß. Ferrum 1912, S. 44.

[3]) Stahleisen 1916, S. 321 und Marcus: Malleable Iron Metallurgy. Foundry 1922, S. 994 sowie Hermann: Cupola Malleable Production. Foundry 1922, S. 952.

[4]) E. Leuenberger: Einfluß des Mangans auf die Festigkeitseigenschaften des schmiedbaren Gusses. Stahleisen 1921, S. 285.

[5]) P. Oberhoffer und J. Welter: Beitrag zur Kenntnis des Temperprozesses. Stahleisen 1923, S. 105.

Die Amerikaner lassen einen etwas höheren Gehalt bis 0,25% Phosphor zu, da hierdurch die Gießbarkeit etwas erleichtert wird.

Kupfer kann in unserem deutschen Temperguß in Mengen von 0,05 bis zu 0,25% enthalten sein, wenn zu der Gattierung entsprechend viel Sondereisen der Duisburger Kupferhütte benützt wurde, da dieses Temperroheisen meistens kupferhaltig ist [1]). Die angegebenen Gehalte an Kupfer sind in dem Guß wohl unschädlich, doch ist die genaue Wirkung des Kupfers besonders auf schwefelreichen Temperguß noch nicht genau erforscht.

Nickel übt einen günstigen Einfluß auf die Festigkeitseigenschaften aus und befördert den Zerfall des Eisenkarbids. Eine praktische Anwendung hat jedoch der Zusatz von Nickel bei Temperguß noch nicht gefunden.

Aluminium wird hin und wieder dem flüssigen Tempereisen zur Desoxydation zugesetzt, doch sind diese Mengen so klein, daß das Aluminium als Legierungsbestandteil keinen Einfluß ausüben kann. Ein größerer Gehalt würde das Eisen dickflüssig machen und die Graphitausscheidung befördern.

Auch Titan wurde versuchsweise zum Desoxydieren benützt, doch steht seine Wirkung noch nicht genau fest. Nach amerikanischen Quellen [2]) sollen ganz geringe Titanzusätze (0,04%) die Festigkeitseigenschaften verbessert und die Temperkohlebildung begünstigt haben.

Vanadium soll dagegen nach Hatfield [3]) den Karbidzerfall erschweren und die Eigenschaften des Fertiggusses nicht verbessern.

Chrom [4]) wirkt in gleicher Weise und erschwert sehr stark die Temperkohlebildung. Daher ist darauf zu achten, daß kein chromhaltiger Schrott in die Gattierung gelangt, denn schon ganz geringe Mengen Chrom (unter 0,1%) bewirken Sprödigkeit und „weißen" Bruch.

Über die Einwirkung der Gase auf Temperguß ist man sich noch recht im unklaren. Nach den Versuchen von Wüst und Geiger [5]), deren Ergebnisse wir nach Wiederholung der Versuche durch Wüst und Sudhoff als richtig annehmen können, wirken sowohl Wasserstoff als Stickstoff durchaus neutral.

Zahlentafel 123.

Durchschnittliche Zusammensetzung von Temperrohguß.

Schmelzart	Gebundener Kohlenstoff %	Silizium %	Mangan %	Phosphor %	Schwefel %
Kuppelofen	3,3—2,8	0,6—1,25	0,2—0,35	0,1—0,15	0,2 —0,3
Tiegelofen	3,0—2,6	0,6—1,0	„	„	0,06—0,15
Flamm-, Siemens-Martinofen	2,8—2,5	0,6—0,9	„	„	0,06—0,09
Elektroofen	2,6—2,4	0,6—0,8	„	„	0,03—0,06

Neuere Untersuchungen haben ergeben, daß Gußeisen stets gewisse Mengen Sauerstoff enthält und daß hierdurch der Zerfall des Eisenkarbides gehemmt wird [6]). Es ist anzunehmen, daß bei weiterer Erforschung dieses Einflusses manche Frage ihre Lösung finden wird, für die wir bisher bei unerwartet ungünstigem Verlauf des Glühvorganges

---

[1]) Siehe S. 126.

[2]) C. H. Gale: Zusatz von Titan zu schmiedbarem Guß. Bericht siehe Stahleisen 1913, S. 367, siehe auch Stahleisen 1911, S. 1794 u. 1909, S. 980.

[3]) Rev. Mét. 1913, S. 937/943.

[4]) E. Touceda: Making Malleable Castings. Foundry 1922, S. 679.

[5]) Wüst, F. und C. Geiger: Beiträge zur Kenntnis der zwei Kohlenstofformen im Eisen, „Temperkohle und Graphit". Stahleisen 1905, S. 1134, 1196. — F. Wüst und E. Sudhoff: Über die Einwirkung von Wasserstoff und Stickstoff auf temperkohlehaltiges Eisen. Mitt. Eisenh. Inst. Bd. 4, 5. 94; auszugsw. Stahleisen 1910, S. 1674.

[6]) P. Oberhoffer: Über Gas- und Sauerstoffbestimmungen im Eisen, insbesondere Gußeisen. Stahleisen 1924, S. 113.

keine Erklärung hatten. Jedenfalls sind größere Mengen Sauerstoff (oder Oxyde) schädlich, weshalb das flüssige Eisen nötigenfalls gut zu desoxydieren ist.

Faßt man zusammen, was für Anforderungen an den üblichen Temperrohguß bei den verschiedenen Schmelzverfahren gestellt werden können, so ergeben sich die in Zahlentafel 123 zusammengestellten Werte, die in der Praxis durchschnittlich erreicht werden.

Chemische Veränderung des Rohgusses durch das Tempern.
Glühfrischverfahren auf weißen Temperguß.

Bei der Betrachtung der Gefügebilder haben wir gesehen, daß die Verteilung des Kohlenstoffes bei dieser Gußart meistens völlig ungleichmäßig ist. Der Rand ist stets entkohlt und der Kohlenstoffgehalt nimmt gewöhnlich von außen nach innen stark zu, besonders bei dickeren Stücken. Es ist daher sehr schwer, einen „Durchschnittsgehalt" an Kohlenstoff bei Temperguß anzugeben; ein solcher kann zum Vergleich von etwa gleich dicken Stücken dann genannt werden, wenn die Probenahme für die Analyse derart erfolgt, daß ein Drehstahl die ganze Hälfte des Querschnitts auf einmal bearbeitet. Hierdurch enthält jeder einzelne Span einen entsprechenden Anteil von Rand und Kern. Ist dies nicht möglich, so muß bei der Angabe des Kohlenstoffgehaltes stets mitgeteilt werden, in welcher Entfernung vom Rand die Probe genommen wurde. Vorteilhaft ist es dann, genau in die Mitte des Querschnitts von den zu vergleichenden Stücken ein Loch von etwa 4 mm Durchmesser zu bohren, da durch den hier im innersten Kern vorhandenen Kohlenstoffgehalt gute Schlüsse auf die Entkohlung, bzw. Führung des Glühfrischvorgangs gezogen werden können.

Um einen ganz allgemeinen Anhalt zu geben, kann angenommen werden, daß ganz dünne Stücke infolge praktisch vollkommener Entkohlung keinen oder nur etwa $^1/_{10}\,^0/_0$ Kohlenstoff enthalten, also etwa $3\,^0/_0$ Kohlenstoff (und damit $3\,^0/_0$ ihres Gewichtes) verlieren. Mittlere Stücke werden auf $0,5-1,5\,^0/_0$ entkohlt, während starkwandige Abgüsse meistens $1,5$ und sogar bis zu $2,5\,^0/_0$ Kohlenstoff enthalten können.

Auf Grund praktischer Erfahrung sind einige Durchschnittswerte in Zahlentafel 124 angegeben.

Zahlentafel 124.
Abhängigkeit der Kohlenstoffgehalte von der Wandstärke.

Wandstärke mm	Gesamtkohlenstoff $^0/_0$	Temperkohle $^0/_0$	gebundener Kohlenstoff $^0/_0$	Gewichts- verminderung $^0/_0$
3—5	0,1—0,5	0,1—0,3	0,0—0,4	3,5—2,8
5—10	0,3—0,8	0,2—0,3	0,1—0,6	3,0—2,5
10—15	0,5—1,5	0,2—0,6	0,3—1,2	2,5—1,5
über 15	1,0—2,0	0,4—0,8	0,6—1,6	1,5—0,5

Über die Verteilung des Kohlenstoffgehaltes in einem und demselben Querschnitt, bzw. dessen Abhängigkeit von der Entfernung vom Rand und anderseits von der Dicke der Abgüsse geben die analytisch ermittelten Ergebnisse in Zahlentafel 125 für Kuppelofenguß ein ungefähres Bild. Selbstverständlich können sich die einzelnen Werte durch Veränderungen in der Zusammensetzung des Rohgusses oder in der Art des Glühvorganges wesentlich ändern. Ungenügend geglühte Stücke können schon in 2 mm Entfernung vom Rand einen Kohlenstoffgehalt von $1\,^0/_0$ aufweisen. Diese Abgüsse sind natürlich wegen der dadurch hervorgerufenen Sprödigkeit unbrauchbar.

Anderseits ist klar, daß bei mehrfachem oder besonders langem Glühfrischen die Stücke besonders stark entkohlt werden. Durch doppeltes Glühen konnte der Kohlenstoff von $6-8$ mm dicken Stücken praktisch vollkommen oxydiert werden. Nach den eingehenden Untersuchungen von Leuenberger [1]) war es möglich, nach 260 stündigem Glühfrischen Probestücke mit 12 mm Durchmesser um 95—97% auf 0,17—0,09% Kohlenstoff zu entkohlen. Hierbei ist bemerkenswert, daß bei einmaliger Glühung die Entkohlung mit einem von 0,17 auf 0,71% steigenden Siliziumgehalt nicht zunahm, sondern von 84% auf 67% fiel, wie Zahlentafel 126 zu erkennen gibt.

Zahlentafel 125.
Abhängigkeit des Kohlenstoffgehaltes von der Entfernung vom Rand und vom Querschnitt des Abgusses.

Entfernung vom Rand mm	Durchmesser des Probestabes mm	Gesamtkohlenstoff %	Temperkohle %	gebundener Kohlenstoff %
2 5	} 10	0,11 0,48	0,06 0,20	0,05 0,28
2 5 10	} 20	0,09 0,81 1,10	0,04 0,19 0,30	0,05 0,62 0,80
2 5 10 15	} 30	0,23 0,92 1,18 1,65	0,09 0,35 0,40 0,48	0,14 0,57 0,78 1,17

Zahlentafel 126.
Abhängigkeit des Kohlenstoffgehaltes von der Glühdauer und dem Siliziumgehalt.

Charge Nr.	Si %	Gesamtkohlenstoff in % im Rohguß %	Gesamtkohlenstoff in % im geglühten Material nach Glühung I	II	III	V	Gesamtkohlenstoffabnahme in % des Gesamtkohlenstoffs im Rohguß nach Glühung I	II	III	V	Glühung I Ges. C %	Temperkohle %	Geb. C %
1	0,17	3,25	0,52	0,33	0,25	0,11	84,0	90,0	92,5	96,5	0,52	0,09	0,43
2	0,23	3,32	0,51	0,37	0,27	0,09	85,0	89,0	92,0	97,5	0,51	0,07	0,44
3	0,30	3,09	0,54	0,50	0,38	0,12	82,5	84,0	87,5	96,0	0,54	0,14	0,40
4	0,38	3,06	0,62	0,44	0,33	0,11	82,0	85,5	89,0	96,5	0,62	0,16	0,46
5	0,44	3,16	0,67	0,55	0,40	0,13	79,0	82,5	87,5	96,0	0,67	0,19	0,48
6	0,50	2,97	0,81	0,63	0,49	0,18	73,0	79,0	83,5	94,0	0,81	0,24	0,57
7	0,55	3,12	0,94	0,70	0,45	0,17	70,0	77,5	85,5	94,5	0,94	0,39	0,55
8	0,58	3,11	0,88	0,80	0,54	0,16	72,0	74,5	82,5	95,0	0,88	0,36	0,52
9	0,67	3,27	1,03	0,71	0,47	0,17	69,0	78,0	85,5	95,0	1,03	0,35	0,68
10	0,71	3,16	1,05	0,63	0,52	0,16	67,0	80,0	83,5	95,0	1,05	0,32	0,73
11	0,75	3,25	0,89	0,67	0,51	0,13	72,5	79,5	84,5	96,0	0,89	0,42	0,47
12	0,81	3,17	0,91	0,73	0,63	0,16	71,0	77,0	80,0	95,0	0,91	0,34	0,57
13	0,81	3,24	0,93	0,66	0,50	0,15	71,5	79,5	84,5	95,5	0,93	0,42	0,51
14	0,83	3,32	1,00	0,80	0,52	0,16	70,0	76,0	84,5	95,0	1,00	0,48	0,52
15	0,94	3,34	0,92	0,56	0,53	0,12	72,5	83,0	84,0	96,5	0,92	0,45	0,47
16	1,05	3,24	0,90	0,55	0,50	0,15	72,0	83,0	84 5	95,5	0,90	0,37	0,53
17	1,08	3,19	0,81	0,46	0,47	0,09	74,5	85,0	85,5	97,0	0,81	0,32	0,49

Außer dieser wesentlichen Änderung des Kohlenstoffgehaltes kann von den anderen Eisenbegleitern nur der Schwefelgehalt eine Veränderung erleiden. Enthält nämlich der als Tempermittel gewöhnlich benutzte Roteisenstein Pyrit (Schwefelkies), so bildet sich beim Glühen schweflige Säure, deren Schwefel gierig von dem glühenden Temperguß aufgenommen wird. Da jedoch nur in Ausnahmefällen das Tempermittel einen wesentlichen Schwefelgehalt aufweist, so kann von einer allgemeinen Anreicherung des Schwefelgehaltes durch das Glühen nicht gesprochen werden. Vereinzelt wurde durch Analysen

---

[1]) E. Leuenberger und F. Wüst: Über den Einfluß des Siliziums und der Glühdauer auf die mechanischen Eigenschaften des schmiedbaren Gusses. Stahleisen 1917, S. 514 u. 601.

vor und nach dem Glühen eine Zunahme des Schwefelgehaltes um 10–15% festgestellt [1]), aber bei gutem Tempererz kann die Schwefelzunahme praktisch durchaus vernachlässigt werden.

Die übrigen Nebenbestandteile des Eisens: Silizium, Mangan, Phosphor, Kupfer werden durch den Glühfrischvorgang praktisch gar nicht beeinflußt. Ein ganz geringes Ansteigen dieser Gehalte im fertigen Guß gegenüber dem Rohguß kann natürlich beim Analysieren dadurch in Erscheinung treten, daß der Abguß durch das Glühen im Durchschnitt etwa 2% seines Gewichtes durch die Oxydation des Kohlenstoffes verliert und sich die Analysen stets auf das entkohlte Eisen und nicht auf das Gewicht des Rohgusses beziehen.

Amerikanisches Temperverfahren auf schwarzen Temperguß.

Die chemische Veränderung bei dieser Gußart ist wesentlich einfacher: Es wird nur eine Umwandlung des gebundenen Kohlenstoffs in die graphitische Form der Temperkohle bezweckt. Unwesentlich ist im allgemeinen, daß die Oberfläche ein klein wenig entkohlt wird, die inneren Teile dickerer Stücke besitzen stets die gleichen Gehalte an Gesamtkohlenstoff und den übrigen Nebenbestandteilen. Da die Ausscheidung der Temperkohle unabhängig von der Wandstärke des Stückes ist, so erfolgt sie in durchaus gleichmäßiger Verteilung über den ganzen Querschnitt. Ein Beispiel hierfür gibt Zahlentafel 127, die zeigt, daß die Analysenergebnisse eines Stückes mit 40 mm Durchmesser, abgesehen von dem äußersten Rand durchaus die gleichen Gehalte an Kohlenstoff aufweisen.

Zahlentafel 127.

Unabhängigkeit des Kohlenstoffgehaltes von der Entfernung vom Rand bei amerikanischem Temperguß.

Entfernung vom Rand mm	Gesamtkohlenstoff %	Temperkohle %	Gebundener Kohlenstoff %
2	1,65	1,64	0,01
5	2,64	2,62	0,02
10	2,63	2,59	0,04
15	2,66	2,64	0,02
20	2,68	2,65	0,03

Von manchen Gießereien wird auch eine kleine Entkohlung während des Temperns angestrebt. Eine solche ist bei dünneren Abgüssen durchaus möglich und zur Erzielung hoher Festigkeitseigenschaften auch erwünscht. Dickere Stücke können jedoch naturgemäß nicht entkohlt werden.

Die übrigen Eisenbegleiter können auch bei diesem Temperverfahren in keiner Weise chemisch beeinflußt werden.

Die Schmelz-Rohstoffe.

Ausgesprochene Temperroheisen müssen folgenden Ansprüchen genügen: Niedriger Phosphorgehalt, möglichst unter 0,1%; niedriger Mangangehalt, im allgemeinen 0,15 bis 0,4%; mittlerer Siliziumgehalt 0,5–2,5%; möglichst niedriger Schwefelgehalt. Das einzige deutsche Hochofenwerk, das ein solches Roheisen handelsmäßig erzeugt, ist die Duisburger Kupferhütte in Duisburg. Dieses Eisen wird hauptsächlich aus den bei der Kupfergewinnung zurückgebliebenen Kiesabbränden erblasen, weshalb es häufig etwas

---

[1]) F. Wüst: Untersuchungen über die Festigkeitseigenschaften und Zusammensetzung des Tempergusses. Mitt. a. d. eisenh. Inst. d. Techn. Hochschule Aachen 1908. Bd. 2, S. 44; auszugsw. Stahleisen 1907, S. 472.

kupferhaltig ist (0,1—0,2°/₀ Kupfer). Es wird in allen Abarten vom hellen Weiß bis dunklen Grau geliefert; das weiße Eisen hat allerdings meistens einen sehr hohen Schwefelgehalt [1]).

Als Zusatzeisen können auch die gewöhnlichen deutschen Hämatitroheisen verwendet werden, wenn darauf geachtet wird, daß ihr Mangangehalt und damit der des Rohgusses nicht zu hoch wird. Falls deutsche Hochofenwerke laufend ein Hämatiteisen mit etwa 0,4—0,6°/₀ Mangan erblasen würden, könnten sich unsere Tempergießereien vielfach von den teuren ausländischen Temperroheisen unabhängig machen. Als weitere Zusatzeisen, besonders beim Kuppelofenbetrieb, kommen die niedriggekohlten Sonderroheisen in Betracht, wie das „Silbereisen" der Friedrich-Wilhelm-Hütte in Mülheim a. d. Ruhr mit einem Gehalt von 2,2—2,8°/₀ Kohlenstoff, sowie das gleich niedriggekohlte „C-H"-Eisen der „Concordia-Hütte" [2]) zu Bendorf.

Es kann vorkommen, daß der Siliziumgehalt des vorhandenen Roheisens nicht ausreicht; in diesem Falle wird der Gattierung gerne ein Hochofen-Ferro-Silizium mit 10 bis 14°/₀ Silizium zugesetzt. Legierungen mit höherem Siliziumgehalt finden beim Erschmelzen von Temperguß kaum Verwendung. Als Zusatz zwecks Desoxydation wird im Flammofenbetrieb Ferro-Mangan mit 80—85°/₀ Mangan benutzt, gegebenenfalls auch Reinaluminium, das ausschließlich in der Pfanne zugesetzt wird.

Von den ausländischen Temperroheisen zeichnen sich besonders die schwedischen „Holzkohlenroheisen" durch besondere Reinheit und Gleichmäßigkeit in der chemischen Zusammensetzung bei hohem Kohlenstoffgehalt aus [3]). Aus Schweden wird außerdem auch „Koks-" und „Elektroroheisen" [4]) eingeführt. Diese beiden Arten sind nicht so beliebt wie die erstere, der sie an Reinheit und Gleichmäßigkeit meistens nicht gleichkommen. Der Handel unterscheidet außerdem verschiedene Formen der Masseln, wie „Großformat" und „Platten" für Kuppel- und Siemens-Martinöfen und „Kleinformat" und „Stangen" für Tiegelöfen. Bei den gebräuchlichsten Roheisen-Marken sind durch die auf jede einzelne Massel aufgegossenen kennzeichnenden Buchstaben oder Zeichen (Pfeil, Krone) im Gegensatz zu den deutschen Marken Verwechslungen ausgeschlossen. Auch englische Temperroheisen sind bei manchen Gießereien beliebt; es kann jetzt aber als erwiesen gelten, daß sie keine besonderen Vorteile vor den deutschen Roheisen bieten und sogar häufig wegen ihres hohen Schwefelgehaltes diesen unterlegen sein dürften. Es ist erfreulich, daß endlich der Aberglaube, nur mit Zusatz von ausländischem, insbesondere schwedischem Holzkohlenroheisen einen guten Temperguß herstellen zu können, aufzuhören scheint.

An sonstigen Schmelzrohstoffen kommen die Eingüsse und Trichter, in den westfälischen Gießereien „Einschlag" genannt, sowie getemperter Schrott, Schmiedeisen- und Stahlabfälle in Betracht.

Der Anteil der „Eingüsse" an der Gattierung ist bei Temperguß stets sehr hoch, da das Ausbringen an guter Ware meistens nur 30—40°/₀ beträgt, und die vielen abfallenden Rohgußteile stets im eigenen Schmelzbetrieb aufgebraucht werden müssen. Diese Stücke werden in manchen Betrieben vor dem Aufgeben in Trommeln gescheuert, um sie von dem anhaftenden Sand zu befreien, wodurch eine geringe Brennstoffersparnis und größere Basizität der Schlacke erreicht wird.

An getempertem Schrott wird gewöhnlich nur solcher wieder eingeschmolzen, der aus dem eigenen Betriebe stammt, da bei fremdem Temperschrott die Gefahr besteht, ein Eisen mit großer Ungleichmäßigkeit in der chemischen Zusammensetzung und insbesondere mit sehr hohem Schwefelgehalt zu bekommen. Am besten wird der anfallende Temperschrott als Zusatz zu der Gattierung für die Tempertöpfe benutzt. Graugußschrott soll als Gattierungszusatz streng vermieden werden, da sein stets hoher Phosphorgehalt große Sprödigkeit des Tempergusses hervorrufen würde, und da auch die übrige chemische Zusammensetzung allzu großen Schwankungen unterworfen ist. Stahl- und Schmiedeisenschrott wird dagegen gerne zur Gattierung zugegeben, um sie zu verbilligen und um anderseits den Kohlenstoffgehalt zu erniedrigen. Beim Schmelzen

---

[1]) Vgl. die Zusammenstellung der Roheisen in Zahlentafel 49, S. 126.
[2]) Siehe Zahlentafel 49, S. 126.   [3]) Siehe Zahlentafel 59, S. 136.
[4]) Siehe Zahlentafel 60, S. 136.

im Tiegel wird mit Vorliebe auch ganz kleinstückiger Schrott wie Lochputzen, Nagel-
abfälle u. dgl. gesetzt, da diese den Tiegelinhalt gut ausnützen und dabei vor starker
Oxydation geschützt sind. Bei den anderen Schmelzöfen ist dagegen ganz dünner Schrott,
wie Feinblech- und Drahtabfälle, auszuschließen, weil er zu leicht verbrennt, und dadurch
Oxyde in das Eisen gelangen, die es dickflüssig machen und den Guß schwieriger tempern
lassen. Auch sperriger Schrott ist ungeeignet, da er die Regelmäßigkeit des Schmelzbetriebes stört; nötigenfalls dürfen die Kosten nicht gescheut werden, den Schrott vor
dem Setzen in ofenrechte Stücke zu zerschneiden. Auch stark verrosteter oder verbrannter
Schrott ist nicht zu verwenden, da sich sonst das Eisen zu sehr an Oxyden anreichert.
Am geeignetsten sind mittelstarke Abfallstücke aus Gesenkschmieden und Stanzereien,
wie Kesselblech- und Flanschenabfälle, geschmiedete alte Hufeisen u. dgl.

Die Eigenschaften des Tempergusses.

Die Festigkeitseigenschaften.

Wie wir bei der Betrachtung des Tempergußgefüges gesehen haben, unterscheidet
sich dasselbe ganz wesentlich, je nachdem, ob es sich um den mit heller Bruchfläche oder
um den nach amerikanischer Art hergestellten Guß mit schwarzer Bruchfläche handelt.
Dementsprechend sind auch die Eigenschaften dieser beiden Gruppen grundverschieden;
der Einfachheit halber sei die erstere Gußart als „weißer", die letztere als „schwarzer"
Temperguß bezeichnet. Da der weiße Temperguß nur bei ganz dünnen Stücken
praktisch vollkommen entkohlt ist und um so mehr Kohle enthält, je stärker der Querschnitt ist, so besitzen dünne Stücke die größte Zähigkeit und Dehnung bei mäßiger
Festigkeit, während mit der Zunahme der Wandstärke die Zähigkeit sich verringert
und die Festigkeit zunimmt. Maßgebend ist hierbei der Gehalt an gebundenem Kohlenstoff, während die Höhe des Gesamtkohlenstoff- und Temperkohlegehaltes keinen wesentlichen unmittelbaren Einfluß ausübt. Da also die Festigkeitseigenschaften von dem Grade
der Entkohlung und damit von dem angewendeten Schmelz- und Glühverfahren, sowie
von der Wandstärke der Stücke abhängig sind, ist es nicht möglich, genaue, allgemein
gültige Angaben über die Festigkeit zu machen.

Als Kennzeichen für die Güte wird bei Temperguß meistens die Zugfestigkeit
und die „Dehnung" angegeben. Als deren niedrigste Werte, bei denen das Stück als
Temperguß noch bezeichnet werden kann, dürften 30 kg/qmm und 1,5% Dehnung anzunehmen sein. Um ein Stück als „Qualitätstemperguß" zu bezeichnen, müßte seine
Zugfestigkeit mindestens 35 kg/qmm und seine Dehnung mindestens 3% betragen. Bei
weißem Temperguß läßt sich sehr leicht eine ganz bedeutende Zugfestigkeit bis zu
50 kg/qmm erreichen, wobei natürlich die Dehnung auf ganz kleine Werte sinkt; hierzu
braucht der Guß nur mäßig entkohlt zu werden. Schwieriger ist dagegen, eine hohe Dehnung zu erhalten, besonders bei dickwandigen Stücken aus Kuppelofenguß. Bei dünnerem
Kuppelofenguß läßt sich jedoch sehr leicht eine große Dehnung und Zähigkeit erzielen,
so daß dieser Schmelzofen hauptsächlich zur Erzeugung von dünnwandigem Qualitätsguß, trotz dessen damit verbundenen hohen Schwefelgehaltes, mit Vorteil angewendet
wird. Zur Herstellung dickerer Stücke eignen sich mehr der Flamm- und der Siemens-
Martin-Ofen, deren Erzeugnisse wegen ihres niedrigen Schwefel- und Kohlenstoffgehaltes
leichter entkohlt werden, und dadurch zäh gemacht werden können. Bei diesem Guß
können Zugfestigkeiten von 35—45 kg/qmm bei 10—5% Dehnung erreicht werden.

Um einen weiteren zahlenmäßigen Anhalt darüber zu geben, was für Festigkeitseigenschaften je nach Wandstärke, Schmelz- und Glühverfahren als üblich angesehen werden
können, sei auf die Zahlentafel 128 verwiesen.

In dieser Zusammenstellung sind auch Werte für die Biegefestigkeit angegeben, die allerdings für Temperguß keine große Bedeutung besitzen. An dünnen
Stücken kann dieselbe überhaupt nicht bestimmt werden, da sich diese bei genügender
Entkohlung zu einem Halbkreis biegen lassen, ohne zu brechen. Die Biegefestigkeit
geht mit der Zunahme der Wandstärke entsprechend der weniger starken Entkohlung

in die Höhe, wobei natürlich die Zähigkeit zurückgeht. Auf diese Eigenschaft kommt es aber bei Temperguß meistens ganz besonders an, da von den Abgüssen vielfach eine gewisse Verbiegbarkeit in kaltem Zustand verlangt wird. Zu ihrer Bestimmung ist es am zweckmäßigsten, die Widerstandsfähigkeit gegen Schläge festzustellen. Hierzu eignen sich die Pendelschlagwerke nach Charpy sehr gut, wobei die Probestäbe einfach herzustellen sind und keinerlei Bearbeitung benötigen. Die hierbei erreichten üblichen Durchschnittswerte der Schlagfestigkeit sind ebenfalls in Zahlentafel 128 zusammengestellt. Sie sind in allererster Linie von der Höhe des Gehaltes an gebundenem Kohlenstoff abhängig, wie eingehender die Zahlentafel 129 ergibt [1]). Die hierbei geprüften Probestäbe mit 10×10 mm Querschnitt wurden bei einem Auflagerabstand von 70 mm zerschlagen; sie enthielten $0,23-0,25\%$ Schwefel. Kommt es also auf größte Zähigkeit an, so ist danach zu streben, das Stück möglichst stark zu entkohlen. Die Meinung, bei höherem Schwefelgehalt, also bei Kuppelofenguß, keine große Zähigkeit erzielen zu können, ist unrichtig.

Zahlentafel 128

Festigkeitseigenschaften von „weißem" Temperguß in Abhängigkeit von der Wandstärke und von „schwarzem" Temperguß.

Gußart	Wandstärke mm	Zugfestigkeit kg/qmm	Dehnung %	Biege-festigkeit kg/qmm	Schlag-festigkeit mkg/qcm	Brinell-härte
Kuppelofenguß	3— 6	30—35	6— 4	40—60	10— 6	} 110—150
„	6—12	32—40	5— 2	50—70	8— 4	130—180
„	12—30	35—50	3— 1	60—80	6— 2	
Weißer Flamm- und Sie-mens-Martin-Ofenguß	3—6	30—40	10— 6	40—70	12— 8	} 110—150
	6—12	32—45	8— 5	50—80	10— 6	120—180
	12—30	35—55	6— 4	60—90	8— 3	
Schwarzer Temperguß .	3—40	32—38	8—20	40—60	15—25	110—120

Naturgemäß geht auch die Härte mit dem Gehalt an gebundenem Kohlenstoff in die Höhe, wie auf Zahlentafel 128 ungefähr angegeben ist (10 mm Kugeldurchmesser, 3000 kg Druck). Die Bestimmung der Härte der Oberfläche von Tempergußstücken läßt aber keinen bestimmten Schluß auf die Eigenschaften des ganzen Stückes zu, da eigentlich stets die Oberfläche entkohlt und weich ist, der übrige Teil aber noch sehr hart sein kann. So ergaben sich als Brinellhärten der Oberfläche von Stücken, deren Kern sich nicht bohren ließ, Werte zwischen 160—170, während die Mitte solcher Querschnitte eine Härte von 250—350 aufwies!

Zahlentafel 129.

Abhängigkeit der Schlagfestigkeit von der Höhe des Gehaltes an gebundenem Kohlenstoff.

Schlagfestigkeit mkg/qcm	Gesamtkohlenstoff %	Temperkohle %	Gebundener Kohlenstoff %
17,0	0,71	0,49	0,22
14,4	0,78	0,44	0,34
12,2	0,96	0,51	0,45
11,6	0,98	0,30	0,68
10,6	1,11	0,51	0,60
9,7	1,16	0,41	0,75
8,2	1,14	0,24	0,90
7,2	1,42	0,50	0,92
5,6	1,63	0,33	1,30
4,1	2,04	0,38	1,66

[1]) R. Stotz: Über die Theorien des Glühfrischprozesses. Gieß.-Zg. 1916, S. 209.

Die Festigkeitseigenschaften von „schwarzem" Temperguß sind viel einheitlicher als beim „weißen", da sie praktisch unabhängig von der Wandstärke sind. Dem ferritischen Gefüge nach ist diese Gußart ausgezeichnet durch ihre große Zähigkeit, während die Zugfestigkeit nur mäßig hoch ist. Diese liegt meistens zwischen 32—38 kg/qmm bei einer Dehnung von 8—20%; ein guter Durchschnitt ist 36 kg/qmm bei 12% Dehnung. Die besten Festigkeitswerte, die uns als Einzelfälle aus Amerika [1]) gemeldet wurden, sind erstaunlich hoch [2]): Zugfestigkeit = 40,8 kg/qmm bei 34% Dehnung und 45 kg/qmm bei 18% Dehnung. Bei dieser Gußart läßt sich auch die Proportionalitäts- und Fließgrenze genau erkennen, erstere liegt bei etwa $1/_3$, letztere bei etwa $6/_{10}$ der Zerreißfestigkeit. Auch die Querzusammenziehung ist sehr deutlich; sie beträgt bei Stäben von 15 mm Durchmesser 17—23%.

Die Schlagfestigkeit ist außerordentlich groß; ungekerbte Stäbe mit 16×16 mm Querschnitt konnten mittels eines Pendelhammers von 35 mkg Schlagkraft nicht zum Bruch gebracht werden, und Stäbe mit 10×10 mm Querschnitt ergaben Schlagfestigkeiten bis 30 kg/qcm. Es wurde schon versucht, diese hohe Güte dadurch zu erklären, daß man sich vorstellte, die Temperkohleknötchen wirken der Weiterbildung von Rissen in der Ferritgrundmasse ähnlich entgegen, wie kleine Löcher, mit denen man sonst Risse „abzubohren" sucht!

Der „schwarze" richtig getemperte Guß ist stets sehr weich; seine Brinellhärte liegt bei allen Stellen eines beliebig starken Querschnitts zwischen 110 und 120. Er ist daher weniger dazu geeignet, einem großen Verschleiß zu widerstehen.

|Schwindung und spezifisches Gewicht.

Die Schwindung des Temperrohgusses als eines Weißeisens ist sehr groß und beträgt linear gemessen etwa 2%. Die in der Praxis vorkommenden Schwankungen in seiner chemischen Zusammensetzung üben einen völlig unwesentlichen Einfluß aus: Eine Steigerung des Siliziumgehaltes von 0,6 auf 0,9% bewirkte eine Abnahme der Schwindung von 2,0 auf 1,9%; eine Zunahme des Mangangehaltes von 0,2 auf 0,8% erhöhte sie von 1,95 auf 2,07%. Kohlenstoff verringert die Schwindung merklich. Schwefel scheint sie zu erhöhen; die vorkommenden geringen Schwankungen des Phosphorgehaltes sind ohne Einfluß.

Einen großen Einfluß auf die Schwindung übt auch die Formweise auf. Kleine „Anschnitte" und schwache Gießtrichter bewirken starke Schwindung, während große Anschnitte, starke Gießtrichter und Saugmasseln gestatten, daß der Abguß während der Erstarrung Eisen nachsaugen kann, dadurch vollkommen dicht wird und weniger schwindet. Wird die Schwindung mechanisch gehemmt durch harte Kernstücke, große Flanschen oder andere verwickelte Ansätze, so fällt sie auch wesentlich geringer aus und sinkt bis auf etwa 1,5%. Hierdurch entstehen natürlich große Spannungen im Abguß oder gar Risse, so daß möglichst anzustreben ist, dem Abguß durch geeignete Formweise zu gestatten, frei 2% zu schwinden.

Durch das nachfolgende Glühen ändern sich jedoch die Abmessungen der Abgüsse in positivem oder negativem Sinn, je nach ihrer Wandstärke, chemischen Zusammensetzung und dem Glühverfahren. Die Volumzunahme nach dem Glühen ist um so größer, je stärker sich die Temperkohle ausscheidet, da mit dem Zerfall des Eisenkarbids in Ferrit und Temperkohle eine Volumzunahme von 14,4% [3]) verbunden ist. Im Zusammenhang damit wurde durch eingehende Untersuchungen [4]) festgestellt, daß durch Glühfrischen kleine Stücke keine Glühausdehnung besitzen, vielmehr hierbei etwa $1/_2$% an Länge verlieren. Mit zunehmender Wandstärke nahm diese Volumverringerung ab, erreichte bei etwa 8 mm starken Stücken den Wert 0 und ging danach in eine Volumzunahme

---

[1]) H. A. Schwartz: American Malleable Cast Iron. Cleveland, Ohio 1922.

[2]) Zu berücksichtigen ist hierbei, daß die amerikanischen Probestäbe nur 50 mm Meßlänge aufwiesen (vgl. S. 428).

[3]) Ruff: Ber. d. deutschen chemischen Gesellsch. 1912, I, S. 63.

[4]) F. Henfling: Dissertation, Techn. Hochschule. Stuttgart 1923.

über, die bei Stäben mit 50×50 mm Querschnitt $2,1\%$ betrug. Zieht man diese Längenänderung infolge Glühfrischens von der Schwindung des Rohgusses ab, so erhält man die
„Gesamtschwindung" der Abgüsse gegenüber dem Modell. Diese ist auf Abb. 106 in
Abhängigkeit von der Wandstärke eingetragen. Für die Praxis ergibt sich hieraus die
wichtige Folge, daß die sonst mit 2% als üblich angenommene „Gesamtschwindung"
nur bei dünnen Abgüssen mit etwa 8 mm Wandstärke richtig ist, daß also das „Schwindmaß" der Wandstärke entsprechend geändert werden muß, etwa wie in Zahlentafel 130
zusammengefaßt ist.

Bei dem „schwarzen" Temperguß beträgt die Ausdehnung beim Tempern $1-2\%$
in Abhängigkeit des Kohlenstoffgehaltes des Rohgusses. Die niedrigen Werte gelten für
Guß, der während des Glühens auch eine Entkohlung erfährt. Das Schwindmaß
dieser Gußart gegenüber dem Modell be-
trägt daher als Durchschnitt bei niedrigem
Kohlenstoffgehalt linear etwa 1%.

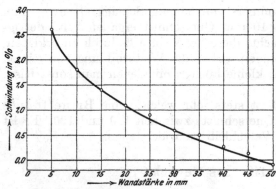

Abb. 106. Abhängigkeit der Schwindung von der
Wandstärke.

Das spezifische Gewicht des Temperrohgusses wird durch die in der Praxis
möglichen Schwankungen der chemischen
Zusammensetzung unwesentlich beeinflußt, es kann im Mittel zu 7,75 angenommen werden. Das spezifische Gewicht
des fertigen Gusses schwankt entsprechend
den Volumänderungen, ist also in gewissem Grade von der chemischen Zusammensetzung und der Art der Entkohlung abhängig. Bei dünnem Kuppelofenguß wurde ein höheres spezifisches
Gewicht festgestellt als bei dickeren
schwefelarmen Stücken (7,6 gegenüber von 7,4). Die Ursache hierfür dürfte sein, daß
eine Entkohlung der dünnen und schwefelreichen Stücke derart erfolgte, daß sich vor
der Oxydation des Kohlenstoffs keine Temperkohle bildete, während letzteres bei den
dickeren Stücken der Fall war. Als mittleres spezifisches Gewicht von weißem Temperguß kann 7,4 angenommen werden, während in Amerika für den schwarzen Guß 7,35
als Mittel gilt[1]).

Zahlentafel 130.

Abhängigkeit des Schwindmaßes von Wandstärken und Gußart.

	Wandstärke mm	Schwindmaß	Längenänderung durch Glühen
Weißer Temperguß . . .	$3-8$	2,0	$-0,5-0,0$
	$9-15$	1,5	$+0,1-0,5$
	$16-25$	1,0	$0,5-1,0$
	$26-45$	0,5	$1,0-1,5$
	über 45	0,0	$1,5-2,0$
Schwarzer Temperguß . .	$3-40$	$1,0-0,5$	$0,5-2,0$

Verarbeitungseigenschaften.

Die Bearbeitbarkeit von gutem Temperguß durch spanabnehmende Werkzeuge
ist, allgemein gesprochen, sehr gut. Beim weißen Guß werden von einer gewissen Wandstärke an die einzelnen Schichten von außen nach innen durch ihren höheren Kohlenstoffgehalt härter und daher etwas schwerer bearbeitbar; in Ausnahmefällen kann es sogar
vorkommen, daß die äußeren Schichten sehr gut weich, der innere Teil jedoch noch
beinahe glashart ist. Derartige Stücke sind natürlich infolge ungenügenden Glühens
unbrauchbar.

---

[1]) s. S. 367.

Bei der Bearbeitung kann auch der Übelstand auftreten, daß Abgüsse einzelne „harte" Stellen aufweisen, was verschiedene Ursache haben kann: Werden die „Angüsse" nicht am Rohguß, sondern, was wegen der leichteren Arbeit beliebter ist, an den getemperten Stücken durch Abschleifen entfernt, so können hierbei die Abgüsse sich durch die starke Reibung an diesen Stellen erhitzen und dadurch gehärtet werden. Besonders bei dickeren Stücken kann auch der Fall eintreten, daß durch das Abschleifen des Angusses an dieser Stelle die weiche entkohlte Schicht entfernt wurde, so daß bei der Bearbeitung dieser Fläche der Stahl im allgemeinen die weiche entkohlte Oberfläche, aber an der Angußstelle die härteren Schichten trifft (Abb. 107). Ferner kann der Guß auch dann schwer bearbeitbar sein, wenn zum Schweißen hartes Eisen verwendet oder die Schweißstelle örtlich zu stark erhitzt oder zu rasch abgekühlt wurde. Des weiteren kann es auch vorkommen, daß Abgüsse, die sich beim Glühen verzogen haben und daher rotwarm gerichtet werden mußten, hiernach zu rasch abkühlten. Dadurch werden sie gehärtet und spröde, was dann auch das feine Korn des Bruches gut zu erkennen gibt.

Der schwarze Temperguß läßt sich entsprechend seiner hohen Zähigkeit unter gewissen Umständen nicht so rasch durch Schneidwerkzeuge bearbeiten, wie der weiße. Dies ist beispielsweise bei Rohrpaßstücken (Fittings) der Fall, in die bekanntlich stets ein feines Gasgewinde einzuschneiden ist. Diese Massenware wird daher so

Abb. 107. Harte, kohlenstoffreiche Stelle nach Abschleifen der Angußstelle.

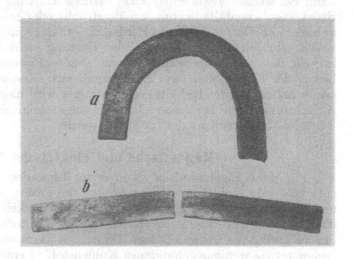

Abb. 108. Schwarzer Temperguß.
a) Kalt gebogen; b) nach leichtem Überschmieden, ohne zu biegen gebrochen.

gut wie ausschließlich — auch in Amerika — aus Kuppelofenguß hergestellt, der infolge seines hohen Schwefelgehaltes etwas spröder ist und daher kleinere Späne ergibt, wodurch die Bearbeitungsmaschinen rascher laufen können. Im übrigen ist die Bearbeitbarkeit des schwarzen Gusses ähnlich der von Schmiedeisen; nach amerikanischen Versuchen konnte in 1 Minute Stahl 1,32—2,16 mm, Grauguß 4,9 mm und Schwarzguß 5,3—6,1 mm tief gebohrt werden.

Der fertig getemperte Schwarzguß darf keinesfalls einer höheren Temperatur ausgesetzt werden, da er sonst durch rasche Abkühlung hart wird und nicht mehr zu bearbeiten ist.

„Schmiedbarkeit" kommt für Temperguß in den seltensten Fällen in Betracht, da ja gerade der Vorteil dieser Stücke darin liegt, daß sie in die gewünschte Form durch Gießen und nicht durch Schmieden gebracht werden. Der weiße Guß läßt sich bei genügender Entkohlung sehr gut ausschmieden, selbst der im Kuppelofen erschmolzene, wenn nur darauf geachtet wird, daß er nicht zu hoch erhitzt wird. Der schwarze Guß dagegen darf keinesfalls geschmiedet werden, da sich beim Erhitzen die Temperkohle in dem glühenden Eisen löst und beim gewöhnlichen Abkühlen nicht wieder abscheidet. Sie bleibt vielmehr gelöst, so daß der geglühte Guß hierdurch hart, spröde und unverwendbar wird. Abb. 108 zeigt einen Probestab a aus Schwarzguß mit 16×16 mm Querschnitt, wie er sich im gewöhnlichen Zustand durch Hammerschläge sehr stark verbiegen

ließ. Ein Stab b mit gleicher Zusammensetzung wurde auf 14×14 mm Querschnitt aus-
geschmiedet und zur Abkühlung sich selbst überlassen. Ein einziger Hammerschlag
genügte nun, um ihn zu brechen, wobei er nach Abb. 108 nicht die geringste Verbiegung
zeigte. Seine Bruchfläche zeigte nur noch geringe Schwarzfärbung wegen der beim Glühen
zum größten Teil erfolgten Umwandlung der Temperkohle in gebundenen Kohlenstoff.

Die Nietbarkeit ist bei weißen dünnen Stücken recht gut, sie nimmt naturgemäß
mit zunehmender Wandstärke und mit der Zunahme des Kohlenstoffs ab. Der dünne
schwarze Guß läßt sich ausgezeichnet vernieten und auch bei dickeren Stücken nimmt
die Nietbarkeit nur in dem Maße ab, wie die größeren Wandstärken an sich schwieriger
zu vernieten sind.

Schweißbarkeit besteht bei jedem Temperguß, insofern als sich unganze Stellen,
Löcher, Risse sowohl autogen mit Sauerstoff-Azetylen, als auch elektrisch mittels Licht-
bogen zuschweißen lassen. Als Schweißdraht ist möglichst weiches Eisen zu verwenden.
Häufig sind Schwierigkeiten beim Schweißen zu überwinden, da bei verwickelten Stücken
infolge von Spannungen die Schweißstelle beim Erkalten leicht wieder reißt. Das ganze
Stück ist dann nötigenfalls zu erhitzen und darf nur ganz langsam abkühlen. Um die
beim Schweißen etwa eintretende örtliche Härtung unschädlich zu machen, muß das
Stück gegebenenfalls nochmals glühgefrischt oder getempert werden. Letzteres ist beim
schwarzen Guß unbedingt erforderlich, wenn er auch an der Schweißstelle vollkommen
weich sein soll, da er ohne örtliche Härtung nicht geschweißt werden kann. Handelt
es sich darum, Tempergußstücke an andere Eisenteile „aufzuschweißen", so scheiden
hierzu der Kuppelofen- und Schwarzguß aus. Ersterer zerfällt bei Schweißhitze infolge
seines hohen Schwefelgehaltes, und letzterer wird hierbei zu hart. Möglich ist ein solches
Aufschweißen nur bei schwefelarmen, gut entkohlten Stücken, wie sie aus dem Tiegel,
Siemens-Martinofen u. dgl. gegossen werden.

Magnetische und elektrische Eigenschaften.

Für diese Eigenschaften ist in erster Linie der Gehalt an gebundenem Kohlenstoff
entscheidend: Kohlefreies Eisen besitzt die größte Permeabilität, geringste Remanenz
und Koerzitivkraft und beste elektrische Leitfähigkeit. Da vor allem erstere Eigenschaft
im Elektromaschinenbau zur Herstellung von Ankern, Polschuhen u. dgl. verlangt wird,
um die geringsten Umwandlungs- (Hysteresis-) Verluste zu bekommen, ist der Guß um so
geeigneter, je weniger gebundenen Kohlenstoff er enthält. Man sucht daher bei Verwendung von weißem Guß diesen so stark wie möglich zu entkohlen oder bevorzugt noch
besser den Schwarzguß, da dieser ja überhaupt keinen gebundenen Kohlenstoff enthält. Infolge seines ferritischen Gefüges treten bei Schwarzguß die geringsten Umwand-
lungsverluste ein. Nach amerikanischen Untersuchungen weist die Steinmetzsche
Konstante den kleinen Wert von 0,00136 auf; sein elektrischer Widerstand wurde zu
0,000044 und nach neueren wohl genaueren Messungen zu 0,0000295 Ohm/ccm bestimmt.
Nach den Untersuchungen von Leuenberger [1]) steigt mit Erhöhung des Siliziumgehaltes
von $0,17-1,08\,^0/_0$ der spezifische Widerstand des Rohgusses von 42 auf 63 cm^{-3} . 10^6
und des fertigen Gusses in einiger Abhängigkeit vom Grade der Entkohlung von 16 auf
54 cm^{-3} . 10^6.

Thermische Eigenschaften.

Nach amerikanischen Untersuchungen erfolgt die Längenänderung des Schwarz-
gusses nach der Formel: $L_t = L_0 (1 + 0,00006\,t + 0,000\,000\,0125\,t^2)$; die spezifische
Wärme nimmt bei steigender Temperatur von 0,11 bei 24^0 auf 0,165 bei 425^0 zu.

Temperguß darf keinesfalls über den Perlitpunkt erhitzt werden, da sonst seine Eigenschaften von Grund aus geändert werden. Innerhalb der Temperaturen von -38^0 C.
bis 427^0 C. bleibt nach amerikanischen Berichten die Zugfestigkeit und Dehnung etwa
dieselbe wie bei gewöhnlicher Temperatur. Bei weiterem Erhitzen nimmt die Festigkeit
zunächst langsam, bei über 480^0 rasch ab und sinkt bei 650^0 als der höchsten gerade
noch zulässigen Temperatur auf etwa $^1/_5$ des ursprünglichen Wertes.

---

[1]) E. Leuenberger: a. a. O.

Die Härtbarkeit des weißen Tempergusses durch Abschrecken ist verschieden, je nach der Höhe seines Gehaltes an Kohlenstoff. Ein dünner, also gut entkohlter Guß soll keine Härtung durch Abschrecken annehmen. Es ist daher schon bei solchen Stücken die Härtbarkeit als Prüfverfahren auf gute Entkohlung verwendet worden. Wird von weißem Temperguß Härtbarkeit verlangt, so muß ihm bei dünnen Stücken wieder etwas Kohlenstoff durch Glühen im Einsatz, Zementieren, an der Oberfläche zugeführt werden. Manche Tempergießereien liefern daher auf Wunsch solche dünnen Stücke in dieser Weise „härtebar vorgerichtet". Werden bei dickeren Stücken die äußersten entkohlten Schichten durch Bearbeitung entfernt, so ist der übrig bleibende, kohlenstoffreiche Kern ohne weiteres härtbar.

Der schwarze Guß nimmt, wie wir gesehen haben, ohne weiteres durch Ausglühen Härte an, die durch Abschrecken in Öl sehr hohe Werte erreicht. Für untergeordnete Werkzeuge wurde daher diese Eigenschaft auch schon praktisch ausgenützt, um deren Arbeitsflächen, wie Hammerbahnen u. dgl. zu härten.

Chemische Eigenschaften.

Temperguß besitzt von allen Eisengußarten die geringste Neigung zu rosten. Die Ursache dafür ist, daß seine Oberfläche stets vollkommen entkohlt ist und daher aus einer völlig einheitlichen Masse, dem Ferrit, besteht. Dadurch können in derselben keine starken Spannungs-unterschiede zwischen ver-schiedenartigen Gefügebe-standteilen auftreten, die An-laß zu elektrolytischer Kor-rosion geben würden.

Leuenberger[1]) hat den Einfluß des Siliziums auf das Rosten von Temperguß-stücken untersucht, indem er Versuchskörper mit 0,17 bis 1,08% Silizium während 20 Tage fließendem Wasser von

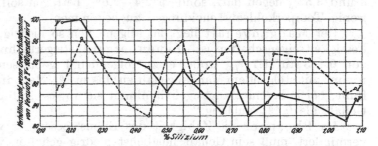

Abb. 109. Rosten in fließendem Wasser in Abhängigkeit vom Siliziumgehalt.

12—15° aussetzte. Das Ergebnis ist durch Schaulinien auf Abb. 109 wiedergegeben, wobei Linie I Versuchskörpern mit 75, und Linie V solchen mit 250 Stunden Glüh-dauer entspricht. Bei der kurzen Glühung läßt sich ein Einfluß des Siliziumgehaltes nicht feststellen, während bei der längeren Glühung mit steigendem Siliziumgehalt die Gewichtsabnahme durch das Wasser geringer wird, also die Widerstandsfähigkeit gegen das Rosten zunimmt.

Die Widerstandsfähigkeit von Temperguß gegen oxydierende Feuergase ist wegen seines niedrigen Phosphorgehaltes verhältnismäßig gut. Man stellt daher häufig Glüh-gefäße aus Temperrohguß her.

Einfluß der Nebenbestandteile auf die physikalischen Eigenschaften[2]).

Silizium wird im allgemeinen als durchaus günstig auf die Dichtheit des Roh-gusses, auf den Glühvorgang und die Festigkeitseigenschaften wirkend angesehen. Nach den Versuchen von Leuenberger[3]) hatte jedoch die Steigerung des Siliziumgehaltes von Öl-Flammofenguß von 0,17% in 17 Stufen auf 1,08% folgende Wirkung: Die Zug-festigkeit wird nicht erkennbar beeinflußt; die Dehnung und Querzusammenziehung nehmen auf etwa die Hälfte ab, die Schlagfestigkeit nimmt mit steigendem Siliziumgehalt

---

[1]) E. Leuenberger: Über den Einfluß des Siliziums und der Glühdauer auf die mechanische Eigenschaft des schmiedbaren Gusses. Stahleisen 1917, S. 514 und 601.

[2]) Vgl. auch S. 185.

[3]) E. Leuenberger: Über den Einfluß des Siliziums usw. a. a. O.

bei kürzerem Glühen wenig, bei längerem Glühen stark ab; die Härte wird etwas erhöht; das spezifische Gewicht des Rohgusses verminderte sich von 7,75 auf 7,67, das des getemperten Gusses von 7,78 auf 7,24.

Ein hoher Gehalt an Gesamtkohlenstoff im Rohguß wirkt ungünstig; er soll so niedrig sein, daß das Eisen noch gut vergießbar ist. Je höher er ist, desto mehr Kohlenstoff wird auch im Fertigguß noch vorhanden sein. Der Gehalt an gebundenem Kohlenstoff übt unmittelbar ungünstigen Einfluß auf die Zähigkeit aus; bis zu etwa 0,9% erhöht er wesentlich die Zugfestigkeit auf Kosten der Dehnung. Seine weitere Erhöhung verursacht große Härte, Schwierigkeiten bei der Bearbeitung, und bei über etwa 1,5% gebundenem Kohlenstoff wird das Stück so spröde und hart, daß es unbrauchbar ist. Völlig ungenügend geglühte Stücke können trotz oberflächlicher Entkohlung im Innern aus noch unzersetztem Weißeisen mit dem ursprünglichen Kohlenstoffgehalt bestehen! Der Gehalt an Temperkohle hat keinen großen unmittelbaren Einfluß; es ist jedoch bestimmt anzunehmen, daß im allgemeinen die Festigkeitseigenschaften um so besser sind, je weniger Temperkohle sich beim Glühen ausgeschieden hat, da durch deren Bildung eine Auflockerung des Gefüges unvermeidlich ist. Es ist daher anzustreben, den Glühfrischvorgang so zu führen, daß sich hierbei möglichst wenig Temperkohle bei der Entkohlung bildet. Die außerordentliche Verbesserung der Festigkeitseigenschaften des amerikanischen Tempergusses im Laufe der letzten Jahre ist wohl auf die Erkenntnis zurückzuführen, daß der Kohlenstoffgehalt des Rohgusses nicht wie vordem zwischen 3 und 3,5% liegen darf, sondern 2,4—2,6% betragen soll, um beim Tempern möglichst wenig Temperkohleausscheidungen zu bekommen.

Der Mangangehalt liegt im allgemeinen so niedrig, daß er ohne Einfluß auf die Festigkeitseigenschaften ist. Leuenberger [1] steigerte ihn in 12 Öl-Flammofenschmelzen von 0,133 auf 1,74%, wobei er zu folgenden Ergebnissen gelangte: „Die Zugfestigkeit nimmt mit steigendem Mangangehalt zu; bis zu 1% Mangan wird die Dehnung nicht beeinflußt, bei höherem Mangangehalt nimmt sie ab; es ist für Temperguß auch ein höherer Gehalt als 0,4% zulässig."

Da Phosphor die Zähigkeit des Eisens, besonders von kohlenstoffhaltigem, stark vermindert, muß sein Gehalt möglichst niedrig gehalten werden. Nach amerikanischen Untersuchungen [2] kann er aber bei schwarzem Temperguß bis auf 0,3% steigen, ohne schädlich zu wirken.

Über die Wirkung des Schwefelgehaltes ist man sich heute noch nicht ganz im klaren. Er wirkt im allgemeinen nur unmittelbar ungünstig dadurch, daß er die Entkohlung bzw. den Zerfall des Eisenkarbides erschwert. Anderseits wurden bei dünnen Stücken, die durch besondere Zähigkeit sich auszeichneten, Schwefelgehalte von 0,25—0,30% festgestellt! Zur Herstellung von Schwarzguß muß der Schwefel unter 0,08% gehalten werden, da ein höherer Schwefelgehalt die Temperkohlebildung zu sehr erschwert. Es ist aber nicht notwendig, den Schwefelgehalt noch wesentlich weiter herunterzudrücken, da hierdurch die Eigenschaften des Gusses keine weitere Verbesserung erfahren würden. Ein mäßiger Schwefelgehalt wirkt insofern günstig, als er Graphitausscheidungen im Rohguß erschwert, ebenso Temperkohlebildungen während des Glühens. Hierdurch neigt der schwefelhaltige Guß zu einem höheren spezifischen Gewicht, als der schwefelarme, was seine Festigkeitseigenschaften günstig beeinflußt.

Einfluß des mehrfachen Glühens.

Auf Grund der Versuche von Wüst [3] herrschte vielfach dessen Ansicht vor, daß zweimaliges Tempern ohne Einfluß auf die Festigkeit und Dehnung sei und die Zähigkeit etwas erhöhe. In der Praxis ist jedoch schon längst bekannt und auch durch die

---

[1] E. Leuenberger: Einfluß des Mangans auf die Festigkeitseigenschaften des schmiedbaren Gusses. Stahleisen 1921, S. 285.

[2] E. Touceda, Phosphorus limit in malleable castings. Foundry 1915, Nov. S. 446.

[3] F. Wüst: Untersuchungen über die Festigkeitseigenschaften usw. siehe Fußnote [1] S. 259.

Versuche von Leuenberger [1] zahlenmäßig nachgewiesen, daß mit der Dauer des Glühens, bzw. mit der Anzahl der Glühungen die Zugfestigkeit abnimmt, während Dehnung, Querzusammenziehung und besonders die Schlagfestigkeit zunehmen. Auf Abb. 110 sind die von Leuenberger nach fünfmaligem Glühen erhaltenen Werte für die einzelnen Festigkeitseigenschaften in Abhängigkeit von dem Siliziumgehalt als Schaulinien eingetragen. Auch bei seinen Ver-

suchen über den „Einfluß des Mangans auf die Festigkeitseigenschaften des schmiedbaren Gusses" erhielt Leuenberger [2] entsprechende Ergebnisse; außerdem stellte er fest, daß die Glühzeit um so länger einzuhalten ist, je höher der Mangangehalt ist, um gute Festigkeitseigenschaften zu erzielen.

Diese Ausführungen betreffen nur das „Glühfrischverfahren", das also besonders lang ausgedehnt oder zweimal durchgeführt werden muß, wenn sehr starke Entkohlung und damit größte Zähigkeit der Abgüsse verlangt wird. Anders verhält es sich bei den Temperverfahren auf Schwarzguß, wo stets schon durch einmaliges Glühen die besten Festigkeitseigenschaften bei dünnen und dicken Abgüssen sich ergeben müssen. Wird beim fertigen Guß zu große Härte oder Sprödigkeit bemerkt, die auf ein ungenügendes Glühen zurückzuführen ist, so müssen die Stücke einer nochmaligen Glühung unterworfen werden; dadurch erhalten sie die gleichen Eigenschaften, die sie durch einmaliges richtiges Glühen bekommen hätten. Ist der Guß durch zu hohe Glühtemperatur überhitzt worden, was durch grobe Kristallbildung schon mit bloßem Auge an dem Bruch erkenntlich ist und große Sprödigkeit verursacht, so

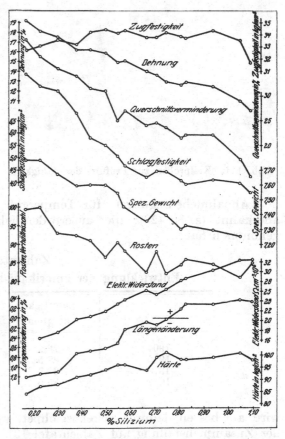

Abb. 110. Physikalische Eigenschaften nach fünfmaligem Glühen in Abhängigkeit vom Si-Gehalt.

können ihm nötigenfalls durch nochmaliges Ausglühen bei niedriger Temperatur ein feineres Gefüge und damit bessere Festigkeitseigenschaften gegeben werden.

Technologische Prüfverfahren.

Das für die Praktiker einfachste Verfahren zur Prüfung von kleineren Abgüssen ist das, die Stücke mit einem Handhammer zu zerschlagen; der bei den Schlägen empfundene Widerstand, sowie das Maß der Verbiegung und das Bruchaussehen geben bei einiger Erfahrung sehr genauen Aufschluß über die Güte. Nach amerikanischem Vorbild werden hierzu auch häufig Probekeile verwendet, die bei 12 × 25,4 mm Grundfläche und einer Länge von 150 mm auf eine Schneidbreite von $1^{1}/_{2}$ × 25,4 mm auslaufen. Durch die Bestimmung der Schlagzahl auf die Schneide und durch die Größe deren spiralförmigen Aufrollung (Abb. 111) erhält man ein Maß für die Widerstandsfähigkeit gegen Stöße. Die Schläge können durch einen Handhammer erfolgen oder besser

[1] E. Leuenberger: Über den Einfluß der Glühdauer auf die Qualität des Tempergusses. Ferrum 1916, S. 161 und Stahleisen 1917, S. 514 u. 601.
[2] Stahleisen 1921, S. 285.

durch einen Fallhammer [1]), wozu in Amerika Maschinen mit einer Schlagkraft von 10 mkg sich neuerdings eingebürgert haben.

Häufig werden auch Biegeproben ausgeführt; dabei sollen sich Flachstäbe mit 3 mm Wandstärke um einen Dorn mit 10 mm Durchmesser biegen lassen, ohne zu reißen.

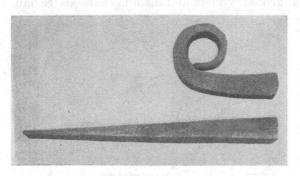

Abb. 111. Keilproben zur Prüfung der Zähigkeit.

Nach einem amerikanischen Prüfverfahren [2]) wird ein Rundstab mit 16 mm Durchmesser an dem einen Ende mittels eines Rohres gebogen, bis der Bruch erfolgt. Mit Hilfe eines in 360° eingeteilten kreisförmigen Blattes läßt sich der Biegewinkel bestimmen; derselbe betrug beispielsweise bei dem Stab der Abb. 112 links 178° und bei dem rechts 265°, was von sehr guter Zähigkeit zeugt. Ein französisches Verfahren benutzt Probestäbe nach Abb. 113, wobei der Biegewinkel A ebenfalls ein Maß für die Güte gibt.

Abnahmebedingungen für Temperguß sind bis jetzt nur in Amerika allgemein anerkannt (s. S. 428); die außerordentliche Entwicklung, die der Temperguß dort genommen hat,

Zahlentafel 131.
Entwicklung der amerikanischen Mindestfestigkeitswerte.

	Zugfestigkeit kg/qmm	Dehnung %	Meßlänge mm
1904	28,2	2,5	100
1915	28,5	5,0	100
1919	31,7	7,5	100
1922	35,6	10,0	50

wird am besten dadurch gekennzeichnet, wie die Mindestwerte für die Abnahme nach **der** Zusammenstellung auf Zahlentafel 131 immer wieder in die Höhe gesetzt wurden.

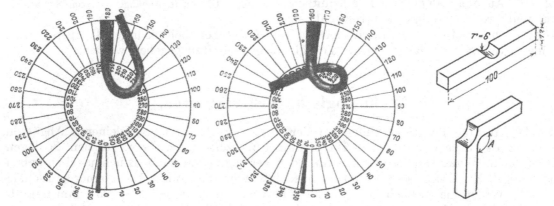

Abb. 112. Amerikanisches Prüfverfahren durch Verbiegen von Rundstäben.

Abb. 113. Französischer Probestab f. Biegeversuch.

Als „Normalstab" für Zerreißversuche wird ein Rundstab mit 16 mm Durchmesser nach Abb. 114 benützt; die Meßlänge war früher auf 100 mm festgesetzt, wurde aber

[1]) Wedge testing machine. Foundry 1915, S. 305. Siehe auch: Foundry 1923 S. 36. Applies Drop Test to Malleable Wedges.
[2]) Smith und Lichtenheld: Devise Bending Test for malleable. Foundry 1921. S. 897.

1922 auf 50 mm verkürzt. Die Proben werden mit Gußhaut, also ohne jede Bearbeitung geprüft. Aus den amerikanischen Abnahmevorschriften sind die folgenden Bestimmungen die wichtigsten:

An alle genügend großen Abgüsse sind entsprechend starke Probestäbchen anzugießen, die aber einen größeren Querschnitt als 16 × 19 mm haben sollen. Bei Abgüssen mit über 610 mm Länge ist an jedem Ende ein Probestäbchen anzugießen. Die Stäbchen werden bei der Abnahme abgeschlagen, und nur wenn diese Prüfung genügt, wird das Stück abgenommen.

Aus dem Inhalt eines jeden Glühofens wird ein „Normalstab" geprüft; genügt er oder bei seinem Versagen der zweite und der dritte, so gilt die Ware dieses Ofens als gut. Versagt jedoch auch der 2. oder 3. Stab, so kann die Annahme des ganzen Ofeninhalts verweigert werden, und dieser muß nochmals getempert werden. Genügt die hiernach angestellte Prüfung wieder nicht, so muß der gesamte Ofeninhalt endgültig verworfen werden. Abweichungen der Abgüsse um 1% der Modellabmessungen sind noch zugelassen. Ein Kennzeichen für die erzeugende Gießerei und eine Modellnummer sollen auf jedem genügend großen Abguß an geeigneter Stelle eingegossen sein. Für Gußfehler, die durch zu ungünstige Konstruktion eines Stückes entstehen, ist die Gießerei nicht verantwortlich zu machen.

Das amerikanische Verfahren, die Güte eines Abgusses durch Prüfung eines angegossenen Probekörpers festzustellen, kann wohl als das bestgeeignete Mittel bezeichnet werden. Denn alle anderen Untersuchungsverfahren, wie Beurteilung nach Kugeldruck- oder Rückprallhärte (Skleroskop), nach dem Klang des Stückes oder durch Bohrproben

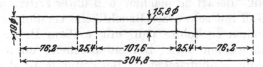

Abb. 114. Amerikanischer Normalstab für Zerreißversuch.

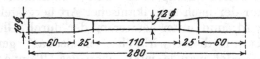

Abb. 115. Vorgeschlagener deutscher Normalstab für Zerreißversuche.

sind für die Praxis ungeeignet. Ferner muß darauf hingewiesen werden, daß es durchaus nicht angängig ist, aus einem weißen Tempergußstück Probestäbe herauszuarbeiten, wie es bei Grau- und Stahlguß häufig geschieht. Denn die Festigkeitseigenschaften solcher Stäbe werden niemals denen des ganzen Gußstückes entsprechen, da meistens die besten entkohlten Schichten durch die Bearbeitung entfernt werden, und nur der hochgekohlte, sprödere Kern zur Prüfung gelangt. Sollen Zerreißversuche angestellt werden, so sind Probestäbe an genügend großen Abgüssen anzugießen oder bei kleineren Abgüssen getrennt zu formen und mit diesen im gleichen Glühtopf zu glühen. Als „Normalstab" zu solchen Zerreißversuchen kann ein Rundstab mit 12 mm Durchmesser nach Abb. 115 für 50 mm Meßlänge empfohlen werden. Soll auch die Schlagfestigkeit mittels Pendelhammers festgestellt werden, so eignen sich hierzu sehr gut ungekerbte Vierkantstäbe mit 10 × 10 mm Querschnitt und 100 mm Länge bei 70 mm Auflagerabstand. Alle derartigen Probestäbe sollen mit Gußhaut, also ohne jede Bearbeitung geprüft werden.

Mißbräuchliche Benennungen und Anwendungen.

Nach diesem Einblick in die Eigenart des Tempergusses soll noch auf die Benennungen dieser Gußart zurückgekommen werden [1]). Im allgemeinen werden bisher „Schmiedbarer Guß" und „Temperguß" als völlig gleichbedeutende Bezeichnungen gebraucht, während mit „Temperstahlguß" von dem einen Erzeuger oder Abnehmer die geringere, von dem anderen die hochwertigere Güte ausgedrückt wird. Dieser bedauerliche Widerspruch erklärt sich aus der geschichtlichen Entwicklung der Tempergußindustrie, da verschiedene Ursachen zu letzterer Bezeichnung führten:

1. Durch Einschmelzen von möglichst viel „Stahl" im Kuppelofen glaubte man einen mehr stahlartigen Guß erzeugen zu können, und nannte ihn daher „Temperstahlguß".

---

[1]) Vgl. auch S. 6.

2. Man hatte erkannt, daß gewisse meist größere Stücke durch Abschrecken aus Glühhitze wie gewöhnlicher Kohlenstoffstahl härtbar sind, weshalb dieser härtbare Temperguß den Namen „Temperstahlguß" erhielt.

3. Da gewöhnlich „Stahl" als ein besonders hochwertiges Erzeugnis gilt, wollten die Gießereien für ihre hochwertigere, meist aus dem Tiegel gegossene Ware eine Bezeichnung anwenden, die durch das Hinzufügen des Wortes „Stahl" diesen Güteunterschied ausdrücken sollte.

4. Als man im Laufe der Zeit immer mehr vom Tiegelschmelzen abkam, blieb trotzdem die Bezeichnung „Temperstahlguß" erhalten und mit ihr auch noch häufig die Forderung eines höheren Preises für diese Gußart, wenn es sich auch nur um einen ganz gewöhnlichen Temperguß handelte: Hierdurch entstanden häufig Mißverständnisse und auch offensichtliche Mißbräuche.

Um bestimmte Unterlagen für die Güteunterschiede der beiden Gußarten Temperguß und Temperstahlguß zu erhalten, wurden von Enßlin [1]) umfangreiche Untersuchungen angestellt mit dem Ergebnis, daß bei einer Anzahl Versuchsreihen die eine Gußart, bei ebensoviel anderen Reihen die andere Gußart die besten Eigenschaften aufwies. Da also feststeht, daß durch die Bezeichnung „Temperstahlguß" keine bestimmten Eigenschaften ausgedrückt werden, sollte dieselbe endlich von allen beteiligten Kreisen aufgegeben werden. Selbstverständlich trifft dies auch für die Benennung „Stahlguß" zu, die im Gegensatz zu jedem Temperguß einen Werkstoff kennzeichnet, der schon im Rohguß schmiedbar ist und keiner weiteren chemischen Umwandlung seines Kohlenstoffs beim Glühen unterworfen wird. Eher könnte daran gedacht werden, eine Unterscheidung zwischen „Temperguß" und „schmiedbarem Guß" derart zu machen, daß unter ersterem nur der nach amerikanischer Art hergestellte Guß mit schwarzer Bruchfläche verstanden wird, und unter letzterem der durch Glühfrischen entkohlte Guß mit weißem Bruch, da nur dieser wirklich „schmiedbar" genannt werden darf. Dementsprechend unterscheidet man ja jetzt schon das „Tempern" vom „Glühfrischen": Bei ersterem ist die Umwandlung des Kohlenstoffs, bei letzterem die Entkohlung der Hauptzweck des Glühens.

Auch die Bezeichnung „schwarzkerniger" Temperguß für die durch Tempern erzeugte amerikanische Gußart ist überholt. Früher hatte sie ihre Berechtigung, da der Bruch von fast allem amerikanischen Temperguß einen weißen Rand und einen scharf abgegrenzten tiefschwarzen Kern aufwies. In neuester Zeit wurde aber erkannt, daß dieses von den Amerikanern als „Bilderrahmenbruch" bezeichnete Aussehen durchaus unerwünscht ist. Der Bruch soll über seine ganze Fläche schwarz und nur bei etwaiger Entkohlung am Rand ein klein wenig heller aussehen, da nur Stücke mit derartigem Bruch die besten Eigenschaften besitzen. Es wurde daher für diese amerikanische Gußart in Analogie zum „Grauguß" die Bezeichnung „Schwarzguß" gewählt.

Auch bei der Anwendung von Temperguß wird manchmal Mißbrauch getrieben. Hin und wieder sollen Modelle mit teilweiser Wandstärke von 1 – 2 mm abgegossen werden, die so einfach sind, daß sie sich billiger aus Eisenblech stanzen lassen. Im allgemeinen soll die Wandstärke von Temperguß nicht unter 3 mm betragen, da sonst das Eisen zu schlecht läuft. Ferner können im Gegensatz zu diesen zu dünnen Stücken Modelle Wandstärken von über 30—40 mm aufweisen. Diese sind für den bei uns zur Zeit am meisten benützten Kuppelofen-Temperguß ungeeignet, da solche Abgüsse einem mehrmaligen Glühfrischen unterzogen werden müssen, um sie einigermaßen zäh zu bekommen; sie können daher billiger aus Stahlformguß hergestellt werden. Allerdings kann hierzu auch das amerikanische Verfahren mit Vorteil angewendet werden, da sich dieses auch für dicke Stücke bei einmaliger Glühung eignet.

Überhaupt sollte der Entwerfer eines wichtigen Stückes sich stets mit der Gießerei in Verbindung setzen, da er bei der großen Schwindung des Temperrohgusses auf richtige Stoffverteilung, abgerundete Ecken, Spannungserscheinungen u. dgl. ganz besondere Rücksicht nehmen muß und mit der Möglichkeit des Verziehens beim Glühen und dessen Gegenmaßnahmen zu rechnen hat. Durch enge Zusammenarbeit von Entwurfstelle und Gießerei kann gerade bei Temperguß sehr viel Ärger, Geld- und Zeitaufwand gespart werden.

---

[1]) Aus den „Lehrmitteln" der „Staatl. Württ. Höheren Maschinenbauschule Eßlingen".

Literatur.

Einzelne Werke.

Réaumur, R. A. F. de: L'art de convertir le fer forgé en acier et l'art d'adoucir le fer fondu. Paris 1722.

Ledebur, A.: Handbuch der Eisen- u. Stahlgießerei. Leipzig 1901.

— Handbuch der Eisenhüttenkunde. 5. Aufl. Bd. 3. Leipzig 1908.

Moldenke, R.: The Production of malleable Castings. Cleveland, Ohio 1911.

Leber, E.: Temperguß und Glühfrischen. Berlin 1919.

Osann, B.: Lehrbuch der Eisen- und Stahlgießerei. 5. Aufl. Leipzig 1922.

Schwartz, H. A.: American malleable Cast Iron. Cleveland, Ohio 1922.

Abhandlungen.

Ledebur, A.: Über den Einfluß des Siliziums beim Glühfrischen. Stahleisen 1902, S. 813.

Charpy et Grenet: Sur l'équilibre des systèmes fercarbones. Bull. soc. d'enc. Bd. 102, 1902, S. 399.

Wüst, F.: Roheisen für den Temperguß. Stahleisen 1904, S. 305.

Schlösser, P. und F. Wüst: Der Einfluß von Kohlenstoff, Silizium, Mangan, Schwefel, Phosphor auf die Bildung von Temperkohle im Eisen. Stahleisen 1904, S. 1120.

Wüst, F. und C. Geiger: Beiträge zur Kenntnis der zwei Kohlenstofformen im Eisen „Temperkohle" und „Graphit". Stahleisen 1905, S. 1134, 1196.

Wüst, F.: Untersuchungen über die Festigkeitseigenschaften und Zusammensetzung des Tempergusses. Mitt. a. d. eisenhüttenm. Inst. Aachen. II, 1908, S. 44.

— Über die Theorie des Glühfrischens. Mitt. a. d. eisenhüttenm. Inst. Aachen. II, 1908, S. 111.

Moldenke, R.: The production of Malleable Castings 1910 (vergriffen). Auszugsw. Foundry 1908, S. 257; 1909, S. 210 u. 1198. Übersetzt von Schott, Stahleisen 1909, S. 1198.

Schömann, E.: Moderne Tempergießerei. Stahleisen 1909, S. 593.

Hatfield, W. H.: Die chemisch-physikalischen Vorgänge bei der Entkohlung der Eisen-Kohlenstoff-legierungen. Iron & Steel Inst. 1909, Bd. I, S. 242; Metallurgie 1909, S. 358.

Sudhoff, E. und F. Wüst: Über die Einwirkung von Wasserstoff und Stickstoff auf temperkohlehaltiges Eisen bei verschiedenen Temperaturen. Mitt. a. d. eisenhüttenm. Inst. Aachen IV, 1911, S. 94.

Lamla, M.: Die Herstellung des schmiedbaren Gusses. Gieß.-Zg. 1911, S. 197.

Lißner, A.: Beiträge zur Kenntnis der Temperkohlebildung im Kuppelofentemperguß. Ferrum 1912, S. 44.

Iljin, N. und R. Ruer: Zur Kenntnis des stabilen Systems Eisen-Kohlenstoff. Mitt. a. d. eisenhüttenm. Inst. Aachen 1913, S. 10.

Touceda, E.: Phosphorus Limit in Malleable Castings. Foundry 1915, S. 446.

Erbreich, F.: Der schmiedbare Guß. Stahleisen 1915, S. 549, 652, 773.

Leuenberger, E. und F. Wüst: Über den Einfluß der Glühdauer auf die Qualität des Tempergusses. Ferrum 1916, S. 161.

Pero, J. P. und J. C. Nulsen: Entwicklung und gegenwärtiger Stand des Tempergußverfahrens. Auszugsw. Stahleisen 1916, S. 321.

Stotz, R. und F. Wüst: Über das Tempern mit einer Mischung von Kohlendioxyd und Kohlenmonoxyd. Ferrum 1916, S. 33.

Stotz, R.: Beitrag zur Theorie des Temperprozesses. Stahleisen 1916, S. 501.

— Über die Theorien des Glühfrischprozesses. Gieß.-Zg. 1916, S. 209 u. 225.

Leuenberger, E.: Über den Einfluß des Siliziums und der Glühdauer auf die mechanischen Eigenschaften des schmiedbaren Gusses. Stahleisen 1917, S. 514, 601.

Stotz, R.: Über das Kleingefüge des Tempergusses im Zusammenhang mit seinen Festigkeitseigenschaften. Stahleisen 1920, S. 997.

— Über amerikanischen Temperguß im Vergleich zum deutschen. Gieß.-Zg. 1920, S. 305, 356, 373.

Archer, R. S.: Graphitization of White Cast Iron. Foundry 1920. S. 192. Auszugsw. Stahleisen 1921, S. 115.

Touceda, E.: Microstructure of Malleable Iron. Foundry 1920, S. 237.

Beau, Highriter and Davenport: Explain the Structures of Malleable. Foundry 1921, S. 557.

Leuenberger, E.: Einfluß des Mangans auf die Festigkeitseigenschaften des schmiedbaren Gusses. Stahleisen 1921, S. 285.

Phillips and Davenport: Studies reaction in Malleablizing. Foundry 1922, S. 185. Auszugsw. Stahleisen 1922, S. 1020.

Touceda, E.: Making Malleable Castings. Foundry 1922, S. 587, 622, 676.

Stotz, R.: Über die „Normung" von Temperguß. Gieß.-Zg. 1922, S. 302, 319.

— Bericht über den Stand der Normung von Grau- und Temperguß. Gieß.-Zg. 1922, S. 537.

— Amerikanische und englische Prüfungsverfahren und Gütevorschriften für Temperguß. Gieß.-Zg. 1923, S. 121.

Oberhoffer, P. und J. Welter: Beitrag zur Kenntnis des Temperprozesses. Stahleisen 1923, S. 105.

Hayes, A., W. J. Diedrichs und W. M. Dunlap: Versuche über rasche Graphitisierung von weißem Gußeisen. Transact. Americ. Soc. for Steel Treating. Bd. 3, 1923, S. 624. Auszugsw. Stahleisen 1923, S. 975.

XII. Die wichtigsten Eigenschaften des gießbaren Eisens und ihre Abhängigkeit von der chemischen Zusammensetzung.

Von

Professor Dipl.-Ing. G. Hellenthal.

(Unter Benutzung der gleichnamigen Arbeit von Prof. Dr. A. Kessner in der 1. Aufl. dieses Handbuchs.)

Schmelz- und Gießtemperatur. Dünnflüssigkeit.

Über die Schmelztemperaturen der technisch verwerteten gießbaren Eisensorten geben uns die Schmelz- und Erstarrungsbilder der Zwei- und Dreistoff-Eisenlegierungen [1] weitgehenden Aufschluß. Da man annehmen kann, daß die einzelnen Fremdkörper auch in den Mehrstofflegierungen des technischen Eisens ihre typische Wirkungsweise beibehalten, können wir nach Kenntnis der genauen chemischen Zusammensetzung mit Hilfe jener Schaubilder brauchbare und für die Praxis hinreichende Unterlagen zur Beurteilung der Schmelzbarkeit gewinnen.

Die Ermittlung der genauen Schmelztemperatur [2] muß im übrigen von Fall zu Fall besonderen Versuchen überlassen bleiben. Die Angaben über Schmelztemperaturen einzelner gießbarer Eisensorten im Schrifttum sind nur spärlich und dürften, soweit es sich um ältere Angaben handelt, wegen der Unzuverlässigkeit der Meßverfahren für hohe Temperaturen vielfach an Genauigkeit zu wünschen übrig lassen.

West [3] hat die Schmelztemperaturen einer größeren Reihe von Roheisen nach einem besonderen Verfahren zwischen 1110° und 1250° ermittelt und festgestellt, daß die Schmelztemperatur bei sonst wechselnder Zusammensetzung mit abnehmendem Gehalt an gebundenem Kohlenstoff höher steigt. Von größerer praktischer Bedeutung sind weitere Versuche von West [3], in denen er Schmelztemperaturen von Gußeisen bestimmte, das, aus derselben Pfanne stammend, sowohl in Sand als auch in Kokille vergossen wurde. Hierbei ergab sich die bekannte Tatsache, daß letzteres Eisen leichter als ersteres zu schmelzen ist (vgl. Zahlentafel 132).

Zahlentafel 132.
Schmelztemperaturen von Gußeisen.

Schmelz-temperatur ° C.	Zusammensetzung					Bruchaus-sehen
	geb. Kohlenstoff %	Graphit %	Silizium %	Mangan %	Phosphor %	
1210	1,60	3,16	0,59	0,25	0,27	grau
1094	4,67	0,03	0,59	0,22	0,27	weiß
1232	1,57	2,90	0,66	0,31	0,24	grau
1088	4,20	0,20	0,63	0,33	0,25	weiß
1232	1,20	2,90	0,75	0,66	0,25	grau
1094	3,90	0,16	0,75	0,66	0,24	weiß

Diese Angaben dürften zum Nachdenken veranlassen, insofern als daraus hervorgeht, daß das Gießen der Roheisenmasseln in Sandformen vom Standpunkte des Wärmeverbrauchs für das Umschmelzen unwirtschaftlich ist, ganz abgesehen von den an den

---

[1] Vgl. Abschnitt IV, S. 62/104.

[2] Unter Schmelztemperatur ist die Temperatur verstanden, bei der alle Bestandteile der Legierung flüssig geworden sind.

[3] Th. D. West: Metallurgy of Cast Iron. 11. Aufl. Cleveland 1906. Auszugsw. Stahleisen 1907, S. 596.

Masseln anhaftenden Sandansätzen, die durch Vermehrung der Schlackenmenge einen weiteren Wärmeaufwand benötigen [1]).

Daß genaue Angaben über die ungleich höheren Schmelztemperaturen der Flußeisenlegierungen noch weniger als für Roheisen vorliegen, dürfte aus den schon oben erwähnten Gründen erklärlich sein. Da es sich indessen bei ersteren, wenigstens bei den kohlenstoffärmeren Eisensorten, in der Regel um ausgesprochene Eisen-Kohlenstofflegierungen handelt, bei denen die übrigen Fremdkörper nach ihrer Menge und Bedeutung mehr oder weniger zurücktreten, so kann man die Höhe der jeweiligen Schmelztemperatur nach Kenntnis des Kohlenstoffgehalts mit genügender Genauigkeit aus dem Eisen-Kohlenstoffschaubild (Abb. 34, S. 73) entnehmen.

Mehr noch als die Schmelztemperatur ist die Höhe der Gießtemperatur für den praktischen Gießereibetrieb von Bedeutung. Die Gießtemperatur ist für eine bestimmte Legierung keineswegs unveränderlich, sondern richtet sich im wesentlichen nach Größe und Gestalt des Gußstücks. Die Höhe der Gießtemperatur ist außerdem von Einfluß auf die Festigkeitseigenschaften, wie auch auf eine Reihe von weiter unten noch zu besprechenden Gießeigenschaften. Daher ist die Ermittlung und Anwendung der jeweils zweckmäßigen Gießtemperatur eine Forderung, deren Bedeutung in Gießereibetrieben bisher noch nicht genügend gewürdigt wurde, und der sich alle gut geleiteten Gießereien auf die Dauer immer weniger entziehen können. Die große Vervollkommnung unserer handlichen optischen Pyrometer ist geeignet, diese, mindestens beim Guß hochbeanspruchter Gebrauchsgegenstände, zu einem überaus wichtigen und unentbehrlichen Hilfsapparat für die Gießerei zu gestalten [2]).

F. J. Cook [3]) fand folgenden Zusammenhang zwischen Gießtemperatur und Zugfestigkeit bei Gußeisen:

Gebundener Kohlenstoff %/0	Graphit %/0	Silizium %/0	Mangan %/0	Phosphor %/0	Schwefel %/0	Gießtemperatur °C.	Zugfestigkeit kg/qmm
3,4	—	0,39	0,05	0,02	0,02	1320 1230 1120	17,5 25,4 19,3
0,52	3,4	1,78	0,28	0,27	0,04	1400 1350 1245	15,4 22,5 17,0

Hieraus ergibt sich, daß sowohl eine zu hohe, als auch eine zu niedrige Gießtemperatur ungünstig auf die Festigkeit des Gußeisens einwirken kann. Da aber die Festigkeitswerte beim Gußeisen, abgesehen von der Menge an Graphit, namentlich auch von der Ausbildungsform des letzteren abhängig sind, wird man für ein bestimmtes Gußeisen unter gegebenen Abkühlungsverhältnissen diejenige Gießtemperatur wählen müssen, die beim Guß von Probestäben das gleichmäßigste und feinste Graphitkorn erzielen läßt. Für Kuppelofeneisen mittlerer Zusammensetzung (2,70—2,80%/0 Graphit, 3,30—3,50%/0 Gesamtkohlenstoff, 0,3—0,4%/0 Mangan, 0,90—1,0%/0 Phosphor, 0,085—0,10%/0 Schwefel) konnten Oberhoffer und Stein [4]) bei Gießtemperaturen innerhalb 1300 und 1150° den Höchstwert für Biege- und Zugfestigkeit bei etwa 1240° ermitteln; dieses Maximum scheint sich mit zunehmender Verfeinerung des Gefüges zu einer höheren Gießtemperatur hin zu verschieben.

Dünnflüssigkeit. Je dünnflüssiger ein Metall ist, um so besser ist im allgemeinen seine Gießfähigkeit und um so mehr ist es befähigt, dichte und saubere Abgüsse zu liefern, indem es Gase und mitgerissene Schlackenteile leichter als ein dickflüssiges Metall abzuscheiden vermag. Der Flüssigkeitsgrad eines geschmolzenen Metalls hängt im allgemeinen

---

[1]) s. a. S. 145.   [2]) Vgl. S. 552.
[3]) Castings: 1908. Aprilheft S. 18; auszugsw. Stahleisen 1908, S. 922.
[4]) P. Oberhoffer und H. Stein: Über den Einfluß der Gießtemperatur auf die Eigenschaften von grauem Gußeisen. Gieß. 1923, S. 423 und 431; auszugsw. Stahleisen 1923, S. 1502.

von der Größe der inneren Reibung (Viskosität) seiner kleinsten Teile ab. Je geringer der Widerstand ist, den eine Flüssigkeit dem Aneinandervorbeigleiten ihrer kleinsten Teile entgegensetzt, um so dünnflüssiger ist sie. Der Grad der Viskosität ist im wesentlichen abhängig von der chemischen Zusammensetzung und von der Temperatur des flüssigen Metalls. Es gibt von Natur aus dick- und dünnflüssige Legierungen, wobei bestimmte Legierungsbildner einen unmittelbaren Einfluß auf den Flüssigkeitsgrad ausüben. Daß man durch Überhitzen ein geschmolzenes Metall dünnflüssiger und daher gießfähiger machen kann, ist eine allgemein bekannte Gießerfahrung: man verringert dadurch die innere Reibung. Vermehrte Viskosität zeigt sich besonders kurz vor Beginn und während des Erstarrens, zumal wenn dasselbe wie gewöhnlich allmählich[1]) verläuft und schwer schmelzbare Stoffe in Form von Kristalliten oder auch emulsionsartig innerhalb der Mutterlauge sich abscheiden. Hierbei sind in der Hauptsache der Erstarrungstyp der Legierung und die Menge und Art der ausgeschiedenen Kristallite von Bedeutung: Faktoren, die wieder von der chemischen Zusammensetzung abhängig sind, so daß letztere mithin auch mittelbar die Viskosität zu beeinflussen vermag. Manche Erscheinungen des praktischen Gießereibetriebes weisen auf die Wahrscheinlichkeit hin, daß auch schwer schmelzbare Legierungen eutektischer Art sich ähnlich verhalten. Anderseits vergrößert jedes allmähliche Erstarren, wobei innerhalb eines Temperaturintervalls schwerer schmelzbare Legierungsbestandteile (Mischkristalle) sich ausscheiden, die Viskosität. Hierbei ist der Erstarrungstyp der Legierung, wie auch die Menge und Art der abgeschiedenen Kristallite von besonderer Bedeutung. Legierungen, deren Mutterlaugenanteil bis zum Ende des Erstarrungsintervalles gut flüssig bleibt, um dann plötzlich zu erstarren (Legierungen, die mit einem eutektischen Punkt erstarren) sind dünnflüssiger als andere, bei denen auch die Mutterlauge mit fortschreitender Erstarrung allmählich fest wird; hierzu gehören die eigentlichen Mischkristallegierungen, die einen mehr oder weniger teigigen Zustand während des Erstarrens durchlaufen. Beispiele für die letztere Art von Legierungen sind die kohlenstoffärmeren Flußstahllegierungen, während zu ersteren die kohlenstoffreicheren Legierungen des Roheisens gerechnet werden können. Unter den Roheisenlegierungen sind wiederum diejenigen am dünnflüssigsten, deren Anteil an eutektisch erstarrender Mutterlauge (Eutektikum) am beträchtlichsten ist. Auf den Kohlenstoffgehalt der Legierung bezogen würde demnach ein Roheisen mit $3^0/_0$ Kohlenstoff unter sonst gleichen Verhältnissen dickflüssiger als ein anderes mit $4^0/_0$ Kohlenstoff sein, dessen Zusammensetzung sich derjenigen der eutektischen Eisen-Kohlenstofflegierung ($4,3^0/_0$ Kohlenstoff) erheblich nähert; überdies liegt bei ersterem die Anfangstemperatur für die Abscheidung der Mischkristalle wesentlich höher als bei letzterem. Je schwerer schmelzbar die innerhalb des Erstarrungsintervalls sich abscheidenden Kristallite sind, je früher sie sich also aus der Schmelze abscheiden, um so ungünstiger gestaltet sich der Flüssigkeitsgrad und daher auch die Gießbarkeit. Weitere Beispiele bieten schwefelhaltige Roheisensorten, die im geschmolzenen Zustande schwer schmelzbare, spezifisch leichtere Mangan-Eisensulfide abscheiden (vgl. Seigerungen S. 280). So ist bekannt, daß Gußeisen je nach der sonstigen Zusammensetzung schon mit $0,20^0/_0$ Schwefel dickflüssig wird [2]). Auch eine starke Garschaumgraphitabscheidung kann in gleichem Sinne wirken.

Von gleich großer Bedeutung für den Flüssigkeitsgrad bzw. die Gießbarkeit ist die Menge und Beschaffenheit der Mischkristalle bei den kohlenstoffärmeren (Flußstahl-) Legierungen. So scheidet ein Flußstahl mit etwa $0,1^0/_0$ Kohlenstoff nicht nur einen verhältnismäßig großen Anteil an Mischkristallen ab, sondern diese erstarren auch infolge ihrer größeren Reinheit an Fremdkörpern (vgl. Seigerungen) früher. Infolgedessen wird er unter sonst gleichen Verhältnissen sich beim Gießen dickflüssiger zeigen als ein anderer, der z. B. $0,3-0,4^0/_0$ Kohlenstoff enthält. Letzterer scheidet nämlich zu Beginn der Erstarrung eine verhältnismäßig geringere Menge an Mischkristallen

---

[1]) Man kann annehmen, daß die rein eutektischen Legierungen die geringste Viskosität besitzen; jedoch wird auch hier der unmittelbare Einfluß der Legierungsbildner mitbestimmend für das wirkliche Maß an Viskosität sein.

[2]) Versuche über den Einfluß des Schwefels. Stahleisen 1886, S. 311.

im Vergleich zur Schmelze als jener aus, dazu sind diese Kristallite kohlenstoffreicher als bei dem vorher erwähnten weichen Flußstahl und erstarren daher auch nicht so frühzeitig.

Mangan- und siliziumhaltige Eisenlegierungen zeigen ein verschiedenartiges Verhalten in bezug auf Dünnflüssigkeit. Da nach Untersuchungen von Wüst [1]) Mangan-Kohlenstoff-Eisenlegierungen bis zu einem Mangangehalt von etwa 13°/₀ ähnlich wie die binären Eisen-Kohlenstofflegierungen mit entsprechendem Kohlenstoffgehalt erstarren, nur mit dem Unterschiede, daß das Eisenkarbid der letzteren durch ein Doppelkarbid von Eisen und Mangan ersetzt wird, muß man für manganhaltige Roheisenlegierungen eine gewisse Dünnflüssigkeit erwarten, wobei vermutlich der Manganeinfluß denjenigen des Kohlenstoffs noch unterstützt. Besonders deutlich zeigt sich dies bei Spiegeleisen-sorten mit mittlerem Mangangehalt, die sehr dünnflüssig sind. Mit höherem Mangangehalte als 13°/₀ tritt in dem System Mangan-Kohlenstoff-Eisen kein Eutektikum mehr auf, sondern wir haben, besonders in den hochgekohlten Mangan-Eisenlegierungen, Misch-kristallegierungen vor uns, die daher dickflüssig sind, wie dies namentlich bei ge-schmolzenen hochprozentigen Eisen-Manganlegierungen sich zeigt, die einen fast teigigen Charakter zeigen.

Bezüglich des Siliziumgehaltes lehrt die Erfahrung, daß dieses Element mit zunehmender Menge die Dünnflüssigkeit verringert. In vielen Fällen wird allerdings der Siliziumeinfluß durch andere Fremdkörper verdeckt. So ist ein silizium- und kohlenstoffarmes Gußeisen verhältnismäßig dickflüssig, besonders wenn es außerdem größeren Schwefelgehalt besitzt. Am dickflüssigsten sind die siliziumreicheren Legierungen, die mit sinkendem Kohlenstoffgehalte immer mehr den Mischkristallcharakter der reinen Eisen-Siliziumlegierungen annehmen.

Die bekannte Erscheinung, daß phosphorreiche Roheisensorten im Schmelzflusse sich durch große Dünnflüssigkeit auszeichnen, ist offenbar mit dem bei der Abkühlung bis 953° flüssig bleibenden ternären Eisen-Phosphor-Kohlenstoff-Eutektikum in Zu-sammenhang zu bringen, wenn man nicht außerdem dem Phosphor einen besonderen typischen Einfluß auf die Dünnflüssigkeit zuschreiben will. So weit es mit den gewünschten Festigkeitseigenschaften des Gußeisens in Einklang zu bringen ist, wird man in vielen Fällen lediglich schon aus gießtechnischen Gründen einen mäßigen Phosphorgehalt von z. B. 0,3—0,5°/₀ gerne anwenden, der beim Fein- und Kunstguß sich bis 1,2°/₀ und mehr steigert.

Eine erhebliche Verminderung der Dünnflüssigkeit wird durch Sauerstoff bewirkt. Dies zeigt sich besonders bei der Auflösung von Eisenoxydul im flüssigen schmiedbaren Eisen. Die schwer schmelzbare Sauerstoffverbindung scheidet sich hierbei emulsionsartig innerhalb des flüssigen Metalls ab, so daß das Zusammenfließen der Flüssigkeitsteilchen zurückgehalten wird. Ähnlich wirkt auch Aluminiumoxyd, das sich bei der Zugabe von Aluminium in flüssigen Eisenlegierungen bildet und nicht völlig abgeschieden werden konnte; auch hier entsteht eine größere innere Reibung zwischen den oxydischen Häutchen und dem flüssigen Metall, die letzteres dickflüssig macht.

Die Prüfung der Dünnflüssigkeit eines geschmolzenen Metalls kann in ein-fachster Weise durch Feststellung der mehr oder weniger großen Auslauffähigkeit in dünnen Querschnitten vorgenommen werden, wobei die jeweils erhaltene Länge eines gegossenen geraden oder spiralförmig gewundenen Stabes als Maß für den Flüssigkeitsgrad gilt. Dieses Verfahren liefert aber nur dann brauchbare Vergleichswerte, wenn man bei jedem Versuche von gleichen Bedingungen des Überhitzungsgrades und der Gießgeschwindigkeit ausgeht. Bei einer höheren Überhitzung über den Schmelzpunkt kann nämlich ein Metall dünnflüssiger erscheinen als es an und für sich ist. Anderseits kann ein gegebener Querschnitt unter Umständen auch mit eirem matten Eisen noch ausgefüllt werden, sofern nur die Gießgeschwindigkeit genügend groß war.

Neben dieser technologischen Prüfung sind eigentliche Viskositätsmessungen bisher nur bei leicht schmelzbaren Metallen und Legierungen vorgenommen worden.

---

[1]) F. Wüst: Beitrag zum Einfluß des Mangans auf das System Eisen-Kohlenstoff. Metall-urgie 1909, S. 3.

Bei dem Auslaufverfahren von Arpi wird die innere Reibung an der Geschwindigkeit gemessen, mit der eine gewisse Flüssigkeitsmenge aus einem Kapillarrohr ausfließt. Bei dem Fawzittschen Schwingungsverfahren mißt man die Viskosität auf Grund der Dämpfungsbeträge, die ein in der Flüssigkeit um seine Mittelachse schwingendes Pendel zwischen je zwei aufeinanderfolgenden Schwingungen erfährt[1]).

Die Seigerungserscheinungen.

Allgemeines. Gleich wie bei vielen anderen Legierungen treten auch bei den Eisenlegierungen sowohl im flüssigen Zustande als ganz besonders während der Erstarrung Entmischungsvorgänge auf, die zur Folge haben, daß der erstarrte Gußkörper mehr oder weniger große Unregelmäßigkeiten in der chemischen Zusammensetzung gegenüber der ursprünglichen Schmelze aufweist. Man nennt solche Entmischungen Seigerungen. Etwaige Entmischungen, die nach beendigter Erstarrung im Anschluß an innere Umwandlungen des Werkstoffs erfolgen, fallen nicht unter den allgemeinen Begriff der Seigerung.

Entmischungen im flüssigen Zustande des Metalls sind in der Regel mit einer mehr oder weniger ausgeprägten Schichtenbildung nach spezifisch leichten und schweren Teilen verbunden. Wir finden sie hauptsächlich bei denjenigen geschmolzenen Legierungen, die mit sinkender Temperatur eine verminderte Löslichkeit ihrer Bestandteile zeigen, z. B. bei den Legierungen Blei-Zink, Zink-Wismut u. a. m. Tritt ein derartiger Legierungszerfall im flüssigen Eisen auf, so ist er fast ausschließlich die Folge chemischer Umsetzungen innerhalb des Metalls. Dabei scheiden sich schwer schmelzbare Umsetzungserzeugnisse an der Oberfläche des Bades ab, während das letztere an den in die Umsetzung eingetretenen Fremdkörpern ärmer wird. Beispiele sind die Entmischung bzw. Entschweflung des flüssigen Roheisens in Verbindung mit der Mangansulfidbildung und die Desoxydationsvorgänge mittels Mangans oder Siliziums zwecks Entfernung des im flüssigen schmiedbaren Eisen aufgelösten Eisenoxyduls. Diese Entmischungen sind insofern von Wert, als sie dazu dienen können, eine gewisse Reinigung des flüssigen Eisens von schädlichen Fremdkörpern zu bewirken.

Die hauptsächlichsten Entmischungen oder eigentlichen Seigerungen erfolgen während der Erstarrung, was insofern erklärlich ist, als viele Legierungen gerade beim Übergang aus dem flüssigen in den festen Zustand eine mehr oder weniger erhebliche Verminderung ihrer Löslichkeitsverhältnisse erfahren. In Betracht kommen hierbei alle Legierungen, die innerhalb eines Temperaturintervalls erstarren. Legierungen, die eine gleichbleibende Erstarrungstemperatur (Erstarrungspunkt) besitzen, wie die eutektischen Legierungen, unterliegen der Entmischung nicht, da die Abscheidung ihrer Bestandteile gleichzeitig vor sich geht. Jedoch braucht ein Erstarrungsintervall nicht immer eine Entmischung zu hinterlassen. So zeigen in den Mischkristallegierungen die Bestandteile A und B einer Zweistofflegierung, trotz eingetretener Entmischung, nach beendigtem Erstarren in der Regel wieder die gleiche vollkommene Mischbarkeit wie die flüssige Legierung. Die Entmischung wurde nämlich durch die nachträgliche Diffusion zwischen Kristalliten und Mutterlauge wieder rückgängig gemacht, so daß eine homogene feste Lösung entstehen konnte. Dieser Ausgleich kommt aber nicht immer zustande, z. B. wenn die Stoffe A und B an und für sich ein geringeres Diffusionsvermögen zueinander besitzen oder wenn die zum Ausgleich erforderliche Einwirkungsdauer zwischen Kristalliten und Mutterlauge infolge zu schneller Erstarrung oder auch bei zu großen Konzentrationsunterschieden nicht ausreichend war. Es bleibt dann eine Entmischung zurück, die sich aber in der Regel lediglich auf den Aufbau des Kristallindividuums erstreckt, indem dieses in seinem Kern anders zusammengesetzt ist als am Rande (wobei die verschiedenen

---

[1]) Während der Drucklegung erschien eine Arbeit von Oberhoffer und Wimmer über Viskositätsmessungen bei Thomasroheisen (Stahlwerksausschußbericht Nr. 85), deren Schlußfolgerungen dahin gehen, daß eine Überhitzung des Metalls die Abscheidung der Mischkristalle zurückzuhalten vermag und daß die Fremdkörper mittelbar auf die Viskosität einwirken, indem sie die Temperatur der beginnenden Erstarrung in verschiedenem Grade beeinflussen. Die neue Bauart des Viskosimeters beruht auf dem Schwingungsverfahren von Fawzitt (J. Chem. Soc. 1908, S. 1299).

Kristalle wieder untereinander gleichartig sein können). Man spricht in diesem Falle von einer **Kristallseigerung**. Sie kann, wie weiter unten bei den Flußstahllegierungen ausgeführt werden soll, manchmal sich zu einer eigentlichen oder **Gußseigerung** entwickeln

In weit höherem Maße als bei den Mischkristallegierungen sind die Voraussetzungen zur Gußseigerung bei denjenigen Zweistofflegierungen gegeben, deren Bestandteile A und B nach der Erstarrung eine beschränkte oder gar aufgehobene Mischbarkeit zeigen. Es sind in erster Linie die Legierungen, die mit einem eutektischen Punkte erstarren. Diese zerfallen in der Weise, daß sich anfänglich Kristalle abscheiden, welche je nach dem Grade der Mischbarkeit aus gesättigten Mischkristallen oder den reinen Bestandteilen A und B (unter Umständen auch einer chemischen Verbindung von A und B) bestehen, während die mit den Kristalliten im Gleichgewicht stehende Mutterlauge sich mit fortschreitender Erstarrung zu einer nach A und B gegenseitig gesättigten Lösung anreichert, die erst am Ende des Erstarrungsintervalls bei konstanter Temperatur als selbständiger eutektischer Bestandteil fest wird. Während wir sonst bei normaler Erstarrung einen heterogenen, im übrigen aber ziemlich gleichmäßigen Gefügeaufbau erhalten, kann es unter Umständen zu einer räumlichen Trennung von Kristalliten und flüssiger Mutterlauge, d. h. zu einer Gußseigerung kommen. Seigerungen dieser Art finden wir u. a. bei den Legierungen des Eisens mit mehr als $1,7\,^0/_0$ Kohlenstoff (Roheisen), sowie bei den Schwefel-Eisen- und teilweise auch bei den Eisen-Phosphorlegierungen. Je mehr Bestandteile in der Legierung enthalten sind, um so verwickelter und unübersichtlicher werden im allgemeinen die Erstarrungs- und Entmischungsverhältnisse.

Abb. 116. Entmischung einer mäßig langsam erstarrten Blei-Antimonlegierung.

Die räumliche Trennung wird nun in der Hauptsache durch einen Unterschied im spezifischen Gewichte der einzelnen Legierungsbildner und durch die Abkühlungsverhältnisse während der Erstarrung des Abgusses beeinflußt.

Die sich anfangs ausscheidenden Kristallite werden, je nach dem spezifischen Gewichte, entweder sich am Boden absetzen oder aber an die Oberfläche der Schmelze steigen. Ein typisches Beispiel einer derartigen weitgehenden Seigerung ist in Abb. 116 in natürlicher Größe dargestellt: ein Längsschnitt durch ein Blöckchen einer mäßig langsam erstarrten Blei-Antimonlegierung mit $80\,^0/_0$ Antimon [1]). Die spezifisch leichteren Antimonkristalle sind während der Erstarrung zuerst ausgeschieden und haben sich im oberen Teile der Schmelze angesammelt, während die spezifisch schwerere, bleireiche flüssige Mutterlauge am Boden geblieben und dort nachträglich erstarrt ist. Während letztere etwa $13\,^0/_0$ Antimon (eutektische Zusammensetzung) enthält, ist der durchschnittliche Antimongehalt der oberen Schicht $40\,^0/_0$.

Von erheblichem Einfluß auf das Maß und den Verlauf der Entmischungen sind ferner die Abkühlungsverhältnisse innerhalb des Abgusses. Je langsamer und ungleichmäßiger die Erstarrung verläuft, wie dies besonders bei großen und dickwandigen Gußstücken der Fall ist, um so mehr werden Gußseigerungen begünstigt. Es wird hierbei, besonders wenn die Gießtemperatur noch hoch war, eine früh erstarrende Außenschicht sich bilden, die an dem Bestandteil mit niedrigerer Erstarrungstemperatur ärmer ist, während der an jenem Bestandteil sich anreichernde flüssige Mutterlaugenrest unter dem Druck des sich zusammenziehenden Außenrandes nach innen gedrängt und mit dem zuletzt erstarrenden Teil des Abgusses fest wird. Wir haben hier den am häufigsten auftretenden Fall der Gußseigerungen: die Außenschichten sind z. B. bei einem Stahlgußstück ärmer an Schwefel, Phosphor und Kohlenstoff, während an jenen Stoffen angereicherte Seigerungszonen sich im Innern befinden.

Bisweilen kann auch der umgekehrte Verlauf der Entmischung eintreten. Die Bewegung der sich anreichernden Mutterlauge erfolgt nach außen, die Seigerungszonen liegen dann in der Nähe des Randes, oder sie bilden selbst die Randschicht. Die Ent-

---

[1]) Nach E. Heyn und O. Bauer: Metallographie. Bd. 2, Tafel XIX.

stehung dieser umgekehrten Seigerungen kann nach Kühnel[1]) so erklärt werden, daß die erstlich am Rande sich abscheidenden Mischkristalle mit einer bestimmten Wachstumsgeschwindigkeit über den ihnen zustehenden Bereich vordringen und sich dabei schnell zu einem festen, aber porösen schwammartigen Gebilde verdichten, in dessen Maschen sich die von innen her nachdrückende, angereicherte flüssige Restmasse hineindrängt. Letztere kommt dann innerhalb des Kristallschwamms zum Erstarren; unter Umständen, z. B. bei genügender Dünnflüssigkeit und entsprechendem Drucke, gelingt es ihr aber auch, durch die Oberfläche in den zwischen Gußform und Außenrand entstandenen freien Schwindungsraum hindurchzudringen, um hier, wie schon erwähnt, eine neue Außenschicht zu bilden. Es scheint, daß derartige Entmischungen lediglich bei Mischkristalllegierungen, z. B. bei Kupfer-Zinnlegierungen (weniger bei Flußstahllegierungen) sich vorfinden. Bei Gußeisen hat man allerdings ähnliche, von Osann als Druckseigerungen (vgl. u.) bezeichnete Entmischungen beobachtet. Es handelt sich hierbei aber nicht so sehr um angereicherte Zonen in der Nähe des Randes, als vielmehr um Auspressungen von Tropfen an der Oberfläche (oder im Innern eines Lunkerhohlraumes) eines Gußstückes, die bisweilen auch durch Zusammenfließen zu einer dünnen Rinde außen erstarren können. Es kommen dabei im wesentlichen phosphorreiche Eisenlegierungen in Betracht.

Gußseigerungen haben je nach dem Grad der Entmischung und nach der Art der dabei beteiligten Legierungsbestandteile mehr oder weniger erhebliche Unterschiede in den Festigkeitseigenschaften und verschiedene Härtegrade in den einzelnen Teilen des Gußstückes zur Folge. Unter Umständen kann dabei die Verwendbarkeit des letzteren in Frage gestellt werden.

Gußseigerungen werden sich niemals ganz vermeiden, wohl aber einschränken lassen. Das wichtigste Mittel hierzu wird darin bestehen, die chemische Zusammensetzung der Legierung zweckmäßig zu gestalten. Man wird sich hierbei von dem Gesichtspunkte leiten lassen müssen, daß die Legierung um so weniger sich entmischen darf, je geringer die Möglichkeit besteht, durch konstruktive und gießtechnische Maßnahmen eine gleichmäßige Erstarrung des Abgusses zu erzielen.

Seigerungen im Roheisen. Seigerungen treten sowohl in Gußstücken als auch in Roheisenmasseln auf. Man muß erwarten, daß im wesentlichen diejenigen Fremdkörper an der Seigerung beteiligt sind, die schon im Zweistoffsystem mit Eisen zur Entmischung neigen: Schwefel, Phosphor und in geringerem Maße auch Kohlenstoff. Aus der Mannigfaltigkeit der Entmischungsmöglichkeiten heben sich folgende typische Fälle besonders hervor:

1. Abscheidung früh erstarrender Teile lediglich auf Grund eines geringeren spezifischen Gewichtes gegenüber der flüssigen Schmelze, wobei die letztere einen geringeren Gehalt an den zur Ausseigerung gelangten Fremdkörpern erhält. Beispiel: die Ausseigerung von schwer schmelzenden Sulfiden an der Oberfläche des Eisenbades.

2. Anreicherung an Fremdkörpern in dem zuletzt erstarrenden inneren Teile des Abgusses, wobei die in den Außenschichten früher erstarrende Grundmasse ärmer an jenen Fremdkörpern ist. Beispiele bieten uns die Legierungsreihen, die in der Lage sind, Eutektika mit tiefem Erstarrungspunkte zu bilden, wie Eisen-Phosphor-Kohlenstoffeutektikum (Erstarrungspunkt 953°) und Schwefel-Eiseneutektikum (Erstarrungspunkt 980°). Außerdem treten Druckseigerungen auf.

Die verschiedenen Entmischungsarten können bei demselben Abgusse zugleich sich vorfinden.

Schwefelseigerungen. Die Ausseigerung des Schwefels erfolgt beim manganhaltigen Roheisen in der Regel so, daß die im flüssigen Eisen gelösten Eisen- und Mangansulfide unter gewissen Umständen zu einem mehr oder weniger erheblichen Anteil in Form von schwer schmelzenden Mischkristallen erstarren und wegen ihres geringen spezifischen Gewichts an die Oberfläche des Eisenbades steigen bzw. nach Festwerden dieser

[1]) R. Kühnel: Entmischungserscheinungen an Gußstücken. Stahleisen 1923, S. 1503. Ferner O. Bauer und R. Arndt: Über Seigerungserscheinungen in Metallegierungen. Mitt. Mat.-Prüf.-Amt 1921, S. 79; Stahleisen 1922, S. 1346.

in dem noch flüssigen inneren Kern des Abgusses so weit als möglich nach oben zu steigen versuchen, um dann in dem zuletzt erstarrenden Teil entweder für sich oder im Verein mit eutektischen Sulfidlösungen sich abzuscheiden. Man findet daher Schwefelseigerungen sowohl als Ausscheidungen an der Oberfläche als auch in Form zahlreicher fein verteilter Einschlüsse im mittleren und oberen Teile des Abgusses, während alle übrigen Teile des letzteren an Schwefel und Mangan ärmer sind.

Die Abscheidung der spezifisch leichten manganreichen Sulfide aus dem flüssigen Eisenbade ist von besonderem Nutzen für die Entschweflung des Roheisens und läßt sich am weitestgehenden beim Thomasroheisen in den Roheisenmischern durchführen, insofern als hier genügend Zeit für die Ansammlung jener Seigerungserzeugnisse an der Badoberfläche gegeben ist. Jene Sulfide vereinigen sich mit oxydierten Bestandteilen des Roheisens zu einer Schlacke, wobei ein Teil des Schwefels unter Bildung von Schwefligsäureanhydrid oxydiert wird und gleichzeitig Mangan- und Eisenoxydulverbindungen entstehen. Auch in der Pfanne, auf dem Wege zum Roheisenmischer, geht bereits eine Entschwefelung des Eisens vor sich. So fand Osann[1]) im Mittel folgende Schwefel- und Mangangehalte in einem Thomasroheisen:

Beim Abstich am Hochofen	0,19% Schwefel	1,16% Mangan
Bei der Ankunft am Mischer (nach 10 Minuten) . .	0,11% ,,	0,83% ,,
Bei der Ankunft an der Thomasbirne	0,06% ,,	0,78% ,,

Die Bewegung des Metalls in der Pfanne ist also, wie bereits auf S. 144 erwähnt, geeignet, die Abscheidung der Sulfide zu befördern.

Neuere Forschungen haben uns einen genaueren Einblick in die Löslichkeits- und Erstarrungsverhältnisse der Sulfide im Eisen verschafft. Nach dem in Abb. 117 dargestellten Zustandsschaubild des Schwefeleisen-Schwefelmangansystems nach Röhl[2]) lösen sich oberhalb des Linienzuges ACB, also im Schmelzflusse, Schwefelmangan und Schwefeleisen vollkommen. Punkt A (1188°) ist der Erstarrungspunkt des reinen Schwefeleisens, Punkt B (1620°) derjenige des

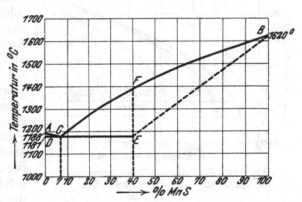

Abb. 117. Zustandsschaubild des Systems Schwefeleisen-Schwefelmangan.

reinen Schwefelmangans. Auf der Linie AC scheiden sich primär Schwefeleisen und auf der Linie CF in gleicher Weise Mischkristalle bzw. eine Verbindung von der Zusammensetzung 3 FeS . 2 MnS, entsprechend 60% FeS und 40% MnS, aus, deren Erstarrungspunkt bei F (1365°) liegt. Die Fortsetzung der Linie CF über F hinaus deutet an, daß bei höherem Schwefelmangangehalt als 40% (mithin auch bei gewissem höheren Mangangehalt im Eisen) Mischkristalle von Schwefelmangan-Schwefeleisen mit wachsendem Schwefelmangangehalt bis einschließlich 100% Schwefelmangan (B) erstarren können. Linie DCE gibt die Erstarrungstemperatur (1181°) des aus Schwefeleisen und der Verbindung 3 FeS . 2 MnS bestehenden Eutektikums an, dessen Schwefelmangangehalt 7% (C) beträgt. Im erstarrten Zustand löst Schwefeleisen kein Schwefelmangan, dagegen letzteres noch bis zu 60% Schwefeleisen auf. Für den Bereich von 40—100% Schwefelmangan haben wir daher völlige Mischbarkeit im festen Zustand, während die Legierungen mit 0—40% Schwefelmangan im festen Zustande aus zwei Gefügebestandteilen bestehen, nämlich Schwefeleisen und dem Eutektikum C bei den Legierungen mit weniger als 7% Schwefelmangan, bzw. Eutektikum C und der Verbindung 3 FeS . 2 MnS bei den Legierungen mit 7—40% Schwefelmangan.

[1]) Stahleisen 1904, S. 344.
[2]) G. Röhl: Beiträge zur Kenntnis sulfidischer Einschlüsse im Eisen und Stahl. Dissert. Freiberg 1913; auszugsw. Stahleisen 1913, S. 565.

Auf Grund dieser Ergebnisse konnte man vermuten, daß die Entschweflung des flüssigen Eisens, nicht wie bisher angenommen, im Sinne der Umsetzung FeS + Mn = MnS + Fe verläuft, mithin das abgeschiedene Sulfid nicht reines Schwefelmangan, sondern ein Gemisch von Schwefelmangan und Schwefeleisen ist. Dies hat sich nach den weiteren Untersuchungen Röhls als richtig erwiesen. Er konnte nachweisen, daß durch das Hinzukommen von geringen Mengen Mangan bzw. Mangansulfid zu schwefelhaltigem Eisen bei einem Gehalt von etwa 4 % Schwefelmangan ein ternäres Eutektikum bei 980° erstarrt, das aus Eisen und den beiden Sulfiden besteht, wobei jedoch das Mangansulfid nicht als solches, sondern in der oben erwähnten Verbindung 3 FeS . 2 MnS mit freiem Eisensulfid und Eisen das eutektische Gemenge bildet. Der Erstarrungspunkt des letzteren fällt daher mit dem des binären Eisen-Eisensulfid-Eutektikums zusammen. Bei größeren Mangangehalten, entsprechend über 4 % Schwefelmangan, erstarrt ein heterogenes Gemenge, bestehend aus der primär ausgeschiedenen Verbindung 3 FeS . 2 MnS und obigem Eutektikum. Von 30—40 % Mangansulfid an aufwärts haben wir, ähnlich wie im Zweistoffsystem Mangansulfid-Eisensulfid, vollständige Mischbarkeit der beiden Sulfide im festen Eisen, d. h. es erstarrt eine feste Lösung zwischen der Verbindung und dem Schwefelmanganüberschusse. Nach Röhl stehen die Verbindung 3 FeS . 2 MnS und die mit ihrer Hilfe sich bildenden manganreicheren Mischkristalle in ihren physikalischen Eigenschaften dem reinen Schwefelmangan insofern nahe, als sie trotz eines verhältnismäßig hohen Anteils an Schwefeleisen schwerer schmelzbar als das Eisen-Eisensulfideutektikum sind und bei Temperaturen erstarren, die oberhalb der Schmelztemperatur der gewöhnlichen Roheisen- und zum Teil auch derjenigen der Flußeisenlegierungen liegen, und auf Grund eines geringen spezifischen Gewichts, das dem des Mangansulfids gleichkommt, an die Oberfläche des Eisenbades zu steigen vermögen. Gelingt infolge vorzeitigen Festwerdens der Oberfläche die Abscheidung nicht vollständig, so suchen die Schwefelausscheidungserzeugnisse in dem noch flüssig gebliebenen Teil so weit als möglich nach oben vorzudringen. Bei diesem Bestreben der Ausscheidung werden die Sulfide schließlich vom erstarrenden Metall überrascht und teilweise eingeschlossen, zum größeren Teil aber von der mit Sulfiden angereicherten Mutterlauge erfaßt, mit der sie dann im mittleren und oberen Teile des Gußstückes zu einem heterogenen Gemenge erstarren, dessen leichtestflüssiger Bestandteil das obenerwähnte ternäre Eutektikum ist.

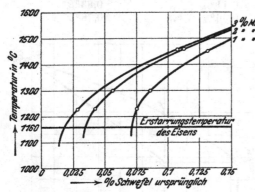

Abb. 118. Einfluß von Temperatur und Mangangehalt auf die Entschweflung.

Um die Röhlschen Versuche den praktischen Betriebsverhältnissen näherzubringen, untersuchte Heike [1] die Einflüsse der Temperaturhöhe und des verschiedenen Mangangehaltes auf die Schwefelabscheidung. Er erschmolz zu dem Zwecke eine Eisenlegierung von der Art eines Thomasroheisens von rund 3,5 % Kohlenstoff, 0,4 % Silizium, 2 % Phosphor und 0,15 % Schwefel, der er verschiedene Mangangehalte zufügte. Es wurden drei Versuchsreihen mit 3, 2 und 1 % Mangan hergestellt. Die Erstarrungstemperatur des Eisens lag bei rund 1160°. Die Versuchstemperaturen betrugen 1450° und 1230°. Um Gleichgewichte zu erzielen, wurden die Schmelzen 10 Minuten auf der jeweiligen Versuchstemperatur gehalten und dann plötzlich abgeschreckt. Die Ergebnisse sind in Zahlentafel 133 und in Abb. 118 dargestellt.

In einer weiteren Versuchsreihe (s. Zahlentafel 134) ist der Einfluß wechselnden Schwefelgehaltes bei bestimmten Manganmengen (2 % und 1 %) auf den Grad der Entschweflung untersucht.

Aus den Versuchen geht hervor, daß bei höheren Mangangehalten und bei steigenden Temperaturen die Bildung von schwefelmanganreichen Mischkristallen schneller und

---

[1] W. Heike: Die Entschweflung des Eisens, ihre Gesetze und Anwendung. Stahleisen 1913, S. 765, 811.

Zahlentafel 133.
Einfluß von Temperatur und Schwefelgehalt auf die Schwefelabscheidung.

	3% Mangan		2% Mangan			1% Mangan		
Temperatur	1450⁰	1230⁰	1460⁰	1300⁰	1230⁰	1450⁰	1300⁰	1230⁰
Schwefelgehalt im Eisen	0,107%	0,028%	0,112%	0,056%	0,042%	0,131%	0,085%	0,075%
Schwefelabnahme in % vom gesamten Schwefelgehalt (0,15%) . .	28,7%	81,3%	25,3%	62,7%	72%	12,7%	43,3%	50%

Zahlentafel 134.
Einfluß von Schwefelgehalt bei bestimmten Manganmengen auf die Entschweflung.

Mangangehalte	2%		1%	
Temperatur	1450⁰	1200⁰	1400⁰	1250⁰
1. Verminderung des anfänglichen Schwefelgehaltes von 0,10% auf	0,07%	0,029%	0,086%	0,064%
Daher prozentuale Verminderung	30%	71%	14%	36%
2. Verminderung des anfänglichen Schwefelgehaltes von 0,15% auf	0,112%	0,040%	0,128%	0,073%
Daher prozentuale Verminderung	25,3%	73,3%	14,7%	51,3%
3. Verminderung des anfänglichen Schwefelgehaltes von 0,25% auf	0,158% (1500⁰)	0,087% (1300⁰)	—	—
Daher prozentuale Verminderung	36,8%	65,2%	—	—

umfangreicher verläuft als bei niedrigen Temperaturen (die Erstarrungskurven der Abb. 118 verlaufen nach den niedrigen Temperaturen zu steiler). Es ist ferner nicht möglich, den gesamten Schwefelgehalt durch Ausseigern aus dem flüssigen Eisen zu entfernen. Unter sonst gleichen Bedingungen wird um so mehr Schwefel im Eisen zurückbleiben, je niedriger der Mangangehalt des letzteren ist. Bei einem gewissen Mindestgehalt an Mangan wird die Entschweflung unmöglich, indem dann eine Rückbildung von Schwefeleisen eintritt in dem Sinne der Umsetzung MnS + Fe → FeS + Mn. Das Schwefelausseigerungsverfahren wird im allgemeinen bei einem Eisen mit niedriger Erstarrungstemperatur erfolgreicher als bei einem schwerer schmelzbaren Eisen sein, weil man bei jenem weiter abkühlen kann als bei diesem. Daher kann das Verfahren hauptsächlich nur bei leicht schmelzbarem Roheisen und Gußeisen angewandt werden. Bei Flußstahl und Stahlguß wird der teigige Charakter dieser Legierungen die Abscheidung erheblich behindern. Trotzdem wird auch hier ein gewisser Mangangehalt den schädlichen Schwefeleinfluß zurückhalten, indem ein Mischkristall von Schwefeleisen und Schwefelmangan als Einschluß im Eisen zurückbleibt, der wegen seines höheren Schmelzpunktes und seiner geringeren Sprödigkeit die physikalischen Eigenschaften des Stahles weniger beeinträchtigt als die reinen Schwefeleiseneinschlüsse.

Wenn auch der Einfluß der Zeit von Heike in seinen Versuchen nicht besonders berücksichtigt wurde, so lehrt die Erfahrung im Mischerbetriebe doch zur Genüge, daß die Entschweflung selbst bei einem geringen Mangangehalte des Thomasroheisens noch erheblich ist, wenn die Durchsatzzeit der einzelnen Hochofenabstiche größer genommen werden kann, was natürlich einen großen Mischerinhalt voraussetzt.

In der Eisengießerei kommt es gleichfalls zu einer Schwefelausseigerung, und zwar sowohl im Kuppelofenherd als auch beim Stehenlassen des Eisens in der Gießpfanne; jedoch kann der Grad der Entschweflung im ganzen nur unbedeutend sein, da die Mangankonzentration in der Regel zu gering und zur Abscheidung der Mischkristalle zumeist nicht genügend Zeit vorhanden ist. Dafür stellt sich oft genug zum Leidwesen des Gießers dann eine Schwefelseigerung eutektischer Art in dem zuletzt erstarrenden Teile des

Gußstückes ein, von der weiter unten noch die Rede sein soll. Die Versuche Heikes lassen es aber doch möglich erscheinen, bei höheren Schwefelgehalten im Roheisen, wie sie durch schlechte Koksbeschaffenheit und Gattieren größerer Sätze an Brucheisen, besonders auch an Brandeisen, entstehen, auf eine stärkere Schwefelausseigerung im Ofenherde, zumal in dem hierfür sehr geeigneten Vorherde, hinzuwirken, indem man gleichzeitig den Mangangehalt der Gattierung so weit als jeweils zulässig erhöht. Dahingehende Versuche von E. Schultz [1]) beweisen, daß in solchen Fällen das Eingattieren 10—12%igen Spiegeleisens gute Dienste leistet, während Osann [2]) Zusätze von manganreichem Stahleisen empfiehlt. Man wird sich aber dabei vergegenwärtigen müssen, daß die zu erzielende Entschweflung nicht über einen gewissen Grad hinausgehen kann und daß bei Beschickungsmassen mit geringen bis mittleren Schwefelgehalten das Eingattieren manganreichen Roheisens keine größeren Erfolge geben wird. Die Hauptentschweflung wird daher stets beim Umschmelzen im Ofen erfolgen müssen.

Im folgenden seien einige Beispiele von Schwefelseigerungen in der Gießpfanne und in Gußstücken angeführt. Ledebur [3]) stellte folgende Entmischung eines Gießereiroheisens in der Gießpfanne fest:

	Kohlenstoff %	Silizium %	Mangan %	Phosphor %	Schwefel %
Muttermetall	3,46	2,20	2,62	—	0,06
Abgeschöpft an der Oberfläche . . .	3,81	1,87	5,19	0,47	0,22

Neben Mangan und Schwefel ist noch Kohlenstoff ausgeseigert.

Auch Wüst [4]) hat in umfangreichen Untersuchungen über Entmischungen im Gußeisen ermittelt, daß die Schwefelabscheidung schon in der Pfanne vor sich geht, und wenn sie hier nicht beendigt ist, im erstarrenden Gußstück weiter sich fortsetzt. Es wurden Gußstücke von zylindrischer Gestalt von je 5000 kg Gewicht steigend gegossen. Hier sollen nur zwei charakteristische Fälle erwähnt werden.

Probenahme	Silizium %	Mangan %	Phosphor %	Schwefel %
1. Oben	1,49	0,69	0,422	0,212
Mitte	1,47	0,68	0,421	0,208
Unten	1,49	0,54	0,435	0,111
2. Oben	1,02	0,53	0,411	0,108
Mitte	1,00	0,52	0,411	0,112
Unten	1,04	0,53	0,419	0,104

Hieraus geht hervor, daß im zweiten Falle, wo keine Schwefelseigerung erfolgt, auch der Mangangehalt gleichmäßig auftritt (man kann annehmen, daß die Entmischung schon während des Ansammelns des Eisens in der Pfanne begann); dagegen zeigt das erste Beispiel mit steigendem Schwefelgehalt auch einen zunehmenden Mangangehalt. Schwefelseigerungen treten in der Gießereipraxis häufig auf; sie zeigen sich unter Umständen in erheblichem Maße, selbst wenn der ursprüngliche Schwefelgehalt der

---

[1]) E. Schultz: Einfluß von Spiegel- bzw. Phosphorspiegeleisen auf das Gußeisen. Gieß.-Ztg. 1921, S. 152, 197.
[2]) B. Osann: Kriegsschwierigkeiten im Schmelz- und Gießereibetriebe. Gieß.-Ztg. 1918, S. 230, 245, 261.
[3]) A. Ledebur: Eisen- und Stahlgießerei. 2. Aufl. S. 36.
[4]) F. Wüst: Kuppelofen mit Vorherd oder ohne Vorherd? Stahleisen 1903, S. 107 7.

Schmelze ein keineswegs großer war. Für die chemische Werkstoffuntersuchung [1]) ist dieser Umstand insofern von Bedeutung, als es nicht gleichgültig ist, an welcher Stelle die Probespäne entnommen werden; mindestens sollten die für Schwefelseigerungen besonders empfänglichen Gußstückteile, z. B. in der Nähe von Steigern, Eingüssen u. a. m., hierfür nicht in Betracht gezogen werden. Geschieht dies anderseits doch, so dürfte ein ungünstiger Schwefelbefund solange noch nicht zu einer Beanstandung und Verwerfung des Gußstückes berechtigen, als nicht der Nachweis erbracht ist, daß der durchschnittliche Schwefelgehalt in den übrigen Teilen des Abgusses sich über das normale zulässige Maß erhebt.

Schwefelseigerungen treten ferner in Gußeisen-Probestäben auf, auch hier zeigen sich Unterschiede in der Zusammensetzung im unteren und oberen Teile, weniger zwischen Rand und Mitte. Nach Messerschmitt [2]) ist ein Unterschied im Schwefelgehalt bei stehend gegossenen Gußstäben von 20 mm Durchmesser zwar kaum vorhanden. Auch bei Stäben von 30 mm Durchmesser war die Verteilung des Schwefels noch ziemlich gleichmäßig, sowohl beim Guß von oben als auch von unten. Bei einem Durchmesser von 40 mm zeigten sich auf eine Länge von 450 mm schon erhebliche Abweichungen, und zwar betrug der Schwefelgehalt beim

	unten	oben
Guß von unten	0,116% S	0,119% S
Guß von oben	0,108% S	0,139% S

Besonders stark sind die Abweichungen beim Guß von oben, was wohl darauf zurückzuführen ist, daß hier das Eisen im oberen Teile länger flüssig bleibt als beim Guß von unten. Für die Erzielung brauchbarer Vergleichswerte für Festigkeitsziffern sind die Zahlenwerte insofern von Bedeutung, als man daraus folgern kann, daß die Anfertigung und das Gießen von Probestäben unter stets gleichen Bedingungen vorzunehmen ist.

Phosphor- und Kohlenstoffseigerungen. Neben den Schwefelseigerungen treten im Roheisen Phosphorentmischungen in erheblichem Maße auf. Sie sind durchweg eutektischer Art und finden sich daher in den zuletzt erstarrenden Teilen des Gußstückes. Wie schon im Abschnitt über Metallographie (S. 91) ausgeführt wurde, bilden die phosphorhaltigen Roheisenlegierungen ein ternäres, aus γ-Mischkristallen-Karbid-Phosphid bestehendes Eutektikum, dessen Zusammensetzung nach Wüst [3]) 1,96% Kohlenstoff, 6,89% Phosphor und 91,15% Eisen ist. Es schmilzt bei 953°; daher ist das Erstarrungsintervall beträchtlich und somit auch die Neigung zur Seigerung groß. Im grauen Roheisen vermag es sich, zumal bei hohem Gesamtkohlenstoff, bei verhältnismäßig geringem Phosphorgehalt, unter Umständen bereits bei 0,1%, zu bilden, so daß das Phosphideutektikum ein häufig anzutreffender Gefügebestandteil im Gußeisen ist. Mit steigendem Phosphorgehalt nimmt der eutektische Anteil zu. Neben der gewöhnlichen Ausseigerung im Inneren eines Gußstückes finden wir manchmal noch die besondere der Schwitzkugelbildung. Schwitzkugeln sind Körnchen von Hirsekorn- bis Erbsengröße, die sowohl an der Oberfläche als auch im Inneren von Hohlräumen der Gußstücke auftreten. Die Entstehung dieser Körnchen kann als Druckseigerung erklärt werden: Die außen schnell erstarrende und sich dabei zusammenziehende Kruste übt auf den inneren, noch flüssigen Kern einen Druck aus, der unter Umständen bewirken kann, daß die leicht flüssige eutektische Legierung aus dem Inneren durch die bereits erstarrende Kruste in Form von Tröpfchen nach außen gepreßt wird, etwa ebenso, wie man Quecksilber aus einem Lederbeutel herauspressen kann.

Diese ausgeseigerten Tröpfchen sind oft so klein, daß sie nur mit der Lupe zu erkennen sind; sie bedecken dann in unzählbarer Menge die Oberfläche des Gußstückes, die dadurch ein rauhes Aussehen erhält. Größere Tropfen können ihre Kugelform nur an denjenigen Stellen beibehalten, wo die Gußform offen ist. An den Wänden der Gußform werden

---

[1]) Vgl. auch O. Bauer und E. Deiß: Probenahme und Analyse von Eisen und Stahl. 2. Aufl. Berlin 1922.

[2]) A. Messerschmitt: Über die Schwefelverteilung in Gußstücken und deren Einfluß auf den Werkzeugmaschinenguß. Stahleisen 1905, S. 895.

[3]) Metallurgie 1908, S. 73 u. 561.

diese Tropfen platt gedrückt, wobei oft mehrere ineinander fließen und der Oberfläche ein Aussehen geben, als sei flüssiges Metall aufgegossen und auseinander geflossen. Ledebur hat Untersuchungen an solchen tropfenförmigen Ausseigerungen einer Herdgußplatte[1]) angestellt, die ergaben:

	Muttereisen %/0	ausgeseigerte Tropfen %/0
Kohlenstoff	3,41	3,07
Silizium	2,04	1,63
Mangan	0,43	0,42
Phosphor	0,44	1,98
Schwefel	0,08	0,05
Kupfer	0,03	0,01

Bemerkenswert ist die im Sinne der Eutektikumbildung, entsprechend der Phosphoranreicherung, erfolgende Verminderung des Kohlenstoffs.

E. Schüz[2]) berichtet über in der Hauptsache aus ternärem Phosphoreutektikum bestehende Tröpfchen, die infolge von Gußspannungen am oberen Teile von Hartguß-

Abb. 119. Phosphidseigerungen.

walzen zwischen Walzenkörper und Walzenzapfen aus dem Inneren ausgepreßt waren und zahlreich lose an der Oberfläche hafteten und leicht zu entfernen waren. Abb. 119 zeigt das obere Ballenende einer Walze mit ausgepreßten Tropfen, während in Abb. 120 Auspressungen am oberen Ballenende, von verschiedenen Hartgußwalzen herrührend, wiedergegeben sind.

Abb. 121 enthält in fünffacher Vergrößerung den Schnitt durch einen ausgepreßten Tropfen, dessen chemische Untersuchung ergeben hatte: 2,01°/0 Kohlenstoff, 0,52°/0 Silizium, 0,40°/0 Mangan, 0,08°/0 Schwefel und 6,69°/0 Phosphor, während der durchschnittliche Phosphorgehalt der in Betracht kommenden Hartgußwalzen 0,50°/0 betrug.

Man kann ähnliche Ausseigerungen von Kugel- oder Nierenform bisweilen auch in Gußstücken oder auch Roheisenmasseln entweder fest eingelagert oder in einem Hohlraum lose befindlich antreffen. Folgende Analysen zeigen[3]) zwei Beispiele dieser Art.

	C %/0	Si %/0	Mn %/0	P %/0	S %/0	Cu %/0	As %/0	Ti %/0
1. Tiefgraues Roheisen von Schwarzenberg:								
Muttereisen	3,76	3,14	0,85	0,88	0,01	0,06	0,06	0,12
Eingeschlossene Niere	2,86	3,15	0,93	0,82	0,02	0,05	0,13	0,16
2. Tiefgraues westfälisches Roheisen:								
Muttereisen	3,45	3,28	1,03	0,96	0,01	nicht be-stimmt	nicht be-stimmt	0,08
Eingeschlossene Niere	2,67	3,18	1,05	1,27	0,01			0,10

In beiden Fällen weist der Kohlenstoff eine erhebliche Verminderung auf; beim zweiten Roheisen zeigt die eingeschlossene Niere außerdem eine Phosphoranreicherung. Diese Nieren oder Bohnen waren feinkörniger, härter und spröder als das Muttermetall.

---

[1]) A. Ledebur: Handbuch der Eisen- und Stahlgießerei 3. Aufl. S. 36.

[2]) E. Schüz: Die wissenschaftlichen Grundlagen zur Herstellung von Hartgußwalzen. Stahleisen 1922, S. 1610, 1773, 1900.

[3]) A. Ledebur: Handbuch der Eisen- und Stahlgießerei S. 34.

Werden bei der späteren Bearbeitung solche Einlagerungen freigelegt, so erscheint hier eine unganze Stelle, die den Wert des Gußstückes oft beträchtlich vermindert. Aber auch dann, wenn die Ausseigerung fest im Gußstück eingelagert ist, macht sich eine solche Hartstelle bei der Bearbeitung des Gußeisenstückes unangenehm bemerkbar. Der bearbeitende Werkzeugstahl findet hier einen größeren Widerstand, bildet daher einen schwächeren Span, so daß die harte Stelle nachher aus der Oberfläche hervortritt. Je größer das Gußstück ist, je heißer das Metall vergossen wurde, desto leichter können sich solche Seigerungen bilden.

Osann[1]) berichtet über eine von ihm untersuchte bemerkenswerte Druckseigerung, bei der es sich, soweit ersichtlich, um eine Unregelmäßigkeit des Kohlenstoffs handelt. Eine schwere halbharte Blechwalze, aus dem Flammofen gegossen, zeigte beim Abdrehen eine Oberfläche, die mit harten Stellen übersät und deshalb nicht bearbeitbar war. Infolge einer Schmelzstörung war der Kohlenstoffgehalt zu niedrig geworden (2,46%), auch war die Schlacke infolge eingetretenen Frischens im Ofen sehr gasreich.

Abb. 120. Auspressungen am oberen Ballenende, von verschiedenen Hartgußwalzen herrührend.

Abb. 122 zeigt den Querschnitt des Walzeneingusses; in der Nähe des Umfanges sieht man den weißen Außenrand, der einen grauen Kern umschließt; dieser ist mit vielen weißen Flecken durchsetzt, die offenbar als umgekehrter Hartguß anzusprechen sind (vgl. S. 288). Die in der Abbildung sichtbare, in unregelmäßiger Dicke verlaufende feste Umhüllung ist eine harte, anscheinend sandige Masse, die zahllose unregelmäßig gestaltete Eisenkörner enthielt. Die chemische Untersuchung hatte folgendes Ergebnis:

	Geb. Kohlenstoff %	Graphit %	Gesamt-Kohlenstoff %	Silizium %	Mangan %	Phosphor %	Schwefel %	Kupfer %
Weißer Ring	1,10	0,26	**1,36**	0,75	0,68	0,15	0,055	0,25
Grauer Kern	0,91	1,70	**2,61**	0,78	0,82	0,27	0,104	0,26
Eisenkörner	—	—	(rd.) **3,00**	0,80	0,30	0,26	0,07	—

Man kann annehmen, daß die Eisenkörner eine auf Grund des höheren Kohlenstoffgehalts länger flüssig bleibende Legierung darstellen, die durch den (weißen) Außenrand sich hindurch gepreßt hat. Hierbei wurde die chemische Zusammensetzung des letzteren verschoben, indem ein Kristallgerippe mit niedrigem Kohlenstoffgehalt zurückblieb. Osann erklärt den Vorgang so, daß die Wände des Eingußkanals infolge des Durchgießens des heißen Eisens zum Schlusse heißer waren als das in ihm stehende Eisen. Das Innere war bereits regelrecht erstarrt, als der äußere ringförmige Körper noch ein Kristallgerippe mit flüssiger Schmelze in den Zwischenräumen bildete. Nunmehr kam der ringförmige Körper unter Druckwirkung und die Schmelze wurde ausgepreßt.

[1]) Stahleisen 1920, S. 146.

Eine weitere Unregelmäßigkeit des Kohlenstoffs, deren Ursache wohl noch nicht völlig aufgeklärt ist, ist die Erscheinung, daß der Gesamtkohlenstoffgehalt in den rascher erstarrenden Querschnitten oft größer ist als in den langsamer erstarrenden. Ledebur [1] fand bei der Untersuchung zweier Hartgußwalzen, deren Walzenbünde in Kokillen gegossen, also rasch abgekühlt wurden, während die Walzenzapfen in Masse gegossen waren und demnach langsamer erkalteten:

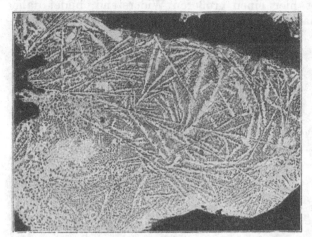

Abb. 121. Ausgepreßte Tropfen; Phosphideutektikum. Vergr. 5.

Walze I:	Walzen-bund	Walzen-zapfen
Gesamtkohlenstoff .	$3,20\%$	$2,84\%$
Graphit	$0,19\%$	$1,93\%$
Walze II:		
Gesamtkohlenstoff .	$3,08\%$	$2,40\%$
Graphit	$0,18\%$	$1,24\%$

E. Schüz kommt bei den schon auf S. 286 erwähnten Untersuchungen von Hartgußwalzen zu ähnlichen Verschiedenheiten im Gesamtkohlenstoff. Es wurden bis zu einer Tiefe von 40 mm von der Ballenoberfläche Ringe am oberen und am unteren Ende abgedreht, deren weiße abgeschreckte Schicht erheblich mehr Gesamtkohlenstoff aufwies als die angrenzende graue.

Ein weiteres Beispiel dafür, daß die Ansammlung von Kohlenstoff in der Mitte oft geringer ist als am Rande, erwähnt ebenfalls Ledebur [2]. Er fand in einer Massel tiefgrauen Roheisens in der Mitte, wo sonst die Graphitbildung am stärksten ist, einen feinkörnigen, lichtgrauen Kern. Die Zusammensetzung war folgende:

	Gesamt-Kohlen-stoff $\%$	Silizium $\%$	Mangan $\%$	Phosphor $\%$	Schwefel $\%$	Kupfer $\%$
Äußerlich: grobkörnig, dunkelgrau . . .	3,97	3,65	1,58	0,02	0,03	0,04
Kern: feinkörnig, lichtgrau	3,41	3,68	1,32	0,01	0,02	0,03

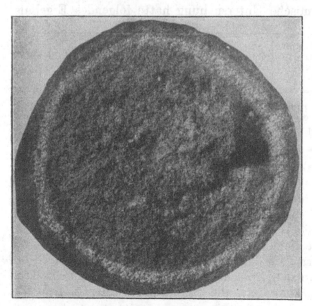

Abb. 122. Bruchfläche $^3/_4$ nat. Größe des Walzeneingusses. Rechts ein Lunkerhohlraum.

Hier läßt nur der Kohlenstoff einen deutlichen Unterschied erkennen, während die anderen Fremdkörper über Rand und Mitte fast gleichmäßig verteilt sind, was durchaus nicht immer zutrifft. Auch im weißen Roheisen lassen sich oft Unterschiede in der Zusammensetzung beobachten. So fand Platz [3] in Drusenräumen von Spiegeleisen mit $5-7\%$ Mangan Kristalle, die stets reicher an Kohlenstoff und Mangan, dagegen ärmer an Silizium und Phosphor waren als das Muttereisen.

Umgekehrter Hartguß. Eine andere, für das Verhalten des Kohlen-

[1] A. Ledebur: Handbuch der Eisenhüttenkunde. 5. Aufl., S. 325.
[2] A. Ledebur: Handbuch der Eisen- und Stahlgießerei. S. 32.
[3] Stahleisen 1886, S. 244.

stoffs bemerkenswerte ungewöhnliche Erstarrungs- und Gefügeveränderung ist die schon länger bekannte, früher wenig beachtete, indessen in den Kriegs- und Nachkriegsjahren häufig hervorgetretene unerwünschte Erscheinung des umgekehrten Hartgusses [1]). Im Grunde genommen ist es keine eigentliche Seigerung, da die Mengen an Gesamtkohlenstoff (wie auch an anderen Fremdkörpern) in der Regel keine Unterschiede aufweisen. Wie Abb. 123 zeigt, treten hierbei, umgekehrt wie beim gewöhnlichen Hartguß, weiße Stellen im Innern der Bruchfläche auf, während der Rand grau erscheint. Ohne auf die zahlreichen mehr oder weniger zutreffenden Erklärungsversuche [2]) über diese Erscheinung hier einzugehen, sei lediglich an Hand einer umfangreichen Untersuchung von Bardenheuer [3]) eine Erklärung gebracht, die bisher

Abb. 123. Umgekehrter Hartguß.

noch die größte Wahrscheinlichkeit der Richtigkeit hat. Bardenheuer untersuchte das in Abb. 123 erkennbare Bruchstück und fand:

	Kohlenstoff %	Graphit %	Silizium %	Mangan %	Phosphor %	Schwefel %	Arsen %
Im grauen Teil . . .	3,19	1,49	1,55	0,48	1,42	0,183	0,058
Im weißen Teil . . .	3,24	0,58	1,57	0,48	1,39	0,197	0,061

Die ungeätzten metallographischen Proben (Abb. 124 u. 125, Tafel IX) lassen sowohl im grauen, als auch im weißen Teile rundliche Knötchen und Nester von Temperkohle, die im ersteren zahlreicher als im letzteren auftreten, erkennen. Gewöhnlicher Graphit ist nicht vorhanden.

Ein weiteres Beispiel umgekehrten Hartgusses (Abb. 126) entstammte dem unteren Teile eines stehend gegossenen Muffenrohres von folgender Zusammensetzung: 3,46% Kohlenstoff, 1,49% Silizium, 0,29% Mangan, 1,23% Phosphor, 0,191% Schwefel. Die zugehörige Gattierung bestand aus 20% Deutsch I, 5% Luxemburger III, 40% Maschinenbruch von 20—30 mm Wandstärke und 35% eigenem Bruch. Der Guß war dem dritten und vierten Satz entnommen. Charakteristisch ist wiederum der hohe Schwefel- und mäßige Siliziumgehalt. Die metallographische Untersuchung der geätzten Schliffe ergab das typische Bild des weißen Roheisens (Abb. 127, Tafel IX), während im grauen Teil (Abb. 128, Tafel X) Eisenkarbid zum größten Teil zerfallen ist. Bardenheuer schließt aus

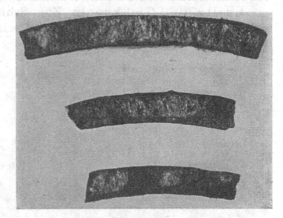

Abb. 126. Umgekehrter Hartguß.

den Versuchen, daß die normale Graphitbildung infolge Unterkühlung in der Erstarrungszone unterblieb, das Gußstück mithin weiß erstarrte. Unterstützt wird dieser Vorgang durch die chemische Zusammensetzung (niedriger Kohlenstoff- und Mangangehalt, mäßiger Silizium- und hoher Schwefelgehalt), ferner durch niedrige Gießtemperatur, die eine gleichmäßig schnelle Erstarrung herbeiführte. In der Randzone kam es nun zu einer nachträglichen Bildung von Temperkohle, was Bardenheuer auf Grund von Versuchen von Ruer [4]) und F. Goerens zu erklären sucht. Er nimmt an, daß die Zusammensetzung eines zu umgekehrtem Hartguß neigenden Gußstückes derart sein muß, daß zwar nicht normale Graphitbildung eintritt, aber doch ein geringfügiger Anlaß eine Weiß- oder Graubildung bewirken kann. So können durch

---

[1]) W. J. Keep: Stahleisen 1894, S. 801. — Th. West: Foundry 1912, S. 244.

[2]) B. Osann: Stahleisen 1912, S. 143, 346, 1819; Gieß.-Zg. 1918, S. 33 u. 230. — P. K. Nielsen: Gieß.-Zg. 1918, S. 299. — E. Piwowarsky: Gieß.-Zg. 1922, S. 357. — W. Heike: Stahleisen 1922, S. 1907.

[3]) P. Bardenheuer: Umgekehrter Hartguß. Stahleisen 1921, S. 569, 719, 1224; 1922, S. 1906.

[4]) Ferrum 1916/17, S. 161.

Keimwirkung seitens des Formstoffes in ursprünglich weiß erstarrtem Eisen Graphitkeime zunächst in der Außenzone und später auch nach dem Innern zu sich bilden. In der Nähe dieser Keime zerfällt nachträglich das Eisenkarbid. Bei Gußstücken mit verschiedener Wandstärke kommt in den stärkeren Querschnitten die nachträgliche Graphitbildung nicht über die Randschicht hinaus, während sie bei den dünnen Wandstärken über den ganzen Querschnitt sich erstreckt und da den Eindruck des grauen Roheisens macht, das aber durch Härte und Sprödigkeit (Eisenkarbid neben Temperkohle) sich von normalem Grauguß unterscheidet.

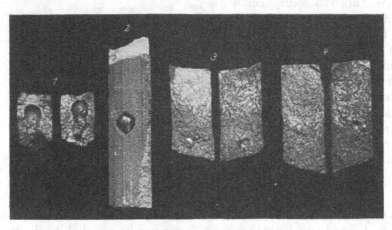

Abb. 129. Spritz- und Schwitzkugeln.

Umgekehrter Hartguß ist bisher häufig aufgetreten bei den ersten (matten) Abstichen des Kuppelofens, ferner auch beim Verschmelzen stark verrosteten Brucheisens. Im letzten Falle dürfte eine Erniedrigung der Ofentemperatur durch Zersetzung der Eisenoxyde eingetreten sein, was andererseits wieder erhöhten Koksaufwand und größere Schwefeleinfuhr zur Folge hat.

　　Spritz- und Gießkugeln. Zum Schlusse möge noch eine besondere Entmischungserscheinung erwähnt werden, die sowohl beim Gußeisen als auch beim Flußeisen zu finden ist: die Bildung von Spritz- oder Gießkugeln. Sie entstehen dadurch, daß beim Gießen eines meist matten oder schwerflüssigen Eisens der Flüssigkeitsstrahl beim Gießen aus größerer Höhe auf eine feste Unterlage, z. B. die Sohle der Form oder des Gießtümpels, auftrifft und dabei zu winzigen Kügelchen zerstäubt. Letztere stellen in der Regel Mischkristalle dar, die durch geringeren Kohlenstoffgehalt gegenüber dem Muttermetall sich auszeichnen. Diese Kügelchen prallen nach dem Aufschlagen zurück und werden vom nachfließenden Eisen eine kurze Zeit emporgetragen, um dann, wenn nicht genügend flüssiges Metall zu ihrer Auflösung vorhanden ist, z. B. in dünnen Querschnitten, innerhalb des erstarrenden Metalls oder auch von Formteilen festgehalten zu werden. Vielfach tritt beim Zerstäuben auch eine Oxydation am Umfange der Kügelchen auf; die dünne Oxydhaut wirkt oxydierend auf den Kohlenstoff des umschließenden Muttermetalls und erzeugt eine Gashülle um die Kugel herum, so daß diese lose in dem erstarrten Gußstück oder Probestab sich vorfindet.

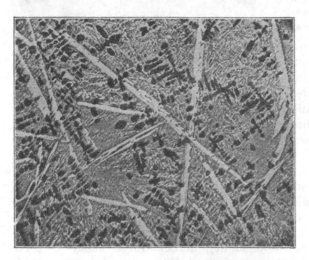

Abb. 130. Spritzkugel; Phosphideutektikum.

　　Osann[1] fand solche Kügelchen in der Schlacke des Roheisenmischers eingeschlossen. Sie enthielten: 1,77 % Kohlenstoff, 11,98 % Mangan, 4,12 % Schwefel, 1,42 % Phosphor, 9,52 % Rückstand, während das Roheisen folgende Zusammensetzung hatte: rd. 3,00 % Kohlenstoff, 0,78 % Mangan, 0,06 % Schwefel, 2,2 % Phosphor, 0,5 % Silizium.

---

[1] B. Osann: Lehrbuch der Eisen- und Stahlgießerei. 5. Aufl., 1920, S. 202.

Schüz [1]) beschreibt eine eigenartige kombinierte Spritz- und Schwitzkugelerscheinung, die bei Hartgußwalzen auftrat (vgl. Abb. 129). Man erkennt hier einige Spritzkugeln, die beim Nachgießen von Eisen durch den Überkopf einer Walze entstanden waren. Die metallographische Untersuchung der mit Nr. 1 bezeichneten Kugel brachte aber den Beweis, daß das Gefüge dasjenige eines Phosphideutektikums zeigte (Abb. 130). Es kam mithin auch noch eine Druckseigerung in Betracht. Schüz vermutet, daß die ursprüngliche Spritzkugel nachträglich im flüssigen Eisen sich wieder auflöste und eine Gasblase zurückließ. In die letztere wurde das nach der Erstarrung des Eisens noch flüssige Phosphideutektikum hineingepreßt, andererseits wurden die vorhandenen Gase (Kohlenoxyd + Kohlendioxyd) durch den hohen Druck teils in die feinen Poren hineingedrängt, teils von dem Eutektikum gelöst.

Seigerungen im Flußstahl. Wie schon eingangs erwähnt, nehmen die Seigerungen im Flußstahl und Stahlformguß einen anderen Verlauf als beim Roheisen, indem die Entmischung bereits beim Aufbau der Kristalle beginnt. Es bleibt dann entweder bei der Kristallseigerung, oder aber es entwickelt sich aus letzterer die Guß-(Block-) Seigerung.

Nach dem Erstarrungstypus der kohlenstoffärmeren Eisenlegierungen handelt es sich um Mischkristallegierungen, die nach beendigter Erstarrung homogene feste Lösungen im Gegensatze zu dem heterogenen Gefügeaufbau des Roheisens bilden. Das Zustandekommen dieser homogenen festen Lösung setzt jedoch eine vollkommene Diffusion von Mischkristallen und Mutterlauge voraus. Der damit in Verbindung stehende Ausgleich in der chemischen Zusammensetzung ist in seiner Größe abhängig von der Diffusionsgeschwindigkeit, dem Erstarrungsintervall und von der Zeit, die zum Durchlaufen des letzteren zur Verfügung steht. Es gibt Stoffe von größerer Diffusionsgeschwindigkeit zum Eisen, z. B. Silizium, Mangan, und andere, die langsam diffundieren, wie Phosphor und Schwefel. Erstere werden leichter homogene Lösungen bilden als letztere.

Abb. 131 (Tafel X) gibt ein Beispiel eines homogenen Kristallgefüges einer Legierung eines kohlenstoffarmen Eisens mit 4% Silizium (Transformatorenblech) bei 100facher Vergrößerung nach Oberhoffer [2]). Die Gleichartigkeit der Kristalle ist nicht sowohl der großen Diffusionsgeschwindigkeit des Siliziums als auch einer langsamen Erstarrung zuzuschreiben. Wird die Diffusion aus irgend einem Grunde beeinträchtigt, so erhalten wir Kristallentmischungen: es entstehen sogenannte Schichtkristalle, deren Kern an Fremdkörpern ärmer ist, während die angereicherte Schmelze um den Kern herum kristallisiert ist. Ein Beispiel hierfür ist das in Abb. 132 (Tafel X) in vierfacher Vergrößerung wiedergegebene Gefügebild einer reinen Eisen-Phosphorlegierung mit 0,8% Phosphor nach Oberhoffer [3]). Die Ätzung ist mit dem von Oberhoffer umgeänderten Rosenhainschen Ätzmittel erfolgt, wodurch die phosphorreicheren Kristallränder hell, die phosphorärmeren Innenteile dunkel erscheinen. Handelt es sich um eine Mehrstofflegierung, in der Bestandteile größerer Diffusionsgeschwindigkeit neben solchen mit geringerem Diffusionsvermögen auftreten, so wird der Kristall- und damit der Gefügeaufbau unübersichtlicher und verwickelter. Für den Fall, daß unter bestimmten Legierungs- und Erstarrungsverhältnissen die Neigung zur Eutektikumbildung (Schwefel) besteht, kann man annehmen, daß dann die Randschichten des inhomogenen Kristalls in ihrer Zusammensetzung sich derjenigen des Eutektikums nähern, oder aber es kommt zu einer Verschiebung des flüssigen Mutterlaugenanteils nach dem Innern, d. h. zu einer Gußseigerung.

Besonderen Einfluß auf den Umfang der Kristallseigerung hat auch die Größe des Erstarrungsintervalls. Je erheblicher dieses ist, desto größer ist der jeweilige Anteil an Fremdkörpern in der Schmelze gegenüber demjenigen in den mit ersterer im Gleichgewicht stehenden Mischkristallen, desto größer ist unter sonst gleichen Verhältnissen die Neigung zur Kristallseigerung.

---

[1]) Stableisen 1922, S. 1903.
[2]) P. Oberhoffer: Das schmiedbare Eisen. Berlin 1920, S. 177.
[3]) P. Oberhoffer: a. a. O. S. 40.

Nimmt man in den Schaubildern der Zweistofflegierungen des Eisens mit den für das schmiedbare Eisen in Frage kommenden Bestandteilen (Silizium, Mangan, Kohlenstoff, Phosphor) bei jeweils gleichen Gehalten dieser Fremdkörper die senkrechten Abstände zwischen beginnender und beendigter Erstarrung als maßgebenden Betrag für die Größe der Kristallseigerung an, so würden auch aus diesem Grunde Silizium und Mangan wieder durchweg geringe Entmischung zeigen, Kohlenstoff neigt mit steigendem Gehalte zur größeren Seigerung und in noch höherem Grade der Phosphor. Am ungünstigsten liegen die Bedingungen für eine Diffusion zwischen Schwefel und Eisen. Unter der Annahme einer wenn auch geringen Löslichkeit zwischen Eisen und Schwefel in den erstarrenden schwefelhaltigen Flußeisenlegierungen (das binäre Schwefel-Eisen-Erstarrungsbild zeigt allerdings keine Mischbarkeit!) wird Schwefel die Kristallentmischung am stärksten von allen Eisenbestandteilen fördern. In den meisten Fällen dürfte er sich sogar der Diffusion ganz entziehen und schon bei geringen Gehalten eine Entmischung innerhalb des Abgusses (Gußseigerung) herbeiführen, wozu ihn seine Fähigkeit, ein Eutektikum mit niedriger Erstarrungstemperatur zu bilden, besonders geeignet macht.

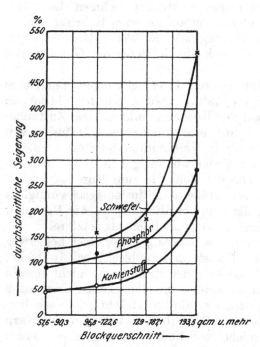

Abb. 133. Einfluß der Blockgröße auf die Gußblockseigerung von Schwefel, Phosphor und Kohlenstoff (nach Howe).

Beachtenswert ist, daß die Diffusion unter sonst gleichen Verhältnissen durch langsame Erstarrung gefördert wird. Umgekehrt wird schnelle Erstarrung den Ausgleich verhindern, mithin zur Entmischung (Kristallseigerung) führen. Wenn dies schon bei Stoffen mit verhältnismäßig großer Diffusionsgeschwindigkeit, wie Kohlenstoff, Mangan, der Fall ist, um so mehr tritt Entmischung bei Gegenwart von Phosphor und Schwefel auf.

Die zur völligen Diffusion erforderliche langsame Erstarrung setzt aber eine in allen Teilen des Abgusses möglichst gleichmäßig vor sich gehende Abkühlung voraus, denn nur dann ist die Gewähr dafür gegeben, daß die Kristallisation gleichzeitig in der ganzen flüssigen Masse vor sich geht und der Ausgleich durch Diffusion sowohl am Rande als auch im Innern ganz erreicht wird. Dies ist im allgemeinen aber nur bei sehr kleinen Blöcken unter besonderen Umständen der Fall. In der Regel verläuft schon bei einigermaßen großen Blöcken die Erstarrung unregelmäßig, außen schneller bei verzögerter Abkühlung nach dem Innern zu, wobei die abschreckende Wirkung der Kokillenwände, besonders bei großen Blöcken, das Temperaturgefälle zwischen Rand und Mitte zu Beginn der Erstarrung noch vergrößert. Hohe Gießtemperatur wirkt in der Regel in demselben Sinne. Die in den Außenschichten und am Fuße des Blockes erstarrenden Kristalle werden ärmer an Fremdkörpern, besonders an solchen mit geringem Diffusionsvermögen, Schwefel, Phosphor, und in geringerem Grade auch an Kohlenstoff; während der nicht zur Diffusion gelangende Mutterlaugenanteil mit der übrigen Schmelze nach dem Innern zu gedrängt wird. Inzwischen bilden sich nach einem gewissen Temperaturausgleich zwischen Kokillenwand und Außenwand neue erstarrte Kristallschichten, die bei langsamerer Abkühlung bessere Diffusionsmöglichkeiten als die Außenschicht bieten, jedoch wird infolge der mehr oder weniger ruckweise vor sich gehenden Schichtenbildung und der mit letzterer immer wieder von neuem einsetzenden Gasabscheidung die Mutterlauge der innigen Kristallberührung in steigendem Maße entzogen, dabei an Fremdkörpern angereichert und schließlich im mittleren und im oberen Teil des Blockes erstarren.

Je größer die Blockmasse ist, desto schwieriger gestaltet sich der Ausgleich in der chemischen Zusammensetzung, desto mehr Anreicherungen zeigen die zuletzt erstarrenden Teile. In Abb. 133 ist für die oben genannten Fremdkörper eine nach dem Gesagten leicht erklärliche Beziehung zwischen dem absoluten Betrag der Seigerungen zu dem Blockquerschnitt auf Grund von Untersuchungen nach Howe [1]) wiedergegeben.

Bei dem Bestreben der Mutterlauge nach oben zu steigen, wird man die stärksten Seigerungen im oberen Blockteil finden. Indessen darf man nicht annehmen, daß die Abnahme an Seigerungen nach unten hin gleichmäßig sich gestaltet, sondern manche Seigerungserzeugnisse wie auch Schlackenteile stoßen unterwegs auf Widerstand und werden festgehalten. Es kommt zur Bildung örtlich begrenzter Seigerungszonen. Manchmal finden sich auch im Anschluß an Gasblasen starke Anreicherungen an Fremdkörpern [2]). Nach Oberhoffer [3]) kann man solche Gasblasenseigerungen auf eine Saugwirkung zurückführen.

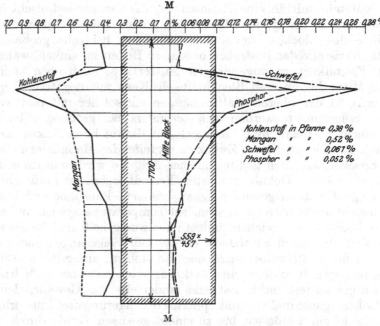

Abb. 134. Seigerung in Flußstahlblock.

Das Volumen des in den Gashohlräumen eingeschlossenen Gases nimmt mit sinkender Temperatur stärker ab als dasjenige des Hohlraums, wodurch ein Ansaugen der Mutterlauge in den Hohlraum sich erklärt. Besonders sind es die in der Nähe des Randes eingeschlossenen Gasblasen, die angereicherte Seigerungen aufweisen. In gleicher Weise erklärt sich auch das Auftreten von Seigerungszonen in der Nähe von Lunkern.

Ein Beispiel für die Seigerung in Flußstahlblöcken zeigt Abb. 134 [4]). Ein Block Thomasstahl von 2,72 t Gewicht wurde in der Mitte der kurzen Seite in der Längsrichtung durchgeschnitten und auf der Schnittfläche an vielen Stellen zwecks Entnahme von Proben für die Analyse angebohrt. Es handelt sich um einen mittelharten Schienenstahl, der ohne Siliziumzusatz fertiggemacht, nur unter geringer Gasentwicklung erstarrte. Aus der hier angewendeten graphischen Darstellung dieser Analysen ergibt sich, daß die Höchstwerte für Schwefel, Phosphor, Kohlenstoff und Mangan an derselben Stelle des Blockes liegen; dies gilt auch für die anderen Schnittflächen, von denen Talbot Analysenwerte mitteilt. So fanden sich z. B.:

	Kohlenstoff %	Mangan %	Phosphor %	Schwefel %
In der Pfanne . . .	0,38	0,52	0,052	0,061
Im Blockkopf	0,95	0,70	0,20	0,267

Am erheblichsten ist die Seigerung von Schwefel und Phosphor: Im Kopf des Blockes fand sich etwa viermal soviel Schwefel und Phosphor vor wie in der Pfanne. Durch

[1]) H. Howe: Trans. Ann. Min. 1909, S. 909; vgl. a. P. Oberhoffer: a. a. O. S. 209.
[2]) Vgl. auch Wüst und Felser: Der Einfluß der Seigerungen auf die Festigkeit des Flußeisens. Metallurgie 1910, S. 363.
[3]) Oberhoffer: a. a. O. S. 209.
[4]) J. Talbot: J. Iron Steel Inst. 1905, Bd 2, S. 204 und Heyn: Über die Nutzanwendung der Metallographie in der Eisenindustrie. Stahleisen 1906, S. 584.

den Block gelegte Querschnitte lassen oft eine deutlich ausgeprägte Zonenbildung erkennen, und zwar eine an Schwefel und Phosphor reinere Randzone und eine stärker schwefel- und phosphorhaltige Kernzone. Wird ein derartiger Block durch Walzen oder Schmieden ausgestreckt, so bleiben die Zonen bestehen und sind oft noch in den kleinsten Querschnitten zu erkennen. Auch können z. B. beim Auswalzen feiner Bleche derartige Seigerungsstellen schließlich freigelegt werden; es entstehen dann rauhe Oberflächen, vielleicht auch vollständige Abblätterungen, die das Walzgut zu einer weiteren Verarbeitung und Verwendung unter Umständen unbrauchbar machen [1].

Im Gegensatz zu den in unruhig, d. h. unter Gasentwicklung, erstarrenden Flußstahlblöcken auftretenden Seigerungsvorgängen, verläuft die Seigerung in solchen Stahlblöcken (siliziertes Flußeisen) anders, bei welchen eine von Gasentwicklung freie und ruhige Erstarrung vor sich gehen kann [2]. Hier finden die am Rande zuerst abgeschiedenen Kristalle eher Gelegenheit, sich mit der Mutterlauge chemisch auszugleichen: es entsteht mithin eine Randschicht, die weniger entmischt ist und mehr der mittleren Zusammensetzung des Metalls entspricht. Die Hauptentmischung erfolgt erst in der Mitte des Blockes, indem dort, besonders bei sehr großen Abgüssen, die eisenreichen Mischkristalle das Bestreben haben, zu Boden zu sinken, während die spezifisch leichtere, an Fremdkörpern angereicherte Mutterlauge nach oben steigt. Es entsteht daher in der Mitte der unteren Blockhälfte ein Kern mit negativer Seigerung (d. h. eisenreicherer Kern), in der oberen Hälfte dagegen ein solcher mit positiver Seigerung.

Seigerungen werden sich besonders bei größeren Flußstahlblöcken niemals ganz vermeiden lassen; man kann sich nur darauf beschränken, sie nach Möglichkeit zu verringern. Die zu diesem Zweck zu ergreifenden Maßnahmen sind sowohl chemisch-metallurgischer, als auch gießtechnischer Art. So wird man im ersteren Falle auf einen möglichst geringen Gehalt an solchen Fremdkörpern im Flußstahl zu achten haben, die eine geringe Diffusionsgeschwindigkeit besitzen, Phosphor und Schwefel. In gießtechnischer Hinsicht sucht man einen schnellen Temperaturausgleich und ein gleichmäßiges Erstarren des Blockes zu erreichen, indem man wenig heiß und langsam vergießt; außerdem wird es sich aber auch empfehlen, entstehende Seigerungen dadurch zu verringern, daß man sie in ihrem Bestreben nach oben zu steigen, unterstützt. Im letzteren Falle wird zwar im obersten Blockteile eine stark angereicherte, aber verhältnismäßig kleine Seigerungszone geschaffen, dafür hat man anderseits die Gewähr, den weitaus größten Teil des Blockes gleichmäßig und praktisch seigerungsfrei zu erhalten. Dieses Ziel kann bei weichem Flußeisen bis zu einem gewissen Grade durch die im erstarrenden Block erfolgende Gasentwicklung erreicht werden. Bei ruhig erstarrendem Stahl dagegen wird es zweckmäßig sein, den oberen Blockteil länger flüssig zu halten, z. B. mittels künstlicher Beheizung [Verfahren von Riemer [3], Beikirch [4])], oder bei Schmiedeblöcken auch durch Aufsetzen eines verlorenen Kopfes, der die Seigerungen, wie auch die Schwindungshohlräume, aufnehmen soll. Letzterer, wie auch die stark geseigerten Teile des Blockkopfes werden nachher entfernt. In manchen Fällen, z. B. bei der Herstellung von Radreifen oder bei großen geschmiedeten Hohlkörpern, bringt schon der Herstellungsvorgang es mit sich, daß auch der innere geseigerte (und gelunkerte) Kern entfernt wird.

Bei Stahlformguß hat man gleichfalls mit Seigerungen zu rechnen. Zwar kommt die wärmeentziehende Wirkung einer eisernen Form wie bei den Flußstahlblöcken nicht in Frage; auch fehlt im wesentlichen die Gasentwicklung, die die Entmischung beeinflussen könnte. Anderseits wirkt der Umstand ungünstig, daß man beim Formguß durchweg höhere Gießtemperaturen und meist auch schnelleres Gießen als beim Block-

---

[1] Näheres über Seigerungszonen und Einschlüsse im Flußstahl sowie über die Bedeutung derselben für die Bearbeitung des Werkstoffs ersehe man in P. Oberhoffer: Das schmiedbare Eisen, Berlin 1920 und P. Goerens: Einführung in die Metallographie, 3. u. 4. Aufl. Halle 1922.

[2] K. Wendt: Konstruktionsforderungen und Eigenschaften des Stahls. Z. V. d. I. 1922, S. 606, 642, 670; auszugsw. Stahleisen 1922, S. 1065.

[3] Stahleisen 1903, S. 1196 und 1904, S. 392.

[4] Stahleisen 1905, S. 865.

guß von gleicher Beschaffenheit anwenden muß, und daß, zumal bei großen Gußstücken mit oft verwickelter Querschnittsgestaltung, eine in allen Teilen gleichmäßige
Erstarrung sich nur schwierig erzielen läßt. Daher wird man Seigerungen im Stahlformguß, ähnlich wie bei Gußeisenstücken, in den zuletzt erstarrenden Teilen, z. B.
in den dickeren Querschnitten, sowie in den oberen Teilen finden. Glücklicherweise
vermögen die beim Stahlformguß reichlich zur Verwendung kommenden verlorenen
Köpfe in hohem Grade zur Abscheidung der Seigerungserzeugnisse aus dem Abguß
beizutragen. Besonders sind es wieder Phosphid- und Sulfidseigerungen, die vorzugsweise in der Nähe der Ferritkristalle sich vorfinden. Neben solchen Ansammlungen
können, ähnlich wie bei Flußstahlblöcken, oxydische Einschlüsse auftreten, die entweder von mitgerissenen Schlackenteilchen oder aus den für die Desoxydation des
Flußeisenbades verwendeten Zusätzen herrühren; derartige Einschlüsse bestehen aus
wechselnden Mengen an Eisenoxydul, Manganoxydul, Tonerde und Kieselsäure und
haben, wie auch die Seigerungen, das Bestreben, im flüssigen Metall nach oben zu
steigen. Oxydische und Seigerungseinschlüsse verringern nicht nur die Festigkeitseigenschaften, besonders die Zähigkeit, sondern wirken auch weiter dadurch nachteilig,

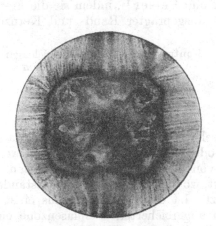

Abb. 135. Schliff eines Rundstabes.

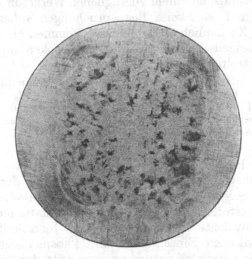

Abb. 136. Schliff einer Pleuelstange.

daß sie durch Erniedrigung der Festigkeit im rotglühenden Zustande die Warmrißgefahr
vergrößern, außerdem aber auch die sonst beim Glühen des Stahlformgusses zu
erwartende Gefügeverbesserung zurückhalten. Es erscheint daher dringend erforderlich,
beim Stahlformguß mit großer Beanspruchung den Gehalt an Phosphor, besonders aber
an Schwefel, noch niedriger zu halten als bei Flußstahlblöcken, sowie auch die
Desoxydation des Schmelzbades so gründlich wie möglich zu gestalten. In gießtechnischer
Hinsicht wird man zwecks Verringerung der Seigerungen ein möglichst gleichmäßiges
Erstarren durch Herbeiführen eines Temperaturausgleichs in den verschieden starken
Querschnitten anstreben müssen, eine Maßnahme, die gleich dem langen Flüssighalten
der Gußtrichter auch schon wegen der zu erwartenden Lunker und Schwindungs-
spannungen zu ergreifen ist.

Die in Flußstahlblöcken wie auch in Stahlformgußstücken auftretenden Seigerungen
bewirken, daß der Werkstoff ungleichmäßige mechanische Eigenschaften erhält.

Über den Einfluß der Seigerung auf die Festigkeitseigenschaften hat
hat Heyn[1] folgendes festgestellt: In den mit Seigerungen behafteten Stellen ist in der
Regel die Bruchfestigkeit etwas höher und die Bruchdehnung etwas geringer als in den
übrigen Stellen des Werkstoffs, doch sind diese Unterschiede meist nicht erheblich. In
Abb. 135 ist ein mit Kupferammonchlorid geätzter Schliff eines Rundstabes dargestellt,

---

[1] E. Heyn: Einiges aus der metallographischen Praxis. Stahleisen 1906, S. 8.

der stark mit Seigerungen behaftet ist. Für Kern- und Randzone ergaben sich auf Grund der Ätzprobe folgende Festigkeitseigenschaften:

	Streckgrenze kg/qmm	Bruchgrenze kg/qmm	Bruchdehnung auf 100 mm gemessen
Randzone	23,8	37,1	25,5
Kernzone	27,5	42,5	22,4

Deutlicher als beim Zerreißversuch treten die Unterschiede bei der Kerbschlag-biegeprobe zutage. So zeigte eine ebenfalls von Heyn untersuchte, im Betriebe gebrochene Pleuelstangenschraube, deren geätzter Schliff in Abb. 136 dargestellt ist, folgende Eigenschaften:

	C %	P %	S %	Streckgrenze kg/qmm	Bruchgrenze kg/qmm	Bruchdehnung %	Biegezahl
Randzone	0,09	0,050	0,04	25,8	39,6	35,3	3
Kernzone	0,11	0,080	0,08	27,3	43,9	24,9	1

Hier sind die Unterschiede in der Festigkeit und Dehnung gering im Verhältnis zu den Unterschieden in den Biegezahlen, die sich wie 3 : 1 verhalten. Während also die Randzone einem vorzüglichen Werkstoff entspricht, ist die Kernzone spröde und nicht geeignet, stoßweise Beanspruchungen aufzunehmen.

Zu ähnlichen Ergebnissen kommen auch Wüst und Felser [1]), indem sie die Festigkeitseigenschaften bei Flußeisenblöcken mit scharf ausgeprägter Rand- und Kernzone ermittelten.

Blockteil der Probenahme	Festigkeit kg/qmm	Dehnung %	Kontraktion %	Spezifische Schlagarbeit mkg/qcm
Kopf	42,8	26,0	39,2	6,9
Mitte oben	41,7	28,2	38,5	10,1
Mitte unten	40,7	30,5	43,6	12,0
Fuß	38,9	30,0	44,6	13,2

Bei der Entnahme von Probestäben zum Zwecke der Werkstoffprüfung ist darauf Rücksicht zu nehmen, daß Proben aus der Mitte oder dem Kopfe von Blöcken wegen der Seigerungserscheinungen oft ein falsches Bild von den Festigkeitseigenschaften des Werkstoffs geben. Der Bruch erfolgt naturgemäß dort, wo die durch Seigerung entstandene geschwächte Stelle den größten Querschnitt besitzt. Ist der Zerreißstab aus einer an oxydischen Einschlüssen und Phosphorseigerungen angereicherten Gasblasenzone eines Walzmateriales entnommen, so tritt der schädigende Einfluß der Einschlüsse besonders hervor, wenn jene Ansammlungen quer zur Zugrichtung sich erstrecken. Der Bruch zeigt dann, wie Oberhoffer [2]) nachweist, ein an Schiefer erinnerndes Aussehen (Schiefer-bruch) und kommt häufig vorzeitig und dehnungslos zustande. Abb. 137 (nach Ober-hoffer) zeigt den Querschnitt eines Zerreißstabes (Stahl mit 0,8 % Kohlenstoff) mit Schieferbruch, während Abb. 138 den Längsschnitt quer zum Verlauf des Schiefers auf Phosphor geätzt (mit Gasblasenseigerung) darstellt.

In anderen Seigerungsfällen verrät auch oft dem Auge schon eine lockere grobkörnige Stelle im Bruche die Seigerungsstelle. So fand Ledebur [3]) bei der Untersuchung einer in der Mitte des Zerreißstabes befindlichen lockeren Stelle und bei einer gesunden Stelle desselben Werkstoffs folgende Zahlen:

	Kohlenstoff	Silizium %	Mangan %	Phosphor %	Schwefel %
Lockere Stelle .	nicht bestimmt	0,03	0,31	0,15	0,13
Gesunde Stelle .	„ „	0,03	0,25	0,04	0,06

Nachweis von Seigerungen. Ein genauer Nachweis über Größe und Verteilung von Seigerungen ist erst durch die metallographische Gefügeuntersuchung ermöglicht worden, wobei die chemische Analyse in der Regel nur als Ergänzung der mikroskopischen Untersuchung dienen kann. In manchen Fällen kann man bereits nach Herstellung

---

[1]) Stahleisen 1910, S. 2154.
[2]) P. Oberhoffer: Das schmiedbare Eisen. Berlin 1920, S. 254.
[3]) A. Ledebur: Handbuch der Eisenhüttenkunde. 5. Aufl. Leipzig 1908, Bd. 3, S. 232.

der Schlifffläche einzelne Einschlüsse und Seigerungen auf Grund ihrer verschiedenen Härte und ihrer Gefügebeschaffenheit gegenüber dem Muttereisen unter dem Mikroskope erkennen.

Meistens wird man aber zur genaueren Erkennung die Schlifffläche mit schwachen Lösungsmitteln behandeln (ätzen), welche die nebeneinanderliegenden Gefügeteile verschieden stark angreifen. Es entsteht dabei ein Relief, in dem die weniger stark löslichen Teile erhaben hervortreten. Das Ätzmittel vermag auch in einigen Fällen auf den einzelnen Bestandteilen verschiedenartige charakteristische Färbungen hervorzurufen.

Abb. 137. Zerreißstab mit
Schieferbruch. Vergr. 3.

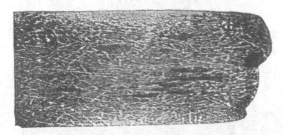

Abb. 138. Längsschnitt quer zum Schiefer der Abb. 137
mit Gasblasenseigerung. Vergr. 3.

Ein einfaches Verfahren, Seigerungen im allgemeinen nachzuweisen, ist das Ätzen der Schlifffläche mit Kupfer-Ammoniumchloridlösung [12 % Kupfer-Ammoniumchlorid in 100 ccm destilliertem Wasser [1])]. Diese Ätzung eignet sich besonders für weiches Eisen, gewöhnliche Kohlenstoffstähle im nicht gehärteten Zustand und für weißes Roheisen, vorzüglich aber zum Nachweis von Phosphorseigerungen. Letztere werden dabei dunkelbraun gefärbt. [Für graues Roheisen erscheint das Ätzen mit alkoholischer Salpetersäure nach dem Verfahren von Martens [2]) mit alkoholischer Salpetersäure (4 ccm Salpetersäure, 1,14 spez. Gewicht auf 100 ccm absoluten Alkohol) mehr geeignet.] Abb. 139 zeigt ein mit Kupfer-Ammoniumchlorid geätztes phosphorhaltiges Kesselblech. Die phosphorreiche Kernzone ist stark dunkel gefärbt; beim Übergang zwischen der phosphorarmen Randzone und der phosphorreichen Innenzone liegen besonders dunkel erscheinende, hochphosphorhaltige Streifen. Die kohlenstoffreicheren Stellen

Abb. 139. Phosphorseigerung.

sind aus der Ätzung manchmal nicht deutlich zu erkennen und können von Ungeübten leicht mit phosphorhaltigen Teilen verwechselt werden. Bei stärkerer Vergrößerung sind jedoch die kohlenstoffreicheren Teile an dem reichlich vorhandenen Perlit sofort zu erkennen. Die bei jenem Kesselblech analytisch ermittelten Phosphorgehalte betrugen:

In der hellen Außenzone . . . .   0,088 % Phosphor
In der dunklen Innenzone längs eines dunklen Streifens   0,203 %   ,,
Durchschnittlich im ganzen Blech . . . .   0,168 %   ,,

Bei geringen Phosphorgehalten, etwa weniger als 0,05—0,06 %, versagt allerdings obiges Verfahren. Auch für kohlenstoffreiche Flußstahlsorten mit mehr als 0,5 % Kohlenstoff ist Kupfer-Ammoniumchloridätzung zur Erkennung von Phosphorseigerungen weniger geeignet, da die Dunkelfärbung des Perlits, der in größerer Menge auftritt, die Phosphorseigerung verdeckt [3]). In solchem Falle ist das von Oberhoffer verbesserte

---

[1]) E. Heyn: Über die Nutzanwendung der Metallographie in der Eisenindustrie. Stahleisen 1906, S. 584.

[2]) Bericht über Ätzverfahren zur makroskopischen Gefügeuntersuchung des schmiedbaren Eisens und die damit zu erzielenden Ergebnisse. Mitteil. a. d. Materialprüfungsamt 1906, Heft 6, S. 253.

[3]) P. Oberhoffer, Über neuere Ätzverfahren zur Ermittlung der Verteilung des Phosphors im Eisen und Stahl. Stahleisen 1916, S. 798.

Rosenhainsche[1]) Ätzverfahren geeigneter. Die Zusammensetzung der Ätzflüssigkeit ist folgende: 500 ccm Wasser, 500 ccm Äthylalkohol, 0,5 g Zinnchlorür, 1 g Kupferchlorid, 30 g Eisenchlorid, 50 ccm konzentrierte Salzsäure.

Abb. 140 zeigt eine Ätzung nach diesem Verfahren bei einem ungeglühten Stahlguß mit 0,46% Kohlenstoff nach Oberhoffer, während Abb. 141 die Ätzung auf Kohlenstoff an derselben Stelle mit alkoholischer Salpetersäure darstellt. Man erkennt

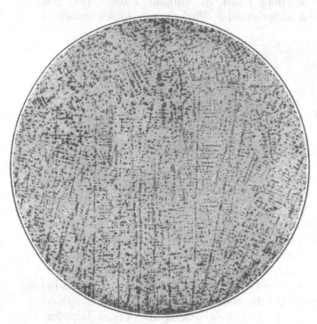

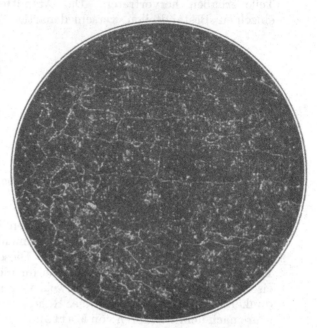

Abb. 140. Phosphorätzung (Stahlguß mit 0,46% C). Vergr. 5.   Abb. 141. Kohlenstoffätzung (Stahlguß mit 0,46% C). Vergr. 5.

bei fünffacher Vergrößerung das grobe Ferritnetzwerk (Gußstruktur) und das die Phosphorverteilung anzeigende Tannenbaumgefüge. Die hellen tannenbaumförmigen Kristallite sind phosphorarm (sie sind zuerst erstarrt), während die dunklen Zwischenräume phosphorreich sind. Bei Kohlenstoffgehalten von weniger als 0,3% erscheint nach Oberhoffer die Phosphorverteilung in gröber Zellenanordnung, Oberhoffer empfiehlt eine Überlagerung der Phosphor- und Kohlenstoffätzung, und zwar soll bei kohlenstoffreichen

Abb. 142. Schwefelprobe nach Heyn.

Eisenproben die Phosphorätzung vor der Kohlenstoffätzung vorgenommen werden, während bei weichem Eisen die umgekehrte Reihenfolge zweckmäßiger ist.

Sulfide in der Form von Eisensulfid oder Mangansulfid lassen sich leicht mit Hilfe von Abdruckverfahren nachweisen. Hierbei wird sowohl die Seidenprobe von Heyn-Bauer[2]), als auch die Bromsilberpapierprobe nach Baumann[3]) angewandt. Beide Verfahren gehen von der Erscheinung aus, daß durch Einwirkung eines schwach sauer wirkenden Lösungsmittels die Sulfideinschlüsse unter Entwicklung von Schwefelwasserstoff zersetzt werden, der auf einem feuchten weißen Seidenläppchen bzw. auf Bromsilberpapier eine charakteristische Färbung bzw. einen Niederschlag hervorbringt. Die Heynsche Probe bedient sich einer Lösung von 10 g Quecksilberchlorid, 20 ccm Salzsäure (= 1,24) und 100 ccm Wasser, mit der das Läppchen durchtränkt wird; dieses wird etwa 4—5 Minuten

[1]) W. Rosenhain und J. L. Haughton: J. Iron Steel Inst. 1914; auszugsw. Stahleisen 1914, S. 889.

[2]) E. Heyn: Über die Nutzanwendung der Metallographie in der Eisenindustrie. Stahleisen 1906, S. 584.

[3]) R. Baumann: Schwefel im Eisen. Metallurgie 1906, S. 416.

lang auf die geschliffene Eisenprobe gelegt. Die Sulfidseigerungsstellen zeigen sich nach Abhebung des Läppchens auf diesem in dunkler Färbung (Abb. 142).

Die Baumannsche Probe verwendet eine schwache Schwefelsäurelösung (1 Teil konzentrierte Schwefelsäure von 1,84 spez. Gewicht mit 60—100 ccm Wasser versetzt). In diese Lösung taucht man das Bromsilberpapier und legt es dann etwa 10 Sekunden lang auf die feingeschliffene Eisenprobe. Nach vorsichtigem Abheben zeigt das Papier den Abdruck der Schwefelseigerung in schwarzer Färbung. Die mikroskopische Untersuchung läßt die Sulfidseigerungen als graue bis fahlgelbe Einschlüsse erkennen (vgl. Abb. 143, Tafel X).

Die Gasblasen im Eisen.

Allgemeines. Flüssiges Eisen hat sowohl bei seiner Darstellung, als auch außerhalb des Schmelzofens Gelegenheit, größere oder geringere Mengen Gas aufzulösen. Die Gasaufnahme erfolgt teils unmittelbar aus der umgebenden Atmosphäre, teils mittelbar, infolge von chemischen Umsetzungen innerhalb des Metalls. Je heißer das Eisen erschmolzen war, um so lebhafter und schneller vermag es im allgemeinen Gase zu absorbieren. Das Gaslösungsvermögen wird auch mit Zunahme des Drucks gesteigert und ist abhängig von der chemischen Zusammensetzung des Metalls. In dem Maße, wie mit sinkender Temperatur und infolge von Druckverminderung die Gaslöslichkeit verringert wird, wird der jeweilige entsprechende Gasüberschuß wieder abgeschieden; besonders erheblich gestaltet sich die Gasabgabe beim Erstarren. Häufig bleibt ein Teil der freigewordenen Gase im erstarrenden Metall eingeschlossen zurück und verursacht im Innern des Gußstückes Hohlräume — Gasblasen — von rundlicher oder birnenförmiger Gestalt und von bisweilen beträchtlicher Anzahl und Größe. Gashohlräume

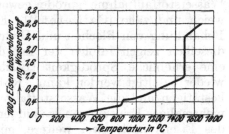

Abb. 144. Löslichkeit von Wasserstoff in Eisen.

zeigen in der Regel glatte Wände und unterscheiden sich dadurch von den durch Schwindung entstandenen Hohlräumen, die deutlich eine kristallinische Form der Wände erkennen lassen.

Der beim Erstarren des Eisens nicht in Gasblasenform ausgeschiedene Rest der Gase findet sich, sofern er nicht mit sinkender Temperatur noch entweichen kann, mechanisch eingeschlossen oder in gelöster bzw. gebundener Form im erkalteten Eisen vor.

Von den vom flüssigen Eisen aufgenommenen Gasen kommen in Betracht: Wasserstoff, Stickstoff und Kohlenoxyd; ersterer ist in der Regel in überwiegender Menge vorhanden. Gelegenheit zur Wasserstoffaufnahme ist stets gegeben, wenn schmelzendes Eisen mit dem in den Verbrennungsgasen und der atmosphärischen Luft enthaltenen Wasserdampf in Berührung kommt; letzterer wird dabei unter Wasserstoffbildung zerlegt. Über die Abhängigkeit des Wasserstofflösungsvermögens im flüssigen und festen reinen Eisen von Druck und Temperatur liegen umfangreiche Untersuchungen von Sieverts [1] vor. Abb. 144 gibt die von Sieverts festgestellte Löslichkeitskurve des Eisens für Wasserstoff in Beziehung zur Temperatur bei konstantem Druck von einer Atmosphäre wieder. Hiernach nimmt die Löslichkeit im flüssigen Eisen mit sinkender Temperatur bis zum Erstarrungspunkte (1528°) gleichmäßig ab, um bei letzterer Temperatur beträchtlich geringer zu werden; demzufolge gibt ein mit Wasserstoff gesättigtes, erstarrendes Eisen plötzlich große Gasmengen ab (1,17 mg Wasserstoff je 100 g Eisen oder rd. 130 ccm je 1 kg, auf 0° und 760 mm Barometerstand bezogen). Die Gasabgabe setzt sich aber auch nach dem Erstarren weiter fort. Bei dem Übergang vom γ- zum β-Eisen erfolgt noch einmal eine etwas stärkere Wasserstoffabscheidung. Für die Abhängigkeit des Lösungsvermögens des festen und flüssigen Eisens für Wasserstoff vom Druck bei konstanter Temperatur ergibt sich nach Sieverts die Beziehung:

---

[1] Sieverts und Krumbhaar: Ber. Chem. Ges. Bd. 43. 1910, S. 893; ferner Sieverts: Z. Elektrochemie 1910, Nr. 17, S. 175. Auszügl. Stahleisen 1911, S. 1274, 2027; 1912, S. 1380.

$m = C \sqrt{p}$, wobei m die gelöste Gasmenge, p der Druck in Atmosphären und C eine Konstante ist. Diese Beziehung ist insofern bemerkenswert, als sie zeigt, daß bei Wasserstoff-Metallösungen keine einfache Proportionalität besteht. Die Gasabgabe durch Druckverminderung zeigt sich am deutlichsten beim Ausströmen des gasgesättigten flüssigen Eisens aus den Schmelzöfen. Da z. B. im Hochofen die Gasspannung ein Vielfaches von derjenigen im Kuppelofen beträgt, so zeigt naturgemäß das dem Hochofen entströmende Eisen — infolge der größeren Druckverminderung beim Verlassen des Ofens — eine stärkere Gasentwicklung als das Kuppelofeneisen. Anderseits ist die Gasentwicklung des aus Flammöfen abgestochenen Eisens weit geringer als bei den Schachtöfen.

Das Verhalten des Wasserstoffs zum festen Eisen zeugt von einem starken Diffusionsvermögen des ersteren durch das Metall. Auch die folgenden Angaben bestätigen diese Erscheinung; zugleich zeigen sie, daß die Wasserstoffabsorption die physikalischen Eigenschaften des Eisens beeinflußt. So vermag elektrolytisch gefälltes Eisen, das schon bei seiner Herstellung geringe Mengen an Wasserstoff absorbiert, beim Erhitzen auf 70° im erwärmten Wasser einen Teil des aufgenommenen Gases wieder abzugeben; stärker ist aber die Gasabgabe bei höheren Temperaturen im luftleeren Raume. Das durch die Wasserstoffaufnahme spröde gewordene Metall erweist sich nach der Gasabgabe als weich und zähe [Cailletet [1])]. Eine ähnliche Erscheinung bietet sich auch bei der Behandlung von Blechen und Drähten aus Flußeisen mit verdünnter Schwefelsäure dar; dieselben zeigen infolge der mit diesem Vorgange verbundenen Wasserstoffaufnahme eine erhebliche Sprödigkeit (Beizbrüchigkeit), die durch Glühen unter Luftabschluß wieder beseitigt werden kann. Roberts-Austen [2]) konnte die Versuche von Cailletet bestätigen und die Wasserstoffabgabe bis etwa 1300° verfolgen. Hierbei konnten trotz mehrmaliger Erhitzungen bis auf jene Temperatur außer den gewöhnlichen Haltepunkten des Eisens noch zwei weitere, mit Wärmeentwicklung verbundene, charakteristische Punkte bei 487° und 261° bei der Abkühlung gefunden werden, die aber nach öfterem Erhitzen und Abkühlen verschwanden und erst wieder auftraten, als das Eisen von neuem mit Wasserstoff angereichert war. Auch die gewöhnlichen Haltepunkte ließen sich nach häufigem Abkühlen und Erhitzen schwächer erkennen; dagegen traten sie wieder deutlich hervor, als eine neue Wasserstoffabsorption erfolgte. Heyn [3]) wies nach, daß weiches Flußeisen beim Erhitzen in einer Wasserstoffatmosphäre die größte Gaslöslichkeit in dem Temperaturbereiche der Haltepunktszone (730—1000°) zeigt. Läßt man solches Eisen langsam erkalten, so wird der Wasserstoff wieder abgegeben. Schreckt man es dagegen plötzlich ab, so bleibt der Wasserstoff gelöst und das Eisen wird spröde. Der so zurückgebliebene Wasserstoff kann durch mäßiges Erhitzen, wie auch durch längeres Lagern des Eisens an der Luft wieder ausgetrieben werden, worauf das Eisen seine früheren Eigenschaften zurückgewinnt.

Die Frage, ob bei der Wasserstoffauflösung eine chemische Verbindung mit dem Eisen zustande kommt, ist bisher noch nicht einwandfrei beantwortet.

Bezüglich des Stickstoffs ist bekannt, daß derselbe ähnlich wie Wasserstoff sich im flüssigen Eisen auflöst und zum Teil beim Erstarren abgegeben wird (vgl. die weiter unten angegebenen Analysen). Der Rest bleibt im festen Eisen gelöst und findet sich im erkalteten Zustande teilweise in gebundener Form vor. Wahrscheinlich handelt es sich um die Verbindung Fe_4N_2, jedoch können nach der Auffassung Tschischewskis [4]) auch Stickstoffverbindungen mit Silizium und Mangan, die im festen Eisen löslich sind, in Betracht kommen. Für das Verhalten des festen Eisens zum Stickstoff ist der Umstand charakteristisch, daß bei der Erwärmung in Ammoniakgas Eisen oberhalb 400° beträchtliche Stickstoffmengen aufnimmt. Die größte Löslichkeit zeigt sich bei 800° und beträgt 11,1 Gewichtsprozent entsprechend obiger Eisen-Stickstoffverbindung [Desprez [5])]. Da

[1]) Comptes Rendus. Bd. 80, S. 319.
[2]) Proc. Inst. Mech. Eng. 1899, Febr.; ferner Stahleisen 1900, S. 837.
[3]) Stahleisen 1900, S. 837; 1901, S. 913.
[4]) Diss. Tomsk 1914; auszügl. Stahleisen 1916, S. 147.
[5]) Ann. de chimie et de physique. Bd. 42, S. 122.

das Eisennitrid bei der Erhitzung sich zersetzt, muß man annehmen, daß bei hohen Temperaturen größere Mengen an Stickstoff im Eisen nicht mehr vorkommen können. Nach H. Braune [1]) enthält weißes Roheisen in der Regel mehr Stickstoff als graues. Stahl besitzt einen größeren Stickstoffgehalt als Roheisen, von ersterem ist Birnenstahl reicher an Stickstoff als Martinstahl [2]). Man schreibt dem Stickstoff im Eisen einen erheblichen Einfluß auf die Erhöhung der Festigkeit und die Verminderung der Zähigkeit zu.

Kohlenoxyd kommt mit dem flüssigen Eisen sowohl bei Anwesenheit kohlenoxydhaltiger Ofengase in Berührung als auch dann, wenn chemische Umsetzungen zwischen dem kohlenstoffhaltigen Eisen und Sauerstoff abgebenden Stoffen auftreten. Letztere können entweder von außen auf das Eisenbad einwirken, wie atmosphärische Luft, Feuergase, metalloxydhaltige Zuschläge und Schlacken, oder aber im Innern der Eisenmasse sich vorfinden, wie das im Eisenbade gelöste Eisenoxydul. Besonders die letztere Entstehungsweise des Kohlenoxyds ist für die Gasblasenbildung erheblich und verhängnisvoll, weil sie sich bis in die Erstarrungszone hinein erstreckt (vgl. Desoxydation des Flußstahls S. 305). Über das Lösungsvermögen des Kohlenoxyds im Eisen ist Näheres nicht bekannt. Die Annahme, daß Kohlenoxyd sich dem flüssigen Eisen gegenüber indifferent verhalte, scheint nicht unter allen Umständen richtig zu sein. So berichtet Oberhoffer [3]), daß beim Durchleiten eines Kohlenoxydgasstromes durch flüssiges reines Eisen sich stets in letzterem neben Kohlenstoff Sauerstoff gelöst vorfindet, trotzdem das Eisen ursprünglich sowohl kohlenstoff- als sauerstofffrei war.

Über den Einfluß der chemischen Zusammensetzung des Eisens auf das Lösungsvermögen für Gase erhält man aus den im Schrifttum enthaltenen Angaben kein einheitliches Bild. Als einigermaßen sicher erscheint, daß Mangan die Wasserstoffaufnahme begünstigt, während ein höherer Kohlenstoffgehalt sie vermindert. Silizium vermag den Austritt der Gase beim Erstarren zu verhindern. Hieraus erklärt sich z. B., daß graues manganarmes, aber siliziumreiches Roheisen nur geringe Mengen von Gasen beim Erstarren abgibt, mithin dichte Güsse gibt.

Gasblasen im Gußeisen. Nachstehende Beispiele sollen veranschaulichen, von welcher Beschaffenheit die aus dem flüssigen Roheisen entströmenden Gase — nach Untersuchungen von Fr. C. G. Müller [4]) — sein können (s. Zahlentafel 135).

Zahlentafel 135.
Zusammensetzung von Gasen in Roheisen.

	Nr. 1 %/0	Nr. 2 %/0	Nr. 3 %/0
Wasserstoff	58,3	49,5	46,8
Stickstoff	0,5	0,5	10,0
Kohlenoxyd	37,3	48,7	39,6
Kohlensäure	3,9	1,3	3,6

Nr. 1. Graues Roheisen mit 3,69% C, 1,68% Si, 1,93% Mn.
Nr. 2. Spiegeleisen mit 4,18% C, 0,25% Si, 7,37% Mn.
Nr. 3. Thomasroheisen mit 3,10% C, 0,20% Si, 0,73% Mn, 3,02% P.

Der hier nachgewiesene Kohlensäuregehalt kann im flüssigen Eisen nicht vorhanden gewesen sein, sondern muß später durch Verbrennen von Kohlenoxyd entstanden sein.

---

[1]) H. Braune: Über die Bedeutung des Stickstoffs im Eisen. Stahleisen 1906, S. 1357, 1431, 1496; 1907, S. 75.
[2]) W. Herwig: Zur Frage des Stickstoffs im Eisen. Stahleisen 1913, S. 1721. — F. Wüst: Über das Verhalten des Stickstoffs im Thomasverfahren. Mitt. Eisenforsch. Bd. 4, 1922, S. 95; auszügl. Stahleisen 1923, S. 1476.
[3]) Stahleisen 1924, S. 559.
[4]) Fr. C. G. Müller: Berichte der deutschen chemischen Gesellschaft 1881, S. 6 und Stahleisen 1882, S. 531; 1883, S. 433.

Münker [1]) und Piwowarsky [2]) kommen in ihren Untersuchungen zu ähnlichen Ergebnissen.

Fr. C. G. Müller dehnte seine Gasuntersuchungen auch auf die im festen Roheisen und Stahl eingeschlossenen Gasblasen aus, indem er das Gas durch Anbohren unter ausgekochtem Wasser befreite und sammelte. Es wurden dabei folgende Gasmengen — bezogen auf den Rauminhalt des Eisens — gefunden:

1. manganreiche Roheisensorten (Bessemerroheisen) . . . . 10—35%
2. siliziumreiches, manganarmes Roheisen (Hämatit) . . . . 3,5 ,,
3. ungeschmiedete Flußstahlsorten (vom Bessemer- und Siemens-Martin-verfahren) . . . . 14—60 ,,
4. geschmiedeter Flußstahl, der ungeschmiedet in zwei Proben 14 und 17% Gase ergeben hatte . . . . 5,5 ,,

Diese Zahlen zeigen zunächst, daß Roheisen weniger Gase entwickelt als Stahl. Ein Vergleich der Proben Nr. 3 und 4 lehrt, daß während des Schmiedens eine erhebliche Gasabgabe, hauptsächlich Wasserstoff (vgl. Zahlentafel 136), erfolgte. Das Gasgemisch bestand in allen vier Fällen vorzugsweise aus Wasserstoff neben geringeren Mengen Stickstoff und sehr wenig Kohlenoxyd, wie Zahlentafel 136 erkennen läßt.

Zahlentafel 136.
Gasgehalte von Eisenproben.

Nr.		H_2 %	N_2 %	CO %
1	Bessemerroheisen (manganhaltig)	62,2	35,5	2,8
2	Hämatitroheisen (manganarm)	52,1	44,0	3,9
3	Bessemerschienenstahl vor Zusatz von Spiegeleisen	88,8	10,5	0,7
4	Derselbe Stahl nach Zusatz von Spiegeleisen	77,0	23,0	—
5	Dichter Stahl vor dem Schmieden	92,4	5,9	1,4
6	Dichter Stahl nach dem Schmieden, wobei sich die Gasmenge verringert hatte	73,4	25,3	1,3

Bei den Müllerschen Versuchen zeigte sich, daß die durch Anbohren befreiten Gase unter Druck, der nach Müller im erkalteten Eisen 3—8 kg/qcm betrug, eingeschlossen waren. Wenn jene Gase nur aus dem flüssigen Metall ausgetreten wären, sollte man das Gegenteil erwarten. Da die Gase bei gewöhnlicher Temperatur nur einen Bruchteil des Raumes einnehmen, wie bei der Erstarrungstemperatur des Eisens, so müßten die Gasblasen des erstarrten Eisens einen Unterdruck (Luftverdünnung) aufweisen. Der vorhandene Überdruck beweist aber, daß noch eine nachträgliche Gasentwicklung stattfand.

Ein anderes Verfahren der Gasentnahme wandten Troost und Hautefeuille [3]) an, indem sie Eisenzylinder von je 500 g Gewicht bei einer Temperatur von 800° im luftleeren Raum 190 Stunden lang glühten, um ihnen die eingeschlossenen Gase zu entziehen. Sie erhielten:

1. Aus manganreichem, siliziumarmem Roheisen (Spiegeleisen) 29,5 ccm Gas mit 27 ccm Wasserstoff;

2. aus manganärmerem, siliziumreicherem Roheisen (Holzkohleneisen) 16,7 ccm Gas mit 12,3 ccm Wasserstoff.

Aus diesen Zahlen ergibt sich wiederum, daß ein größerer Gasgehalt im weißen als im grauen Roheisen zurückgeblieben ist.

Flüssiges Eisen hat auch während des Gießvorganges und nachher in der Gußform Gelegenheit, Gase aufzunehmen. Auch das gasfreieste Metall würde undichte Güsse geben, wenn man nicht bemüht wäre, das Mitreißen von Luft beim Eingießen des

---

[1]) E. Münker: Stahleisen 1904, S. 23.
[2]) E. Piwowarsky: Stahleisen 1920, S. 1365.
[3]) Comptes Rendus Bd. 76, S. 482, 565.

Flüssigkeitsstrahls in die Form zu vermeiden [1]). Eine weitere Gasaufnahme erfolgt, wenn die in der Form enthaltene Luft beim Einfließen des Metalls nicht rechtzeitig durch den porösen Formstoff und durch besondere Abzugöffnungen nach außen entweichen kann. Die dadurch festgehaltene Luft sucht sich einen Ausweg durch das flüssige Metall zu bahnen; letzteres gerät dabei ins Kochen. Ein Teil der Luft bzw. der unter ihrer Mitwirkung entstandenen wasserstoff- und kohlenoxydhaltigen Gase entweicht, der am Entweichen verhinderte Rest wird aber von dem erstarrten Metall eingeschlossen. Wenn man in Erwägung zieht, daß die Luftblasen eine um so größere Ausdehnung erfahren, je heißer das Metall ist (für Gußeisen käme eine 4—5fache, für Stahlguß sogar annähernd eine 7fache Ausdehnung des anfänglichen Volumens in Betracht), so ergibt sich, daß hierdurch Hohlräume entstehen können, die das Gußstück unbrauchbar machen können. Bei der Herstellung der Gußform ist daher besonders auf ausreichende Entlüftung zu achten, um die Entstehung derartiger Luftblasen zu vermeiden.

Weitere Gasentwicklung kann aber in der Form auch durch chemische Umsetzung innerhalb des flüssigen Metalls erfolgen. Geraten z. B. Wanzen [2]), das sind blatterartige Ausscheidungen früher erstarrender oxydischer Verbindungen an der Oberfläche des flüssigen Pfanneninhalts, versehentlich in die Form hinein, so entsteht bei der teilweisen Reduktion der ersteren durch den Kohlenstoff des Eisens eine Kohlenoxydentwicklung. Nach dem Erkalten bleiben dann an der Oberfläche des Gußstücks oder der Masseln schorfähnliche, leicht abnehmbare Gebilde zurück, unterhalb derer meist flache, bisweilen auch röhrenförmige Vertiefungen sich vorfinden, die auf das Entweichen von Gasen schließen lassen. Das wirksamste Mittel, die Wanzen, mit denen sich oft auch die durch Ausseigerung von Sulfiden entstandenen Ausscheidungen (vgl. S. 284) mischen, an dem Mitreißen in die Gußform zu verhindern, besteht darin, daß man durch Aufstreuen von Sand eine zusammenhängende Schlacke in der Pfanne bildet und die Schlacke beim Ausgießen des Eisens vorsichtig mit dem Krampstock zurückhält.

Daß auch Spritzkugeln Veranlassung zur Gasentwicklung bilden, ist bereits früher erwähnt (siehe S. 290).

In ähnlicher Weise können an der Oberfläche unbearbeitete, noch mit der Walzhaut — einer dünnen Schicht von Eisenoxydoxydul — versehene Kernstützen die Veranlassung zur Bildung von Gasblasen geben, die sich gewöhnlich dort, wo die Kernstütze eingegossen ist, zeigen. Befreit man die Kernstützen durch Blankfeilen, Beizen oder dgl. von der Walzhaut, so ist zwar zunächst die unmittelbare Ursache zur späteren Blasenbildung beseitigt, es ist jedoch zu beachten, daß das blanke Eisen sich sehr schnell mit Rost überzieht und dann dieselbe Veranlassung zur Blasenbildung bietet wie jene Walzhaut. Es empfiehlt sich daher, Kernstützen zu verzinnen und vorher von jeglicher Oxydschicht zu reinigen. Die im Handel gekauften verzinnten Kernstützen pflegen oft größere Mengen Blei zu enthalten. An den Stellen, wo stark bleihaltige Kernstützen verwendet wurden, zeigten sich, wie Westhoff [3]) berichtet, schwarze Flecke. Das schlechte Verschweißen solcher Kernstützen ist wohl darauf zurückzuführen, daß Bleiüberzüge auch auf solchen Stützen haften, die nur ungenügend von darunter liegenden Oxydschichten befreit sind, während Überzüge von reinem Zinn völlig oxydfreie Oberflächen verlangen. Die Befreiung von jeglicher Oxydschicht ist aber das Wichtigste für die Kernstützen.

Auch beim Hartguß (sowie bei Flußstahlblöcken) entstehen oft Gasblasen, wenn die Kokillen im Freien gelegen und sich mit einer Rostschicht überzogen haben. Der Grund ist hier derselbe wie bei den verrosteten Kernstützen. Man wird daher zur Vermeidung von Gasblasen eiserne Formen, Schreckplatten, wie auch eiserne Einlegestäbe (Kühleinlagen) vor dem Gebrauch gründlich vom Rost befreien müssen.

Weiter kann der Formstoff, vornehmlich bei feuchten Formen, zur Entstehung von Gasblasen beitragen. Daher wird man das Trocknen überall da durchführen, wo

---

[1]) Näheres über die hierbei anzuwendende Eingußtechnik s. Bd. 2 dieses Handbuches.
[2]) A. Ledebur: Eisen- und Stahlgießerei. 2. Aufl. S. 38.
[3]) F. Westhoff: Stahleisen 1910, S. 914.

man mit den üblichen formtechnischen Mitteln eine rasche Entlüftung der Form nicht herbeiführen kann, so vor allem bei größeren Gußstücken, an deren Dichte hohe Anforderungen gestellt werden. Auch ein Gehalt des Formsandes an Karbonaten, z. B. Kalziumkarbonat, kann Veranlassung zur Gasentwicklung durch Zersetzung unter Kohlensäureentwicklung in der Hitze geben. Man wird daher stets die Formsande auf die Anwesenheit von Karbonaten zu prüfen haben, was durch Zufließen von einigen Tropfen Salzsäure sich leicht bewerkstelligen läßt [1]).

Schließlich ist die Gasentwicklung zu erwähnen, die bei der Berührung des flüssigen Metalls mit kalten Metallstücken auftritt. Letztere enthalten meist in ihren Poren Gase wie Wasserdampf, Sauerstoff, Stickstoff verdichtet, die sie aus der feuchten Luft angezogen haben. Sobald nun flüssiges Metall mit einem festen Körper, der mit einer solchen verdichteten Gashülle umgeben ist, in Berührung kommt, wird das Gas verdrängt. Das entweichende Gas (meist Wasserstoff) verursacht ein Kochen des Metalls, und der Abguß wird blasig. Eine ähnliche heftige Gasentwicklung kann man beim Einwerfen eines kalten Eisenstückes in flüssiges Eisen beobachten; sie veranlaßt ein Herausschleudern des flüssigen Eisens, wodurch oft Unfälle entstanden sind. Diese gefährliche Gasbildung läßt sich meist durch Anwärmen des kalten Metallstückes verhindern, z. B. der Kokillen bei der Darstellung von Hartguß vor dem Gießen. Ebenso müssen größere Eisenstücke, die man im geschmolzenen überhitzten Eisen zur Beschleunigung der Abkühlung auflösen will, vorher angewärmt werden. Selbst bei Eisenstangen zum Umrühren des flüssigen Metalls ist dieses Mittel geeignet, die Gefahr des Spratzens zu beseitigen. Aus dem genannten Grunde können auch Kernstützen und eingelegte Kühlstäbe (zumal beim Stahlguß) zur Blasenbildung Veranlassung geben, selbst wenn sie völlig frei von irgendwelchen Oxyden sind.

Art und äußere Kennzeichen der Gasabgabe. Solange das Metall dünnflüssig ist, vermag der nicht lösliche überschüssige Gasanteil leicht zu entweichen und bei heftiger Gasentwicklung ein Aufwallen der Oberfläche zu verursachen. Die aus dem Bad austretenden Gase verbrennen zum Teil dabei an der Luft unter Flammenentwicklung von mehr oder weniger großer Leuchtkraft, bei manchen silizium- oder manganreichen Roheisensorten auch unter Bildung von Rauch, der vorzugsweise von verdampfendem Silizium bzw. Mangan herrührt.

Man kann annehmen, daß die Gasabgabe nicht immer proportional der Temperaturverminderung erfolgt, sondern daß, ähnlich wie bei wässerigen Gaslösungen, sich infolge von Unterkühlung unter Umständen übersättigte Lösungen bilden; es bedarf dann in der Regel irgend eines äußeren Anstoßes, um den scheinbaren Gleichgewichtszustand wieder aufzuheben und damit eine plötzlich einsetzende kräftige Gasentwicklung hervorzurufen. So läßt es sich wohl erklären, daß die Bewegung des flüssigen Metalls beim Gießen oder Umrühren, mehr aber noch die Oberflächenberührung des Metalls mit der Wandung der Gießpfanne oder der Gußformen, eine besonders starke Gasentwicklung herbeiführt. Auch die Neubildung eines Gases innerhalb des flüssigen Metalls kann ein Anlaß zur Aufhebung der Unterkühlung bzw. des gasübersättigten Zustandes sein. Ein Beispiel hierfür ist die plötzlich einsetzende Kohlenoxydbildung in einem nicht genügend desoxydierten Flußstahl, wodurch dann andere gelöst gewesene Gase, wie Wasserstoff, freigemacht werden. Allerdings kann hierbei auch ebensogut der umgekehrte Fall eintreten, indem das Freiwerden eines überschüssigen, nicht löslichen Gasanteils, z. B. Wasserstoff, den Anreiz zum Wiederaufleben einer zum Stillstande gekommenen mit Kohlenoxydbildung verbundenen Umsetzung bildet.

In einem dickflüssigen Metall finden die Gase beim Austreten größeren Widerstand, den zu überwinden ihnen oft nur durch Emporschleudern von Metallteilchen gelingt, die als Funken in der Luft umherschwirren. Manche Eisensorten, z. B. silizium- und manganarme Roheisen, weit mehr aber noch Flußstahl, zeigen mit abnehmender Temperatur einen förmlichen Funkenregen, der von der Oberfläche ausgeht (Spratzen des Eisens). Hat sich bereits eine dünne Oberflächenkruste gebildet, so daß den Gasen

---

[1]) Näheres vgl. S. 579 u. 607.

der Ausweg ins Freie versperrt ist, so blähen letztere oft die freiliegende Oberfläche auf. Nach eingetretener Erstarrung des Abgusses bleiben dann die abgeschiedenen Gase als Gasblasen zurück.

Für die Vermeidung von Gaseinschlüssen, d. h. für die Erzielung dichter Güsse, erscheint es von Bedeutung, außer auf einen geringen Anfangsgasgehalt auch dahin zu zielen, daß die Gasabgabe während der Erstarrung so gering wie möglich gehalten wird. Zur Erreichung dieses Zieles können nach Heyn [1]) zwei Wege eingeschlagen werden. Einmal kann man daran denken, die dem Unterschiede im Gaslösungsvermögen des festen gegenüber dem flüssigen Eisen entsprechende Gasmenge während der Erstarrung gelöst festzuhalten. Dies würde indessen nur möglich sein, wenn die Eisenmasse gleichzeitig erstarrt und der Widerstand des erstarrenden Eisens groß genug ist, den vom gelösten Gase ausgeübten Druck zu überwinden. In der Regel verläuft aber die Erstarrung nicht in allen Teilen gleichzeitig, sondern ungleichmäßig, so daß Gasblasen zurückbleiben. Größere Aussicht auf Erfolg gibt die zweite Möglichkeit: jenen Gasüberschuß praktisch gleich Null, noch besser negativ zu wählen, d. h. das erstarrte Eisen würde ein größeres Gaslösungsvermögen besitzen müssen als vor dem Erstarren. Man kann annehmen, daß dieses Ziel durch eine geeignete Legierung des Eisens weitgehend zu erreichen ist. So lehrt die Erfahrung, daß reines Eisen oder kohlenstoffarmer Flußstahl ohne Zusatz anderer Stoffe keine blasenfreien Abgüsse liefern kann, daß aber ein geringer Zusatz an Silizium oder Aluminium das flüssige Eisen beruhigt und auf eine Gasverdichtung hinwirkt. [Daß diese Zusätze gleichzeitig auch eine Neubildung von Gasen verhindern, indem sie zur Vernichtung (Desoxydation) des im flüssigen Eisen sich bildenden Eisenoxyduls beitragen, spricht weiter zu ihrem Vorteil.] Beim grauen Roheisen kann man dem größeren Siliziumgehalt gegenüber dem weißen Roheisen dieselbe Wirkung zuschreiben. Es mag aber auch Legierungszusätze geben, die jenen Gasüberschuß vergrößern. Solche Legierungen wären ungeeignet für die Herstellung gasdichter Abgüsse.

Neben dem Gaslösungsvermögen ist auch der Erstarrungstypus der Legierung von Bedeutung für die Vermeidung von Gashohlräumen. Gelingt es nämlich nicht, obigen Gasüberschuß im erstarrenden Metall zu verdichten, so wird man für möglichst ungehindertes Entweichen desselben im flüssigen Zustande Sorge tragen müssen. Letzteres wäre bei reinen Mischkristallegierungen, z. B. bei Flußstahl, der nicht siliziert wurde, unmöglich, da der teigige Zustand, den das Metall durchläuft, die Gase in Blasenform zurückbehält. Besser eignen sich Roheisenlegierungen, besonders diejenigen, welche unter geringer Mischkristallbildung mit einem größeren eutektischen Anteil erstarren. Es könnte hier der entsprechende überschüssige Gasanteil am Anfang des Erstarrungsintervalls zum größten Teil entweichen, während der zurückbleibende kleinere Gasrest leichter von der zuletzt erstarrenden Metallmasse als Gasblasen eingeschlossen oder gelöst werden kann. Manche phosphorhaltigen grauen Roheisensorten mit mäßigem Mangangehalt können sich von diesem Gesichtspunkte aus als vorteilhaft erweisen. Anderseits werden Gußeisensorten mit geringeren Gehalten an Kohlenstoff und Silizium, dazu noch bei hohem Schwefelgehalt, wegen ihrer Dickflüssigkeit das Entweichen von Gasen verhindern, mithin zu Gaseinschlüssen beitragen.

Gasblasen im Stahlformguß; Desoxydationsvorgänge. Die große Bedeutung der Gasblasenfrage für den Stahlformguß erhellt aus dem Umstande, daß lange Zeit, nachdem die Flußstahlerzeugung schon in großem Umfange aufgenommen war, die Verwendbarkeit des Flußstahls zu Gießereizwecken unmöglich blieb, weil brauchbare, gasblasenfreie Gußstücke sich mit dem neuen Werkstoff nicht herstellen ließen. Während nämlich das flüssige Gußeisen auf Grund eines größeren Gehaltes an Fremdkörpern (Kohlenstoff und Silizium) bestrebt ist, die gelösten Gase am Entweichen zu verhindern, zeigt der an Fremdkörpern ärmere Flußstahl die Neigung, die je nach dem Herstellungsverfahren in größerem oder geringerem Maße aufgelösten Gasmengen wieder abzuscheiden, was jedoch im Hinblick auf die hohe Schmelztemperatur und den teigigen

---

[1]) Martens - Heyn: Handbuch der Materialienkunde. Bd. 2 A, S. 419—432.

Zustand, den das Metall während der Erstarrung durchläuft, nur unvollkommen gelingt. Dieser Übelstand tritt um so mehr hervor, je kohlenstoffärmer das Metall ist, wie denn auch weicher Flußstahl am wenigsten sich für Stahlformgußzwecke eignet.

Neben der geringeren Gaslöslichkeit des Flußstahls kommt bei diesem noch ein weiterer schwerwiegender Umstand hinzu, der zur Vergrößerung der Gasblasengefahr beiträgt und die Gießbarkeit dieses Werkstoffs verschlechtert. Die Erzeugungsweise des Flußstahls in den Frischverfahren bringt es mit sich, daß gegen Ende des Schmelzens mit sinkendem Gehalt an Fremdkörpern infolge der Einwirkung oxydierender Stoffe eine Auflösung von Eisenoxydul im flüssigen Eisen zustande kommt, ohne daß zunächst eine Reduktion desselben durch das gleichzeitig vorhandene Eisenkarbid erfolgt [1]). Über die Größe des im Eisenbade auflösbaren Gehaltes an Eisenoxydul besteht noch keine Gewißheit, desgleichen sind auch die metallurgischen Vorgänge, die mit dem Sauerstoff- und Gasgehalt des flüssigen Eisens zusammenhängen, fast gänzlich unerforscht. Man nimmt in der Regel an, daß eine chemische Umsetzung zwischen dem gelösten Eisenoxydul und dem Kohlenstoff wegen der zu geringen Konzentration des letzteren am Ende des Frischens unterbleibe. Anderseits lehrt aber wiederum die Erfahrung, daß auch kohlenstoffreiche Stähle, sofern sie frei von Mangan und Silizium sind, im Schmelzbade des elektrischen Ofens größere Mengen an Eisenoxydul auflösen können, was durch das unruhige Vergießen und den auftretenden Rotbruch nachweisbar ist. Man kann annehmen, daß die Löslichkeit des Eisenoxyduls im Eisen mit sinkender Temperatur abnimmt. So ist bekannt, daß Eisenoxydul sich in dem erstarrenden Eisen emulsionsartig abscheidet und in diesem Zustande dem Eisenkarbid gegenüber eine größere Angriffsmöglichkeit bietet, so daß es dann im Sinne der Gleichung: $FeO + Fe_3C \rightarrow 4Fe + CO$ zur Umsetzung kommt; letztere kann durch eine gleichzeitig auftretende Entmischung bzw. Anreicherung an Kohlenstoff in dem zuletzt flüssigbleibenden Teile des erstarrenden Abgusses weiter beschleunigt werden. Die Folge ist eine Kohlenoxydentwicklung, die wegen ihres bisweilen plötzlichen und ruckweisen Auftretens, wie schon erwähnt, den Ansporn zu weiterer Gasabscheidung (Wasserstoff) gibt und für den Abguß sehr verhängnisvoll wird, indem sich Randblasen bilden, und ein nachträgliches Steigen des erstarrenden Gußkörpers, z. B. bei Flußstahlblöcken, eintritt. Nach Ledebur [2]) beträgt der Höchstgehalt an zurückbleibendem Eisenoxydul im Flußstahl etwa $1,5\% = 0,25\%$ Sauerstoff. Metallographisch erscheint Eisenoxydul in Form von schwarzen Pünktchen, die ziemlich gleichmäßig verteilt auftreten. Abb. 145 (Tafel X) [3]) zeigt in 50facher Vergrößerung (ungeätzt) die offenbar eutektische Anordnung der sauerstoffhaltigen Teilchen eines im Sauerstoffstrom geschmolzenen Elektrolyteisens. Da außerdem ein größerer Gehalt an Eisenoxydul, ähnlich wie Schwefel, Rotbruch bei der Verarbeitung des Flußstahls bewirkt und im Stahlformguß beim Auftreten von Spannungen zu Warmrissen führt, erscheint es dringend erforderlich, das Eisenoxydul nach beendigter Schmelze im Eisenbade zu zerstören (desoxydieren). Unter den für die Desoxydation geeigneten Zuschlägen gilt Mangan bzw. eine hochprozentige Mangan-Eisen-Kohlenstofflegierung, z. B. Ferromangan mit $60-80\%$ Mangan und $6-7\%$ Kohlenstoff, als der wirksamste und geeignetste. Für den Fall einer gleichzeitigen Rückkohlung wählt man Zusätze mit geringeren Mangan-, aber verhältnismäßig höheren Kohlenstoffgehalten, z. B. Spiegeleisen mit $10-15\%$ Mangan und etwa $4,5\%$ Kohlenstoff.

Die Umsetzung zwischen Eisenoxydul und Mangan verläuft nach folgender Gleichung. $FeO + Mn = Fe + MnO$, wobei Manganoxydul als spezifisch leichterer Körper an die Badoberfläche zu steigen sucht, um darauf von der Schlacke gelöst zu werden. Da eine geringe Löslichkeit zwischen Manganoxydul und flüssigem Eisen besteht, kann die Umsetzung unter Umständen auch umgekehrt verlaufen, mindestens aber zu einem Gleichgewichtszustande führen, so daß beide Oxyde im Bade zurückbleiben. Eine höhere Mangankonzentration wird unter sonst gleichen Verhältnissen die Desoxydationswirkung ver-

---

[1]) Aus verschiedenen Gründen muß man auch beim flüssigen Gußeisen eine Sauerstoffaufnahme annehmen, über deren Wesen und Umfang jedoch bisher noch große Ungewißheit herrscht.

[2]) A. Ledebur: Handbuch der Eisenhüttenkunde. 5. Aufl. Bd. 1, S. 295.

[3]) Aus P. Oberhoffer: Das schmiedbare Eisen. Berlin 1920, S. 89.

stärken, während eine größere Dünnflüssigkeit des Bades die Abscheidung des Desoxydationserzeugnisses beschleunigt. Man sucht eine bessere Verteilung und Wirksamkeit der Zuschläge auch dadurch zu erzielen, daß man sie in flüssigem Zustande zugibt; die Zugabe in fester Form, wie sie vielfach bei Ferromangan erfolgt, bewirkt anderseits infolge der aufzubringenden Schmelzwärme eine Abkühlung des Bades und muß in Anbetracht des Mehrverbrauches an Mangan für Desoxydation und Abbrand als unwirtschaftlich bezeichnet werden. Nach Oberhoffer ist anzunehmen, daß das Desoxydationserzeugnis nicht reines Manganoxydul darstellt, sondern neben größerem Gehalt an diesem, noch wechselnde Mengen an Eisenoxydul enthält, wobei der Eisenoxydulgehalt in der Regel um so niedriger ist, je größer die Mangankonzentration bei der Umsetzung war. Diese Desoxydationserzeugnisse dürften sich im großen und ganzen wie reines Manganoxydul hinsichtlich der Löslichkeit zum Eisen verhalten. Unter Umständen bleiben sie, mehr oder weniger fein verteilt, als Einschlüsse im erstarrenden Eisen zurück, die, wenn sie in größerem Maße auftreten, die Zähigkeit empfindlich beeinträchtigen. Immerhin sind sie im Gegensatze zu den entsprechenden bei der Desoxydation mittels Siliziums und Aluminiums entstehenden Einschlüssen (siehe S. 309) noch von einer gewissen größeren Bildsamkeit. Die Abb. 146 und 147 (Tafel X u. XI)[1] zeigen in 200- bzw. 150facher Vergrößerung solche Einschlüsse aus dem oberen Teile einer mit Mangan desoxydierten Schmelze sauerstoffhaltigen Elektrolyteisens. In Abb. 146 sind die Einschlüsse einheitlich, kristallisiert, in Abb. 147 zusammengesetzt, nicht kristallisiert. Auch die manchmal in Lunkern von Flußstahl-Walzerzeugnissen anzutreffenden schlackenähnlichen, manganreichen Rückstände erweisen sich, abgesehen von mehr oder weniger größerem Anteil an Verunreinigungen, die in der Regel von mitgerissenen feuerfesten Baustoffteilen herrühren, als in der Hauptsache aus Mangan- und Eisenoxydul bestehend[2].

Neben dem Mangangehalt im Desoxydationszuschlag ist auch der Kohlenstoff des letzteren für den Verlauf der Desoxydation von Bedeutung. Aus dem oben geschilderten Verhalten des Eisenkarbids zum Eisenoxydul ist zu entnehmen, daß eine vollkommene Desoxydation und Entgasung durch Kohlenstoff allein nicht zu erreichen ist. Dagegen zeigt es sich, daß letzterer in Verbindung mit dem Manganträger die desoxydierende Wirkung des Mangans unterstützt (Oberhoffer und d'Huart). Es ist anzunehmen, daß das Eisen-Mangankarbid unter sonst gleichen Verhältnissen ein kräftigeres Reduktionsmittel für Eisenoxydul ist als das Eisenkarbid. Hieraus ergibt sich insofern die Möglichkeit einer gewissen Manganersparnis, als es abgesehen von ganz weichen Flußstahlsorten, nicht durchaus notwendig erscheint, lediglich hochprozentige (z. B. 80%ige) Manganlegierungen zu verwenden.

Je größer der Manganzusatz bei der Desoxydation ist, um so mehr ist mit einer Manganaufnahme im Stahl zu rechnen. Der in letzterem zulässige Mangangehalt unterliegt bestimmten durch die jeweiligen Festigkeitseigenschaften bedingten Normen. Ist schon ein Mindestgehalt nötig, um dem Stahl eine erforderliche Festigkeit und Härte zu geben, so würde anderseits ein verhältnismäßig geringes Übermaß die Zähigkeit empfindlich benachteiligen können. Letzteres ist für Walz- und Schmiedezwecke noch wichtiger als bei der Verwendung für Stahlformguß. Zugunsten eines nicht zu geringen Mangangehaltes spricht auch dessen vorteilhafter Einfluß auf die Entschweflung, sowie die Fähigkeit, den Stahl vor Rotbruch (Warmbearbeitung) und Warmrissen (Stahlformguß) zu schützen[3].

Bei der Bemessung des Manganzuschlages verfährt man rein erfahrungsgemäß, indem man davon ausgeht, daß ein bestimmter Mangangehalt im fertigen Stahl sein muß, wenn die Desoxydation genügend durchgeführt sein soll. Hierbei wird von der errechneten Zusatzmenge ein gewisser Mangananteil für Desoxydation und Abbrand in Abzug gebracht, während der Rest vom Bade aufgelöst wird und den geringen vor der Desoxydation vorhandenen Mangangehalt (z. B. 0,15—0,20%) vermehrt[4].

---

[1] P. Oberhoffer: A. a. O.; ferner Oberhoffer und d'Huart: Stahleisen 1919, S. 165 u. 196.
[2] A. Ruhfus: Stahleisen 1897, S. 41.
[3] Über Mangangehalte im Flußstahl und Stahlformguß vgl. S. 229 u. 244.
[4] Näheres über solche Berechnungen s. B. Osann: Gieß.-Zg. 1918, S. 65, 81, 100; 1921, S. 69.

20*

Die obigen Ausführungen über den Verlauf der Mangandesoxydation lassen erkennen, daß Mangan unter Umständen nicht alles Eisenoxydul zu zerstören vermag. Dies trifft um so mehr zu, wenn das desoxydierte Bad nach Verbrauch des Hauptanteils an wirksamem Mangan weitere Gelegenheit hat, noch innerhalb des Ofens erneut Sauerstoff aufzunehmen. Die Desoxydation bleibt unvollständig und muß notwendig mit sinkender Temperatur zur Gasentwicklung (Kohlenoxyd) führen, wie dies schon früher erwähnt wurde. Daher erscheint es erforderlich, die Manganeinwirkung genügend lang andauern zu lassen und unter möglichster Vermeidung einer erneuten Sauerstoffaufnahme die Schmelze vor dem Abstiche ausreichend zu entgasen. Immerhin ist aber auch während des Gießvorganges noch mit einer gewissen Sauerstoffauflösung zu rechnen; hinzu kommt als weitere allgemeine Ursache der Gasentwicklung der Umstand, daß der in das Bad übergegangene größere Mangangehalt nicht imstande ist, die zurückgebliebenen gelösten Gase (Wasserstoff) mit sinkender Temperatur genügend zu binden.

Man sucht nun der nachträglichen Gasabscheidung dadurch zu begegnen, daß man weitere Zusätze in das desoxydierte bzw. bereits gekohlte Bad gibt, die befähigt sind, einmal die unvollkommene Mangandesoxydation zu vollenden, sodann aber auch gasbindend zu wirken. Hierzu eignen sich vorzüglich Silizium, in Form von hochprozentigen Eisen-Siliziumlegierungen, und reines Aluminium. Man verwendet entweder beide Zusätze vereint, z. B. bei Stahlformguß oder Schmiedeblöcken, oder das Aluminium allein, z. B. beim weichen Flußstahl für Walzzwecke. In einer desoxydierenden Wirkung erweist sich Silizium träger als Mangan, daher muß zur Erzielung gleich guter Wirkung ein entsprechend größerer Siliziumüberschuß angewandt werden. Eine Alleinverwendung des Siliziums als Desoxydationsmittel würde aber insofern untunlich sein, als Silizium nicht imstande ist, die Rotbruchgefahr gänzlich zu beseitigen; auch gibt eine größere Siliziumauflösung im Stahl leicht Veranlassung zu ungünstigen Nebenwirkungen. So vermag Silizium bereits bei geringen Gehalten die Schmiedbarkeit und besonders die Schweißbarkeit zu verringern. Es darf daher in weichem Walzeisen nicht oder höchstens in Spuren vorhanden sein; eine Ausnahme bilden die besonderen silizierten Flußstahlsorten für elektrische Zwecke. Bei Stahlsorten mittlerer und härterer Beschaffenheit ist übrigens der nachteilige Einfluß des Siliziums ein verschiedener, je nachdem dieses am Ende des Frischens noch als Bestandteil des Metalls zurückgeblieben oder aber erst durch Ferrosilizium in das fertig desoxydierte bzw. gekohlte Eisenbad hineingekommen ist. Im letzteren Falle ist die Wirkung eine ungünstigere als im ersteren, indessen vermag die gleichzeitige Verwendung des Mangans als Desoxydationsmittel den ungünstigen Einfluß des Siliziums wesentlich zu mildern. Wüst [1] erklärt dieses Verhalten der beiden Fremdkörper folgendermaßen: Die bei der Desoxydation entstandene Kieselsäure bildet wahrscheinlich eine Emulsion mit dem Eisen und trennt sich nur schwer von diesem, wodurch Festigkeit und Zähigkeit mehr oder weniger stark beeinträchtigt werden. Ist dagegen eine Mangandesoxydation vorhergegangen, so löst sich das zurückgebliebene Manganoxydul in der Kieselsäure auf, und das entstehende Manganoxydulsilikat läßt sich leicht abscheiden, bzw. bildet beim Zurückbleiben eine verhältnismäßig plastische Masse.

Wie man erkennt, unterliegt die Anwendung des Siliziums für Desoxydations- und Gasverdichtungszwecke besonderen Einschränkungen, für die neben der sonstigen chemischen Zusammensetzung des Werkstoffs im wesentlichen der Grad der mechanischen Verarbeitung maßgebend ist. Da, wo letztere überhaupt nicht in Frage kommt, wie beim Stahlformguß, wird man mittels des Siliziums den Anforderungen nach Desoxydation und Gasverdichtung am weitestgehenden gerecht werden können, wobei allerdings zu beachten ist, daß die Zähigkeit des Stahls noch in genügendem Maße jeweils erhalten bleibt. Handelt es sich dagegen anderseits um Flußstahlsorten, die einer mechanischen Verarbeitung unterworfen werden und neben einer durchweg größeren Zähigkeit noch einen gewissen höheren Grad an Schweißbarkeit besitzen sollen, so muß man von einer Gasverdichtung mittels Silizium um so mehr Abstand nehmen und den Siliziumgehalt

---

[1] Hütte für Eisenhüttenleute. 3. Aufl. S. 55.

des Werkstoffs überhaupt um so niedriger halten, je mehr die genannten Eigenschaften für die weitere Verwendung benötigt werden. Man wird alsdann auch etwaige Gasblasen im Abguß mit in Kauf nehmen müssen und sie durch entsprechende Warmverarbeitung unschädlich zu machen suchen. Da dies bei weichem Flußstahl im allgemeinen leichter gelingt als bei einem an und für sich schlechter schweißbaren Stahl von mittlerer und größerer Härte, wird man bei letzterem einen gewissen geringen Siliziumgehalt immerhin nicht entbehren können, während ersterer, wie schon erwähnt, für den gedachten Zweck durchweg siliziumfrei sein muß.

Man verwendet als Siliziumzusatz entweder das $10-12\%$ ige Hochofensilizium oder aber besser noch das leichter schmelzbare $50-75\%$ ige Erzeugnis des Elektroofens und gibt es nach der Kohlung in der Regel in der Pfanne zu dem Metall. Piwowarsky[1] empfiehlt, das Ferrosilizium erst dann zuzugeben, wenn die Pfanne etwa zu $1/2-3/4$ des Inhalts gefüllt ist, mit Rücksicht darauf, daß dann die hauptsächlichste Gasentwicklung beendigt ist. Man kann hierdurch nicht nur erheblich an Silizium sparen und den Siliziumgehalt des Fertigstahls vermindern, sondern es wird auch möglich, Fremdkörper, wie Schlackenreste, Desoxydationserzeugnisse vor dem Siliziumzusatz mit der Gasentwicklung nach oben hin mitzureißen.

Die Bemessung des Siliziumzusatzes erfolgt rein erfahrungsgemäß, ähnlich wie beim Manganzuschlag. Die Höhe des zulässigen Siliziumgehaltes für mittleren Stahlformguß ist sehr verschieden, etwa $0,20-0,35\%$ und mehr, für Schmiedeblöcke durchschnittlich etwas weniger. In

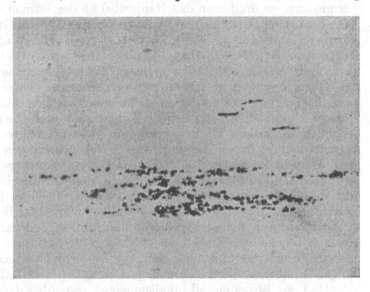

Abb. 148. Tonerdeeinschlüsse in einem Stahlstück.

einigen Fällen schätzt man das Silizium wegen besonderer Eigenschaften, die es dem Stahl verleiht, so z. B. bei Federstahl mit $0,5-2,5\%$ Silizium (je nach der Härte) wegen der Steigerung der Elastizitätsgrenze und bei Transformatoren- und Dynamoblechen mit $1,5-4,0\%$ Silizium in magnetischer Hinsicht.

Aluminium erweist sich als ein äußerst kräftiges Desoxydationsmittel, jedoch beeinträchtigt es in noch höherem Grade als Silizium die Festigkeitseigenschaften und wirkt gleich diesem sehr ungünstig auf die Schweißbarkeit. Hadfield[2] und Talbot[3] haben festgestellt, daß Stahl mit größerem Gehalt an Aluminium (wie auch Silizium) stärkere Neigung zum Lunkern erhält, anderseits aber auch wegen der Dickflüssigkeit, die ein Aluminiumgehalt verleiht, Seigerungen leicht zurückbehält. Da die bei der Zerstörung des gelösten Eisenoxyduls durch Aluminium entstehende Tonerde sich nur schwer aus dem Eisenbade entfernen läßt, bilden sich Einschlüsse [Abb. 148 [4]], die große Sprödigkeit bewirken. Man verwendet Aluminium daher höchstens in ganz geringen Mengen, nachdem das Eisenbad desoxydiert bzw. durch Silizium verdichtet wurde, um etwa beim Gießen neu entstehendes Eisenoxydul zu zerstören und die Gasentwicklung auf alle Fälle zurückzuhalten. Bezüglich des Aluminiumzusatzes empfiehlt L. Treuheit[5]

[1] Stahleisen 1920, S. 774.
[2] R. Hadfield: J. Iron Steel Inst. 1913, 2, S. 11.
[3] B. Talbot: J. Iron Steel Inst. 1913, 1, S. 30.
[4] G. Comstock: Stahleisen 1917, S. 40.
[5] Stahleisen 1909, S. 1193.

für weichen Martinstahl nicht mehr als 0,05%, für härtere Stahlsorten 0,02% und für Kleinkonverterstahl 0,05—0,10% des Einsatzes an Aluminium zuzugeben, da größere Mengen das Bad dickflüssig machen können. Das Einwerfen von Aluminiumstückchen während des Gießens in die Gußform ist zu vermeiden, da hierdurch leicht die oben erwähnten Tonerdeeinschlüsse entstehen. Kleine Stückchen Aluminium werden am besten vor dem Abstich in die Gießpfanne geworfen bzw. von dem Metallstrahl während des Abstichs aufgelöst.

Je mehr Zuschläge für Desoxydations- und Gasverdichtungszwecke erforderlich sind, um so stärker tritt die damit verbundene Veränderung der chemischen Zusammensetzung und ungünstige Beeinflussung der physikalischen Eigenschaften des Stahls in die Erscheinung, um so schwieriger gestaltet sich im allgemeinen die vollkommene Abscheidung der Desoxydationserzeugnisse und damit letzten Endes auch die völlige Erreichung des ursprünglich beabsichtigten Zwecks. Will man jene Mängel erfolgreich vermindern, so muß man das Hauptübel an der Wurzel erfassen, indem man **nicht nur die Sauerstoffaufnahme während des Schmelzens zu verringern sucht, sondern vor allem auch das desoxydierte Bad vor dem Einflusse oxydierender Stoffe schützt.** Denn solange wie das letztere noch innerhalb des Ofens Sauerstoff erneut aufzulösen vermag (die nachträgliche Sauerstoffaufnahme außerhalb des Ofens erscheint hiergegen nur von untergeordneter Bedeutung), kann sowohl die voraufgegangene Desoxydation nicht zum völligen Abschlusse gelangen, als auch das flüssige Eisenbad eine natürliche Entgasung durch Ausgaren nicht erfahren, d. h. der Abguß muß undicht werden, wenn man nicht die während der Erstarrung zu erwartende Gasentwicklung durch die wegen ihrer Nebenwirkungen nicht unbedenklichen Silizium- und Aluminiumzusätze künstlich und gewissermaßen gewaltsam unterbinden will. Die gewöhnlichen Flußstahlverfahren (Birnen- und Herdfrischen) genügen obigen Bedingungen nur in sehr unvollkommenem Maße, liegt es doch in ihrem Wesen und der Art ihrer Durchführung begründet, daß das Metallbad in direkter Berührung mit einer oxydierenden Atmosphäre sich befindet, die teils unmittelbar, teils mittelbar durch eine eisenoxydulreiche Schlacke, eine mehr oder weniger große Auflösung von Eisenoxydul im gefrischten Eisenbade bewirkt und auch nach der Desoxydation nicht völlig auszuschalten ist. Die Folge ist daher eine unvollkommene Desoxydation mit allen ihren erwähnten Nachteilen.

Daß das Birnenmetall im allgemeinen gegenüber dem Herdfrischmetall den größeren Sauerstoff- und Gasgehalt aufweist, läßt sich aus der Eigenart der beiden Herstellungsverfahren leicht erklären. Allerdings hat sich nach Untersuchungen von Goerens[1] gezeigt, daß Thomasmetall kurz vor der Desoxydation einen geringeren Gasgehalt je Gewichtseinheit Metall besaß als das unter gleichen Verhältnissen untersuchte Martinmetall von annähernd gleicher Zusammensetzung. Der Grund hierfür ist wohl in dem Umstande zu suchen, daß bei der innigen Berührung von Metall und durchströmendem Gas in der Birne wohl eine große Gasaufnahme entsteht, anderseits aber auch ein erheblicher Teil des aufgenommenen Gases gerade wegen der stürmischen Bewegung des Metallbades, besonders in der sogenannten Nachblaseperiode, wieder leicht abgeschieden werden kann, während das im Herde im ganzen ziemlich träge liegende, im wesentlichen nur an der Badoberfläche von den Heizgasen berührte Siemens-Martinmetall die aufgenommenen Gase stärker zurückbehält. Nach der Desoxydation lagen die Verhältnisse bezüglich des Gasgehaltes beider Metallarten gerade umgekehrt. Dieser war bei dem Siemens-Martinmetall nun geringer als im Thomasmetall und hatte nur unwesentlich zugenommen, während das letztere eine erhebliche Gaszunahme erfahren hatte, wahrscheinlich eine Folge der in der Birne erfolgten stärkeren Sauerstoffauflösung und der damit in Zusammenhang stehenden vermehrten Desoxydation. Es ist bekannt, daß Birnenmetall wegen seines größeren Gasgehalts im allgemeinen sich nicht für die Erzeugung von Stahlformguß eignet, eine Ausnahme bildet der im sauren Kleinkonverter hergestellte Stahl, der allerdings erst nach entsprechender metallurgischer Abänderung des Großkonverterverfahrens und nur für Gußerzeugnisse besonderer Art sich als brauchbares Gußmetall erweist.

---

[1] P. Goerens: Metallurgie 1910, S. 384; auszügl. Stahleisen 1910, S. 1514; ferner Goerens und Paquet: Ferrum 1915, S. 56, 73.

Es sei noch darauf hingewiesen, daß von den beiden Siemens-Martinverfahren das saure gewisse Vorzüge hinsichtlich des Grades der Sauerstoffauflösung im Eisenbade und der Desoxydationsmöglichkeit gegenüber dem basischen aufweist. Dem Umstande nämlich, daß die kieselsäurereichere saure Schlacke das kräftigere Lösungsmittel für Eisenoxydul im Vergleich zu der metalloxydärmeren, kalkreicheren Schlacke des basischen Verfahrens bildet und daher eine langsamere Übertragung des Sauerstoffs auf das Rad ermöglicht, ist es hauptsächlich zuzuschreiben, daß bei beendigtem Frischen das Metall im sauren Herde einen größeren Gehalt an Silizium und an Kohlenstoff zurückbehält, die beide als Reduktionsstoffe einen gewissen Schutz gegen die Eisenoxydulauflösung bieten. Immerhin erfolgt auch dann noch eine ziemlich erhebliche Sauerstoffauflösung im Bade, da der in erster Linie für die Desoxydation in Betracht kommende Kohlenstoff seiner Menge nach sich nicht wirksam genug hierfür erweist. Es hat daher eine Desoxydation, hauptsächlich durch Ferromangan, zu erfolgen. Indessen sind die für das saure Verfahren durchschnittlich erforderlichen Desoxydationszuschlagsmengen geringer als beim basischen. Daß auch der im Bade zurückgebliebene Siliziumgehalt in der Regel eine kräftigere Wirkung bezüglich der Gasbindung ausübt als das von dem nachträglich in der Pfanne zugegebenen Ferrosilizium herrührende, im basischen Metall aufgelöste Silizium, spricht weiter zugunsten des sauren Metalls. Diese und einige andere weniger wichtigen Vorzüge machen es erklärlich, daß das saure Siemens-Martinmetall für die Erzielung dichter Güsse in Stahlformgießereien sich einer gewissen Wertschätzung vor dem basischen Metall erfreut, besonders wenn es sich um mittelharte und härtere Stahlsorten handelt. Bekanntlich steht der größeren Verbreitung des sauren Verfahrens die Schwierigkeit der Beschaffung der für die Durchführung erforderlichen phosphor- und schwefelreinen Schrotteinsätze hinderlich im Wege.

Im Gegensatze zu den gewöhnlichen Flußstahlverfahren verdienen nun zwei andere Stahlschmelzverfahren (Tiegelschmelzen und elektrische Stahlerzeugung) besonders hervorgehoben zu werden, die in der Tat bei Ausschluß oxydierender Einflüsse eine praktisch vollkommene Desoxydation bei weitgehender Entgasung ermöglichen. Beide Stahlherstellungsverfahren können sowohl als selbständige Schmelzverfahren als auch zur Raffination von bereits in vorhergegangenen Frischverfahren erzeugten Stahlsorten verwandt werden. In letzterer Hinsicht liegt vor allem die hauptsächlichste Bedeutung der genannten Verfahren für die Stahlformgießerei. Während das Tiegelschmelzen infolge der teuren Herstellungskosten seiner Erzeugnisse und wegen seiner an und für sich beschränkten Leistungsfähigkeit nur in wenigen besonderen Fällen Eingang in die Stahlformgießerei gefunden hat und neuerdings durch den erfolgreichen Wettbewerb der elektrischen Schmelzverfahren weiter in den Hintergrund gedrängt worden ist, haben die letzteren in der Gegenwart eine immer größere Verbreitung in den Stahlformgießereien [und teilweise auch in Eisengießereien [1])] gefunden. Immerhin lassen die zur Zeit noch durchweg hohen Schmelzkosten eine größere, allgemeinere Anwendung nicht zu, so daß vorläufig für die elektrischen Schmelzverfahren nur die Herstellung solcher Gußstücke in Betracht kommt, an welche die höchsten Anforderungen in chemischer und physikalischer Hinsicht gestellt werden müssen, wobei der höhere Anschaffungspreis sich im Hinblick auf die bessere Beschaffenheit rechtfertigen läßt.

Die Ursachen für die vorzüglichen Eigenschaften des Tiegelstahls sind neben der großen Reinheit der Einsatzstoffe hauptsächlich darauf zurückzuführen, daß der Tiegelinhalt während der Schmelzdauer mit den Heizgasen nicht in Berührung kommt, und daß durch ein eigenartiges Zusammenwirken von Tiegelsubstanz und Metall in letzterem selbsttätig desoxydierend wirkende Stoffe erzeugt werden, die eine ideale Desoxydation bewirken, so daß nachträglich zuzugebende Desoxydationsmittel nicht erforderlich sind. Es sei hierbei auf folgende Punkte besonders hingewiesen. Noch während des Umschmelzens beginnt der Kohlenstoff der Tiegelwandung und derjenige des zuerst eingeschmolzenen Roheisens mit steigender Temperatur die Metalloxyde der Schlacke

---

[1]) Für die Eisengießerei kommt das elektrische Schmelzen, neben vereinzelter Anwendung als selbständiges Schmelzverfahren, hauptsächlich für die Raffination (Entschweflung, Entgasung) flüssigen Kuppelofeneisens in Betracht.

zu reduzieren, so daß diese sich in eine im wesentlichen sehr saure Metalloxydul-Silikat-lösung umwandelt, die als solche nur einen unbedeutenden Einfluß auf den flüssigen Stahl ausübt. Hiermit ist allerdings, ähnlich wie beim sauren Siemens-Martinverfahren, der Nachteil verbunden, daß eine Reinigung des Bades von Phosphor und Schwefel nicht stattfinden kann, weshalb auch die absolute Reinheit an diesen Stoffen oberster Grundsatz bei der Auswahl des Einsatzgutes sein muß. Nach erfolgter Abscheidung des Kohlenoxyds wird die Desoxydation, die bereits vorher durch den Kohlenstoff eingesetzt hatte, durch das aus dem Tonerdesilikat der Tiegelsubstanz mittels Eisen und Kohlenstoff zugleich reduzierte, im Augenblick des Entstehens äußerst kräftig wirkende Silizium durchgeführt, wobei die geringe Metallmenge (z. B. 35 kg je Tiegel) und die im Verhältnis zu dieser große Reaktionsoberfläche die Umsetzung wesentlich fördern. Hiermit vollzieht sich zugleich eine Anreicherung an Silizium und teilweise an Kohlenstoff im Tiegelinhalt, die besonders dann erheblich wird, wenn der Gehalt an metallischem Mangan ein größerer war. Da man den fertig erschmolzenen Stahl in dünnflüssigem Zustande genügend lange abstehen lassen kann, ohne eine Neuaufnahme an Oxyden und Gasen befürchten zu müssen, ergibt sich bei fast vollständiger Abscheidung von emulsionsartigen Rückständen eine sehr gründliche Entgasung und die Gewähr eines ruhig erstarrenden blasenfreien Gusses, um so mehr, wenn der Kohlenstoffgehalt im Stahl nicht allzu niedrig ist.

Die elektrische Stahlerzeugung bietet im Gegensatze zu dem Tiegelschmelzverfahren den Vorteil, daß sie bei sonst gleicher Güte beider Erzeugnisse, eine weit größere Leistungsfähigkeit besitzt und in hohem Maße unabhängig von der Beschaffenheit ihrer Einsatzstoffe ist. Man kann sogar alle metallurgischen Verfahren der gewöhnlichen Frischprozesse im Elektroofen durchführen. Da jedoch die oxydierenden Heizgase fehlen, muß die Schlacke das hauptsächlichste Einwirkungsmittel für das Bad bilden. Man ist dabei in der günstigen Lage, je nach der Art und dem Grade der chemischen Einwirkung Schlacken verschiedenartiger Beschaffenheit zu erschmelzen (wobei natürlich die Art der Ofenzustellung eine gewisse Beschränkung bedingt), die bei den hohen Ofentempe-raturen dünnflüssig genug erhalten werden können, um nach beendigter Einwirkung wieder entfernt zu werden. Von besonderer Bedeutung erscheint der Umstand, daß man Oxydations- und Desoxydationsschlacke getrennt voneinander herstellen kann. Die letztere, eine praktisch eisenreine Schlacke, vermag nicht nur das Bad vor der Neu-aufnahme an Eisenoxydul zu schützen, sondern auch selbst an der Desoxydation sich zu beteiligen, indem mit ihrer Hilfe die nicht gasförmigen Desoxydationserzeugnisse bei der Einwirkung der üblichen Zuschläge immer .wieder von neuem in reduziertem Zustande in das Bad zurückgeführt werden, solange bis kein Eisenoxydul in letzterem mehr vor-handen ist. Man erhält dadurch bei Anwendung verhältnismäßig geringer Zuschlag-mengen die Möglichkeit einer vollkommenen Desoxydation und weitgehenden Entgasung. Erreicht wird dieses Ergebnis allerdings nur bei langer Einwirkungsdauer einer an Reduktionsstoffen reichen Schlacke. Beim sauren Ofen tritt der für die Desoxydation günstige weitere Umstand hinzu, daß außer der Schlacke auch noch das kieselsäurereiche Ofenfutter die Desoxydation fördert, indem, ähnlich wie beim Tiegelschmelzen aus der Gefäßwandung, hier aus der Ofenzustellung heraus eine fast selbsttätig wirkende, fort-gesetzte Reduktion von Silizium sich einstellt. In jedem Falle ist der erzeugte Stahl praktisch frei von Emulsionsrückständen und kann mit einem Mindestgehalt an Mangan und Silizium hergestellt werden [1].

Einige kurze Angaben mögen zur Erläuterung der Desoxydationsvorgänge dienen. Man bringt z. B. in dem vielfach angewandten basischen Héroultverfahren nach Abzug der zweiten oxydischen (Phosphat-) Schlacke auf das blanke überfrischte Bad Ferromangan

---

[1] Näheres über elektrische Stahlerzeugung findet der Leser in Bd. 2 dieses Handbuchs, ferner in B. Osann: Eisenhüttenkunde Bd. 2. — Einige Abhandlungen allgemeinen Inhalts mit besonderer Berücksichtigung der Desoxydationsvorgänge sind folgende: F. R. Eichhoff: Stahleisen 1907, S. 41; 1909, S. 1204, 1242. — O. Thallner: Stahleisen 1907, S. 1677, 1721. — B. Neumann: Stahleisen 1908, S. 1161, 1202. — W. Eilender: Stahleisen 1913, S. 585. — F. Sommer: Stahleisen 1924, S. 490, 526, 553.

und fügt Kohlenstoffpulver in Form von Elektrodenresten oder Karburit u. a. m. hinzu. Mit dem Aufkohlen erfolgt zugleich eine weitgehende Desoxydation, die nicht nur diejenige des Mangans unterstützt, sondern infolge der gasförmigen Desoxydationserzeugnisse auch geeignet ist, gleichzeitig das Bad von aufgelösten Gasen (Wasserstoff, Stickstoff) und von oxydischen Einschlüssen weitgehend zu befreien. Unterdessen schmelzt man eine kalkreiche Schlacke unter Beimengung von Flußspat und Kohlenstoff auf und erzielt nach längerer Einwirkung, bei Anwesenheit genügender Mengen an Reduktionsstoffen und einer neutralen bzw. reduzierenden Ofenatmosphäre, eine eisenreine (weiße) Schlacke (Desoxydations- und zugleich Entschweflungsschlacke), mit deren Hilfe unter der Einwirkung des Lichtbogens ein ständiger Überschuß an Kalziumkarbid erzeugt werden kann. Letzteres, bzw. der bei der Zerlegung freiwerdende Kohlenstoff, erweist sich nun bei seiner Entstehung als kräftiges Reduktionsmittel für die Metalloxyde in Schlacke und Eisenbad. Hierbei ist die Beeinflussung des letzteren im wesentlichen eine mittelbare, indem die Oxyde des Mangans bei dauernder Wechselwirkung zwischen Schlacke und Bad immer wieder reduziert werden und von neuem Mangan in das Bad einführen, so daß neu entstehendes Eisenoxydul im Keime erstickt wird. Unter Umständen, besonders bei kohlenstoff- und manganärmerem Werkstoff, kann man auch den Kohlenstoff in der Schlacke teilweise durch Silizium in Form von Ferrosilizium ersetzen, und erhält dabei im wesentlichen die gleichen Reaktionen, jedoch mit einer gewissen Anreicherung an Silizium im Bade. Man führt zweckmäßig von vornherein die Desoxydationsvorgänge mit einem geringsten Maß an Mangan- (bzw. Silizium-) Zusatz durch, um vor dem Abstiche immer noch in der Lage zu sein, die für die erforderliche Zusammensetzung noch fehlende Zusatzmenge ergänzen, gleichzeitig aber auch eine etwa später beim Gießen eintretende Gasentwicklung um so sicherer unterdrücken zu können. Ein geringer Zusatz an Aluminium wird noch kurz vor dem Gießen gegeben.

Im basischen Induktionsofen führt man Kohlung und Desoxydation im großen und ganzen in gleicher Weise durch; jedoch kann man wegen der geringeren Schlackentemperatur im Vergleich zum Lichtbogenofen es nicht zum Erschmelzen von Kalziumkarbid bringen, sondern muß dieses als Fertigerzeugnis zugeben, oder aber, was häufiger der Fall ist, man fügt Ferrosilizium als Reduktionsstoff und gleichzeitig als Wärmegeber der Schlacke hinzu. Erwähnt sei noch, daß durch die dem Induktionsofen eigentümliche rollende Bewegung des Stahlbades die Abscheidung der Desoxydationserzeugnisse wesentlich gefördert wird.

Daß die Desoxydation im sauren Elektroofen eine bessere und schnellere ist, erklärt sich, wie schon oben erwähnt, aus der größeren Reaktionsoberfläche, die das Bad, im Gegensatz zu dem basischen Ofen, durch die Einwirkung des Ofenfutters erhält. Eine Folge davon ist u. a. eine wesentliche Ersparnis an Desoxydationsmitteln, vorzüglich an Ferrosilizium. Von den mit der desoxydierenden Wirkung der Schlacke zusammenhängenden Reaktionen ist die Reduktion der Kieselsäure durch Kohlenstoff die wichtigste. Hierbei fällt dem immer wieder von neuem in das Bad eintretenden Silizium eine ähnliche Rolle als kräftiger Sauerstoffüberträger zwischen Bad und Schlacke zu, wie dem Mangan im basischen Ofen. Die Schlacke kann entsprechend ihrem sauren Charakter zwar nicht ganz so rein an Eisen gehalten werden, wie bei basischer Ofenzustellung, was zur Folge hat, daß auch eine geringere Schwefelverschlackung als dort möglich ist. Anderseits kann man durch einen gewissen Kalk- und mäßigen Manganoxydulgehalt (gegebenenfalls durch Zugabe von etwas Ferromangan auf die Schlacke) und durch den fortgesetzt auf die Schlacke einwirkenden Kohlenstoff es dahin bringen, daß der Eisenoxydulgehalt der letzteren bis auf wenige Hundertteile erniedrigt wird, was neben den sonstigen günstigen Desoxydationsverhältnissen des Elektroofens für eine vollkommene Desoxydation vollkommen ausreichend ist [1]).

Nur derjenige Flußstahl ist für die Herstellung von Formgußstücken geeignet, der keinerlei Gasentwicklung beim Gießen und Erstarren mehr zeigt. Ein Stahl, der sich nicht vollkommen ruhig vergießen läßt, und der in der Form kocht und steigt, wird poröse

---

[1]) A. Müller: Metallurgisches vom sauren Elektroschmelzverfahren. Stahleisen 1914, S. 89.

und blasige Abgüsse geben. Um ein ruhiges Gießen und Erstarren zu erzielen, ist daher nicht nur auf eine gründliche Gasverdichtung, sondern auch auf einen niedrigen Anfangsgasgehalt bzw. eine vollkommene Desoxydation und weitgehende Entgasung größter Wert zu legen. Wesentlich für die Erzeugung eines gasfreien dichten Stahlformgusses ist auch die Anwendung einer nicht zu niedrigen Gießtemperatur. Ist schon ein heißes Vergießen notwendig, um ein schnelles Auslaufen des Metalls in der Form zu bewirken, so wird ein dünnflüssiger, überhitzter Stahl eher in der Lage sein, etwa in der Form noch aufgenommene Gase vor dem Erstarren abzuscheiden, als ein trägeflüssiger, kälterer Stahl. So wird das Metall z. B. am Ende eines längeren Gießvorganges, besonders wenn auch noch der Siliziumgehalt abgenommen hat, leicht blasige Güsse geben. Allerdings soll anderseits das Metall auch nicht zu heiß vergossen werden. Denn man hat immerhin dann mit der Gefahr einer vorzeitigen Gasentbindung zu rechnen, die durch eine etwaige unterkühlende Wirkung der Formwände zustande kommt, wenn auch letzteres bei Stahlgußformen weniger zu befürchten ist als bei den Stahlwerkskokillen für Flußstahlblöcke. Je heißer man vergießen muß, wie es besonders bei dünnwandigen Gußstücken, zumal wenn dieselben verwickelte Formgebung und größere Abmessungen besitzen, der Fall ist, um so gründlicher ist die Gasverdichtung mit Silizium und Aluminium vorzunehmen. Daß gerade in solchen Fällen ein gasarmer, im Elektroofen erschmolzener Stahl viel zweckmäßiger und geeigneter sich erweist als das im Siemens-Martinofen oder Kleinkonverter erzeugte Metall, dürfte nach den früheren Ausführungen ohne weiteres verständlich sein.

Die Ursache der Porosität des Stahlformgusses ist in den meisten Fällen weniger auf die Stahlbeschaffenheit als auf nicht sachgemäße Behandlung der Gußformen zurückzuführen. Ungenügende Trocknung, mangelhafte Gasabführung, die Anwesenheit leicht vergasbarer Stoffe in der Formmasse bilden dann die häufigsten Anlässe zur Gasblasenbildung. Besonders solche Stellen, die in tiefgelegenen Teilen der Form liegen, wo die Gasabführung schlecht ist, werden bei ungenügender Trocknung Gasblasen aufweisen. Ungünstig wirkt auch der Zusatz kohlenstoffhaltiger Stoffe (Graphit, Holzkohle oder Kokspulver) in der Formmasse, wenn dieselben beim Glühen der Gußform nicht völlig verbrennen; es entsteht Gasentwicklung beim Gießen, die zu porösen Stellen führt. Treten letztere an später zu bearbeitenden Teilen zutage, so muß der Abguß als Ausschuß verworfen werden. Die Erzeugung dichten Stahlformgusses erfordert aber keineswegs immer scharf getrocknete und gebrannte heiße Formen, sondern man verwendet, wenigstens bei kleineren dünnwandigen Gußstücken und unter der Voraussetzung guter Luftabfuhr, mit Vorteil auch einen natürlich vorkommenden, fast völlig aufbereiteten Stahlgußformsand, der nur so wenig Ton bei seiner Verwendung besitzt, daß er noch bildsam bleibt, dabei für Gase genügend durchlässig ist, auch ohne daß er mit kohlenstoffhaltigen Zusätzen aufbereitet zu werden braucht. Selbstverständlich stellt die Anfertigung der Formen und das Gießen in grünem Sand große Anforderungen an die Erfahrung des Formers. Aber auch bei größeren Stücken wird bei sonst genügender Widerstandsfähigkeit des Formstoffes gegenüber mechanischen und thermischen Einflüssen es manchmal zur Erzielung dichter Abgüsse vollkommen ausreichend sein, wenn die Gußform beim Gießen soweit nur vorgewärmt ist, daß eine Aufnahme hygroskopischen Wassers ausgeschlossen ist.

Auch der Konstrukteur kann an seinem Teile durch einfache und zweckmäßige Formgestaltung des Gußstückes wesentlich dazu beitragen, daß dem Former die manchmal schwierig zu erreichende Luftabführung, besonders an den Außenwänden der Form, der Kerne und unterhalb von Rippen und Versteifungen usw., nach Möglichkeit erleichtert werde. Natürlich muß erwartet werden, daß dem Konstrukteur die gießtechnischen Eigenschaften des Werkstoffes sowie die Art des Einformens hinlänglich bekannt sind, was aber leider nicht immer völlig zutrifft [1]).

Abb. 149 [2]) zeigt ein Bruchstück eines aus Stahl gegossenen Grubenrades, das

---

[1]) H. Oeking d. Ältere: Konstruktion von Stahlformgußstücken. Stahleisen 1923, S. 841.
[2]) Martens - Heyn: Materialienkunde Bd. 2 A, Taf. XVIII.

zu kalt vergossen wurde und erhebliche Gasblasen aufweist. Ein weiteres Beispiel eines blasigen Stahlgußgußstückes ist in Abb. 150 u. 151 wiedergegeben. Das Gußstück, dessen Stahlzusammensetzung in bezug auf Phosphor und Schwefel nicht einwandfrei ist (0,35% C, 0,21% Si, 0,65% Mn, 0,16% P und 0,105% S), zeigt in dem aus Abb. 150 ersichtlichen Querschnitt Gasblasen, die vermutlich auf Wasserdampfentwicklung aus feuchten Formwänden zurückzuführen sind.

Eine unliebsame Erscheinung, deren Entstehung mit Gasentwicklung in Zusammenhang gebracht werden kann, sind auch die Fließnarben und sogenannten Wurm-

Abb. 149. Teil eines Grubenrads aus Stahlformguß.

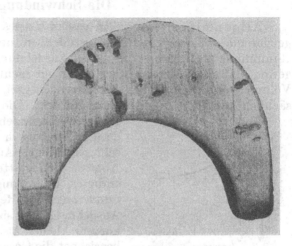

Abb. 150. Stahlgußstück.

gänge. Beide zeigen sich meist an der Oberfläche dickwandiger Stücke. Es handelt sich um mehr oder weniger tiefe (5—15 mm), meist parallel in der Fließrichtung des Stahls verlaufende narbenartige Eindrücke [1]). In der Regel wird hierdurch die Verwendbarkeit des Gußstückes nicht in Frage gestellt, vorausgesetzt, daß man für ausgiebige Materialzugabe gesorgt hat. Die glatte Oberfläche der Narben läßt auf Gaseindrücke schließen. Da solche Wurmgänge an Stahlblöcken sich nicht zeigen, muß man annehmen, daß die Gase aus dem Formstoff herrühren. Die Erscheinung tritt vielfach bei Verwendung graphithaltiger Schamotte-Tonmasse, weniger bei Quarzmasse, sodann aber auch bei sehr heißem Gießen auf. Man kann annehmen, daß durch die Berührung der Formwand mit dem heißen Stahl sich reichlich Gase bildeten, die nicht rasch genug durch den Formstoff und die Luftöffnungen entweichen konnten und nunmehr auf die bereits halbwegs erstarrte und geschwundene dünne Außenkruste drückten. Die narbenförmigen Vertiefungen sind aber wohl nicht allein durch den Gasdruck zu erklären, sondern stellen

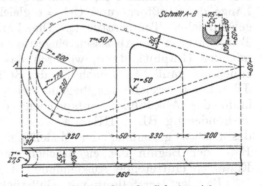

Abb. 151. Stahlgußstück, Schnittzeichnung.

kleine Außenlunker dar, die infolge des noch weichen Zustandes des Stahls durch den Gasdruck vergrößert wurden. Vielfach trifft man auch unterhalb der Narben Lunker an, die offenbar schon vorhanden waren, solange die äußere dünne Wandung noch teigig war. Diese Narben treten häufig an solchen Stellen auf, die vor der vollständigen Füllung der Form längere Zeit mit dem einlaufenden Stahl in Berührung waren. Stark lunkernde Stahlsorten, zumal wenn sie heiß vergossen werden, zeigen diese Erscheinung

---

[1]) P. Friem: Stahleisen 1905, S. 35.

am meisten. L. Treuheit[1]) hat diese Wurmgänge unter anderem an von oben gegossenen Walzen gefunden, besonders wenn diese heiß vergossen wurden und die Luftabfuhr an den betreffenden Stellen ungenügend war. Auch an Stellen, die zum Lunkern neigen, z. B. bei Hohlkehlen und einspringenden Ecken sind diese Narben zu finden. Zwecks Vermeidung der letzteren wird man unter anderem auch bei der Verteilung der Eingüsse darauf Rücksicht zu nehmen haben, daß einzelne Stellen nicht zu stark durch vorüberfließenden Stahl erwärmt werden.

Die Schwindung des Eisens.

Allgemeines. Wenn ein geschmolzenes Metall erstarrt, pflegt es sich ebenso wie gefrierendes Wasser zunächst auszudehnen, um darauf mit sinkender Temperatur seinen Rauminhalt zu verringern. Diese Ausdehnung ist in den meisten Fällen allerdings so gering, daß sie praktisch kaum oder gar nicht bemerkbar ist. Deutlich tritt jedoch die Volumenvergrößerung beim erstarrenden grauen Roheisen auf, man führt sie hier hauptsächlich auf die Graphitbildung zurück. Dieser Eigenschaft des Gußeisens, sich beim

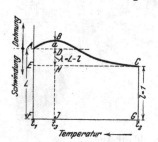

Erstarren auszudehnen, ist es unter anderem auch zu verdanken, daß es in höherem Maße als Stahlguß, der nur eine sehr geringfügige Ausdehnung zeigt, befähigt ist, scharfkantige Abgüsse von glatter Oberfläche zu geben. Da die nach beendigter Erstarrung eines Metalls stattfindende Raumverminderung in der Regel erheblich größer als die voraufgegangene Ausdehnung ist, sind die Abmessungen des erkalteten Gußkörpers kleiner als die des flüssigen bzw. des Modells. Man bezeichnet die Gesamtänderung der Abmessungen vom Beginn der Erstarrung bis zur Abkühlung auf gewöhnliche Temperatur als Schwindung, genauer als Gesamtschwindung, während die auf die Ausdehnung folgende Volumenverminde-

Abb. 152. Gesamtschwindung für Gußeisen.

rung eigentliche oder wirkliche Schwindung genannt wird. Letztere ist mithin als der Unterschied zwischen Gesamtschwindung und Ausdehnung, oder als die Differenz zwischen den Abmessungen des fertigen Abgusses gegenüber dem Modell zu betrachten.

Der Vorgang der Gesamtschwindung für Gußeisen sei in Abb. 152 dargestellt. Die Kurve ABC stelle schematisch die Schwindungslinie dar, wobei keine Verzögerungen in der Volumenabnahme nach dem Erstarren angenommen werden sollen. $AF = L$ sei die Länge der Gußform und $CG = 1$ gleich der Längeneinheit des erkalteten Stabes bei gewöhnlicher Temperatur t_2. Die Längenänderungen sind dabei als Ordinaten, die Temperaturen als Abszissen eingetragen. Bei der Temperatur t_1 beginne die Erstarrung mit der Graphitbildung, wodurch das Volumen des Stabes, also auch seine Länge, zunehmen muß. Erst nachdem der Stab infolge dieser Ausdehnung seine größte Länge $JB = L + a$ erreicht hat, beginnt bei t_3 die eigentliche Schwindung. Im weiteren Verlaufe der Abkühlung, entsprechend dem Linienzuge BC, erfolgt nun eine Längenverminderung $BD + DH = a + \lambda =$ der Gesamtschwindung; die wirkliche Schwindung des Stabes gegenüber der Modelllänge beträgt dann $AF - EF = \lambda$. Je höher also B — der Beginn der eigentlichen Schwindung — liegt, d. h. je größer die beim Erstarren eintretende Ausdehnung ist, desto geringer ist die wirkliche Schwindung[2]).

Bei der Herstellung von Gußstücken, die ein bestimmtes Volumen haben sollen, müssen die Abmessungen der Gußform, also auch diejenigen des Modells, um so viel größer sein, wie die Schwindung beträgt. Hat in Abb. 152 der Stab bei der Temperatur t_1 die Länge L und verkürzt er sich bei der Abkühlung auf die gewöhnliche Temperatur t_2 auf l, so beträgt die Verkürzung $L - l = \lambda$, und bezogen auf die Einheit der Länge l:
$$\frac{L-1}{1} = \frac{\lambda}{1} = \varepsilon.$$
Man nennt letzteren Wert das **Schwindmaß** für den Temperatur-

---

[1]) L. Treuheit: Stahleisen 1905. S. 715, 779.
[2]) Vgl. auch Martens-Heyn: Handbuch der Materialienkunde für die Maschinenkunde. Bd. 2 A, S. 436.

abfall von t_1 nach t_2, d. i. das Verhältnis, um das die Längenabmessung der Gußform größer genommen werden muß als diejenige des erkalteten Stabes. Vielfach bezieht man das Schwindmaß nicht auf die Einheit der Länge 1, sondern auf 100 Einheiten dieser Länge, also $\frac{\lambda}{l} \cdot 100 = \varepsilon \cdot 100 \; (= \varepsilon\,{}^0/_0)$.

Ein Stab, der im erkalteten Zustande die Länge 1 m haben soll, muß eine Gußform von der Länge $(1 + \varepsilon)$ m besitzen [λ wird $= \varepsilon$], während für die Stablänge 1 m die zugehörige Gußform um den Betrag $\lambda = 1 \cdot \varepsilon$ m größer gewählt werden muß.

Das obigem Längenschwindmaß entsprechende räumliche Schwindmaß, das annähernd gleich dem dreifachen Längenschwindmaß ist, wird im praktischen Betriebe nicht angewandt.

Unter der Voraussetzung, daß die Ausdehnung des Gußeisens während und kurz nach der Erstarrung eine Folge der Graphitbildung ist, werden graphitreiche Eisensorten weniger schwinden als graphitarme bzw. graphitfreie: d. h. graues Roheisen zeigt geringere Schwindung als weißes und als schmiedbares Eisen.

Da nun die Graphitbildung wesentlich durch die chemische Zusammensetzung des Roheisens und durch die Art der Abkühlung beeinflußt wird, werden diese beiden Punkte für die Größe des Schwindmaßes bedeutungsvoll sein: So wird ein höherer Mangan- und ein größerer Schwefelgehalt die Schwindung in dem Maße vergrößern, wie sie die Graphitbildung verringern, während das Schwindmaß umgekehrt durch steigenden Siliziumgehalt verringert wird, so lange letzterer in der Lage ist, bei höherem Kohlenstoffgehalt vermehrend auf die Graphitmenge einzuwirken. Da ein höherer Phosphorgehalt bei gleichzeitiger Anwesenheit von Silizium die Graphitabscheidung begünstigt, werden beide Fremdkörper vereint die Schwindung des Gußeisens verringern, eine Eigenschaft, die das phosphorreiche Gußeisen für die Herstellung von Kunst- und Feinguß besonders geeignet erscheinen läßt.

Über die besonderen Einflüsse der einzelnen Fremdkörper auf die Schwindung graphitischen und nicht graphitischen Eisens vgl. S. 323.

Weiter werden langsam abkühlende Gußstücke weniger schwinden als schnell abkühlende. Ein dicker und ein dünner Gußstab, beide von gleicher Länge, aus derselben Pfanne gegossen, zeigen daher eine verschiedene Schwindung. Der dünne schnell abkühlende Stab, in dem der Kohlenstoff keine Zeit findet, als Graphit auszuscheiden, wird kürzer ausfallen als der dicke Stab, der infolge der reichlicheren Graphitbildung eine größere Volumenausdehnung bei der Erstarrung erfährt.

Nicht immer verläuft der normale Schwindungsvorgang ganz ungestört und hemmungslos. So kann durch Einwirkung äußerer Kräfte sowohl die Ausdehnung als auch die eigentliche Schwindung mehr oder weniger zurückgehalten werden. Hierdurch wird nicht nur die Schwindung, sondern auch das Schwindmaß sich verändern. Solche äußeren Einwirkungen können unter anderem durch die Widerstände von Formwänden, Kernen oder von bereits erstarrten und weiter abgekühlten Teilen des Gußstückes hervorgerufen werden. Hat sich die Hemmung auf die während des Erstarrens erfolgende Ausdehnung erstreckt, z. B. beim Hartguß, so wird die Schwindung größer, wird dagegen die Volumenabnahme nach der Erstarrung zeitweise behindert, vorausgesetzt, daß plastische Formveränderungen des Werkstoffs noch möglich sind, so wird die Schwindung kleiner ausfallen. In solchen Fällen ungleichmäßigen Schwindens die richtige Bemessung eines den jeweiligen Verhältnissen entsprechenden Schwindmaßes zu treffen, erfordert eine große Erfahrung des Gießereileiters, kann doch sonst durch Schwindungserscheinungen unerwünschter Art, von denen im Abschnitt „Gußspannungen" (S. 343) die Rede sein wird, manchmal das Gelingen des Gußes in Frage gestellt werden. Im allgemeinen wird dasjenige Eisen zu Gießereizwecken sich am besten eignen, das die geringste Schwindung zeigt.

Die nachfolgenden Schwindungsziffern für Eisensorten stellen Mittelwerte dar:

1. Reines Eisen [1] . . . . $\varepsilon = \dfrac{1}{41}$ . . . . 2,44 $^0/_0$

---

[1] Nach W. Keep: Stahleisen 1890, S. 604.

2. Technisch reines Flußeisen [Kruppsches
    Weicheisen [1])] . . . . 2,39 %

3. Weicher Stahl (Stahlformguß) . . . . $\varepsilon = \dfrac{1}{55} - \dfrac{1}{50}$ . . . . . 1,82—2,0 %

4. Weißes Roheisen . . . . $\varepsilon = \dfrac{1}{55} - \dfrac{1}{60}$ . . . . . 1,82—1,67 %

5. Graues Roheisen . . . . $\varepsilon = \dfrac{1}{96}$ . . . . 1,04 %

Für einzelne Gußwarenarten können folgende Durchschnittswerte des Schwindmaßes verwandt werden:

1 % für mittleren und leichten Grauguß,
0,9 % in der Längsrichtung für große Zylindergüsse,
0,5 % im Durchmesser für große Zylindergüsse,
0,7—0,8 % für schweren Grauguß,
0,5—0,7 % für Gußstücke, deren freies Schwinden durch Rippen usw. behindert ist,
1,5—2,00 % für rohen Temperguß.

Bei der Anfertigung der Modelle benutzt man besondere Schwindmaßstäbe. In der Eisengießerei ist ein Maßstab von 1 m Länge um das Schwindmaß, z. B. 1 %,

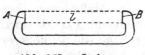

verlängert, wobei diese 101 cm in hundert Teile geteilt sind, so daß jedes beliebige Maß um 1 % größer wird als in Wirklichkeit. Für Stahlgießereien werden Maßstäbe verwandt mit einem Zuschlag von 1,8—2 % für das Schwindmaß, so daß also hier 101,8—102 cm in 100 Teile geteilt sind.

Abb. 153. Joch zur Schwindungsmessung nach Keep.

Schwindungsmessungen. Aus der großen Anzahl von Untersuchungen über die Schwindung und Schwindungsmessungen seien die folgenden hervorgehoben:

Die ältesten Schwindungsmessungen suchten die wirkliche Schwindung zu ermitteln. Hier sind vor allem die Versuche von Keep [2]) zu nennen. Ein Gußeisenstab wurde in einer Sandform zwischen den Flächen A und B eines metallenen Joches [Abb. 153 [3])] gegossen und zum Erkalten gebracht. Die Verkürzung des Stabes wurde mittels eines Keilmaßstabes gemessen. J. Treuheit [4]) verfuhr auf ähnliche Weise bei der Schwindungsmessung. Keep gebührt auch weiter das Verdienst, als erster die Längenänderung eines Gußeisenstabes vom Beginn des Erstarrens bis zum völligen Erkalten, also den ganzen Schwindungsverlauf verfolgt und graphisch dargestellt zu haben.

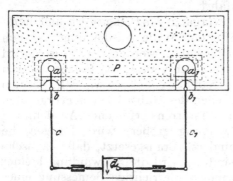

Abb. 154. Schwindungsmesser nach Keep.

In Abb. 154 ist der Schwindungsmesser von Keep schematisch wiedergegeben. P ist der Probestab mit den beiden eingegossenen Stahlstiften a und a_1, die möglichst nahe an den Enden des Probestabes liegen müssen. An a und a_1 sind die um b und b_1 drehbaren zweiarmigen Hebel c und c_1 befestigt. Die beiden Lager für b und b_1 sitzen außen an dem Formkasten. Die Hebel c und c_1 übersetzen die Bewegungen der Stifte a und a_1 auf ein Vielfaches, derart, daß c die durch ein Uhrwerk angetriebene Trommel d verschiebt und ein an c_1 befestigter Schreibstift die Längenänderungen des Probestabes P aufzeichnet. Nach der skizzierten Anordnung würde also eine Horizontale auf dem Papier der Trommel d keine Längenänderung, dagegen ein Ansteigen über die Horizontale hinaus das Wachsen und ein Abfallen darunter das Schwinden andeuten.

---

[1]) Nach F. Wüst: Mitt. Eisenforsch. Bd. 4, 1922, S. 114.
[2]) J. Iron Steel Inst. 1895, S. 227; auszugsw. Ledebur: Stahleisen 1895, S. 894.
[3]) Diese und die folgenden Abbildungen der verschiedenen Schwindungsmesser sind der in Bd. 4, 1922 der Mitt. Eisenforsch. erschienenen Arbeit von F. Wüst und G. Schitzkowski, Einfluß einiger Fremdkörper auf die Schwindung des Eisens, entnommen.
[4]) Stahleisen 1908, S. 1319.

Keep fand auch zuerst den mehrfachen Wechsel zwischen Schwindung und Ausdehnung bei Gußeisen, während vorher nur bekannt war, daß dieses lediglich zum Beginn der Erstarrung sich ausdehnt. So ermittelte er bei einem Gußeisen mit 1% Phosphor drei deutliche Ausdehnungswellen. Auch untersuchte er den Einfluß von Silizium, Mangan, Schwefel und Phosphor auf die Schwindung und kam bezüglich der drei ersten Fremdkörper zu den Ergebnissen, die schon oben kurz erwähnt wurden. Für den Phosphor konnte indessen kein erheblicher Einfluß auf die Schwindung festgestellt werden.

Keep hat bei seinen Untersuchungen leider keine Temperaturmessungen vorgenommen, daher konnte er auch aus der Lage der Ausdehnungswellen während der Erstarrung und Abkühlung keine genauen Schlüsse ziehen. Osmond hatte bei der Besprechung der Keepschen Versuche die Vermutung ausgesprochen, daß die mehrfachen Ausdehnungswellen auf der Schwindungskurve mit den Umwandlungspunkten bei der Abkühlung in Zusammenhang zu bringen seien. Th. Turner[1]) konnte diese Ansicht Osmonds in seinen Schwindungsuntersuchungen bestätigen.

Abb. 155 gibt schematisch den Turnerschen Schwindungsmesser wieder. Ein T-förmiger Stab ist bei a durch einen eingegossenen Stahlbolzen festgehalten. Bei b ist dicht am Ende des Stabs ein verzinnter Stift eingelegt, der nur in einer dünnen

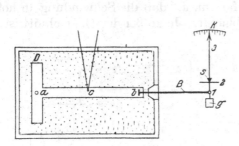

Abb. 155. Schwindungsmesser nach Turner.

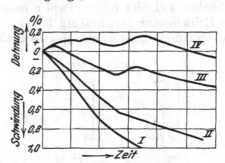

Abb. 156. Turners Versuche.

Sandbrücke gehalten wird, damit seine Bewegung möglichst wenig Widerstand findet. Die Stange B bildet die Verlängerung des Stiftes b; sie führt zu einem doppelten Zeigerhebel 1 2 3, an dem sie bei 1 angreift, und der bei 2 auf einer Schneide s gelagert ist. Das Hebelverhältnis $\overline{12} : \overline{23}$ ist 1 : 40. Der Hebelarm 3 gleitet mit seinem Ende über der Skala K. g ist ein kleines Gegengewicht, das den Zeiger in die Nullage zurückbringt, wenn bei 1 keine Kraft angreift. Turner stellte Schwindungs-Zeit- und Temperatur-Zeitkurven getrennt voneinander auf.

Die Schwindungsmessungen Turners erstreckten sich unter anderem auf Kupfer, reines weißes Roheisen, phosphorfreies graues Roheisen und phosphorhaltiges graues Roheisen.

Abb. 156 läßt die Ergebnisse erkennen. Die chemische Zusammensetzung der Roheisensorten ist nachstehende:

	Gesamt-Kohlenstoff %	Graphit %	Silizium %	Mangan %	Phosphor %	Schwefel %
Sehr reines weißes Roheisen . . .	2,73	—	0,01	Spur	Spur	Spur
Graues Hämatit-Roheisen	3,39	2,53	3,47	0,55	0,04	0,03
Graues Roheisen	2,75	2,60	3,98	0,50	1,25	0,03

Gußstäbe: 12,7 × 12,7 × 305 mm Sandguß.

Da die Erstarrungspunkte nahezu die gleichen sind, lassen sich die einzelnen Schwindungslinien untereinander gut vergleichen.

---

[1]) Metallurgie 1906, S. 317.

Kurve I gibt die Abkühlung von Kupfer als Beispiel solcher Werkstoffe an, die eine gleichmäßige Schwindung ohne Verzögerung (Haltepunkt) während der Volumenabnahme aufweisen. Kurve II ist als typischer Fall der Abkühlung solcher Stoffe anzusehen, die während der Abkühlung einen Haltepunkt bei 670° aufweisen, der einer Wärmetönung bzw. einer Volumenzunahme entspricht. In Betracht kommt hier die Perlitbildung beim weißen Roheisen. Die dritte Kurvenart (graues phosphorarmes Roheisen) zeigt während der Schwindung zwei Verzögerungen bzw. Ausdehnungswellen bei 1135° und 695°, entsprechend der Graphit- und Perlitbildung. Die vierte Klasse von Schwindungskurven weist drei Verzögerungen auf. Dahin gehört graues phosphorhaltiges Roheisen, bei welchem neben der Graphit- und Perlitabscheidung noch die Entstehung des ternären Phosphideutektikums bei 900° die Volumenausdehnung bewirkt. Merkwürdigerweise zeigt die Kurve nur eine sehr geringe Schwindung.

Weitere umfangreiche Schwindungsmessungen an Gußeisen wurden von Th. West[1] ausgeführt. Er benutzte einen Apparat, der in Abb. 157 schematisch dargestellt ist: Der Stab a wird in offener Form gegossen. Die an den Enden eingegossenen rechtwinklig gebogenen Stifte b und b_1 stehen mit den doppelarmigen Hebeln 1, 2 und 1_1, 2_1 in Verbindung. An den Enden von 2 und 2_1 sind Schreibstifte befestigt, die die Längsänderungen des Stabes auf einem mit Papier bespannten Brett aufzeichnen; letzteres wird durch einen Schwimmer gleichmäßig bewegt. West fand u. a., daß die Schwindung in hohem Maße von dem Querschnitt des Gußstückes abhängt. Je größer der Querschnitt ist, um

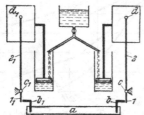

Abb. 157. Schwindungsmesser nach West.			Abb. 158. Schwindungsmesser nach Diefenthäler.

so erheblicher ist die Ausdehnung zu Beginn der Erstarrung, um so geringer wird die wirkliche Schwindung. Im übrigen konnte er in Wiederholung der Keepschen Schwindungsversuche die dort ermittelten Ergebnisse bestätigen.

In Abb. 158 ist ein anderer Schwindungsmesser von A. Diefenthäler[2] und K. Sipp wiedergegeben. An den beiden Enden des Probestabes liegen Kokillen a, a, die sich bei der Erstarrung der Schmelze mit dem Stabe fest verbinden. Die infolge der Längenveränderungen eintretende gegenseitige Verschiebung der Kokillen wird durch die Zugstange b auf den um d drehbaren Hebel h übertragen. Die Spitze i dieses Hebels schreibt auf der durch das Uhrwerk e getriebenen Trommel f die Schwindungs-Zeitkurve auf. Der in unveränderlicher Entfernung vom Drehpunkt des Hebels d auf dem Arbeitstisch befestigte Bock c ist mit der Kokille a durch die zweite Zugstange b verbunden. Die bei s angebrachte Schiebelehre dient zur Überwachung der auf der Trommel aufgezeichneten Schwindungskurve. Zur Ermittlung der Temperatur-Zeitkurve dienen Thermoelemente mit selbstschreibendem Millivoltmeter. Diefenthälers Untersuchungen erstreckten sich hauptsächlich auf die Ermittlung des Zusammenhangs zwischen Schwindungsgröße und Siliziumgehalt bzw. Dicke des Gußstabes.

Wüst hatte schon im Jahre 1909 mittels eines hydraulischen Schwindungsmessers, der vor den bisher betrachteten, mit Hebelübersetzung ausgestatteten Vorrichtungen den Vorzug der schnelleren und genaueren Übertragung der Längenänderungen des Versuchsstabes auf eine Flüssigkeitsmeßkapillare besaß, eine Reihe von Metallen und Legierungen untersucht[3]. Bei seinen neuen Konstruktionen hat Wüst die hydraulische

[1] Th. West: Metallurgy of Cast-Iron. Cleveland 1912.
[2] Stahleisen 1912, S. 1813.
[3] Metallurgie 1909, S. 769/792.

Übertragung und Meßvorrichtung wieder verlassen, an Stelle dieser aber die Längenänderungen mit Hilfe einer nach dem Prinzip der Wheatstoneschen Brücke ein-
gerichteten elektrischen Meßvorrichtung bestimmt[1]). Die hierbei in einem in den
Stromkreis eingeschalteten Galvanometer entstehenden Ausschläge werden auf einer mit
lichtempfindlichem Papier bespannten selbstschreibenden Trommel photographisch aufgenommen, so daß auf letzterer eine Schwindungs-Zeitkurve entsteht. Durch den Einbau eines zweiten Galvanometers kann gleichzeitig mit der Schwindungskurve auch
die Temperatur-Zeit-Kurve photographisch übertragen werden, indem die elektromotorische Kraft des Thermoelementes gleichfalls in Galvanometerausschläge übersetzt wird[2]).

Der in Abb. 159 schematisch dargestellte Schwindungsmesser besteht im wesentlichen aus einem beweglichen Rahmen R, der den in einem Formkasten gegossenen Stab
A in weitem Abstande umgibt und das Schwindwerk trägt. Der Apparat ist auf einem
fahrbaren, in der Höhe verstellbaren Untergestell aufgebaut und gegen Erschütterungen
und Verschiebungen des Formkastens un-
empfindlich. Die rechte Traverse T_3 trägt
in der Mitte eine Klemme K_2, in die ein
etwa 4 mm starker Eisendraht eingespannt
ist. Letzterer ragt etwa 25 mm tief in die
Form und ist an seinem freien Ende zu
einer flachen Spirale aufgewickelt. Der
erstarrende Stab wird durch den Draht
mit dem Rahmen in feste Verbindung gebracht. In die linke Wand des Formkastens ist ein gleicher Draht eingesetzt,
der von der verschiebbaren Klemme K_1
erfaßt wird und die Längenänderung des
Probestabes A mittels der Schubstange L
in das Schwindwerk übertragen soll.

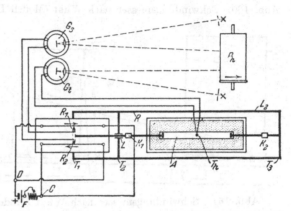

Abb. 159. Schwindungsmesser nach Wüst (Modell II).

Zur unmittelbaren Überwachung der
Arbeitsweise des Apparates ist an der Schubstange eine Millimeterteilung mit Noniusablesung
angebracht. Die Schaltung des Schwindwerks, das einen Komparator mit elektrischer
Registrierung darstellt, ist aus der Abb. 159 zu ersehen. Das Schwindwerk besteht aus zwei
gleich langen, gespannten Gefälldrähten aus Konstantan; auf diesen gleiten zwei feine
Schneiden R_1 und R_2, die auf der Schubstange L isoliert befestigt sind. Gefälldrähte und
Schleifkontakte sind staubdicht in eine Glasröhre eingeschlossen. Beide Schleifkontakte
R_1 und R_2 sind mit dem Schwindungsgalvanometer G_s des Registrierapparates in einen
Stromkreis eingeschaltet, während die Konstantandrähte in einem zweiten Stromkreis
mit einem Akkumulator E in Verbindung stehen, dessen konstante Spannung an den
Klemmen C und D liegt. Die Schaltung erlaubt, daß der Galvanometerausschlag mit
fortschreitender Längenänderung des Stabes ständig nach einer Seite hin erfolgt. Die
Aufzeichnung der Schwindung wird so vorgenommen, daß von dem Augenblick der
Bildung einer festen Kruste an, die entstehenden Längenänderungen des Stabes ein
Gleiten der Schleifkontakte an den Gefälldrähten und damit eine Änderung des an den
Schneiden $R_1 R_2$ liegenden Potentials bewirken. Die Längenänderungen des Probestabes
werden dabei in Galvanometerausschläge übersetzt und von der Trommel P_h als
Funktion der Zeit photographisch aufgenommen. Ein zweites Galvanometer G_t gestattet,
wie schon erwähnt, gleichzeitig die Temperaturablesung. Es ist mit dem in der Mitte
des Versuchsstabes eingebauten, durch Quarzhülle geschützten, Thermoelement T_h verbunden und vermag ebenfalls die empfangenen Ausschläge auf die Registriertrommel

---
[1]) F. Wüst und G. Schitzkowski: Einfluß einiger Fremdkörper auf die Schwindung des
Eisens. Mitt. Eisenforsch. Bd. 4, 1922, S. 105. Auszugsw. Stahleisen 1923, S. 713. Gieß. 1923,
S. 191, 203.
[2]) Diese Einrichtung der Registrierung wurde ursprünglich von Kurnakow bzw. Baikow
zur Aufstellung von Temperatur-Zeitkurven eingeführt. Z. anorg. Chemie 1904, S. 184.

zu übertragen, so daß man auf letzterer zwei Kurven, Schwindungs- und Abkühlungs-kurve, untereinander erhält. Abb. 160 zeigt die Ansicht des Schwindungsmessers bei geöffnetem Formkasten.

Für betriebsmäßige Verhältnisse hat Wüst den Apparat einfacher, ohne elektrisches Schwindwerk, eingerichtet (Abb. 161). Er benutzt eine einfache mechanische Hebelüber-tragung mit Schreibhebel H und umlaufender Trommel. Letztere kann eine Umlaufzeit von 2, 4 oder 6 Stunden je nach der Abkühlungsgeschwindigkeit des Probestabes erhalten. Das Übersetzungsverhältnis beträgt 1 : 11,2. Die Temperatur wird am besten mit einem beson-deren Temperaturschreiber auf-genommen.

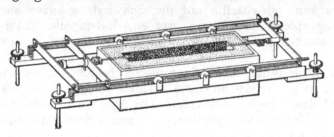

Abb. 160. Schwindungsmesser nach Wüst (Modell II, Ansicht).

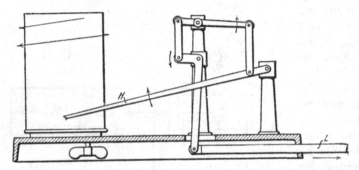

Abb. 161. Schwindungsmesser nach Wüst (Modell III).

Abb. 162 zeigt die Versuchs-anordnung. Als Stabform wurde einheitlich ein Rundstab von L = 350 mm Länge und 30 mm Durchmesser gewählt. Die Ein-tauchtiefe der Übertragungs-drähte betrug 25 mm, so daß zwischen den Endpunkten der letzteren eine Länge l = 300 mm verbleibt. Wirkliche Schwin-dung und Gesamtschwindung wurden in Hundertteilen der Stablänge L angegeben. Alle Stäbe wurden liegend einge-formt, und zwar stets am Tage vor dem Guß.

Ehe in die eigentliche Hauptuntersuchung des Ein-flusses der Fremdkörper auf die Schwindung des Eisens einge-treten wurde, wurden zahl-reiche Schwindungsmessungen an reinen Metallen, Metall-legierungen, weißen und grauen Roheisen, sowie einigen Guß-eisensorten vorgenommen.

Abb. 162. Versuchsanordnung bei Schwindungsmesser nach Wüst (Modell III).

Zahlentafel 137 enthält eine Übersicht über Zusammen-setzung und Schwindungs-ergebnisse einiger Gießereiroh-eisen- und Gußeisensorten; die zugehörigen Schwindungs- und Abkühlungskurven sind in den Abb. 163 und 164 dargestellt.

Die Abkühlungskurve für Hämatit in Abb. 163a zeigt die Erstarrung des Graphit-eutektikums (bei 1103°) und die Perlitumwandlung (bei 695°) deutlich, während der Beginn der primären Kristallisation der Mischkristalle nur durch eine schwache Rich-tungsänderung angezeigt wird. Die Schwindungskurve weist, etwa dem Beginn der eutek-tischen Erstarrung entsprechend, eine erhebliche Verlängerung des Stabes auf, die offen-bar durch die Volumenzunahme bei der Graphitbildung bedingt wird. Dann folgt ein wagerechter Teil der Kurve, wo ersichtlich Schwindung und Ausdehnung sich gerade aufheben, darauf eine starke Schwindung, die nach einiger Zeit erheblich verzögert wird und schließlich zu einer Wiederausdehnung des Stabes führt. Nachdem letzterer

Zahlentafel 137.

Zusammensetzung und Schwindung von Roheisen und Gußeisen.

Nr.	Bezeichnung	Schwindung %	C %	Graphit %	Si %	Mn %	P %	S %	Gießtemp. °C.	Bemerkungen
1	Hämatit	1,21	3,68	3,05	2,28	1,25	0,19	0,025	1205	Stab dicht
2	Deutsch III . . .	1,05	3,77	3,06	1,91	0,57	0,64	—	1290	,, ,,
3	Deutsch III	1,23	3,54	2,77	1,64	0,85	1,01	—	1200	,, ,,
4	Maschinenguß . . .	1,17	3,59	2,86	1,93	0,52	0,54	—	1105	,, ,,
5	Zylinderguß	1,31	3,55	2,40	1,22	0,54	0,44	—	1110	,, ,,

darauf wieder einige Zeit eine unveränderte Länge beibehält, verkürzt er sich stetig bis zur gewöhnlichen Temperatur. Die Verzögerung der Schwindung bis zur Wiederausdehnung des Stabes ist eine Folge der Perlitabscheidung. Es muß hierbei bemerkt werden, daß der Beginn der deutlichen Verzögerung der Schwindung wesentlich früher einsetzt als der Haltepunkt auf der Abkühlungskurve. Dies erklärt sich daraus, daß die letztere die Temperatur der Mitte des Stabes angibt, während die Längenänderung über die ganze Stablänge summiert aufgezeichnet wird. So konnte festgestellt werden, daß die Perlitbildung und die damit zusammenhängende Verzögerung der Schwindung schon an den Enden des Stabes einsetzte, ehe die Abkühlungskurve den Perlitpunkt anzeigte. Der Kurvenverlauf für das Roheisen Deutsch III mit 0,64% P (Abb. 163b) ist ähnlich wie bei Hämatit, nur ist die anfängliche Ausdehnung etwas stärker. Der Perlitbildung entspricht eine starke Verzögerung in der Schwindung des Stabes bei 700°, jedoch keine Ausdehnung. Die Abkühlungskurve enthält bei 920° eine geringe Verzögerung, entsprechend der Erstarrung des Phosphideutektikums, auch die Schwindungskurve weist eine zugehörige geringe Verzögerung auf. Roheisen Deutsch III (Abb. 163c) mit 1,01% P zeigt bei 930° eine stärkere Verzögerung (Erstarrung des Phosphideutektikums), entsprechend dem höheren Phosphorgehalt. Im übrigen ist der Verlauf der Schwindungskurve dem der beiden ersteren Roheisensorten ähnlich. Maschinen- und Zylinderguß zeigen Kurven (Abb. 164) ähnlich denjenigen der Roheisensorten. Da die Proben grau erstarren, zeigen die Schwindungskurven im Anfang starke Ausdehnung.

Wüst untersuchte ferner eine Reihe von Weißeisen (Temperguß) mit 3,13 bis 3,58% C, 0,25—0,63% Si und 0,11—0,16% P und konnte hierbei mit dem Schwindungsmesser ebenfalls eine anfängliche Ausdehnung feststellen, die indessen schwächer als beim grauen Roheisen war. Hier trat noch ein bemerkenswerter Einfluß der Gießtemperatur auf, insofern als die Ausdehnung kleiner wurde, mithin eine größere Schwindung eintrat, wenn das Eisen weniger heiß vergossen wurde.

Diese im Gegensatze zu den Untersuchungsergebnissen älterer Forscher (Keep, West) stehende Beobachtung ist seither in neueren Untersuchungen von P. Oberhoffer und H. Stein[1]) sowie auch von O. Bauer und K. Sipp[2]) bestätigt worden. Sie kann dahin erklärt werden, daß bei höherer Gießtemperatur die Abkühlung während und nach der Erstarrung innerhalb des ganzen Gußstückes sich verlangsamt und die besonders nach dem Innern zu reichlicher erfolgende Graphitausscheidung eine größere anfängliche Ausdehnung bewirkt, als wenn die Erstarrung bei weniger heißem Vergießen rascher und gleichmäßiger verläuft.

Abb. 165 gibt die Schwindungskurven für eine bei 1150° und eine bei 1260° gegossene Probe Temperguß wieder. Während erstere eine Ausdehnung von 0,05% zeigt, besitzt letztere eine solche von 0,12%. Die wirkliche Schwindung betrug 2,04 bzw. 1,98%.

Einfluß der Fremdkörper auf die Schwindung des reinen Eisens. Für diese Untersuchung wurde technisch reines Flußeisen (Kruppsches Weicheisen) mit

---

[1]) Gieß. 1923, S. 423 und 431.
[2]) Stahleisen 1923, S. 1239. Gieß. 1923, S. 459.

0,08%/0 C, 0,02%/0 Si, 0,07%/0 Mn, 0,01%/0 P und 0,002%/0 S erschmolzen, dem man für die einzelnen Versuchsreihen Legierungszusätze (Kohlenstoff, Silizium usw.) von praktisch möglichster Reinheit in wechselnden Beträgen zumischte.

Aus Abb. 166 ergibt sich die Schwindung in Abhängigkeit vom Kohlenstoffgehalt. Es zeigt sich dabei, daß die wirkliche Schwindung bei den kohlenstoffärmsten Legierungen mit etwa 2,39%/0 beginnt und bis auf etwa 1,8%/0 bei rd. 2,5%/0 Kohlenstoff abnimmt; bei kohlenstoffreicheren Legierungen nimmt die Schwindung wieder zu bis 2,12%/0 bei 4,1%/0 C. Die nachperlitische Schwindung, also von 700° an abwärts, erweist sich vom Kohlenstoffgehalt unabhängig, sie bleibt ungefähr konstant (1%/0) für alle Kohlenstoffgehalte, dagegen nimmt die vorperlitische Schwindung (von der beginnenden

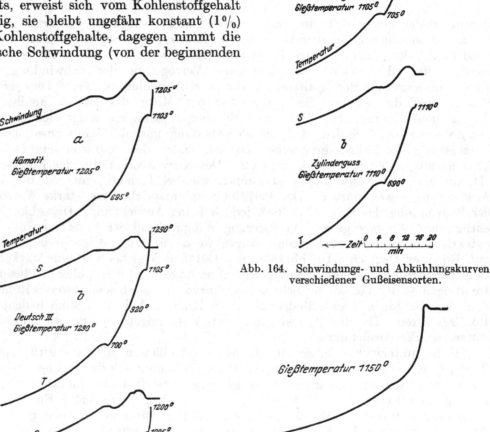

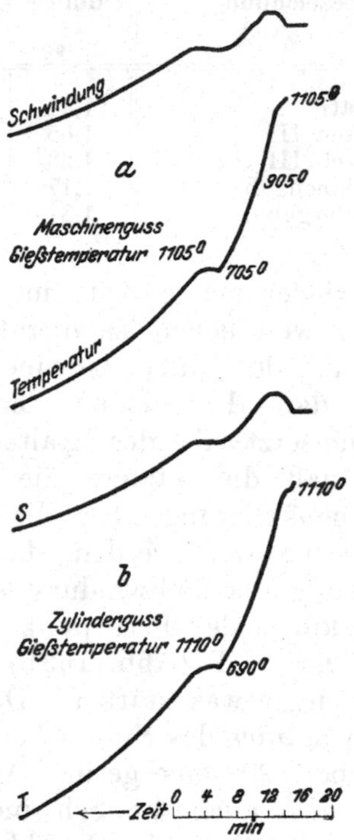

Abb. 164. Schwindungs- und Abkühlungskurven verschiedener Gußeisensorten.

Abb. 163. Schwindungs- und Abkühlungskurven verschiedener Roheisensorten.

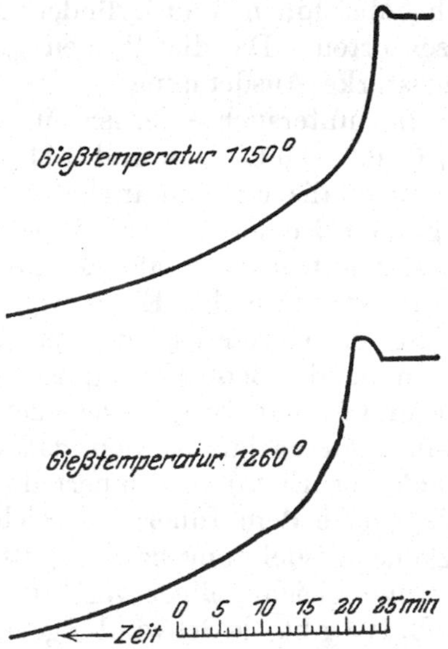

Abb. 165. Schwindung von Temperguß bei verschiedener Gießtemperatur.

Erstarrung bis zum Durchlaufen des Perlitpunktes) mit steigendem Kohlenstoffgehalte (bis etwa 1,7%/0) zunächst schnell ab von 1,36%/0 auf 0,81%/0, bleibt darauf wenig veränderlich und nimmt später merklich zu bis 1,01%/0 bei 4,1%/0 C. Die anfängliche Ausdehnung fehlt bei den kohlenstoffärmsten Legierungen ganz, sie wächst aber mit steigendem

Kohlenstoffgehalte und erreicht ihren höchsten Grad bei 2,5—3,0% C mit etwa 0,2% und fällt nach der Ledeburitzusammensetzung (4,2% Kohlenstoff) hin merklich ab. Nach Wüst besteht bis zur Zusammensetzung des gesättigten Mischkristalls (1,7% C) eine beachtenswerte Beziehung zwischen Größe der anfänglichen Ausdehnung zu der des Erstarrungsintervalls. Letzteres nimmt, von Null beim reinen Eisen beginnend, ebenfalls zu, um bei etwa 1,7% C einen Höchstwert zu durch-

laufen, worauf dann oberhalb 1,7% C das Erstarrungsintervall bis zur eutektischen (Ledeburit-)Konzentration sich wieder dem Nullwert nähert.

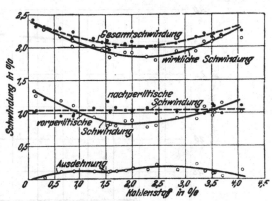

Abb. 166. Schwindung in Abhängigkeit vom Kohlenstoffgehalt.

Wüst nimmt zur Erklärung der Beziehung an, daß die Diffusion von Kristalliten und Schmelze mit Volumenausdehnung, d. h. mit einer Stabverlängerung, verbunden ist, und daß diese Ausdehnung um so größer wird, je größer der Konzentrationsunterschied des zuerst ausgeschiedenen Mischkristalls gegen den zuletzt erstarrten ist. Oberhalb 1,7% Kohlenstoff, im Gebiete des heterogenen Gefügeaufbaues und der Möglichkeit der räumlichen Entmischung, nehmen Erstarrungsintervall und Ausdehnung nicht mehr in gleichem Maße ab, vielmehr wächst letztere noch bis etwa 3,2% C, um dann erst dem Nullwerte bei der eutektischen Konzentration nahe zu kommen. Voraussetzung für das Auftreten der anfänglichen Ausdehnung ist aber, daß die Schmelzen genügend hoch über den Erstarrungsbeginn überhitzt vergossen werden. Nähert sich die Gießtemperatur dem Erstarrungsbeginn, so wird nur eine kleine, manchmal sogar keine Ausdehnung gefunden.

Der Einfluß des Siliziums auf die Größe und den Verlauf der Schwindung ist in Abb. 167 dargestellt. Letztere enthält die Werte für die wirkliche Schwindung und die

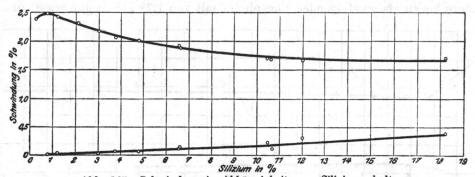

Abb. 167. Schwindung in Abhängigkeit vom Siliziumgehalt.

Ausdehnung mit steigendem Siliziumgehalte bis 18% Silizium. Ein geringer Siliziumgehalt erhöht die Schwindung des reinen Flußeisens von 2,39 auf 2,48% bei 0,77% Si. Mit steigendem Siliziumgehalt wird die wirkliche Schwindung geringer bis 1,66% bei 12% Si. Bei geringen Gehalten zeigen die hier nicht wiedergegebenen Schwindungskurven in dem Temperaturgebiete der Eisenumwandlung (750—900°) Wiederausdehnung, die aber bei 3% Si nur noch als eine geringe Verzögerung der Schwindung sich geltend macht.

Die anfängliche Ausdehnung wächst etwa proportional dem Siliziumgehalt. Da innerhalb des Bereiches der hier untersuchten Eisen-Silizium-Legierungen die Größe des Erstarrungsintervalls ebenfalls mit dem Siliziumgehalt proportional zunimmt, ergibt sich, ähnlich wie bei den Eisen-Kohlenstoff-Legierungen, auch hier eine gute Übereinstimmung zwischen Erstarrungsintervall und Ausdehnung.

In Abb. 168 sind die Werte der wirklichen Schwindung und der Ausdehnung in Abhängigkeit vom **Mangangehalt** eingezeichnet. Mit zunehmendem Mangangehalt steigt die Schwindung nahezu geradlinig von dem Werte 2,39% für weiches Flußeisen bis zum Werte 2,86% für eine Legierung mit 15,49% Mn an. Die Ausdehnungen sind überall dem kleinen Kristallisationsintervall entsprechend sehr gering. Die hier nicht wiedergegebenen Abkühlungskurven zeigen bei niedrigen Mangangehalten eine Ver-

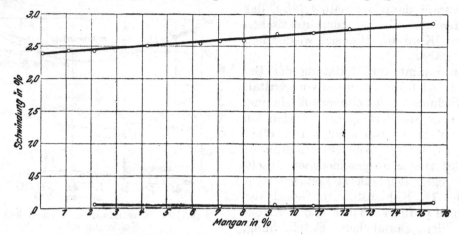

Abb. 168. Schwindung in Abhängigkeit vom Mangangehalt.

zögerung, die der Umwandlung von γ- in α-Eisen entspricht. Dieser Umwandlung entspricht auf den Schwindungskurven eine Ausdehnung, die der Schwindung entgegenwirkt. Diese Verzögerung sinkt mit zunehmendem Mangangehalt immer tiefer; bei 4,21% Mangan liegt sie bei 490°; bei etwa 8% Mn ist auf der Abkühlungskurve keine Wärmetönung mehr zu erkennen. Bei einem Mangangehalt von 15,49% zeigt die Schwindungskurve keine Unregelmäßigkeit mehr.

Abb. 169 zeigt die Schwindung in Abhängigkeit vom **Phosphor**gehalt. Man erkennt, daß erstere bis zu einem steigenden Phosphorgehalt von 1,7% (Sättigungswert des homo-

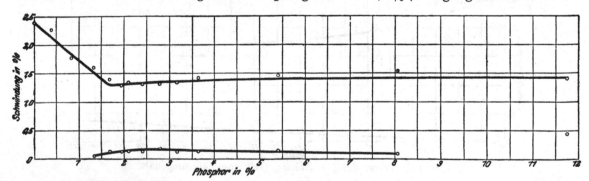

Abb. 169. Schwindung in Abhängigkeit vom Phosphorgehalt.

genen Eisen-Phosphormischkristalls) erheblich fällt, und zwar von 2,39% auf 1,39%. Bei höheren Gehalten an Phosphor nimmt die Schwindung gleichmäßig und schwach zu, von 1,39% auf 1,54% bei 8% Phosphor. Da in den phosphorreicheren Legierungen (über 1,7% P) neben dem gesättigten Mischkristall ein Eutektikum dieses Mischkristalls in Verbindung mit Eisenphosphid (Fe_3P) auftritt, so kann man die Zunahme der Schwindung jener Legierungen so erklären, daß das Eisenphosphid größere Schwindung hat, als der gesättigte Mischkristall. Die Ausdehnung wächst mit steigendem Phosphorgehalt entsprechend der Größe des Erstarrungsintervalls der Eisen-Phosphorlegierungen und erreicht bei 1,7% P etwa 0,13%. Ob unterhalb 1,3% P überhaupt keine Ausdehnung stattfindet, oder ob diese in den Versuchen wegen zu niedriger Gießtemperatur

nicht auftrat, erscheint ungewiß. Größere Phosphorgehalte beeinflussen die Ausdehnung unregelmäßig. Die größte Ausdehnung tritt bei der annähernd eutektischen Legierung mit 11,75% P auf. Man muß danach annehmen, daß das Phosphideutektikum
unter erheblicher Volumenzunahme erstarrt.

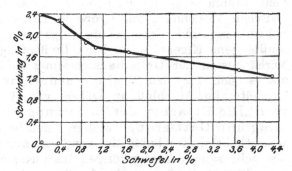

Abb. 170. Schwindung in Abhängigkeit vom Schwefelgehalt.

In Abb. 170 sind die Ergebnisse für
die Schwindung bei schwefelhaltigen
Legierungen dargestellt. Schwefel verringert die Schwindung des reinen Eisens
demnach erheblich; besonders stark ist die
Wirkung kleiner Zusätze bis zu 1%. Die
Ausdehnung zu Beginn der Erstarrung ist
bei allen untersuchten Legierungen, soweit
sie überhaupt auftritt, äußerst gering. Die
Abkühlungskurven zeigen bei etwa 950°,
entsprechend der Ausscheidung des Eutektikums Eisen-Schwefeleisen, eine Verzögerung, die mit zunehmendem Schwefelgehalt deutlicher hervortritt. Weitere Haltepunkte treten innerhalb des Umwandlungsgebietes (900—750°) bei der γ-α-Umwandlung auf. Die

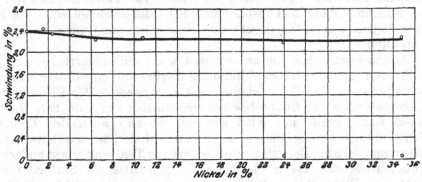

Abb. 171. Schwindung in Abhängigkeit vom Nickelgehalt.

Schwindungskurven enthalten diesen Wärmetönungen entsprechend gleichfalls Verzögerungen.

Der Einfluß des Nickels auf die Schwindung des reinen Eisens ist in Abb. 171 dar-

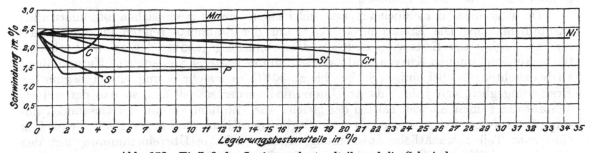

Abb. 172. Einfluß der Legierungsbestandteile auf die Schwindung.

gestellt. Nickel vermag hiernach die Schwindung nur wenig zu verringern. Von etwa 6%igem Nickel an sind die Änderungen mit steigendem Nickelgehalt außerordentlich gering. Eine Ausdehnung ergibt sich nur bei sehr hohen Nickelgehalten; sie ist dann gering.

Abb. 172 enthält eine Übersicht über den Einfluß der erwähnten Fremdkörper, sowie des Chroms, auf die Schwindung des Eisens.

Es bleibt zu beachten, daß die Wüstschen Hauptuntersuchungen sich lediglich auf die Zweistofflegierungen des Eisens erstrecken; in dieser Form besitzen sie nun für das Gußeisen insofern weniger wirksame Bedeutung, als der für die Schwindung hier maßgebende Einfluß des Graphits ausgeschaltet ist. Immerhin haben jene Versuche neue Einblicke in die Beziehungen zwischen Schwindung und Gießtemperatur sowie zwischen Ausdehnung und Größe des Erstarrungsintervalls, letzten Endes auch zwischen Schwindung und Entmischungsvorgängen, gebracht, so daß es reizvoll erscheinen mußte, jene Ergebnisse auch an Dreistofflegierungen des Eisens unter den besonderen Verhältnissen der Graphitausscheidung zu überprüfen. Hierzu bot sich Gelegenheit, als es sich für den Technischen Hauptausschuß für Gießereiwesen darum handelte, im Anschluß an frühere von A. Diefenthäler [1]) durchgeführte Arbeiten über „Die Ursachen der Lunkerung und ihren Zusammenhang mit Schwindung und Gattierung" weitere Versuche zur Klärung dieser Frage anzustellen. Die wesentlichsten Ergebnisse der von O. Bauer und K. Sipp [2]) durchgeführten betreffenden Versuche samt den zugehörigen Analysen sind in den Abb. 173—176 und in der Zahlentafel 138 zusammengestellt. In diesem Zusammenhange sei lediglich auf die Schwindungsversuche eingegangen.

Als Ausgangsstoff wurde ein schwedisches Roheisen von großer Reinheit an Fremdkörpern (3,35 % Gesamtkohlenstoff, Spuren von Silizium, 0,20 % Mangan, 0,07 % Phosphor und 0,017 % Schwefel) gewählt, das nach dem Umschmelzen im Tiegelofen folgende Zusammensetzung zeigte: 3,68 % Gesamtkohlenstoff, 0,17 % Silizium, Spuren von Mangan, 0,016 % Phosphor und 0,027 % Schwefel. Es wurden vier Versuchsreihen mit steigenden Gehalten an Silizium, Mangan, Phosphor und Schwefel erschmolzen. Ihre Zusammensetzung sowie diejenige einer Zusatzschmelze eines mittleren Gußeisens sind in Zahlentafel 138 enthalten.

Da die Ausgangsschmelze, wie zu erwarten war, weiß erstarrte, jedoch bereits bei etwa 0,5 % Silizium genügende Graphitbildung zeigte, wurden sämtliche Schmelzen für die Mangan-, Phosphor- und Schwefelreihen mit wenigstens 0,5 % Silizium erschmolzen. Form und Abmessungen der Gußprobestäbe ergeben sich aus Abb. 177. Die Verdickung an dem einen Ende wurde mit Rücksicht auf die zu erwartenden Lunker gewählt. Für die Schwindungsmessung diente der schon auf S. 320 erwähnte Apparat von Diefenthäler und Sipp. Bei jedem Stab wurde die Temperatur am äußeren Umfange (10 mm Eintauchtiefe des Thermoelementes im prismatischen Stabteile) und in der Stabmitte (75 mm Eintauchtiefe des Thermoelementes im verdickten Teil) selbsttätig aufgezeichnet, um das Temperaturgefälle zwischen äußerem Umfang und Mitte festzustellen. Außerdem wurde jeweils die Gießtemperatur für die aus jeder Schmelze einmal möglichst heiß (in der Zahlentafel und den Abbildungen mit h bezeichnet) und sodann möglichst kalt (in der Zahlentafel und den Abbildungen mit k bezeichnet) gegossenen Probestäben gemessen.

Die Ergebnisse der Schwindungsversuche lassen sich im wesentlichen folgendermaßen zusammenfassen: Die Erstarrungskurven [3]) aus der Stabmitte zeigten im allgemeinen nur zu Beginn der Erstarrung deutliche Unterschiede gegenüber den an der Staboberfläche aufgenommenen Kurven, und zwar war an der letzteren vielfach eine Unterkühlung zu beobachten, die bei einigen Stäben bis zu 40° C. und mehr betrug. Nach Beginn der Erstarrung glich sich jedoch dieser Unterschied wieder schnell aus, so daß der weitere Verlauf der beiden Kurven nahezu der gleiche war. Zu dem Verlauf der Gesamtschwindung [3]) ist folgendes zu bemerken: Zu Beginn der Erstarrung zeigten alle Schmelzen eine zum Teil beträchtliche Ausdehnung, deren Größe in Übereinstimmung mit den Angaben von Wüst in Zusammenhang mit der Größe des Erstarrungsintervalls zu stehen scheint. Auch der von Wüst ermittelte Zusammenhang von Gießtemperatur und anfänglicher Ausdehnung wurde bestätigt, wenigstens für die Siliziumreihen, indem die heißer vergossenen Stäbe eine stärkere Ausdehnung als die kälter vergossenen zeigten, während bei den anderen Reihen der Einfluß der Gießtemperatur auf die anfängliche

[1]) Stahleisen 1912, S. 1813.
[2]) Stahleisen 1923, S. 1239. Gieß. 1923, S. 459.
[3]) Die Erstarrungs- und Schwindungskurven sind in der Originalarbeit nicht enthalten.

Zahlentafel 138.

Versuche zur Klärung der Abhängigkeit der Schwindung und Lunkerung beim Gußeisen von der Gattierung.

Nr. des Gusses	Versuchsreihe	Chemische Zusammensetzung					Gießhitze °C.		Gesamtschwindmaß in %		Lunkerform		Lunkervolumen in ccm	
		C %	Si %	Mn %	P %	S %	Stab h	Stab k	Stab h	Stab k	Stab h (heißvergossen)	Stab k (kaltvergossen)	Stab h	Stab k
1	Ausgangsmaterial	3,68	0,17	—	0,016	0,027	1360	1260	1,67	1,80	trichterförmiger großer Außenlunker	großer Innenlunker	124	60
2	Silizium	3,57	0,44	0,08	Spur	0,014	1350	1190	1,39	(0,97)	langgestreckter, großer Außenlunker	langgestreckter Innenlunker	120	42
3		3,39	0,91	0,10	„	0,012	1400	1300	1,38	1,41	Außenlunker und Innenlunker	2 übereinanderliegende Innenlunker	107	72
4		3,45	2,14	0,06	„	0,016	1360	1280	1,32	1,37	flacher, breiter Außenlunker	kein Lunker	132	0
5		3,20	3,61	0,11	„	0,001	1390	1210	1,09	1,25	flacher Außenlunker	kein Lunker	95	0
6	Mangan	3,55	0,53	0,575	0,016	0,04	1330	1200	0,95	0,995	flacher Außenlunker	kleine blasenförmige Innenlunker	187	24
7		3,84	0,66	1,21	0,020	Spur	1340	1220	0,51	0,73	trichterförmiger großer Außenlunker	trichterförmiger Außenlunker mit Einbruchstelle nach innen	253	155
8		3,77	0,92	1,655	0,016	„	1350	1210	1,01	1,05	flacher, zum Teil trichterförmiger Außenlunker	flacher, weitverzweigter Innenlunker	147	57
9		4,11	0,99	2,75	0,016	„	1380	1200	0,94	0,80	flacher Außenlunker	kein Lunker	68	0
10	Phosphor	3,46	0,69	0,06	0,51	0,010	1370	1250	1,29	1,35	breiter, großer Außenlunker	langer Innenlunker mit seitlicher Öffnung	124	73
11		3,24	0,66	0,05	0,96	0,016	1440	1270	1,14	1,19	großer, flacher Außenlunker	kurzer Innenlunker mit seitlicher Öffnung	123	21
12		3,35	0,85	0,10	1,58	0,008	1400	1200	0,974	0,995	großer, flacher Außenlunker	kein Lunker	124	0
13		2,97	0,95	0,11	2,16	0,005	1340	1180	0,923	0,877	großer, flacher Außenlunker	kein Lunker	96	0
14	Schwefel	3,92	0,55	0,09	Spur	0,052	1320	1180	1,39	1,35	flacher Außenlunker	flacher Innenlunker	113	55
15		3,78	0,62	0,18	„	0,172	1380	1220	1,36	1,40	großer, zum Teil trichterförmiger Außenlunker	großer, flacher Innenlunker	207	157
16		3,72	0,63	0,16	„	0,214	1340	1200	1,40	1,37	verzweigter, zum Teil trichterförmiger Außenlunker	großer, flacher Innenlunker	113	139
17		3,68	0,64	0,11	„	0,313	1310	1210	1,41	1,44	Außenlunker mit kleinem Innenlunker	großer, langgestreckter Innenlunker	139	261
18	Zusatzschmelze	3,63	1,92	0,71	0,46	0,044	1340	1190	0,81	0,86	sehr langgezogener, flacher Außenlunker	Schmelze nicht vollständig ausgelaufen	186	—

Ausdehnung nicht deutlich hervortrat. Mit steigenden Gehalten an Silizium und Phosphor nahm die anfängliche Ausdehnung allmählich ab, während beim Mangan und Schwefel keine deutliche Abnahme mit steigenden Mengen der betreffenden Stoffe festzustellen war. Bringt man die anfängliche Ausdehnung in Beziehung zu der Größe des Erstarrungsintervalls, so ist zu vermuten, daß bei den in Zahlentafel 138 angegebenen Gehalten an Gesamtkohlenstoff das Erstarrungsintervall bei steigenden Mengen an

Silizium und Phosphor kleiner wird, während Mangan und Schwefel keinen merkbaren Einfluß darauf nehmen.

Schmelze 1 zeigt die größte Schwindung, wie das bei dem weiß erstarrten Eisen auch zu erwarten ist. Dagegen weist die Zusatzschmelze 18 die geringste Schwindung auf.

Aus Abb. 173 ergibt sich für die Siliziumreihe, daß die Gesamtschwindung mit steigenden Siliziumgehalten abnimmt; die heißvergossenen Stäbe zeigen durchgängig geringere Schwindung als die kalt vergossen (nur die Schmelze 2k macht eine Ausnahme, vielleicht handelt es sich aber dabei um einen Zufallswert).

Die Manganreihe (Abb. 174) nimmt einen von der Siliziumreihe abweichenden Verlauf. Zunächst nimmt die Gesamtschwindung ab, steigt darauf wieder an und fällt

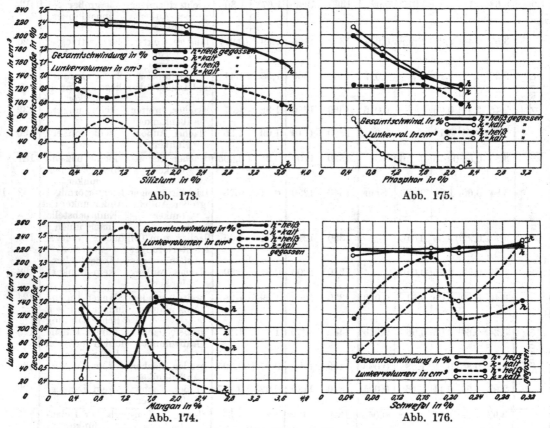

Abb. 173.　　　　　　　　　　　　　　　　Abb. 175.

Abb. 174.　　　　　　　　　　　　　　　　Abb. 176.

Abb. 173—176. Schwindungskurven für Silizium, Mangan, Phosphor und Schwefel.

mit noch höherem Mangangehalt langsam ab. Sowohl die heiß als auch die kalt vergossenen Stäbe zeigen den gleichen Schwindungsverlauf. Anfangs liegt auch bei der Manganreihe die Kurve k über der Kurve h, von 1,65% Mangan ab sinkt sie jedoch unter die Kurve h.

Steigender Phosphorgehalt (Abb. 175) verringert in allen Fällen die Gesamtschwindung. Die Wirkung ist erheblich stärker als die des Siliziums. Die heiß vergossenen Stäbe zeigen mit Ausnahme der Schmelze 13h durchgängig geringere Schwindung als die kalt vergossenen.

Bei der Schwefelreihe (Abb. 176) ist der Einfluß eines steigenden Schwefelgehaltes auf die Schwindung nur gering; wenn ein Einfluß überhaupt vorhanden ist, so wirkt Schwefel auf Erhöhung des Schwindmaßes. Ein deutlicher Unterschied zwischen den heiß und kalt vergossenen Stäben war nicht zu erkennen.

Die Schwindungsergebnisse bestätigen demnach die schon eingangs dieses Abschnitts erwähnte praktische Erfahrung, daß die Stoffe, die die Graphitbildung begünstigen (Silizium und Phosphor), zugleich die Schwindung verringern, während die Stoffe, die die Graphitbildung erschweren, auf Erhöhung der Schwindung hinwirken.

Eine scheinbare Ausnahme macht die Schmelze 7 mit 1,21 % Mangan. Jedoch stehen nach Wüst und Meißner [1]) Mangan und Silizium bezüglich der Erschwerung und Begünstigung der Graphitbildung in einer gewissen Wechselbeziehung. Hiernach können geringe Mangangehalte bei gleichzeitigem Vorhandensein von Silizium sogar eine geringe Erhöhung der Graphitbildung bedingen; erst bei höheren Gehalten an Mangan tritt die die Graphitbildung erschwerende Wirkung hervor.

Ein Vergleich der mitgeteilten Ergebnisse mit denjenigen der Wüstschen Versuche lehrt, daß es nicht ohne weiteres angängig ist, aus dem Verhalten eines Zweistoffsystems in bezug auf Schwindung Rückschlüsse auf die Schwindung von Drei- und Mehrstofflegierungen zu ziehen. Darauf deutet auch das abweichende Verhalten der Silizium, Mangan, Phosphor enthaltenden Zusatzschmelze 18 hin, die unter allen Schmelzen die geringste Schwindung hat. Sodann kommt beim Gußeisen noch die Einwirkung der Fremdstoffe auf die Graphitausscheidung hinzu; letztere ist aber der die Schwindung vornehmlich beherrschende Faktor, und man kann annehmen, daß der Einfluß der Graphitbildung den Einfluß der übrigen Legierungsbestandteile auf die Schwindung des reinen Eisens mehr oder weniger überdeckt.

Es wird sich für die Gießereien empfehlen, sowohl für die laufenden Normalgattierungen als auch für besondere Gußeisenarten, an die höhere Güteanforderungen gestellt werden sollen, Schwindungsmessungen regelmäßig vorzunehmen, wobei zu beachten bleibt, daß die Schwindung größerer langsam erkaltender Gußstücke in der Regel geringer ist, als sie an den zugehörigen Probestäben gleicher Wandstärke gemessen wird.

Das Lunkern des Eisens.

Eine unangenehme Begleiterscheinung der Schwindung des Eisens sind die in den erstarrten Gußstücken häufig zu beobachtenden Hohlräume, in der Praxis „Lunker" genannt. Die Ursache ihrer Entstehung ist auf folgende Umstände zurückzuführen: Flüssiges Eisen vermindert bei der Abkühlung auf die Außentemperatur sein spezifisches Volumen um einen Betrag, der in direkter Beziehung zu der Höhe der Gießtemperatur steht. Während diese Volumenabnahme vor und nach der Erstarrung (abgesehen von den bei den Haltepunkten des festen Eisens zu erwartenden geringen Unstetigkeiten) entsprechend dem jeweiligen Schwindungsvermögen gleichmäßig verläuft, tritt beim Übergange vom flüssigen in den festen Zustand eine stark ausgeprägte Änderung des spezifischen Volumens auf, die den besonderen Erstarrungsverhältnissen zufolge sowohl im Sinne einer Ausdehnung als auch einer Verkürzung verlaufen kann, im ganzen

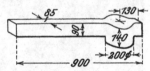

Abb. 177. Lunkerstab.

aber eine mehr oder weniger beträchtliche und sprunghafte Volumenzusammenziehung [2]) des erstarrten Metalls bedeutet, wie man dies auch an dem Nachziehen größerer Gießtrichter vielfach beobachten kann. Diese Volumenzusammenziehung hat zur Folge, daß eine mit flüssigem Metall angefüllte Gußform unmittelbar nach dem Erstarren nicht mehr vollständig vom Metall erfüllt ist: es tritt dabei ein jener Volumenverringerung entsprechender Stoffmangel auf. Hierbei braucht jedoch noch nicht notwendig ein Hohlraum zu entstehen, vorausgesetzt, daß die Erstarrung in allen Teilen des Abgusses gleichzeitig vor sich geht. Der Stoffmangel zeigt sich nämlich in diesem Falle am Umfange, und der erkaltete Abguß erfährt eine entsprechende Verkürzung seiner äußeren Abmessungen. Man würde auch bei allmählicher Erstarrung zu dem gleichen Ergeb-

---

[1]) F. Wüst und F. Meißner: Über den Einfluß von Mangan auf die mechanischen Eigenschaften des grauen Gußeisens. Ferrum 11, 1914, S. 98.

[2]) Eine genaue Ermittlung der Volumenzusammziehung erscheint so lange nicht möglich, als man nicht in der Lage ist, das spezifische Volumen unmittelbar vor und nach der Erstarrung festzustellen. Eine ungefähre Berechnung gibt E. Rosenberg für Gußeisen in Stahleisen 1911, S. 1408.

nisse gelangen, wenn die Erstarrung von innen nach außen vor sich gehen würde — ein Fall, der aber praktisch nicht durchführbar ist. Die Erstarrung eines ungleichmäßig abkühlenden Gußstückes erfolgt stets in entgegengesetztem Sinne, außen beschleunigt und im Innern eine mehr oder weniger geraume Zeit später. Der Stoffmangel tritt folglich nun im Innern auf und muß, sofern er nicht im Augenblicke seiner Entstehung durch nachfließendes überschüssiges Metall ausgeglichen werden kann, zu einem Hohlraum (Lunker), mindestens aber zu porösen Stellen innerhalb des Abgusses führen. Der Lunker wird um so größer, je erheblicher die Volumenabnahme bzw. Schwindung und je länger die Zeitspanne des ungleichmäßigen Erstarrens ist. Letztere richtet sich vorzugsweise nach der Größe und Gestalt des Abgusses, nach der Temperatur des flüssigen Metalls und dem Wärmeleitvermögen der Guß-form.

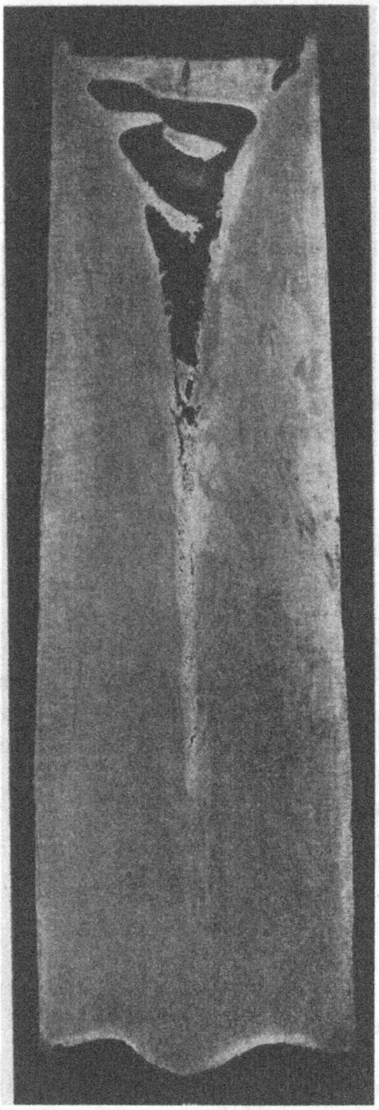

Abb. 178. Lunker im Block von mittelhartem Flußstahl. 1/18 nat. Größe.

Wir können die Lunkerbildung am besten an einem erstarrenden Flußstahlblock verfolgen, weil hier eine außerordentlich ungleichmäßige Erstarrung eines stark schwindenden Metalls in Betracht kommt und eine Volumenausdehnung, etwa durch Graphitausscheidung, nicht störend auftritt.

Bald nach dem Eingießen des flüssigen Stahls in die eiserne Blockform erstarrt an den Wänden und am Boden der letzteren unter entsprechender Volumenabnahme eine mehr oder weniger dünne Kruste, die für kurze Zeit den flüssigen Metallinhalt gefäßartig umschließt. Letzterer vermag sich dabei infolge der Dickenschwindung der Außenschicht auf einen Raum von größerem Querschnitt auszudehnen: die Folge ist ein Senken des Flüssigkeits-spiegels. An die Außenkruste kristallisiert nun die flüssige Stahlmasse nach Maßgabe der Wärmeentziehung durch die Gußform schichtenweise an, d. h. es findet eine all-mähliche Abwanderung des erstarrenden Metalls von innen nach außen dem Umfange zu statt. Würde hierbei das Gesetz der Schwere aufgehoben sein, so würde bei regelmäßiger Verfestigung der einzelnen Schichten in der Mitte des Blockes sich ein gleichmäßig durchgehender Schwindungshohlraum bilden. In Wirklichkeit fließt aber im Augenblick der Entstehung der ersten Schwindungs-hohlräume das im oberen Blockteil befindliche flüssige Metall nach unten ab, jene Hohlräume mehr oder weniger ausfüllend. Das hat zur Folge, daß die Lunkerstelle nach oben hin gedrängt wird und in der Mitte der Oberfläche ein nach unten trichterförmig auslaufender offener Hohlraum (Außenlunker) zurückbleibt. Meistens bildet sich im Verlaufe der Erstarrung eine dünne Oberflächenkruste, so daß ein geschlossener Hohlraum entsteht, der aber häufig durch Poren und Risse mit der Außenluft in Verbindung steht. Abb. 178[1]) zeigt einen solchen Außenlunker in einem Block mittelharten Siemens-Martinstahls (Abmessungen des Blockes: 1630 mm Höhe bei 535 mm und 430 mm unterer bzw. oberer Kantenlänge des quadratischen Querschnittes). Die in der Abbildung erkennbaren Zwischenwände innerhalb des Hohlraumes deuten darauf hin, daß bei der schichtenweisen Erstarrung der Flüssigkeitsspiegel sich jeweils senkte und darauf zu einer dünnen Kruste erstarrte, so daß man eigentlich mit mehreren übereinanderliegenden

---

[1]) Nach Martens-Heyn: Handbuch der Materialienkunde, Bd. II A, Tafel XIX, Abb. 84.

Hohlräumen zu rechnen hat. In diesem Falle sind die Zwischenkrusten auf Grund der Saugwirkung des nachfließenden Metalls in ihrer völligen Ausbildung gestört, so daß ein einziger, vielfach verzweigter Hohlraum entsteht, der luftleer ist, sofern keine Gase aus dem Metall in ihn eingedrungen sind. Ist der Lunker luftleer oder herrscht in seinem

Inneren ein geringerer Gasdruck als derjenige der Außenluft, so vermag letzterer die Außenkruste an ihrer Oberfläche zu senken oder gar durchzudrücken, so daß ein offener Außenlunker oder Saugtrichter entsteht.

Bisweilen kann besonders bei größeren Blocklängen und -gewichten eines silizierten Stahls, zu dem Außenlunker im unteren Blockteil sich noch ein Innenhohlraum oder eigentlicher Schwindungshohlraum gesellen. Seine Bildung, die auf dieselben Ursachen wie diejenige des Außenlunkers zurückzuführen ist, wird erst später erfolgen, wenn aus irgendwelchen Gründen, z. B. durch ungleichmäßige Erstarrung und Schwin-

Abb. 179. Ausgefüllter Schwindungshohlraum. Vergr. $^1/_2$.

dung oder durch ungünstige Querschnittsverhältnisse der Zuflußkanal für den flüsssigen Stahl von oben versperrt war. Es konnte infolgedessen das zuletzt erstarrende Metall seinem natürlichen Bestreben von der Mitte nach außen abzuwandern, ungehindert Folge leisten,

ohne daß die Möglichkeit bestand, flüssiges Metall in den entstehenden Schwindungshohlraum nachzusaugen. Die Stoffabwanderung an der Lunkerstelle wird im allgemeinen um so größer, je später das zuletzt flüssig bleibende Metall im Vergleich zur Außenkruste erstarrt. Man kann auch sagen: Je größer der Temperaturunterschied zwischen Mitte und Rand des Gußstückes zu Beginn der Erstarrung ist, desto größer wird der Lunker werden. Größeres Schwindungsvermögen wird die Lunkerbildung verstärken.

Die verschiedene Entstehungsart des Außen- und Innenlunkers wird durch die Abb. 179 und 180[1]) gekennzeichnet. Abb. 179 zeigt in $^1/_2$facher natürlicher Größe einen ausgefüllten Innenlunker, der infolge der Ankristallisaton des Werkstoffs nach außen in seiner nächsten Umgebung

Abb. 180. Ausgelaufener Blockkopf mit Tannenbaumkristallen. Vergr. $^1/_2$.

[1]) F. Pacher: Über Fehlstellen in Blöcken von siliziertem Siemens-Martin-Stahl und deren Vermeidung. Stahleisen 1922, S. 534.

einen grobkristallinischen, lockeren Gefügeaufbau besitzt. Anderseits läßt der in Abb. 180 in gleichem Maßstab wiedergegebene, offene, ausgelaufene Blockkopf deutlich erkennen, daß der abwärts geflossene Stahl in seinem oberen Teile durch die Erstarrung überrascht und daher verhältnismäßig dicht wurde. Im unteren Teile dagegen hat eine plötzliche Absaugung der angereicherten Mutterlauge nach unten hin stattgefunden, wobei die primär kristallisierten Dendrite (Tannenbaumkristalle) zurückgeblieben sind. Abb. 181 zeigt einen Tannenbaumkristall, wie er manchmal in schöner Ausbildung in Saugtrichtern der Steiger und verlorenen Köpfe von Stahlgußstücken auftritt.

Da die ungleichmäßige Erstarrung nicht nur Lunkerbildung, sondern auch Seigerungen in den zuletzt erstarrenden Teilen begünstigt, ist es erklärlich, daß wir Anreicherungen an Fremdstoffen häufig in der Nähe der Schwindungshohlräume finden (vgl. auch S. 293). Hierdurch, wie auch durch die früher beschriebene gleichzeitige Anwesenheit von Gashohlräumen, besonders in unmittelbarer Nachbarschaft der Außenlunker, wird das Gefüge an der Lunkerstelle nur noch undichter. In Graugußstücken kommt es vielfach zu einer vermehrten Graphitausscheidung in der Nähe der Schwindungshohlräume.

Abb. 181. Tannenbaumkristall.

Während die Lunkerung eines regelmäßig erstarrenden Stahls zwar erheblich, im ganzen aber einfach verläuft, da die mit ihr parallel verlaufende Schwindung so gut wie gar keine Verzögerungen aufweist, zeigt das schwächer schwindende Gußeisen auf Grund der vornehmlich durch die Graphitbildung bedingten Volumenausdehnung wenig übersichtliche Lunkerverhältnisse [1]. Unter der Voraussetzung, daß die Erstarrung eines größeren Gußeisenstückes ähnlich wie bei Stahl schichtenweise verläuft (was allerdings in Wirklichkeit nicht völlig zutreffen wird), kann man annehmen, daß nach dem Festwerden der an und für sich schon weniger schwindenden Außenkruste, außer der Stoffabwanderung von innen nach außen eine zweite entgegengesetzt gerichtete auftritt, die durch die Graphitbildung veranlaßt wird und bestrebt ist, die Lunkerbildung zu verringern. So lange noch flüssiges Eisen gleichmäßig sich verfestigen kann, werden beide Stoffverschiebungen reibungslos, teils neben-, teils hintereinander sich abspielen. Man kann sich aber denken, daß bei ungleichmäßiger Erstarrung, zumal bei ungünstiger Querschnittsverteilung, der eine oder andere Vorgang zeitlich und örtlich gehemmt werden kann. Die Folge müßten im Innern verstreut liegende Hohlräume oder auch Stellen porösen graphitischen Gefüges, unter gewissen Umständen vielleicht auch Spannungserscheinungen sein. Charakteristisch für das Lunkern des Gußeisens ist u. a. der Umstand, daß es im allgemeinen später als beim Flußstahl vor sich geht, wie man dies besonders an größeren Gußeisentrichtern beobachten kann. Während die Stahlgußtrichter bei normaler Erstarrung frühzeitig und stark nachziehen, bleiben die Graugußtrichter in der Regel längere Zeit unverändert, um dann, wenn die Hauptgraphitbildung beendigt ist, plötzlich so stark nachzusaugen, daß es bisweilen schwierig ist, mit dem Nachgießen rasch genug zu folgen.

Eine wesentliche Klärung in der schwierigen Lunkerfrage beim grauen Gußeisen haben die oben erwähnten Untersuchungen von O. Bauer und K. Sipp [2] gebracht, ohne aber eine völlige Lösung zu geben. Die auf die Lunkerversuche sich beziehenden Ergebnisse, die in der Zahlentafel 138 und den Abb. 173—176 niedergelegt sind, lassen sich wie folgt zusammenfassen:

Alle Umstände, die auf Grund der chemischen Zusammensetzung verringernd auf die Schwindung des Gußeisens hinwirken, tragen auch zur Verminderung der Lunkerung bei. Lediglich die Manganreihe zeigt bei den höheren Mangangehalten Unregelmäßigkeiten, jedoch wollen sich die Verfasser hier eine Überprüfung vorbehalten.

---

[1] K. Sipp: Schwinden und Lunkern des Eisens. Stahleisen 1913, S. 675 u. 1921, S. 888.
[2] Siehe S. 328.

Von maßgebender Bedeutung für die Größe und Art der entstehenden Lunker sind die Abkühlungsverhältnisse. Es war zu erwarten, daß Lunker hauptsächlich in dem verdickten Teil des Stabes auftreten würden, da hier im Gegensatze zu dem dünnen prismatischen Teil eher Temperaturunterschiede zwischen der Oberfläche und der Mitte sich einstellen. Besonders auffällig war dabei der Einfluß der Gießtemperatur. Die heißer vergossenen Stäbe zeigten eine größere Lunkerneigung als die kälter vergossenen — im Gegensatze zu dem Verhalten gegenüber der Schwindung. Die Schwefelreihe weist allerdings auch bei den kälter vergossenen Stäben starke Neigung zum Lunkern auf, die bei höheren Schwefelgehalten sogar diejenige der heiß vergossenen Stäbe übertrifft. Dadurch ist der Beweis erbracht, daß Schwefel im Gußeisen sowohl Schwindung als Lunkerung vergrößert.

Charakteristisch ist nun, daß die heiß vergossenen Stäbe durchgängig Außenlunker zeigen, während bei den kalt vergossenen vornehmlich Innenlunker auftreten. Abb. 182 links ist kennzeichnend für die Form der Außenlunker. Das Bild ist von dem heiß vergossenen Stab der Schmelze 1h (Ausgangsroheisen) aufgenommen. Abb. 182 rechts entspricht dem kalt vergossenen Stab 1k derselben Schmelze. Es zeigt den durch die Sprengung des Stabes freigelegten Innenlunker. In

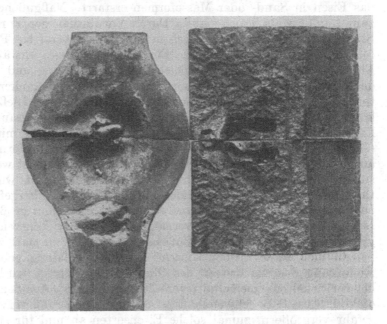

Abb. 182. Außen- und Innenlunker.

Zahlentafel 138, S. 329 sind die bei den einzelnen Schmelzen auftretenden Außen- und Innenlunker kurz beschrieben. Die Außenlunker zeigten teils Trichterbildungen mit vereinzelt auftretenden rundlichen Ausschwitzungen, teils flache, glatte Einsenkungen, die bei oberflächlicher Betrachtung den Eindruck von Gas- oder Luftblasen erweckten; es zeigte sich jedoch, daß die eigentliche Gußhaut an der Sandform hängen geblieben war, und daß die von Sand freie Schmelze sich abgetrennt hatte und eingesunken war. Die Innenlunker fanden sich meist ziemlich dicht unter der Oberfläche; bei einigen Stäben trat der Innenlunker seitlich an der Staboberfläche aus. Die Feststellung des Lunkervolumens geschah durch Ausfüllung der Hohlräume mittels Petroleums, bei den flachen Außenlunkern wurde eine leicht plastische Wachsmischung verwandt.

Das Auftreten der Außenlunker ist nach Bauer und Sipp darauf zurückzuführen, daß infolge des Überganges des Wärmeüberschusses des hoch erhitzten Eisens an die verhältnismäßig schlecht leitende Sandform die Staboberfläche nach dem Gießen zunächst noch flüssig oder halbflüssig bleibt, so daß kein größeres Temperaturgefälle zwischen Rand und Mitte sich bilden kann. Es kommt aber zu Beginn der Erstarrung eine dünne, wenig widerstandsfähige Kruste zustande. Setzt nun die bei dem heißen Gußeisen an und für sich geringe Schwindung ein, so wird das noch flüssige oder halbflüssige Eisen von der Oberfläche nach unten abgesaugt und es entstehen Oberflächensenkungen bzw. Außenlunker. Wird das Eisen kalt vergossen, so bildet sich meist unmittelbar nach dem Einguß eine erstarrte feste Kruste, während das Eisen im Innern noch flüssig bleibt. Es tritt also ein größerer Temperaturunterschied zwischen Oberfläche und Mitte ein, der Innenlunker erwarten läßt. Letztere zeigen in einigen Fällen eine meist seitliche Öffnung nach außen.

Aus den bisherigen Betrachtungen über die Lunkerbildung lassen sich einige allgemein gültigen Folgerungen für das Lunkern von Gußeisen- und Stahlgußstücken ziehen:

Große und dickwandige Gußstücke werden unter sonst gleichen Verhältnissen stärker lunkern als kleine und dünnwandige, weil bei ersteren die Gesamtschrumpfung beträchtlicher ist und ein größerer Temperaturunterschied innerhalb des erstarrenden Abgusses sich im allgemeinen einstellt als bei den letzteren. Wird die ungleichmäßige Erstarrung durch starke Wärmeentziehung seitens der Formwände noch gefördert, so wird die Lunkerneigung besonders bei dicken Wandstärken weiter vermehrt. Daher wird Kokillenguß, z. B. Hartguß, unter solchen Verhältnissen stärker lunkern, als wenn das Eisen in Sand- oder Masseformen erstarrt. Naßguß neigt in gleicher Weise stärker zum Lunkern als Trockenguß. Durch Vorwärmen der Form, z. B. bei Sandformen für Stahlformguß, oder wie es auch in der Eisengießerei bei Perlitguß geschieht, wird man die Lunkergefahr vermindern. Ein ungleichmäßiges Erwärmen, z. B. der Kokillen für Flußstahlblöcke, bewirkt ungleichmäßige Abkühlung und verschiebt den Lunker nach der wärmeren Seite. Von großem Einflusse auf die Lunkerbildung wird auch die Gießtemperatur sein. Sowohl zu heißes, als auch zu kaltes Gießen wird zum Lunkern führen können; allerdings sind hierbei der durch die chemische Zusammensetzung bedingte Flüssigkeitsgrad und die Querschnittsgestaltung des Gußstücks mit zu berücksichtigen. Höhere Gießtemperatur wird die Lunkergefahr um so mehr fördern, je weniger ein Temperaturausgleich innerhalb der erstarrenden Metallmasse erwartet werden kann. Ebenso wie man starkwandige Gußstücke nicht zu heiß vergießen darf, wird man höhere Gießtemperaturen besonders da zu vermeiden haben, wo die Lunkergefahr infolge stärkerer Wärmeentziehung durch die Formwand an und für sich schon groß ist. Dies gilt für Stahl mit seinem großen Schwindungsvermögen und seiner höheren Schmelztemperatur in weit größerem Maße noch als für Gußeisen. Aber auch zu matt vergossener Stahl wird zumal bei dünnen Wandstärken Ursache zur Lunkerbildung geben, wenn durch die raschere Erstarrung das Nachsitzen des Stahls beeinträchtigt wird. Dies wird sich besonders bei verwickelten Querschnittsverhältnissen zeigen. Aus dem gleichen Grunde kann auch dickflüssiges, z. B. schwefelhaltiges oder zu Temperguß verwandtes Gußeisen die Lunkergefahr vergrößern, zumal solche Eisensorten an und für sich schon stärker schwinden.

Neben der Gießtemperatur wird auch die Gießgeschwindigkeit zu beachten sein. Im Hinblick auf die Erzielung eines schnelleren Temperaturausgleiches in der Form erscheint ein langsameres Vergießen im allgemeinen am geeignetsten, die Lunkerbildung zurückzuhalten, wie dies u. a. beim Flußstahlblockguß allgemein angestrebt und durchgeführt wird [1]). Jedoch soll gleichwohl am Schlusse des Gießvorganges im oberen Blockteil möglichst heißer flüssiger Stahl vorhanden sein. Beim Gußeisen und noch mehr beim Stahlformguß indessen wird ein langsames Vergießen aus form- und gießtechnischen Erwägungen oft nicht angebracht sein, und es muß die Rücksicht auf die Lunkervermeidung hinter dem Bestreben, die Form schnell zu füllen, zurücktreten. Man wird dann lieber einen größeren Lunker in Kauf nehmen und ihn durch wirksame Steiger und Trichter unschädlich machen. Dabei wird man die Anordnung der Gußform und der Eingüsse, wie auch die Art des Gießens (steigender, geneigter, liegender Guß) so zu wählen haben, daß die Erstarrung der verschieden starken Teile möglichst gleichmäßig vor sich gehen kann. L. Treuheit [2]) empfiehlt z. B. bei Stahlgußformen, den Einguß möglichst an der untersten Stelle der Form und an dünnwandigen Teilen anzuschneiden, damit diese immer heißen Stahl erhalten und daher langsamer erkalten können. Die im oberen Teile der Form liegenden stärkeren Querschnitte werden dann schneller erstarren, weil der Stahl schon abgekühlt ist, wenn er zu ihnen gelangt. Nachdem die Gußform schnell bis zu den Steigern mit flüssigem Metall angefüllt ist, gießt man von den einzelnen Steigern aus durch und läßt hinterher auf die letzteren gutflüssigen Stahl nachfließen. (Näheres über Eingußtechnik siehe Bd. II.)

---

[1]) Howe und Stoughton: Über den Einfluß des Gießens auf Lunkern und Seigern. Metallurgie 1907, S. 793; auszugsw. Stahleisen 1908, S. 116.
[2]) Stahleisen 1909, S. 1194.

Von ausschlaggebender Bedeutung für die Größe und Art der Lunkerbildung ist schließlich auch die Gestaltung des Gußstückes, insofern als diese imstande ist, die Art der Abkühlung zu beeinflussen. Diejenige Gestaltung wird im allgemeinen am wenigsten zur Lunkerbildung beitragen, die bei möglichst gleichmäßiger Massenverteilung einen kleinen Rauminhalt bei großer Oberflächenentwicklung gewährt, mithin eine schnelle und gleichmäßige Abkühlung entstehen läßt. Vergleicht man z. B. zwei gußeiserne Würfel I und II mit 15 und 50 cm Kantenlänge in bezug auf das Verhältnis Oberfläche O : Rauminhalt J, so ergibt sich bei

$$\text{I:} \quad \frac{O}{J} = \frac{1350}{3375} = 0,4$$

$$\text{II:} \quad \frac{O}{J} = \frac{15\,000}{125\,000} = 0,12.$$

Stellt man diesen Würfeln eine rechteckige Platte von 250 cm Länge und 125 cm Breite bei 4 cm Dicke gegenüber, die dem Würfel II inhaltsgleich ist, so erhält man für das Verhältnis

$$\text{III:} \quad \frac{O}{J} = \frac{2 \cdot 250 \cdot 125 + 2 \cdot 4\,(250 + 125)}{125\,000} = \frac{65\,500}{125\,000} = 0,524.$$

Würfel I wird weniger lunkern als Würfel II, während die gußeiserne Platte unter normalen Gießverhältnissen wegen der großen Oberflächenentwicklung und der dadurch bedingten schnelleren Erstarrung keine Lunkerbildung erwarten läßt.

Aus der Erläuterung der Lunkerbildung ging hervor, daß der Schwindungshohlraum immer an der Stelle entsteht, die im Gußstück zuletzt erstarrt. Da in Gußstücken mit ungleicher Querschnittsverteilung die Stellen, an denen sich Stoffanhäufungen befinden, langsamer erkalten als die Teile mit dünneren Wandstärken, so wird an den Stoffanhäufungen sich noch flüssiges Metall befinden, wenn die schwächeren Teile schon erstarrt sind. Daher werden in den stärkeren Querschnitten Lunker auftreten. Letztere sind in solchen Fällen dadurch besonders ausgeprägt, daß die angrenzenden dünneren Teile ihren Schrumpfhohlraum durch flüssiges Metall aus den noch flüssigen stärkeren Teilen auszufüllen suchen, d. h. sie saugen flüssiges Metall von dort

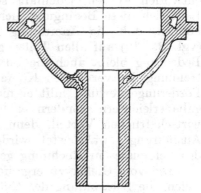

Abb. 183. Tempergußstück.

ab. So werden z. B. in dem in Abb. 183 dargestellten [1]) Längsschnitt durch ein kleines Tempergußstück Lunker an den verdickten Stellen auftreten. Weitere zu Schwindungshohlräumen neigende Querschnitte sind u. a. an den Übergangsstellen von den Armen zum Kranz bzw. zur Nabe bei Schwungrädern. Daß bei Stahlguß Stoffanhäufungen und schroffe Querschnittsübergänge viel ungünstiger wirken als bei Gußeisen, ist aus dem stärkeren Schwindungsvermögen des ersteren ohne weiteres erklärlich. Aus dem gleichen Grunde erklärt sich auch, daß, besonders bei Stahlgußstücken, Lunker in der Nähe des Eingusses entstehen, wenn dieser an Teilen größerer Wandstärke angeschnitten ist. Solche Lunker können unter Umständen tief in das Gußstück hinein sich erstrecken.

Ein mit Schwindungshohlräumen versehenes Gußstück ist stets minderwertig und in den meisten Fällen unbrauchbar. Sind die Fehlstellen von außen zu erkennen, so ist das Gußstück ohne weiteres als Ausschuß wieder einzuschmelzen. Werden sie aber erst durch die mechanische Bearbeitung freigelegt, so ist dies doppelt mißlich, weil dann noch besondere Löhne und sonstige Unkosten in den Werkstätten aufgewandt werden mußten, bevor man den Minderwert des Abgusses erkannte. Ganz besonders gefährlich aber können solche Hohlstellen oder Poren dann werden, wenn auch nach der Bearbeitung äußerlich nichts davon zu bemerken ist. Sobald das Gußstück dann im Betriebe durch äußere Kräfte beansprucht wird, kann es je nach dem Grad der Beanspruchung

---

[1]) Nach Martens-Heyn: Handbuch der Materialienkunde für den Maschinenbau. Bd. 2 A, S. 442.

entweder undicht werden, wie z. B. Zylinder- oder Ventilkörper, oder aber unmittelbar zu Bruch gehen. Die erst seit kurzer Zeit in Anwendung gebrachte Untersuchung des Gußgefüges mittels Röntgenstrahlen scheint nach den bisher bereits erzielten Ergebnissen berufen zu sein, Poren und Lunker (wie auch Gasblasen) in Gußstücken festzustellen[1]).

Mittel zur Verhütung der Lunkerbildung in Gußstücken. In erster Linie wird der Konstrukteur berufen sein, an der Verminderung der Lunkerbildung mitzuwirken, indem er für einen sachgemäßen Entwurf bemüht ist, der sich nicht ausschließlich dem Verwendungszweck anpaßt, sondern auch auf die gießtechnischen Eigenschaften des Werkstoffs und die Herstellung des Gußstückes besondere Rücksicht nimmt. Dies gilt für Stahl in noch höherem Grade als für Gußeisen, da jener der Gußformgebung ungleich größere Schwierigkeiten als dieses bereitet. Man muß heute von einem geschickten Konstrukteur mit Recht verlangen können, daß er sich die Erfahrungen der Gießerei in bezug auf Lunkerbildung, Schwindungs- und Spannungserscheinungen auf dem Gebiete des Stahl- und Eisengusses in gleichem Maße zu eigen gemacht hat. Zum mindesten sollte der Konstrukteur nicht hartnäckig darauf bestehen, einen gießtechnisch anfechtbaren Entwurf auszuführen, sondern berechtigten Wünschen des Gießereibetriebes nach zweckmäßigen Änderungen entsprechen, so weit nicht zwingende konstruktive Gründe dagegen sprechen.

Die Gießerei muß fordern, daß Gußstücke möglichst mit gleichen Wandstärken entworfen werden, jedenfalls sollten größere Abweichungen dabei vermieden werden. Läßt sich diese Bedingung nicht erfüllen, so muß das Gußstück so eingeformt werden können, daß die Anordnung richtig bemessener verlorener Köpfe und Gußtrichter (vgl. S. 339) auf allen Teilen größerer Stoffanhäufungen möglich ist. Von besonderer Bedeutung bleibt auch die Forderung, daß die Konstruktion eine wirtschaftliche Abtrennung der verlorenen Köpfe und Trichter gestattet. Indem der Konstrukteur diese Forderungen erfüllt, hilft er nicht nur dem Gießer seine ohnehin noch schwierige Aufgabe erleichtern, sondern er handelt auch zu seinem eigenen und dem allgemeinen wirtschaftlichen Vorteil, denn ein Gußstück, dessen Entwurf eine sichere, fehlerlose Ausführung gewährleistet, wird immer billiger sein als ein anderes, bei dem die Gefahr des Fehlgusses in Rechnung gestellt werden muß.

Die vom Gießer zu ergreifenden Gegenmittel müssen im wesentlichen darauf hinzielen, die Schwindung des Gußmetalls nach Möglichkeit zu verringern, den durch die Lunkerung entstehenden Stoffmangel rechtzeitig durch flüssiges Metall zu ersetzen und die Erstarrung in allen Teilen des Abgusses möglichst gleichmäßig zu gestalten.

Der Verminderung der Schwindung dient, abgesehen von der schon erwähnten richtigen Bemessung der Gießtemperatur, besonders die Regelung der chemischen Zusammensetzung.

Letztere bleibt um so mehr zu beachten, je weniger eine gleichmäßige Abkühlung zu erzielen ist. Für Gußeisen kommt es in der Hauptsache auf ein gewisses Verhältnis Graphit : gebundener Kohlenstoff bei sonst gleichem Gesamtkohlenstoffgehalt an, das unter bestimmten Abkühlungsbedingungen noch geringe Schwindung bei genügender Festigkeit ergibt. Je ungünstiger sich die Bedingungen für die Graphitabscheidung auf Grund der Abkühlung gestalten, desto geringer dürfen Fremdkörper vertreten sein, die die Graphitbildung beeinträchtigen. Dies gilt vor allem für Schwefel. Es empfiehlt sich dann u. a., diese ungünstige Wirkung eines höheren Schwefelgehaltes durch einen etwas höheren Mangangehalt zurückzuhalten. Die vielfach in Gießereikreisen verbreitete Ansicht, daß ein höherer Phosphorgehalt die Lunkergefahr vergrößere, kann nach den neueren Forschungsergebnissen nicht mehr aufrecht erhalten werden. Kommt solches Gußeisen zum Lunkern, so ist die Lunkerbildung auf andere Ursachen zurückzuführen.

Bei Stahlguß wird die chemische Zusammensetzung im Vergleich zum Gußeisen mehr von dem Gesichtspunkte der zu erzielenden Festigkeitseigenschaften als von dem-

---

[1]) E. H. Schulz: Feststellung von Fehlstellen im Stahl mittels Röntgenstrahlen. Stahleisen 1922, S. 492.

jenigen der geringeren Schwindung abhängig zu machen sein. Daß man bei Stahlguß auf geringe Mengen von Phosphor und Schwefel zu halten hat, erklärt sich aus der großen Neigung dieser Fremdkörper zur Seigerung. Auch eine gute Desoxydation und Gasverdichtung wird das an und für sich zur Porosität neigende Gefüge dichter gestalten. Es ist allerdings dabei zu beachten, daß ein zu großer Zusatz an Silizium und Aluminium die Neigung zum Lunkern vergrößert, jedoch wird die Rücksichtnahme auf die Gasverdichtung nicht vor dem Zusatz an ausreichenden Verdichtungsmitteln zurückschrecken lassen. Man wird dafür den größeren Lunker in Kauf nehmen können, für dessen Beseitigung dem Gießer Mittel zur Verfügung stehen.

Das wirksamste und meist nicht zu umgehende gießtechnische Mittel zur Verhütung der Lunker besteht darin, die Schwindungshohlräume durch nachfließendes Metall im Abguß auszufüllen und sie in besondere nachher abzutrennende Teile — verlorene Köpfe, Gußtrichter — hinein zu verlegen. Diese verlorenen Köpfe, die auch gleichzeitig zur Aufnahme von Gasblasen und Seigerungserzeugnissen dienen, werden an solchen Stellen angebracht, an denen Lunker zu erwarten sind. Solche gefährdeten Stellen sind in erster Linie alle dicken Querschnitte und Stoffanhäufungen, in denen das Metall länger flüssig bleibt als an den benachbarten Punkten des Gußstückes. Man wird daher bei der Anordnung und Lage der Gußform jene Teile im allgemeinen nach oben legen und sie mit wirksamen verlorenen Köpfen bzw. Gußtrichtern versehen müssen. Der verlorene Kopf soll nun gewissermaßen ein Behälter für flüssiges Metall sein, aus dem dieses so lange nach unten abfließen kann, bis die Schrump

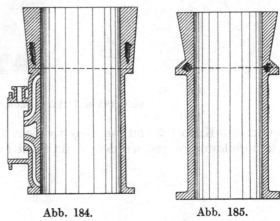

Abb. 184.   Abb. 185.

Abb. 184 und 185. Verlorener Kopf.

fung im Gußstück beendigt ist. Damit dieser Zweck ganz erfüllt wird, muß der verlorene Kopf nicht nur später erstarren als der eigentliche Abguß, sondern auch den ganzen Saugtrichter in seinem Innern aufnehmen. Dieser Aufgabe müssen Form und Abmessungen des Kopfes entsprechen. Sein Querschnitt darf nicht kleiner sein als der Querschnitt des Gußstückes an der Stelle, an der der Kopf aufgesetzt wird. Seine Höhe muß so reichlich bemessen sein, daß in dem Kopf eine genügende Menge Metall angesammelt werden und der Lunker sich nicht in den Abguß hinein erstrecken kann. Zu diesem Zwecke wird man den Querschnitt des Kopfes nach oben hin erweitern, um die an der Oberfläche einsetzende Abkühlung durch die dort befindliche größere Flüssigkeitsmasse hintanzuhalten und gleichzeitig auch den Saugtrichter möglichst weit nach oben zu verlegen. Ein Beispiel der richtigen Anwendung eines verlorenen Kopfes für Grauguß gibt Abb. 184, wo der Lunker tatsächlich im Kopf aufgenommen ist, während Abb. 185 zeigt, wie bei zu geringer Stoffbemessung des Kopfes der Hohlraum sich in den Flansch hinein erstreckt, wo er vermieden werden soll. Im letzten Falle ist das Gußeisen in dem eingeschnürten Querschnitte oberhalb des Flansches zu früh erstarrt, so daß ein genügendes Nachfließen heißen Metalls von oben her in die unteren Teile nicht mehr stattfinden konnte[1].

Ganz besonders häufig macht man beim Stahlguß von verlorenen Köpfen Anwendung. Gußtrichter und Köpfe müssen hier breiter und zahlreicher als bei Grauguß angeordnet werden, damit das erstarrende Gußstück den auf Grund der stärkeren Schwindung erforderlichen größeren Zufluß flüssigen Stahls erhalten kann. So kann das Gesamtgewicht an Köpfen und Trichtern bei Stahlgußstücken oft ein Mehrfaches von demjenigen

---

[1] Vgl. hierzu auch A. Messerschmitt: Guß von oben, Guß von unten. Stahleisen 1905, S. 476.

des eigentlichen Abgusses bilden. Abb. 187[1]) zeigt das Rohgußstück des in Abb. 186[1]) dargestellten Lokomotivtreibrades aus Stahlguß. An der Nabe 1, an dem Angriffs-

Abb. 186.　　　　　　　　　　　　Abb. 187.

Abb. 186 und 187. Lokomotivtreibrad aus Stahlguß.

punkt der Kurbel 2 und am Gegengewicht 3 liegen starke Massenanhäufungen, die zur Lunkerbildung führen würden, wenn nicht an diesen Stellen verlorene Köpfe aufgesetzt wurden. Wie aus Abb. 187 ersichtlich, sind die Köpfe bei 1 und 2 miteinander verbunden.

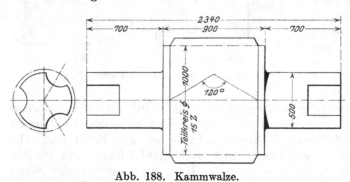

Abb. 188. Kammwalze.

Besonders groß ist die Gefahr der Lunkerbildung bei schweren starkwandigen Stahlgußstücken mit großen Querschnittsunterschieden. Bei der in Abb. 188 gezeichneten Kammwalze muß der verlorene Kopf in Höhe von mindestens ein Drittel der Gesamthöhe des Gußstückes auf dem Zapfen der stehend gegossenen Walze angeordnet werden. Wollte man den unteren Querschnitt des Kopfes nicht größer als denjenigen des Zapfens machen, so würde sich im

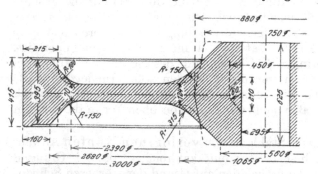

Abb. 189. Unvorteilhaft konstruiertes Schwungrad.

oberen Teile des dicken Ballens, übergehend in den Zapfen, ein starker Lunker bilden, der sich unter Umständen bis zum Kopf durchziehen kann. Die Schrumpfung im Ballen würde nämlich noch im vollen Gange sein, wenn der verlorene Kopf bereits leergeflossen wäre. Um die Kammwalze vollkommen lunkerfrei zu gießen, muß man, ungeachtet der Mehrkosten an Werkstoff, Herstellung und mechanischer Bearbeitung, den oberen Zapfen bis zum Teilkreisdurchmesser verstärken und darauf einen Trichter von entsprechenden Abmessungen setzen.

---

[1]) Nach Martens-Heyn: Handbuch der Materialienkunde Bd. 2 A, S. 443.

Manchmal ist die Anordnung und spätere Abtrennung von verlorenen Köpfen und Trichtern aus dem Grunde schwer und nur unter bedeutenden Mehrkosten möglich, weil die konstruktive Durchführung des Gußstückes gießtechnisch unsachgemäß ist. Abb. 189[1]) zeigt ein Schwungrad in Stahlguß, das zum Kraftausgleich einer Turbinen-anlage bestimmt war. Das Gewicht ist 12 t und die Beanspruchung wegen großer Umdrehungszahl erheblich. In Abb. 190 ist ein Versuchsstück in ein Fünftel der natürlichen Größe gegossen dargestellt; wie zu erwarten ist, treten an den Stellen größerer Stoffanhäufungen bei dem Übergange von der Scheibe zur Nabe bzw. zum Kranz Lunker auf. Letztere sind deshalb besonders gefähr-lich, weil sie die am meisten bean-spruchten Teile schwächen und beim Bearbeiten des Rades möglicherweise gar nicht aufgefunden werden. Dadurch, daß man die Linienführung in der in Abb. 189 gestrichelt angegebenen Weise änderte, gelang es, das Rad lunkerfrei zu gestalten, wie Abb. 191 zeigt. Nabe und Kranz wurden verbreitert, so daß

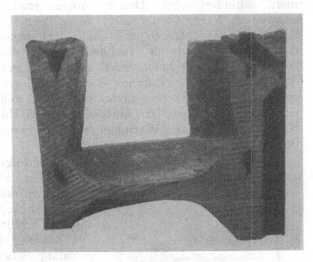

Abb. 190. Lunkeriges Schwungrad.

eine größere und wirkungsvollere Grundfläche für Trichter geschaffen wurde. Ferner wurden die an den Übergangsstellen vorhandenen ungünstigen und unnötigen Stoffanhäufungen beseitigt, auch ordnete man in der Nabenbohrung eine Aussparung an, wodurch die schädliche Wirkung der Stoffverstärkung beim Übergang von der Nabe zur Scheibe aufgehoben wurde. Bei dieser Entwurfänderung wurde vor allem erreicht, daß keine Wandstärke des Rades größer wurde, als der Quer-schnitt des darüber sitzenden verlorenen Kopfes. Hätte der Auftraggeber sich nicht mit der konstruktiven Umände-rung des Rades einverstanden erklärt, sondern hätte er auf der Ausführung des ersten Entwurfes bestanden, so würde die Erzielung eines lunkerfreien Abgusses in diesem Falle nicht ganz unmöglich, aber sehr unwirtschaftlich sein.

Abb. 192 zeigt, wie die Herstellung der Form sich dann gestalten müßte. Nabe und Kranz müßten, wie ersicht-lich, verbreitert und der verlorene Kopf und die Trichter sehr umfangreich ge-halten werden. In diesem Falle sind

Abb. 191. Lunkerfreies Schwungrad.

ein Nabentrichter von 1060 mm Durchmesser unten und 6 Kranztrichter von 320/500 mm Grundfläche erforderlich, während bei der oben erwähnten Abänderung ein verlorener Kopf von 750 mm Durchmesser und 6 Trichter von 215/400 mm Querschnitt notwendig waren. Abgesehen von einem bedeutenden Stoffmehrverbrauch, der mindestens 50% des Fertiggewichts bedeuten kann, kommen die Mehrkosten für Abtrennung der Trichter und für Umschmelzen hinzu.

---

[1]) R. Krieger: Stahlformguß als Konstruktionsmaterial. Stahleisen 1918, S. 349, 410.

Die Wirkung des verlorenen Kopfes und der Steiger wird beim Eisenguß durch das sogenannte „Pumpen" verstärkt. Man versteht darunter das Auf- und Abwärtsbewegen eines rotwarm gemachten Eisenstabes in dem noch flüssigen Kopf zu dem Zwecke, den Verbindungskanal zwischen Kopf und Gußstück offenzuhalten, damit das Nachfließen nicht gehindert wird. Dieses Pumpen muß besonders bei großen Gußstücken unter zeitweisem Nachgießen heißen Eisens, dem langsamen Erstarren und späten Lunkern des Gußeisens entsprechend, lange fortgesetzt werden. Bei Stahlgußtrichtern erfolgt das Offenhalten durch Nachgießen eines dünnflüssigen Stahls. Hierfür eignet sich besonders der sehr heiße Stahl aus dem Kleinkonverter. Damit der flüssige Stahl aus dem Einguß oder verlorenen Kopf schnell und ungehindert nachrücken kann, darf er keine Querschnittsverengungen vorfinden, weil sonst Lunker unterhalb der Einschnürungsstelle entstehen. Im übrigen wird man durch Abdecken der Steiger und verlorenen Köpfe mit schlechten Wärmeleitern, z. B. Sand, erstere länger warmhalten und dadurch ihre Wirkung noch steigern können.

Die Wirkung des Nachgießens beim Stahlguß kann bisweilen durch eine dem Abguß angepaßte Art des Gießens verstärkt werden. Man unterbricht hierbei, sofern es die Konstruktion des Gußstückes zuläßt, das Gießen in dem Augenblicke, wo der Stahl den stärksten Teil des Abgusses erfüllt hat, für eine kurze Zeit. Dabei tritt eine Abkühlung ein, und es kann sich der Lunker in seinem Anfang entwickeln: in diesem Augenblicke gießt man die noch zu füllenden schwächeren Teile mit heißem Stahl aus und erreicht dadurch eine geringere Lunkerbildung und kann unter günstigen Umständen letztere ganz vermeiden. Dieses Verfahren läßt sich aber nur dann mit Erfolg anwenden, wenn keine zu großen Querschnittsunterschiede auszugleichen sind. Es würde z. B. bei dem oben erwähnten Falle der Kammwalze

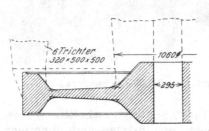

Abb. 192. Trichteranordnung bei lunkerfreier Ausführung des Schwungrades in der Konstruktion wie Abb. 189.

noch anwendbar sein; man würde dabei den Vorteil haben, mit einer geringeren Verstärkung des oberen Zapfen- und Kopfquerschnittes (etwa 750—800 mm Durchmesser) auszukommen, wohingegen im anderen Falle beide Teile in der vollen Breite des Teilkreisdurchmessers gegossen werden müßten, was eine Stoffersparnis von etwa 3000 kg bedeuten würde.

In manchen Fällen sind Gestalt und Massenverteilung des Gußstückes vom gießtechnischen Standpunkte aus so schwierig, daß es unmöglich ist, Teile größerer Stoffanhäufung der Wirkung der Gußtrichter zugänglich zu machen.

So muß man manchmal stärkere Querschnitte in die unteren Teile der Gießform hineinlegen. In solchen und ähnlichen Fällen bleibt dem Gießer in der Regel kein anderes Hilfsmittel übrig, als diese Teile derart schnell abzukühlen, daß ihre Erstarrung schon zu einer Zeit eintritt, wenn in den oberen Querschnitten noch flüssiges Metall zum Nachsaugen vorhanden ist. Dieser Zweck kann auf zweierlei Weise erreicht werden: 1. durch Stahleinlagen, die in zweckmäßiger Weise innerhalb des betreffenden Querschnitts angebracht werden, und 2. durch Anwendung von Abschreckplatten. Erstere sollen von dem einfließenden Stahl schmelzverschweißt werden und dadurch wärmebindend wirken. Beide Forderungen, gutes Verschweißen und ausreichende Kühlung, werden nur selten in befriedigendem Maße zugleich erfüllt. Eine verhältnismäßig dicke Einlage wird gewöhnlich nur unvollkommen verschweißen und dadurch die Verwendbarkeit des Gußstückes in den meisten Fällen unmöglich machen. Anderseits wird ein dünner Stab, der genügend flüssigen Stahl zu seiner Auflösung findet, vielfach zu geringe Kühlwirkung geben und dann die Lunker höchstens verringern und verschieben. In gleicher Absicht wendet man auch bisweilen eiserne Nägel an, u. a. beim Temperguß. Häufig dienen Kühleinlagen gleichzeitig dazu, Stellen mit Stoffanhäufungen vor dem Reißen (vgl. S. 343 u. ff. Gußspannungen) zu schützen; so legt man z. B. eiserne Winkel in die Ecken von gußeisernen Fensterrahmen oder gebogene verzinnte Eisenstäbe in die Übergangsstellen der Arme zum Kranz von Radkörpern hinein. In allen solchen Fällen bereitet das Verschweißen, zumal beim Gußeisen, gewisse Schwierigkeiten. Kühleinlagen sind daher meistens als ein Notbehelf anzusehen. Für hochbeanspruchte Konstruktionsteile werden sie ohne Zweifel eine Gefahr bedeuten. Abschreckplatten, die sowohl beim Stahlformguß als auch beim Gußeisen in Gebrauch sind, sind ebenfalls in ihrer Anwendung beschränkt, da sie nur eine mäßige Kühlwirkung zeigen. Man kann mit ihnen nur kleinere Unterschiede in den Wandstärken ausgleichen. In der Regel verwendet man jenes Hilfsmittel nur zum Abschrecken einzelner vorspringender oder verdickter Teile, z. B. vorstehender Nocken usw. Im günstigsten Falle wird durch die vorgelegten Platten höchstens eine Verschiebung der Lunker nach einer weniger beanspruchten Stelle des Abgusses erzielt. Daß Kühlplatten wie auch Einlagen auch vom Standpunkte der Gasentwicklung besondere Beachtung verdienen, ist früher schon gesagt worden. Bei Gußeisen sind Kühlplatten insofern nicht ganz unbedenklich, als hierdurch eine Verringerung der Graphitabscheidung und damit eine gewisse Härte und Sprödigkeit bewirkt werden kann, was besonders für nachher zu bearbeitende Stellen von Bedeutung ist.

Die Entstehung der Gußspannungen.

Allgemeines. Eine weitere unangenehme Folge der Schwindung ist die Entstehung von Gußspannungen mit ihren Begleiterscheinungen in Gestalt von bleibenden Formveränderungen (Werfen, Krummziehen) oder Warm- und Kaltrissen. Guß- oder Schwindungsspannungen entstehen, wenn verschiedene Teile eines Gußstückes zu derselben Zeit verschiedene Temperaturen haben und dabei nicht schwinden können, ohne sich gegenseitig zu beeinflussen. Handelt es sich somit um Wärmespannungen, die auf Grund eines Temperaturunterschiedes in starr miteinander verbundenen Teilen eines Gußstückes zustande kommen, so kann die Schwindungshemmung in besonderen Fällen auch durch äußere Kräfte, z. B. Widerstände von Formwänden, Kernen, Rippen usw., in dem Abguß hervorgerufen werden. Guß- bzw. Wärmespannungen werden vor allem in solchen Gußstücken auftreten, die infolge verschiedener Querschnittsgrößen ungleichmäßig erstarren und in den einzelnen Teilen verschieden rasch schwinden. Je erheblicher hierbei der Unterschied in den Abkühlungsgeschwindigkeiten der verschiedenen Querschnitte ist, desto größer werden die auftretenden Spannungen sein. Ein größeres Schwindungsvermögen wird unter sonst gleichen Verhältnissen zur Vermehrung der Spannungen beitragen. Über die Art der Gußspannungen, die im wesentlichen sowohl als Druck-, wie auch als Zugspannungen auftreten können, hat Ledebur[1] als einer der ersten eine richtige Aufklärung gegeben. Er wies darauf hin, daß beim Guß eines ringsum von starkem Rahmen umgebenen Gitters — wenn keine besonderen Vorsichtsmaßregeln beim Erkalten getroffen werden —, die dünnen Sprossen, die von der einen Seite des Rahmens zur gegenüberliegenden hinüberreichen, aus der Ebene des Rahmens herausgebogen werden, obwohl man annehmen könnte, daß gerade diese Teile wegen ihres stärkeren Schwindungsvermögens kürzer ausfallen müßten. Ledebur erklärte die Erscheinung dadurch, daß die dünnen Stäbe früher als der Rahmen erstarren und schwinden, hierbei aber flüssiges Metall aus dem Rahmen nachsaugen und infolgedessen länger ausfallen, als wenn sie frei schwinden würden. Kommt dann der stärkere Rahmen zum Erstarren und Schwinden, so sucht er die schon fest und unnachgiebig gewordenen Sprossen aus ihrer Lage nach dem Innern zu verschieben. Die Folge dieses Bestrebens ist die Entstehung von Druckspannungen in den Sprossen, während gleichzeitig im Rahmen Zugspannungen auftreten. Je nach dem Vorwiegen des einen oder anderen dieser Spannungszustände kann es entweder zu den oben erwähnten Formveränderungen in den Sprossen kommen, oder aber es tritt unter gewissen Umständen, z. B. bei größerer Widerstandsfähigkeit der Sprossen, ein Aufreißen des Rahmens ein. Aber auch dann, wenn die Spannungen äußerlich nicht unmittelbar bemerkbar sind, kann ein mit Gußspannungen hinreichend belastetes Gußstück bisweilen schon durch eine geringfügige Ursache, Stoß, Erschütterung oder selbst einseitige Erwärmung, zu Bruch gehen.

---

[1] A. Ledebur: Berg- u. Hüttenmännische Zg. 1869, S. 49.

Heyn[1]), dem wir eine vollständige Theorie der Entstehung von Gußspannungen verdanken, nimmt zur Erklärung der in einem Gußstück zurückbleibenden Spannungen an, daß dieses unmittelbar nach dem Guß zunächst einen plastischen Zustand durchläuft und bei weiterer Abkühlung einen elastischen „festen" Zustand annimmt. Beide Zustandszonen sind durch eine Grenztemperatur (T_g), richtiger durch ein Temperaturgebiet, voneinander getrennt. In der plastischen Zone ist der Werkstoff des Gußstücks vorwiegend bleibender Formveränderungen fähig, d. h. es sind unter Einwirkung von Kräften sowohl Streckungen als auch Verkürzungen möglich, die nach dem Aufhören der Kraftwirkung nicht mehr verschwinden, jedoch treten infolge des plastischen Zustandes keine Spannungen auf. Unterhalb der Grenztemperatur sind vorwiegend elastische Formveränderungen möglich, die indessen Spannungen zur Folge haben. Letztere können, sofern die Abkühlung lediglich innerhalb der elastischen Zone erfolgt und das Maß der Spannung die derzeitige Streckgrenze nicht überschreitet, nach Aufhören der Kraftwirkung, bzw. nach völligem Temperaturausgleich, einschließlich der Formveränderungen, wieder verschwinden (vorübergehende Spannungen). Wenn in einem Gußstück bleibende Spannungen nach völliger Abkühlung entstehen, so ist dies nach Heyn nur dadurch möglich, daß ersteres die plastische Zone durchläuft (wie es z. B. nach dem Gießen, Schmieden usw. der Fall ist), wobei die einzelnen ungleichmäßig sich abkühlenden Teile des Gußstückes zu verschiedenen Zeiten das Grenztemperaturgebiet überschreiten.

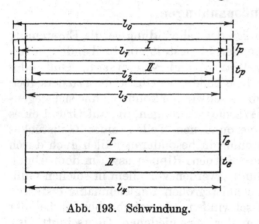

Abb. 193. Schwindung.

Über die Lage jenes Temperaturgebietes geben uns Untersuchungen von Rudeloff[2]) Aufschluß. Rudeloff fand bei Zugversuchen, die er unter anderem an erhitzten Gußeisenstäben mittlerer Zusammensetzung innerhalb des Temperaturintervalls von $20-600^0$ unternahm, daß eine Erwärmung bis auf 400^0 die Dehnbarkeit des Gußeisens nicht wesentlich beeinflußt. Dann nimmt die Widerstandsfähigkeit rasch ab, oberhalb 500^0 wird das Gußeisen erheblich weicher. v. Steiger[3]), der die Rudeloffschen Versuche für Gußeisen von neuem aufgenommen hat, findet, daß letzteres oberhalb 620^0 in beinahe völlig plastischen Zustand übergeht, jedenfalls aber bei 700^0 gänzlich plastisch sich verhält.

Heyn erklärt die in einem Gußstück zurückgebliebenen Spannungen wie folgt[4]): Zwei starr miteinander verbundene Stäbe I und II von der ursprünglichen Gießlänge l_0 (vgl. Abb. 193) befinden sich im Verlaufe ihrer Abkühlung innerhalb der plastischen Zone (P). Aus irgend einem Grunde möge die Abkühlung des Stabes II schneller verlaufen als die des Stabes I. Jener habe zu einer gewissen Zeit die Temperatur t_p, während Stab I noch die höhere Temperatur T_p besitzt.

Stab II will die seiner niedrigeren Temperatur t_p zukommende Länge l_2 annehmen, wird aber von Stab I, der bei der Temperatur T_p die Länge l_1 besitzen möchte, daran gehindert. Beide Stäbe einigen sich auf eine mittlere Länge l_3, wobei Stab I plastisch gestaucht und Stab II plastisch gestreckt wird. Spannungen können trotz des Temperaturunterschiedes nicht entstehen, weil beide Stäbe sich in der plastischen Zone befinden. Nun möge bei weiterer Abkühlung der schneller erkaltende Stab II in die elastische Zone (E) eintreten, Stab I sich dagegen noch in der plastischen Zone befinden. Die Folge

[1]) E. Heyn: Über bleibende Spannungen in Werkstücken infolge Abkühlung. Stahleisen 1907, S. 1309, 1347.

[2]) M. Rudeloff: Einfluß der Wärme auf die Festigkeit der Metalle. Mitt. Materialpr.-Amt 1900, S. 293.

[3]) R. v. Steiger: Über Gußspannungen. Diss. Zürich 1913.

[4]) E. Heyn: Der technologische Unterricht als Vorstufe für die Ausbildung des Konstrukteurs. Z. d. V. d. I. 1911, S. 201, 305.

davon ist, daß Stab I weiter plastisch gestaucht, Stab II aber schon elastisch gestreckt wird. Da Stab I infolge des plastischen Zustandes mehr zu Formänderungen neigt, als der schon „fester“ gewordene Stab II, mögen sie sich, nachdem auch Stab I kurz vorher in die elastische Zone eingetreten ist, für einen Augenblick auf eine gemeinsame Länge l_4 (Abb. 193 unten) einigen, wobei der Stab I die Temperatur T_e, der Stab II aber eine tiefere Temperatur t_e hat. Beide Stäbe schwinden in der elastischen Zone weiter, bis auf die gewöhnliche Temperatur 0^0, wo sie die Länge 1 annehmen sollen. Würden die Stäbe einzeln frei schwinden können, so würde der Stab I um den Betrag $T_e \cdot a l_4$ und Stab II um den Betrag $t_e \cdot a l_4$ sich zusammenziehen (a = Wärmeausdehnungszahl). Da T_e größer als t_e ist, so ist Stab I bei der Verbindung der beiden Stabteile noch im Schwinden begriffen, wenn Stab II schon die Länge 1 angenommen hat. Stab I sucht sich weiter zu verkürzen, wird aber daran durch Stab II, dessen Länge unverändert bleibt, gehindert. Die Folge ist, daß, wenn die Möglichkeit des Krümmens nicht vorhanden ist, Stab I **bleibende elastische Zugspannungen** und Stab II **bleibende elastische Druckspannungen** erhält, indem Stab I zwangsweise auf eine größere und Stab II auf eine geringere Länge gebracht wird, als wenn beide ohne Verbindung wären.

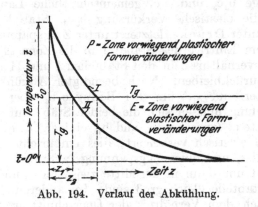

Abb. 194. Verlauf der Abkühlung.

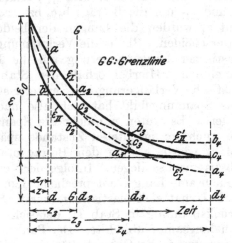

Abb. 195. Zeit-Dehnungsschaubild.

Die vorstehend gegebene Erläuterung für die Entstehung der bleibenden Spannungen in den beiden Stabteilen I und II soll an Hand der in Abb. 194 dargestellten Kurven ergänzt werden. Letztere geben den Verlauf der Abkühlung der Stabteile I und II von der Gießtemperatur t_0 bis auf die gewöhnliche Temperatur $t = 0^0$ in Abhängigkeit von der Zeit an. T_g ist die Grenztemperatur zwischen der plastischen und elastischen Zone. Stab II (Kurve II) erreiche schon nach der Zeit z_1 die Grenztemperatur T_g, während Stab I erst nach der Zeit z_2 diese Temperatur erreicht. Aus diesem Schaubild soll ein zweites, das **Zeit-Dehnungsschaubild** Abb. 195 abgeleitet werden, auf dessen Abszissenachse die Zeiten z und auf dessen Ordinatenachse die Längenänderungen

$\varepsilon = \dfrac{\lambda}{1}$ aufgetragen werden, welche die beiden Stabteile bei den Wärmegraden t gegenüber

der Endtemperatur $t = 0$ annehmen würden, wenn jeder Stabteil einzeln und ohne Verkuppelung mit dem anderen sich ausdehnen bzw. zusammenziehen könnte. Diese Längenänderungen sind bezogen auf die Längeneinheit $l = 1$ bei der Temperatur $t = 0$. Unter der Voraussetzung, daß die Wärmeausdehnungszahl a für alle Wärmegrade von 0 bis t_0 gleich ist, stehen die Verlängerungen bzw. Verkürzungen der Stabteile in direkter Beziehung

zu den Dehnungen $\varepsilon = a t$, wo $\varepsilon = \dfrac{\lambda}{1}$ das Schwindmaß ist. Man erhält daher für die

Stabteile II und I Schwindungskurven ε_{II} und ε_I, deren Ordinaten sich aus denjenigen des Zeit-Temperaturschaubildes ergeben, indem man letztere mit dem Werte a multipliziert. Wenn man den Koordinaten-Anfangspunkt um die Längeneinheit nach unten verschiebt, erhält man als neue Ordinaten $(1 + \varepsilon)$, als Maß der Stablängen.

Der Grenztemperatur T_g entspricht eine bestimmte Verlängerung L, die als Grenze zwischen den beiden Zonen (P und E) auftritt. Aus Abb. 195 ergibt sich, daß bei dem Zeitpunkt z nach dem Erstarren bei freier Schwindung der unverbundenen Stabteile Stab I die Länge d a, Stab II die Länge d b annimmt. Infolge der Verkupplung sind aber beide Stäbe gezwungen, bei verschiedenen Temperaturen eine gemeinsame Länge d c_1 anzunehmen; infolgedessen muß Stab I plastisch gestaucht, Stab II plastisch gezogen werden. Spannungen treten aber noch nicht auf. Bei z_1 tritt Stab II in die elastische Zone, während Stab I noch in der plastischen Zone verbleibt. Bei weiterer Abkühlung bis z_2 müssen sich die beiden Stabteile auf eine dem Punkte c_2 entsprechende Länge einigen; sie haben gleiche Länge, nämlich $c_2 d_2$, bei verschiedenen Temperaturen, wobei Stab II um den Betrag $b_2 c_2$ elastisch verlängert und Stab I um den Betrag $a_2 c_2$ plastisch gedrückt wird. Auch jetzt treten noch keine Spannungen auf, da Stab I sich nach Stab II richten muß. Nunmehr tritt auch Stab I in die elastische Zone ein. Bei weiterer Abkühlung innerhalb der letzteren folgen die Stabteile nicht mehr den Kurven ε_I und ε_{II}, sondern den Kurven $\varepsilon_I{}'$ und $\varepsilon_{II}{}'$; letztere gehen von c_2 aus und werden von den Linien ε_I und ε_{II} um die Beträge $b_2 c_2$ bzw. $a_2 c_2$ parallel zur ε-Achse gleich weit entfernt. Zur Zeit z_3 würden die Längen der beiden Stäbe sich um den Betrag $a_3 b_3$ voneinander unterscheiden. Bleibt die Verkupplung bei z_3 bestehen, so müssen die Stabteile infolge elastischer Längenänderung um die Beträge $b_3 c_3$ und $a_3 c_3$ gemeinschaftliche Längen annehmen. Hierbei erhält der Stab II die elastische Verkürzung $b_3 c_3$, Stab I die elastische Verlängerung $a_3 c_3$, ersterer steht unter Druck-, letzterer unter Zugspannung. Das Spannungsbild hat sich also nach dem Eintritt des Stabes I in die Zone E geändert. Es treten nunmehr die Spannungsverhältnisse in den Stabteilen I und II auf, die auch im erkalteten Zustande später zurückbleiben. Nach beendigter Abkühlung bei z_4 würde $\varepsilon_I{}'$ um den Betrag $c_4 a_4$ unter und $\varepsilon_{II}{}'$ um den Betrag $c_4 b_4$ über der Abszissenachse liegen. Infolge der Verkupplung müssen sich die beiden Stäbe auf eine gemeinsame Länge, entsprechend dem Punkte c_4 (zwischen a_4 und b_4) einigen, d. h. der Stab II hat sich elastisch verkürzt, Stab I elastisch verlängert; dies entspricht einer Druckspannung in Stab II, der sich schneller, und einer Zugspannung in Stab I, der sich langsamer abkühlte. Der Punkt c_4 wird nur dann in der Mitte zwischen a_4 und b_4 liegen, wenn die Querschnitte der beiden Stabteile gleich groß sind. Im anderen Falle nähert er sich entweder a_4 oder b_4, je nach dem Verhältnis der Querschnittsgrößen.

Der Abstand $a_4 b_4$ ist nun aber gleich dem Abstand $a_2 b_2$. Die zum Schluß zurückbleibenden Spannungen hängen also hauptsächlich von den Größen $b_2 c_2$ und $a_2 c_2$, mithin auch von der Größe des Abstandes $a_2 b_2$ ab. Letzterer ist aber bei gegebenem Verlaufe der Kurven ε_I und ε_{II} abhängig von der Größe z_2, d. h. von der Lage der Grenzlinie GG. Diese ist bedingt durch die Lage der Grenztemperatur T_g. Je höher letztere ist, um so kleiner ist z_2 und umgekehrt.

Je tiefer mithin die Temperatur des schneller abkühlenden Stabes II beim Eintritt des langsamer abkühlenden Stabes I in die Grenztemperatur unterhalb der letzteren liegt, desto größer sind die bleibenden Spannungen, die nach der Abkühlung auf gewöhnliche Temperatur auftreten, oder anders ausgedrückt: die Größe der im Gußstück zurückbleibenden Spannungen ist abhängig von dem Temperaturunterschiede, den die Stabteile beim Eintritt des langsamer abkühlenden Stabes in die elastische Zone besitzen. Nun ist aber die Schwindungsdifferenz $a_2 b_2 = \alpha \cdot (T_g - t_e)$. Unter der Annahme, daß die Querschnitte beider Stäbe einander gleich sind, wird $a_2 c_2 = b_2 c_2 = \dfrac{a_2 b_2}{2} = \dfrac{\alpha}{2} (T_g - t_e)$ sein. Nimmt man weiter an, daß die Beziehung zwischen Spannung σ und Elastizitätsmodul E des Werkstoffs[1] $\sigma = E \cdot \varepsilon$ auch oberhalb der Elastizitätsgrenze noch gültig ist (was streng genommen natürlich nicht mehr zutrifft), würden die Gußspannungen dem Elastizitätsmodul, der Wärmeausdehnungszahl und dem derzeitigen Temperaturunterschied ($\varDelta t$) proportional sein. Es würde dann für die Zug- ($+\sigma$) und Druckspannung ($-\sigma$) die allgemeine Beziehung gelten:

---

[1] Vgl. S. 390.

$+\sigma = -\sigma = E \cdot \alpha \cdot \varDelta t$. Für die beiden gleich großen Querschnitte der miteinander verbundenen Stabteile I und II würde $+\sigma = -\sigma = \dfrac{1}{2} E \cdot \alpha \cdot \varDelta t$ sein [1]).

Mit Rücksicht auf die entsprechenden Elastizitätsmodulwerte werden die unter sonst gleichen Verhältnissen im Gußeisen zu erwartenden Gußspannungen geringer als im Stahlguß sein. Anderseits wird das Gußeisen wegen seiner äußerst geringen Bruchdehnung weniger befähigt sein, solche Spannungen, die vorübergehend die Streckgrenze überschreiten, ohne daß Bruch des Werkstoffs eintritt, zu ertragen, während der zähere Stahlguß hier der widerstandsfähigere Werkstoff ist. Wie sich leicht berechnen läßt, genügen bereits verhältnismäßig geringe Temperaturunterschiede, um hohe Spannungen herbeizuführen, die beim Gußeisen bei ungleichmäßiger Erwärmung oder Abkühlung, zumal bei Zugbeanspruchung, zur Zertrümmerung führen können.

Nach Heyn ist die Größe der am Schluß der Abkühlung im Gußstücke zurückbleibenden Spannungen abhängig:

1. Von der Größe der Schwindung (unter sonst gleichen Verhältnissen werden die Spannungen mit der Größe des Schwindmaßes des Werkstoffs wachsen). Da das Schwindmaß $\varepsilon_0 = \alpha\, t_0$ ist, wird die Größe der Spannungen auch direkt proportional der Anfangstemperatur t_0 sein.

2. Von der Lage der Grenzlinie GG, mithin auch von der Grenztemperatur T_g.

3. Von dem Unterschiede der Abkühlungsgeschwindigkeiten der miteinander verbundenen Stabteile.

4. Von der Größe der Querschnitte der einzelnen Stabteile, wobei die Spannungen sich umgekehrt verhalten wie die Größen der Querschnitte, in denen sie auftreten. Je größer z. B. der Querschnitt des Stabteils I ist, desto näher wird der Punkt c_2 nach a_2 (Abb. 195) rücken, desto kleiner wird die Spannung im Stabe I, desto größer anderseits im Stabteil II.

Aus dem Zusammenwirken der einzelnen Einflüsse erklärt es sich, daß bei Gußstücken nicht notwendigerweise immer ein größeres Schwindmaß auch größere Gußspannungen ergeben muß. So können die im Stahlguß zurückbleibenden Spannungen trotz seines erheblich größeren Schwindmaßes unter Umständen geringer sein als bei Gußeisen. Auch der Einfluß der Grenzlinie GG braucht nicht allein ausschlaggebend zu sein; er ändert sich stark je nach dem Unterschiede in den Abkühlungsgeschwindigkeiten. Von größter Bedeutung erscheint der Punkt 3, insofern als er darauf hinweist, daß man Gußspannungen vermeiden kann, wenn man die Abkühlung in allen Teilen des Gußstücks gleichmäßig durchführt, d. h. es wird dann der Unterschied in den Abkühlungsgeschwindigkeiten praktisch gleich Null. Die Möglichkeit zur Erreichung dieses Zieles ist in erster Linie dem Konstrukteur gegeben, indem er durch Vermeidung großer Querschnittsunterschiede auf eine gleichmäßige Abkühlung hinwirkt. Da eine gleichmäßige Querschnitts- und Massenverteilung auch gleichzeitig die gegenseitige Beeinflussung in den Längenveränderungen der verschiedenen starr miteinander verbundenen Teile in hohem Maße zurückhalten wird, so vermag der Konstrukteur an seinem Teil die unter 3. und 4. erwähnten Einflüsse zugleich in günstigem Sinne zu gestalten. Erst dann, wenn die Forderung nach gleichmäßiger Abkühlung konstruktiv nicht oder nur unvollkommen erfüllt werden kann, muß der Gießer versuchen, Hilfsmittel anzuwenden, die dahin zielen, daß trotz der ungleichen Massen- und Querschnittsverteilung eine gleichmäßige Abkühlung des Gußstücks künstlich herbeigeführt wird. Die hierfür in Betracht kommenden Maßnahmen sind, wie weiter unten noch ausgeführt werden soll, manchmal schwierig durchführbar und können unter Umständen von zweifelhaftem Erfolg sein.

Bisweilen sind die zurückgebliebenen Spannungen in Gußstücken so groß, daß schon geringfügige Zusatzkräfte genügen, um explosionsartigen Bruch herbeizuführen.

---

[1]) Obige Berechnung kann nur als eine ungefähre gelten; in Wirklichkeit liegen die Spannungsverhältnisse viel verwickelter. Näheres hierüber vgl. E. Heyn: Über bleibende Spannungen in Werkstücken infolge Abkühlung. Stahleisen 1907, S. 1309, 1347 und Martens-Heyn: Handbuch der Materialienkunde. Bd. II a.

Wird z. B. ein Gußstück, dessen einer Teil A wegen langsamer Abkühlung gegenüber anderen Teilen schon große Zugspannungen erhalten hat, ungleichmäßig erwärmt, so können unter Umständen zu den bereits vorhandenen weitere vorübergehende Zugspannungen hinzukommen, die mit jenen vereint eine Überschreitung der Bruchgrenze, d. h. eine Zertrümmerung bewirken können. In ähnlicher Weise würde eine Stoß- oder Schlagwirkung auf die mit Spannungen behafteten Teile wirken. Man kann letzteres Verhalten benutzen, um vorhandene Spannungen nachzuweisen. Heyn ließ einen Rahmen aus Gußeisen nach Abb. 196 anfertigen, der bei einer ohne Vorsichtsmaßregeln erfolgten Erstarrung in dem dickeren Rahmen Zugspannungen haben muß. Durch einen Schlag an der mit Pfeil angedeuteten Stelle des Rahmens wurden die Zugspannungen aufgehoben, indem Bruch eintrat. Die Bruchenden haben sich dabei sowohl in senkrechter als auch in wagerechter Richtung voneinander getrennt (der Riß in Abb. 196 klaffte um etwa 2 mm). Man würde ebenfalls zum Nachweis der Zugspannungen gekommen sein, wenn man den Rahmenquerschnitt durch äußere Bearbeitung solange verminderte, bis der dünner gewordene Querschnitt die größer gewordenen Spannungen nicht mehr ertragen kann und reißt. Nimmt man an, daß der Querschnitt im äußeren Rahmen f_1 sei, und daß die Zugspannung σ_1 im Querschnitt f_1 die Bruchgrenze nahezu erreicht hat, so hat der Rahmen die Kraft $f_1 \sigma_1$ auszuhalten. Verringert man durch Bearbeitung den Querschnitt f_1 auf f_1', so steigt die Zugspannung von σ_1 entsprechend auf σ an, und da $f_1 \sigma_1 = f_1' \sigma$ ist, wird $\sigma = \sigma_1 \dfrac{f_1}{f_1'}$ und daher in dem Verhältnisse $\dfrac{f_1}{f_1'}$ größer werden. Hierdurch kann die Bruchspannung σ_B erreicht werden und der Rahmen bei der Bearbeitung aufreißen.

Würden bei dem Gußstück (Abb. 196) Rahmen und Sprossen gleich stark gewählt werden, so würden keine Spannungen auftreten, da die Abkühlung gleichmäßig erfolgt. Ein durch Hammerschlag absichtlich herbeigeführter Bruch würde in diesem Falle kein Auseinanderklaffen der Bruchenden zeigen.

Im folgenden soll nun weiter angenommen werden, daß die unter Druck- und Zugwirkung geratenen Teile eines Gußstückes die Möglichkeit haben, den Spannungen auszuweichen und infolgedessen sich zu krümmen oder zu werfen. Bei dem in Abb. 193 angenommenen Stab will der Stabteil II unter der Wirkung der Druckspannungen sich konvex und Stabteil I unter Wirkung der Zugspannung konkav durchbiegen. Treten dieser Krümmung keine anderen Widerstände entgegen, so werden die Spannungen verringert, aber nicht ganz verschwinden.

Ein Modell [Abb. 197 [1])] soll die Wirkung der inneren Kräfte veranschaulichen. In dem oberen Teil ist der Spannungszustand dargestellt. Die einzelnen Brettchen, die in Höhe I, I durch Zugfedern und in Höhe II, II durch Druckfedern verbunden sind, sollen die Querschnitte eines gegossenen Balkens darstellen. Da hierbei die Möglichkeit einer Krümmung ausgeschlossen angenommen wird, steht die Seite I, I unter elastischen Zugspannungen und die Seite II, II unter elastischen Druckspannungen. Kann anderseits die Krümmung ungehindert erfolgen, wie in dem unteren Teil der Abb. 197, so wird sich die unter Zugspannungen stehende Seite I, I konkav und die unter Druckspannungen stehende Seite II, II konvex durchbiegen.

Stab- oder balkenförmige Gußstücke werden besonders bei ungleichmäßiger Querschnittsverteilung zum Krummziehen neigen. Der in Abb. 198 bei a gezeichnete gußeiserne Balken würde wegen der geringeren Abkühlungsgeschwindigkeit im Teile II Zugspannungen, in dem schneller abkühlenden Teile I Druckspannungen haben, wenn er sich nicht krümmen könnte. Da er hieran nicht gehindert ist, biegt er sich auf der Seite I konvex und auf der Seite II konkav (vgl. die punktierten Linien). Infolge des Krummziehens werden die Spannungen teilweise aufgehoben. Bei dem ⊤-Balken b ist die Massenverteilung umgekehrt wie bei a angenommen, indem jetzt der Steg der Teil II mit der größeren Masse ist und der Flansch als Teil I die kleinere Masse besitzt.

---

[1]) Nach Angabe von E. Heyn zur Veranschaulichung der Gußspannungen für das mechanisch-technologische Laboratorium der Techn. Hochschule Berlin angefertigt.

Teil II kühlt sich daher langsamer ab als Teil I. Wird die Krümmung nicht verhindert, so krümmt sich der Balken nach der punktierten Linie, also im entgegengesetzten Sinne wie bei a. Damit ein Krummziehen des Balkens nicht eintritt, müßte die Querschnittsverteilung derart gewählt werden, daß alle Teile möglichst gleich schnell abkühlen; das braucht nicht unbedingt zu bedeuten, daß die Wandstärken überall gleich groß zu wählen sind.

In manchen Fällen ist die Querschnittsform des stabförmigen Körpers, auch bei annähernd gleichen Wandstärken der einzelnen Teile, gießtechnisch von vornherein wenig geeignet. So werden ⊔-förmig gebildete Stäbe von größerer Länge sich krumm ziehen, und zwar werden die beiden Seitenwände bauchig, während die Verbindungs-

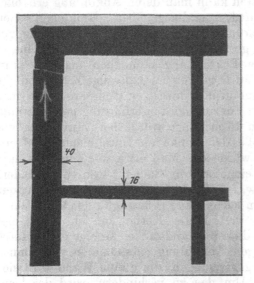

Abb. 196. Zugspannungen im Rahmen.

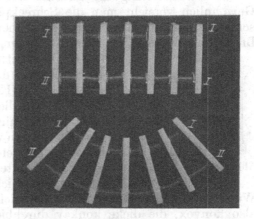

Abb. 197. Zugspannungen im Rahmen.

wand hohl wird. Die Ursache des Krummziehens findet ihre Erklärung in der vorzeitigen Abkühlung der beim Gießen aufrecht angeordneten Seitenwände, die dann nicht mehr schwinden können, wenn die horizontale Wand bei später beginnender Abkühlung sich zusammenzieht; infolgedessen verkürzt sich diese Wand dem ganzen System gegenüber und bringt die erwähnte Verzerrung des Körpers zustande. Hier kann, abgesehen von der richtigen Bemessung des Schwindmaßes, nur ein Mittel erfolgreich dem Verziehen vorbeugen, daß man das zum Formen bestimmte Modell durchgebogen herstellt, derart, daß die Teile, die sich konkav durchbiegen wollen, von vornherein im Modell nach der entgegengesetzten Seite — also konvex — ausgebildet werden. Die bei der Abkühlung des Gußstückes auftretenden Spannungen werden dann die konvex geformten Flächen gerade ziehen. Erfahrungsgemäß kann man bei Längen von etwa 4 m je nach den Stärke-

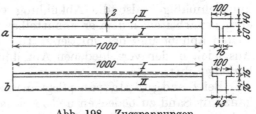

Abb. 198. Zugspannungen.

verhältnissen der Querschnitte die voraussichtliche Durchbiegung auf 15 bis 20 mm bemessen [1].

Eine bekannte Erscheinung ist auch das Krummziehen der Dreh- und Hobelbankbetten. Die Ursache bildet hier die konstruktiv nicht ganz zu vermeidende ungleiche Stoffverteilung. Während die Führungen (Prismenleisten) Abb. 199 Massenanhäufungen aufweisen, sind die Seitenwände unverhältnismäßig schwach bemessen; auch die umlaufenden Verstärkungsleisten auf der Fußseite vermindern nur wenig die Ungleichheit. Die Prismenleisten, die beim Gießen unten liegen, werden wegen ihres späteren

---

[1] H. Vetter: Über das Schwinden des Gußeisens. Stahleisen 1910, S. 915.

und langsameren Schwindens Zugspannungen erhalten, die ein Krummziehen des Gußstückes im umgekehrten Sinne der Abb. 197 verursachen. Ist der Unterschied in der Stoffverteilung zwischen Prismenleisten und Seitenwand sehr erheblich, so können in ersteren
auch Warmrisse auftreten. Das erfolgreichste Mittel, das Verziehen zu verhüten, besteht
wieder darin, daß man das Modell nach der entgegengesetzten Seite durchformt, und
zwar um so viel, wie die Bettmitte beim Schwinden sich hebt; nach der Erkaltung des
Abgusses werden dann die Prismenleisten eine geradlinige Form aufweisen. Eine gänzliche
Beseitigung der Spannungen im Gußstück wird aber nicht zu erwarten sein. Durch
Anlegen von Schreckplatten an die Prismenleisten kann man deren Abkühlung erheblich
beschleunigen; auch wird dann das Gußgefüge dichter und gegenüber Spannungen wider-
standsfähiger. Die Folge ist ein geringeres Krummziehen und die Verminderung von
Rissen. Jedoch ist obiges Mittel insofern mit großer Vorsicht anzuwenden, als eine zu
starke Abschreckung die nachher notwendige Bearbeitung unmöglich machen kann.
Gewöhnlich versieht man die Schreckplatten auch mit einem Überzug, z. B. von Öl-
schwärze oder dünnem Teer, und ordnet sie nur in dem mittleren Teile an, wobei man
Breite und Dicke je nach den Abmessungen der Führungsleisten erfahrungsgemäß wählt.

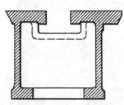

Abb. 199. Drehbankbett.

Bei Drehbankbetten von 15 m Länge würde bei Anwendung von
Schreckplatten die Größe der konkaven Durchbiegung 96 mm
betragen, ohne Kokille würde das Maß etwa 30% mehr sein [1]).

Auch bei liegend eingeformten Säulen, Röhren, Ständern
stehender Maschinen usw. ist oft ein Krummziehen zu bemerken,
für das sich nach vorigem leicht eine Erklärung finden läßt: Durch
Heben nicht genügend verankerter Kerne entsteht oben eine
dünnere und unten eine dickere Wandstärke. Infolge der dadurch
bedingten ungleichmäßigen Abkühlung entstehen in der dünnen
Wand Druckspannungen und in der dicken Zugspannungen, die dünne Wand wird sich
also konvex, die dicke konkav durchbiegen. Um das zu verhindern, wird der Kern
in nach unten durchgebogenem Zustande in die Form eingelegt, in der richtigen Annahme, daß selbst bei guter Verankerung gegen Auftrieb die Kerne trotzdem noch gehoben
werden können, sobald die Kernstütze sich in den Kern oder in die Formwand eindrückt.

Eine Folge ungleichmäßiger Abkühlung ist auch das Verziehen oder Werfen von
ebenen Platten (Abb. 200). Die Schwindung beginnt hier am Rande und schreitet
allmählich nach der Mitte fort. Die Mitte hat während der Abkühlung beim Eintritt
in die elastische Zone eine höhere Temperatur als der Rand, es werden in der Mitte
Zugspannungen auftreten, die eine Krümmung, bisweilen sogar einen Riß der Platte
zur Folge haben. Die Krümmung wird um so stärker sein, je größer die Platte ist, je
ungleichmäßiger also die Abkühlung verläuft. Der Former kann diesen Spannungen
entgegenarbeiten, indem er unmittelbar nach dem Guß die Trichter abschlägt, den Ober-
kasten abhebt und den mittleren Teil der Platte freilegt. Hierdurch wird ein gewisser
Ausgleich in den verschiedenen Abkühlungsgeschwindigkeiten zwischen Rand und Mitte
herbeigeführt.

Bei Herdgußplatten pflegt man auch wohl unmittelbar nach dem Guß die Platte
ganz mit Sand zu bedecken und zwei nach den vier Ecken zu gerichtete Sandfurchen zu
ziehen, die ein schnelleres Erkalten des noch rotglühenden Gußstücks nach der Mitte
zu ermöglichen. Wichtig ist auch das richtige Anschneiden der Eingüsse, z. B. bei
rechteckigen Platten, möglichst von den Langseiten, und das gleichzeitige Gießen mit
Eisen von derselben Gießhitze. Um den Spannungen entgegenzuwirken und ein Werfen
bzw. Reißen zu vermeiden, empfiehlt es sich auch, die Modelle nach der entgegengesetzten
Seite durchzuformen. Auch in konstruktiver Hinsicht läßt sich den Spannungen vorbeugen
durch Anordnung von Aussparungen im mittleren Teile, wie dies Abb. 201 andeutet; bei
Kochherdplatten wirken in gleichem Sinne die Aussparungen für die Kochlöcher; weiter
kann man Sprengfugen vorsehen, die auch beim späteren Gebrauch der Herdplatte den

---

[1]) H. Kloß: Ausschuß und Arbeitsverfahren beim Drehbank- und Hobelmaschinenguß. Gieß.-
Zg. 1915, S. 225 u. 244.

auftretenden Wärmespannungen entgegenwirken. Manchmal läßt sich auch durch Anordnung einer ringsherum laufenden Randverstärkung in Form von Rippen (vgl. Abb. 202) die schnellere Erstarrung des Randes verzögern.

Wenn jegliches Verziehen einer Platte, auch durch spätere ungleichmäßige Erwärmung beim Gebrauch, verhindert werden soll, muß sie besonders stark verrippt werden, etwa wie die Rückseite der Richtplatte in Abb. 203. Dadurch entstehen zwar in dem Gußstück Spannungen, die man aber gern in Kauf nimmt, weil ein Verziehen der Platte unter allen

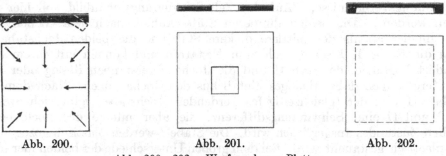

| Abb. 200. | Abb. 201. | Abb. 202. |

Abb. 200—202. Werfen ebener Platten.

Umständen verhindert werden soll. Die Gußspannungen haben beim Gebrauch der Richtplatte nichts zu bedeuten, da die Platte keinen Betriebsspannungen ausgesetzt ist.

Außer bei stab- und plattenförmigen Körpern ist, wie schon oben angedeutet, auch bei geschlossenen rahmen- und ringförmigen Gußstücken mit Spannungen zu rechnen. v. Steiger[1]) hat nach dem Vorgang Heyns Untersuchungen über Spannungsverhältnisse bei gußeisernen Gittern angestellt. Letztere setzen sich aus einem System von drei gleich langen Stäben, einem mittleren dickeren und zwei dünneren

Abb. 203. Werfen ebener Platten.

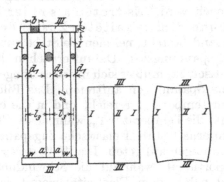

| Abb. 204. | Abb. 205. | Abb. 206. |

Abb. 204—206. Spannungen im Gitterrahmen.

von gleicher Stärke, zusammen, die oben und unten durch Joche starr verbunden sind (vgl. Abb. 204—205). Die Abmessungen der Stäbe I, I und II, sowie die des Joches III wurden in den einzelnen Untersuchungsreihen verschieden gewählt. Infolge der ungleichmäßigen Abkühlung sind in den dünnen Stäben Druck- und in den Jochbalken und im mittleren dicken Stab Zugspannungen zu erwarten. Da die Möglichkeit der Durchbiegung vorhanden war, bogen sich die dünneren Stäbe I, I konvex, und die Jochstäbe konkav, wobei der Stab II in seiner Länge mehr oder weniger verkürzt wurde (vgl. Abb. 206). Die Deformationen waren von verschiedenem Grade, entsprechend der Verschiedenheit der Abmessungen. In solchen Fällen, wo das Verhältnis der Querschnitte zwischen dem dickeren und den dünneren Stäben mehr als das Doppelte

---

[1]) R. v. Steiger: Über Gußspannungen. Diss. Zürich 1913.

betrug, überschritten stets die in den dünnen Stäben im plastischen Zustande auftretenden Zugspannungen die Bruchgrenze des Werkstoffes und verursachten an den Stellen W, W (Abb. 204) Warmrisse.

Es sei folgendes Beispiel aus der großen Versuchsreihe gewählt. Die hierfür in Abb. 204 enthaltenen Werte für die Abmessungen sind: $d_2 = 61$ mm, $d_1 = 20,5$ mm, $l_3 = 150$ mm, $b = h = 61$ mm, $2\,l = 1000$ mm. Die Zusammensetzung des Gußeisens war $3,5\%$ C, $2,8\%$ Graphit, $1,8\%$ Si, $0,7\%$ Mn, $0,9\%$ P und $0,08\%$ S. Die Zugfestigkeit betrug 1840 kg/qcm. Es ergaben sich hierbei folgende Schwindungs- und Spannungsverhältnisse. (Auf das Zeit-Schwindungsschaubild soll hier nicht eingegangen werden.) Die beiden dünneren Stäbe kühlen nach dem Gießen von vornherein schneller ab als der mittlere dickere Stab und die beiden Jochstäbe. Hierbei kommen die Stäbe I, I schon früh zum Erstarren und können mit ihrem Schwinden ungehindert beginnen, da Stab II und die Joche vorerst noch flüssig oder halbflüssig sind; erstere saugen dabei flüssiges Metall aus den Jochen nach. Nach dem Erstarren des Stabes II und der (gleichzeitig festwerdenden) Jochstäbe ergibt sich zwischen den Stäben I und II eine Schwindungsdifferenz, die aber infolge des noch bestehenden plastischen Zustandes ausgeglichen wird. Die Stäbe I werden plastisch gezogen, während Stab II plastisch gestaucht wird. Bei dem großen Unterschiede der beiden hier in Betracht kommenden Querschnitte ($d_2 > 2\,d_1$) sind die Längenveränderungen so erheblich, daß die derzeitige Bruchgrenze überschritten wird. Die Stäbe I reißen vom Joch ab und können sich darauf zunächst frei zusammenziehen, so daß die Risse auseinanderklaffen. Nichtsdestoweniger schreitet der plastische Ausgleich oberhalb der Grenztemperatur T_g mit weiterer Abkühlung zunächst in demselben Sinne fort, so daß die Stäbe I weiter gezogen und Stab II weiter gedrückt wird. Noch oberhalb der Grenztemperatur trat nun zu einem Zeitpunkte, wo sich der Stab II stärker zusammenzieht, ein plastischer Längenausgleich in den Stäben auf, und es kam damit bei weiterer Abkühlung eine Umkehr in den Deformationen zustande. Die Stäbe I stoßen wieder mit ihren Bruchenden zusammen und werden bei der weiteren Abkühlung immer mehr zusammengepreßt, während der Stab II gezogen wird. Es treten also hier bereits dieselben Verhältnisse auf, wie sie nachher im erkalteten Zustande sich zeigen. Da aber immer noch plastischer Zustand besteht, nehmen die Stäbe vorläufig noch gemeinschaftliche gleiche Länge an und sind spannungslos. Darauf erreichen die Stäbe I die Grenztemperatur. Da Stab II noch plastisch ist, muß er sich in seiner Länge nach den Stäben I richten. Es werden daher noch keine Spannungen auftreten. Das Bild ändert sich indessen, wenn auch der Stab II die Grenztemperatur erreicht und in die elastische Zone eintritt. Er besitzt in diesem Zeitpunkt die Temperatur T_g, während die Stäbe I schon die tiefere Temperatur t_e haben. Nunmehr erhält Stab II elastische Zugspannungen, während in den Stäben I elastische Druckspannungen auftreten. Die Größe dieser Spannungen ist dem Temperaturunterschied $T_g - t_e$ proportional, während die Schwindungsdifferenz $\Delta\varepsilon = a\,(T_g - t_e)$ ist. Letzterer Wert wird neben dem Elastizitätsmodul des Werkstoffs bestimmend für das Maß der im erkalteten Gußstück zurückbleibenden Spannungen sein. Der Längenausgleich geht bei weiterer Abkühlung elastisch weiter, wobei sich die Spannungsverhältnisse in gleichem Sinne wie bisher entwickeln. Da eine Krümmung eintreten kann, werden die Stäbe I trotz des Bruches ausbiegen, während Stab II kürzer wird. Bemerkenswert ist das Verhalten der Jochstäbe. Dieselben vermögen den Längenausgleich in der plastischen und auch in der elastischen Zone wesentlich zu erleichtern, wobei das Joch selbst sich durchbiegt. Ist das Joch dünn, so federt es einigermaßen, desto weniger beeinflussen die Stäbe sich gegenseitig, und desto geringer wird auch der Schwindungsunterschied. Die Stäbe selbst werden stark entlastet und die Gefahr der Warmrisse wird geringer. Ein dickes Joch dagegen wird weniger zur Entlastung beitragen und läßt die Deformationen der Stäbe und damit auch ihre Spannungen größer werden. Weite Gitter verhalten sich günstiger als enge. Aus dem Verhalten der Jochstäbe ergibt sich, daß es im allgemeinen empfehlenswert ist, zwecks Verringerung der Spannungen, die Formgebung eines Abgusses so zu gestalten, daß auftretende Deformationen durch Teile von möglichst großer Nachgiebigkeit aufgenommen werden können.

Zum Nachweis der Spannungen wurde bei aa der dicke Stab durchgeschnitten und die Größe des klaffenden Risses als Maß für die Spannungen gemessen. Er war bei den verschiedenen Gittergrößen 0,5—3 mm breit. v. Steiger zeigt in seinen Versuchen, wie die Zug- und Druckspannung aus der Rißweite sich errechnen läßt.

Beispiele für die Entstehung von Spannungen in geschlossenen ring-förmigen Gußkörpern bieten uns unter anderem Riemenscheiben, Schwung-räder, Zahnräder, Zylinder usw. Bei einer Riemenscheibe (Abb. 207) werden der Kranz und danach die Arme schneller erkalten als die dickwandige Nabe. Erstere werden bereits erstarrt und teil-weise geschwunden sein, wenn die Nabe erst mit dem Erstarren und Schwinden beginnt. Indem die Nabe sich darauf zu-sammenzieht, sucht sie die in ihrer Längs-richtung nicht mehr veränderlichen Arme nach innen zu ziehen. Hierdurch entstehen in den letzteren Zugspannungen, die

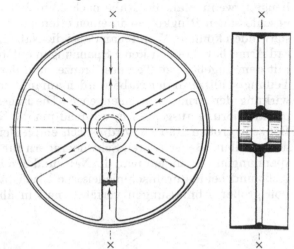

Abb. 207. Spannungen in der Riemenscheibe.

beim Überschreiten der Bruchgrenze zum Abreißen der Arme von der Nabe führen können.

Die Gußspannungen lassen sich dadurch vermeiden, daß man für eine möglichst gleichmäßig schnelle Abkühlung aller Teile sorgt. Dies läßt sich nur dadurch wirksam erreichen, daß man die Abkühlung der Nabe beschleunigt. Zu dem Zwecke deckt man die Nabe auf, stößt den Nabenkern frühzeitig aus, kühlt bisweilen auch mit Wasser und entfernt zur Erleichterung des Schwindens die Naben-trichter. Ein erfolg-reiches Abwehrmittel gegen Spannungen ist auch das Gießen der Riemenscheibe in zwei Hälften, wobei eine nach-trägliche Sprengung der Nabe und der Arme vor-genommen wird (Abb. 208).

Bei Schwung-rädern mit dickem Kranz und verhältnis-mäßig dünnen Armen erstarren diese zuerst und saugen längere Zeit

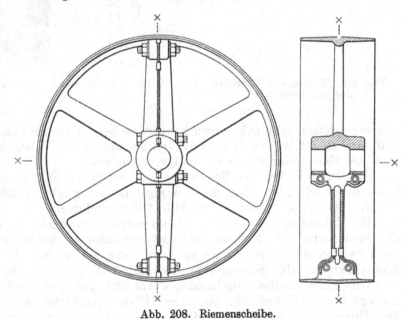

Abb. 208. Riemenscheibe.

flüssiges Eisen aus Kranz und Nabe in die Armform hinein. Sind die Arme geschwunden, so erstarren Kranz und Nabe. Dabei wird durch das starke Schwinden des in sich geschlossenen Kranzringes ein Druck auf die unnachgiebigen Arme ausgeübt, wodurch diese zertrümmert werden können. Sind die Arme stark genug den Druck auszuhalten, so entstehen im Kranz Zugspannungen, er kann infolgedessen dann entweder bei der Abkühlung zerreißen oder aber nachher im Betriebe [1]. Diese Spannungen lassen sich

---

[1] Über das Bersten eines Schwungrades infolge von Gußspannungen: Stahleisen 1894, S. 191.

auf verschiedene Weise vermindern oder auch ganz beseitigen. Der Former hilft sich meistens durch Aufdecken des Kranzes und der Nabe unmittelbar nach dem Guß, wodurch eine gleichmäßigere Abkühlung erreicht wird. Am wirksamsten wird man den Spannungen vorbeugen, wenn man die Nabe nach Abb. 209 teilt. Man verwandelt auf diese Weise den geschlossenen Ringkörper in einen offenen, dessen einzelne Teile leichter und ungehindert schwinden können. Wenn man dabei die Nabe in halb soviele Teile zerlegt wie das Schwungrad Arme hat, können keine Spannungen entstehen, weil in jedem Falle immer zwei Arme mit dem zugehörigen Teil des Kranzes und der Nabe ungehindert schwinden können. Die Teilungsschlitze in der Nabe werden anfangs sich erweitern und nachher unter der Druckwirkung der Arme zusammengehen. Die Fugen werden im fertigen Rade mit einer Weißmetallegierung ausgegossen, während um die Nabe kräftige Schrumpfringe gelegt werden. Bei sehr großen Rädern wird es sich empfehlen, das Gußstück in zwei getrennten Teilen herzustellen. Bei schweren Schwungrädern für Walzenzugmaschinen beugt man den Gußspannungen vor, indem man die Nabe und den Kranz (diesen in mehreren Teilen) besonders gießt und beide durch schmiedeiserne Flachstäbe als Arme verbindet. Bei Seilscheiben von großen Abmessungen verfährt man in ähnlicher Weise, nur daß man die als Arme

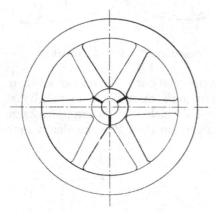
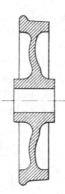
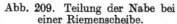

Abb. 209. Teilung der Nabe bei   Abb. 210. Scheibenrad.   Abb. 211. Kolbenschieber.
einer Riemenscheibe.

hier verwandten schmiedeisernen Rundstäbe bei der Herstellung des Rades mit eingießt, und zwar zuerst in den Kranzring und sodann in die Nabe. Zu diesem Zwecke rauht man die Enden der Stäbe auf und verzinnt sie.

Ähnlich wie bei den Schwungrädern liegen die Spannungsverhältnisse bei Zahnrädern. Auch hier wird man, wenigstens bei größeren Rädern, zweckmäßig eine Teilung der Nabe im Sinne der Abb. 209 vornehmen.

Bei Zahnrädern (auch bei mittelschweren Schwungrädern) zeigt sich bisweilen noch eine bemerkenswerte Wirkung der Wärmespannungen, indem der Kranz an den Speichen nicht so ungehindert schwinden kann wie zwischen den Speichen. Die Folge ist, daß der Kranz zwischen den Speichen etwas eingedrückt, das Rad also unrund wird. Bei Stahlguß tritt diese Erscheinung besonders erheblich auf. Der Übelstand des Unrundwerdens bedingt bei den Zahnrädern ein oft erhebliches Nacharbeiten der ungenauen Zahnprofile. Das Unrundwerden selbst wird in der Regel durch zu schwache Bemessung des Kranzprofils im Verhältnis zum Durchmesser und zur Teilung des Rades verursacht. Kann der Konstrukteur hier nicht abhelfend eingreifen, so bleibt dem Former noch der Ausweg offen, die Wandstärke des Kranzes zwischen den Speichen um einen gewissen Betrag nach außen durchzuformen.

Bei Scheibenrädern (Abb. 210) mit dickem Kranz und dünner Scheibe kann man den in der Scheibe auftretenden Druckspannungen durch Krümmen der Scheibe begegnen. Auch die Anordnung von Aussparungen in der Scheibe dient dem gleichen Zwecke.

Bei dem in Abb. 211 dargestellten Kolbenschieber konnten die vielen dünnen Rippen den starken radialen Druckspannungen des erheblich später schwindenden Kranzes nicht widerstehen und zerbrachen. Eine geringere Anzahl stärkerer Rippen hätte eine gleichmäßigere Erstarrung ermöglicht, also die Entstehung dieser Spannungen verhindert.

Ein weiteres typisches Beispiel für Gußspannungen bieten doppelwandige Zylinder, deren innerer und äußerer Mantel an den Kopfenden starr miteinander verbunden sind. Die äußere Wand wird zuerst erstarren und schwinden und dabei flüssiges Eisen von den Flanschen aus absaugen. Die Abkühlung dieser Wand wirkt bestimmend auf die Längenschwindung des Zylinders. Die Innenwand setzt der vorzeitigen Verkürzung des Außenmantels keinen genügenden Widerstand entgegen, sie wird vielmehr durch die mittlerweile starrgewordenen Endverbindungen gezwungen, die Verkürzung mitzumachen. Sie erfährt dabei eine bleibende Verkürzung. Je mehr die äußere Wand sich abkühlt und starr wird, wird sie die weiter schwindende Innenwand an ihrer Verkürzung hindern; es kommt zur Entstehung bleibender Zugspannungen in letzterer, die bei der geringen Bruchdehnung des Gußeisens leicht zu Querrissen führen können. Daneben treten auch Spannungen an den Verbindungsstellen in der Querrichtung auf, die aber bei dem durch die Verbindungswände bedingten raschen Temperaturausgleich weniger erheblich werden, jedenfalls nicht so leicht zur Rißbildung führen. Um den Gußspannungen entgegenzuwirken, empfiehlt es sich, bei größeren Dampfzylindern Lauf- und Kühlmantel getrennt herzustellen, und sie durch Schrumpfung nachher zu verbinden[1]); doch muß hierbei darauf Rücksicht genommen werden, daß bei der später im Betrieb erfolgenden stärkeren Erwärmung des Innenmantels dieser sich in der Längsrichtung ungehindert ausdehnen kann. Im anderen Falle können Querrisse im dünnen Außenmantel entstehen. Ungünstiger noch als bei Dampfzylindern liegen die Spannungsverhältnisse bei doppelwandigen Gas- und Verbrennungszylindern, sowohl für die eigentlichen Gußspannungen als auch für die nachher im Betriebe zu erwartenden Druck- und Wärmespannungen. Neufang[2]) hat bei Gasmotorenzylindern Schwindungsmessungen des inneren und äußeren Mantels vorgenommen. Weiter konnte er die Zugspannungen im Innenmantel dadurch nachweisen, daß man diesen mit einem Drehstahl einstach und so an dieser Stelle die Wandstärke allmählich verringerte. Noch bevor die Wand ganz durchstochen war, riß der Innenzylinder plötzlich durch, und der Riß klaffte 2 mm auseinander, was von bedeutenden Zugspannungen in der Längsrichtung zeugt. Derartige Spannungen können später im Betriebe in dem Maße, wie der Innenzylinder wärmer wird, sich verringern, bis daß bei einem bestimmten Temperaturunterschied zwischen Innen- und Außenmantel der Zylinder fast spannungsfrei wird. Wird die Temperatur noch höher, so können anderseits im Innenzylinder Druck- und im Außenmantel Zugspannungen auftreten, die in der Längsrichtung ein Verziehen beider Zylinder bewirken werden. Dazu kommen noch die im Betriebe entstehenden hohen, radial nach außen gerichteten Druckbeanspruchungen, die oft derartig verwickelte Wärmespannungen erzeugen können, daß der mit Gußspannungen behaftete Zylinder frühzeitig zu Bruch geht. Um bei den Großgaszylindern der Spannungen und der Rißgefahr Herr zu werden, mußte die Konstruktion von Grund auf systematisch geändert werden[3]), derart, daß man an dem ursprünglich einteiligen Zylinder eine weitgehende Unterteilung vornahm und alle gefährdeten Stellen, die Massenanhäufungen zeigten, beseitigte. Nachdem man anfangs nur den Außenmantel geteilt hatte, stellte man nachher auch den Innenzylinder aus zwei Hälften her, die durch von außen leicht zugängliche Verbindungsschrauben verbunden wurden, während die Innenfuge des Laufzylinders durch eine eingeschrumpfte Laufbüchse verdeckt wurde. Der zweiteilige Kühlmantel wurde als besonderer Teil in Schmiedeisen hergestellt. Weiter erfuhren eine weitgehende konstruktive Änderung die Zylinderdeckel-Anschlußflächen und die Querschnittsdurchdringungen zwischen Laufzylinder und Einlaß- und Auslaßstutzen, die beide infolge der dort auftretenden Gußspannungen häufig zu Rißbildung Veranlassung gegeben hatten.

---

[1]) C. Sulzer: Wärmespannungen und Rißbildungen. Z. V. d. I. 1907, S. 1165.

[2]) Stahleisen 1908, S. 513.

[3]) R. Drawe: Konstruktive Einzelheiten an doppeltwirkenden Viertaktgasmaschinen. Stahleisen 1910, S. 247, 290.

Auch doppelwandige Gasmotorenkolben, die aus ähnlichen Gründen wie die Zylinder Guß- und Wärmespannungen ausgesetzt, sind, konnten erst nach einer weitgehenden konstruktiven Änderung, die sowohl den gießerei- wie betriebstechnischen Anforderungen in höherem Grade gerecht wurde, spannungs- und rißfrei hergestellt werden [1]).

Es sei ferner noch auf die erheblichen Spannungserscheinungen bei Hartgußwalzen hingewiesen, worüber E. Schüz [2]) bemerkenswerte Untersuchungen angestellt hat. Es handelt sich um Vollgußkörper von großen Abmessungen, die sowohl in der Querrichtung als besonders in der Längsrichtung um ein beträchtliches schwinden. Die Gußspannungen, die unmittelbar nach dem Beginn der Erstarrung vom äußeren Rande aus innerhalb der Walze auftreten, sind im wesentlichen auf zwei Ursachen zurückzuführen, einmal darauf, daß infolge des langsamen Verlaufes der Gesamterstarrung ein großer Temperaturunterschied in den Außen- und Innenteilen des Gußkörpers besteht, sodann aber auch darauf, daß der Schwindungsverlauf der weißen Außenschicht anders sich gestaltet als der des grauen Teils. Schüz konnte feststellen, daß der weiße Außenrand bei Walzen von 540 bis 750 mm lichter Kokillenweite bereits nach 5—8 Minuten nach dem Gießen mit dem Schwinden begann, während der innere grauerstarrende Teil noch lange flüssig blieb und erst geraume Zeit später erstarrte. Schwindungsmessungen ergaben bei einer Schreckungstiefe von 40—45 mm eine Schwindung bis 2,7 % des lichten Kokillendurchmessers, während eine Schreckungstiefe von 6—7 mm 1,0 % Schwindung aufwies; die mittlere Schwindungsziffer war 1,8 %. Man muß daher in der Außenschicht Druckspannungen und im inneren Teil Zugspannungen erwarten. Diese Spannungszustände werden aber, wie aus den früheren Ausführungen hervorgeht, nicht von vornherein auftreten, sondern im wesentlichen erst während der Abkühlung unterhalb der Grenztemperatur dadurch zustande kommen, daß die im plastischen Zustande entstandenen Formveränderungen der einzelnen Schichten im elastischen Zustande in entgegengesetztem Sinne sich entwickeln und sich zu betätigen suchen.

Nachdem die früh erstarrte Außenkruste sich infolge der Nachgiebigkeit des noch flüssigen inneren Teiles ungehindert zusammenziehen kann, beginnt die übrige Masse allmählich schichtenweise zu erstarren, wobei der eigentlichen Schwindung der einzelnen Schichten eine entsprechende Ausdehnung voraufgeht. In der Regel besitzt die Außenschicht bereits eine erhebliche Festigkeit, wenn die Ausdehnung der zweiten melierten bzw. grauen Schicht beginnt. (Im anderen Falle könnten infolge des Druckes des flüssigen Teiles frühzeitig Längsrisse in der Außenkruste entstehen.) Die Ausdehnung wird daher in der Hauptsache sich als Druck auf die dritte innere Schicht geltend machen und nur vorübergehend eine geringe Zugspannung in der Außenschicht hervorrufen. Mit weiterer Schwindung der letzteren wird sich allerdings die Zugspannung vermehren und die zweite Schicht unter Druckspannung kommen. Mit dem Zusammenziehen der zweiten Schicht und der jetzt beginnenden, nach innen gerichteten Ausdehnung der dritten Zone wird die nun schwächer schwindende Außenschicht entlastet, d. h. die Zugspannung in derselben verschwindet, dagegen erfährt die nun stärker schwindende zweite Schicht eine geringe Zugbeanspruchung. Es beginnt alsdann der Zeitabschnitt, wo die dritte Schicht schwindet und sich stärker zusammenzieht als die beiden äußeren Schichten, und allmählich auch die vierte Schicht sich ausdehnt. Hieraus ergibt sich dann folgende Umkehr in den Spannungszuständen: Die Randzone schwindet nur noch wenig und ganz regelmäßig, während die zweite Schicht das Bestreben hat, sich stärker zusammenzuziehen; hieran wird sie aber durch ihre Verkupplung mit der Außenschicht gehindert; sie erhält infolgedessen Zugspannungen, während die Randzone unter Druckspannung gerät. Auch die dritte Zone wird nunmehr in ihrem stärkeren Schwindungsbestreben durch die starre Verbindung mit der zweiten gehemmt; es entstehen zusätzliche Druckspannungen in den äußeren Schichten, die sich nach dem Rande zu vermehren, während die dritte Schicht

[1]) R. Drawe: Konstruktive Einzelheiten an doppeltwirkenden Viertaktgasmaschinen. Stahleisen 1910, S. 247, 290.

[2]) E. Schüz: Über die wissenschaftlichen Grundlagen zur Herstellung von Hartgußwalzen. Stahleisen 1922, S. 1610, 1773, 1900.

Zugspannungen erhält. Die vierte Zone und der übrige flüssige Teil schwinden nun von innen nach außen, und unter der Wirkung des im letzten flüssigen Teile herrschenden großen Unterdruckes erfolgt ein starkes Nachsaugen von flüssigem Metall aus dem Kopf. Im völlig erkalteten Zustande haben wir daher außen Druckspannung, die nach innen abnimmt bis auf Null und nach der Walzenmitte wieder zu einer mehr oder weniger großen Zugspannung ansteigt.

Schüz konnte sich von dem Vorhandensein dieser Spannungszustände überzeugen dadurch, daß er am oberen und unteren Ende des Walzenballens einzelne ringförmige Streifen in einer Dicke von 12—14 mm und einer Breite von 35—50 mm abdrehte, alsdann zwei in Abständen von 100 mm auf demselben Kreise einer Breitseite des Ringes liegende Punkte festlegte, und das zwischen diesen Punkten liegende Ringstück mit dem Meißel herausschlug. Nach der oben abgeleiteten Spannungsverteilung war zu erwarten, daß die Ringe nach dem Herausschlagen des Zwischenstückes sich einengten, bzw. daß die beiden Punkte sich näherten. Das war auch durchweg der Fall. Es schlugen die Enden, wie von einer starken Feder getrieben, beim ersten Durchschlag mit einer Kraft übereinander, die mit der Hand nicht zu überwinden war, um den Ring wieder in seine ursprüngliche Lage zu bringen. Die Ringe mit stärkerer weißer Schicht zeigten größere Zusammenziehung als die mit grauer Schicht. Bei rein weißem Gefüge war z. B. bei 40 mm Schreckungstiefe am Ring und 660 mm Walzendurchmesser die Zusammenziehung am Umfang 21 mm, im Durchmesser 6,7 mm, dagegen bei rein grauem Gefüge einer nicht abgeschreckten Walze von gleichem Durchmesser 0,6 bzw. 0,2 mm. Es ergibt sich also eine Abhängigkeit der Zusammenziehung von der Schreckungstiefe.

Weitere Spannungen können auch dadurch entstehen, daß die erhebliche Längsschwindung des sich nach unten verkürzenden Walzenkörpers zurückgehalten wird, sei es durch äußere Hemmungen seitens der Form, sei es durch zu großen Unterschied in der Schwindung des Walzenballens gegenüber dem Zapfen. Es kann dann zu Querrissen im Walzenballen kommen. Bei langen, tiefabgeschreckten Papierwalzen mit langen dünnen Zapfen kann eine zu geringe Nachgiebigkeit der Sandform für den oberen Zapfen diesen daran hindern, die starke Abwärtsbewegung schnell genug mitzumachen, was unter Umständen zu einem Abreißen des Zapfens führen kann [1].

Gußspannungen bei Stahlformgußstücken. Da das Schwindmaß des Stahls fast doppelt so groß wie das des Gußeisens ist, sind die bei der Abkühlung von Stahlformgußstücken entstehenden Spannungen unter sonst gleichen Verhältnissen durchweg größer und in ihren Folgen ungleich gefährlicher als bei Eisengußstücken. Ungünstig wirkt auch die hohe Gießtemperatur, die bei dem dickflüssigen Zustand des Stahls zwar zum schnellen Ausfüllen der Form notwendig ist, anderseits aber eine gleichmäßige und rasche Erstarrung in dickeren Querschnitten zurückhält. Man wird daher beim Stahlformguß in viel größerem Maße auf eine in allen Teilen möglichst gleichmäßige Erstarrung Wert legen müssen als beim Grauguß. Zu ungunsten des Stahls spricht auch der weitere Umstand, daß er während der Erstarrung einen teigigen Zustand annimmt und dieser bei größeren Querschnitten dazu führen kann, daß nach frühzeitigem Festwerden der äußeren Randschicht der innere Teil noch längere Zeit sich in einem wenig widerstandsfähigen Zustand befindet. Da hierbei der Stahl Beanspruchungen größeren Umfanges nicht aufnehmen kann, muß es zum Bruch kommen. So würde z. B. bei dem ⊤-förmigen Stab (vgl. Abb. 212), wenn er ohne besondere Vorsichtsmaßregeln in Stahl gegossen würde, der dünne Steg schon frühzeitig erstarren und in der stärksten Schwindung sich befinden, während der dicke Querschnitt II vielleicht erst in seinen Außenschichten fest geworden ist, der innere Kern aber sicher noch teigig ist. Der schnellen Schwindung des Steges kann daher der Teil II nicht folgen. Da die Festigkeit des letzteren noch äußerst gering ist, reißt der dünne Querschnitt, wie dies Abb. 212 andeutet, von dem dicken ab. Es braucht zwar nicht immer zu einer vollständigen Trennung der beiden Teile zu kommen, sondern die Verbindung

---

[1] Näheres hierüber sowie über die zu ergreifenden Gegenmaßnahmen vgl. Bd. II unter „Hartguß".

kann durch einen feinen Riß, der von der scharfen Innenkante ausgeht, auf eine kürzere Entfernung unterbrochen sein. Man nennt solche Risse **Warmrisse** zum Unterschied von **Kaltrissen**, die entstehen können, wenn nach Abkühlung des Gußstückes die bleibenden Spannungen von selbst oder durch Hinzukommen von Zusatzspannungen an besonders gefährdeten Stellen die Bruchgrenze überschreiten. Warmrisse sind an dem zackigen Verlauf ihrer Rißlinien und an den oxydierten Flächen zu erkennen, während

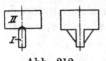

Abb. 212.
Warmrisse bei
Rippen.

Kaltrisse gewöhnlich geradlinig verlaufen und im Vergleich zu den Warmrissen eine feinere, mit dem Auge oft kaum erkennbare Rißweite zeigen; auch erstrecken sie sich manchmal über den ganzen Querschnitt, während Warmrisse bisweilen nur von geringer Ausdehnung sind.

Da Warmrisse vorzugsweise an solchen Stellen entstehen, welche länger flüssig bleiben als ihre Umgebung, wird man bestrebt sein müssen, jene Stellen schneller abzukühlen, damit sie möglichst ebenso rasch erstarren wie die dünnwandigen benachbarten Teile. Zu diesem Zwecke wird man sich mit Vorteil derselben Hilfsmittel bedienen, die auch zur Vermeidung von Lunkern förderlich sind, z. B. Kühleinlagen, Anlage von Schreckplatten, Freilegen der dickeren Querschnitte, gegebenenfalls auch Begießen mit Wasser, das, mit Vorsicht angewandt, gute Dienste leisten kann. Der Umstand, daß Stellen mit größerer Stoffanhäufung auch zur Lunkerbildung und zu Seigerungen neigen, macht die Empfindlichkeit ersterer für Warmrisse nur noch größer. Besonders gefährdete Stellen sind auch diejenigen, an welchen durch zwei sich schneidende Flächen einspringende Ecken gebildet werden. Während der Eisengießer in solchen Fällen durch Anordnung von Hohlkehlen der ungleichmäßigen Schwindung und der Rißgefahr vielfach vorbeugen kann, würde diese Maßnahme für Stahlformguß nicht ausreichend sein; vielmehr muß der Stahlgießer **Schwindrippen** anwenden, welche die beiden Querschnitte zwickelartig verbinden (Abb. 212 rechts). Diese Rippen sollen gleichzeitig bei großer Oberfläche durch ihre frühe Erstarrung wärmeableitend wirken, sie sind dadurch

Abb. 213. Schwindrippen bei Stahlguß.

imstande, auch der an solchen Stellen entstehenden Lunkergefahr vorzubeugen; anderseits sollen sie die Querschnitte in der kritischen Temperaturzone zusammenhalten. Demselben Zwecke dienen auch angegossene Bänder. Sollen zwei weiter voneinander entfernt liegende Teile eines Gußstückes gegen ein Verziehen geschützt werden, so kann dies auch durch Anwendung von Verbindungsstegen erreicht werden. Die Anordnung solcher Hilfsmittel erfordert große Erfahrung seitens des Formers, damit sie ihren Zweck auch wirklich erfüllen. Der Entwurf des Gußstücks sollte diese gießtechnisch notwendigen Maßnahmen vorsehen; es wird sich für den Konstrukteur empfehlen, Rippen möglichst als Teil seiner Konstruktion selbst auszubilden. Abb. 213 zeigt Schwindrippen an **Schiffszylinderdeckeln** aus Stahlguß. Die zahlreichen Rippen an den Verstärkungsrippen und am äußeren Flansch sind vom Gießer angebracht und müssen nach dem Abguß entfernt werden, sofern sie nachher bei der Verwendung des Gußstücks hinderlich werden [1]).

Spannungen und Warmrisse werden häufig durch äußere Schwindungshemmungen verursacht. So entstehen beim Stahlformguß Warmrisse in den meisten Fällen durch

---

[1]) Siehe auch B. Osann: Stahlformguß und Stahlformgußtechnik. Stahleisen 1904, S. 650, 717, 776, 836, 892.

den Widerstand der unnachgiebigen feuerfesten Formmasse. Dies gilt besonders für
vorspringende Teile, die bei verhältnismäßig großer Oberfläche weit in den Formstoff
hineinragen. Sie werden von letzterem festgehalten und reißen ab. Hier kann nur ein
frühzeitiges Losstoßen oder Freilegen der gefährdeten Stellen nach dem Gießen dazu
beitragen, daß diese Teile frei schwinden können. Man wird zur Erzielung dieses Zwecks
sowohl schon bei der Konstruktion des Gußstückes, als auch bei der Herstellung der Form
darauf Rücksicht nehmen müssen, daß solche Stellen leicht zugänglich bleiben und nicht
etwa durch Rippen und andere Teile des Gußstücks oder durch Zwischenwände des
Formkastens (die am besten dann entfernter eingebaut werden) verdeckt werden. Für
ein leichtes Freimachen der Kerne ist natürlich in gleicher Weise deren Zugänglichkeit
erforderlich, was in erster Linie durch eine entsprechende Massen- und Querschnittsverteilung zu erreichen ist. So werden I- oder ähnliche offene Querschnitte ein leichteres
Entfernen der Kerne gestatten als geschlossene Formen mit kastenförmigem Querschnitt.

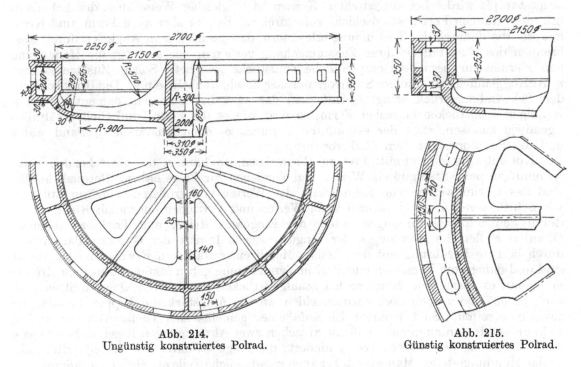

Abb. 214.
Ungünstig konstruiertes Polrad.

Abb. 215.
Günstig konstruiertes Polrad.

Abb. 214 [1]) zeigt z. B. ein insofern ungünstig konstruiertes Polrad, als der Kranz einen
rundum geschlossenen, innen mit Querrippen verstärkten Kasten bildet, bei dem es
unmöglich ist, die Innenkerne rechtzeitig zu zerstoßen. Die Folge waren daher feine, den
Querrippen entlang laufende Warmrisse. Erst als man dazu überging, wenigstens die
Hauptursache der Risse, die Querwände, zu entfernen und unter gleichzeitiger Vergrößerung der Wandstärken Aussparungen in den Außenwänden anordnete (Abb. 215),
wodurch nicht nur die ganze Formarbeit, sondern auch das Losstoßen der Kerne
erleichtert wurde, gelang es, das Gußstück fehlerfrei herzustellen. Vom gießereitechnischen
Standpunkt würde es freilich noch zweckmäßiger gewesen sein, wenn der Konstrukteur
in obigem Falle die Umwandlung des kastenförmigen Kranzringes in eine offene Form
zugestanden hätte.

Es mag noch erwähnt werden, daß das Freilegen des Abgusses und die schon bei
der Herstellung der Form dafür zu treffenden Vorbereitungsarbeiten große Ansprüche
an die praktische Erfahrung des Formers stellen, schon allein aus dem Grunde, weil
das Losstoßen nur dann erfolgreich ist, wenn es im richtigen Augenblick vorgenommen
wird. Erfolgt es nämlich zu spät, so ist der Riß bereits entstanden, geschieht es zu früh,

---

[1]) R. Krieger: Stahlformguß als Konstruktionsmaterial. Stahleisen 1918, S. 349, 410, 440, 485.

so kann der flüssige Stahl unter Umständen auslaufen. Auch ist darauf zu achten, daß beim Freilegen die Luft nicht mit dem noch glühenden Abguß in Berührung tritt, wodurch eine Ursache zu neuen Spannungen und Rissen gegeben wird.

Die Verminderung des Schwindungswiderstandes kann manchmal auch durch Nachgiebigmachen einzelner Teile der Form erzielt werden. So wird man z. B. zwischen den Speichen oder Armen von größeren Radkörpern Aussparungen in der Formmasse anbringen, die mit leicht zusammendrückbaren Stoffen (Koks oder Sand) ausgefüllt werden. Überhaupt geht man in der Stahlgießerei mehr und mehr dazu über, an zu Warmrissen neigenden Stellen Formmasse in möglichst dünner Auflagerung zu verwenden. L. Treuheit [1]) berichtet, daß er bei größeren Kernen für Maschinenständer, Rahmen, Schiffssteven, die im Kernkasten aufgestampften Kerne in der Hauptsache aus steifem Lehm verfertigt, der außen eine wenige Millimeter dicke Schamottemasse als Überzug erhält, während das Innere des Kernkastens mit Sand unter Beifügen von Koksstückchen ausgestampft wird. Bei aufgedrehten Kernen ist in gleicher Weise auch der Lehmkern mit einer dünnen Formmassenschicht vollzudrehen. Es gibt aber auch Form- und Kernmassen, die dadurch die Schwindung erleichtern, daß sie nach dem Abgießen durch Ausbrennen des Bindemittels ihren Zusammenhang verlieren. Sie sind für die Herstellung von Kernen für besonders empfindliche Gußstücke geeignet. Solche Zusätze können z. B. Roggenmehl und andere Stoffe organischer Beschaffenheit sein [2]). Die Rücksicht auf den Schwindungsdruck bringt es mit sich, daß man bei kleineren, namentlich dünnwandigen Gußstücken einfacher Form, so weit wie es die Form- und Gießverhältnisse irgendwie zulassen, statt der gebrannten Formmasse einen quarzreichen Sand wählt und die Sandform vor dem Guß vorwärmt.

Kommt es nicht unmittelbar zu Warmrissen, so können die entstehenden Gußspannungen beim Stahlguß ein Werfen und Verziehen zur Folge haben. Beispiele hierfür sind das Unrundwerden von Zahnrädern, das Werfen von größeren sperrigen Stücken, wie Schiffssteven u. a. Manchmal kann Werfen und Verziehen oder auch Rissigwerden durch Schwindungshemmungen seitens der Eingüsse, Steiger und Trichter entstehen. Offenbar stellen die Mündungen der Eingüsse solche Punkte der Gußform dar, welche durch längere Berührung mit dem heißen Metall einer stärkeren Erwärmung ausgesetzt sind und daher zum Verziehen und Reißen Veranlassung geben können. Aus dem Grunde muß man es vermeiden, Eingüsse bei Stahlgußstücken an dickeren Querschnitten (vgl. auch S. 337) oder auch dort anzuschneiden, wo sie mit stärkeren Rippen unmittelbar zusammentreffen. Sind mehrere Einläufe eines gemeinsamen Gießkanals vorhanden, so kann es oft dahinkommen, daß die zwischen zwei Abzweigungen liegende Formmasse die Schwindung des Gußkörpers verhindert: die Folge ist dann eine erhöhte Rißgefahr an der Mündungsstelle. Man wird daher auch gerade solche Teile am ehesten locker machen müssen und hierauf bei der Anordnung der Form von vornherein zu achten haben. Daß man anderseits durch geschickte Anordnung des Eingusses wiederum auch der Wirkung des Schrumpfdruckes entgegenarbeiten kann, zeigt Abb. 216. Der an der Innenseite des Flansches des Stahlgußkrümmers angeschnittene Einguß vermag in der Tat dem natürlichen Bestreben des Gußstücks nach innen sich zu verziehen, bis zu einem gewissen Grade vorzubeugen, während ein Einguß an der Außenkrümmung dem Verziehen geradezu Vorschub leisten würde. (Bei kleinerem Krümmungswinkel müßte man durch Anordnung einer Schwindungsrippe bzw. eines Steges an der Innenseite des Krümmers das Verziehen weiter aufhalten.) In ähnlichem Sinne können auch größere verlorene Köpfe und Steiger ungünstig wirken, wenn die mit ihnen in Verbindung stehenden Teile des Gußstückes das Bestreben haben, sich nach unten hin durchzubiegen, bzw. wenn die zu erwartenden Gußspannungen an und für sich so groß werden, daß es nur einer geringen Zusatzspannung (vom Trichter her) bedarf, um die Bruchgrenze überschreiten zu lassen. Der Former hat bei der Anordnung und Bemessung jener Hilfsmittel gegen Lunker sich stets deren etwaige Wirkung auf Schwindungsverlangsamung vorher klarzumachen.

---

[1]) Stahleisen 1909, S. 1194.
[2]) Näheres siehe Abschnitt: Formstoffe S. 600.

In manchen Fällen wird man die schwindungshemmenden Aufgüsse noch rechtzeitig, d. h. sobald sie ihren eigentlichen Zweck der Lunkerverhütung erreicht haben, beseitigen können. Im anderen Falle wird man sich zu überlegen haben, welches das kleinere Übel ist, die Entstehung von Schwindungshohlräumen oder von Gußspannungen. Die Möglichkeit der nachträglichen Beseitigung der letzteren durch Glühen dürfte wenigstens bei Stahlformgußstücken die Entscheidung dieser Frage in hohem Grade erleichtern.

Abb. 217 zeigt einen kleinen Radkörper aus Stahlguß, der am Übergang einer Speiche zum Kranz einen Schwindungsriß (Kaltriß) unterhalb eines Steigers aufweist. Hier hat offenbar der letztere die Schwindung an der gefährlichen Übergangsstelle verlangsamt. Die Anordnung der Steiger auf den zwischen den Speichen befindlichen punktierten Flächen des Kranzes wäre hier zweckmäßiger gewesen.

Unzweckmäßige Konstruktion von Gußstücken. Wie schon auf S. 347 hervorgehoben wurde, muß eine gleichmäßige Erstarrung und damit auch eine Verringerung der Gußspannungen in erster Linie durch eine den gießtechnischen Anforderungen durchaus genügende Konstruktion des Abgusses erzielt werden. Da es sich für den Konstrukteur um dieselben Maßnahmen handelt, die auch zur Verhütung von Lunkern führen, ist er in der glücklichen Lage, zwei Übel mit demselben Mittel zu bekämpfen,

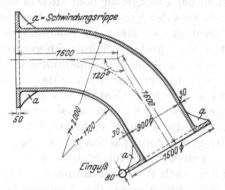

Abb. 216. Stahlgußkrümmer.

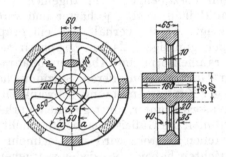

Abb. 217. Radkörper aus Stahlguß.

und sollte das um so weniger unterlassen, als, wie wir gesehen haben, die gießtechnischen Abwehrmaßnahmen nicht immer genügen, um die gleichzeitige Vermeidung beider Schwindungserscheinungen erwirken zu können.

In diesem Zusammenhang sei noch darauf hingewiesen, daß die Ansicht vieler Konstrukteure, durch Vergrößerung der Abmessungen an den Stellen größter Wärmespannungen eine erhöhte Sicherheit gegenüber den Folgen der Gußspannungen zu erzielen, nicht immer richtig ist, sondern in manchen Fällen geradezu gegenteilige Wirkungen zur Folge haben kann, denn es werden dadurch oft vermehrte Stoffanhäufungen geschaffen, die der gleichmäßigen Abkühlung entgegenwirken.

Chemische Zusammensetzung der Gußstücke. Bis zu einem gewissen Grade wird man den Gußspannungen und der Rißgefahr auch durch eine geeignete chemische Zusammensetzung des Gußstücks vorbeugen können, indem man darauf hinzielt, nicht nur die Schwindung zu verringern, sondern auch die Festigkeitseigenschaften zu verbessern. In letzterer Beziehung dürfte es ohne weiteres einleuchten, daß derjenige Werkstoff Gußspannungen am besten ertragen kann, der die größte Festigkeit neben guter Zähigkeit besitzt. Von diesem Gesichtspunkte aus ist der zähere Stahl dem spröden Gußeisen überlegen; nachteilig sind nur bei ersterem die große Schwindung und die erhebliche Warmrißgefahr, Übelstände, die in manchen Fällen schwerwiegend genug sind, um bei Gußstücken verwickelter Formgebung Stahl als das ungeeignetere Gußmetall erscheinen zu lassen. Anderseits ist man jedoch in der Lage, durch nachträgliches Ausglühen Stahlgußstücke nicht nur praktisch spannungsfrei zu machen, sondern auch ihr Gußgefüge so weitgehend zu verbessern (vgl. S. 363), daß dieselben bei entsprechender Zusammensetzung den höchsten Anforderungen in bezug auf plötzliche

Beanspruchung, sei es durch Stoß, Schlag oder durch Erwärmung genügen. In der Stahlgießerei verwendet man mit Vorliebe einen Werkstoff mit etwas höherem Kohlenstoffgehalt und einer Festigkeit von wenigstens 50 kg/qmm; gegenüber dem weichen Flußeisen, das nur in besonderen Fällen, z. B. bei Dynamomaschinen, zur Anwendung kommt,
besitzt jener Werkstoff bessere gießtechnische Eigenschaften und eine für die meisten
Zwecke genügende Zähigkeit. Anderseits ist harter Stahl wegen seiner größeren Sprödigkeit empfindlicher gegenüber Kaltrissen.

Die Steigerung der Festigkeit wird auch durch einen gewissen Mangangehalt erreicht.
Mangan macht den Stahlguß außerdem noch widerstandsfähiger gegenüber der Warmrißgefahr, indem es dem schädlichen Einfluß von Sulfiden und Eisenoxydul entgegenwirkt. Der Mangangehalt sollte etwa $0,6-0,8\%$ je nach der sonstigen Zusammensetzung
betragen. Dynamostahl, der aus besonderen Gründen geringen Mangangehalt ($0,2$ bis
$0,3\%$) hat, neigt stets zum Reißen. Daß die Mengen an Phosphor und Schwefel äußerst
gering sein müssen, ist schon mit Rücksicht auf die Seigerungsmöglichkeit zu fordern.
Seigerungseinschlüsse werden aber die Festigkeit an und für sich schwächen und infolge
ihrer leichteren Schmelzbarkeit auch die Warmrißgefahr vermehren. Man wird gut tun,
den Phosphorgehalt unter $0,05\%$ und den Schwefelgehalt ebenfalls nicht höher zu halten.

In gleichem Maße wie der Stahlgießer wird auch der Eisengießer bemüht sein müssen,
durch eine richtige Zusammensetzung des Gußeisens der Entstehung von Spannungs-
rissen vorzubeugen. Im allgemeinen wird Gußeisen um so mehr zu Spannungen und
zum Reißen neigen, je härter und spröder es ist und je größeres Schwindungsvermögen
es zeigt. Daher verhält sich ein graphitreicheres Eisen gegenüber Spannungen in der
Regel günstiger als ein graphitärmeres. Banse [1]) unternahm Spannungsmessungen
an rahmenförmigen Abgüssen quadratischer und kreisrunder Gestalt mit einer Reihe
von Gattierungen, deren Siliziumgehalte zwischen $1,0-3,0\%$, bei sonst verschiedenartiger Zusammensetzung, schwankten, und fand, daß die silizium- d. h. graphitreichsten
Eisensorten unter sonst gleichen Verhältnissen die geringsten Spannungen zeigten. Nun
wird man die Gußeisengattierung nicht nur nach den zu erwartenden Spannungszuständen
einstellen; erstere wird sich vielmehr hauptsächlich nach den Abkühlungsverhältnissen
zu richten haben, die wieder weitgehend durch Größe und Gestalt des Abgusses bedingt
werden, als auch nach den besonderen Bedingungen, die an Bearbeitbarkeit, Festigkeit und Dichtigkeit gestellt werden. So wird man z. B. bei dem stark zum Werfen
und Reißen neigenden Grundplattenguß (Sohlplatten, Hobel-, Drehbankbetten) wegen
der oft geringen Wandstärken und großen Ausdehnung einen höheren Siliziumgehalt (etwa
$1,7-2,1\%$) bei niedrigem Mangangehalt (etwa $0,6\%$) wählen müssen, während anderseits
die ebenfalls spannungsempfindlichen Kolben, Ventile, Zylinder ein Eisen von dichtem und
zähem Gefüge, mithin von hohen Festigkeitseigenschaften verlangen, wie man es in der
Regel nur mit einem niedrigen Siliziumgehalt ($1,0-1,5\%$ je nach Wandstärke) bei höherem
Mangangehalt (bis zu $1,0\%$) und durchweg geringem Kohlenstoffgehalt (etwa $3,0-3,3\%$)
erhält. In allen Fällen, wo nachher im Betriebe größere, stoßweise auftretende Beanspruchungen oder auch Wärmespannungen erheblicher Art zu erwarten sind, muß jedoch
die Zähigkeit des Gußeisens außerdem durch einen geringen Phosphorgehalt gefördert
werden. So soll der Grundplattenguß höchstens $0,3-0,5\%$ Phosphor (um so weniger,
je höher der Gehalt an Mangan und gebundenem Kohlenstoff ist), Zylindereisen bis $0,3\%$,
und Guß von Gas- und Verbrennungszylindern bis $0,2\%$ erhalten, während man bei Stahlwerkskokillen nicht mehr als $0,1\%$ Phosphor setzen darf. Um daher der Gefahr des
Reißens vorzubeugen, wird man gut tun, mit möglichst großen Sätzen an Hämatit in
der Gattierung zu arbeiten. Daß in solchen Gußstücken, welche Guß- und späteren
Betriebsspannungen besonders ausgesetzt sind und daher wohl höhere Festigkeitswerte
erfordern, der Schwefelgehalt möglichst niedrig zu halten ist, dürfte schon mit Rücksicht
auf den schädlichen Einfluß dieses Fremdkörpers in gießereitechnischer Hinsicht (Schwindung, Lunkerung, Gasentwicklung usw.) ohne weiteres erklärlich sein, wenn man auch bei

---

[1]) O. Banse: Beiträge zur Kenntnis der Spannungen im Grauguß unter Zugrundelegung verschiedener Gattierungen. Stahleisen 1919, S. 313, 436, 596.

ausschließlicher Berücksichtigung der Festigkeitseigenschaften dem Schwefel, neuerdings durch vielfache dahingehende Untersuchungen belehrt, nicht mehr ganz die ungünstige Beeinflussung des grauen Gußeisens wie früher zuzuschreiben geneigt ist. Zum mindesten sollte man aber für diejenigen Gußstücke, die nachher im Betriebe eine stärkere Erhitzung und dabei gleichzeitig erneut Wärmespannungen erfahren (feuerbeständiger Guß usw.), den Schwefelgehalt ganz besonders niedrig wählen, weil sonst die Anwesenheit des Sulfid- (und in gleicher Weise auch des Phosphid-) Eutektikums geeignet ist, die Warmrißgefahr zu vergrößern. Daneben wird man, was allerdings ebenso wichtig ist, durch entsprechende Regelung der Abkühlungsverhältnisse die Erzielung eines dichten und gleichmäßigen Gefüges anzustreben haben.

Einen großen Fortschritt in der Erzielung festen und zähen Graugusses, der auch gegenüber Spannungen sich widerstandsfähig erweist, bedeutet das Perlitgußeisen [1]). Man erhält ein Gußeisen von großer Festigkeit und Zähigkeit, das praktisch frei von Gußspannungen ist und außerdem zu Lunkern und Seigerungen so gut wie gar nicht neigt.

Beseitigung der Gußspannungen durch Glühen des Stahlformgusses. Ein letztes und erfolgreichstes Mittel, die im Stahlformguß zurückgebliebenen Spannungen zu beseitigen, besteht in dem nachträglichen Glühen der Abgüsse. Es erhebt sich hierbei die Frage nach der Höhe der zweckmäßigsten Glühtemperatur. Zur Beseitigung der Gußspannungen würde ein Erhitzen kurz über die Grenztemperatur zwischen der plastischen und der elastischen Zone, d. h. bis auf dunkle Rotglut, rd. $600-700^0$, ausreichend sein. Der dabei eintretende Ausgleich in den Längen- und Querschnittsveränderungen bewirkt, daß der normale Gleichgewichtszustand in der molekularen Anordnung der einzelnen Gefügeteile wieder hergestellt wird: man erhält den spannungslosen Zustand. Ein Glühen bei einer niedrigeren Temperatur, d. h. innerhalb der elastischen Zone, würde zwecklos sein, denn es würde an den vorhandenen Spannungszuständen nichts geändert werden. Das Erhitzen muß, besonders bei großen Gußstücken mit starken Gußspannungen, und bei härteren Stahlsorten mit schlechterem Wärmeleitvermögen, außerordentlich langsam und gleichmäßig erfolgen, damit nicht neue Wärmespannungen entstehen, die als Zusatzspannungen zu den vorhandenen unter Umständen zur Überschreitung der Streck- oder auch der Bruchgrenze führen und ein Werfen bzw. Zerspringen des Gußstückes bewirken würden. Läßt man nach längerem Erhitzen das Gußstück alsdann langsam abkühlen, so wird beim Übergang in die elastische Zone kein Temperaturunterschied sich einstellen, und das Gußstück wird spannungslos erkalten. Obige Art des Glühens wurde in früherer Zeit ausschließlich ausgeführt; man glühte Stahlformguß in geschlossenen Öfen längere Zeit bis auf dunkle Rotglut und kühlte die Öfen darauf sehr langsam ab; das Ergebnis war ein spannungsloser Guß, dessen Festigkeitseigenschaften nach heutiger Anschauung allerdings noch eine weitere Verbesserung zulassen.

Auf Grund der Forschungsergebnisse in der mikroskopischen Gefügelehre hat man mittlerweile erfahren, daß Stahlformguß gewöhnlicher Beschaffenheit im roh gegossenen Zustand ein ungleichförmiges und im ganzen grobkörniges Gefüge und je nach den Wandstärken sehr verschiedenartige Festigkeitseigenschaften aufweist. Jenes Gefüge — Gußgefüge — stellt im allgemeinen den aus dem Schmelzfluß in homogener fester Lösung erstarrten, in der Umwandlungszone, zwischen $900-700^0$, nach den Bestandteilen Ferrit und Perlit umgeformten Gefügeaufbau dar. Indem man nun in der Lage ist, letzteren durch Wiederhitzen bis über den oberen Umwandlungspunkt Ac_3 hinaus in den austenitischen Zustand der festen Lösung zurückzuführen und durch die nachfolgende Abkühlung den Zerfall der Lösung von neuem durch Umkristallisation wieder zu erwirken, vermag man dem Stahlformguß ein gleichmäßiges und feinkörniges Ferrit-Perlitgefüge zu geben, das günstigste Festigkeit bei höchster Zähigkeit gewährleistet. Von größter Bedeutung für ein erfolgreiches Glühen in diesem Sinne ist in erster Linie die Wahl der richtigen Glühtemperatur. Ein Erhitzen unterhalb der Umwandlungszone, d. h. unterhalb Ac_1, würde zu keiner Änderung der ursprünglichen Gefügeanordnung führen,

---

[1]) Näheres vgl. S. 208, s. a. O. Bauer: Das Perlitgußeisen, seine Herstellung, Festigkeitseigenschaften und Anwendungsmöglichkeiten. Stahleisen 1923, S. 553.

sondern, wie schon erwähnt, lediglich eine Beseitigung der Gußspannungen bewirken. Jedoch ist es unter Umständen, z. B. bei rascher erster Abkühlung, mithin bei dünnen Wandstärken, immerhin möglich, daß der dann entstandene sorbitische Perlit auch beim Erhitzen unterhalb Ac_1 sich in den körnigen Perlit umwandelt, was zu einer Steigerung der Zähigkeit allerdings auf Kosten der Festigkeit führt. Ein längeres Verweilen beim Erhitzen innerhalb einer Temperaturgrenze kurz oberhalb und unterhalb der Perlitlinie wird die Bildung des körnigen Perlits noch befördern. Erhitzt man auf Temperaturen zwischen Ac_1 und Ac_3, so wird, abgesehen vom Perlit, nur ein Teil des Ferrits in feste Lösung übergeführt, und zwar um so mehr, je näher die Erhitzungstemperatur an Ac_3 heranrückt. Da die Umkristallisation sich stets nur auf die jeweils vorhandene feste Lösung erstrecken kann, wird sie in obigem Falle örtlich und im ganzen unvollkommen sein. Erst ein Erhitzen bis dicht oberhalb Ac_3 bringt die restlose Bildung der festen Lösung zustande und ermöglicht nach der Abkühlung eine völlige Umkristallisation in dem oben als wünschenswert angenommenen Sinne. Nach Oberhoffer kann man die geeignetste Glüh-

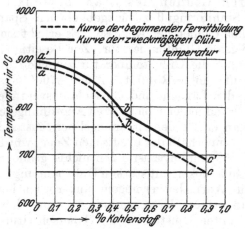

Abb. 218. Glühkurve für Stahlguß mit 0,8% Mangan.

temperatur rd. 30° oberhalb der beginnenden Ferritabscheidung bzw. des oberen Haltepunktes Ac_3 der Legierung annehmen. Oberhoffer [1] hat für eine Reihe von Stahlgußsorten diese Haltepunktstemperatur (bezogen auf den gleichen Mangangehalt von 0,8%) durch die in Abb. 218 dargestellte Kurve a b c festgestellt. Die Kurve a'b'c' gibt dann die zweckmäßigste Glühtemperatur wieder. Für Legierungen mit anderen Mangangehalten läßt sich die gewünschte Glühtemperatur ermitteln, indem man diese für je 0,1% Mangan um rund 7° auf der entsprechenden Kohlenstoffordinate nach oben (bei mehr als 0,8% Mangan) bzw. nach unten (bei weniger als 0,8% Mangan) verschiebt. Für einen Stahl mit 0,27% C und 0,88% Mn würde sich danach eine Glühtemperatur von rund 850° ergeben.

Abb. 219 (Tafel XI) [2] zeigt das Gußgefüge des erwähnten Stahlgusses von 0,27% C, 0,88% Mn, 0,27% Si, 0,032% P und 0,04% S, wie es sich meistens in dicken Wandstärken mittelharter Stahlsorten findet. Es enthält die Gefügebestandteile Ferrit und Perlit in breiter plattenförmiger Ausbildung in einer eigentümlichen, an geometrische Figuren, wie Dreiecke, Parallelogramme erinnernden Anordnung. Man nennt dieses Gefüge Widmannstättensches Gefüge, weil es der bei Meteoriten vorkommenden und unter der gleichen Bezeichnung bekannten Kristallstruktur ähnlich ist. Man erkennt ohne weiteres wohl aus der Abbildung, daß ein solches grobkristallinisches und unregelmäßiges Gefüge keineswegs günstige Festigkeits- und Zähigkeitseigenschaften aufweisen kann. In Abb. 220 ist das durch Glühen auf 800° veränderte Gefügebild desselben Stahls wiedergegeben. Die Gußstruktur ist noch nicht verschwunden, jedoch ist das Gefüge sowohl der Perlits, als auch des Ferrits, soweit die Umkristallisation erfolgte, verfeinert; der Gesamtcharakter des Gefüges ist und bleibt aber grobkörnig. Erst nach dem Erhitzen auf 850° (Ac_3) (Abb. 221) ist das Gußgefüge nicht mehr zu erkennen. Es ist eine gänzliche und grundsätzliche Gefügeumbildung entstanden: die Ferritkörner erscheinen äußerst feinkörnig und von gleichmäßiger Ausbildung, während der Perlit vorläufig noch in regelmäßiger zellenförmiger Verteilung auftritt. Dieses Perlitnetzwerk deutet nach Oberhoffer auf eine, vielleicht infolge zu raschen Erhitzens oder zu kurzer Glühdauer, noch nicht völlig erreichte gleichmäßige Verteilung des Kohlenstoffs innerhalb der festen Lösung hin. Bei höherem Erhitzen (900°) ist das Perlitnetzwerk wieder

[1] P. Oberhoffer: Das schmiedbare Eisen. S. 213.
[2] Diese und die weiteren vier Abbildungen sind aus P. Oberhoffer: Das schmiedbare Eisen entnommen; die Vergrößerung ist bei allen die gleiche: 80fach.

verschwunden, dafür ist aber das Ferritkorn bereits ein wenig gewachsen (Abb. 222). Mit höherer Glühtemperatur wird nämlich das Korn der festen Lösung wieder gröber, und infolgedessen auch das umgewandelte Ferrit-Perlitgefüge: der Stahl erhält schon die Struktur der beginnenden Überhitzung. Überhitzt geglühter Stahl zeigt aber wieder in seinem Gefüge große Ähnlichkeit mit der Widmannstättenschen Struktur. Dies ergibt sich z. B. aus Abb. 223, die den Stahlguß mit 0,27% Kohlenstoff nach dem Glühen bei 1000° zeigt. Die günstigste Glühtemperatur würde demnach zwischen 850 und 900° liegen.

Die Zusammenhänge zwischen Glühtemperaturen und Festigkeitseigenschaften obigen Stahls gehen aus Zahlentafel 139 [1]) (nach Oberhoffer) und Abb. 224 hervor:

Zahlentafel 139.
Glühtemperaturen und Festigkeitswerte von Stahlguß.

Glühtemperatur ° C.	Fließgrenze kg/qmm	Zerreißfestigkeit kg/qmm	Dehnung %	Querschnitts- verminderung %
ungeglüht	23,0	47,3	14,6	17,0
750	22,5	46,9	8,1	14,24
800	24,0	49,4	20,7	28,2
850	28,0	51,3	22,5	29,2
900	27,0	51,1	20,0	26,7
1000	26,0	52,1	14,0	20,4

Man erkennt hieraus, daß bei 850° besonders hinsichtlich der Zähigkeit mit dem feinsten Ferritkorn auch die besten Festigkeitseigenschaften verbunden sind. Die Zähigkeit wird aber nicht immer eindeutig durch die Dehnung und Querschnittsverminderung beim Zerreißversuch zum Ausdruck gebracht; hierfür ist die Kerbschlagprobe ein geeigneterer Wertmesser. Ein Stahlformguß mit feinem und gleichmäßigem Gußgefüge wird natürlich im Vergleich mit einem Werkstoff von grobkörnigem und ungleichmäßigem Gefüge eine größere Kerbzähigkeit besitzen, daher auch gegen plötzlich auftretende große Beanspruchung widerstandsfähiger sein.

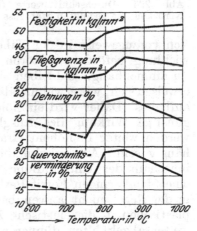

Abb. 224. Glühtemperaturen und Festigkeitswerte von Stahlguß.

Nach Untersuchungen von Oberhoffer [2]) wurden bei einem Stahlguß mit folgender Zusammensetzung: 0,23% C, 0,98% Mn, 0,38% Si, 0,042% P und 0,038% S die aus Zahlentafel 140 und Abb. 225 sich ergebenden Durchschnittswerte an Kerbzähigkeit nach dem Glühen auf die verschiedenen Temperaturen erhalten [3]).

Während die hier nicht wiedergegebenen Zerreißversuchswerte bei 850° den höchsten Betrag für die Fließ- und Bruchgrenze, wie auch für die Dehnung und Querschnittsverminderung, ergeben hatten, erhalten wir die höchste Ziffer für die spezifische Schlagarbeit bei 880°; sie übersteigt den entsprechenden Betrag im ungeglühten Stahl um das Vierfache. Bemerkenswert ist die starke Erniedrigung der spezifischen Schlagarbeit, wenn eine Überhitzung beim Ausglühen erfolgte. Die aus der Zusammensetzung zu errechnende Glühtemperatur würde bei 854° liegen.

Nach Oberhoffer ist eine Verbesserung der Kerbzähigkeit nach dem Glühen bei Stahlguß mit mehr als 0,5% C nicht mehr zu erwarten, da der ungeglühte Stahl in diesem

[1]) P. Oberhoffer: Die Bedeutung des Glühens von Stahlformguß. Stahleisen 1912, S. 889.
[2]) P. Oberhoffer: Die Bedeutung des Glühens von Stahlformguß. Stahleisen 1913, S. 891.
[3]) Die gekerbten Proben hatten Normalabmessungen, d. h. 30/30 qmm Querschnitt und 160 mm Länge mit Rundkerb von 4 mm Durchmesser.

Zahlentafel 140.

Durchschnittswerte für Kerbzähigkeit geglühten Stahlgusses.

Glühtemperatur ° C.	Spezifische Schlagarbeit mkg/qcm
ungeglüht	1,94
760	4,38
790	3,31
820	6,84
850	7,22
880	8,39
910	7,08
940	3,44
1000	2,81

Falle bereits eine sehr geringe Schlagfestigkeit besitzt. Auch die Härte des Stahlformgusses wird durch das Glühen beeinflußt. Der ausgeglühte feinkörnige Werkstoff besitzt eine geringere Härte als der rohgegossene grobkörnige Stahl.

Neben der richtigen Glühtemperatur ist auch die Glühdauer zu beachten, da sie von Einfluß auf die Gefügebeschaffenheit ist. Die Glühzeit ist so zu bemessen, daß die Gußstruktur in allen Teilen des Gußstückes gleichmäßig verschwunden ist. Zu diesem Zwecke genügt es im allgemeinen, daß man die Höchsttemperatur nur wenige Stunden anhält und darauf abkühlen läßt. Ein zu langes Glühen wirkt ähnlich wie ein zu hohes Erhitzen; man erhält wieder das Gefüge des überhitzten Stahls, und die nachfolgende Abkühlung würde einen grobkörnigen Ferrit-Perlitaufbau ergeben, was gleichbedeutend mit verminderter Zähigkeit ist. Ungünstig auf den Verlauf der Umkristallisation wirken auch sulfidische und oxydische Einschlüsse, indem sie

Abb. 225. Durchschnittswerte für Kerbzähigkeit geglühten Stahlgusses.

sich vorzugsweise in der Nähe der Ferritabsonderungen lagern und keimartig deren Entwicklung befördern. Stören diese Einschlüsse schon im rohgegossenen Werkstoff den Zusammenhang, so bleiben sie im allgemeinen durch das Glühen wenig verändert und erweisen sich, wie erwähnt, als Hindernis für die Bildung eines gleichmäßigen Ferrit-Perlitaufbaues. Daher wird ein höherer Gehalt an Schwefel (ähnlich wirkt auch Phosphor) die günstige Wirkung des Ausglühens beeinträchtigen. Die physikalischen Eigenschaften werden weiter in hohem Grade von der Art der Abkühlung nach dem Glühen abhängig sein. Am zweckmäßigsten würde es sein, wenn man eine schnelle Abkühlung innerhalb der Umwandlungszone durchführen könnte, weil hierdurch die Ausbildung eines feinkörnigen Ferrit-Perlitgefüges begünstigt wird. Schnelle Abkühlung wird aber in der Regel nicht anwendbar sein, weil zu befürchten ist, daß beim Übergang aus der plastischen in die elastische Zone ein zu großer Temperaturunterschied gegenüber den weiter abgekühlten dünneren Teilen entsteht. Man nimmt dann eine etwas geringere Schlagfestigkeit mit in Kauf.

Es gibt nun ein besonderes Vergüteverfahren[1]), das sowohl bei Stahlguß- als auch bei Schmiedestücken nach dem Glühen angewandt wird, um größere Schlagfestigkeit zu erzielen und dennoch die Gefahren der Neuentstehung von Spannungen zu vermeiden. Man vergrößert die Abkühlungsgeschwindigkeit durch die kritische Umwandlungszone, indem man z. B. nach beendigtem Glühen nach Abstellung der Feuerung bei geöffneten Ofentüren kalte Luft in den Ofen eintreten läßt, so daß der letztere sich auf Dunkelrotglut abkühlt. Die schnelle Abkühlung muß jedoch noch innerhalb der plastischen Zone beendigt werden, so daß höchstens plastische Formveränderungen ohne Spannungen entstehen können. Darauf schließt man den Ofen und läßt die Gußstücke langsam und gleichmäßig in ihm abkühlen; dann werden neue Spannungen nicht mehr

---

[1]) J. Galli: Taschenbuch für Eisenhüttenleute. 2. Aufl. S. 614.

entstehen. Das Verfahren erfordert sehr viel Erfahrung und Sachkenntnis seitens des Stahlgießers.

Für Gußeisenstücke kommt ein nachträgliches Glühen zwecks Beseitigung von Spannungen gewöhnlich nicht in Frage. Eine Ausnahme bilden das Glühfrischen des Temperrohgusses und das Weichglühen[1]) besonderer Graugußwaren, z. B. Feinguß, Topfguß, Textilmaschinenteile, die leicht hart werden, hinterher aber gute Bearbeitbarkeit zeigen sollen. In beiden Glühverfahren ist die Beseitigung der Gußspannungen jedoch nicht Hauptzweck.

Das spezifische Gewicht des Eisens.

Allgemeines. Unter dem spezifischen Gewicht eines Körpers versteht man das Verhältnis seines Gewichts zu dem Gewicht einer gleichen Raummenge reinen Wassers von 4° C. Das spezifische Gewicht des Wassers wird gleich 1 gesetzt.

Das spezifische Gewicht des reinen Eisens wurde nach Gumlich[2]) mit 7,876, nach Levin und Dornhecker[3]) mit 7,875 gefunden. Die mit dem Eisen legierten Fremdkörper verringern mit wenigen Ausnahmen sein spezifisches Gewicht. Gumlich[2]) hat für die Elemente Kohlenstoff, Silizium, Mangan und Aluminium den prozentualen Einfluß der einzelnen Fremdstoffe auf die Verminderung des spezifischen Gewichtes praktisch reinen Eisens ermittelt.

Beim Gußeisen ist das spezifische Gewicht in der Hauptsache vom Graphitgehalt abhängig. Hoher Graphitgehalt hat beim Erstarren eine starke Ausdehnung — also eine geringe wirkliche Schwindung — zur Folge. Das Volumen ist hier somit größer geblieben — das spezifische Gewicht demnach kleiner — als bei Eisensorten mit starker Schwindung, denen keine oder nur eine geringe Ausdehnung vorhergeht. So zeigt tiefgraues Roheisen ein spezifisches Gewicht von 7,0—7,1, lichtgraues Roheisen 7,1—7,2 und weißes Roheisen 7,5—7,6 und mehr. Bei Gußeisenstücken rechnet man mit dem spezifischen Gewicht von 7,15—7,3. Die verschiedenen Zahlen für Gußeisen erklären sich nicht nur aus dem verschiedenen Graphitgehalt der einzelnen Gußeisensorten, sondern auch aus der nicht regelmäßigen Verteilung der Graphitkörner. Outerbridge[4]) fand bei einem Gußeisenwürfel von 390 mm Kantenlänge, den er in 64 Stäbe von 26 × 26 mm Querschnitt zersägte, daß die der Mitte entnommenen Stäbe ein um etwa 10% geringeres spezifisches Gewicht als die am Umfange entnommenen Stäbe besaßen, während die Festigkeit im Innern die Hälfte derjenigen am Rande betrug. Leuenberger[5]) bestimmte das spezifische Gewicht bei schmiedbarem Guß und fand, daß dieses im ungeglühten Guß regelmäßig mit steigendem Siliziumgehalt abnimmt, und zwar von 7,745 auf 7,644, entsprechend 0,23—1,08% Si, mithin wächst das spezifische Volumen von 0,129 auf 0,1305. Als Durchschnittswert ergab sich eine Vergrößerung des spezifischen Volumens um 0,0017 je 1% Si. Im glühgefrischten Eisen war der Einfluß des Siliziums noch erheblicher. So zeigte sich, daß nach einmaligem Glühen 1% Si im Mittel eine Verringerung des spezifischen Gewichts von 0,587 entsprechend einer Zunahme des spezifischen Volumens von 0,0104 verursachte. Mehrmaliges Glühen ergab nur eine geringe Zunahme des spezifischen Volumens. Die stärkere Abnahme des spezifischen Gewichts nach dem Glühen ist auf die Temperkohlebildung und auf geringe Gasmengen zurückzuführen, die vom Glühfrischen noch zurückgeblieben waren. Daß das spezifische Gewicht von Gußstücken durch Gas- und Schwindungshohlräume unter Umständen stark verändert werden kann, ist wohl ohne weiteres einleuchtend.

Bei Stahlformgußstücken kann man ein mittleres spezifisches Gewicht von 7,85 annehmen. Um das absolute Gewicht flüssigen Roheisens und Stahls im Gießereibetriebe

[1]) E. Piwowarsky: Über das Weichglühen von Grauguß. Stahleisen 1922, S. 1481. E. Schüz: Versuche zur Bestimmung der kritischen Temperatur beim Glühen von Grauguß. Stahleisen 1922, S. 1484; 1924. S. 116.

[2]) Wissensch. Abhandl. d. phys.-techn. Reichsanstalt Bd. 4, 1918, Heft 3.

[3]) Ferrum 1914, S. 321.

[4]) Stahleisen 1902, S. 1236.

[5]) Stahleisen 1917, S. 537, 601.

zu berechnen, kann man sich der Volumengewichte von 6,9 bzw. 6,5 [1]) bedienen. Diese Ziffern stellen nur ungefähre Werte dar, die genauer zu ermittelnden Werte werden je nach der Zusammensetzung und Temperatur verschieden sein.

Mit zunehmender Temperatur wird das spezifische Gewicht des festen Eisens geringer. Die damit verbundene Vergrößerung des spezifischen Volumens verläuft aber nicht proportional der Temperatur. So treten Änderungen schon mit Rücksicht auf die inneren Umwandlungen des Eisens auf, die mit Volumenverkleinerung bzw. Vergrößerung verbunden sind. Sodann wächst aber auch die Wärmeausdehnungsziffer eines Stoffes durchweg stärker als die Temperatur, sodaß das spezifische Gewicht noch mehr verringert wird, als wenn diese Ziffer bei allen Temperaturen unveränderlich wäre.

Das Wachsen des Gußeisens. Eine Änderung des spezifischen Gewichts kann beim Gußeisen dadurch herbeigeführt werden, daß letzteres nach wiederholten Erhitzungen eine bleibende Ausdehnung (Wachsen) erfährt. Man kann diese Erscheinung an Gebrauchsgegenständen aus Gußeisen beobachten, die abwechselnd stark erhitzt und darauf wieder abgekühlt werden, wie bei Muffeln, Glühöfen u. a. Die hier in Betracht kommenden Veränderungen, die teils physikalischer, teils chemischer Art sind, zeigen sich, allerdings in geringem Grade, bereits bei Erhitzungen bis zum beginnenden Glühen, sie treten aber deutlich bei Temperaturen oberhalb 600° hervor und erreichen einen Höchstwert beim Erhitzen auf 800—950°. In physikalischer Hinsicht handelt es sich um eine beim Erhitzen entstehende Verschiebung der Moleküle, die auch bei der Abkühlung bleibt. Die Folgeerscheinungen sind Verminderung der Festigkeit, Formveränderungen und gegebenenfalls auch Risse. Bemerkenswert ist, daß, namentlich beim Erhitzen auf höhere Temperaturen, das Wachsen mit einer Gewichtsvermehrung verbunden ist, ein Umstand, der darauf schließen läßt, daß auch chemische Vorgänge, und zwar, wie noch weiter ausgeführt werden soll, Oxydationen gleichzeitig auftreten.

Die Ergebnisse der zahlreichen Forschungsarbeiten über die bleibende Ausdehnung des Gußeisens geben bislang noch kein klares einwandfreies Bild über die engeren Ursachen jener Erscheinung. Outerbridge [2]), der zuerst auf die Wachstumserscheinung des Gußeisens aufmerksam machte, stellte u. a. fest, daß von zwei unter gleichen Verhältnissen gegossenen und abgekühlten Stäben von 376,2 mm Länge und 25,4 mm Vierkant, der eine nach mehrfachen Erhitzungen eine Länge von 419,1 mm und 28,6 mm Vierkant besaß. Dabei war das Gewicht gleichwohl unverändert geblieben. Dieser Stab zeigte schließlich nach einer 30%igen Volumenvermehrung ein spezifisches Gewicht von 6,01, während der andere Stab gleicher Herkunft, der keiner Erhitzung ausgesetzt wurde, ein spezifisches Gewicht von 7,13 besaß.

Outerbridge nimmt an, daß die bleibende Vergrößerung des Gußeisens eine Folgeerscheinung des Druckes eingeschlossener Gase ist, den diese bei hohen Temperaturen auf ihre Umgebung ausüben.

Umfangreiche Untersuchungen von Rugan und Carpenter [3]) erbrachten den Beweis, daß mit den wiederholten Erhitzungen und Abkühlungen innere Oxydationsvorgänge verbunden sind, die eine Gewichtsvermehrung zur Folge haben. Beide Forscher verwandten u. a. zylindrische Eisenproben von 23 mm Durchmesser und 150 mm Länge, die 4 Stunden auf 850—900° in einer gußeisernen Muffel erhitzt wurden. Letztere war mit einem Tondeckel verschlossen und in eine Tonmuffel hineingestellt, um das Eindringen der Feuergase nach Möglichkeit zu verhüten. Ganz wurde dieser Zweck allerdings nicht erreicht. Versuche mit Eisenproben, deren Kohlenstoffmengen zwischen 0,15 und 4% schwankten, wobei die übrigen Fremdkörper ihrem Gehalte nach außerordentlich gering waren und in annähernd konstanten Mengen vertreten waren, zeigten kaum merkliche Volumenveränderungen. Andere Eisenproben mit wechselnden Kohlenstoff-, Silizium- und Manganmengen (3,0—4,6% C, 0,50—0,79% Si und 0,86—1,26% Mn) verhielten sich unter den gleichen Versuchsbedingungen verschiedenartig, je nachdem

---

[1]) Osann gibt für flüssigen Stahl sogar 6,8 an, vgl. Stahleisen 1911, S. 673.
[2]) Stahleisen 1904, S. 407; 1909, S. 1749.
[3]) J. Iron Steel Inst. 1909, Bd. 2, S. 95. Metallurgie 1909, S. 706. Auszügl. Stahleisen 1909, S. 1748.

sie von vornherein grau oder weiß waren. Die ersteren zeigten ein Wachsen, die weißen dagegen schrumpften solange in geringem Grade zusammen, als noch nicht die Temperkohlebildung einsetzte; alsdann trat auch bei ihnen das Wachsen mit zunehmender Erhitzung und wachsender Menge an Temperkohle auf. Es muß demnach die Gegenwart von Graphit oder Temperkohle als ein Hauptfaktor für die bleibende Ausdehnung angesehen werden. Bei einer Anzahl von grauen Roheisenproben mit 0,95—1,13% Si und 3,14—3,48% C konnte nach 99 Erhitzungen eine Volumenzunahme von 35—37% und eine Gewichtsvermehrung von 7,9—8,6% festgestellt werden. Weitere Roheisensorten mit konstantem Kohlenstoffgehalt, aber wechselnden Siliziummengen (1,07 bis 6,14%) zeigten das bemerkenswerte Ergebnis, daß die Volumenzunahme ziemlich proportional dem Siliziumgehalt wuchs. Bei denjenigen Proben, deren Kohlenstoffgehalt ganz als Graphit vorkam, war das Wachsen und zugleich auch die Gewichtsvermehrung am größten. Rugan und Carpenter konnten nun nachweisen, daß nicht nur die Volumenvermehrung, sondern auch die Gewichtszunahme in engstem Zusammenhang mit dem Verhalten des Siliziums steht. Letzteres bzw. Eisensilizid wird durch die in der Muffel enthaltenen Oxydationsgase, die bei der Erhitzung längs den Graphitblättchen eindringen, während der Abkühlung in oxydische Verbindungen übergeführt. Gleichzeitig kommt es auch zu einer Oxydation des freien Eisens. Beides zusammen führt zur Volumenausdehnung (möglicherweise auch zum Rissigwerden) und gleichzeitig zur Gewichtsvermehrung. Auch die im Eisen gelösten Gase können unter Umständen (z. B. bei geringerem Siliziumgehalte) zur Vermehrung der Volumenausdehnung beitragen, indem sie gleich den eingeschlossenen eine Drucksteigerung bewirken.

In einem geringen Grade wird auch Kohlenstoff oxydiert, hierdurch wird eine Gewichtsverminderung bedingt. Mit wachsendem Siliziumgehalt wird die Kohlenstoffoxydation geringer. Der Einfluß der übrigen Fremdkörper, Phosphor, Schwefel und Mangan, auf das Wachsen kann vernachlässigt werden. Es scheint sogar, daß diese eine geringe Schwindung herbeiführen.

Beachtenswert sind auch Untersuchungen von Hurst[1]), aus denen aber nicht klar ersichtlich ist, ob es sich um Wachstumserscheinungen im obigen Sinne handelt. Hurst weist auf eine, in der Regel von Rißbildung begleitete, ebenfalls infolge wiederholter Erhitzungen auftretende Volumenänderung hin, die sich zu gußeisernen Kolben und Zylinderköpfen beim Betriebe von Verbrennungsmotoren bisweilen zeigt. In solchen Fällen war aber eine nennenswerte Veränderung in der chemischen Zusammensetzung des Gußeisens durch Oxydation nicht zu beobachten. Nach Hurst erklärt sich der Vorgang so, daß bei den in Betracht kommenden Temperaturen eine feste austenitische Lösung entsteht, die einen Teil des Graphits absorbiert. Da gleichzeitig eine Lockerung des Gefüges und eine Ausdehnung der Graphitblättchen vor sich geht, bilden sich kleine Hohlräume, die an Rauminhalt größer als die ursprünglichen Graphitteile sind. Die Graphitabsorption ist bei einer bestimmten Temperatur hauptsächlich abhängig von der Dauer der Erhitzung und der Masse des erhitzten Körpers. Die Absorption und Wiederausscheidung des Kohlenstoffs (als Temperkohle) hat zahlreiche aufeinanderfolgende Ausdehnungen und Zusammenziehungen zur Folge, die auf Grund der daraus entstehenden Spannungen leicht zur Rißbildung führen können. Es hat sich gezeigt, daß ein höherer Phosphorgehalt die Absorption des freien Kohlenstoffs, wie auch die Ausdehnung begünstigt. Eine einwandfreie Erklärung hierfür ist bisher noch nicht gefunden. Man kann vielleicht annehmen, daß das Schmelzen des ternären Phosphideutektikums bei der Rißbildung von Einfluß ist.

Von neueren Untersuchungen über das Wachsen des Gußeisen sind besonders diejenigen von M. Okôchi und T. Kikuta[2]) zu nennen. Diese Forscher bestätigen zunächst die Annahme Outerbridges, daß die bleibende Volumenausdehnung bei höheren Temperaturen auf den Druck eingeschlossener Gase zurückzuführen ist, dem die Eisenmasse nachgeben muß. Dagegen sei der von Rugan und Carpenter festgestellten fortgesetzten

[1]) Iron Coal Trades Rev. 1917, Bd. 2, S. 668. Stahleisen 1918, S. 248.
[2]) Sc. Rep. Tohoku Imp. Univ. I. Bd. 11; auszugsw. Chem. Zentralbl. 1922, S. 584. Rev. Mét. 1922, S. 579/587.

Oxydation des Siliziums keine unmittelbare und ausschlaggebende Bedeutung für das Wachsen beizumessen, vielmehr komme diese Oxydationswirkung erst in zweiter Linie in Betracht und sei von mittelbarem Einflusse auf die bleibende Ausdehnung. Nach Okôchi und Kikuta wird das Wachsen bei niedrigen Temperaturen hauptsächlich durch den Zerfall des Perlitkarbids in Ferrit und Temperkohle [$Fe_3C \rightarrow 3 Fe + C$], bzw. durch die damit verbundene Volumenausdehnung beeinflußt. Dieser Zerfall, der sowohl dicht unterhalb A_1 als besonders während der Umwandlung A_1 vor sich geht, erfolgt vornehmlich beim ersten Erhitzen und wird um so größer, je höher der Gehalt an Silizium und gebundenem Kohlenstoff ist [1]). Da die Ausdehnung durch die bei der nachfolgenden Erhitzung über Ac_1 erfolgende Zusammenziehung nicht mehr rückgängig gemacht werden kann, ist erstere bleibender Art. Mit der zunehmenden Wiederholung der Erhitzungen und Abkühlungen werden die bei Ac_1 und Ar_1 auftretenden Zusammenziehungen und Ausdehnungen allmählich kleiner, da die verfügbare Zementitmenge immer geringer wird; anderseits ergibt sich mit weiterer Temperkohlebildung eine wenn auch in geringerem Maße zunehmende bleibende Ausdehnung. Jene Volumenveränderungen während der Umwandlung A_1 nehmen in den einzelnen Teilen des Gefüges, je nach Art, Menge und Verteilung der mikroskopischen Gefügebestandteile, verschiedenen Umfang an. So sind z. B. die während der Abkühlung bei Ar_1 eintretenden Vergrößerungen in den Ferritzonen, welche die Graphitlamellen umschließen, kleiner als in den benachbarten Teilen, in denen sich feinkörniger Graphit und Perlit vorfinden. Es kommt infolgedessen zu Spannungszuständen innerhalb des Gefüges, die zu Rissen und Hohlräumen in der Nähe der Graphitlamellen führen. Indem die Oxydationsgase nun in das gelockerte Gefüge eindringen, bilden sich, wie schon früher erwähnt, Oxyde, die die Hohlräume erfüllen; die Folge ist dann die bleibende Ausdehnung. Über die mit der Oxydation verbundene Gewichtsvermehrung enthalten obige Untersuchungen, die nur im Auszug vorliegen, anscheinend nichts. Es wäre immerhin nicht unwesentlich, die engeren Beziehungen zwischen Gewichtsvermehrung und Volumenausdehnung näher festzustellen.

J. H. Andrew und Hyman untersuchten das Wachsen verschiedener Gußeisensorten bei hohen Temperaturen (900°) und fanden, daß der Einfluß des Phosphors und des Schwefels auf das Wachsen weit größer ist als der des Siliziums. Während Nickel und Aluminium ein ähnlich gesteigertes Wachstum wie größere Mengen Silizium hervorriefen, hatten Molybdän und Vanadium keine oder nur geringe, Chrom eine verzögernde Wirkung [2]).

Will man im praktischen Betriebe das Wachsen von Gußstücken verhüten, so wird man zweckmäßig ein Gußeisen von geringem Gesamtkohlenstoff (rd. 3,0%) und niedrigem Siliziumgehalt wählen. So konnte Carpenter [3]) bei einem Gußeisen mit 2,66% C, 0,58% Si und 1,64% Mn feststellen, daß dasselbe nach 151 Erhitzungen nicht gewachsen, sondern um 0,13% geschwunden war.

Die elektrischen und magnetischen Eigenschaften des Eisens.

Allgemeines. Sowohl Gußeisen, als auch Schmiedeisen und Stahl sind Leiter der Elektrizität und zeigen außerdem mehr oder weniger die Eigenschaft, von einem Magneten angezogen zu werden. Die elektrischen und magnetischen Eigenschaften des Eisens bilden daher die Grundlage für die Verwendung der verschiedenen Eisensorten als Konstruktionsstoff in der Elektrotechnik.

A. Elektrische Eigenschaften. Der elektrische Widerstand R eines Körpers von der Länge l (in m) und dem Querschnitt q (in qmm) bei der Temperatur t° ist

---

[1]) Näheres über den Karbidzerfall im grauen Gußeisen ersehe man in E. Piwowarsky: Über das Weichglühen von Grauguß. Stahleisen 1922, S. 1481, ferner E. Schüz: Über das Weichglühen von Grauguß. Stahleisen 1924, S. 116 und Schüz: Über Versuche zur Bestimmung der kritischen Temperatur beim Glühen von Grauguß. Stahleisen 1922, S. 1484.

[2]) Näheres s. Stahleisen 1924, S. 1050.

[3]) Stahleisen 1913, S. 1280.

$R_t = \varrho_t \cdot \dfrac{1}{q}$ in Ohm [1] (Ω). Dabei bedeutet ϱ_t den spezifischen Widerstand des Stoffes bei der Temperatur t. ϱ_t ist der Widerstand, den ein Draht von 1 m Länge und 1 qmm Querschnitt bei der Temperatur t dem elektrischen Strom entgegensetzt. Der reziproke Wert des spezifischen Widerstandes heißt die Leitfähigkeit (k_t) des Stoffes. Diese ist daher $k_t = \dfrac{1}{\varrho_t}$. Mithin ist $R_t = \dfrac{1}{k_t \cdot q}$. Der spezifische Widerstand der metallischen Stoffe nimmt mit wachsender Temperatur zu, wobei folgende Beziehung besteht $\varrho_t = \varrho_0\,(1 + a \cdot t)$, worin ϱ_0 den spezifischen Widerstand bei 0^0 und a den Temperaturkoeffizienten des elektrischen Widerstandes bezeichnet. Zahlentafel 141 enthält die Werte für k und ϱ bei 18^0 nebst den zugehörigen Werten für a für eine Reihe von Metallen und Legierungen.

Zahlentafel 141.
Spezifische Leitfähigkeit und spezifischer Leitwiderstand.

Werkstoff	Leitfähigkeit k_{18}	Spez. Widerstand ϱ_{18}	Temperatur-koeffizient a
Silber	61	0,016	0,0038
Kupfer	58	0,017	0,0040
Aluminium	31	0,032	0,0037
Zink	16,5	0,061	0,0037
Eisen, rein	$\backsim$ 10	0,0994 [2]	0,0057 [2]
Platin	9,2	0,108	0,00384
Eisen mit $4^0/_0$ Silizium	rd. 2,0	0,50 [3]	0,0008 [3]
Gußeisen	0,5—1,1 [4]	2—0,9	—
$30^0/_0$iger Nickelstahl (Kruppin)	1,17	0,85 [5]	—
Manganin	2,38	0,42	0,00001

Der wichtigste Leitwerkstoff ist das Kupfer, das neben guter Leitfähigkeit auch hohe Festigkeit besitzt und sich durch Löten gut verbinden läßt. Die Leitfähigkeit des Eisens beträgt etwa nur $1/_6$ von der des Kupfers, d. h. der Querschnitt eines Eisendrahtes muß sechsmal so groß sein wie der eines gleich stark beanspruchten Kupferdrahtes. Trotzdem wurde früher Eisen wegen seiner Billigkeit fast ausschließlich als Leitstoff benutzt. Heute wird Eisendraht nur noch in der Schwachstromtechnik für Telegraphenleitungen [6] verwendet, für Fernsprecher- und Wechselstromleitungen ist er dagegen unbrauchbar, weil — wie später gezeigt werden wird — durch die Magnetisierungsarbeit zu hohe Effektverluste entstehen. Auch zu elektrischen Widerständen (Rheostaten) ist Eisendraht wenig geeignet, weil seine Leitfähigkeit mit der Temperatur stark abnimmt; man benutzt hierfür meist Drähte aus Manganin, Kruppin, Konstantan usw., das sind Metallegierungen, die bei verhältnismäßig niedriger Leitfähigkeit einen so geringen Temperaturkoeffizienten haben, daß man die hieraus hergestellten Widerstände bei gewöhnlicher Temperatur als konstant ansehen kann.

Reine Metalle sind bessere elektrische Leiter als ihre Legierungen. In solchen Fällen, wo die Legierungsbestandteile eine ununterbrochene Reihe von Mischkristallen miteinander bilden, wird die Leitfähigkeit der reinen Metalle bereits durch verhältnismäßig

---

[1] 1 Ohm (Ω) = Widerstand einer Quecksilbersäule von 1,063 m Länge, 1 qmm Querschnitt und 14,4521 g Masse.

[2] Bei 0^0 C. Nach Untersuchungen von E. Gumlich an dem Fischerschen Elektrolyteisen, das an Fremdkörpern nur Spuren enthält. Stahleisen 1919, S. 805.

[3] Nach Gumlich a. a. O.

[4] H. Nathusius: Magnetische Eigenschaften von Gußeisen. Stahleisen 1905, S. 99, 164, 290.

[5] Kruppsche Monatshefte 1922, S. 130.

[6] Die deutsche Reichspost- und Telegraphenverwaltung verlangt als geringstes Leitungsvermögen für verzinkten Eisendraht $13^0/_0$ der Leitfähigkeit des reinen Kupfers.

sehr geringe Mengen fremder Stoffe stark vermindert [1]), wobei die Leitfähigkeitskurve für das Legierungssystem ein ausgeprägtes Minimum aufweist. Man wendet solche Legierungen mit einem Minimum von Leitfähigkeit praktisch zum Bau von Widerständen an, z. B. Legierungen von Kupfer mit Mangan oder Nickel. Findet keine Mischkristallbildung zwischen den Legierungsbestandteilen statt, so ist die Leitfähigkeit eine lineare Funktion der jeweiligen Volumenkonzentration. Im Falle begrenzter Mischkristallbildung gilt innerhalb des Bereiches der gesättigten Mischkristalle dieselbe Beziehung wie im obigen Falle der ununterbrochenen Mischkristallbildung, während in dem Gebiete zwischen den Konzentrationen der gesättigten Mischkristalle die Leitfähigkeit sich wie bei Legierungen mit aufgehobener Mischbarkeit verändert, indem die gesättigten Mischkristalle als reine Stoffe eines binären Legierungssystems betrachtet werden können. Der Umstand, daß die Leitfähigkeit einer Legierung im allgemeinen in demselben Sinne wie der Temperaturkoeffizient ihres spezifischen Widerstandes sich ändert [2]) bewirkt, daß Legierungen mit Mischkristallbildung bei einem Minimum an Leitfähigkeit zugleich auch einen geringen Temperaturkoeffizienten besitzen, der bei gewissen Legierungen von Kupfer mit Nickel oder Mangan fast bis auf Null sinkt. Hierzu gehören die oben erwähnten Widerstandslegierungen Manganin, Konstantan u. a.

Die Leitfähigkeit des Eisens ändert sich je nach der thermischen Behandlung sowie je nach Art und Mengen der Fremdkörper erheblich. Nach Untersuchungen von Burgess und Kellberg [3]) nimmt die Leitfähigkeit reinen Eisens beim Erhitzen auf etwa 650° gleichmäßig und von da ab bis A_2 (Höchstwert des Temperaturkoeffizienten) stärker ab. Oberhalb A_2 ist die Abnahme der Leitfähigkeit eine geringere.

J. A. Capp [4]) empfiehlt für einen hinreichend gut leitfähigen Stahl, der auch die Gewähr guter Bearbeitungsfähigkeit besitzt, folgende Zusammensetzung:

Kohlenstoff nicht über		0,15%,
Mangan ,,	,,	0,30%,
Phosphor ,,	,,	0,06%,
Schwefel ,,	,,	0,06%,
Silizium ,,	,,	0,05%.

Dieser Werkstoff würde eine Leitfähigkeit von 7—7,4 haben. Bemerkenswert ist der geringe Gehalt an Mangan, das den spezifischen Widerstand neben Silizium und Kohlenstoff besonders erheblich steigert.

Neuere Untersuchungen von Gumlich [5]) haben die Abhängigkeit des spezifischen Widerstandes, wie auch der magnetischen Eigenschaften bei Eisenlegierungen von der chemischen Zusammensetzung und der thermischen Behandlung eingehend dargelegt.

Magnetische Eigenschaften. Die Eigenschaft des Magnetismus kann durch einen natürlichen Magneten (z. B. Magneteisenerz) oder durch einen Elektromagneten auf einen Stahlstab übertragen werden. Dieser wird dadurch zu einem künstlichen Magneten, der selbst wieder andere Stahlstäbe magnetisieren kann. Die Übertragung der magnetischen Eigenschaften auf einen vorher unmagnetischen Stahlstab erklärt man sich durch Gleichrichten seiner Moleküle. Man nimmt an, daß sowohl im Stahl als auch im weichen Eisen die Moleküle ungeordnet durcheinander liegen und erst unter der Einwirkung eines Magneten gleich gerichtet, also magnetisch, werden. Weiches Eisen setzt dieser magnetischen Anordnung seiner Moleküle einen geringeren Widerstand entgegen als Stahl. Sobald dieser Widerstand überwunden und der Stahlstab magnetisch geworden ist, halten die Stahlmoleküle ihre magnetische Anordnung auch nach Entfernung des erregenden Magneten mit einer gewissen Kraft fest, die man Koerzitivkraft nennt. Die dabei in dem magnetisierten Stahlstab zurückgebliebene Magnetismusmenge nennt man den remanenten Magnetismus oder kurz:

---

[1]) W. Guertler: Über die elektrische Leitfähigkeit der Legierungen. Z. anorg. Chem. Bd. 51, 1906, S. 397; Bd. 54, 1907, S. 58.

[2]) Matthiessen: Pogg. Annal. Bd. 110, 1860, S. 190 u. 222.

[3]) Washington, Academy of Sciences 1914, S. 436. Auszügl. Stahleisen 1916, S. 804.

[4]) Engg. 1904, Bd. 1, S. 274.

[5]) E. Gumlich: Stahleisen 1919, S. 765, 800, 841, 901, 966.

die Remanenz. Weiches Eisen hat eine weit geringere Koerzitivkraft — also auch eine geringere Remanenz — als Stahl, daher werden die Moleküle des weichen Eisens ihre magnetische Anordnung sehr schnell wieder verlieren.

Der Wirkungsbereich eines Magneten heißt sein magnetisches Feld. Eine Magnetnadel nimmt innerhalb des magnetischen Feldes an jedem Ort eine bestimmte Stellung ein. Ihre Richtung gibt die Kraftrichtung des magnetischen Feldes für den betreffenden Ort an. Man kann das Maß für die Stärke des Feldes bestimmen, wenn man in dem bestimmten Punkte einen Magnetpol von der Polstärke 1 anbringt. Letztere stellt im elektromagnetischen CGS-System diejenigen Masse dar, welche auf die gleiche Masse in der Entfernung von 1 cm die Kraft von 1 Dyne [1]) ausübt. Ein magnetisches Feld hat die Feldstärke 1, wenn es auf jenen Einheitspol die Anziehungs- oder Abstoßungskraft von 1 Dyne ausübt. Ein Feld von der Stärke $\mathfrak{H}$ übt daher auf einen Pol von der Polstärke m die Kraft $P = \mathfrak{H} \cdot m$ aus.

Wird das magnetische Feld durch eine vom elektrischen Strom von der Stromstärke $\mathfrak{J}$ (in CGS) durchflossene Drahtspirale (Solenoid), mit n Windungen auf der Länge l cm, gebildet, so erhält man im Innern der Spirale in der Richtung ihrer Achse eine Feldstärke $\mathfrak{H}$, die in genügender Entfernung von den Enden der Spirale die Beziehung ergibt: $\mathfrak{H} = \dfrac{4\,\pi \cdot n}{l} \cdot \mathfrak{J}.$

Man denkt sich ein magnetisches Feld durch ein System von Kraftlinien veranschaulicht, deren Richtung in jedem Punkte mit der Kraftrichtung des Feldes zusammenfällt. Als Maß für die Feldstärke gilt daher auch die Anzahl Kraftlinien, welche durch eine senkrecht zur Kraftlinienrichtung gelegte Einheitsfläche von 1 qcm hindurchgehen. Die Anzahl der Kraftlinien, die der Feldstärke $\mathfrak{H}$ entspricht, heißt die Dichte der Kraftlinien. In einem gleichförmigen magnetischen Feld haben die Kraftlinien an jedem Ort gleiche (parallele) Richtung und gleiche Dichte. Die in der Umgebung des Magneten verlaufenden einzelnen Kraftlinien bilden mit den zugehörigen innerhalb des Magneten verlaufenden Magnetisierungslinien jeweils in sich geschlossene Kurven.

Bringt man einen Körper in ein magnetisches Feld einer Spule, so wird er magnetisiert, d. h. die positiv gerichteten Kraftlinien des Feldes erzeugen an der Stelle ihres Eintritts in den Körper einen Südpol, an der Stelle ihres Austritts einen Nordpol. Es entsteht eine magnetische Induktion. Diese macht sich in einer Verdichtung der Magnetisierungs-(Induktions-)Linien innerhalb des Körpers geltend. Die magnetische Induktion $\mathfrak{B}$ wird bestimmt durch die Anzahl von Induktionslinien, welche durch 1 qcm einer senkrecht zur Kraftlinienrichtung gelegten Ebene hindurchgehen. Es besteht hierbei die Beziehung

$$\mathfrak{B} = \mu \cdot \mathfrak{H} \quad\dots\dots\dots\dots (1)$$

worin μ ausdrückt, wie vielmal dichter die Kraftlinien innerhalb des Körpers verlaufen als in der umgebenden Luft, für die $\mu = 1$ gesetzt wird. μ heißt die magnetische Durchlässigkeit (Permeabilität) oder der Koeffizient der magnetischen Induktion.

Für die meisten Stoffe ist μ annähernd $= 1$. Ist $\mu < 1$, z. B. bei Wismut, so nennt man die Stoffe diamagnetisch. Ist anderseits die Kraftliniendichte innerhalb des Körpers größer als im magnetischen Feld der Luft ($\mu > 1$), so haben wir paramagnetische Körper. Für alle Stoffe, für die μ in der Nähe von 1 liegt, ist die Kraftliniendichte nur von der Natur des Stoffes abhängig, dagegen unabhängig von der Feldstärke $\mathfrak{H}$. Einige Körper, wie Eisen, Nickel, Kobalt und die sog. Heuslerschen Legierungen [2]) besitzen einen großen Wert μ (ferromagnetische Stoffe). In diesem Falle ist μ keine Stoffkonstante, sondern wird sich mit der Feldstärke $\mathfrak{H}$ stark verändern. Stäbchen aus diamagnetischen Körpern stellen sich in einem magnetischen Feld mit der Längsrichtung senkrecht zu den Kraftlinien des Feldes ein; Stäbchen para- und ferromagnetischer Stoffe suchen sich dagegen parallel zur Kraftlinienrichtung des Feldes einzustellen, und zwar ist ihre Richtkraft bei gleicher Stärke des Feldes $\mathfrak{H}$ um

---

[1]) Eine Dyne ist die Kraft, die der Masse 1 g die Beschleunigung 1 cm/sek. erteilt.
[2]) Heusler und Richarz: Z. anorg. Chem. Bd. 61, 1909, S. 265.

so größer, je größer die Durchlässigkeit μ ist. Dies gilt besonders für die ferromagnetischen Körper.

Die Zahl der Induktionslinien $\mathfrak{B}$ eines gleichförmig magnetisierten Körpers setzt sich zusammen aus der Zahl der Kraftlinien $\mathfrak{H}$, die vom magnetischen Feld herrühren und der Zahl $4\pi\mathfrak{J}$ der Induktionslinien, die infolge der magnetischen Induktion im Körper entstanden sind. Es ist daher

$$\mathfrak{B} = \mathfrak{H} + 4\pi\mathfrak{J} \quad\dots\dots\dots \quad (2)$$

$\mathfrak{J}$ nennt man die Stärke oder Intensität der Magnetisierung oder auch den spezifischen Magnetismus. Nun ist $\mathfrak{J} = \dfrac{m \cdot l}{v}$, worin m die Polstärke eines Poles, v das Volumen des magnetisierten Körpers und l die Entfernung der beiden Pole bedeuten. Das Produkt m . l ist gleich dem Moment $\mathfrak{M}$ des magnetisierten Körpers, daher ist $\mathfrak{J} = \dfrac{\mathfrak{M}}{v}$ das auf die Raumeinheit bezogene Moment des magnetisierten Körpers. Man bezeichnet das Verhältnis $\mathfrak{J} : \mathfrak{H} = \varkappa$ als den Aufnahme- oder Suszeptibilitäts-koeffizienten. Indem man die rechten Seiten der beiden Gleichungen 1 und 2 einander gleich setzt, erhält man

$$\mu\mathfrak{H} = \mathfrak{H} + 4\pi\mathfrak{J} \quad\text{oder}\quad \mu = 1 + 4\pi\frac{\mathfrak{J}}{\mathfrak{H}} = 1 + 4\pi\varkappa.$$

Für Stoffe, deren Durchlässigkeit $\mu = 1$ ist (Luft), ist $\varkappa = 0$. Für diamagnetische Stoffe ist $\varkappa$ negativ, für alle übrigen positiv. Bei dia- und paramagnetischen Körpern unterscheidet sich $\varkappa$ nur wenig von μ, d. h. beide sind klein. Ferromagnetische Stoffe haben große Werte von $\varkappa$ und von μ.

Manchmal bezieht man die Stärke der Magnetisierung nicht auf die Raumeinheit, sondern auf die Einheit der Masse, so daß $\mathfrak{J}_1 = \dfrac{\mathfrak{M}}{v \cdot s}$ wird, wo s das spezifische Gewicht des magnetisierten Körpers ist. Es ist dann $\mathfrak{J}_1 = \dfrac{\mathfrak{J}}{s}$ und in gleicher Weise für die Aufnahmefähigkeit $\varkappa_1 = \dfrac{\varkappa}{s}$.

Trägt man die Werte von $\mathfrak{B}$ als Ordinaten und $\mathfrak{H}$ als Abszissen auf, so stellt sich die Beziehung, welche beim Eisen zwischen $\mathfrak{B}$ und $\mathfrak{H}$ besteht, im allgemeinen als eine gekrümmte Linie dar, während bei dia- und paramagnetischen Körpern die $\mathfrak{H}$-$\mathfrak{B}$-Linie ($\mathfrak{B} = \mu\mathfrak{H}$) eine Gerade ist. Beim Eisen steigt die Magnetisierungslinie mit zunehmendem Werte von $\mathfrak{H}$ sehr rasch an, und der Wert μ wird außerordentlich groß (bis 3000 und mehr). Wird die Feldstärke $\mathfrak{H}$ noch weiter gesteigert, so nimmt die Induktion in geringerem Maße als bisher zu, μ wird kleiner, und die Linie für $\mathfrak{B}$ flacher. Schließlich tritt mit großer Steigerung von $\mathfrak{H}$ der Zustand der magnetischen Sättigung des Eisens ein, d. h. es läßt sich keine wesentliche Erhöhung der Induktion von $\mathfrak{B}$ mehr hervorrufen, die Linie für $\mathfrak{H}$ wird eine Gerade.

Für die magnetische Durchlässigkeit μ kommt für Eisen nicht nur die Größe der jeweiligen Feldstärke in Betracht, sondern μ ändert sich auch je nach dem Werte, den die Feldstärke vorher hatte, d. h. je nach der magnetischen Vorbehandlung des Werkstoffs. Es können daher für denselben Wert von $\mathfrak{H}$ die Werte von $\mathfrak{B}$ verschieden sein, je nachdem ob die Feldstärke vorher größer oder kleiner war. Geht man vom unmagnetischen Zustand des Eisens und von der Feldstärke Null aus, so erhält man als Magnetisierungskurve die Nullkurve oder die jungfräuliche Linie (Kurve OA in Abb. 226). Läßt man die Feldstärke von dem positiven, dem Punkte A entsprechenden Höchstwert OE allmählich abnehmen und durch Null hindurch auf den entgegengesetzten, gleichgroßen Wert OF anwachsen, um darauf allmählich wieder auf den Ausgangswert OE zurückzukehren, so entsteht ein magnetischer Kreisvorgang. Die zugehörigen Werte von $\mathfrak{B}$ fallen dann in die in Abb. 226 gezeichnete Kurvenschleife ACDA'C'D'A, die Hysteresisschleife genannt wird. Da nach obiger Annahme OE = OF

ist, ist auch OC = OC' und OD = OD', d. h. die Schleife ist symmetrisch. Wie Abb. 226
zeigt, besitzt nach der Abnahme der Feldstärke von dem Höchstbetrage OE auf Null
die Induktion noch den Betrag OC, der als zurückbleibender Magnetismus oder
als Remanenz bezeichnet wird. Die Induktion wird erst Null, wenn die Feldstärke
auf den negativen Betrag, der der Strecke OD entspricht, weiter abgenommen hat. Diese
Feldstärke OD ist die Koerzitivkraft des magnesisierten Körpers, die aufgewandt
werden muß, um den remanenten Magnetismus zu vernichten. Für nicht abgeschreckte
Eisenlegierungen einschließlich der mit Silizium bis zu $4^0/_0$ legierten Eisensorten besteht
nach Gumlich und E. Schmidt [1] zwischen dem zurückbleibenden Magnetismus $\mathfrak{B}r$
und der Koerzitivkraft $\mathfrak{H}c$ mit genügender Annäherung folgende Beziehung:

$$\mu_{max} = \frac{\mathfrak{B}r}{\mathfrak{H}c}.$$

Die Eigenschaft des Eisens, einen einmal erlangten magnetischen Zustand festzuhalten,
läßt sich nach Abb. 226 dahin deuten, daß die Induktion hinter der Einwirkung des
erregenden Feldes zurückbleibt. Man nennt diese Er-
scheinung magnetische Hysteresis. Man kann sie
auch als Widerstand betrachten, der dem erregenden
Felde entgegengesetzt wird. Die zur Überwindung des
Widerstandes erforderliche Energie geht für den Ma-
gnetisierungsvorgang verloren. Sie wird in Wärme umgesetzt, welche die Temperatur des magnetisierten
Körpers erhöht. Dies macht sich z. B. bei Transformatoren geltend, deren Eisenkörper schnell wechselnden magnetischen Kreisvorgängen unterworfen werden.
Die von der Hysteresisschleife eingeschlossene Fläche
F ist daher proportional dem Energieumsatz E durch
Hysteresis, bezogen auf die Raumeinheit des magnetisierten Körpers [2]. Ist der Proportionalitätsfaktor

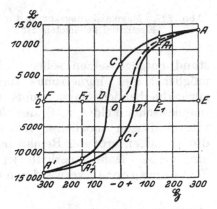

Abb. 226. Hysteresisschleife.

$\frac{1}{4\,\pi}$, so ist $E = \frac{1}{4\,\pi}\,F$ Erg. Finden in der Sekunde n

magnetische Kreisvorgänge statt, so ist der Energieverlust in 1 Sekunde = n . E
Erg/sek.ccm oder n . E 10^{-7} Watt je 1 ccm Eisen.

Ein anderes Verfahren, die Energievergeudung verschiedener Werkstoffe zu vergleichen, besteht in der Anwendung des Steinmetzschen Koeffizienten η. Steinmetz [3]
hat festgestellt, daß der Energieumsatz E verschiedener Eisensorten bei verschiedenen
Werten der höchsterreichten Induktion $\mathfrak{B}_{max}$ nahezu proportional der 1,6 Potenz von
$\mathfrak{B}_{max}$ sei [$E = \eta\,\mathfrak{B}_{max}^{1,6}$]. Er würde also bei $\mathfrak{B}_{max} = EA$ (Abb. 226) den Wert
$\eta . \overline{EA}^{1,6}$ und bei $\mathfrak{B}_{max} = E_1A_1$ den Wert $\eta . \overline{E_1A_1}^{1,6}$ annehmen. Obige Beziehung gilt
aber nur dann mit genügender Annäherung, wenn $\mathfrak{B}_{max}$ in der Nähe der Sättigung des
magnetisierten Eisens liegt [4].

Handelt es sich um Teile elektrischer Maschinen, die wechselnden magnetischen
Feldern ausgesetzt sind, z. B. Dynamoanker, Transformatorenkerne, so muß die Größe E
möglichst klein sein; bei den Werkstoffen für Feldmagnete spielt E eine geringere
Rolle, dagegen verlangt man hohe magnetische Durchlässigkeit. Außer durch
Hysteresis treten in den Dynamoankern und Transformatorenkernen noch Energie-
verluste durch Wirbelströme auf. Der gesamte, bei abwechselnder Magnetisierung im
Eisen entstehende Verlust, der sich aus Hysteresis- und Wirbelstromverlusten zusammen-
setzt, wird Eisenverlust genannt. Die Wirbelstromverluste hängen nicht sowohl von
dem magnetischen Verhalten des Bleches als hauptsächlich von der elektrischen Leitfähigkeit des Werkstoffs ab. Man kann die Wirbelstromverluste dadurch verkleinern,

[1] E. Gumlich und E. Schmidt: ETZ. 1901, S. 691.
[2] Warburg: Wied. Annal. Bd. 13, 1881, S. 141; Bd. 20, 1883, S. 814.
[3] Chas. Steinmetz: ETZ. 1891, S. 62; 1892, S. 43, 55.
[4] Ebeling und Schmidt: ETZ. 1897, S. 276. Wiedem. Ann. Bd. 58, 1896, S. 330.

daß man den Eisenkern aus einer großen Anzahl dünner Bleche zusammenbaut. Dies hat aber seine Grenzen, weil mit größer werdender Anzahl der Bleche der wirksame magnetische Querschnitt immer kleiner wird. Es empfiehlt sich dann mehr, Eisenlegierungen mit hohem elektrischen Leitwiderstand zu wählen, wie wir sie z. B. in den sogenannten legierten Blechen besitzen (Flußstahlsorten mit etwa 0,1 % Kohlenstoff und 2—4 % Silizium). Solche Werkstoffe, die der Änderung der Magnetisierung möglichst sofort und ohne erhebliche Verluste folgen sollen, bezeichnet man als magnetisch weiche Stoffe. Zu ihnen gehören weiches Flußeisen und weicher Stahlformguß einschließ-

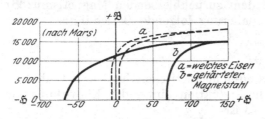

Abb. 227. Magnetisierungskurven für weiches Eisen und gehärteten Stahl.

lich der kohlenstoffarmen Eisenlegierungen mit Siliziumgehalten bis zu 4 %. Diese Werkstoffe weisen mithin bei der Änderung der Magnetisierung einen geringen Betrag der Koerzitivkraft (Strecke OD, Abb. 226) auf, wodurch an und für sich schon eine Verringerung der Hysteresisschleifenfläche F herbeigeführt wird. Im Gegensatz zu diesen Stoffen spricht man von magnetisch harten Stoffen, die der Änderung der in ihnen erzeugten Induktion möglichst großen Widerstand entgegensetzen sollen. Sie sollen mithin nach Aufhören des erregenden Feldes möglichst viel Magnetismus zurückbehalten und besonders auch der Veränderung des zurückbleibenden Magnetismus mit der Zeit (Altern) infolge der Einwirkung äußerer magnetischer Felder, z. B. des Erdfeldes, sowie infolge von Erschütterungen und Temperatureinflüssen, möglichst großen Widerstand entgegensetzen. Diese Anforderungen bedingen neben größerer Remanenz auch einen größeren Betrag der Koerzitivkraft, mithin eine große Fläche innerhalb der Hysteresisschleife. Zu solchen Stoffen gehören die zu Dauermagneten verwendeten verschiedenen Sorten gehärteten Stahls. Zur Erläuterung

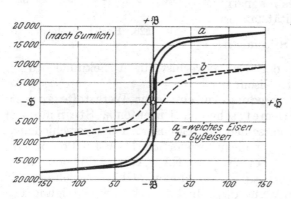

Abb. 228. Magnetisierungskurven für weiches Eisen und Gußeisen.

diene die in Abb. 227 dargestellte Induktionskurve (b) eines gehärteten Magnetstahls[1] im Vergleich zu derjenigen eines weichen Eisens (a). Das Gußeisen nimmt eine mehr oder weniger mittlere Stellung zwischen den magnetisch weichen und harten Stoffen ein, muß jedoch wohl mehr zu den letzteren gezählt werden. Aus Abb. 228 ergibt sich ein Vergleich zwischen dem magnetischen Verhalten von weichem Eisen (a) und einem Gußeisen (b) an Hand der entsprechenden Magnetisierungskurven[2]. Hiernach besitzt Gußeisen einen wesentlich niedrigeren Sättigungswert und eine geringere Remanenz als reines Eisen, dagegen weist es eine größere Koerzitiv-

kraft auf. Natürlich ist die jeweilige chemische Zusammensetzung des Gußeisens (wie auch aller anderen Eisenlegierungen) von entscheidendem Einfluß auf die magnetischen Eigenschaften.

Abhängigkeit der magnetischen Eigenschaften von der Temperatur. Das Eisen zeigt die Eigenschaft, oberhalb eines gewissen Temperaturgebietes seinen ferromagnetischen Zustand zu verlieren, indem es nur noch sehr geringe magnetische Durchlässigkeit aufweist und den Charakter eines paramagnetischen Stoffes animmt. Man nahm bisher an, daß die Möglichkeit das Eisen zu magnetisieren, für kohlenstoffärmere Eisensorten, beim Erhitzen bei dem Punkte Ac_2 (769°: Horizontale LM des

[1]) G. Mars: Magnetstahl und permanenter Magnetismus. Stahleisen 1909, S. 1673, 1769.
[2]) E. Gumlich: Die magnetischen Eigenschaften von Gußeisen. Stahleisen 1913, S. 2133.

Haltepunktschaubildes Abb. 12, S. 64) plötzlich verschwindet, und daß die Magnetisierbarkeit unter dem Einfluß eines äußeren Feldes bei der Abkühlung bei der gleichen Temperatur ($Ar_2 = Ac_2$) ebenso plötzlich wieder auftritt, um bei weiterer Abkühlung noch zuzunehmen. (Für die Eisensorten mit höheren Kohlenstoffgehalten würde der Linienzug MOP (Abb. 12) den Beginn der magnetischen Umwandlung angeben.) Neuere zahlreiche Forschungen lassen es so gut wie bewiesen erscheinen, daß das Verschwinden der ferromagnetischen Eigenschaften beim Erhitzen allmählich eintritt, wenn auch der größte Verlust der Magnetisierbarkeit tatsächlich bei A_2 erfolgt [P. Curie [1]]. Weiter wurde gleichfalls von Curie nachgewiesen, daß die Stärke der Magnetisierbarkeit zwischen 0^0 und A_2 allmählich abnimmt, und zwar um so mehr, je größer die angewandte Feldstärke ist [vgl. Abb. 229 [2]]. Sodann ist die Magnetisierbarkeit oberhalb A_2 sehr gering, jedoch nicht gleich Null, und nimmt zwischen A_2 und A_3 rascher, oberhalb A_3 aber langsamer ab, um bei etwa 1280^0 (wahrscheinlich handelt es sich hier um den Punkt A_4 bei rd. 1400^0) plötzlich wieder anzusteigen und oberhalb dieser Temperatur wieder zu sinken. Zur Erklärung der Verhältnisse oberhalb A_2 ist in dem rechten Teil der Abb. 229 die Fortsetzung der Kurve für die Feldstärke = 1000 CGS. in dem Kurvenstück B in 100facher Vergrößerung des Maßstabes gezeichnet. Weiß

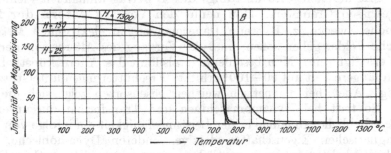

Abb. 229. Magnetisierungsintensität von weichem Flußeisen in Abhängigkeit von der Temperatur für verschiedene Feldstärken (Curie).

und Foëx [3]) zeigten, daß der paramagnetische Zustand lediglich innerhalb des γ-Gebietes des Eisens besteht; sie nehmen an, daß das β-Eisen unter der Einwirkung eines äußeren Feldes eine schwache und erzwungene Magnetisierung zeige, während das α-Eisen eine spontane Art des Ferromagnetismus besitze.

Während bei den kohlenstoffärmeren Eisenlegierungen die magnetische Umwandlungstemperatur beim Erhitzen und bei der Abkühlung die gleiche Höhe hat, besteht bei manchen Legierungen eine Temperaturhysteresis, indem die Umwandlungstemperatur bei der Erhitzung höher als bei der Abkühlung liegt. Hopkinson [4]) untersuchte eine Eisen-Nickel-Legierung mit $0,22^0/_0$ C und $4,7^0/_0$ Ni und fand bei der Magnetisierung, bei der unveränderlichen Feldstärke von $\mathfrak{H} = 0,12$ CGS, daß der Magnetismus bei 800^0 verschwand und bei der Abkühlung erst bei $600—650^0$ wieder auftrat. Bei noch höheren Nickelgehalten nimmt (bis zu $30^0/_0$ Nickel) die Hysteresis weiter zu [Ruer und Schüz [5]]. So liegt bei einem $20^0/_0$igen Nickelstahl der Punkt Ac_2 bei 580^0, während Ar_2 bei 100^0 sich befindet. Kühlt man daher einen solchen Stahl oberhalb Ac_2 langsam bis auf Zimmertemperatur ab, so bleibt derselbe zunächst unmagnetisch und erlangt erst bei 100^0 seinen Magnetismus wieder. Anderseits werden bei der Erhitzung die magnetischen Eigenschaften erst bei 580^0 verschwinden. Man kann mithin eine derartige Legierung innerhalb des Hysteresisgebietes sowohl in unmagnetischem als auch magnetischem Zustand erhalten (irreversible Legierungen). Oberhalb $30^0/_0$ Nickel tritt wieder der reversible Zustand

[1]) P. Curie: Thèse, Gauthier-Villers, Paris 1895.
[2]) Nach P. Oberhoffer: Das schmiedbare Eisen. S. 6, Fig. 3.
[3]) Weiß und Foëx: Phys. Z. Bd. 12, 1911, S. 935.
[4]) Hopkinson: Magnetic properties of alloys of nickel and iron. Proc. Roy. Soc. Bd. 47, 1890, S. 23; Bd. 48, S. 1.
[5]) Metallurgie 1910, S. 415.

ein, indem die magnetische Umwandlungstemperatur beim Erhitzen und Abkühlen dieselbe ist ($Ac_2 = Ar_2$). Eine Temperaturhysteresis zeigt sich in noch stärkerem Maße bei Eisenmanganlegierungen. So beträgt für einen Manganstahl mit rd. 12% Mangan die Hysteresis fast 700^0, wobei Ar_2 bei -8^0 liegt (Gumlich). Gleichzeitig nimmt mit höheren Mangangehalten die Magnetisierbarkeit ab. So erwiesen sich Legierungen mit $14-15\%$ Mangan bei jeder Temperatur als unmagnetisch.

Bei der Erhitzung auf höhere Temperaturen, die jedoch unterhalb der magnetischen Umwandlungstemperatur liegen, setzt das Eisen der Magnetisierung geringeren Widerstand entgegen, so daß der Energieverlust durch Hysteresis kleiner wird und die unter Einwirkung des magnetischen Feldes erzeugte Induktion zunimmt[1]. Der hierbei verminderte magnetische Widerstand wird in der Hauptsache auf die infolge der Erwärmung verringerte innere Reibung der Moleküle des zu magnetisierenden Stoffes zurückgeführt. Umgekehrt wird bei den Dauermagneten (gehärteten Kohlenstoffstählen und Magnetsonderstählen) der hohe Betrag des zurückbleibenden Magnetismus und der Koerzitivkraft künstlich dadurch erzielt, daß infolge der Abschreckung die innere Reibung der Moleküle erhöht wird. Es genügt dann nach Aufhören der magnetisierenden Kraft der Widerstand der inneren Reibung, um einen großen Teil des induzierten Magnetismus festzuhalten. Mit der Zeit wird allerdings dieser Betrag allmählich kleiner und nähert sich einem gewissen Grenzwert. Man nennt den Vorgang Altern der Magnete.

Für manche Zwecke, z. B. wenn Dauermagnete in elektrischen Meßinstrumenten unveränderliche Felder geben sollen, muß der Vorgang des Alterns vor der Verwendung der Magnete erledigt sein. Man beschleunigt alsdann das Altern künstlich, indem man den Magneten längere Zeit auf $90-100^0$ erhitzt. Erschütterungen unterstützen die künstliche Alterung. Auch bei magnetisch weichen Eisensorten zeigt sich die Erscheinung des Alterns. So tritt bei Dynamomaschinen und Transformatoren unter Umständen eine dauernde erhebliche Abnahme in der Leistungsfähigkeit ein infolge von Verschlechterung der magnetischen Eigenschaften der verwendeten Dynamobleche, während der Verlust durch Wirbelströme im wesentlichen ungeändert bleibt. Gumlich[2] konnte feststellen, daß ein mehrmonatiges Lagern von Dynamoblechen ein Anwachsen der Koerzitivkraft und meist auch des Hysteresisverlustes bewirkte, während Remanenz und Höchstpermeabilität abnehmen. Diese Änderung wird noch unterstützt und beschleunigt durch dauernde Erwärmung des Werkstoffs bei mäßigen Temperaturen, wie sie sich bei den Dynamomaschinen und Transformatoren im Gebrauch von selbst ergibt, sowie durch Erschütterungen.

Einfluß der Vorbehandlung auf die magnetischen Eigenschaften. Mechanische Einflüsse, die mit einer Änderung des molekularen Gefüges verbunden sind, können die magnetischen Eigenschaften weitgehend verändern. Durch Kaltbearbeitung, z. B. Hämmern, Walzen oder Ausziehen zu Draht, kurz durch jede Beanspruchung über die Elastizitätsgrenze hinaus, wird weiches kohlenstoffarmes Eisen nicht nur spröde, sondern auch magnetisch härter. Ewing[3] hat nachgewiesen, daß hierbei die magnetische Durchlässigkeit geringer wird, während die Koerzitivkraft, besonders bei niedrigen Feldstärken, wächst. Während die mechanische Wirkung der Kaltbearbeitung durch Glühen bei etwa 900^0 und darauf folgende langsame Abkühlung unter Rückbildung des normalen feinkörnigen Gefüges beseitigt werden kann, ist hiermit nicht immer gleichzeitig auch eine weitgehende magnetische Verbesserung des Eisens verbunden. In der Regel muß man vielmehr zur Erzielung der günstigsten magnetischen Eigenschaften wiederholt glühen bei Temperaturen, die je nach Beschaffenheit des Werkstoffs jeweils durch besondere Versuche genau festzustellen sind, im allgemeinen aber zwischen $800-900^0$ liegen. Jede zu lange Dauer des Glühens, wie auch jedes zu hohe Erhitzen muß dabei vermieden werden, schon mit Rücksicht darauf, daß das Ferritkorn zu sehr vergröbert wird. Gumlich nimmt an, daß die magnetische Verbesserung durch Ausglühen nicht allein auf die

[1] Morris: Phil. Mag. Bd. 44, 1897, S. 213.
[2] E. Gumlich: Stahleisen 1919, S. 800.
[3] Ewing: Magnetische Induktion im Eisen und verwandten Metallen. S. 82.

Änderung des molekularen Gefüges, sondern auch auf die beim Erhitzen vor sich gehende Verringerung des Gehaltes an Wasserstoff und Stickstoff zurückzuführen sei, die beide das Eisen magnetisch härter machen. [Hierbei sei auch an die Wasserstoffaufnahme erinnert, welche die betr. Walzwerkserzeugnisse vor dem Ausglühen durch Beizen mit Säure erfahren.] Nur in dem Grade, wie durch das Ausglühen die Entgasung vor sich gehen kann, findet eine magnetische Verbesserung des Eisens statt. Jedes weitere Glühen muß nach beendigter Entgasung bald verschlechternd wirken, da dadurch das Gefüge ungünstig beeinflußt wird. Der Zeitpunkt, wo die letztere Wirkung sich zeigt, wird um so eher auftreten, je dünner der Querschnitt und je größer die Oberfläche des Glühgutes ist. Daher brauchen Bleche weniger lange und oft geglüht zu werden als Stäbe. Die günstige Wirkung des Glühens in der Luftleere erklärt sich aus der dadurch bedingten leichteren Entgasung. Die sehr eingehenden Gumlichschen Untersuchungen vermögen noch keine erschöpfende Antwort auf die viel umstrittene Frage nach der jeweils zweckmäßigsten Dauer und Temperatur des Glühens, wie nach der Art des Abkühlens durch die verschiedenen Temperaturgebiete zu geben. Man kann zu der Annahme berechtigt sein, daß die mannigfaltigen Wirkungen, die sich je nach Art des Glühens und der Abkühlung auf die mechanischen Eigenschaften des kohlenstoffarmen Eisens einstellen, in gewissen Beziehungen zu Wirkungen magnetischer Art stehen; die Zusammenhänge zwischen beiden bedürfen noch eingehender Erforschung.

Auch beim Gußeisen vermag, wie weiter unten ausgeführt werden soll, das Glühen eine erhebliche Verbesserung der magnetischen Eigenschaften zu bewirken.

Abschrecken von Temperaturen oberhalb der magnetischen Umwandlungstemperatur erhöht die magnetische Härte erheblich. So konnte Gumlich bei einem Stahl von folgender Zusammensetzung $0,99\%$ C, $0,10\%$ Si, $0,40\%$ Mn, $0,04\%$ P, $0,07\%$ S die nachfolgenden Werte finden:

	$\mathfrak{B}r$	$\mathfrak{H}c$	μ_{max}	$\eta \cdot 10^4$	$\mathfrak{B}$ für $\mathfrak{H} = 100$	$\mathfrak{J}$ für $\mathfrak{H} = 100$	$\mathfrak{J}o$
Nicht abgeschreckt	13 000	16,7	375	150	15 800	1250	1577
Abgeschreckt in Wasser bei							
heller Rotglut	7 460	52,4	110	337	9 820	775	1420

$\mathfrak{J}o$ bedeutet die Stärke der Magnetisierung nach erfolgter Sättigung.

Es wird also die magnetische Durchlässigkeit ganz erheblich verringert, der Hysteresisverlust und die Koerzitivkraft gesteigert. Der Einfluß des Abschreckens auf Remanenz und Koerzitivkraft bei verschiedenen Kohlenstoffgehalten wird nach Gumlich dahin erklärt, daß die Remanenz im allgemeinen bis zu $0,5\%$ Kohlenstoff etwas ansteigt und von da ab ungefähr umgekehrt proportional dem Gehalt an gelöstem Kohlenstoff sinkt, während die Koerzitivkraft mit dem Gehalt an gelöstem Kohlenstoff zunimmt, und zwar erfolgt das Wachsen der Koerzitivkraft mit der Härtungstemperatur viel stärker bei niedrigem als bei hohem Kohlenstoffgehalt. Es ist daher bei der Wahl von Dauermagneten, wenigstens bei den reinen Kohlenstofflegierungen, nicht nur der jeweilige Gehalt an Kohlenstoff, sondern auch die Höhe der zweckmäßigsten Härtetemperatur von Bedeutung. Im allgemeinen wird man die letztere nicht unter 800^0 und nicht über 950^0 wählen, eher etwas tiefer als zu hoch. In der Regel wird man für Dauermagnete diejenigen Werkstoffe bevorzugen, bei welchen gleichzeitig Remanenz und Koerzitivkraft möglichst groß sind. In dieser Hinsicht übertreffen die Wolfram- und Chromstähle die Kohlenstoffstähle erheblich; allerdings ist auch bei ersteren die Wahl der richtigen Härtetemperatur für die Erzielung des Höchstwertes an zurückbleibendem Magnetismus ausschlaggebend.

Bei einem von Mars [1] untersuchten Magnetsonderstahl von folgender Zusammensetzung: $0,57\%$ C, $5,47\%$ W, $0,18\%$ Si, $0,26\%$ Mn, $0,018\%$ P, $0,016\%$ S ergab sich, daß, sobald die Abschreckung oberhalb 740^0, d. h. oberhalb der magnetischen Umwandlungstemperatur dieses Stahls, erfolgte, der Betrag an zurückbleibendem Magnetismus von 30 auf 80 Vergleichseinheiten (Skaleneinheiten des Magnetometers) stieg. Die stärkste Erhöhung des zurückbleibenden Magnetismus ergab sich bei einer Abschreckung von 950^0; mit höherer Abschrecktemperatur nahm derselbe allmählich wieder ab.

---

[1] G. Mars: Magnetstahl und permanenter Magnetismus. Stahleisen 1909, S. 1673, 1769.

Auf die Größe des zurückbleibenden Magnetismus ist nicht nur die Höhe der Abschrecktemperatur, sondern auch die Zeitdauer der Erhitzung von Einfluß. Jedes längere Erhitzen bei hohen Temperaturen bewirkt Überhitzen bei Ausbildung eines gröberen Korns. Diese Wirkung, die sich bei höheren Temperaturen noch stärker als bei niedrigeren zeigt, tritt auch nach dem Abschrecken deutlich in die Erscheinung und hat nicht nur eine Verminderung der Kugeldruckhärte, sondern auch des Betrages an bleibendem Magnetismus zur Folge. Bei obigem Wolframstahl zeigte sich diese Wirkung schon, als man den Stahl bei 950° 10 Minuten lang erhitzte. Die erhebliche Steigerung des zurückbleibenden Magnetismus und der Koerzitivkraft durch geeignete Abschreckung machen es erklärlich, weshalb für Dauermagnete ausschließlich gehärtete Stähle verwandt werden, und zwar Kohlenstoffstähle oder aber zur weiteren Steigerung des zurückbleibenden Magnetismus Sonderstähle mit Zusätzen von vorzugsweise Chrom, Wolfram oder beiden zugleich. Für die Brauchbarkeit eines Magneten ist nicht nur der Betrag an zurückbleibendem Magnetismus unmittelbar nach der Magnetisierung von Bedeutung, sondern auch der Umstand, ob und in welchem Grade jener zurückbleibende Magnetismus längere Zeit nach der Magnetisierung unveränderlich bleibt. Gumlich[1]) untersuchte für abgeschreckte Kohlenstoffstähle die Abhängigkeit des magnetischen Moments (vgl. S. 374) von Erschütterungen und Erwärmungen und fand, daß bei derselben Härtetemperatur mit zunehmendem Kohlenstoffgehalt der Einfluß der Erschütterungen auf das magnetische Moment von Dauermagneten erheblich abnimmt, während der Einfluß der Erwärmungen zunimmt. Die Höhe der Härtungstemperatur spielt keine ausschlaggebende Rolle, doch ist im allgemeinen eine niedrige günstiger. Derjenige Stahl ist für Dauermagnete am geeignetsten, der bei höchstem Betrag an zurückbleibendem Magnetismus diesen bei geringstem Verlust auf die Dauer festhält.

Magnetische Eigenschaften von Gußeisen und Stahlformguß. Nach Untersuchungen von Nathusius[2]) und Reusch[3]) ergibt sich, daß ein höherer Gehalt an Kohlenstoff und Mangan die magnetischen Eigenschaften des Gußeisens verschlechtert, während ein größerer Gehalt an Silizium verbessernd wirkt. Phosphor und Schwefel dürften erst in größeren Mengen als den sonst üblichen schädlich wirken, indem sie das Eisen magnetisch härter machen. Von einschneidender Bedeutung ist die Wirkung des Anteils an gebundenem Kohlenstoff, indem dieser die magnetische Härte des Gußeisens erhöht, derart, daß der Hysteresisverlust und die Koerzitivkraft vergrößert und die magnetische Durchlässigkeit vermindert wird. Nach Benedicks[4]) steigt in Eisen-Kohlenstofflegierungen die Koerzitivkraft bis etwa 0.5% C ziemlich erheblich und von da an schwächer bis zu einem Höchstbetrag bei 1.2% C. Gumlich nimmt an, daß 1% Kohlenstoff in Perlit- bzw. Zementitform den Sättigungswert des Eisens um rd. 7% erniedrigt, während der im Eisen gelöste Kohlenstoff im Austenit-Martensit (im gehärteten Stahl) den Sättigungswert sogar um 15% je 1% vermindert und die Koerzitivkraft erheblich vermehrt. Im Gußeisen mittlerer Zusammensetzung bewegt sich der Gehalt an gebundenem Kohlenstoff in der Regel zwischen $0.4-0.9\%$. Er ist um so geringer, je größer bei gegebenem Gesamtkohlenstoffgehalt der Graphitanteil ist; letzterer kann durch geeignetes Glühen in Form von Temperkohle weiter gesteigert werden. Die Vermehrung des graphitischen Kohlenstoffanteils ist um so vorteilhafter, als dieser in magnetischer Beziehung weniger ungünstig wirkt bzw. fast unschädlich ist. Allerdings wirken Graphit und Temperkohle, wie übrigens auch Perlit und Zementit, raumverdrängend im Eisen, d. h. in einem Körper von gegebenem Querschnitt wird der wirksame Eisenquerschnitt verringert, woraus sich dann auch die weitere Verminderung des Sättigungswertes des Gußeisens gegenüber reinem Eisen erklärt. Immerhin besteht doch ein Unterschied zwischen den graphitischen und karbidischen Kohlenstoffarten hinsichtlich ihrer magnetischen Wirkung, insofern als erstere lediglich raumverdrängend wirken, sonst aber

[1]) E. Gumlich: Stahleisen 1919, S. 844.
[2]) H. Nathusius: Magnetische Eigenschaften des Gußeisens. Stahleisen 1905, S. 99, 164, 290.
[3]) P. Reusch: Magnetische Induktion des Gußeisens. Stahleisen 1902, S. 1196.
[4]) C. Benedicks: Recherches physico-chimiques sur l'acier au carbone. Upsala 1904; auszugsw. Stahleisen 1905, S. 801.

höchstens passiv sich verhalten, wohingegen die Karbide (einschließlich der nichteisenhaltigen) nach beiden Richtungen ungünstigen Einfluß ausüben, sowohl raumverdrängend (Perlit, Zementit) als auch überhaupt wegen ihres gebundenen, bzw. nach erfolgter Abschreckung, gelösten Zustandes. Da die Kohlenstoff-Eisenlegierungen des Gußeisens neben Graphit noch Ferrit und Perlit enthalten, wird ein magnetisch brauchbares Gußeisen daher einen geringen Gesamtkohlenstoffgehalt bei hohem Anteil an Graphit bzw. Temperkohle besitzen müssen. Hierbei wird besonderer Wert noch auf möglichst feinkörnige Ausbildungsform und gleichmäßige Verteilung des Graphits zu legen sein. Der oben erwähnte günstige magnetische Einfluß des Siliziums ist in der Hauptsache ein mittelbarer, insofern als das Silizium die Graphitabscheidung befördert und die Aufnahmefähigkeit des Eisens für Kohlenstoff verringert. Unmittelbar wirkt ein größerer Siliziumgehalt auf Verringerung des Hysteresisverlustes und auf Vergrößerung der magnetischen Durchlässigkeit, wenigstens für kleine Feldstärken, während der Sättigungswert des Eisens mit steigendem Siliziumgehalt abnimmt, was offenbar bei großen Feldstärken deutlich zum Vorschein kommt. Entgegengesetzt dem Silizium wirkt ein größerer Mangangehalt außerordentlich ungünstig, indem Mangan bei Gehalten von mehr als 0,5% die Koerzitivkraft vergrößert und die Induktion erheblich verringert. Mangan wirkt sowohl unmittelbar durch seine Karbidbildung, als auch mittelbar, indem es die Graphitbildung beeinträchtigt.

Nathusius hat eine größere Reihe von verschiedenen Gußeisensorten in bezug auf ihr magnetisches Verhalten untersucht [1]. Das beste von ihm hergestellte Gußeisen hatte keinen gebundenen Kohlenstoff, dagegen 1,69% Graphit bei 6,2% Si, 0,4% Mn, 0,1% P; es besaß eine Koerzitivkraft von nur 1,7, eine Höchstpermeabilität von 2100, Eigenschaften, die diejenigen eines gewöhnlichen ungeglühten Gußeisens (Koerzitivkraft von rund 8—12 und Höchstpermeabilität von rund 250—300) weit übertreffen und denjenigen eines mittleren Stahlformgusses nahekommen. Dies gilt aber nur für geringe Feldstärken, während für hohe Feldstärken Stahlguß immer als der überlegenere Werkstoff gelten wird, denn jenes Gußeisen hatte bei einer Feldstärke von $\mathfrak{H} = 165$ eine Induktion von $\mathfrak{B} = 13790$ gegenüber rund 19 000 bei gutem Stahlguß. Der Grund liegt in dem größeren Gehalt an Fremdkörpern im Gußeisen bzw. in der durch ihn bedingten erheblicheren Verringerung des Eisenvolumens. Gumlich empfiehlt für die Herstellung eines magnetisch wertvollen Gußeisens für Dynamogestelle u. dgl. möglichste Verringerung des Kohlenstoff- und Mangehaltes und nur so viel Silizium, als für die Ausscheidung von Graphit erforderlich ist. Gußstücke sind am besten hinterher zu glühen und sehr langsam abzukühlen, wobei man gegebenenfalls ähnlich wie beim Weichglühen auf die Erzielung eines vorwiegend ferritisch-graphitischen Gefüges hinarbeiten würde.

Abb. 230 enthält die Magnetisierungskurven einiger Gußeisensorten (Nr. III, IV, V und VI) im Vergleich mit denjenigen von reinem Eisen (Nr. I) und einer Stahlformgußprobe (Nr. II). Die Zusammensetzung der Proben geht aus der Zahlentafel 142 hervor.

Zahlentafel 142.

Zusammensetzung der Proben von Abb. 230.

	I. %	II. %	III. %	IV. %	V. %	VI. %
Gesamtkohlenstoff . .	Spuren	0,17	1,691	2,66	3,60	3,444
Graphit	—	—	1,691	2,11	3,18	2,659
Silizium	Spuren	0,15	6,23	0,96	1,99	2,451
Mangan	0,1	0,39	0,381	0,57	2,88	5,407
Phosphor	—	0,089	0,109	0,41	0,25	0,161
Schwefel	0,013	0,02	0,022	0,12	0,123	0,016

Werkstoff I (fast reines Eisen), II (Stahlguß) nach E. Schmidt: Die magnetische Untersuchung des Eisens und verwandter Metalle S. 95.
Werkstoff III und VI Gußeisen nach H. Nathusius, Stahleisen 1905, S. 99, 164, 290.
Werkstoff IV und V Gußeisen nach P. Reusch: Stahleisen 1902, S. 1196.

---

[1] a. a. O.

Kurve III ist die beste und VI eine der schlechtesten der von Nathusius untersuchten Proben, Kurve IV die beste und V die schlechteste der von Reusch untersuchten Proben. Ein Vergleich der beiden Gußeisenkurven III und IV zeigt deutlich den ungünstigen Einfluß des Kohlenstoffs, außerdem den günstigen Einfluß des Siliziums bei dem niedrigen Kohlenstoffgehalte der Probe III. Ein Vergleich der Kurven V und VI — zwei Proben mit annähernd gleichem Kohlenstoffgehalt — beweist die ungünstige Einwirkung des Mangans (Probe VI) auf die magnetischen Eigenschaften des Gußeisens. Neben der chemischen Zusammensetzung ist auch die durch mechanische und thermische Behandlung bedingte physikalische Beschaffenheit von Bedeutung. Zu der magnetischen Vorbehandlung des Gußeisens hat Nathusius festgestellt, daß einmaliges Glühen (während 24 Stunden) bei 900⁰ und bei möglichst langsamer Abkühlung die besten magnetischen Kurven gibt. Die langsame Abkühlung hierbei ist besonders wichtig. Nach dem Glühen ist die Energievergeudung durch Hysteresis und die Koerzitivkraft geringer, die Permeabilität dagegen größer. Öftere Wiederholung des Glühens führte zu keiner weiteren Verbesserung, sondern eher zu einer Verschlechterung der magnetischen Eigenschaften des Gußeisens. Das Abschrecken des hellrot glühenden Eisens in Öl verursachte eine Verschlechterung der magnetischen Induktion um etwa 50 %/₀ und eine Vergrößerung der Hysteresisfläche um das Dreifache. Das Hämmern der Proben und längere Schleudern in der Kugelmühle ergab eine Verschlechterung der magnetischen Eigenschaften. Bei den untersuchten Gußeisenproben scheinen alle Einwirkungen der thermischen Behandlung stärker, die der mechanischen Behandlung bedeutend schwächer zu sein als bei Schmiedeisen und Stahl.

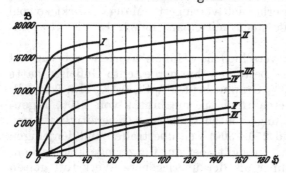

Abb. 230. Verschiedene Magnetisierungskurven.

Wenn es dem Gußeisen auch nicht gelingen wird, den Stahlguß beim Bau von Magnetgehäusen zu verdrängen, so erscheint es doch nicht ausgeschlossen, daß sich ein magnetisch gutes Gußeisen allmählich ein größeres Feld auf diesem Gebiete erobern wird. Die Verwendung des Gußeisens ermöglicht wegen seines niedrigeren Preises und seiner leichteren Bearbeitbarkeit gegenüber dem Stahlguß die Herstellung billiger Magnetgehäuse, allerdings werden wegen der geringen magnetischen Induktion der bisher benutzten Eisensorten die Querschnitte und damit auch das Gewicht erheblich größer als bei einer gleich stark beanspruchten Maschine mit Stahlgußgehäuse.

Während wir im Gußeisen immerhin mit 6—7 %/₀ Verunreinigungen rechnen müssen, haben wir im Stahlformguß einen Werkstoff, der in seiner Reinheit an Fremdkörpern dem reinen Eisen ziemlich nahe gebracht werden kann. Immerhin hat auch ein ziemlich weicher Stahlformguß eine nicht unerheblich schlechtere Magnetisierbarkeit gegenüber reinem Eisen [vgl. Kurven II [1]) und I [2]) Abb. 230]. Besonders verschlechtern wieder Kohlenstoff und Mangan die magnetischen Eigenschaften. Silizium bleibt in der Regel noch in mäßigen Grenzen und ist auch aus metallurgischen Gründen bei den weichen Proben nicht unter 0,2—0,3 %/₀ zu erniedrigen. Größere Gehalte an Silizium im Stahlformguß drücken die Permeabilität herunter. Die Gehalte an Phosphor und Schwefel sind in der Regel so niedrig, daß sie für die magnetischen Eigenschaften nicht in Betracht kommen. Durch Zusatz von Aluminium wird Stahlformguß weicher und reiner an Oxyden, so daß dadurch die magnetischen Eigenschaften verbessert werden.

Während einerseits geringe Kohlenstoff- und Mangangehalte zur Erzielung guter magnetischer Eigenschaften gefordert werden müssen, sind andererseits gewisse Mengen an beiden durchaus notwendig zur Verbesserung der Festigkeitseigenschaften. So stehen daher die magnetischen Eigenschaften in einem gewissen Gegensatz zu den

[1]) M. Parshall: Magnetica data of iron and steel. Proc. Am. Soc. Civ. Engs. 1896, S. 126.
[2]) Nach Lydall and Pocklington: Magnetic properties of pure iron. Proceedings of the Royal Society of London 1892, S. 228.

Festigkeitseigenschaften. Wird eine hohe Zerreißfestigkeit gefordert, wie z. B. für Rotoren bei Turbogeneratoren und Hochfrequenzmaschinen, so muß man in erster Linie Wert auf Festigkeit legen und darf keine hohen magnetischen Eigenschaften erwarten. Handelt es sich dagegen um Polgehäuse für Gleichstrommaschinen, so können die Ansprüche an die Festigkeit des Werkstoffs geringer gestellt werden, dafür wird man aber beste Magnetisierbarkeit verlangen.

Der Stahlformguß bietet nun gegenüber dem Gußeisen den besonderen Vorzug, daß man durch Glühen bei nicht zu niedrigen Temperaturen und nachheriges langsames Erkalten nicht nur die magnetischen Eigenschaften, sondern auch die Festigkeitseigenschaften erheblich verbessern kann.

Für die im Elektromaschinenbau verwendeten Konstruktionsteile kommen nach den Festigkeitsanforderungen hauptsächlich zwei Arten von Formguß in Betracht: 1. Guß von geringer Festigkeit 35—38 kg/qmm und besten magnetischen Eigenschaften, die dem weichen Schmiedeisen nahekommen und 2. Guß von mittlerer Festigkeit von 45—50 kg/qmm. Höhere Festigkeiten bis 60 kg/qmm kommen selten vor. Bei dem ersteren Werkstoff kann man von den magnetischen Eigenschaften verlangen, daß die Magnetisierungskurve

$$\text{für} \quad 5 \text{ AW/cm}[1]) \text{ eine Induktion } \mathfrak{B} = 10\,000[2])$$
$$\text{,, } 25 \text{ ,, ,, ,, } \qquad \text{,, } \mathfrak{B} = 15\,000$$
$$\text{,, } 50 \text{ ,, ,, ,, } \qquad \text{,, } \mathfrak{B} = 16\,600$$

aufweist.

Bei dem härteren Werkstoff kann man etwa folgende Magnetisierungsziffern verlangen:

$$\text{für} \quad 5 \text{ AW/cm eine Induktion } \mathfrak{B} = 9\,000$$
$$\text{,, } 25 \text{ ,, ,, ,, } \qquad \text{,, } \mathfrak{B} = 13\,000$$
$$\text{,, } 50 \text{ ,, ,, ,, } \qquad \text{,, } \mathfrak{B} = 15\,000$$

Die entsprechenden Werte bei dem besten von Nathusius hergestellten Gußeisen waren dagegen:

$$\text{für} \quad 5 \text{ AW/cm } \mathfrak{B} = 5\,000$$
$$\text{,, } 25 \text{ ,, ,, } \mathfrak{B} = 10\,000$$
$$\text{,, } 50 \text{ ,, ,, } \mathfrak{B} = 11\,000$$
$$\text{,, } 100 \text{ ,, ,, } \mathfrak{B} = 12\,000$$

Es handelt sich allerdings um ein ganz außergewöhnliches Gußeisen (6,23% Silizium), dessen Herstellung wohl im allgemeinen zu kostspielig sein würde. Der hohe Siliziumgehalt dürfte auch nicht unbedingt erforderlich sein, da man in der Regel nicht auf Hysteresisverluste Rücksicht zu nehmen braucht. Goltze[3]) berichtet über ein magnetisch gutes Gußeisen, dessen Zusammensetzung 0,24% gebundener Kohlenstoff, 3,19% Graphit, 2,83% Si, 0,41% Mn, 0,74% P und 0,05 S war. Seine magnetischen Eigenschaften waren

$$\text{bei} \quad 5 \text{ AW/qcm Induktion } \mathfrak{B} = 4\,400$$
$$\text{,, } 25 \text{ ,, ,, ,, } \qquad \text{,, } \mathfrak{B} = 7\,100$$
$$\text{,, } 50 \text{ ,, ,, ,, } \qquad \text{,, } \mathfrak{B} = 8\,400$$
$$\text{,, } 100 \text{ ,, ,, ,, } \qquad \text{,, } \mathfrak{B} = 10\,200$$

Für die Herstellung von Dynamoblechen[4]) wird ein Werkstoff verlangt, der in seinen magnetischen Eigenschaften noch etwas weicher als der oben erwähnte Stahlformguß von geringer Festigkeit ist. Da der aus 0,3 oder 0,5 mm dünnen Blechscheiben bestehende Anker einer Dynamomaschine bei jeder Umdrehung ein oder mehrere Male seinen Magnetismus ändert, so müssen seine Molekularmagnete ebenso oft eine Richtungsänderung vornehmen. Je leichter die Molekularmagnete dieser Richtungsänderung folgen, je geringer also die innere magnetische Reibung (Hysteresis) ist, desto besser ist der Werkstoff für diesen Zweck geeignet. Ganz weiches Schmiedeisen mit nur Spuren von Kohlenstoff, das sich sehr leicht magnetisieren läßt und auch seinen Magnetismus schnell genug

---

[1]) Amperewindungen je cm Kraftlinienweg.
[2]) R. Schäfer: Der Stahlguß als Werkstoff. Gieß.-Zg. 1922, S. 463, 475.
[3]) Gieß-Zg. 1913, S. 1, 39, 71.
[4]) Über die Normalien für die Prüfung von Eisenblech. Stahleisen 1901, S. 1070.

wieder verliert, wurde bisher fast ausschließlich zur Herstellung von Dynamoblechen verwendet. Noch günstigere Eigenschaften zeigt ein Siliziumstahl mit bis etwa 0,10% C und 1,5—4,0% Si. Wie Hadfield, Barret und Brown [1]) festgestellt haben, ist ein höherer Siliziumgehalt von 1,5—4% geeignet, den elektrischen Leitwiderstand erheblich zu erhöhen und damit die Wirbelstromverluste zu vermindern, ohne daß die Energievergeudung durch Hysteresis vermehrt wird. Man verwendet die siliziumhaltigen (2 bis 4%) legierten Bleche in der Regel für Transformatorkerne, während die 1,5—2% Silizium haltigen (halblegierten) Bleche des geringeren Gestehungspreises wegen für Dynamoanker Verwendung finden. Nach Burgess und Aston [2]) nimmt der Leitwiderstand fast proportional mit dem Siliziumgehalt zu.

Außer der chemischen Zusammensetzung ist bei den verschiedenen Eisensorten auch die Herstellungsart für die magnetischen Eigenschaften von Bedeutung. Ebenso wie ein Eisen- oder Stahlblock an verschiedenen Stellen oft infolge von Seigerung verschiedene chemische Zusammensetzung zeigt, so läßt sich auch eine Ungleichmäßigkeit der magnetischen Eigenschaften nachweisen. Ebeling und Schmidt [3]) haben umfangreiche Untersuchungen über diese magnetische Ungleichmäßigkeit angestellt und kommen zu dem Schluß, daß gleichmäßiges Ausglühen und darauffolgende langsame Abkühlung wohl von Vorteil sind, daß es aber bisher trotzdem noch nicht gelungen ist, einen jeden Werkstoff durch Ausglühen vollständig magnetisch homogen zu machen.

Literatur.

Einzelne Werke.

Ledebur, A.: Handbuch der Eisen- und Stahlgießerei. 3. Aufl. Leipzig 1901.
— Das Roheisen. 5. Aufl. Neubearbeitet von Fr. Zeyringer. Leipzig 1924.
— Lehrbuch der mechanisch-metallurgischen Technologie. 3. Aufl. Braunschweig 1905.
— Handbuch der Eisenhüttenkunde. 5. Aufl. Leipzig 1906.
Heyn, E. und O. Bauer: Metallographie (Sammlung Göschen). 2. Aufl. Leipzig-Berlin 1920.
Keep, W.: Cast Iron. London, Chapman and Hall 1906.
Hütte: Taschenbuch für Eisenhüttenleute. 3. Aufl. Berlin 1923.
Oberhoffer, P.: Das schmiedbare Eisen. Berlin 1920.
Goerens, P.: Einführung in die Metallographie. 3. u. 4. Aufl. Halle 1922.
Martens-Heyn: Handbuch der Materialienkunde für den Maschinenbau. Bd. II A. Berlin 1912.
Osann, B.: Lehrbuch der Eisen- und Stahlgießerei. 5. Aufl. Leipzig 1922.
— Lehrbuch der Eisenhüttenkunde. Bd. 1 u. 2, 1915/21. Leipzig.
Bauer, O. und E. Deiß: Probenahme und Analyse von Eisen und Stahl. 2. Aufl. Berlin 1922.

Abhandlungen.

Schmelz- und Gießtemperatur. Dünnflüssigkeit.

Oberhoffer, P. und H. Stein: Einfluß der Gießtemperatur auf die Eigenschaften von grauem Gußeisen. Gieß. 1923, S. 423, 431; auszügl. Stahleisen 1923, S. 1502.
Arpi, R.: Experimentelle Bestimmungen der Viskosität und Dichte einiger geschmolzener Metalle und Legierungen. Int. Z. Metallographie Bd. 5, 1914, S. 142.
Plüß, M.: Zur Kenntnis der Viskosität und Dichte geschmolzener Metalle und Legierungen. Z. anorg. u. org. Chemie Bd. 93, 1915, S. 1.
Oberhoffer, P. und A. Wimmer: Über den Einfluß der Temperatur und der chemischen Zusammensetzung auf die Viskosität des Eisens. Stahlwerksausschußbericht Nr. 85.

Seigerungserscheinungen.

Platz, B.: Über Seigerungserscheinungen beim weißen Roheisen. Stahleisen 1886, S. 244.
Wüst, F.: Kuppelofen mit Vorherd oder ohne Vorherd. Stahleisen 1903, S. 1077.
Leyde, O.: Angewandte Chemie im Gießereibetriebe. Stahleisen 1904, S. 801, 879.
Messerschmitt, A.: Guß von oben, Guß von unten! Stahleisen 1905, S. 476.
— Über die Schwefelverteilung in Gußstücken und deren Einfluß auf den Werkzeugmaschinenbau. Stahleisen 1905, S. 895.
Adämmer, H.: Über Entmischungen von Gußeisen. Stahleisen 1910, S. 898.

---

[1]) Hadfield, Barret and Brown: On the electrical conductivity and the magnetic permeability of various alloys of iron. Sc. Trans. Roy. Dublin Soc. 1900, Bd. 7.
[2]) Burgess and Aston: The magnetic and electrical properties of iron-silicon-alloys. Met. Chem. Eng. Bd. 8. 1910. S. 131.
[3]) A. Ebeling und Erich Schmidt: Über magnetische Ungleichmäßigkeit und das Ausglühen von Eisen und Stahl. Z. Instrumentenk. 1896, S. 77 und Wiedemanns Annalen 1896, S. 330.

Heyn, E.: Einiges aus der metallographischen Praxis. Stahleisen 1906, S. 8.
— Über die Nutzanwendung der Metallographie in der Eisenindustrie. Stahleisen 1906, S. 580.
— Metallographische Untersuchungen für das Gießereiwesen. Stahleisen 1906, S. 1295, 1386.
Heyn, E. und O. Bauer: Beitrag zur Frage der Seigerungen in Flußeisen. Stahleisen 1912, S. 402.
Howe, M.: Lunkern und Seigern in Flußeisenstücken. Stahleisen 1906, S. 1373, 1484.
Osann, B.: Metallurgie des Gußeisens. Nach dem gleichnamigen Lehrbuch von Thomas D. West bearbeitet. Stahleisen 1907, S. 596, 623, 650.
Howe, M.: Einfluß des Gießens auf Lunkern und Seigern. Stahleisen 1908, S. 116.
— Zur Frage der Seigerungen in Stahlblöcken. Stahleisen 1908, S. 1256.
Wüst, F. und H. L. Felser: Der Einfluß der Seigerungen auf die Festigkeit des Flußeisens. Metallurgie 1910, S. 362.
Simmersbach, O.: Roheisenmischer und ihre Anwendung im Eisenhüttenbetriebe. Stahleisen 1911, S. 253, 337, 387.
Canaris, C.: Über den Einfluß des Gießens auf die Qualität von Flußeisenbrammen. Stahleisen 1912, S. 1174; 1264.
Röhl, G.: Beiträge zur Kenntnis sulfidischer Einschlüsse im Eisen und Stahl. Diss. Freiberg 1913. Auszugsw. Stahleisen 1913, S. 565.
Heike, W.: Die Entschweflung des Eisens, ihre Gesetze und deren Anwendung. Stahleisen 1913, S. 765, 811.
Oberhoffer, P.: Über neuere Ätzverfahren zur Ermittlung der Verteilung des Phosphors in Eisen und Stahl. Stahleisen 1916, S. 798.
Durrer, R.: Die praktische Nutzanwendung der Metallographie in der Eisen- und Stahlgießerei. Stahleisen 1917, S. 869, 967, 1087.
Osann, B.: Umgekehrter Hartguß. Gieß.-Zg. 1918, S. 33.
— Kriegsschwierigkeiten im Schmelz- und Gießereibetrieb. Gieß.-Zg. 1918, S. 230, 245, 261.
— Druckseigerungen und durch sie veranlaßte harte Stellen. Stahleisen 1920, S. 145.
— Seigerungserscheinungen in Gußstücken. Stahleisen 1912, S. 143, 346.
Schultz, E.: Einfluß von Spiegel- bzw. Phosphorspiegeleisen auf das Gußeisen. Gieß.-Zg. 1921, S. 152, 197.
Nielsen, P. W.: Umgekehrter Hartguß. Gieß.-Zg. 1918, S. 299.
Bardenheuer, P.: Umgekehrter Hartguß. Stahleisen 1921, S. 569, 719, 1224.
Heike, W.: Umgekehrter Hartguß und verwandte Erscheinungen. Stahleisen 1922, S. 325.
Kühnel, R.: Entmischungserscheinungen an Gußstücken. Stahleisen 1923, S. 1503.
— Umgekehrte Seigerungen. Z. Metallkunde 1922, S. 462.
Bauer, O. und H. Arndt: Über Seigerungserscheinungen in Metallegierungen. Stahleisen 1922, S. 1346.
Schüz, E.: Wissenschaftliche Grundlagen zur Herstellung von Hartgußwalzen. Stahleisen 1922, S. 1610, 1773, 1900.

Gasblasen im Eisen.

Heyn, E.: Eisen und Wasserstoff. Stahleisen 1900, S. 837; 1901, S. 913.
Brinell-Wahlberg, A.: Der Einfluß der chemischen Zusammensetzung auf die Blasenbildung in Flußeisenblöcken. Stahleisen 1903, S. 46.
Münker, E.: Über Gase im Roheisen. Stahleisen 1904, S. 23.
Friem, P.: Gußfehler in Stahlgußstücken. Stahleisen 1905, S. 34.
Braune, H.: Über die Bedeutung des Stickstoffs im Eisen. Stahleisen 1906, S. 1357, 1431, 1496.
Sieverts, A.: Über Lösungen von Gasen in Metallen. Z. Elektrochemie 1910, Nr. 17, S. 707.
— Die Löslichkeit von Wasserstoff in Kupfer, Eisen und Nickel. Z. phys. Chem. Bd. 57, 5, 1911, S. 591.
Goerens, P.: Über die Gase aus technischen Eisensorten. Metallurgie 1910, S. 384. Auszügl. Stahleisen 1910, S. 1514.
Goerens, P. und Paquet: Über eine neue Methode zur Bestimmung der Gase im Eisen. Ferrum 1915, S. 57 u. 73.
Heike, W.: Welche Rolle spielt das Manganoxydul im gefrischten Eisen? Stahleisen 1914, S. 433.
Oberhoffer, P. und K. d'Huart: Beiträge zur Kenntnis oxydischer Schlackeneinschlüsse sowie der Desoxydationsvorgänge im Flußeisen. Stahleisen 1919, S. 165, 196.
Osann, B.: Stahlformguß aus dem Martinofen. Gieß.-Zg. 1918, S. 65, 81, 100.
— Berechnung der Zusätze beim Kleinkonverter. Gieß.-Zg. 1921, S. 69.
Piwowarsky, E.: Über Gase aus technischen Eisensorten. Stahleisen 1920, S. 1365.
— Der Zeitpunkt der Siliziumzugabe in seiner Wirkung auf die physikalischen Eigenschaften und den Gasgehalt im Martinflußeisen. Stahleisen 1920, S. 773.
Oberhoffer, P. und O. v. Keil: Über ein neues Verfahren zur Bestimmung von Sauerstoff im Eisen. Stahleisen 1921, S. 1449.
Keil, O. v.: Desoxydationsvorgänge im Thomasverfahren. Stahleisen 1921, S. 605.
Oberhoffer, P. und E. Piwowarsky: Zur Bestimmung der Gase im Eisen. Stahleisen 1922, S. 801.

Oberhoffer, P., E. Piwowarsky, A. Pfeifer-Schießl, H. Stein: Über Gas- und Sauerstoff-
    bestimmungen im Eisen, insbesondere Gußeisen. Stahleisen 1924, S. 113.
Janus, F. und M. Reppchen: Die Untersuchung der Metalle durch Röntgenstrahlen. Stahl-
    eisen 1918, S. 508, 533, 558.
Schulz, E. H.: Feststellung von Fehlstellen im Stahl mittels Röntgenstrahlen. Stahleisen 1922,
    S. 492.
Glocker, R.: Die praktische Durchführung von Röntgenstruktur-Untersuchungen. Stahleisen
    1922, S. 542.

Schwindung und Lunkern.

Turner, Th.: Volumen- und Temperaturänderungen während der Abkühlung von Roheisen. Metall-
    urgie 1906, S. 317.
Osann, B.: Metallurgie des Gußeisens. Nach dem gleichnamigen Lehrbuch von Thomas D.
    West bearbeitet. Stahleisen 1907, S. 596, 623, 650.
— Keeps Schwindungskurven für Gußeisen. Stahleisen 1907, S. 1842.
Howe, H. und R. Stoughton: Über den Einfluß des Gießens auf Lunkern und Seigern. Metallurgie
    1907, S. 793; auszugsw. Stahleisen 1908, S. 116.
Treuheit, J.: Die Gießerei der Firma Erhardt & Sehmer, G. m. b. H. in Schleifmühle-Saarbrücken.
    Stahleisen 1908, S. 1265, 1311.
Wüst, F.: Über die Schwindung der Metalle und Legierungen. Metallurgie 1909, S. 769.
Rosenberg, E.: Das Schwinden des Gußeisens. Stahleisen 1911, S. 1408.
Diefenthäler, A.: Die Ursachen der Lunkerung und ihr Zusammenhang mit Schwindung und
    Gattierung. Stahleisen 1912, S. 1813.
Sipp, K.: Schwinden und Lunkern des Eisens. Stahleisen 1913, S. 675.
— Schwinden und Lunkern des Eisens. Stahleisen 1921, S. 888.
Hailstone, G.: Über die Ursachen des Lunkerns bei Gußeisen. Stahleisen 1914, S. 188.
Krieger, R.: Stahlformguß als Konstruktionsmaterial. Stahleisen 1918, S. 349, 410, 440, 485.
Brüninghaus, A. und Fr. Heinrich: Über Lunkerbildung und Seigerungserscheinungen in
    silizierten Stahlblöcken. Stahleisen 1921, S. 497.
Pacher, F.: Über Fehlstellen in Blöcken von siliziertem Siemens-Martin-Stahl und deren Ver-
    meidung. Stahleisen 1922, S. 485, 533, 573.
Wüst, F. und G. Schitzkowski: Einfluß einiger Fremdkörper auf die Schwindung des Eisens.
    Mitt. Eisenforsch. Bd. 4, 1922, S. 105. Auszugsw. Stahleisen 1923, S. 713.
Sauerwald, F.: Über die Gesetzmäßigkeiten der Volumengestaltung und Schwindung von Metallen
    und Legierungen. Gieß.-Zg. 1923, S. 391.
Bauer, O. und K. Sipp: Versuche zur Klärung der Abhängigkeit der Schwindung und Lunkerung
    beim Gußeisen von der Gattierung. Stahleisen 1923, S. 1239.
Smalley, O.: Über den Einfluß der Masse beim Eisen. Foundry 1923, S. 822; auszugsw. Stahl-
    eisen 1924, S. 226.

Gußspannungen.

Osann, B.: Stahlformguß und Stahlformgußtechnik. Stahleisen 1904, S. 650, 717, 776, 836, 892.
West, Th. D.: Schwindungserscheinungen und Nachgießmethoden. Stahleisen 1905, S. 602.
Treuheit, L.: Über die Erzielung dichter und spannungsfreier Stahlformgußstücke. Stahleisen
    1905, S. 715.
Sulzer, C.: Wärmespannungen und Rißbildungen. Z. V. d. I. 1907, S. 1165.
Heyn, E.: Über bleibende Spannungen in Werkstücken infolge Abkühlung. Stahleisen 1907, S. 1309
    und 1347.
Neufang, E.: Die Gießereianlagen der Gasmotorenfabrik Deutz. Stahleisen 1908, S. 513.
Treuheit, L.: Aus der Eisen- und Stahlgießereipraxis. Stahleisen 1909, S. 1023, 1192.
Drawe, R.: Konstruktive Einzelheiten an doppeltwirkenden Viertaktgasmaschinen. Stahleisen
    1910, S. 246, 290.
Vetter, H.: Über das Schwinden des Gußeisens. Stahleisen 1910, S. 915.
Banse, O.: Beiträge zur Kenntnis der Spannungen im Grauguß unter Zugrundelegung verschiedener
    Gattierungen. Stahleisen 1919, S. 313, 436, 596.
Heyn, E.: Der technologische Unterricht als Vorstufe für die Ausbildung des Konstrukteurs. Z. V.
    d. I. 1911, S. 201, 305.
Oberhoffer, P.: Die Bedeutung des Glühens von Stahlformguß. Stahleisen 1912, S. 889; 1913,
    S. 891; 1915, S. 93 u. 212; 1920, S. 1433.
— Einfluß der Wärmebehandlung auf Stahlformguß. Stahleisen 1912, S. 1623.
Steiger, R. v.: Über Gußspannungen. Diss. Zürich 1913; auszügl. Stahleisen 1913, S. 1442.
Skamel, E.: Glühen und Glühöfen in Eisen- und Stahlgießereien. Gieß.-Zg. 1913, S. 729 u. 752.
Osann, B.: Äußere und innere Spannungen im Stahlguß. Stahleisen 1913, S. 2136.
Heyn, E. und O. Bauer: Einiges über Kerbschlagversuche und über das Ausglühen von Stahl-
    formguß usw. Stahleisen 1914, S. 231, 276.
Heyn, E.: Über Spannungen in kalt bearbeiteten Metallen. Stahleisen 1914, S. 1744; 1915, S. 445.
— Einige weitere Mitteilungen über Eigenspannungen und damit zusammenhängende Fragen. Stahl-
    eisen 1917, S. 442, 474, 497.

Kloß, H.: Ausschuß und Arbeitsverfahren beim Drehbank- und Hobelmaschinenguß. Gieß.-Zg. 1915, S. 225, 244.

Arend, J. P.: Metallographische Forschungen im Gießereiwesen. Stahleisen 1917, S. 393.

Irresberger, C.: Entwicklung und gegenwärtiger Stand des Stahlformgusses und seiner Herstellungsverfahren. Stahleisen 1918, S. 356, 479.

— Die Vergütung von Stahlformguß. Gieß.-Zg. 1921, S. 60.

Krieger, R.: Stahlformguß als Konstruktionsmaterial. Stahleisen 1918, S. 349, 410, 440, 485.

Werner, S.: Dünnwandiger Stahlguß. Jahrb. Schiffsbaut. Ges. 1919, S. 803.

Piwowarsky, E.: Über das Weichglühen von Grauguß. Stahleisen 1922, S. 1481.

Schüz, E.: Über Versuche zur Bestimmung der kritischen Temperatur beim Glühen von Grauguß. Stahleisen 1922, S. 1484.

Schäfer, R.: Der Stahlguß als Werkstoff. Gieß.-Zg. 1922, S. 463, 475.

Oeking, d. Ält., H.: Konstruktion von Stahlformgußstücken. Stahleisen 1923, S. 841.

Oberhoffer, P.: Die Eigenschaften von Stahlformguß. Z. V. d. I. 1923, S. 1129.

Schüz, E.: Über das Weichglühen von Grauguß. Stahleisen 1924, S. 116.

Bauer, O.: Das Perlitgußeisen, seine Herstellung, Festigkeitseigenschaften und Anwendungsmöglichkeiten. Stahleisen 1923, S. 553.

Sipp, K.: Perlitgußeisen, Eigenschaften und Verwendung. Gieß. 1923, S. 491, auszugsw. Stahleisen 1923, S. 1592.

Wachsen des Gußeisens.

Rugan, H. F. und H. C. Carpenter: Über das Wachsen des Gußeisens nach wiederholten Erhitzungen. Metallurgie 1909, S. 706. Auszugsw. Stahleisen 1909, S. 1748.

Kikuta, Tario: Wachstum von grauem Gußeisen während mehrfachem Erhitzen und Abkühlen. Sc. Rep. Tohoku Imp. University Bd. 11, 1921, Nr. 3, S. 139; auszugsw. Stahleisen 1922, S. 1530.

Durand, J.: Volumenveränderung im Gußeisen bei wiederholter Erhitzung. Comptes Rendus 1922, S. 522/524; auszugsw. Stahleisen 1922, S. 1910.

Andrew, J. H. und Hyman: Das Wachsen von Spezialgußeisen bei hohen Temperaturen. Stahleisen 1924, S. 1050.

Elektrische und magnetische Eigenschaften des Eisens.

Matthiessen und Holzmann: Pogg. Ann. Bd. 110, 1860, S. 190 u. 222.

Holborn, L.: Über das Härten von Stahlmagneten. Z. Instrumentenk. 1891, S. 113.

Ebeling und Schmidt: Über magnetische Ungleichmäßigkeit und das Ausglühen von Eisen und Stahl. ETZ. 1897, S. 276.

Schmidt, E.: Die magnetische Untersuchung des Eisens und verwandter Metalle. Halle 1900.

Reusch, P.: Magnetische Induktion des Gußeisens. Stahleisen 1902, S. 1196.

Nathusius, P.: Die magnetischen Eigenschaften des Gußeisens. Stahleisen 1905, S. 99, 164, 290.

Benedicks, C.: Recherches physico-chimiques sur l'acier au carbone. Diss. Upsala 1904; auszugsw. Stahleisen 1905, S. 801.

Campbell, A.: Über den Gebrauch von Hartguß für permanente Magnete. Phil. Mag. 1906, S. 468/472.

Guertler, W.: Über die elektrische Leitfähigkeit der Legierungen. Z. anorg. Chem. Bd. 51, 1906, S. 397; Bd. 54, 1907, S. 58.

Heusler und Richarz: Übersicht über die Literatur betr. Heuslersche Legierungen. Z. anorg. Chem. Bd. 61, 1909, S. 265.

Mars, G.: Magnetstahl und permanenter Magnetismus. Stahleisen 1909, S. 1673 u. 1769.

Holtz, A.: Über den Einfluß von Fremdstoffen auf Elektrolyteisen und seine magnetischen Eigenschaften. Diss. Berlin 1911; auszugsw. Stahleisen 1912, S. 319.

Gumlich, E.: Magnetische Eigenschaften der Fe-C- und Fe-Si-Legierungen. Ferrum 1912. S. 33/44.

Goltze, Fr.: Die magnetischen Eigenschaften des Gußeisens, betrachtet vom Standpunkte des Elektro-Maschinenbauers. Gieß. Zg. 1913, S. 1, 39, 71.

— Gußeisen und Stahlformguß im Elektromaschinenbau. Gieß.-Zg. 1913, S. 461, 495.

Gumlich, E.: Die magnetischen Eigenschaften des Gußeisens. Stahleisen 1913, S. 2133.

Rümelin und Maire: Über die magnetische Umwandlung der Eisen-Kohlenstofflegierungen. Ferrum 1915, S. 141/154.

Gumlich, E.: Über die Abhängigkeit der magnetischen Eigenschaften des spezifischen Widerstandes und der Dichte der Eisenlegierungen von der chemischen Zusammensetzung und der thermischen Behandlung. Stahleisen 1919, S. 765, 800, 841, 901, 966.

— Die magnetischen Eigenschaften von ungleichmäßigem Werkstoff. Stahleisen 1920, S. 1097.

XIII. Die Festigkeitseigenschaften und die mechanische Prüfung des gießbaren Eisens.

Von

Dipl.-Jng. G. Fiek.

Unter Benutzung der gleichnamigen Arbeit von Dr.-Jng. E. Preuß †
in der 1. Auflage dieses Handbuches.

A. Prüfverfahren.

Allgemeines.

Für neu anzufertigende Gußstücke schreiben die dem Lieferungsvertrage zugrunde liegenden Lieferungsvorschriften genau vor, in welcher Weise die Probestäbe zur Feststellung der Festigkeitseigenschaften herzustellen sind. Teils wird ein Angießen der Probestäbe an das Gußstück, teils ein besonderes Gießen des Probestabes für sich verlangt. Ersteres hat den Vorteil, daß die Identität des Werkstoffs von Probestab und Gußstück unzweifelhaft feststeht. Über die Abmessungen der Probestäbe, insbesondere über die Querschnittsabmessungen, machen die Lieferungsvorschriften ebenfalls genaue Angaben. In manchen Fällen ist es trotzdem zweckmäßig, von der üblichen bzw. in den allgemeinen Lieferungsbedingungen vorgeschriebenen Größe der Probestäbe abzugehen, z. B. wenn es sich darum handelt, über die wirkliche Festigkeit in dickwandigen Gußstücken (Zylinder und Zylinderköpfe von Großgasmaschinen usw.) Gewißheit zu erhalten[1]). Probestäbe von nur 30—40 mm Durchmesser würden bei einem Eisen mit einem Siliziumgehalt von etwa 1%, wie es bei Gußstücken von 60—70 mm Wandstärke erwünscht ist, vollkommen weißes Eisen ergeben und unbrauchbar sein. Man muß also in derartigen Fällen dickere Probestäbe wählen, um bei den Probestäben einigermaßen gleiche Abkühlungsverhältnisse und gleiches Korn wie bei den herzustellenden Gußstücken zu erhalten. Trotzdem geht wegen der größeren Masse der Gußstücke die Abkühlung der letzteren doch noch langsamer vor sich, als die Abkühlung der Probestäbe, selbst wenn der Durchmesser der Probestäbe der Wandstärke der Gußstücke entspricht.

Handelt es sich darum, aus einem etwa im Betriebe gebrochenen Gußstücke Probestäbe zu entnehmen, so ist der Ort der Probeentnahme sachgemäß zu wählen, um einen brauchbaren Wert der mittleren Festigkeit des Gußstückes bzw. der örtlichen Festigkeit an der Bruchstelle zu erhalten. Es sind also die Probestäbe weder aus besonders dicken, noch besonders dünnen Stellen der Gußstücke zu entnehmen. Das Herausarbeiten der Probestäbe hat in vorsichtiger Weise durch Sägen, Bohren, Hobeln oder dgl. zu geschehen. Herausmeißeln ist wegen der Stoßbeanspruchung nicht zu empfehlen. Die Probestäbe sind mit so reichlichen Querschnittsabmessungen herauszuarbeiten, daß ein genaues Nacharbeiten auf den gewünschten Querschnitt durch Hobeln, Fräsen, Feilen oder dgl. möglich ist.

Während früher für Gußeisen der Zugversuch sehr häufig angewendet wurde, pflegt man jetzt nur noch selten Zerreißversuche und dafür desto häufiger Biegeversuche auszuführen. Der Nachteil des Zerreiß- oder Zugversuches für Gußeisen gegenüber

---

[1]) Stahleisen 1908, S. 514.

dem Biegeversuch liegt in folgendem: Probestäbe für Zerreißversuche müssen außerordentlich sorgfältig in die Prüfmaschine eingespannt werden, um einen guten axialen Kraftangriff und eine gleichmäßige Verteilung der Belastung über den ganzen Stabquerschnitt zu gewährleisten, anderenfalls treten bei der geringen Dehnungsfähigkeit des Gußeisens leicht Biegespannungen auf. Ferner reißt bei dem Zugversuch der Stab stets an derjenigen Stelle, welche durch irgend einen Zufall, eine Lunkerstelle, eine Saugstelle in der Kopfnähe oder dgl. die schwächste Stelle des Stabes ist, während bei dem Biegeversuch der Stab annähernd in der Stabmitte bricht. Auch die elastischen Eigenschaften lassen sich bei dem Zugversuch weniger leicht und scharf bestimmen, während die Durchbiegung bei dem Biegeversuch bequem und mit den einfachsten Hilfsmitteln meßbar ist. Werden gleichzeitig Biege- und Zugversuche angestellt, so pflegt man die Probestäbe für den Zugversuch aus den bei den Biegeversuchen erhaltenen Bruchstücken herauszuarbeiten.

Hinsichtlich der Querschnittsform der Probestäbe, insbesondere für Biegeversuche, verdient nach Versuchen von Reusch [1]) der Kreisquerschnitt gegenüber dem quadratischen Querschnitt den Vorzug. Bei dem Kreisquerschnitt sind die Erstarrungsverhältnisse günstiger und gleichmäßiger, während bei dem quadratischen Querschnitt die Erstarrung an den Kanten und in der Mitte verschieden schnell vor sich geht, wodurch ungleiche chemische Zusammensetzung und Gußspannungen eintreten. Ferner werden quadratische Stäbe meist windschief, wodurch bei dem Biegeversuch erhebliche Nebenspannungen auftreten können. Auch die Gußnaht wirkt schädlich; dies läßt sich bei Stäben von kreisförmigem Querschnitt besser vermeiden als bei Stäben von quadratischem Querschnitt. Steigend gegossene Probestäbe ergaben nach den Versuchen von Reusch höhere Festigkeitswerte als fallend gegossene Stäbe.

Der Zugversuch.

Als Probestabform für Zugversuche an gießbarem Eisen kommt mit Ausnahme des schmiedbaren Gusses, für den sich manchmal der Flachstab empfehlen dürfte [2]), im allgemeinen nur der Rundstab in Betracht. In Abb. 231 zeigt die linke Stabhälfte die Abmessungen des sogenannten Normalrundstabes. Falls nicht andere Gründe dagegen sprechen, empfiehlt es sich, die Zerreißstäbe in diesen Abmessungen herzustellen. Ist man gezwungen, Stäbe von kleineren Abmessungen zu wählen, so muß man in solchen Fällen die

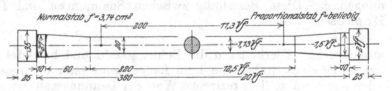

Abb. 231. Probestab für Zugversuche.

Stabform geometrisch ähnlich der Normalstabform machen, damit man miteinander vergleichbare Festigkeitswerte, insbesondere Dehnungswerte, erhält. Man bekommt auf diese Weise sogenannte Proportionalrundstäbe, deren Abmessungen in der rechten Hälfte von Abb. 231 angegeben sind. Zwecks Materialersparnis sind neuerdings Bestrebungen im Gange, den sog. Normal-Kurzstab einzuführen, bei dem die prismatische Länge nur halb so lang, die Meßlänge also statt 200 = 100 mm oder = $5{,}65 \cdot \sqrt{f}$ statt $11{,}3 \cdot \sqrt{f}$ ist. Für Flachstäbe, bei denen das Verhältnis von Dicke zu Breite zwischen 1 : 1 und 1 : 5 schwanken darf, muß die Länge des prismatischen Teiles des Stabes das 12,5-fache der Wurzel aus der Querschnittsfläche betragen. An den prismatischen Stabteil setzt sich mit einer Hohlkehle von 35 mm Halbmesser die sogenannte Schulter des Stabes an.

Die Einspannung der Probestäbe in die Einspannköpfe der Prüfmaschine kann bei Stäben mit einem sogenannten Stabkopf etwa nach Abb. 232 geschehen. Der Einlagering a ist zweiteilig und wird um den Stabschaft herumgelegt. Der Ring a liegt in einem größeren ungeteilten Ring, dessen untere Fläche kugelförmig ausgebildet ist und in die

---

[1]) Gieß.-Zg. 1905, S. 54. [2]) Vgl. hierzu S. 416.

Kugelschale des Schiebers des Einspannkopfes paßt. Diese Kugelschalenlagerung soll eine axiale Einstellung des Probestabes ermöglichen. Bei glatten zylindrischen Stäben ohne Kopf verwendet man sogenannte Beißkeile nach Abb. 233. Die beiden keilförmigen Backen b sind durch Feilenhieb aufgerauht. Infolge der Keilwirkung klemmen die Backen den Probestab umso fester ein, je größer die auf ihn wirkende Zugkraft ist. Derartige Beißkeile in entsprechend abgeänderter Form verwendet man auch fast allgemein für Flachstäbe. Neue Maschinen der unten genannten Firma besitzen sogenannte Schnellspannköpfe, die das sachgemäße Einspannen der Zugstäbe sehr erleichtern.

Die Beziehungen zwischen der Belastung eines Stabes bei dem Zugversuch und der entsprechenden Dehnung sind bei schmiedbarem Eisen besonders ausgeprägt. Daher seien die in Betracht kommenden Verhältnisse zunächst an diesem Werkstoff beschrieben.

Belastet man einen Stab vom Querschnitt f aus schmiedbarem Eisen auf Zug und trägt die den jeweiligen Belastungen Q oder den auf die Einheit des ursprünglichen Querschnitts f bezogene Spannung $\sigma = \dfrac{Q}{f}$ entsprechende Dehnung ε schaubildlich auf, so erhält man ein Schaubild nach Abb. 234. Bis zum Punkt P, der Proportionalitätsgrenze, sind die Dehnungen praktisch proportional den Belastungen bzw. den Span-

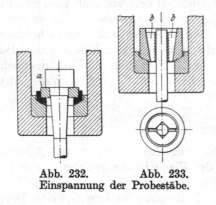

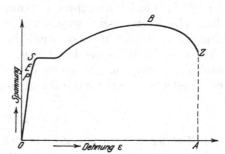

Abb. 232.   Abb. 233.
Einspannung der Probestäbe.

Abb. 234. Spannungs-Dehnungsschaubild von
Flußeisen.

nungen σ. Diese Beziehung zwischen Spannungen und Dehnungen wird durch das Hookesche Gesetz

$$\varepsilon = \alpha \sigma$$

ausgedrückt. Hierin ist α die Dehnungszahl und bedeutet die in cm gemessene Verlängerung eines Stabes von 1 cm Länge, wenn man auf diesen Stab eine Spannung von 1 kg/qcm ausübt. Der reziproke Wert der Dehnungszahl ist der Elastizitätsmodul E, also

$$\frac{1}{\alpha} = E.$$

Oberhalb der Proportionalitätsgrenze wachsen die Dehnungen schneller an als die Spannungen. Bis zum Punkt E, der Elastizitätsgrenze, tritt bei einer auf die Belastung folgenden Entlastung eine vollkommene Verkürzung des Stabes auf seine ursprüngliche Länge ein. Bis zu dieser Belastungsgrenze waren also keine bleibenden, sondern nur federnde oder elastische Dehnungen eingetreten. Bei S liegt die sogenannte Streckgrenze. Bei dieser Belastung fließt oder streckt sich der Werkstoff, d. h. er dehnt sich wesentlich, ohne daß zur Erzeugung dieser starken Dehnung eine Zunahme der Belastung erforderlich wäre. Eine ausgeprägte Streckgrenze ist an der Lastanzeige der Prüfmaschine durch das zeitweise Stehenbleiben oder Abfallen des Zeigers, des Laufgewichtes oder dgl. zu erkennen. Durch die beim Strecken eintretende Verfestigung des Werkstoffs nimmt die Spannung weiter zu.

Bei B erreicht die Belastung ihren Höchstwert. Dividiert man diesen Wert durch die ursprüngliche Querschnittsfläche f des Stabes, so erhält man die Zugfestigkeit $\sigma_B = \dfrac{B}{f}$. Bei einschnürenden Werkstoffen sinkt die Belastung, nachdem sie ihren Höchstwert erreicht hat, wieder bis zum Punkte Z, und zwar infolge der beginnenden

Einschnürung des Stabes an der späteren Bruchstelle. Die durch die Schaulinie OSZ, sowie die Geraden AO und AZ umgrenzte Fläche stellt als Summe der Produkte der jeweiligen Spannungen und zugehörigen Dehnungen die Formänderungsarbeit dar und ist ein Maß für das Arbeitsvermögen des Werkstoffs.

Der hier für schmiedbares Eisen dargestellte Vorgang gilt mit mehr oder weniger Annäherung auch für Stahlguß und schmiedbaren Guß. Bei Gußeisen verläuft jedoch die die Beziehung zwischen Dehnungen und Spannungen darstellende Schaulinie nach Abb. 235. Hier wachsen die Dehnungen von vornherein schneller als die Spannungen. Infolgedessen gilt für Gußeisen nicht mehr das Hookesche Gesetz $\varepsilon = a\sigma$, sondern das allgemeine von Bach und Schüle aufgestellte Gesetz der elastischen Dehnungen

$$\varepsilon = a\sigma^m.$$

Für Gußeisen ist m größer als 1. Die Schaulinie zeigt weder einen geradlinigen Teil von der Nullbelastung bis zur Proportionalitätsgrenze, noch eine ausgeprägte Streckgrenze.

Ist die Streckgrenze nicht scharf ausgeprägt wie in Abb. 234, so pflegt man als Streckgrenze diejenige Belastung zu wählen, welche im entlasteten Zustand des Stabes eine bleibende Verlängerung von 0,2 % der Meßlänge bewirkt [1]). Bei Gußeisen wird ein solcher Wert meistens nicht erreicht, es besteht daher keine Streckgrenze.

Die Feststellung dieser geringen Längenänderung, sowie auch der Längenänderungen zur Ermittlung der Proportionalitätsgrenze kann nur mit Feinmeßapparaten geschehen, von denen hier der Martenssche Spiegelapparat (Abb. 236), der zur Zeit wohl am meisten angewendet wird, beschrieben sei.

An den auf Zug beanspruchten Probestab A werden zwei Meßfedern M angesetzt,

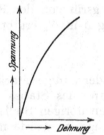

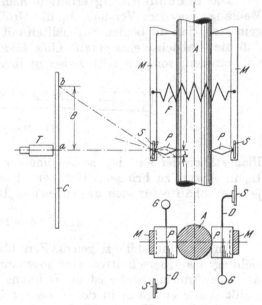

Abb. 235. Spannungs-Dehnungsschaubild von Gußeisen.   Abb. 236. Martensscher Spiegelapparat.

die durch eine Federklemme F an den Stab gedrückt werden. Zwischen das untere Ende der Meßfedern und den Probestab werden die prismatischen Schneiden P eingeklemmt, die auf einem Stift D die Spiegel S tragen. Verlängert sich der Stab infolge der Zugspannungen, so behalten die Meßfedern M ihre ursprüngliche Länge bei; infolgedessen werden sich die Schneiden P um ihre Längsachse drehen, wie dieses bei der linken Schneide punktiert angegeben ist. Es wird sich daher jetzt im Fernrohr T nicht mehr der Punkt a der Skala C, der bei der Nullbelastung sichtbar war, spiegeln, sondern der Punkt b. Einer geringen Stabdehnung und Verdrehung der prismatischen Schneiden entspricht also ein verhältnismäßig großer Skalenausschlag. Das Übersetzungsverhältnis des Apparates ist abhängig von der Breite der Schneiden P und dem Abstand zwischen der Skala C und dem Spiegel S. Diesen Abstand wählt man gewöhnlich so, daß das Übersetzungsverhältnis des Apparates 1 : 500 beträgt. Das Übersetzungsverhältnis n, d. h. das Verhältnis der Verlängerung des Stabes λ zur Größe des Skalenausschlages B ist mit hinreichender Genauigkeit

---

[1]) Vgl. Materialvorschriften der Deutschen Kriegsmarine 1908, S. 13 und Vorschläge des Deutschen Verbandes für die Materialprüfungen der Technik.

$$n = \frac{2\,c}{d},$$

wenn c den Abstand zwischen der Skala und dem Spiegel, d die Breite der prismatischen
Schneiden P bedeutet.

Die Dehnung des Werkstoffs, und zwar insbesondere die Bruchdehnung ist ein
weiterer Wertmesser für die Güte, besonders für die Formänderungsfähigkeit des Werkstoffs. Die Bruchdehnung ist die prozentuale Verlängerung der sogenannten Meßlänge
nach erfolgtem Bruch. Die Meßlänge trägt man vor Beginn des Versuches als eine Strecke
von bestimmter Länge, die man durch Körner abgrenzt, auf der Staboberfläche auf.
Man teilt die Meßlänge durch Körner oder Reißnadelstiche in Strecken von 1 cm Länge.
Bei dem Normalrundstab und dem Proportionalrundstab (Abb. 231) ist die Größe der
Meßlänge gleich dem 10 fachen Durchmesser des Stabes zu wählen. Bei Flachstäben soll
die Meßlänge den 11,3 fachen Wert der Wurzel aus der Größe des Querschnittes betragen.
Diese Festsetzungen über die Meßlänge sind unter Zugrundelegung einer Meßlänge
von 200 mm beim 20 mm-Rundstab getroffen, um an Stäben von verschiedenen Ab-
messungen miteinander vergleichbare Werte für die Dehnung zu erhalten.

Die Bruchdehnung ermittelt man in folgender Weise: Es sei L_0 die Größe der
Meßlänge vor dem Versuch, L_B die Größe der Meßlänge nach dem Versuch in der Art
gemessen, daß die beiden Stabhälften mit den Bruchflächen so aneinander gelegt werden,
daß die Stabachse eine gerade Linie bildet. Berühren sich dabei die Bruchflächen nicht
vollkommen, sondern tritt zwischen ihnen ein Klaffen ein, wie es meist bei breiteren

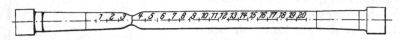

Abb. 237. Messung der Bruchdehnung.

Flachstäben der Fall ist, so ist eine der Größe des Klaffens entsprechende Strecke von
L_B in Abzug zu bringen. Genauer ist es, auf einem Längsriß von der Bruchkante ab
jede Stabhälfte für sich auszumessen. Die Bruchdehnung δ in % ergibt sich zu:

$$\delta = 100\,\frac{L_B - L_0}{L_0}.$$

An der Bruchstelle zeigen die Zerreißstäbe eine mehr oder weniger starke Zusammenziehung des Querschnittes, eine sogenannte Einschnürung des Stabes. In der Nähe
der Einschnürungsstelle ist die Dehnung stärker als an den übrigen Stellen des Stabes.
Reißt daher ein Stab in der Nähe der Enden der Meßlänge, so würde man hierdurch
einen zu kleinen Wert für die Dehnung erhalten, wenn man den Wert für L_B in der angegebenen Weise bestimmen wollte. Aus diesem Grunde werden im allgemeinen in der
Praxis Stäbe, die außerhalb des mittleren Drittels reißen, von der Dehnungsmessung
ausgeschlossen. Muß man aus Mangel an Werkstoff die Dehnung messen, so muß man
nach Abb. 237 folgendermaßen vorgehen:

Die Meßlänge sei in 20 gleiche Teile geteilt, die Bruchfläche liege zwischen der dritten
und vierten Teilstrecke. Es würde also nach beiden Seiten von der Bruchstelle die Dehnung auf einer Länge von zehn Teilstrecken zu messen sein, d. h. auf der rechten Seite
von Strecke 4 bis einschließlich 13. Auf der linken Seite der Bruchfläche sind jedoch
nur drei Teilstrecken vorhanden. Da die Dehnung etwa symmetrisch vom Bruch nach
beiden Stabenden verläuft, kann man annehmen, daß sich die noch fehlenden sieben
Teilstrecken genau ebenso dehnen würden, wie die sieben Strecken, die in der gleichen
Entfernung von der Bruchfläche auf der rechten Seite liegen, d. h. wie die Strecken
7—13. Um daher die Länge der Strecke L_B für die Berechnung der Bruchdehnung zu
erhalten, mißt man die Länge der Strecke 1 — Bruch — 13 und fügt noch die Länge der
Strecke 7—13 hinzu. Unter Benutzung des so gewonnenen Wertes für L_B erfolgt die
Ermittlung der Bruchdehnung dann nach der oben angegebenen Formel.

Die durch die Einschnürung bedingte Querschnittsverminderung des Stabes
(Kontraktion) ist in ähnlicher Weise wie die Bruchdehnung ein Maßstab für die

Formänderungsfähigkeit des Werkstoffs. Sowohl eine große Dehnung als auch eine große Querschnittsverminderung deuten auf eine große Zähigkeit und Schmeidigkeit des Werkstoffs hin. Bezeichnet F_O den Stabquerschnitt vor der Belastung, F_B den kleinsten Stabquerschnitt an der Einschnürungsstelle nach erfolgtem Bruch, so ist die Querschnittsverminderung q in $^0/_0$ des ursprünglichen Stabquerschnittes

$$q = 100\,\frac{F_O - F_B}{F_O} = 100 - \frac{F_B \cdot 100}{F_O}.$$

Materialprüfmaschinen für Zerreißversuche sind in den verschiedensten Bauarten ausgeführt. Die Belastung der Probestäbe durch diese Maschinen erfolgt teils auf rein mechanischem Wege durch Hand- oder Motorantrieb, teils durch Druckwasser, Drucköl, oder dergleichen. Noch mannigfaltiger als die Belastungseinrichtungen für den Probestab sind die Meßapparate, welche dazu dienen, die auf den Probestab wirkende

Abb. 238. 10 t-Maschine von Amsler-Laffon. Abb. 239. 30 t-Maschine von Amsler-Laffon.

Kraft zu messen. Die Kraftmessung geschieht zum Teil durch einarmige und doppelarmige Hebel oder Differentialhebel mit direkter Gewichtsbelastung oder Laufgewichten, oder durch Neigungswagen, zum Teil durch Meßdosen. Soweit die Belastung auf hydraulischem Wege erfolgt, kann die Kraftmessung durch Messung des Wasserdruckes im Zylinder mittels Manometer geschehen. Als Manometer werden sowohl Feder- als auch Quecksilbermanometer verwendet.

Im allgemeinen verlangen die Abnahmevorschriften für Werkstoffe, daß die Prüfmaschinen schnell und leicht durch den Abnahmebeamten auf die Richtigkeit ihrer Anzeigen geprüft werden können. Dieser Anforderung dürfen am besten die Maschinen mit Kraftmessung durch Hebel und Gewichte bzw. Laufgewichte genügen. Auch für Gießereibetriebe bieten solche Maschinen großen Vorteil, da man in derartigen Betrieben häufig mit einem starken Verstauben der Maschinen rechnen muß und nicht immer eine sachgemäße Wartung, Bedienung und Kontrolle der Maschinen voraussetzen kann. Andererseits besitzen die Maschinen, bei denen die Kraftmessung durch Hebel und Gewichte erfolgt, den Nachteil eines sperrigen Aufbaues infolge der großen Hebellängen.

Die Prüfmaschinen müssen einer dauernden Kontrolle, und zwar über ihren ganzen

Kraftbereich, unterzogen werden und in bestimmten Zeiträumen auf die Richtigkeit ihrer Angaben geprüft werden. Dies kann geschehen mit geeichten, elastischen Stahlstäben (sog. Kontrollstäben), deren elastische Dehnung bekannt ist und mit Martensschen Spiegelapparaten, s. Abb. 236, gemessen wird, oder mit geeichten Kraftprüfern oder durch Gewichtsbelastung. Die Kontrolle der Lastanzeige durch vergleichende Zerreißversuche ist nicht zuverlässig und nicht ausreichend, da sie sich nur auf einen kleinen Kraftbereich der Maschinen erstreckt. Der Fehler in den Anzeigen der hier in Frage kommenden Maschinen soll nicht mehr als $\pm 1\,^0/_0$ betragen.

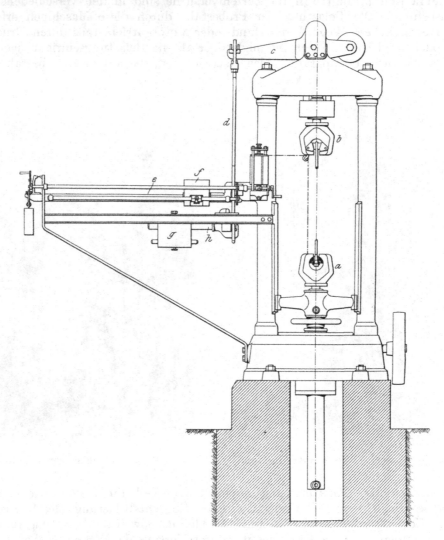

Abb. 240. 30 t-Maschine von Mohr & Federhaff.

Die deutschen Lieferungsvorschriften für Gußeisen, die der Deutsche Verband für die Materialprüfungen der Technik in Gemeinschaft mit dem Vereine deutscher Eisengießereien im Jahre 1909 aufgestellt hat, fordern keine Zugversuche an Gußeisen[1]. Der Zugversuch kommt also im allgemeinen bei gießbarem Eisen nur für Stahlguß und Temperguß in Betracht. Es seien daher von den vielen Ausführungsformen von Zerreißmaschinen hier nur drei Maschinen beschrieben.

Die in Abb. 238 wiedergegebene Zerreißmaschine der Firma J. Amsler-Laffon & Sohn in Schaffhausen ist für eine Kraftleistung bis zu 10 t bestimmt. Der Probestab a befindet sich in zwei Einspannköpfen b und h. Der untere Einspannkopf h wird

---

[1] S. S. **421**.

durch Handbetrieb mittels Schnecke und Schneckenrad nach unten gezogen. Der dadurch auf den oberen Einspannkopf b ausgeübte Druck wird durch ein Gestänge auf den Plunger c übertragen. Dieser befindet sich in einem mit Öl gefüllten Zylinder d. Infolge der Kolbenbelastung steigt der Druck des Öles in einer der Belastung entsprechenden Weise und wird an der Skala e des Quecksilbermanometers abgelesen, nachdem durch den Druckreduktor f eine Druckverminderung stattgefunden hat. Die Skala des Manometers zeigt die Belastung in kg an. Durch eine einfache Umstellung des Druckreduktors ist es möglich, den Bereich der etwa 1,5 m langen Skala sowohl auf eine Höchstbelastung von 10 000 kg, als auch auf eine Höchstbelastung von 2000 kg auszudehnen. Man erhält auf diese Weise bei geringerer Belastung eine größere Meßfeinheit. Die Maschine besitzt einen Schaubildzeichner g. Die Aufzeichnung der ausgeübten Kraft geschieht dadurch, daß die Papiertrommel von einer Schnur gedreht wird, die in Verbindung mit einem Schwimmer steht. Letzterer schwimmt auf der Oberfläche der Quecksilbersäule des Manometers und zeigt so die jeweilige Belastung an.

Für größere Belastungen bis zu 30 t ist die in Abb. 239 dargestellte Maschine von Amsler-Laffon & Sohn sehr geeignet. Die Maschine besitzt den Vorzug, daß sie als Universalmaschine für Zerreiß-, Druck- und Biegeversuche dienen kann. Mit Hilfe einer Pumpe a wird Preßöl in den Zylinder b gepumpt. Dadurch wird der Kolben c und damit das mit ihm verbundene Gestänge d und das für Biegeversuche dienende Querhaupt e nach oben gehoben. Der Zerreißstab f ist zwischen der festen Grundplatte g der Maschine und dem beweglichen Querhaupt e eingebaut. Die Belastung des Probestabes ergibt sich aus der Fläche des Kolbens c und dem Öldruck. Letzterer wird mit Hilfe eines Pendelmanometers h [1]) gemessen, das die Belastung in kg anzeigt. Bei Druckversuchen wird der Probekörper zwischen dem unteren Ende des Zylinders b und dem Querhaupt e eingebracht. Bei Biegeversuchen wird der Probestab auf die auf dem Querhaupt e befindlichen Auflager gelegt. Um bei kleineren Belastungen eine größere Empfindlichkeit an der

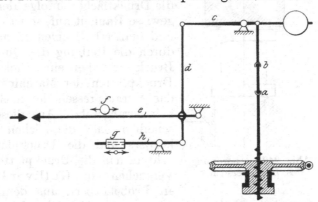

Abb. 241. Schematische Darstellung der 30 t-Maschine.

Anzeige des Pendelmanometers zu erhalten, kann letzteres so eingestellt werden, daß der ganze Bereich seines Zifferblattes einer Höchstbelastung von 30, 20, 10, 3 bzw. 2 t entspricht. Ähnliche Universalmaschinen liefern auch die unten angegebenen deutschen Firmen mit elektrischem oder hydraulischem Antrieb und Kraftmessung durch Wage oder Meßdose.

Für Zugversuche allein werden vielfach Maschinen mit Kraftmessung durch Laufgewichtwagen benutzt. Abb. 240 stellt eine derartige Maschine für 30 t, gebaut von der Mannheimer Maschinenfabrik Mohr & Federhaff dar. Der untere Spannkopf a wird durch maschinellen Antrieb nach unten gezogen. Der obere Spannkopf b hängt an einem ungleicharmigen Hebel c, der durch eine Zugstange d in Verbindung mit dem Hebel e steht. Auf letzterem bewegt sich das Laufgewicht f. Das Gewicht g dient zum Austarieren des Hebels e. Abb. 241 zeigt diese Maschine in schematischer Darstellung mit den gleichen Bezeichnungen der einzelnen Teile [2]).

Der Druckversuch.

Wenn Druckversuche auch nicht in den deutschen Lieferungsvorschriften für Gußeisen verlangt werden, so können die Ergebnisse derartiger Versuche doch immerhin

---

[1]) In neuerer Zeit wird anstatt des Pendelmanometers auch ein Blattfedermanometer verwendet.
[2]) Ähnliche Maschinen bauen die Firmen Carl Schenck G. m. b. H., in Darmstadt, Düsseldorfer Maschinenbau A.-G. vorm. J. Losenhausen in Düsseldorf, Maschinenfabrik Spieß A.-G. in Siegen i. W., Heinrich Ehrhardt, Düsseldorf.

wertvolle Aufschlüsse über die Werkstoffeigenschaften geben. Für Stahlguß und Temperguß dürfte der Druckversuch dagegen nicht in Frage kommen.

Als Probeform für Druckversuche sind entweder Würfel oder Kreiszylinder gebräuchlich. Die Kantenlänge der Probewürfel und den Durchmesser der Probezylinder wird man sachgemäß etwa gleich der Wandstärke der in Frage kommenden Gußstücke wählen. In der gleichen Weise, wie man bei dem Zugversuch für die Probestäbe bestimmte Beziehungen zwischen dem Stabquerschnitt und der Stablänge innehalten muß, muß auch bei dem Druckversuch mit zylinderförmigen Probekörpern der Durchmesser in einem bestimmten Verhältnis zur Höhe stehen. Bezeichnet d den Durchmesser des Zylinders und h seine Höhe, so soll sein:

d in cm	1,69	2,26	2,82	3,39	4,51	5,64
h in cm	1,5	2,0	2,5	3,0	4,0	5,0

Außerordentlich wichtig ist bei dem Druckversuch die Bearbeitung der Stirnfläche des Probekörpers, die den Druck der Platten bei dem Druckversuch aufzunehmen hat. Die Druckflächen sind parallel zueinander, senkrecht zur Längsachse stehend, vollkommen eben und glatt zu bearbeiten, wenn möglich zu schleifen. Weisen die Druckflächen infolge der Riefen des Werkzeugstahles noch eine gewisse Rauheit auf, so ist die Reibung an der Druckplatte größer, und man erhält einen zu hohen Wert für die Druckfestigkeit, weil durch die Reibung die Querdehnung beeinträchtigt wird und der Bruch erst bei einer höheren Belastung erfolgt. Bestehen die Druckplatten der Maschine aus zu weichem Stahl, so wird durch das Herauspressen des nachgiebigen Werkstoffes die Druckfestigkeit herabgesetzt. Aus diesem Grunde ist das Einlegen von Bleischeiben oder dergleichen zwischen die Stirnflächen des Probekörpers und die Druckplatten zu vermeiden; es ist darauf zu achten, daß die Druckplatten aus gutem Hartguß bestehen. Nach Versuchen von Gulliver[1]) können die für die Druckfestigkeit an Probekörpern aus dem gleichen Gußeisen erhaltenen Werte um etwa 20 % schwanken, wenn hinreichend harte bzw. nicht genügend harte Druckplatten für den Druckversuch verwendet werden.

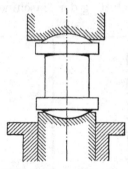

Abb. 242. Anordnung des Druckversuches.

Wenn auch die Druckflächen des Probekörpers vollkommen parallel zueinander sein sollen, so sind doch die Prüfmaschinen für Druckversuche nach Abb. 242 gewöhnlich so eingerichtet, daß wenigstens die eine der beiden Druckplatten mit einer Kugelschalenlagerung versehen ist, um etwaige Ungenauigkeiten in der Probenherstellung auszugleichen. Im allgemeinen ist die untere Platte mit einer derartigen einstellbaren Lagerung versehen, jedoch ist es nach Untersuchungen von Rudeloff[2]) günstiger, wenn die obere Druckplatte in dieser Weise ausgebildet ist. Beim Einbau des Probekörpers ist darauf zu achten, daß seine Mittelachse genau mit der Mittelachse der Maschine zusammenfällt. Dies wird dadurch erleichtert, daß auf der Druckplatte meist ein Netz von konzentrischen Ringen oder Quadraten eingerissen ist.

Hinsichtlich der Proportionalitäts-, Elastizitäts-, Streck- und Bruchgrenze gilt für den Druckversuch mit sinngemäßer Abänderung dasselbe, was bei dem Zugversuch gesagt wurde. Die Streckgrenze pflegt man bei dem Druckversuch als Quetschgrenze zu bezeichnen. Gußeisen, das keine ausgesprochene Streckgrenze bei dem Zugversuch zeigt, weist auch bei dem Druckversuch keine ausgesprochene Quetschgrenze auf. Der Dehnung bei dem Zugversuch entspricht die Verkürzung bei dem Druckversuch, die aber nicht wie die Dehnung als Gütemaßstab für den Werkstoff verwendet wird. Als Druckfestigkeit gilt das Verhältnis: Bruchbelastung, dividiert durch die Fläche des Querschnittes des Probekörpers vor Beginn der Belastung.

¹) Transact. of the Royal Soc. of Edinburgh 28, S. 374.   ²) Dingler, 1905, S. 401.

Der Bruch der Probekörper erfolgt in der Weise, daß sich die einzelnen Teile in Ebenen, die unter bestimmtem Winkel gegen die Kraftrichtung geneigt sind, gegeneinander abschieben. Von der Mantelfläche der Probekörper lösen sich Stücke ab, die an den Druckflächen dünn und nach der Mitte zu dicker sind, so daß ein doppelzylinderförmiger oder doppelpyramidenförmiger Restkörper übrig bleibt. Häufig ist auch die eine Hälfte der Bruchlinie weniger scharf ausgebildet, so daß der Restkörper aus einem Kegel oder einer Pyramide besteht. Hinsichtlich einer für die Druckversuche geeigneten Maschine sei auf die in Abb. 239 dargestellte und bereits beschriebene Maschine oder ähnliche verwiesen.

Der Biegeversuch.

Der Biegeversuch kommt in erster Linie für die Prüfung von Gußeisen, häufig auch für Temperguß, für die Prüfung von Stahlguß nur in beschränktem Maße in Betracht. Bei dem Biegeversuch pflegt man zwei Größen festzustellen, nämlich die Biegefestigkeit und die Größe der Durchbiegung der Probestäbe im Augenblick des Bruches. Der Biegeversuch wird im allgemeinen so ausgeführt, daß der Probestab wagerecht auf zwei Stützen frei aufliegt und in der Mitte belastet wird. Bezeichnet P die Bruchlast, W das Widerstandsmoment des Probestabes, l die Entfernung der Auflager, so ist die Biegefestigkeit K_b

$$K_b = \frac{P\,l}{4\,W};$$

für den rechteckigen Querschnitt ist $W = \frac{b\,h^2}{6}$, wenn b die Breite des wagerecht gelagerten Stabes in der Horizontalebene gemessen und h die Höhe des Stabes in der Vertikalebene gemessen ist. Für den Rundstab, der nach den deutschen Lieferungsvorschriften fast allgemein für Gußeisen in Betracht kommt, ist $W = \frac{\pi\,d^3}{32}$ oder mit hinreichender Annäherung an die Verhältnisse der Praxis $W = 0,1\,d^3$. Alle Größen sind in cm und kg einzuführen, um die Biegefestigkeit in kg/qcm ausgedrückt zu erhalten.

Die Größe der elastischen Durchbiegung f des Stabmittelpunktes gestattet den Elastizitätsmodul E des Werkstoffs für die jeweilige Spannung zu berechnen. Es ist

$$E = \frac{P\,l^3}{48\,J\,f},$$

worin das Trägheitsmoment J für den rechteckigen Querschnitt $J = \frac{b\,h^3}{12}$ und für den kreisförmigen Querschnitt $J = \frac{\pi\,d^4}{64}$ ist.

Die Stabform für die Prüfung des Gußeisens ist durch die jeweiligen Lieferungsvorschriften festgelegt. Nach den in Deutschland im allgemeinen in Betracht kommenden Vorschriften (vgl. S. 421) ist die Biegefestigkeit des Gußeisens an Rundstäben von 30 mm Durchmesser und 650 mm Länge bei 600 mm Auflagerentfernung zu bestimmen. Die Stäbe sind in getrockneten, möglichst ungeteilten Formen stehend, bei steigendem Guß, mittlerer Gießtemperatur und von demselben Abstich, welcher zur Anfertigung der Gußstücke Verwendung findet, herzustellen und bis zur Erkaltung in den Formen zu lassen.

Die Auflager der Prüfmaschinen für Biegeversuche sind stets abgerundet oder walzenförmig ausgebildet, um an den Auflagestellen keinen zu hohen Reibungswiderstand zu besitzen und dadurch die Versuchsergebnisse zu beeinflussen. Über den Auflagerböcken ist meist ein Fangbügel angebracht, um ein Fortschleudern der Bruchstücke des Probestabes zu verhindern.

Zur Messung der Durchbiegung des Probestabes sind an den Prüfmaschinen meist besondere Vorrichtungen vorhanden, welche die Ablesung der Durchbiegung jederzeit während des Biegeversuches gestatten und bei Eintritt des Bruches in der diesem Augenblick entsprechenden Stellung stehen bleiben. Sind derartige Einrichtungen nicht vorhanden, so kann man sich durch einen einfachen Hebelzeiger nach Abb. 243 helfen. An dem kurzen Hebelende befindet sich eine Schneide, die am Stabmittelpunkt angreift.

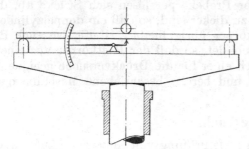

Abb. 243. Durchbiegungsmesser.

Abb. 244. Biegemaschine von Amsler-Laffon.

Abb. 245. Biegemaschine von Losenhausen.

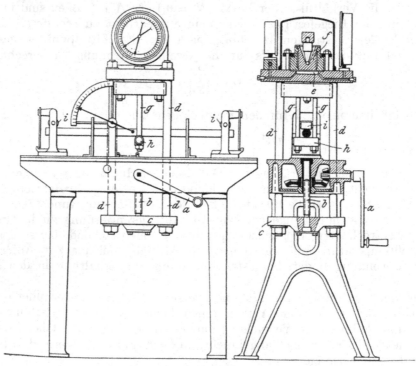

Abb. 246. Biegemaschine von Losenhausen.

Die Durchbiegung des Stabes kann in entsprechender Vergrößerung am Teilkreise abgelesen werden. Man kann z. B. auch so vorgehen, daß man über die beiden Auflagerböcke eine an beiden Enden durch Gewichte belastete dünne Schnur legt, die dadurch horizontal ausgespannt wird. An dem auf die Stabmitte wirkenden Druckstück befestigt man einen Maßstab derart, daß sich seine Teilung in unmittelbarer Nähe der Schnur befindet. Nähert sich bei eintretender Durchbiegung das Druckstück dem Querhaupt der Maschine, so verschiebt sich damit der Maßstab gegen die Schnur und gestattet eine Messung der Durchbiegung.

In Abb. 239 wurde bereits eine auch für Biegeversuche geeignete Universalmaschine der Firma Amsler-Laffon & Sohn in Schaffhausen dargestellt und eingehend beschrieben. Eine ausschließlich für die Prüfung von Stäben auf Biegung bestimmte Maschine dieser Firma ist in Abb. 244 wiedergegeben. Diese Maschine ist eine hydraulische Presse, in deren Zylinder mit Hilfe einer auf der rechten Seite sichtbaren Kurbel von einer Druckpumpe Öl gepumpt wird, das einen Kolben aufwärts drückt. Der Kolben spielt ohne Manschettendichtung reibungslos im Zylinder. Zylinder und Kolben sind in der Abbildung nicht sichtbar. Auf dem Kolben ruht ein U-förmiger Balken, in dem der Probestab auf zwei durchgesteckten Bolzen liegt. Diese bilden die Auflager bei dem Biegeversuch. Die Mittelschneide ist am Oberteil des Maschinengestells befestigt. Steigt der Kolben im Zylinder in die Höhe, so wird der Probestab gegen die Mittelschneide gedrückt. Die Auflager können in Entfernungen von 40, 60, 80, 100 cm im U-Balken gelagert werden. Bei jedem Auflager ist ein Bügel vorgesehen, der verhindern soll, daß die Bruchstücke des Probestabes wegspringen. Oben auf der Maschine ist ein Zifferblatt angebracht, das die Durchbiegung des Probestabes auf einer Kreisteilung anzeigt. Das Zifferblatt dreht sich, solange sich der Probestab biegt. Im Augenblick des Bruchs bleibt das Zifferblatt stehen und zeigt die Durchbiegung beim Bruch an.

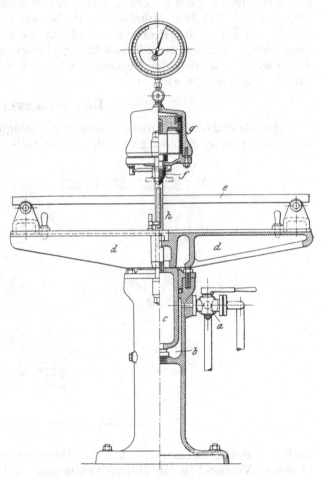

Abb. 247. Biegemaschine von Mohr & Federhaff.

Die aufgewandte Kraft wird an dem großen Zifferblatt vorn an der Maschine abgelesen. Die Übertragung des im Druckzylinder herrschenden Flüssigkeitsdruckes auf den Zeiger dieses Zifferblattes geschieht durch ein genaues Pendelmanometer. Rechts von diesem Zifferblatt befindet sich ein Schaulinienzeichner.

In den Abb. 245 und 246 ist eine Sondermaschine für Biegeversuche an Gußeisenstäben von der Düsseldorfer Maschinenbau-Aktiengesellschaft vormals J. Losenhausen in Düsseldorf-Grafenberg dargestellt. Durch die Handkurbel a und ein Kegelradpaar werden die Schraubenbolzen b und damit das Querhaupt c und das Gestänge d nach oben geschoben. Das Gestänge trägt an seinem oberen Ende eine Platte, auf der die zur Kraftmessung benutzte Meßdose ruht. Diese besteht im wesentlichen aus einem mit Wasser, Öl oder dergleichen gefüllten flachen Hohlraum e, der durch eine Gummimembrane abgedichtet ist. Auf dieser Membrane liegt der Kolben f. Auf ihn stützt sich ein Gehänge g, dessen unteres Ende ein Querstück h trägt. Auf letzterem ruht der Mittelpunkt des Probestabes. Die beiden Enden des Probestabes legen sich gegen die Walzen i. Wird durch die Handkurbel das Gestänge d und damit die Meßdose und auch das Querstück h nach oben gehoben, so biegt sich der Probestab, dessen Enden an den Walzen fest liegen, nach oben durch. An dem Querstück h ist eine Schnur angebracht, die über Rollen zu dem Meßapparat geführt ist, der die Durchbiegung des Probestabes abzulesen gestattet.

In Abb. 247 ist eine weitere Sondermaschine für Biegeversuche an Gußeisenstäben von der Mannheimer Maschinenfabrik Mohr & Federhaff dargestellt. Durch ein Ventil a wird Preßwasser in den Zylinder b geleitet. Dadurch wird der Tauchkolben c und das Querhaupt d gehoben. Auf den verstellbaren Böcken des Querhauptes ruht der Probestab e. Bei dem Anheben des Probestabes infolge des Zuführens des Druckwassers drückt die Mitte des Probestabes auf ein schneideartig ausgebildetes Stück f, das die ausgeübte Belastung auf die Meßdose g überträgt, an der die Belastung abgelesen wird. Am Maßstabe h wird die Durchbiegung des Stabes abgelesen. Die Maschine wird auch für Handbetrieb gebaut.

Der Schlagversuch.

Der Schlagversuch, insbesondere der Schlagbiegeversuch dient zur Feststellung der Zähigkeit bzw. Sprödigkeit des Werkstoffs. Er ist für Stahlguß, Temperguß und

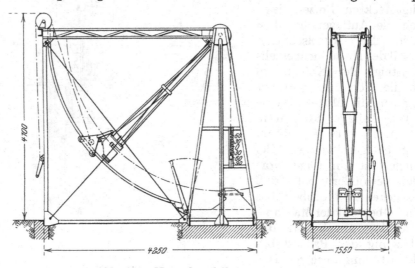

Abb. 248. Normalpendelhammer von 75 mkg.

auch als Betriebskontrollversuch für Gußeisen zu empfehlen. Im Jahre 1907 hat der Deutsche Verband für die Materialprüfungen der Technik für Schlagversuche drei Normalpendelhämmer von 10, 75 und 250 mkg Schlagarbeit eingeführt. Für Gießereibetriebe dürfte der in Abb. 248 dargestellte 75 mkg-Hammer in erster Linie in Betracht kommen. Er besteht im wesentlichen aus einem kräftigen Rahmen aus Profileisen, einer Schabotte und dem Pendel. Letzteres schwingt in Kugellagern um eine wagerechte Achse. Bei dem Versuch wird der Probestab in die betreffende Aussparung der Schabotte gelegt und das Pendel aus der senkrechten Ruhelage bis zu einer bestimmten Höhe angehoben. Dann läßt man das Pendel fallen, so daß die Probe mit einem Schlage durchgeschlagen wird. Das Pendel schwingt nach dem Bruch des Probestabes über die senkrechte Lage hinaus nach der anderen Seite bis in eine Höchstlage, die zu messen ist. Zieht man die dieser Höchstlage entsprechende Energie von derjenigen ab, die das Pendel zu Beginn des Versuches in der Lage hatte, aus der es frei zu fallen begann, so erhält man die für den Bruch des Probestabes aufgewandte Energie oder Schlagarbeit. Die auf 1 qcm des Bruchquerschnittes bezogene Schlagarbeit nennt man spezifische Schlagarbeit oder bei eingekerbten Proben Kerbzähigkeit. Als Kerbschlagproben sind quadratische Probestäbe von 160 mm Gesamtlänge und 30 mm Kantenlänge gebräuchlich. In der Mitte der Längsachse ist ein Loch von 4 mm Durchmesser zu bohren, das nach der einen Seite aufgeschnitten wird. Das Loch ist so zu bohren, daß es die Längsmittellinie des Stabes berührt, so daß der Bruchquerschnitt des Stabes 15 × 30 mm beträgt. Für Betriebskontrollversuche an Gußeisen dürfte es sich häufig empfehlen, ungekerbte Probestäbe zu verwenden.

Die Härteprüfung.

Die Härteprüfung von Metallen und auch des gießbaren Eisens erfolgt meist nach dem Brinellschen Kugeldruckverfahren. Eine gehärtete Stahlkugel vom Durchmesser D wird durch eine Belastung in die Oberfläche des zu prüfenden Werkstoffs hineingedrückt. Dadurch entsteht ein bleibender Kugeleindruck, der desto größer ist, je weicher der Werkstoff ist. Das Verhältnis $\dfrac{\text{Belastung der Kugel in kg}}{\text{sphärische Fläche des Eindruckes in qmm}}$ ist die Härtezahl oder sogenannte Kugeldruckhärte. Für die verschiedenen Materialien sind nach dem Normenausschuß der Deutschen Industrie folgende Kugeldurchmesser und Belastungen zu verwenden:

Kugeldurch-messer D mm	Probendicke mm	Belastung kg		
		30 D² für Gußeisen und Stahl	10 D² für hartes Kupfer, Messing, Bronze usw.	2,5 D² für weichere Metalle
10	über 6	3000	1000	250
5	von 6 bis 3	750	250	62,5
2,5	unter 3	187,5	62,5	15,6

Um die sphärische Fläche des Kugeleindruckes zu berechnen, muß man entweder die Tiefe des Kugeleindruckes h oder den Durchmesser d des Kugeleindruckrandes messen (Abb. 249). Letzteres wird meist vorgezogen $\left[\dfrac{\pi D}{2}\cdot(D-\sqrt{D^2-d^2})\right]$. Das Ausmessen der Größe d erfolgt gewöhnlich durch einen besonderen mit einer Lupe versehenen

Abb. 249. Kugeldruckprobe nach Brinell.

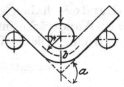

Abb. 250. Technologische Biegeprobe.

Meßapparat, der noch $^1/_{100}$ mm genau abzulesen gestattet. Aus einer entsprechenden Zahlentafel [1]) kann sofort die jeder Größe von d entsprechende Härtezahl entnommen werden.

Zur Feststellung der Härte des Gußeisens für Betriebskontrollversuche benutzt man auch Bohrmaschinen [2]). Die Bohrspindel wird stets gleichmäßig belastet. Als Maßstab für die Härte dient das Gewicht der in der Zeiteinheit erzielten Bohrspäne. Um ein Klemmen des Bohrers zu verhindern und eine leichte Entnahme der Bohrspäne zu gestatten, sind diese Maschinen zum Teil so eingerichtet, daß der Bohrer von unten gegen das Probestück geführt wird, so daß die Späne durch ihr Eigengewicht aus dem Bohrloch fallen.

Die technologische Biegeprobe (Faltversuch).

Bei dem Biegeversuch (siehe S. 397) wird die Biegefestigkeit und die Durchbiegung im Augenblick des Bruches bestimmt. Bei der technologischen Biegeprobe

---

[1]) Z. f. Baumaterialienkunde 1900, S. 275; Stahleisen 1901, S. 382, 465.
[2]) Am. Mach. 1897, S. 245; Stahleisen 1904, S. 186; Werkst.-Techn. 1911, S. 39.

wird ein prismatischer Probestab um einen Dorn von bestimmtem Durchmesser gebogen und festgestellt, bis zu welchem Biegewinkel α (Abb. 250) die beiden Schenkelenden gebogen werden können, ehe ein Anbruch an der am stärksten gestreckten Faser bei b eintritt. Im günstigsten Falle lassen sich die beiden Enden des Probestabes flach zusammenbiegen, so daß sie einander auf der ganzen Länge berühren. Als Gütemaßstab gilt auch die Tetmajersche Biegegröße $Bg = \dfrac{50 \cdot a}{r}$, wenn a die Dicke des Stabes und r der Biegehalbmesser der neutralen Faser ist. Die jeweiligen Lieferungsvorschriften machen über den Durchmesser des Dornes und die Abmessungen der Probestäbe genaue Angaben. Die Probe kann in einfacher Weise ausgeführt werden, indem der Stab zunächst durch Hammerschläge um eine Amboß- oder Schraubstockkante vorgebogen und danach im Schraubstock weiter zusammengebogen wird. Diese Art der Probeausführung ist jedoch für wichtigere Abnahmeversuche nicht einwandfrei. In solchen Fällen empfiehlt es sich, die Biegeprobe in einer für diesen Zweck geeigneten Maschine auszuführen, deren wesentliche Teile in Abb. 250 schematisch dargestellt sind.

B. Festigkeitseigenschaften des gießbaren Eisens.

Einfluß der Gefügebeschaffenheit.

Roh gegossenes Eisen weist gegenüber Eisen, das durch Walzen, Überschmieden, Pressen oder dergleichen verdichtet und vergütet ist, eine geringere Festigkeit und größere Sprödigkeit auf. Der Grund hierfür ist zunächst darin zu suchen, daß dem flüssigen Eisen während der Abkühlung ausgiebig Gelegenheit zur Bildung von Kristallen geboten ist. Die Erfahrung lehrt, daß im allgemeinen die Festigkeit um so geringer ist, je größer die einzelnen Kristallkörner sind, je grobkörniger also das Gefüge ist. Die Größe der Kristallkörner hängt von der chemischen Zusammensetzung und der Abkühlungsgeschwindigkeit, letztere unter sonst gleichen Umständen wiederum von der Dicke bzw. Wandstärke des Gußstückes ab. Langsamere Abkühlung bedingt größere Kristalle. Hieraus folgt, daß bei dickwandigen Gußstücken die Festigkeit im Inneren geringer ist als an der Oberfläche.

Nach Leyde [1]) haben schätzungsweise die Kristalle in der Mitte von Stücken verschiedener Wandstärke infolge der verschieden schnellen Abkühlung die nachstehend angegebene Größe. Diese Werte beziehen sich auf mittelwertiges Maschinengußeisen.

Wandstärke:	400 mm	Kristallgröße:	4 bis 5 mm
,,	200 mm	,,	2 ,, 3 mm
,,	100 mm	,,	1 ,, 2 mm
,,	50 mm	,,	0,5 ,, 1 mm
,,	10 mm	,,	0,25 mm.

Die üblichen technischen Gußeisensorten liegen hinsichtlich ihres Gefüges zwischen den beiden Grenzzuständen, dem harten und spröden „weißen" Roheisen, bestehend aus Zementit und Perlit, und dem sehr weichen, nur aus Ferrit und Graphit bestehenden Gußeisen. Ersteres entsteht, wenn infolge der Zusammensetzung usw. kein Anlaß zur Graphitausscheidung gegeben ist, und letzteres kann entstehen, wenn z. B. durch Siliziumzusatz der Zementit in Ferrit und Graphit bzw. Temperkohle zerfällt; begünstigt wird dieser Vorgang noch durch langsame Abkühlung bis unterhalb des Perlitpunktes.

Der Graphit ist an und für sich ein mürber Körper von geringer Festigkeit und besitzt ferner die hinsichtlich der Festigkeit unangenehme Eigenschaft, sich in hexagonalen Blättchen auszuscheiden. Infolge dieser Blättchenform bietet er eine große Oberfläche und unterbricht dadurch den Zusammenhang zwischen den eisenhaltigen Kristallen, so daß der für die Aufnahme von Spannungen nutzbare Eisenquerschnitt wesentlich verkleinert wird.

---

[1]) Stahleisen 1904, S. 186.

Ähnliches gilt von temperkohlehaltigem Eisen, das durch seinen Gehalt an wenig fester Temperkohle ebenfalls den zur Übertragung von Spannungen nutzbaren Eisenquerschnitt schwächt.

Auch Ferrit, der weichste Gefügebestandteil der Eisen-Kohlenstofflegierungen verleiht dem Gußeisen nur geringe Festigkeit. In der Absicht, hochwertiges Gußeisen zu erlangen, ist daher neuerdings angestrebt worden, ein Gußeisen zu erzeugen, dessen Kleingefüge in der Hauptsache nur aus Perlit und Graphit besteht[1]. Bei dem Verfahren von Diefenthäler und Sipp[2] wird das Auftreten von Ferrit und Zementit infolge geeigneter Gattierung und Wärmebehandlung der Gußformen fast ganz vermieden, wodurch ein Gußeisen, der sog. Perlitguß, gewonnen wird, das nach Untersuchungen von Bauer u. a.[3] sehr gute Zug- und Biegefestigkeit, hohe Schlagfestigkeit, mäßige Härte, große Widerstandsfähigkeit gegen Abnutzung bei gleitender Reibung und geringe Neigung zum Lunkern im Vergleich mit gewöhnlichem Grauguß zeigt. Es fanden sich folgende mittlere Werte (Zahlentafel 143):

Zahlentafel 143.
Chemische Zusammensetzung.

Werkstoff	Gesamt C %	Gebund. C %	Graphit %	Si %	Mn %	P %	S %
Gewöhnliches Gußeisen .	3,29	0 30	2,99	2,79	0,56	1,15	0,084
Zylinder-Guß	3,51	0,67	2,84	1,74	0,66	0,50	0,076
Perliteisen	3,25	0,84	2,41	1,11	0,79	0,40	0,154

Festigkeitswerte.

Werkstoff	Brinellhärte kg/qmm	Zugfestigkeit kg/qmm	Biegefestigkeit kg/qmm	Durchbiegung mm	Kerbschlagfestigkeit mkg/qcm	Schlagzahl bis zum Bruch
Gewöhnliches Gußeisen .	37	13	30	9	20	5
Zylinderguß	40	20	40	11	30	18
Perliteisen	44	26	50	15	40	65

Einfluß der Wärmebehandlung.

Von wesentlichem Einfluß auf die Festigkeit des gießbaren Eisens ist die Wärmebehandlung. Schon die Gießwärme spielt meist eine erhebliche Rolle. Cook[4] stellte Zerreißversuche an Gußeisenstäben an, die bei verschiedenen Temperaturen gegossen waren, und fand, wie Zahlentafel 144 zeigt, daß sowohl eine zu hohe als auch eine zu niedrige Gießwärme ungünstig auf die Festigkeit einwirken.

Adamson[5] goß aus der gleichen Pfanne eine Anzahl von Probestäben während eines Zeitraumes von 20 Minuten. Die zuerst gegossenen Stäbe wiesen die höchste Festigkeit auf. Ebenso nehmen nach Oberhoffer und Stein[6] die Zugfestigkeit, die Biegefestigkeit, die Härte, die Schlagfestigkeit und das spezifische Gewicht mit der Gießtemperatur ab.

---

[1] Vgl. P. Goerens, Über die Konstitution des Roheisens. Stahleisen 1906, S. 397.

[2] Stahleisen 1920, S. 1141; s. a. S. 208.

[3] Stahleisen 1923, S. 553; Gieß. 1923, S. 287; Foundry Trade J. Bd. 27, 1923, S. 453 und 492; Bd. 28, 1923, S. 1 u. 16; vgl. auch Stahleisen 1924, S. 330, 753.

[4] Castings 1908, Aprilheft, S. 18; Stahleisen 1908, S. 922.

[5] Stahleisen 1909, S. 1577.

[6] Gieß. 1923, S. 423; Stahleisen 1923, S. 1502.

Zahlentafel 144.
Gießwärme und Zugfestigkeit bei Gußeisen.

Gebundener C %	Graphit %	Si %	Mn %	S %	P %	Gießwärme °C.	Zugfestigkeit kg/qmm
3,4	—	0,39	0,05	0,02	0,02	1320 1230 1120	17,5 25,4 19,3
0,52	3,4	1,78	0,28	0,04	0,27	1400 1350 1245	15,4 22,5 17,0

Auch die Abkühlungsgeschwindigkeit des gegossenen Werkstoffs ist von erheblichem Einfluß auf die Festigkeit. Jüngst berichtet über folgende Versuche von Fr. Meyer [1]): „Es wurden einzelne Probestäbe von rundem und quadratischem Querschnitt gegossen. Ferner wurden aus dem gleichen Abstich Platten und kastenförmige Hohlkörper gegossen, wobei die Dicke der Platten und der Kastenwandung gleich der Kantenlänge des quadratischen Querschnittes der Probestäbe war. Aus diesen Platten und Hohlkörpern wurden dann ebenfalls Probestäbe herausgearbeitet, deren Abmessungen genau denen der einzeln gegossenen Probestäbe von quadratischem Querschnitt entsprachen. Es ergab sich, daß infolge der verschieden schnellen Abkühlung die einzeln gegossenen Probestäbe eine höhere Zug- und Biegefestigkeit aufwiesen, als die den Platten und Hohlkörpern entnommenen Probestäbe; dagegen besaßen letztere eine größere Schlagfestigkeit und eine größere Durchbiegung bei dem Biegeversuch. Diese Versuche zeigen, daß durch langsames Abkühlen die Zug- und Biegefestigkeit verringert wird."

Durch Ausglühen nimmt die Festigkeit von Gußeisen ab. Diese Festigkeitsabnahme ist durch eine Änderung der Kohlenstofform, sowie durch eine Änderung des Gefüges bedingt. Letzteres wird grobkörniger, während die im Eisen vorhandene Härtungskohle in Karbidkohle und bei längerer Glühdauer in Temperkohle übergeht. Die Höhe der schädlichen Glühtemperatur richtet sich nach der Zusammensetzung des Gusses. Amerikanische Versuche [2]) ergaben bis 615° keine Änderung der Festigkeitseigenschaften, dann eine Verminderung, aber erst von 660° ab in Verbindung mit einer Gefügeänderung. Die gleiche Untersuchung zeigte, daß nachträgliches Abschrecken des Gußeisens die Festigkeit herabsetzen kann, z. B. bei dem untersuchten Gußeisen bei Abschrecktemperaturen zwischen 650—760°, bei gleichzeitiger Abnahme des gebundenen Kohlenstoffs.

Versuche von Campion und Donaldson [3]) bestätigten dies für 6 verschiedene Gußeisensorten folgender Zusammensetzung (s. Zahlentafel 145).

Zahlentafel 145.
Abschrecken und Zugfestigkeit bei Gußeisen.

Sorte	C %	Graphit %	Si %	S %	P %	Mn %	Zugfestigkeit kg/qmm
1	3,29	2,72	1,75	0,11	1,54	0,55	16,1
2	3,14	2,33	1,84	0,11	0,87	0,51	23,7
3	2,85	1,95	1,45	0,16	1,04	0,46	26,2
4	3,38	2,64	1,56	0,07	0,95	0,54	20,5
5	3,38	2,66	1,24	0,06	0,75	1,08	21,1
6	3,30	2,60	1,72	0,07	0,77	1,66	23,2

[1]) Stahleisen 1909, S. 1177.
[2]) Iron Age 1922, S. 1007; Transact. Am. Soc. Steel Treat. 1923, S. 833.
[3]) Foundry Trade J. Bd. 26, 1922, S. 32.

Nach einem Festigkeitsminimum nach Glühen bei 200—300⁰ C. trat erst bei Glüh-temperaturen von 500—600⁰ C. die Festigkeitsabnahme ein. Wiederholtes Ausglühen bei der gleichen Glühtemperatur ließ das Minimum verschwinden und verringerte ganz allgemein die Festigkeit, und zwar um so stärker, je höher die Glühtemperatur und die Zahl der Glühungen waren. Hoher Gehalt an Mangan und niedriger Phosphorgehalt wie bei Sorte 5 und 6 soll diesen Festigkeitsverlust verhindern.

Die Wirkung des Weichglühens tritt nach Piwowarsky ein, wenn man schnell bis wenig über Ac_1 erhitzt und 1—2 Grad/min. bis Ar_1 abkühlt.

Nach Versuchen von Outerbridge [1] fiel die Zugfestigkeit von grauem Gußeisen durch neunstündiges Glühen unter Luftabschluß bei einer Versuchsreihe von 26,2 auf 17,3 kg/qmm, bei einer zweiten Versuchsreihe von 25,4 auf 17,3 kg/qmm.

Durch wiederholtes Erhitzen von Gußeisen tritt nach den Versuchen von Outer-bridge [2] eine erhebliche Rauminhaltsvergrößerung auf, womit eine Festigkeitsabnahme bis zu etwa 30⁰/₀ verbunden ist. Stäbe, die zwecks Verhinderung einer Sauerstoffaufnahme in geschlossenen Tonröhren 100 mal auf 650⁰ C. erhitzt und langsam abgekühlt wurden, ergaben eine Verlängerung von 8,3⁰/₀. Eine bearbeitete Riemenscheibe von 374,7 mm Durchmesser hatte nach viermaligem Erhitzen einen um 4,8 mm größeren Durchmesser. Outerbridge versucht, diese Rauminhaltszunahme nicht durch eine Änderung der chemischen Zusammensetzung oder des Gefüges, sondern dadurch zu erklären, daß die Kristalle bei der Abkühlung nicht wieder in ihre ursprüngliche Lage zurückkehren. Rugan und Carpenter [3] haben hierüber Versuche angestellt und an Zylindern von 150 mm Länge und 23 mm Durchmesser durch 99 maliges Erhitzen auf etwa 850 bis 900⁰ in einer geschlossenen Muffel ein Wachsen der Proben (Rauminhaltszunahme) um etwa 37⁰/₀ und eine Gewichtszunahme von etwa 8⁰/₀ gefunden. Das Wachsen des Gußeisens findet insbesondere bei Gegenwart von freiem Kohlenstoff in Gestalt von Graphit oder Temperkohle statt. Die Forscher fanden, daß das Wachsen des Gußeisens mit steigendem Siliziumgehalt zunimmt. Sie erklären das Wachsen dadurch, daß die umgebende Luft und die Verbrennungsgase das Eisensilizid in die entsprechenden Oxyd-verbindungen umwandeln. Diese Erklärung wurde durch die chemische Analyse be-stätigt [4].

Stahlguß, dessen Gefüge in roh gegossenem Zustand namentlich bei größeren Stücken nie ganz gleichmäßig ist, erhält durch Ausglühen ein gleichmäßiges, fein-körniges Gefüge, wodurch seine Festigkeit und Zähigkeit wesentlich gesteigert werden. Eine weitere Steigerung der Festigkeit von Stahlguß wird durch Abschrecken von einer Temperatur von mehr als 700⁰ C. erreicht, wobei der Kohlenstoff in Härtungskohle über-geht. Allerdings ist mit dem Abschrecken eine Zunahme der Sprödigkeit verbunden, jedoch kann diese durch nachfolgendes Anlassen wieder beseitigt werden. In welcher Weise sich die Festigkeit und Dehnung (Zähigkeit) von Stahlguß durch Ausglühen, Abschrecken und Anlassen ändern, mögen einige Versuche von Holley [5] zeigen, die in Zahlentafel 146 wiedergegeben sind. Die gleichen Feststellungen macht Giolitti [6] beim Vergleich von Stahlguß aus Kohlenstoffstahl und Nickelstahl.

Nach zahlreichen Versuchen von Outerbridge [7] steigt die Festigkeit von Guß-eisen durch oft wiederholte Erschütterungen, wie sie z. B. bei Verwendung von Scheuertrommeln zwecks Entfernung des an der Gußoberfläche haftenden Sandes auftreten. Outerbridge fand z. B. eine Zunahme der Biegefestigkeit von 25,8 auf 29,8 kg/qmm, also eine Zunahme von 15,5⁰/₀. Bei einigen Versuchsreihen betrug die Festigkeitszunahme sogar bis zu 40⁰/₀. Er erklärt diese Festigkeitszunahme durch eine infolge der Erschütterungen mögliche Umlagerung der Kristallkörner und eine dadurch

---

[1] Baumaterialienkunde 1902, S. 355.

[2] Stahleisen 1904, S. 407, vgl. auch S. 368.

[3] J. Iron Steel Inst. 1909, Bd. 2, S. 29; vgl. auch Stahleisen 1909, S. 1748.

[4] Vgl. hierzu S. 368.

[5] Nach A. Ledebur, Handb. d. Eisen- u. Stahlgieß., S. 60.

[6] Chem. Met. Engg. 1921, S. 113.

[7] Stahleisen 1898, S. 212; Stahleisen 1904, S. 407; J. Frankl. Inst. Bd. 150, 1900, S. 331.

eintretende Beseitigung innerer Gußspannungen. Seine Versuche erstreckten sich auf etwa 1000 Versuchsstäbe und ergaben stets dieselbe Tatsache. Allerdings sei bemerkt, daß Harrison [1]) eine Bestätigung dieser Tatsache nicht feststellen konnte.

Zahlentafel 146.
Ausglühen, Abschrecken und Anlassen von Stahlguß.

Kohlenstoff %	Festigkeitswerte	Roh gegossen	Geglüht	Abgeschreckt und angelassen
0,26	Zugfestigkeit in kg/qmm	47,3	47,9	55,8
	Dehnung in %	13,5	27,5	20,3
0,42	Zugfestigkeit in kg/qmm	60,2	73,7	76,0
	Dehnung in %	2,7	13,0	11,7
0,63	Zugfestigkeit in kg/qmm	54,1	75,7	113,7
	Dehnung in %	1,6	7,2	0,8

Durch schnelle Abkühlung flüssigen Gußeisens wird im allgemeinen die Graphitausscheidung beeinträchtigt, die Bildung weißen Eisens begünstigt und damit die Härte des Eisens erhöht. Diese Abschreckwirkung wird nach Versuchen von Adamson [2]) durch den Zusatz von Phosphor und Aluminium verringert, durch den Zusatz von Mangan dagegen erhöht. Nach Kick [3]) wird Gußeisen, das im glühenden Zustand in einer gesättigten Kochsalzlösung oder in einem Bade von 100 Teilen Wasser, 10 Teilen Schwefelsäure und 1 Teil Salpetersäure abgeschreckt wird, wesentlich härter.

Einfluß der Querschnittsabmessungen von Gußstäben und der Gußhaut.

Die Festigkeit des Gußeisens, insbesondere auch die Festigkeit von Gußeisenstäben, wie sie für Zug- und Biegeversuche verwendet werden, ist in außerordentlich hohem Maße von den Querschnittsabmessungen abhängig. Dickere Stäbe, die langsam erkalten und infolgedessen eine größere Graphitausscheidung und ein gröberes Gefüge aufweisen, haben eine geringere Festigkeit als dünne Stäbe. Reusch [4]) goß aus dem gleichen Einsatz Rundstäbe von verschiedenem Durchmesser und fand folgende Biegefestigkeiten:

Stabdurchmesser in mm	45	40	35	30	25	20	15	10
Biegefestigkeit in kg/qmm . . .	28,71	27,97	28,78	29,98	30,74	32,54	35,25	42,69

Ähnliche Verhältnisse ergaben Versuche von Leyde [5]). Auch Henning [6]) berichtet ausführlich über diesen Gegenstand und zeigt die Abhängigkeit der Festigkeit von dem Stabquerschnitt an zahlreichen Schaubildern. Neue Untersuchungen von Wüst und Bardenheuer [7]) bestätigen diese Ergebnisse. Oberhoffer und Poensgen [8]) gossen einen großen Block mit möglichst gleichmäßiger Graphitausscheidung und entnahmen daraus Zug- und Biegestäbe von 5, 10, 15, 20, 25 und 30 mm Durchmesser. Bei einer

[1]) Stahleisen 1898, S. 213.
[2]) Engineering 1906, S. 27.
[3]) Vorlesungen über mechanische Technologie.
[4]) Stahleisen 1903, S. 1185; Gieß.-Zg. 1905, S. 54.
[5]) Stahleisen 1904, S. 94.
[6]) Baumaterialienkunde 1896/97, S. 303.
[7]) Mitt. Kais. Wilh. Inst. f. Eisenforsch. Bd. 4, 1922, S. 125.
[8]) Stahleisen 1922, S. 1189.

chemischen Zusammensetzung des Blockes von 3,24% C, 2,75% Graphit, 1,78% Si, 0,55% Mn, 0,38% P und 0,08% S änderten sich die Festigkeitseigenschaften wie folgt:

Stabdurchmesser in mm	5	10	15	20	25	30
Zugfestigkeit kg/qmm	9	12	13,2	13,8	13,9	13,9
Biegefestigkeit kg/qmm	—	26	28,7	30	30,2	30,2
Kugeldruckhärte	90	90	90	90	90	90

In Stäben von quadratischem oder rechteckigem Querschnitt treten infolge der ungleichmäßigen Erstarrung an den Ecken und im Innern, sowie auch infolge der dadurch bedingten verschiedenen chemischen Zusammensetzung stets Gußspannungen auf, die eine geringere Festigkeit bedingen. Nach Bach [1]) verhalten sich die an Stäben mit Gußhaut von verschiedener Querschnittsabmessung für die Biegefestigkeit ermittelten Werte wie folgt:

Stabquerschnitt	quadratisch, 30 mm Kantenlänge	rund Durchmesser in mm		
		40	30	20
Biegefestigkeit	1	1,09	1,21	1,44

Gußeisenstäbe mit Gußhaut haben eine geringere Festigkeit, als Stäbe von gleichen Abmessungen ohne Gußhaut, die aus Stäben von größerem Querschnitt herausgearbeitet worden sind. Dies ist zunächst darauf zurückzuführen, daß die Gußhaut spröde ist und eine geringere Dehnungsfähigkeit besitzt als der Kern des Gußeisenstückes. Bei Belastungen wird daher die Gußhaut verhältnismäßig höhere Spannungen aufzunehmen haben als das Kernmaterial und infolgedessen zunächst einreißen. Auch enthalten Gußstücke mit Gußhaut wegen der schnellen Abkühlung an der Oberfläche stets Spannungen, die bei Belastungen die Herbeiführung des Bruches unterstützen. Derartige Gußspannungen werden durch Entfernung der Gußhaut zum großen Teil beseitigt, wodurch das Eisen an Festigkeit gewinnt. Nach Versuchen von Bach [2]) beträgt die Zunahme der Biegefestigkeit durch Entfernung der Gußhaut etwa 15%. Aus dem eben Gesagten folgt auch, daß die Durchbiegung bearbeiteter Stäbe größer ist als die Durchbiegung gleich großer Stäbe mit Gußhaut.

Einfluß der chemischen Zusammensetzung.

Der Kohlenstoff tritt im Eisen in chemisch gebundener Form als Härtungskohle oder Karbidkohle oder in freier Form als Graphit oder Temperkohle auf. Härtungs- und Karbidkohle erzeugen ein feinkörniges und daher festes Gefüge und bedingen infolgedessen eine hohe Festigkeit, mit der eine wesentliche Härte und Sprödigkeit verbunden ist. Graphit, der in feinen Blättchen im Eisen auftritt, bewirkt, daß das Gefüge des Gußeisens an Zusammenhang verliert, und vermindert infolgedessen die Festigkeit [3]). Gleiches gilt von der Temperkohle. Dieser freie Kohlenstoff, der aus chemisch an das Eisen gebundenem Kohlenstoff entstanden ist, unterbricht in gleicher Weise wie Graphit das Gefüge des Eisens. Nach Wüst [4]) wird die Festigkeit des Tempergusses nicht dadurch beeinflußt, daß die Temperkohle durch Oxydation mehr oder weniger vollständig entfernt wird. Nach Ledebur enthalten Gußeisensorten, die sich durch hohe Festigkeit

---

[1]) Z. V. d. I. 1908, S. 2061.
[2]) Z. V. d. I. 1889, S. 140.
[3]) Mitt. Kais. Wilh. Inst. f. Eisenforsch. Bd. 4, 1922, S. 125ff.
[4]) Met. 1907, S. 45; vgl. auch S. 261.

auszeichnen, bei einem Gesamtkohlenstoffgehalt von $3,0-3,5\%$ etwa $0,4-0,7\%$ gebundenen Kohlenstoff und $1,8-3,2\%$ Graphit [1]). Orthey [2]) empfiehlt zur Erzielung einer möglichst hohen Zugfestigkeit folgende chemische Zusammensetzung: $1,00-1,50\%$ Silizium, $0,60-0,80\%$ Mangan, bis $0,50\%$ Phosphor, $0,07-0,12\%$ Schwefel, $3,10-3,50\%$ Gesamtkohlenstoff, von dem etwa $1/4$ gebundener Kohlenstoff sein soll. Desgleichen empfiehlt er zur Erzielung einer hohen Druck- und Biegefestigkeit folgende Zusammensetzung: Mehr als 2% Silizium, $0,30-1,00\%$ Mangan, etwa $0,10\%$ Phosphor, bis zu $0,05\%$ Schwefel und $3,60-4,0\%$ Kohlenstoff bei hoher Graphitausscheidung.

Ein mäßiger Siliziumgehalt erhöht unmittelbar in geringem Maße die Festigkeit des gießbaren Eisens. Bei entsprechend hohem Kohlenstoffgehalt wirkt Silizium dagegen mittelbar durch Begünstigung der Ausscheidung von Graphit herabmindernd auf die Festigkeit ein. Da diese Ausscheidung von dem gleichzeitig vorhandenen Mangangehalt abhängt, so kann also ein verschieden hoher Gehalt an Silizium die gleiche Festigkeitsabnahme bewirken. Nach zahlreichen Versuchen von Wüst und Goerens [3]) an Probestäben von Dampfzylinderguß mit einem Siliziumgehalt von $0,92-2,13\%$, einem Mangangehalt von $0,56-1,21\%$ und einem Gesamtkohlenstoffgehalt von $3,36-3,62\%$ ist bei hohem Siliziumgehalt die Festigkeit um so größer, je geringer die gleichzeitig im Eisen enthaltene Gesamtkohlenstoffmenge ist. Andererseits darf, um eine hohe Festigkeit zu erzielen, der Gesamtkohlenstoffgehalt um so höher sein, je geringer der Siliziumgehalt ist. Die Zugfestigkeit der untersuchten Gußeisensorten schwankte zwischen 10,8 bis 24,8 kg/qmm, die Biegefestigkeit zwischen $30,3-49,7$ kg/qmm.

Nach Versuchen von Hatfield [4]) zeigte ein Gußeisen mit $0,2\%$ Mangangehalt bei einem von $0,2-2,3\%$ wachsenden Siliziumgehalt eine geringe Abnahme der Zugfestigkeit. Nach Jüngst kann ein Gehalt von über $2,5\%$ Silizium bereits eine wesentliche Festigkeitsabnahme bedingen. Nach Messerschmitt [5]) beseitigt ein hoher Siliziumgehalt den schädlichen Einfluß des Schwefels, insbesondere die Sprödigkeit des Gußeisens.

Mangan bewirkt eine Zunahme des gebundenen Kohlenstoffs und damit der Härte des Gußeisens, sowie eine Verringerung der Graphitausscheidung. Ein geringer Mangangehalt erhöht die Festigkeit etwas, sowie auch die Sprödigkeit und Härte. Beträgt der Mangangehalt über $1,0-1,5\%$, so wird, ohne daß die Sprödigkeit herabgesetzt wird, die Festigkeit vermindert. Jedoch wird diese Wirkung bei höherem Siliziumgehalt dadurch wieder aufgehoben, daß der Mangangehalt einer zu reichlichen Graphitausscheidung vorbeugt. Nach Versuchen von West ist bei hohem Siliziumgehalt die Höhe des Mangangehaltes ohne Einfluß auf die Festigkeit. Nach Wüst und Meißner [6]) erlaubt ein Mangangehalt bis $1,4\%$ Siliziumgehalte bis über 3%, wobei trotz hohen Graphitgehaltes die Festigkeit zunimmt.

Phosphor in gegossenem Eisen vermindert die Festigkeit und erhöht die Sprödigkeit. Keep [7]) fand durch Zusatz von Phosphor zu phosphorarmen Eisensorten folgende Abnahme der Biegefestigkeit:

Phosphorgehalt in %		0,5	1,0	1,5	2,0	2,5
Biegefestigkeit in kg/qmm	Graues Roheisen . .	31,5	26,2	26,0	18 9	15,4
	Weißes „ . .	13,6	12 6	13,8	9,7	8,4

Nach Versuchen von Wüst und Goerens [8]) verringert Phosphor die Durchbiegung und die Schlagfestigkeit. Letztere sank bei einem von $0,1-1,3\%$ steigenden Phosphorgehalt auf die Hälfte ihres ursprünglichen Wertes. Ein erheblicher Phosphorgehalt macht gegossenes Eisen auch gegenüber Spannungen infolge ungleichmäßiger Erwärmung besonders empfindlich. Der Einfluß des Phosphors ist um so schädlicher, je reicher das

---

[1]) S. auch A. Zenzes, Stahleisen 1913, S. 1970.
[2]) Gieß.-Zg. 1909, S. 12.   [3]) Stahleisen 1903, S. 1072.
[4]) J. Iron Steel Inst. 1906, Bd. 2, S. 157; Dingler 1907, S. 156.
[5]) A. Messerschmitt, Die Technik in der Eisengießerei. 4. Aufl. S. 25.
[6]) Ferrum Bd. 11, 1914, S. 97.   [7]) Stahleisen 1890, S. 604.   [8]) Stahleisen 1903, S. 1072.

Eisen an Härtungskohle und Mangan und je ärmer es an Silizium ist. Nach Ledebur, sowie Wüst und Stotz[1] soll Gußeisen, an das hinsichtlich der Festigkeit hohe Ansprüche gestellt werden, nicht mehr als $0{,}3-0{,}4\,\%$ Phosphor enthalten, während man in wenig beanspruchten Gußstücken, insbesondere wenn der Mangangehalt geringer ist, einen Phosphorgehalt bis zu 1,0 und $1{,}5\,\%$ zuläßt.

Schwefel an sich wirkt in geringen Mengen (bis zu etwa $0{,}15\,\%$), in denen er im Gußeisen vorzukommen pflegt, nicht schädlich. Indirekt verringert er die Zugfestigkeit etwas und vergrößert die Härte und Sprödigkeit, indem er die Graphitausscheidung beeinträchtigt und die Bildung weißen Eisens befördert. Bei gleichzeitiger Gegenwart von Kupfer, mit dem sich der Schwefel verbindet, wird das Eisen mürbe. Bei Temperguß vermindert nach Versuchen von Wüst ein Schwefelgehalt von mehr als $0{,}15\,\%$ wesentlich die Dehnbarkeit und Sprödigkeit[2]).

Der Kupfergehalt von Roheisen soll nach Messerschmitt[3] $0{,}04\,\%$ nicht übersteigen, da Kupfer bei Gegenwart von Schwefel Schwefelkupfer bildet. Dieses lagert sich in den Gußstücken in Nestern an den zuletzt erkaltenden Stellen ab und verringert die Festigkeit. Bei schwefelarmen Eisensorten, die im Tiegel geschmolzen werden, legiert sich das Kupfer mit dem Eisen und wirkt günstig auf die Festigkeit ein. Nach Versuchen von Lipin[4] an mangan- und schwefelarmem schwedischem Holzkohlenroheisen erhöhten Kupferzusätze von $0{,}27-3{,}98\,\%$ die Biegefestigkeit bis um $10\,\%$.

Arsen ist im Eisen zu vermeiden, da bereits ein Gehalt von $0{,}1\,\%$ Arsen neben erheblicher Härte eine sehr hohe Sprödigkeit bedingt.

Ein Titangehalt steigert nach Feise[5], Stoughton[6], Longmuir[7] die Zugfestigkeit, den Elastizitätsmodul und das Arbeitsvermögen (Schlagfestigkeit) des Gußeisens, während die Dehnbarkeit sinkt. Diese Wirkung des Titans war am größten bei einem Gehalte von $0{,}25\,\%$ Titan. Nach Moldenke[8] erhöht ein Zusatz von $0{,}05\,\%$ Titan die Biegefestigkeit des grauen Roheisens um $52\,\%$, die des weißen Roheisens um $18\,\%$. Bei einem Zusatz von mehr als $0{,}05\,\%$ Titan war eine weitere Zunahme der Festigkeit nicht mehr bemerkbar. Piwowarsky[9] konnte auch bei mehr als $0{,}1\,\%$ Titan erheblich verbesserte Festigkeitswerte, größeren Korrosionswiderstand und geringere Säurelöslichkeit feststellen. Titan wirkte wie Silizium, aber in stärkerem Maße auf Graphitbildung, deren Höchstwert schon bei $0{,}1\,\%$ Titan erreicht wird. Der günstige Einfluß auf die Festigkeitseigenschaften rührt einmal von der Verfeinerung des Graphits her, dann aber auch von dem stärkeren Titanzusatz. Bei Hartguß vermindert Titan zwar die Dicke der Abschreckschicht, vermehrt jedoch wesentlich ihre Härte und Druckfestigkeit. Diese Eigenschaft erscheint wertvoll für Hartgußräder. Moldenke gibt für die abgeschreckte Schicht eines Rades folgende Werte an:

Bei Temperguß[10] bewirkt ein Titanzusatz von $0{,}25\,\%$ eine Zunahme der Zugfestigkeit von etwa $33{,}1-40{,}8$ kg/qmm auf etwa 38 bis 49 kg/qmm und eine Zunahme der Dehnung von $1{,}2-4{,}6\,\%$ auf etwa $3-5{,}7\,\%$. Versuche von Treuheit[11] lassen die geschilderten,

Titan %	Druckfestigkeit kg/qmm	Härte nach Brinell
0,0	123	445
0,05	210	557

verbessernden Eigenschaften eines Titanzusatzes zweifelhaft erscheinen.

Über den Einfluß von Vanadium liegen Versuche von Moldenke[12] vor. Die Vanadiumzusätze betrugen 0,05, 0,10 und $0{,}15\,\%$. Bei grauem Gußeisen wurde die

---

[1]) Ferrum Bd. 12, 1915, S. 89.   [2]) S. hierzu S. 268.   [3]) A. a. O. S. 43.
[4]) Stahleisen 1900, S 536.   [5]) Stahleisen 1908, S. 697.
[6]) Journ. Am. Iron Steel Inst. 1903, S. 457; 1904, S. 420.
[7]) Stahleisen 1909, S. 1023; 1910, S. 420.
[8]) Iron Age 1908, Bd. 1, S. 1934.   [9]) Stahleisen 1923, S. 1491.
[10]) Stahleisen 1908, S. 1286 und Proc. Am. Foundrymen's Assoc. 1911; Stahleisen 1913. S. 1823; vgl. auch S. 256.
[11]) Stahleisen 1910, S. 1192.
[12]) Iron Age 1908, Bd. 1, S. 522; Am. Mach. 1908, 1, S. 297.

Biegefestigkeit durch diese Zusätze von etwa 20% und die Durchbiegung um etwa 25% erhöht, wie Zahlentafel 147 zeigt. Bei weißem Eisen wurde die Biegefestigkeit um mehr als das Doppelte und die Durchbiegung um etwa 90% gesteigert. Die günstige Wirkung des Vanadiums wurde wesentlich durch einen hohen Manganzusatz unterstützt.

Zahlentafel 147.
Einfluß von Vanadium auf die Festigkeit von Gußeisen.

Werkstoff	Biegefestigkeit in kg/qmm bei einem Vanadiumzusatz von			
	0%	0,05%	0,10%	0,15%
Graues Maschinengußeisen Si = 2,72%; Mn = 0,54% P = 0,67%; S = 0,065%	27,3	27,3	32,8	32,6
Weißes Eisen Si = 0,53—0,60%; Mn = 0,38 bis 0,44% P = 0,4%; S = 0,12—0,14%	19,8	41,8	38,8	41,9

Nach demselben Verfasser [1]) wirkt Nickel-Chromzusatz nur ganz ausnahmsweise vergütend hinsichtlich der Festigkeitseigenschaften von Gußeisen; ebenso konnte Smalley [2]) durch Zusatz von Cer, Uran, Vanadium, Zirkon, Aluminium und Magnesium keine Verbesserung der Festigkeitseigenschaften erzielen. Hingegen fanden Bauer und Piwowarsky [3]), daß ein Nickelzusatz bis zu 1% zu Gußeisen die Biegefestigkeit, Härte und Druckfestigkeit erheblich erhöhen. Nach Witmann [4]) konnte ein Sondergrauguß durch 5% Nickel so zähe gemacht werden, daß er sich kalt biegen ließ, ohne zu brechen.

Einfluß chemischer Agentien und des Feuers auf die Festigkeitseigenschaften.

Nach Versuchen von Outerbridge [5]) nimmt die Festigkeit von Gußeisen durch Beizen mit verdünnter Schwefelsäure, wie sie zum Gußputzen benutzt wird, um etwa 10% ab. Bei gußeisernen Gefäßen, die für die Aufnahme von Säure, insbesondere Salzsäure, bestimmt sind, pflegt man aus Festigkeitsgründen die äußere Oberfläche grau, die innere mit den Säuren in Berührung kommende Oberfläche mit Hilfe von Schreckplatten weiß zu machen, da weißes Eisen chemischen Einflüssen besser widersteht als graues [6]).

Der Wirkung von Temperaturunterschieden, insbesondere auch von plötzlichen Temperaturschwankungen, vermag Hämatitgußeisen den höchsten Widerstand entgegenzusetzen. Handelt es sich nicht um Temperaturschwankungen, sondern um die dauernde Einwirkung des Feuers, wie bei Glühgefäßen und Roststäben, so werden hierdurch der im Eisen enthaltene Graphit und die Temperkohle verbrannt, während der gebundene Kohlenstoff erhalten bleibt. Es ist also für diesen Zweck ein Eisen empfehlenswert, das viel gebundenen Kohlenstoff, aber wenig Silizium und ferner auch wenig Mangan, Phosphor und Schwefel enthält.

Festigkeitswerte.

a) Gußeisen.

Die Zugfestigkeit von Probestäben aus grauem Gußeisen schwankt etwa zwischen 7 und 25 kg/qmm. Bei sehr hohem Graphitgehalt ist die Zugfestigkeit gering und kann bis auf 7 und 8 kg/qmm sinken, während eine günstige Gattierung den genannten

———
[1]) Stahleisen 1923, S. 603.   [2]) Engg. 1922, S. 277.
[3]) Stahleisen 1920, S. 1300; 1923, S. 967.   [4]) Min. a. Met. Eng. 1921, August, S. 29.
[5]) Stahleisen 1904, S. 407.   [6]) Stahleisen 1908, S. 737.

Höchstwert erreichen läßt. Bach[1]) fand für die Zugfestigkeit von |unbearbeiteten Graugußstäben 12 kg/qmm, desgleichen für die Zugfestigkeit von bearbeiteten Stäben aus demselben Werkstoff 14 kg/qmm. Für hochwertiges Gußeisen fand Bach[2]) eine Zugfestigkeit von 23,3 bzw. 23,9 kg/qmm.

Messerschmitt[3]) macht folgende Angaben (siehe Zahlentafel 148):

Zahlentafel 148.
Festigkeiten von Gußeisen.

Art der Gußstücke	Bruch bei kg/qmm			
	Zug	Druck	Biegung	Schub
Poterieguß	10	60	25	12
Bau- und Maschinenguß:				
grobkörnig	10	55	25	12
feinkörnig	14	70	27	17
Sonderguß:				
weich	16	80	28	19
drehhart	18	85	30	21
Walzenguß:				
drehhart	25	90	37	—
weich	17	80	30	—
Hartguß	25—30	100	39	—

Jüngst[4]) gibt folgende Werte (Zahlentafel 149) an:

Zahlentafel 149.
Festigkeiten von Gußeisen.

Festigkeit in kg/qmm		Prozentgehalt an			
Zug	Biegung	C	Si	Mn	P
24,0	37,3	3,43	1,46	0,75	0,93
21,2	34,8	3,11	1,55	0,79	0,70
19,6	30,0	3,14	2,04	0,95	0,69
18,9	36,9	2,62	2,09	0,55	0,17
20,3	38,0	2,28	3,07	0,72	0,61

Die Bruchdehnung des Gußeisens beträgt etwa 0,2—0,8 % der Meßlänge.

Eine Proportionalitätsgrenze, das ist die Belastungsgrenze, bis zu der die Dehnungen proportional den Belastungen sind, sowie auch die Streckgrenze[5]), das ist diejenige Belastungsgrenze, bei der ohne weitere Erhöhung der Spannungen eine wesentliche Dehnung eintritt, besitzt Gußeisen nicht. Mit wachsender Spannung nehmen die Dehnungen in stärkerem Maße zu als die Spannungen. Es ist jedoch möglich, durch wiederholtes Be- und Entlasten zwischen 2 Spannungsstufen das Gußeisen allmählich in einen rein elastischen Zustand überzuführen. Daraus folgt, daß der Elastizitätsmodul von Gußeisen nicht, wie dies z. B. bei schmiedbarem Eisen bei Spannungen unterhalb der Proportionalitätsgrenze der Fall ist, ein sich gleichbleibender Wert ist, sondern von der Spannung abhängt. Je höher die Spannung ist, desto größer werden die Dehnungen, und desto kleiner wird daher der Elastizitätsmodul. Der Elastizitätsmodul

[1]) Z. V. d. I. 1888, S. 197.   [2]) Z. V. d. I. 1900, S. 409.
[3]) Die Technik in der Eisengießerei. S. 171.
[4]) Schmelzversuche mit Ferrosilizium. Z. Berg-, Hütten- u. Sal.-W. 1890, S. 1; auszugsw. Stahleisen 1890, S. 292.
[5]) In der Praxis häufig fälschlich als Elastizitätsgrenze bezeichnet.

hochwertigen Gußeisens ist größer als der minderwertigen Gußeisens. Bach [1]) macht folgende Angaben über den Elastizitätsmodul (Zahlentafel 150):

Zahlentafel 150.
Elastizitätsmodul von Gußeisen.

Hochwertiges Gußeisen Zugfestigkeit = 23—24 kg/qmm		Besonders zähes Gußeisen Zugfestigkeit = 16,5 kg/qmm	
Spannung kg/qmm	E-Modul kg/qmm	Spannung kg/qmm	E-Modul kg/qmm
1,60— 4,80	11 350	2,37—4,73	8 580
4,80— 8,00	9 710	4,73—7,10	6 310
8,00—11,20	8 410	7,10—9,46	4 930
11,20—14,40	6 915		
14,40—17,61	5 520		

Für Hartguß hat Bach [2]) durch Zug-, Druck- und Biegeversuche nachgewiesen, daß der Elastizitätsmodul des abgeschreckten Werkstoffs höher ist als der des nicht abgeschreckten und auch in geringerem Maße von der Größe der Spannungen abhängt als bei nicht abgeschrecktem Gußeisen. Bei niedrigen Spannungen ist der Elastizitätsmodul des Hartgusses etwa 35—40% höher als der des Gußeisens und schwankt etwa zwischen 16 000 und 18 000 kg/qmm. Infolge dieser Verschiedenheit des Elastizitätsmoduls tritt bei Gußstücken, die nur teilweise durch Abschrecken in Hartguß verwandelt sind, eine ungleichmäßige Spannungsverteilung ein.

Hinsichtlich der elastischen Nachwirkung bei Gußeisen sei auf die Arbeit von Berliner [3]) verwiesen. Die Poissonsche Konstante m, das ist das Verhältnis der Längsdehnung zur Querschnittsdehnung, ist nach Versuchen von Meyer und Pinegin [4]) ebenfalls außerordentlich abhängig von der Spannung. Nach ihren Angaben schwankt m bei Spannungen des Probekörpers zwischen einer Zugspannung von 6 kg/qmm und einer ebenso hohen Druckspannung von 5,1—3,85 kg/qmm.

Das Arbeitsvermögen des Gußeisens, das ist diejenige mechanische Arbeit, welche bei Festigkeitsversuchen für die Herbeiführung des Bruches für 1 ccm der ursprünglichen Stabmasse erforderlich ist, ist wesentlich geringer als das des schmiedbaren Eisens. Das bedeutet also, daß Gußeisen eine erhebliche Sprödigkeit besitzt. Bach [1]) fand bei Zugversuchen für ein Gußeisen mit einer Zugfestigkeit von 16,8 kg/qmm das Arbeitsvermögen zu 0,092 kgm/ccm; desgleichen für zwei hochwertige Gußeisensorten mit einer Zugfestigkeit von 23,3 bzw. 23,9 kg/qmm das Arbeitsvermögen zu 0,131 bzw. 0,126 kgm/ccm. Zahlentafel 151 zeigt einen Vergleich des Arbeitsvermögens verschiedener Werkstoffe nach Bach.

Zahlentafel 151.
Arbeitsvermögen verschiedener Werkstoffe.

Werkstoff	Gußeisen		Stahlguß	Flußeisen	Bronze
	zäh	hochwertig			
Arbeitsvermögen in kgm/ccm . .	0,092	0,126—0,131	8,20—8,62	6,76	1,16—4,66
Verhältnis	1	1,37 —1,42	89,1—93,7	73,5	12,6—50,7

Man erkennt hieraus, daß selbst hochwertiges Gußeisen, das stoßweisen Beanspruchungen und starken Spannungen infolge von Temperaturschwankungen unterworfen ist, recht wenig Widerstandsfähigkeit besitzt.

Die Druckfestigkeit des grauen Eisens beträgt etwa 70 kg/qmm und fällt mit hohem Graphitgehalt. Die Druckfestigkeit ist wesentlich abhängig von der ursprünglichen

---

[1]) Z. V. d. I. 1900, S. 409.
[2]) Mitteilungen über Forschungsarbeiten, herausgegeben vom Verein Deutscher Ingenieure. Heft 1.
[3]) Annalen d. Physik. 4. Folge. [1906], Bd. 20, S. 527.   [4]) Dingler 1908, S. 292.

Lage des Probekörpers in dem Gußstück, aus dem er entnommen wurde. Probekörper aus der Mitte von dickwandigen Gußstücken ergeben nach früher Gesagtem eine geringere Druckfestigkeit als Probekörper, die in der Nähe der Oberfläche derselben Gußstücke entnommen wurden. Bei Versuchen der **American Foundrymen's Association** [1]) wurden aus weichem Graueisen quadratische Stäbe von 12,7—101,6 mm Kantenlänge gegossen und **aus der Mittelachse** aller Stäbe Probewürfel von 12,7 mm Kantenlänge entnommen, wobei sich nachstehende Festigkeitswerte ergaben:

Kantenlänge des quadratischen Stabquerschnittes mm	Druckfestigkeit ermittelt an Würfeln von 12,7 mm Kantenlänge kg/qmm
12,7	83
25,4	56
50,8	39
76,2	27
101,6	25

Gleiche Versuche an Gußeisen von einem Dynamogestell mit einem Kohlenstoffgehalt von 3,82%, einem Graphitgehalt von 3,23%, einem Siliziumgehalt von 1,95% und einem Mangangehalt von 0,34% ergaben folgende Druckfestigkeitsabnahme bei dickeren Stabquerschnitten:

Kantenlänge des quadratischen Stabquerschnittes mm	Druckfestigkeit ermittelt an Würfeln von 12,7 mm Kantenlänge kg/qmm
12,7	108
25,4	64
50,8	52
76,2	39
101,6	35

Bach [2]) gibt für hochwertiges Gußeisen bei einer Zugfestigkeit von 22,6 bis 25,4 kg/qmm Werte für die Druckfestigkeit von 80,8—87,3 kg/qmm an. Das Verhältnis der Druck- zur Zugfestigkeit schwankte zwischen 3,44 und 3,57. Die untersuchten Eisensorten hatten einen Graphitgehalt von 2,79—2,91%, einen Gehalt an gebundenem Kohlenstoff von 0,74—0,84%, einen Mangangehalt von 1,53—1,93% und einen Siliziumgehalt von 1,13—1,22%. Die Druckfestigkeit wurde an Probezylindern von 2 cm Durchmesser und 2 cm Höhe geprüft. Wegen weiterer Werte für die Druckfestigkeit sei auf die Zahlentafel 148 von Messerschmitt verwiesen.

Die Biegefestigkeit von Gußeisen ist, wie schon erwähnt, außerordentlich vom Stabquerschnitt, dem Vorhandensein der Gußhaut und anderen Umständen abhängig. Früher pflegte man in Deutschland die Biegefestigkeit von Gußeisen an 1100 mm langen quadratischen Probestäben von 30 mm Kantenlänge festzustellen. Die Stäbe wurden mit Gußhaut bei einer Auflagerentfernung von 1000 mm geprüft. Nachdem die im Jahre 1909 von dem **Deutschen Verband für die Materialprüfungen der Technik** und dem **Verein Deutscher Eisengießereien** herausgegebenen Vorschriften für die Prüfung von Gußeisen fast allgemein angenommen sind, kommt für die Prüfung des Gußeisens auf Biegefestigkeit in erster Linie der in diesen Vorschriften vorgesehene Normalrundstab in Betracht. Er hat 650 mm Länge und 30 mm Durchmesser. Die Auflagerentfernung bei dem Biegeversuch beträgt 600 mm. Hier sollen nur einige Werte für die Biegefestigkeit wiedergegeben werden, die an solchen Normalrundstäben ermittelt wurden. Alle an Stäben anderer Abmessungen ermittelten Werte gestatten in keiner Weise einen Vergleich mit diesen Zahlen. Bach [3]) fand an Normalrundstäben bei

---

[1]) Engineering News 1899, S. 151. [2]) Z. V. d. I. 1901, S. 168.
[3]) Z. V. d. I. 1908, S. 2061.

gutem Zylinder- und Dampfrohrleitungseisen eine Biegefestigkeit von 36,8—48,6 kg/qmm und eine Durchbiegung von 9,1—12,6 mm.

Jüngst [1]) fand für Biegefestigkeit σ_B' und Durchbiegung δ folgende mittlere Werte aus einer großen Zahl von Güssen, die von verschiedenen Erzeugern für den gleichen vorgeschriebenen Zweck hergestellt waren, wobei die Probestäbe zum Teil die übliche normale, zum Teil davon abweichende Form hatten.

	Maschinenguß hoher Festigkeit			Maschinenguß mittlerer Festigkeit			Bau- und Röhrenguß		
	30 mm □	30 mm ⌀		30 mm □	30 mm ⌀		30 mm □	30 mm ⌀	
	σ_B' kg/qmm	σ_H' kg/qmm	δ mm	σ_B' kg/qmm	σ_H' kg/qmm	δ mm	σ_H' kg/qmm	σ' kg/qmm	δ mm
Mittelwerte	35,2 (33—40)	42,4 (39—45)	11,5 (14—8)	30,9 (26—33)	34,4 (27—42)	10,5 (8—12)	27,3 (26—28)	32,6 (30—36)	9,1 (10—7)

Die Scherfestigkeit (Schub) von Gußeisen ist etwa gleich der Zugfestigkeit anzunehmen. Nach Versuchen von Fremont [2]) ist sie etwa proportional der Biegefestigkeit. Zahlenwerte für die Scherfestigkeit finden sich in der Zahlentafel 148. Neuere Scherversuche sind von Sipp [3]) angestellt, bei denen kreisförmige Scheiben in Ringform abgeschert wurden, ferner von Rudeloff [4]).

Über die Verdrehungsfestigkeit von Gußeisen liegen Versuche von Bach [5]) vor. Derselbe hat Probekörper von verschiedenem Querschnitt aus zwei Gußeisensorten A und B untersucht, die eine Zugfestigkeit von 15,8 bzw. 16,8 kg/qmm aufwiesen.

Die für die Verdrehungsfestigkeit erhaltenen Werte sind in Zahlentafel 152 wiedergegeben:

Zahlentafel 152.
Verdrehungsfestigkeiten von Gußeisen.

	Verdrehungsfestigkeit			
Querschnittsform	in kg/qmm		in % der Zugfestigkeit	
	A	B	A	B
Kreis	16,2	—	1,02	—
Kreisring	13,0	14,4	0,82	0,86
Rechteck b:h = 1:1	22,3	26,0	1,42	1,55
„ „ 1:2,5	25,3	—	1,60	—
„ „ 1:5	23,7	26,6	1,50	1,59
„ „ 1:9	25,1	—	1,59	—
Hohlquadrat	17,9	—	1,13	—

Vorstehende Versuche an Rundstäben und Stäben mit kreisförmigem Querschnitt ergaben, daß das nach der Stabachse zu gelegene Material verhältnismäßig gut ausgenutzt wird.

Schlagversuche [6]) an Gußeisen stellt man zweckmäßig an, um seine Festigkeit gegenüber stoßweiser Belastung und seine Zähigkeit und Sprödigkeit zu untersuchen. Nach Versuchen von Reusch [7]) erhält man bei Schlagversuchen recht ungleiche Werte. Im allgemeinen steigt die Schlagfestigkeit mit steigender Biegefestigkeit; überschreitet diese jedoch 40 kg/qmm, so sinkt die Schlagfestigkeit mit weiter steigender Biegefestigkeit. Nach Versuchen von Geßner [8]) an quadratischen Stäben ohne Gußhaut von 25 mm

---

[1]) Stahleisen 1913, S. 1425.   [2]) Bull. S. d'Enc. 1909, S. 943.   [3]) Stahleisen 1920, S. 1697.
[4]) Gieß. 1924, S. 207.   [5]) C. Bach, Elastizität und Festigkeit. 8. Aufl., 1920.
[6]) C. Jüngst berichtet über wertvolle Schlag- und Stauchversuche an Gußeisen in Stahleisen 1911, S. 524.
[7]) Gieß.-Zg. 1905, S. 54.   [8]) Z. öst. Ing.-V. 1906, S. 672; vgl. Stahleisen 1910, S. 1367.

Kantenlänge und 310 mm Gesamtlänge weichen die Brucharbeit und Durchbiegung bei Schlagbiegeproben nicht wesentlich von den bei dem Biegeversuch mit langsam gesteigerter Belastung erhaltenen Werten ab. Da nach Durand[1]) die Wärmebehandlung die Ergebnisse von Schlagversuchen nicht verbessert und zwischen der Schlagfestigkeit und der Härte keine Beziehung besteht, mißt dieser Forscher der Schlagprobe für Gußeisen wenig Wert bei.

Es ist nicht möglich, die bei Schlagbiegeversuchen an Stäben von verschiedenem Querschnitt zum Bruche erforderliche Schlagarbeit auf 1 qcm des Bruchquerschnittes zu beziehen und auf diese Weise Stäbe von verschiedener Querschnittsfläche in Vergleich zu setzen. Es können nur Stäbe von gleichen Abmessungen verglichen werden. Bach[2]) untersuchte ungekerbte Rund- und Quadratstäbe aus gutem Zylinder- und Dampfrohrleitungsgußeisen mit einem Normalpendelhammer und fand für die Schlagfestigkeit Werte von 0,77—1,06 kgm/qcm. Ferner fand er an gekerbten Stäben aus den gleichen Eisensorten, welche die von dem Deutschen Verband für die Materialprüfungen der Technik festgesetzten Normalabmessungen hatten, eine Schlagfestigkeit von 0,61 bis 0,82 kgm/qcm.

Zahlreiche Knickversuche an gußeisernen Stäben hat Tetmajer[3]) ausgeführt. Er fand, daß für das Verhältnis $\frac{l}{i} \geq 80$ die Eulersche Knickformel gültig ist, wenn l die Stablänge und i den Trägheitshalbmesser der Querschnittsfläche bedeutet. Ist $\frac{l}{i} < 80$, so erfolgt der Bruch bei geringeren Spannungen, als sich nach der Eulerschen Formel ergeben würde.

Über Knickversuche an gußeisernen Säulen in erhitztem Zustande liegen Ergebnisse vor[4]). Die Säulen hatten runden Querschnitt von etwa 20 cm Durchmesser und eine Länge von etwa 3,9 m. Sie wurden in einen mit Gas geheizten Ofen gebracht und in ihrer Längsrichtung auf Druck beansprucht. Eine Säule hielt bei 650° C. eine Axialbelastung von 84,8 t bis zum Eintritt einer Einknickung aus. Eine zweite Säule brach bei der gleichen Axialbelastung und einer Temperatur von 860° C. in sich zusammen. Eine dritte Säule wurde ebenfalls mit 84,8 t belastet und bei verschiedenen Wärmestufen, zuletzt bei 580° C., mit einem Strahl kalten Wassers bespritzt. Die Säule, die mit keiner Schutzverkleidung versehen war, verbog sich dabei, ohne jedoch zu springen.

Die Härte von Gußeisen pflegt man nach dem Brinellschen Kugeldruckverfahren (vgl. S. 401) festzustellen. Malmström[5]) fand für die Härte von Maschinenguß mit einer Zugfestigkeit von 12 kg/qmm bei einem Kugeldurchmesser von 10 mm und einer Kugelbelastung von 3000 kg Härtezahlen von 146 bis 167. Portevin[6]) fand gute Ergebnisse mit der Kugeldruckprobe und eine Beziehung zur Zugfestigkeit, ebenso Langenberg[7]) eine solche zur Schlagfestigkeit. Die Brinellhärte nimmt nach Schüz[8]) bei normalem Gußeisen für Zylinder, Kolbenringe u. ä. proportional der Zugfestigkeit zu, abhängig von dem Gehalt an gebundenem Kohlenstoff: $k_Z = 10—30$ kg/qmm; $H = 100—220$ kg/qmm; Geb. C = 0—1,1 %. Angenähert kann gesetzt werden die Zugfestigkeit $k_Z \sim \frac{H - 40}{6}$ kg/qmm, wenn H die Brinellhärte mit 10 mm Kugel, 1000 kg Druck und 15 Sek. Belastungsdauer ist. Nach demselben Forscher nahm die Härte mit dem Zerfall des Perlits beginnend (bei etwa 500° C.) bis vollständig bei 650° C., je nach der Glühdauer, z. B. von 160 bis auf etwa 105 kg/qmm. ab[9]).

---

[1]) Compt. rend. 1923, S. 1450.
[2]) Z. V. d. I. 1908, S. 2061.
[3]) L. v. Tetmajer, Elastizitäts- und Festigkeitslehre. Leipzig u. Wien 1904. 2. Aufl. S. 409.
[4]) Iron Age 1896, Bd. 2, S. 312.   [5]) Dingler 1907, S. 33.   [6]) Génie civil. 1921, S. 402.
[7]) Iron Coal Trades Rev. 1921, S. 1145.   [8]) Stahleisen 1922, S. 1484; 1923, S. 720.
[9]) Versuche des Eisenbahnzentralamts, die Beziehungen zwischen Zugfestigkeit, Biegefestigkeit und Härte bei Zylinderguß, Schieberbuchsenguß u. a. festzustellen, beschreibt R. Kühnel: Die Abnutzung des Gußeisens. Gießerei 1924, S. 493, 509.

b) Schmiedbarer Guß[1]).

Martens[2]) hat an Gewehrbeschlagteilen die verschiedenartigsten Deformationsversuche angestellt und hierüber zahlreiche Abbildungen veröffentlicht. Flachstäbe von 6 × 40 mm Querschnitt aus dem von ihm untersuchten Material ergaben eine Streckgrenze von 19,5 kg/qmm, eine Zugfestigkeit von 25,8 kg/qmm, eine Dehnung von 2,5% und einen Elastizitätsmodul von 18 350 kg/qmm. Flachstäbe einer anderen Fertigung mit einem Querschnitt von 11 × 40 mm ergaben eine Streckgrenze von 30,7 kg/qmm und eine Zugfestigkeit von 38,6 kg/qmm.

Rudeloff[3]) hat eine größere Anzahl von Versuchen an Beschlagteilen aus schmiedbarem Guß angestellt. Die Zähigkeit wurde geprüft, indem Flachstäbe um einen Dorn gebogen wurden und der Biegewinkel festgestellt wurde. Ferner erfolgte ein Ausbreiten der Flachstäbe durch Hämmern. 5—7 mm dicke Stäbe konnten in kaltem Zustande bis auf über das Vierfache ihrer ursprünglichen Breite ausgebreitet werden. Flachstäbe mit einem Querschnitt von 5,3 × 40 mm ergaben eine Zugfestigkeit von 23,3 kg/qmm bei einer Dehnung von 0,79%.

Akerlind[4]) gab für die Zugfestigkeit von schmiedbarem Guß Werte von 28 bis 35 kg/qmm an bei einer Dehnung von 1—6%, desgleichen Moldenke[5]) Werte für die Zugfestigkeit von 30—33 kg/qmm bei einer Dehnung von 2,5—5,5%, gemessen auf eine Meßlänge von 5 cm. Er empfiehlt die Zugfestigkeit nicht über 38 kg/qmm zu steigern, weil sonst das Material zu spröde wird.

Day[6]) hat bei Zug- und Druckversuchen an schmiedbarem Guß eine größere Anzahl von Schaubildern aufgenommen und veröffentlicht. Die Schaulinien zeigen eine gut ausgeprägte Proportionalitäts- und Streckgrenze. Der Werkstoff bestand aus einer Mischung von Holzkohlenroheisen und „schmiedbarem Bessemereisen" und war mit Walzensinter getempert. Bei den Zugversuchen ergaben kantige Querschnitte, vermutlich infolge der Gußspannungen an den Kanten geringere Festigkeitswerte, wie nachstehende Aufstellung zeigt.

Querschnitt	Zugfestigkeit kg/qmm	Dehnung %
rund	30,5	7,0
quadratisch . . .	26,7	3,2
rechteckig . . .	26,4	3,5
kreuzförmig . . .	25,1	5,3

Über die Festigkeitseigenschaften von amerikanischem Temperguß finden sich folgende Angaben von Schwarz[7]): Proportionalitäts- und Streckgrenze sind deutlich ausgeprägt, erstere bei etwa $^1/_3$ und letztere bei etwa $^2/_3$ der Zugfestigkeit. Diese liegt im Mittel bei etwa 36 kg/qmm bei 12% Dehnung; beste Werte sind etwa 41 kg/qmm bei 34% Dehnung. Großen Einfluß übt der Gehalt an Gesamtkohlenstoff aus. Der Elastizitätsmodul beträgt etwa 17 600 kg/qmm und die Kugeldruckhärte nach Brinell 110—120. Gegen stoßweise Beanspruchung ist der Temperguß ziemlich widerstandsfähig infolge seines Gehaltes an Temperkohle. Die Erhöhung des Siliziumgehaltes vermindert die Zugfestigkeit, und zwar um so mehr, je höher der Kohlenstoffgehalt. Smith[8]) gab zu der Frage, Temperguß abzuschrecken und anzulassen, folgende Werte bekannt (Zahlentafel 153):

c) Stahlguß.

Nach Ledebur hat Stahlguß mit einem Kohlenstoffgehalt von 0,1%, einem Siliziumgehalt von 0,2—0,3% und einem Mangangehalt von 0,5—0,6% eine Zugfestigkeit von 40—50 kg/qmm bei einer Dehnung von 20—35%. Messerschmitt macht über die Festigkeitswerte von Stahlguß folgende Angaben (siehe Zahlentafel 154).

[1]) Vgl. auch S. 261.
[2]) Mitt. a. d. Königl. Techn. Versuchsanst. zu Berlin 1886, S. 131; Z. V. d. I. 1887, S. 432.
[3]) Mitt. a. d. Königl. Techn. Versuchsanst. zu Berlin 1892, S. 68.
[4]) Engg. 1906, S. 853.   [5]) Iron Age 1903, Bd. 2, S. 27.
[6]) Am. Mach. (Europ. Ed.) 1906, S. 461.
[7]) Malleable Cast Iron, Cleveland; s. a. Stahleisen 1924, S. 333.
[8]) Am. Foundrymen's Ass. Jahr.-Vers. 1923.

Zahlentafel 153.
Abschrecken und Festigkeit bei Temperguß.

Material	Temperatur		Anlaßzeit	Zugfestigkeit	Dehnung	Härte (Shore)
	Abschreck- °C.	Anlaß- °C.	Min.	kg/qmm	%	
Rohguß	—	—	—	25,7	0	50
getempert	—	—	—	38,1	18	16
abgeschreckt	1080	—	—	23,5	1,0	42
abgeschreckt . . . . und angelassen . . .	1080	650	45	48,7	1,5	33
	910	650	60	65,8	2,5	34
	910	650	45	76,0	2,5	25
	910	425	—	100,7	1,5	30

Zahlentafel 154.
Festigkeiten von Stahlformguß.

Eigenschaften	C %	Zugfestigkeit kg/qmm	Dehnung %	Verwendung
weich	0,1—0,15	38	22	Dynamogehäuse
zähe	0,2—0,3	50	18	Maschinen, Räder
zähhart	0,5—1,1	65	12	„ Pressen
hart	1,2—1,3	100	3	Kollergänge, Brechwerke
—	1,2—1,3	70	5	Herzstücke
—	0,8	60	8	Preßzylinder
—	0,5	40	15	Maschinenteile
hart		56	15	
mittelhart	< 0,05 P oder S	49	18	„ (Amerika)[1] (geglüht)
weich		42	22	

Kruppscher Nickelstahlguß besitzt nach Messerschmitt eine Zugfestigkeit von 60 kg/qmm bei einer Dehnung von 22%. Ehrensberger[2] untersuchte verschiedene Stahlgußsorten mit einer Zugfestigkeit von 40,0—59,5 kg/qmm und einer Dehnung von 23—40% mit einem Normalpendelhammer auf Kerbschlagfestigkeit. Von 18 Probestäben, deren Abmessungen der Normalform für Kerbschlagversuche entsprachen, zeigten 12 Stäbe eine spezifische Schlagarbeit (Kerbzähigkeit) von 3,7—4,5 mkg/qcm, 6 Stäbe eine spezifische Schlagarbeit von 13,8 bis 25,1 mkg/qcm. Die Mehrzahl dieser Werte ist gegenüber dem üblichen Maschinenstahl sehr gering, und man erkennt daraus, daß bei stoßweiser Beanspruchung Stahlguß gegenüber geschmiedetem Stahl im allgemeinen nur sehr geringe Sicherheit bietet.

Zahlentafel 155.
Güteklassen von Stahlguß nach Vorschlägen des Normenausschusses.

Güteklasse	Zugfestigkeit in kg/qmm mindestens	Dehnung in % mindestens
Stg 38	38	20
Stg 45	45	16
Stg 52	52	12
Stg 60	60	8·
Stg L[3]	50	16

---

[1] Am. Soc. Test. Mat. s. Stahleisen 1921, S. 411. [2] Z. V. d. I. 1907, S. 1974.
[3] Nur für Lokomotivbau.

Vom Normenausschuß der deutschen Industrie werden 5 Güteklassen unterschieden, die durch Abkürzung des Wortes Stahlformguß (Stg) und die Mindestfestigkeit in kg/qmm (z. B. 38) bezeichnet werden. Umstehende Einteilung (Zahlentafel 155) ist noch nicht endgültig.

Einfluß höherer Temperaturen.

Höhere Temperaturen üben auf gegossenes Eisen einen doppelten Einfluß aus. Nach Überschreiten einer bestimmten Temperatur finden im allgemeinen erhebliche Festigkeitsabnahmen statt. Anderseits gesellen sich bei höheren Wärmestufen zu den äußeren Spannungen auch Gußspannungen, deren Größe wesentlich von der mehr oder weniger sachgemäßen Formgebung der betreffenden Stücke abhängt und sich jeder Nachrechnung entzieht [1]. Nach Bach [2] zeigt die Zugfestigkeit von hochwertigem Gußeisen nach Überschreiten von etwa 400° C. eine wesentliche Abnahme, wie sich aus nachstehender Zusammenstellung ergibt, welche die an einem Eisen mit einem Kohlenstoffgehalt von 3,6%, einem Siliziumgehalt von 1,2% und einem Mangangehalt von 1,7% ermittelten Werte enthält:

Wärme °C.	Zugfestigkeit kg/qmm
18	23,6
300	23,4
400	21,8
500	17,9
570	12,3

Nach Howard [3] büßt Gußeisen bis zu 385° C. nur wenig an Festigkeit ein. Auch nach Versuchen von Rudeloff [4] tritt erst oberhalb 300—400° C. eine wesentliche Abnahme der Zugfestigkeit des Gußeisens ein. Ähnliches zeigen die Versuche von Meyer [5] über die Abnahme der Biegefestigkeit, die in Zahlentafel 156 wiedergegeben sind. Die Versuche wurden an Rundstäben von 30 mm Durchmesser und 500 mm Auflagerentfernung ausgeführt:

Zahlentafel 156.

Biegefestigkeit und Temperatur bei Gußeisen.

Reihe Nr.	°C.	Biegefestigkeit kg/qmm	Durchbiegung mm
I	18	37,1	7,7
	66	35,0	7,5
	268	33,2	7,0
	297	31,3	7,5
	620	19,1	14,0
	807	11,9	24,0
II	18	37,1	7,6
	85	34,5	7,0
	155	33,5	7,0
	370	33,1	7,5
	580	25,4	14,5
	810	9,7	20,0

Daß die chemische Zusammensetzung bei der Verminderung der Zugfestigkeit von Gußeisen bei höheren Temperaturen eine Rolle spielt, zeigen Versuche von Smalley [6], der folgende Werte fand (Zahlentafel 157):

---

[1] Über Wärmespannungen vgl. C. Sulzer, Z. V. d. I. 1907, S. 1165.
[2] Z. V. d. I. 1901, S. 168.
[3] Iron Age 1890, S. 585.
[4] Mitt. a. d. Königl. Techn. Versuchsanst. zu Berlin 1900, S. 293; Dingler 1909, S. 579.
[5] Stahleisen 1906, S. 1270.
[6] Engg. 1922, S. 277. Foundry Trade J. Bd. 25, 1922, S. 343.

Zahlentafel 157.

Zusammensetzung und Zugfestigkeit von Gußeisen bei verschiedenen Temperaturen.

Gußeisen	C gebunden %	Graphit %	C Gesamt %	Si %	Mn %	P %	S %	Zugfestigkeit kg/qmm bei				
								20°	250°	400°	500°	600°
1	0,60	2,66	3,31	1,5	0,74	0,49	0,112	28	26	—	27	12
2	0,60	2,41	3,08	2,0	0,57	0,10	0,089	28	26	29	24	12
3	0,37	2,88	3,25	2,24	0,57	0,77	0,107	21	16	—	27	8
4	0,15	3,5	3,65	2,92	0,49	1,26	0,062	18	16	—	19	7

Die Zugfestigkeit, sowie die Proportionalitäts- und Streckgrenze von Temperguß [1]), nahm nach Versuchen von Rudeloff an Flachstäben von $6,5 \times 12$ mm Querschnitt bis zu einem Höchstwert bei etwa 250—300° C. zu, um danach wieder schneller zurückzugehen. Die an sich geringe Bruchdehnung wird durch die Wärme kaum beeinflußt. Rudeloff fand folgende Werte (Zahlentafel 158):

Zahlentafel 158.

Festigkeit und Temperatur bei Temperguß.

Temperatur ° C.	Streckgrenze kg/qmm	Zugfestigkeit kg/qmm	Dehnung %
20	23,7	32,2	1,0
194	24,7	36,7	1,4
400	20,5	34,0	1,2
600	5,9	13,2	2,1

Die Zugfestigkeit von Stahlguß nimmt ebenfalls bis zu etwa 300° C. zu, um danach wieder zu fallen, während die Dehnung bis etwa 200° C. abnimmt und danach wieder wächst. Rudeloff [2]) gibt folgende Annäherungswerte für den Einfluß der Wärme auf die Festigkeitseigenschaften von Stahlguß:

Temperatur		100° C.	200° C.	300° C.	400° C.
Änderung in % gegen 18° C. } . . .	Zugfestigkeit . . .	+ 6	+ 12	+ 10	— 7
	Dehnung	— 30	— 50	— 33	± 0

Bach [3]) hat zahlreiche Versuche über die Festigkeit von Stahlguß bei höheren Wärmestufen ausgeführt, deren Ergebnisse an einem Stahl mit einem Kohlenstoffgehalt von 0,193%, einem Mangangehalt von 0,322% und einem Siliziumgehalt von 0,780% in Zahlentafel 159 wiedergegeben sind:

Zahlentafel 159.

Festigkeit und Temperatur bei Stahlguß.

Temperatur		18° C.	200° C.	300° C.	400° C.	500° C.
Streckgrenze in kg/qmm		22,6	—	—	39,8	26,9
Zugfestigkeit in kg/qmm		42,9	45,0	47,9	39,8	26,9
Dehnung in %		25,5	7,7	12,0	15,3	33,3

[1]) Vgl. S. 261.   [2]) Dingler 1909, S. 579.   [3]) Z. V. d. I. 1903, S. 1762; 1904, S. 385.

Eine andere Stahlgußsorte mit einem Kohlenstoffgehalt von 0,165%, einem Mangangehalt von 0,726% und einem Siliziumgehalt von 0,498% ergab folgende Werte (Zahlentafel 160):

Zahlentafel 160.

Festigkeit und Temperatur bei Stahlguß.

Temperatur	18° C.	200° C.	300° C.	400° C.	500° C.
Streckgrenze in kg/qmm	18,6	18,0	12,6	—	—
Zugfestigkeit in kg/qmm	39,5	43,8	42,4	34,7	20,4
Dehnung in %	29,0	17,7	19,0	33,3	51,3

Die nach dem Brinellschen Kugeldruckverfahren ermittelte Härte von grauem Gußeisen nimmt nach Versuchen von Kürth [1]) bei Wärmestufen zwischen 18 und 200° C. zuerst langsam ab, um zwischen 200 und 300° C. wieder anzuwachsen und danach über 300° C. schnell abzunehmen.

C. Lieferungs-Vorschriften für gießbares Eisen.

Lieferungsvorschriften für gießbares Eisen, die allgemein, d. h. von den in Frage kommenden Behörden und Vereinigungen von Fachleuten anerkannt sind, bestehen zur Zeit nur in einigen Ländern. Diese Vorschriften sind nachstehend wiedergegeben, und zwar die vom Deutschen Verband für die Materialprüfungen der Technik herausgegebenen Lieferungsvorschriften für Gußeisen mit Rücksicht auf ihre besondere Wichtigkeit in ihrem vollen Wortlaut, alle übrigen nur auszugsweise. Von ihnen sind die wesentlichsten Bedingungen mitgeteilt, insbesondere die Anforderungen an die chemische Zusammensetzung und die Festigkeitseigenschaften des Werkstoffs, sowie die Abmessungen der Probestäbe. Allgemeine und selbstverständliche Vorschriften, wie die Forderung der Freiheit von Rissen und Lunkerstellen, sauberer Oberfläche der Gußstücke usw. sind fortgelassen.

Zur Prüfung des Gußeisens sind in den deutschen und amerikanischen Lieferungsvorschriften Biegeversuche vorgeschrieben, und zwar an Rundstäben. Der deutsche Probestab ist jedoch wesentlich länger als der amerikanische. Zerreißversuche an Gußeisenstäben werden in Deutschland nicht gefordert [2]), in Amerika sind sie der freien Wahl überlassen, in Italien sind sie vorgeschrieben, was nach früher Gesagtem unzweckmäßig erscheint. Dagegen dürfte die in Italien vorgeschriebene Schlagprobe zweckmäßig sein. Die Biegeversuche sind in Italien an sehr kurzen Probestäben auszuführen. In Dänemark werden quadratische Probestäbe bei dem Biegeversuch stufenweise belastet.

Während des Krieges und besonders nachher hat überall und vor allem in den führenden Ländern das Bestreben in verstärktem Maße eingesetzt, diese Lieferungsvorschriften und Normen möglichst zu vereinheitlichen und auch in Übereinstimmung zueinander zu bringen. So hat in Deutschland der Normenausschuß der Deutschen Industrie umfangreiche Vorschläge für Gußeisen, schmiedbaren Guß und Stahlguß ausgearbeitet, die zur Zeit aber noch nicht endgültig angenommen sind. Ebenso sind in den Vereinigten Staaten, England und Frankreich Ausschüsse mit dieser Aufgabe beschäftigt, die aber auch noch nicht zum Abschluß ihrer Aufgaben gekommen sind. Von der Wiedergabe der verschiedenen Vorschläge muß daher auch Abstand genommen und inzwischen auf die Mitteilungen des Normenausschusses [3]) verwiesen werden.

---

[1]) Z. V. d. I. 1909, S. 215.

[2]) Mit Ausnahme der Preußisch-Hessischen Staatseisenbahnverwaltung und der Deutschen Kriegsmarine.

[3]) Veröffentlicht in der Zeitschrift „Der Maschinenbau" (Verein deutscher Ingenieure).

1. Deutschland.

a) Lieferungsvorschriften für Gußeisen vom Jahre 1909, aufgestellt vom Deutschen Verband für die Materialprüfungen der Technik und vom Verein Deutscher Eisengießereien, genehmigt vom Preußischen Ministerium für Handel und Gewerbe.

Diese Vorschriften gelten für nachstehend bezeichnete, aus Gußeisen dargestellte Gußwaren:

A. Maschinenguß,
B. Bau- und Säulenguß,
C. Röhrenguß.

Die Abnahme anderweitiger Gußwaren bleibt besonderer Vereinbarung überlassen.

Allgemeine Vorschriften.

Umfang der Prüfungen. Die Prüfung der Gußwaren erstreckt sich:

a) auf die Form und die Abmessungen der Gußstücke;
b) auf die Eigenschaften des Materials der Gußstücke.

Als maßgebend werden die Biegefestigkeit und die Durchbiegung des verwendeten Gußeisens, sowie der Widerstand gegen inneren Druck angesehen.

Zur Bestimmung der Biegefestigkeit und der Durchbiegung sind mit besonderer Sorgfalt herzustellende Probestäbe zu verwenden. Sollen die Probestäbe an die Gußstücke angegossen werden, so sind besondere Vereinbarungen zu treffen. Die Probestäbe sollen bei kreisrundem Querschnitt 30 mm Durchmesser, 650 mm Gußlänge haben und bei 600 mm Auflagerentfernung der Untersuchung unterworfen werden. Die Probestäbe sind in getrockneten, möglichst ungeteilten Formen stehend bei steigendem Guß und bei mittlerer Gießtemperatur des Gußeisens aus demselben Abstiche, welcher zur Anfertigung der Gußstücke Verwendung fand, herzustellen und bis zur Erkaltung in den Formen zu belassen. Müssen die Probestäbe aus irgendeinem Grunde in geteilten Formen zum Abguß kommen, so ist der Probestab bei der Prüfung derart auf die Probiermaschine zu legen, daß der Druck senkrecht zur Ebene der Gußnaht erfolgt. Die Probestäbe werden in unbearbeitetem Zustande, also mit Gußhaut, der Probe unterworfen.

Die Biegefestigkeit und die Durchbiegung bis zum Bruche ist bei allmählich zunehmender Belastung in der Mitte der Probestäbe an drei Stäben festzustellen. Mit Gußfehlern behaftete Probestäbe bleiben bei dieser Feststellung außer Betracht. Als maßgebende Ziffer gilt das Mittel der Ergebnisse fehlerfreier Probestäbe.

Besondere Vorschriften.
A. Maschinenguß.

Die Gußstücke sollen nach Form und Abmessungen der Aufgabe entsprechen; der Guß soll glatt und sauber, frei von Höhlungen und Sprüngen sein. Das Eisen soll sich mittels Feile und Meißel bearbeiten lassen. — Alles dieses insoweit es die Verwendungsart des Gußstückes bedingt.

1. Maschinenguß, gewöhnlicher. Es soll betragen:

Die Biegefestigkeit des Probestabes (30 mm Durchmesser, 600 mm Auflagerentfernung) = 28 kg auf 1 qmm bei einer Bruchbelastung von ca. 495 kg.

Die Durchbiegung nicht unter 7 mm.

2. Maschinenguß von hoher Festigkeit. Es soll betragen:

Die Biegefestigkeit des Probestabes (300 mm Durchmesser, 600 mm Auflagerentfernung) = 34 kg auf 1 qmm bei einer Bruchbelastung von ca. 600 kg.

Die Durchbiegung nicht unter 100 mm.

B. Bau- und Säulenguß.

Die Gußstücke müssen, wenn nicht Hartguß oder andere Gußeisensorten ausdrücklich vorgeschrieben sind, aus grauem, weichem Eisen sauber und fehlerfrei gegossen und einer langsamen, den Formverhältnissen entsprechenden Abkühlung zur möglichsten Vermeidung von Spannungen unterworfen sein. Das Gußeisen soll zähe und so weich sein, daß es mittels Meißel und Feile zu bearbeiten ist.

Festigkeit des Gußeisens. Es soll betragen:

Die Biegefestigkeit des Probestabes (30 mm Durchmesser, 600 mm Auflagerentfernung) = 26 kg auf 1 qmm bei einer Bruchbelastung von ca. 460 kg.

Die Durchbiegung nicht unter 6 mm.

Der Unterschied der Wanddicken eines Querschnittes, der überall mindestens den vorgeschriebenen Flächeninhalt haben muß, darf bei Säulen bis zu 400 mm mittleren Durchmessers und 4 m Länge die Größe von 5 mm nicht überschreiten. Bei Säulen von größerer Länge wird der zulässige Unterschied für je 100 mm mehr Durchmesser und für je 1 m Mehrlänge um $\frac{1}{2}$ mm erhöht.

Die Einhaltung der vorgeschriebenen Wandstärke ist durch Anbohren an geeigneten Stellen, jedesmal an zwei einander gegenüberliegenden Punkten, bei liegend gegossenen Säulen in der dem etwaigen Durchsacken der Kerne entsprechenden Richtung nachzuweisen.

Sollen Säulen aufrecht gegossen werden, so ist das besonders anzugeben.

C. Röhrenguß.

§ 1. **Art der Rohre.** Diese Lieferungsvorschriften sollen Geltung haben für:

a) Muffenrohre,
b) Flanschenrohre,
c) die zu diesen Rohren gehörigen Formstücke.

Die Rohre sollen gerade und im inneren und äußeren Durchmesser kreisrund sein.

Für die Formen und Abmessungen der gußeisernen Muffen- und Flanschenrohre für Gas- und Wasserleitungen sowie der Formstücke sind die Rohrnormalien des Vereins deutscher Gas- und Wasserfachmänner und des Vereins deutscher Ingenieure maßgebend, sofern nicht Sondervorschriften bestehen oder erlassen werden.

§ 2. **Abweichungen vom Durchmesser der Rohre.** Die äußeren Abmessungen sämtlicher Rohre, sowie die inneren Abmessungen der Muffen sind unabänderlich. Die Wandstärke des glatten Rohres kann innerhalb gewisser Grenzen größer oder kleiner sein auf Kosten der Lichtweite. Falls durch eine Verstärkung des Rohres auch eine Verstärkung der Muffe bedingt wird, so geht dies auf Kosten der äußeren Muffenform; die dafür entstehenden Modellkosten sind vom Besteller zu tragen.

§ 3. **Abweichungen in der Wandstärke.** Abweichungen von den in den Normaltabellen vorgeschriebenen Wandstärken sind zulässig:

bei geraden Rohren von 25—100 mm l. W. $\pm\,10\,^0/_0$,
bei geraden Rohren von 125—225 mm l. W. $\pm\,12\,^0/_0$,
bei geraden Rohren von 250—475 mm l. W. $\pm\,11\,^0/_0$,
bei geraden Rohren von 500 mm und darüber $\pm\,10\,^0/_0$.

Für normale Formstücke ist die doppelte Abweichung zulässig wie für gerade Rohre.

Für Leitungen, deren Material zerstörenden Einflüssen ausgesetzt ist, ist die Wandstärke gegenüber der normalen entsprechend zu erhöhen.

§ 4. **Abweichungen in der Länge.** In den Baulängen sind Abweichungen bis zu $\pm\,20$ mm gestattet. Kürzere Rohre dürfen bis zu $5\,^0/_0$ der Gesamtmenge mitgeliefert werden. Die Minderlänge darf bis zu 1 m weniger betragen als die Normallänge der Tabelle des Vereins deutscher Ingenieure und Wasserfachmänner.

§ 5. **Gewichtsabweichungen.** Bei der Berechnung der Rohrgewichte nach den Normalabmessungen ist das spezifische Gewicht des Gußeisens mit 7,25 angenommen. Das auf diese Weise berechnete und um $15\,^0/_0$ für normale Formstücke und um $20\,^0/_0$ für normale Krümmer erhöhte Gewicht ist das normale Gewicht.

Bei geraden Rohren darf die Abweichung von dem Normalgewicht nicht mehr betragen als $\pm$ $5\,^0/_0$
Bei Formstücken . . . . $\pm\,10\,^0/_0$
Bei Doppelabzweigen und schwierigen Formstücken . . . . $\pm\,15\,^0/_0$

Ausgenommen hiervon sind Abzweigstücke von mehr als 400 mm Durchmesser, die größere Wandstärke und unter Umständen Verstärkungen durch Rippen erhalten. Diese Verstärkungen sind in den Gewichtsverzeichnissen nicht berücksichtigt und sie sind vom Besteller nach besonderer Vereinbarung zu zahlen.

§ 6. **Bezeichnung.** Auf der Außenwand der Rohre und Formstücke soll die Fabrikmarke und der innere Durchmesser aufgenommen sein.

§ 7. **Material.** Das zu den gußeisernen Rohren und Formstücken verwendete Gußeisen soll im Bruch dicht, von grauer Farbe und so weich sein, daß es sich mittels Meißel und Feile bearbeiten läßt.

§ 8. **Festigkeit des Gußeisens.** Das zu prüfende Gußeisen wird an Probestäben von 30 mm Durchmesser bei 600 mm Auflagerentfernung der Untersuchung unterworfen.

Es sollen nachstehende Mindestwerte erreicht werden:

Bei	Biegefestigkeit auf 1 qmm	Durchbiegung
a) Muffenrohren	26 kg	6 mm
b) Flanschenrohren aus gewöhnlichem Gußeisen	26 „	6 „
c) „ „ Gußeisen von hoher Festigkeit	34 „	10 „

§ 9. **Fabrikation.** Die geraden Rohre normaler Baulänge sollen stehend in gut getrockneten Formen gegossen werden. Kleine Dimensionen bis zu 40 mm können auch schräg gegossen werden.

§ 10. **Qualität der Gußstücke.** Die Rohre und Formstücke sollen fehlerfrei, glatt an den Seitenflächen, ohne Schalen und Risse sein. Rohre und Formstücke mit kleineren Mängeln, welche durch die Natur des Gießverfahrens unvermeidlich sind und die Brauchbarkeit des betreffenden Gußstückes in keiner Weise in Frage stellen, dürfen nicht zurückgewiesen werden.

Gußstücke mit Fehlern, welche die Festigkeit des Rohres nachteilig beeinflussen, sind von der Lieferung auszuschließen.

§ 11. **Reinigung und Bearbeitung.** Die Oberfläche des Gußstückes muß in- und auswendig von Formsand und allen Unebenheiten gereinigt sein. Die beiden Enden müssen ($\perp$) rechtwinklig zur Achse stehen. Flanschrohre werden nur mit Dichtungsleisten und, wenn nicht anders bestimmt, auch mit gebohrten Flanschlöchern geliefert. Wenn letztere nicht gebohrt werden sollen, so ist dies bei der Bestellung besonders anzugeben. Als Regel gilt, daß in der senkrechten Ebene durch die Achse des Rohres sich keine Schraubenlöcher befinden sollen. Hierbei ist Voraussetzung, daß die Leitung und die Abzweige horizontal verlegt werden.

§ 12. Probieren der Rohre. Der Betriebsdruck ist für die Probepressung in erster Linie maßgebend und muß der Probedruck den Betriebsdruck von 10 at übersteigen. Deutsche Normalrohre sind auf 20 at Wasserdruck zu probieren. Während der Druckprobe, die $1/_2$ bis 1 Minute nicht übersteigen soll, werden die Rohre mit einem schmiedeisernen Hammer mit abgerundeten Bahnen von 1 kg Gewicht und normaler Stiellänge mit mäßiger Kraft abgehämmert. Die Druckprobe erfolgt gleich nach der Fabrikation.

§ 13. Asphaltierung. Die Rohre und Formstücke werden gleich nach der Druckprobe asphaltiert. Vor dem Asphaltieren werden dieselben auf eine Temperatur von ca. 150° C. erwärmt. Die Asphaltmasse darf keine wasserlöslichen Substanzen enthalten und muß frei von allen Bestandteilen sein, die dem Wasser irgendwelchen Geschmack geben könnten. Die Asphaltmasse muß nach dem Asphaltieren trocken sein, muß auf dem Rohr gut haften und darf weder abblättern noch kleben.

§ 15. Abnahme. Sofern die Rohre und Formstücke nicht dem Lager entnommen werden, steht es dem Besteller oder dem von ihm Beauftragten frei, der Prüfung auf dem Werke beizuwohnen. Wenn der Besteller eine zweite Druckprobe nach Ankunft der Rohre am Bestimmungsort wünscht, so gehen die Kosten dieser zweiten Probe auf seine Rechnung. Diese Probe muß mit einwandfreien Apparaten ausgeführt werden und steht es dem Lieferanten frei, auf seine Kosten dieser Probe beizuwohnen. Für Bruch- resp. Ausschußstücke, die sich bei dieser zweiten Probe ergeben, ist der Fabrikant nur dann zum Ersatz verpflichtet, wenn nachweislich Guß- oder Materialfehler vorliegen. In diesem Falle hat der Lieferant Ersatzstücke frei Ankunftsstation zu liefern gegen Rücksendung der ausgeschossenen Stücke.

Ein Teil der vorstehenden Lieferungsvorschriften ist auch enthalten in den „Normalbedingungen" für die Lieferung von Eisenkonstruktionen für Brücken- und Hochbau, aufgestellt von dem Verbande Deutscher Architekten- und Ingenieurvereine, dem Verein Deutscher Ingenieure und dem Verein deutscher Eisenhüttenleute unter Mitwirkung des Deutschen Verbandes für die Materialprüfungen der Technik und des Vereins Deutscher Brücken- und Eisenbau-Fabriken[1]. Wie der Titel besagt und worauf hier nochmals hingewiesen sein mag, gelten diese „Normalbedingungen" nur für Eisenkonstruktionen für Zwecke des Hoch- und Brückenbaus. Die Normalbedingungen sind also nur ein Teil der vorstehend genannten und weitergehenden Lieferungsvorschriften des Deutschen Verbandes für die Materialprüfungen der Technik. Die in Frage kommenden Vorschriften für Gußeisen, sowie auch für Stahlformguß in den oben genannten „Normalbedingungen" lauten:

Stahlformguß. Aus Flußstahl herzustellende gegossene Teile dürfen keine Blasen oder Poren haben, die die Verwendbarkeit des Stückes beeinträchtigen. Die Stücke müssen, nachdem sie mindestens aus dem Groben geputzt sind, vor der Probeentnahme gut ausgeglüht sein. Die Probestücke sind an die Gußstücke, möglichst gleichmäßig auf die verschiedenen Modelle verteilt, anzugießen, mit diesen zusammen auszuglühen und dürfen erst nach der Abstempelung abgetrennt werden. Die Zerreißproben sollen eine Festigkeit von 45—60 kg/qmm bei einer Dehnung von mindestens 10% ergeben.

Gußeisen. Die Gußstücke müssen, wenn nicht Hartguß oder andere Gußeisensorten ausdrücklich vorgeschrieben sind, aus grauem, weichem Eisen sauber und fehlerfrei gegossen und einer langsamen, den Formverhältnissen entsprechenden Abkühlung zur möglichsten Vermeidung von Spannungen unterworfen sein. Das Gußeisen soll zähe und so weich sein, daß es mittels Meißel und Feile zu bearbeiten ist.

Ein unbearbeiteter Stab mit Kreisquerschnitt von 30 mm Durchmesser und etwa 650 mm Länge, welcher aus demselben Abstich, der zur Anfertigung der Gußstücke Verwendung findet, herzustellen ist, muß auf zwei, 600 mm voneinander entfernten Stützen liegend, eine allmählich bis zu 460 kg zunehmende Belastung in der Mitte aufnehmen können, bevor er bricht. Die Durchbiegung hierbei darf nicht unter 6 mm betragen. Die Ergebnisse von Probestücken, die mit Gußfehlern behaftet sind, bleiben außer Betracht.

Der Unterschied der Wanddicken eines Querschnittes, der überall mindestens den vorgeschriebenen Flächeninhalt haben muß, darf bei Säulen bis zu 400 mm mittlerem Durchmesser und 4 m Länge die Größe von 5 mm nicht überschreiten. Bei Säulen von größerem Durchmesser und größerer Länge wird der zulässige Unterschied für je 100 mm Mehrdurchmesser und für je 1 m Mehrlänge um je $1/_2$ mm erhöht. Die Einhaltung der vorgeschriebenen Wandstärke ist durch Anbohren an geeigneten

---

[1] Mitteilungen des Deutschen Verbandes für die Materialprüfungen der Technik, Drucksache Nr. 47.

Stellen, jedesmal in zwei einander gegenüber liegenden Punkten, bei liegend gegossenen Säulen in der dem etwaigen Durchsacken des Kerns entsprechenden Richtung nachzuweisen. Sollen Säulen aufrecht gegossen werden, so ist das besonders anzugeben.

b) Lieferungsvorschriften der Preußisch-Hessischen Staatseisenbahnverwaltung für Eisenguß, Stahlgußbremsklötze und Achslagerkasten vom Jahre 1910.

Eisenguß und das Material gußeiserner Achslagerkasten soll eine Zerreißfestigkeit von mindestens 12 kg/qmm haben. Diese Bestimmung gilt nicht für Eisenguß für Dampfzylinder, Schieber, Zylinder für Kolbenringe, sowie für Herdguß, schmiedbaren Guß und Stahlguß.

Zylinderguß soll eine Zerreißfestigkeit von 18—24 kg/qmm haben. Die Probestäbe von einer Mindestlänge von 350 mm sind an die Zylinder anzugießen. Das Material für Schieber und Zylinder für Kolbenringe soll eine Zerreißfestigkeit von 12—16 bzw. 12—14 kg/qmm haben und so zähe sein, daß sich die fertigen Kolbenringe durch Hämmern strecken lassen.

Röhren sind stehend zu gießen.

Schmiedbarer Eisenguß muß sich im kalten Zustande hämmern, strecken und richten lassen, ohne zu brechen. Hartguß soll eine Härteschicht von mindestens 5 mm haben. Der Übergang von dem grauen in das weiße Gefüge soll allmählich erfolgen. Bremsklötze sind aus dichtem Gußeisen mit Stahlzusatz, das sich noch gut bohren läßt, anzufertigen.

Bei Achslagerkasten aus Flußeisenguß wird die Festigkeit durch Zerreißversuche, die Zähigkeit durch Schlagversuche festgestellt. Die Dehnung wird auf einer Meßlänge von 100 mm gemessen. Die Probestäbe dürfen nicht ausgeglüht werden, wenn das Gebrauchsstück ebenfalls nicht ausgeglüht wird. Die Zerreißfestigkeit soll zwischen 37 und 44 kg/qmm liegen und die Dehnung mindestens 20% betragen. Von einem Satz von 100 Achslagerkasten sind mindestens drei Kasten mit angegossenen Platten zur Entnahme von Probestäben zu versehen. Für Schlagversuche ist von 100 Achslagerkasten je eine Achsbüchse auszuwählen. Auf diese werden durch einen Fallhammer mit einem Bärgewicht von 300 kg aus 1 m Fallhöhe zehn Schläge ausgeübt. Die Büchsen dürfen hierbei auf höchstens ³/₄ ihrer ursprünglichen lichten Weite zusammengedrückt werden, ohne daß Risse auftreten. Kleinere Anrisse im Staubringkasten sind kein Grund zur Zurückweisung.

c) Materialvorschriften der Deutschen Kriegsmarine, Ausgabe 1915.

Martin-Stahlguß. Dieser ist im basischen Siemens-Martinofen (nicht im Konverter) herzustellen. Die Herstellung im sauren Ofen bedarf besonderer Genehmigung.

Die Gußstücke sind gut auszuglühen. Im fertigen Guß darf der Kupfergehalt 0,2%, der Schwefelgehalt 0,05%, der Phosphorgehalt 0,05% und der Siliziumgehalt 0,45% nicht überschreiten. Die Streckgrenze soll über 20 kg/qmm für Qualität I und 25 kg/qmm für Qualität II, die Dehnung über 18% für I und über 13% für II betragen. Die Zugfestigkeit soll zwischen 40 und 50 kg/qmm bzw. zwischen 50 und 55 kg/qmm liegen. Die Warmzerreißprobe bei 200° C. soll bei Probelieferungen mindestens eine Streckgrenze von 15 kg/qmm, eine Festigkeit von 38 kg/qmm und 12% Dehnung ergeben. An prismatischen Stäben von 300 mm Gesamtlänge sind Kaltbiegeproben vorzunehmen. Die Biegegröße soll hierbei mindestens 23 betragen. Für Dampfleitungen ist eine Warmbiegeprobe bei 200° C. vorgeschrieben, bei der die gleiche Biegegröße 23 erreicht werden soll. Schlagbiegeproben (prismatische Stäbe von 300 mm Länge) müssen bei 240 mm Stützweite soviel Schläge eines Fallbären von 200 kg Gewicht aus einem Meter Fallhöhe aushalten, bis ein Biegewinkel von 90° erreicht ist. Bei Fallproben aus 3,5 m Höhe auf den Fußboden (in der Beschaffenheit eines gut chaussierten Weges) dürfen die flachfallenden Gußstücke keine Risse oder Sprünge bekommen. Freischwebend muß der Klang von Gußstücken beim Anschlagen mit einem Hammer klar, nicht dumpf sein. Gußstücke, die durch inneren Wasserdruck beansprucht werden, sind einem Probedruck von dem doppelten Betriebsdruck zu unterwerfen.

Bessemer-Stahlguß. Dieser ist in Bessemerbirnen herzustellen und sorgfältig zu glühen. Es gelten die gleichen Vorschriften wie für Martin-Stahlguß.

Schmiedbarer Tiegelformguß ist in geschlossenen Tiegeln bis zur Dünnflüssigkeit aus kohlenstoffarmem Schweißeisenschrott niederzuschmelzen. Er darf nur Spuren von Kupfer, Schwefel und Phosphor enthalten. Verlangt wird eine Streckgrenze von mindestens 20 kg/qmm und über 35 kg/qmm Zugfestigkeit bei mindestens 20% Dehnung; bei der Kaltbiegeprobe ist eine Biegegröße über 33 vorgeschrieben. Für die Wasserdruckprobe gilt dasselbe, wie bei Martin-Stahlguß.

Elektro-Stahlguß. Herstellungsbedingungen wie für Martin-Stahlguß unter Verwendung des Elektroofens. Festigkeitsvorschriften wie bei schmiedbarem Tiegelformguß.

Gußeisen. Bei Gußeisen ist ein Zusatz von Flußeisen gestattet, für besondere Zusätze, wie Titan usw. ist zuvor Genehmigung einzuholen. Herstellung des Gußeisens im Kuppel-, Tiegel- oder Flammofen. Das Bruchgefüge muß feines, gleichmäßiges Korn von grauer Farbe haben. Rundstäbe mit Gußhaut von 30 mm Durchmesser und 650 mm Länge sind bei 600 mm Stützweite in der Mitte bis zum Bruch zu belasten und müssen mindestens 34 kg/qmm Biegefestigkeit bei mindestens 10 mm Durchbiegung aufweisen. Gußstücke, die im Betriebe unter Wasserdruck stehen, sind dem doppelten Betriebsdruck zu unterwerfen.

d) Vorschriften des Germanischen Lloyd in Berlin für Klassifikation und Bau von flußeisernen Seeschiffen, vom Jahre 1916.

Stahlformguß. Die Zugfestigkeit eines Probestabes von 20 mm Durchmesser soll 40 bis 55 kg/qmm und die Dehnung bei einer Meßlänge von

$$
\begin{array}{rl}
50 \text{ mm} & \text{mindestens } 25\% \\
100 \text{ „} & \text{ „ } 19 \text{ „} \\
150 \text{ „} & \text{ „ } 16 \text{ „} \\
200 \text{ „} & \text{ „ } 15 \text{ „ betragen.}
\end{array}
$$

Kaltbiegeproben von 30 mm Durchmesser oder 30 mm Quadrat sollen sich bei einem Biegungsradius von der anderthalbfachen Probendicke um 90° biegen lassen, ohne Risse zu bekommen. Auf Verlangen sind Gußstücke einer besonderen Kaltprobe zu unterwerfen. Ist dieselbe nicht möglich, so sind an großen Stücken 2 Zug- und 2 Biegeproben möglichst an den entgegengesetzten Enden des Gußstückes zu entnehmen. Alle Stahlformgußstücke sind vor der Prüfung gleichmäßig auszuglühen. Eine Schweißung von Fehlstellen ist nur mit ausdrücklicher Genehmigung zu gestatten.

2. England.

In England ist das Engineering Standards Comittee, dem Vertreter aller großen englischen Ingenieur-Vereinigungen angehören, zur Zeit mit der Herausgabe von Lieferungs-Vorschriften beschäftigt [1]. Lieferungsvorschriften für Stahlguß für Schiffsbauzwecke und für rollendes Material für Eisenbahnzwecke sind im Jahre 1907 erschienen, die nachstehend auszüglich wiedergegeben sind.

a) Lieferungsvorschriften des Engineering Standards Comittee für Stahlguß für Schiffsbauzwecke [2].

Wenn nichts anderes bestimmt ist, ist Flammofenmaterial zu verwenden. Die Gußstücke sind sorgfältig auszuglühen. Die Probestäbe sind an das Gußstück anzugießen. Vorgeschrieben ist für jede Charge mindestens ein Zugversuch und eine Kaltbiegeprobe. Letztere ist an Stäben von 20 × 25 mm auszuführen. Die Belastung kann dabei langsam oder durch Schlag erfolgen. Die Gußstücke werden in vier Klassen eingeteilt, die bei dem Zug- und Biegeversuch folgenden Mindestanforderungen zu genügen haben (siehe Zahlentafel 161).

Zahlentafel 161.

Mindestanforderungen.

Klasse	Zugversuch		Biegeprobe	
	Zugfestigkeit kg/qmm	Dehnung %	Dornradius mm	Biegewinkel Grad
A	55—62	über 15		60
B	41—55	über 20	unter 25	120
C	41—55	über 15		90
D	keine Vorschrift		keine Biegeproben, jedoch Schlagversuche nach Belieben des Abnahmebeamten	

Bei dem in Zahlentafel 161 angegebenen Biegewinkel dürfen noch keine Risse auftreten. Als Probestäbe sind Rundstäbe von 14,2 mm, 20,4 mm bzw. 25,0 mm vorgeschrieben. Die Meßlänge soll 51 mm, 77 mm bzw. 90 mm betragen. Aus der geringen Meßlänge erklären sich die hohen Anforderungen hinsichtlich der Dehnung. Auf Verlangen des Fabrikanten muß bei ungünstigem Ausfall des Zug- oder Biegeversuches je ein zweiter maßgebender Versuch ausgeführt werden. Schlag- und Fallversuche sind nach Vorschrift der Abnahmekommission auszuführen. Ausbesserungen von Fehlstellen durch Schweißen usw. sind nur mit Genehmigung des Abnahmebeamten zulässig.

---

[1] S. a. Foundry 1923, S. 679 und 781.
[2] Zu beziehen von der Geschäftsleitung des Engineering Standards Comittee, London SW., Westminster, 28 Victoriastreet.

b) Lieferungsvorschriften des Engineering Standards Comittee für Stahlguß für rollendes Eisenbahnmaterial.

Wenn nichts anderes vorgeschrieben ist, ist Flammofenmaterial mit einem Gehalt von höchstens 0,07 % Schwefel und 0,07 % Phosphor zu verwenden. Die Gußstücke sind sorgfältig auszuglühen. Ausbesserung von Fehlstellen ist nur mit Genehmigung des Abnahmebeamten zulässig. Die Gußstücke werden eingeteilt in gewöhnliche Gußstücke, Radsterne und große Gußstücke oder Gußstücke für wichtigere Konstruktionsteile. Hinsichtlich der Festigkeitseigenschaften werden die nachstehend wiedergegebenen Anforderungen gestellt:

Art der Gußstücke	Zugfestigkeit kg/mm	Dehnung %
Dem Verschleiß unterworfene Gußstücke .	über 55	über 10
Gewöhnliche Gußstücke und Radsterne . .	über 41	über 15

Das Material von Gußstücken, die nicht dem Verschleiß unterworfen sind, ist einer Biegeprobe zu unterziehen. Dabei muß ein Rundstab von 230 mm Länge und 25 mm Durchmesser um einen Dorn von 63 mm Durchmesser bis zu einem Winkel von 90° gebogen werden können, ohne daß Risse auftreten. Mit allen Radsternen ist folgender Fallversuch vorzunehmen. Der Radstern wird, indem die Ebene des Rades senkrecht steht, bis zu einer Höhe von 0,9 m angehoben. Dann läßt man ihn auf einen Eisenblock von mindestens 5000 kg fallen. Bei Radsternen mit Gegengewicht beträgt die Fallhöhe nur 0,6 m. Der Radstern darf bei diesem Fallversuch keine Risse aufweisen. Bei einigen Radsternen ist der Fallversuch bis zum Bruch fortzusetzen, indem die Fallhöhe allmählich gesteigert und der Radstern nach jedem Fall um 90° gedreht wird. In allen Fällen soll das Rad auf ein Speichenende fallen. Alle Radsterne sind ferner frei aufzuhängen und Nabe und Speichen mit einem Hammer abzuklopfen.

c) Lieferungsvorschriften für Stahlguß von Lloyds Register of British and Foreign Shipping vom April 1908[1]).

Sämtliche Stahlgußteile sind sorgfältig zu glühen. Die Probestäbe sind an das Gußstück anzugießen. An dem Material eines jeden Gußstückes ist wenigstens ein Zugversuch und eine Biegeprobe auszuführen, bei sperrigen Gußstücken jedoch mindestens zwei Zugversuche und zwei Biegeproben. Die Probestäbe für den Zugversuch sollen einen Durchmesser von 14,3 bzw. 20 bzw. 25 mm und eine Zerreißlänge von 50 bzw. 75 bzw. 90 mm haben. Die Zugfestigkeit soll zwischen 41 und 55 kg/qmm und die Dehnung über 20 % liegen. Die Probestäbe für die Biegeprobe sollen einen rechteckigen Querschnitt von 19 × 25 mm Kantenlänge haben. Die Ecken sollen mit einem Radius von 1,5 mm abgerundet sein. Die Probestäbe sind um die flache Seite zu biegen. Die Stäbe müssen kalt um einen Dorn von 51 mm Durchmesser bis zu einem Winkel von 120° gebogen werden können, ohne zu brechen. Für Hintersteven, Ruder, Kreuzköpfe und dergleichen sind Fallversuche mit einer Fallhöhe von 2—3 m vorgeschrieben. Nach dem Fallversuch sind die Gußstücke unter Benutzung eines Hammers von mindestens 3,5 kg der Hammerprobe zu unterwerfen. Besondere Vorschriften bestehen für Anker aus Stahlguß. Bei einem Gewicht des betreffenden Ankerteiles von weniger als 762 kg soll die Fallhöhe 4,6 m, bei mehr als 762 kg Gewicht 3,6 m betragen. Die Ankerteile müssen bei dem Fallversuch auf eine gut fundierte quadratische Eisenplatte von mindestens 1,4 m Kantenlänge und 0,1 m Dicke fallen. Runde Probestäbe von 25 mm Durchmesser und 200 mm Länge müssen sich kalt durch Hammerschläge um einen Dorn von 75 mm Durchmesser bis zu einem Biegewinkel von 90° biegen lassen, ohne daß Risse eintreten.

3. Amerika.

In Amerika hat die American Society for Testing Materials[2]) eine große Anzahl von Lieferungsvorschriften herausgegeben, darunter auch solche für gießbares Eisen. Die von dieser Gesellschaft herausgegebenen Lieferungsvorschriften können (ebenso wie dies bei den Lieferungsvorschriften des Deutschen Verbandes für die Materialprüfungen der Technik der Fall ist) nur als Vorschriften angesehen werden, deren Annahme empfohlen wird, und die mit Rücksicht auf die sachgemäße Durcharbeitung auch allgemeine Anerkennung finden. Neuere Vorschläge sind, wie oben bemerkt, noch nicht endgültig[3]).

---

[1]) Zweigbureau der Gesellschaft in Düsseldorf.
[2]) Philadelphia, Pa., 1315 Spruce Street.   [3]) Foundry 1922, S. 594 u. 642; 1923, S. 563.

a) Lieferungsvorschriften für Einkauf von Gießereiroheisen vom Jahre 1909.

Es wird die Beurteilung und Preisstellung nach der chemischen Zusammensetzung empfohlen. Für den jeweiligen Gehalt des Gußeisens an den einzelnen Elementen sind Codeworte festgesetzt, so daß eine bequeme drahtliche Bestellung eines Materials von der gewünschten chemischen Zusammensetzung möglich ist[1]).

b) Lieferungsvorschriften für Gußeisenrohre und Formstücke vom Jahre 1905.

Wandstärke. Bei Wandstärken unter 25 mm soll die Dicke der Wandstärke die vorgeschriebene Dicke um nicht mehr als 2 mm unterschreiten und bei Wandstärken über 25 mm um nicht mehr als 2,5 mm.

Gewicht. Rohre bis zu 410 mm Durchmesser dürfen nicht mehr als 5% Untergewicht haben, Rohre mit einem Durchmesser von über 410 mm nicht mehr als 4% Untergewicht. Desgleichen dürfen Formstücke bis zu 305 mm Durchmesser nicht über 10% und Formstücke von mehr als 305 mm Durchmesser nicht über 8% Untergewicht haben.

Festigkeitseigenschaften des Materials. Aus dem Gußeisen sind für Biegeversuche Probestäbe von 660 mm Länge und 25 × 51 mm Querschnitt herzustellen. Diese sind für den Biegeversuch bei einem Abstand der Auflager von 610 mm so zu lagern, daß die Längskanten die größten Zug- und Druckspannungen aufzunehmen haben. Die Belastung erfolgt in der Mitte zwischen den Auflagern. Die Bruchlast soll bei Rohren bis zu 305 mm Durchmesser mindestens 860 kg und die Durchbiegung beim Bruch mindestens 7,6 mm betragen, desgleichen bei Rohren von mehr als 305 mm Durchmesser die Bruchlast mindestens 910 kg und die Durchbiegung beim Bruch mindestens 8,2 mm.

Druckwasserprobe. Die Rohre sind der Druckwasserprobe zu unterwerfen und unter Druck mit einem Hammer abzuklopfen. Der Wasserdruck soll bei Rohren unter 510 mm Durchmesser 18 at betragen, bei Rohren von 510 mm Durchmesser und darüber je nach der Höhe des späteren Betriebsdruckes 9—18 at.

c) Lieferungsvorschriften für Lokomotivzylinder vom Jahre 1905.

Chemische Zusammensetzung des Materials. Der Siliziumgehalt soll zwischen 1,25 und 1,75% liegen, der Phosphorgehalt soll 0,9% und der Schwefelgehalt 0,1% nicht übersteigen.

Festigkeitseigenschaften des Materials. Es sind Biegeversuche an Rundstäben von 32 mm Durchmesser und 355 mm Länge bei einer Auflagerentfernung von 305 mm anzustellen. Die Belastung erfolgt in der Stabmitte. Die Bruchlast soll mindestens 1360 kg und die Durchbiegung im Augenblick des Bruches mindestens 2,5 mm betragen. Von dem Material eines jeden Zylinders ist ein Probestab zu prüfen.

d) Lieferungsvorschriften für Hartgußräder für Eisenbahnzwecke vom Jahre 1905.

Chemische Zusammensetzung. Als gute Durchschnittsanalyse, von der jedoch wesentliche Abweichungen möglich sind, wird folgende Analyse angegeben: Gesamtkohlenstoff = 3,50%; Graphit = 2,90%; gebundener Kohlenstoff = 0,60%; Silizium = 0,70%; Phosphor = 0,50%; Schwefel = 0,08%.

Materialgefüge. Besonderer Wert wird auf gleichartige Schrumpfung gelegt. Die Dicke der weißen, abgeschreckten Schicht soll zwischen 9 und 26 mm betragen. Es darf keine ausgeprägte Markierungslinie zwischen der weißen, abgeschreckten und der grauen, nicht abgeschreckten Schicht vorhanden sein.

Fallversuche. Von einem Satz von 103 Rädern sind drei Räder auszuwählen und wie folgt zu prüfen: Das erste Rad ist mit dem Flansch nach unten auf einem Amboß von mindestens 800 kg zu lagern. Der Amboß soll auf einem Fundament von mindestens 60 cm Höhe ruhen und drei Auflagerflächen von nicht mehr als 13 cm Breite haben. Auf diese Auflagerflächen kommt der Flansch des Rades zu liegen. Auf die Nabe läßt man ein Gewicht von 900 kg fallen, das unten eine ebene Fläche hat. Die Fallhöhe und Anzahl der Schläge, die das Rad je nach der Tragfähigkeit des Wagens aushalten muß, sind nachstehend ersichtlich:

Art des Rades	Durchmesser 840 mm für Personen- und Frachtwagen	Durchmesser 915 mm für Personenwagen und Tender
Fallhöhe in m	2,7—3,65	3,65
Zahl der Schläge . . .	10—12	12—14

[1]) Vgl. Stahleisen 1909, S. 1035. S. a. S. 142.

Erwärmungsversuche. Von den drei Proberädern, die dem Satz von 103 Rädern entnommen sind, werden zwei dem Erwärmungsversuche unterworfen. Dabei werden die Räder mit dem Flansch nach unten in einem Sandbett gelagert und im Sand um die Lauffläche des Rades ein 38 mm breiter und 100 mm tiefer Kanal derart gezogen, daß die Lauffläche eine Seite des Kanals und der Flansch den Boden des Kanals bildet. In den Kanal wird Gußeisen gegossen. Zwei Minuten nach dem Eingießen des Gußeisens wird das Rad einer Besichtigung unterzogen. Es darf nicht gebrochen sein oder Risse aufweisen.

e) Lieferungsvorschriften für schmiedbaren Guß vom Jahre 1904 [1]).

Chemische Zusammensetzung. Wenn die Feststellung der Festigkeitseigenschaften vereinbart ist, darf das Material nicht über 0,06% Schwefel und 0,225% Phosphor enthalten.

Festigkeitseigenschaften des Materials. Es sind drei quadratische Probestäbe von 355 mm Länge und 25 mm Kantenlänge mit großen verlorenen Köpfen zu gießen. Diese Stäbe sind mit den Gußstücken zusammen auszuglühen. Von den drei Stäben ist einer für den Zugversuch, einer für den Biegeversuch und einer für einen etwaigen Kontrollversuch zu verwenden. Die Zugfestigkeit soll mindestens 28,5 kg/qmm und die Dehnung, gemessen auf einer Meßlänge von 51 mm, mindestens 2,5% betragen. Der Biegeversuch ist bei einer Auflagerentfernung von 305 mm und bei an der Mitte des Stabes angreifender Belastung auszuführen. Die Bruchlast soll mindestens 1360 kg und die Durchbiegung im Augenblick des Bruches mindestens 12 mm betragen.

f) Lieferungsvorschriften für Grauguß vom Jahre 1905.

Einteilung der Gußstücke. Die Gußstücke werden in leichte, mittlere und schwere Stücke eingeteilt. Als erstere gelten solche, bei welchen irgendeine Stelle des Gußstückes schwächer als 12 mm ist, als letztere solche Stücke, bei denen keine Stelle unter 50 mm stark ist. Als mittlere Gußstücke werden solche Stücke angesehen, welche nicht unter die eben genannten Bedingungen fallen.

Chemische Zusammensetzung. Der Schwefelgehalt soll bei leichten Stücken 0,08%, bei mittleren Stücken 0,10% und bei schweren Stücken 0,12% nicht überschreiten.

Festigkeitseigenschaften des Materials. Es sind Biegeversuche an Rundstäben von 32 mm Durchmesser und 380 mm Länge bei einer Auflagerentfernung von 305 mm anzustellen. Die Stäbe sind fallend zu gießen und mit Gußhaut zu prüfen. Die Belastung erfolgt in der Stabmitte. Die Belastungsgeschwindigkeit soll derart sein, daß eine Durchbiegung von 2,5 mm in 20—40 Sekunden erzielt wird. Die Bruchlast soll bei dem Material leichter Stücke mindestens 1140 kg, bei mittleren Stücken mindestens 1320 kg und bei schweren Stücken mindestens 1500 kg betragen. Die Durchbiegung in der Stabmitte soll in allen Fällen größer als 2,5 mm sein. Falls Zugversuche angestellt werden, die jedoch nicht empfohlen werden, soll die Zugfestigkeit des Materials leichter Gußstücke mindestens 12,8 kg/qmm, die des Materials mittlerer Gußstücke 15,0 kg/qmm und die des Materials schwerer Gußstücke 17,0 kg/qmm betragen. Die Probestäbe für den Zugversuch sind aus den Bruchstücken der Probestäbe für den Biegeversuch herauszuarbeiten.

g) Lieferungsvorschriften für Stahlguß vom Jahre 1905.

Chemische Zusammensetzung. Gewöhnliche Gußstücke, bei denen keine Festigkeitsprüfung vorgeschrieben ist, dürfen nicht über 0,4% Kohlenstoff und nicht über 0,08% Phosphor enthalten. Wenn Festigkeitsprüfungen vorgeschrieben sind, darf sowohl der Phosphorgehalt, als auch der Schwefelgehalt 0,05% nicht übersteigen.

Festigkeitseigenschaften. Die Gußstücke werden in harte, mittlere und weiche Sorten eingeteilt, welche die nachstehend angegebenen Mindestwerte bei dem Zerreißversuch aufweisen müssen:

Stahlgußart	hart	mittel	weich
Streckgrenze in kg/qmm	27	22	19
Zugfestigkeit in kg/qmm	60	50	42
Dehnung, gemessen auf 50 mm . . .	15	18	22
Querschnittsverminderung	20	25	30

Der Zugversuch ist an Rundstäben von 15 mm Durchmesser auszuführen. Kleinere Stücke sind bis zur Zerstörung zu prüfen. Größere Stücke sind frei aufzuhängen und durch Schlagen mit einem Hammer zu untersuchen. Für Stücke aus weichem und mittlerem Stahlguß sind Biegeproben an quadratischen Stäben von 13 × 25 mm Querschnitt vorgeschrieben. Diese Stäbe sind um einen

---

[1]) Neuere Vorschläge s. Gieß.-Zg. 1923, S. 121.

Dorn von 25 mm Durchmesser zu biegen. Dabei müssen sich Stäbe aus weichem Stahlguß bis zu einem Biegewinkel von 120°, Stäbe aus mittelweichem Stahlguß bis zu einem Biegewinkel von 90° biegen lassen, ohne daß Risse auftreten.

4. Frankreich.

Gemeinsame Lieferungsvorschriften der französischen Eisenbahngesellschaften [1]).

Stahlguß. Stahlguß wird auf Grund seiner Festigkeitseigenschaften in fünf Klassen eingeteilt. Alle Gußstücke sind sorgfältig auszuglühen. Die Meßlänge l der Probestäbe für den Zugversuch soll $l = \sqrt{66{,}67\,f}$ sein, wenn f den Querschnitt der Probestäbe bedeutet. Wenn keine anderen Vorschriften vereinbart werden, sollen die Probestäbe Rundstäbe von 13,8 mm Durchmesser sein und eine Meßlänge von 100 mm haben. Bei den verschiedenen Klassen sind folgende Mindestwerte für die Festigkeitseigenschaften vorgeschrieben:

Klasse	Proportionalitäts-grenze kg/qmm	Zugfestigkeit kg/qmm	Dehnung %
1	—	40	20
2	—	45	10
3	—	45	15
4	30	45	15
5	—	60	12

Schlagversuche sind für die Klassen 1, 3 und 4 vorgeschrieben. Es sind quadratische Probestäbe von 30 mm Kantenlänge und 200 mm Gesamtlänge zu benutzen. Die Probestäbe sind bei einer Auflagerentfernung von 160 mm horizontal zu lagern. Auf die Stabmitte läßt man ein Fallgewicht von 50 kg aus 3 m Höhe fallen. Das Fallgewicht hat eine mit einem Radius von 15 mm abgerundete Schneide. Nach dem ersten Schlage wird der Stab gewendet, so daß die bisherige Unterfläche nach oben zu liegen kommt. In dieser Lage erhält der Stab zwei weitere Schläge und wird dann wieder gewendet. Dann erhält er wiederum zwei Schläge und so fort bis zum Bruch. Dabei müssen die einzelnen Klassen folgende Mindestzahl an Schlägen aushalten, wobei nur die Schläge in der ersten Schlagrichtung gezählt werden:

Klasse	Schlagzahl
1	3
3	2
4	12

Radsterne und Radscheiben aus Stahlguß. Die Probestäbe für den Zugversuch sollen Rundstäbe von höchstens 25 mm Durchmesser sein. Die Mindestwerte der Zugfestigkeit und Dehnung sollen den Werten der Stahlgußklasse 1 oder 3 entsprechen (siehe den vorhergehenden Absatz). Schlagversuche sind gemäß den allgemeinen Vorschriften für Stahlguß auszuführen. Hierbei hat das Material hinsichtlich der Schlagzahl den dort gestellten Anforderungen der Klasse 1 oder 3 zu genügen.

5. Italien.

Vorschriften des Ministeriums der öffentlichen Arbeiten [2]) vom Februar 1908.

Gußeisen, Röhrenguß und ähnliches. Die Zugfestigkeit soll mindestens 12 kg/qmm betragen. Die Biegefestigkeit ist an quadratischen Probestäben von 40 mm Kantenlänge und 200 mm Gesamtlänge bei einer Auflagerentfernung von 160 mm festzustellen. Die in der Stabmitte wirkende Bruchlast soll mindestens 6000 kg betragen. Schlagversuche sind an Probestäben von gleichen Abmessungen wie für den Biegeversuch und bei der gleichen Auflagerentfernung anzustellen. Man läßt auf die Mitte des Probestabes je nach den zu stellenden Anforderungen aus einer Fallhöhe von 0,5—0,65 m ein Fallgewicht von 12 kg fallen. Der Probestab darf dabei nicht brechen. Stahlformguß, Brückenwalzen, Schraubenbacken und ähnliches. Die Zugfestigkeit soll mindestens 50 kg/qmm und die Dehnung mindestens 12% betragen.

[1]) Nach Jean Carol, Résistance des Matériaux appliquée à la Construction des Machines. Teil II, Paris 1910.
[2]) Stabilimento del Genio Civile.

6. Dänemark.

a) Lieferungsvorschriften des dänischen Ingenieurvereins für Bauwerkeisen vom 14. September 1898.

Gußeisen. Führt man einen Hammerschlag gegen eine rechteckige Kante des Gußstückes. in der Winkelhalbierungsebene aus, so darf die Kante nicht abspringen, sondern es darf nur ein Eindruck entstehen. Biegeversuche sind an quadratischen Probestäben von 25 mm Kanten- und 1100 mm Gesamtlänge bei einer Auflagerentfernung von 1000 mm auszuführen. Die Bruchlast soll mindestens 300 kg betragen. Die Belastung erfolgt von 100 kg ab in Stufen von 10 zu 10 kg. Stahlguß. Die Zugfestigkeit soll zwischen 45 und 60 kg/qmm liegen. Die Dehnung, gemessen auf einer Meßlänge von 50 mm, soll mindestens 12% betragen.

b) Lieferungsvorschriften des Dänischen Ingenieurvereins für Gußeisenrohre für Gas- und Wasserleitungswerke vom 8. Dezember 1904.

Biegeversuche sind in der gleichen Weise wie unter a) beschrieben auszuführen. Schlagversuche sind an quadratischen Probestäben von 40 mm Kantenlänge und 200 mm Gesamtlänge bei einem Auflagerabstand von 150 mm auszuführen. Die Probestäbe müssen den Schlag eines Fallgewichtes. von 12 kg, das aus 400 mm Fallhöhe auf die Mitte des horizontal gelagerten Stabes fällt, aushalten können.

Literatur.

a) Einzelne Werke.

Martens, A. und E. Heyn: Handbuch der Materialienkunde für den Maschinenbau. 1. Aufl., Bd. 1. Berlin 1898. Bd. 2, Hälfte A, 1. Aufl. Berlin 1912.

Ledebur, A.: Handbuch der Eisen- und Stahlgießerei. 3. Aufl., Leipzig 1901, S. 53—77.

Messerschmitt, A.: Die Technik in der Eisengießerei und praktische Wissenschaft. 4. Aufl. Essen a. d. Ruhr 1909, S. 17—45.

Memmler, K.: Materialprüfungswesen. Sammlung Göschen. 3. Aufl. Leipzig 1921.

Bach, C.: Elastizität und Festigkeit. 8. Aufl. Berlin 1920.

Bach, C. und R. Baumann: Festigkeitseigenschaften und Gefügebilder der Konstruktionsmaterialien. 2. Aufl. Berlin 1921.

Wawrziniok, O.: Handbuch des Materialprüfungswesens. 2. Aufl. Berlin 1920.

b) Abhandlungen.

Martens, A.: Ergebnisse von Untersuchungen mit schmiedbarem Eisenguß. Mitt. a. d. Königl. techn. Versuchsanstalt zu Berlin 1886, S. 131.

Bach, C.: Die Biegungslehre und das Gußeisen. Z. V. d. l. 1888, S. 193.

Jüngst, C.: Schmelzversuche mit Ferrosilizium. Z. f. Berg-, Hütten- u. Sal.-W. 1890, S. 1.

Ledebur, A.: Neuere Untersuchungen über die Eigenschaften des Gußeisens. Stahleisen 1890, S. 602.

Henning, O.: Versuche mit Gußeisen. Z. f. Baumaterialienkunde 1896/97, S. 303.

Ledebur, A.: Steigerung der Gußeisenfestigkeit durch Erschütterungen. Stahleisen 1898, S. 212.

Bach, C.: Versuche über das Arbeitsvermögen und die Elastizität von Gußeisen mit hoher Zugfestigkeit. Z. V. d. I. 1900, S. 409.

— Untersuchungen über den Unterschied der Elastizität von Hartguß und von Gußeisen gewöhnlicher Härte. — Versuche über das Arbeitsvermögen und die Elastizität von Gußeisen mit hoher Zugfestigkeit. — Versuche über die Druckfestigkeit hochwertigen Gußeisens und über die Abhängigkeit der Zugfestigkeit desselben von der Temperatur. Mitteilungen über Forschungsarbeiten, herausgegeben vom Verein Deutscher Ingenieure 1901, H. 1.

— Versuche über die Druckfestigkeit hochwertigen Gußeisens und über die Abhängigkeit der Zugfestigkeit desselben von der Temperatur. Z. V. d. I. 1901, S. 168.

— Versuche über die Festigkeitseigenschaften von Stahlguß bei gewöhnlicher und höherer Temperatur. Mitteilungen über Forschungsarbeiten, herausgegeben vom Verein Deutscher Ingenieure 1905. H. 24 und Z. V. d. I. 1903, S. 1762 und 1904, S. 385.

Wüst, F. und P. Goerens: Zusammensetzung und Festigkeitseigenschaften des Dampfzylindergusses. Stahleisen 1903, S. 1072.

Reusch, P.: Einfluß der Form und Herstellungsweise von gußeisernen Probestäben auf deren Festigkeit. Stahleisen 1903, S. 1185.

Leyde, O.: Festigkeit und Struktur des Gußeisens. Stahleisen 1904, S. 92.

— Prüfung von Gußeisen. Stahleisen 1904, S. 186.

— Neue Untersuchungen und Entdeckungen über die Eigenschaften des Gußeisens. Stahleisen 1904, S. 407.

Reusch, P.: Vorschriften über die Lieferung von Gußeisen. Gieß.-Zg. 1905, S. 54.

Day, C. H.: Schmiedbarer Guß. Am. Mach. (Europ. Ed.) 1906, S. 461.

Pinogin: Versuche über den Zusammenhang von Biegefestigkeit und Zugfestigkeit bei Gußeisen. Mitt. über Forschungsarbeiten, herausgegeben vom Verein Deutscher Ingenieure 1907, H. 48.

Bach, C.: Versuche mit Gußeisen. Z. V. d. I. 1908, S. 2061.

— Versuche mit Gußeisen. Mitteilungen über Forschungsarbeiten, herausgegeben vom Verein Deutscher Ingenieure 1909, H. 70.

Jüngst, C.: Beitrag zur Prüfung des Gußeisens. Stahleisen 1909, S. 1177; 1913, S. 1425.

Orthey, M.: Der Einfluß der Fremdkörper auf die Festigkeitseigenschaften des Gußeisens. Gieß.-Zg. 1909, S. 12.

Rudeloff, M.: Der Einfluß erhöhter Temperaturen auf die mechanischen Eigenschaften der Metalle. Dingler 1909, S. 579.

Rugan, H. F. und C. H. Carpenter: Das Wachsen von Gußeisen infolge wiederholten Erhitzens. J. Iron Steel Inst. 1909, 2, S. 29 und Stahleisen 1909, S. 1748.

Jüngst, C.: Beitrag zur Untersuchung des Gußeisens. Stahleisen 1913, S. 1425.

— Einfluß der chemischen Zusammensetzung auf die Eigenschaften von Gußeisen. Stahleisen 1913, S. 1822.

Zenzes, A.: Die Verwendung von Zusatzeisen zur Erzielung hochwertigen Gußeisens. Stahleisen 1913, S. 1970.

Wüst, F. und H. Meißner: Einfluß von Mangan auf die mechanischen Eigenschaften des grauen Gußeisens. Ferrum Bd. 11, 1914, S. 97.

Wüst, F. und R. Stotz: Einfluß des Phosphors auf die mechanischen Eigenschaften des grauen Gußeisens. Ferrum Bd. 12, 1915, S. 89.

Bauer, O. und E. Piwowarsky: Der Einfluß von Nickel- und Kobaltzusatz auf die physikalischen und chemischen Eigenschaften des Gußeisens. Stahleisen 1920, S. 1300.

Smalley, O.: Einfluß metallischer Zusätze auf die Festigkeitseigenschaften von Gußeisen. Engg. 1922, S. 277.

— Gußeisen und seine chemische Zusammensetzung. Engg. 1922, S. 277.

— Einfluß von Sonderelementen auf Gußeisen. Foundry Trade J. Bd. 25, 1922, S. 519.

Schüz, E.: Über Versuche zur Bestimmung der kritischen Temperatur beim Glühen von Gußeisen. Stahleisen 1922, S. 1484.

— Beziehung zwischen Zugfestigkeit, Härte und gebundenem Kohlenstoff beim Gußeisen. Stahleisen 1923, S. 720.

Oberhoffer, P. und W. Poensgen: Über den Einfluß des Probestabquerschnittes auf die Zug- und Biegefestigkeit von Gußeisen. Stahleisen 1922, S. 1189.

Oberhoffer, P. und H. Stein: Einfluß der Gießtemperatur auf die Eigenschaften von grauem Gußeisen. Stahleisen 1923, S. 1502.

Piwowarsky, E.: Titan im Grauguß. Stahleisen 1923, S. 1491.

Piwowarsky, E. und K. Ebbefeld: Veredelung des Gußeisens durch Nickelzusatz. Stahleisen 1923, S. 967.

Durand, J.: Zum Studium der Prüfverfahren von Gußeisen. Compt. rend. 1923, S. 1450.

Moldenke, R.: Prüfung von Gußeisen. Foundry 1923, S. 781; Foundry Trade J. Bd. 28, 1923, S. 224.

— Einfluß des Nickel-Chromzusatzes auf die mechanischen Eigenschaften von Gußeisen. Stahleisen 1923, S. 603.

Frei, H.: Herstellung von Grauguß im Elektroofen. Gieß. 1923, S. 287.

Lynch und Merten: Einfluß hoher Temperaturen auf schmiedbaren Eisenguß. Trans. Am. Soc. Steel Treat. 1923, S. 833.

Bauer, O.: Perlitgußeisen. Stahleisen 1923, S. 553.

Schwarz, H. A.: Amerikanischer Temperguß. Stahleisen 1924, S. 333.

Kühnel, R.: Die Abnutzung des Gußeisens. Gieß. 1924, S. 493, 509.

XIV. Die Verbrennung.

Von

Ing. Georg Buzek.

Durchgesehen und ergänzt von Dipl.-Ing. Fr. Habert.

Begriffserklärungen.

Die Verbrennung im weiteren Sinne ist ein chemischer Vorgang und bedeutet die Vereinigung des Sauerstoffs mit einem brennbaren Körper. Das Rosten der Metalle, die Oxydation einiger Bestandteile des Eisens während der Verarbeitung in Schmelz-, Glüh- und Schweißöfen, das Verwittern der Steinkohle unter dem Einfluß der Atmosphäre ist nichts anderes, als die Vereinigung der genannten Körper bzw. einiger ihrer Bestandteile mit Sauerstoff.

Bei jeder Verbrennung wird Wärme entwickelt. Ist die Wärmeentwicklung so heftig, daß der vom Sauerstoff angegriffene Körper zum Glühen gebracht wird, daß somit die Verbrennung unter Lichtentwicklung erfolgt, dann sprechen wir von Verbrennung im engeren Sinne. Im gewöhnlichen Sprachgebrauch verstehen wir unter Verbrennung fast immer die Verbrennung im engeren Sinne, d. h. die Vereinigung eines Körpers mit Sauerstoff unter Wärme- (Hitze-) und Lichtentwicklung. Brennstoffe, welche erwärmt oder erhitzt brennbare Gase entweichen lassen, die sich mit der Verbrennungsluft nur allmählich mischen und verbrennen, bei denen also die Verbrennung auf einen größeren Raum sich ausdehnt, verbrennen unter Flammenbildung und heißen daher „flammende Brennstoffe" (z. B. Holz, Steinkohle usw.). Bereits entgaste Brennstoffe (Holzkohle, Koks u. a.) können sich — weil fest — mit der Luft nicht mischen und sich daher nur an der Oberfläche mit Sauerstoff verbinden; sie brennen daher nicht mit Flamme, sondern glühen nur.

Bei sämtlichen Verbrennungsvorgängen wird Wärme nach außen fühlbar, weshalb sie als exothermische Reaktionen bezeichnet werden. Bei Zersetzungs- oder Reduktionsvorgängen wird Wärme verbraucht, gebunden, weshalb diese endothermische Reaktionen heißen. Im Gießereiwesen treten beide Reaktionen sehr oft gleichzeitig oder nebeneinander auf. Schon bei der Verbrennung der Brennstoffe selbst begegnen wir Reduktionsvorgängen. Die Wirkung der Verbrennungsgase und der bei Schmelzprozessen sich bildenden Schlacke auf das flüssige Metall äußert sich in Oxydation und Reduktion einzelner Stoffe. Die Stärke der chemischen Verwandtschaft (Affinität) entscheidet, ob der Sauerstoff aus einer bestehenden Verbindung austritt, um mit einem anderen Körper eine neue Verbindung einzugehen. Die Temperatur und die Mengenverhältnisse spielen hierbei eine wichtige Rolle.

Grundstoffe.

Die Hauptbestandteile der Brennstoffe sind Kohlenstoff und Wasserstoff[1]). Reiner Kohlenstoff (Diamant, Graphit) kommt als Brennstoff im technischen Sinne nicht in Betracht, sondern nur der in den Brennstoffen (Holz, Steinkohle, Koks usw.) enthaltene Kohlenstoff. Auch der Wasserstoff als solcher wird in der Technik als

---

[1]) Vgl. auch S. 474.

Fcuerungsmaterial selten angewendet, meist nur soweit er in den festen, flüssigen oder gasförmigen Brennstoffen sich vorfindet. Außer Kohlenstoff und Wasserstoff enthalten unsere Brennstoffe sehr oft Schwefel, der mit Sauerstoff zu schwefliger Säure verbrennt. Ist im Brennstoff auch Wasser in reichlicher Menge vorhanden, so geht der Schwefel mit ihm eine neue brennbare Verbindung (Schwefelwasserstoff) ein.

Der zur Verbrennung erforderliche Sauerstoff wird nicht in reinem Zustand in der Feuerungstechnik verwendet, sondern in Form der atmosphärischen Luft, deren wichtigsten Bestandteil er bildet. Als Verdünnungsmittel dient hier der nicht brennbare Stickstoff. Wiewohl zur Erzielung hoher Temperaturen die Verwendung des reinen Sauerstoffes sehr zuträglich wäre, so bildet einerseits seine billige Gewinnung aus der atmosphärischen Luft in großen Mengen bis jetzt nicht überwundene Schwierigkeiten, andererseits ist durch die beschränkte Hitzebeständigkeit der uns zu Gebote stehenden feuerfesten Stoffe die zulässige Temperaturhöhe bedingt. Wenn es auch in Zukunft gelingen sollte, reinen Sauerstoff in großen Mengen billig darzustellen, so wäre an eine allgemeine Verwendung desselben bei technischen Feuerungen nicht zu denken, wenn nicht zu gleicher Zeit entsprechend feuerfeste Materialien hergestellt werden könnten.

Die chemische Zusammensetzung der reinen trockenen Luft ist folgende [1]):

	Raum-%	Gewichts-%
Sauerstoff	20,90	23,10
Stickstoff	78,13	75,55
Argon	0,94	1,30
Kohlensäure	0,03	0,05
1 cbm Stickstoff wiegt		1,255 kg
1 „ Sauerstoff wiegt	bei 0° C. und 760 mm Hg	1,430 „
1 „ Luft wiegt		1,291 „

Die atmosphärische Luft ist aber niemals rein und trocken, sondern enthält je nach der Temperatur größere oder geringere Mengen Wasserdampf (Feuchtigkeit). In Zahlentafel 162 sei der Wasserdampfgehalt in g in 1 cbm bei verschiedenen Temperaturen auszugsweise wiedergegeben [2]):

Zahlentafel 162.

Feuchtigkeitsgehalt und Gewicht der trockenen Luft bei 1 at und verschiedenen Temperaturen.

Temperatur ° C.	Wasser g/cbm	Gewicht kg/cbm	Temperatur ° C.	Wasser g/cbm	Gewicht kg/cbm	Temperatur ° C.	Wasser g/cbm	Gewicht kg/cbm
— 20	0,90	1,351	+ 8	8,28	1,217	+ 24	21,80	1,151
— 15	1,41	1,325	+ 10	9,41	1,208	+ 26	24,50	1,144
— 10	2,17	1,300	+ 12	10,70	1,200	+ 28	27,30	1,136
— 5	3,27	1,276	+ 14	12,10	1,192	+ 30	30,40	1,128
0	4,84	1,253	+ 16	13,70	1,183	+ 32	33,50	1,121
+ 2	5,57	1,244	+ 18	15,40	1,175	+ 34	37,20	1,114
+ 4	6,37	1,235	+ 20	17,30	1,167	+ 36	41,30	1,107
+ 6	7,26	1,226	+ 22	19,40	1,159	+ 40	50,70	1,093

Bemerkt sei, daß der tatsächliche Feuchtigkeitsgehalt etwa 70—90% der absoluten Sättigung beträgt. Der Einfluß des Wasserdampfes auf den Verbrennungsvorgang wird später besprochen werden. Hier sei nur erwähnt, daß in neuerer Zeit beim Hochofenbetrieb und auch beim Verblasen des Stahls in Birnen auf den Wasserdampfgehalt der Luft besonderes Augenmerk gerichtet wurde, und daß mit großen Kosten Anlagen geschaffen worden sind, um die Luft vom Wasserdampf zu befreien, zu trocknen

[1]) Bei nachstehenden Berechnungen wurde der Argon- und Kohlensäuregehalt der Luft unberücksichtigt gelassen und folgende Zusammensetzung der trockenen Luft zugrunde gelegt:

	Raum-%	Gew.-%
Sauerstoff	20,96	23,21
Stickstoff	79,04	76,79

[2]) Hütte, 24. Aufl. 1923, Bd. I, S. 506.

[Gayleysches Windtrocknungsverfahren [1])]. Allerdings ist der große Erfolg, den man sich davon versprach, ausgeblieben. Obwohl in der Gießereipraxis die Frage der Windtrocknung heute noch kein Interesse erweckt, soll doch hervorgehoben werden, daß eine künstliche Befeuchtung der Gebläseluft, wie solche hier und da versucht und empfohlen wird, vermieden werden soll. Der Wasserdampf ist nicht brennbar; er muß durch den Brennstoff-Kohlenstoff erst zerlegt werden, wobei Wärme gebunden wird. Die so aufgebrauchte Wärme kann erst durch Wiederverbrennung des Zersetzungs-wasserstoffes zurückgewonnen werden. Daraus geht hervor, daß die Wasserdampfzufuhr oder Feuchtigkeitszugabe zur Verbrennungsluft nur bei solchen Feuerungen zulässig ist, bei welchen eine Temperaturerniedrigung im Verbrennungsraum nicht schädlich ist.

Verbrennungsvorgang.

Die Berührung eines brennbaren Körpers mit Sauerstoff bei gewöhnlicher Temperatur zieht noch keine Verbrennung nach sich. Der Brennstoff muß zunächst bis zu seiner Entzündungstemperatur erhitzt werden. Die Entzündungstemperatur steht zum Druck im Verbrennungsraum im umgekehrten Verhältnis; je höher der Druck, desto niedriger ist die Entzündungstemperatur. Erfolgt die Erhitzung des Brennstoffs in reinem Sauerstoff, so wird die Entzündungstemperatur in der Regel früher erreicht als in gewöhnlicher Luft. In Zahlentafel 163 seien die Entzündungstemperaturen einiger Gase, sowie fester und flüssiger Körper in Luft mitgeteilt:

Zahlentafel 163.
Entzündungstemperaturen.

Wasserstoff (nach Dixon und Coward)	585° C.	Torf, lufttrocken	230—280° C.
Kohlenoxyd (CO) (nach Dixon und Coward)	650° „	Braunkohle, lufttrocken	250—450° „
		Grudekoks	220—240° „
Äthylen (C_2H_4) (nach Dixon und Coward)	543° „	Steinkohle	390—500° „
		Halbkoks [nach Bunte [2])]	395° „
Azetylen (C_2H_2) (nach Dixon und Coward)	429° „	Gaskoks [nach Bunte [2])]	503° „
		Zechenkoks [nach Bunte [2])]	640° „
Schwefelwasserstoff (H_2S) (nach Dixon und Coward)	364° „	Hochofenkoks [nach Berger [3])]	690° „
		Gießereikoks [nach Berger [3])]	735° „
Methan (CH_4) (nach Dixon und Coward)	650—750° „	Benzol [nach Holm [4])]	520° „
		Teeröl [nach Holm [4])]	580° „
Kohlenstoff (rein, mit dichtem Gefüge) etwa	800° „	Steinkohlenteer [nach Holm [4])]	500—600° „
		Braunkohlenteeröl [nach Holm [4])]	370—550° „
Holz	250—300° „	Schmieröl [nach Holm [4])]	380—410° „
Holzkohle [nach Bunte [2])]	250° „	Petroleum [nach Holm [4])]	380° „
„ (bei hoher Temperatur verkohlt)	360—420° „		

Wir unterscheiden zweierlei Verbindungen des Kohlenstoffes mit Sauerstoff, eine gesättigte Verbindung, die bei weiterer Sauerstoffzufuhr sich nicht mehr ändert, Kohlensäure (CO_2) und eine ungesättigte Verbindung, die selbst brennbar ist, Kohlenoxyd (CO). Verbrennt der Kohlenstoff zu Kohlensäure, so sprechen wir von einer „vollkommenen Verbrennung", verbrennt er zu Kohlenoxyd, dann haben wir es mit einer „unvollkommenen Verbrennung" zu tun.

Verbrennen sämtliche brennbaren Bestandteile eines Brennstoffes im technischen Sinne gänzlich (Kohlenstoff zu Kohlensäure, Wasserstoff zu Wasser usw.), so nennen wir die Verbrennung vollständig im Gegensatz zur unvollständigen Verbrennung, bei der entweder nur ein Teil des Kohlenstoffes zu Kohlensäure, ein anderer zu Kohlenoxyd verbrennt, oder sich sogar ein Teil der brennbaren Bestandteile der Verbrennung

---

[1]) Vgl. z. B. Stahleisen 1909, S. 283, 921, 1430, 1602, 1781; 1910, S. 47, 1715; 1912, S. 1808.
[2]) Gas- u. Wasserfach 1922, S. 592.   [3]) Kruppsche Monatshefte. 1923, S. 61.
[4]) Z. angew. Chemie. 1913, S. 273.

überhaupt entzieht. Bedeutet x den zu Kohlensäure und $(100-x)$ den zu Kohlen-oxyd verbrennenden Kohlenstoff in $^0/_0$, so gibt das Verhältnis

$$v = \frac{x^0/_0 \text{ C zu } CO_2}{(100-x)^0/_0 \text{ C zu } CO}$$

das „Verbrennungsverhältnis" an [1]). Der in den Brennstoffen etwa vorhandene Wasserstoff verbrennt mit Sauerstoff zu Wasserdampf; Kohlenwasserstoffe verbrennen zu Kohlensäure und Wasserdampf. Bei einer idealen Verbrennung sollten daher die Verbrennungsgase ausschließlich aus Kohlensäure, Wasserdampf und Stickstoff bestehen. Doch sehr oft treten in den Verbrennungsgasen neben Kohlensäure und Wasserdampf größere oder geringere Mengen von Kohlenoxyd und unverbranntem, bzw. wieder aus Wasserdampf reduziertem Wasserstoff auf. Diese Erscheinung ist der Zersetzung (Dis-soziation) der Kohlensäure bzw. des Wasserdampfes zuzuschreiben. Bekanntlich sind Kohlensäure und Wasserdampf bei hohen Temperaturen nicht beständig. Da aber in unseren Feuerungen derart hohe Temperaturen nicht vorkommen, so ist die Zersetzung bei ausschließlicher Wirkung der hohen Temperaturen praktisch ohne Bedeutung. Das Temperaturgebiet bis 1700° C. ist praktisch als dissoziationsfrei zu betrachten. Die Zersetzung wird aber durch Gegenwart von Stoffen, die zu einem Bestandteil des Ver-brennungsgases eine starke chemische Verwandtschaft haben, befördert und erfolgt dann schon bei viel niedrigeren Temperaturen (600—1200°C.). Tritt z.B. hocherhitzte Kohlen-säure mit glühendem Kohlen-stoff in Berührung, so erleidet sie einen Zerfall zu Kohlen-oxyd nach der Formel $CO_2 + C = 2 CO$. Gerade so, wie sich Kohlensäure zersetzt,

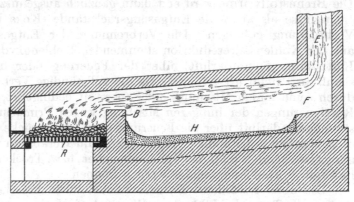

Abb. 251. Gewöhnliche Rostfeuerung.

spaltet sich auch der Wasserdampf, wenn er über glühenden Kohlenstoff streicht. Bei niedrigen Temperaturen (unter 1000° C.) erfolgt die Zersetzung des Wasserdampfes nach der Formel:

$$2 H_2O \text{ (dampfförmig)} + C = CO_2 + 2 H_2.$$

Bei höheren Temperaturen, namentlich über 1200° C., vollzieht sich die Zersetzung des Wasserdampfes nach der Formel:

$$H_2O \text{ (dampfförmig)} + C = H_2 + CO.$$

Diese Tatsache muß bei Beurteilung des Wirkungsgrades einer Feuerung stets beachtet werden. Es leuchtet ein, daß bei einer gewöhnlichen Rostfeuerung mit dünner Brennstoffschicht die Zersetzung der Kohlensäure zu Kohlenoxyd bedeutend geringer sein wird, als z. B. bei Gaserzeugern, bei denen durch sehr hohe Brennstoffschicht mög-lichst vollständige Zersetzung der Kohlensäure angestrebt wird. Bei allen Schmelz-öfen handelt es sich um möglichst vollständige Verbrennung des Brennstoffes, daher auch um tunlichste Verhinderung der Kohlensäurezersetzung. Es ist daher am Platze, hier wenigstens zwei Hauptarten der Feuerungen näher zu behandeln und miteinander zu vergleichen.

A. Gewöhnliche Rostfeuerung. (Dünne Brennstoffschicht.) Abb. 251 stellt eine gewöhnliche Rostfeuerung dar, wie sie fast allgemein bei Gießereiflammöfen angewendet wird. Die Verbrennung findet auf dem Roste R statt. Durch die Rostspalten wird mittels eines entsprechend starken Essenzuges die Verbrennungsluft in die Brenn-stoffschicht eingeführt. Ist der Brennstoff vorher auf die Entzündungstemperatur gebracht worden, so setzt sich die Verbrennung unter Sauerstoffzufuhr von selbst fort.

---

[1]) Stahleisen 1908, S. 148.

Befindet sich auf dem Roste ein idealer Brennstoff aus reinem Kohlenstoff, so stellt das Verbrennungserzeugnis ein aus Kohlensäure und Luftstickstoff bestehendes Gasgemisch dar (vollständige Verbrennung). Ist die Luftzufuhr mangelhaft, so wird das Verbrennungsgas außer Kohlensäure und Stickstoff auch Kohlenoxyd enthalten (unvollständige Verbrennung). Die heißen Verbrennungsgase gelangen bei der verhältnismäßig niedrigen Brennstoffschicht — ohne nennenswerte Zersetzung zu erleiden — über die Feuerbrücke B zum Herd H, verlangsamen ihre Geschwindigkeit, geben ihre Wärme zum Teil an die zu schmelzenden Stoffe ab, um dann durch den Fuchs F in die Esse E zu gelangen. Verbrennen wir auf dem Roste einen flammenden Brennstoff (Holz, Steinkohle), so ist der Verbrennungsvorgang folgender:

Die unmittelbar auf dem Roste liegende untere Lage der Brennstoffschicht verbrennt unter Kohlensäurebildung und Hitzeentwicklung. Der obere Teil der Brennstoffschicht wird infolge Erhitzung von unten entgast. Die Entgasungserzeugnisse werden durch die heißen Verbrennungsgase auf die Entzündungstemperatur gebracht und verbrennen — genügende Luftzufuhr vorausgesetzt — unter Flammenbildung über der Feuerung, bzw. bei nicht genügend rascher Mischung erst über dem Herd des Ofens. Die Brennstoffwärme wird erst dann gänzlich ausgenutzt, wenn sowohl die Entgasungserzeugnisse als auch die Entgasungsrückstände (Koks bzw. Holzkohle) vollständig zur Verbrennung gelangen. Die Verbrennung der Entgasungserzeugnisse und des etwa aus der Kohlensäurereduktion stammenden Kohlenoxydes kann entweder durch erneute Luftzufuhr (Sekundärluft) über der Feuerung oder durch entsprechenden Luftüberschuß an Primärluft erfolgen. Da die vollständige Verbrennung eines brennbaren Gases durch seine innige Mischung mit Sauerstoff bedingt ist, empfiehlt es sich, bei einfachen Rostfeuerungen der innigeren Mischung wegen Primärluft im Überschusse anzuwenden, statt Sekundärluft über die Feuerung bzw. Feuerbrücke einzuleiten. In Fällen, in denen es sich neben vollständiger Verbrennung um Herabsetzung der Temperatur der Verbrennungsgase handelt (z. B. bei Trockenkammer- bzw. Trockenofenfeuerungen) wird Sekundärluft mit Vorteil angewendet werden können.

Die oben erwähnten Entgasungserzeugnisse bestehen aus schweren Kohlenwasserstoffen, die Teernebel bilden, aus Wasserstoff, Methan, Äthan und Kohlenoxyd. Während die vier letzten Bestandteile bei genügender Luftzufuhr verhältnismäßig leicht verbrannt werden können, ist es bei gewöhnlichen Rostfeuerungen beinahe unmöglich, die schweren Kohlenwasserstoffe vollständig zu verbrennen. Fischer äußert sich [1]) über die Steinkohlenfeuerung in folgender Weise: ,,Wird Steinkohle auf den (am Rost) vorhandenen glühenden Koks geworfen, so geht die Entgasung wegen der kleineren Stückform der Kohle und der besseren Wärmeleitung rascher vor sich (als bei Verbrennung von Holz). . . . Nun ist aber der Feuerraum durch das Einbringen der Kohle schon etwas abgekühlt, die plötzliche Gasbildung nimmt Wärme in Anspruch, die Luft tritt ungleichmäßig durch die mehr oder weniger dicht gelagerte Kohle zu, so daß ein Teil der Teerdämpfe, besonders der höchstsiedenden Bestandteile, sich zu kleinen Tropfen verdichten kann, bevor sie in die eigentliche Verbrennungszone gelangen. Während aber brennbare Gase und Luft sich leicht durchdringen und verbinden, findet die Verbrennung von flüssigen und festen Stoffen nur an der Oberfläche, also viel langsamer, statt. Die Verbrennung des Teeres wird ferner dadurch wesentlich erschwert, daß Steinkohlenteer viel stickstoffhaltige Basen und kohlenstoffreiche Verbindungen enthält, welche nur bei sehr hoher Temperatur und ausreichendem Luftzutritt völlig verbrannt werden. Fehlt Sauerstoff, so scheidet sich mehr oder weniger reiner Kohlenstoff als Ruß ab; ist die Hitze nicht hoch genug, so entweicht ein Teil der Teerdämpfe unverändert, oder nur teilweise verbrannt, gemischt mit mehr oder weniger Ruß. Rauch besteht demnach aus mehr oder weniger veränderten Teernebeln, gemischt mit Ruß und Flugasche, sehr selten aus Ruß allein.''

Wie groß die Brennstoffverluste infolge Rußbildung sind, erhellt aus folgenden Angaben: Nach O. Gruner [2]) liefern die Feuerungen in Dresden jährlich 4800 cbm

---

[1]) Taschenb. f. Feuerungstechniker. 8. Aufl. S. 121.
[2]) Taschenb. f. Feuerungstechniker. S. 122.

oder etwa 1000 t Ruß, und auf 1 qkm täglich etwa 20 kg Ruß. In Manchester betrug bei nebeligem Wetter der Rußanfall binnen 3 Tagen auf je 1 qkm 256 kg! Es ist somit nicht zu verwundern, daß die Klagen über Rauchbelästigung in einigen Ländern sogar zum Verbot der Steinkohlenfeuerungen führten, und daß zahllose Vorschläge betreffs Beseitigung, Vernichtung des gebildeten Rauches oder betreffs Verhütung der Bildung desselben vorgebracht wurden, ohne daß bisher eine völlige Abhilfe geschaffen worden wäre. Als ein großer Fortschritt muß daher die Einführung der Gaserzeuger angesehen werden; das Gas wird hier zum großen Teil von Teer befreit, bevor es zur Verbrennungsstelle geleitet wird. Die Verbrennung kann alsdann beinahe rauchlos erfolgen. Aus der Esse treten rußfreie Verbrennungsgase hinaus, nur durch Flugasche verunreinigt.

B. Gaserzeugerfeuerung [hohe Brennstoffschicht[1])]. Die Gaserzeugerfeuerung umfaßt zwei Hauptvorgänge, und zwar die Gaserzeugung und die Gasverbrennung. Die Vorgänge in einem Gaserzeuger (Gasgenerator) sind so lehrreich, sie werfen ein so helles Licht auf das Wesen der Verbrennung überhaupt, daß es sich lohnt, sie auch hier wenigstens kurz zu erklären.

Abb. 252 stellt das Schema eines Gaserzeugers dar. Der Gaserzeuger sei — wie fast allgemein üblich — mit Steinkohle gespeist. Verfolgen wir nun die Kohle auf ihrem Weg von der Einwurföffnung bis zum Rost, auf dem die ganze Brennstoffsäule ruht. Die frisch aufgeschüttete feuchte Kohle gibt zunächst ihren Feuchtigkeitsgehalt ab (Trockenzone). In der tieferen, heißeren Ofenzone entweichen die flüchtigen Bestandteile der Kohle, verschiedene Kohlenwasserstoffe wie Methan (CH_4), Äthylen (C_2H_4) u. a.; der Brennstoff wird entgast und gekokt (Entgasungs- oder Verkokungszone). Der nach der Entgasung zurückbleibende feste Kohlenstoff (Koks) wird unter Sauerstoffzufuhr „vergast", d. h. in ein brennbares Gas (Kohlenoxyd) übergeführt. Die Vergasung erfolgt durch freien Luftsauerstoff, oder durch in Form von Wasserdampf oder Kohlensäure gebundenen Sauerstoff. Während bei der Vergasung mit freiem Sauerstoff Wärme entwickelt wird, erfolgt die Vergasung des Kohlenstoffs durch gebundenen Sauerstoff unter Wärmebindung. Die zur Vergasung des Kohlenstoffs mit gebundenem Sauerstoff nötige Wärmemenge wird durch Verbrennung der unmittelbar auf dem Roste lagernden Koksschicht erzeugt. Die hier entwickelte Wärme wird an die höher gelegene Schicht abgegeben, wobei letztere in Weißglut gerät. Die in den Verbrennungsgasen enthaltenen Kohlensäure- und Wasserdämpfe werden, wie bereits früher bemerkt wurde, beim Streichen durch die weißglühende Brennstoffschicht zersetzt, bzw. es wird der Kohlenstoff durch Kohlensäure und Wasserdampf vergast. Die Vorgänge im Gaserzeuger lassen sich durch folgende Formeln ausdrücken:

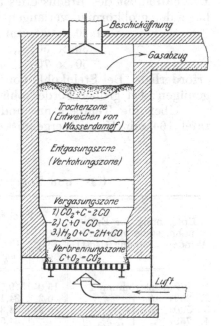

Abb. 252. Gaserzeugerfeuerung.

1. Verbrennungszone: $C + O_2 = CO_2$ (Kohlensäurebildung),
2. Vergasungszone:
   a) die Vergasung erfolgt durch freien Sauerstoff: $2\,C + O_2 = 2\,CO$,
   b) die Vergasung erfolgt durch gebundenen Sauerstoff
      α) aus Kohlensäure: $CO_2 + C = 2\,CO$,
      β) aus Wasserdampf $\begin{bmatrix} H_2O + C = H_2 + CO \\ 2\,H_2O + C = CO_2 + 2\,H_2 \end{bmatrix}$

Der wichtigste und einzig bezweckte Vorgang in dem Gaserzeuger ist die Vergasung des Kohlenstoffs. Ob die Vergasung ausschließlich durch die Kohlensäure, bzw.

---

[1]) Vgl. auch Bd. 2, Abschnitt Gaserzeuger.

durch Kohlensäure und Wasserdampf erfolgt, oder ob sie auch durch etwa in dieser Zone vorhandenen, durch Verbrennungsgase (Kohlensäure und Stickstoff) stark verdünnten Luftsauerstoff bewirkt wird, mag dahingestellt bleiben. Bei einem Koksgaserzeuger, der mit Luft ohne Wasserdampfzusatz betrieben wird, dürfte die Kohlenoxydgasbildung hauptsächlich auf die Kohlensäurezersetzung zurückzuführen sein.

Die Kohlensäurezersetzung wird gefördert:

1. durch hohe Temperatur (über 1000° C.),
2. durch entsprechend hohe Koksschicht,
3. durch verhältnismäßig geringe Stückgröße des Koks,
4. durch geringe Luftzufuhr.

Bei geringerer Temperatur bleibt ein Teil der Kohlensäure unverändert, bei etwa 450° C. hört die Kohlensäurereduktion ganz auf [1]). Die für eine vollkommene Kohlensäurereduktion erforderliche Schichthöhe im Gaserzeuger hängt vor allem von der Beschaffenheit des Brennstoffes ab. Staubförmige Brennstoffe benötigen geringe, locker liegende, grobkörnige verlangen hohe Schichtung. Nach Körting [2]) ist für Koks

von 30 × 20 mm Korngröße eine Schichthöhe von　750 mm
„　30 × 50　„　　　　„　　„　　„　　„　　1550　„
„　50 × 70　„　　　　„　　„　　„　　„　　1800　„

erforderlich. Bei Steinkohle von 10 × 20 mm kann schon eine 550 mm hohe Schichtung genügen; bei grober Förderkohle hingegen kommen Schichthöhen von 1,5—2,0 m vor.

Über die Temperatur- und Gasverhältnisse in einem Gaserzeuger gibt Zahlentafel 164 mit Versuchsergebnissen klaren Aufschluß.

Zahlentafel 164.
Gas- und Temperaturverhältnisse in einem Gaserzeuger.

Entfernung der Entnahmestelle von der Windeinströmung (Rost)	I. ohne Wasserdampfzufuhr					II. mit Wasserdampfzufuhr				
	CO_2 %	CO %	H_2 %	N_2 %	Temperatur ° C.	CO_2 %	CO %	H_2 %	N_2 %	Temperatur ° C.
1. Windeinströmung . .	15,0	9,7	—	75,3	—	11,4	—	—	79,1	—
2. 250 m/m	0,2	34,1	—	57,5	1400°	9,3	22,0	10,8	57,5	1100°
3. 500 „	0,2	34,3	—	51,9	—	5,5	28,0	13,7	51,9	—
4. 750 „ über der	—	34,5	0,4	45,2	—	3,0	32,7	17,9	45,2	925°
5. 1000 „ Windein-	0,4	33,4	2,4	39,5	1250°	5,0	28,7	21,8	39,5	— (Teer)
6. 1250 „ strömung	0,6	30,0	11,7	40,2	—	6,0	28,3	20,7	40,2	810°
7. 1500 „	1,0	28,9	9,8	43,6	1030°	5,3	28,0	19,0	43,6	—
8. Gasabzug	0,7	31,3	6,3	49,7	580°	5,3	26,0	14,6	49,7	440°

Die Vergasung des Kohlenstoffs durch Wasserdampf geht bei jedem Gaserzeuger vor sich, da die eingeführte atmosphärische Luft niemals ganz trocken ist. Sehr oft wird zwecks Erreichung günstigerer Betriebsverhältnisse mit der Luft eine gewisse Wasserdampfmenge dem Gaserzeuger zugeführt. Der Einfluß des Wasserdampfes ist aus der Zahlentafel 164 zu ersehen.

Erfolgt die Vergasung des Brennstoffes im Gaserzeuger ausschließlich unter Luftzufuhr (oder mit nur geringer Wasserdampfzumischung zur Luft), so nennen wir das hierbei entstehende Gas gewöhnliches Generatorgas oder Luftgas [3]). Erfolgt die Vergasung durch Wasserdampf, so entsteht Wassergas. Die Wassergaserzeugung ist in der Regel [4]) mit gleichzeitiger Luftgaserzeugung verknüpft. Heißblasen unter Luftzufuhr und Luftgaserzeugung wechselt mit Gasmachen oder Kaltblasen unter Wasserdampfzufuhr und Wassergaserzeugung. Das erzeugte Luftgas wird z. B. zur

[1]) Stahleisen 1907, S. 686.　[2]) Stahleisen 1907, S. 688.　[3]) Näheres vgl. S. 528.
[4]) Ausnahmen bilden diejenigen Verfahren der Wassergaserzeugung, bei welchen nicht auf kohlenoxydhaltiges Generatorgas, sondern auf Kohlensäure, die ins Freie entweicht, gearbeitet wird (Verfahren von Fages, C. Dellwick und Fleischer).

Dampfkesselheizung verwendet, während das Wassergas für besondere Zwecke (z. B. Schweißen von Kesseln, Hart- und Weichlöten von Gasbehältern, Schmelzen von Metallen, Beleuchtung) bestimmt ist. Wird der Gaserzeuger mit Luft unter angemessener Zumischung von Wasserdampf betrieben, so entsteht Mischgas, das besonders als Kraftgas zum Betrieb von Gaskraftmaschinen dient. Ist die Maschine unmittelbar mit dem Gaserzeuger verbunden, so daß sie aus ihm das Gas einsaugt, so nennen wir das entstehende Gas Sauggas und die damit betriebenen Maschinen Sauggas-Kraftmaschinen. Werden bei Herstellung von Mischgas aus bituminösen und wasserreichen Brennstoffen nach dem Verfahren von Mond die Entgasungserzeugnisse zwecks Teerverbrennung durch die glühende Ofenzone geleitet und das Gas dann zur Ammoniakgewinnung verwendet, so sprechen wir von Mondgas. Das von Ammoniak befreite Gas wird z. B. für Stahlwerke als Heizgas oder zum Betrieb von Kraftmaschinen verwendet.

Über die chemische Zusammensetzung der einzelnen Gasarten gibt nachstehende Zahlentafel 165 Aufschluß.

Zahlentafel 165.
Chemische Zusammensetzung der verschiedenen Gasarten [1]).

Gas	CO_2 %	CO %	O_2 %	CH_4 %	H_2 %	N_2 %	Heizwert für 1 cbm [Wasserdampf von 0^0 berechnet [2])]
Luftgas aus Steinkohle	5,3	23,7	—	1,9	6,5	62,6	1052 WE
„ „ Holz	6,2	26,0	—	5,1	4,3	58,4	1338 „
„ „ Torf	6,0	30,0	—	2,4	10,0	51,6	1378 „
Mischgas	7,2	26,8	—	0,6	18,4	47,0	1344 „
„ aus Anthrazit	5,8	22,0	0,7	1,8	17,0	52,7	1264 „
Mondgas	16,0	11,0	—	2,0	29,0	42,0	1257 „
Wassergaserzeugung Gas „machen" „Heißblasen" { Luftgas nach 1 Min.	7,04	23,68	—	0,44	2,95	65,89	835 „
„ „ 6 „	4,03	28,44	—	0,39	2,20	64,94	956 „
„ „ 10 „	1,60	32,21	—	0,18	2,11	63,90	1051 „
Wassergas n. 1 „	1,80	45,2	—	1,10	44,8	7,1	2631 „
„ „ 2,5 „	3,00	44,5	—	0,40	48,9	3,1	2656 „
„ „ 4,0 „	5,60	40,9	—	0,20	51,4	1,9	2595 „

Sehr oft wird die Verbrennung im Kuppelofen [3]) mit den Verbrennungsvorgängen im Gaserzeuger verglichen. Gemeinsam ist die hohe Brennstoffschicht, die im Kuppelofen durch die einzelnen Eisengichten unterbrochen ist. Während aber beim Gaserzeuger die hohe Brennstoffschicht ein Haupterfordernis bildet, stellt sie beim Kuppelofenbetrieb ein unumgängliches Übel dar, dessen Wirkung durch reichliche Luftzufuhr bekämpft werden muß [4]). Ebenso wie der Verbrennungsvorgang im Kuppelofen gewinnt auch die Verbrennung bei einer gewöhnlichen Rostfeuerung durch die obige Darstellung der Vorgänge in einem Gaserzeuger an Klarheit.

Das im Gaserzeuger entstehende Gas wird entweder sofort beim Austritt aus demselben verbrannt, oder es wird in längeren Leitungen zur Verbrennungsstelle geleitet (Martinofen u. dgl.). Im ersten Falle wird bei der Verbrennung die Gaswärme ausgenutzt, während im zweiten Falle durch die Abkühlung der Gase ihre Wärme verloren geht. Im ersten Falle können wir von einer Gaserzeugerfeuerung sprechen, während im zweiten Falle die Feuerung als Gasfeuerung bezeichnet wird. Die Mittelstufe zwischen Gaserzeugerfeuerung und gewöhnlicher Rostfeuerung nimmt die Halbgasfeuerung ein, bei der wegen zu hoher Brennstoffschicht verhältnismäßig viel Kohlenoxyd gebildet wird, das durch Zufuhr von Sekundärluft in der Feuerung selbst zur

---

[1]) Zum Teil nach F. Fischer: Taschenb. f. Feuerungstechniker, s. a. Zahlentafel 214—217.
[2]) Den Berechnungen sind die Angaben der Zahlentafel 171 zugrunde gelegt.
[3]) S. S. 456.
[4]) Auf anderem Wege suchen Schürmann und andere Kuppelofenkonstrukteure dieses Übel zu umgehen (vgl. Bd. 2).

Verbrennung gelangt. Die Aufgabe der einfachen Rostfeuerung liegt in möglichst vollständiger unmittelbarer Verbrennung des festen Brennstoffes, die der Gaserzeuger in der Vergasung, d. i. Überführung des festen Brennstoffes in brennbares Gas, die der Halbgasfeuerung in möglichst vollständiger, teils unmittelbarer, teils mittelbarer Verbrennung desselben.

Die Luftmenge und Verbrennungsgase.

Zur Berechnung der Luftmenge für 1 kg Brennstoff ist es zunächst nötig, die Verbrennungsluft seiner einzelnen brennbaren Bestandteile zu ermitteln. Früher wurde allgemein die erforderliche Luftmenge in kg ausgedrückt. In neuerer Zeit ist es üblich, unter Berücksichtigung der Volumverhältnisse der sich bei der Verbrennung bildenden Gase sowohl die Luftmenge als auch die Verbrennungsgase in cbm anzugeben. Aus den Atomgewichten der brennbaren Elemente und aus dem Volumen eines Grammoleküls wird der zur Verbrennung nötige Sauerstoff und aus diesem die Verbrennungsluft berechnet. Den nachfolgenden Berechnungen wurde das von Peter v. Mertens nach Berthelot angenommene Volumen eines Grammoleküls mit 22,412 l[1]) zugrunde gelegt. Dasselbe gilt für $O = 16$ bei 760 mm Quecksilbersäule, 0^0 C., 45^0 Breite und Meereshöhe. Ferner müssen folgende Regeln über die Volumverhältnisse der Gase festgehalten werden:

1. 12 Gewichtsteile Kohlenstoff benötigen zur vollkommenen Verbrennung 1 Raumteil Sauerstoff und geben 1 Raumteil Kohlensäure:

$$\begin{bmatrix} C + O_2 = CO_2 \\ 12 + 32 = 44 \end{bmatrix}$$

2. 12 Gewichtsteile Kohlenstoff erfordern zur unvollkommenen Verbrennung $\frac{1}{2}$ Raumteil Sauerstoff und geben 1 Raumteil Kohlenoxyd:

$$\begin{bmatrix} 2\,C + O_2 = 2\,CO \\ 2 \times 12 + 32 = 2 \times 28 \\ \text{oder } 12 + 16 = 28 \end{bmatrix}$$

3. 2 Raumteile Wasserstoff geben bei der Verbrennung mit 1 Raumteil Sauerstoff 2 Raumteile Wasserdampf:

$$\begin{bmatrix} 2\,H_2 + O_2 = 2\,H_2O \\ 2 \times 2,02 + 32 = 2 \times 18,02 \end{bmatrix}$$

4. 2 Raumteile Kohlenoxyd geben bei der Verbrennung mit 1 Raumteil Sauerstoff 2 Raumteile Kohlensäure:

$$\begin{bmatrix} 2\,CO + O_2 = 2\,CO_2 \\ 2 \times 28 + 32 = 2 \times 44 \end{bmatrix}$$

5. 1 Raumteil Methan (Sumpfgas) gibt bei der Verbrennung mit 2 Raumteilen Sauerstoff 1 Raumteil Kohlensäure und 2 Raumteile Wasserdampf:

$$\begin{bmatrix} CH_4 + 2\,O_2 = 2\,H_2O + CO_2 \\ 16,04 + 64 = 2 \times 18,02 + 44 \end{bmatrix}$$

6. In ähnlicher Weise lassen sich die Volumverhältnisse bei der Verbrennung von Äthylen (C_2H_4), Propylen (C_3H_6) und Benzoldampf (C_6H_6) nach folgenden Formeln ausdrücken:

$$\begin{aligned} \text{Äthylen} &\quad\ldots\quad C_2H_4 + 3\,O_2 = 2\,CO_2 + 2\,H_2O \\ \text{Propylen} &\quad\ldots\quad 2\,C_3H_6 + 9\,O_2 = 6\,CO_2 + 6\,H_2O \\ \text{Benzol} &\quad\ldots\quad 2\,C_6H_6 + 15\,O_2 = 12\,CO_2 + 6\,H_2O. \end{aligned}$$

Aus diesen einfachen Regeln geht hervor, daß bei der Bildung von Kohlensäure der Verbrennungssauerstoff gleich dem entstandenen Volumen Kohlensäure ist, daß somit in 100 Raumteilen Verbrennungsgase höchstens 20,96 Raumteile Kohlensäure enthalten sein können. Erfolgte die Verbrennung mit einem Luft- (Sauerstoff-) Überschuß, so muß die Summe von Kohlensäure und Sauerstoff höchstens 20,96 Vol.-% betragen. Bei Verbrennung des Kohlenstoffs zu Kohlenoxyd entsteht das doppelte Volumen Kohlenoxyd, d. i. $20,96 \times 2 = 41,92\%$, wozu noch $100 - 20,96 = 79,04$ Raumteile Stickstoff hinzutreten, so daß 100 Raumteile des gebildeten Gases

---

[1]) Nach F. Kohlrausch: Lehrbuch der praktischen Physik: 22,414 l.

(theoretisches Generatorgas) 34,66 Vol.-$^0/_0$ Kohlenoxyd neben 65,34$^0/_0$ Stickstoff enthalten müssen.

Bei Analysen der Verbrennungsgase aus wasserstoffhaltigen Brennstoffen ist zu beachten, daß sich der in den Verbrennungsgasen enthaltene Wasserdampf niederschlägt und sich der analytischen Bestimmung entzieht. Eine Kontrolle der Gasanalysen ergibt sich aus der Regel, daß für je 4,04 kg Wasserstoff 22,412 cbm Sauerstoff verbraucht werden, um 36,04 kg Wasser zu bilden [1]).

Auf Grund dieser Regeln über Volumverhältnisse der Gase berechnet sich die Menge des Verbrennungssauerstoffes bzw. der Verbrennungsluft in einfacher Weise, wie die folgenden drei Beispiele zeigen:

1. **Luftbedarf für 1 kg Kohlenstoff bei vollständiger Verbrennung:**
12 kg Kohlenstoff benötigen 22,412 cbm Sauerstoff, 1 kg Kohlenstoff benötigt somit $\frac{22,412}{12} = 1,8677$ cbm Sauerstoff oder $\frac{1,8677 \times 100 \,^2)}{20,96} = 8,9108$ cbm Luft. Die für 1 kg Kohlenstoff gebildete Verbrennungsgasmenge beträgt 1,8677 cbm $CO_2 + \frac{79,04}{20,96} \times 1,8677$ cbm $N_2 = 1,8677$ cbm $CO_2 + 7,0431$ cbm $N_2 = 8,9108$ cbm Gase. Die Menge der Verbrennungsgase in cbm ist somit gleich der Menge der Verbrennungsluft (bei vollkommener Verbrennung).

2. 1 kg Kohlenstoff benötigt zur Verbrennung zu Kohlenoxyd $\frac{22,412 : 2}{12} = 0,9338$ cbm Sauerstoff entsprechend 4,4554 cbm Luft und gibt 1,8677 cbm $CO + 3,5215$ cbm $N_2 = 5,3892$ cbm Verbrennungsgase. Bei einer unvollkommenen bzw. unvollständigen Verbrennung ist das Gasvolumen für je 1 kg Kohlenstoff größer als das Luftvolumen.

3. **Luftbedarf für 1 cbm bzw. für 1 kg Methan** und die Verbrennungsgasmenge berechnet sich, wie folgt:
1 cbm CH_4 erfordert 2 cbm O_2, entsprechend $2 \times 4,771 = 9,542$ cbm Luft. 16,04 kg CH_4 erfordern 44,824 cbm O_2, 1 kg CH_4 $\frac{44,824}{16,04} = 2,7945$ cbm O_2, entsprechend 2,7945 $\times$ 4,771 $\times$ 13,3326 cbm Luft.

Die Gasmenge für 1 cbm CH_4 beträgt:
2 cbm H_2O-Dampf $+ 1$ cbm CO_2 neben 7,542 cbm $N_2 = 10,542$ cbm.
Die Gasmenge für 1 kg CH_4 berechnet sich, wie folgt:
16,04 kg CH_4 geben 22,412 cbm $CO_2 + 44,824$ cbm H_2O-Dampf;
1 kg CH_4 gibt $\frac{22,412}{16,04} = 1,3972$ cbm $CO_2 + 2,7945$ cbm H_2O-Dampf neben 2,7945 $\times$ 3,771 $= 10,5381$ cbm N_2, somit zusammen 14,7298 cbm.

In Zahlentafel 166 sind die Luftmengen, die Gasmengen und die chemische Zusammensetzung der Verbrennungsgase in Vol.-$^0/_0$ zusammengestellt.

Bei Verbrennung von Kohlenstoff hängt die für einen Gewichtsteil Kohlenstoff erforderliche Luftmenge von dem bereits erwähnten „Verbrennungsverhältnis" ab. Mit der Luftmenge ändert sich auch selbstredend die chemische Zusammensetzung der Verbrennungsgase, wie aus Zahlentafel 167 ersichtlich.

---

[1]) Siehe F. Fischer: Taschenb. f. Feuerungstechniker, S. 6.
[2]) Für eine größere Reihe von Berechnungen empfiehlt es sich, mit folgenden Faktoren zu arbeiten (s. Mitteilung Nr. 5 (1920) der Wärmestelle Düsseldorf).
Luft aus Sauerstoff
$$L = \frac{100}{21} \times O = 4,76 \times O_2$$
Stickstoff aus Sauerstoff
$$N = \frac{79}{21} \times O = 3,76 \times O_2.$$

Zahlentafel 166.

Verbrennungsluft und Verbrennungsgase in cbm für 1 kg bzw. für 1 cbm Brennstoff.

Brennstoff	verbrennt nach der Formel:	mit cbm		entwickelt Verbrennungsgase cbm					Chemische Zusammensetzung der Verbrennungsgase in Volum-%				
		Sauerstoff	Luft	CO_2	CO	H_2O	N_2	Insgesamt	CO_2	CO	H_2O-dampf	N_2	Insgesamt
1 kg C zu CO_2	$C + O_2 = CO_2$	1,8677	8,9108	1,8677	—	—	7,0431	8,9108	20,96	—	—	79,04	100,00
1 kg C zu CO	$2C + O_2 = 2CO$	0,9338	4,4554	—	1,8677	—	3,5215	5,3892	—	34,66	—	65,34	„
1 kg H_2 zu H_2O	$2H_2 + O_2 = 2H_2O$	5,5475	26,4671	—	—	11,095	20,9196	32,0146	—	—	34,66	65,34	„
1 cbm H_2 zu H_2O		0,5	2,3855	—	—	1,0	1,8855	2,8855					
1 kg CO zu CO_2	$2CO + O_2 = 2CO_2$	0,4002	1,9094	0,8004	—	—	1,5094	2,3098	34,66	—	—	65,34	„
1 cbm CO zu CO_2		0,5	2,3855	1,00	—	—	1,8855	2,8855					
1 kg CH_4	$CH_4 + 2O_2 = CO_2 + 2H_2O$ (Methan)	2,7945	13,3326	1,3972	—	2,7945	10,5381	14,7298	9,49	—	18,97	71,54	„
1 cbm CH_4		2,0	9,542	1,0	—	2,0	7,542	10,542					
1 kg C_2H_4	$C_2H_4 + 3O_2 = 2CO_2 + 2H_2O$ (Äthylen)	2,3979	11,4400	1,5985	—	1,5985	9,0421	12,2391	13,06	—	13,06	73,88	„
1 cbm C_2H_4		3,0	14,313	2,0	—	2,0	11,313	15,313					
1 kg C_3H_6	$2C_3H_6 + 9O_2 = 6CO_2 + 6H_2O$ (Propylen)	2,3979	11,4400	—	—	—	—	—	13,06	—	13,06	73,88	„
1 cbm C_3H_6		4,5	21,4695	3	—	3	16,9695	22,9695					
1 kg C_6H_6	$2C_6H_6 + 15O_2 = 12CO_2 + 6H_2O$ (Benzol)	2,1533	10,2722	—	—	—	—	—	16,09	—	8,05	75,86	„
1 cbm C_6H_6		7,5	35,7825	6	—	3	28,2825	37,2825					
1 kg S	$S + O_2 = SO_2$	0,6977	3,3353	—	—	—	—	—	—	—	—	—	„

Zahlentafel 167.

Luft- und Gasmenge in cbm für 1 kg Kohlenstoff und die chemische Zusammensetzung der Verbrennungsgase in Volumprozenten [1]).

Verbrennungsverhältnis		$\frac{100}{0}$	$\frac{80}{20}$	$\frac{60}{40}$	$\frac{40}{60}$	$\frac{20}{80}$	$\frac{0}{100}$
Theoretische Luftmenge = Luftüberschuß 0%	Luftmenge	8,9108	8,0196	7,1284	6,2376	5,3459	4,4552
	Gasmenge	8,9108	8,2063	7,5020	6,7979	6,0930	5,3891
	CO_2	20,960	18,207	14,937	10,990	6,130	—
	CO	—	4,551	9,959	16,485	24,521	34,657
	N_2	79,040	77,242	75,104	72,525	69,349	65,343
Luftüberschuß 20% [2])	Luftmenge	10,6932	9,6236	8,5539	7,4848	6,4146	5,3443
	Gasmenge	10,5064	9,6437	8,7781	7,9144	7,0498	6,1868
	CO_2	17,778	15,495	12,770	9,440	5,298	—
	CO	—	3,874	8,510	14,159	21,195	30,188
	N_2	80,445	78,888	77,020	74,750	71,918	68,302
	O_2	1,777	1,743	1,700	1,651	1,589	1,510
Luftüberschuß 40% [2])	Luftmenge	12,4752	11,2276	9,9795	8,7323	7,4843	6,2371
	Gasmenge	12,2884	11,2462	10,2037	9,1619	8,1194	7,0709
	CO_2	15,199	13,285	10,982	8,154	4,600	—
	CO	—	3,321	7,322	11,231	18,402	26,414
	N_2	80,242	78,910	77,303	75,334	72,858	69,719
	O_2	4,559	4,484	4,393	4,281	4,140	3,867
Luftüberschuß 60% [2])	Luftmenge	14,2572	12,8316	11,4055	9,9800	8,5534	7,1284
	Gasmenge	14,0704	12,8502	11,6297	10,4096	9,1885	7,9689
	CO_2	13,274	11,627	9,636	7,177	4,064	—
	CO	—	2,907	6,424	10,765	16,261	23,440
	N_2	80,089	78,926	77,516	75,7.8	73,577	70,700
	O_2	6,637	6,540	6,424	6,280	6,098	5,860

Zahlentafel 168.
Theoretischer Luftbedarf.

	Koks	Steinkohle	Teer	Petroleum
Kohlenstoff	80,25%	69,78%	85,33%	85,3%
Wasserstoff	0,58 „	4,26 „	7,33 „	12,6 „
Sauerstoff	2,46 „	11,82 „	6,06 „	2,1 „
Stickstoff	0,89 „	0,72 „	0,85 „	—
Schwefel (verbr.)	0,98 „	—	0,43 „	—
Asche	12,43 „	10,60 „	—	—
Wasser	2,41 „	2,82 „	—	—
Zusammen	100,00%	100,00%	100,00%	100,0%
Theoretischer Luftbedarf für 1 kg Brennstoff in cbm	7,2033 cbm	6,9523 cbm	7,8071 cbm	7,6704 cbm

Aus dem oben Gesagten über die Luftmengen für Kohlenstoff, Wasserstoff und Schwefel läßt sich der Luftbedarf für 1 Gewichtsteil irgend eines Brennstoffes leicht berechnen. Enthält der Brennstoff $C\%$ Kohlenstoff, $H\%$ Wasserstoff, $O\%$ Sauerstoff, $S\%$ Schwefel, so beträgt die erforderliche theoretische Luftmenge für 1 kg des Brennstoffes:

[1]) Aus Stahleisen 1909, S. 714; Menge und chemische Zusammensetzung der Kuppelofengichtgase.

[2]) Der Sauerstoff des 10%igen Luftüberschusses wurde für Oxydationsvorgänge aufgewandt und hat an der Koksverbrennung nicht teilgenommen.

$$L = \frac{1}{100}\left[C \times 8,9108 + \left(H - \frac{O}{8}\right)26,4671 + S \times 3,3353\right] \text{cbm}.$$

Da bei der Wasserbildung auf 1 Gewichtsteil Wasserstoff 8 Gewichtsteile Sauerstoff entfallen und der Brennstoff O% Sauerstoff enthält, so wird nur für den Unterschied $\left[H - \frac{O}{8}\right]$ Verbrennungsluft zugeführt werden müssen. Den Unterschied $\left[H - \frac{O}{8}\right]$ bezeichnen wir daher als freien, disponiblen Wasserstoff eines Brennstoffes.

Nach obiger Formel sind in Zahlentafel 168 die theoretischen Luftmengen für folgende vier Brennstoffe berechnet.

Luftüberschuß.

Bei den vorangehenden Berechnungen wurde angenommen, daß die Verbrennung mit theoretischer Luftmenge erfolge. (Ideale Verbrennung.) In der Praxis muß der Feuerung mehr Luftsauerstoff zugeführt werden, als theoretisch zur Bildung der chemischen Verbindungen CO_2, CO, H_2O erforderlich ist. Der über die theoretische Luftmenge hinausgehende Betrag wird als Luftüberschuß bezeichnet und am besten in % der theoretischen Luftmenge ausgedrückt. Beträgt z. B. der tatsächliche Luftbedarf für 1 kg Kohlenstoff bei der Verbrennung zu Kohlensäure 10,6932 cbm, während die theoretische Luftmenge — wie früher berechnet — nur 8,9108 cbm beträgt, so wurde für je 1 kg Kohlenstoff um $(10,6932 - 8,9108) = 1,7824$ cbm mehr Luft als theoretisch erforderlich verbraucht. Die Verbrennung erfolgte daher mit $\frac{178,24}{8\,9107} = 20\%$ Luftüberschuß. Bei Kesselfeuerungen, bei denen bekanntlich die Verbrennung mit sehr großem Luftüberschuß bewirkt wird, so daß die tatsächliche Luftmenge oft das Doppelte und mehr des theoretischen Luftbedarfes beträgt, ist es üblich, den Luftüberschuß nicht in % der theoretischen Luftmenge auszudrücken, sondern die tatsächliche Luftmenge als das n fache der theoretischen anzugeben. Ist die tatsächliche Luftmenge geringer als die theoretische für vollkommene Verbrennung, so sprechen wir von Luftmangel. Die Wirkung des Luftüberschusses und des Luftmangels äußert sich in verschiedener Weise. Durch den Luftüberschuß soll die vollständige Verbrennung des Brennstoffes gefördert werden. Die mehr oder weniger dicht gelagerte Brennstoffschicht läßt die Verbrennungsluft an und für sich nur ungleichmäßig durchdringen. Die Verbrennung wird nur an einzelnen Stellen der Feuerung vollständig sein, nämlich dort, wo größere Zwischenräume zwischen den Brennstoffstücken den ungestörten Zutritt der Luft ermöglichen. Dagegen wird an den dichteren Stellen der Brennstoffschicht die Luft nur langsam strömen, so daß die Verbrennung selbst unvollständig sein wird, wobei noch die Gefahr der Kohlensäurezersetzung vergrößert wird. Es ist klar, daß durch eine Vermehrung der Luftmenge auch die dichter gelagerten Brennstoffstellen von der Luft reichlicher und rascher durchflossen werden, wodurch die Verbrennungsweise viel günstiger sich gestaltet. Trotz des Luftüberschusses wird es in der Praxis, besonders bei Feuerungen mit höherer Brennstoffschicht, oft vorkommen, daß die Luft die letztere nicht gleichmäßig durchströmt, daß die Verbrennung stellenweise doch unvollkommen bleibt, so daß sich in den Verbrennungsgasen neben überschüssigem Sauerstoff auch etwas Kohlenoxyd vorfinden wird. Der die Brennstoffschicht verlassende unverbrauchte Luftsauerstoff mischt sich mit dem Kohlenoxyd nicht, so daß dasselbe unverbrannt der Esse zuströmt. Es ist in der Praxis beobachtet worden, daß die Verbrennungsgase im ganzen Querschnitt des Feuerungsraumes keinesfalls ein gleichmäßiges Gemisch darstellen, sondern daß sogar im Ofenherd bei Flammöfen u. dgl. durch Analyse genau feststellbare gesonderte Gasstränge von verschiedener chemischer Zusammensetzung bis zum Essenkanal sich hinziehen. Sogar die Kuppelofengichtgase enthalten hie und da neben freiem Sauerstoff auch Kohlenoxyd, obwohl hier die Mischung der einzelnen Gasbestandteile beim Emporströmen durch die labyrinthartigen Gänge der Gichtsäule innig genug sein sollte. Nur eine möglichst innige Mischung der die Brennstoffschicht verlassenden Gase entweder im Feuerraum selbst oder weiter im Ofenherd würde die vollständige Verbrennung der etwa in den Gasen enthaltenen unverbrannten Bestandteile durch den überschüssigen Sauerstoff ermöglichen. Die vorteilhafte Wirkung des Luftüberschusses besteht somit nach dem oben Gesagten in der vollständigeren Verbrennung, die teils unmittelbar, teils mittelbar durch Verhinderung der Zersetzung der ursprünglich gebildeten Kohlensäure zur Geltung kommt. Mit zunehmendem Luftüberschuß steigt die Gasmenge für 1 kg Brennstoff; in dem Maße nimmt aber, wenn der Luftüberschuß eine gewisse Grenze überschreitet, die Verbrennungstemperatur und mit dieser die Ofentemperatur bzw. die Temperatur des Feuerraumes ab. Darin besteht die nachteilige Wirkung eines zu großen Luftüberschusses, wie dies weiter unten ausführlicher behandelt werden soll. Hier sei nur erwähnt, daß diese nachteilige Wirkung auch bei einer gewöhnlichen Rostfeuerung schon den Verbrennungsvorgang selbst ungünstig beeinflußt. Wie bereits hervorgehoben, erfordert die vollständige Verbrennung von Teer, der sich bei einer Steinkohlenfeuerung bildet, sehr hohe Temperatur im Feuerraum, so daß hier, obwohl sonst eine möglichst große Luftmenge zuträglich wäre, die Menge des Luftüberschusses über ein gewisses Maß nicht hinausgehen darf.

Der Luftüberschuß läßt sich aus dem Stickstoff- und Sauerstoffgehalt des Verbrennungsgases in folgender einfacher Weise berechnen:

Die gesamte Luftmenge (L_g), die in die Feuerung eingeführt wurde, beträgt, wenn N den Stickstoffgehalt des Gases in Vol.-% bedeutet, $L_g = N \times \dfrac{100}{79,04} = N \times 1,26518$; der Luftüberschuß ($L_ü$) ergibt sich aus dem Sauerstoffgehalt (O) des Gases nach der Formel: $L_ü = O \times \dfrac{100}{20,96} = O \times 4,771$. Die theoretische Verbrennungsluft (L) ist gleich $L_g - L_ü = N \times 1,26518 - O \times 4,771$.

Der Luftüberschuß in % der theoretischen Luftmenge beträgt demnach

$$\frac{L_ü}{L_g - L_ü} \times 100 = \frac{O \times 4,771 \times 100}{N \times 1,26518 - O \times 4,771} = \frac{O \times 100}{0,26518\ N - O}\%.$$

Z. B. enthalten die Verbrennungsgase einer periodisch beschickten Dampfkesselfeuerung [1]).

	I. 1 Minute nach dem Schüren	II. 12 Minuten später
Kohlensäure	13,5 Vol.-%	4,0 Vol.-%
Kohlenoxyd	0,0 ,,	0,0 ,,
Sauerstoff	5,5 ,,	16,5 ,,
Stickstoff	81,0 ,,	79,5 ,,
	100,0 Vol.-%	100,0 Vol.-%

im 1. Falle der Luftüberschuß $\dfrac{5,5 \times 100}{0,26518 . 81 - 5,5} = 34,4\%$

,, 2. ,, ,, ,, $\dfrac{16,5 \times 100}{0,26518 . 79,5 - 16,5} = 360\%.$

Die angeführten zwei Beispiele zeigen, wie unregelmäßig bei periodisch beschickten Feuerungen die Luftzufuhr ist, und wie sehr daher die chemische Zusammensetzung der Verbrennungsgase schwankt. Es ist somit unmöglich, aus einer Einzelanalyse — ja sogar aus einer sog. Durchschnittsanalyse — sich ein richtiges Urteil über eine Feuerung zu bilden. Solche Einzelanalysen haben zu der ganz falschen Annahme geführt, zu völliger Verbrennung sei mindestens die zwei- bis dreifache Luftmenge erforderlich. Bei den Gießereischmelzöfen (Kuppelöfen, Flammöfen) ist zu beachten, daß ein Teil des in den Ofen eingeführten Luftsauerstoffs für verschiedene Oxydationsvorgänge aufgebraucht wird. Ein Teil des im Roheisen enthaltenen Mangans, Siliziums, Kohlenstoffs und des Eisens wird durch den Luftsauerstoff verbrannt. Der für diese Oxydation aufgewandte Sauerstoff geht für die Brennstoffverbrennung verloren und muß durch entsprechend erhöhte Luftmenge eingebracht werden. Im Gegensatz zur Verbrennungsluft für den Brennstoff sei die Luftmenge für die verschiedenen Oxydations-

[1]) Fischer: Taschenb. f. Feuerungstechniker. S. 140.

vorgänge als Oxydationsluft bezeichnet. Diese läßt sich aus der Gasanalyse in folgender Weise berechnen:

Aus dem Sauerstoff der Kohlensäure und des Kohlenoxydes wird in bekannter Weise die Menge der Verbrennungsluft für 100 Raumteile Gas ermittelt, aus dem Sauerstoffgehalt ergibt sich der Luftüberschuß, aus dem Stickstoffgehalt die Gesamtluftmenge. Die Differenz zwischen Gesamtluft und Summe Verbrennungsluft plus Luftüberschuß stellt die Oxydationsluft für 100 Raumteile Gas dar. Enthält der Brennstoff nennenswerte Mengen Wasserstoff, so muß zur Verbrennungsluft aus Kohlensäure und Kohlenoxyd zusammen noch die zur Wasserstoffverbrennung aufgebrauchte Luftmenge zugeschlagen werden. Die Menge der Oxydationsluft läßt sich aber auch unmittelbar aus dem chemischen Abbrand des geschmolzenen Roheisens berechnen. Die Rechnungsergebnisse sind in Zahlentafel 169 zusammengestellt:

Zahlentafel 169.
Menge der Oxydationsluft.

Oxydation von 1 kg	Atomgewicht des Elementes[1] (abgerundet)	Sauerstoff für 1 kg des oxydierten Elementes		Luftmenge für 1 kg des Elementes in cbm	Gewicht des Oxydationserzeugnisses
		in kg	in cbm		
Mn zu MnO	55,0	0,29091	0,2037	0,9720	1,2909
Si zu SiO$_2$	28,3	1,12676	0,7892	3,7650	2,1268
Fe zu FeO	56,0	0,28572	0,2001	0,9547	1,2857
Fe zu Fe$_2$O$_3$	56,0	0,42857	0,3002	1,4321	1,4286
Fe zu Fe$_3$O$_4$	56,0	0,38095	0,2668	1,2729	1,3809
C zu CO	12,0	1,33333	0,9338	4,4554	2,3333
P zu P$_2$O$_5$	31,0	1,29032	0,9037	4,3116	2,2903
S zu SO$_2$	32,1	0,99810	1,6990	3,3352	1,9981

Beträgt z. B. der Abbrand für 100 kg Roheisen 0,25 kg Silizium, 0,35 kg Mangan, 0,20 kg Eisen, 0,1 kg Kohlenstoff, zusammen 0,9 kg, so beträgt die Oxydationsluft für 100 kg Roheisen (L_0)

$$L_0 = 0,25 \times 3,765 + 0,35 \times 0,972 + 0,2 \times 0,9547 + 0,1 \times 4,4554 = 1,9179 \text{ cbm.}$$

Erfolgte die Schmelzung im Kuppelofen mit Koks von 84$^0/_0$ Kohlenstoff bei einem Satzkoksaufwand von 7 kg Koks auf 100 kg Roheisen und ging die Verbrennung nach dem Verbrennungsverhältnis $\frac{60}{40}$ vor sich, so betrug die Verbrennungsluft für 100 kg Roheisen $0,84 \times 7 \times 7,1284 = 41,9$ cbm. Die Oxydationsluft beträgt somit $\frac{1,9179 \times 100}{41,9}$ = 4,6$^0/_0$ der Verbrennungsluft. Bei manganreicher Gattierung und geringem Satzkoksaufwand kann die Menge der Oxydationsluft auf das Doppelte hinaufgehen. Unter gewöhnlichen Verhältnissen dürfte die Oxydationsluft im Mittel etwa 5$^0/_0$ der Verbrennungsluft ausmachen.

Wärmeentwicklung und Wärmebindung.

Die bei der Verbrennung eines Körpers erzeugte Wärmemenge wird als Verbrennungswärme oder als absoluter Heizwert (absoluter Brennwert) desselben bezeichnet. Als Einheit für die Wärmemenge gilt für wissenschaftliche Zwecke diejenige Wärmemenge, welche nötig ist, um 1 g Wasser von 0^0 auf 1^0 zu erwärmen (kleine Kalorie = cal.). Für technische Zwecke wird als Wärmeeinheit diejenige Wärmemenge betrachtet, welche erforderlich ist, um 1 kg Wasser (bei etwa 15^0 C.) um 1^0 C. zu erwärmen. Die technische Wärmeeinheit sei hier mit WE bezeichnet [große Kalorie[2]].

---

[1] Bezogen auf Sauerstoff = 16: Internationale Atomgewichte s. Hütte. 24. Aufl., S. 737ff.
[2] Die „mittlere Wärmeeinheit", d. h. der 100. Teil der Wärme, welche 1 kg Wasser von 0^0 auf 100^0 bringt, ist der 15^0-WE nahezu gleich (s. Hütte. 24. Aufl., Bd. 1, S. 448).

Die Heizwerte der festen und flüssigen Brennstoffe werden auf 1 kg, die der gasförmigen Brennstoffe zumeist auf 1 cbm bezogen. Als Grundzahlen zur Berechnung der Heizwerte nach Volumen sollen hier die von Berthelot eingeführten Heizwerte des Kohlenstoffs und seiner Sauerstoffverbindungen nach Gewicht benutzt werden [1]. Dieselben lauten für konstanten Druck [2] (vgl. Zahlentafel 170):

Zahlentafel 170.
Verbrennungswärmen nach Gewicht (Grundzahlen).

1 kg Kohlenstoff (amorpher Kohlenstoff) nach Berthelot	8 137 WE
1 „ Kohlenoxyd nach Berthelot	2 438 „
1 „ Wasserstoff nach Favre und Silbermann	34 154 „
1 „ Methan nach Berthelot	13 275 „
1 „ Äthylen nach Berthelot	12 154 „
1 „ Propylen nach Berthelot	12 045 „
1 „ Benzol nach Berthelot	10 041 „

Daraus berechnen sich mit den internationalen Atomgewichten und für 1 kg Molekül = 22,412 cbm die in Zahlenreihe 3 und 4 der Zahlentafel 171 aufgeführten Heizwerte bei Annahme von Wasser von 0° C. als Verbrennungserzeugnis (oberer Heizwert). Da bei technischen Verbrennungsvorgängen flüssiges Wasser als Verbrennungserzeugnis nicht auftritt, erscheint es vorteilhaft, als Verbrennungserzeugnis Wasserdampf und zwar von 0° C. anzunehmen [3], da ja alle Temperaturen von 0° C. an gerechnet werden (unterer Heizwert). Die Verdampfungswärme des Wassers bei 0° C. beträgt für 1 kg 606,5 WE [4]. Dieser Betrag, der in Zahlenreihe 5 der Zahlentafel 171 für 22,412 cbm enthalten ist [5], muß von den Heizwerten der Zahlenreihe 3 in Abzug gebracht werden, worauf sich dann die Heizwerte für Wasserdampf von 0° C. als Verbrennungserzeugnis in Zahlenreihe 6 und 7 ergeben.

Zahlentafel 171.
Heizwerte nach Berthelot [6].
(Bezüglich Verbrennungsformel siehe Zahlentafel 166.)

Brennstoff	Mol.-Gewicht	Heizwert in WE bei Wasser von 0° C. als Verbrennungserzeugnis			Verdampfungswärme des Wassers für 22,412 cbm	Heizwert in WE bei Wasserdampf von 0° C. als Verbrennungserzeugnis	
		für 1 kg	für 22,412 cbm	für 1 cbm		für 22,412 cbm	für 1 cbm
	1	2	3	4	5 [1]	6	7
wasserfrei Kohlenstoff zu CO_2	12	8 137	97 644 f. CO_2	4 357 f. 1 cbm CO_2	—	—	4 357 f. 1 cbm CO_2
Kohlenstoff zu CO	12	2 448	29 380 f. CO	1 311 f. 1 cbm CO	—	—	1 311 f. 1 cbm CO
Kohlenoxyd CO .	28	2 438	68 264	3 046	—	68 264	3 046
wasserbildend Wasserstoff H_2 .	2,02	34 154	68 990	3 078	10 929	58 061	2 591
Methan CH_4 . . .	16,04	13 275	212 931	9 501	21 858	191 073	8 526
Äthylen C_2H_4 . .	28,04	12 154	340 798	15 206	21 858	318 940	14 231
Propylen C_3H_6 . .	42,06	12 045	506 613	22 605	32 787	473 826	21 142
Benzol C_6H_6 . . .	78,06	10 041	783 800	34 973	32 787	751 013	33 510

[1] Da die Grundzahlen nach Berthelot in der Praxis nicht allgemein angewendet werden, seien in Zahlentafel 172 auch die etwas abweichenden Werte nach P. Fuchs und nach „Hütte" mitgeteilt. Dabei wird darauf hingewiesen, daß die Unsicherheit in der Berechnung der Heizwerte technischer Gassorten viel weniger in der Unsicherheit der Heizwerte der reinen Gase liegt als in der Unzulänglichkeit der gasanalytischen Verfahren, die insbesondere eine Bestimmung der Kohlenwasserstoffe nur mit Fehlern gestatten, die weit über die Fehlergrenzen der Heizwertbestimmungen der reinen Gase hinausgehen.

[2] Physikalische Tabellen von Landolt und Börnstein. Berlin 1905.

[3] Fischer nimmt als Verbrennungserzeugnis Wasserdampf von 20° C. an.

[4] In der Praxis werden meist 600 WE angenommen.

[5] Beispiel der Berechnung der abzuziehenden Verdampfungswärme: Bei Verbrennung von Methan und Äthylen nach den in Zahlentafel 166 angeführten Formeln werden in beiden Fällen 2 × 18,02 kg = 36,04 kg Wasser gebildet. Die Verdampfungswärme beträgt daher für 22,412 cbm verbrauchtes Gas 36,04 × 606,5 = 21858 WE. In ähnlicher Weise erfolgt die Berechnung bei Wasserstoff, Propylen und Benzol.

[6] Etwas abweichende Zahlen gibt Zahlentafel 172; weitere Angaben s. Stahleisen 1920, S. 1522.

Zahlentafel 172.

Heizwerte nach P. Fuchs und „Hütte".

Brennstoff	Wärmestelle Düsseldorf, Mitteilung Nr. 5 nach Paul Fuchs				Hütte, 24. Aufl. S. 554, 560			
	oberer Heizwert		unterer Heizwert		oberer Heizwert		unterer Heizwert	
	WE/kg	WE/cbm 0°, 760	WE/kg	WE/cbm 0°, 760	WE/kg	WE/cbm	WE/kg	WE/cbm
C zu CO$_2$	8 080[1])	—	8 080[1])	—	8 140	—	8 140	
C zu CO	—	—	—	—	2 440	—	2 440	—
CO	2 442	3 055	2 442	3 055	2 440	2 800	2 440	2 800
H$_2$	34 166	3 041	28 766	2 561	34 100	2 800	28 700	2 360
Methan	13 333	9 537	11 983	8 577	13 250	8 700	11 900	7 820
Äthylen	12 144	15 356	11 364	14 216	12 000	13 800	11 250	12 920
Propylen	—	—	—	20 850	11 850	20 400	11 100	19 100
Benzoldampf	—	—	—	34 500	10 000	—	9 590	

Als der wichtigste Bestandteil der technischen Brennstoffe ist bekanntlich der Kohlenstoff anzusehen. Die Tatsache, daß sein Heizwert bei vollkommener Verbrennung 8137 WE, bei unvollkommener nur 2448 WE für 1 kg beträgt, ist in den meisten Fällen für den Betrieb der Feuerungen maßgebend und drängt dazu, eine tunlichst vollkommene Verbrennung des Brennstoff-Kohlenstoffes anzustreben. Wie weit die Verbrennungsweise des im Brennstoff enthaltenen Kohlenstoffs die Ausnutzung seines Heizwertes beeinflußt, zeigt Zahlentafel 173:

Zahlentafel 173.

Ausnutzung des Heizwertes.

Verbrennungs-verhältnis v	Vollkommene Verbrennung	Unvollständige Verbrennung									Unvollkommene Verbrennung
	$\frac{100}{0}$	$\frac{90}{10}$	$\frac{80}{20}$	$\frac{70}{30}$	$\frac{60}{40}$	$\frac{50}{50}$	$\frac{40}{60}$	$\frac{30}{70}$	$\frac{20}{80}$	$\frac{10}{90}$	$\frac{0}{100}$
1 kg C gibt WE	8137	7568	6999	6430	5861	5293	4724	4155	3586	3017	2448
Verlust für 1 kg C in WE	0	569	1138	1708	2276	2844	3413	3982	4551	5120	5689
Verlust in % der vollkommenen Verbrennung	0%	7%	14%	21%	28%	35%	42%	48%	56%	63%	70%
Ausnutzung des Heizwerts	100%	93%	86%	79%	72%	65%	58%	52%	44%	37%	30%

Ein Mittel zur Förderung möglichst vollständiger Verbrennung liegt in der Anwendung eines Luftüberschusses, dessen Höhe durch die physikalische Beschaffenheit des Brennstoffes einerseits, und durch die zweckmäßige Feuertemperatur anderseits gegeben ist. Bei Kesselfeuerungen, bei denen es sich weniger um hohe Temperaturen handelt, kann der Luftüberschuß so weit gesteigert werden, bis eine vollständige Verbrennung des Brennstoffkohlenstoffes tatsächlich erreicht ist. Daher ist es erklärlich, daß bei Kesselfeuerungen zumeist mit verhältnismäßig sehr großem Luftüberschuß gearbeitet wird, um nur ja möglichst viel Kohlensäure in den Verbrennungsgasen zu erhalten. Bei den Schmelzöfen (Kuppelöfen, Flammöfen, Tiegelöfen) kommt auf hohe Ofentemperatur sehr viel an, so daß bei diesen Öfen der Luftüberschuß einschließlich Oxydationsluft etwa 30% betragen darf. In Fällen, in denen wir infolge der physikalischen Beschaffenheit des Brennstoffes mit einem Luftüberschuß von etwa 30% bei Schmelzöfen eine vollständige Verbrennung nicht erzielen können, müssen wir des richtigen Schmelzbetriebes wegen mehr Brennstoff opfern und uns mit einer ungünstigeren Verbrennung begnügen.

---

[1]) Meist mit 8100 gerechnet.

Bei gewissen metallurgischen Ofenprozessen wird vollständige Verbrennung überhaupt nicht angestrebt, damit das Metall durch die kohlensäure- und sauerstoffreichen Gase nicht ungünstig beeinflußt werde. Hier wird nur soviel Luft in die Feuerung eingeführt, um die erforderliche Hitze zu erzielen (Arbeiten mit reduzierender Flamme). In anderen Fällen wird eine Oxydation des flüssigen Metalles durch die Gase beabsichtigt und gleichzeitig eine möglichst hohe Ofentemperatur angestrebt (Arbeiten mit oxydierender Flamme). Die erforderliche hohe Ofentemperatur setzt dem — sonst hinsichtlich der Oxydationswirkung zuträglichen — Luftüberschuß eine Grenze. Diese Verhältnisse müssen bei der Beurteilung des Wirkungsgrades der verschiedenen Ofengattungen berücksichtigt werden.

Der Heizwert eines Brennstoffes wird entweder unmittelbar durch Verbrennung bestimmt, oder aus der chemischen Zusammensetzung des Brennstoffes berechnet. Hier soll nur die übliche Heizwertformel erwähnt werden. Dieselbe lautet:

$$H = 81\,C + 290\left(H - \frac{O}{8}\right) + 25\,S - 6\,W$$

In ihr bedeutet C den Kohlenstoff-
H „ Wasserstoff-
O „ Sauerstoff- } gehalt des Brennstoffs in Gew. %
S „ Schwefel-
W „ Wasser-

In Schmelzöfen verbrennt ein Teil der Roheisenbestandteile Silizium, Mangan usw., wobei für die Gewichtseinheit derselben folgende Wärmemengen erzeugt werden (Zahlentafel 174):

Zahlentafel 174.
Wärmeleistungen beim Verbrennen von Roheisenbestandteilen.

1 kg	nach Wedding [1] WE	nach Ledebur [2] WE	nach Richards [3] WE
Si zu SiO_2	7829	7830	7000 [4]
Mn „ MnO	1817	1730	1653
Mn „ Mn_3O_4	1947	1970	1988
Mn „ MnO_2	2209	2250	2278
Fe „ FeO	1332	1350	1173
Fe „ Fe_2O_3	1876	1800	1746
Fe „ Fe_3O_4	1648	1650	1612
P „ P_2O_5	5966	5900	5895
S „ SO_2	2250	—	2164

Beträgt der Abbrand für 100 kg Roheisen, wie in unserem früheren Beispiel 0,25 kg Silizium (SiO_2), 0,35 kg Mangan (MnO), 0,2 kg Eisen (FeO) und 0,1 kg Kohlenstoff (CO) (zusammen 0,9 kg), so wird infolge Oxydation eine Wärmemenge von

$$0,25 \times 7829 + 0,35 \times 1817 + 0,20 \times 1332 + 0,10 \times 2448 = 1957 + 636 + 266 + 245 = 3104\ WE$$

erzeugt.

Beträgt die zum Schmelzen und Überhitzen von 100 kg Roheisen nötige Wärmemenge etwa 31 000 WE, so liefert nach obiger Rechnung der Roheisenabbrand etwa 10% der erforderlichen Schmelzwärme. Bei der üblichen Berechnung der Wärmebilanz der Schmelzöfen soll die aus dem Roheisenabbrand stammende Wärmemenge wohl berücksichtigt werden.

Bei den schon früher erwähnten endothermischen Reaktionen wird Wärme gebunden, verbraucht. Da derartige Reaktionen bei Verbrennungsvorgängen eine wichtige Rolle spielen, ist es angezeigt, sie näher zu besprechen.

---

[1] H. Wedding: Handbuch der Eisenhüttenkunde. 2. Aufl. Bd. 1, S. 904 u. ff.
[2] A. Ledebur: Handbuch der Eisenhüttenkunde. 5. Aufl. Bd. 1, S. 57.
[3] J. Richards: Metallurgische Berechnungen. Berlin 1913, S. 301.
[4] Wert noch unsicher.

a) Die Zersetzung der Kohlensäure durch glühenden Kohlenstoff erfolgt nach der Formel $CO_2 + C = 2\,CO$ und beginnt für Holzkohle bei ungefähr $400-550^0$ C. (nach Ledebur). Diese Zersetzung ist bei Feuerungen nicht nur deswegen zu vermeiden, weil sie Wärme bindet, sondern weil sie außerdem Kohlenstoff dem Brennstoff entzieht. Gelingt es etwa wegen zu niedriger Temperatur im Ofen nicht, das bei der Zersetzung entstandene Kohlenoxyd zu verbrennen, so erleiden wir einen Brennstoffverlust. Diese Zersetzung der Kohlensäure führt z. B. bei Kuppelöfen, die nicht die richtige Windmenge erhalten, zu großer Brennstoffvergeudung. Bei gewöhnlichen Rostfeuerungen, wie solche z. B. bei Flammöfen angewendet werden, ist die Kohlensäurereduktion durch Kohlenstoff nicht bedeutend, da die Brennstoffschicht verhältnismäßig niedrig ist. Auch findet das etwa gebildete Kohlenoxyd in dem weiten Feuerraum oder im Herdraum bei genügender Luftzufuhr früher Gelegenheit, wieder zu Kohlensäure zu verbrennen. Die Wärmeverhältnisse bei dem Vorgang der Kohlensäurezersetzung nach obiger Formel berechnen sich in folgender Weise:

Die Zersetzungswärme der Kohlensäure beträgt für 1 kg Kohlenstoff .   — 8137 WE
Die Verbrennungswärme von 2 kg Kohlenstoff zu Kohlenoxyd . . . . + 4896 „
Für 1 kg Kohlenstoff wird gebunden . . . . — 3239 „
oder für 1 cbm zersetzte Kohlensäure . . . . — 1735 „
oder für 1 cbm gebildetes Kohlenoxyd . . . . — 867 „

Der besprochene Zersetzungsvorgang kann auch als Reduktion der Kohlensäure zu Kohlenoxyd oder als Vergasung von Kohlenstoff durch Kohlensäure aufgefaßt werden.

b) Zersetzung des Wasserdampfes durch glühenden Kohlenstoff (Vergasung des Kohlenstoffes durch Wasserdampf oder Reduktion des Wasserdampfes durch Kohlenstoff). Streicht Wasserdampf über glühenden Kohlenstoff von etwa 800^0-1000^0 C., so wird der Wasserdampf unter Kohlensäurebildung zersetzt: $2\,H_2O + C = CO_2 + 2\,H_2$.

Die Zersetzungswärme für $2 \times 22{,}412$ cbm Wasserdampf beträgt $2 \times 58\,061$ . . — 116 122 WE
Verbrennungswärme für 12 kg Kohlenstoff . . . . + 97 644 „
Wärmebindung für 12 kg vergasten Kohlenstoff . . . . . . — 18 478 „
    oder „ 1 kg vergasten Kohlenstoff . . . . — 1 540 „
    „ „ 1 cbm Kohlensäure . . . . — 824 „
    „ „ 1 cbm Wasser . . . . — 412 „

Bei höherer Temperatur als 1000^0 C. pflegt die Wasserdampfzersetzung durch glühenden Kohlenstoff nach der Formel $H_2O + C = H_2 + CO$ unter Kohlenoxydgasbildung zu erfolgen. Die Wärmebindung berechnet sich in folgender Weise:

Zersetzung von 22,412 cbm Wasserdampf erfordert . . . . . . — 58 061 WE
Verbrennungswärme von 12 kg Kohlenstoff zu Kohlenoxyd beträgt . . + 29 380 „
Wärmebindung für 12 kg Kohlenstoff bzw. für 22,412 cbm Wasser . . — 28 681 „
oder für 1 kg vergasten Kohlenstoff . . . . — 2 390 „
oder für 1 cbm Wasser, Kohlenoxyd, Wasserstoff . . . . — 1 280 „

Bei Rostfeuerungen kommt die Vergasung des Kohlenstoffes nur dann vor, wenn der Wasserdampf zugleich mit der Verbrennungsluft unter den Rost geleitet wird. Das im Brennstoff enthaltene Wasser (Feuchtigkeit) wird kaum in bedeutendem Maße zersetzt, da die auf den Rost frisch aufgeworfene Kohle sehr rasch den Wasserdampf nach oben entweichen läßt, so daß er mit glühendem Kohlenstoff nicht in Berührung kommt.

Bei Kuppelöfen wird ebenfalls die Koksfeuchtigkeit im oberen Teil des Ofens ausgetrieben, so daß sie in die glühenden Koksschichten selbst nicht gelangt. Für den Schmelzbetrieb ist es vorteilhaft, daß in der Schmelzzone des Ofens die Wasserdampfzersetzung, die Wärme bindet und die Temperatur herabsetzt, nicht stattfindet. Aus diesem Grunde ist auch das Einblasen von künstlich befeuchteter Luft oder sogar von Wasserdampf durch die Ofendüsen als nicht zweckentsprechend zu verwerfen. Es wurde in neuerer Zeit vorgeschlagen, zwecks tunlichster Verhinderung der Kohlensäurereduktion die Kuppelofentemperatur über der Schmelzzone durch Einblasen von Wasserdampf zu erniedrigen, wobei der wärmebindende Zersetzungsvorgang zweckmäßig ausgenützt werde [1]). Durch einen sorgfältig auszuführenden Versuch wäre in einem solchen Falle festzustellen, ob nicht etwa die Vorteile der Verminderung der Kohlensäurereduktion durch den Wärmebedarf der Wasserdampfzersetzung aufgehoben werden.

Verbrennungstemperatur (pyrometrischer Heizeffekt).

Die Temperatur, die bei vollkommener Verbrennung eines Körpers mit der theoretischen Luftmenge erzielt werden kann, heißt Verbrennungstemperatur, Grenztemperatur oder pyrometrischer Heizeffekt des betreffenden Körpers. Berücksichtigen wir bei der Temperaturberechnung die tatsächlichen Verhältnisse, unter denen die Verbrennung erfolgt, wie: Luftüberschuß, Unvollständigkeit der Verbrennung, Aschenverluste, Rußbildung, dann sprechen wir von Anfangstemperatur. Unter Anfangstemperatur verstehen wir somit in der Feuerungstechnik die bei der Verbrennung eines Brennstoffes entstehende Temperatur ohne Berücksichtigung etwaiger den Verbrennungsvorgang selbst begleitender Wärmeabgaben (z. B. für Strahlung, für Erhitzung bzw. Schmelzung oder Überhitzung des Eisens in einem Schmelzofen). Erscheinen diese Wärmeabgaben während des Verbrennungsvorganges berücksichtigt, so haben wir es mit der Temperatur des Feuerraumes bzw. mit der Ofentemperatur zu tun. Die letztere kann mit Meßinstrumenten (Thermometern, Pyrometern u. dgl.) unmittelbar ermittelt werden; dagegen lassen sich die theoretischen Verbrennungstemperaturen und Anfangstemperaturen nicht durch Messung bestimmen, sondern nur durch Berechnung annähernd ermitteln. Eine genaue Berechnung ist solange nicht ausführbar, als nicht die spezifischen Wärmen der bezüglichen Verbrennungsgase bei den vorkommenden Temperaturen genau bekannt sind. Bei vielen Hüttenprozessen kommt es — wie oben bereits erwähnt — bei der Verbrennung weniger auf eine vollständige Ausnutzung der Brennstoffwärme als vielmehr auf die Erreichung entsprechend hoher Temperatur an. Es ist daher angezeigt, sämtliche Umstände, die auf die Temperatur von Einfluß sind, näher kennen zu lernen. Eine unmittelbare Ermittlung der Ofentemperatur durch Messung gibt über die bei der Temperaturentwicklung vorherrschenden Verhältnisse keinen Aufschluß. Dagegen sind diese aus einer durchgeführten Berechnung der Verbrennungs- bzw. Anfangstemperatur klar zu ersehen. Wenn auch durch die Berechnung keine absolut richtigen Werte erhalten werden, so sind doch die Rechnungsergebnisse für die Praxis wertvoll, besonders dann, wenn es sich um Vergleich verschiedener Brennstoffe bzw. verschiedener Feuerungen handelt. Die Verbrennungstemperaturen einzelner brennbarer Körper werden aus der Verbrennungswärme, aus den Verbrennungsgasen für 1 Gewichtseinheit, und aus der spezifischen Wärme der Verbrennungsgase berechnet.

Bezeichnet W die bei der Verbrennung von 1 kg eines Körpers entwickelte Wärmemenge in Wärmeeinheiten, V das Volumen des entstandenen Verbrennungsgases für 1 kg und s die spezifische Wärme des Verbrennungsgases, so gilt die Gleichung

$$1.\ W = V \times s \times T,$$

worin T die Verbrennungstemperatur in ^{0}C. bedeutet. Aus dieser Gleichung berechnet sich

$$2.\ T = \frac{W}{V \times s}.$$

Die Formel für die Verbrennungstemperatur besagt: Die Temperatur ist von der Menge des verbrennenden Körpers unabhängig; sie nimmt mit der Verbrennungswärme zu, mit der Menge der Verbrennungsgase ab.

Zur Berechnung der Verbrennungstemperaturen benötigen wir außer den Verbrennungswärmen und der Menge der Verbrennungsgase noch die spezifischen Wärmen der Gase [2]). Bis vor nicht langer Zeit galten die spezifischen Wärmen als von der Temperaturhöhe unabhängig (konstante spezifische Wärme). In neuerer Zeit wurde festgestellt,

---

[1]) Vgl. hierzu Stahleisen 1909, S. 63 u. 1029.

[2]) Unter spezifischer Wärme verstehen wir diejenige Wärmemenge in WE, welche nötig ist, um die Temperatur eines Gewichtsteiles bzw. eines Raumteiles eines Körpers um 1^0 C. zu erhöhen.

daß die spezifischen Wärmen der Gase und Dämpfe mit der Temperatur zunehmen (steigende spezifische Wärme).

Zahlentafel 175.

Mittlere spezifische Wärmen der Gase, bezogen auf 1 cbm bei konstantem Druck und 760 mm Quecksilbersäule.

Temperatur ⁰ C.	Leicht verdichtbare Gase				Schwer verdichtbare (permanente Gase)		Anmerkung des Verfassers
	CO_2		H_2O (Dampf)		Luft, O_2, N_2, CO, H_2		
	nach Mertens	nach Neumann[1]	nach Mertens	nach Neumann[1]	nach Mertens	nach Neumann[1]	
0	0,370	0,397	0,340	0,372	0,304	0,312	Die spezifischen Wär-
100	397	410	355	373	307	314	men bei Zwischen-
200	422	426	369	375	309	316	temperaturen wur-
300	446	442	384	376	312	318	den in weiter unten
400	470	456	398	378	314	320	folgenden Berech-
500	0,492	0,467	0,413	0,380	0,317	0,322	nungen durch Inter-
600	512	477	428	383	320	324	polation ermittelt.
700	532	487	442	385	322	326	
800	551	497	457	389	325	328	
900	569	505	471	394	327	330	
1000	0,585	0,511	0,486	0,398	0,330	0,332	
1100	601	517	501	402	333	334	
1200	616	521	515	407	335	336	
1300	630	526	530	413	338	338	
1400	642	530	544	418	341	340	
1500	0,654	0,536	0,559	0,424	0,343	0,342	
1600	664	541	574	430	346	344	
1700	674	546	588	438	349	346	
1800	683	550	603	446	351	348	
1900	690	554	618	455	354	350	
2000	0,695	0,856	0,633	0,465	0,357	0,352	

Nachstehenden Berechnungen sind die in Zahlentafel 175 von Mertens zusammengestellten spezifischen Wärmen zugrunde gelegt.

Beispiel: Berechnung der Verbrennungstemperatur des Kohlenstoffs in Luft.

1 kg Kohlenstoff verbrennt mit der theoretischen Luftmenge zu Kohlensäure, wobei 1,8677 cbm Kohlensäure neben 7,0431 cbm Stickstoff, also zusammen 8,9108 cbm Verbrennungsgase entstehen. Der absolute Heizwert (Verbrennungswärme) des amorphen Kohlenstoffs beträgt 8137 WE.

Nehmen wir die spezifische Wärme für 1 cbm Kohlensäure bei 2110⁰ C. mit $s_1 = 0,7005$, die des Stickstoffs mit $s_2 = 0,3603$ an, so erhalten wir:

$$T = \frac{W}{cbm\ CO_2 \times s_1 + cbm\ N_2 \times s_2} = \frac{8137}{1,8677 \times 0,7005 + 7,0431 \times 0,3603}$$
$$T = 2116^0\ C., \text{ rund } 2120^0\ C.$$

In ähnlicher Weise wurden die Verbrennungstemperaturen einiger Körper bzw. Gase berechnet und in Zahlentafel 176 zusammengestellt.

Die Berechnung der „Anfangstemperatur" bei einer stattgefundenen, oder stattfindenden Verbrennung aus der Analyse der Verbrennungsgase erfolgt nach der Formel:

$$T = \frac{W = \text{entwickelte Wärme in WE für 1 kg Brennstoff}}{CO_2 \times s_1 + CO \times s_2 + H_2 \times s_3 + O_2 \times s_4 + N_2 \times s_5 + H_2O \times s_6}.$$

CO_2, CO, H_2, O_2, N_2, Wasserdampf in cbm für 1 kg Brennstoff,
s_1, s_2, s_3, s_4, s_5, s_6 die diesbezüglichen spezifischen Wärmen der Gase bei der Verbrennungstemperatur.

---

[1] B. Neumann: Die spezifischen Wärmen der Gase für feuerungstechnische Berechnungen. Stahleisen 1919, S. 746, 772.

Zahlentafel 176.
Verbrennungstemperaturen nach Mertens[1].

Verbrennung (mit kalter Luft ohne Luftüberschuß)	Verbrennungs-wärme (Heiz-wert) WE	Verbrennungs-temperatur °C.
1 kg C verbrennt zu CO_2	8 137	2120
1 „ C „ „ CO	2 448	1340
1 cbm CO „ „ CO_2	3 046	2192
1 „ H_2 „ „ H_2O	2 591	1985
1 „ CH_4 (Methan) $CO_2 + 2 H_2O = CH_4 + 2 O_2$ . .	8 586	1865
1 „ C_2H_4 (Äthylen) $C_2H_4 + 3 O_2 = 2 CO_2 + 2 H_2O$	14 231	2102
1 „ C_3H_6 (Propylen) $2 C_3H_6 + 9 O_2 = 6 CO_2 + 6 H_2O$	21 142	2085
1 „ C_6H_6 (Benzol) $2 C_6H_6 + 15 O_2 = 12 CO_2 + 6 H_2O$	33 510	2065

Da die spezifischen Wärmen von CO, H_2, O_2, N_2 gleich groß sind, können wir die Gleichung auch schreiben:

$$T = \frac{W}{CO_2 \times s_1 + (CO + H_2 + O_2 + N_2) s' + H_2O \times s_6}.$$

Ein Beispiel soll die Berechnungsweise näher erklären: Es soll die Anfangs-temperatur bei der Koksverbrennung in einem Kuppelofen aus der Analyse der Kuppelofengichtgase berechnet werden [2]. Die Gichtgase haben folgende Zusammensetzung [3]:

$$
\begin{aligned}
CO_2 &\quad . . . . . \quad 16,7 \text{ Vol.-}^0/_0 \\
CO &\quad . . . . . . \quad 7,3 \quad „ \quad „ \\
O_2 &\quad . . . . . . \quad 0,1 \quad „ \quad „ \\
N_2 &\quad . . . . . . \quad 75,9 \quad „ \quad „
\end{aligned}
$$

Aus dem Kohlensäure- und Kohlenoxydgehalt berechnen wir zunächst die entwickelte Wärme und zwar:

16,7 cbm CO_2 enthalten $16,7 \times 0,5354 = 8,941$ kg C d. i. $68,58^0/_0$
7,3 „ CO „ $7,3 \times 0,5354 = 3,908$ „ „ „ $30,42^0/_0$
8,941 kg C geben bei der Verbrennung zu CO_2 $8,941 \times 8137 = 72\,753$ WE
3,908 „ „ , „ „ „ „ CO $3,908 \times 2448 = 9\,566$ „

Ingesamt entwickelte Wärme für 100 cbm Gase 82 319 WE.

Nehmen wir die spezifische Wärme der Kohlensäure bei 2000° C. mit 0,695, die des Kohlenoxyds, des Stickstoffs und des Sauerstoffs mit 0,357 an, so ergibt sich die Anfangstemperatur

$$T = \frac{82,319}{16,7 \times 0,695 + (7,3 + 0,1 + 75,9) \times 0,357} = 1991° C.$$

Die Ofentemperatur dürfte um etwa $15-20^0/_0$ niedriger sein. Wie weit die Anfangs-temperaturen durch das verschiedene Verbrennungsverhältnis und durch den Luft-überschuß beeinflußt werden, zeigt die Zahlentafel 177.

Die aus der Analyse der Gichtgase berechnete Anfangstemperatur wird mit der wirklichen nicht genau übereinstimmen, weil die Zusammensetzung nicht genau dieselbe ist, wie die der Verbrennungsgase in der Verbrennungszone selbst. (Veränderung der Verbrennungsgase durch die glühende Gichtsäule, Wasserdampf aus Luft und Koks.) Viel umständlicher gestaltet sich die Berechnung der Anfangstemperaturen und der Flammentemperaturen aus der chemischen Analyse des zu verbrennenden Brennstoffes. Aus der Brennstoffanalyse werden — unter Annahme eines entsprechenden, in der Praxis erreichbaren Verbrennungsverhältnisses, eines Luftüberschusses, des unter

---

[1] Vgl. auch Stahleisen 1920, S. 1522 (Schwier).
[2] Stahleisen 1909, S. 713.
[3] Bei genauer Rechnung sollte die vom Kalkstein stammende Kohlensäure berücksichtigt werden; hier ist sie vernachlässigt.

ähnlichen Umständen auftretenden Aschenfalles und der Rußbildung — die Verbrennungswärme und die einzelnen Bestandteile der Verbrennungsgase der Menge nach berechnet; hieraus ergibt sich dann die Anfangstemperatur. Die tatsächliche Ofentemperatur (z. B. im Flammofen) dürfte um 15—20% geringer sein als die errechnete Anfangstemperatur, was auf Strahlungsverluste, Abkühlung beim Schüren der Roste u. dgl. zurückzuführen ist.

Zahlentafel 177.

Anfangstemperaturen in ⁰ C. bei verschiedenem Luftüberschuß und verschiedenem Verbrennungsverhältnis [1].

Verbrennungs-verhältnis	$\frac{100}{0}$	$\frac{90}{10}$	$\frac{80}{20}$	$\frac{70}{30}$	$\frac{60}{40}$	$\frac{50}{50}$	$\frac{40}{60}$	$\frac{30}{70}$	$\frac{20}{80}$	$\frac{10}{90}$	$\frac{0}{100}$
Theoretische Luftmenge Luftüberschuß 0% ..	2120	2080	2040	1990	1930	1870	1800	1710	1610	1490	1340
,, [2] 10% ..	2000	1960	1920	1880	1830	1760	1690	1610	1520	1400	1270
,, 20% ..	1880	1840	1800	1760	1710	1650	1590	1510	1420	1310	1180
,, 30% ..	1770	1730	1690	1650	1610	1560	1490	1420	1340	1230	1120
,, 40% ..	1670	1640	1600	1560	1520	1470	1410	1340	1260	1160	1050
,, 50% ..	1580	1550	1520	1480	1440	1390	1330	1270	1190	1100	990
,, 60% ..	1500	1470	1440	1410	1370	1320	1270	1200	1130	1040	940
,, 70% ..	1430	1400	1370	1340	1300	1260	1210	1150	1080	990	880

Bei Schmelzöfen (Kuppelöfen, Flammöfen, Tiegelöfen) ist die untere Grenze für die Ofentemperatur durch den Schmelzpunkt der zu schmelzenden Stoffe gegeben.

Das flüssige Metall muß aber auch genügend stark überhitzt sein, um nicht vorzeitig abzukühlen und ungießbar zu werden. Deswegen muß die Ofentemperatur bedeutend höher sein als die Schmelztemperatur. Je rascher die Überhitzung erfolgen soll, desto höher muß die Ofentemperatur sein. Z. B. sei die Schmelztemperatur eines Gießereiroheisens 1200⁰ C., die Temperatur des überhitzten Eisens sei je nach dem Gußzweck um 100—200⁰ C. höher, also 1300—1400⁰. Damit die Überhitzung rasch genug erfolgen kann, muß die Ofentemperatur 1500—1600⁰ betragen, so daß der Brennstoff mit einer Anfangstemperatur von etwa 1800—1900⁰ verbrennen muß.

Vorwärmung der Luft.

Bei den vorangehenden Berechnungen der Verbrennungs- bzw. der Anfangstemperaturen wurde angenommen, daß die Verbrennung mit Luft von 0⁰ C. erfolgt. Eine bedeutende Steigerung der Temperatur läßt sich durch Vorwärmung der Luft bzw. der Luft und des Brennstoffes erzielen, wie folgendes Beispiel beweist:

1 kg Kohlenstoff verbrennt mit der theoretischen Luftmenge (4,552 cbm) von 0⁰ C. zu Kohlenoxyd, wobei 2448 WE erzeugt und 5,3891 cbm Verbrennungsgase entwickelt werden. Die Verbrennungstemperatur berechnet sich aus

$$T = \frac{W}{V \times s} = \frac{2448}{5,3891 \times 0,3398} = 1340^0 \text{ C.}$$

Wird aber die Verbrennungsluft z. B. auf 500⁰ C. erhitzt, so bringt sie für je 1 kg Kohlenstoff 4,552 × 500 × 0,317 = 706 WE in den Verbrennungsraum.

$$T = \frac{2448 + 706}{5,3891 \times 0,3484} = 1680^0 \text{ C.}$$

---

[1] Stahleisen 1910, S. 568.

[2] Bei den Berechnungen wurde angenommen, daß der Sauerstoff des 10%igen Luftüberschusses für Oxydationsvorgänge verbraucht wurde, so daß nur der Stickstoff desselben in den Gasen sich vorfindet.

Der Zähler wurde bedeutend vergrößert, während im Nenner die Gasmenge ungeändert blieb, und nur die spezifische Wärme entsprechend der höheren Temperatur von 0,3398 auf 0,3484 stieg. Die Temperaturzunahme beträgt $1680-1340 = 340^{0}$ C., also 25%. Es leuchtet daher ein, daß die Vorwärmung der Verbrennungsluft bei gewissen hüttenmännischen Arbeitsverfahren von größter Bedeutung ist. Wird außer der Luft noch der Brennstoff (wie das Generatorgas bei Siemensfeuerungen) vorgewärmt, so ist die Temperatursteigerung noch viel größer.

Die Verwendung erhitzter Luft beim Hochofenbetrieb führte zu bedeutenden Ersparnissen an Brennstoff und zur Vergrößerung der Ofenleistung. Der Martin-ofenprozeß wurde überhaupt erst durch Einführung der Siemensfeuerung, bei der Luft und Generatorgas erhitzt werden, möglich gemacht. Die Einrichtungen zur Wind-erhitzung heißen beim Hochofen Winderhitzer, bei Siemensfeuerungen Regenera-toren [1]) oder Wärmespeicher bzw. Rekuperatoren [2]). Die Winderhitzer werden mit Gichtgas besonders geheizt, während bei den Regeneratoren und Rekuperatoren die Abhitze der Öfen ausgenützt wird. Die Winderhitzer und Regeneratoren werden abwechselnd erhitzt, und durch die in der Zwischenzeit in entgegengesetztem Sinne durchströmende Luft wieder abgekühlt, während die Rekuperatoren ein in den Abhitze-kanal eingebautes Röhrensystem darstellen, durch das die kalte Luft der Feuerung ununter-brochen zuströmt, wobei sie sich erwärmt.

Bei den Gießerei-Schmelzöfen wird vorgewärmte Luft in der Regel nicht angewendet, hauptsächlich deshalb, weil sie nicht beständig betrieben werden.

Wärmeaufnahmen, Wärmeleitung, Wärmestrahlung.

Wird ein warmer Körper mit einem kalten in Berührung gebracht, so nimmt der kalte Körper so lange Wärme auf, bis der Temperaturunterschied beider Körper ver-schwindet. Die Wärmeabgabe erfolgt in einem solchen Falle durch Berührung. Berühren sich die beiden Körper nicht, so wird die Wärme durch Strahlung über-tragen [3]). Wird ein Körper an einer Stelle erwärmt, so pflanzt sich die Wärme im Inneren des Körpers weiter fort; diesen Vorgang nennen wir Wärmeleitung und die Eigen-schaft des Körpers, Wärme zu leiten, sein Wärmeleitvermögen. Diese Eigenschaft besitzen nicht alle Körper im gleichen Maße. Wir unterscheiden gute und schlechte Wärmeleiter [4]).

---

[1]) Das in langen Leitungen abgekühlte Generatorgas erhält seine ursprüngliche Temperatur wieder, wird regeneriert.

[2]) Bei Rekuperatoren wird die sonst verloren gehende Abhitze in der vorgewärmten Luft wieder zurückgewonnen (recuperare = zurückgewinnen).

[3]) Bisher kannte man nur die Strahlung fester Körper. Während der Drucklegung dieses Buches ist eine Arbeit über den Wärmeübergang in technischen Feuerungen unter dem Einfluß der Eigen-strahlung der Gase von A. Schack (Mitteilung Nr. 55 der Wärmestelle Düsseldorf des Vereins deutscher Eisenhüttenleute) erschienen, die beweist, daß in Schmelzöfen, Wärmöfen und Kesseln nur ein zum Teil sehr kleiner Bruchteil des Wärmeübergangs auf diese Weise erklärt und durch Rechnung nach-gewiesen werden kann; der Rest kommt aus der Strahlung der heißen Gasmassen. Diese Gas-strahlung beträgt bis zu 90% der gesamten Wärmeübertragung. In der Hauptsache strahlen Kohlensäure und Wasserdampf.   D. Herausgeber.

[4]) Näheres über Wärmeleitung und Wärmestrahlung s. das einschlägige Schrifttum, z. B. Hütte, 24. Aufl. Bd. 1, S. 456.

Anhang.

Theorie des Kuppelofenbetriebes.

Von

Ing. Georg Buzek.

Die Verbrennungsvorgänge im Kuppelofen.

Der einzige Zweck des Kuppelofenbetriebes ist die Überführung des zum Guß bestimmten Roheisens einschließlich Zuschlägen vom festen in den flüssigen Zustand[1]). Diese wird durch Erwärmung des Roheisens bis zu seinem Schmelzpunkt bewirkt. Damit aber das geschmolzene Eisen gießbar werde, muß es im Kuppelofen entsprechend überhitzt werden. Die Überhitzung ist erforderlich, damit das flüssige Eisen durch die unvermeidliche Abkühlung während des Füllens der Gießpfanne, während des Transportes zur Gießstelle und während des Gießens selbst nicht vorzeitig dickflüssig wird. Der erforderliche Überhitzungsgrad ist durch die Art der zu erzeugenden Gußstücke und durch die Transportverhältnisse in der Gießerei bedingt.

Die Überführung eines Körpers vom festen in den flüssigen Zustand erfordert eine bestimmte Wärmemenge (Schmelzwärme) und eine bestimmte Temperatur (Schmelztemperatur), durch die der Schmelzpunkt des betreffenden Körpers charakterisiert ist. Weißes Roheisen schmilzt bei etwa 1075° C., graues je nach dem Silizium- und Kohlenstoffgehalt bei etwa 1150—1250° C. Wegen der nötigen Überhitzung wird aber das aus dem Kuppelofen fließende Eisen um etwa 150—200° heißer sein. Daher wird seine Temperatur je nach der chemischen Zusammensetzung der Gattierung etwa 1250 bis 1450° betragen. Damit aber in der verhältnismäßig sehr kurzen Zeit eine derart hohe Überhitzung erzielt werden kann, muß die Ofentemperatur 1450—1650° sein, und der Koks muß mit einer Anfangstemperatur von etwa 1800° verbrennen. Diese bezüglich der Temperatur gestellten Bedingungen müssen demnach erfüllt werden, wenn der Kuppelofen ein zum Vergießen brauchbares Eisen liefern soll. Die zum Schmelzen erforderliche Wärme und Temperatur wird durch intensive Verbrennung von Koks erzeugt. Die Verbrennung ist somit als die Triebfeder des Kuppelofenbetriebes anzusehen; da sie durch starke Luftzufuhr bewirkt wird, so gilt die letztere naturgemäß als die Grundbedingung des Schmelzbetriebes.

Der Kuppelofen selbst ist eine senkrecht stehende, mit feuerfesten Stoffen ausgekleidete, mit Koks und dem zu schmelzenden Roheisen gefüllte Röhre. Die Zufuhr der Verbrennungsluft und die Koksverbrennung selbst muß demnach in entsprechender Weise erfolgen, um bei Berücksichtigung dieser Bauart des Ofens die günstigsten Schmelzergebnisse zu liefern. Da beim Umschmelzen keine weiteren Veränderungen des Schmelzgutes angestrebt werden, so ist beim Kuppelofenbetrieb lediglich auf die günstigste Wärmeentwicklung und auf die beste Ausnutzung des Koksbrennwertes Rücksicht zu nehmen.

Vollständige Verbrennung bedingt gute Ausnutzung des Brennwertes und ist eine der Hauptaufgaben des zeitgemäßen Kuppelofenbetriebes. Die Kuppelofengichtgase sollen beim regelrechten Betrieb nicht soviel Kohlenoxyd enthalten, daß sie brennen. Es ist verkehrt, den Kuppelofen als Gaserzeuger zu betreiben und mit dem Umschmelzen

---

[1]) Die Vorgänge im Vorherd des Kuppelofens sind hier nicht einbezogen.

des Roheisens eine Kohlenoxydgaserzeugung zu verbinden, und zwar auch dann, wenn zur Weiterverwertung der brennbaren Gichtgase vorteilhafte Bedingungen gegeben wären. Dies ist aber beim heutigen Gießereibetrieb, wo der Kuppelofen nur einige Stunden in Betrieb ist, nicht der Fall.

Über das Wesen der im Kuppelofen stattfindenden Verbrennung bestehen heute zweierlei Ansichten: Nach der einen verbrennt der Kokskohlenstoff durch den anprallenden gepreßten Wind zunächst zu Kohlenoxyd, das dann durch den vorhandenen Luftüberschuß zu Kohlensäure oxydiert wird:

$$C_2 + O_2 = 2\,CO$$
$$2\,CO + O_2 = 2\,CO_2.$$

Als Begründung wird angeführt, daß eine vollständige unmittelbare Verbrennung nur bei ideal inniger Mischung des Verbrennungssauerstoffes mit dem zu verbrennenden Körper erfolgen kann. Außerdem stützt sich diese Auffassung der Verbrennungsweise auf die bekannte Tatsache, daß die Kohlensäure in hoher Temperatur nicht beständig ist. In Zahlentafel 178 sind die Gleichgewichte zwischen Kohlensäure und Kohlenoxyd auf Grund der Berechnungen verschiedener Forscher zusammengestellt.

Zahlentafel 178.
Gleichgewichte zwischen Kohlensäure und Kohlenoxyd.

Temperatur ° C.	Boudouard [1])		Meyer und Jacoby [2])		Temperatur ° C.	Schüle [3])	
	CO_2 Vol.-%	CO Vol.-%	CO_2 Vol.-%	CO Vol.-%		CO_2 Vol.-%	CO Vol.-%
400	—	—	—	—	377	100,0	0,0
450	97,8	2,2	97,1	2,9	427	97,7	2,3
500	94,6	5,4	—	—	477	94,4	5,6
550	88,0	12,0	85,8	14,2	527	87,9	12,1
600	76,8	23,2	—	—	577	76,9	23,1
650	60,2	39,8	—	—	627	61,6	38,4
700	41,3	58,7	39,9	60,1	677	42,1	57,9
750	24,1	75,9	24,1	75,9	727	26,8	73,2
800	12,4	87,6	13,1	86,9	827	88,4	91,6
850	5,9	94,1	6,8	93,2	—	—	—
900	2,9	97,1	3,6	96,4	927	2,0	98,0
950	1,4	98,6	1,9	98,1	—	—	—
1000	0,9	99,1	1,0	99,0	1127	0,0	100,0

Mit steigender Temperatur geht der Kohlensäuregehalt zurück und verschwindet über 1000° C. Da die Temperatur vor den Düsen des Kuppelofens bedeutend höher ist als 1000° C., so könnte auf Grund obiger Angaben der Schluß gezogen werden, daß der Kohlenstoff des Kokses unmittelbar zu Kohlenoxyd verbrennt.

Die andere, heute allgemeiner verbreitete Ansicht über die Verbrennungsweise hat in den Ergebnissen der bei Gaserzeugern angestellten Untersuchungen der sich in den einzelnen Zonen bildenden Gase ihre Begründung. Während in Zahlentafel 164 (S. 438) die Gase in Höhe der Windeinströmung 15% Kohlensäure und nur 9,7% Kohlenoxyd enthalten, verschwindet in einer Höhe von 250 mm über der Windeinströmung bei einer Temperatur von 1400° C. die Kohlensäure fast gänzlich. Die ausschließliche Bildung von Kohlensäure in Höhe der Lufteinströmung ist zwar durch obige Angaben nicht erwiesen, aber es muß — da die Kohlensäure stark überwiegt — angenommen werden, daß ihre Bildung bedeutend leichter vor sich geht als die Kohlenoxydgasbildung. Im Kuppelofen wird nicht Steinkohle, sondern Koks verbrannt, aber die Gasanalysen berechtigen uns zu dem Schlusse, daß auch Koks im Kuppelofen bei Berührung mit Luft zu

---

[1]) Boudouard: Annales de chim. et de phys. Bd. 24, 1902, S. 5; s. a. Ferd. Fischer: Kraftgas. Leipzig 1911, S. 57.
[2]) Meyer und Jacoby: Journ. Gasb. Wasserver. 1909, S. 282.
[3]) W. Schüle: Technische Thermodynamik. 3. Aufl. 1920, S. 225.

Kohlensäure verbrennt und diese in höher gelegenen Schichten des glühenden Kokses teilweise zu Kohlenoxyd reduziert wird.

Welche Ansicht die richtige ist, mag dahingestellt bleiben. Denn ohne Rücksicht darauf, ob die erste oder die zweite Auffassung richtig ist, handelt es sich in der Praxis immer darum, daß die der Gicht entströmenden Gase möglichst viel Kohlensäure und möglichst wenig Kohlenoxyd enthalten. Wieweit die Verbrennungsweise des Kokses das Maß der Ausnutzung seines Brennwertes beeinflußt, zeigt Zahlentafel 173 (S. 443). Verbrennen von dem Kokskohlenstoff 70% zu Kohlensäure und 30% zu Kohlenoxyd (Verbrennungsverhältnis v = 70/30), so beträgt der Verlust infolge unvollständiger Verbrennung bereits 21%, bei v = 50/50 beträgt der Verlust etwa 35%. Es ist klar, daß der Satzkoksbedarf in erster Linie von der Verbrennungsweise abhängen wird.

Koksaufwand.

Die durch die Verbrennung des Kokses erzeugte Wärmemenge soll ausschließlich zum Schmelzen und Überhitzen des Eisens dienen. In der Praxis ist aber eine vollständige Ausnutzung der erzeugten Wärme für den Schmelzvorgang allein unerreichbar. Das Schmelzen und Überhitzen der Schlacke, die Verdampfung des Wassergehaltes der Gichtstoffe, die Austreibung der Kohlensäure aus dem Kalkstein erfordern beträchtliche Wärmemengen; außerdem geben die Gichtgase nicht die gesamte Wärme an die Gichtstoffe ab, sondern entweichen auch bei richtig betriebenen und zweckmäßig gebauten Öfen mit einer Temperatur von 80—300° C., endlich geht infolge Ausstrahlung des Ofens viel Wärme (etwa 13—15%) verloren. Eine klare Übersicht über die Wärmetechnik eines Kuppelofens gibt die Zusammenstellung der erzeugten und verbrauchten Wärmemengen in Zahlentafel 179.

Zahlentafel 179.

Wärmebilanz eines Kuppelofens.

Erzeugung				Verwendung			
Koksgicht 7% Koks mit 80% C	für 1 kg[1])	zu- sammen WE	in %	Abbrand 1%	für 1 kg	zu- sammen WE	in %
70% C zu CO_2 : 3,92 kg .	8137	31 897		Zum Schmelzen von 99 kg			
30% C zu CO : 1,68 kg .	2448	4 113		flüss. Eisen (1260° C.) .	290	28 710	71,2
		36 010		„ 4 kg Schlacke	450	1 800	
Koks liefert Wärme aus				„ 0,35 kg Wasser . . .	636	223	6,9
Schwefel und Wasser-				„ 0,8 kg CO_2 aus dem Kalk	943	754	
stoffgehalt (— 5% H_2O)	176	1 232		Wärme f. d. Schmelzprozeß		31 487	
Wärmemenge aus dem Koks	5320	37 242	92,4	Gichtgase von 200° C.			
0,25 kg Si zu SiO_2 . . .	7830	1 957		führen bei einer spez.			
0,35 kg Mn zu MnO . .	1723	603		Wärme von 0,3265 je cbm			
0,20 kg Fe zu FeO . . .	1352	270		weg[2])		3 265	8,1
0,10 kg C zu CO . . .	2448	245					
Wärme aus dem Eisen-				Unterschied für Ausstrah-			
abbrand		3 075	7,6	lung des Ofens		5 565	13,8
Zusammen		40 317	100,0	Zusammen		40 317	100%

Der Wärmebedarf zum Schmelzen und Überhitzen des Eisens und der Schlacke, zur Verdampfung des Wassers und zur Austreibung der Kohlensäure beträgt für 1 kg flüssiges Eisen bei einer Überhitzung auf 1260° C. 314,87 WE, rund 320 WE. Die Gichtgase entführen 8,1%, auf die Strahlungsverluste des Ofens entfallen 13,8% der gesamten erzeugten Wärme.

Bei den folgenden Berechnungen wird zwecks Vereinfachung nur der Kohlenstoff des Kokses als Brennstoff berücksichtigt, während die Wärme aus dem Wasserstoff-

---

[1]) Vgl. auch die Verbrennungswerte der Zahlentafeln 171, 172 und 174.
[2]) S. Zahlentafel 183.

und Schwefelgehalt des Kokses wie auch die Wärme aus dem Eisenabbrand vernachlässigt wird. Diese außer acht zu lassende Wärmemenge beträgt 4307 WE, d. i. 10,6%, so daß die Strahlungsverluste nicht mit dem vollen Betrag, sondern mit rund 5% von der erzeugten Kohlenstoffwärme in Abzug gebracht werden können.

Die durch die Gichtgase abgeführte Wärmemenge hängt unter sonst gleichen Umständen von der Gichtgastemperatur ab. Je niedriger diese ist, desto günstiger ist die Ausnutzung des Koksheizwertes. Die Erniedrigung der Gichtgastemperatur kann auf zweierlei Art erzielt werden, entweder durch Herabsetzung der Gasgeschwindigkeit infolge Vergrößerung des Ofendurchmessers oder durch Erhöhung des Kuppelofens. In beiden Fällen bleiben die Gase mit der Beschickung längere Zeit in Berührung und geben infolgedessen mehr Wärme an sie ab. Das erste Mittel wird in Amerika angewendet, wo verhältnismäßig niedrige Ofenhöhen allgemein sind; das zweite Mittel wurde bei uns mehr gewürdigt, indem die Kuppelöfen höher gebaut wurden. Bei den amerikanischen Kuppelöfen (großer Durchmesser, geringe Ofenhöhe) wird selbstredend die Schmelzleistung auf 1 qm Querschnittsfläche geringer sein, als bei europäischen Öfen von kleinerem Durchmesser und größerer Ofenhöhe.

Zahlentafel 180.
Koksbedarf bei verschiedener Gichtgastemperatur.

Annahme: Verbrennungsverhältnis $v = \frac{70}{30}$, Eisentemperatur 1260° C. (320 WE), Erzeugte Wärme 6430 WE,

Luftüberschuß 10%, Koks mit 80% C.

Gichtgastemperatur °C.	0	100	200	300	400	500	600	700	800	900	1000
Spez. Wärme der Gase auf 1 cbm	0,3142	0,3209	0,3265	0,3327	0,3381	0,3440	0,3497	0,3545	0,3600	0,3644	0,3694
8,4526 cbm Gase entführen WE	0	271	552	844	1143	1454	1774	2098	2434	2772	3122
Verbleiben f. d. weiteren Schmelzprozeß WE .	6108	5837	5556	5264	4965	4654	4334	4010	3674	3336	2986
Koksbedarf für 100 kg	6,55	6,85	7,20	7,59	8,06	8,60	9,23	9,98	10,89	11,99	13,40
Mehrbedarf an Koks in %	0	4,6	9,92	15,9	23,0	31,3	40,9	52,4	66,3	83,0	105

Zahlentafel 181.
Koksbedarf bei verschiedenem Überhitzungsgrad des Eisens.

Eisentemperatur in ° C.	Schmelzwärme von 1 kg Eisen WE	Wärmebedarf für Schlacke, Wasser und Kalk WE	Zusammen für 1 kg Eisen WE	1 kg C schmelzt Eisen kg	C bedarf für	Koksbedarf bei	
						80% C	90% C
						100 kg Eisen	
1200	277	23	300	18,52	5,40	6,75	6,00
1260	290	30	320	17,36	5,76	7,20	6,39
1320	302	38	340	16,34	6,12	7,65	6,80
1380	315	45	360	15,43	6,48	8,09	7,20
1450	330	50	380	14,63	6,84	8,55	7,60

Auf jeden Fall ist es angezeigt, die Gichtgastemperatur zu beachten. Ein richtig betriebener Kuppelofen soll möglichst geringe Gichttemperatur aufweisen. In der Fachliteratur finden wir Angaben, daß bei gut geführtem Kuppelofenbetrieb die Gichttemperatur 150—300° C. betragen soll. Da aber nach der Berechnung in Zahlentafel 180 der Koksbedarf bei einer Gichttemperatur von 150° C. um etwa 7%, bei 300° C. sogar schon um 15,9% höher ist, als bei der idealen Gichttemperatur von 0° C., erscheint es empfehlenswert, die Gichttemperatur womöglich unter 100° C. zu halten.

Es erübrigt noch, den Einfluß der verschiedenen Überhitzung des Eisens auf den Koksbedarf näher festzustellen. Die Temperatur des aus dem Kuppelofen fließenden Eisens schwankt in der Regel zwischen 1200⁰ und 1300⁰ C. Hierbei ist zu beachten, daß die anfängliche Temperatur wegen der Abkühlung im Herd des Ofens oder im Vorherd höher sein muß als die beobachtete Temperatur des Eisens auf der Abstichrinne. Bei schwer schmelzbaren Gattierungen, insbesondere bei Zusatz von Stahl und Schmiedeisen, wird die Eisentemperatur bis auf 1450⁰ C. steigen. In Zahlentafel 181 ist der Koksbedarf für fünf verschiedene, zwischen 1200—1450⁰ C. liegende Eisentemperaturen berechnet.

Die gesamte Schmelzwärme des Eisens errechnet sich aus der Gleichung

$$x = t \times 0{,}21 + 25,$$

jene der Schlacke analog aus

$$q = t_s \times 0{,}35 + 50.$$

Die Verdampfungswärme des Wassers der Gichtstoffe wurde mit 636 WE, die Vertreibungswärme der Kohlensäure aus dem Kalksteinzuschlag (30%) mit 943 WE auf 1 kg Kohlensäure in Rechnung gezogen. Der Wärmebedarf bzw. der Koksbedarf ist somit bei warmem Eisen (1260⁰ C.) um 6,7%, bei heißem Eisen (1320⁰ C.) um 13,3%, bei sehr heißem Eisen (1380⁰ C.) um 20%, bei übermäßig heißem Eisen (1450⁰ C.) um 26,7% höher als bei „kaltem" Eisen von 1200⁰ C.

Unter Berücksichtigung der Verbrennungswärme des Kokses, der Gichtgastemperatur und des Überhitzungsgrades des Roheisens ergibt sich der Koksaufwand für 100 kg Eisen (B) aus der Gleichung

$$B = \frac{100 \cdot E}{[0{,}95\,K_w - gtc] \times k}.$$

In dieser Gleichung bedeutet:

E die gesamte für den eigentlichen Schmelzprozeß aufgebrauchte Wärmemenge für 1 kg Eisen, d. h. die Schmelzwärme des Eisens für 1 kg, die Schmelzwärme der auf 1 kg Eisen entfallenden Schlackenmenge, die Verdampfungswärme des Wassergehaltes der Gichtstoffe und die Vertreibungswärme der Kohlensäure aus dem Kalkstein für 1 kg Roheisen.

K_w die bei einem bestimmten Verbrennungsverhältnis des Kokskohlenstoffes erzeugte Wärme für 1 kg Kohlenstoff, von der wegen des Abzuges für die Strahlungsverluste des Kuppelofens nur 95% für den Schmelzprozeß nutzbar sind (vgl. auch Seite 458).

g die Gasmenge für 1 kg Kohlenstoff,

t die Gichtgastemperatur,

c die spezifische Wärme der Gichtgase,

k den in 1 kg Koks enthaltenen Kohlenstoff in kg.

E schwankt nach dem jeweiligen Überhitzungsgrad des Eisens zwischen 300 und 380 WE, K_w, g und t sind aus der Zusammenstellung in Zahlentafel 182 zu entnehmen:

Zahlentafel 182.

Verbrennungsverhältnis und erzeugte Wärme, Wind- und Gasmenge.

Verbrennungs-verhältnis $\dfrac{\% \text{ C zu } CO_2}{\% \text{ C zu } CO} = v$	Erzeugte Wärme K_w	Windmenge	Gasmenge g
		für 1 kg C bei 10% Luftüberschuß	
	WE	cbm	cbm
100 : 0	8137	9,8019	9,6152
90 : 10	7568	9,3117	9,2275
80 : 20	6999	8,8215	8,8402
70 : 30	6430	8,3314	8,4526
60 : 40	5861	7,8412	8,0653
50 : 50	5293	7,3510	7,6779
40 : 60	4724	6,8614	7,2908
30 : 70	4155	6,3712	6,9035
20 : 80	3586	5,8805	6,5154
10 : 90	3017	5,3909	6,1285
0 : 100	2448	4,9007	5,7413

Die spezifische Wärme c der Gichtgase für 1 cbm gibt Zahlentafel 183 an:

Zahlentafel 183.
Chemische Zusammensetzung und spezifische Wärme der Gichtgase [1].
(10 % Luftüberschuß, dessen Sauerstoff für Oxydationsvorgänge aufgebraucht wird.)

Verbrennungs-verhältnis	$\frac{100}{0}$	$\frac{90}{10}$	$\frac{80}{20}$	$\frac{70}{30}$	$\frac{60}{40}$	$\frac{50}{50}$	$\frac{40}{60}$	$\frac{30}{70}$	$\frac{20}{80}$	$\frac{10}{90}$	$\frac{0}{100}$
Volum-% CO_2 . . .	19,424	18,216	16,901	15,467	13,894	12,162	10,247	8,116	5,733	3,048	—
CO . . .	—	2,024	4,225	6,629	9,263	12,162	15,370	18,938	22,933	27,427	32,531
N_2	80,576	79,760	78,874	77,904	76,843	75,676	74,383	72,946	71,334	69,525	67,469
cbm Gasmenge für 1 kg C	9,6152	9,2275	8,8402	8,4526	8,0653	7,6779	7,2908	6,9035	6,5154	6,1285	5,7413

Spezifische Wärme der Gichtgase für 1 cbm.

Gichtgastemperatur in °C.											
0°	0,3168	0,3160	0,3151	0,3142	0,3132	0,3120	0,3108	0,3094	0,3078	0,3060	0,3040
100°	3245	3234	3222	3209	3195	3179	3162	3143	3122	3097	3070
200°	3309	3296	3281	3265	3247	3227	3206	3182	3155	3124	3090
300°	3380	3364	3346	3327	3306	3283	3257	3229	3197	3161	3120
400°	3443	3424	3403	3381	3357	3329	3300	3267	3229	3188	3140
500°	3510	3489	3466	3440	3413	3383	3349	3312	3270	3223	3170
600°	3573	3549	3524	3497	3467	3434	3397	3356	3310	3259	3200
700°	3628	3603	3575	3545	3512	3475	3435	3390	3340	3284	3220
800°	3639	3662	3632	3600	3564	3525	3482	3433	3380	3319	3250
900°	3740	3710	3679	3644	3606	3564	3518	3466	3409	3344	3270
1000°	3795	3764	3731	3694	3654	3610	3561	3507	3446	3378	3300

Ein Beispiel soll die Anwendung der Koksbedarfformel erläutern: Das Eisen sei für dünnwandigen Guß bestimmt und muß daher sehr heiß mit einer Temperatur von 1380° C. niedergeschmolzen werden. Nach Zahlentafel 181 erfordert 1 kg Eisen von dieser Temperatur einschließlich Schlacke usw. 360 WE = E. Der Koks verbrenne nach dem Verhältnis 60:40; nach Zahlentafel 173 werden bei diesem Verbrennungsverhältnis K_w = 5861 WE entwickelt. Der Koks enthalte 80% Kohlenstoff. Die Gase entweichen mit einer Temperatur t = 300° C. der Gicht in einer Menge von g = 8,0653 cbm mit einer spezifischen Wärme c = 0,3306 nach Zahlentafel 183. Führen wir diese Werte E = 360, K_w = 5861, g × c × t = 8,0653 × 0,3306 × 300° in obige Gleichung ein, so erhalten wir

$$B = \frac{36000}{[0,95 \times 5861 - 8,0653 \times 0\,3306 \times 300]\,0,8}$$

oder B = 9,44 kg Koks (Satzkoks). Auf dieselbe Weise wurden die Zahlentafeln 184 bis 188 über Satzkoksbedarf für die fünf angenommenen Überhitzungsgrade bei verschiedenem Verbrennungsverhältnis und verschiedener Gichtgastemperatur berechnet [1]. Ein Blick in die Tafeln genügt, um sich über den Zusammenhang des Satzkoksbedarfes mit dem jeweiligen Überhitzungsgrad des Eisens, mit der Verbrennungsweise des Kokses und mit der Gichtgastemperatur genaue Aufklärung zu verschaffen. Mit Hilfe dieser Tafeln können wir aus dem tatsächlich aufgewendeten Satzkoks für 100 kg Einsatz und der leicht zu messenden Gichtgastemperatur ohne umständliche Gasanalyse mit einiger Sicherheit auf die Zweckmäßigkeit der Ofenbauweise und auf die Richtigkeit der Betriebsführung Schlüsse ziehen. Hierbei müssen noch einige andere Faktoren, deren Einfluß auf die Satzkoksmenge sich nicht ziffernmäßig darstellen läßt, wohl beachtet werden, und zwar insbesondere die Arbeitsweise der Gießerei mit ununterbrochenem oder zeitweiligem Kuppelofenbetrieb, die Stückgröße des zu schmelzenden Roheisens und die physikalische und chemische Beschaffenheit des in Verwendung stehenden Kokses.

Bei einem zeitweiligen Betrieb des Kuppelofens wird der Ofengang durch Absperrung der Windleitung mehr oder weniger verlangsamt; dadurch entsteht Luftmangel.

---

[1] Stahleisen 1908, S. 232.   [1] Stahleisen 1908, S. 230.

Die Verbrennungsweise des Kokses wird ungünstiger und die Strahlungsverluste des Ofens werden bedeutend höher als bei einem normal betriebenen Kuppelofen. Bemerkt sei, daß der zeitweilige Kuppelofenbetrieb in Gießereien, in denen den ganzen Tag geformt und gegossen wird, infolge des weniger günstigen Koksverbrauchs weniger schadet, als der Betrieb eines normal gebauten und normal betriebenen, aber zu kleinen Ofens, bei dem zwar der Koksverbrauch besser ist, aber bei dem die Former viel Zeit mit dem Warten auf Eisen verlieren, wodurch die Tagesleistung sinkt. Der Eisenbedarf ist nämlich in der Zeiteinheit nicht gleich, und daher muß der Kuppelofen größer gewählt werden, als der durchschnittlichen täglichen Schmelzleistung entspricht. Für zeitweilig betriebene Öfen wird in der Koksformel statt 0,95 K_w, infolge der größeren Strahlungsverluste 0,85—0,9 K_w zu nehmen sein.

Zahlentafel 184.

Satzkoksbedarf bei Eisentemperatur 1200° C. (kalt).

Wärmebedarf für 1 kg flüssiges Eisen 300 WE.

Verbrennungs-verhältnis $\dfrac{\%\,C\ zu\ CO_2}{\%\,C\ zu\ CO}=v$	Satzkoksbedarf für 100 kg flüssiges Eisen beim ununterbrochenen und regelmäßigen Kuppelofenbetrieb. (Koks mit 80% C, 5% Wasser, 12% Asche.) Gichtgastemperatur in °C.										
	0°	100°	200°	300°	400°	500°	600°	700°	800°	900°	1000°
Vollständige Verbrennung											
100 : 0	4,85	5,05	5,28	5,55	5,85	6,20	6,61	7,09	7,66	8,34	9,18
90 : 10	5,22	5,44	5,69	5,99	6,33	6,72	7,18	7,71	8,36	9,13	10,09
80 : 20	5,64	5,89	6,18	6,50	6,88	7,33	7,84	8,45	9,19	10,08	11,19
70 : 30	6,14	6,42	6,75	7,00	7,55	8,06	8,53	9,35	10,20	11,24	12,56
60 : 40	6,74	7,06	7,31	7,86	8,36	8,94	9,64	10,46	11,47	12,71	14,31
50 : 50	7,46	7,84	8,27	8,78	9,36	10,05	10,88	11,87	13,09	14,62	16,65
40 : 60	8,35	8,81	9,33	9,93	10,63	11,48	12,49	13,71	15,26	17,20	19,82
30 : 70	9,50	10,05	10,69	11,44	12,31	13,37	14,66	16,24	18,28	20,90	—
20 : 80	11,00	11,70	12,51	13,48	14,62	16,01	17,74	19,90	—	—	—
10 : 90	13,08	14,01	15,10	16,41	17,99	19,97	—	—	—	—	—
Unvollkommene Verbrennung											
0 : 100	16,12	17,44	19,03	20,98	—	—	—	—	—	—	87,00

Zahlentafel 185.

Satzkoksbedarf bei Eisentemperatur 1260° C. (warm).

Wärmebedarf für 1 kg flüssiges Eisen 320 WE.

Verbrennungs-verhältnis $\dfrac{\%\,C\ zu\ CO_2}{\%\,C\ zu\ CO}=v$	Satzkoksbedarf für 100 kg flüssiges Eisen beim ununterbrochenen und regelmäßigen Kuppelofenbetrieb. (Koks mit 80% C, 5% Wasser, 12% Asche.) Gichtgastemperatur in °C.										
	0°	100°	200°	300°	400°	500°	600°	700°	800°	900°	1000°
Vollständige Verbrennung											
100 : 0	5,17	5,39	5,64	5,92	6,24	6,62	7,05	7,56	8,18	8,90	9,80
90 : 10	5,56	5,80	6,08	6,39	6,75	7,17	7,66	8,23	8,91	9,73	10,76
80 : 20	6,02	6,29	6,59	6,64	7,35	7,82	8,37	9,02	9,80	10,75	11,94
70 : 30	6,55	6,85	7,20	7,59	8,06	8,60	9,23	9,98	10,39	11,99	13,40
60 : 40	7,18	7,53	7,93	8,39	8,92	9,54	10,28	11,16	12,24	13,56	15,26
50 : 50	7,96	8,36	8,83	9,36	9,99	10,73	11,61	12,66	13,97	15,59	17,73
40 : 60	8,91	9,40	9,95	10,59	11,34	12,24	13,32	14,62	16,28	18,35	21,14
30 : 70	10,13	10,72	11,40	12,03	13,14	14,27	15,64	17,32	19,50	—	—
20 : 80	11,74	12,48	13,36	14,38	15,59	17,08	18,93	—	—	—	—
10 : 90	13,96	14,95	16,11	17,51	19,19	—	—	—	—	—	—
Unvollständige Verbrennung											
0 : 100	17,20	18,60	20,29	—	—	—	—	—	—	—	92,81

Zahlentafel 186.
Satzkoksbedarf bei Eisentemperatur 1320° C. (heiß).
Wärmebedarf für 1 kg flüssiges Eisen 340 WE.

Verbrennungs-verhältnis $\dfrac{\%\,C \text{ zu } CO_2}{\%\,C \text{ zu } CO} = v$	Satzkoksbedarf für 100 kg flüssiges Eisen beim ununterbrochenen und regelmäßigen Kuppelofenbetrieb. (Koks mit 80% C, 5% Wasser, 12% Asche.)										
	Gichtgastemperatur in ° C.										
	0°	100°	200°	300°	400°	500°	600°	700°	800°	900°	1000°
Vollständige Verbrennung											
100 : 0	5,49	5,73	5,99	6,29	6,63	7,03	7,49	8,04	8,69	9,46	10,41
90 : 10	5,91	6,17	6,46	6,79	7,17	7,61	8,13	8,74	9,47	10,34	11,43
80 : 20	6,40	6,68	7,00	7,38	7,80	8,30	8,89	9,58	10,41	10,42	12,68
70 : 30	6,96	7,28	7,65	8,07	8,56	9,13	9,80	10,59	11,57	12,73	14,23
60 : 40	7,62	8,00	8,43	8,91	9,48	10,14	10,92	11,85	13,00	14,40	16,21
50 : 50	8,45	8,88	9,38	9,95	10,61	11,29	12,33	13,57	14,84	16,57	18,96
40 : 60	9,47	9,98	10,57	11,25	12,05	13,01	14,15	15,54	17,29	19,51	—
30 : 70	10,77	11,39	12,11	12,96	13,95	15,15	16,62	18,40	—	—	—
20 : 80	12,47	13,26	14,18	15,28	16,57	18,14	—	—	—	—	—
10 : 90	14,83	15,88	17,11	18,59	—	—	—	—	—	—	—
Unvollkommene Verbrennung											
0 : 100	18,27	19,77	—	—	—	—	—	—	—	—	98,61

Zahlentafel 187.
Satzkoksbedarf bei Eisentemperatur 1380° C. (sehr heiß).
Wärmebedarf für 1 kg flüssiges Eisen 360 WE.

Verbrennungs-verhältnis $\dfrac{\%\,C \text{ zu } CO_2}{\%\,C \text{ zu } CO} = v$	Satzkoksbedarf für 100 kg flüssiges Eisen beim ununterbrochenen und regelmäßigen Kuppelofenbetrieb. (Koks mit 80% C, 5% Wasser, 12% Asche.)										
	Gichtgastemperatur in ° C.										
	0°	100°	200°	300°	400°	500°	600°	700°	800°	900°	1000°
Vollständige Verbrennung											
100 : 0	5,82	6,07	6,34	6,66	7,02	7,45	7,93	8,51	9,19	10,01	11,02
90 : 10	6,25	6,53	6,84	7,19	7,59	8,06	8,61	9,25	10,03	10,95	12,10
80 : 20	6,77	7,07	7,41	7,81	8,24	8,78	9,41	10,14	11,03	12,09	13,43
70 : 30	7,37	7,71	8,09	8,55	9,06	9,67	10,38	11,22	12,25	13,49	15,07
60 : 40	8,08	8,47	8,92	9,44	10,03	10,73	11,87	12,55	13,77	15,25	17,17
50 : 50	8,95	9,40	9,93	10,53	11,23	12,07	13,06	14,14	15,72	17,54	19,94
40 : 60	10,03	10,57	11,19	11,92	12,76	13,77	14,99	16,45	18,31	—	—
30 : 70	11,40	12,06	12,84	13,73	14,77	16,04	17,59	19,50	—	—	—
20 : 80	14,20	14,04	15,02	16,18	17,54	19,21	--	—	—	—	—
10 : 90	15,70	16,81	18,12	19,69	—	—	—	—	—	—	—
Unvollkommene Verbrennung											
0 : 100	19,34	—	—	—	—	—	—	—	—	—	104,40

Werden anormal große Eisenstücke verschmolzen, was bei Großgießereien häufig vorkommt, dann wird wegen der langsameren Wärmeaufnahme das Schmelzen langsamer vor sich gehen, und es muß mehr Koks gesetzt werden, um zu verhüten, daß ungeschmolzene Stückreste oder gar ganze Eisenstücke vor die Formen des Kuppelofens gelangen. In diesem Falle ist der Betrieb ebenfalls anormal, und es muß die Anzahl der erforderlichen Wärmeeinheiten E entsprechend größer genommen werden. Bedeutet k_r den Satzkoksaufwand bei vollständiger Verbrennung und Gastemperatur von 0° C., K_r den tatsächlichen Satzkoks bei einem bestimmten Überhitzungsgrad des Roheisens, so gibt das Verhältnis

$$\frac{k_r}{K_r} = W_r$$

den „relativen Wirkungsgrad" des Kuppelofenschmelzens an. Beträgt z. B. beim

Schmelzen heißen Eisens von 1320° C. der tatsächliche Koksaufwand 8 kg, und ist nach Zahlentafel 186 $k_r = 5,49$, so beträgt der relative Wirkungsgrad

$$W_r = \frac{5,49}{8,0} = 0,68 \text{ oder } 68\%.$$

Bei Ermittlung des „absoluten Wirkungsgrades" muß nur die für das Eisen selbst (ohne Schlacke, Wasser und Kohlensäure) erforderliche Koksmenge zur tatsächlich aufgebrauchten (Satz- und Füllkoks) ins Verhältnis gesetzt werden. Zum Schmelzen und Überhitzen des Eisens allein werden für je 100 kg flüssiges Eisen benötigt:

bei einer Eisentemperatur von 1200° C. 4,25 kg Koks mit 80% Kohlenstoff
„ „ „ „ 1260° „ 4,45 „ „ „ „ „ „
„ „ „ „ 1320° „ 4,64 „ „ „ „ „ „
„ „ „ „ 1380° „ 4,84 „ „ „ „ „ „
„ „ „ „ 1450° „ 5,07 „ „ „ „ „ „

Beträgt z. B. der Füllkoks 1,5 kg für 100 kg geschmolzenes Eisen, so ergibt sich für unseren oben angeführten Fall der absolute Wirkungsgrad

$$W_0 = \frac{k_0}{K_0} = \frac{4,64}{8 + 1,5} = 0,49 = 49\%.$$

Aus obigen Darlegungen geht hervor, daß der Koksaufwand bei Kuppelöfen von mehreren Umständen abhängt, und zwar:

1. von dem erforderlichen Überhitzungsgrad des Eisens,
2. von der Beschaffenheit der Gichtstoffe,
3. von der Arbeitsweise der Gießerei,
4. von der Größe der einmaligen Schmelzung, ferner
5. von der Zweckmäßigkeit der Ofenbauart und von der Richtigkeit der Betriebsführung, die a) das Maß der Ausnutzung des Koksheizwertes, b) das Maß der Ausnutzung der erzeugten Wärme für den Schmelzprozeß bedingen.

Zahlentafel 188.
Satzkoksbedarf bei Eisentemperatur 1450° C. (übermäßig heiß).
Wärmebedarf für 1 kg flüssiges Eisen 380 WE.

Verbrennungs- verhältnis $\dfrac{\%\ C\ zu\ CO_2}{\%\ C\ zu\ CO} = v$	Satzkoksbedarf für 100 kg flüssiges Eisen beim ununterbrochenen und regelmäßigen Kuppelofenbetrieb. (Koks mit 80% C, 5% Wasser, 12% Asche.)										
	Gichtgastemperatur in ° C.										
	0°	100°	200°	300°	400°	500°	600°	700°	800°	900°	1000°
Vollständige Verbrennung											
100 : 0	6,14	6,40	6,69	7,03	7,41	7,86	8,38	8,98	9,71	10,57	11,64
90 : 10	6,61	6,89	7,21	7,59	8,01	8,51	9,09	9,77	10,58	11,56	12,78
80 : 20	7,14	7,46	7,83	8,24	8,72	9,28	9,94	10,70	11,64	12,76	14,17
70 : 30	7,78	8,14	8,55	9,02	9,57	10,20	10,96	11,84	12,93	14,24	15,91
60 : 40	8,53	8,94	9,41	9,96	10,59	11,33	12,21	13,25	14,53	16,10	18,12
50 : 50	9,45	9,93	10,48	11,12	11,86	12,74	13,78	15,03	16,59	18,51	21,05
40 : 60	10,58	11,16	11,81	12,58	13,47	14,54	15,82	17,37	19,33	21,79	—
30 : 70	12,03	12,73	13,54	14,49	15,59	16,94	18,32	20,57	—	—	—
20 : 80	13,94	14,83	15,85	17,07	18,51	20,28	—	—	—	—	—
10 : 90	16,57	17,75	19,13	20,79	—	—	—	—	—	—	—
Unvollkommene Verbrennung											
0 : 100	20,42	22,09	—	—	—	—	—	—	—	—	110,21

Windmenge.

Der zweite Körper, der an der Verbrennung teilnimmt, ist die Luft, die als „Wind" mit entsprechender Geschwindigkeit und Pressung von einem Gebläse bzw. Ventilator in den Kuppelofen gedrückt wird. Natürlicher Luftzug reicht auch beim Kuppelofen zur Unterhaltung der Verbrennung aus, in der Regel wird der Ofen mit natürlichem

Luftzug angezündet. Aber die Verbrennung würde viel zu langsam vor sich gehen und die Erzielung der erforderlichen Schmelztemperatur wäre unmöglich. Aus diesem Grunde wird künstliche Luftzufuhr angewendet. Von der Menge der Luft hängt daher die Geschwindigkeit der Verbrennung des Kokses, somit auch die Schmelzleistung ab. Dies ist ohne weiteres klar. Über den Einfluß der Windmenge, Windgeschwindigkeit und Windpressung herrschten und herrschen bis heute verschiedene Ansichten, daher ist eine eingehendere Besprechung aller in Betracht kommenden Umstände auch hier angezeigt.

Die früheren, nach Art der kleinen Hochöfen gebauten und betriebenen Kuppelöfen mit geringer Schmelzleistung arbeiteten mit verhältnismäßig geringer Luftmenge von ziemlich hoher Pressung und mit sehr hohem Satzkoksaufwand [1]), wobei die Verbrennung fast unvollkommen sein mußte und die Gichtgase außer Stickstoff vorwiegend Kohlenoxydgas enthielten. Die Windpressung bildete damals das wichtigste Mittel zur Beurteilung des Schmelzbetriebes. Erst später, als der Unterschied zwischen Hochofen und Kuppelofen erkannt wurde und der Grundsatz zur Geltung kam, daß der ausschließliche Zweck des Kuppelofenbetriebes in dem Umschmelzen des Roheisens liege, begannen die Kuppelöfner auf eine vollständige Verbrennung hinzuarbeiten. Als Grundregel wurde aufgestellt, den Kuppelofen mit möglichst viel Wind bei möglichst geringer Pressung zu betreiben, das Verhältnis $\dfrac{\text{Düsenquerschnitt}}{\text{Ofenquerschnitt}}$ möglichst groß zu nehmen und den Wind möglichst auf den ganzen Ofenschacht entsprechend zu verteilen.

Im Sinne dieser Grundregel wurden die Düsenquerschnitte vergrößert, die Zahl der Düsen durch Anordnung einer zweiten Düsenreihe vermehrt, ja es wurden sogar die Winddüsen auf beinahe die ganze Ofenhöhe verteilt, bald tangential an einen mit dem Ofenquerschnitt konzentrischen Kreis, bald unter einem bestimmten Winkel gegen die Herdsohle gerichtet, um der Grundregel der Windverteilung möglichst vollständig gerecht zu werden. Alle diese Vorkehrungen führten zu einer Unzahl von „Ofensystemen", aber ein vollkommenes Ofensystem wurde auf Grund obiger Grundregel nicht erfunden. Im Laufe einiger Jahre wurde die Zwecklosigkeit der meisten dieser Vorkehrungen eingesehen, so daß die heutigen Kuppelöfen gegenüber den früheren eine sehr einfache Gestalt und ein anspruchsloses Aussehen erhalten haben.

Dann wurde der Geschwindigkeit des durch die Düsen in den Ofen eintretenden Windes die größte Bedeutung zugeschrieben. Bei einem bestimmten Ofenquerschnitt und bei einer bestimmten Windmenge stellt sich die Windgeschwindigkeit und zusammenhängend mit ihr die Windpressung von selbst ein, so daß die Geschwindigkeit und Pressung des Windes bei einem bestimmten Ofen nur von der Luftmenge abhängig sind, vorausgesetzt, daß der Gesamtdüsenquerschnitt dem Ofenquerschnitt richtig angepaßt ist.

Bedeutet Q die Querschnittsfläche des leeren Kuppelofens in der Verbrennungszone in Quadratmetern, so beträgt der freie Durchgangsquerschnitt des mit Koks gefüllten Ofens q = 0,4 Q, wie aus folgender Betrachtung hervorgeht:

Der freie Durchgangsquerschnitt q ist gleich der Summe der zwischen den einzelnen Koksstücken befindlichen Spielraumquerschnitte. Das spezifische Gewicht des trockenen Kokses einschließlich Poren schwankt zwischen 0,98 und 0,84; dagegen wiegt 1 cbm geschichteten trockenen Kokses in größeren Stücken 380—450 kg. Die Zwischenräume betragen somit rund 50% des ganzen Koksvolumens. Durch den Druck der Gichtsäule wird der Koks dichter gedrückt, so daß die einzelnen Spielräume bei ruhender Gichtsäule zum Teil miteinander nicht in Verbindung stehen. Die Verbindung der Spielräume wird aber durch die Abwärtsbewegung der Gichtsäule bewerkstelligt. Bei einem gleichmäßigen Niedersinken der Gichtsäule und bei gleichbleibender Stückgröße der Gichtstoffe wird der freie Durchgangsquerschnitt derselbe bleiben und bei einer bestimmten Luft- bzw. Gasmenge eine gleichbleibende Geschwindigkeit bedingen. Die Spielräume zwischen den einzelnen Koksstücken in der Schmelzzone und der Verbrennungszone

---

[1]) Vgl. Bd. 2.

werden durch die zum Ofenherd herabträufelnden Eisen- und Schlackentropfen verringert. Wir können daher annehmen, daß der freie Durchgangsquerschnitt eines in Betrieb
befindlichen Kuppelofens in der Schmelzzone ungefähr 40% des gesamten Ofenquer-
schnittes beträgt und daher — wie oben angegeben —

$$q = 0,4 \; Q \; \text{ist.}$$

Die Spielräume zwischen den einzelnen Eisenstücken der Eisenschichten
ändern nichts daran. Denn oberhalb der Verbrennungszone geben die Gase ihre Wärme
rasch an die Beschickung ab, vermindern hiebei dementsprechend ihr Volumen und
können ungehindert hinaufströmen. Außerdem sind die Spielräume zwischen den Eisenstücken noch größer als zwischen den Koksstücken, wie aus folgenden Angaben hervorgeht:

Ein 1 cbm großer Roheisenblock wiegt etwa 7300 kg. Dagegen wiegt 1 cbm Roheisen
in Masseln von der Größe $250 \times 150 \times 60$ mm im Mittel nur 3100 kg. Die Zwischenräume betragen daher rund 60%.

1 cbm zerkleinerter Maschinengußbruch von etwa 11,5 kg Stückgewicht wiegt
2600 kg. Die Zwischenräume betragen 64%.

1 cbm dünnwandiger Handelseisenbruch (Öfen, Poterie u. a.) sowie sperrige Angüsse
und Trichter wiegt nur 1600 kg, so daß hier die Spielräume sogar 78% des gesamten
vom Brucheisen eingenommenen Volumens betragen.

Eine Gattierung, die aus 50% Roheisenmasseln, 20% Maschinenbruch und 30%
Angüssen besteht, wiegt obigen Angaben zufolge für je 1 cbm 2650 kg, so daß sich die
Zwischenräume mit etwa 64% ergeben, während im Koksraum die Spielräume mit Rücksicht auf die Schlacken- und Eisentropfen nur 40% betragen. Die Gleichung $q = 0,4\,Q$
ist für die Bemessung der Düsenquerschnitte und für die Beurteilung der Gasgeschwindigkeit im Ofen von Bedeutung. Doch dürfen wir nicht außer acht lassen, daß, während
durch die Düsen kalte Luft strömt, in der Verbrennungszone die Verbrennungsgase
auf die Ofentemperatur sich erhitzen und ein bedeutend größeres Volumen einnehmen.
Auf diese Weise wird es verständlich, daß bei einem richtigen Kuppelofenbetrieb die
Geschwindigkeit der durch die Düsen strömenden Luft wenigstens ebenso
groß sein soll, wie die Geschwindigkeit der heißen Verbrennungsgase in
der Verbrennungs- und Schmelzzone, und daß durch diese Gasgeschwindigkeit die Größe
der Winddüsen bestimmt ist.

Auf dieser Überlegung gründet sich ein Verfahren zur Ermittlung der dem
Kuppelofenbetriebe zuträglichen normalen Luftmenge, das im folgenden
näher erläutert werden soll.

Zahlentafel 189.
Durchmesser, Schmelzleistung und Windbedarf von Kuppelöfen (nach Lürmann).

Lichte Weite des Kuppelofens	Stündliche Schmelzleistung	Windbedarf in 1 Minute bei einem Koksverbrauch von					
		5%	6%	7%	8%	9%	10%
mm	kg	cbm					
600	2200	19,4	22,7	26,0	29,3	32,7	36,9
800	4600	40,5	47,4	54,4	61,4	68,3	75,3
1000	7000	61,6	72,2	82,8	93,4	104,0	114,5
1200	9400	82,7	96,9	111,2	125,4	139,6	153,8

Bisher wurde die Luftmenge allgemein aus der Gichtgasanalyse und der chemischen
Zusammensetzung des Kokses berechnet. Aus dem Kohlensäure- und Kohlenoxydgas-
gehalt wurde der auf einen Gewichtsteil des verbrennenden Kohlenstoffes entfallende
Sauerstoff und aus diesem die Luftmenge für 1 kg Kokskohlenstoff ermittelt und dann
bei einer angenommenen stündlichen Schmelzleistung die in einer Minute verbrannte
Koksmenge und die zur Verbrennung aufgebrauchte minutliche Windmenge berechnet.

Für die aus dem Eisenabbrand besonders ermittelte „Oxydationsluft" wurde ein entsprechender Zuschlag gegeben. Hervorzuheben ist, daß hiebei die Schmelzleistung als unveränderlich angenommen wurde, und daß die minutliche Windmenge auch bei einem und demselben Ofendurchmesser und gleicher Koksbeschaffenheit je nach dem jeweiligen Satzkoksaufwand bald höher, bald niedriger ausfiel.

Diese Berechnungsweise wurde schon im Jahre 1891 von Fritz W. Lürmann veröffentlicht [1]) und behielt bis heute ihre Gültigkeit. Die Ergebnisse seien in Zahlentafel 189 wenigstens auszugsweise wiedergegeben, um sie später mit den Ergebnissen einer anderen Berechnungsweise vergleichen zu können.

Für einen Ofen von 800 mm Durchmesser wird nach dieser Aufstellung z. B. bei 5% Satzkoks die Windmenge mit 40,5 cbm, bei 10% Satzkoks mit 75,3 cbm angegeben.

Das Verhältnis $\dfrac{\text{Windmenge in 1 Minute}}{\text{Ofenquerschnitt (qm)}}$ beträgt somit im ersten Falle $\dfrac{40,5}{0,5} = 81$, im

zweiten Falle $\dfrac{75,3}{0,5} = 150,6$. So große Schwankungen dieses Verhältnisses sind dem Ofenbetrieb nicht zuträglich. Die Gasgeschwindigkeit wird im zweiten Falle fast doppelt so groß sein wie im ersten Falle. Daraus folgt, daß auch die Verbrennungsweise des Kokses und die Höhe der Verbrennungszone verschieden sein muß, während naturgemäß der günstigsten Verbrennungsweise nur eine einzige bestimmte Gasgeschwindigkeit, bzw. eine ganz bestimmte Luftmenge entsprechen kann. In der Praxis wird zumeist ohne Rücksicht auf die Höhe des Satzkokses immer mit derselben Windmenge gearbeitet, indem es umständlich, ja unmöglich ist, die Windmenge je nach der Satzkoksmenge in so weiten Grenzen zu regeln. Wir können daher den Grundsatz aufstellen: Ein Ofen von einem bestimmten Durchmesser soll unter sonst gleichen Umständen für die Zeiteinheit stets eine und dieselbe Windmenge ohne Rücksicht auf die Höhe des Satzkokses erhalten.

An Stelle des früheren, so bedeutungsvollen Verhältnisses $\dfrac{\text{Düsenquerschnitt}}{\text{Ofenquerschnitt}}$ soll das für

den Schmelzvorgang maßgebende Verhältnis $\dfrac{\text{Minutliche Windmenge}}{\text{Ofenquerschnitt (qm)}}$ treten.

Bedeutet

W_t : die minutliche Windmenge in cbm } bei
G_t : die minutliche Gasmenge in cbm } t^0 C.
  q: den freien Durchgangsquerschnitt eines in Betrieb befindlichen Kuppelofens in der Verbrennungszone,
  Q: den gesamten Ofenquerschnitt in der Verbrennungszone,
v_t : die Gasgeschwindigkeit in der Verbrennungszone in m/sek,
t^0: die mittlere Ofentemperatur in der Verbrennungszone,

so besteht folgende Gleichung:

$$G_t = q \cdot v_t \times 60.$$

Das Volumen der Verbrennungsgase weicht aber von dem Volumen der Luft nicht bedeutend ab, wie Zahlentafel 190 zeigt:

Zahlentafel 190.
Wind- und Gasmenge.

Verbrennungs-verhältnis	$\frac{100}{0}$	$\frac{90}{10}$	$\frac{80}{20}$	$\frac{70}{30}$	$\frac{60}{40}$	$\frac{50}{50}$	$\frac{40}{60}$	$\frac{30}{70}$	$\frac{20}{80}$	$\frac{10}{90}$	$\frac{0}{100}$
Windmenge in cbm für 1 kg C	9,8019	9,3117	8,8215	8,3314	7,8412	7,3510	6,8614	6,3712	5,8805	5,3909	4,9007
Gasmenge . . .	9,6152	9,2275	8,8402	8,4526	8,0653	7,6779	7,2908	6,9035	6,5154	6,1285	5,7413
Unterschied in cbm f. 1 kg C ±	— 0,1867	— 0,0842	+ 0,0187	+ 0,1212	+ 0,2241	+ 0,3269	+ 0,4294	+ 0,5323	+ 0,6349	+ 0,7376	+ 0,8406

---

[1]) Stahleisen 1891, S. 309.

Die in Zahlentafel 190 enthaltenen Wind- und Gasmengen gelten für die Temperatur von 0° C. In der angegebenen Windmenge ist ein 10%iger Luftüberschuß inbegriffen, dessen Sauerstoff für die Oxydationsvorgänge aufgebraucht wird und daher in den Gichtgasen nicht erscheint. Bei den in der Praxis üblichen Verbrennungsverhältnissen von $\frac{100}{0}$ bis $\frac{60}{40}$ ist der Unterschied zwischen der Luft- und Gasmenge nur unbedeutend. Da ferner der Wärmeausdehnungskoeffizient der Luft und der Hauptbestandteile der Verbrennungsgase (Stickstoff, Kohlensäure, Kohlenoxyd) derselbe ist, so wird der Unterschied der Luft- und Gasmenge auch bei der im Kuppelofen herrschenden Temperatur nicht bedeutend sein. Wir begehen somit bei einer für praktische Zwecke durchgeführten Berechnung keinen großen Fehler, wenn wir die Luftmenge gleich der Gasmenge setzen. Es ist daher

$$G_t = W_t = qv_t \times 60.$$

Da bei einem bestimmten Durchströmquerschnitt die Geschwindigkeit der Gase bzw. der Luft mit ihrer Menge im gleichen Sinne sich ändert, so gilt für die Geschwindigkeiten bei verschiedenen Temperaturen die Gay-Lussacsche Gleichung:

$$v_t = v_o \, (1 + at) = v_o \left(1 + \frac{t}{273}\right).$$

Hieraus berechnet sich

$$v_o = \frac{v_t \times 273}{t + 273} = \frac{v_t \times 273}{T},$$

worin T die absolute Temperatur bedeutet. Denken wir uns die Gase bzw. die Luft auf die Temperatur von 0° C. gebracht, so lautet die Gleichung

$$G_o = q \times v_o \, 60 = W_o.$$

Setzen wir in die Gleichung den Wert von

$$v_o = \frac{v_t \times 273}{T} \text{ ein, so ergibt sich } W_o = q \, \frac{v_t \times 273}{T} \times 60,$$

worin W_o die minutliche Windmenge von 0° C. bedeutet. Zur Berechnung von W_o benötigen wir nach obiger Gleichung drei Größen und zwar q, T = t + 273, v_t, die erst ermittelt werden sollen.

Den freien Durchgangsquerschnitt haben wir bereits mit q = 0,4 Q festgestellt. Die Ofentemperatur schwankt zwischen 1450° und 1650° C., so daß wir z. B. im zweiten Falle die absolute Temperatur T mit 1650° + 273 = 1923° C. setzen können. Aus der Gleichung $v_t = v_o \dfrac{T}{273}$ erhalten wir demnach $v_t = v_o \times 7$, das heißt, bei einer Ofentemperatur von 1650° C. ist das Volumen der Verbrennungsgase siebenmal so groß wie bei 0° C. Wir können auch sagen: das Volumen der auf die Ofentemperatur erhitzten Verbrennungsgase ist ungefähr siebenmal so groß wie das Volumen der in den Ofen eingeblasenen kalten Luft. Bezüglich der dem Schmelz- bzw. Verbrennungsvorgang zuträglichen Gasgeschwindigkeit in der Verbrennungszone liegen bis jetzt keine auf Grund besonderer Versuche aufgebauten Angaben vor. Wir müssen uns daher mit einer Annahme begnügen, deren Richtigkeit aus dem Vergleich der Rechnungsergebnisse mit den Ergebnissen der heutigen Kuppelofenpraxis beurteilt werden kann. Die Geschwindigkeit der auf die Ofentemperatur erhitzten Verbrennungsgase in der Verbrennungszone des Kuppelofens betrage etwa 25—30 m/sek, wobei die höhere Ziffer für eine Ofentemperatur von 1650° C. gelten möge. Führen wir nun die gefundenen, bzw. angenommenen Werte

$$\begin{aligned} \text{für q} &= 0,4 \text{ Q} \\ \text{,, T} &= 1923° \text{ C.,} \\ \text{und für } v_t &= 30 \text{ m/sek} \end{aligned}$$

in unsere Gleichung $W_o = q \, \dfrac{v_t \, 273}{T} \times 60$

ein, so erhalten wir

$$W_o \sim 100 \text{ Q}, \quad \text{bei Q} = 1 \text{ ist } W_o \sim 100.$$

Das heißt: Die normale minutliche Windmenge für je 1 qm Ofenquerschnitt in der Verbrennungszone beträgt etwa 100 cbm. Die Gebläseleistung für 1 qm Ofenfläche ist wegen Undichtheit der Windleitungen und des Ofenmauerwerkes selbst um 10—20% höher zu wählen, so daß das Gebläse eine Windmenge $Wg \sim 120\,Q$ zu liefern hat.

Bei einer Windmenge von 100 cbm für 1 qm Ofenfläche beträgt die Windgeschwindigkeit im leeren Ofen $\dfrac{100}{60} = 1{,}67$ m/sek

im mit Koks gefüllten Ofen $\dfrac{1{,}67}{0{,}5} = 3{,}3$ m/sek $\Big\}$ Windtemperatur 0° C.

im betriebenen Ofen $\dfrac{1{,}67 \times 7}{0{,}4} \sim 30$ m/sek bei Ofentemperatur 1650° C.

Schmelzleistung.

Unter **Schmelzleistung** eines Kuppelofens wird stets die stündlich geschmolzene Eisenmenge verstanden. Sie hängt mit der Schnelligkeit der Koksverbrennung und diese mit der in der Zeiteinheit zugeführten Windmenge zusammen. Ein in der Schmelzpraxis sehr oft angewendetes Mittel, den Kuppelofengang zu verlangsamen, d. h. seine Schmelzleistung von Zeit zu Zeit nach Bedarf einzuschränken, besteht in der Verringerung des Luftzuflusses. Bei Ventilatoren wird diese Verringerung der Luftmenge durch Verkleinerung des Windleitungsquerschnittes, bei zwangläufigen Gebläsen hingegen durch Ausströmenlassen eines Teils des Gebläsewindes ins Freie erzielt. Im ersteren Falle ist die Verringerung der Luftmenge sehr oft mit einem Ansteigen der Windpressung, im zweiten Falle stets mit einem Sinken derselben verbunden. Bei einem und demselben Ofen hängt nach früherem die stündliche Schmelzleistung nur von der eingeführten minutlichen Windmenge ab. Sinkt die minutliche Windmenge unter das normale Maß von 100 cbm/qm, dann ist die Verbrennung nicht günstig. Steigt die Luftmenge über das normale Maß, dann wird bei einem gleichbleibenden Satzkoksaufwand bis zu einer gewissen Grenze die Schmelzleistung auf Kosten der Überhitzung erhöht. Als normal hat jene Schmelzleistung zu gelten, welche sich bei einer bestimmten Koksbeschaffenheit bei einer Luftmenge von 100 cbm für 1 qm Ofenquerschnitt ergibt.

Beträgt der Satzkoksaufwand K % vom Roheisensatz, erfordert ferner 1 kg Koks p_0 cbm Luft zur Verbrennung, so ergibt sich die stündliche Schmelzleistung S aus der Gleichung:

$$S = \frac{W_0 \times 60}{K p_0}.$$

Setzen wir den früher gefundenen Wert für $W_0 = q\,\dfrac{273}{T}\,v_t \times 60$ in diese Gleichung ein, so erhalten wir die Gleichung für die Schmelzleistung mit

$$S = \frac{q\,v_t \times 273 \times 60}{K\,p_0\,T} \quad \text{oder bei } q = 0{,}4\,Q, \quad S = \frac{1440\,Q}{K \times p_0}\,v_t\,\frac{273}{T}.$$

Die Gleichung besagt: Die stündliche Schmelzleistung eines Kuppelofens nimmt mit wachsendem Ofenquerschnitt und mit steigender Windgeschwindigkeit (Luftmenge) zu; zum Satzkoksaufwand, zum Luftbedarf für je 1 kg Koks und zur Ofentemperatur steht sie im umgekehrten Verhältnis. Beträgt die Verbrennungsluft für 1 kg Koks 10 cbm, und setzen wir in der Gleichung

$$S = \frac{W_0 \times 60}{K\,p_0}$$

für $p_0 = 10$ und für $W_0 = 100\,Q$ ein, so erhalten wir

$$S = \frac{600\,Q}{K}.$$

Ist $Q = 1$ qm, so beträgt die Schmelzleistung

$$S = \frac{600}{K} \text{ in } 100 \text{ kg/Stunde.}$$

Bei einem bestimmten Ofenquerschnitt hängt somit die Schmelzleistung lediglich von der Menge des Satzkokses ab, normale Windmenge vorausgesetzt.

Bei einem mittleren Satzkoksaufwand von $8^0/_0$ ergibt sich eine Schmelzleistung von $\frac{100}{8} \times 600 = 7500$ kg für je 1 qm Ofenquerschnitt. Vergleichen wir dieses Ergebnis mit den aus der Fachliteratur bekannten Angaben [1]), so finden wir eine annähernde Übereinstimmung.

Für Kuppelöfen von verschiedenen Durchmessern ergeben sich nun folgende Windmengen und Schmelzleistungen je nach dem gewünschten Überhitzungsgrad des Roheisens, der wiederum vom Satzkoks abhängt (Zahlentafel 191).

Wir sehen, daß sich bei gleichbleibender Windmenge die Schmelzleistung mit der Satzkoksmenge ändert. Daraus folgt, daß die Schmelzleistung eines Kuppelofens stets im Zusammenhang mit dem jeweiligen Satzkoksaufwand angegeben werden soll. Setzen wir den „mittleren Satzkoksaufwand" mit $8^0/_0$ fest, so entspricht demselben „die mittlere Schmelzleistung".

Auf die Schnelligkeit des Schmelzens, somit auch auf die Schmelzleistung übt die Stückgröße des zu schmelzenden Roheisens selbstredend einen bedeutenden Einfluß aus. Bei geringem Stückgewicht von $2-5$ kg wird naturgemäß die Wärmeabgabe von den Verbrennungsgasen an die Eisengicht viel rascher erfolgen, als bei gröberen Eisenstücken von $10-50$ kg und darüber. Belassen wir bei gröberen Stücken den gleichen Satzkoks wie bei kleinen Stücken, so wird die Eisentemperatur sinken, ja es kann auch die Schmelzleistung trotz gleichbleibender Windmenge und gleichem Satzkoks abnehmen; in einem solchen Falle wäre es möglich, durch angemessene Erhöhung des Satzkokses die Schmelzleistung zu erhöhen.

Zahlentafel 191.

Windmenge und Schmelzleistung.

Lichte Weite des Ofens mm	Ofen- querschnitt Q in qm	Minutliche Windmenge		Stündliche Schmelzleistung S in kg bei einem Satzkoks von				
		Ofenwind Wo	Gebläsewind Wg					
		cbm (abgerundet)		$6^0/_0$	$7^0/_0$	$8^0/_0$	$9^0/_0$	$10^0/_0$
500	0,1964	20	24	2000	1700	1500	1330	1200
600	0,2827	28	34	2800	2400	2100	1900	1700
700	0,3848	38	46	3800	3300	2900	2600	2300
800	0,5026	50	60	5000	4300	3700	3300	3000
900	0,6362	64	76	6400	5400	4800	4200	3800
1000	0,7854	79	94	7900	6700	5900	5200	4700
1100	0,9503	95	114	9500	8100	7100	6300	5700
1200	1,1310	113	136	11300	9700	8500	7500	6800

Wir haben auch hier den Beweis dafür, daß die in der Kuppelofenpraxis gemachten Beobachtungen bezüglich der Schmelzleistung sehr vorsichtig verglichen werden müssen, daß bei dem Vergleich alle in Betracht kommenden Umstände wohl berücksichtigt werden müssen, und daß etwaige Widersprüche zwischen Praxis und Theorie sehr oft nur scheinbar sind.

Ein solcher scheinbarer Widerspruch ist auch in unserer Regel gelegen, daß die Schmelzleistung mit abnehmendem Satzkoks zunehme, während doch bei einem zu geringen Satzkoks das Schmelzen überhaupt unmöglich ist. Bedenken wir aber, daß obige Regel nur dann allgemeine Bedeutung haben kann, wenn wir über Roheisensorten

---

[1]) Ledebur 8000 kg/qm, Lürmann $7700-8300$ kg/qm.

mit sehr niedrigem Schmelzpunkt verfügen würden, bzw. im Kuppelofen leicht schmelzbare Metalle verflüssigen wollten, so verschwindet der scheinbare Widerspruch gänzlich. Die Schmelzleistung ist an eine bestimmte Ofentemperatur gebunden, und diese hängt vom Schmelzpunkt des zu schmelzenden Metalles ab. Unser Satz: die Schmelzleistung nimmt mit abnehmendem Satzkoks zu und umgekehrt, hat somit unter Berücksichtigung der verschiedenen Schmelzpunkte der Metalle volle allgemeine Gültigkeit[1]). Beim Schmelzen von Roheisen im Kuppelofen handelt es sich um eine Mindesttemperatur des Eisens von 1200° C., entsprechend einer Mindestanfangstemperatur von 1500°. Sobald bei fortschreitender Herabsetzung des Satzkoksprozentsatzes diese Temperatur unterschritten wird, ist an ein Schmelzen, geschweige denn an eine Schmelzleistung überhaupt nicht zu denken.

Die Vorbedingung des Schmelzens ist die Erzielung einer den Schmelzpunkt um etwa 15—20 % übersteigenden Ofentemperatur. Unter Hinweis auf die oben durchgeführten Berechnungen seien hier noch kurz alle Umstände erwähnt, die auf die Temperatur im Kuppelofen von Einfluß sind.

Bezeichnet G die auf 1 kg Koks entfallende Gasmenge in cbm, s die spezifische Wärme der Verbrennungsgase, W die bei der Verbrennung von 1 kg Koks entwickelte Wärme und T die Verbrennungstemperatur in ° C., so gilt die Gleichung:

$$T = \frac{W}{G \cdot s}.$$

Die Verbrennungstemperatur wird desto höher ausfallen, je größer W und je geringer G wird. W wird bei vollständiger Verbrennung am größten. G wird bei idealer Verbrennung ohne Luftüberschuß am geringsten. Beim Kuppelofenbetrieb haben wir in der Praxis weder vollständige noch ideale Verbrennung. Die geringste Verbrennungstemperatur, bei der noch überhaupt ein Schmelzen möglich ist, beträgt etwa 1500°, die übliche normale Verbrennungstemperatur in einem richtig betriebenen Kuppelofen ist etwa 1800°. In diesem Temperaturbereich spielt sich in der Praxis das Kuppelofenschmelzen ab. Diese beiden Grenztemperaturen können bei verschiedener Verbrennungsweise und bei verschiedenem Luftüberschuß erreicht werden, wie Zahlentafel 192 zeigt:

Zahlentafel 192.
Anfangstemperaturen in ° C.

Verbrennungsverhältnis	$\frac{100}{0}$	$\frac{90}{10}$	$\frac{80}{20}$	$\frac{70}{30}$	$\frac{60}{40}$	$\frac{50}{50}$	$\frac{40}{60}$	$\frac{30}{70}$	$\frac{20}{80}$	$\frac{10}{90}$	$\frac{0}{100}$
Theoret. Luftmenge							1870	1800		1490	1340
Luftüberschuß 10%				1880	1830				1520		
Luftüberschuß 20%	1880	1840	1800					1510			
Luftüberschuß 30%	1770						1490				
Luftüberschuß 40%					1520	1470					
Luftüberschuß 50%			1520	1480							
Luftüberschuß 60%	1500	1470									

Verbrennt der Kohlenstoff vollständig mit einem Luftüberschuß von 60 % oder verbrennt er mit der theoretischen Luftmenge nach dem Verhältnis 10/90, so wird noch eine Verbrennungstemperatur von rund 1500° C. erreicht. Soll eine Anfangstemperatur von 1800—1900° C. erzielt werden, so muß die Verbrennung bei 20 % Luftüberschuß vollständig sein, oder der Kohlenstoff muß bei der theoretischen Luftmenge, zumindest nach dem Verhältnis 40/60, verbrennen.

---

[1]) Bei 0 % Satzkoks wird die Schmelzleistung unendlich groß. Der Körper hat einen Schmelzpunkt von 0° C. Bei unendlich hohem Satzkoks wird die Schmelzleistung 0, d. h. wir haben es mit einem unschmelzbaren Körper zu tun.

Wir sehen, daß bei einem richtigen Kuppelofenschmelzen der Luftüberschuß höchstens 20—50 % betragen darf, um eine Verbrennungstemperatur von etwa 1800° zu erreichen. Die Schaubilder 253 und 254 zeigen die graphische Darstellung des Zusammenhanges zwischen Verbrennungstemperatur, Luftüberschuß und Verbrennungsverhältnis. Ziehen wir in den Schaubildern bei 1800° C. eine Parallele zur Abszissenachse, so erhalten wir im Schnittpunkt dieser Parallelen mit den Temperaturlinien die noch zulässigen Verbrennungsverhältnisse bei verschiedenem Luftüberschuß. Aus dem Schaubild 254 ersehen wir, daß bei einem richtigen Kuppelofenbetrieb, entsprechend einer Anfangstemperatur von 1800° C., bei einem Luftüberschuß von 27 % die Verbrennung vollständig sein muß, während anderseits bei der theoretischen Luftmenge ein Verbrennungsverhältnis von 40:60 noch genügt. Wir haben die normale Windmenge mit 100 cbm für 1 qm Ofenquerschnitt ermittelt und bemerken hierzu, daß diese Windmenge für eine Düsenreihe und für entsprechend gewählte Düsengröße gilt. Die Verbrennung muß auf einen tunlichst geringen Raum beschränkt bleiben, um möglichst hohe Ofentemperatur

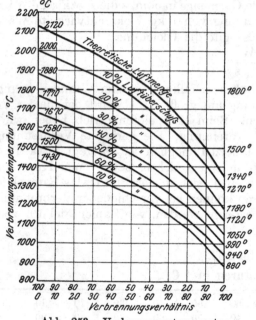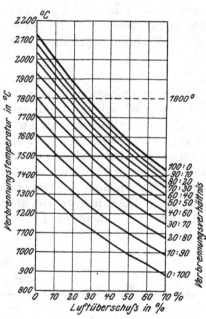

Abb. 253. Verbrennungstemperatur
und Verbrennungsverhältnis.

Abb. 254. Verbrennungstemperatur
und Luftüberschuß.

zu erreichen. Jedenfalls wird bei dieser Windmenge bei guter Koksbeschaffenheit die Verbrennung nicht nur knapp vor den Düsen, sondern im ganzen Ofenquerschnitt vor sich gehen. Das ist die Hauptbedingung.

Es wäre verfehlt, bei einem vorhandenen Gebläse, das 100 cbm Wind für 1 qm Ofenquerschnitt zu liefern vermag, diese Windmenge durch zwei zu weit übereinander liegende Düsenreihen in den Ofen einzublasen, weil sich dann die Verbrennung auf einen größeren Raum erstrecken und die Ofentemperatur sinken würde. Darin mag der Grund liegen, daß die zweite Düsenreihe so große Gegner gefunden hat und daß ihr ein kalter Ofengang zum Vorwurf gemacht wird.

Aus obigen Darlegungen ist zu entnehmen, daß der Streit um die Düsengröße und Anzahl der Düsenreihen auf einem Mißverständnis beruht. Dieses Mißverständnis verschwindet, sobald die Windmenge auf 1 qm Ofenfläche als Hauptfaktor beim Kuppelofenbetrieb gebührend beachtet wird. Die Tatsache, daß auch Kuppelöfen mit sehr weiten Düsen bzw. zwei Düsenreihen in vielen Gießereien den Schmelzzweck in bester Weise erfüllen, deutet darauf hin, daß ein solches Mißverständnis obwalten muß. Wie es verfehlt ist, bei einem gutgehenden Ofen mit niedriger Schmelzzone von bestimmtem Durchmesser und gleichbleibender Windmenge (100 cbm/qm) die Düsen zu vergrößern oder eine zweite Düsenreihe anzubringen, ebenso unzulässig ist es, bei einem gutgehenden Ofen mit zwei Düsenreihen bzw. mit weiten Düsen die zweite Düsenreihe zu schließen oder den Düsenquerschnitt zu verengen, ohne die Windmenge und mit ihr die Schmelzleistung zu ändern.

Soll bei einem Ofen mit einer Düsenreihe unter Beibehaltung eines bestimmten Überhitzungsgrades die Schmelzleistung für 1 qm Ofenquerschnitt erhöht, d. h. der Ofen „flotter" betrieben werden, so muß die Windmenge vermehrt werden. Geht die Erhöhung der Schmelzleistung und somit auch die Steigerung der Windmenge über ein gewisses Maß hinaus, so müssen die Düsen vergrößert werden, oder es muß sogar eine zweite Düsenreihe angebracht werden. Nur auf diese Weise ist es möglich, einer Herabsetzung der Ofentemperatur infolge zu großen Luftüberschusses, der bei dem ursprünglichen Düsenquerschnitt auftreten müßte, entgegen zu steuern. Soll dagegen bei einem Ofen mit zwei Düsenreihen die Schmelzleistung durch Herabsetzung der Windmenge erniedrigt werden, so müssen die Düsen verkleinert, bzw. es muß die obere Düsenreihe verschlossen werden. Bei Beibehaltung der ursprünglichen weiten Düsen bzw. der zweiten Düsenreihe würde Luftmangel eintreten und mit ihm unvollständige, langsame Verbrennung und kalter Ofengang. Wir kommen daher zu dem Ergebnis, daß Öfen mit hohen Schmelzleistungen bis 10 000 kg auf 1 qm Ofenfläche sehr weite Düsen, bzw. zwei Düsenreihen erhalten müssen.

Während wir für Kuppelöfen mit einer Reihe enger Düsen die normale minutliche Luftmenge mit 100 cbm und die normale stündliche Schmelzleistung bei 8°/₀ Satzkoks mit 7500 kg für 1 qm Ofenquerschnitt festgesetzt haben, wird für Kuppelöfen mit zwei Düsenreihen und einer Schmelzleistung von 10 000 kg für die Stunde die minutliche Windmenge bei 9°/₀ Satzkoks auf 150 cbm erhöht werden müssen, um gleich überhitztes Eisen zu erhalten.

Daß die weitere Betriebsweise der Kuppelöfen (Windpressung, Satzkoksgicht, Größe, der Eisengicht), je nach der zur Anwendung gebrachten minutlichen Windmenge (100 cbm bzw. 150 cbm auf 1 qm Ofenquerschnitt) verschieden sein muß, ist selbstverständlich.

Literatur.

a) Einzelne Werke.

Ledebur, A.: Handbuch der Eisenhüttenkunde. 5. Aufl. I. Abteil. Leipzig 1906.

Toldt-Wilcke: Die Regenerativgasöfen. 3. Aufl. Leipzig 1907.

Bender, O.: Feuerungswesen. Hannover 1907.

Schmatolla, E.: Die Gaserzeuger und Gasfeuerungen. Hannover 1908.

Kietaibl, Carl: Das Generatorgas, seine Erzeugung und Verwendung. Wien 1910. S. 4—37.

Richards, Jos. W.: Metallurgische Berechnungen. Berlin 1923.

Fischer, Ferd.: Taschenbuch für Feuerungstechniker. 8. Aufl. Stuttgart 1921.

Hütte: Taschenbuch für Eisenhüttenleute. 2. Aufl. Berlin 1922.

Hütte: Des Ingenieurs Taschenbuch. 24. Aufl. Berlin 1923.

Kohlrausch, Friedr.: Lehrbuch der praktischen Physik. Leipzig und Berlin 1923.

Seufert, Franz, Verbrennungslehre und Feuerungstechnik. 2. Aufl. Berlin 1923.

b) Abhandlungen.

Körting, Johannes: Über Gasgeneratoren. Stahleisen 1907, S. 685.

Buzek, Georg: Menge und chemische Zusammensetzung der Kuppelofengichtgase. Stahleisen 1909, S. 712.

— Die Luftmenge und ihre Bedeutung für den Bau und Betrieb der Kuppelöfen. Stahleisen 1910, S. 354, 576, 694.

Wärmestelle Düsseldorf: Mitteilung Nr. 5. (1920).

XV. Die Brennstoffe.

Von

Dr.-Ing. C. Geiger.

Allgemeines.

Die gewerblich verwendeten Brennstoffe enthalten als wichtigste Bestandteile Kohlenstoff und Wasserstoff, durch deren Verbrennung, d. h. Vereinigung mit dem Luftsauerstoff, Wärme entwickelt wird [1]). Nicht als Brennstoffe zu bezeichnen sind Stoffe wie Mangan, Silizium, Phosphor, Schwefel, Aluminium, wenn sie auch bei gewissen hüttenmännischen Arbeitsverfahren unter Lieferung großer Wärmemengen verbrennen.

Die Brennstoffe stammen entweder unmittelbar aus der Natur, wie Holz, Torf, Kohlen, Rohpetroleum, Erdgas, und heißen dann natürliche Brennstoffe oder werden aus ersteren, wie Holzkohle, Koks, Benzin, Leuchtgas, oder aus anderen Stoffen, wie Azetylen, Spiritus, erzeugt und dann als künstliche Brennstoffe bezeichnet.

Anderseits unterscheidet man zwischen festen, flüssigen und gasförmigen Brennstoffen.

Der Kohlenstoff tritt in elementarer Form nur in einigen festen, künstlichen Brennstoffen, Holzkohle und Koks, auf, sonst stets in chemischer Verbindung mit Wasserstoff und Sauerstoff. Die wärmespendenden Bestandteile der flüssigen Brennstoffe sind Kohlenwasserstoffe, während die gasförmigen Brennstoffe neben Kohlenoxyd Kohlenwasserstoffe und freien Wasserstoff enthalten.

Die Gehalte an Asche und Wasser bei den festen Brennstoffen, an Kohlensäure und Stickstoff bei den gasförmigen Brennstoffen verringern die Wärmeleistung der Brennstoffe [2]).

Feste Brennstoffe.

Allgemeines.

Dem Holz pflegt man die fossilen Brennstoffe, die Kohlen und ihre Vorstufe, den Torf, gegenüberzustellen. Holz, Torf und Kohlen sind Gemenge sauerstoff- und wasserstoffarmer, fester Kohlenwasserstoffverbindungen und lassen sich nicht durch chemische Formeln ausdrücken.

Der größte Teil unserer Kohlen ist im Laufe von vielen Jahrtausenden aus abgestorbenen Landpflanzen entstanden. Nur für die meist mehr in untergeordneten Mengen vorkommenden sogenannten Sapropelkohlen nimmt man die Bildung aus Faulschlamm an. Da die Bedingungen für die Bildung von Kohlen in fast allen geologischen Zeiträumen in mehr oder minder großem Ausmaße vorhanden waren und auch heute noch bestehen, so treffen wir auf unserer Erde Kohlen jeden Alters an.

---

[1]) S. S. 432.

[2]) Soweit nichts anderes angegeben ist, beziehen sich die in den Zahlentafeln dieses Abschnitts vermerkten Wärmeleistungen auf den unteren Heizwert, da die Temperatur der Verbrennungsgase stets höher als 100⁰ ist, also das bei der Verbrennung entstandene Wasser als Dampf mit den Abgasen fortgeht (vgl. S. 447).

Für die Deutung der Entstehung der Kohlen können daher die Umsetzungsvorgänge in den heutigen Torfmooren herangezogen werden, wo sich Humusmassen in solchen Mengen anhäufen, daß sie für eine Kohlenbildung in Frage kommen. Diese Umsetzungsvorgänge, Vermoderung, Vertorfung und Fäulnis, finden unter Bedeckung durch Wasser oder Land statt, wodurch die Pflanzenteile der zerstörenden Einwirkung des Luftsauerstoffs entzogen sind. Statt der Verwesung setzt daher der sogenannte Inkohlungsvorgang ein. Durch innere Umwandlung der die Pflanze aufbauenden Elemente entsteht zunächst Wasser, dann Kohlensäure und schließlich Methan. Je länger der Inkohlungsprozeß gedauert hat, um so stärker ist die chemische Natur der Pflanzenstoffe umgewandelt [1]).

Der Ausgangsstoff der Kohlen, die Pflanze, besteht in der Hauptsache aus Zellulose und Lignin. Aus dem Stoff der Pflanzen entstehen durch Vermoderung zuerst Substanzen mit Säurecharakter, die schwarzen Huminsäuren, aus denen sich dann nach und nach die eigentliche Kohlensubstanz bildet. Aus welchen Bestandteilen der Pflanzen und auf welche Weise die Huminsäuren entstanden sind, steht noch nicht einwandfrei fest. Früher nahm man an, daß die Zellulose den Ausgangsstoff darstelle, während man das Lignin ganz außer acht ließ. Fr. Fischer und Schrader haben, gestützt auf die Forschungsergebnisse des Mülheimer Kohlenforschungsinstituts, die Ansicht ausgesprochen, daß die Huminsäuren und damit auch die Kohlen nicht aus der Zellulose, sondern aus dem Lignin der Pflanzen entstanden sind [2]).

Von dem Inkohlungsvorgang der Humusbildungen weicht die als Bituminierungsprozeß bezeichnete Kohlewerdung der Faulschlammbildungen sehr erheblich ab. Bei letzterer sind tierische Reste und ölführende Algen stark beteiligt. Es entstehen immer wasserstoffreiche Erzeugnisse (Bitumina), deren Gehalt an freiem Wasserstoff, sogenanntem disponiblen Wasserstoff, bei alten Faulschlammbildungen bis zu 10% betragen kann.

Während der Kohlewerdung gelangen zwischen die organischen Teile Sand und andere mineralische Stoffe, die bei der Verbrennung die Asche ergeben. Auch Schwefelverbindungen organischer oder anorganischer Art sind stete Begleiter der Kohlen, müssen aber als Verunreinigungen angesehen werden. Berücksichtigt man unter Ausschluß des Asche- und Schwefelgehaltes nur die elementare Zusammensetzung der festen Brennstoffe, die sogenannte Reinkohle, so läßt sich die in Zahlentafel 193 wiedergegebene ideale Reihenfolge der auf der Erde vorkommenden festen Brennstoffe aufstellen [3]).

Da aus derartigen Zusammenstellungen sich eine bei den jüngsten, sich heute noch stets bildenden Brennstoffen, dem Holz und dem Torf, beginnende, ununterbrochene Reihe von Körpern ergibt, deren Gehalte an Kohlenstoff stetig zu- und deren Gehalte an Wasserstoff und Sauerstoff abnehmen, liegt die Ansicht nahe, daß die Arten der festen Brennstoffe nur verschieden weit gediehenen Stufen des Verkohlungsvorganges entsprechen, gemäß den verschiedenen geologischen Zeitaltern, denen sie angehören, daß sich also die Umwandlung von Holz und Torf über Braunkohle zur Steinkohle in einer ununterbrochenen Reihe vollziehe, und die verschiedenen Umwandlungserzeugnisse nur vom geologischen Alter abhängig seien. Wenn auch diese fortschreitende Inkohlung für die Verwandtschaft von Torf und Braunkohle nachgewiesen ist, so wollte es doch nicht glücken, die Verbindung zwischen der Braunkohle und der Steinkohle herzustellen, bzw. die Überführung von Braunkohle in Steinkohle zu bewirken. Auch sind die dem Chemiker sich offenbarenden Unterschiede zwischen den letztgenannten beiden Kohlen sehr groß, was dafür sprechen würde, daß Braunkohle und Steinkohle zum mindesten bei der überwiegenden Anzahl ihrer Typen die Endglieder zweier voneinander verschiedener Entwicklungsreihen sind. Selbst die Erzeugnisse der

---

[1]) Ein anschauliches Bild dieser Vorgänge gibt P. Kukuk in „Unsere Kohlen" (Aus Natur und Geisteswelt, Nr. 396, Leipzig u. Berlin 1920), 2. Aufl. S. 10.

[2]) Vgl. Fr. Fischer und H. Schrader: Entstehung und chemische Struktur der Kohle. Vortrag, erschienen als Sonderabdruck in 2. Aufl. Essen 1922. Auszugsw. Stahleisen. 1921, S. 552.

[3]) Nach C. Broockmann, aus: Die Entwicklung des Niederrheinisch-Westfälischen Steinkohlenbergbaues in der zweiten Hälfte des XIX. Jahrhunderts. (Sammelwerk.) Bd. 1, S. 259. Berlin 1903.

trockenen Destillation der ältesten Braunkohlen sind anders beschaffen als die irgend einer Steinkohle. Letztere sind stets basischer Natur, entsprechend dem Auftreten von Ammoniak, während die des Holzes und der Braunkohle wegen überwiegend vorhandener Essigsäure sauer reagieren.

Zahlentafel 193.

Ideale Reihenfolge der festen Brennstoffe.

Vorkommen	Zusammensetzung der Reinkohle			Heizwert (theoretisch)	Prakt. Verdampfung	Gruben- feuchtigkeit	Spez. Gewicht	Koks- ausbeute	Beschaffenheit des Kokses
	C %	H %	O %	WE	kg Dampf	% Wasser	%	%	
Holz	50	6	44	4500	5,3	60	1,15	15	Struktur
	55	6	39	5000	5,9	50	—	30	Pulver
	60	6	34	5500	6,5	45	—	35	„
	65	5	30	5800	6,8	40	—	40	„
	70	5	25	6400	7,5	30	—	45	„
	72	5	23	6500	7,7	20	—	48	„
	74	5	21	6900	8,1	10	—	50	Pulver od. gesintert
	76	5	19	7100	8,4	8	—	53	„
	78	5	17	7300	8,6	6	1,20	55	„
	80	5	15	7500	8,8	4	1,25	60	gesintert
	82	5	13	7800	9,2	3	—	63	gebacken
	84	5	11	7900	9,3	2	—	65	„
	86	5	9	8100	9,5	2	1,30	70	„
	88	5	7	8300	9,7	1	—	75	„
	90	5	5	8600	10,1	1	1,35	78	„
	92	4	4	8600	10,1	1	—	80	gesintert
	94	3	3	8400	9,9	0,5	1,40	90	Pulver
	96	2	2	8300	9,7	0,5	—	96	„
	98	1	1	8200	9,6	0,5	—	98	„
Graphit	100	—	—	8100	9,5	—	2,30	100	„

Vorkommen-Bezeichnungen (Klammern): Frankreich, Sachsen, Saarbrücken, Oberschlesien, Nordamerika, Wurm und Inde, England und Schottland, Niederschlesien, Rheinland und Westfalen; Torf, Lignit, Braunkohle; Flammkohle, Gaskohle, Kokskohle, Magerkohle, Anthrazit.

Das häufig als Unterscheidungsmerkmal angegebene, verschiedenartige Verhalten der Braunkohle und der Steinkohle gegenüber heißen Alkalilaugen[1] ist nicht immer charakteristisch, da z. B. verschiedene englische Steinkohlen ähnlich der Braunkohle reagieren. Dagegen haben Donath, Ditz und Bräunlich gefunden, daß Torf und Braunkohle bereits bei Wasserbadwärme nach Zusatz von verdünnter Salpetersäure reichlich Gas entwickeln, während die Schwarz- oder Steinkohle bei derselben Temperatur von dem Lösungsmittel nicht angegriffen wird[2].

---

[1] Wird gepulverte Braunkohle mit einer Lösung von Kali- oder Natronlauge erwärmt, so färbt sich die Flüssigkeit intensiv braun.

[2] Öst. Z. f. B. u. H. 1904, S. 477.

Durch Feststellungen von Erdmann [1]) scheint nun doch der Beweis erbracht zu sein, daß aus dem gleichen Pflanzenmaterial Braunkohle und, je nach den Umständen, Steinkohle entstehen kann. Der Vermoderungs- und Inkohlungsprozeß führt über den Torf zunächst zur Braunkohle. Hier wird ein Gleichgewichtszustand erreicht; es liegt stabiles Material vor, das bei Luftabschluß und ohne Einsetzen neuer, weiterer Einflüsse unveränderlich ist. Sollen sich die Braunkohlen in die von ihnen weitgehend verschiedenen Steinkohlen verwandeln, so müssen neue Faktoren eintreten, Druck und Temperatur. Nach Erdmann sind die alten Braunkohlen einer Druckerhitzung von mindestens 325°, wie sie durch Pressungen, Erdverschiebungen u. a. leicht erfolgen kann, ausgesetzt gewesen. Dabei machten sie einen gelinden Schwelprozeß durch, bei dem sie Gase und leichtflüchtige Bestandteile abgaben und in Steinkohlen übergingen. Bei den oberbayerischen Pechkohlen ist die Umwandlung auf halbem Weg stehen geblieben. Sie stellen ein Zwischenglied zwischen Braunkohlen und Steinkohlen dar.

H. Strache gibt folgende Begriffserklärungen für die Kohlen [2]):

„Kohlen sind aus der Anhäufung und Zersetzung vorwiegend pflanzlicher Reste entstandene, braun bis schwarz gefärbte organische Gesteine mit weniger als 40% anorganischer Beimengungen (bezogen auf wasserfreies Material). Torf ist in grubenfeuchtem Zustand weich, sehr wasserreich (kolloidal) und enthält bedeutende Mengen alkalilöslicher Huminsäuren. Braunkohle ist kompakt oder erdig und enthält gleichfalls beträchtliche Mengen alkalilöslicher Huminsäuren. Steinkohle ist kompakt oder erdig und enthält keine beträchtlichen Mengen alkalilöslicher Huminsäuren. Der Sauerstoffgehalt der Reinkohlensubstanz übersteigt 4%. Anthrazit ist kompakt und enthält keine alkalilöslichen Huminsäuren. Der Sauerstoffgehalt der Reinkohlensubstanz ist geringer als 4%. Anthrazit ist gegen chemische Reagenzien sehr widerstandsfähig.‟

Die Zusammensetzung der Reinkohle und ihr Verhalten in der Hitze bedingen den Wert und Charakter einer Kohle. Die Gehalte an Asche und Wasser verändern den inneren Charakter und Wert einer Kohle nicht, beeinflussen jedoch ihren Heizwert. Für die Bewertung eines festen Brennstoffs müssen daher stets Zusammensetzung seiner Reinkohle, die Gehalte an Wasser und Asche und die äußere Beschaffenheit herangezogen werden. Je mehr Kohlenstoff und freien Wasserstoff die Reinkohle enthält, desto größer ist der Heizwert. Vergleiche zwischen verschiedenen Kohlen können nur auf Grund der Untersuchungsergebnisse der Reinkohlen vorgenommen werden [3]).

Die als Asche beim Verbrennen zurückbleibenden mineralischen Bestandteile sind Kieselsäure, Schwefelsäure, Phosphorsäure, Kalk, Magnesia, Eisen, Tonerde, Alkalien und auch Kohlensäure in wechselnden Gewichtsverhältnissen und Verbindungen. Die unangenehmste Eigenschaft der Aschen ist das Verschlacken, das durch die chemische Zusammensetzung und die Erweichungs- bzw. Schmelztemperatur der Verbindungen bedingt ist. Die Folgen des Verschlackens sind Verschmutzen der Feuerstelle, Verstopfungen der Luftzufuhr, Einhüllen von Unverbranntem u. a. Aschen, die unter 1200° schmelzen, heißen leichtflüssig, von 1350—1500° schmelzende strengflüssig, von 1500 bis 1650° sehr strengflüssig, über 1650° feuerfest.

Das Wasser vermindert nicht nur den Gehalt an brennbaren Stoffen, sondern verbraucht noch Wärme zur Verdampfung. Es ist aber von Bedeutung bei der Entgasung und Vergasung der Kohlen. Die Ofentemperatur wird durch den Wassergehalt der Kohlen herabgesetzt. Nasse Brennstoffe sind schwer entzündlich.

Wichtig ist auch die Wertverminderung, die alle Kohlen, namentlich aber die gasreichen, bei längerem Lagern an der Luft erleiden. Die Wertverluste können bei Steinkohle in Jahresfrist bis zu 10%, bei Braunkohlen bis zu 15% betragen. Der Gehalt an Mineralbestandteilen und Stickstoff ist ohne Einfluß, dagegen begünstigt ein größerer Schwefelkiesgehalt die Verwitterung. Je feinkörniger die Kohle, desto größer

[1]) Brennstoff-Chemie 1924, S. 177.
[2]) Brennstoff-Chemie. 1922, S. 311.
[3]) Die Kriegs- und Nachkriegsjahre haben allgemein eine fühlbare Wertverminderung der Brennstoffe gebracht. Sowohl die Steinkohle aller deutschen Bezirke als auch Braunkohle und Torf, letztere wohl infolge des vermehrten Absatzes, sind aschereicher und geringerwertig geworden.

ist ihre der Oxydation zugängliche Oberfläche und damit ihre Neigung zur Verwitterung. Bei Feinkohlen wurden nach einer Lagerdauer von 110 Tagen schon 20% Verlust festgestellt[1]). Feuchtigkeit, vor allem Schnee und Regen, beschleunigen die Verwitterung, die im größten Maß an der Oberfläche des Kohlenhaufens zu beobachten ist. Der Vorgang beginnt damit, daß ein Teil des freien Wasserstoffs und geringe Mengen des Kohlenstoffs durch den Luftsauerstoff zu Wasser und Kohlensäure oxydiert und somit den Kohlen brennbare Stoffe entzogen werden. Da die neugebildeten Verbindungen aus der Kohle austreten, läßt sich nicht selten eine geringe Gewichtsverminderung des Lagerbestandes feststellen. Im weiteren Verlauf des Lagerns wird von der Kohle selbst bzw. wahrscheinlich von den in ihr auftretenden ungesättigten Verbindungen Sauerstoff begierig aufgenommen, ohne wieder abgegeben zu werden, so daß eine Gewichtsvermehrung erfolgen kann. Die Abnahme des Kohlenstoffs und des Wasserstoffs in Verbindung mit der gleichzeitigen Zunahme des Sauerstoffs erklären die Verringerung des Heizwertes und der Verkokungsfähigkeit. Findet, veranlaßt durch diesen Oxydationsvorgang oder andere Umstände, z. B. durch benachbarte Feuerungen, Dampfleitungen u. a., eine Erwärmung der Kohlen statt, so wird, da mit der Zunahme der Temperatur auch die Geschwindigkeit der chemischen Reaktion des Sauerstoffs wesentlich wächst, die Gefahr der Selbstentzündung der Kohlen gesteigert[2]).

Die Bayerische Landeskohlenstelle hat im Jahre 1920 an die Industrie ein Rundschreiben ergehen lassen, in dem ihre Beobachtungen und Erfahrungen niedergelegt sind und Verhaltungsmaßregeln für zweckmäßige Lagerung von Kohle gegeben werden[1]). In demselben heißt es u. a.:

Die einzelnen Kohlensorten verhalten sich verschieden. Bei Koks und Anthrazit besteht keine Gefahr schneller Verwitterung oder der Selbstentzündung, da der Sauerstoff bei ihnen mangels flüchtiger Bestandteile erst bei sehr hoher Temperatur oxydierend wirken kann. Koks muß aber vor Nässe gut geschützt werden, da er bei Frost stark zerstört wird.

Steinkohlenbriketts verlieren beim Lagern weniger an Heizwert als natürlich vorkommende Kohle, da die Pechhülle vor Einwirkungen des Luftsauerstoffes schützt. Nur bei zu hoher oder zu dichter Lagerung ist Selbstentzündung möglich.

Steinkohle aus dem Saarrevier zeigt nur geringe Verluste bei längerer Lagerung. Bei Steinkohlen von der Ruhr, aus Sachsen und Schlesien weisen die Lagerverluste erhebliche Schwankungen auf; Gefahr der Selbstentzündung ist vorhanden.

Braunkohle ist Verwitterung und Selbstentzündung leichter ausgesetzt als Steinkohle. Die Verwitterung geht um so schneller vor sich, je mehr die Kohle Regen und Wind ausgesetzt ist, weshalb auch nach Gewittern oder an sonnigen Tagen nach feuchtem Wetter erhöhte Gefahr besteht. Oberbayerische Kleinkohle und junge oberpfälzische Braunkohle neigen besonders zur Selbstentzündung. Noch größere Gefahr besteht bei Braunkohlenbriketts, besonders wenn sie in warmem Zustand verladen wurden.

Es ist daher Pflicht jedes Betriebsleiters, Kohle so zu lagern, daß die geringsten Wertverluste eintreten. Dazu ist nötig, die Sauerstoffzufuhr möglichst einzuschränken und weiter Temperatursteigerungen nach Möglichkeit zu verhindern.

Die Umfassungswände und Böden der Kohlenlager sollen Wärme gut ableiten, werden also am besten aus Mauerwerk oder Beton hergestellt. Holz ist als schlechter Wärmeleiter weniger geeignet, Eisen aber zu starkem Rosten ausgesetzt. Eisen- oder Drahtgitter erfüllt den Zweck der Kühlflächen nicht, gibt im Gegenteil den Weg für Luftströmungen frei. Auch etwaige Stützen im Kohlenlager dürfen nicht aus Holz bestehen. Heiße Dampfleitungen, Wände oder Böden sind den Lagern fernzuhalten.

Unsortierte und ungewaschene Kohle ist am leichtesten entzündlich. Einzelne Kohlensorten sollen getrennt voneinander gelagert werden, vor allem feinkörnige Kohle nie zusammen mit grobstückiger Kohle, da bei Bränden in der Feinkohle die Hohlräume zwischen den Stückkohlen kaminartig wirken. Besondere Vorsicht ist bei feuchter, leicht entzündlicher Kohle zu üben. Vor allem bei mechanischer Beschickung der Kohlenlager ist die mechanische Entmischung der Kohle tunlichst zu verhindern. Die Schüttung der Lager wird daher an den Ecken begonnen und gleichmäßig über die ganze Lagerfläche fortgesetzt.

Braunkohlenbriketts dürfen auf Bodenräumen nicht gelagert werden, dagegen ist ihre Unterbringung in gedeckten Räumen statthaft. Bei Steinkohlen verhindert Bedachung der Lager zu starkes Fortschreiten der Verwitterung. Bei in Kesselhäusern eingebauten großen, oben offenen Bunkern ist Selbstentzündung sehr zu befürchten, da durch die Bekohlungsschläuche die heiße Kesselhausluft

---

[1]) Z. bayr. Rev.-V. 1920. S. 164.
[2]) Vgl. z. B. R. Nübling und H. Wanner: Beitrag zur Selbstentzündung der Kohlen. Journ. f. Gasbeleuchtung 1915, S. 515.

durch die Kohle durchgesaugt wird. Möglichste Abdeckung der Bunker ist daher zu empfehlen. Die Ausbildung von Stollen oder Kanälen in den Kohlenhaufen ist zwecklos.

Die Schütthöhe der Lager soll nicht zu hoch gehalten werden, um tiefliegenden Brandnestern rasch und rechtzeitig beikommen zu können. Schütthöher über 5 m sollen bei Lagerung im Freien nie angewandt werden. Bei Lagerung in Schuppen ist eine Höchstgrenze von 4 m zu empfehlen. Bei Braunkohle soll nicht über 3 m geschüttet werden.

Ein sicheres Mittel zur Verhinderung von Kohlenbränden ist nur die Lagerung unter Wasser, die aber praktisch kaum in Frage kommt. Bei anderer Lagerung bietet dauernde Beobachtung der Temperatur im Innern des Kohlenhaufens die beste Sicherheit. Zu diesem Zweck werden in Abständen von einigen Metern eiserne Röhren eingesteckt, in denen Thermometer bei Temperaturanzeigen über 50—60° beweisen, daß Gefahr im Anzug ist. Bei größeren Lagern ist eine Fernthermometeranlage vorteilhaft.

Ist an irgendeiner Stelle des Kohlenlagers ein Brandherd zu befürchten, so ist der Kohlenhaufen auseinander zu reißen und der gefährdete Teil vom Lager abzutrennen. Plötzliche Luftzufuhr zum Brandherd muß vermieden werden. Nur bei großer Gefahr ist Ablöschen mit Wasser anzuraten, sonst empfiehlt sich Abdecken der brennenden Stellen mit Sand, Asche, Gartenerde, Schlamm und ähnliches, um die Luftzufuhr abzuschneiden. Bei Bunkerbränden können Einrichtungen, die Dampf mit Druck von unten her in die Bunker führen und damit die Luft vom Brandherd verdrängen, gute Dienste tun. Verdichtete oder flüssige Kohlensäure hat sich als Löschmittel bei Bunkerbränden gut bewährt, kommt aber im Gebrauch sehr teuer.

Grundregeln für die Lagerung von Kohle sind also folgende:
1. Möglichst nur stückige Kohle auf Lager bringen, Feinkohle baldigst den Feuerstätten zuführen.
2. Verschiedene Kohlensorten getrennt lagern.
3. Entmischung der Kohle bei der Beschickung des Lagers verhindern.
4. Durchsaugen oder Durchstreichen von Luft durch die Kohle, vor allem in den Kohlenbunkern verhindern. Abfallöffnungen dicht schließen.
5. Kohlen tunlichst gegen Sonne, Regen und Schnee schützen (Abdeckung).
6. Für möglichst gute Wärmeabfuhr sorgen.
7. Kohlenlager nicht zu hoch beschicken.
8. Kohlenlager wasserdicht abdecken oder entwässern.
9. Dampfleitungen und andere Wärmeträger von den Lagern fernhalten.
10. Temperaturverlauf dauernd verfolgen.

Infolge der starken Verteuerung der Kohlen durch Steigerung der Gestehungskosten, Frachten und Abgaben haben die Bestrebungen, die Kohlen nach Wert zu kaufen, an Boden gewonnen. Die Verbraucher fordern den Kohlenhandel nach Marken und Reinheit, d. h. die Kohle soll nach ihrem wahren Wert vergütet werden. Bis jetzt sind aber alle Bemühungen, die darauf abzielen, den Kohlenbezug nach Reinheitsgewähr einzuführen, an dem geschlossenen Widerstand des Kohlensyndikats und der staatlichen Bergwerksdirektionen in Deutschland gescheitert, während in anderen Staaten, z. B. in den Vereinigten Staaten, in Schweden, der Schweiz, dahingehende Abmachungen bereits in Kraft getreten sind [1]).

Holz.

Unsere Kenntnisse über die chemische Zusammensetzung des Holzes sind noch unvollständig. Lange Zeit war man der Ansicht, daß das Holz aus der Holzfaser oder Zellulose ($C_6H_{10}O_5$), ferner dem Lignin ($C_{19}H_{24}O_{10}$), und dem Holzsaft gebildet werde. Neuere Arbeiten jedoch machen die Anschauung allgemeiner, daß es sich bei der Holzmasse nicht um ein Gemenge von Zellulose und Lignin, sondern im wesentlichen um chemische Verbindungen der Zellulose handelt. Zu diesen Bestandteilen kommen in geringeren Mengen hinzu Stickstoff und andere, anorganische Körper. Letztere bleiben beim Verbrennen des Holzes als Asche zurück. Die organische Holzmasse weist nur geringe Unterschiede auf, so daß man als Mittel ihrer Zusammensetzung etwa folgende Zahlen für unsere Nutzhölzer annehmen kann:

	C	H_2	$O_2 + N_2$
Laubholz	49,59%	6,22%	44,18%
Nadelholz	50,49%	6,25%	43,25%

[1]) Vgl. z. B. P. Schläpfer: Technische und wirtschaftliche Mitteilungen über amerikanische Brennstoffe. Sonderabdruck, Zürich 1921, auszugsw. Stahleisen 1922, S. 501; ferner K. Bunte: Zur Frage der Kohlenlieferung nach Wert. Journ. f. Gasb. 1919, S. 149.

Der Aschegehalt des Holzes schwankt zwischen 1,2 und 2,3% und kann im Mittel zu 1,5% angesetzt werden. Gegenüber der Asche fossiler Brennstoffe ist für die Holzasche charakteristisch ein bis zu 25% steigender Gehalt an kohlensaurem Kalium (Pottasche). Ferner weist die Holzasche kohlen-, schwefel-, phosphor- und kieselsaure Salze von Natrium, Kalzium und Magnesium, in geringen Mengen auch Eisen und Mangan auf. Der Phosphorgehalt wechselt in den verschiedenen Holzarten und beträgt z. B. in der Buchenholzasche gegen 3%, in der Asche der Tannen, Fichten und Kiefern um 2%.

Der Holzsaft stellt eine je nach Art des Baumes, dem Standort und der Jahreszeit schwankende, wässerige Lösung von anorganischen Salzen und verschiedenen organischen Stoffen, wie Protein, Stärke, Zucker und Gummi dar, die in einzelnen Fällen noch größere Mengen sonstiger Bestandteile, bei den Nadelhölzern Harz und ätherische Öle, bei den Eichensorten Gerbsäure, einschließt. Die Saftmenge ist bei den in unseren Zonen heimischen Nadel- und Laubhölzern vornehmlich im Frühjahr und auch in den Sommermonaten größer als im Winter, so daß sich allgemein gültige Zahlen für den Wassergehalt frisch geschlagener Hölzer nicht aufstellen lassen. Auch ist bei fettem, fruchtbarem Boden und günstigen klimatischen Verhältnissen das Wachstum der Bäume ein üppigeres, die Jahresringe werden breiter — das Holz heißt dann „grobjährig", im Gegensatz zu „feinjährig" — und die Gefäße weiter. Solche Hölzer schwinden beim Trocknen und in der Hitze stärker und geben beim Verkohlen weniger und leichtere Kohle als Bäume, die infolge gegenteiliger Einflüsse ein schwereres und dichteres Gefüge besitzen. Endlich lassen Stamm, Wurzelspitzen und Astholz Unterschiede im Saftgehalt erkennen, wie auch das zuletzt gebildete, junge Holz des Stammes, Jungholz oder Splint genannt, wasserreicher als das ältere, dunklere und widerstandsfähigere Kernholz ist. Nach Klar [1] enthalten 100 Teile frisches Holz an Wasser folgende Mengen (s. Zahlentafel 194).

Zahlentafel 194.
Wassergehalte verschiedener Hölzer.

	Jahresdurchschnitt %	Grenzwerte %		Jahresdurchschnitt %	Grenzwerte %
Kiefer	61	15—64	Saalweide	42	30—49
Fichte	56	11—57	Buche	39	20—43
Linde	52	36—57	Ahorn	39	27—49
Schwarzpappel	52	36—57	Hainbuche	37	22—41
Lärche	50	17—60	Eiche	35	22—39
Erle	50	33—58	Zwetsche	34	19—39
Roßkastanie	48	37—52	Ulme	34	24—44
Birke	47	24—53	Robinie	29	12—38
Apfelbaum	43	34—52	Esche	27	14—34

Da für die gewerbliche Verwertung des Holzes ein möglichst geringer Wassergehalt wünschenswert ist, so wird frisches Holz — abgesehen von dem Umstande, daß es, weil dann wasserärmer, zumeist im Winter geschlagen wird — längere Zeit, gewöhnlich 2 Jahre, an trockenen und luftigen Orten gelagert. Während dieser Zeit gibt es sein Wasser allmählich soweit ab, daß das „lufttrockene" Nadelholz noch etwa 10%, Laubholz bis 17% Wasser enthält. Ein weiteres Herabdrücken des Wassergehaltes läßt sich nur in Trockenkammern bei Temperaturen von 100—120° C. erreichen. Jedoch kehrt derartig getrocknetes Holz, sobald es der gewöhnlichen Lufttemperatur ausgesetzt ist, durch Wasseraufnahme rasch wieder in den Zustand des lufttrockenen Holzes zurück. Die Zusammensetzung des völlig lufttrockenen aschehaltigen Holzes ist etwa folgende: Kohlenstoff 50%, Wasserstoff 6%, Sauerstoff 42%, Stickstoff 1%, Asche 1%. Das Austrocknen des Holzes bewirkt gleichzeitig die als Schwinden, Verziehen und Werfen bezeichneten Erscheinungen [2].

---

[1] M. Klar: Technologie der Holzverkohlung. 2. Aufl. Berlin 1910, S. 20.
[2] Näheres siehe unter Modelle. Bd. 2.

Aus dem Gesagten geht hervor, daß auch das spezifische Gewicht selbst bei einer und derselben Holzart Schwankungen unterworfen ist. Eine Übersicht über das spezifische Gewicht der wichtigsten Hölzer in frischem und trockenem Zustande bringt Zahlentafel 195[1]). Die Angaben beziehen sich auf das Holz einschließlich der von Wasser bzw. Luft erfüllten Poren, während das spezifische Gewicht der kompakten Holzmasse nach Rumford zwischen 1,46 und 1,53 schwankt. Im Holzhandel bleibt das spezifische Gewicht unberücksichtigt, dort unterscheidet man bei Kauf und Verkauf zwischen Festmetern (fm) und Raummetern (rm). Ersteres ist gleich 1 cbm der festen Holzmasse. Unter einem Raummeter dagegen versteht man 1 cbm geschichteter Holzmasse, dessen Gewicht natürlich von der Dichte der Schichtung, der Form der Holzstücke (Scheitholz, Knüppel, Reisholz) und dem Wassergehalt des Holzes abhängt. Man rechnet vielfach zwei Drittel Holz und ein Drittel Zwischenräume. Im Handel und bei der Verzollung wird in Deutschland 1 fm Holz mit 600 kg angenommen. In Zahlentafel 196 sind die Festmetergewichte der verbreitetsten Holzarten zusammengestellt.

Zahlentafel 195.
Spezifische Gewichte verschiedener Hölzer.

	Lufttrocken	Frisch		Lufttrocken	Frisch
Ahorn	0,53—0,81	0,83—1,05	Lärche	0,47—0,56	0,81
Akazie	0,56—0,85	0,75—1,00	Linde	0,32—0,59	0,58—0,87
Apfelbaum	0,66—0,84	0,95—1,26	Nußbaum	0,60—0,81	0,91—0,92
Birke	0,51—0,77	0,80—1,09	Pappel	0,39—0,59	0,61—1,07
Birnbaum	0,61—0,73	0,96—1,07	Rotbuche	0,66—0,83	0,85—1,12
Buchsbaum	0,91—1,16	1,20—1,26	Tanne (Weißtanne) .	0,37—0,75	0,77—1,23
Eiche	0,69—1,03	0,95—1,28	Ulme	0,56—0,82	0,78—1,18
Fichte (Rottanne) . .	0,35—0,60	0,40—1,07	Weide	0,49—0,59	0,79
Kiefer (Föhre)	0,31—0,76	0,38—1,08	Weißbuche	0,62—0,82	0,92—1,25
Kirschbaum	0,76—0,84	1,05—1,18			

Zahlentafel 196.
Festmetergewichte von Hölzern.

Holzart	1 fm wiegt kg	Holzart	1 fm wiegt kg
Ahorn	680	Kiefer	600
Buche	750	Linde	460
Eiche	800	Pappel	500
Erle	600	Pechkiefer	800
Esche	740	Tanne	550
Fichte	500	Ulme	650
Hainbuche	760	Yellow-pine	700

Je nach der mit dem spezifischen Gewicht und der Dichtigkeit des Zellgewebes zusammenhängenden Festigkeit unterscheidet man endlich harte und weiche Hölzer. Erstere sind durchgängig Laubhölzer und haben ein spezifisches Gewicht von mehr als 0,55 in lufttrockenem Zustande, wie aus nachstehender Aufstellung hervorgeht[2]). Es sind:

sehr hart: Weißdorn;
hart: Ahorn, Hainbuche, Wildkirsche, Weißbuche;
ziemlich hart: Eiche, Zwetsche, Robinie, Ulme;
etwas hart: Buche, Nußbaum, Birnbaum, Apfelbaum, Edelkastanie;
weich: Fichte, Tanne, Kiefer, Lärche, Erle, Birke, Roßkastanie;
sehr weich: Linde, Pappel, Weidenarten.

---

[1]) Nach: Hütte. 20. Aufl., Bd. 1, S. 510.
[2]) M. Klar: a. a. O., S. 12.

Die Wärmeleistung von 1 kg Zellulose beträgt gegen 4200 WE, während die der reinen Holzmasse (ohne Asche und Wasser) zu 3850 WE angegeben wird, und der Heizwert (unterer) des lufttrockenen Holzes zwischen 2800 und 3600 WE schwankt.

Beim Brennen entwickelt das Holz infolge Freiwerdens vieler Gase eine lange züngelnde Flamme, die es z. B. für Kesselfeuerung zu einem sehr passenden Brennstoff macht. Gegenüber der Steinkohle besitzt das Holz ferner die Vorteile, daß sein Aschengehalt viel geringer ist und daß es fast frei von schädlichen Beimengungen, vornehmlich Schwefel, ist. Trotz der für viele Betriebe und Verwendungsarten unzweifelhaft großen Vorzüge hat es jedoch der Rückgang der Wälder und das damit verbundene Steigen der Holzpreise mit sich gebracht, daß die Bedeutung des Holzes als Brennstoff stark gefallen ist, und Holz heute meist nur noch dank seiner leichten Entzündbarkeit (250—300° C.) zum Anbrennen der übrigen festen Brennstoffe benutzt wird.

Holzkohle.

Das Bestreben, einen gesteigerten Ansprüchen genügenden Brennstoff von höherem Heizwert zu besitzen, als ihn die Natur in Form des Holzes darbietet, hat den Menschen schon in alten Zeiten dazu geführt, auf künstlichem Wege eine Veredlung des Brennholzes zu erreichen, die Holzkohle darzustellen. Bei der seit Jahrtausenden geübten Holzverkohlung in Meilern wird ein besonders hergerichteter Holzstoß nach erfolgtem Anzünden unter Beschränkung des Luftzutritts der Einwirkung höherer Temperaturen ausgesetzt. Die nötige Wärme liefert ein Teil des Holzes selbst. Im Gegensatz hierzu wird bei den neueren Verfahren der Holzverkohlung meist in erster Linie die Gewinnung der flüchtigen Bestandteile des Holzes durch Destillation beabsichtigt und die Umsetzung des Holzes in Kohle unter vollständigem Luftabschluß durch Einwirkung einer äußeren Heizkraft erzielt.

Wird Holz unter Luftabschluß erhitzt, so verdampft zunächst sein Wassergehalt; alsdann kann man bei Steigerung der Wärmezufuhr eine Bräunung des Holzes beobachten; gleichzeitig entweichen gas- bzw. dampfförmige Körper, Kohlenstoffverbindungen, die man in Leuchtgas, Holzessig und Holzteer scheidet [1]. Die Menge dieser Erzeugnisse ist nach der Holzart sehr verschieden, doch bilden sich bei der gleichen Holzart, je höher die Temperatur ist, bei der die Zersetzung des Holzes vor sich geht und je rascher der Prozeß verläuft, desto mehr gasförmige Körper, und desto geringer wird die Ausbeute an den kondensierbaren, flüssigen und festen, zurückbleibenden Stoffen. Nach den Untersuchungen von Klason, Heidenstamm und Norlin [2] beginnt die Verkohlung des Holzes ohne Luftzutritt bei etwa 270 C., sie geht bereits bei 300° C. mit großer Schnelligkeit vor sich und verläuft bei einer Höchsttemperatur von 400° C. Erfahrungsgemäß muß die Endtemperatur im Innern des Verkohlungsapparats mindestens 370° C. betragen, um eine Kohle von schwarzer Farbe und von sonstigen charakteristischen Eigenschaften der Holzkohle zu liefern. Unter 300° erzeugte Holzkohlen sehen rot aus oder haben wenigstens einen Stich ins Rote (sogenannte Rotkohlen oder Füchse). Der Heizwert der brennbaren Gase beträgt im Mittel 3,8% vom Heizwert des Holzes.

Die Durchführung der Meilerverkohlung geschieht in der Weise, daß ein nach bestimmten Regeln aufgestapelter Holzhaufen von meist halbkugelförmiger Gestalt mit einer Schicht Erde, Kleinholz, Laub und Rasen bedeckt wird. Von einem in seiner Mitte freigelassenen, senkrecht aufwärts führenden Kanal, der Zündgasse, aus wird der Meiler in seinem Inneren in Brand gesteckt, und dann das Feuer mittels geschickt geleiteter Luftzufuhr durch Luftlöcher in der Decke derart unterhalten, daß das Holz nicht zum Verbrennen, sondern zum Verkohlen gebracht wird. Bei der Meilerverkohlung entweichen die flüchtigen Bestandteile des Holzes unausgenutzt in die Luft. Der Durchmesser der deutschen (runden) Meiler beträgt gewöhnlich 6—14 m; ihre Höhe steigt

---

[1] Näheres vgl. H. v. Jüptner: Lehrbuch der chemischen Technologie der Energien. Leipzig und Wien. 1905, Bd. 1, I. Teil, S. 218. — M. Klar: Technologie der Holzverkohlung. 2. Aufl. Berlin 1910.

[2] Z. angew. Chemie. 1909, S. 1205; auszugsweise Stahleisen 1909, S. 455; 1910, S. 1252.

bis zu 4,5 m, ihr Fassungsvermögen bis zu 400 Raummeter Holz. Die Brenndauer des Meilers ist je nach Größe 2—3 Wochen. Verwendet werden hauptsächlich von Nadelhölzern: Kiefer, Tanne, Fichte und Lärche, von Laubhölzern: Eiche, Rotbuche, Weißbuche, Esche, Ulme und Erle. Die Meilerverkohlung trifft man in Ländern mit großen Waldbeständen und mangelhaften Verkehrswegen, so vornehmlich in Skandinavien, Rußland und Nordamerika, aber auch in den Alpen, in Westfalen und im Harz, während sonst Retorten in Anwendung sind.

Für die Ausführung der Trockendestillation kommt eine allseitig geschlossene, eiserne Retorte in Anwendung, die in einem Ofen liegend außen von Feuergasen umspült wird. Das Holz, in Form von Scheiten, oder unter Umständen auch allerhand Abfälle aus Sägemühlen, Sägemehl, wird in die heiße Retorte gefüllt, darauf wird sofort die Türe verschlossen. Bereits nach wenigen Minuten nimmt die Destillation ihren Anfang. Die flüchtigen Zersetzungserzeugnisse werden in Vorlagen aufgefangen und alsdann weiter verarbeitet. Nach etwa 14 Stunden wird die Gasentwicklung schwächer, worauf das Feuer unter der Retorte entfernt und die Holzkohle so schnell wie möglich in eiserne Kästen entleert wird, um in denselben luftdicht abgeschlossen abzukühlen. Zum Retortenbetrieb wird Laubholz, besonders Buche und Eiche, verwendet, da die Verkohlung von Nadelhölzern nur wenig lohnende Ausbeute an chemischen Erzeugnissen ergibt.

Ein Zwischenglied zwischen den beiden angeführten Verfahren bildet das Ver kohlen des Holzes in gemauerten Öfen, wie es vielfach in Schweden und Nordamerika ausgeübt wird. Die Wärme liefert dabei das Holz oder die abziehenden Gase. Auch ermöglichen die neueren Öfen dieser Art die Gewinnung der dampfförmig entweichenden Nebenerzeugnisse.

Zahlentafel 197.

Zusammensetzung von Holzkohlen.

Holzart	Verkohlungsvorrichtung	C %	H_2 %	$O_2 + N_2$ %	Asche %	Heizwert (unterer) WE
Nadelholz (Schweden)	Meiler	90,36	2,74	5,72	1,10	7300
,, ,,	Retorte	81,15	4,24	13,64	0,97	6550
,, ,,	Ofen mit Luftzutritt . . .	84,18	3,32	11,72	0,78	6800
Tanne (Ural)	,, ,, ,, . .	73,41	3,45	20,63	1,26	6200
Fichte ,, ...	,, ,, ,, . .	75,38	4,14	17,17	1,24	6500
Birke ,, ...	,, ,, ,, . .	75,04	3,49	19,83	0,90	6400

Die Ausbeute an Holzkohle bei der Verkohlung unterliegt starken, von der Holzbeschaffenheit, wie den Betriebsverhältnissen abhängigen Schwankungen, sie macht nach Senfft [1] 20—35% des Holzgewichts aus. Auch die Zusammensetzung zeigt, wie die Zahlentafel 197 dartut, beachtenswerte Verschiedenheiten hinsichtlich der Holzart, der Verkohlungstemperatur und der Verkohlungsvorrichtung.

Gute Holzkohle besitzt eine tiefgraue Farbe mit schwachem, stahlblauem Glanze. Sie hat deutliches Holzgefüge, scharfkantigen, muscheligen Bruch, geringes spezifisches Gewicht (0,2—0,4) [2], ist ziemlich fest, dabei aber porös, hart und klingend, entzündet sich leicht und verbrennt mit kurzer, blauer, rauchloser Flamme. Sie liefert etwa 6800 bis 7500 WE, während vollkommen trockene, aschefreie Holzkohle 8000 WE entwickelt, also dem Heizwert des reinen Kohlenstoffs sehr nahe kommt.

Beim Liegen an der Luft nimmt die Holzkohle 10—15% ihres Gewichtes an Wasser auf. Ferner besitzt sie die Fähigkeit, größere Mengen gasförmiger Körper zu absorbieren. Die letztgenannten Eigenschaften ändern sich nach der Holzart, aus der die Kohle erzeugt wurde, indem die Kohle, je weicher, poröser und leichter sie ist, desto mehr Wasser und

---

[1] M. Klar: a. a. O., S. 14.
[2] 1 cbm (Schüttgewicht) Nadelholzkohle wiegt 135—185 kg, 1 cbm Laubholzkohle 190 bis 230 kg. Gehandelt wird Holzkohle gewöhnlich nach dem Gewicht.

31*

Gase aufnehmen kann. Die Druckfestigkeit guter Holzkohle wird parallel zur Faser zu 100—150 kg/qcm, senkrecht zur Faser zu 9—10 kg/qcm angegeben. Die Porenmenge stellt sich auf 55—70%[1]).

Kohle von anbrüchigem oder faulem Holz ist nach Denz[2]) je nach dem Grade der Zersetzung locker, sehr leicht, hat große Poren und ist leicht zerreiblich, sie hat fast gar keine radialen Risse, zerfällt aber der Stammachse nach in kurze Stücke, die keine scharfen Kanten haben, sondern mehr abgerundet erscheinen. Besonders gut erkennt man die Anbrüchigkeit der harten Holzarten, die von außen gegen den Kern greifende Fäulnis der Laubhölzer, kernfaule Tannen und rotfaule Fichten. Stärker vorgeschrittene Fäulnis macht sich durch Schwammigkeit der faulen Teile bemerkbar, während das sogenannte stockige Holz im frischen Bruch der Kohle zwischen den einzelnen Jahresringen zahlreiche, je nach der Stärke der Zersetzung mehr oder weniger große Poren zeigt, die sich durch mattgraue Färbung von der festen Kohle scharf abheben. Die aus grünem Holz harter Hölzer dargestellte Kohle ist in radialer Richtung sehr stark aufgerissen und zerfällt leicht in breite, dünne Stückchen, sie ist blätterig.

Als besonderer Vorzug der Holzkohle darf ihr vollständiges Freisein von Schwefel nicht unerwähnt sein, dazu kommen leichte Entzündbarkeit, große Heizkraft bei rauchfreier, flammenloser und ruhiger Verbrennung und Festigkeit gegen Druck. Festigkeit und Heizkraft sind von dem spezifischen Gewicht bei dem gleichen Kohlenstoffgehalt abhängig. Vielfach zieht man die Meilerkohle für hüttenmännische Zwecke der Ofenkohle und diese der Retortenkohle vor. Allgemein anerkannte Gründe hierfür können nicht angegeben werden.

Für den Betrieb von Kuppelöfen eignet sich normale Holzkohle wegen ihrer leichten Verbrennlichkeit nicht[3]). Die Holzkohle setzt sich sofort mit Kohlensäure zu Kohlenoxyd um; die Temperatur im Verbrennungsraum ist zu gering, um heißes Eisen erschmelzen zu können[4]). Der Zündpunkt der Holzkohle liegt bei 250° C.

Außer als Brennstoff wird die Holzkohle in gepulverter Form in der Eisengießerei zum Einstauben der Formen bzw. der Modelle verwendet[5]).

Torf.

Der Torf entsteht aus Pflanzen, wenn diese nach ihrem Absterben aus Mangel an der genügenden Luft- bzw. Sauerstoffzufuhr nicht in Fäulnis übergehen können, sondern sich langsam zersetzen (Humusbildung vgl. S. 475). Die günstigsten Bedingungen für diesen Vorgang bietet muldenförmiges Gelände, in dem undurchlässige Gebirgsschichten (Lehm, Ton) ein Ansammeln stehender Gewässer ermöglichen. An derartigen, als Moore bezeichneten Orten pflegen in dem den Grund bedeckenden Faulschlamm Sumpfpflanzen, Moose, Algen u. dgl. zu gedeihen, die dann den Hauptbestandteil des Torfes bilden. Je nach dem Alter und nach den bei der Bildung des Torfes vorherrschenden Pflanzenarten ist seine Beschaffenheit andersartig; man unterscheidet Moos-, Sumpf-, Schilf-, Heide-, Wald-Torf. In erster Linie sind Moorbildungen von dem Vorhandensein genügender Luftfeuchtigkeit abhängig; daher sind es meist Wälder gewesen, die in der Vergangenheit die Veranlassung zu ausgebreiteten Moorbildungen geboten haben; viele große Moore, die heute keine Waldmoore sind, haben sich nach Untersuchung ihres Liegenden als aus Wäldern hervorgegangen ergeben. Nach der geographischen Lage pflegt man die Gebirgsmoore von den Wiesen- oder Niederungsmooren zu trennen. Die Mächtigkeit der Torfmoore kann durchschnittlich zu 3 m angenommen werden, sie steigt mitunter bis zu 15 und 20 m. Nach Rau beträgt der Zuwachs der Mächtigkeit

[1]) Vgl. auch Stahleisen 1923, S. 1542.

[2]) F. Denz: Die Holzverkohlung und der Köhlereibetrieb. Wien 1910, S. 26.

[3]) Vgl. S. 505.

[4]) Versuche, Holzkohle als Kuppelofenbrennstoff zu verwenden, sind beschrieben in Gieß.-Zg. 1923, S. 228.

[5]) Näheres siehe S. 609; dort sind auch Analysen von Holzkohlenstaub wiedergegeben, ferner vgl. Stahleisen. 1910, S. 908.

1—5 m in 100 Jahren [1]). Hochmoore sind solche Niederungsmoore, deren Untergrund sich über die Höhe des normalen Wasserspiegels der betreffenden Gegend in uhrglasförmiger Wölbung erhoben hat.

Man trifft die Moore als Gürtel von wechselnder Breite in den Ländern des Nordens von Europa, Asien und Amerika, in Deutschland vornehmlich in der norddeutschen Tiefebene von Holland bis nach Rußland hinein, aber auch auf den Hochebenen der nördlichen Alpen und ihrer angrenzenden Gebiete, auf denen des Harzes und anderer Gebirge. Auch die südliche Halbkugel weist einen Torfgürtel auf (Südamerika, Australien). Die deutschen Moore werden auf rund 2,6 Millionen Hektar geschätzt, die gesamten Torfvorräte des Deutschen Reiches auf 9 Milliarden Tonnen Trockentorf. Das Vorkommen der Moore ist jedoch nicht an die gemäßigten Zonen gebunden, sondern es können auch unter Tropenklima an dauernd mit ruhigem Wasser besetzten Örtlichkeiten große Torflagerstätten, entstehen z. B. auf Sumatra [2]).

Der Torf hat je nach dem Grade der Zersetzung der Pflanzenstoffe ein verschiedenes Aussehen. Während die oberen Schichten des Torfmoores, der Rasen- oder Fasertorf, weil in neuerer Zeit gebildet, an noch wenig vermoderten Pflanzenfasern reicher sind und dadurch hellbraun und leicht erscheinen, enthalten die darunter liegenden älteren Partien einen dunkleren, schweren, gut reifen Torf, den sogenannten Sumpf- oder Moortorf. Der selten vorkommende, von den genannten Sorten stets überlagerte Pech- oder Specktorf endlich weist eine braunschwarze Farbe auf und zeigt im allgemeinen kein organisches Gefüge mehr.

Nach der Gewinnungsweise unterscheidet man Stichtorf bzw. Baggertorf und Preß- bzw. Streichtorf. Ersterer wird mit besonders geformten Spaten durch senkrechten und wagerechten Stich von Hand, auch maschinell mittels Greifbagger ausgehoben und dann im Freien oder in luftigen Schuppen zum Trocknen gelegt. Die Soden von maschinell hergestelltem Formtorf haben ein Format von $10 \times 10 \times 25$ bis $12 \times 12 \times 33$ cm. Für diese Arbeitsweise ist es erforderlich, daß der Torf eine bestimmte innere Festigkeit besitzt, und daher nötigenfalls das Moor vor der Torfgewinnung durch Anlegen von Kanälen genügend entwässert wird. Wo dies nicht der Fall ist — wie fast allgemein in Holland — muß der Torf als dickflüssiger Schlamm mit Schaufeln seinem Lager entnommen, durch Kneten und Mischen verdichtet und zu einer breiigen Masse verarbeitet werden, die durch Streichen nach Art der Handziegelei oder mittels Pressen in Ziegelsteinform gebracht und darauf getrocknet wird. Auf solche Verfahren ist man auch angewiesen, wenn der Torf eines Moores in verschiedenen Tiefen wechselnde Beschaffenheit aufweist, und daher die daraus gestochenen Torfsoden beim Trocknen sich ungleichmäßig zusammenziehen oder reißen. Die Herstellungsweise des Preß- oder Streichtorfs bietet den Vorteil, daß durch das Zerreißen, Kneten und Mischen die Torfmasse größere Festigkeit und Dichtigkeit erhält als Stichtorf. Das spezifische Gewicht der ersteren stellt sich auf $1,0-1,1$ gegenüber $0,2-0,5$ für Stichtorf. Bei einem Wassergehalt von $80-90\%$ wiegt 1 cbm frischer Torfmasse $1000-1100$ kg. 1 Raummeter lufttrockener Maschinenbreitorf wiegt $330-650$ kg, Handbacktorf $200-500$ kg. Stichtorf ist entsprechend seiner geringeren Dichte noch leichter.

Die Güte des Torfs hängt im allgemeinen von der Art des Moores ab. Gewöhnlich haben die Hochmoore den besten Torf, während der Torf der Niederungsmoore infolge von Überschwemmungen häufig einen höheren Aschegehalt aufweist, der bei ganz schlechten Sorten bis zu 40% und mehr steigt und die Verwendung des Torfs als Brennstoff für den Handel ausschließt. Der Aschegehalt des Torfs hängt teils von der Bildungsweise, teils von dem Entstehungsort des Moors ab und schwankt von $\frac{1}{2}$ bis 50% vom Gewicht des vollständig getrockneten Torfs. Torfe mit weniger als 5% Asche heißen aschearm, solche von $5-10\%$ haben mittleren Aschegehalt und die Torfe mit über 10% Asche sind aschenreich. Ein Torf, der über 25% Asche enthält, ist nur unter besonderen Bedingungen für Feuerungszwecke zu verwenden.

---

[1]) Stahleisen 1910, S. 1293.
[2]) Glückauf 1909, S. 773.

In frischem Zustand besitzt der Torf 80—90 °/₀ Wasser, das durch Trocknen an der Luft bis auf etwa 20 °/₀ verringert werden muß, um das Material zum Verheizen geeignet zu machen. Guter lufttrockener Koks enthält 15—25 °/₀ Feuchtigkeit, sein Heizwert beträgt 3300—4500 WE.

Bei dem Trocknen schwindet Torf um mehr als die Hälfte seines Volumens. Eine stärkere Entwässerung des Torfs ist sowohl durch künstliches Trocknen, d. h. durch Herstellen von Darrtorf, als auch durch starkes Pressen versucht worden. Da das in den Zellen der Pflanzenfaser eingeschlossene Wasser nur abgegeben wird, wenn die Zelle gesprengt bzw. aufgeschlossen wird, benutzen zur Erreichung dieses Ziels verschiedene Verfahren Dampf, Elektrizität oder Vakuum. Doch sind die Kosten für eine derartige Veredelung im Vergleich mit anderen Brennstoffen meist zu hoch (s. weiter unten). Die Zusammensetzung eines guten Preßtorfs ist nach Schöndeling [1] folgende:

Kohlenstoff . . . . 49,82 °/₀
Wasserstoff . . . . 4,35 °/₀
Stickstoff plus Sauerstoff . . . . . 26,99 °/₀
Hygroskopisches Wasser . . . . . . 15,50 °/₀
Asche . . . . 3,34 °/₀
Wärmeleistung . . . . 4360 WE

Dagegen wird von Hausding [2] die Zusammensetzung des lufttrockenen, aschefreien Stichtorfs im Durchschnitt zu 45 °/₀ Kohlenstoff, 1,5 °/₀ Wasserstoff, 28,5 °/₀ chemisch gebundenem Wasser und 25 °/₀ Feuchtigkeitswasser angegeben. Die chemische Zusammensetzung der aschefreien, reinen Torfmasse endlich ist nur geringen Schwankungen unterworfen, so daß man sie mit 57—59 °/₀ Kohlenstoff, 5—6 °/₀ Wasserstoff und 34—38 °/₀ chemisch gebundenem Wasser, entsprechend einem Heizwert von 6500 WE annehmen kann. Die Verdampfungsziffer schwankt zwischen 3 und 4,5. Zahlentafel 198 enthält eine Auswahl neuer Torfanalysen.

Die Entzündungstemperatur des Torfs liegt bei 230° C. Er verbrennt mit langer, rußender Flamme. Da Torf im Gebläsefeuer sprüht und ferner nicht ohne weiteres in jeder Kohlenfeuerung verbrannt werden kann, vielmehr stets einer seine Eigentümlichkeiten berücksichtigenden Feuerung bedarf, ist seine Verwendung in der Technik eine beschränkte. Doch dürfte es wohl möglich werden, durch Vergasung und Erzeugung von elektrischer Kraft die weitausgedehnten Torflager gewinnbringend auszunutzen [3].

Unter Veredelung des Torfes versteht man die Brikettierung und die Verkokung unter Gewinnung der Nebenerzeugnisse. Die Frage der Torfbrikettierung wurde seit mehr als 70 Jahren zu lösen versucht. Die technische Durchführbarkeit erwies sich als durchaus möglich, jedoch zwang die mangelnde Wirtschaftlichkeit stets zur Einstellung der Arbeiten. Die Ursache ist darin zu suchen, daß man die künstliche Trocknung, die zur Herstellung des Brikettiergutes notwendig ist, nicht wirtschaftlich genug durchzuführen verstand. Unter den bekannten Torfbrikettierungsverfahren scheiden diejenigen, welche den Rohtorf mit 85 °/₀ Wasser unmittelbar der künstlichen Trocknung zuführen wollen und die in den meisten Fällen eine Nachahmung des Trocknungsverfahrens der Braunkohle darstellen, also auf Verwendung der dort üblichen Dampftrockner hinauslaufen, sofort als nicht wettbewerbsfähig aus, da der Unterfeuerungsbedarf infolge der ungeheueren zu verdampfenden Wassermengen größer ist als die erzielte Erzeugung. Torfbrikettierungsverfahren können nur dann wettbewerbsfähig sein, wenn es gelingt, ein billiges, nicht mit großen Trocknungskosten belastetes Halbtrockengut mit weniger als 40 °/₀ Wassergehalt zu erzeugen, da die Dampftrockner einen zu geringen Wirkungsgrad für die Trocknung von Torf haben [4].

Die Torfbriketts enthalten 12—15 °/₀ Wasser, ihr Heizwert ist um 20—30 °/₀ höher als der des Sodentorfs. Das spezifische Gewicht der Torfbriketts liegt bei 1,2. Torfbriketts gleichen nach Form, Aussehen und Festigkeit den Braunkohlenbriketts, haben

―――――――――

[1] Glückauf 1900, S. 793.
[2] Handbuch der Torfgewinnung und Torfverwertung. 2. Aufl. Berlin 1904, S. 19.
[3] Vgl. Z. V. d. I. 1911, S. 368; Bayer. Ind.- u. Gewerbebl. 1920, S. 131; Journ. Gasb. Wasservers. 1920, S. 817.
[4] Näheres vgl. Stahleisen 1922, S. 981.

auch beinahe denselben Heizwert, sind jedoch nicht in gleicher Weise beständig gegen Witterungseinflüsse. Da zudem ihre Herstellung sich teuer gestaltet, sind Torfbriketts nur unter gewissen Bedingungen und örtlichen Verhältnissen wettbewerbsfähig. Zahlentafel 199 gibt einige Analysen von Torfbriketts.

Zahlentafel 198.
Chemische Zusammensetzung und Heizwert von Torf [1]).
Werte aus den Jahren 1919—1922.

Bezirk	Ort	Bezeichnung	Rohtorf C %	H₂ %	Wasser %	Asche %	Flücht. Bestandteile %	Brennbare Substanz %	Heizwert (unterer) Rohtorf WE	Reintorf WE
Oberbayern	Preysingmoos (Traunstein)	Torf	41,90	4,78	25,70	1,19	n.best.	73,11	3645	5193
,,	Geltinger Filz	Maschinentorf	n. best.	n. best.	23,50	0,80	,, ,,	75,70	4010	5485
,,		Stichtorf	,, ,,	,, ,,	14,07	4,75	,, ,,	81,18	4305	5408
Hannover	Lüneburg	,,	,, ,,	,, ,,	26,14	6,32	42,71	67,54	3406	5275
,,	,,	Preßtorf	,, ,,	,, ,,	37,72	7,37	34,83	54,91	2714	5355
,,	Ostfriesland	Torf	,, ,,	,, ,,	20,75	1,43	48,77	77,82	3899	5173
,,		hell	,, ,,	,, ,,	38,56	1,18	41,69	60,26	2620	4733
Schleswig-Holst.	Flensburg	Preßtorf	,, ,,	,, ,,	31,14	1,61	45,25	67,25	3247	5106
,,		Stichtorf	,, ,,	,, ,,	18,14	1,33	55,06	80,53	3851	4917
Mecklenburg	Parchim	—	,, ,,	,, ,,	27,46	7,99	40,96	64,55	3013	4923
Westfalen	Münster	—	,, ,,	,, ,,	25,00	2,22	50,11	72,78	3650	5221

Zahlentafel 199.
Chemische Zusammensetzung und Heizwerte von Braunkohlen- und Torfbriketts [1]).
Werte aus den Jahren 1919—1922.

Bezirk	Werk	Bezeichnung	Rohkohle C %	H₂ %	Wasser %	Asche %	Flücht. Bestandteile %	Brennbare Substanz (Reinkohle) %	Heizwert (unterer) Rohkohle WE	Reinkohle WE
Oberbayern	Brikettwerk Seeshaupt	—	n. best.	n. best.	12,04	18,14	n.best.	69,82	4930	7166
,,	,,	—	,, ,,	,, ,,	8,47	23,38	,,	68,15	5140	7615
Mitteldeutschland	Anhaltische Kohlenwerke	—	,, ,,	,, ,,	18,64	9,38	38,76	68,65	4490	6732
,,	Beuna	—	,, ,,	,, ,,	21,90	8,37	39,88	72,99	4731	6635
,,	Ilse	Ilse	55,80	4,03	14,52	6,53	40,99	78,95	4735	6108
,,	Riebecksche Montanwerke	(M-W)	n. best.	,, ,,	17,57	9,71	44,02	72,72	4963	6970
Rheinlande	Unionbriketts	Union	53—56	3,9—4,5	13—16	3—6	—[2])	—	5000 bis 5200	—
Oberbayern	Torfwerk Hohenbirken	„Universal" II. Sorte	n. best.	n. best.	15,52	6,72	—	77,76	4085	5370
?	?	Moostorfpreßling	,, ,,	,, ,,	15,35	0,13	61,35	84,52	3872	4690
?	Torfbrikett nach Steinertschem Verfahren		,, ,,	,, ,,	8,92	2,48	60,99	88,60	4540	5185

[1]) Die Werte entstammen zum größten Teil Brennstoffuntersuchungen des Bayerischen Revisionsvereins (Z. bayr. Rev.-V. 1920—1922) und der Thermo-Chemischen Versuchsanstalt Dr. Aufhäuser, Hamburg (Jahresbericht 1920 des Vereins für Feuerungsbetrieb und Rauchbekämpfung in Hamburg).

[2]) $O_2 + N_2$ 20—23%, S 0,3—0,5%.

Durch Tränken von Torf mit Rohöl oder dessen Abfällen ist schon ein Erzeugnis hergestellt worden, das selbst die Steinkohle an Heizwert übertreffen und sich infolge seiner Rauchfreiheit und geringen Verbrennungsrückstände für Eisenbahnen und Schiffe vorzüglich eignen soll [1]).

Torfkoks.

Unterwirft man Torf der trockenen Destillation, so entweichen zwischen 150 und 600° C. seine flüchtigen Bestandteile. Die Gase bestehen aus leichten Kohlenwasserstoffen, geringeren Mengen Kohlenoxyd, Kohlensäure, Wasserstoff und Stickstoff und besitzen im gereinigten Zustand eine bedeutende Leuchtkraft, weshalb sie hin und wieder als Leuchtgas Verwendung finden. Torfteer und Teerwasser bilden die Gesamtheit der kondensierbaren Dämpfe. Ersterer ist eine ölartige, dunkelbraune Flüssigkeit und enthält Kohlenwasserstoffe in Form von leichtem Öl, dem sogenannten Turfol, und schwerem Öl (Solar-, Gas- oder Schmieröl). Aus der wässerigen Flüssigkeit wird Ammoniak, Essigsäure, Holzgeist u. a. gewonnen. Zurück bleibt eine leichte, koksartige Kohle von 0,23 bis 0,38 spezifischem Gewicht und 6500—7000 WE Heizwert in Menge von $^1/_4$—$^1/_3$ des Torfgewichts. Bei dem geringen Koksausbringen ist von Torfverkokungsverfahren, die wirtschaftlich sein sollen, eine große Ausbeute an Nebenerzeugnissen zu verlangen. Die meisten Hochmoortorfe haben einen Teergehalt von 10—13%, bezogen auf luftreinen Torf, wovon sich in Schachtöfen mit Innenbeheizung bis zu 80% gewinnen lassen dürften. Untersuchungen des Torfurteeres ergaben: 15% Paraffin, 15% viskose Öle, 12% nichtviskose Öle und 41% Phenole.

Die Torfverkohlung wird sowohl in Meilern als auch in gemauerten Öfen und Retorten durchgeführt und ähnelt zum Teil den Verkokungsweisen des Holzes (s. oben) [2]). Zur Erreichung einer brauchbaren Kohle empfiehlt es sich, nur trockenen, möglichst aschearmen (höchstens 8%) und dichten Maschinentorf zu verwenden.

Die Zusammensetzung völlig trockener Torfkohle kann im Durchschnitt, wie folgt, angegeben werden:

Kohlenstoff . . .	75—85%		Sauerstoff . . .	8—10%
Wasserstoff . . .	2—4%		Asche	4—8%
Phosphor	0,01—0,03%		Schwefel	0,2—0,4%

Andere Angaben zeigen folgende Werte:

	a [3])	b [4])		a [3])	b [4])
Kohlenstoff .	86,00%	74,40%	Asche	3,30%	5,00%
Wasserstoff .	1,90%	2,32%	Wasser	2,00%	10,00%
Stickstoff . .	0,30%	0,50%	Heizwert (unterer).	7400 WE	6600 WE
Sauerstoff . .	5,20%	7,80%	Raumgewicht . . .	250—300 kg/cbm	300 kg/cbm
Schwefel . .	0,30%	n. best.	Druckfestigkeit . .	40—60 kg/qcm	—
Phosphor .	bis 0,03%	,,	Porenmenge . . .	50—60 %	—

Lufttrockene Torfkohle enthält mindestens 10% hygroskopisches Wasser. Der Schwefel- und Phosphorgehalt ist hin und wieder beträchtlich. Bei niedrigem Schwefelgehalt findet Torfkohle als Ersatz für Holzkohle in Schmieden und Schlossereien manchmal Verwendung; auch wurden verschiedentlich Versuche angestellt, um bei Schwierigkeiten im Bezuge von Holzkohle unter einem Zusatz von Torfkohle Holzkohlenroheisen zu erblasen [5]), als Nachteil machte sich hierbei die geringe Druckfestigkeit der Torfkohle bemerkbar. Der Zündpunkt der Torfkohle liegt bei 270° C. Ob Torfkohle an Stelle von Holzkohle in größerem Umfang Verwendung finden kann, hängt in erster Linie von den Kosten ihrer Darstellung ab. Wegen ihrer Leichtverbrennlichkeit eignet sich Torfkohle nicht für den Kuppelofenbetrieb.

---

[1]) Bayer. Ind.- u. Gewerbebl. 1904, S. 360.

[2]) Mitteilungen über das Domnicksche Ringofenverfahren s. Gießerei 1923, S. 561.

[3]) Hasselblatt und Arndt: Hamburg. Merkblatt über Torfkoks 1921.

[4]) Gieß.-Zg. 1923, S. 228; Versuche von Zalessky betr. Verwendung von Torfkoks als Kuppelofenbrennstoff.

[5]) Vgl. Stahleisen 1905, S. 1326; 1919, S. 900.

Braunkohle.

Unter Braunkohle versteht man gewöhnlich die festen Brennstoffe der Tertiärformation, d. h. jenes Abschnittes der Erdgeschichte, der vom Ende der Kreidezeit bis
zum Beginn der Eiszeit reicht. Der Begriff ist also streng genommen ein geologischer,
doch wird er im chemischen Sinne auch auf solche Kohlen ausgedehnt, die gegenüber
den meist als Schwarzkohlen auftretenden Brennstoffen des produktiven Karbons vor
allem mehr Sauerstoff enthalten. Botanisch und geologisch ist nachgewiesen, daß die
große Masse der Braunkohlenflötze der Tertiärformation aus Torfmooren mit süßem
oder höchstens schwach brackischem Wasser entstanden ist.

Die charakteristischen Merkmale der Braunkohle sind der braune Strich und die
braune Farbe ihres feinsten Pulvers [1]; äußerlich unterscheiden sich die einzelnen Arten
der Braunkohle sehr stark. Während die jüngste Art, der gelbbraune, glanzlose Lignit
noch deutliches Holzgefüge aufweist, die Jahresringe leicht erkennen läßt und in Richtung der Holzfaser spaltbar ist, stellt die erdige Braunkohle eine hellbraune, pulverige,
vollkommen zerreibliche Masse ohne alles organische Gefüge dar. Die am häufigsten
vorkommende gemeine Braunkohle von dunkelbrauner Farbe und erdigem Bruch
vermittelt den Übergang der erdigen Braunkohle zu den massigen Pechkohlen von
schwarzer Farbe. Weiterhin tritt die Braunkohle auf als leichter, hellfarbiger Pyropissit
von speckiger Beschaffenheit und als harzartige Glanzkohle. Wo die Kohle vorzugsweise aus Faulschlamm herrührt, hat sie schiefriges Gefüge und heißt dann Blätterkohle
oder Dysodil (Stinkkohle), ist hellbraun, dünnschiefrig, bitumenreich und hinterläßt
beim Verbrennen unter allen Kohlen die meiste Asche.

Die Braunkohle ist über einen großen Teil des Erdballs verbreitet. Besonders
wichtige und wertvolle Lager finden sich in Böhmen (Teplitz-Brüx-Komotauer Mulde).
Der Schwerpunkt der deutschen Braunkohlenindustrie liegt in den preußischen Provinzen
Sachsen und Brandenburg (Lausitz), sowie den angrenzenden Freistaaten Sachsen,
Thüringen (Sachsen-Altenburg), Anhalt und Braunschweig. Auch in der Rheinprovinz
(bei Köln) hat sich die Braunkohlenförderung zu großer Bedeutung entwickelt. Endlich sind zu erwähnen die Braunkohlenlager in Schlesien, Hessen-Nassau, Hannover,
in Niederhessen und in Oberbayern [2]. Insgesamt beträgt die Braunkohlenförderung
des Deutschen Reiches zur Zeit etwa 90 Millionen Tonnen jährlich.

Zahlentafel 200.
Zusammensetzung von Braunkohlen [3].

Kohlensorte	Herkunft	C %	H₂ %	O₂ (einschl. N₂ und flüchtigem S) %	Asche %	C der Reinkohle (berechnet) %	H₂ %	O₂ %
Lignit	Laubach (Hessen)	57,28	6,03	36,10	0,59	57,62	6,07	36,31
Erdige Kohle (Feuerkohle)	Grube v. d. Heydt (bei Halle)	57,43	5,88	24,83	11,86	65,16	6,67	28,17
Erdige Feuerkohle	Greppin	58,36	4,88	25,36	11,40	65,87	5,51	28,62
Förderkohle	Costebrau (Bergrev. West-Cottbus)	62,11	4,75	26,23	6,91	66,72	5,10	28,18
Erdige Feuerkohle	Waldau b. Osterfeld	62,15	6,42	22,57	8,86	68,19	7,01	24,76
Förderkohle	Meuselwitz(Bergrev Zeitz)	61,49	4,95	23,26	10,20	68,47	5,51	26,02
Gemeine Braunkohle	Schönfeld in Böhmen	61,20	5,17	21,28	12,35	69,82	5,90	24,28
Schwelkohle	Waldau b. Osterfeld	64,83	7,62	19,66	7,89	70,38	8,27	21,36
Blätterkohle	Grube Wilhelmsfund (Westerwald)	62,80	6,76	19,43	11,01	70,57	7,60	21,83
Pechkohle	Pensberg in Bayern	69,50	4,63	20,47	5,40	73,47	4,89	21,64
Pyropissit	Köpsen bei Hohenmölsen	71,12	11,63	9,53	7,72	77,07	12,60	10,32
Gaskohle	Falkenau	70,54	6,67	13,81	8,98	77,50	7,33	15,17
Glanzkohle	Meißner in Hessen	82,00	4,20	5,90	7,90	89,03	4,56	6,41

[1] Vgl. auch S. 476.   [2] Vgl. Stahleisen 1913, S. 1133, 1189.
[3] Z. T. aus: G. Klein: Handbuch für den Deutschen Braunkohlenbergbau. Halle a. S. 1907.

Die Gewinnung der Braunkohle erfolgt in der Regel durch Tagebau und nur vereinzelt durch Tiefbau (z. B. bei Helmstedt), da sich die durchschnittlich 15—20 m und
mehr mächtigen Flöze [1] meist in geringer Tiefe befinden und dann schon nach Ab-
tragung einer Humusschicht zugänglich sind.

Über die elementare Zusammensetzung verschiedener Braunkohlenarten gibt
Zahlentafel 200 Auskunft. Aus derselben ist ersichtlich, daß Lignit den niedrigsten
Kohlenstoffgehalt aufweist, seine Zusammensetzung schließt sich der des Torfes an.
Der Gehalt an Kohlenstoff wächst bei der erdigen und gemeinen Braunkohle und erreicht
in den bayerischen Pechkohlen und den Falkenauer Gaskohlen schon den Kohlenstoffgehalt der Steinkohle, während der Sauerstoffgehalt entsprechend sinkt. Zahlentafel 201
gibt eine Auswahl neuerer Analysen der einzelnen deutschen Vorkommen.

Zahlentafel 201.

Chemische Zusammensetzung und Heizwerte von Braunkohlen [2].

Werte aus den Jahren 1919—1922.

Bezirk	Grube	Bezeichnung	Rohkohle					Brenn-bare Sub-stanz (Rein-kohle)	Heizwert (unterer)	
			C	H_2	Wasser	Asche	Flücht. Bestand-teile		Roh-kohle	Rein-kohle
			%	%	%	%	%	%	WE	WE
Oberbayern	Peißenberg	Nuß I	49,99	3,69	15,75	13,54	—	70,71	4765	6874
,,	,,	Förderkohle	42,59	3,20	11,03	29,64	—	59,33	3915	6707
,,	,,	Waschgries	50,42	3,97	17,39	13,03	—	69,58	4715	6927
,,	Penzberg	Grobkohle	—		10,44	14,61	—	74,95	5015	6775
,,	,,	Rohgries	35,33	2,61	24,77	24,43	—	50,80	3135	6467
Mitteldeutsch-land	Meuselwitz (Sachsen)	Rohkohle	31,87	2,46	49,03	5,71	—	45,26	2640	6478
,,	Dölitzsch bei Leipzig	,,	27,21	2,13	53,14	7,52	22,45	39,34	2245	6512
,,	Riebecksche Montanwerke	,,	—	—	49,60	6,97	23,56	43,43	2614	6704
,,	Coswig (Anhalt)	,,	—	—	44,19	12,86	22,85	42,95	2543	6537
,,	Helmstedt (Braunschweig)	,,	—	—	45,33	7,30	27,33	47,37	2844	6578
,,	Hoyerswerda (Niederlausitz)	,,	—	—	57,56	3,24	21,66	39,20	2103	6245
,,	Senftenberg (Niederlausitz)	,,	—	—	52,74	3,34	24,96	43,92	2230	5797
,,	Hirschfelde (Oberlausitz)	,,	—	—	52,27	9,12	22,75	38,61	2156	6397
Hessen-Nassau	Frielendorf (Westerwald)	,,	42,45	3,44	32,02	3,53	—	64,45	3690	6026
,,	? [3]	,,	—	—	50,72	4,29	26,96	44,99	2234	5641
Rheinland	,,	,,	24,98	1,77	51,61	11,53	—	36,86	1890	5972
,,	,,	,,	—	—	58,71	2,23	20,71	39,05	2053	6158
,,	,,	,,	—	—	59,29	4,76	21,15	35,95	1903	6283
Hannover	Hausbruck bei Harburg	Mischkohle	—	—	31,25	12,88	27,73	55,87	3344	6320
Böhmen	Unionsschacht (Falkenau)	Rohkohle	52,42	4,16	16,55	13,67	36,69	69,78	4785	6999
,,	Gustavschacht	Nuß I	40,56	3,24	39,70	5,21	—	55,09	3505	6790

----

[1] Die Mächtigkeit der Rheinischen Braunkohlenflöze beträgt z. T. 100 m.

[2] Die Werte entstammen zum größten Teil Brennstoffuntersuchungen des Bayerischen Revisionsvereins (Z. bayr. Rev.-V. 1920—1922) und der Thermo-Chemischen Versuchsanstalt Dr. Aufhäuser, Hamburg (Jahresbericht 1920 des Vereins für Feuerungsbetrieb und Rauchbekämpfung
in Hamburg).

[3] Nach Angabe des Rheinischen Braunkohlensyndikats in Köln hat rheinische Förderbraun-
kohle folgende Elementaranalyse: 25—32% C, 1,9—2,6% H_2, 9—12% O_2, 0,2—0,3% N_2, 0,2 bis
0,3% S, 50—60% Wasser, 1,9—3,5% Asche. Der obere Heizwert schwankt zwischen 2300—3000 WE,
der untere zwischen 1800—2500 WE. Das Schüttgewicht beträgt 0,70 t je cbm. — (Braunkoh e
1921, S. 227.)

Bitumenreiche Braunkohlen [1]), z. B. böhmische und sächsische Schwelkohlen, enthalten bis zu 24% des Kohlengewichts an Teer. Solche Kohlen können durch Entgasung im Durchschnitt 8 kg Teer je 100 cbm Gas, bei 300 cbm Gas aus 100 kg Kohle liefern. Auch der Wasserstoffgehalt hängt wesentlich von dem Gehalt an Bitumen ab, bituminöse Kohlen sind reich an Wasserstoff. Der Gehalt deutscher Braunkohlen an Schwefel beträgt für grubenfeuchte Kohle nach Langbein 0,23—5,15%, auf Reinkohle berechnet 0,31—7,38%, nach Erdmann 0,62—1,87%, auf Reinkohle berechnet 1,16—4,56%. Der Schwefel ist teils in organischer Bindung vorhanden, teils in Form von anorganischen Beimengungen, hauptsächlich von Schwefelkies, auch von Sulfaten.

Der Aschegehalt schwankt in den weitesten Grenzen (von 1—50% und höher), doch kommen für Feuerungszwecke nur Kohlen mit einem Aschegehalt der Rohkohle bis zu 10%, entsprechend 12% der trockenen Kohle in Betracht. Braunkohlenasche enthält an Basen Oxyde des Eisens, Aluminiums, Kalziums, in geringer Menge des Magnesiums, Kaliums, Natriums, zuweilen des Mangans, sowie Spuren von Strontium. An Säuren finden sich Kieselsäure, Schwefelsäure, schweflige Säure, Kohlensäure, Spuren von Salzsäure und Phosphorsäure, endlich Schwefelwasserstoff. Außerdem kommt unverbrannter Kohlenstoff vor. Die Asche reagiert meist schwach alkalisch.

Die deutsche Braunkohle weist einen starken Wassergehalt auf, der bei der erdigen Braunkohle bis zu 60% geht und im Durchschnitt bei 50% liegt, sich aber durch Lagern an der Luft bis auf 12—15% vermindern läßt. 1 cbm trockener Braunkohle wiegt 600—700 kg. Bei längerem Lagern an der Luft erfolgt eine starke Veränderung der Braunkohle, indem auch der Kohlenstoff- und der Wasserstoffgehalt zurückgehen, der Sauerstoff- und der Aschegehalt daher steigen. Gleichzeitig pflegen die Stücke zu Feinkohle zu zerfallen. Nicht selten führt die durch die Oxydation der organischen Substanz und auch des eingeschlossenen Schwefelkieses veranlaßte Selbsterwärmung auf der Halde gelagerter Kohlen oder gestapelter Briketts zur Selbstentzündung [2]).

Was den Heizwert der im Handel vorkommenden Braunkohlen betrifft, so ist die böhmische Braunkohle mit 4600—5000 WE der deutschen Braunkohle mit 2500 bis 4000 WE überlegen.

Die rohe deutsche Förderkohle besitzt mit Ausnahme weniger Gebiete einen bedeutenden Gehalt an erdiger Kohle, so daß die Rohkohle vor ihrer Verladung häufig einer Separation unterworfen wird, um die wertvollen Stücke, die Knorpel, von dem feinen Haufwerk, der Klarkohle, zu trennen. Nach der Korngröße der separierten Kohle werden im Handel gewöhnlich vier Sorten unterschieden, so umfaßt z. B. in der Gegend von Halle

Stückkohle	Stücke über 130 mm	Korngröße
Maschinenkohle	„ von 80—130 mm	„
Nußkohle	„ „ 20—80 mm	„
Klarkohle	„ „ höchstens 20 mm	„

Man bezeichnet die Förderkohle je nach ihrer Verwendung als Feuerkohle oder Schwelkohle. Die Feuerkohle (Knorpelkohle, Klarkohle) hat ein spezifisches Gewicht von 1,2—1,4; sie schmilzt beim Erhitzen nicht, läßt sich aber leicht anzünden und verbrennt mit stark rußender Flamme unter Entwicklung eines brenzlichen Geruchs. Auf Reinkohle berechnet, enthält sie 57—70% Kohlenstoff, 5—6,7% Wasserstoff, 24—36% Sauerstoff + Stickstoff + Schwefel. Der Aschegehalt schwankt zwischen 0,6 und 12,4%, steigt aber häufig noch höher. Die edelste Schwelkohle bildet der Pyropissit mit einem Gehalt von 40—50% Bitumen. Beim Erhitzen schmilzt er je nach dem Bitumengehalt zwischen 150 und 200°. Angezündet brennt er mit stark rußender Flamme; der nach dem Erlöschen auftretende Rauch riecht stark aromatisch. Der Aschegehalt des Pyropissits schwankt zwischen 9 und 18%. Zwischen Feuerkohle und Pyropissit steht die gewöhnliche Schwelkohle, die die Grundlage der sächsisch-thüringischen Mineralindustrie

---

[1]) Unter Braunkohlen-Bitumen sind die in Benzol löslichen Bestandteile der Humuskohle, d. h. der Überbleibsel von Organismen, verstanden. Das durch Extraktion gewonnene Bitumen stellt eine schwarzbraune, spröde Masse dar, die zwischen 80 und 90° C. schmilzt und das spezifische Gewicht 1 besitzt. Das Bitumen zersetzt sich in der Hitze und liefert Öl, Paraffin und Gase.

[2]) Vgl. S. 478.

bildet. Sie ist eine von Wachskohle (Liptobiolithen) mehr oder weniger durchsetzte erdige Braunkohle. Ihr ist ein höherer Bitumengehalt eigen, sie liefert bei der trockenen Destillation, dem sogenannten Schwelprozeß, einen Teer, der auf Gasöle, leichte und schwere Motoröle, Schmier- und Putzöle, Heiz- und Brennöle, Paraffin, Asphalt, Goudron und Benzin weiter verarbeitet wird; der hierbei zurückbleibende Koks heißt Grudekoks. Die entweichenden Schwelgase haben einen Heizwert von 2000—3000 WE und werden sowohl zum Heizen der Schwelöfen als auch zur Krafterzeugung benutzt.

Die technische Verwertbarkeit der Braunkohle ist auf drei Eigenschaften begründet: auf dem Bitumengehalt, dem Heizwert und der Brikettierfähigkeit. Schon lange ist man bestrebt, die Braunkohle in eine für den Handel brauchbare Form zu bringen. Das annähernd 100 Jahre alte Verfahren der Anfertigung der Handstreichsteine, nach dem man die zerkleinerte, erdige Kohle unter Zusatz von Wasser zu einem dicken Brei anmengte, diesen kräftig durchknetete, die Masse in Ziegelform strich und 12 bis 14 Tage trocknete, hatte eigentlich nur örtliche Bedeutung gewinnen können, da die Steine beim Trocknen leicht rissig wurden und keinen Transport aushielten. Es mußte daher bald der Anfertigung fester Steine, der Naßpreßsteine, mittels Maschinen weichen. Die Kohle gelangt hierbei in ein Knetwerk und wird dann in einem Preßzylinder verdichtet. Doch beträgt der Feuchtigkeitsgehalt auch der Naßpreßsteine immerhin noch 25—30%.

Erst die Herstellung der Briketts hat es der deutschen Braunkohle ermöglicht, gegen die Steinkohle und die böhmische Braunkohle erfolgreich in die Schranken zu treten. Das Brikettieren selbst, die Herstellung fester Steine aus getrockneter Kohle unter hohem Druck ohne besondere Bindemittel spielt sich folgendermaßen ab: Die geförderte Kohle, die bis zu 50% Feuchtigkeit enthält, wird durch Zerkleinerungsmaschinen, Brecher oder Schleudermühlen, bis auf etwa 3 mm Korngröße zerkleinert und dann in Öfen soweit getrocknet, daß je nach der besonderen Natur der Kohle noch etwa 5 bis 15% Feuchtigkeit verbleiben. Dann wird die getrocknete Kohle in Stempelpressen mit offener Form unter einem Druck von 1300—1500 at zu Briketts gepreßt. Das unter diesem hohen Druck sich verflüchtigende Bitumen bindet die einzelnen Kohleteilchen zu festen und wetterbeständigen Briketts. Wichtig ist daher ein bestimmter Gehalt an Bitumen.

Nach dem Format unterscheidet man Salon- oder Hausbrand- und Industriebriketts. Bei Herstellung der letzteren wird beabsichtigt, eine für die Beschickung der Kessel zweckmäßige Form (Halbsteine, Würfel-, Nuß- und Rundbriketts) zu erhalten[1]). Sie sind daher meist kleiner als Salonbriketts. Die Zusammensetzung und der Heizwert von Braunkohlenbriketts geht aus Zahlentafel 199 hervor.

Die Wettbewerbsfähigkeit der Rohkohle gegenüber den Briketts wird schon bei mäßigen Entfernungen durch Fracht u. a. ausgeschlossen. Selbst am Erzeugungsort kann unter Umständen die Verwendung von Briketts wirtschaftlicher sein [2]).

Die Braunkohlenbriketts finden weite Verwendung auf dem Rost der Dampfkessel, zur Heizung von Trockenkammern, Temperöfen und Wärmöfen in Eisen- und Stahlgießereien. Ferner müssen erwähnt werden alle Hilfsfeuer und Gelegenheitsfeuerungen, offene Feuer zum Übertrocknen geflickter Kerne, zum Trocknen und Glühendmachen von Gießpfannen u. dgl. Für letzteren Zweck hat sich allerdings die Beimengung von etwas Gaskoks als zweckmäßig erwiesen. Auch die Kuppelöfen kann man mit Briketts anbrennen [3]). Weiterhin dienen sie für den Betrieb von Gaserzeugern in Siemens-Martinwerken [4]). 1 kg rheinische Briketts ergibt bei der Entgasung etwa 2,4 cbm Gase. Die Gase enthalten bei Beginn der Entgasung 6,27 kg Teer je 100 cbm, mit fortschreitender Entgasung sinkt der Teergehalt nach Verlauf einer Stunde auf 0,90 kg Teer und später

---

[1]) Vgl. W. Oellerich: Das rheinische Braunkohlenbrikett und seine Verwendung in häuslichen, gewerblichen und industriellen Feuerungen. Braunkohle 1913, S. 649, 665, 701, 733, 750.

[2]) Vgl. K. Kegel: Rohkohle oder Briketts? Braunkohle 1920, S. 405; 1921, S. 17 u. 33.

[3]) Näheres vgl. K. Krumbiegel: Über die Verwendung von Braunkohlenbriketts in Eisen- und Stahlgießereien. Stahleisen 1910, S. 1545.

[4]) Aus Rohbraunkohle dargestelltes Gaserzeugergas ist außerordentlich feucht, so daß die für den Betrieb von Martinöfen erforderlichen Temperaturen nicht erreicht werden.

bis auf 0 kg. Als Durchschnittsteergehalt können rund 3 kg je 100 cbm Gase oder 7,6 kg je 100 kg Kohle angenommen werden [1]).

Verfeuert man Briketts auf den Rosten von Dampfkesseln, so ist es zweckmäßig, die in Glut befindlichen Stücke vor Aufgabe neuer Kohle nicht nach der Feuerbrücke zurückzuschieben, sondern sie ruhig liegen zu lassen. Damit die Entgasungserzeugnisse der frisch aufgegebenen Briketts sich an der Glut der anderen entzünden können, beschickt man vorteilhaft immer nur die Hälfte des Planrostes, während auf der anderen Seite die unberührten Braunkohlen ihre volle Glut halten. Auch auf Schrägrosten, bei selbsttätiger Beschickung sind gleich gute Ergebnisse erzielt worden.

Ein anderes Veredlungserzeugnis aus Braunkohle, aber auch aus Torf oder Holz, ist unter der Bezeichnung Karbozit in den Handel gebracht worden [2]). Es ist eine Art künstlicher Flammkohle, die durch Trocknung in zwei Stufen erzielt wird. Dadurch unterscheidet es sich von der Karbokohle und Koalite (vgl. S. 515). Das Enderzeugnis ist nicht mehr hygroskopisch. Nachstehend ist die Zusammensetzung der Rohkohle und des daraus dargestellten Karbozits wiedergegeben:

	Rohkohle	Karbozit
Kohlenstoff	27,37%	69,31%
Wasserstoff	2,00%	4,12%
Sauerstoff + Stickstoff	10,78%	13,90%
Schwefel	0,54%	0,91%
Asche	3,23%	5,32%
Wasser	56,08%	6,44%
Heizwert (unterer)	2110 WE	6290 WE

Wesentliche Vorteile bietet Karbozit nur, wenn längere Frachtwege in Betracht kommen. Einen Vorläufer dieses Verfahrens bildet die sogenannte Bertinierung, durch die Bertzit, ein ähnliches Erzeugnis erhalten wird.

Grudekoks.

Der bei der trockenen Destillation der Braunkohle verbleibende Rückstand wird als Grudekoks bezeichnet. Wegen seines großen Aschegehalts und seiner geringen Festigkeit ist er für gewerbliche Feuerungen nicht geeignet und wird meist nur zum Hausbrand verwendet. Vor den Verkokungsrückständen der anderen festen Brennstoffe zeichnet er sich durch seine Glimmfähigkeit aus, d. h. durch die Fähigkeit, auch ohne gesteigerte Luftzufuhr und in dünner Schicht ausgebreitet die Verbrennung zu unterhalten. Die Glimmfähigkeit hängt von einer Reihe von Umständen ab, die bei den einzelnen Brennstoffen wechseln und die in der Hauptsache Heizwert und Entzündungstemperatur umfassen. Auch die Oberflächenbeschaffenheit spielt eine gewisse Rolle. Durch oberflächliches Ablöschen mit Wasser und Ausbreiten in dünner Schicht, wie Steinkohlenkoks, läßt sich Grude nicht zum Erkalten bringen, sie muß vollständig in Wasser ersäuft oder, falls sie in trockenem Zustand gewonnen werden soll, bis weit unter die Entzündungstemperatur unter Luftabschluß abgekühlt werden, da sonst ihre Aufbewahrung an der Luft infolge Gefahr der Selbstentzündung unmöglich wird. Somit ist bei Verwendung von Grude die Kenntnis ihrer Entzündungstemperatur von Wichtigkeit.

Wie aus Zahlentafel 202 hervorgeht, liegt die Entzündungstemperatur von Grude im allgemeinen sehr tief, daher sind bei Beförderung und Lagerung von Grude besondere Vorsichtsmaßregeln gegen Feuergefahr nötig. Nasse oder feuchte Grude ist weniger gefahrdrohend, da beim Erwärmen erst das vorhandene Wasser verdampft werden muß. Tropfnasse Grude enthält bis zu 30% Wasser, lufttrockene etwa 5%; der Wassergehalt der im Handel befindlichen Gruden liegt zwischen beiden Werten und erscheint als notwendiger Sicherheitsfaktor bei Verfrachtung und Lagerung.

Der aus hochwertiger, böhmischer Braunkohle erzielte Koks wird unter dem Namen Kaumazit in den Handel gebracht [3]). Sein Heizwert beträgt etwa 6700 WE.

---

[1]) Vgl. Brennstoff-Chemie 1923, S. 328; Stahleisen 1923, S. 596.
[2]) Näheres siehe Feuerungstechnik 1921, S. 93.
[3]) Vgl. Stahleisen 1907, S. 447.

In Zahlentafel 202 sind Wasser- und Aschegehalt, Heizwert und Entzündungstemperatur verschiedener Gruden zusammengestellt [1]).

Zahlentafel 202.

Zusammensetzung von Braunkohlengruden.

Herkunft der Grude	Wasser %	Asche %	Heizwert (unterer) WE	Entzündungstemperatur ⁰ C.
Bruckdorf-Nietleben	5,7	21,3	5600	240
Oberröblingen	5,8	20,7	5950	247
Webau	5,8	27,0	5320	231
Pfännerschaft Alt-Scherben	5,0	17,2	6190	224
Rheinische Haushaltgrude	5,2	22,2	5535	228
Werschen-Weißenfelser A.G.	4,9	18,8	6160	220
Rositzer Braunkohlen A.G.	2,0	13,9	5970	152
,, ,, ,, ...	2,6	16,7	6600	230
,, ., ,, ...	8,5	19,0	5610	195

Steinkohle.

Die Steinkohle ist eine nicht kristallinische, dichte, schieferige oder faserige Masse, deren matte oder glänzende Stücke braune bis pechschwarze Farbe, schwarzen Strich und ein spezifisches Gewicht um 1,3 besitzen.

Man nimmt heute allgemein an, daß die zur Entstehung der Steinkohlen nötigen Stoffe von vorweltlichen Sumpf- und Landpflanzen bei warmem, regnerischem Klima geliefert wurden. Die Pflanzen gehörten, soweit die wichtigeren Steinkohlenablagerungen in Betracht kommen, beinahe ausschließlich der Steinkohlen- oder Karbonformation an und sind an Ort und Stelle der Ablagerungen gewachsen. Die Entstehung der Steinkohlenflöze kann man sich im allgemeinen in ähnlicher Weise vorstellen, wie das Wachsen des Torfs [2]). Durch die Zersetzung immer neuer Pflanzengeschlechter bildeten sich allmählich beträchtliche Torfanhäufungen, die von mehr oder minder hohen Schlammschichten bedeckt wurden.

Die bedeutenderen Steinkohlenlager sind gürtelförmig über beide Erdhälften verteilt. Der mächtige nordwesteuropäische Kohlengürtel erstreckt sich in einem fast ununterbrochenen, nur durch Störungen beeinflußten Zusammenhang von England über Frankreich, Belgien, Aachen, Holland, Ruhrbezirk nach Oberschlesien. Der europäische Kohlengürtel findet seine Fortsetzung in den nordamerikanischen Kohlenfeldern [3]). Die wichtigsten deutschen Steinkohlenlager des Gürtels sind die Aachener Becken (Inde- und Wurmmulde), die niederrheinisch-westfälische Steinkohlenablagerung links und rechts des Rheins, und das oberschlesische Becken. Die Gebirgsmächtigkeit des aufgeschlossenen rechtsrheinischen produktiven Karbons beträgt über 3000 m mit über 90 Flözen, von denen im Durchschnitt 46 mit 57 m Kohle unbedingt bauwürdig sind. Das oberschlesische Kohlenbecken ist in einer Mächtigkeit von 6700 m mit 124 bauwürdigen Flözen von insgesamt 172 m Kohlenmächtigkeit entwickelt [4]). Außerhalb des Gürtels fallen das niederschlesisch-böhmische (Waldenburger) Becken, der Saarkohlenbezirk und verschiedene andere kleinere deutsche Vorkommen, im Erzgebirge und in der ältesten Kreide, die sogenannte Wealdenflöze des Deisters, Osterwalds und des Bückeburg-Schaumburger Bezirks. Die Steinkohlenflöze treten sehr selten zutage, infolge der Faltungen des Gebirges liegen sie meist nicht wagerecht, sondern sind mehr oder weniger steil aufgerichtet.

---

[1]) F. Plenz: Die Entzündungstemperatur von Braunkohlengrude. Gas Wasserfach 1922, S. 478.
[2]) Vgl. S. 484.
[3]) Näheres über die einzelnen Becken s. P. Kukuk: Unsere Kohlen, S. 58—84.
[4]) Näheres über die deutschen Steinkohlenvorkommen siehe Stahleisen 1913, S. 1133, 1189; 1916, S. 885, 916.

Die über den Kohlenreichtum der einzelnen Länder und die Zeit bis zu dessen voraussichtlicher Erschöpfung häufig gemachten Aufstellungen [1]) sind insofern nicht zuverlässig, als einerseits der Flächeninhalt der Bezirke, in denen die Kohle nachgewiesen ist, durch Bohrungen stets vergrößert wird, und anderseits es wohl späteren Geschlechtern möglich sein wird, die Kohlen auch aus größeren Teufen als heute zu holen, sowie zur Zeit nicht abbauwürdige Flöze zu verwerten.

Die Gewinnung der Steinkohle erfolgt bei uns ausschließlich in bergmännischer Weise durch Tiefbau oder Stollenbau. Der von dem Bergmann selbst vor Ort ausgeführtem Scheidung der Kohle von dem Gestein folgt nach der Förderung über Tag eine Trennung nach verschiedenen Stückgrößen (Klassierung) auf beweglichen Rosten (Rätter und Siebe), die sogenannte trockene Aufbereitung. Mit ihr wird gewöhnlich das Auslesen oder Klauben von Hand der zwischen die Kohle geratenen Gestein- und der Schwefelkiesstücke verbunden. Nur die bei der Siebung sich ergebende Kleinkohle (Nüsse und Feinkohle) oder die absichtlich durch Zerkleinerung mittels Steinbrecher in solche umgewandelte Stückkohle wird der nassen Aufbereitung unterworfen. Die nasse Aufbereitung wird in der Weise ausgeführt, daß das auf eine annähernd gleiche Korngröße gebrachte Gut von den Sieben in eiserne oder hölzerne Rinnen (Lutten) fällt, in denen die Kohlen durch Zuführung von Wasser zunächst gewaschen werden, um sodann auf Setzmaschinen geschwemmt zu werden. Dort geschieht die Trennung der Kohle von dem Gestein nach dem spezifischen Gewicht, indem von unten her ein Wasserstrom unter einem gewissen Druck eintritt und die Kohle höher hebt als den schweren Schiefer. Die Kohle wird mit dem abfließenden Wasserstrom ununterbrochen abgeführt, während der Schiefer zurückbleibt. Die Schwierigkeiten, die sich durch Verwendung von Wasser bei dieser Aufbereitung der Steinkohlen ergeben, beruhen einerseits auf der Notwendigkeit, die Waschwasser zu klären, und anderseits, die Kohle vom Wassergehalt zu befreien. Daher ist man auch schon dazu übergegangen, die Kohle vor ihrem Eintritt in den Waschvorgang zu entstauben. Der in dem Staubbehälter der Exhaustoranlage niedergeschlagene Kohlenstaub zeigt verschiedene Beschaffenheit, was für seine Verwendung in der Formerei von Wichtigkeit ist [2]). Harte Kohle liefert im allgemeinen einen aschereicheren Staub als weiche Kohle.

Förderkohle ist Kohle, die in dem Zustande, wie sie aus der Tiefe gefördert wird, zum Versand bzw. zur Verwendung kommt, dagegen wird bei der aufbereiteten Kohle zwischen gesiebter (nach Korngrößen getrennter) und gewaschener (durch Wasser vom Nebengestein befreiter) Kohle unterschieden. Abfälle aus den Wäschen kommen in Zeiten der Kohlennot ebenfalls in den Handel (Waschberge). Nach der Korngröße pflegt man die trocken aufbereiteten Kohlen in folgende Sorten zu trennen:

Westfälische Sortierung:
Stückkohlen, abgesiebte Stücke über 80 mm Korn,
Nußkohlen I, etwa 50—80 mm Korn,
„ II, „ 30—50 „ „
„ III, „ 20—30 „ „
„ IV, „ 10—20 „ „
„ V, „ 5—10 „ „
Fördergruskohlen,
Nußgruskohlen,
Siebgruskohlen.

Saarbrücker Sortierung:
Stückkohlen, abgesiebte Stücke über 80 mm Korn,
Würfelkohlen, etwa 50—80 mm Korn,
Nußkohlen I, „ 35—50 „ „
„ II, „ 15—35 „ „
„ III, „ 8—15 „ „
„ IV, „ 4—8 „ „
Nußgries „ 2—15 „ „
Feingries I, bis zu 6 mm Korn.

---

[1]) Z. B. Stahleisen 1904, S. 1347; Glückauf 1910, S. 597, 633, 673; Prometheus 1910, S. 752. Die größte Vorratsschätzung ist auf dem Internationalen Geologenkongreß zu Toronto (Kanada) im Jahre 1913 erfolgt und in einem Sammelwerk „The Coal Resources of the World" veröffentlicht worden.

[2]) Vgl. S. 598.

Sächsische und Schlesische Sortierung:
Stückkohlen (auch Schiefer genannt) über 100 mm Korn,
Würfelkohlen I (Mittelkohlen I), etwa 75—100 „   „
      „   II („   II),   „ 60—75 „   „
Nußkohlen I (Knörpelkohlen I),   „ 40—60 „   „
      „   II („   II),   „ 25—40 „   „
Erbskohlen, etwa 15—25 mm Korn,
Grießkohlen,   „   8—15 „   „
Staubkohlen, bis zu   8 „   „

Andere, jedoch nicht durchweg im gleichen Sinn angewandte Bezeichnungen für aufbereitete Steinkohlen sind Knabbel-, Perl-, melierte-, Fein-, Staub- und Schlammkohlen (vgl. auch die Zusammenstellung handelsüblicher Benennungen der Ruhrkohlen, Zahlentafel 203). Dabei ist zu beachten, daß weder in den deutschen Kohlenbezirken, noch selbst auf den einzelnen Zechen eines Reviers die Maße für die genannten Kohlensorten genau dieselben sind [1]). Dies rührt daher, daß die Abnehmer der einzelnen Zechen sich an deren Körnungen schon seit langer Zeit gewöhnt haben, und aus diesem Grund auch die Verkaufsvereinigungen die alten Maße beibehalten.

Nach dem Aussehen unterscheidet der Bergmann Glanzkohle, Mattkohle und Faserkohle. Als Merkmale für diese Kohlenarten gibt Broockmann an [1]): „Die Glanzkohle ist pechschwarz, glänzend, im Bruch glatt, nicht abfärbend, gasarm und aschearm; die Mattkohle ist grauschwarz, nicht glänzend, im Bruch rauh, nicht abfärbend, gasreich und aschereich; die Faserkohle ist dunkelschwarz und besteht aus feinen Nädelchen, welche regellos durcheinanderliegende Brocken bilden, deren Flächen seidenglänzend sind, abfärbend, gasarm und aschereich." Die in geringen Mengen vorkommende Faserkohle bewirkt das Abfärben der Kohle. Sie bildet den eigentlichen schmutzenden Bestandteil der Steinkohle und heißt daher auch Rußkohle. Sie beeinflußt die Beschaffenheit und Festigkeit der Kohle und auch des Kokses ungünstig. Reine Glanzkohle und Faserkohle zählen zu den Humuskohlen, Mattkohle (Kännel-, Bogheadkohle, Turbanit) zu den Faulschlammkohlen. Bemerkenswert ist die Kännelkohle, die so gasreich ist, daß sie angezündet wie eine Kerze brennt. Mischarten von Humus- und Faulschlammkohlen kommen fast stets in Wechsellagerung vor. Man spricht dann von Streifenkohle. Unter Brandschiefer versteht man entweder einen mit Kohle durchsetzten, mehr oder minder faulschlammhaltigen Schieferton, oder eine dichte Aufeinanderfolge dünner Kohlenstreifen und Schiefertonlagen.

Die Einteilung der Steinkohle in Flammkohle, Gaskohle, Kokskohle, Magerkohle, Anthrazit, wie sie Zahlentafel 193 wiedergibt, ist entsprechend den Gehalten an Kohlenstoff und Wasserstoff gebildet, die mit dem Alter der Steinkohlen, der Art ihrer Bedeckung und anderen Umständen wechseln. Damit hängen aber auch zusammen die Werte an flüchtigen Bestandteilen, d. h. an Körpern, die beim Erhitzen der Kohle unter Luftabschluß, der sogenannten trockenen Destillation oder Verkokung, gas- oder dampfförmig entweichen.

Vornehmlich auf dem verschiedenartigen Verhalten der Kohlen bei der trockenen Destillation, dessen Gründe noch nicht einwandfrei erforscht sind, bzw. auf der Beschaffenheit der Koksrückstands bei der Verkokungsprobe im Tiegel [2]), baut sich eine seit alters übliche Einteilung in Sand-, Sinter- und Backkohle auf. Die Sandkohlen zerfallen beim Verkoken zu Pulver, während die Backkohlen eine gleichmäßig zusammenschmelzende Masse von glattem, metallglänzendem Äußeren und von größerem Volumen als vor der Verkokung bilden; die Sinterkohlen endlich schmelzen nicht in der Hitze und geben eine zusammenhängende, weniger gleichmäßige und weniger feste, nur gesinterte Masse. Die Übergangsformen der einzelnen Gattungen bezeichnet man als sinternde Sandkohlen und backende Sinterkohlen.

Eine anthrazitische, geologisch alte Kohle liefert, wie Broockmann über

---

[1]) Näheres über die Körnungen der Ruhrkohlen vgl. Jahrbuch der Steinkohlenzechen und Braunkohlengruben Westdeutschlands. Dortmund 1923.
[2]) Vgl. S. 497.

Ruhrkohlen ausführt [1]), beim Verkoken keinen festen Koks, sondern nur ein loses Pulver. Solche Kohlen backen nicht; dazu ist das wenige Gas, das sie in der Hitze ausgeben, kaum leuchtend; es besteht vorwiegend aus Wasserstoff. Kohlen mit weniger Kohlenstoff als erstere liefern schon einen lose zusammenhängenden Koks; das Gas wird leuchtender; Magerkohlen mit etwa 90 % Kohlenstoff (in der Reinkohle) liefern einen silberglänzenden Koks, die Kohle schmilzt zu einer dichten, zähen, für Gase undurchlässigen Masse zusammen, und die im Innern des Kokses sich bildenden Gase erlangen in der Hitze bald eine solche Spannkraft, daß sie den Koks zerreißen und unter Explosion die einzelnen Stücke auseinanderschleudern; das Gas ist leuchtend und rußend. Die eigentlichen Kokskohlen mit etwa 88—85 % Kohlenstoff — wenigstens für westfälische Kohlen geltend — geben einen schönen, silberglänzenden, wenig geblähten, nicht eingefallenen Koks; das Gas leuchtet und rußt. Aus den Gaskohlen, mit etwa 85—82 % Kohlenstoff, wird ein silberglänzender, wenig geblähter, eingefallener Koks erhalten; das Gas leuchtet und rußt stark.

Die Kohlen, die den Übergang von Gaskohlen zu Gasflammkohlen bilden, geben einen festen, geschmolzenen, zerrissenen Koks, ohne jede Blähung. Die Gasflammkohlen, mit etwa 82—79 % Kohlenstoff, verlieren nach und nach die Fähigkeit zu schmelzen, sie sintern oder fritten zu losem Koks zusammen, dessen Zusammenhang immer geringer wird, bis wieder — wie bei den Anthraziten — nur loses Pulver als Koks zurückbleibt; das Gas leuchtet, ist aber dunkelrotgelb und scheidet sehr viel Ruß ab, die Flamme ist sehr lang.

Die Verkokungsfähigkeit der Steinkohlen steigt also von den jüngeren Kohlen an bis zur Koks- oder Fettkohlenpartie einschließlich, um dann in den tieferen Schichten wieder abzunehmen. Der Gasgehalt der Flöze des Ruhrgebiets sinkt vom Hangenden zum Liegenden ganz allmählich, zum Teil steigt er auch im gleichen Flöz von Westen nach Osten, so daß es im Osten z. B. Kokskohle und im Westen Magerkohle führt und daher geologisch gleiche Kohlen verschiedenartig in der chemischen Zusammensetzung sind.

Diese Verhältnisse haben zur Gliederung des flözführenden Ruhrkohlengebirges in vier Hauptgruppen [2]) geführt, nämlich (von unten nach oben gerechnet):
1. Magerkohle mit 4—19 % flüchtigen Bestandteilen. Mächtigkeit etwa 1050 m,
2. Fettkohle mit 19—28 % flüchtigen Bestandteilen. „ „ 600 „
3. Gaskohlen mit 28—32 % flüchtigen Bestandteilen. „ „ 300 „
4. Gasflammkohlen mit 32—45 % flüchtigen Bestandteilen. Mächtigkeit etwa 1000 m.

Von diesen Gruppen enthalten die beiden letzteren gasreiche, langflammige und stark rußende Sand- und Sinterkohlen, die Fettkohlen eigentliche Backkohlen, die Magerkohlen endlich kurzflammige, gasarme Sandkohlen. Eine weitergehende Einteilung hat das Berggewerkschaftliche Laboratorium in Bochum in nachstehender Ordnung (s. Zahlentafel 203) aufgestellt:

Zahlentafel 203.
Gasgehalte westfälischer Kohlen.

Anthrazit	1—5 % flüchtige Bestandteile		
Anthrazitische Kohle. . . .	5—8 % „ „		
Magerkohle	8—17 % „ „		bei
Eßkohle	17—23 % „ „		reiner
Kokskohle	23—29 % „ „		Kohlenmasse
Obere Fettkohle	29—33 % „ „		
Gaskohle	33—38 % „ „		
Gasflammkohle	über 38 % „ „		

Aber auch bei dieser Einteilung gibt es keine scharfen Grenzen; die einzelnen Kohlen gehen unmerklich ineinander über.

---

[1]) Die Entwicklung des Niederrheinisch-Westfälischen Steinkohlenbergbaues in der zweiten Hälfte des 19. Jahrhunderts. Berlin 1903. Bd. 1, S. 266.

[2]) Nach Kukuk: Unsere Kohlen S. 29.

Zahlentafel 204.

Chemische Zusammensetzung und Heizwerte von Steinkohlen [1].

Bezirk	Zeche	Kohlenart	Jahr [2]	Lufttrockene Rohkohle							Brennbare Stoffe (Reinkohle)	Heizwert (unterer)	
				C	H_2	O_2+N_2	S	Wasser	Asche	Flücht. Bestandteile		Rohkohle	Reinkohle
				%	%	%	%	%	%	%	%	WE	WE
Ruhr	Pörtingsiepen	Anthrazit	b	—	—	—	—	3,56	9,27	6,13	87,17	7300	8300
,,	?	,,	b	—	—	—	—	1,09	6,94	—	91,97	7690	8369
,,	Alstaden	Magerkohle	b	—	—	—	—	1,92	8,07	8,74	90,01	7526	8374
,,	Dannenbaum	,,	a	85,18	4,38	4,39	1,06	1,84	3,15	—	95,01	8026	8516
,,	,,	,,	b	—	—	—	—	1,84	3,15	17,55	91,26	7007	8442
,,	Eintracht Tiefbau	,,	b	—	—	—	—	2,21	22,33	11,73	75,46	6194	8225
,,	Johann Deimelsberg	,,	a	83,10	4,20	4,10	0,80	1,60	6,20	—	92,20	7773	8441
,,	,,	,,	b	—	—	—	—	1,16	7,92	9,22	90,92	7629	8398
,,	Concordia	Fettkohle	b	—	—	—	—	2,44	18,04	22,86	79,52	6479	8166
,,	Prosper	,,	a	72,00	4,45	8,13	1,11	1,78	12,53	—	85,69	6837	7980
,,	,,	,,	b	—	—	—	—	1,33	4,42	28,76	94,35	7779	8253
,,	Kaiserstuhl	,,	b	—	—	—	—	4,91	5,92	22,82	89,17	7373	8302
,,	Consolidation	Gaskohle	b	—	—	—	—	1,98	12,75	26,70	85,27	7011	8236
,,	Dahlbusch	,,	b	72,40	4,60	8,28	0,55	0,62	13,55	—	85,73	7183	8300
,,	Zollverein	Gasflamm-kohle	a	79,77	4,75	5,68	1,86	1,64	6,30	—	92,06	7670	8316
,,	,,	,,	b	—	—	—	—	5,46	5,02	—	89,52	7356	8254
,,	Friedrich Thyssen	,,	b	—	—	—	—	1,42	11,58	23,44	87,00	6973	8025
,,	?	Schlammkohle	b	—	—	—	—	20,08	34,47	—	45,45	3144	7181
Saar	St. Ingbert	?	a	81,49	4,99	8,31	0,65	1,73	2,83	—	95,44	7752	8181
,,	Dudweiler	?	a	78,26	5,11	8,57	0,97	1,32	5,77	—	92,91	7527	8122
,,	von der Heydt	?	a	69,07	4,21	10,93	1,12	3,90	10,77	—	85,33	6424	7619
,,	?	?	b	73,25	4,21	—	—	5,49	10,01	—	84,50	6830	8121
Oberschlesien	Königin Luise	?	a	70,60	4,30	8,77	1,57	2,28	12,48	—	85,24	6671	7837
,,	Karlssegen	Förderkohle	b	61,35	3,67	—	—	10,19	9,22	33,92	80,59	5645	7080
,,	Ludwig	Nußkohle	b	—	—	—	—	3,50	4,97	37,78	91,53	7069	7746
Mittel- und Niederschlesien	Carl-Georg-Viktor	?	a	81,12	4,24	4,93	1,23	1,65	6,83	—	91,52	7643	8365
,,	Wenzeslaus	?	b	—	—	—	—	9,48	9,08	—	81,44	6501	8052
,,	Gottesberg	?	b	—	—	—	—	3,40	19,58	12,01	77,02	6325	8242
Sachsen	Zwickauer Bürgerschacht	?	a	70,19	4,59	9,34	1,66	7,06	7,66	—	85,28	6654	7802
,,	,,	?	b	—	—	—	—	6,27	26,72	24,10	67,01	4864	7315
Deister	—	—	b	—	—	—	—	3,14	16,30	30,45	80,56	6527	8125
Obernkirchen (Schaumburg-Lippe)	—	—	b	—	—	—	—	13,83	11,57	20,14	74,60	5631	7658

Die Fortsetzung des Ruhrbeckens, das linksrheinische Steinkohlengebiet, umfaßt, soweit es aufgeschlossen ist, Magerkohle, die Fettkohlengruppe, Gas- und Gasflammkohlen, jedoch sind die Flöze erheblich geringermächtig. Das Aachener Becken enthält anthrazitische Magerkohle, Koks-, Gas- und Gasflammkohle. Die als Mager- und als Fettkohlengruppen bezeichneten Flözzüge des Saarbezirks entsprechen nicht dem wirklichen Kohlencharakter, indem die Magerkohle nicht eine gasarme, sondern eine gasreiche Sinterkohle ist und sogar den verhältnismäßig niedrigsten Kohlenstoff der Saarkohlen aufweist (s. Zahlentafel 204). Die oberschlesische Kohle ist zum größten Teil eine nichtbackende Flammkohle. Im westlichen Teil des Beckens liefern einige der tieferen Sattelflöze Backkohle, die aber weniger Fettkohle, als verkokbare

---

[1] Die Werte entstammen zum größten Teil Brennstoffuntersuchungen des Bayerischen Revisionsvereins (Z. bayr. Rev.-V. 1920—1922) und der Thermo-Chemischen Versuchsanstalt Dr. Aufhäuser, Hamburg (Jahresbericht 1920 des Vereins für Feuerungsbetrieb und Rauchbekämpfung in Hamburg).

[2] a) vor 1914; b) nach 1918.

Gaskohle darstellt, im Gegensatz zum Ostrau-Karwiner Teil, wo zahlreiche Flöze gute Fettkohle führen. In dem niederschlesischen Becken unterscheidet man zwischen nicht verkokbaren Mager- und Flammkohlen einerseits und backenden Fettkohlen anderseits, jedoch kann man nicht von einer Fett- oder Flammkohlengruppe sprechen, vielmehr wechselt der Kohlencharakter häufig innerhalb des Flözes. Die übrigen Kohlenvorkommen sind von untergeordneter Bedeutung [1].

In grubenfeuchtem Zustand besitzen die ältesten Steinkohlen selten einen Wassergehalt über 2%, die jüngeren, wie Kohlen von der Saar, aus Schlesien und Sachsen, bis zu 10%. Der Wassergehalt der gewaschenen Feinkohle (Kokskohle) schwankt im Ruhrbezirk zwischen 10 und 18%, in Ausnahmefällen $8-9\%$, ein Umstand, der auf die Güte des Kokses sehr ungünstig einwirkt [2]. Außer dieser fühlbaren Nässe enthalten die Steinkohlen noch hygroskopisches Wasser, das gleichfalls mit steigendem Alter abnimmt und zwischen 0,5 und 6% beträgt.

Die unverbrennlichen Bestandteile der Kohlen, die Asche, setzen sich zusammen aus freier Kieselsäure und Verbindungen der Kieselsäure mit Tonerde, Eisenoxyd, Kalkerde, Magnesia und Alkalien, ferner aus Eisenoxyd und schwefelsaurem Kalk; in geringen Mengen kommen in einzelnen Aschen vor Titansäure, Oxyde von Mangan und Kupfer, Sulfate von Baryum, phosphor- und kohlensaure Salze der Alkalien und alkalischen Erden. Beispiele für die Zusammensetzung von Steinkohlenaschen bringt Zahlentafel 205. Der gegenwärtige Aschegehalt der westfälischen Steinkohle wird im Mittel zu $10-12\%$ angegeben, außergewöhnlich reine Kohle weist unter 6% Asche auf. Der Aschegehalt der Ruhrkohlen hat sich gegenüber den Vorkriegszeiten (durchschnittlich 6%) annähernd verdoppelt. Dadurch ergibt sich eine namentlich bei größeren Frachten sehr empfindliche Wertverminderung. Steigt der Aschegehalt über 25%, so ist eine genaue Klassifizierung der Kohle nach den Gattungen nicht mehr möglich.

Zahlentafel 205.

Zusammensetzung von Steinkohlen- bzw. Koksaschen [3].

Kohlenbezirk	SiO_2 %	Al_2O_3 %	Fe_2O_3 %	Mn_3O_4 %	CaO %	MgO %	SO_3 %	P_2O_5 %	
Ruhrbezirk	46,79	30,24	21,34	n. best.	1,70	Spur	n. best.	n. best.	Durchschnittskohlen
,,	38,15	34,09	15,12	,, ,,	12,31	1,21	,, ,,	,, ,,	von vier übereinander-
,,	39,14	19,53	21,54	,, ,,	10,68	3,50	2,54	,, ,,	liegenden Flözen einer
,,	32,17	17,87	17,42	,, ,,	17,83	6,97	5,74	,, ,,	Zeche
,,	43,00	24,76	20,54	,, ,,	3,55	0,53	1,00	0,87	
,,	44,08	17,59	26,96	,, ,,	4,28	1,11	1,35	1,10	
,,	38,56	28,70	15,43	0,40	5,74	4,54	0,85	0,29	
,,	34,54	24,70	24,85	0,24	7,67	5,94	0,85	0,37	
Saarbezirk	46,50	34,60	15,04	0,24	1,50	0,94	0,90	0,57	
Oberschlesien	14,03	8,94	21,32	0,71	19,95	10,00	22,53	0,48	selbstschmelzend
,,	24,50	15,50	19,46	0,92	17,56	7,40	12,40	2,56	
Belgien	38,10	24,90	23,00	n. best.	4,04	2,95	2,10	0,85	
,,	56,21	19,92	14,24	,, ,,	2,85	1,80	1,79	0,53	

Der Schwefel kann in dreierlei Formen in den Steinkohlen enthalten sein, einmal als selbständiges und des öfteren durch seine goldgelbe Farbe dem Auge kenntliches Mineral Schwefelkies, sodann in allerdings geringen Mengen als schwefelsaures Salz, z. B. Gips, und endlich in noch nicht näher ermittelter Verbindung, gewöhnlich als

---

[1] Näheres s. Stahleisen 1916, S. 885, 916.
[2] Vgl. Stahleisen 1921, S. 1454.
[3] Die Analysen entstammen zum größten Teil nachstehenden Arbeiten: Dr. F. Muck: Die Chemie der Steinkohle. Leipzig 1891. — M. Orthey: Die Kokschemie unter besonderer Berücksichtigung der Eisengießerei. Gieß.-Zg. 1910, S. 198. — Dr. R. Grünewald: Belgische Kohlen und Koks. Leipzig 1905. — Dr. H. Wedding: Ausführliches Handbuch der Eisenhüttenkunde. 2. Aufl. Bd. 3, S. 499.

„organischer" Schwefel bezeichnet. Beim Erhitzen entweicht der Schwefel des Schwefelkieses, sowie ein Teil des organischen Schwefels. Eine von der Natur der Mineralbestandteile der Kohlenasche abhängige Menge des letzteren bleibt in dem Koks zurück. Westfälische Kohle enthält im Mittel 1,25 % Schwefel, selten 0,5—1,0 %, doch kann der Schwefel bis auf 4 % steigen; für oberschlesische Kohlen können 0,9—1,35 %, für Saarkohlen rund 1 % Schwefel im Mittel angenommen werden [1]. Auch Spuren von Arsen (0,001 bis 0,003 %) finden sich meist als Verunreinigungen sowohl in Steinkohlen, als auch in Braunkohlen und bituminösen Schiefern [2].

Zahlentafel 206.
Steinkohlenbriketts.
Werte aus den Jahren 1919—1922.

| Bezirk | Zeche | Kohlenart | Lufttrockene Rohkohle | | | | | Brennbare Stoffe (Reinkohle) | Heizwert (unterer) | |
| | | | C | H₂ | Wasser | Asche | Flücht. Bestandteile | | Rohkohle | Reinkohle |
			%	%	%	%	%	%	%	%
Ruhr	Alstaden	Stückbrikett	—	—	2,57	10,38	—	87,05	7310	8416
„	Gutehoffnungshütte	„	—	—	1,36	9,65	18,75	88,99	7513	8452
„	D. T.	„	78,18	3,68	2,19	11,21	—	86,60	7265	8406
„	Graf Moltke	„	—	—	4,13	33,77	—	62,10	4754	7696
„	Humboldt	„	—	—	1,08	9,17	14,23	89,75	7568	8440
„	Adler	Eiformbrikett	—	—	3,67	8,81	12,41	87,52	7356	8430

Zahlentafel 207.
Ersatzbriketts.
Werte aus den Jahren 1919—1922.

| Bezirk | Herstellungsort | Kohlenart | Lufttrockene Rohkohle | | | Brennbare Stoffe | Heizwert (unterer) | |
| | | | Wasser | Asche | Flüchtige Bestandteile | | Rohkohle | Reinkohle |
			%	%	%	%	WE	WE
Ruhr	Hamburg	Ziegelförmig (grau)	2,08	47,86	5,59	50,06	3434	6885
„	„	„	2,23	51,60	9,23	46,17	2950	6418
„	Magdeburg	„	5,02	48,91	5,67	46,07	3230	7076
„	Hamburg	Zylindrisch (schwarz)	8,59	15,05	19,22	76,36	5884	7780
„	„	„	25,89	12,80	18,72	61,31	4552	7678

Der Stickstoffgehalt der Ruhrkohle beträgt um 1 %, selten gegen 2 %.

1 cbm Steinkohle wiegt 700—900 kg. Der Heizwert hochwertiger Steinkohle wird zu 7500 WE je kg, der von minderwertiger zu 4500 WE je kg angegeben.

Aus dem oben Gesagten geht hervor, daß nicht alle Kohlen sich gleichmäßig verwenden lassen. Zum Betrieb von Gaserzeugern, Dampfkesseln und Flammöfen eignen sich in erster Linie langflammige, nichtbackende Kohlen; langflammige Backkohlen dagegen bilden das beste Material zur Leuchtgaserzeugung. Die gewöhnlichen Backkohlen,

---

[1] Vgl. die Schrifttumzusammenstellung von Ed. Donath: Über den Schwefel der Steinkohlen. Brennstoffchemie 1922, S. 120; ferner A. Thau: Der Schwefelgehalt des Koks. Glückauf 1923, S. 321.

[2] Stahleisen 1917, S. 502.

Zahlentafel 208.
Handelsübliche Benennung der Ruhrkohlen.

1. Fettkohlen.

Fördergruskohlen.
Förderkohlen (25% Stücke).
Melierte Kohlen (40% Stücke).
Bestmelierte Kohlen (50% Stücke).
Förder-Schmiedekohlen.
Melierte Schmiedekohlen.
Stückkohlen I (100% abgesiebte Stücke).
„ II (50% abgesiebte Stücke).
„ III (33 1/3% abgesiebte Stücke).
Gewaschene melierte Kohlen.
Gewaschene Nußkohlen I etwa 50—80 mm Korn
„ „ II „ 30—50 „ „
„ „ III „ 20—30 „ „
„ „ IV „ 10—20 „ „
„ „ V „ 5—10 „ „
Gewaschene Nußgruskohlen.
Kokskohlen.
Gewaschene Feinkohlen.

2. Gas- und Gasflammkohlen.

Fördergruskohlen.
Flammförderkohlen.
Gasflammförderkohlen.
Generatorkohlen.
Gasförderkohlen { Sommer. / Winter.
Stückkohlen I.
„ II.
„ III.
Gewaschene Nußkohlen I.
„ „ II.
„ „ III.
„ „ IV.
„ „ V.
Ungewaschene Nußkohlen.
Nußgruskohlen über 30 mm.
„ bis 30 „
Ungewaschene Feinkohlen.
Gewaschene „

3. Eßkohlen.

Fördergruskohlen 10% Stücken.
Förderkohlen mit 25% „
„ „ 35% „
Bestmelierte Kohlen mit 50% Stücken.
Stückkohlen.
Gewaschene { Sommer.
Nußkohlen I { Winter.
Gewaschene { Sommer.
Nußkohlen II { Winter.
Gewaschene Nußkohlen III.
„ „ IV.
Feinkohlen.

4. Magerkohlen.

a) Östliches Revier.

Fördergruskohlen mit 10% Stücken
Förderkohlen „ 5% „
„ „ 35% „
Bestmelierte Kohlen mit 50% Stücken.
Stückkohlen.
Knabbelkohlen.
Gewaschene { Sommer.
Nußkohlen I { Winter.
Gewaschene { Sommer.
Nußkohlen II { Winter.
Gewaschene Nußkohlen III
„ „ IV.
Feinkohlen.

b) Westliches Revier.

Fördergruskohlen mit 10% Stücken.
Förderkohlen „ 25% „
„ „ 35% „
Melierte Kohlen „ 45% „
Bestmel. Kohlen „ 60% „
„ „ 75% „
Stückkohlen
Gewaschene Anthrazitnußkohle I { Sommer. / Winter.
Gewaschene Anthrazitnußkohle II { Sommer. / Winter.
Gewaschene Anthrazitnußkohlen III für Hausbrand.
„ „ „ „ Kesselfeuer.
„ „ für Generatorf.
„ Nußkohlen IV (8/15 mm).
Ungewaschene Feinkohlen.
Gewaschene Feinkohlen (bis 7% Asche).

5. Koks.

Hochofenkoks (Großkoks) I. Sorte.
„ „ II. „
„ „ III. „
Gießereikoks.
Brechkoks I und 40/60, 40/70 mm.
„ II über 30 mm.
„ III „ 20 „
„ IV unter 20 „
Halb gesiebter und halb gebrochener Koks.
Knabbelkoks.
Kleinkoks, gesiebt.
Perlkoks, gesiebt.
Koksgrus.

6. Steinkohlenbriketts.

I. Sorte.
II. „
III. „

die mit weniger langer und weniger rauchender Flamme verbrennen, fanden von alters her Verwendung zu dem Betrieb von Schmiedefeuern und heißen daher Schmiedekohlen. Für die Bereitung von Koks als Haupterzeugnis dienen im Ruhrbezirk vornehmlich die aus den Fett- und Eßkohlenflözen stammenden, kurzflammigen Backkohlen; die Verkokbarkeit der westfälischen Kohlen beginnt bei einem Gasgehalt von 16 bis 17%. Vielfach werden, namentlich in anderen Bezirken, jedoch auch magere Kohlen, die sich der Grenze dieses Gasgehaltes nähern, mit Fettkohle vermischt.

Anthrazitische und magere Kohlen werden in der Hauptsache unter Dampfkesseln und als Hausbrand, wozu sie sich ihrer fast rauchfreien Verbrennung wegen besonders eignen, ferner zur Darstellung von Wassergas gebraucht. In Nordamerika, Südrußland und zum Teil in England dienen rohe Anthrazite als Brennstoff im Hochofen.

Die beim Abbau und bei der Aufbereitung in großen Mengen abfallenden kleinen Stücke und der Staub der gasarmen und der Eßkohlen werden in der Weise verwertet, daß das Kohlenklein mit Steinkohlenpech [1]) innig gemischt wird und sodann aus der Masse durch starken Druck (200—300 at) Briketts oder Preßkohlen verschiedener Größe und Gestalt geformt werden. Diese sind in der Industrie wegen ihres hohen Heizwertes (7100—7800 WE), ihrer schwachen Rauchbildung und bequemen Handhabung sehr beliebt. Briketts sollen nicht mehr als $5^0/_0$ Wasser (im Mittel $3^0/_0$) und $10^0/_0$ Asche (im Mittel $7^0/_0$) enthalten; ihr mittleres spezifisches Gewicht soll nicht unter 1,19 (im Mittel 1,30) sein. Ein geringes spezifisches Gewicht läßt auf ungenügende Pressung, ein höheres auf größeren Aschegehalt schließen [2]) (vgl. Zahlentafel 206). In Zahlentafel 207 ist die Zusammensetzung einiger Ersatzbriketts angegeben. Diese werden meist in neu erstandenen kleineren Brikettwerken hergestellt und enthalten gewöhnlich Koks in Mischung mit Feinkohlen, Braunkohlen usw. Sie sind meistens schwer verbrennlich, woran auch Zusätze von Pech u. a. nichts ändern.

Da sich für den Handel mit Steinkohlen durch die Trennung in Sorten in Verbindung mit der Gruppenbezeichnung der Kohlen als Fett-, Gas- und Gasflamm-, Eß-, Magerkohlen eine große Anzahl handelsüblicher Benennungen ergibt, so ist in Zahlentafel 208 eine Zusammenstellung des Rheinisch-Westfälischen Kohlensyndikates wiedergegeben.

Koks.

Koks wird durch trockene Destillation aus geeigneter Fettkohle dargestellt.

Mit der Verkokung der Steinkohle befassen sich zwei Gewerbzweige, von denen der eine, die Kokereien, von jeher die Absicht verfolgte, aus der Steinkohle einen Brennstoff zu erhalten, der große Wärmemengen leistet, rauchfrei und flammenlos verbrennt und dabei weder schmelzbar noch backend ist. Guter Schmelzkoks kann nur aus homogener, staubfreier Kohle von stets gleicher Beschaffenheit erzeugt werden. Die Leuchtgasanstalten dagegen legen den Hauptwert auf eine gute Gasausbeute und erst in zweiter Linie auf eine zufriedenstellende Koksbeschaffenheit. Die Gewinnung der Nebenerzeugnisse bei der Koksdarstellung ist vor etwa vier Jahrzehnten aufgekommen, und hat zeitweise dazu geführt, daß auch bei den Kokereien die Koksgüte erheblich nachließ, und daher den Koks aus Koksöfen mit Gewinnung der Nebenerzeugnisse in einen schlechten Ruf gebracht [3]).

Dem Gastechniker dient zur Erreichung seines Zweckes heute noch vielfach der Retortenofen, ein durch Gas geheiztes Gewölbe aus feuerfesten Steinen, in dem die mit der Kohle zu beschickenden Retorten, Schamotteröhren von ovalem oder halbkreisförmigem Querschnitt, eingebaut sind. Die Retorten fassen bis zu 250 kg Kohle. Sehr verbreitet ist unter den verschiedenen Bauarten von Retortenöfen der Dessauer Ofen mit 10—12 stehenden, nach unten sich erweiternden Retorten von 4—5 m Länge. Die Dauer der Vergasung beträgt in diesen Öfen 10—12 Stunden, wobei aus 100 kg Kohle 33—38 cbm Gas von rund 5000 WE Heizwert gewonnen werden. Das Gas muß vor seiner Verwendung als Leuchtgas Kühl- und Reinigungsvorrichtungen durchziehen. Der in der Retorte zurückbleibende Koks, allgemein als Gaskoks bezeichnet, wird nach dem Ausziehen und Ablöschen gebrochen und sortiert. Infolge seiner geringen Härte und seines Gasgehaltes ist Gaskoks für hüttenmännische Zwecke selten brauchbar. Er findet Verwendung zum Hausbrand, zur Dampfkesselheizung und Gaserzeugerfeuerung. Wegen seiner leichten Verbrennlichkeit eignet sich Gaskoks wenig zum Kuppelofenbetrieb.

---

[1]) Pech, der Rückstand der Destillation von Teer, besteht in der Hauptsache aus Kohlenwasserstoffen verschiedener Zusammensetzung und ausgeschiedenem Kohlenstoff.

[2]) Näheres siehe G. Franke: Handbuch der Brikettbereitung. Bd. 1. Stuttgart 1909.

[3]) Vgl. Gießerei 1922, S. 413.

Die Verkokung der Steinkohle zwecks Gewinnung eines guten, für hüttenmännische Zwecke verwendbaren Koks fand ursprünglich in Meilern oder Stadeln ähnlich den bei der Holzverkohlung verwendeten Vorrichtungen statt; dies Verfahren ist jedoch längst verlassen, da es zu wenig wirtschaftlich arbeitet. Die ältesten, in Nordamerika heute noch ziemlich verbreiteten Koksöfen sind die Bienenkorböfen, so genannt nach ihrer einem Backofen oder Bienenkorb ähnelnden Form. Bei ihnen wird die Wärme für die Verkokung durch die Verbrennung der Destillationserzeugnisse oberhalb der Koksmasse erzeugt. Die Temperatur in der verbleibenden Koksmasse wird nicht zu hoch, weil das Bestreben vorliegt, mit wenig Abbrand auszukommen. Der aus Bienenkorböfen gewonnene Koks ist in physikalischer Hinsicht vortrefflich, doch arbeiten diese Öfen für deutsche Verhältnisse zu unwirtschaftlich; sie sind daher bei uns vollständig durch die Kammeröfen abgelöst worden. Von diesen sind verschiedene Bauarten aufgekommen [1]). Bei allen Kammeröfen geht die Verkokung in einer verhältnismäßig engen, wagerecht angeordneten [2]), heute meist 10--12 t Kohle fassenden Kammer aus feuerfesten Steinen (früher Schamotte-, jetzt meist Silikasteine) vor sich, die von außen wie eine Retorte geheizt wird. Die Abmessungen der Kammern sind heute im Lichten etwa 9—12 m Länge, über 3,5 m Höhe und 0,45—0,65 m Breite. An beiden Enden sind die Kammern durch eiserne, mit feuerfesten Steinen gefütterte Türen verschlossen. Stets ist eine Anzahl Kammeröfen, meist 60 Stück, zu einem Mauerkörper, einer sog. Batterie, vereinigt und an einen Schornstein angeschlossen.

Bei den Flammöfen, den ältesten Kammeröfen, sind die Kammern und das eingeschlossene Kohlenprisma mit Heizzügen umgeben, in denen die Destillationserzeugnisse verbrennen und damit die zur Verkokung nötige Wärme liefern. Wenn die Destillation zu Ende geht, hört die Beheizung von selbst auf. Der Vorgang der Verkokung ist also selbstregelnd, und die Folge ist, daß wie bei den Bienenkorböfen die Temperatur der Koksmasse eine bestimmte Höhe nicht überschreitet. Die Abhitze kann unter Dampfkesseln verwertet werden.

Wegen ihrer geringen Wirtschaftlichkeit sind auch die Flammöfen heute verdrängt durch die Koksöfen mit Gewinnung der Nebenerzeugnisse. Bei diesen wird das gesamte Destillationsgas gesammelt und geht nach erfolgter Reinigung und Entziehung der Nebenerzeugnisse zu den Öfen zurück. Jede Heizwand erhält in der Zeiteinheit stets die gleiche Gasmenge, also auch die gleiche Wärmemenge zugeführt. Man hat zu unterscheiden zwischen Rekuperativ- oder Abhitzeöfen mit Verwertung der Abhitze unter Dampfkesseln und sonstiger Verwertung des Überschußgases (viel Dampf, wenig Überschußgas), und zwischen Regenerativ- oder Wärmespeicheröfen mit Verwertung der Abhitze zur Luftvorwärmung unter Anwendung der Siemensschen Regenerativfeuerung und mit Überschußgasverwertung (kein Dampf, viel Überschußgas). Dazu kommt neuerdings der sog. Verbundkoksofen, der mit Gaserzeuger- oder Hochofengichtgas (Schwachgas) geheizt wird, so daß das gesamte, hochwertige Koksofengas mit rund 4000—4500 WE Heizwert frei wird.

Abb. 255 gibt einige Schnitte durch einen Wärmespeicherofen Bauart Koppers [3]). Die Kohle wird aus auf dem Ofenmauerwerk fahrbaren Füllwagen durch Öffnungen c in der Ofendecke in die Kammern a aufgegeben, die nach erfolgter Füllung wieder verschlossen werden. Die während der Verkokung sich bildenden Gase und Dämpfe entweichen im Scheitel der Kammern nach der Vorlage d. Die Verbrennungsluft wird in dem unter jeder Kammer befindlichen Wärmespeicher h auf etwa 1000° C. vorgewärmt und tritt dann durch die Luftschlitze i in die Heizwand, während das Koksofengas aus der Leitung e durch die Abzweigungen in den Düsenkanal f zu den einzelnen Brenner-

---

[1]) Es seien genannt an Bauarten von Flammöfen: Coppée-Otto, Dr. v. Bauer u. a.; von Nebenerzeugnis-Öfen: Otto-Hoffmann, Brunck, Hüssener, Collin, Still, Koppers u. a. Näheres siehe Schrifttum.

[2]) Die stehende Bauart (Appoltscher Ofen) mit lotrechter Hauptachse des Verkokungsraumes hat sich nicht halten können.

[3]) Die verschiedenen Bauarten von Regenerativöfen unterscheiden sich vornehmlich durch die Anordnung der Wärmespeicher.

stellen zieht. Hier trifft die vorgewärmte Luft mit dem Gas zusammen, und die Verbrennung erfolgt in der Heizwand. Die Heizwände bestehen aus einer Anzahl von Heizzügen b (etwa 30 Stück). Die Verbrennungsgase durchstreichen alsdann den wagerechten Kanal k und fallen in der anderen Hälfte der Heizwand durch die Heizzüge b in den Wärmespeicher h′, woselbst sie ihre Wärme an das Gitterwerk abgeben und durch das Luftkniestück g′ und den Abhitzekanal l′ zum Kamin entweichen. Nachdem die eine Ofenhälfte ungefähr eine halbe Stunde auf die vorerwähnte Weise beheizt ist, wird umgeschaltet, so daß die Gase bei e′ ein- und die Abgase bei g austreten. Nach erfolgter Garung wird der Kokskuchen durch eine Ausdrückmaschine aus der Kammer herausgeschoben und mit Wasser abgelöscht. Das Löschen erfolgt entweder mittels Schlauch oder in mechanischen Löschvorrichtungen durch Berieseln oder durch Untertauchen [1]).

Die Dauer der Verkokung hängt in allen Koksöfen von zahlreichen Umständen ab, in erster Linie naturgemäß von der Kohle selbst und den gewünschten Eigenschaften des Kokses; danach sind Höhe der Temperatur, Abmessungen der Kammern u. a. einzurichten. Man ist heute bestrebt, die Garungszeit von früher etwa 40, später 20 bis 24 Stunden, auf 16—18 Stunden zu verkürzen.

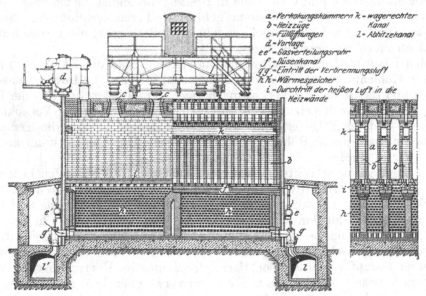

Abb. 255. Wärmespeicher-Koksofen. Bauart Koppers.

Zum besseren Verständnis der Umstände, die bei der Verkokung Einfluß auf die später zu besprechenden Eigenschaften des Kokses haben, mögen hier in groben Umrissen die Vorgänge im Koksofen betrachtet werden [2]). Die in den Kammerwandungen aufgespeicherte Wärme, die durch Verbrennung von Gas in den Heizkanälen erzeugt worden ist, wird von den Wandungen an die Kohle übertragen und beheizt zuerst die den Wandungen zunächst liegenden Kohleteilchen. Die Destillation der Kohle beginnt bei etwa 500° C. Die Erhitzung und Entgasung schreitet von außen nach innen von beiden Längsseiten des Kohlekuchens aus parallel mit den Kammerwandungen fort. Die Geschwindigkeit der Verkokung wird zu 10—15 mm in der Stunde angegeben. Dabei wird die Kohlenmasse in der Teernaht, die die unzersetzte Kohle von dem Koks scheidet und demgemäß wandert, plastisch, und die flüchtigen Bestandteile entweichen in Richtung auf die Kammerwandungen durch die Risse, die bei der Schwindung der Koksmasse sich bilden. Diese Schwindrisse bestimmen die Form der Koksstücke. An den blumenkohlähnlichen Randstücken, die den Wandungen mit der höchsten Temperatur am nächsten sind, zersetzen sich die Gase und lagern Kohlenstoff (Graphit) ab, wobei

---

[1]) Über trockene Kokskühlung s. S. 512.
[2]) Vgl. Stahleisen 1923, S. 47.

die Poren sich ausfüllen, und eine harte, dichte Oberfläche entsteht. Auch entlang den Schwindrissen findet diese Ablagerung statt, und ein mehr oder weniger dichtes Oberflächengefüge bildet sich daher um jedes Koksstück, mit Ausnahme der weichen und in der Kammermitte befindlichen Stücke. Diese verkoken zuletzt, und in ihnen erhalten sich daher die Zellen so, wie sie sich während der Entgasung ausbilden. Je länger der Verkokungsvorgang dauert und je höher die örtliche Hitze steigt, um so mehr Poren füllen sich mit Kohlenstoffablagerungen, und um so weiter reicht das dichte Oberflächengefüge. Sind die Temperaturen sehr hoch und begünstigt die Natur der Destillationserzeugnisse die Bildung von Graphit, so wird ein silbern glänzender Graphitmantel die Koksoberfläche überziehen.

Nach Austreibung der flüchtigen Bestandteile steigt die Temperatur im Koksofen mit Gewinnung der Nebenerzeugnisse rasch an, da keine Wärme mehr für den Destillationsvorgang benötigt, trotzdem aber Wärme ständig den Kammerwandungen zugeführt wird. Bei Verlängerung der Garungsperiode über die geeignete Zeit hinaus, d. h. bei Übergarwerdenlassen, schrumpft der Koks mehr und mehr zusammen; Risse bilden sich und kleinere, leicht brüchige Stücke entstehen; die Poren ziehen sich zusammen und die Stärke des dichteren Oberflächengefüges nimmt zu. Anderseits bleibt bei ungarem Koks die Oberfläche poröser, die Zellenwandungen sind schwächer, der Koks verliert dadurch an Festigkeit und wird leichter zerreiblich. Zu hohe Hitze hat ähnliche Wirkung wie zu lange Dauer der Verkokung.

Verkokt man eine bestimmte Kohlenmischung, so wird bei höherer Temperatur und damit kürzerer Verkokungsdauer die Gasaustreibung sich rascher vollziehen, die Risse vermehren sich, und ein kleinstückiger und brüchigerer Koks mit harter Oberfläche entsteht. Anderseits wird geringere Hitze und Verlängerung der Verkokungsdauer das Zellengefüge vollkommener sich ausbilden lassen, die Kohlenstoffablagerung wird geringer, und die Koksstücke werden weicher und größer sein.

Die Aufgabe, aus Kohlenmischungen einen Koks von bestimmter Beschaffenheit darzustellen, läßt sich nur im praktischen Betrieb lösen. Selbst bei bekannten Verkokungseigenschaften der einzelnen Kohlen lassen sich die Ergebnisse mit bestimmten Mischungen nicht voraussehen.

Der auf den Kokereien dargestellte Hütten- oder Zechenkoks wird handelsüblich in Hochofen-, Gießerei-, Brech- und Abfallkoks (Knabbelkoks, Kleinkoks u. a.) eingeteilt [1]). Hochofenkoks dient als Brennstoff für den Betrieb der Hochöfen, während den Gießereikoks die Eisengießereien zum Schmelzen der Beschickung im Kuppelofen verarbeiten. Brechkoks wird häufig in Gießereien zum Befeuern von Tiegelöfen, Abfallkoks für Trockenzwecke benutzt. In Deutschland kann aus der Ruhrfettkohle ein vorzüglicher Gießereikoks dargestellt werden, ebenso aus der niederschlesischen Kohle, wogegen Saarkoks und oberschlesischer Koks als Schmelzkoks wenig brauchbar sind. Zahlentafel 209 und 210 (S. 510 und 511) enthalten eine Auswahl von Koksanalysen.

Die Gütevorschriften für Schmelzkoks sind noch wenig ausgebildet. Man ist vielfach über eine Beurteilung des Kokses nach Asche-, Wasser- und Schwefelgehalt, Porenraum und Druckfestigkeit nicht hinausgekommen. Um wirtschaftlich zu arbeiten, muß dem Verhalten des Kokses bei der Verbrennung Aufmerksamkeit geschenkt werden. Daher ist neuerdings für den Hochöfner, wie für den Eisengießer die Verbrennlichkeit zur wichtigsten Eigenschaft des Schmelzkokses geworden. Unter Verbrennlichkeit ist die Geschwindigkeit zu verstehen, mit der die primär bei der Verbrennung entstehende Kohlensäure den Kohlenstoff des Kokses zu Kohlenoxyd aufzulösen vermag (Reaktionsfähigkeit), entsprechend den beiden Reaktionen

$$C + O_2 = CO_2$$
$$CO_2 + C = 2 CO$$

Die Zeitspanne, die hierfür im Hochofen oder Kuppelofen zur Verfügung steht, ist außerordentlich gering. Von der Geschwindigkeit, mit der diese Auflösung erfolgt, ist daher wesentlich das Verhalten des Kokses abhängig. Der Hochöfner arbeitet am besten

---

[1]) S. Zahlentafel 208.

mit einem leichtverbrennlichen Koks, denn im Hochofen soll der Kohlenstoff in nicht meßbarer Zeit zu Kohlenoxyd verbrennen, da dieses Gas durch die sogenannte indirekte Reduktion einen großen Teil der Reduktionsarbeiten an den Eisenerzen zu leisten hat [1]); von dem Eisengießer sind in dieser Hinsicht gerade entgegengesetzte Anforderungen an den Koks zu stellen. Im Kuppelofen soll der Koks nur dazu dienen, Eisen zu schmelzen und zu überhitzen, und es muß daher durch die Verbrennung des Kokses lediglich eine möglichst große örtliche Wärmeentwicklung erzielt werden. Es kommt also in erster Linie darauf an, daß der Koks vor den Formen im Kuppelofen zu Kohlensäure verbrennt und die Umsetzung zu Kohlenoxyd nicht stattfindet, denn jedes Kilogramm Kohlenstoff, das zu Kohlensäure verbrennt, erzeugt rund 5700 WE mehr, als wenn es nur in Kohlenoxyd umgesetzt wäre. Das Gichtgas des Kuppelofens soll so wenig Kohlenoxyd wie möglich enthalten, und zwar nicht mehr als 3—5 %, da jedes Prozent Kohlenoxyd einen beträchtlichen Wärmeverlust darstellt. Der Gießereikoks muß also im Gegensatz zum Hochofenkoks im Sinne der obigen Bezeichnung „schwer verbrennlich sein".

Worauf die leichtere oder schwerere Verbrennlichkeit zurückzuführen ist, bzw. wodurch oder wie sie zu erreichen ist, ist z. Zt. noch nicht einwandfrei entschieden. Zweifellos ist sie zu einem großen Teil von der Beschaffenheit der Ausgangskohle abhängig, es läßt sich aber auch durch geeignete Aufbereitung, richtige Mahlung und Mischung der Kohle vieles erzielen [2]).

Koppers bezeichnet, in Übereinstimmung mit älteren Forschungen von Thörner, einen Koks schwer- oder leichtverbrennlich, je nach dem niedrigen oder höheren Gehalt an flüchtigen Bestandteilen. Er will einen leichtverbrennlichen Hochofenkoks dadurch erzielen, daß er die Destillation der Kohle im Koksofen bei etwa 650 bis 800⁰ unterbricht. Bei dieser Temperatur ist die Härtung des Brennstoffes bereits hinreichend erfolgt, um den Anforderungen in bezug auf Festigkeit im Hochofen zu genügen, und es sind noch nennenswerte Mengen an flüchtigen Bestandteilen im Koks verblieben, die nach seiner Ansicht die Leichtverbrennlichkeit günstig beeinflussen [3]). Bei Gießereikoks soll die Destillation auf eine viel höhere Temperatur getrieben werden, bis möglichst alle flüchtigen Bestandteile entfernt sind und der rückständige Koks so dicht (wahres spezifisches Gewicht), wie nur möglich, geworden ist [4]).

Sutcliffe und Evans haben zu beweisen versucht, daß die Verbrennlichkeit des Kokses nicht von seinem Gehalt an flüchtigen Bestandteilen, sondern lediglich von seinem Gefügeaufbau abhängt [5]). Thau vermutet, daß die Verbrennlichkeit durch die Menge und Beschaffenheit des als Zersetzungsstoff das Porengefüge bedeckenden Graphits zum allergrößten Teil beeinflußt wird [6]).

Fischer, Breuer und Broche nehmen ebenfalls an, daß die Leichtverbrennlichkeit durch die Oberflächenentwicklung des Kokses bedingt wird. Alle Umstände, die im Koksofen zur Verkleinerung der Oberflächenentwicklung durch nachträgliche Verklebung derselben mit Verkokungsrückständen des Teeres führen, setzen die Leichtverbrennlichkeit herab [7]). Dagegen läßt sich durch nachträgliche Erhitzung in neutraler Atmosphäre Koks in seinem einmal bestehenden Reaktionsvermögen nicht mehr beeinflussen [8]).

---

[1]) Vgl. S. 112.

[2]) Vgl. z. B. A. Thau: Kohlenveredlung, insbesondere zur Herstellung von aschearmem Koks. Stahleisen 1922, S. 1153. Ferner H. A. Brassert: Stahleisen 1923, S. 45.

[3]) Fortschritte auf dem Gebiet der Kokserzeugung, der Einfluß der Koksbeschaffenheit auf den Hochofenbetrieb und Vorschläge für die Verbesserung des letzteren. Vgl. Stahleisen 1921, S. 1173.

[4]) Vorschläge zur Prüfung des Kokses für Hochofen- und Gießereizwecke, Stahleisen 1922, S. 569; Über Koks und seinen Einfluß in der Gießerei. Gießerei 1922, S. 411, 423, 479; Gieß.-Ztg. 1922, S. 613; auszugsw. Stahleisen 1922, S. 1492; s. a. Stahleisen 1924, S. 691.

[5]) J. Soc. Chem. Industry 1922, S. 196; Gieß. 1922, S. 470, 475; auszugsw. und kritisch besprochen von A. Thau, Glückauf 1922, S. 1010.

[6]) Gieß. 1922, S. 479; Stahleisen 1922, S. 1495.

[7]) Brennstoffchemie 1923, S. 33; auszugsw. Stahleisen 1923, S. 722.

[8]) Diese Ansicht wird von H Koppers bestritten. S. Koppers Mitt. 1923, S. 37.

Auch Bähr fand, daß die flüchtigen Bestandteile ohne Einwirkung auf die Verbrennlichkeit sind, daß letztere aber durch die Unterschiede in den Kohlenstoffmodifikationen, die ihren Ursprung in Temperaturunterschieden im Koksofen haben, verursacht und weiter durch den Eisengehalt der Koksasche beeinflußt wird. Die Verbrennlichkeit läßt sich durch künstlichen Zusatz eisenhaltiger Stoffe (Gichtstaub) zur Kokskohle erhöhen, während durch starkes Waschen der Kohle das eisenhaltige Gestein entfernt und ein geeigneter Rohstoff für Gießereikoks erhalten werden kann [1]). Nach den Arbeiten Häußers [2]) überragt die Größe der Stücke, in die ein Koks ohne Anwendung des Brechers zerfällt, alle anderen Einflüsse. Demnach wird in schmalen Koksöfen am ehesten ein leicht verbrennlicher Koks erzeugt.

Diese kurze Aufzählung von Versuchsergebnissen zeigt schon, welche Schwierigkeiten noch zu überwinden sind, bis es gelingen dürfte, zu einem übereinstimmenden Ergebnis zu gelangen. Zur Bestimmung der Verbrennlichkeit sind verschiedene Verfahren vorgeschlagen worden, die hier indes nicht besprochen werden können [3]). Nach Bardenheuer und Thanheiser steht die Gasdurchlässigkeit mit der Verbrennlichkeit in direkter Beziehung; erstere läßt sich leicht bestimmen und hat den Vorzug großer Empfindlichkeit [4]).

So wie er heute in Deutschland angeliefert wird, ist Zechenkoks in den allermeisten Fällen ein Gemisch von leicht und schwer verbrennlichen Koksstücken, weil hierzulande nur in Ausnahmefällen die Koksöfen ohne Rücksicht auf das Ausbringen an Nebenerzeugnissen allein der Darstellung von Hochofen- oder Gießereikoks dienen. Zwar wird nach einer Mitteilung von Koppers [5]) an manchen Stellen Gießereikoks in der Weise dargestellt, daß der Kokskuchen nach erfolgter Garung noch mehrere Stunden im Ofen übergar stehen bleibt und so schwer verbrennlich gemacht wird. Dagegen macht man nach Angabe des Rheinisch-Westfälischen Kohlensyndikats in Essen [6]) gewöhnlich im Großbetrieb keinen Unterschied: „Etwa 75% des ausgestoßenen Kokses kommen als Hochofenkoks, 10—12% als Gießereikoks zum Versand. Die Gießereisorte wird dadurch hergestellt, daß man keine angebrannten Stücke verwendet, daß man große Stücke heraussucht und meist mit der Hand verlädt."

Von der Verbrennlichkeit ist zu unterscheiden die Entzündlichkeit, das Bestreben des Kokses, sich mit Sauerstoff bei Erreichung einer bestimmten Temperatur zu verbinden. Je tiefer diese kritische Temperatur liegt, um so leichter entzündlich ist der Koks. Nach Berger [7]) hängt der Zündpunkt von dem Gehalt des Kokses an flüchtigen Bestandteilen ab und steigt daher mit der Verkokungstemperatur.

Neuere Untersuchungen von Bunte und Kölmel stellten folgende Entzündungstemperaturen bei 3—5 mm Stückgröße fest: Gaskoks 505°, Zechenkoks 640° [8]). Bardenheuer und Thanheiser fanden Werte zwischen 550 und 580° C. [9]).

Der Porosität wird manchmal ein Einfluß auf die Verbrennlichkeit zugeschrieben, doch ist dieser sehr umstritten. Die nach Thau als wirksam zu bezeichnende Porosität (Gasdurchlässigkeit) ist mit dem bloßen Auge überhaupt nicht zu erkennen. Daher können leicht Trugschlüsse entstehen; die deutlich sichtbaren Poren sind auf die Verbrennlichkeit fast ohne Einfluß. Diese Poren sind vielfach durch Graphit verstopft.

---

[1]) Stahleisen 1924, S. 1, 39, ferner S. 694.

[2]) Gesellschaft für Kohlentechnik, Dortmund-Eving.

[3]) Näheres siehe in den Arbeiten von Fischer, Breuer und Broche, Brennstoffchemie 1923, S. 33; auszugsw. Stahleisen 1923, S. 722; A. Korevaar: Stahleisen 1923, S. 431; H. Koppers: Koppers Mitt. 1923, S. 37; F. Häußer: Stahleisen 1923, S. 902; Glückauf 1923, S. 699; Berichte der Gesellschaft für Kohlentechnik, Dortmund-Eving 5. Heft, 1924, S. 265; H. Bähr: Stahleisen 1924, S. 1, 39.

[4]) S. Stahleisen 1923, S. 1542.

[5]) S. Stahleisen 1914, S. 587; Gieß. 1922, S. 413.

[6]) Näheres vgl. Stahleisen 1909, S. 1572; Mitteilungen des Vereins Deutscher Eisengießereien 1909, S. 368.

[7]) Monatsh. Krupp 1923, S. 57.

[8]) Gas Wasserfach 1922, S. 592; weitere Angaben s. Koppers Mitt. 1923, S. 42; Monatsh. Krupp 1923, S. 61; s. auch Zahlentafel 109.

[9]) Vgl. Stahleisen 1923, S. 1542.

Bähr hat die Indifferenz der Porosität auf die Verbrennlichkeit festgestellt [1]). In Wirklichkeit sind die Poren abgeschlossene Kammern, in die Gase nur durch Diffusionswirkung gelangen können. Je nachdem die Porenräume groß oder klein sind, nennt man den Koks porös oder dicht. Auf die Größe der Porenräume sind Korn und Art der Kohle, ferner Dauer, Gang und Höhe der Temperatur bei der Verkokung von Einfluß. Durch das Stampfen der Kohle, das in Nieder- und Oberschlesien und an der Saar üblich ist, um schlecht backende Kohle noch verkoken zu können, werden die Poren zusammengedrückt, so daß solcher Koks stets dichtes Gefüge aufweist. Die Porosität schwankt nach Simmersbach [2]) etwa zwischen 25 und 55 Volumprozent Porenraum; dichter Koks sollte nicht mehr als $40^0/_0$ Porenraum aufweisen, je mehr er an $25^0/_0$ heranreicht, um so vorteilhafter. Poröser Koks nimmt im Verhältnis zu seinem Gewicht im Kuppelofen einen größeren Raum ein, als dichter Koks, bietet also dem Sauerstoff der Luft eine größere Oberfläche dar, so daß desto leichter Kohlenoxyd entsteht. Da der Koks bei höheren Temperaturen im Koksofen schrumpft und der Porenraum kleiner wird, so ist aus diesem Grunde für die Verbrennlichkeit eine Überhitzung des Kokses nachteilig. Gießereikoks muß so dicht als möglich sein [3]).

Bei der Dichte muß man zwischen dem scheinbaren und dem wirklichen spezifischen Gewicht unterscheiden, d. h. dem spezifischen Gewicht der Koksstücke einschließlich Porenraum (lufthaltig) und dem der Kokssubstanz (luftfrei). Ersteres wird von der Zahl und Größe der Poren, letzteres von der Dichte der Kokssubstanz, dem Aschengehalt und der Zusammensetzung der Asche beeinflußt. Wie Bardenheuer und Thanheiser feststellten, stehen das wirkliche und das scheinbare spezifische Gewicht, sowie die daraus berechnete Porosität in keinem bestimmten Zusammenhang mit den übrigen physikalischen Eigenschaften und mit der Garungszeit des Kokses. Es kann ein dichter Koks leichter sein, als eine andere doppelt so poröse Koksmarke, wie folgende Gegenüberstellung von dichtem, aber leichtem, und porösem, aber schwerem, amerikanischem Koks nach Fulton [4]) zeigt:

		I.	II.
Porenraum	Volumprozent	25,60	50,04
Koksmasse	„	74,40	49,96
Wirkliches spezifisches Gewicht		1,56	1,89
Asche in $^0/_0$		9,41	11,32

Das wirkliche spezifische Gewicht von gutem Schmelzkoks liegt bei 1,6—1,9, das anscheinende spezifische Gewicht bei 0,8—1,0. 1 cbm Hüttenkoks wiegt etwa 500 bis 550 kg, aus gestampfter Kohle um 540 kg. Gaskoks ist wesentlich leichter als Hüttenkoks und wiegt zwischen 350 und 400 kg je cbm. Gewöhnlich gibt von zwei Koksmarken, die ein verschiedenes spezifisches Gewicht aufweisen, der schwerere Koks im Kuppelofen eine gleichmäßigere Hitze und schmelzt mehr Eisen herunter als der leichtere. Sehr leichter Koks brennt so schnell nieder, daß eine außergewöhnliche Oxydation des Eisens erfolgt und der Abbrand steigt. Da im Koksofen die Kokssubstanz mit steigender Temperatur weiter zersetzt wird, verliert sie an Menge durch das Entweichen von Gasen, sie schrumpft und wird immer dichter. Allgemein kann man sagen, daß bei einer Kokssorte das spezifische Gewicht je nach dem Grad der Erhitzung im Koksofen wächst. Bei einer und derselben Kokssorte kann daher die Bestimmung des wahren spezifischen Gewichtes schon einen Anhalt über das Verhalten des Kokses bei der Verbrennung geben.

Die Last der Beschickungssäule im Schachtofen ist niemals imstande, den Koks durch ihr Gewicht zu zerdrücken, wie eine einfache Berechnung ergibt [5]). Daher hat

---

[1]) Vgl. Stahleisen 1924, S. 4.

[2]) Stahleisen 1909, S. 1554.

[3]) Wenn man hier und da die Behauptung hört, daß die Verwendung von porösem Koks im Kuppelofen sich billiger gestellt habe als die von dichtem Koks, so liegt die Erklärung in der Regelung der Windzufuhr. Schwache Pressung verringert die Oxydation des Kokses (vgl. Stahleisen 1909, S. 1553; ferner siehe S. 464).

[4]) Fulton: Coke. Scranton, Pa. 1905; siehe auch Stahleisen 1921, S. 375.

[5]) Vgl. O. Simmersbach: Neuere Untersuchungen über die Härte des Kokses. Stahleisen 1913, S. 512.

auch die Bestimmung der Druckfestigkeit nicht die Bedeutung, die ihr noch vielfach beigemessen wird [1]). Zudem ist es außerordentlich schwierig, gleichmäßige Ergebnisse zu erhalten, selbst bei gewissenhaftester Herstellung und Prüfungsbeanspruchung der Probekörper stets in derselben Richtung der Kokskuchen. Unter 80 kg/qcm soll die Druckfestigkeit eines guten, garen Schmelzkokses nicht sinken, sie steigt jedoch mitunter auf einen mehrfachen Betrag.

Wichtiger ist, daß der Koks eine gewisse Stückfestigkeit bzw. Härte besitzt; er soll beim Verladen und Stürzen nicht zerbrechen und keinen Abrieb erleiden. Harter Koks wird am ehesten aus kleinstückiger Kokskohle erhalten. Ein Anhalt für Stückfestigkeit ergibt sich beim Fallen aus 1,5 m Höhe auf eine harte Unterlage. Für die Prüfung des Kokses auf Stückfestigkeit wird die in Amerika bereits vielfach eingeführte sogenannte Sturzprobe empfohlen [2]). Aus einem kastenartigen Behälter, der unten durch freischwingende Klapptüren abgeschlossen wird, läßt man eine Menge von 50 kg Koks aus 1,85 m Höhe viermal nacheinander auf eine gußeiserne Platte fallen. Darauf wird der Koks auf ein Sieb mit 50 mm lichter Maschenweite geschüttet, dieses einmal geschüttelt, der verbleibende Koks gewogen und danach der Prozentsatz des Kokskleins bestimmt.

Stückfestigkeit und Klang sind eng miteinander verbunden. Guter Schmelzkoks muß einen metallischen Klang haben, dumpfer, schwerer Klang zeugt nicht von besonderer Güte. Ungarer Koks schlägt bei der obigen Fallprobe nur dumpf auf. Nasser Koks ist im allgemeinen weniger fest als trockener, weil das Wasser auf die im Koksstück enthaltenen Salze einwirkt, sie auslaugt und dadurch die Koksmasse lockert [3]).

Die Zerreiblichkeit liegt in der Beschaffenheit der Porenwände des Kokses, d. h. der Kokssubstanz begründet, ferner hängt sie von der Dichte des Kokses ab; gewöhnlich gibt poröser Koks mehr Abrieb als dichter. Ebenso wie im Hochofen wirkt auch im Kuppelofen der Abrieb ungünstig auf den Schmelzvorgang ein. Daher sollte das Aufgeben von Koksgrus vermieden werden, indem zum Einladen in die Gichtwagen Gabeln verwendet werden.

Für die Prüfung des Kokses auf Abrieb und Zähigkeit wird das Breslauer Verfahren angewandt, nach dem 50 kg Koks in einer Trommel von 1 m $\varnothing$ und 50 cm Länge 4 Min. lang bei 25 Umdr./Min. gerommelt werden [4]). Ein metallurgisch brauchbarer Koks soll dann an Stücken auf dem 40-mm-Maschinensieb noch 80% behalten. Um vergleichbare Werte zu erhalten, müssen die Proben stets durchschnittlich von gleichmäßiger Stückgröße sein. Vielleicht dürfte es vorteilhaft sein, eine größere Trommel zu verwenden, die ebenfalls mit 50 kg Koks beschickt wird. Gute Ergebnisse sollen auch mit der in Amerika eingeführten Trommel nach Rice erzielt werden [5]).

Mancher Koks weist Querrisse auf, die die Festigkeitseigenschaften vermindern. Die Querrissigkeit rührt nicht von der Art des Ablöschens her, sondern ist auf großen Gasgehalt der Kohle und auf heißen Ofengang zurückzuführen. Die Querrisse dürften in den meisten Fällen als Schwindrisse bei der Abkühlung entstanden sein.

Der Heizwert von gutem Hüttenkoks schwankt zwischen 7000 und 8000 WE; mit der theoretisch benötigten Luftmenge verbrannt, entwickelt er ungefähr 2400° C. Die mittlere spezifische Wärme des Kokses wird zu 0,33—0,38 angegeben [6]).

Die Farbe des Kokses ist bald schwarz und glanzlos, bald hellgrau und von lebhaftem Metall- oder Silberglanz, zuweilen auch in den Farben des Regenbogens spielend. Auch der Farbe wird vielfach ohne Berechtigung viel Wert beigelegt; sie wird durch Nebenumstände bedingt. So weisen Gaskoks und Koksbrände aus Öfen mit Gewinnung der Nebenerzeugnisse den Silberglanz kaum jemals auf, sondern sie haben gewöhnlich,

---

[1]) Ferrum 1913, S. 354; ferner A. Schmolke: Eine neue Festigkeitsbestimmung von Koks durch Abrieb. Glückauf 1923, S. 3.
[2]) Vgl. Simmersbach: Kokschemie 2. Aufl. 1914, S. 298.
[3]) Vgl. A. Wagner: Über den Wasser- und Aschegehalt des Kokses. Ferrum 1913, S. 353; ferner Simmersbach: Kokschemie 2. Aufl. 1914, S. 210.
[4]) Vgl. O. Simmersbach: a. a. O. S. 299; ferner Stahleisen 1913, S. 514 und Gieß. 1922, S. 423.
[5]) Siehe Stahleisen 1921, S. 1577.
[6]) Stahleisen 1922, S. 1270.

veranlaßt durch auf ihnen abgelagerten, ausgeschiedenen Kohlenstoff eine dunklere Farbe. Vielfach werden schwarze Köpfe eines Koksbrandes als Merkmal ungaren Brennens angesehen. Doch kommt es auch oft vor, daß Stücke infolge ungenügenden Löschens äußerlich verbrannt sind und daher schwarz aussehen; andere können durch Lehm- und Aschebestandteile oder durch Schlamm aus dem Löschwasser verunreinigt sein. Ein hoher Schwefelgehalt bringt lebhaften Metallglanz hervor; bisweilen bilden sich auf schwefelreichem Koks schon nach kurzem Lagern braune Flecken, deren Rand in den Farben des Regenbogens angelaufen erscheint. Die als Koksschaum bezeichneten aufgeblähten, leicht zerreiblichen Stücke stammen von den beiden Stirnseiten des Ofens und sollten einem erstklassigen Koks nicht beigemengt sein[1]).

Zahlentafel 209.
Chemische Zusammensetzung, physikalische Eigenschaften und Heizwerte von lufttrockenem Koks[2]).
(Vorkriegswerte.)

Bezirk	Handelsübliche Bezeichnung	Kohlenstoff %	Asche %	Schwefel %	Phosphor %	Anscheinendes spezifisches Gewicht	Wirkliches spezifisches Gewicht	Poren in %	Heizwert (unterer) WE	Wasser %	Flüchtige Bestandteile %
Ruhrbezirk	Hochofenkoks	83,87	9,32	1,10	0,032	0,89	1,80	50,54	7019	—	—
,,	Gießereikoks	86,57	9,79	1,13	0,032	0,93	1,92	51,56	6995	—	—
,,	Hochofenkoks	89,35	7,23	1,04	0,013	0,89	1,87	52,72	7219	—	—
,,	Gießereikoks	87,35	9,14	1,01	0,018	0,87	1,89	53,91	7058	—	—
,,	Hochofenkoks	85,93	11,10	1,37	0,020	0,96	1,87	67,30	6943	—	—
,,	Gießereikoks	87,12	10,00	1,06	0,028	0,93	1,88	50,37	7039	—	—
,,	Gaskoks	82,03	10,74	1,02	n. best	n.best	n.best	n.best.	6841	—	—
,,	,,	85,18	7,42	0,87	,,	,,	,,	,,	7057	—	—
Oberschlesien	Hochofenkoks	84,87	13,00	1,08	,,	0,94	1,80	47,71	6950	—	—
,,	Würfelkoks	83,72	8,82	0,91	,,	n.best	n best.	n.best.	6925	—	—
,,	Nußkoks	80,03	10,16	0,89	,,	,,	,,	,,	6490	—	—
,,	Gaskoks	86,35	6,41	0,96	,,	,,	,,	,,	7080	—	—
Niederschlesien	Hüttenkoks	n. best.	10,36	n. best.	,,	,,	,,	,,	6887	—	—
Saargebiet	Hochofenkoks	—	10,60	0,71	,,	,,	,,	,,	n.best	—	—
,,	,,	—	11,80	0,98	,,	,,	,,	,,	,,	—	—
,,	Gaskoks	88,08	6,52	0,98	,,	,,	,,	,,	7271	—	—
Belgien (Lüttich)	Hochofenkoks	81,05	12,00	1,22	0,03	,,	,,	,,	n.best.	—	—
(Charleroi)	,,	75,90	17,61	0,90	0,02	,,	,,	,,	,,	—	—
England	Gießereikoks	92,56	6,53	0,58	n. best.	,,	1,83	40,00	,,	—	—
,,	,,	93,16	5,76	0,49	,,	,,	1,76	49,80	,,	—	—
Nordamerika (Connelsville)	Hüttenkoks	89,58	9,11	0,82	,,	,,	n.best.	n.best.	,,	—	—
Alabama v. ungew. Kohle	Gießereikoks	83,35	14,28	1,30	,,	—	—	—	—	1,34	1,63
gewasch. Kohle	,,	86,00	11,50	0,90	—	—	—	—	—	0,75	0,75
Pennsylvanien	,,	92,50 bis 80,80	7,0 bis 16,0	0,80 bis 1,87	—	—	—	—	—	0,23 bis 0,91	0,29 bis 2,26
Virginia	,,	93,24 bis 88,50	5,80 bis 8,30	0,42 bis 1,02	—	—	—	—	—	0,16 bis 1,52	0,80 bis 1,67
Colorado	,,	82,18	16,07	0,44	—	—	—	—	—	0,44	1,31

In chemischer Beziehung wird Schmelzkoks im allgemeinen nur auf Grund seiner Gehalte an Wasser, Asche und Schwefel bewertet. Die beiden erstgenannten

---

[1]) Vgl. Stahleisen 1914, S. 109.
[2]) Die Analysen entstammen u. a. nachstehenden Arbeiten: H. Bunte: Zur Beurteilung der Leistung von Dampfkesseln. Z. V. d. I. 1900, S. 671. — O. Simmersbach: Die deutsche Koksindustrie in den letzten 10 Jahren. Stahleisen 1904, S. 1170. — R. Grünewald: Belgische Kohlen und Koks. Leipzig 1905. — F. Wüst und G. Ott: Vergleichende Untersuchungen von Rhein.-Westfäl. Gießerei- und Hochofenkoks. Stahleisen 1906, S. 842 — O. Simmersbach: Qualitätsanforderungen für Gießereikoks. Stahleisen 1909 S. 1557. — Brennstoffuntersuchungen. Z. bayr. Rev.-V. 1910, S. 127.

Bestandteile drücken den Heizwert schon durch ihre Anwesenheit herab, während der letztere durch seine Einflüsse auf das Eisen von Bedeutung ist. Selten werden auch die flüchtigen Bestandteile festgestellt.

Gas- und Hüttenkoks unterscheiden sich in chemischer Hinsicht wenig voneinander; im allgemeinen enthält ersterer mehr Wasserstoff und Sauerstoff + Stickstoff, dagegen weniger Kohlenstoff (vgl. Zahlentafel 209 u. 210). Nachstehende Zusammenstellung [1]) gibt Mittelwerte aus einer Reihe von Kokssorten aus Schlesien, Westfalen und Saargebiet:

	C %	H_2 %	$O_2 + N_2$ %	S %	Wasser %	Asche %
Hüttenkoks	87,25	0,49	1,62	1,10	0,81	8,73
Gaskoks	85,80	0,84	1,72	0,79	0,80	10,05

Umgerechnet auf Reinkoks ergeben sich folgende Werte:

	C %	H_2 %	$O_2 + N_2$ %	S %
Hüttenkoks	96,45	0,54	1,79	1,22
Gaskoks	96,24	0,94	1,93	0,89

Vielfach zeigt rheinisch-westfälischer Hochofenkoks heutzutage etwa folgende Zusammensetzung: 78% Kohlenstoff, 3,5% flüchtige Bestandteile, 1,5% Schwefel, 11% Asche, 6% Feuchtigkeit.

Zahlentafel 210.
Chemische Zusammensetzung und Heizwerte von Koks [2]).
(Werte aus den Jahren 1919—1922.)

Bezirk	Handelsübliche Bezeichnung	Rohkoks			Brenn- bare Substanz %	Heizwert (unterer)	
		Wasser %	Asche %	Flüchtige Bestand- teile %		Rohkoks WE	Reinkoks WE
Ruhr	Zechenkoks	2,06	8,85	—	89,09	7117	8002
,,	,,	7,13	9,92	—	82,95	6562	7962
,,	,,	11,26	8,43	—	80,31	6322	7956
,,	,,	13,35	11,12	—	75,53	6023	8080
,,	,,	14,78	13,52	—	71,70	5679	8040
,,	Gießereikoks	1,33	10,35	—	88,32	6994	7928
,,	,,	4,83	7,38	—	87,87	6885	7869
,,	,,	8,15	7,52	—	84,33	6653	7947
,,	Hochofenkoks	6,00	11,00	—	83,00	6657	7970
,,	,,	4,70	10,50	—	84,80	6705	7827
,,	Koksgrus	10,20	24,03	6,30	65,77	5250	8105
,,	,,	17,20	21,15	0,95[3])	61,25	4865	8144
,,	Koksasche	15,95	32,40	—	51,65	4029	7986
,,	,,	20,11	28,83	—	51,06	3885	7845
,,	Halbkoks	6,98	23,73	—	69,29	5365	7804
,,	,,	7,36	17,48	9,74	—	6292	—
,,	,,	7,87	24,88	—	67,25	5249	7876
Oberschlesien	Zechenkoks	14,80	7,73	—	77,47	6002	7862
,,	,,	15,44	16,89	—	67,67	5379	8085
?	Hamburger Gaskoks	8,02	8,86	—	83,12	6474	7846
,,	,,	9,05	13,89	—	77,06	5978	7828
?	Gaskoks (Herkunft unbekannt)	14,13	10,71	—	75,16	5968	8054
?	,,	7,88	15,30	—	76,82	6002	7874
?	Koksbrikett	27,27	25,33	—	47,40	3384	7485

Das Wasser wird dem Koks beim Löschen zugeführt. Gut und sorgsam gelöschter Koks enthält nicht mehr als 1% Wasser, doch wird dieser Prozentsatz nur von sehr

[1]) Aus H. Winter: Wärmelehre und Chemie. Berlin 1922, S. 200.
[2]) Die Werte entstammen zum größten Teil Brennstoffuntersuchungen des Bayerischen Revisionsvereins (Z. bayr. Rev.-V. 1920—1922) und der Thermo-Chemischen Versuchsanstalt von Dr. Aufhäuser, Hamburg (Jahresbericht 1920 des Vereins für Feuerungsbetrieb und Rauchbekämpfung in Hamburg).
[3]) Wasserstoff.

wenigen Kokereien in Deutschland in der Tat eingehalten [1]). Über 7% Wasser sollte kein mit dem Schlauch gelöschter Koks enthalten, während bei Anwendung mechanischer Löschvorrichtungen 4% Wasser als Höchstgehalt sich dauernd erreichen lassen müssen. Frisch gedrückter, hellglühender Koks kann bis zu 30—35% Wasser aufnehmen, erkalteter Koks dagegen im Höchstfall 17—18% [2]). Da das Glühen des Kokses bei Nacht länger sichtbar ist, pflegen die zu dieser Zeit gezogenen Koksbrände mit größeren Wassermengen bespritzt zu werden und weisen daher auch höhere Nässegehalte auf. Beim Lagern an der Luft wird ein Teil des Wassers durch Verdunsten wieder abgegeben, anderseits kann wasserarmer Koks durch starken und andauernden Regen Wasser aufnehmen, schwerer werden und gleichzeitig naturgemäß an Heizwert verlieren. Daß die trockene Kühlung des Kokses nach dem Sulzerschen Verfahren, bei der die Koksbrände in luftdichte Behälter gebracht und durch indifferente Gase gekühlt werden, in der Praxis Eingang finden wird, ist zu wünschen; wenn auch der Preis für trocken gelöschten Koks höher sein muß, ist sein Heizwert ein entsprechend größerer, und zudem werden sich auf die Einheit Kohlenstoff bezogen die Frachtkosten niedriger stellen [3]).

Die Asche des Kokses wird durch die nicht brennbaren, anorganischen Bestandteile der Kohlen gebildet. Die Zusammensetzung der Asche ist also im allgemeinen dieselbe, wie die der Kohlenasche (s. Zahlentafel 205). Doch ist zu berücksichtigen, daß durch die Verkokung entsprechend der Gasausbeute der Aschegehalt sich vermehrt. Je aschereiner ein Koks ist, desto höher wird sein Kohlenstoffgehalt und desto höher wiederum sein Wert; es sollte daher der Aschegehalt der Kokskohlen nicht über 6% steigen. Das Rheinisch-Westfälische Kohlensyndikat hat zwar feste Gewährleistungen für die Koksbeschaffenheit beim Verkauf stets abgelehnt, es hatte aber bereits lange vor dem Krieg im inneren Verkehr vorgeschrieben, daß Asche- und Wassergehalt das sogenannte Totgewicht 15% ausmachen dürfe, und zwar 9% Asche und 6% Wasser. Während des Krieges wurde der zulässige Aschegehalt zwecks Verminderung der Kohlenverluste beim Waschen auf 10% heraufgesetzt. Auf den meisten Zechen im Ruhrrevier läßt sich in den zur Zeit üblichen Wäschen kein Koks mit weniger als 5—6% Asche erreichen, ohne daß unverhältnismäßig viel Kohle mit den Waschbergen auf die Halde geschickt wird. An einer Besserung dieser Zustände wird gearbeitet.

Für die Bewertung als Schmelzkoks im Hochofen oder Kuppelofen muß auch die Zusammensetzung der Asche in Betracht gezogen werden, insofern sie einen höheren oder niedrigeren Kalkzuschlag zur Bildung einer leicht schmelzbaren Schlacke erfordert. Verschiedene oberschlesische Koksaschen zeigen z. B. eine Zusammensetzung, die keinen Kalkstein zur Schlackenbildung benötigt (s. Zahlentafel 205). In einem solchen Falle kann, wie Simmersbach mit Recht bemerkt [4]), ein Koks mit 8% Asche und 88% Kohlenstoff keinen höheren Wert haben, als selbstschmelzender Koks mit 12% Asche und nur 84% Kohlenstoff. Die sogenannte Kokslösche (Grus) hat in Westfalen stets höheren Aschengehalt (15—30%). Auch die Möglichkeit der Aufnahme das Eisen verunreinigender Stoffe aus der Koksasche, z. B. Schwefel, Phosphor, Arsen ist für den Eisengießer von Bedeutung.

A. Thau führt folgende Merkmale für hohen Aschengehalt an [5]).

1. Unreinigkeiten von unverbrennbaren Stoffen im Bruchstück,
2. dunkles sandiges Äußere ohne großen Porenreichtum,
3. auffallend hohes Gewicht,
4. metallisch glänzendes Aussehen der Porenwände im Bruchstück.

Von Wichtigkeit für den Gießereimann ist der Schwefel des Kokses, da dieses Element infolge der großen Verwandtschaft mit starker Begier von dem flüssigen Eisen

---

[1]) Die amerikanischen Koksverträge gehen gewöhnlich dahin, daß der Koks nicht mehr als 2% Wasser enthalten soll. Diese Bedingung wird auch leicht eingehalten (vgl. Stahleisen 1917, S. 656).

[2]) Über das Wasseraufnahmevermögen von Koks vgl. Stahleisen 1908, S. 800, 997, 1325; 1909, 28; 1912, S. 995. Ferrum 1913, S. 325.

[3]) Vgl. P. Schläpfer: Über trockene Kokskühlung. Stahleisen 1922, S. 1269.

[4]) Stahleisen 1909, S. 1555.   [5]) Glückauf 1907, S. 282.

aufgenommen wird und dann durch seine schädlichen Einflüsse sich bemerkbar macht. Wie bereits oben (s. S. 499) erwähnt, wird von dem in dreierlei Formen auftretenden Schwefel der Kohle ein großer Prozentsatz des organischen Schwefels und des Schwefels des Schwefelkieses in dem Koksofen vergast, es entweicht aber nur so viel Schwefel, wie nicht durch die Gehalte der Koksasche an Eisen, Kalk und Magnesia zu Schwefeleisen, Schwefelkalzium oder Schwefelmagnesia gebunden wird. Beim Löschen des frisch gezogenen glühenden Kokskuchens mit Wasser wird noch ein Teil des Schwefels als Schwefelwasserstoff entfernt; jedoch stellt sich diese Entschwefelung, besonders bei dichtem Gießereikoks, nicht allzu bedeutend.

Von dem Koksschwefel wird während des Niedergehens der Beschickung im Kuppelofen nur ein geringer Teil durch die aufsteigenden Gase verflüchtigt, die Hauptmengen gelangen bis vor die Formen, wo sie insbesondere schweflige Säure entwickeln; diese wird beim Aufsteigen durch die Beschickung reduziert. Der freiwerdende Schwefel bildet mit Eisen Schwefeleisen, das in das Eisen übergeht. Ein Teil des so entstandenen Schwefeleisens kann sich zwar bei höherer Temperatur mit Mangan in Schwefelmangan umsetzen, doch ist in Anbetracht der geringen Mengen des im Gießereiroheisen vorhandenen Mangans dieser Reaktion keine große Bedeutung beizumessen. Höhere Manganzusätze empfehlen sich nicht aus Rücksicht auf die härtende Wirkung dieses Metalls[1]. Wenn auch bei Temperaturen über 800° C. Schwefeleisen in Berührung mit Kalk und Kohle in Schwefelkalzium übergeführt wird, so ist es nach C. Pardun[2] doch nicht möglich, durch Zuschlag von Kalkstein oder Schlacke die Schwefelaufnahme im Kuppelofen in nennenswerter Weise zu unterdrücken. Die Einwirkung solcher Zuschläge tritt erst nach Verlauf einer gewissen Zeit ein, wenn Bad und Schlacke in genügender Menge vorhanden und genügend heiß sind. Die Entschwefelung geht dann dadurch von statten, daß die im Eisen gelösten Schwefelverbindungen hoch steigen und von der Schlacke aufgenommen werden.

Nach Untersuchungen von O. Johannsen an einem Kuppelofen der Halbergerhütte in Brebach a. d. Saar entweichen mit den Gichtgasen rund 70% des durch den Koks in den Kuppelofen eingeführten Schwefels, während die Schlacke nur ⅓ von dem Schwefel enthält, der durch die Gichtgase entfernt ist. In 1 cbm kaltem Gichtgas von 760 mm Druck wurde durchschnittlich 1 g Schwefel ermittelt[3].

Westfälischer Koks enthält gegenwärtig im Durchschnitt 1,5% Schwefel, der Mindestgehalt liegt bei 1,00%. Für oberschlesischen Koks wird als Mindestgehalt 0,90% und als Höchstgehalt 2,00% Schwefel angegeben. Saarkoks schwankt zwischen 0,70 und 1,0% Schwefel. Unter 1% beträgt im Mittel der Schwefelgehalt des englischen Kokses. Den gleichmäßig schwefelärmsten Koks, der nur selten über 0,5% Schwefel aufweist, besitzt die nordamerikanische Eisenindustrie.

Die bedeutenden Schwankungen im Asche- und Schwefelgehalt des deutschen Gießereikokses bringen nicht geringe Schwierigkeiten für die Sicherheit des Schmelzens im Kuppelofen mit sich, denn es liegt auf der Hand, daß selbst ein Gießereikoks mit niedrigem Schwefelgehalt bei ungenügendem Kalksteinzuschlag schädlicher wirken kann als ein schwefelreicher Koks bei hinreichender Basizität der Schlacke[4].

Als Bestandteil der Koksasche muß auch die Phosphorsäure besonders erwähnt werden. Bis jetzt wurden im westfälischen Koks normal 0,02—0,03%, als sehr hoch 0,05% Phosphor gefunden, ein Gehalt, der bei normalem Kokssatz ohne Frage weder auf den Schmelzbetrieb, noch auf das im Kuppelofen zu erblasende Gußeisen einen Einfluß ausüben kann. Koks aus Ober- und Niederschlesien und von der Saar enthält 0,01 bis 0,02% Phosphor[5].

---

[1] Vgl. hiezu auch O. Wedemeyer: Über die Verwendung von Manganerzen als Entschweflungsmittel beim Schmelzen von Gußeisen. Stahleisen 1904, S. 1316, 1377.

[2] Stahleisen 1911, S. 665; s. a. Vollenbruck: Stahleisen 1915, S. 451.

[3] Stahleisen 1908, S. 1753.

[4] Siehe auch O. Simmersbach: Neuere Untersuchungen über den Schwefelgehalt in Kohle und Koks. Stahleisen 1913, S. 2027, 2077.

[5] Stahleisen 1913, S. 2078.

Da der Koks in der Retorte wie im Koksofen nie vollständig entgast wird, enthält er stets, wenn auch zum Teil nur in kleinen Mengen, flüchtige Bestandteile, Wasserstoff, Stickstoff, Kohlensäure, Kohlenoxyd, Methan. Diese Gase sind ziemlich gleichmäßig im Koksstück verteilt. Der Wasserstoffgehalt hält sich nach Simmersbach [1] zwischen 0,2 und 2%, der Sauerstoffgehalt geht von Spuren bis zu 8%, der Stickstoffgehalt beträgt gegen 1%.

Als Merkmale für einen hohen Gehalt an flüchtigen Bestandteilen nennt Thau [2]:

1. klangloser Fall auf einen harten Gegenstand,
2. schwarzes, glanzloses Aussehen,
3. kleine blauschwarze Flecken im Bruchstück, herrührend von unverkokter Kohle,
4. dicke Stücke, die keine Stielform haben und leicht zerfallen,
5. tiefschwarzes Innere der Poren und Teerglanz der Ränder.

Ausgedehnte Untersuchungen, die in den Jahren 1902/04 von Wüst und Ott angestellt wurden [3], haben ergeben, daß zwischen Gießereikoks und Hochofenkoks in bezug auf Asche-, Schwefel-, Phosphor- und Kohlenstoffgehalt Unterschiede nicht vorhanden sind. Dasselbe gilt für den Heizwert, die Festigkeit und die Porosität. Nur betreffs der Angreifbarkeit durch Kohlensäure, also der Verbrennlichkeit, ist eine nicht sehr ins Gewicht fallende Überlegenheit des Gießereikokses festgestellt worden.

Wegen Festlegung von Bestimmungen über die Eigenschaften von Gießereikoks und den Handel mit diesem haben schon in den Jahren 1891, 1904, 1908/1909 und nach dem Krieg wiederholt Verhandlungen zwischen dem Verein Deutscher Eisengießereien und dem Rheinisch-Westfälischen Kohlensyndikat stattgefunden, die jedoch infolge des starren Festhaltens des letzteren an den von ihm selbst aufgestellten Verkaufsbedingungen ergebnislos verlaufen sind [4].

Die an deutschen Hochofen- und Gießereikoks zu stellenden Anforderungen hat vor längeren Jahren Simmersbach zusammengestellt [5]; dieselben hat Koppers neuerdings erweitert zu nachstehender Fassung [6]:

A. Hochofenkoks.

Bisher:

1. Aschengehalt	9%
2. Wassergehalt	5%
3. Schwefelgehalt	1—1,25%
4. Staub am Empfangsort	6%
5. Porenraum	50%
6. Minderdruckfestigkeit	100 kg/cm²

höchstens

Notwendige Ergänzung:

a) Stückgröße nicht über 120 mm Seitenlänge je nach Möller.

b) Herstellung bei 650—800°, d. h. bei nochmaliger langsamer Erhitzung soll der Koks bei dieser Temperatur beginnen zu entgasen. Flüchtige Bestandteile bis 3%.

c) Stückfestigkeit: Koks über 50—120 mm Seitenlänge soll nach viermaligem Fallen (etwa 50 kg aus 1,85 m Höhe) nicht mehr als 25% unter 50 mm ergeben.

d) Abrieb oder Zähigkeit: 50 kg Koks von 50—120 mm Seitenlänge in einer Trommel von 1 m Ø, 0,5 m Breite, 4 Min. bei 25 Umdr./Min. gedreht, soll mindestens 80% über 40 mm ergeben.

e) Der Wassergehalt soll 3% nicht überschreiten.

---

[1] Kokschemie 2. Aufl. 1914, S. 129.   [2] Glückauf 1907, S. 282.
[3] Siehe Stahleisen 1906, S. 841.   [4] Siehe Mitt. d. Ver. D. Eisengieß. 1909, S. 368.
[5] Stahleisen 1909, S. 1551.
[6] Gieß. 1922, S. 415. Stahleisen 1922, S. 1443. Gieß.-Ztg. 1922, S. 616. Auch vom Hochofenausschuß des Vereins deutscher Eisenhüttenleute sind „Anforderungen an Hochofenkoks" zusammengestellt worden.

Zur Herstellung von Hochofenkoks sind alle kokbaren Kohlen brauchbar, sofern der Koks sich drücken läßt, wenn er eine Temperatur von $650-800^0$ noch nicht überschritten hat.

B. Gießereikoks.

Bisher:

	Kl. I	Kl. II	
1. Aschengehalt	8%	9%	höchstens
2. Wassergehalt	5%	5%	
3. Schwefelgehalt	1%	1,25%	
4. Staub am Empfangsort . . .	6%	6%	
5. Porenraum	40%	40%	
6. Mindestdruckfestigkeit		100 kg/cm²	

Notwendige Ergänzung:

a) Stückgröße von $80-120$ mm Seitenlänge.

b) Herstellung bei einer Temperatur von mehr als 1000^0, d. h. bei nochmaliger langsamer Erhitzung soll der Koks erst bei dieser Temperatur beginnen zu entgasen.

c) Stückfestigkeit wie bei Hochofenkoks.

d) Der Wassergehalt soll 3% nicht überschreiten.

Zur Herstellung von Gießereikoks sind nur sauerstoffarme, also gasarme, gut backende Kohlen oder entsprechende Mischungen zu verwenden.

Halbkoks.

Bei der Steinkohlenschwelung, der sogenannten Tieftemperaturverkokung entfallen neben dem Teer (Urteer) verhältnismäßig geringe Mengen eines sehr reichen Gases, und große Mengen eines festen Rückstandes, der unter dem Namen Halbkoks bekannt ist [1].

Von dem Koks unterscheidet sich Halbkoks dadurch, daß er zwar keinerlei Teerbildner mehr enthält, aber dennoch einen erheblichen Gehalt an flüchtigen Bestandteilen aufweist, die ihn leichter entzündlich und mit längerer Flamme brennbar machen [2]. Der Halbkoks wäre demnach ein idealer Brennstoff für Hausbrandzwecke und auch für kleinere Industrien, wenn er nicht außerordentlich leicht, porös und zerreiblich wäre. Da es nicht möglich ist, auf den zur Verfügung stehenden Rostflächen größere Brennstoffreserven für schwankende Belastung aufzuspeichern, eignet sich Halbkoks nicht für größere Feuerungen. Auch einer weiteren Verfrachtung können nur wenige widerstandsfähige Sorten unterworfen werden. Die Zusammensetzung von Halbkoks ist in Zahlentafel 210 angegeben.

Halbkoks ist daher mehr als ein Zwischenerzeugnis anzusehen, das entweder zur Vergasung in entsprechend gebauten Gaserzeugern oder nach Mahlung zur Kohlenstaubfeuerung oder endlich nach Mahlung und Pechzusatz zur Brikettierung dient. Die Nutzbarmachung des Halbkokses durch Vergasung ist schon vor und während des Krieges in England versucht worden. Im großen hat zuerst im Jahre 1919 die Londoner Coalite-Gesellschaft eine Anlage erbaut, in der Halbkoks vergast und elektrische Energie erzeugt wurde. Es ergab sich indes, daß aus den Kohlensorten, die sich für die Gaserzeugung nicht eignen und daher zur Halbkoksdarstellung benutzt wurden, ein brauchbarer Brennstoff sich nur mittels Brikettierung erzielen ließ. Ein nach einem amerikanischen Verfahren unter Pechzusatz aus Halbkoks dargestelltes Brikett ist unter dem Namen Karbokohle (carbocoal) in den Handel gebracht worden. Die Zusammensetzung einer Kohle und der aus ihr gewonnenen Karbokohle ist nachstehend wiedergegeben [3].

	Kohle	Karbokohle
Wasser	0,72%	1,84%
Flüchtige Bestandteile	35,01%	2,75%
Fester Kohlenstoff	57,23%	85,64%
Asche	7,04%	9,77%

---

[1] Näheres über Tieftemperaturverkokung siehe S. 523.
[2] Siehe S. 507.
[3] Vgl. Glückauf 1920, S. 726; Brennstoffchemie 1921, S. 225, 244, 264.

Die Karbokohlebriketts wurden nicht im rohen Zustand verwendet, sondern nochmals einer Destillation bei hoher Temperatur unterworfen, um das teerige Bindemittel wieder auszutreiben und einen Brennstoff von hoher Widerstandsfähigkeit zu erzielen.

Da Deutschland keine für die beiden Verfahren geeignete Kohlenvorkommen besitzt, sind sie für uns nicht von Bedeutung. Die besten Aussichten für die Zukunft bietet die Verwendung von Halbkoks zur Koksstaubfeuerung [1]).

Flüssige Brennstoffe.
Allgemeines.

Die Verwendung flüssiger Brennstoffe hat auch für die Gießereibetriebe während des letzten Jahrzehnts steigend an Bedeutung gewonnen dank den Vorteilen, die jene bieten und von denen nur genannt seien hoher Heizwert, bequeme Aufbewahrungs- und Verwendungsmöglichkeit, vollständige Verbrennung, schnelles Erreichen hoher Temperaturen, Möglichkeit, nach Wahl die Flamme reduzierend oder oxydierend zu führen, kein oder meist nur geringer Gehalt an Schwefel, Verringerung der Schmelzrückstände.

Um diesen Anforderungen genügen zu können, müssen flüssige Brennstoffe folgenden Bedingungen genügen:

Hoher Heizwert, möglichst über 9000 WE;

Niedriger Wassergehalt, unter 1,5%;

Mäßiger Wasserstoffgehalt, möglichst unter 12%;

Dichte zwischen 0,95 und 1,05;

Mittlere Viskosität;

Möglichst geringer Schwefelgehalt;

Entzündungstemperatur zwischen 90 und 120° C.

Für die Verfeuerung kommen folgende Gruppen in Betracht: 1. **Erdöl** (Rohpetroleum) und seine Verarbeitungserzeugnisse; 2. **Steinkohlenteer** und seine Destillationserzeugnisse; 3. **Braunkohlenteer** und seine Verarbeitungserzeugnisse. Pflanzenöle werden in industriellen Feuerungen nicht verwendet. Wenn auch Deutschland an Erdöllagerstätten außerordentlich arm ist, so ist doch zu erwarten, daß wir dank den Schwelerzeugnissen und Derivaten unserer Steinkohlen, Braunkohlen und Ölschiefer einen auch weiter steigenden Bedarf an Heiz-, Treib- und Schmierölen vollständig im eigenen Lande werden decken können, so daß keine wesentlichen Ölmengen mehr aus dem Auslande bezogen zu werden brauchen.

Bei Einkauf von flüssigen Brennstoffen hat man außer dem Heizwert noch folgendes zu beachten:

Viskosität oder Zähflüssigkeit ist der Quotient aus der Ausflußzeit von 200 ccm Öl bei der Versuchstemperatur und derjenigen von 200 ccm Wasser bei 20° C. Sie wird in Englergraden (E) ausgedrückt. Z. B. bedeutet die Angabe, ein Öl besitze 10 Englergrade, daß die bezeichnete Menge Öl 10 mal mehr Zeit braucht, um aus einer bestimmten Mündung auszufließen, als gleich viel Wasser von 20° C. Mittlere Viskosität sichert ein langsames und gleichzeitig vollständiges Verbrennen auch der Kohlenwasserstoffe mit höheren Entzündungstemperaturen, während strengflüssige Öle zu schnell abbrennen, als daß sämtliche Bestandteile vollständig ausgenutzt werden.

Unter Flammpunkt versteht man die niedrigste Temperatur, bei der die Dämpfe, die dem erwärmten Öl entweichen, mit der Luft ein entflammbares Gemisch bilden. Diese Temperatur ist abhängig von den gewählten Versuchsbedingungen. Wird das Öl weiter erwärmt, so brennt die Flamme von einer gewissen Temperatur an dauernd weiter (Brennpunkt).

Läßt sich der Bezug flüssiger Brennstoffe nicht in Kesselwagen (mindestens 15 000 kg) durchführen, so muß die Verfrachtung in Fässern erfolgen. Für die Lagerung größerer Mengen eignen sich am besten Behälter unter Flur, in die bei Bahnanschluß die Kesselwagen unmittelbar abgelassen werden können. Die Behälter sind, falls sie nicht verzinkt

---

[1]) Gas Wasserfach 1921, S. 681; Glückauf 1923, S. 57.

sind, innen mit einem säurefesten Anstrich zu versehen. Da namentlich Teeröl einen größeren Gehalt an Naphthalin aufweist, das sich bei Abkühlung in Kristallform abscheidet, sind die Behälter mit einer Heizschlange, möglichst auch mit einem Rührwerk zu versehen. Außer dem Hauptbehälter wird ein kleiner Hochbehälter — wozu sich auch alte Dampfkessel u. dgl. eignen —, der den Tagesbedarf zu fassen vermag, in der Nähe der Heizstelle, jedoch unerreichbar für die Feuergase angeordnet. Dieser Kessel wird durch eine Handpumpe gefüllt. Auch er ist mit einer Wärmvorrichtung auszustatten. An jeder Stelle, an der Öl aus der Leitung in einen Behälter übertritt, ist ein herausnehmbares Sieb anzubringen, dessen Maschenweite etwa 1 mm beträgt.

Um Erd- oder Teeröl in wirtschaftlicher Weise für Heizzwecke zu verbrennen, muß es in möglichst fein verteiltem Zustande dem Verbrennungsraume zugeführt werden; denn je kleiner der Tropfen ist, eine um so geringere Wärmemenge benötigt er, um auf die Verdampfungstemperatur vorgewärmt zu werden. Man kann heute nach den Apparaten, mit denen der Brennstoff dem Verbrennungsraum zugeführt wird, mehrere Gruppen unterscheiden: Die ältesten Vorrichtungen sind die Schalenfeuerungen, bei denen Schalen mit Öl gefüllt werden; letzteres wird entzündet und durch das Darüberführen von Luft verbrannt. Eine Verbesserung bilden die Tropffeuerungen. Man läßt Öl durch Röhren in einen erhitzten Raum eintropfen, das dabei vergast und dann durch einen Schornstein oder durch künstlichen Zug zum Verbrennungsraum befördert wird, um dort durch Zuführung von Luft verbrannt zu werden. Bei der Sickerfeuerung wird einer mit Sand usw. gefüllten Schale unter Druck Öl zugeleitet, das durch die Sandschicht emporsteigt und mittels darübergeführter Luft verbrannt wird. Die Zahl der eine Zerstäubung des flüssigen Brennstoffes bezweckenden Feuerungen ist beträchtlich. Allgemein wird bei dieser Art Ölbrenner der Ölstrom durch einen größeren Strom Dampf oder Luft in winzige Tröpfchen verteilt, die mit einer gewissen Kraft aus der Düse in den Verbrennungsraum geschleudert werden. Die einfachste Art ist der Rohrbrenner (Forsunka), zwei ineinandergesteckte Röhren mit zu Spitzen ausgezogenen Enden; durch die innere Röhre strömt das Öl, durch die äußere Dampf oder Luft. Das Öl wird beim Ausfließen erfaßt, zerstäubt und mit Luft in innigste Berührung gebracht[1]. Daraus haben sich drei Bauarten von Brenndüsenfeuerungen entwickelt, die sich alle für besondere Betriebsverhältnisse bewährt haben. Bei den Preßöl- oder Zentrifugalzerstäubern wird das Öl unter Druck zugeführt und tritt in feiner Nebelform zerstäubt aus; die Dampf- und Preßluftzerstäuber benötigen Dampf oder Preßluft von 1—2 at Spannung, während die Gebläseluftzerstäuber mit Gebläseluft von 400—600 mm Wassersäule arbeiten[2].

Leichte Öle brauchen weniger fein zerstäubt zu werden als schwere. Aus diesem Grunde müssen die einzelnen Apparate der Schwere der Öle angepaßt werden. Die Verbrennung schwerer Öle bietet größere Schwierigkeiten, da die Zerstäuber sich leicht zusetzen. Ferner bedingt die Schwere des Öls eine mehr oder weniger große Vorwärmung und Filtrierung. Mit Zerstäubern vermag man heute eine Ausnutzung des Heizwertes von 85—90% zu erreichen.

Die Aufgabe, Öl als Brennstoff im Kuppelofen zu verwenden[3]), ist sehr vielversprechend. Ob sie bis jetzt befriedigend gelöst worden ist, läßt sich noch nicht entscheiden. Dagegen bringt die Ölfeuerung für Tiegelöfen und Flammöfen schon seit längeren Jahren sehr große Vorteile.

Erdöl.

Erdöl, Rohpetroleum, Rohöl oder Naphtha sind die üblichen Bezeichnungen eines in der Erde natürlich vorkommenden Gemisches von Kohlenwasserstoffen.

Die näheren Entstehungsbedingungen für Erdöl sind noch zu erforschen; für erwiesen kann nur gelten, daß das Erdöl als Enderzeugnis zahlreicher, verschiedenartiger

---

[1]) Bezüglich der auf diesen Grundsätzen sich aufbauenden Einzelkonstruktionen vgl. Stahleisen 1900, S. 424; 1908, S. 1215. — Petroleum 1908, S. 481, 510. — Stahleisen 1912, S. 772.
[2]) Näheres siehe C. A. Essich: Die Ölfeuerungstechnik. Berlin 1921.
[3]) Vgl. Stahleisen 1908, S. 1219; 1921, S. 393, 1544.

Zersetzungsvorgänge anzusehen ist und aus pflanzlichen, hauptsächlich aber tierischen
Stoffen der Meere früherer geologischer Zeitalter, in erster Linie des Tertiärs, hervorgegangen ist [1]). Für diese Annahme spricht auch das häufige Auftreten von Salzwasser
als Begleiter der Erdöle. Wegen seiner flüssigen Beschaffenheit entbehrt das Erdöl selbständiger Lagerstättenform und ist als Durchtränkung in sandigen Schichten zu Gaste.
Das in bitumenreichen oder Faulschlammgesteinen in der Tiefe entstandene oder noch
entstehende Öl wandert zusammen mit dem Gas infolge seines geringen spezifischen
Gewichts aufwärts, überall Poren, durchlässige Schichten, Hohlräume und Spalten
erfüllend. Es beendet seine Wanderung erst, wenn es, auf dem Grundwasser schwimmend,
an der Tagesoberfläche erkennbar wird. Erdöl macht sich stets durch natürliche Aus-
bisse, Öltümpel, Asphaltabscheidungen oder Gasaustritte bemerkbar.

Fundstellen von Erdöl sind fast auf der ganzen Erde und in den verschiedensten
Formationen, soweit in solchen organisches Leben vorhanden war, bekannt; freilich
sind als ergiebig und würdig zur Ausbeutung vorläufig nur verhältnismäßig wenige Vorkommen erkannt worden. Wenn sich auch die Anzahl der letzteren in den jüngsten Jahren
veranlaßt durch den steigenden Ölverbrauch erheblich vermehrt hat, so ist doch die
Förderung von Erdöl im Vergleich zu der der Kohlen gering. Als heute wichtigste Öl-
gebiete sind vorweg die nord- und mittelamerikanischen Vorkommen (in Mexiko, Kalifornien, Texas, Ohio, Pennsylvanien, Indiana) und die asiatischen am Kaukasus, im
Gouvernement Baku, in Mesopotamien und in Turkestan zu nennen. Bedeutende
Erdölindustrien besitzen in Europa Galizien und Rumänien. Große Lager sind auch in
Holländisch Indien, Birma und auf der Insel Sachalin entdeckt worden. Von zwar
bescheidenem Umfang, aber für Deutschland immerhin wertvoll sind die Fundstellen in
der Lüneburger Heide bei Wietze [2]) und der in jüngster Zeit erfolgte Fund bei Bruchsal
in Baden, wahrscheinlich eine Fortsetzung des elsässischen Erdölgebietes.

Erdöl kann auch durch Destillation aus dem an verschiedenen Orten auftretenden
Ölschiefer, Ölmergel, gewonnen werden. Das Öl entsteht dabei erst durch die thermische Zusetzung der bituminösen Bestandteile, meist Asphaltit. [3]).

Das Rohöl wird im großen mit Hilfe von Bohrlöchern gewonnen, aus denen es entweder durch eigenen Druck austritt, oder unter Anwendung von Pumpen gefördert
wird. Es bildet eine gelbbraune bis schwarze, grün fluoreszierende Flüssigkeit von eigentümlichen Geruch und besteht aus einer Reihe von Destillaten mit steigenden Siede-
punkten und einem undestillierbaren Rückstand. Die von verschiedenen Gewinnungs-
stellen stammenden Erdöle weisen sowohl in ihrer chemischen Zusammensetzung, als
auch in ihrem physikalischen Verhalten große Unterschiede auf (s. Zahlentafel 211);
sie sind als Gemische zahlreicher Kohlenwasserstoffe anzusehen, wobei gewöhnlich eine
Gruppe vorherrscht und dadurch dem Öl einen bestimmten Charakter verleiht. Im
allgemeinen kann man heute zwei große Gruppen unterscheiden, deren eine, die amerikanischen Erdöle, reich ist an Kohlenwasserstoffen der Paraffinreihe, während die andere,
die russischen Öle, bedeutende Gehalte an Naphthenen aufweist. Für die Verwendung
der Erdöle als Brennstoff ist der chemische Aufbau belanglos. Dagegen sind die Beimengungen von Sand, Schmutz und Wasser, sowie der Schwefelgehalt von Bedeutung.
Schlamm und Wassergehalt sind vom Gewinnungsverfahren abhängig. Diese Verunreinigungen werden schon am Gewinnungsort durch Absitzenlassen zu entfernen
gesucht, doch genügt dies nicht, wenn der Schmutzgehalt mit dem Öl eine Art Emulsion
eingegangen ist. Es muß dann eine Reinigung durch warme Filtration erfolgen, die
gewöhnlich am Verbrauchsort durchgeführt wird.

---

[1]) Näheres s. K. Oebbeke: Vorkommen, Beschaffenheit und wirtschaftliche Bedeutung des Erdöls. Z. V. d. I. 1911, S. 1313 und J. Wanner: Kohle und Erdöl. Glückauf 1921, S. 1029.
[2]) Vgl. Glückauf 1907, S. 1171. — Stahleisen 1907, S. 1592. — Z. angew. Chem. 1910, S. 1697.
— H. Offermann: Das nordwestdeutsche Erdölvorkommen. Z. d. Internat. Vereins der Bohr-
ingenieure u. Bohrtechniker 1917, S. 151.
[3]) Vgl. R. Mezger: Württembergischer Ölschiefer, ein Brennstoffspeicher Süddeutschlands
und Richtwege zu dessen wirtschaftlicher Auswertung. Stahleisen 1920, S. 1269. — G. von Emerick:
Der Ölschiefer und seine Verwendung. Glückauf 1923, S. 113.

Der Schwefel ist im Öl in Gestalt schwefelhaltiger Kohlenwasserstoffe zugegen, nur bei schwefelreichen Ölen zum Teil als freier Schwefel. Der Schwefelgehalt beträgt je nach Herkunft $0,08-3\%$. Die europäischen Rohöle haben einen Schwefelgehalt von $0,08-0,35\%$, manche amerikanischen Erdöle bis zu 3%. Das vom Wasser befreite Rohöl wir gewöhnlich für die Verwendung in der Technik und zum häuslichen Gebrauch durch fraktionierte Destillation, d. h. schrittweise Verdampfung und Verdichtung der gebildeten Dämpfe in eine Reihe von Verbindungen zerlegt, doch hängt dies von den Gehalten an hochwertigen Destillationserzeugnissen ab. Erdöl wird auch nicht destilliert, wenn die chemische Zusammensetzung große Schwierigkeiten bieten würde. In diesen Fällen führt man das betreffende Erdöl unmittelbar seiner Bestimmung als Heizöl zu und erhält Heizrohöl. Seine Eigenschaften und Zusammensetzung sind in Zahlentafel 211 aufgeführt.

Zahlentafel 211.
Erdöl und seine Destillate [1]).

Bezeichnung	Herkunft	Spez. Ge-wicht	Elementaranalyse				Wasser	Flamm-punkt	Viskosi-tä bei 20° C.	Luft-ver-brauch	Heizwert (unterer)
			C	H₂	O₂+N₂	S					
			$\%$	$\%$	$\%$	$\%$	$\%$	° C.	° E	cbm/kg	WE
Leichte Naphtha	Pennsyl-	0,816	82,0	14,8	3,2	unter 1	unter 2	unter 15	—	—	9 963
Schwere „	vanien	0,886	84,9	13,7	1,0	„ 1	„ 2	„ „	—	—	10 672
Rohöl	Kalifor-nien	0,962	86,9	11,8	1,3	0,6	—	82	{ bei 80° { 4,3° E	—	10 500
„	Mexiko	0,936	82,7	12,2	2,3	3,0	nicht über 2	80	dick-flüssig	—	4 680(?)
Leichte Naphtha	Baku	0,884	86,3	13,6	0,1		—	}30—40	—	—	11 160
Schwere „	„	0,938	86,6	12,3	1,1	geringe Mengen	—		—	—	10 800
Rohöl	Galizien	0,878	84,9	14,1	1,0		—	unter 15	—	11	11 092
Masut	„	0,940	86,7	12,1	1,2		—		—	—	10 623
Rohöl	Wietze	0,955	86,2	11,4	2,4		—	102	—	—	?
Benzin	—	0,705	85,1	14,9	—	—	—	—	—	11,5	10 160
Heizrohöl . . .	—	0,80 bis 0,96	82—86	12—14	1—5		unter 2	45—120	ver-schieden	10,5	9500 bis 11 500
Gasöl (Grün-,od. Blauöl)	—	0,85 bis 0,89	86,5	12,5	0,1	0,4	—	55—110	1,5—3	11	9900
Masut	—	0,89 bis 0,92	86,5 bis 87,5	11 bis 12,5	1,3—1,5		—	70—140	6—12	10,5	10 300 bis 10 750

Der Verwendung von Rohöl als Heizstoff stellten sich lange Jahre hindurch die in ihm enthaltenen, bei sehr niedriger Temperatur siedenden und daher feuergefährlichen, leichten Öle hindernd in den Weg. Erst die günstigen Erfahrungen amerikanischer und russischer Ingenieure haben dann dazu geführt, daß es, zuerst für Kesselfeuerungen, eingeführt wurde. Heute steht die Ölfeuerung für Flamm-, Martin- und Tiegelöfen in Anwendung, sowie für Schweiß- und Glühöfen, als Zusatzfeuerung bei Kuppelöfen [2]), zur Heizung von Mischern, zum Trocknen der Gießformen und Pfannen u. a. m. Neben der großen Wärmeleistung der Erdöle, welche die Erreichung bedeutend höherer Temperaturen als bei Verwendung von Steinkohlen oder Koks gestattet, ermöglicht die Feuerung mit Erdöl oder Naphtha eine rauch- und rußfreie, fast theoretisch vollkommene Verbrennung, das Wegfallen von Rost oder Gaserzeugern und eine äußerst

[1]) Die Analysen sind zum größten Teil nachstehenden Werken entnommen: P. Pie k: Heizöl oder Kohle. Wien 1909. — H. Höfer: Das Erdöl und seine Verwandten. 4. Aufl. Braunschweig 1922. — L. Sch mitz: Die flüssigen Brennstoffe. 2. Aufl. Berlin 1919. Weitere Analysen galizischer Öle siehe Petroleum 1918, S. 222. Bergbau u. Hütte 1918, S. 325.

[2]) Vgl. Stahleisen 1921, S. 393, 1544.

einfache Bedienung. In nachstehender Zusammenstellung sind die Ergebnisse einiger Vergleichsschmelzen wiedergegeben [1]).

Metall	Brennstoffverbrauch im Verhältnis zum Gewichtsteil Schmelzgut		
	Steinkohle	Koks	Naphtha
Gußeisen 1:	0,5	0,166—0,25	0,125
Stahl 1:	1	2	0,6
Schmiedeisen 1:	1,5	3	0,75

Ist jedoch das Erdöl reich an Destillationserzeugnissen und bereitet deren Gewinnung keine zu großen Schwierigkeiten, so wird das Rohöl der Destillation zugeführt. Dann wird gewöhnlich Benzin, Petroleum und Schmieröl herausgearbeitet. Höfer unterscheidet [2]):

1. Leichtflüssige Öle (Essenzen), die unter 150° C. überdestillieren; spezifisches Gewicht 0,60 bis 0,75.

2. Leuchtöle (Petroleum), die bei 150—300° C. (bzw. 270° C.) überdestillieren; spezifisches Gewicht 0,753—0,86.

3. Rückstände; spezifisches Gewicht über 0,83.

Das Mengenverhältnis dieser drei für die Praxis äußerst verschiedenwertigen Fraktionen ist sehr wechselnd. Die leichtflüssigen Öle werden abermals nach ihrer Siedetemperatur getrennt und mannigfaltig benannt; zu ihnen gehören als wichtigste Äther und Benzin, ohne daß die Fraktionen mit den genannten Körpern übereinstimmen, indem z. B. Benzin Bestandteile enthält, die zwischen 60—140° C. abdestillieren. Die deutschen Öle von Wietze enthalten nur geringe Mengen dieser leichtsiedenden Bestandteile. Das Leuchtöl wird, bevor es in den Handel kommt, durch Schwefelsäure und Soda raffiniert. Aus den Rückständen (Teer) werden bei weiterer Temperaturerhöhung durch fortgesetzte Destillation die schweren Öle (Gasöl, Schmieröl, Paraffin) erhalten. Nach Ausscheidung dieser Körper bleibt eine dicke, zähflüssige, schwarze Masse zurück, die unter dem Namen Masut [3]) als Heizstoff hauptsächlich in Rußland bekannt und geschätzt ist.

Die beiden Erstdestillate, Benzin und Leuchtöl, kommen für die industrielle Verfeuerung nicht in Betracht, und man verwendet als Heizstoffe nur die schweren Öle, Gasöl, auch Grün- oder Blauöl genannt, und wie bereits angeführt Masut oder Astatki (Ostatki, Pakura, liquid fuel). Zusammensetzung und Heizwerte s. Zahlentafel 211.

Masut ist dickflüssig, und es muß daher auf Heizung und Umrühren in den Lagerbehältern besonders gesehen werden. Es empfiehlt sich auch, die Verteilungsleitungen zu beheizen. Sind Dampfleitungen vorhanden, so legt man am besten Öl- und Dampfleitung nebeneinander und isoliert sie gemeinsam. Wird Masut mit Luftzerstäubern verbrannt, dann empfiehlt es sich, die Zerstäubungsluft vorzuwärmen. Dies erfolgt am besten in Rekuperatoren. Auch ist es gut, den Brenner vor dem Anzünden vorzuwärmen. Auf besonders gute Filtration ist zu achten (Warmfiltration).

Steinkohlenteer und -Teeröle.

Der Steinkohlenteer entsteht als Nebenerzeugnis bei der trockenen Destillation der Kohle [4]). Seine physikalischen und chemischen Eigenschaften sind je nach der Kohlenart und der Verkokungsweise verschieden, doch ist er stets ein Gemenge sehr vieler Kohlenwasserstoffe von wechselnder Zusammensetzung und unterschiedlicher Siedetemperatur.

Je nach der Gewinnung, in der Retorte der Gasanstalt oder in dem Koksofen, unterscheidet man Horizontal- und Vertikalofenteer, Kammerofen- und Koks-

---

[1]) Berg- und Hüttenmännische Zeitung 1903, S. 301, 337, 361, 373, 385; auszugsweise Jahrb. f. d. Eisenhüttenwesen 1903, S. 87.

[2]) H. Höfer: Das Erdöl und seine Verwandten. Braunschweig 1906.

[3]) Die russische Bezeichnung ist Ostatki.

[4]) Siehe S. 502.

ofenteer. Wassergasteer entsteht bei der Karburierung des Wassergases, Ölgasteer bei der Darstellung von Ölgas aus Ölen und Fetten[1]), beide sind infolge höheren Wassergehaltes dünnflüssiger.

Die wichtigsten Eigenschaften der Steinkohlenteere sind in Zahlentafel 212 zusammengestellt.

Teerfeuerungen werden selten angetroffen; sie bedingen die Vorwärmung des Teers und eine Zerstäubungsvorrichtung. Ist die Vorwärmung zu gering, so werden Düse und Zuleitungen leicht verstopft; auch wird der Teer dann nicht gut zerstäubt, und die Verbrennung erfolgt nicht einwandfrei, d. h. es findet starke Rauchentwicklung statt. Wird die Vorwärmung zu hoch getrieben, so treten in der Zuleitung Dampfblasen auf, die zu unregelmäßigem Brennen, starkem Puffen und auch zum Abreißen, d. h. Erlöschen der Flamme führen. Die zu wählende Temperatur für die Vorwärmung richtet sich nach der Viskosität des Teers und wird zu $48-60^0$ C. angegeben. Zu den angeführten Erscheinungen kann indes der Grund auch in zu hohem Wassergehalt liegen. Der Wassergehalt soll etwa um $6^0/_0$ betragen, er steigt aber bis zu $25^0/_0$. Hinderlich ist weiter der Anwendung von Teer als Heizstoff der Umstand, daß Teer selbst bei Anwendung hoch gepreßter Verbrennungsluft nur schwer zündet.

Durch fraktionierte Destillation wird der Teer zerlegt. Gewöhnlich fängt man heute die übergehenden Destillate in vier Fraktionen auf, die sich durch ihr spezifisches Gewicht unterscheiden. Es sind dies

	Spezifisches Gewicht	Siedegrenze
1. Leichtöl	$0,91-0,95$	bis 170^0 C.
2. Mittelöl	um $1,01$	,, 230^0 ,,
3. Schweröl	,, $1,04$	,, 270^0 ,,
4. Anthrazenöl	,, $1,1$	,, 320^0 ,,

Den Rückstand bezeichnet man als Pech.

Das Leichtöl, mit dem zusammen auch das Wasser übergeht, besteht in der Hauptsache aus aromatischen Kohlenwasserstoffen, dem Benzol und dessen Homologen. Außerdem sind anwesend Phenole, Schwefelverbindungen, Naphthalin u. a. Das Leichtöl bildet eine gelbliche bis dunkelbraune Flüssigkeit, die wiederum in drei Fraktionen getrennt werden kann: Leichtbenzol (spez. Gew. bis 0,89), Schwerbenzol (spez. Gew. bis 0,95) und Karbolöl (spez. Gew. bis 1,00).

Das Mittelöl hat schwach braune Farbe und enthält als charakteristischsten Bestandteil das Naphthalin (etwa $40^0/_0$), das beim Abkühlen zum größten Teil auskristallisiert. Weiter sind in ihm enthalten Phenole und Basen, die auf Karbolsäure und Pyridinbasen weiterverarbeitet werden.

Das Schweröl ist bei gewöhnlicher Temperatur infolge seines großen Gehalts an Naphthalin bereits teilweise erstarrt. Durch fraktionierte Destillation werden aus ihm gewonnen Karbolöl und Naphthalinöl.

Der wichtigste Bestandteil des Anthrazenöls ist das Anthrazen, ein bei gewöhnlicher Temperatur sich abscheidendes grünliches Kristallpulver, der Ausgangspunkt für die Gewinnung vieler Farben.

Mittel-, Schwer- und Anthrazenöl kommen unter dem Sammelnamen Teeröle in den Handel und finden Verwendung als Brennstoff für Motore und für Heizzwecke. Die Beschaffenheit der Teeröle wird durch den Naphthalingehalt beeinflußt, der, wenn er auch ohne Einwirkung auf die Verwendung eines Öles als Heizstoff ist, sich doch durch Ausscheidungen bei niedriger Temperatur bemerkbar macht. Der Wassergehalt von Teeröl soll $1^0/_0$ nicht übersteigen, der Schmutzgehalt nicht $0,25^0/_0$.

Außer Teeröl werden auch Naphthalin und Pech verfeuert. Die wichtigsten Eigenschaften dieser Brennstoffe und Angaben über ihre Verwendung sind in Zahlentafel 212 zusammengestellt.

Um als flüssiger Brennstoff verwendet werden zu können, muß das Naphthalin erst geschmolzen werden. Die beste Vorwärmungstemperatur ist $100-120^0$ C.

---

[1]) Näheres siehe L. Schmitz: Die flüssigen Brennstoffe, ihre Gewinnung, Eigenschaften und Untersuchung. Berlin 1919.

Zahlentafel 212.
Steinkohlen- und Braunkohlendestillate[1].

Bezeichnung	Kohlensorte	Farbe	Spezif. Gewicht	Elementaranalyse C %	H_2 %	O_2+N_2 %	S %	Wasser %	Flüchtige Bestandteile %	Flammpunkt °C.	Viskosität bei 20°C. °E	Luftverbrauch cbm/kg	Heizwert (unterer) WE
a) Steinkohlenerzeugnisse.													
Horizontalofenteer ..	Ruhrkohle	schwarz	1,1—1,2	92,3—92,5	4,2—5,0	2—3	0,17—0,35	2—10	70—80	65—100	verschieden	9,3	8150—8350
Vertikalofenteer ..	Saarkohle	„	1,1—1,2	89,5	6,6	3,5	0,5	2—4	89—96	40—70	7—10	9,4	8750
Kammerofenteer ..	Ruhrkohle	„	1,08—1,09	88,7—89,3	6,8	3,7—4,1	0,35	2—3	50—60	60	5—15	9,3	8750
Koksofenteer	—	„	1,14—1,19	89—92	6—7	4,5	0,4	2—5	?	90—135	verschieden	9,2	8300—8850
Wassergasteer	—	schwarzgrün	0,97—1,13	90,6—91,3	7,1—7,4	1,3—2,3	—	} bis 30	?	30—95	2—15	10,0	9100
Ölgasteer	—	schwarzbraun	0,95—1,17	91,4—92,2	6,3—7,2	0,5—1,1	0,4—0,9		?	20—75	5—45	9,4	9000
Teeröl	—	grünbraun-dunkelbraun	1,04—1,06	90	7	2,5	0,3—0,7	unter 1,0	96—99	meist, 75—85[2]	1,4	10	8800—9200
Naphthalin	—	farblos, rhombische Blättchen	1,15	93,75	6,25	—	—	0	98—100	80	—	10	9600
Pech	—	schwarz	1,2	85—93	4,5—5	—	—	fast 0	45—70	—	fast	—	8300—8700
b) Braunkohlenerzeugnisse.													
Schwelteer	—	gelb-braun	0,85—0,91	82—86	7—10	—	0,5—1,5	0—2	90—99	32—110	³)	—	8600—9400
Solaröl	—	hellgelb	0,82—0,83	85,5	12,3	1,4	0,8	—	—	45—50	1,05—1,1	10,8	9980
Helle Paraffinöle ..	—	gelb-rot	0,86—0,88	86,4	11,1	1,7	0,8	—	—	82—85	1,2	10,8	9700—9800
Dunkle „ (Gasöl)	—	rotbraun	0,88—0,90	85,7	11,6	1,5—1,8	bis zu 2,0	—	—	100—120	1,5—2,5	10,7	9800
Paraffinöl	—	dunkelbraun	0,91—0,92	86,0	11,5	1,5	1,0	—	—	115—125	2,0—2,7	10,7	9750
Kreosotöl	—	schwarzbraun	0,94—0,98	80,1	9,7	8,89	1,3	—	—	90	1,82	10,5	8700

[1] Z. T. nach L. Schmitz: Die flüssigen Brennstoffe.
[2] Schmelzpunkt 79°, Siedepunkt 217°.
[3] Schmelzpunkt zwischen 25—35°.

Geschmolzen wird das Naphthalin in einem mit losem Deckel versehenen Behälter. Die Beheizung erfolgt am besten durch Abgase, Dampfmantel und Heizschlangen. Dabei ist zu beachten, daß sich das Naphthalin beim Schmelzen ausdehnt. Am besten geschieht die Beheizung derart, daß das Naphthalin am Rande zuerst geschmolzen wird; der feste Kern hat dann genügend Raum zur Ausdehnung. Bei direkter Feuerung ist zu vermeiden, daß übergelaufenes Naphthalin oder dessen Dämpfe in die Feuerung gelangen. Daher ist die Anbringung von Filtern geboten. Die Zuleitung zum Brenner muß ebenfalls beheizt werden. Der Brenner selbst wird vor Inbetriebsetzung angewärmt. Zweckmäßig ist auch, das Anheizen einer Feuerung mit Heizöl vorzunehmen und erst nach einiger Zeit auf Naphthalin umzuschalten.

Rohnaphthalin, das entweder geschleudert oder ungeschleudert in den Handel kommt, hat zufolge seines Teerölgehaltes einen niedrigeren Schmelzpunkt. Die Zerstäubung erfolgt gewöhnlich mittels Dampf, seltener durch Luft. Wird geschmolzenes Naphthalin mit Luft zerstäubt, so ist die Zerstäubungsluft auf etwa 100° C. vorzuwärmen, um einem Stocken des Naphthalins und damit verbundenem Verstopfen der Düsen vorzubeugen [1].

Gleich der Teer- und Naphthalinverfeuerung muß auch das Pech verflüssigt werden, um als flüssiger Brennstoff in Verwendung zu kommen. Anthrazenrückstände können ebenfalls nach dem Schmelzen wie Pech u. dgl. verfeuert werden. Die Vorwärmungstemperatur beträgt etwa 180° C. Man verwendet Anthrazenrückstände auch zur Streckung von Teeröl.

Braunkohlenteer und -Teeröle.

Im Gegensatz zum Steinkohlenteer stellt der bei der trockenen Destillation der Braunkohle, der Verschwelung, gewonnene Teer das Haupterzeugnis dar. Braunkohlenteer wird in Rücksicht auf seine wertvollen Bestandteile nicht verfeuert, sondern stets durch die Destillation der Weiterverarbeitung zugeführt. Hier soll daher nur die Zergliederung des Braunkohlenteers in die zur Verfeuerung allenfalls in Betracht kommenden Öle gezeigt werden [2]. Es sind dies
1. Solaröl;
2. Helle Paraffinöle: Gelböl, Rotöl;
3. Dunkles Paraffinöl: Gasöl;
4. Paraffinöl;
5. Kreosotöl.

Für die industrielle Verfeuerung kommen diese Öle zur Zeit nur ausnahmsweise in Frage. Ihre Zusammensetzung und Eigenschaften sind in Zahlentafel 212 angegeben.

Urteer.

Unter Tieftemperaturverkokung, Steinkohlenschwelung oder Urteergewinnung versteht man eine Verkokung der Kohle bei 450—550° C. Aufgekommen ist die Verkokung der Steinkohle bei tieferen Temperaturen in England, wo man versuchte, auf diese Weise einen rauchlosen, gut verbrennbaren Brennstoff zu erzielen. In Deutschland war man während des Krieges gezwungen, einen Schmierölersatz zu finden, und man fand ihn auch in den Ölen des Urteers.

Mittels des entweder in der Drehtrommel oder einem besonders gebauten Gaserzeuger ausgeübten Verfahrens werden aus Kohlen gewonnen:
1. Halbkoks (vgl. S. 515);
2. Schwelgase für die Gasheizung;
3. Urteer; dieser ist der Ausgangsstoff für folgende Öle:
4. Schmieröle als Ersatz ausländischer Erdöldestillate;
5. Heizöle;
6. Treiböle für Diesel- und Fahrzeugmotoren.

---

[1] Näheres über Feuerungen mit Rohnaphthalin vgl. Gieß.-Zg. 1914, S. 444, 483; Stahleisen 1914, S. 1435, 1691.

[2] Näheres siehe L. Schmitz: Die flüssigen Brennstoffe. 2. Aufl. Berlin 1919, S. 83ff.

Bei der Steinkohlenschwelung wird das gesamte Bitumen der Kohle in flüssiger oder gasförmiger, also veredelter Form, mit einem Mindestbetrag an Unterfeuerungsbedarf (5—6%) gewonnen. Urteer bildet das Haupterzeugnis, wenn auch nur bestenfalls 12% Teer bei 3% Benzin und 75—80% Halbkoks und Gas sich ergeben.

Gegenüber dem eigentlichen Teer ist Urteer dadurch gekennzeichnet, daß Naphthalin und die leicht siedenden Bestandteile, insbesondere der Benzolreihe, fehlen. Die weiteren Eigenschaften schwanken je nach den Brennstoffen. Im allgemeinen ist Urteer bei Zimmertemperatur sehr flüssig und zeigt lediglich bei hohem Paraffingehalt Dickflüssigkeit.

Urteer kann aus allen in Deutschland verwendeten Brennstoffen dargestellt werden, aus der Stein- und Braunkohle, weniger jedoch aus Torf und Schiefer. Der Unterschied der verschiedenen Urteere beruht hauptsächlich auf ihren Gehalten an Montanwachs und Paraffin. Die Ausbeute bewegt sich bei der Verarbeitung von Steinkohle von 12% bei Gasflammkohle bis auf 1—1/2% bei Magerkohle, während bei der Braunkohle je nach dem Vorkommen 20% bis herunter zu 4% Teer gewonnen werden können. Hauptzweck des Urteerverfahrens ist also, die Kohlen zu veredeln, zu entgasen und nicht zu verfeuern [1]. In Zahlentafel 213 ist die Zusammensetzung einiger Urteere angegeben.

Zahlentafel 213.

Zusammensetzung von Urteer aus Gaserzeugern [2].

	Steinkohlen %/₀	Steinkohlen und Braunkohlen gemischt (2:1) %
Wasser	5	—
Leichtflüssiges Öl	40	20
Schmieröl	14	35
Paraffin und Fett	2	3
Pech	40	37
Destillationsverlust	4	5
Flammpunkt	128°	—
Brennpunkt	160°	—
Viskosität bei 40°	4,5 E	—
,, ,, 50°	2,6 E	—

Gasförmige Brennstoffe.

Allgemeines.

Wie bei den festen Brennstoffen hat man zwischen von der Natur gelieferten Gasen (Erdgas) und künstlichen gasförmigen Brennstoffen zu unterscheiden. Letztere werden für gewerbliche Zwecke aus festen Brennstoffen durch zwei an sich grundsätzlich verschiedene Verfahren gewonnen. Wird fester Brennstoff unter Luftabschluß erhitzt, so scheiden sich die flüchtigen Bestandteile aus, es findet eine Entgasung des Brennstoffs statt. Dabei entweichen Wasserdampf, Kohlenwasserstoffe, Wasserstoff, Stickstoff, Kohlenoxyd und Kohlensäure; zurückbleibt fester Kohlenstoff zusammen mit der Asche als Koks, Holz- oder Torfkohle. Unter Vergasung dagegen versteht man die Gewinnung von brennbarem Kohlenoxyd durch unvollkommene Verbrennung des nach der Entgasung zurückgebliebenen festen Kohlenstoffs mit Luft. Die beiden genannten

---

[1] Näheres siehe E. Roser: Die Wirtschaftlichkeit von Gaserzeugungsanlagen bei Gewinnung von Urteer usw. Stahleisen 1920, S. 349, 387, 533, 651, 685. — G. Cantieny: Technische Gesichtspunkte zur Frage der Urteergewinnung. Z. bayr. Rev.-V. 1921, S. 115. — Fr. Frank: Über die Verarbeitung von Urteer und die dabei gewonnenen Erzeugnisse. (Analysen der Destillate.) Stahleisen 1921, S. 364. — K. Bunte: Kohlenschwelung, Gas- und Wasserfach 1921, S. 681. — H. R. Trenkler: Tieftemperaturverkokung und Tieftemperaturvergasung. Ind. Techn. 1922, S. 289. — O. Thau: Die Tieftemperaturverkokung im geneigten Drehofen. Stahleisen 1923, S. 161.

[2] Stahleisen 1920, S. 351.

Verfahren unterscheiden sich auch dadurch, daß bei der Entgasung des Brennstoffes nur Wärme verbraucht, während bei der Vergasung durch trockene Luft nur Wärme erzeugt wird.

Man kann daher die bekanntesten der künstlich dargestellten brennbaren Gase nach ihrer Gewinnungsweise einteilen in

1. durch trockene Destillation (Entgasung) fester oder flüssiger Brennstoffe gewonnene Gase: Leuchtgas, Koksofengas, Torfgas, Holzgas, Ölgas und ähnliche Erzeugnisse.

2. durch unvollkommene Verbrennung bzw. durch Vergasung fester Brennstoffe gewonnene Gase: Luftgas, Gichtgas, Wassergas, Mischgas, Mondgas [1]).

Eine Feuerung mit gasförmigen Brennstoffen setzt voraus, daß die Ausnutzung des Heizwertes eines Brennstoffes getrennt von dem Orte der Entstehung bzw. Erzeugung des Gases erfolgt. Hierbei ist es gleichgültig, ob das betreffende Gas als natürliches Vorkommen auftritt oder durch menschliche Tätigkeit gewonnen wird.

Von den Vorzügen einer Feuerung mit gasförmigen Brennstoffen seien hier nur genannt: jederzeitige Bereitschaft, bequeme Handhabung, leichte Regulierbarkeit der Flamme, die Möglichkeit einer vollständigen, rauch-, ruß- und rückstandsfreien Verbrennung ohne starken Luftüberschuß und die Erreichung höherer Temperaturen als durch unmittelbare Kohlenfeuerung. Diese Eigenschaften haben der Anwendung der gasförmigen Brennstoffe in großem Umfang Eingang in die gewerblichen Betriebe verschafft. Auch hat die zunehmende Wirtschaftlichkeit der Feuerungsanlagen zu dem Bau von Vorrichtungen geführt, in denen heute selbst aus früher für wertlos gehaltenen Brennstoffen brennbare Gase gewonnen werden können.

Erdgas.

Die Natur liefert dem Boden entströmende brennbare Gase an manchen Orten der Erde. Dieses Natur- oder Erdgas ist ein gewöhnlicher Begleiter der Erdöle, es kann aber auch in großen Mengen selbständig ohne Öl auftreten. Erdöl und Erdgas sind jedenfalls aus demselben Prozeß hervorgegangen, wobei sich die Gase in dem ersten Stadium gebildet haben dürften. Sie sind dann in Öl unter oft gewaltigem Druck absorbiert; nimmt dieser ab, so wird dementsprechend ein Teil der Gase frei. Da das Gas die Gesteine leichter durchdringt als das Erdöl, so pflegt es auch bei Bohrungen als dessen Vorbote aufzutreten. Gasquellen von geringerer Bedeutung wurden schon in allen Erdteilen und in allen geologischen Zeitaltern vom Silur bis Tertiär gefunden.

Gewerblich verwendet wird das Naturgas vor allem in Nordamerika, während die reichen Vorkommen im Kaukasus und in Rumänien erst zu einem geringen Teil ausgebeutet werden. Die bedeutendsten amerikanischen Gasquellen liegen in Pennsylvanien längs der Westabhänge des Alleghany-Gebirges und in dem großen Cincinnati-Becken im Staate Ohio, in zweiter Linie sind Indiana, Kansas, Arkansas, Texas, Kalifornien und Colorado anzuführen.

Das Naturgas besteht in der Hauptsache aus Methan ($60-80\%$ und selbst 90%), in geringen Mengen kommen hinzu Stickstoff ($3-10\%$), Kohlensäure ($0,2-0,4\%$), Wasserstoff ($0-3\%$), ferner Sauerstoff, Schwefelwasserstoff und Ammoniak [2]). Aus dieser Zusammensetzung erklärt sich der hohe Heizwert von etwa $7400-8500$ WE für 1 cbm oder $11000-13000$ WE für 1 kg Erdgas. 1 cbm Erdgas erfordert etwa 10 cbm Luft zur Verbrennung.

In den genannten amerikanischen Industriegegenden wird das Gas in Rohrleitungen auf zum Teil weite Entfernungen befördert, wozu in den meisten Fällen der natürliche

[1]) Der Vollständigkeit halber muß hier noch eine dritte Art von gewerblich dargestellten Gasen wenigstens erwähnt werden, nämlich die durch Zerlegung von Karbiden gewonnenen Gase; von ihnen wird das durch Zersetzung von Kalziumkarbid mit Wasser erhaltene Azetylen (C_2H_2) vielfach angewendet.

[2]) Das Erdgas von Neuengamme bei Hamburg hatte im Jahre 1910 folgende Zusammensetzung: Methan $91,5\%$, Äthan $2,1\%$, Sauerstoff $1,5\%$, Kohlensäure $0,3\%$, Stickstoff $4,6\%$. Journ. Gasb. Wasservers. 1911, S. 193; Gas Wasserfach 1922, S. 161, 179.

Druck genügt. Das Erdgas findet dort vielfache Verwendung zum Betrieb von Dampfkesseln, Gasmaschinen, Flammöfen, Martinöfen, Temperöfen, zum Trocknen von Gießformen u. dgl. Hervorgehoben wird die geringere Abnutzung und größere Haltbarkeit
der Ofenbaustoffe im Vergleich zu der Feuerung mit Kohlen, wodurch ein leichteres
Bauen der Öfen ermöglicht wird [1]).

Entgasung.

Werden Holz oder Kohlen unter Luftabschluß erhitzt, so geben sie sowohl gasförmige als auch flüssige bzw. dampfförmige Bestandteile ab, während ein fester Rückstand hinterbleibt.

Die Zusammensetzung der Gase ist abhängig von der Natur, insbesondere dem
Alter des Brennstoffes und von der Höhe der Temperatur, bei der die Entgasung ausgeführt wird. Auch während der Entgasung selbst ändert sich die Gaszusammensetzung,
indem zu Beginn des Vorgangs die Kohlensäure stärker auftritt als später, wenn der
Brennstoff höhere Temperaturen erreicht und die leicht abspaltbaren Atomgruppen
bereits abgegeben hat. Bei Holz, Torf und Braunkohle erhält man im Anfang der Entgasung fast nur Kohlensäure. Erst beim Ansteigen der Temperatur treten die anderen
Gasbestandteile stärker auf. Bei der Entgasung der Steinkohle treten Wasserstoff und
Methan in der ersten Zeit in ziemlich gleichen Mengen auf, allmählich nimmt der Gehalt
an Wasserstoff zu, an Methan dagegen ab; gegen das Ende verschwindet die Kohlensäure
fast vollständig. Ebenso macht sich der Einfluß der Temperatur, auf die der zu entgasende
Brennstoff gebracht ist, auf den Gehalt an schweren Kohlenwasserstoffen im Gas geltend.
Das Temperaturgebiet, in dem sie hauptsächlich auftreten, liegt bei den verschiedenen
Brennstoffen in verschiedener Höhe. Im allgemeinen ist hohe Temperatur für den Bestand
der schweren Kohlenwasserstoffe ungünstig, da sie dieselben zersetzt.

Die wichtigsten der durch trockene Destillation gewonnenen Gase sind die aus der
Steinkohle dargestellten, Leuchtgas und Koksofengas. Infolge seines hohen Preises
ist ersteres schon an und für sich in den meisten Fällen außer zu Beleuchtungszwecken
von einer Anwendung in gewerblichen Betrieben im großen ausgeschlossen. Die Ausnutzung des letzteren dagegen ist an örtliche Verhältnisse gebunden. In Zahlentafel 214
sind Analysen von Koksofengasen, in rohem Zustand und nach ihrer Karburierung zwecks
Verwendung als Leuchtgas [2]), sowie von Retortenleuchtgas aus Gasanstalten zusammengestellt [3]).

Beide Gase sind durch einen hohen Gehalt an Wasserstoff und Methan ausgezeichnet.
Die Sauerstoff enthaltenden Bestandteile Kohlenoxyd und Kohlensäure treten zurück.
Der Heizwert von gutem Leuchtgas soll zwischen 4800 und 5200 WE je Kubikmeter
schwanken. Dieser Heizwert wird aber zur Zeit infolge der durch die wirtschaftlichen
Verhältnisse bedingten Arbeitsweise der Gasanstalten, Mischen mit Wassergas und
anderen Gasen, nicht erreicht. Koksofengas hat zwischen 4000 und 4600 WE. Das
Ausbringen an Gas aus 1 t Steinkohle durch Verkokung beträgt etwa 300 cbm; abgesehen
von der Kännelkohle, die bedeutend mehr Gas ergibt, ist der Unterschied in der Gasausbeute der einzelnen für die Verkokung in Betracht kommenden Kohlen nicht sehr
bedeutend, während die Zusammensetzung des Gases stark schwanken kann.

Der Luftbedarf zur Verbrennung von 1 cbm Gas mit 58% Wasserstoff, 30% Methan,
6% Kohlenoxyd, 2% Äthylen, 1% Kohlensäure, 3% Stickstoff berechnet sich auf

---

[1]) Siehe auch Fr. Meurer: Das Naturgas, seine Gewinnung und Verwertung im Industriegebiet
von Pittsburg, Pennsylvanien. Journ. Gasb. Wasservers. 1912, S. 180.

[2]) Wegen seiner geringen Leuchtkraft kann Koksofengas meist nicht ohne weiteres als Leuchtgas verwendet werden, es muß durch künstliche Zuführung von Lichtgebern (Benzol, Äthylen, Azetylen) angereichert (karburiert) werden. Bei Verwendung von Glühstrümpfen ist eine Karburierung
nicht nötig.

[3]) Betr. Wert von Koksofengasen bei verschiedener Verwendung vgl. Fr. W. Lürmann und
P. Hilgenstock. Stahleisen 1911, S. 913.

Zahlentafel 214.
Koksofengase und Leuchtgase[1].

Art des Gases	Herkunft der Kohlen	Schwere Kohlenwasserstoffe C_mH_n %	Methan CH_4 %	H_2 %	CO %	CO_2 %	N_2 %	O_2 %	Heizwert (unterer) je cbm WE	Bemerkungen
Koksofengas, roh	Ruhrbezirk	3,3	33,0	39,7	4,4	2,8	16,8	n. best.	4765	6 Stunden nach der Füllung
"	"	2,4	33,1	40,5	5,0	2,5	16,5	"	4596	12 " " "
"	"	1,8	22,8	42,8	4,8	2,4	24,4	1,0	n. best.	Durchschnitt
" karburiert	"	3,0	34,6	46,0	5,9	2,6	7,3	0,4	5097	" " "
" roh	"	1,8	15,9	59,4	5,8	1,0	15,6	0,4	3783	kurz nach der Füllung
"	"	1,4	21,2	53,4	6,7	1,4	14,7	1,2	4062	5 Stunden nach der Füllung
"	"	2,0	21,5	50,1	7,3	1,6	17,0	0,6	4110	10 " " "
"	"	2,3	25,0	52,8	4,5	1,8	12,9	0,6	4483	kurz vor Ausstoßen
"	"	2,0	22,8	52,4	5,1	2,1	14,8	0,8	4219	im Mittel
"	Saarbezirk	1,8	28,3	42,4	4,9	1,2	20,7	0,7	4089	6 Stunden nach der Füllung
"	"	0,8	21,1	35,4	5,2	2,4	34,5	0,9	3063	7 " " "
"	"	0,7	25,9	45,6	4,9	1,0	21,4	0,5	3703	11 " " "
"	Oberschlesien	2,6	13,3	44,2	12,5	4,3	22,5	0,6	3280	
"	Mährisch Ostrau	1,0—2,0	14,0—29,0	27,0—46,0	4,0—5,2	4,2—5,0	20,0—40,0	0,3—1,2	n. best.	Durchschnitt
"	England	4,7	33,4	37,7	6,2	0,0[2]	15,4	2,6	5116	
"	"	3,9	30,3	40,0	4,9	0,0[2]	18,0	2,9	4701	
Retortenleuchtgas[4]	?	4,0	34,3	48,7	8,1	1,4	2,8	1,6	5253	Leuchtgas der Stadt Essen
"	?	3,4	35,3	52,8	4,0	1,4	3,2	n. best.	n. best.[3]	" " Königsberg
"	?	5,1	34,0	46,2	8,9	3,0	2,1	0,6	"	" " " Heidelberg
"	?	4,0	34,0	50,0	8,0	2,0	2,0	—	5182	" " " ; Durchschnittswert

[1] Die Analysen sind nachstehenden Arbeiten entnommen: A. v. Ihering: Die Verwendung der Koksofengase zum motorischen Betriebe. Stahleisen 1899, S. 818. — F. Göhrum: Einiges über den weiteren Ausbau und den Betrieb von Koksanstalten. Stahleisen 1903, S. 1205. — W. Meyn: Kokereien als Leuchtgasanstalten. Öst. Z. f. B. u. H. 1911, S. 161, 178. — A. Sauermann: Das Koksofengas und seine Verfeuerung in Dampfkesseln. Glückauf 1922, S. 922. Weitere Analysen siehe O. Simmersbach: Über die Zersetzungstemperatur von Koksofengas. Stahleisen 1913, S. 239. — J. Enzenauer: Die Kokereianlagen der Rheinischen Stahlwerke in Duisburg-Meiderich. Stahleisen 1920, S. 1326.
[2] Kohlensäure durch Kalilauge vor der Analyse absorbiert.
[3] Der Heizwert von Leuchtgas kann im Durchschnitt zu 5000 WE angenommen werden.
[4] Analysen aus Vorkriegszeiten.

4,7 cbm Luft [1]). Unter Zurechnung von 10% Luftüberschuß ergeben sich daher rund 5 cbm Luft.

Vergasung.

Die Vergasung fester Brennstoffe stellt ihre Überführung in gasförmige Brennstoffe durch unvollständige Verbrennung dar. Der wichtigste Bestandteil der erzeugten Gasgemenge ist das Kohlenoxyd, entstanden durch unvollkommene Verbrennung von Kohlenstoff infolge für die vollkommene Verbrennung nicht genügender Sauerstoffzufuhr. Für den Vorgang kommen folgende Reaktionen in erster Linie in Betracht.

$$1. \qquad C + O_2 = CO_2 + 97\,640 \text{ WE,}$$
$$2. \qquad CO_2 + C = 2\,CO - 38\,360 \text{ WE,}$$
$$3. \quad 2\,H_2O + C = 2\,H_2 + CO_2 - 17\,460 \text{ WE.}$$

Die hierbei freiwerdende Wärme ermöglicht die Einleitung von Vorgängen, die den anderen Teil des Brennstoffs in brennbare Gase umwandeln. Bei Zufuhr von Luft bildet sich aus dem Kohlenstoff Kohlenoxyd, bei Zufuhr von Wasser weiterhin Wasserstoffgas durch Aufspaltung des Wasserdampfes. Der bei dem Vorgang zurückbleibende feste Rückstand (Asche) soll keine brennbaren Bestandteile mehr enthalten.

Zur Durchführung der Vergasung dienen Generatoren oder Gaserzeuger, in ihrer ursprünglichsten Form Schachtöfen, oben durch einen Gasfang nebst Beschickungsvorrichtung und unten durch einen Rost abgeschlossen, durch den die Verbrennungsluft angesaugt oder eingepreßt wird [2]). Die Vorgänge im Gaserzeuger sind in ihren Grundzügen bereits auf Seite 437 dargestellt, so daß hier darauf verwiesen werden kann. Je nach Führung des Betriebs unterscheidet man Luftgas und Wassergas bzw. Mischgas.

Während bei Verwendung roher Brennstoffe durch die Beimengung von Kohlenwasserstoffen der Heizwert des Gases erhöht wird, bilden letztere für den Betrieb selbst häufig eine Erschwerung, da sie abgekühlt sich in den Leitungen als dickflüssiger Teer niederschlagen, und, wenn in großen Mengen zugegen, durch Verengung des Querschnitts der Leitungen Betriebsstörungen hervorrufen können. Für den Betrieb der Gaserzeuger ist daher derjenige Brennstoff der angenehmste, welcher die geringsten Mengen flüchtiger Bestandteile enthält, also anthrazitische Kohle oder bereits entgaster Brennstoff, d. h. Koks und Holzkohle. Diese geben bei einfachster Behandlung ein reines, fast teerfreies Gas. Des Preises wegen kommen sie aber im Großbetrieb nur selten in Frage, während bei kleinen Anlagen häufig die in der Benutzung dieser Brennstoffe liegenden Vorteile den höheren Preis aufwiegen.

Die Anregung zu dem Verfahren, die aus Brennstoffen durch unvollständige Verbrennung entwickelten Gase zwecks weiterer Ausnutzung ihrer Heizkraft aufzufangen und fortzuleiten, stammt von Faber du Faur, der in den dreißiger Jahren des vorigen Jahrhunderts die Gichtgase des Wasseralfinger Hochofens und bei dessen zeitweiligem Stillstand die in eigens für diesen Zweck gebauten Gaserzeugern gewonnenen Gase zur Erhitzung des Gebläsewindes für den Hochofen und später auch zur Feuerung von Schweiß- und Puddelöfen verwendet hat [3]).

Luftgas.

Wird der Brennstoff im Gaserzeuger ausschließlich durch Luftzufuhr vergast, so nennen wir das dabei entstehende Gas Luftgas. Sein wesentlichster Bestandteil ist das Kohlenoxyd, das, wie oben angeführt, durch Reduktion der primär entstandenen Kohlensäure gebildet wird. Zur Erreichung der Reduktion der Kohlensäure nach

---

[1]) $2\,H_2 + O_2 = 2\,H_2O$ . . . . $0,58 \times 0,5 = 0,29$ cbm O_2

$\quad CH_4 + 2\,O_2 = 2\,H_2O + CO_2$. $0,30 \times 2 \;\; = 0,60$ „ „

$\quad 2\,CO + O_2 = 2\,CO_2$ . . . . $0,06 \times 0,5 = 0,03$ „ „

$\quad C_2H_4 + 3\,O_2 = 2\,H_2O + 2\,CO_2$ $0,02 \times 0,06$ „ „

$\qquad\qquad\qquad\qquad\qquad\qquad\qquad\qquad\quad \underline{\qquad\qquad}$

$\qquad\qquad\qquad\qquad\qquad\qquad\qquad\qquad\qquad 0,98$ cbm O_2

$\quad 0,98$ cbm O_2 entsprechen $3,76 \times 0,98 \quad = 3,685$ cbm N_2

$\qquad 1$ cbm Gas erfordert also $\qquad\qquad = 4,665$ cbm Luft.

[2]) Näheres über den Bau und Betrieb der Gaserzeuger siehe Bd. 2.

[3]) Vgl. Stahleisen 1904, S. 562.

Gleichung 2 (S. 528) sind bestimmte Temperaturen notwendig. Aus Versuchen von Naumann und Pistor, Boudouard u. a. hat sich ergeben, daß die Einwirkung von Kohlensäure auf Kohlenstoff bis auf etwa 400⁰ C. herab stattfindet, wobei um so mehr Kohlenoxyd entsteht, je höher die Temperatur ist. Hohe Temperatur im Vergasungsraum ist daher stets günstig. In annähernd vollkommener Weise erfolgt die Umwandlung bei Temperaturen über 1000⁰ C., die im Gaserzeuger bei der vorhergehenden Verbrennung des Kohlenstoffs auch leicht erreicht werden können [1].

Die Menge des entstehenden Kohlenoxyds hängt aber auch von der Zeitdauer der Berührung zwischen Kohlensäure und dem festen glühenden Brennstoff, d. h. von der Höhe der Schichtung des Brennstoffs im Gaserzeuger und der Luft- bzw. der Gasgeschwindigkeit ab. Um Kohlensäurereduktion zu erreichen, schichtet man also im Gaserzeuger den Brennstoff höher auf und führt geringere Luftmengen zu, als zu vollkommener Verbrennung nötig sind. Die für eine vollkommene Reduktion notwendige Schichthöhe wechselt stark mit der Verschiedenartigkeit der Brennstoffe. Staubförmige dichtliegende Brennstoffe erfordern geringe, lockere grobkörnige verlangen hohe Schichtung [2].

Bei der Verbrennung von 1 kg Kohlenstoff mit 8/3 kg Sauerstoff zu 11/3 kg Kohlensäure entwickeln sich 8100 WE [3]. Verbrennt man jedoch eine solche Menge Kohlenoxydgas, wie sie 1 kg Kohlenstoff liefert, mit 4/3 kg nachträglich zugeführtem Sauerstoff, d. h. 2 1/3 kg Kohlenoxyd zu Kohlensäure, so ergeben sich nur 5670 WE. Die fehlenden 2430 WE sind bereits bei der Entstehung des Kohlenoxyds entwickelt worden, jedoch durch Abkühlung verloren gegangen. Es folgt daraus, daß mit der Verbrennung des Kohlenstoffs in zwei Phasen, d. h. mit der Verwendung des theoretischen Luftgases eigentlich ein Wärmeverlust verbunden ist.

Zahlentafel 215.

Luftgas.

	Luftgas			
	aus verkohlten		aus rohen	
	Brennstoffen			
	Gewichts-%	Raum-%	Gewichts-%	Raum-%
Kohlenoxyd	33,8	33,8	29,0	27,1
Wasserstoff	0,1	1,5	0,6	7,6
Methan	—	—	2,6	4,1
Kohlensäure	1,2	0,7	6,4	3,8
Stickstoff	64,9	64,2	61,4	57,4
Heizwert für 1 kg . . .	840 WE		1180 WE	

In der Praxis läßt sich ein Gehalt des Luftgases an Kohlensäure nie ganz vermeiden; auch tritt mit dem Sauerstoff der Luft, durch den die Verbrennung zustande kommt, stets eine größere Menge Stickstoff in das gebildete Gas; beide Beimengungen drücken den Heizwert des Luftgases herab. Je größer der Kohlensäuregehalt der Gase ist, um so höher steigt auch der Stickstoffgehalt, da Kohlensäurebildung die doppelte Luftmenge der für Kohlenoxyd nötigen erfordert. Endlich bildet sich aus der in der Kohle enthaltenen Feuchtigkeit Wasserdampf, der sich wenigstens bei kurzen Gasleitungen stark bemerkbar macht. Der Wassergehalt der Vergasungsluft wird in der Hitze in Wasserstoff und Sauerstoff zerlegt. Dieser Wasserstoff reichert zwar, ebenso wie die aus den Brennstoffen durch Entgasung gewonnenen und mitgerissenen Kohlenwasserstoffe das Luftgas an, doch bleibt der Heizwert des Luftgases stets ein geringer. Nach Ledebur [4] kann man unter Zugrundelegung der Analysen die Zahlen der Zahlentafel 215 annehmen.

---

[1] Siehe auch S. 435. [2] Vgl. S. 438. [3] Vgl. Zahlentafel 171 u. 172.
[4] Handbuch der Eisenhüttenkunde. 5. Aufl. Bd. 1, S. 113.

Zahlentafel 216.
Gichtgase von Eisenhochöfen und Gießereikuppelöfen [1]).

	CO$_2$	CO	N$_2$	H$_2$	CH$_4$	Wasser	Heizwert (unterer) je cbm	Bemerkungen
	Vol. %	Vol. %	Vol. %	Vol. %	Vol. %	Vol. %	WE	
Hochofengichtgase								
Hütte in Westfalen	9,0	26,1	51,3	3,6	n.best.	10,0	880	—
„ in Oberschlesien	6,0	23,0	59,0	n.best.	„	12,0	690	—
„ im Minettebezirk	10,0	27,5	54,5	3,0	„	5,0	900	—
„ „ „	10,2	28,8	57,2	3,8	„	n.best.	n.best.	Ofen ging auf Thomaseisen
„ „ Rheinl. Westf.	8,0	32,9	56,6	1,7	0,8	„	„	„ „ „ „
„ „ „ „	8,0	31,3	57,3	3,2	0,2	„	1050	„ „ „ „
„ „ „ „	6,0	33,2	58,5	2,0	0,3	„	1090	„ „ „ Gießereieisen
„ „ „ „	6,0	28,0	n.best.	n.best.	n.best.	„	900	„ „ „
„ „ Küstenbezirk	5,0	33,8	59,2	1,7	0,2	„	1090	„ „ „ Hämatit
„ „ Siegerland	6,9	32,0	58,4	2,5	0,8	„	920	„ „ „ Stahleisen
Elektrohochofen	15—30	55—70	0,5—2	8—12	0,5—2	—	2300	—

Kuppelofengichtgase

(In dieser Gruppe steht in der CH$_4$-Spalte der O$_2$-Gehalt in %.)

	CO$_2$	CO	N$_2$	H$_2$	O$_2$ %	Bemerkungen
Schweizerische Eisengießerei	14,2	11,0	74,8	n.best.		Beginn des Schmelzens
	15,0	5,0	79,5	„	0,5	Vollbetrieb
	14,0	10,0	76,0	„	n.best.	
	15,0	10,6	74,4	„	„	Schluß des Schmelzens
	17,0	7,0	76,0	„	„	Vollbetrieb
	18,0	5,0	77,0	„	„	„
	19,0	3,0	78,0	„	„	„
Deutsche Eisengießerei [2])	16,7	6,3	75,7	„	1,3	5 Min. nach Blasbeginn
	12,8	9,0	77,7	„	0,5	10 „ „ „
	7,0	15,8	76,8	„	0,4	25 „ „ „
	13,5	11,7	74,0	„	0,8	1 Stde. n. Blasbeginn
	15,2	8,5	74,9	„	1,4	1¾ „ „ „
	14,4	10,2	74,4	„	1,0	2 „ „ „
	14,5	9,4	74,6	„	1,5	3¾ „ „ „ (letzteGicht)
	13,1	10,4	75,4	„	1,2	Mittelwerte
	15,3	6,3	n.best.	„	n.best.	
Deutsche Eisengießerei	16,0	5,4	„	„	„	
	18,0	2,3	„	„	„	Zeit der Entnahme
	17,4	4,2	„	„	„	nicht angegeben
	15,6	6,8	„	„	„	
	17,0	3,8	„	„	„	
	18,0	2,5	„	„	„	

Der Hauptgrund, weshalb die oben erwähnten Faber du Faurschen Luftgaserzeuger wieder verschwanden, liegt wohl in der Schwierigkeit, die Asche der fossilen Brennstoffe zu verflüssigen und gleich Schlacke abfließen zu lassen. Um die Brennstoffrückstände in fester Form abführen zu können, ordnete man Roste an, die, wie bei Dampfkesseln, gereinigt werden konnten. Dadurch kam man zur Verwendung von Dampfstrahlgebläsen und zur Darstellung von Mischgas (s. unten). Neuerdings hat aber die Einführung der Schlackenabstichgaserzeuger die Darstellung von Luftgas für hüttenmännische Betriebe wieder wirtschaftlicher gemacht [3]). Luftgas, im Schlacken-

---

[1]) Die Analysen entstammen zum Teil nachstehenden Arbeiten: Fr. W. Lürmann: Verwendung der Hochofengase in Gasmaschinen. Stahleisen 1901, S. 1154. — W. Gillhausen: Untersuchungen über die Stoff- und Wärmebilanz des Hochofens. Metallurgie 1910, S. 421, 458, 467, 524. — O. Johannsen: Der Schwefelgehalt des Kuppelofengichtgases. Stahleisen 1908, S. 1753. — C. Geiger: Betrachtungen über das Kuppelofenschmelzen mit trockenem und nassem Koks. Stahleisen 1909, S. 63. — Fr. Hüser: Experimentelle Untersuchung des Kuppelofenschmelzprozesses. Stahleisen 1913, S. 181.

[2]) Proben wurden aus der Ofenmitte auf der Gichtbühne, 0,5 m unter Einwurföffnung entnommen. Näheres s. Stahleisen 1913, S. 182.

[3]) Vgl. H. Markgraf: Über Schlackenabstich-Gaserzeuger im Vergleich zu solchen mit Wasserabschluß. Stahleisen 1918, S. 649, 703, 725.

abstichgaserzeuger dargestellt, hat etwa folgende Zusammensetzung: 0,6% CO_2, 33,4% CO, 1% H_2, 0,5% CH_4, 64,5% N_2. Der untere Heizwert dieses Gases beträgt 1085 WE. Die theoretische Verbrennungstemperatur des kalten Luftgases mit der theoretischen Luftmenge berechnet sich zu 1670° C.

Luftgas entsteht ferner als Nebenerzeugnis bei dem Betriebe von Schachtöfen. Als wichtigste Vertreter sind hier die Gichtgase der Hochöfen und Kuppelöfen anzuführen. Die durchschnittliche Zusammensetzung von Hochofen-Gichtgasen geht aus den Analysen der Zahlentafel 216 hervor. Der Heizwert der Hochofengichtgase schwankt zwischen 800 und 1200 WE und beträgt im Mittel etwa 1025 WE. Zur Verbrennung benötigt ein solches Gas 0,81 cbm Luft; das Gasluftgemisch besitzt eine theoretische Flammentemperatur von 1450° C. Abgesehen von der Verwendung zur Erhitzung des Gebläsewindes für die Hochöfen wird Hochofengichtgas heute in ausgedehntem Maßstabe für den Betrieb von Gasmotoren benutzt, nachdem die anfänglichen Vorurteile ebenso wie die in den ersten Jahren aufgetretenen Schwierigkeiten im Betrieb der Gasmaschinen, veranlaßt durch den Staubgehalt der Gase, durch weitgehende Reinigung überwunden sind. Auch in Gießereien, die an Hochofenwerke angegliedert sind, haben gereinigte Hochofengichtgase zur Heizung von Trockenkammern, zum Trocknen von Formen zum Betrieb von Martinöfen u. a. Verwendung gefunden [1]. Weiter werden neuerdings Hochofen- und andere in Gaserzeugern besonders dargestellte geringwertige Gase, sogenannte Schwachgase, zur Beheizung von Koksöfen (Verbundkoksöfen) benutzt, wodurch die hochwertigen Koksofengase für andere Zwecke frei werden (s. S. 503). Voraussetzung für eine wirtschaftliche Verwertung der Schwachgase war die in den letzten Jahren gelungene Durchbildung geeigneter Gasbrenner [2].

Die Ausnutzung der den Gießereikuppelöfen entströmenden Gichtgase (s. Zahlentafel 216) ist bis jetzt noch nicht ernstlich in Angriff genommen worden [3]. Zwar bestehen dahingehende Vorschläge, doch scheitert deren Verwirklichung hauptsächlich an der meistens nur kurzen Betriebszeit der Gießereikuppelöfen [4].

Die Regenerierung sowohl der den Hochöfen als den Kuppelöfen entweichenden Gichtgase, d. h. die Umwandlung der in ihnen enthaltenen bedeutenden Kohlensäuremengen zu Kohlenoxyd ist schon im Jahre 1893 von Ehrenwerth und erneut 1907 von Schmidhammer angeregt worden [5]. Im Gegensatz zu der allgemeinen Ansicht hält Terpitz die Regenerierung für durchführbar und schlägt vor, sobald hierfür ein brauchbares Verfahren gefunden sein werde, die regenerierten Gichtgase auch zur Heizung von Martinöfen zu benutzen [6].

Wassergas.

Der Gedanke liegt nahe, die im Gaserzeuger bei der Verbrennung des Kohlenstoffs zu Kohlensäure freiwerdende Wärme in der Art nutzbar zu machen, daß man einen zweiten, wärmeverbrauchenden Vorgang damit verbindet, und zwar unter Bildung brennbarer Gase, daß man also die Eigenwärme in Heizwert überführt. Diese Absicht könnte durch Einblasen von Kohlensäure oder Wasserdampf in die glühende Kohlenschicht erreicht werden. Ersteres Verfahren bezweckt eine Anreicherung der Gase an Kohlenoxyd, es hat jedoch noch keine die Praxis befriedigende Ausführung erlangen können. Wasserdampf vermag auf glühenden Kohlenstoff in zweierlei Weise einzuwirken

---

[1]) Vgl. R. Buck: Beiträge zur Ausnutzung der Hochofengase. Dissertation, Techn. Hochschule zu Breslau. Düsseldorf 1911. Auszugsw. Stahleisen 1911, S. 1172, 1212, 1295.

[2]) Betr. geeigneter Gasbrenner vgl. R. Buck: Beiträge zur Ausnutzung der Hochofengase. Stahleisen 1911, S. 1172, 1212, 1295. — E. Arnold: Der heutige Stand des Dampfkesselwesens in der Großindustrie usw. Stahleisen 1916, S. 214. — E. Wegmann: Versuche mit Gasbrennern an Kesseln und Cowpern. Stahleisen 1922, S. 215.

[3]) Untersuchungen über die Zusammensetzung der Kuppelofengase in verschiedenen Ofenhöhen siehe Fr. Hüser: Experimentelle Untersuchung des Kuppelofen-Schmelzprozesses. Stahleisen 1913, S. 181.

[4]) Vgl. Stahleisen 1907, S. 1201.

[5]) Vgl. Stahleisen 1893, S. 640; 1907, S. 558.   [6]) Vgl. Stahleisen 1910, S. 1029.

1. unter 1000° C.: $C + 2 H_2O = CO_2 + 2 H_2$
2. über 1000° C.: $C +   H_2O = CO + H_2$.

Ein starkes Sinken der Temperatur unter 1000° C. und damit die Bildung eines kohlensäurereichen Gases muß im Gaserzeuger möglichst vermieden werden. Man führt daher wechselweise Wasserdampf und Luft der Kohlenschicht zu. Fängt man die jeweils entstehenden Gase getrennt auf, so erhält man bei der einen Periode, dem sogenannten Heißblasen, Luftgas, bei der anderen, dem Kaltblasen, das sogenannte Wassergas [1]). Letzteres sollte theoretisch aus gleichen Raumteilen Wasserstoff und Kohlenoxyd bestehen, ist technisch aber nicht in dieser Reinheit darstellbar und enthält im Durchschnitt 48 bis 52,5% Wasserstoff, 41—37,5% Kohlenoxyd, 5,5—3,5% Kohlensäure und 5,5—2,5% Stickstoff neben schwankenden, geringen Mengen von Sauerstoff, Methan, Schwefel-, Phosphor- und Siliziumverbindungen. Gereinigtes Wassergas ist farb- und geruchlos; es ist sehr giftig, weshalb man genötigt ist, ihm Riechstoffe zuzusetzen, um Undichtigkeiten in den Leitungen bemerkbar zu machen. Da Wassergas mit nicht leuchtender Flamme verbrennt, so ist, wenn es in offener Flamme verbrannt werden soll, eine Karburierung notwendig. Dieselbe kann durch Einspritzen von Benzol in das Gas, oder indem man das Gas mit etwas Wasserdampf über glühende Kännelkohle leitet, vorgenommen werden. Karburiertes Wassergas wird in Nordamerika an Stelle von Steinkohlengas und Naturgas in großen Mengen zur Krafterzeugung verwendet.

Eine sehr schätzenswerte Eigenschaft des Wassergases ist seine hohe Verbrennungstemperatur, die seine Benutzung zum Schmelzen von Metallen und Abschmelzen von Teilen von Metallstücken, zum Schweißen, Hartlöten u. dgl. fast unentbehrlich macht. Der Betrieb von Martinöfen mit Wassergas hat sich nicht bewährt [2]).

Mischgas.

Zur Darstellung von Mischgas, das auch Kraft- und Dowsongas [3]) genannt wird, führt man statt des abwechselnden Betriebes Luft und Wasserdampf gleichzeitig unter dem Rost ein; der Betrieb gestaltet sich dadurch zu einem ununterbrochenen. Die Mischung von Luft und Wasserdampf muß eine derartige sein, daß die durch Zerlegung des Wasserdampfes verbrauchte Wärmemenge bei der Verbrennung des Kohlenstoffs zu Kohlensäure außer der für die Reduktion der Kohlensäure zu Kohlenoxyd nötigen wiedergewonnen wird und so ein Wärmeausgleich sich ergibt. Brennstoffe mit größeren Mengen flüchtiger Bestandteile vertragen weniger Wasserzusatz, weil schon bei der Entgasung viel Wasser gebildet wird und damit Wärme verloren geht. Zahlentafel 217 bringt eine Anzahl Mischgasanalysen.

Der Heizwert des Gaserzeugergases aus Steinkohlen beträgt im Durchschnitt 1265 WE, sein Luftbedarf 1,14 cbm, seine theoretische Flammentemperatur 1730° C. Der Wassergehalt kann mit 40 g je Kubikmeter, der Teergehalt mit 12 g je Kubikmeter angegeben werden. Das aus Koks dargestellte Gas unterscheidet sich in der Zusammensetzung von dem Steinkohlengas. Sein Gehalt an Methan ist bedeutend geringer und ferner fehlen vollständig die dampfförmigen Kohlenwasserstoffe, die Teernebel. Während daher Steinkohlen-Gaserzeugergas mit leuchtender Flamme zur Verwendung kommen kann, verbrennt das Gas aus Koks unter bedeutend geringerer Lichterscheinung. Zur theoretischen Verbrennung sind je Kubikmeter Gas 1,01 cbm Luft erforderlich. Die theoretische Verbrennungstemperatur des Gas-Luftgemisches beträgt 1825° C. Diese höhere Temperatur erklärt sich hauptsächlich aus der höheren Eigenwärme und dem geringeren Luftbedarf.

Gas aus Braunkohlenbriketts weist im allgemeinen einen höheren, an 100 g

---

[1]) Siehe auch R. Geipert: Der Betrieb von Wassergasanlagen. Gas Wasserfach 1922, S. 441.
[2]) Stahleisen 1914, S. 493, 1049.
[3]) Nach dem Engländer E. Dowson.

Zahlentafel 217.
Analysen von Mischgasen [1].

Brennstoffart	Bauart des Gaserzeugers	Durchschnittliche Zusammensetzung des Brennstoffs						Durchschnittliche Zusammensetzung des Gases					Heizwert (unterer) von 1 cbm
		C %	H2 %	N2+O2 %	S %	Asche %	Wasser %	CO2 %	CO %	H2 %	CH4 %	N2 %	
Steinkohle	Versuchsgaserzeuger von Wendt	57,9	3,7	9,8	0,7	18,5	9,4	0,7	31,1	6,6	2,4	59,2	1298
"	" " "	57,2	3,7	9,7	0,7	18,3	10,4	0,8	30,6	7,1	2,5	58,8	1349
"	" " "	58,1	3,4	10,3	0,4	17,7	10,0	5,4	27,0	14,5	2,9	50,1	1451
"	Alter Siemensgaserzeuger	77,0	n.best.	n.best.	n.best.	n.best.	n.best.	3,0	28,0	5,0	3,0	61,0	1220
" (Westfälische)	Poetter & Co., mit Polygonrost	—	31,0 (flüchtige Bestandteile)		—	11,9	3,7	3,8	25,3	8,6	1,1	60,8	1114
" (Oberschlesische)	Duff-Gaserzeuger	—	24,9		—	10,5	4,5	2,3	30,2	10,5	2,4	54,4	1421
" (Saar-)	Morgan- "	—	32,6		—	11,9	7,0	5,7	25,0	14,2	1,6	53,3	1276
" (Westfälische)	Drehrost- "	74,83	5,7	11,0	1,21	6,1	1,2	3,0	29,0	8,5	2,5	57,0	1315
" (Staubreiche Klarkohle, Saar)	Kerpely- "	58,0	4,1	8,6	n.best.	26,8	2,4	3,5	27,0	9,0	2,6	57,6	n. best.
Koks	Würth-Schlackenabstich-Gaserzeuger	87,4	0,5 (flüchtige Bestandteile)		—	—	—	2,0	32,0	7,5	0,5	58,0	1210
"	" " "	87,4	0,5		—	—	—	0,6	33,4	0,9	0,5	64,6	1085
Böhmische Braunkohle	Kerpely-Gaserzeuger	49,8	—	16,1	—	5,8	28,2	4,0	27,8	11,4	1,2	55,4	n. best.
Braunkohlenbriketts	" "	47,3	—	34,8	—	4,6	13,3	3,4	31,5	11,0	2,5	53,4	"
" (Rhein.)	Drehrost- "	55,0	4,1	21,4	6,4	5,6	13,5	3,5	32,0	12,5	2,5	49,3	1494
"	Körting-Gaserzeuger mit doppelter Brennzone	n.best.	n.best.	n.best.	n.best.	6,2	13,8	10,6	18,9	18,2	1,5	50,3	n. best.
Torf	desgl. mit Umsaugung	"	"	"	"	4,7	26,6	11,8	17,4	19,1	4,1	53,2	1212
Anthrazit-Grus (Westfäl.)	Gesellschaft „Gasgenerator"	"	"	"	"	10,9	1,5	4,4	22,9	19,6	1,9	50,8	1370
Braunkohle (Förderkohle)	" "	"	"	"	"	7,1	46,8	10,5	22,7	12,7	1,7	52,4	1175
Wasch- und Klaubeberge	Jahns Ringgenerator	"	"	"	"	60—65	n.best.	10,9	10,0	19,2	2,9	54,5	·987
Mischkohle (1 T. Braunkohle, 2 T. Steinkohle)	Kaltgaserzeuger mit Teergewinnung	64,7	4,5	—	1,5	9,2	1,1	10,4	17,8	18,4	2,4	51,0	1219

[1]) Die Analysen sind zum Teil nachstehenden Arbeiten entnommen: K. Wendt: Untersuchungen an Gaserzeugern. Stahleisen 1906, S. 1184. — J. Körting: Über Gasgeneratoren. Stahleisen 1907, S. 685. — J. Hofmann: Über Gaserzeuger. Stahleisen 1910, S. 993. — H. Markgraf: Über Schlackenabstichgaserzeuger im Vergleich zu solchen mit Wasserabschluß. Stahleisen 1918, S. 649, 703, 725.

je Kubikmeter heranreichenden Wassergehalt auf [1]). Auch der Teergehalt ist größer als bei Steinkohlengas, gegenüber dem Steinkohlenteer hat der Braunkohlenteer die unangenehme Eigenschaft, sich leichter in den Leitungen abzusetzen. Da dieser sehr mit Wasser vermischt ist, so läßt er sich nur umständlich entfernen. Der untere Heizwert von Durchschnitts-Braunkohlenbrikettgas beträgt 1310 WE, an Verbrennungsluft benötigt 1 cbm Gas 1,23 cbm Luft. Die Verbrennungstemperatur stellt sich auf 1550° C.

Für die Vergasung werden benötigt von
1 kg Steinkohle 2,5—3 cbm Wind und geliefert 3,5—4,5 cbm Gas,
1 kg Braunkohlenbriketts 1,3—1,6 cbm Wind und geliefert 2—2,5 cbm Gas,
1 kg Rohbraunkohle 0,7—1,0 cbm Wind und geliefert 1—1,5 cbm Gas.

Bei gutem Gaserzeugerbetrieb kommen Dreiviertel des Heizvermögens der Kohle im Heizvermögen des Gases wieder zum Vorschein.

Man unterscheidet bei Mischgas Druckgas und Sauggas, je nachdem das Gemisch von Luft und Wasserdampf mittels einer fremden Kraft durch den Gaserzeuger gedrückt oder von dem zu betreibenden Motor selbst hindurchgesaugt wird. Im ersteren Falle wird die treibende Kraft entweder durch den Wasserdampf geliefert, der in einem Kessel Spannung erhält und durch ein Strahlgebläse strömend Luft mit sich reißt, oder es streicht Luft, die mit Hilfe eines Ventilators auf einen gewissen Druck gebracht ist, an heißen Wassermassen vorbei und nimmt die sich entwickelnden Wasserdämpfe in sich auf.

Doppelgas.

Durch eingetretenen Kohlenmangel sind die Leuchtgasanstalten manchmal gezwungen, das Steinkohlengas durch Wassergas zu strecken. Hiebei arbeiten die Gaswerke in der Weise, daß sie die Kohle in Retorten- oder Kammeröfen entgasen, den glühenden Koks ausstoßen und mit Wasser ablöschen, um ihn hierauf im Wassergaserzeuger von neuem auf 1000° zu erhitzen. Dieses Verfahren ist wärmewirtschaftlich sehr unzweckmäßig, denn neben einer Verschwendung von vielen Wärmeeinheiten durch das Ablöschen ist nicht unbeträchtliche Handarbeit bzw. ein Aufwand an elektrischer Energie für die Weiterschaffung des Kokses nötig.

Die Erzeugung beider Gasarten zusammen zu bewirken, indem der glühende Koks unmittelbar in Wassergas verwandelt wird, wird durch zwei in den letzten Jahren aufgekommene Verfahren erreicht, das Doppelgasverfahren von Strache [2]) und das Trigasverfahren von Dolensky. Der wesentlichste Unterschied der beiden Gaserzeugertypen besteht darin, daß bei dem Trigas-Gaserzeuger die oben aufgegebene Kohle lediglich durch die fühlbare Wärme des von unten aufsteigenden Wassergasstromes entgast wird, während bei dem Doppelgasverfahren in dem oberen Teil des Gaserzeugers eine Entgasungskammer eingebaut ist, die von außen mit Gaserzeugergas geheizt wird. Außerdem erfolgt bei dem Trigasverfahren das Heißblasen in der Weise, daß der Wind, der an der Trennungszone des Entgasungs- und Vergasungsraumes eintritt, nach unten geführt wird, sowie daß ein anderer Teil der Blaseluft quer durch den unteren Gaserzeuger abwechselnd von einer Seite zur anderen strömt.

Die Zusammensetzung von Doppelgas ist folgende: 7,0 % Kohlensäure, 2,8 % schwere Kohlenwasserstoffe, 27,2 % Kohlenoxyd, 48,0 % Wasserstoff, 6,4 % Methan, 8,5 % Stickstoff.

---

[1]) Wie neuere Untersuchungen ergeben haben, ist bei der Verwendung des Gases zum Martinofenbetrieb der Wasserdampfgehalt im Braunkohlengas auch in beträchtlicher Höhe nicht schädlich, sondern von Nutzen, wenn das Gas neben Wasserdampf reichliche Mengen Teerdämpfe enthält. Hätte das Gas keinen oder nur geringen Wasserdampfgehalt, so würden die Teernebel unter Ausscheidung von Kohlenstoff in den Kammern zerfallen, und der Kohlenstoff würde größtenteils dort bleiben, um beim Umsteuern auf Abhitze nutzlos zu verbrennen. Der Heizwert würde also geringer. Durch den Wasserdampfgehalt jedoch wird in den Kammern ein Wassergasprozeß eingeleitet und der Heizwert des Gases unter Verbrauch von in der Kammer aufgespeicherter Wärme verbessert. (Vgl. auch Stahleisen 1923, S. 593.)

[2]) Vgl. A. Breisig: Über Doppelgas. Gas Wasserfach 1922, S. 509.

Gase aus minderwertigen Brennstoffen.

Die Erzeugung von Gas für Heiz- und vornehmlich Kraftzwecke aus minderwertigen Brennstoffen, auch Braunkohlen und Torf, wurde lange Zeit zurückgehalten, da es nicht möglich war, ohne Anwendung sehr umständlicher Reinigungsvorrichtungen ein praktisch teerfreies Gas herzustellen. Die Beseitigung des Teers ist in den Gaserzeugern durch zweierlei Verfahren erreicht worden. Das eine ist kurz dahin zu skizzieren, daß die Destillationsgase entweder im Gaserzeuger selbst gezwungen werden, auf ihrem Wege zum Gasabzuge durch eine glühende Schicht des schon entgasten Brennstoffes zu streichen oder daß sie durch eine besondere Leitung, ein Rohr oder einen Kanal, in die glühende Brennstoffschicht geführt werden. Bei dem anderen Verfahren wird der Teer mit Luft verbrannt; die Verbrennungserzeugnisse, Kohlensäure und Wasserdampf, werden an glühendem Kohlenstoff in Kohlenoxyd und Wasserstoff umgesetzt. Das erstere Verfahren sucht eine unnütze Zersetzung der Kohlenwasserstoffe, die den Heizwert des Gases erhöhen, zu vermeiden. Auf diese Weise pflegt man vorzugsweise aus Braunkohlenbriketts ein vollständig teerfreies Gas zu erreichen, das in Gießereibetrieben vielfache Anwendung finden kann [1]).

Das endlich noch zu nennende Mondgas wird aus billigen, bituminösen Kleinkohlen bereitet, unter gleichzeitiger Gewinnung von Ammoniak. Dieses Verfahren ist von Frank und Caro so vervollkommnet worden, daß es sich ohne weiteres auch auf andere, vor allem auf minderwertige Brennstoffe mit bis zu 70% Wassergehalt anwenden läßt, wie Waschberge, jüngere Braunkohlen, Torf und Holz. Durch Einführung von gespanntem Wasserdampf mit der Gebläseluft wird einmal eine Verbesserung des Gasgemisches durch Zuführung von Wassergas erreicht, und zum anderen werden die sich bildenden Gase rasch abgekühlt und aus dem Gaserzeuger geschafft, wodurch das entstandene Ammoniak fast ganz der Zerlegung entgeht. Das Mondgas zeichnet sich durch eine sich gleichbleibende Zusammensetzung aus; es hat im Durchschnitt etwa folgende Zusammensetzung: 15% CO_2, $11,5\%$ CO, 26% H_2, $1,8\%$ CH_4, $43,7\%$ N_2. Sein Heizwert (u terer) beträgt 1174 WE. Die theoretische Verbrennungstemperatur berechnet sich auf 1625^0 C. Bei der Abkühlung scheiden sich große, unzersetzte Wassermengen ab.

Die vorteilhafte Durchführung des Verfahrens läßt sich jedoch nur in großen Anlagen erreichen. Das Mondgas findet wegen seiner großen Reinheit und gleichmäßigen Zusammensetzung Verwendung in Eisen- und Stahlgießereien zur Feuerung von Martinöfen, zum Tempern, Trocknen der Formen und Schmelzen von Metallen.

Literatur.

Brennstoffe im allgemeinen.

a) Einzelne Werke.

Fischer, Ferd.: Die chemische Technologie der Brennstoffe. Bd. 1. Braunschweig 1897. Bd. 2. Braunschweig 1901.

— Taschenbuch für Feuerungstechniker. 8. Aufl. Neu bearbeitet von Fr. Hartner. Stuttgart 1921.

Beckert, Th.: Feuerungskunde. (1. Bd. des Leitfadens der Eisenhüttenkunde. 2. Aufl.) Berlin 1898.

Jüptner, H. v.: Lehrbuch der chemischen Technologie der Energien. 1. Bd. Die chemische Technologie der Wärme und der Brennmaterialien. 1. Teil. Leipzig und Wien 1905.

Ledebur, A.: Handbuch der Eisenhüttenkunde. 5. Aufl. Bd. 1. Leipzig 1906.

Dosch, A.: Die Brennstoffe, Feuerungen und Dampfkessel. Ihre Wirtschaftlichkeit und Kontrolle. Hannover 1907.

Heise-Herbst: Lehrbuch der Bergbaukunde. Bd. 1 u. 2. Berlin 1912 u. 1913.

Lunge-Köhler: Die Industrie des Steinkohlenteers und des Ammoniaks. Braunschweig 1912.

Muck, E.: Die Chemie der Kohle. 3. Aufl. Besorgt von Hinrichsen und Taczak. Leipzig 1916.

Fischer, Franz: Gesammelte Abhandlungen zur Kenntnis der Kohle. Bd. 1—5. Arb. d. Kaiser-Wilhelm-Instituts f. Kohlenforschung in Mülheim a. d. Ruhr. Berlin 1917.

Kukuk, P.: Unsere Kohlen (aus Natur und Geisteswelt). 2. Aufl. Leipzig 1920.

Grahl, de G.: Wirtschaftliche Verwertung der Brennstoffe. 3. Aufl. München-Berlin 1923.

Winter, H.: Wärmelehre und Chemie für Kokerei- und Grubenbeamte. Berlin 1922.

Keppeler, G.: Die Brennstoffe und ihre Verbrennung. München-Berlin 1922.

Wirth, Fr.: Brennstoffchemie. Berlin 1922.

---

[1]) Vgl. Stahleisen 1909, S. 1545.

b) Abhandlungen.

Lürmann, Fr. W.: Zur Wertbestimmung der Brennstoffe. Stahleisen 1893, S. 52.

Donath, Ed. und Fr. Bräunlich: Zur Kenntnis der fossilen Kohlen. Chem.-Zg. 1904, Nr. 180, S. 953. Öst. Z. f. B. u. H. 1904, S. 477.

Donath, Ed.: Was ist Steinkohle? Öst. Chem.-Zg. 1911, S. 305.

Böker, H. E.: Die Stein- und Braunkohlenvorräte des deutschen Reichs. Stahleisen 1913, S. 1133, 1189.

Bertelsmann, W.: Die festen Brennstoffe in den Jahren 1912 und 1913. (Übersicht über die Arbeiten.) Chem.-Zg. 1914, S. 797, 853, 979, 1002.

Hopf, W.: Zusammensetzung und Heizwert der Kohlen. Z. Dampfk. Maschbtr. 1915, S. 313.

Fischer, Fr.: Der heutige Stand der Kohlenforschung. Stahleisen 1917, S. 346—353, 369—373.

Aufhäuser, D.: Die spezifischen Eigenschaften und Unterschiede der festen und flüssigen Brennstoffe und deren technische Bedeutung. Bayer. Ind.- u. Gewerbebl. 1918, S. 31.

Caro, N.: Die rationelle Ausnutzung der Brennstoffe. Braunkohle 1918, S. 306, 317.

Bunte, K.: Zur Frage der Kohlenlieferung nach Wert. Journ. Gasb. Wasservers. 1919, S. 149.

Fürth, A.: Die fossilen Brennstoffe und ihre Verwertung in den Kriegsjahren 1914/18. Z. angew. Chemie 1919, S. 201, 209, 217, 225, 236.

Trenkler, J. R.: Gewinnung und Verwertung minderwertiger Brennstoffe. Ann. Gew. Bauwes. 1920, S. 41.

Wirth, A.: Gewinnung und Verwertung minderwertiger Brennstoffe. Z. V. d. I. 1920, S. 245, 277, 327.

Schwier, W.: Beurteilung und Bewertung der Brennstoffe nach den Verbrennungstemperaturen. Stahleisen 1920, S. 1033, 1108, 1170, 1236.

Gleichmann: Der Verbrauchswert der Brennstoffe. Z. Dampfk. Maschbtr. 1921, S. 415.

— Der Kauf der Brennstoffe nach Güte in den Vereinigten Staaten. Gas Wasserfach 1922, S. 117.

Böker, H. E.: Die Kohlenvorräte und Wasserkräfte der einzelnen Erdteile. Glückauf 1922, S. 457, 495.

Erdmann, E.: Die Selbstentzündung der Kohlen. Brennstoff-Chemie 1922, S. 257, 278, 293.

Häusser, F.: Die Aufbereitung der minderwertigen Brennstoffe für den Kesselbetrieb. Berichte d. Gesellschaft f. Kohlentechnik. Dortmund 1922. 3. Heft, S. 115.

Petraschek, W.: Kohlengeologie der österreichischen Teilstaaten. II. Allgemeine Kohlengeologie. Berg- u. Hüttenmänn. Jahrb. Leoben 1921/22, Heft 30, S. 1.

Gothan, W.: Neuere Ansichten über die Entstehung der Kohlen. Glückauf 1923. S. 385.

Erdmann, E.: Der genetische Zusammenhang von Braunkohle und Steinkohle auf Grund neuer Versuche. Brennstoff-Chemie 1924, S. 177.

Holz und Holzverkohlung.

a) Einzelne Werke.

Klar, M.: Technologie der Holzverkohlung und der Fabrikation von Essigsäure, Azeton, Methylalkohol und sonstigen Holzdestillaten. 2. Aufl. Berlin 1910.

Denz, F.: Die Holzverkohlung und der Köhlereibetrieb. Wien 1910.

b) Abhandlungen.

Moderne Holzverkohlung in Amerika. Iron Age 1902, S. 25.

Juon, E.: Holzkohlensorten im Ural. Stahleisen 1904, S. 1230.

— Gasverhältnisse bei der Holzverkohlung. Stahleisen 1907, S. 733, 771.

— Holzkohle. Prometheus 1908, S. 17, 33, 49, 71, 86, 105.

Aschan, O.: Über die Konstitution der Holzkohle. Chem.-Zg. 1909, S. 561.

Klason, P., G. v. Heidenstamm und E. Norlin: Untersuchungen zur Holzverkohlung. Z. angew. Chemie 1910, S. 1252.

Schwalbe, C. G. und E. Becker: Die chemische Zusammensetzung einiger deutscher Holzarten. Z. angew. Chemie 1919, S. 229.

Neumann, H.: Verwertung der Holzabfälle durch Vergasung. Z. V. d. I. 1922, S. 757.

Torf und Torfkohle.

a) Einzelne Werke.

Hausding, A.: Handbuch der Torfgewinnung und Torfverwertung mit besonderer Berücksichtigung der erforderlichen Maschinen und Geräte. 4. Aufl. Berlin 1919.

Barthel, Friedr.: Torfwerke. Gewinnung, Veredlung und Nutzung des Brenntorfs. Berlin 1923.

b) Abhandlungen.

Schöndeling: Die Herstellung von Brennmaterial aus Torf. Glückauf 1900, S. 793.

Bötticher: Torfkohle, ein Beitrag zur Geschichte der rationellen Ausnutzung von Hochmooren. Braunkohle 1908, S. 345.

Wolff, L. C.: Die industrielle Verwertung des Torfs in der Wärmetechnik. Braunkohle 1908, S. 457.

Dierfeld, Die Gewinnung von Brenntorf nach dem Dr. Ekenbergschen Verfahren. Dingler 1910, S. 151, 183, 199.

Heber, F.: Der gegenwärtige Stand der industriellen Torfverwertung. Braunkohle 1910, S. 744.

Wihtol, A.: Über Torfverkokung. Feuerungstechnik 1913, S. 409.

Keppeler, G.: Die Aufgaben der technischen Moorverwertung. Arbeiten d. Laboratoriums f. d. techn. Moorverwertung an d. Techn. Hochschule zu Hannover 1914, Bd. 1, S. 1.

Bersch, W.: Torf und Torfverwertung. Z. Moorkultur 1917, S. 165.

— Brenntorf. Z. Moorkultur 1918, S. 26.

Landsberg, Fr.: Torfverwertung für Großkraftwerke. Bayer. Ind. u. Gewerbebl. 1920, S. 131.

Müller, Torfentgasung. Journ. Gasb. Wasservers. 1920, S. 817.

Krumbiegel, K.: Zur Torffrage. Braunkohle 1920, S. 671.

Trenkler, R.: Neue Wege und Zukunftsaufgaben der Torfindustrie. Feuerungstechn. 1921, S. 185.

Keppeler, G.: Moornutzung und Torfverwertung. Braunkohle 1922, S. 333, 350, 369.

Winter, H.: Der Torf und seine Verwendung. Glückauf 1922, S. 1657.

Braunkohle.
a) Einzelne Werke.

Klein, G.: Die deutsche Braunkohlenindustrie. Halle a. d. S. 1907.

— Handbuch für den deutschen Braunkohlenbergbau. 2. Aufl. Halle 1915.

Beyschlag, Rud.: Neue und alte Wege der Braunkohlen- und Schieferverschwelung. 2. Aufl. Berlin 1920.

Dolch, M.: Die rationelle Verwertung der minderwertigen Braunkohlen. Braunschweig 1922.

b) Abhandlungen.

Kegel, K.: Die Entstehung des Braunkohlenbriketts. Glückauf 1902. S. 645.

Loeser, C.: Braunkohlenbriketts und rauchlose Feuerung. Braunkohle 1903, S. 245, 317, 329.

Meyer, P.: Die Erzeugung von Kraftgas aus Braunkohlenbriketts. Braunkohle 1908, S. 861.

Krumbiegel, K.: Über die Verwendung von Braunkohlenbriketts in Eisen- und Stahlgießereien. Stahleisen 1909, S. 1545.

Wedekind: Die technische Verwendbarkeit der mitteldeutschen Braunkohle und Briketts im Vergleich zu den böhmischen Braunkohlen. Braunkohle 1910, S. 789.

Hinrichsen, W. und Taczak, S.: Zur Frage der Selbstentzündung von Braunkohlenbriketts. Mitt. Materialprüfungsamt 1911, Heft 4, S. 220.

Oellerich, W.: Die Verwendung des Rheinischen Braunkohlenbriketts. Braunkohle 1913, S. 649, 665, 701, 733, 750.

Firle, Fr.: Die deutsche Braunkohle. Vorschläge für Verwertung. Braunkohle 1919, S. 553.

Beyschlag, B.: Die Entwicklung der Schwelindustrie. Z. Berg-, Hütten-, Sal.-Wes. 1919, Heft 3, S. 185.

Weiß, J. und H. Becker: Die Vergasung rheinischer Rohbraunkohle. Stahleisen 1920, S. 1067.

— Die Verwendung rheinischer Rohbraunkohle in der Industrie. Braunkohle 1921, S. 225, 244, 277.

— Die Umstellung der Dampfkesselfeuerungen auf minderwertige Brennstoffe. Stahleisen 1920, S. 1720.

Kegel, K.: Rohkohle oder Briketts? Braunkohle 1920, S. 405; 1921, S. 17, 33.

Berner: Der Brennstoffverlust durch die Brikettierung der Braunkohle. Braunkohle 1921, S. 37.

Landsberg: Die Brikettierung der Braunkohle. Z. V. d. I. 1921, S. 415.

Drave: Grundlagen wirtschaftlicher Braunkohlenverwertung. Braunkohle 1921, S. 133.

Dolch, M.: Über die Auswertungsmöglichkeiten lignitischer Braunkohlen. Mont. Rdsch. 1921, S. 170, 185, 206, 228, 249, 267.

Kegel, K.: Die graphische Darstellung des Einflusses des Wassergehalts der Braunkohlen auf den Heizwert. Braunkohlenarchiv, Freiberg i. Sa. 1921, S. 5.

Rosenthal: Die Verkokung der Braunkohle (Braunkohlenschwelerei). Feuerungstechnik 1922, S. 221.

Dubois, E. und G. Müller: Vergasung von Rohbraunkohle. Z. V. d. I. 1922, S. 821.

Müller, G.: Über die Vergasung rheinischer Rohbraunkohle und ihren Verlauf bei Anwendung einer Vortrocknung. Braunkohle 1922 (8. April), S. 1, 20, 49; auszugsw. Stahleisen 1923, S. 449.

Steinkohle und Koks.
a) Einzelne Werke.

Muck, F.: Die Chemie der Steinkohle. Leipzig 1891.

Verein für die bergbaulichen Interessen im Oberbergamtsbezirk Dortmund in Gemeinschaft mit der Westfälischen Berggewerkschaftskasse und dem Rheinisch-Westfälischen Kohlensyndikat. Die Entwicklung des Niederrheinisch-Westfälischen Steinkohlenbergbaues in der zweiten Hälfte des 19. Jahrhunderts. Berlin 1903.

Simmersbach, O.: Grundlagen der Kokschemie. 2. Aufl. Berlin 1914.

Hinrichsen, F. W. und S. Taczak: Die Chemie der Kohle. Leipzig 1916.

Spilker, A.: Kokerei und Teerprodukte der Steinkohle. Halle 1920.

b) Abhandlungen.

Simmersbach, O.: Die Bewertung von Hochofen- und Gießereikoks. Stahleisen 1904, S. 157.

— Zur Frage der Steinkohlenverkokung. Stahleisen 1904, S. 446.

Schreiber, Fr.: Der Koks, seine Struktur und seine Verwendung zu Gießereizwecken. Stahleisen 1904, S. 521.

Simmersbach, O.: Die deutsche Koksindustrie in den letzten 10 Jahren. Stahleisen 1904, S. 1167.

Wüst, F. und G. Ott: Vergleichende Untersuchungen von rheinisch-westfälischem Gießerei- und Hochofenkoks. Stahleisen 1906, S. 843.

Simmersbach, O.: Qualitätsanforderungen für Gießereikoks. Stahleisen 1909, S. 1551.

Dobbelstein: Ausnutzung minderwertiger Brennstoffe auf Zechen des Oberbergamtsbezirkes Dortmund. Glückauf 1910, S. 504, 642, 755, 1241, 1288, 1616, 1809; auszugsw. Stahleisen 1911, S. 924.

Rau, O.: Über die Fortschritte in der Gewinnung der Nebenprodukte beim Kokereibetrieb. Stahleisen 1910, S. 1235, 1282.

Herbst, Fr.: Über die neuere Entwicklung der Kokerei nach Bauart der Öfen und Ausbildung des mechanischen Betriebes. Stahleisen 1910, S. 1483, 1582, 1633, 1793, 1896.

Wagner, A.: Über den Wasser- und Aschengehalt des Kokses. Ferrum 1913, S. 321, 353.

Simmersbach, O.: Neuere Untersuchungen über die Härte des Kokses. Stahleisen 1913, S. 512.

— Über die Bestimmung der Verkokungsfähigkeit der Steinkohle. Stahleisen 1913, S. 1325.

— Über Hochofenkoks. Stahleisen 1914, S. 108.

Koppers, H.: Einige Bemerkungen über Hochofenkoks. Stahleisen 1914, S. 585.

Simmersbach, O.: Deutschlands Steinkohlenvorkommen mit besonderer Berücksichtigung der Kokskohlen. Stahleisen 1916, S. 885, 916.

Bach, W.: Preßkoksbrikett. Z. Dampfk. Maschbtr. 1917, S. 193. Journ. Gasb. Wasservers. 1917, S. 149.

Schellenberg, A.: Über den Schwefel in der Steinkohle und die Entschweflung des Kokses. Brennstoff-Chemie 1921, S. 349, 368.

Koppers, H.: Vorschläge zur Prüfung des Kokses für Hochofen- und Gießereizwecke. Stahleisen 1922, S. 569.

— Koks und sein Einfluß in der Gießerei. Stahleisen 1922, S. 1492. Gieß. 1922, S. 411, 423, 479. Gieß.-Zg. 1922, S. 613.

Flüssige Brennstoffe.
a) Einzelne Werke.

Engler und Höfer: Das Erdöl, seine Physik, Chemie, Geologie, Technologie und sein Wirtschaftsbetrieb. 5 Bände. Leipzig 1909—1919.

Schmitz, L.: Die flüssigen Brennstoffe. 3. Aufl. von J. Follmann. Berlin 1923.

Essich, O. A.: Die Ölfeuerungstechnik. Berlin 1921.

Scheithauer, W.: Die Schwelteere. Leipzig 1922.

Höfer, H.: Das Erdöl und seine Verwandten. 4. Aufl. Braunschweig 1922.

Kißling, R.: Das Erdöl. Stuttgart 1923.

b) Abhandlungen.

Heck, F.: Masutfeuerungen und ihre Anwendung. Stahleisen 1904, S. 1430.

Schiel, K.: Über Kuppelöfen für Ölfeuerung. Stahleisen 1908, S. 1215.

Hasserl, L.: Die Wirtschaftlichkeit der Rohölfeuerung und das System der mechanischen Rohölzerstäubung. Allg. österr. Chem. u. Techn.-Zg. 1909, S. 89, 99.

Ruperti: Die Gewinnung der deutschen Erdöle. Z. V. d. I. 1909, S. 2188.

Oebbeke, K.: Vorkommen, Beschaffenheit und wirtschaftliche Bedeutung des Erdöls. Z. V. d. I. 1911, S. 1313.

Irinyi, A.: Die physikalisch-chemischen Vorgänge bei Verdampfung von Heizöl mit besonderer Rücksicht auf die Verwendung von Ölfeuerungen in Gießereiöfen. Gieß.-Zg. 1914, S. 444, 483.

Gurwitsch, L.: Chemie und Technologie des Erdöls im Jahre 1913. Z. angew. Chemie 1914, S. 441.

Kißling, Rich.: Die Erdölindustrie in den Jahren 1912 und 1913 (Schrifttumzusammenstellung). Chem.-Zg. 1914, S. 1284, 1290, 1373.

— Dsgl. in den Jahren 1914 und 1915. Chem.-Zg. 1916, S. 713, 759, 782.

Strache, H. und M. Dolch: Über die Zusammensetzung von Braunkohlenteeren. Mont. Rdsch. 1919, S. 409, 453, 483, 550, 584, 611.

Roser, E.: Die Wirtschaftlichkeit von Gaserzeugungsanlagen bei Gewinnung von Urteer und schwefelsaurem Ammoniak. Stahleisen 1920, S. 349, 387, 533, 651, 685.

Wanner, J.: Kohle und Erdöl. Glückauf 1921, S. 1029.

Bunte, K.: Kohlenschwelung. Gas und Wasserfach 1921, S. 681.

Trenkler, H. R.: Tieftemperaturverkokung und Tieftemperaturvergasung. Ind. Techn. 1921, S. 289.

Gasförmige Brennstoffe.
a) Einzelne Werke.

Schmatolla, E.: Die Gaserzeuger und Gasfeuerungen. 2. Aufl. Hannover 1908.

Kietaibl, C.: Das Generatorgas. Wien 1910.

Fischer, F.: Kraftgas, seine Herstellung und Beurteilung. Leipzig 1911.

Gwosdz, J.: Generatorgas. Halle 1921.

Bunte, H.: Zum Gaskursus. 5. Aufl. München 1921.

b) Abhandlungen.

Lürmann, Fritz jr.: Die thermischen Vorgänge im Gaserzeuger. Stahleisen 1903, S. 433, 515, 1551.

Ledebur, A.: Über die Veränderungen in der Zusammensetzung des Heizgases zwischen dem Gaserzeuger und dem Ofen. Stahleisen 1903, S. 693.

Thomae: Neuere Heiz-, Leucht- und Kraftgase. Z. V. d. I. 1903, S. 1189.

Über Naturgas. Journ. Gasbel. Wasservers. 1904, S. 57.

Wendt, K.: Untersuchungen an Gaserzeugern. Z. V. d. I. 1904, S. 1793. Stahleisen 1906, S. 1185.

Fischer, F.: Kraftgas. Z. V. d. I. 1905, S. 233.

Körting, J.: Über Gasgeneratoren. Stahleisen 1907, S. 685.

Strache, H.: Die Einführung des rationellen Verfahrens der Wassergaserzeugung in Deutschland. Journ. Gasb. Wasservers. 1908, S. 853.

Meyer, P.: Die Erzeugung von Kraftgas aus Braunkohlenbriketts. Braunkohle 1908, S. 861.

Gwosdz, J.: Neuere Generatoren für bituminöse Brennstoffe. Glückauf 1909, S. 738, 1826; 1910, S. 1495, 1525.

Eine moderne Torfkraftgasanlage. Uhl. Wochenschr. 1910, S. 10.

Ernst, E. v.: Kontinuierlicher Braunkohlengaserzeuger von Ed. Sanna. Österr. Z. B. u. H. 1910, S. 330.

Heber, Fr.: Die neuere Entwicklung des Mondgasverfahrens. Z. Gewinnung u. Verwertung d. Braunkohle 1910, H. 46. Journ. Gasb. Wasservers. 1910, S. 421.

Hofmann, J.: Über Gaserzeuger. Stahleisen 1910, S. 993.

Fürth, A.: Leuchtgas, Kokerei-, Generatorgas im Jahre 1913 (Schrifttumzusammenstellung). Z. angew. Chemie 1914, S. 385.

Pois, A.: Das Erdgas und seine Erschließung und wirtschaftliche Bedeutung. Petroleum 1915/16, S. 1045, 1101, 1166, 1232; 1916/17, S. 9, 71, 128, 178, 229, 299, 372, 385, 401.

Markgraf, H.: Zusammensetzung und Eigenschaften technischer Gase für hüttenmännische Zwecke. Techn. Mitteilungen u. Nachrichten 1917, S. 275, 291.

Werber, B.: Über Wassergasanlagen. Feuerungstechnik 1917, S. 247, 260.

Bertelsmann, W.: Die gasförmigen Brennstoffe im Jahre 1916. Chem.-Zg. 1917, S. 845, 853.
— Dsgl. in den Jahren 1917/19. Chem.-Zg. 1920, S. 197, 217, 221, 237, 423, 450.

Kreyssig: Die chemischen Vorgänge bei der Brennstoffvergasung im Gaserzeuger. Braunkohle 1919, S. 491.

Geipert, R.: Der Betrieb von Wassergasanlagen. Gas Wasserfach 1922, S. 441.

Breisig, A.: Über Doppelgas. Gas Wasserfach 1922, S. 509.

XVI. Temperaturmessung im Gießereibetrieb.

Von

Dr.-Ing. K. Daeves.

Zweck der Temperaturmessungen.

Die Erkenntnis der Bedeutung von Temperaturen war solange unmöglich, als sich ihre Unterscheidung im wesentlichen auf die unbestimmten Begriffe kalt, warm und heiß beschränkte. Erst der Ausbau der Wärmemeßkunst, der Pyrometrie, hat den außerordentlichen Einfluß der Temperaturen des flüssigen Eisens, des Gebläsewindes, der Formen, der Glühöfen usw. auf die Eigenschaften des Gusses, den Kohlenverbrauch und letzten Endes die kaufmännische Bilanz zahlenmäßig in aller Schärfe hervortreten lassen. Wenn auch viele Fragen hier noch der Lösung harren, das eine ist sicher, daß in naher Zukunft nur ein Betrieb mit guter Temperaturüberwachung wettbewerbsfähig bleiben wird.

Der Zweck der Temperaturmessungen im Gießereiwesen ist ein mehrfacher. Heute gehen alle für die Herstellung des Enderzeugnisses notwendigen Energiemengen auf dem Wege über die Wärme in das Werkstück, teils unmittelbar bei den Schmelz-, Erwärmungs-, Glüh- und Tempervorgängen, teils mittelbar über die Wärmekraftmaschinen. Da die zur Erzeugung der Wärme notwendigen Brennstoffe oder Energien (elektrischer Strom) irgendwoher bezogen und bezahlt werden müssen, begnügte man sich früher damit, den wirtschaftlichen Wirkungsgrad durch die kaufmännische Bilanz festzustellen. Die Erfahrung hat gezeigt, daß diese keineswegs hierfür genügt, daß sie insbesondere gar nicht erkennen läßt, wo Energie und damit Geld vergeudet wird und gespart werden kann, und so hat sich, zumal nach der durch die Geldentwertung einsetzenden Unzuverlässigkeit der Geldbilanz, überall neben dieser und der Stoffbilanz die Energiebilanz eingeführt, die nach obigem gleichbedeutend mit der Wärmebilanz ist. Sie hat den in Form von Brennstoffen und elektrischer Kraft in das Werk gelangenden Energiestrom buchmäßig bei seinem Verlauf und der Verzweigung in das Erzeugnis und die Verluste zu verfolgen, wobei sie sich in ähnlicher Weise wie die Geldbilanz der Einnahmen- und Ausgabenrechnung bedient. Der Zählung der Gelder der einzelnen Konten entspricht dabei die Messung der Wärmemengen, zu deren Bestimmung wieder notwendig die Temperaturmessung gehört. Auch die Energiebilanz kann sich nicht auf gelegentliche Inventuraufnahmen beschränken, einzelne wichtige Konten müssen laufend geführt und entsprechend laufend gemessen werden. Dies hat zu einer raschen Entwicklung selbstaufzeichnender Temperaturmeßgeräte und zu einer gewissen Zentralisierung der Wärmemessung geführt.

Des weiteren hat die Temperatur des Eisens bei allen Verarbeitungsverfahren einen sehr wesentlichen, bestimmenden Einfluß auf die Endeigenschaften des Erzeugnisses. Die Erzeugungs-, Gieß- und Glühtemperatur, die Abkühlungsgeschwindigkeit, die wieder von Temperatur und Wärmeleitfähigkeit der Formen abhängt, und schließlich die in jüngster Zeit aufkommende Veredelung des Gußeisens durch Abschreck- und Anlaßbehandlung, alles das läßt sich nur verfolgen, regeln und beeinflussen durch genaue Temperaturbestimmungen.

Endlich bedarf noch die Versuchsanstalt und Werkstoffprüfstelle zur Bestimmung der Schmelzpunkte, der Umwandlungspunkte, der Eigenschaften bei anderen Temperaturen, bei denen z. B. Roste, Vorwärmerrohre, Glühtöpfe verwendet werden, besonders ausgebildeter Feinmeßgeräte.

Begriff der Temperatur.

Das Verständnis der oft verwickelten Regeln und Gesetze der Temperaturmessung wird wesentlich erleichtert, wenn man sich über das Wesen der Wärme und Temperatur ganz bestimmte Vorstellungen macht. Man faßt heute die Wärme als einen Bewegungsvorgang in den kleinsten Teilchen eines Körpers, den Molekülen oder Atomen auf. Die bei jedem Bewegungsvorgang auftretende lebendige Energie ist proportional der Masse des sich bewegenden Körpers und dem Quadrat seiner Geschwindigkeit ($m.v^2$). Während bei Wärmeerscheinungen die Masse der kleinsten Teilchen offenbar im Zusammenhang mit dem Molekular- oder Atomgewicht steht, bezeichnet man mit Temperatur einen dem Quadrat der Geschwindigkeit entsprechenden Wert. In einem Körper mit bestimmtem Wärmeinhalt bewegen sich die kleinsten Teilchen äußerst lebhaft, prallen aufeinander, tauschen Geschwindigkeiten aus, prallen wieder mit anderen Teilchen zusammen, wobei sich fortwährend die Geschwindigkeit und damit nach obiger Ausführung die „Temperatur" des einzelnen Teilchens ändert. Wenn der gesamte Wärmeinhalt, d. h. ein dem Produkt $m.v^2$ proportionaler Wert konstant bleibt, und natürlich auch die Masse und Zahl der Teilchen, so muß auch das Mittel aus dem Quadrat der Geschwindigkeit aller Teilchen gleich bleiben. Mit dem Begriff Temperatur bezeichnen wir also das Mittel der Quadrate der Geschwindigkeit der kleinsten Teilchen eines Körpers und dürfen nie vergessen, daß es sich um einen Mittelwert handelt, daß in Wahrheit eine große Anzahl Teilchen höhere und niedrigere Geschwindigkeiten oder „Einzeltemperaturen" haben. Es ist eben nicht möglich, für jedes der zahlreichen Moleküle in jedem Augenblick die Geschwindigkeit und ihre Richtung anzugeben; für die wahrnehmbaren, meßbaren Vorgänge kommt es aber hierauf auch nicht an, vielmehr hängen diese nur von der durchschnittlichen Geschwindigkeitsverteilung ab.

Folgerungen aus der Begriffserklärung.

Nach der kinetischen Theorie der Wärme erscheint die Wärmeübertragung sofort verständlich: herrscht in einem Körper eine höhere Temperatur, also schnellere Molekularbewegung, so wird diese durch Stöße auf den Körper niedrigerer Temperatur übertragen; ein Körper mit niedrigerer Temperatur kann aber bei noch so hohem Wärmeenergieinhalt niemals Energie auf einen Körper mit höherer Temperatur übertragen, so wenig wie etwa eine langsam bewegte Stahlkugel beim elastischen Zusammenstoß mit einer schnellen Aluminiumkugel dieser eine höhere Geschwindigkeit und damit größere Energie erteilen kann, als die schnelle Kugel vorher besaß.

Die Pyrometrie bedient sich zur Messung von Temperaturen vielfach bestimmter Vorrichtungen (Thermometer), die die in ihnen vorhandenen, bzw. auf sie übertragenen Wärmemengen nach außen durch große Volumveränderungen, Änderungen des elektrischen Widerstandes und entstehende elektrische Ströme anzeigen und daher, wenn die Masse bekannt ist und die Wärmeableitung möglichst verhindert wird, das mittlere Geschwindigkeitsquadrat, die Temperatur des zu messenden Körpers, mit dem sie in wärmeleitender Berührung stehen, anzeigen. Streng genommen entspricht die gemessene Temperatur zunächst nur der des messenden Mittels (Quecksilber, Thermoelement usw.). Es muß dann die nicht immer zutreffende Abnahme gemacht werden, daß der zu messende Körper auch restlos seine Temperatur dem Thermometer mitteilt. Da diese Mitteilung wieder durch Molekularstöße vor sich geht, wird es, insbesondere bei Thermometern mit größerer Masse eine gewisse Zeit dauern, bis die Thermometermoleküle die gleiche mittlere Geschwindigkeit haben wie der zu messende Körper (Trägheit der Thermometer). Anderseits werden Thermometer mit geringer Masse zwar schnell die richtige Temperatur anzeigen, aber auch stets nur die mittlere Molekülgeschwindigkeit der sehr kleinen, un-mittelbaren Umgebung des Thermometers, die unter Umständen nicht der mittleren Molekülgeschwindigkeit des ganzen zu messenden Körpers entspricht.

Der erste Fall ist besonders bei Messung von Gastemperaturen zu berücksichigen. Hier prallen in der Zeiteinheit verhältnismäßig wenig Moleküle auf das Thermometer, deren Wirkung durch die nie zu vermeidende Wärmeableitung des Thermometers teil-weise kompensiert wird. Eine Abhilfe stellt die Anwendung hoher Gasgeschwindigkeiten bei der Messung dar, wobei dann die Zahl der in der Zeiteinheit aufprallenden Moleküle wesentlich vermehrt wird, während die Wärmeableitung des Thermometers nicht in gleichem Maße steigt. Man wird also bei der Messung des gleichen Gases mit steigender Gasgeschwindigkeit steigende Temperaturen finden, die sich erst schnell, dann langsamer dem wahren Werte nähern.

Der zweite Fall ist besonders bei Messung der im Gießereibetrieb fast immer vor-liegenden großen Massen zu berücksichtigen. Die Temperatur eines Gußstückes, die mittlere Geschwindigkeit seiner Moleküle, ist fast nie in allen Teilen die gleiche und eine Messung durch Anlegen eines Thermometers an einer Stelle würde rein zufällige Werte ergeben.

Die Raumbegrenzung eines Stoffes wird durch innere Kohäsionskräfte und Ober-flächenkräfte bestimmt, denen die Stoßbewegungen der Moleküle entgegenstreben. Je höher die Geschwindigkeit der Molekülbewegungen, je höher also die Temperatur des Körpers, um so größer wird das Volumen. Der Körper dehnt sich aus. Bei einer bestimmten Geschwindigkeit sprengt die Molekülbewegung die Kohäsionskraft derart, daß der Körper in den flüssigen Zustand übergeht, und bei einer noch höheren Geschwin-digkeit (Temperatur) werden auch die Oberflächenkräfte überwunden, der Körper wird gasförmig. Weiter steigende Bewegung macht sich dann bei konstant gehaltenem Volumen in höherem Druck oder bei konstantem Druck in sich steigerndem Volumen bemerkbar.

Da diese Volumenänderung proportional dem mittleren Quadrat der Geschwindig-keit vor sich geht, hat man in der Ausdehnung der festen oder flüssigen oder gasförmigen Körper ein unmittelbares Maß der Temperatur. Darauf beruhen die Ausdehnungsthermo-meter, die die Ausdehnung fester (Graphit), flüssiger (Alkohol, Quecksilber, Zinn) oder gasförmiger Körper, die mit dem zu messenden Körper in wärmeleitende Berührung gebracht werden, messen.

Ausdehnungspyrometer.

Quecksilberthermometer sind vom Erstarrungspunkt des Quecksilbers ($-39°$) bis nahe zum Siedepunkt ($+357°$) verwendbar. Werden sie mit einer Stickstoffüllung über dem Quecksilber versehen und das Meßrohr aus geeigneten Stoffen hergestellt, so wird durch den Stickstoffdruck der Siedepunkt erheblich erhöht und sie lassen sich bis etwa $750°$ verwenden. Hierbei beträgt der Druck des Stickstoffs aber schon über 60 at, so daß die oberen Kapillarenden stark gefährdet sind und bei dauerndem Gebrauch nötigenfalls durch Wasserkühlung geschützt werden müssen. Über die zulässigen Fehler-grenzen gibt Zahlentafel 218 Auskunft. Als Maß für die Trägheit dient bei allen Thermo-metern die Zeit, die ein durch Eiskühlung auf $0°$ gebrachtes Thermometer braucht, um $50°$ anzuzeigen, wenn es in siedendes Wasser von $100°$ gebracht wird (Halbzeit).

Die Eichung der Quecksilberthermometer soll nackt, d. h. ohne Armatur geschehen. Durch besondere Zeichen auf dem Instrument wird angegeben, ob die Eichung in senk-rechter Lage (senkrechter Strich), wagerechter Lage (wagerechter Strich) oder in Schräg-stellung (Zeichen mit Gradangabe der Neigung über der Wagerechten) erfolgte.

Für den Einbau ist zu beachten, daß die Thermometer mit verschiedenen Tauch-längen geliefert werden, die beim Einbau voll ausgenutzt werden müssen. Wenn irgend möglich, sollen die Quecksilberthermometer nackt eingebaut werden, zum mindesten muß, wenn ein Schutzrohr wegen Bruchgefahr angebracht wird, dieses im Bereich der Quecksilberkugel durchbohrt sein. Eine Ausnahme bilden die Messungen in Leitungen mit hohem Innendruck (Dampfleitungen); hier muß das Schutzrohr geschlossen sein, um einen Einfluß des Druckes auf die Quecksilberkugel zu verhindern.

Zahlentafel 218.

Fehlergrenzen von Quecksilber-Thermometern bei nacktem Einbau.

Meß-bereich	Stoff des Rohres	Feinmeßgeräte eichbar durch die Reichsanstalt — Einteilung der Skala in				Betriebsinstrumente	
		$^1/_{100}$, $^1/_{50}°$	$^1/_{20}$, $^1/_{10}$, $^1/_5°$	$^1/_2$, $1°$	je $2°$	je $5°$	Klasse I für dauern-den Einbau	Klasse II für geringe Genauigkeit

		a) ohne Stickstoffüllung						
0 bis 100°	Jenaer Nor-malglas 16. III.	± 0,05°	± 0,25°	± 0,5°	—	—	Fehler-grenzen wie neben-stehend	Fehler-grenzen ver-doppelt
0 bis 200°		—	± 0,5°	± 1,0°	—	—		
0 bis 290°		—	± 1,0°	± 2,0°	± 2,0°	—		
		b) mit Stickstoffüllung						
bis 300°	Normalglas 16. III.	—	—	± 2°	± 2°	—		
bis 500°	Borosilikatglas 59. III.	—	—	± 3°	± 5°	± 5°		
bis 750°	Quarzglas	—	—	± 5°	± 8°	± 10°		

Die Ablesung soll ohne Parallaxe in senkrechter Draufsicht auf die Quecksilbersäule und Skala erfolgen. Lange linsenförmig geschliffene Gläser, die sich über die ganze Skala erstrecken, haben sich als zweckmäßig zur Verdeutlichung der Ablesung erwiesen. Für sehr genaue Messungen ist noch eine sogenannte Fadenkorrektur zur Berücksichtigung der Temperatur des herausragenden Fadens erforderlich. Die wahre Temperatur t ist danach

$$t = t_a + \frac{n \cdot (t_a - t_f)}{6\,300}.$$

worin

t_a die abgelesene Temperatur,
n die in Graden ausgedrückte Länge des nicht eintauchenden Fadens,
t_f die mittlere, durch ein Hilfsthermometer zu bestimmende Temperatur dieses Fadens bedeutet.

Die Temperatur eines Ausdehnungsthermometers kann statt durch Ablesung der Fadenlänge auch als Druck der Flüssigkeit durch ein Manometer bestimmt werden. Als Meßgefäß dient dann gewöhnlich ein Stahlrohr, und die Anzeigevorrichtung kann räumlich von der Meßstelle getrennt und zudem selbstschreibend ausgebildet werden. Die Genauigkeit ist infolge der langen, durch verschiedene Temperaturbereiche laufenden, meist wärmeisolierten Kapillarleitung nicht sehr groß. Diese Stahlrohr-Quecksilber-thermometer müssen nach dem ortsfesten Einbau geeicht werden.

Vereinzelt sind noch Ausdehnungspyrometer, die Graphit oder flüssiges Zinn als Meßkörper benutzen, in Anwendung. Letztere können von 235° bis etwa 1680° ver-wendet werden, wobei als Kapillare ein Graphitrohr verwendet wird.

Widerstandspyrometer.

Ein zweites Verfahren der Temperaturmessung beruht auf der durch die Wärme-bewegung der kleinsten Teilchen eintretenden Änderung des elektrischen Widerstandes. Die Messung der Widerstandsänderung geschieht meist durch Vergleichung des Wider-standes mit einem bekannten, konstant gehaltenen. Als Widerstand wird fast ausschließ-lich Platindraht verwendet, der entweder in Quarzglas eingeschmolzen oder auf Glimmer-platten und -kreuze aufgewickelt ist. Der Meßbereich reicht bis etwa 900°, bei Verwen-dung sehr reinen Platins auch bis 1100°. Die Meßgenauigkeit beträgt bis 0,1°, sie ist etwas geringer bei Verwendung eingeschmolzener Drähte, da die verschiedene Ausdeh-nung von Quarz und Platin Spannungen hervorruft. Bei Verwendung des üblichen Nullpunktverfahrens (Abb. 256) ist die Anzeige nicht selbsttätig. Es sind jedoch auch

Pyrometer in Anwendung, bei denen das Brückengalvanometer oder ein Kreuzspulohm-
meter (Abb. 257) unmittelbare Ablesung der Temperatur gestatten. Die Widerstandspyrometer arbeiten wesentlich genauer als die Ausdehnungspyrometer, sie haben auch
vor den später zu besprechenden thermoelektrischen Pyrometern den Vorteil, daß die
kalte Lötstelle fehlt und die Temperaturmessung sich nicht auf einen Punkt, sondern
auf eine Strecke bezieht, so daß sie in Rohrleitungen bessere Durchschnittswerte ergeben.
Dagegen liegen schwerwiegende Nachteile in der großen Empfindlichkeit des Verfahrens.

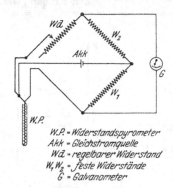

W.P. = Widerstandspyrometer
Akk = Gleichstromquelle
Wd = regelbarer Widerstand
W₁, W₂ = feste Widerstände
G = Galvanometer

Abb. 256. Schaltung des Widerstandspyrometers
nach dem Nullpunkt-Verfahren.

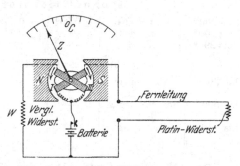

Abb. 257. Schaltung des Widerstandspyrometers
unter Verwendung eines Kreuzspulohmmeters.

Der geringste Schluß einer Leitung, der Bruch einer feinen Ader in einem Kabel, ja
selbst die Biegung desselben verursacht beträchtliche Fehler. Abgesehen von Sonder-
zwecken werden sie daher wohl in der Hauptsache in Laboratorien verwendet, während
der Gebrauch im Betrieb ständig abnimmt.

Thermoelektrische Pyrometer.

Die überwiegende Mehrheit der in der Eisenindustrie verwendeten Temperatur-
Meßgeräte bilden die thermoelektrischen Pyrometer. In einem aus zwei verschiedenen
Metallen bestehenden Stromkreis entsteht ein elektrischer Strom, wenn die eine Ver-
bindungsstelle erwärmt, während die andere kalt gehalten wird. Die elektromotorische
Kraft hängt dabei vom Temperaturunterschied zwischen der heißen und kalten Ver-
bindungsstelle ab. Abb. 258 zeigt das Schema der Meßeinrichtung. Abgesehen von Sonder-
zwecken handelt es sich für die Praxis meist nicht
darum, einen beliebigen Temperaturunterschied, sondern
die tatsächliche Temperatur, d. h. den Temperaturunterschied gegenüber dem Schmelzpunkt des Eises, dem
Nullpunkt der Celsiusskala, festzustellen. Entsprechend
müßten die kalten Lötstellen eigentlich stets auf der
Temperatur des schmelzenden Eises gehalten werden.
Das läßt sich aber nur im Laboratorium, für sehr genaue
Messungen, durchführen, im Betrieb hilft man sich
damit, daß man die kalten Enden auf einer bekannten,
möglichst konstant gehaltenen Temperatur hält. Bestehen
die Thermoelementdrähte aus unedlen, nicht zu kostbaren Metallen, so ist das beste
Mittel, die kalte Lötstelle etwa 3 m tief einzugraben. Nach amerikanischen Beobachtungen betragen die Temperaturschwankungen in dieser Tiefe während des ganzen
Jahres nicht mehr als ± 1°. Bei Platindrähten würde die Verbindung bis zu einer so
tiefen kalten Lötstelle aber zu kostspielig sein, man sucht dann die Temperatur derselben
durch Luft- oder Wasserkühlung auf einem möglichst konstanten, unter 100° liegenden
Wert zu halten. Vor Inbetriebnahme stellt man den Zeiger des stromlos gemachten
Galvanometers auf die Temperatur, die die kalte Lötstelle im Betrieb haben wird, als
Nullstellung ein. Besitzt das Galvanometer ausnahmsweise keine Temperatur- sondern

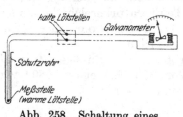

Abb. 258. Schaltung eines
thermoelektrischen Pyrometers.

nur eine Millivolt-Skala, so hilft man sich damit, daß man bei der Ortseichung die eigentliche Meßlötstelle (die „Warmlötstelle") in schmelzendes Eis taucht, während die Kaltlötstelle auf die später im Betrieb von ihr innegehaltene Temperatur gebracht wird (z. B. + 25°). Das vorher auf Null eingestellte Galvanometer wird dann um einen bestimmten Winkel nach links ausschlagen. Auf den gleichen Winkel, aber vom Nullpunkt nach rechts gerechnet, stellt man dann das wieder stromlos gemachte Galvanometer als Nullpunktstellung für den Betrieb ein.

In allen anderen Fällen kann die Korrektur nach folgender Formel errechnet werden

$$T = t + \varrho \, (t' - t_0)$$

worin T die tatsächliche Temperatur der warmen Lötstelle,
    t die angezeigte Temperatur,
    t' die Temperatur der kalten Lötstelle,
    t_0 die bei der ursprünglichen Eichung eingehaltene Temperatur der kalten Lötstelle (neuerdings stets + 20°);
    ϱ einen von der Temperatur nach Zahlentafel 219 abhängigen Faktor darstellt.

Zahlentafel 219.
Werte für ϱ.

t	Platin-Platinrhodium $\varrho =$	Kupfer-Konstantan $\varrho =$	Eisen-Konstantan $\varrho =$
0— 100°	0,95	0,95	1,0
100— 200°	0,83	0,85	
200— 300°	0,70	0,76	0,95
400— 600°	0,56	—	
600—1000°	0,52	—	0,85
über 1000°	0,50	—	—

Zahlentafel 220.
Verwendbarkeit verschiedener Thermoelemente.

Elementenpaar	Meßbereich für Dauermessungen	vorübergehend bis
Kupfer-Konstantan	0— 350°	500°
Eisen-Konstantan	0— 700°	900°
Nickel-Nickelchrom	0—1000°	1100°
Kohle-Nickel	0—1000°	1250°
Platin-Platinrhodium (10% Rh.)	300—1400°	1600°

Schließlich bestehen noch besondere Schaltungen und Vorrichtungen, die den Einfluß der kalten Lötstelle selbsttätig ausgleichen sollen. Sie haben sich aber bis heute wenig eingeführt und können hier unberücksichtigt bleiben.

Da bei der Erhitzung der Warmlötstelle durch das ganze System Thermoelement-Leitungen-Galvanometer ein Strom fließt, ist die vom Galvanometer angezeigte elektromotorische Kraft (E.M.K.) außer von der im Thermoelement entstehenden noch von den Leitungswiderständen abhängig.

Allgemein ist

$$E' = \frac{E \cdot W}{W + w + w'} \text{, wobei}$$

E' die vom Galvanometer angezeigte E.M.K.;
E die vom Thermoelement gelieferte E.M.K.;
W der Widerstand des Galvanometers in Ohm;
w der Widerstand des Thermoelements in Ohm;
w' der Widerstand der Verbindungsdrähte in Ohm.

Aus der Formel geht unmittelbar hervor, daß ein Galvanometer mit möglichst hohem inneren Widerstand vorteilhaft ist, da ihm gegenüber der mit der Temperatur veränderliche Widerstand des Thermoelementes und der Verbindungsleitungen vernachlässigt werden kann. Im allgemeinen sollen gute Präzisions-Millivoltmeter, bei denen die Spule aufgehängt ist, 500—800 Ω haben, solche mit Spitzenlagerung etwa 300 Ω.

Die Größe der durch die Wärmebewegung an der Lötstelle entstehenden elektromotorischen Kraft ist von der Wahl der Metallpaare abhängig. In Abb. 259 sind die E.M.K. der gebräuchlichsten Thermoelemente in Abhängigkeit von der Temperatur dargestellt. Im Eisenhüttenwesen werden hauptsächlich die in Zahlentafel 220 angegebenen für den angezeigten Meßbereich verwendet. In Amerika wird bis 1100⁰ noch vielfach eine Nickel-Aluminium-Legierung (Alumel) mit Nickelchrom als Gegendraht verwendet. Der große Vorzug der Platin-Platinrhodium-Elemente liegt in ihrer großen Beständigkeit bei hohen Temperaturen, nur vor Kohlenstoffgasen müssen sie geschützt werden. Es ist zweckmäßig, sich von jeder Legierung bei Bestellung einen genügenden Vorrat zu beschaffen, damit die Gleichmäßigkeit gewährleistet wird.

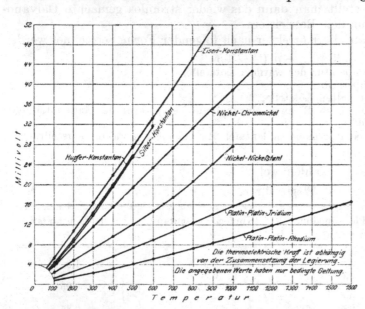

Abb. 259. Anhaltswerte für die elektromotorischen Kräfte der gebräuchlichen Thermoelemente in Abhängigkeit von der Temperatur.

Jede mechanische Bearbeitung wie Recken, Quetschen, Biegen u. dgl. ändert unter Umständen die Thermokraft; eine Glühbehandlung (Erhitzen durch einen durch das Element geschickten Strom) hebt diese Schäden wieder auf.

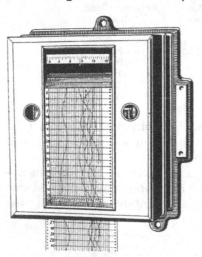

Abb. 260. Mehrfachtemperaturschreiber nach Hartmann und Braun.

Abb. 261. Inneneinrichtung einer zentralen Temperatur-Überwachungsstelle.

Die Warmlötstelle aller Elemente muß gut verschweißt sein und soll im allgemeinen durch ein gasdichtes Schutzrohr vor den Ofengasen geschützt sein. Chromnickel- und Konstantandrähte können durch einen Überzug von Kaolin und Wasserglas bis etwa 1000⁰ geschützt werden. Als Schutzrohre kommen in der Hauptsache solche aus Quarz, Marquardt-Masse und Alundum in Betracht. Quarzrohre sind vor Alkalien und vor allem

Eisenoxyden zu schützen, die eine rasche Zerstörung verursachen. Für Dauermessungen werden diese meist leicht zerbrechlichen Rohre nochmals durch ein äußeres Schutzrohr aus kalorisiertem Stahl, Nickel-Chromlegierungen oder rostfreiem Stahl (12% Chrom) geschützt. Für hohe Temperaturen wird als äußeres Schutzrohr auch Siliziumkarbid (Silit) verwendet. Zu beachten ist, daß Silit auf Kieselsäure stark reduzierend wirken kann. Wird die Kaltlöt-Stelle nicht in den Boden verlegt, so empfiehlt es sich, an dem äußeren Schutzrohr wärmeisoliert eine Wasserkühlvorrichtung für die Anschlüsse anzubringen.

Die Anzeigeinstrumente haben je nach Zweck verschiedene Formen. Während für Feinmessungen die liegende Skala bevorzugt bleibt, findet sich an Betriebsinstrumenten meist die gebogene oder gerade stehende Skala. Eine besondere Gruppe bilden die selbstschreibenden Galvanometer, die für Zwecke der laufenden Temperaturüberwachung zu bevorzugen sind, und unter diesen wieder die Mehrfachschreiber (Abb. 260).

Die Hauptvorzüge der thermoelektrischen Temperaturmessungen, die ihnen eine herrschende Stellung im Eisenhüttenwesen gewonnen haben, liegen in der Möglichkeit, Thermoelement und Anzeigevorrichtung beliebig weit auseinanderzulegen, und in der Registrierbarkeit. Dadurch eignen sie sich vor allem für eine in größeren Betrieben unbedingt notwendige Zentralisierung der Temperaturmessungen. Abb. 261 zeigt die Inneneinrichtung eines sogenannten Meßhäuschens, wie sie in Amerika und Deutschland häufig in Anwendung sind. Vielfach enthalten sie auch gleichzeitig die für die Wärmeüberwachung nötigen Mengenmesser, Druckmesser, Kohlensäureschreiber u. dgl. Abb. 262

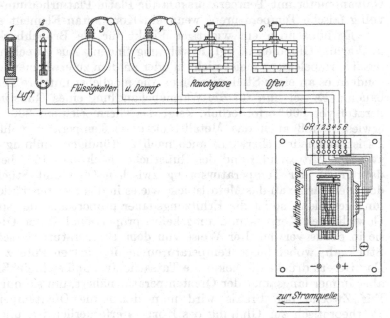

Abb. 262. Schaltbild eines Mehrfachtemperaturschreibers.

zeigt die Schaltung von 6 Meßstellen an einen Mehrfachschreiber. Bei kleineren Betrieben befinden sich die Schreibinstrumente zweckmäßig im Arbeitsraum des Betriebschefs. Die Leitungen zu den Meßstellen sind völlig nach den für Hochspannungsleitungen üblichen Regeln zu verlegen, um jede Störung durch mechanische Einflüsse oder Nebenschlüsse nach Möglichkeit auszuschalten.

Besonders im Ausland sind die elektrischen Temperaturmeßgeräte in letzter Zeit vielfach gleichzeitig zu Temperaturreglern ausgebaut. In einfachster Form geschieht dies dadurch, daß sich an der Skala eine verstellbare Einrichtung befindet, die beim Über- bzw. Unterschreiten der gewünschten Temperatur um mehr als 10° einen Stromkontakt schließt, der in der Nähe des Feuerraums des gemessenen Ofens eine rote bzw. grüne Lampe aufleuchten läßt. Eine weiße Lampe zeigt an, daß die Temperatur richtig und die Meßleitungen in Ordnung sind. In Amerika, dem Land der teuren Arbeitskräfte, geht man sogar dazu über, die Brennstoffzuführung von der Regelvorrichtung betätigen zu lassen (Gas-, Luft-Ventile); bei gasgeheizten Öfen soll sich die Temperatur bis auf 1% der Skala einhalten lassen. Ein Heißluftgebläse hält damit die Temperatur von $700° \pm 5°$ genau ein.

Die Lampenvorrichtung empfiehlt sich vor allem für Temper-, Glüh- und Härteöfen, bei denen es auf das genaue Einhalten bestimmter Temperaturen ankommt. In

jedem Fall wird man aber parallel zum Schreibinstrument ein einfaches Anzeigegalvano-
meter schalten, das dem für den Ofen Verantwortlichen die innegehaltene Temperatur
anzeigt.

Die Nachprüfung und Eichung der Thermoelemente bedarf besonderer Beachtung.
Zweckmäßig befindet sich in jedem größeren Betriebe eine Stelle, die sich allein mit
Temperaturmeßgeräten zu befassen hat (Versuchsanstalt, Wärmestelle). Dort muß auch
ein von der Physikalisch-Technischen Reichsanstalt geeichtes Thermoelement vorhanden
sein, das nur zu Eichzwecken verwendet wird. Die Eichung selbst geschieht in einem
wärmeisolierten elektrischen Röhrenofen von 5—6 cm lichter Weite, der in der Mitte
auf etwa 30 cm eine um höchstens $\pm 5^0$ schwankende Temperatur einhält. Mit dem
Eichelement (Normal erster Ordnung) können dann Normale zweiter Ordnung geeicht
werden, die ihrerseits wieder zur Nachprüfung der Betriebselemente dienen. Jedes
Thermoelement wird mit einem zugehörigen Galvanometer geeicht und beide durch
Plättchen oder Ringe gekennzeichnet, damit keine Verwechslungen vorkommen. Ein
Galvanometer mit Temperaturskala für Platin-Platinrhodium-Elemente zeigt naturgemäß
völlig falsche Temperaturen, wenn ein Konstantan-Element angeschlossen wird.

Es muß noch ein wichtiger Punkt für die Brauchbarkeit von Wärmemessungen
in Wärm-, Glühöfen u. dgl. Erwähnung finden. Aus Zweckmäßigkeitsgründen wird man
das Thermoelement meist nicht in oder an dem zu erwärmenden Stück anbringen können,
sondern es an einer Stelle des Ofens, die möglichst mittlere Temperatur zeigt, ortsfest ein-
bauen. Es sei nun für die Wärmebehandlung eines Gußstückes theoretisch eine Temperatur von 800^0 erforderlich. Zeigt das Thermoelement 800^0 an, so ist damit keineswegs
erwiesen, daß auch das Metallstück diese Temperatur vollkommen angenommen hat.
Es ist vielmehr sicher, daß auch nach 20stündiger Glühung der Temperaturunterschied
zwischen Mitte und Rand des Gußstückes noch über 100^0 betragen kann. Dazu kommt
dann noch der Temperatursprung zwischen Ofen und Stück. Wenn die Übertragung
der Ofenwärme an das Metallstück, wie es in den meisten Fällen der Fall ist, durch Strahlung geschieht, so ist die Erhitzungsdauer proportional der spezifischen Wärme und dem
Gewicht des Körpers und umgekehrt proportional seiner Oberfläche. Außerdem hängt
sie in etwas verwickelter Weise von dem Temperaturunterschied zwischen Flamme und
Stück ab, wobei beide Temperaturen in der dritten Potenz in die Gleichung eingehen.
Das Gesetz drückt die bekannte Tatsache aus, daß sich ein Körper zunächst rasch, dann
aber immer langsamer der Ofentemperatur nähert, um sie nur asymptotisch zu erreichen.
Für Zwecke der Praxis wird man daher die Ofentemperatur stets höher wählen,
als theoretisch zur Glühung des Körpers erforderlich ist, und den Körper dann vor Erreichung der Ofentemperatur wieder aus dem Ofen zu entfernen. Besonders ungünstig
liegen die Verhältnisse bei nicht massiven Körpern, bei denen die vollständige Wärmeübertragung noch durch dazwischen liegende Luftschichten verhindert wird. Man wird
in der Praxis so vorgehen, daß man durch eine Anzahl Versuche ermittelt, welche Ofentemperatur und Glühdauer für die Eigenschaften des Glühgutes die geeignete ist, und
die so ermittelten Werte ohne Rücksicht auf die theoretischen einhalten. Man darf sich
dann natürlich nicht wundern, wenn sich bei Öfen anderer Bauart oder bei solchen,
bei denen die Meßstelle anders angeordnet ist, scheinbar andere Ofentemperaturen als
günstig erweisen.

Strahlungspyrometer.

Alle bisher beschriebenen Meßgeräte haben zur Bedingung, daß sich das Thermometer in unmittelbarer Berührung mit dem zu messenden Körper befindet, damit die
Stöße der Moleküle oder Atome unmittelbar übertragen werden. Diese Forderung führt
bei der Messung sehr hoher Temperaturen zu der Schwierigkeit, einen geeigneten Stoff
als Meßkörper zu finden, der diesen Temperaturen nicht nur standhält, sondern in ihnen
auch unverändert bleibt. Es ist zwar an sich möglich, so sonderbar es klingen mag, das
Thermometer künstlich durch Luft oder Wasser zu kühlen. Hält man die Durchfluß-
menge der Kühlflüssigkeit konstant und bestimmt Ein- und Austrittstemperatur, so hat
man eine Art Kalorimeter, mit dem sich die wahre Temperatur aus der in der Zeiteinheit

zugeführten Wärmemenge errechnen läßt. Für viele Zwecke kann es auch genügen, ein luftgekühltes Thermometer ortsfest zu eichen. Derartige Geräte wären vor allem für die Messung von Martinofen- und Kuppelofen-Temperaturen geeignet. In gewissem Sinne stellt auch eine wassergekühlte Windform schon ein rohes Temperaturmeßgerät dar, wenn Ein- und Austrittstemperatur des Kühlwassers bestimmt wird. Über die Fertigung und Anwendung solcher Instrumente ist aber bisher nichts bekannt. Hingegen wird die mit der Wärmebewegung der Moleküle nur mittelbar im Zusammenhang stehende Fähigkeit heißer Körper, Wärmewellen auszustrahlen, als Grundlage einer besonders für das Gießereiwesen wichtigen Gruppe von Pyrometern verwendet, bei der kein Teil des Instruments die gemessene Temperatur annimmt, weil es in größerer Entfernung von dem zu messenden Körper aufgestellt und nur durch Fernwirkung betätigt wird. Durch die Bewegung der Moleküle wird der Äther in Wellenbewegungen versetzt, deren Wellenlängen mit zunehmender Bewegung immer kürzer werden. Die Wärmewellen unterscheiden sich nur in der Größenordnung von Lichtwellen, so daß heiße Körper von etwa 550° an in der Tat auch Lichtwellen aussenden, die mit steigender Temperatur immer kürzer werden und deren Intensitäts-Höchstwert sich entsprechend vom Rot zum Violett mit steigender Temperatur verschiebt. Treffen diese Wärmewellen auf Körper mit niedrigerer Temperatur, so setzen sie sich wieder in Wärme um und entziehen gleichzeitig dem aussendenden Körper Energie, die eine Verringerung der eigenen Wärmebewegung und damit der Temperatur zur Folge hat. Der Körper gibt Wärme durch Strahlung ab. Die Strahlung hängt von der Temperatur des aussendenden Körpers ab, so daß sie — bzw. die Wirkung ihrer Umsetzung in Wärme auf ein Thermometer — ein Maß für die Temperatur des Sendekörpers geben kann. Weiter kann die Strahlung mittelbar dadurch gemessen werden, daß man sie mit der eines Körpers von bekannter Temperatur vergleicht. Das erstgenannte Verfahren wird in den sogenannten Gesamtstrahlungspyrometern, letztgenanntes in den optischen Pyrometern verwirklicht.

Nun ist aber das Strahlungsvermögen nicht bei allen Körpern gleich. Es ist am höchsten (= 1) bei sogenannten „schwarzen" Körpern, das sind Körper, die alle auf sie fallenden Strahlen absorbieren, in Wärme umwandeln und nichts reflektieren. Diese senden umgekehrt auch im heißen Zustand die der Temperatur entsprechende größte Strahlungsmenge aus. Andere Körper, z. B. die Metalle, haben aber ein sehr hohes Reflexionsvermögen für Wärme- und Lichtstrahlen und senden entsprechend im heißen Zustand eine geringere Strahlung aus, als ihrer Temperatur entspricht. Wenn man bei diesen die Temperatur mit Strahlungspyrometern messen würde, die nur auf den schwarzen Körper geeicht sind, bekäme man viel zu niedrige Werte. Glücklicherweise lassen sich aber die Bedingungen des schwarzen Körpers in der Praxis sehr oft auch für flüssige Metalle u. dgl., verwirklichen, die an sich nicht den Eigenschaften desselben entsprechen. Befindet sich z. B. ein Metall in einem Ofen, dessen Wände annähernd die gleiche Temperatur haben, so kann es an keinen kälteren Körper Strahlung durch Reflexion abgeben. Es erfüllt mithin, da sein Reflexionsvermögen Null ist, die Bedingungen des „schwarzen" Körpers. Mißt man mit einem Strahlungspyrometer durch eine verhältnismäßig kleine Öffnung seine Strahlung, so entspricht sie der bei der Eichung des Instrumentes zugrunde gelegten Temperatur und Strahlung eines „schwarzen" Körpers.

Weiter ist alles feste Eisen mit einer Oxydschicht bedeckt, deren Strahlungsvermögen sehr nahe dem des schwarzen Körpers entspricht. Auch hier ist praktisch keine Korrektur erforderlich. Für flüssiges Eisen, flüssiges Eisenoxyd, feuerfeste Steine und Schlacke, die sich nicht in einem den schwarzen Körper verwirklichenden heißen Ofen befinden, muß eine aus den Strahlungsgesetzen abgeleitete Korrektur der abgelesenen Temperatur vorgenommen werden, die sehr beträchtlich ist. Ohne sie würde z. B. die Temperatur eines Eisens von 1500° um 151° zu niedrig abgelesen werden.

Wird bei der Messung mit optischen Pyrometern ein Kupferoxydul-Rotglas verwendet (z. B. beim Holborn-Kurlbaum-Pyrometer von Siemens & Halske), so errechnet sich die wahre Temperatur aus der abgelesenen und dem Emissionskoeffizienten des Stoffes zu

$$T_a = \frac{9550 \cdot S_a}{9550 + \log e \cdot S_a},$$

darin bedeutet

T_a = die absolute wirkliche Temperatur (= Temperatur in Celsiusgrad + 273°):

S_a = die absolute abgelesene Temperatur (= abgelesene Temperatur in Celsiusgrad + 273°);

log e = den Briggschen Logarithmus des Emissionsvermögens e.

Das Emissionsvermögen e beträgt für

flüssiges Eisen (Gußeisen, Stahl) 0,4

flüssiges Eisenoxyd 0,5

feuerfeste Steine 0,6

flüssige Schlacke 0,65

festes Eisenoxyd (festes Eisen) 0,95

Für den praktischen Gebrauch sind die Korrekturen einer Tafel zu entnehmen, die von der Firma Siemens & Halske in Siemensstadt bei Berlin geliefert wird. Sie gelten nur für optische Pyrometer bei Verwendung des erwähnten Rotglases. Die Verhältnisse bei den Gesamt-Strahlungspyrometern sind zur Zeit noch wenig geklärt. Die Korrektur hängt von der Art des verwendeten Pyrometers ab und ist noch erheblich größer; die abgelesene Temperatur von 1000° entspricht hier z. B. einer wahren Temperatur flüssigen Eisens von 1475°, festen Eisens von 1050°. Von einer Verwendung dieser Instrumente zur Messung nichtschwarzer Körper muß daher abgeraten werden.

Wie weit bei einem Ofen die Bedingungen des „schwarzen" Körpers erreicht sind, läßt sich leicht durch einen Blick in den Ofen feststellen. Alle Wände und in ihm befindlichen Körper haben dann die gleiche Helligkeit angenommen, so daß die Konturen verschwommen sind. Ist das nicht der Fall, so gibt der Körper bei Strahlungsmessung zu hohe Werte, wenn die Wände heißer sind, zu niedrige Werte, wenn sie kälter sind. In solchen Fällen kann man sich damit helfen, eine Höhlung in dem Körper anzuvisieren, die selbst, da ihre Wände gleiche Temperatur haben, annähernd einen „schwarzen" Körper darstellt.

Die Emissionskorrekturen sind in allen den Fällen unnötig, wo es sich um vergleichende Messungen handelt. Soll z. B. die Abstichtemperatur eines Kuppelofens laufend überwacht werden, so genügt die Feststellung der scheinbaren Temperatur, da diese ja ebenso heißere und kältere Abstiche anzeigt wie die wahre. Voraussetzung ist nur, daß stets unter den gleichen Umständen gemessen wird, d. h. entweder immer im offenen Raum oder immer im Ofen.

Bei allen Strahlungsmessungen muß die Beobachtung von der Windseite her erfolgen, da Staub und Dämpfe einen Teil der Strahlen absorbieren. So ist z. B. für Strahlungspyrometer festgestellt, daß Wasserdampf etwa 10%, Kohlensäure 2—10% der Strahlen absorbiert. Bei ortsfestem Einbau erscheint deshalb eine Eichung am Standort notwendig. Bei Messungen eines flüssigen Metallstrahls visiere man stets die Mitte an, um die den Strahl umgebende Dampfschicht auf möglichst kurzem Wege zu durchqueren. Reflexion fremder Lichtquellen ist nach Möglichkeit auszuschalten. Ferner ist genau zu beachten, wann die Schlacke kommt, da die Emissionskoeffizienten von Eisen und Schlacke verschieden sind.

Gesamtstrahlungspyrometer.

An Gesamtstrahlungsmessern sind in Deutschland zur Zeit gebräuchlich das Ardometer von Siemens & Halske A.G (Abb. 263), das „Pyro"-Strahlungspyrometer von Dr. Hase (Abb. 264) und das Pyrometer von Hirschson-Braun. Bekannt sind vielfach noch die Instrumente nach Fery (Fernrohrpyrometer, Spiegelteleskop und Spiralpyrometer). Die in den letztgenannten vorhandenen Spiegel sind aber so außerordentlich empfindlich gegen Staub, Kratzer u. dgl., die Meßfehler bis zu 100° verursachen können, daß sie für die Praxis wenig brauchbar erscheinen. Das früher viel verwendete Hirschsonsche Strahlungspyrometer verändert durch die gesammelten Strahlen den Widerstand einer Nickelspirale. Es hat den Nachteil, daß äußere Temperatureinflüsse auf die Widerstandsspirale Fehler von mehreren hundert Grad hervorbringen können. Zudem ist der Nullpunkt je nach Lage veränderlich.

Das „Pyro"-Strahlungspyrometer (Abb. 264) arbeitet nach dem Fery-Prinzip, ist jedoch wesentlich verbessert. Strahlungsempfänger und Temperaturanzeiger sind zu einem

Instrument vereinigt, dessen Gewicht etwa 2,5 kg beträgt. Bei 3 m Entfernung vom Ofen ist ein Durchmesser des Schaulochs von 15 cm erforderlich, die Fehler sollen bei

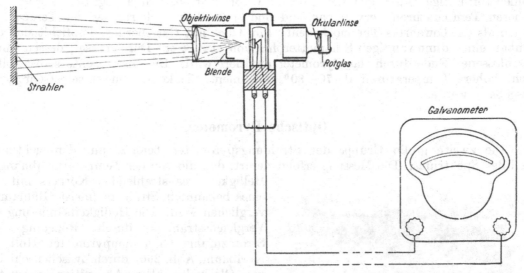

Abb. 263. Schematische Darstellung des „Ardometers" von Siemens & Halske.

1000° etwa 10—15° betragen. Für nichtschwarze Strahlung wird für Metalle eine besondere Skala mitgeliefert, jedoch sind deren Angaben mit Vorsicht aufzunehmen. Die Trägheit der Anzeige ist gering.

Ebenfalls auf dem Fery-Prinzip beruht das Ardometer (Abb. 263). Die Strahlung wird durch eine Linse gesammelt und auf ein geschwärztes Platinblech geworfen, an das zwei Paar dünner Thermodrähte ange-lötet sind. Zur Erhöhung der Empfindlichkeit liegt das ganze Thermoelement in einem luftleeren Glasgefäß. Die strahlende Öffnung

Abb. 264. Strahlungspyrometer „Pyro" von Dr. R. Hase, Hannover.

Abb. 265. Anordnung des Pyrometers im Ofenschauloch.

des Ofens muß einen Durchmesser von etwa $^1/_{13}$—$^1/_{18}$ der Entfernung von der Linse haben. Die Ablesung kann nach etwa 10 Sek. erfolgen.

Die Gesamtstrahlungspyrometer werden zweckmäßig ortsfest an das Ofenschauloch angebaut (Abb. 265). Sie haben vor den Thermoelementen den Vorzug, daß sie nicht durch kohlenstoffhaltige Gase oder die Chlorsalze von Härtebädern angegriffen werden, bei höheren Temperaturen verwendbar sind und schließlich auch rascher der Temperatur folgen als ein bewehrtes Thermoelement. Für Öfen mit Gasfeuerung empfiehlt sich der Einbau eines dünnwandigen Schamotterohrs von etwa 5 cm Durchmesser, dessen innen geschlossenes Ende durch das Pyrometer anvisiert wird. Die Instrumente selbst sollen nicht höhere Temperaturen als 70—80° annehmen. Sie können meist selbstschreibend ausgebaut werden.

Optische Pyrometer.

Die zweite große Gruppe der Strahlungspyrometer benutzt nur den sichtbaren Teil des Spektrums. Die Messung erfolgt derart, daß die von der Temperatur abhängige Helligkeit des strahlenden Körpers mit der eines bekannten Strahlers (meist Glühlampe) verglichen wird. Die Helligkeitsänderung des Vergleichsstrahlers durch Regelung der Stromzufuhr (Glühfadenpyrometer Holborn-Kurlbaum, Abb. 266) durch Zwischenschieben von Glaskeilen (Fery-Absorptionspyrometer) oder aber durch Drehung eines Analysator-Nicols, der das vorher polarisierte Licht des zu messenden und des Vergleichskörpers solange gegeneinander verändert, bis die Helligkeit gleich ist (Wanner-Pyrometer, Abb. 267). Im ersten Fall gibt die Stärke des Speisestroms der Lampe, im zweiten der Drehungswinkel ein Maß für die Temperatur. Andere wenig verwendete Bauarten schwächen auch das Licht des zu messenden Körpers durch

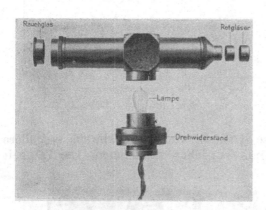

Abb. 266. Glühfadenpyrometer
von Siemens & Halske.

verschiebbare Rotglaskeile, bis Auslöschung erfolgt (Wedge-Pyrometer), oder sie verwerten die Tatsache, daß das Intensitätsmaximum der von einem heißen Körper ausgesandten Strahlen sich mit steigender Temperatur vom Rot zum Violett verschiebt, wobei dann der Farbumschlag von Blau-Grün in Rot-Gelb durch eine Art Spektroskop

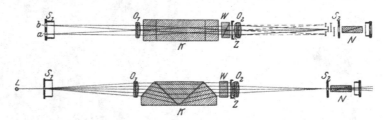

Abb. 267. Prinzip des Wannerpyrometers.

festgestellt wird (Polarisations-Pyroskop nach Mesuré und Nouel). Die Verschiebung der Keile bzw. der Drehwinkel des Nicols dient hier als Temperaturmaß.

In allen Fällen ist die Meßeinrichtung mit einem Fernrohr vereinigt, durch das der zu messende Körper beobachtet wird. Es liegt in der Eigenart des verwendeten Grundgedankens, daß man beim Wanner-Pyrometer nur das vom Körper ausgehende polarisierte Licht, nicht aber den Körper selbst sieht. Dadurch wird das Anvisieren und Verfolgen bewegter Massen erschwert. Das Instrument muß so eingeregelt werden, bis zwei übereinanderliegende Halbkreise gleiche Helligkeit zeigen. Die Strahlung muß die Halbkreise voll ausfüllen, so daß man besonders an kleine Körper recht nahe herantreten muß.

Beim Holborn-Kurlbaum-Pyrometer sieht man dagegen den Körper in allen Einzelheiten und kann demnach leicht Höhlungen, die den schwarzen Körper verwirklichen, anvisieren. Zudem ist es leichter, die Spitze des Glühfadens auf dem Bild des strahlenden Körpers zum Verschwinden, als zwei nebeneinander liegende Flächen auf gleiche Helligkeit zu bringen.

Die Teilstrahlungs- oder optischen Pyrometer sind vor allem für die Messung flüssigen Eisens, flüssiger Schlacke, sich bewegender Blöcke u. dgl. geeignet (Abb. 268). Die Umrechnungsmöglichkeit der beobachteten Temperaturen in wahre läßt ihre Anwendung überall da angebracht erscheinen, wo nicht die Verhältnisse des „schwarzen Körpers“ verwirklicht sind. Ferner eignen sie sich gut zur relativen Bestimmung von sehr hohen Gastemperaturen. Bei schwer sichtbaren Gasen (gereinigtes und entteertes Gas) kann man sich durch Zusatz geringer Mengen Kochsalz in den Gaserzeuger helfen. Man erkennt auch in Flammöfen deutlich, wo die Gase am heißesten sind und kann daraus wertvolle Rückschlüsse auf die Zweckmäßigkeit der Ofenbauart ziehen. Sie haben den Nachteil, daß die Messungen nicht registrierbar sind. Durch die Subjektivität der Messungen entstehen aber, wie neuerdings nachgewiesen, keine großen Fehler.

Abb. 268. Temperaturmessung des Abstichs mit Wannerpyrometer.

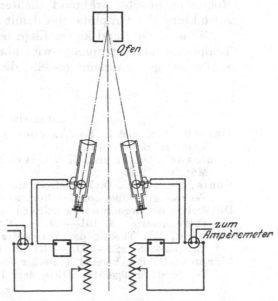

Abb. 269. Eichung der optischen Pyrometer.

Obwohl englische Firmen vielfach dazu übergegangen sind, den anzeigenden Strommesser unmittelbar in das Fernrohr einzubauen, empfiehlt es sich nach den Erfahrungen des Verfassers im Gegenteil, bei genauen Messungen die Ablesung auf Zuruf („Jetzt!“) durch eine zweite Person bewirken zu lassen. Es wird dadurch eine Beeinflussung der Einstellung sicher vermieden. Die Messung sollte stets zweimal derart vorgenommen werden, daß man einmal den zunächst dunkleren Faden der Vergleichslampe durch langsames Erhellen auf dem strahlenden Körper zum Verschwinden bringt, dann umgekehrt den zuerst helleren, und beide Messungen mittelt. Bei Messungen von Abstichtemperaturen stellt man etwa alle 15—30 Sek. abwechselnd mit hellerem und dunklerem Faden ein und veranlaßt durch Zuruf den Ablesenden zum Aufnotieren. Aus den erhaltenen Werten bildet man entweder eine Temperaturkurve, die oft wertvolle Aufschlüsse gibt, oder man mittelt alle Werte.

Über die Eichung der optischen Pyrometer gibt Abb. 269 Auskunft, die ohne Erläuterung verständlich erscheint.

Die Anwendbarkeit der Temperaturmessungen im Gießereibetrieb ist außerordentlich groß. Wie schon angedeutet, erscheint es zweckmäßig, die gesamten Temperaturmessungen in die Hand einer besonderen Abteilung zu legen, die für die laufende Wärmeüberwachung, Auswertung der Ergebnisse, Aufstellung und Instandhaltung der Instrumente verantwortlich ist. Diese muß natürlich Hand in Hand mit dem Metallurgen, Chemiker und Forschungsingenieur arbeiten. Selbstschreibende Instrumente an Kuppelöfen (Gichtgastemperatur), Glühöfen, Kerntrockenöfen geben in ihren Schreibstreifen untrügliches Zeugnis, wie gearbeitet wurde, gestatten eine Überwachung auch ohne persönliche Anwesenheit und bringen, wenn sie richtig ausgewertet werden, schon in kurzer Zeit durch Brennstoff-, Zeit-Ersparnis, Ausschußverminderung und Erhöhung der Erzeugung die gesamten Kosten der Temperaturüberwachung wieder ein. Sie zeigen die Regelmäßigkeiten und Unregelmäßigkeiten der Umstellungen, Abstiche und Stillstände und lassen viel rascher erkennen, mit welcher Arbeitsweise der Koksverbrauch und der Ausschuß am geringsten ist. Die Überwachung der Abstichtemperaturen wird für jedes Werk die für bestimmte Zusammensetzungen des Eisens und Abmessungen der Gußstücke geeignete Gießtemperatur festlegen, wobei die Versuchsanstalt durch Bestimmung der Erstarrungspunkte und Wärmeleitfähigkeit der Formen wertvolle Beiträge liefert. An Hochöfen hat man neuerdings festgestellt, daß die Temperatur von Eisen und Schlacke einen entscheidenden Einfluß auf den Silizium- und Schwefelgehalt des Roheisens ausübt, während Gießtemperatur und Abkühlungsgeschwindigkeit mit die Ausbildung des Graphits und damit die Festigkeitseigenschaften des Gusses bestimmen.

Was warmes und kaltes Eisen bedeutet, ist jedem Gießer bekannt. Durch geeignete Temperaturmeßinstrumente wird aber die subjektive Erfahrung des einzelnen auf eine zahlenmäßige Unterlage gestellt, die sie erst im vollen Umfang verwendbar macht.

Literatur.

Einzelne Werke und Broschüren.

Burgeß, G. K. und H. Le Chatelier: Die Messung hoher Temperaturen. Übersetzt von G. Leithäuser. Berlin 1913.

Knoblauch, Oskar und K. Hencky: Anleitung zu genauen technischen Temperaturmessungen. München 1919.

Foote, Paul D., C. O. Fairchild und T. R. Harrison: Pyrometric Practice. Washington 1921. Technologic Papers of the Bureau of Standards. Nr. 170.

Die Kultur der Gegenwart. Leipzig und Berlin. Teil 3, Abt. 3, Bd. 1: Physik. 1915. Darin Warburg, E.: Thermometrie. S. 101—111. — Rubens, Heinrich: Wärmestrahlung. S. 187—208. — Wien, W.: Theorie der Wärmestrahlung. S. 209—222. — Dorn, Ernst: Experimentelle Atomistik. S. 223—250. — Einstein, A.: Theoretische Atomistik. S. 251—263.

Wärmestelle des Vereins deutscher Eisenhüttenleute, Düsseldorf: Mitteilung Nr. 37 (Ausg. 1) Temperaturmeßgeräte. Düsseldorf 1922.

Zeitschriftenaufsätze.

Allgemeines.

Mahlke, A.: Der gegenwärtige Stand der Pyrometrie. Stahleisen 1918, S. 1033, 1057, 1080.

— Fortschritte der Pyrometrie. Stahleisen 1919, S. 752; 1920, S. 1490; 1921, S. 1420.

Wetzel, E.: Temperaturmessung in der Metallindustrie. Z. f. Metallkunde 1921, S. 234, 286.

Brown, Richard P.: The Automatic Control and Measurement of high Temperatures. J. Ind. Engg. Chem. 1918, S. 133.

Newcomb, R. W. and G. V. Nightingale: Maintenance Costs of Pyrometric Systems. Forging and Heat Treating 1922, S. 50.

Burgess, George K.: Temperature Measurements in Steel Furnaces. Year Book Amer. Iron Steel Inst. 1919, S. 427/34.

Royster, P. H. and T. L. Joseph: Pyrometry in Blast Furnace Work. Iron Coal Trades Rev. S. 1452. Stahleisen 1921, S. 200.

Strahlungspyrometer.

Daeves, Karl: Die Anwendung der optischen Pyrometer im praktischen Betrieb. Stahleisen 1922, S. 121, 471.

Whipple, Robert S.: Some of the difficulties experienced in maintaining a pyrometer installation in a work. Iron Coal Trades Rev. 1921, S. 691.

Keinath, Georg: Die Messung hoher Temperaturen mit Ardometer und Holborn-Kurlbaum-Pyrometer. Siemens Z. 1921, S. 331, 358. E. T. Z. 1921, S. 1384.

— Über die subjektiven Einstellfehler bei optischen Pyrometern. Stahleisen 1923, S. 9.

Einfluß der Temperatur.

Longmuir, Percy: The Influence of varying Casting Temperature of the Properties of Steel and Iron Castings. Iron Steel Inst. 1904, S. 420. Stahleisen 1905, S. 658, 719.

XVII. Die feuerfesten Baustoffe.

Von

Ingenieur Friedrich Wernicke[1]).

Allgemeines.

Die feuerfesten Baustoffe werden in der Gießereipraxis zum Bau der Schmelzöfen und zum Auskleiden der Gefäße für die Beförderung der geschmolzenen Metalle benutzt. Sie können sehr verschiedener Art sein. Ihre chemische Zusammensetzung und ihre physikalischen Eigenschaften müssen stets dem bestimmten Verwendungszweck angepaßt werden. Deshalb ist die genaue Kenntnis der Betriebsvorgänge und Schmelzprozesse der einzelnen Ofenarten sowie eine genaue chemische und physikalische Prüfung der feuerfesten Baustoffe die notwendige Voraussetzung für ihre sachgemäße Anfertigung und Auswahl.

Die feuerfesten Baustoffe müssen einerseits in ihrer äußeren Form den verschiedenen Ofenarten angepaßt werden, andererseits müssen sie den verschiedenartigen Einwirkungen widerstehen, denen sie im Betriebe ausgesetzt sind. Die letzteren bestehen besonders in den Angriffen durch die schmelzenden Stoffe, durch Flugaschen, Stichflammen, rasche Abkühlung und die Einwirkung des kalten oder erwärmten Gebläsewindes.

Einen wirklich feuerfesten Stoff, der jeder Einwirkung des Feuers selbst in den höchsten, in den metallurgischen Öfen erreichbaren Wärmegraden widersteht, gibt es nicht. Sämtliche zur Herstellung der feuerfesten Baustoffe verwendeten Stoffe haben einen mehr oder weniger hoch liegenden Schmelzpunkt, nach dessen Überschreitung sie in Schmelzflüsse umgewandelt werden. Man würde deshalb richtiger, statt von „feuerfesten", von solchen Baustoffen sprechen, welche unter bestimmten Voraussetzungen „feuerbeständig" sind, indes ist die erstere Bezeichnung die allgemein gebräuchliche geworden. Von der Schmelzung nach Erreichung der Schmelztemperatur ist das Abschmelzen der feuerfesten Baustoffe zu unterscheiden, das durch die Asche der Brennstoffe, sowie durch die schmelzenden Zuschläge und Schlacken verursacht wird.

Um den Begriff der „Feuerfestigkeit" festzulegen, ist man daher übereingekommen, den Schmelzpunkt des Segerkegels 26, der bei 1580° C. liegt, als unterste Grenze der Feuerfestigkeit anzunehmen, und nur solche Stoffe als „feuerfeste" zu bezeichnen, deren Schmelzpunkt gleich dem oder höher als der des Segerkegels 26 ist. Die nach ihrem Erfinder, H. Seger in Berlin, benannten Segerkegel[2]) sind 50 mm hohe, dreieckige, spitze Pyramiden aus keramischen Massen von bestimmter Zusammensetzung. Als den Schmelzpunkt der einzelnen, fortlaufend gezählten Kegel bezeichnet man den Wärmegrad, bei dem die Spitze des in der Wärme erweichenden und sich umlegenden Kegels seine Unterlage erreicht. Zur Bestimmung des Schmelzpunktes eines Stoffes setzt man die Segerkegel, innerhalb deren Bereich das zu prüfende Gut voraussichtlich schmelzen wird, gemeinschaftlich mit einer in dieselbe Kegelform gebrachten Probe in einen Devilleschen Gebläseofen oder in einen elektrischen Laboratoriumsofen ein und erhitzt bis zum Niederschmelzen der zu untersuchenden Probe. Die Schmelzpunkte und Feuerfestigkeitsgrade der Segerkegel sind die folgenden:

---

[1]) Mit Benutzung des Textes der ersten Auflage von Ernst A. Schott.
[2]) Die Kegel werden von dem Chemischen Laboratorium für Tonindustrie, Prof. Dr. H. Seger und E. Cramer, G. m. b. H., Berlin NW 21 vertrieben.

Segerkegel Nr. 26 = 1580° C.   Segerkegel Nr. 30 = 1670° C.
    „   „   27 = 1610° „   gering   „   „   31 = 1690° „
    „   „   28 = 1630° „   feuerfest   „   „   32 = 1710° „   gut feuerfest
    „   „   29 = 1650° „   „   „   33 = 1730° „

                 Segerkegel Nr. 34 = 1750° C.
                       „   35 = 1770° „   hoch feuerfest.
                       „   36 = 1790° „

Es würde sehr fehlerhaft sein, den Feuerfestigkeitsgrad eines Baustoffes allein als Maßstab für seine Verwendungsfähigkeit anzusprechen. Derselbe wird in sehr vielen Fällen in seiner Bedeutung überschätzt, und von meistens viel größerem Wert ist seine Formbeständigkeit,. seine Widerstandsfähigkeit gegen chemische Einflüsse und Temperaturwechsel, die Korngröße und Dichtigkeit seines Gefüges, sowie seine mechanische Festigkeit für seine Brauchbarkeit an den verschiedenen Verwendungsstellen.

Die Formbeständigkeit erfordert, daß die feuerfesten Baustoffe in den jeweils für sie in Frage kommenden Wärmegraden weder erweichen, noch schwinden, noch sich ausdehnen. Das Erweichen und Schwinden tritt hauptsächlich bei den aus Ton hergestellten feuerfesten Baustoffen ein. Alle Tone haben die Eigenschaft, daß sie nicht plötzlich bei einer bestimmten Temperatur schmelzen, sondern sie beginnen bei einer gewissen Höhe der letzteren allmählich zu erweichen, bevor ihr eigentliches Schmelzen eintritt, und zwischen diesem Erweichungs- und dem Schmelzpunkte ist meistens ein bedeutender Temperaturunterschied. Deshalb ist es für viele Zwecke wichtig, den Erweichungspunkt eines feuerfesten Baustoffes zu kennen. Hierbei ist zu beachten, daß auf diese niemals die Hitze allein einwirkt, sondern daß sie stets auch unter dem Einfluß mechanischer Kräfte stehen und im allgemeinen auf Druck beansprucht werden, wie es z. B. in der Ofenwandung geschieht. Deshalb prüft man ihr Verhalten in höheren Wärmegraden unter Belastung und erhält dadurch wertvolle Aufschlüsse darüber, bis zu welchen Hitzegraden sie benutzt werden können, wann bei einer bestimmten Belastung ihre Erweichung beginnt, und in welchem Maße diese bei steigender Temperatur fortschreitet. Dieser Prüfung dient die Hebelpresse von Steger der Atom-Studiengesellschaft für Erze, Steine und Erden in Berlin-Steglitz, in der die Probekörper in einem elektrischen Ofen einer genau regelbaren und langsam steigenden Erhitzung ausgesetzt und gleichzeitig durch einen als Druckgewicht wirkenden Stempel belastet werden, der genau geführt ist und sich nach oben und unten bewegen kann. Die Bewegung des Stempels wird durch einen Hebel auf ein selbstschreibendes Uhrwerk übertragen und auf einem Papierstreifen in Form einer Zeit- und Temperaturkurve aufgezeichnet. Der Apparat zeigt sämtliche Erscheinungen der Formveränderung.

Das Schwinden, d. h. die Volumverringerung zeigt sich einmal als Trockenschwindung bei der Herstellung der aus Ton hergestellten feuerfesten Baustoffe, indem das Wasser, das vor dem Formen dem Gemisch der Grundstoffe zugesetzt wurde, beim Trocknen der daraus hergestellten Steine an der Luft oder in Trockeneinrichtungen entweicht. Ein weiteres Schwinden, die Feuer- oder Brennschwindung, tritt während des Brennens der Steine bis gegen 900° C. infolge der Abgabe des chemisch gebundenen Wassers auf und dauert so lange, bis der betreffende Ton im Dichtbrande seine größte Dichtigkeit erreicht hat, gesintert ist. Es ist Sache des Erzeugers, die von ihm gelieferten feuerfesten Baustoffe in genügend hohen Wärmegraden zu brennen, anderenfalls ist Gefahr vorhanden, daß während ihrer Verwendung noch ein weiteres Schwinden eintritt, wodurch Undichtigkeiten und unter Umständen sogar eine Zerstörung des daraus hergestellten Mauerwerkes entstehen können.

Eine Ausdehnung im Feuer, das sogenannte Wachsen, zeigen die mit größeren Mengen von Quarz hergestellten feuerfesten Baustoffe, wenn sie nicht bis zur Raumbeständigkeit gebrannt sind. Quarz ist die in niedrigerer Temperatur beständige Modifikation der kristallisierten Kieselsäure. Wird sie bis über 750° C. erhitzt, so geht sie allmählich in ihre andere Form, in Tridymit, über. Mit dieser Umwandlung ist eine Vergrößerung des ursprünglichen Volumens um 14% verbunden. Mit Rücksicht hierauf müssen die hauptsächlich aus Quarz bestehenden feuerfesten Baustoffe, die Quarzkalk- oder Silikasteine, genügend lange in genügend hoher Temperatur gebrannt werden, bis

sie raumbeständig geworden sind. Bei der Herstellung der hauptsächlich aus Ton
bestehenden Schamottesteine kann man das Schwinden der Tone dadurch ausgleichen, daß man ihnen wachsende Sande oder Quarzite im geeigneten Verhältnis zusetzt.
Um das Schwinden des Bindetones in den Schamottesteinen unschädlich zu machen,
müssen sie in genügend hoher Temperatur gebrannt werden.

Die Widerstandsfähigkeit eines feuerfesten Stoffes gegen chemische Einflüsse ist deshalb wesentlich, weil die Einwirkungen der Schlacken, der Brennstoffasche, der flüssigen Metalle selbst, der Rauchgase und der sich verflüchtigenden Salze,
Dämpfe und Gase aus dem Schmelzvorgange einen bedeutenden Einfluß auf die Haltbarkeit des Ofenmauerwerkes ausüben. Im Kuppelofen z. B. ist neben der Wirkung
der Flußmittel (Kalkstein, Kalkmuscheln, Flußspat od. dgl.) die Einwirkung der Aschen-
bestandteile des verwendeten Kokses in Betracht zu ziehen, weil die Koksaschen verschiedenen Ursprunges teils sauren, teils basischen Charakter haben [1]). Bei der Auswahl der feuerfesten Ofenbaustoffe muß man deshalb die chemischen Einflüsse prüfen,
denen sie ausgesetzt werden, und basische Baustoffe wählen, falls man stark basische
Einwirkungen zu erwarten hat, während die Ausmauerung bei sauren Einwirkungen
sauer zu nehmen ist.

Die Korngröße und die Dichtigkeit des Gefüges der feuerfesten Baustoffe ist
für ihre Widerstandsfähigkeit von Wichtigkeit. Ein größeres Korn wird langsamer durch
chemische Angriffe zerstört, dagegen leichter durch die mechanischen, z. B. den Abrieb
der heruntergehenden Beschickung, aus seinem Verbande gelöst. Je gleichmäßiger
die Korngröße und je dichter und homogener das Gefüge eines feuerfesten Baustoffes
ist, um so widerstandsfähiger ist es im allgemeinen. Die basischen, besonders die tonerdereichen Schamottesteine sind meistens dichter und lockern ihr Gefüge weniger
leicht als die sauren, aus Kieselsäure hergestellten.

Eine Erhöhung der Dichte kann man bis zu einem gewissen Grade durch das Brennen
erzielen. Bei diesem Dichtbrennen tritt eine Sinterung, d. h. eine physikalische und
chemische Änderung des Materiales durch Einwirkung der hohen Temperatur ein, ohne
eine Formveränderung oder ein Schmelzen herbeizuführen. Bei so dichtgebrannten
Steinen hat die Porosität erheblich abgenommen und ihre Wasseraufnahmefähigkeit
ist eine entsprechend geringe.

Um die Dichte und Porosität der feuerfesten Steine zu prüfen, bestimmt man
ihre Wasseraufnahmefähigkeit. Zu diesem Zwecke trocknet man die Probestücke zunächst
bei 120° C., bestimmt dann ihr Gewicht in gewöhnlicher Temperatur und läßt sie danach
48 Stunden lang in Wasser liegen. Hierauf werden die Probestücke äußerlich mit einem
Tuch gut abgetrocknet und sofort wieder gewogen. Aus dem Gewichtsunterschiede der
trockenen und der mit Wasser gesättigten Probe berechnet sich leicht die Wasseraufnahme in Gewichtsprozenten. Verbindet man mit dieser die Bestimmung des Volumens
der Probe durch das Volumenometer, dann erhält man durch eine einfache Berechnung
auch den Porositätsgrad in Volumprozenten. Je geringer die Wasseraufnahme und
die Porosität eines feuerfesten Baustoffes ist, desto dichter ist sein Gefüge.

Was die Widerstandsfähigkeit gegen Temperaturwechsel betrifft, so ist
darauf zu achten, daß die feuerfesten Baustoffe bei rascher Erhitzung und schnellerem
Abkühlen nicht rissig und brüchig werden und keine Teile absplittern lassen. Je gleichmäßiger das Gefüge der Steine ist, d. h. je besser sie im richtigen Mengenverhältnis aus
gröberen, mittel- und feinkörnigen Bestandteilen zusammengesetzt sind, desto besser
widerstehen sie auch dem Temperaturwechsel. Bis zu einem gewissen Grade steht also
diese Eigenschaft im Gegensatz zu der Widerstandsfähigkeit gegen chemische Einwirkungen. In größerer Menge aus Quarz bestehende Steine sind gegen Temperaturwechsel empfindlicher als tonerdereiche. Die reinen Quarzsteine, z. B. die Silikasteine,
vertragen einen schrofferen Temperaturwechsel nicht. Das aus ihnen hergestellte Mauerwerk muß sehr allmählich angewärmt und dann andauernd in möglichst gleichmäßig
hoher Wärme benutzt werden. Tonerdereiche Steine, Schamottesteine, die schrofferem

---

[1]) Vgl. S. 499.

Temperaturwechsel ausgesetzt werden müssen, z. B. da, wo man mit kaltem Gebläsewind arbeitet, werden mit Verwendung einer gröber gekörnten Schamotte hergestellt. Es ist selbstverständlich ein Fehler, wenn die Arbeiter am Kuppelofen, um am Ende der Schicht schneller fertig zu werden, Wasser in den noch glühenden Ofen gießen, oder wenn man die Widerstandsfähigkeit der feuerfesten Steine gegen Temperaturwechsel dadurch prüfen will, daß man einen rotglühenden Stein in kaltes Wasser wirft. Eine derart gewaltsame Behandlung verträgt keiner der in den metallurgischen Betrieben verwendeten feuerfesten Baustoffe, und sie dürfte dort auch nirgends vorkommen. Es genügt, diese Eigenschaft dadurch zu prüfen, daß man hoch erhitzte Steine an vor Zug geschützter Stelle in der freien Luft abkühlen läßt. Im allgemeinen kann angenommen werden, daß da, wo man nur mit der Einwirkung der Hitze und der chemischen Einflüsse zu rechnen hat, möglichst dichte Steine anzuwenden sind. Für den Bau von Schachtöfen, in denen die Steine durch die niedergehende Beschickungssäule stark abgerieben werden, wählt man dichte Steine mit einer feineren Körnung. Steine mit einem größeren Quarzgehalt haben stets ein weniger dichtes Gefüge, man verwendet sie in den niedrigeren Öfen, in denen sie keinem hohen Druck ausgesetzt sind, und in gleichbleibenden hohen Wärmegraden.

Die mechanische Festigkeit, die man durch Abschleifversuche feststellt, ist die Folge eines gleichmäßig dichten Gefüges und genügend scharfen Brandes. Sie ist von größerer Bedeutung als die Druckfestigkeit, denn die höchsten Anforderungen, die bei den feuerfesten Baustoffen an die letztere gestellt werden, sind nicht größer als 120 kg/qcm, und dieser Forderung muß jeder gute feuerfeste Baustoff genügen.

Es ist niemals ratsam, die feuerfesten Baustoffe längere Zeit ungeschützt im Freien lagern zu lassen, obgleich sie bis zu einem gewissen Grade witterungsbeständig sind. Die meisten sind etwas porös und nehmen Wasser auf, das bei ihrer späteren, zu schnellen Erwärmung leicht zu Zerstörungen Veranlassung geben kann. Ebenso können sie in diesem Zustande leicht durch hinzutretenden Frost zerstört werden. Man sollte sie deshalb stets nach Arten, Sorten und Formen getrennt in trockenen Räumen aufbewahren.

Einteilung der feuerfesten Baustoffe.

Die für die Praxis richtigste Einteilung der feuerfesten Baustoffe ist die nach den hauptsächlich zu ihrer Herstellung verwendeten Rohstoffen, die teils basischer, teils saurer oder neutraler Natur sind. Man benutzt sie in der Form von Steinen und Mörteln für das Mauerwerk oder von formlosen Massen zum Ausstampfen, Ausschmieren, Flicken oder Ausstreichen.

Die größte Bedeutung für den Gießereibetrieb haben die aus tonerdehaltigen Rohstoffen hergestellten Schamottesteine. Ihnen folgen die hauptsächlich aus Kieselsäure (Quarz) hergestellten Quarzkalksteine (Silikasteine) und Quarztonsteine. Von geringerer Bedeutung sind die hauptsächlich aus Kohlenstoff, Karborundum, Graphit, Magnesit, Dolomit und seltener vorkommenden Rohstoffen hergestellten feuerfesten Baustoffe. Soweit diese in festen Formen benutzt und ganz allgemein als feuerfeste Steine bezeichnet werden, teilt man sie nach den Formen ein in:

1. feuerfeste Vollware: Normalsteine im Format von $250 \times 125 \times 70$ mm und in Teilbeträgen dieser Maße, Radial- oder Gewölbesteine und Formsteine der verschiedensten Formen und Größen, wie sie von Fall zu Fall nach besonderen Zeichnungen angefertigt werden und

2. feuerfeste Hohlware: Trichter, Röhren, Stopfen, Ausgüsse, Kanalsteine, Kapseln, Muffeln, Retorten, Tiegel, Häfen usw.

Die Schamottesteine.

Den Grundstoff für die Herstellung der Schamottesteine bilden die feuerfesten Tone, die in rohem Zustande als Bindeton, in gebranntem als Schamotte benutzt werden. Schamottesteine sind deshalb alle feuerfesten Steine, welche in der Hauptsache aus gebranntem Ton — Schamotte — mit rohem Ton als Bindemittel hergestellt werden.

Je nach ihrer Güte und ihrem Verwendungszweck enthalten sie als Ersatz für die teuere Schamotte Kapselscherben oder andere Abfälle aus den Betrieben der Feinkeramik oder saure Zusätze in Gestalt von Quarzsand, Quarzkieseln oder Quarzit. Die Tone bestehen aus Tonerde und Kieselsäure in sehr wechselnden Verhältnissen, daneben enthalten sie in geringeren Mengen organische Bestandteile, Eisenoxyd, Kalk, Magnesia und Alkalien. Man hat tonerdereichere und kieselsäurereichere Tone zu unterscheiden, ferner die nicht bildsamen Kaoline und Schiefertone und die eigentlichen bildsamen Tone.

Die in der Natur vorkommenden Kaoline und Tone sind Zersetzungserzeugnisse des Feldspates, der feldspathaltigen Erstarrungsgesteine, z. B. der Granite, Gneise u. a., und enthalten als Grundbestandteil ein wasserhaltiges Aluminiumsilikat, die Tonsubstanz[1]). Die Zersetzung der Muttergesteine ist unter dem Einflusse heißer Lösungswasser und der Einwirkung von Säuren, hauptsächlich der Kohlensäure, vor sich gegangen. Wir finden in den meisten Tonen noch Reste der übrigen Bestandteile des Muttergesteines, Quarz, Glimmer u. a. beigemengt. Durch die Gewässer wurden die Zersetzungserzeugnisse der Gesteine von ihrer ursprünglichen Lagerstätte fortbewegt. Hierbei wurde die Tonsubstanz von den anderen Bestandteilen des Muttergesteines getrennt und durch die Bewegung ihrer einzelnen Teile in immer kleinere Teilchen zerteilt, die schließlich auf ihren jetzigen Fundorten auf sekundärer oder tertiärer Lagerstätte abgelagert wurden. Andererseits wurde sie auf dem Wege dorthin durch das Mitreißen fremder Massen, wie Eisenoxyd, Erden, Salzen, Quarzsand, Kohlen und organischen Stoffen verunreinigt, und bildete deshalb Lager von sehr verschiedenartiger Zusammensetzung. Die Tone sind also Gemische von kieselsaurer Tonerde mit Beimengungen von Quarz, Glimmer, Feldspat und anderen zufälligen Zusätzen, die auf das daraus zu fertigende Erzeugnis einen Einfluß ausüben können. Die so entstandenen Tonlager enthalten die bildsamen, plastischen Tone. Die besten Vorkommen findet man in der Braunkohlenformation des Tertiärs, sie heißen deshalb Braunkohlentone oder tertiäre Tone.

Die zur Herstellung der feuerfesten Baustoffe verwendbaren bildsamen Tone sind sehr verbreitet. Die wichtigsten Fundorte liegen im Westerwald und am Mittelrheine (bei Bonn), in der bayerischen Pfalz (Grünstadt, Eisenberg, Hettenleidelheim), in Nassau, in Thüringen (Eisenberg, Koburg), in Hessen (Großalmerode), in Sachsen (Meißen, Mügeln, Colditz, Bautzen), in Schlesien (Oberlausitz, Grüneberg, Saarau, Großstrehlitz), in Bayern (Passau, Haidhof, Markt-Redwitz).

Der Kaolin ist die reinste Tonsubstanz, welche noch auf der ursprünglichen Lagerstätte liegend oder nur wenig umgelagert gefunden wird. Er ist deshalb noch mehr kristallin und weniger bildsam als der Ton, und findet nur in geringer Menge Verwendung zur Herstellung feuerfester Baustoffe.

Die Schiefertone finden sich ausschließlich in den älteren Formationen, hauptsächlich in dem Karbon. Sie sind ebenfalls durch die Zersetzung der feldspathaltigen Erstarrungsgesteine entstanden, und nach ihrer Trennung von den anderen Bestandteilen meist in großer Reinheit in Flözen über und unter der Steinkohle abgelagert, und hier durch den Gebirgsdruck zu einem festen Gestein von schieferiger Struktur verfestigt. Sie sind meistens nicht bildsam, nur in jüngeren Lagern gefundene Schiefertone können noch durch Verwitterung oder durch längeres Sumpfen bildsam werden, deshalb werden sie meistens in gebranntem Zustande, als Schamotte, verarbeitet. Ihre bedeutendste Fundstelle ist die von Neurode in Schlesien.

Nach Untersuchungen von Endell[2]) liegt der Schmelzpunkt der reinen Kieselsäure, des Quarzes, bei Segerkegel 35 = 1770° C. und der der reinen Tonsubstanz etwas unter dem des Segerkegels 36 = 1790° C. Mischungen beider Bestandteile ergeben stets einen niedrigeren Schmelzpunkt. Es ist deshalb falsch, für Schamotte oder Silikasteine einen höheren Feuerfestigkeitsgrad zu fordern oder anzugeben, wenn die ersteren nicht mit Zusatz von Rohstoffen hergestellt sind, die reine Tonerde in größerer Menge enthalten, deren Schmelzpunkt bei Segerkegel 42 = 2050° C. liegt. Solche Zusätze sind

---

[1]) s. a. S. 581.
[2]) Feuerfeste Materialien in der Zementindustrie S. 8.

aber bei der Herstellung der für metallurgische Zwecke gebrauchten Schamottesteine nicht üblich, und von Natur in geringer Menge nur in den besten Schiefertonen enthalten.

Die Tone müssen für ihre Verarbeitung sorgfältig ausgewählt werden, weil sie neben Tonerde, Kieselsäure und Wasser stets mehr oder weniger hohe Mengen von Eisenoxyd, Kalk, Magnesia und Alkalien enthalten. In manchen Tonen findet sich auch Titansäure. Diese Beimengungen bewirken eine Erniedrigung des Schmelzpunktes, und man bezeichnet sie deshalb als Flußmittel. In hohen Temperaturen verursachen sie Lösungen der Kieselsäure und Tonerde und führen damit den Übergang der festen Steine in schmelz-flüssige Massen herbei, deshalb bedingen sie eine genaue Überwachung ihrer Mengen-verhältnisse bei der Mischung der Rohstoffe zur Herstellung der Schamottesteine.

Nach den Untersuchungen von Ludwig wirken die Flußmittel mit der Steigerung der Temperatur mehr und mehr lösend auf die Kieselsäure, bis endlich die Hitze so hoch ist, daß auch die Lösung der Tonerde vor sich gehen kann. Bei den Schamottesteinen geschieht die Bildung dieser Lösungen durch die ganze Masse der erhitzten Steinteile hindurch, während die Quarzite nur von außen her allmählich abschmelzen. In den tonerdehaltigen Steinen werden diese Lösungen mit der Steigerung der Temperatur immer flußmittelärmer, während anfangs nur die Flußmittel die Lösung bildeten. Schließlich entsteht ein Glasfluß, dessen Schmelzpunkt um so höher liegt, je reicher an Tonerde die Rohstoffmischung ist, aus welcher der Stein besteht.

Eine gänzliche Auflösung der Steine braucht natürlich hierdurch nicht einzutreten, denn die beigemengten Flußmittel genügen nur selten, um diese Wirkung herbeizuführen. Dann tritt nur innerhalb der Steine eine Sinterung ein, die bis zu einem gewissen Grade erwünscht ist, wie bei der Erörterung über die Dichte der Steine erwähnt wurde. Es werden oft übertriebene Anforderungen an den möglichst niedrigen Gehalt von Fluß-mitteln der Schamottesteine gestellt, die der Erzeuger aus natürlichen Gründen gar nicht erfüllen kann, und oft übersieht der Besteller, daß ein bestimmter Gehalt von Flußmitteln geradezu vorteilhaft auf die Güte der Schamottesteine wirkt, ohne ihre Verwendbarkeit nach anderer Richtung hin ungünstig zu beeinflussen. Es gibt nur sehr wenige Tone, die weniger als $4,5^0/_0$ Flußmittel enthalten, während die meisten guten Tone rd. $5^0/_0$ auf-weisen. Wenn man nun berücksichtigt, daß der in vielen Tonen enthaltene Sand als freie Kieselsäure ebenfalls als Flußmittel auf die Tonsubstanz wirkt, ist leicht einzusehen, daß der vielfach geforderte Höchstgehalt von $5^0/_0$ an Flußmitteln in den Schamottesteinen gar nicht gewährleistet werden kann.

Die Eigenschaften der in jedem Tone vorhandenen Beimengungen erfordern eine sorgfältige Auswahl und Vorbehandlung der Tone entsprechend ihrer jeweiligen Eigenart. Rohtone, die Glimmer (ein Alkali-Tonerdesilikat mit wechselnden Mengen von Eisen-oxyd, Kalk, Magnesia, Kali und Natron), Feldspatreste, kohlensauren Kalk u. a. ent-halten, müssen durch einen Schlämmprozeß gereinigt werden. Die bildsamen, fetten Tone werden durch das Brennen zwar sehr dicht, sie schwinden dabei aber stark und müssen deshalb durch geeignete Zusätze gemagert werden. Als solche Magerungsmittel benutzt man für die Herstellung der Schamottesteine die aus Schiefertonen oder aus bildsamen Tonen gebrannte Schamotte, die vielfach durch Stücke bereits gebrannter Steine aus den Abfällen der feuerfesten Fabriken, oder von bereits gebrauchten Schamotte-steinen, durch Kapselscherben und andere Abfälle aus der Feinkeramik ersetzt werden kann, ferner den Quarz in Form von Quarzit, Quarzkieseln oder Sand. Der Zusatz von Quarz vermindert das Schwinden der Schamottesteine auf Kosten der Höhe des Schmelzpunktes, während ein Zusatz von Schamotte diesen Übelstand nicht zeitigt. Magert man mit gewöhnlichen Quarzsanden, dann ist zu berücksichtigen, daß deren feine Körner im Feuer leichter schmelzbare Verbindungen mit dem Tonerdesilikat bilden, und daß sie deshalb nur bei geringerwertigen Steinsorten verwendbar sind.

Vor ihrer weiteren Verarbeitung müssen die Rohstoffe sorgfältig aufbereitet werden. Die Tone werden zuerst durch Lagern unter offenen Hallen an der Luft, auch auf mäßig erwärmten Trockendarren, vollständig getrocknet. Die nicht bildsamen Roh-stoffe dagegen kann man im Freien lagern, wo sie, wie es oft bei den Quarziten der Fall ist, noch durch den Regen gewaschen und von erdigen Beimengungen befreit werden.

Zur Erzeugung der Schamotte werden die Tone gebrannt. Die steinartigen Schiefertone brennt man in einfachen Schachtöfen mit Rostfeuerungen, die plastischen Tone werden als Rohballen oder Schollen in denselben Ofenarten gebrannt wie die feuerfesten Steine: in periodisch arbeitenden Einzelöfen oder in solchen, welche zur Ausnützung ihrer Abhitze für den Brennbetrieb durch Kanäle zu einem kontinuierlichen System miteinander verbunden werden können; ferner in Ring-, Kammer- oder Tunnelöfen, die teils mit Kohlen befeuert, teils mit Gasfeuerung betrieben werden. Die sämtlichen Rohstoffe werden je nach ihrer Verwendung auf bestimmte Korngrößen zerkleinert, gut miteinander vermischt und nach Zusatz der nötigen Wassermenge durch Einsumpfen in eine bildsame Masse verwandelt. Danach wird die Rohmasse in stehenden oder liegenden Tonknetern durchgeknetet, die sie in Form eines gut homogenen Stranges verläßt. Der Strang wird nun entweder in Rohballen zerteilt, die man zur Herstellung besonders guter Steinsorten auch noch einige Zeit lang auf Haufen geschlagen mauken lassen kann; aus diesen werden in Holzformen durch Einwerfen, Drücken und Schlagen die größeren Steine der verschiedenartigsten Formen hergestellt. Normalformat- und Wölbsteine der üblichen Formen kannman in gleicher Weise, wie bei der Ziegelherstellung, durch Formen des Stranges durch ein an die Tonkneter angeschlossenes Mundstück und Abschneiden der gewünschten Längen mit Abschneideapparaten erzeugen. Ein großer Teil der Schamottesteine gewöhnlicher Form und der größte Teil der Hohlwaren wird dadurch hergestellt, daß man die Rohballen in entsprechenden Formen und Größen von dem aus der Strangpresse austretenden Strange abschneidet und das Fertigformen der Stücke auf entsprechend gebauten Formmaschinen vornimmt. Bei dem Formen der Schamottesteine muß ihre nachfolgende Trocken- und Brennschwindung dadurch berücksichtigt werden, daß man die Formen um das der Rohstoffmischung eigentümliche Schwindmaß größer macht. Die frisch geformten, grünen Steine müssen zur Entfernung des Wassers sorgfältig und langsam in vor Luftzug geschützten Räumen getrocknet werden. Hierzu benutzt man meistens die durch die Abwärme der Brennöfen erwärmten Formräume, oder man trocknet sie in besonderen, durch Heizanlagen oder Abhitze der Öfen erwärmten, sogenannten automatischen Trockeneinrichtungen, die durch die damit verbundenen Transporteinrichtungen den Vorzug haben, daß die frisch geformten Steine erst wieder beim Einsetzen in den Ofen selbst mit der Hand berührt zu werden brauchen.

Das Brennen der Steine darf erst vorgenommen werden, nachdem sie durch das Trocknen von ihrem mechanisch gebundenen Wassergehalte befreit sind, der sonst ein Reißen im Feuer verursachen würde. Zum Brennen werden die bereits bei der Schamotteerzeugung erwähnten Ofensysteme, mit Ausnahme der Schachtöfen, benutzt. In der Bauweise der Öfen ist es begründet, daß die Brenntemperatur nicht bei allen Ofensystemen gleichmäßig auf den Einsatz einwirkt, dessen unterer Teil oft schwächer gebrannt wird als der mittlere und obere. Deshalb setzt man dort Steine von geringerer Güte ein. Fehlerhaft ist es aber, wenn man in demselben Ofen Schamottesteine und Quarzkalksteine gemeinschaftlich brennt, weil die Bedingungen, unter denen diese beiden Steinarten gebrannt und abgekühlt werden müssen, ganz verschiedenartige sind. Bis zur Höhe von rd. 800° C. muß die Brenntemperatur langsam und allmählich gesteigert werden bis zur vollständigen Austreibung des Konstitutionswassers der Tone, danach kann sie schnell auf die Garbrandtemperatur getrieben werden, die etwa 12 Stunden lang bei Segerkegel 10—11 = rd. 1300° C. eingehalten wird. Nach Beendigung des Scharfbrandes können die Schamottesteine schneller abgekühlt und aus dem Ofen ausgefahren werden.

Wie bereits erwähnt, bezeichnet man mit dem Worte Schamottesteine ausschließlich solche feuerfesten Baustoffe, welche in der Hauptsache aus tonerdehaltigen Rohstoffen mit Ton als Bindemittel hergestellt werden, wobei nur einigen Sorten geringere Mengen von kieselsäurereichen Rohstoffen als Magerungsmittel hinzugesetzt werden. Man sollte deshalb endlich aufhören, die früher üblichen unklaren Bezeichnungen, wie Halbschamottesteine u. a., zu benutzen, und jedes Fabrikat ablehnen, das unter unverständlichen Phantasienamen angeboten wird. Die allgemein verständlichen und klaren Bezeichnungen für die hauptsächlich aus tonerdehaltigen und kieselsäurehaltigen Rohstoffen hergestellten feuerfesten Baustoffe sind die folgenden:

I. Schamottesteine = tonerdehaltige mit Ton als Bindemittel:
   a) Schiefertonschamottesteine = Schiefertonschamotte + Bindeton.
   b) Schamottesteine erster Güte = Schamotte + Bindeton.
   c) Schamottesteine zweiter Güte = Kapselscherben usw. + Bindeton.
II. Quarzschamottesteine mit den vorstehenden Unterabteilungen, mit Zusatz von Quarz hergestellt. Sie werden im Handel vielfach mit dem Zusatz q bezeichnet.
III. Quarztonsteine, hauptsächlich aus Quarz und Bindeton hergestellt.
IV. Quarzkalksteine oder Silikasteine, aus Quarz und Bindekalk hergestellt.

Zahlentafel 221.
Analysen von Kuppelofensteinen.

Nr.	Ursprung der Steine	SiO_2 %	Al_2O_3 %	Fe_2O_3 %	CaO %	MgO %	Haltbarkeit
1	Saarau	62,5	35,2	1,6	0,5	—	1 Jahr
2	Crefeld	55—65	35—45	1—1,5	ca. 1	—	1—1 ½ Jahr
3	? a) Halbschamotte . .	83,5	13,7	2,1	0,5	—	} 6—8 Monate
	,, b) Schamotte	62,3	34,5	1,9	0,3	—	
4	Oberschlesien	68,5	29,9	0,4	0,5	—	in der Schmelzzone 4—5 Arbeitstage; im Schacht 2 Monate
5	Pfalz	75,0	21,5	1,3	0,4	0,45	2 Jahre
6	Mittelrhein	88,0	10,9	—	—	—	¾ Jahr
7	Pfalz	57,0	42,0	—	—	—	1¼—1½ Jahr
8	Sachsen	71,3	26,6	—	2,0	—	
9	Eisenberg S.-A.	84,5	14,4	—	0,7	—	1 Jahr
10	Oberschlesien	68,0	29,0	2,8	—	0,1	9 Monate
11	Norddeutschland	83,0	14,65	1,4	0,1	0,7	} 1¾ Jahr
11a	,, ...	63,0	33,4	2,1	0,7	0,6	
12	Rheinland	85,8	11,9	0,7	0,5	0,8	—
13	Mittelrhein	91,25	7,35	0,9	0,4	—	—
14	,, ...	70—72	—	—	—	—	—
14a	,, ...	65—68	—	—	—	—	—

Zahlentafel 222.
Schlackenanalysen von Kuppelöfen.

Nr.	SiO_2 %	Al_2O_3 %	FeO %	CaO %	MgO %	MnO %	S %	Kalkzuschlag	Ursprung des bei der Schmelzung verwendeten Kokses
1	53,0	10,0	13,8	15,7	—	5,2	—	3 % des Eisens	Schlesien
2	53,0	7,0	9,0	13,0	—	9,0	—	3 ,, ,, ,,	Westfalen
3	41,3	1,2	7,4	3,3	1,5	3,8	0,19	3—5 ,, ,, ,,	,,
4	54,0	15,0	16,5	7,7	—	2,5	bis 0,15	3 ,, ,, ,,	Oberschlesien
5	57,0	10,0	18,0	9,0	—	4,0	0,12	3—4 ,, ,, ,,	Westfalen
6	55,0	16,0	3,2	23,0	1,5	1,0	0,4	4 ,, ,, ,,	,,
7	41,7	21,5	4,5	26,7	1,9	2,7	0,3	4 ,, ,, ,,	,,
8	57,5	13,2	4,4	21,4	1,0	1,2	—	2 ,, ,, ,,	,,
9	46,0	7,7	17,0	23,0	0,8	1,5	—	2,5 ,, ,, ,,	?
10	45,0	6,3	24,7	4,9	—	5,7	—	2—3 ,, ,, ,,	?
11	51,0	10,0	15,0	18,7	0,7	3,6	—	3 ,, ,, ,,	Westfalen
12	51,0	12,5	3,4	28,0	2,1	2,6	0,25	4 ,, ,, ,,	,,
13				Angaben fehlen				2 ,, ,, ,,	,,
14	50—55	6—7	15—17	20—22	—	5,0	0,5	5 ,, ,, ,,	,,

Tonsteine sind solche Steine, welche aus weniger bildsamen, von Natur schon genügend viele Magerungsmittel enthaltenden Tonen nach Art der Ziegel hergestellt werden und meistens nur für untergeordnete Zwecke benutzt werden können.

Die Schamottesteine werden da verwendet, wo es sich in den Schmelzöfen um die Einwirkung hoher und wechselnder Temperaturen bei Anwesenheit basischer Schlacken

handelt. Sie finden eine ausgedehnte Verwendung beim Bau der Hoch- und Schmelzöfen, der Winderhitzer, Gaserzeuger, Glüh- und Rollöfen, Feuerungsanlagen, zur Ausmauerung der Gießpfannen, als Trichter, Stopfenstangenrohre, Stopfen, Ausgüsse, Kanalsteine und zu ähnlichen Zwecken der metallurgischen Betriebe.

Ihre einzelnen Arten genau voneinander abzugrenzen, ist kaum möglich, weil die
Erzeuger die ihnen zur Verfügung stehenden Rohstoffe und die jeweiligen Anforderungen
der Verbraucher berücksichtigen müssen. Die Ansichten der letzteren sind noch sehr
verschiedenartig, wie die Analysen von Kuppelofensteinen zeigen (vgl. Zahlentafel 221).

Die bei Anwendung dieser Steine in Frage kommenden Kuppelofenschlacken, die
als besondere Angriffsmittel wirken, sowie die Herkunft des Kokses seien zum Vergleich
in derselben Reihenfolge in Zahlentafel 222 angegeben.

Aus dieser Zusammenstellung geht hervor, daß — nicht immer mit Recht — hauptsächlich die Quarzschamottesteine zum Bau der Kuppelöfen benutzt werden, denn die
Tone allein enthalten, wie die von Ludwig zusammengestellte Zahlentafel 223 zeigt,
meistens nicht mehr als 43—54% Kieselsäure. In dieser Zahlentafel ist ferner erläutert,
wie sich die einzelnen Bestandteile der Tone zueinander verhalten, und zwar, wieviele
Moleküle der Kieselsäure und der Flußmittel auf je ein Molekül Tonerde einwirken können.
Dabei ist eine Summenformel angegeben, in der unter RO die Gesamtmenge der Flußmittel zu verstehen ist. Diese Summenformel würde dann auch auf die aus dem Ton
beim Schmelzen entstehende glasflußartige Lösung der ganzen Masse Anwendung finden
können.

Für die Auswahl eines Kuppelofensteines ist folgende Untersuchung zu
empfehlen. Man läßt sich aus der beabsichtigten Rohstoffmischung kleinere Probesteine
anfertigen, in deren einer Fläche eine Vertiefung eingeformt wird. Diese Vertiefung füllt
man mit einer feingemahlenen Probe der im Betriebe fallenden Schlacke aus und setzt
den Stein in einen Versuchsofen, in dem er bis zum vollständigen Schmelzen der Schlacke
erhitzt wird. Nach dem Abkühlen schlägt man den Stein durch und sieht nun, ob und
bis zu welchem Grade die geschmolzene Schlacke in den Stein eingedrungen ist und in
welcher Weise sie sein Gefüge zerstört hat. Daraus ergibt sich die Verwendbarkeit des
Steines bzw. seine Widerstandsfähigkeit gegen die Angriffe der Schlacke.

Die Bauxitsteine.

Die Bauxitsteine gehören zu den Schamottesteinen, denn der Bauxit ist ein besonders
tonerdereiches Gestein, das in der Hauptsache aus Tonerdehydrat besteht mit Verunreinigungen durch Kieselsäure, Eisenoxyd usw. Sein Name stammt von dem ersten
Fundorte Beaux bei Arles in Südfrankreich; in neuerer Zeit wird er auch im Lahngebiete
gefunden. In der feuerfesten Industrie findet der Bauxit Verwendung als Zusatzmittel
zur Herstellung besonders tonerdereicher Schamottesteine, denn die reineren Sorten
besitzen einen Tonerdegehalt von rd. 60% und einen Schmelzpunkt = Segerkegel 38.
Der Bauxit schwindet beim Brennen sehr stark, deshalb kann er nur in gebranntem
Zustande benutzt werden. Zu dem Zweck wird er gemahlen, mit einer geringen Menge
eines hoch tonerdehaltigen Bindetones versetzt und unter Wasserzusatz im Tonkneter gut
gemischt; die Rohballen werden getrocknet und scharf gebrannt. Die so entstandene
Schamotte wird gemahlen und wieder mit einer geringen Menge Bindeton und Wasser im
Tonkneter gemischt. Aus der fertigen Masse stellt man die Steine in derselben Weise
her wie die Schamottesteine und brennt sie an den heißesten Stellen der Öfen. In der
Gießereipraxis sind Bauxitsteine bisher nicht verwendet, dagegen haben sie in anderen
metallurgischen und chemischen Betrieben wegen ihrer hohen Feuerfestigkeit, Dichte,
Festigkeit und großen Widerstandsfähigkeit gegen basische Angriffe Verwendung gefunden.

Die Quarztonsteine.

Die Quarztonsteine bilden den Übergang von den tonerdereichen zu den quarzreichen feuerfesten Baustoffen, denn sie bestehen in der Hauptsache aus Quarz, der aber
noch mit Ton als Bindemittel verarbeitet wird. Man unterscheidet zwei Sorten, von

Herkunft des Tones	Zusammensetzung in %							
	Al_2O_3	SiO_2	TiO_2	FeO_3	CaO	MgO	K_2O	Na_2O
Preußen.								
Rheinland.								
Steinkohlentonstein von der Saar	39,22	44,52	—	0,30	0,39	0,11	0,27	—
„ „ „ „	40,47	43,77	—	0,35	0,52	0,35	1,30	—
Kärlich	34,51	44,50	—	2,52	0,89	0,34	1,31	—
Hessen Nassau.								
Vallendar	38,28	49,63	—	1,24	1,57	1,17	0,49	—
Siershahn (gebr.)	39,21	55,57	—	1,72	0,78	0,60	2,10	—
„ „	25,15	69,06	—	2,29	0,80	0,39	2,04	0,24
Hintermeilingen II	32,39	52,24	—	1,61	Sp.	Sp.	1,89	—
Prov. Sachsen.								
Wengelsdorf	24,31	65,01	Sp.	1,29	0,90	0,16	0,97	—
Gröden	34,99	49,90	—	1,20	0,50	0,38	2,02	—
Schlesien.								
Altwasser (Bischofs N.-T. I) . .	36,30	43,84	—	0,46	0,19	0,19	0,42	—
Neurode (unreine Ader) gebr. . . .	43,39	49,79	—	6,16	0,20	0,19	0,18	—
„ (gebr.)	46,53	51,79	—	0,78	0,10	0,15	0,22	—
Bayern.								
Grünstädter Kaolin	37,76	47,35	0,17	0,87	0,36	—	1,29	—
Hettenleidelheim (gebr.)	37,22	56,03	—	3,10	Sp.	0,30	3,32	—
„ „	40,53	55,11	—	2,23	0,15	0,37	2,03	—
Eisenberg	35,72	48,40	—	2,13	0,72	0,34	2,24	—
Grünstadt (Ia, obere Lage, gebr.)	40,16	54,63	—	1,91	0,46	0,32	2,70	—
„ (Ia untere „ „)	40,84	54,84	—	1,69	0,30	0,31	1,73	—
Sachsen.								
Lausigk	44,44	56,10	—	0,88	—	0,74	1,24	0,34
Kamenz	35,66	58,03	—	2,84	—	1,51	1,37	0,59
Naundorf bei Roßwein	18,64	71,73	—	0,74	0,70	0,41	2,49	—
Borna (oberes Lager)	26,42	58,89	—	0,88	0,29	—	1,40	0,57
„ (hellbraun)	28,98	56,19	—	0,81	0,47	0,09	1,65	0,41
Böhmen.								
Zettlitzer Kaolin (Bischofs N.-T.II.)	38,54	45,68	—	0,90	0,08	0,38	0,66	—
Oberbřis, plastischer Ton	30,16	50,76	—	0,47	Sp.	0,59	1,83	—
„ Schieferton	36,35	47,46	—	1,52	—	—	1,21	—
„ Tonschiefer I (gebr.) .	42,36	55,39	—	1,41	0,46	0,15	0,54	—
Rakonitz (gebr.)	45,21	52,50	—	0,81	—	0,54	0,51	—
„	39,15	46,54	—	0,85	0,15	—	1,11	—
Mähren.								
Briesen F. I, vorderes Lager . .	39,71	45,01	—	0,81	0,12	Sp.	0,99	—
„ M. III.	36,92	46,65	—	1,36	0,41	0,75	0,50	—
Vranova, grau	27,73	52,11	0,17	5,92	0,91	0,57	1,07	—
Frankreich.								
Bauxit von Brignoles	74,78	21,20	—	3,83	Sp.	Sp.	Sp.	—

[1] Aus Tonind.-Zg. 1904, S. 773.

tafel 223.

schiedener Tone [1]).

Moleküle auf 1 Mol. Tonerde							Summenformel	Schmelz-punkt in Seger-kegeln
SiO$_2$	TiO$_2$	Fe$_2$O$_3$	CaO	MgO	K$_2$O	Na$_2$O		
1,930	—	0,0098	0,0181	0,0072	0,0075	—	Al$_2$O$_3$. 1,930 SiO$_2$. 0,0426 RO	36
1,839	—	0,0108	0,0234	0,0221	0,0349	—	,, . 1,839 ,, . 0,0912 ,,	36
2,192	—	0,0931	0,0470	0,0251	0,0412	—	,, . 2,192 ,, . 0,2064 ,,	32 +
2,326	—	0,0436	0,0788	0,0822	0,0147	—	,, . 2,326 ,, . 0,2193 ,,	33—34
2,409	—	0,0559	0,0362	0,0390	0,0581	—	,, . 2,409 ,, . 0,1892 ,,	32—33
4,668	—	0,1161	0,0579	0,0395	0,0880	0,0157	,, . 4,668 ,, . 0,3172 ,,	31—32
2,742	—	0,0634	—	—	0,0633	—	,, . 2,742 ,, . 0,1267 ,,	33 +
4,546	—	0,0677	0,0674	0,0168	0,0433	—	,, . 4,546 ,, . 0,1952 ,,	31
2,424	—	0,0437	0,0260	0,0277	0,0626	—	,, . 2,424 ,, . 0,1600 ,,	34
2,053	—	0,0162	0,0095	0,0131	0,0126	—	,, . 2,053 ,, . 0,0514 ,,	36 (?)
1,951	—	0,1810	0,0084	0,0112	0,0045	—	,, . 1,951 ,, . 0,2051 ,,	34—35
1,892	—	0,0214	0,0039	0,0082	0,0051	—	,, . 1,892 ,, . 0,0386 ,,	36
2,132	0,0057	0,0294	0,0174	—	0,0371	—	,, . 2,132 ,, . 0,0896 ,,	35
2,559	—	0,1062	—	0,0206	0,0968	—	,, . 2,559 ,, . 0,2236 ,,	33
2,311	—	0,0701	0,0067	0,0232	0,0543	—	,, . 2,311 ,, . 0,1543 ,,	33
2,304	—	0,0760	0,0367	0,0243	0,0680	—	,, . 2,304 ,, . 0,2050 ,,	34 —
2,313	—	0,0606	0,0209	0,0203	0,0729	—	,, . 2,313 ,, . 0,1747 ,,	33
2,283	—	0,0528	0,0134	0,0194	0,0460	—	,, . 2,283 ,, . 0,1316 ,,	33
2,301	—	0,0271	—	0,0455	0,0325	0,0135	,, . 2,301 ,, . 0,1186 ,,	35
2,766	—	0,1015	—	0,1080	0,0417	0,0272	,, . 2,766 ,, . 0,2784 ,,	32
6,542	—	0,0506	0,0684	0,0561	0,1449	—	,, . 6,542 ,, . 0,3200 ,,	32—33
3,789	—	0,0425	0,0200	—	0,0575	0,0355	,, . 3,789 ,, . 0,1555 ,,	31—32
3,295	—	0,0356	0,0295	0,0079	0,0618	0,0233	,, . 3,295 ,, . 0,1581 ,,	33 —
2,015	—	0,0298	0,0037	0,0254	0,0186	—	,, . 2,015 ,, . 0,0775 ,,	35
2,861	—	0,0199	—	0,0499	0,0658	—	,, . 2,861 ,, . 0,1356 ,,	32—33
2,220	—	0,0533	—	—	0,0361	—	,, . 2,220 ,, . 0,0894 ,,	34—35
2,223	—	0,0424	0,0198	0,0090	0,0138	—	,, . 2,223 ,, . 0,0850 ,,	35
1,974	—	0,0228	—	0,0305	0,0122	—	,, . 1,974 ,, . 0,0655 ,,	36
2,021	—	0,0277	0,0070	—	0,0308	—	,, . 2,021 ,, . 0,0655 . ,,	35—36
1,927	—	0,0260	0,0055	—	0 0271	—	, . 1,927 ,, . 0,0586 ,,	35 +
2,148	—	0,0470	0,0202	0,0528	0,0147	—	,, . 2,148 ,, . 0,1337 ,,	34
3,195	0,0078	0,2722	0,0598	0,0524	0,0419	—	,, . 3,195 ,, . 0,4341 ,,	32 —33
0,482	—	0,0638	—	—	—	—	,, . 0,482 ,, . 0,0638 ,,	39

denen die erste aus gemahlenem Quarz und Ton, die zweite, geringere, aus Sand und
Ton hergestellt wird. Sie gehören zu der Gattung der sauren feuerfesten Steine und
besitzen eine mittlere Feuerfestigkeit. Abgesehen von der Zusammensetzung ihrer Rohstoffmischung ist die Herstellungsweise dieselbe wie die der Schamottesteine. Sie werden
zum Bau von Kesselfeuerungen, Schweiß-, Puddel- und Glühofen benutzt.

Natürliche Quarzsteine.

Zu den natürlichen Quarzsteinen gehören die quarzigen Talkschiefer aus der Gegend
von Crummendorf in Schlesien und ähnliche, an einigen anderen Stellen Deutschlands
gebrochene Quarzsandsteine, die aus sehr reinem kristallinen Quarz bestehen. Die
Bruchsteine werden behauen oder in einfache Formen gesägt, und so zum Ausbau von
Kuppelöfen, von Puddel- und Schweißöfen, sowie der besonders heißgehenden Ölfeue-
rungen, Kohlenstaubfeuerungen und Kesselfeuerungen mit Wanderrosten usw. benutzt.
Wegen ihres schieferigen Gefüges müssen sie stets mit der Stirnfläche (Kopfseite) dem
Feuer zugewendet eingemauert werden. Als Mörtel muß dabei Klebsand oder ein Gemisch
von feingemahlenen Quarzsteinabfällen und etwa $10^0/_0$ Bindeton verwendet werden.
Für die erwähnten Zwecke haben diese natürlichen Quarzsteine eine nicht unbedeutende
Verwendung gefunden. Das als Ganister bezeichnete Gestein steht ihnen nahe und ist
als ihnen gleichwertig zu bezeichnen.

Die Quarzkalksteine (Silikasteine).

Wie der Name sagt, bestehen die Quarzkalksteine hauptsächlich aus Quarz, und
zwar im allgemeinen aus $98^0/_0$ SiO_2, denen als Bindemittel $2^0/_0$ Kalk zugesetzt werden.
Der zu ihrer Herstellung benutzte Quarz findet sich in der Natur als Quarzsandstein,
Quarzit, der ebenso wie die Tone durch die Zersetzung der Erstarrungsgesteine entstanden
ist. In den Erstarrungsgesteinen, z. B. im Granit, ist der Quarz in Form von Bergkristall-
körnern vorhanden, die bei der Zersetzung des Muttergesteines zum Teil vom Wasser
gelöst, in der Hauptmenge aber als Kristallkörnchen frei werden. Durch die Einwirkung
des Wassers sind diese Quarzkörnchen von den anderen Bestandteilen des Muttergesteines
getrennt, und im Wasser schwebend fortgeführt, wobei sich ihre zackige unregelmäßige
Form erhalten hat. Sie wurden an anderer Stelle in großen Lagern abgelagert, die im
Wasser gelöste Kieselsäure schied aus demselben aus, verkittete die Quarzkörnchen
miteinander, und durch den Gebirgsdruck entstanden schließlich die paläolithischen
kristallinen Quarzitlager des Silurs, Devons und Karbons, wie wir sie z. B. als Taunus-
quarzite, Koblenzquarzite, Kohlensandsteine usw. kennen. An anderen Stellen schied
die bei der Zersetzung der Erstarrungsgesteine vom Wasser gelöste Kieselsäure wieder
als kristalliner Quarz aus und füllte als sogenannter Gangquarz Spalten und Gänge
des Gebirges aus. Aus der späteren Zerstörung dieser Gangquarze entstanden die Quarz-
kiesel, die wir als Flußkiesel und als Kiesablagerungen kennen, und an denen wir besonders
große Kristallflächen in den Bruchstücken beobachten können als Zeichen ihrer sehr
langsamen Entstehung durch Auskristallisierung aus den wässerigen Lösungen. In späteren
Zeiten wurden sowohl die kristallinen Quarzite als auch die Gangquarze wieder zerstört
und allmählich in sehr feine Sande umgewandelt, die entweder durch den Wind oder
rollend im Wasser transportiert wurden, hierbei ihre scharfen Ecken und Kanten
verloren und in rundliche Körner umgewandelt wurden. In der Braunkohlenperiode
des Tertiärs wurden Ablagerungen solcher feinen Sande durch Wasser infiltriert, aus
denen sich Kieselsäure in Form von Gel abschied und die Sandkörnchen zu einem sehr
festen und dichten Gestein, den Braunkohlen- oder Süßwasserquarziten, wegen der
eigentümlichen Form des Gesteines auch Knollensteine genannt, verfestigte. Die so entstandenen Quarzite bezeichnet man als amorphe Quarzite. Bei der Untersuchung
von daraus hergestellten Dünnschliffen im polarisierten Lichte des mineralogischen
Mikroskopes findet man hier häufig noch Gruppen von Quarzindividuen, wie sie die
Dünnschliffe der kristallinen Quarzite zeigen, und wie sie in derselben Form in den

Dünnschliffen der Erstarrungsgesteine vorhanden sind. Damit dürfte die Richtigkeit der vorstehend beschriebenen Entstehungsweise der amorphen Quarzite bewiesen sein.

Der aus Kieselsäure bestehende Quarz wird mit Ausnahme der Flußsäure von keiner anderen Säure angegriffen und er ist durch Atmosphärilien fast unzerstörbar, also wetterfest. Staubfein zerkleinert wird er durch kochende Kalilauge oder durch Alkalikarbonatlösungen angegriffen. Das spezifische Gewicht des in der Natur in großen Mengen vorkommenden kristallinen Quarzes beträgt 2,65, sein spezifisches Volumen ist = 0,377. Während die Tone im Feuer nicht raumbeständig sind und, bis auf bestimmte Wärmegrade erhitzt, ihr Volumen durch Schwindung verringern, zeigt der Quarz bei dieser Behandlung das umgekehrte Verhalten, er wächst unter Vermehrung seines Volumens. Dies beruht darauf, daß der Quarz über 775⁰ C. hinaus erhitzt allmählich in die in der Natur nur selten vorkommende Modifikation der Kieselsäure, Tridymit, übergeht, dessen spezifisches Gewicht = 2,33 und dessen spezifisches Volumen = 0,429 ist. Mit der Umwandlung des Quarzes in Tridymit ist demnach eine Raumzunahme von rd. 14% verbunden. Der Tridymit ist die in hoher Temperatur praktisch raumbeständige Modifikation der Kieselsäure, denn erst, nachdem er einer 1685⁰ C. übersteigenden Temperatur ausgesetzt ist, erweicht er und geht in die nun schmelzende amorphe glasige Kieselsäure über.

Für die Herstellung feuerfester Baustoffe besitzt der Quarz einmal den nötigen hohen Feuerfestigkeitsgrad, denn sein Schmelzpunkt liegt nach Endell bei Segerkegel 35 = 1770⁰ C., und ferner besitzt er einen sehr hohen Erweichungspunkt, da er erst von 1685⁰ C. ab erweicht, in einer nur wenig unterhalb des Schmelzpunktes liegenden Temperatur. Diese Eigenschaften sowie seine hohe Widerstandsfähigkeit gegen Säuren und Salze und seine Wärmeleitfähigkeit eignen ihn besonders zur Herstellung derjenigen feuerfesten Baustoffe, die andauernd sehr hohen Temperaturen ausgesetzt sind, wie sie die Quarzkalksteine in den Martinöfen, Mischern und elektrischen Öfen der Stahlwerke auszuhalten haben, oder als Baustoff für die Wände der Koksöfen und das Gitterwerk der Winderhitzerapparate. Dagegen dürfen die Quarzkalksteine nicht starken Temperaturschwankungen ausgesetzt werden, unter deren Einwirkung sie rissig und mürbe werden.

Der Quarz geht also bei bestimmter Temperatur in die raumbeständige Modifikation der Kieselsäure, in Tridymit, über. Man würde deshalb aus jedem genügend reinen Quarzit raumbeständige Quarzkalksteine herstellen können. Je größer aber die einzelnen Quarzkörner sind, aus denen die Quarzite zusammengesetzt sind, um so langsamer findet ihre Umwandlung in Tridymit statt, und um so höhere Wärmegrade sind zur Herbeiführung dieser Umwandlung und der damit verbundenen Raumbeständigkeit des Gesteines erforderlich. Für die Praxis benutzt man deshalb nur diejenigen Quarzite zur Herstellung der Quarzkalksteine, deren Quarzkörner eine bestimmte mikroskopische Kleinheit besitzen, wie es bei den aus klastischen Quarzkörnchen bestehenden Quarziten der Fall ist, die durch amorphe Kieselsäure, zu einem sehr dichten, festen und zähen Gestein verkittet sind, bei den Braunkohlenquarziten. Diese Quarzite haben die günstige Eigenschaft, in der kürzesten Zeit raumbeständig zu werden, indem ihr spezifisches Gewicht im Scharffeuer des Ofenbrandes bei Segerkegel 14 von rd. 2,6 auf 2,35 herabgeht, wobei sie den für die Praxis erforderlichen Grad der Raumzunahme erreicht haben. Im allgemeinen enthalten diese Quarzite rd. 97,5% Kieselsäure und geringe Mengen von Eisenoxyd und Tonerde. Wenn man den Dünnschliff eines Quarzites mit dem mineralogischen Mikroskop prüft, erhält man eine im allgemeinen genügende Auskunft über die Menge der darin enthaltenen Verunreinigungen, die Größe der Quarzkörnchen und die Struktur des Gesteines, um danach seine Verwendbarkeit zur Herstellung von Quarzkalksteinen beurteilen zu können. Prüft man daneben das Volumen und spezifische Gewicht des rohen und des wiederholt längere Zeit bei 1450⁰ C. gebrannten Gesteines nach jedem Probebrande, so kann man hierbei leicht feststellen, ob derselbe in genügend kurzer Zeit und demgemäß mit einem möglichst niedrigen Brennstoffverbrauch zu Quarzkalksteinen verarbeitet werden kann. Ein guter Quarzit muß das Maximum seiner Raumzunahme im ersten Brande erreicht haben. Durch die gleichen Untersuchungen

kann man die Güte eines Quarzkalksteines beurteilen, dessen spezifisches Gewicht
rd. = 2,35 betragen muß, und an dessen Dünnschliff man die Struktur des dazu verarbeiteten Quarzites noch deutlich sehen kann. Dagegen ist die chemische Analyse
dieser Steine für die Beurteilung ihrer Güte so gut wie wertlos.

Der als Bindemittel zur Herstellung der Quarzkalksteine dienende Kalk soll ein
sehr reiner, fetter Weißkalk sein. Es ist vorteilhaft, ihn möglichst bald nach dem Brennen
in warmem Wasser abzulöschen und ihn stets möglichst frisch zu verarbeiten. Er wird
dem gemahlenen Quarzit in Form von Kalkbutter, meistens aber in Form von Kalkmilch im Verhältnis von $2\,^0/_0$ Kalk zu $98\,^0/_0$ Quarzit beigemengt.

Den Quarzit läßt man längere Zeit im Freien lagern, wobei er durch den Regen
von anhaftenden erdigen Verunreinigungen befreit wird. Nötigenfalls muß er in Wasch-
trommeln gewaschen werden. Die großen Stücke werden durch Steinbrecher auf Schottergröße vorzerkleinert und dann in abgemessenen Mengen auf schweren Kollergängen
unter allmählichem Zusatz der Kalkmilch gemahlen. Die so hergestellte fertige Formmasse wird durch Handarbeit in eiserne Formen eingeschlagen und festgestampft, und
so zu Steinen von verschiedenen Größen und Formen geformt. Steine in normalen For-
maten und die gewöhnlichen Formen von Wölbsteinen erzeugt man jetzt allgemein auf
Drehtischpressen, die nach Art der Kalksandsteinpressen arbeiten; auf diese Weise
stellt man, ohne besonders angelernte Handarbeiter nötig zu haben, in kurzer Zeit unter
hohem Druck gepreßte und deshalb sehr dichte und gleichmäßig geformte Steine in
größeren Mengen her. Da die Steine im Feuer infolge der Umwandlung des Quarzes
in Tridymit wachsen, müssen die Formen in entsprechendem Verhältnis kleiner hergestellt
werden, als die Maße der fertigen Steine angegeben sind. Die fertig geformten Quarzkalksteine trocknet man möglichst schnell. Zum Trocknen der größeren Steine benutzt
man direkt beheizte Trockendarren, die kleineren werden jetzt allgemein in automatisch
besetzten und durch die Abhitze der Brennöfen geheizten Trockenkammern getrocknet.
Das Brennen wird in derselben Weise ausgeführt, wie es bei der Herstellung der Schamottesteine beschrieben ist. Bis zur Höhe von rd. 800^0 C. läßt man die Ofenwärme sehr langsam und allmählich ansteigen, danach kann man schnell zum Scharfbrande übergehen,
während das Abkühlen der Quarzkalksteine sehr langsam und allmählich erfolgen muß.
Bei zu schnellem Abkühlen werden die Steine rissig und unbrauchbar.

Die Quarzkalksteine sind saure Steine, die, abgesehen von ihrem unbedeutenden
Gehalt an Kalk nur aus Kieselsäure bestehen. Deshalb werden sie vielfach auch mit dem
Namen Silikasteine bezeichnet. Die ausschließlich aus amorphem Quarzit hergestellten
Steine sind die Quarzkalksteine erster Güte, die hauptsächlich in den Köpfen und Gewölben
der Martinöfen, im Gewölbe der Roheisenmischer und in den Decken der Elektrostahlöfen benutzt werden. Die Quarzkalksteine zweiter Güte werden aus K hlensandsteinen
oder aus Mischungen von feinkristallinen und amorphen Quarziten hergestellt und da
verwendet, wo nicht so hohe Anforderungen durch das Aushalten höchster Wärmegrade
an die Quarzkalksteine gestellt werden, wie z. B. in den Koksöfen, Winderhitzern,
Regeneratoren usw.

Dinassteine sind die in England aus den dortigen Kohlensandsteinen hergestellten
Quarzkalksteine, die den in Deutschland aus demselben, auch hier gefundenen Rohstoff hergestellten gleichwertig sind. In England, Schweden und Nordamerika gibt es
keine amorphen Quarzite. Man erzeugt die Quarzkalksteine dort aus kristallinen
Quarziten, den sogenannten Felsquarziten, muß sie aber etwa 24 Stunden lang im Scharffeuer in der hohen Temperatur der Segerkegel $18-20 = 1500-1530^0$ C. brennen, um
daraus einen raumbeständigen Stein zu erzeugen; diese Herstellungsweise ist mit
bedeutend höheren Ausgaben für Kohlen und Brennerlöhne verbunden, als die Herstellung der Quarzkalksteine aus den in Deutschland in großen Mengen vorkommenden
amorphen Quarziten.

Die Dolomitsteine.

Die feuerfesten Baustoffe aus Dolomit, Dolomitsteine und -masse, werden stets
in den sie verbrauchenden Thomasstahlwerken hergestellt, und hier zur Ausfütterung

der Konverter benutzt. Der basische Dolomit ist für diesen Zweck ein Rohstoff, der bisher durch keinen anderen ersetzt werden konnte, weil er sich gegen die Angriffe der Thomasschlacke am widerstandsfähigsten erweist. Der in der Natur ziemlich weitverbreitete Dolomit ist ein Kalk-Magnesiakarbonat mit wechselnden Mengen dieser beiden Basen. Der für das feuerfeste Futter zu verarbeitende Rohdolomit soll im Mittel 45% Kohlensäure, 30% Kalk, 20% Magnesia, 1—2% Eisenoxyd und Tonerde und 1—1,5% Kieselsäure enthalten. Er ist um so besser, je geringer sein Gehalt an Kieselsäure ist. Die aus den Brüchen gewonnenen Rohblöcke werden durch Steinbrecher auf Schottergröße vorzerkleinert und dann zur Entfernung der Kohlensäure im Gebläseschachtofen oder im Drehrohrofen bis zur Sinterung gebrannt. Zur Herstellung einer verformbaren Masse wird der gebrannte Dolomit so vermahlen, daß man scharfkantige Körner mit einer genügenden Menge feinen Mehles erhält, eine Mischung, die einerseits nicht zu große Mengen des Bindemittels erfordert, andererseits eine möglichst homogene und dichte Formmasse ergibt, die beim späteren Brennen nicht rissig wird. Der als Bindemittel dienende Teer muß durch Destillation vom Wasser und den leichten Ölen befreit sein und soll nur noch die schweren Öle enthalten. Die Mischung des Dolomites mit dem Teer wird entweder bei gleichzeitigem Mahlen des Dolomites auf Kollergängen mit heizbarem Teller vorgenommen, oder der vorher gemahlene Dolomit wird in liegenden Mischmaschinen mit dem vorher hoch erwärmten und dadurch dünnflüssig gewordenen Teer gemischt. Für die Herstellung der Konverterböden verarbeitet man ausschließlich frisch gebrannten Dolomit mit einem Zusatze von 18—20% Teer. Das Futter der Konverterwände besteht aus drei Teilen bereits gebrauchter und wieder aufbereiteter Dolomitmasse und einem Teil frisch gebrannten Dolomits mit einem Zusatz von 10% Teer. Das Futter der zum Brennen des Dolomites benutzten Öfen wird aus bereits benutzter und wieder aufbereiteter Konverterfuttermasse mit einem Zusatz von 10% Teer hergestellt. Die Konverterböden werden durch Einstampfen der Formmasse in eiserne Formen durch Handarbeit oder mit einer Stampfmaschine, in neuerer Zeit auch durch Einrütteln geformt. Die Auskleidung der Konverterwände und der Dolomitbrennöfen wird entweder durch Einstampfen der Formmasse hergestellt, oder man mauert sie mit Radialsteinen aus, die in eisernen Formen durch hohen Druck hydraulischer Pressen erzeugt werden. Diese Dolomitsteine werden ungebrannt ohne Mörtel mit engen Fugen verlegt, die Fugen mit einer dünnflüssigen Mischung aus Dolomitpulver und heißem Teer vergossen, und das Ganze wird schließlich durch vorsichtiges Erhitzen festgebrannt. Das letztere geschieht auch, wenn die Wände der Konverter und Brennöfen aus Formmasse gestampft sind. Die Konverterböden werden in den eisernen Formen, in denen sie geformt sind, in Kanalöfen mit seitlichen Rostfeuerungen vorsichtig und in niedriger Temperatur gebrannt, wobei die Wärme nur langsam so weit gesteigert werden darf, daß der Teer vollständig verkokt, nachdem im ersten Teile des Brandes die Teeröle abgeflammt sind. Das Brennen ist beendet, wenn die eisernen Formen rotglühend geworden sind. Der Ofen wird hierauf dicht abgeschlossen, um den weiteren Zutritt der Luft zu verhindern, die ein Verbrennen des Teerkokses und damit ein Zerfallen der Böden verursachen würde, und nach einem Abkühlen von 2 Tagen können die Böden aus dem Ofen gefahren, aus der Form genommen und durch Abputzen gebrauchsfertig gemacht werden.

Die Magnesitsteine.

Den Rohstoff für diese Steine bildet der in mächtigen Ablagerungen in der Steiermark, in Kärnten und im Komitat Gömör der jetzigen Tschechoslowakei vorkommende, in der Hauptsache aus kohlensaurer Magnesia bestehende kristalline Magnesit. Für die chemische Zusammensetzung desselben können folgende Grenzwerte angenommen werden:

Magnesiumkarbonat	80—95%	entsprechend	38—45%	Magnesia
Kalziumkarbonat	5— 1%	,,	3,5—0,7%	Kalk
Eisenkarbonat	8— 2%	,,	4,0— 1,0%	Eisen
Tonerde	2— 1%	,,	47,0—51,0%	Kohlensäure
Rückstand	5— 1%.			

Vor der weiteren Verarbeitung muß der Rohmagnesit durch Brennen von der Kohlensäure befreit und bis zum Sintern totgebrannt werden, damit er unfähig wird, nach dem Brennen Wasser und Kohlensäure von neuem aufzunehmen. Nicht genügend scharf gebrannter Magnesit schwindet bei späterer Erhitzung. Der Eisengehalt verursacht die rotbraune bis schwärzliche Farbe der gebrannten Magnesite; er ist bis zu einer bestimmten Höhe erforderlich, weil er beim Brennen das Sintern des Magnesites herbeiführt. Die eisenfreien amorphen Magnesite Griechenlands u. a. sintern auch in sehr hohen Temperaturen nicht und können deshalb zur Herstellung von Magnesitsteinen für metallurgische Zwecke nur mit eisenhaltigen Zusätzen gemischt verarbeitet werden. Zur Erzeugung guter Magnesitsteine soll der gebrannte Magnesit erfahrungsgemäß die folgende Zusammensetzung haben:

wenigstens 83% Magnesia
„ 3% Eisenoxyd
höchstens 5% Kalk
„ 2% Tonerde
„ 5% Kieselsäure.

Das Rohgestein wird meistens in Gebläseschachtöfen, stellenweise auch in Drehrohröfen, bei 1550—1750° C. gebrannt. Zum Abkühlen lagert man den so erhaltenen Sintermagnesit im Freien, wobei der in ihm enthaltene Kalk ablöscht. Durch Handscheidung werden die nicht völlig durchgebrannten Stücke sowie die Verunreinigungen von Quarz und Kalk ausgesondert, der gereinigte Magnesit wird fein gemahlen, mit der nötigen Menge Wasser versetzt, mit dieser gut durchgemischt und gemaukt, d. h. man läßt die Masse in einem kühlen Raume mit wenig Luftwechsel einige Zeit lang lagern. Die gemaukte Masse wird noch einmal in einem liegenden offenen Tonmischer zur Zerteilung größerer Knoten aufgelockert und gemischt, und danach durch Pressen unter hohem hydraulischem Druck in stählernen Formen zu Steinen und Formstücken verschiedener Art und Größe gepreßt. Die fertigen Formstücke werden in geschlossenen, gut gelüfteten Räumen auf eisernen Gerüsten getrocknet. Das Trocknen kann durch mäßige Erwärmung des Trockenraumes befördert werden, muß aber vorsichtig ausgeführt werden, weil die Steine in zu schnell und zu stark erwärmten Räumen leicht rissig werden. Das Brennen der ofenreif getrockneten Steine geschieht entweder gemeinschaftlich mit Quarzkalksteinen; man setzt hier die Magnesitsteine in die obersten Lagen der Öfen, wo sie die höchste Temperatur erhalten. Sonst brennt man sie in Kammerringöfen mit undurchbrochener Sohle, deren Mauerwerk aus Quarzkalksteinen hergestellt sein muß, und mit Gasfeuerung. Ton wirkt auf die Magnesia als das stärkste Flußmittel, deshalb muß jede Berührung der Magnesitsteine mit Schamottesteinen überall sorgfältig vermieden werden.

Durch das Brennen erhalten die Magnesitsteine eine hohe Festigkeit bei dichtem Gefüge und hellem Klang. Sie springen im Gebrauch nach sorgfältigem Anwärmen der daraus hergestellten Öfen usw. nicht, sind gegen basische Angriffe sehr widerstandsfähig und zeigen bei den höchsten, in den metallurgischen Öfen erreichbaren Temperaturen weder ein Wachsen noch ein Schwinden. Deshalb finden sie eine ausgedehnte Verwendung zum Bau der Martinöfen, Elektrostahlöfen und Tieföfen, der Roheisenmischer, in den Feuerungen der Schweiß- und Glühöfen, zur Herstellung der Konverterdüsen usw.

Böden für die basischen Konverter und die Herde der Siemens-Martinöfen werden durch Einstampfen einer Mischung von gemahlenem Sintermagnesit und wasserfreiem Teer hergestellt und vor der Benutzung festgebrannt.

Besondere Ofenbaustoffe.

Der Klebsand. Ein wichtiges Verbrauchsmittel für Gießereien bildet der Klebsand, der teils künstlich durch Vermischen von feinem Quarzsand und gemahlenem Ton hergestellt wird, teils als natürliches Gemenge in großen Lagern in der Natur vorkommt, z. B. in der Rheinpfalz, im Rheinland, in Thüringen und an anderen Orten. Im letzteren Falle ist sein Gehalt an Kieselsäure und Tonerde je nach seiner Herkunft verschieden, und es gibt Sorten, die bis 15% Tonerde enthalten. Eine Normalsorte

Eisenberger Ursprunges soll eine durchschnittliche Zusammensetzung von 93,5 % Kieselsäure, 4,5 % Tonerde, 0,15 % Eisenoxyd, 0,05 % Kalk, 0,05 % Magnesia, 0,5 % Alkalien
und 1,3 % Wasser haben. Er ist um so bildsamer, je höher sein Gehalt an Tonerde ist.
Die Bezeichnung Kaolin, die man bisweilen in Gießereien für den Klebsand findet, ist
falsch, da der Kaolin, wie oben ausgeführt, eine sehr reine Art des auf primärer Lagerstätte
liegenden, kristallinen Tones ist, Klebsand dagegen stets ein mechanisch entstandenes
Gemenge von Quarzsand und Ton.

Der Klebsand wird, mit Wasser angemacht, als dicker Brei zum Ausschmieren der
Schmelzöfen, besonders an schadhaft gewordenen Stellen der Schmelzzone, und bei
Herdöfen und Kleinkonvertern an der durch die Schlacke am meisten angegriffenen
Übergangsfläche vom Metallbade zur Schlacke benutzt. Damit er besser anhaftet, müssen
die Stellen des Mauerwerkes, auf die er aufgetragen werden soll, vorher durch Behauen
gut aufgerauht werden. Wesentlich ist ferner, daß das Ausschmieren auf der ganzen
Fläche in möglichst gleichmäßiger Dicke geschieht, um auf diese Weise ein gutes Anhaften
und gleichmäßiges Trocknen zu veranlassen. Eine gute Trocknung der Ausschmierung
ist erforderlich, weil sie die Haltbarkeit im Betriebe günstig beeinflußt.

Bei den Kuppelöfen erfolgt die Ausschmierung mit Klebsand in der Regel nach
jeder Schmelzung, da der Klebsand meist von der Schlacke aufgelöst wird, wie aus dem
hohen Kieselsäuregehalt der Analysen der Zahlentafel 222 hervorgeht, der durch den
am Roheisen anhaftenden Sand nicht allein herbeigeführt werden kann.

Mit wenig Wasser angemacht benutzt man den Klebsand auch zum Ausstampfen
von Teilen der Schmelzöfen und der Pfannen als Ersatz für das Mauerwerk. Auch in
diesem Falle muß ein sorgfältiges Austrocknen und Anwärmen der so hergestellten Teile
stattfinden, wobei das Entstehen von Rissen besonders vorsichtig vermieden werden muß.

Mit der geeigneten Menge Wasser angerührt, benutzt man den Klebsand vielfach
als feuerfesten Mörtel zum Bau der Öfen. Infolge seiner Zusammensetzung eignet er
sich aber nur für das Vermauern der mit Tonbindung hergestellten Quarzschamotte-
und Quarztonsteine sowie der Quarzkalksteine.

Als von geringerer Bedeutung neben den bereits beschriebenen feuerfesten Baustoffen sind auch die folgenden zu erwähnen.

Chromitsteine besitzen eine sehr hohe Feuerfestigkeit und sind gegen die Angriffe
von Basen und Säuren unempfindlich. Sie werden deshalb z. B. in den Martinöfen u. a.
als Trennungsschicht zwischen den Magnesitsteinen und anderen Arten feuerfester Steine,
die in hoher Temperatur nicht miteinander in Berührung kommen dürfen, verwendet.
Sie werden aus Chromeisenerz hergestellt, das in der Hauptsache aus Chromoxyd und
Eisenoxydul besteht. Die Feuerfestigkeit derselben steigt mit seinem Gehalt an Chromsäure, die bis zu 64 % betragen kann, sie wird durch größere Mengen von Kieselsäure,
Tonerde und Magnesia vermindert. Das Erz wird zerkleinert und durch Schlämmen
von seinen Verunreinigungen befreit. Der geschlämmte Chromit wird mit etwa 10 %
Kalkmilch und Teer gemischt, zu Steinen geformt und in hoher Temperatur gebrannt.
Die gebrannten Steine werden wieder vermahlen und das Mahlgut mit möglichst geringen
Mengen desselben Bindemittels innig gemischt. Aus der so erhaltenen Formmasse werden
die Steine durch Pressen mit hohem Druck hergestellt und bei Wärmegraden gebrannt,
die möglichst die übersteigen, denen sie später im Ofenbetriebe ausgesetzt werden sollen,
bei rd. 1700° C. Ihr Verwendungsgebiet ist ein beschränktes.

Die Verwendung des Kohlenstoffes zu Bausteinen für metallurgische Öfen beruht
auf seiner Unschmelzbarkeit. Sowohl der reine Kohlenstoff in Form von Koks als auch seine
Verbindung mit Silizium als Siliziumkarbid (Karborundum) ergeben zu Steinen geformt
sehr widerstandsfähige feuerfeste Ofenbaustoffe, die in den Schmelzöfen überall da am
Platze sind, wo sie nicht mit hoch erhitzten, oxydierend wirkenden Feuergasen, mit eisenoxydreichen Schlacken oder mit kohlenstoffarmen flüssigen Eisensorten in Berührung
kommen können, weil die Kohlenstoffsteine durch diese Mittel zerstört werden.

Der Grundstoff der Kohlenstoffsteine ist ein möglichst aschenarmer, trockener
und guter Gießereikoks, der auf 2—1,5 mm Korngröße gemahlen und im Verhältnisse
von 4:1 mit heißem Teer versetzt wird. Der Teer muß dieselben Eigenschaften haben,

wie der für die Herstellung der Dolomitsteine benutzte. Die Masse wird in durch Koksfeuer geheizten liegenden Tonknetern gemischt, und möglichst warm in geölten Holzformen verformt. Normalsteine kann man auch nach Art der anderen feuerfesten Steine auf mechanischem Wege in eisernen Formen durch Pressen unter hohem Druck formen. Die fertig geformten Steine läßt man längere Zeit auf ihren Unterlagen in offenen Trockenräumen liegen, wo sie vor der Sonnenwärme geschützt bei gewöhnlicher Temperatur der Zugluft ausgesetzt werden und erhärten. Das Brennen geschieht unter sorgfältigem Abschluß der Luft in Muffeln oder Kästen aus Schamotteplatten, in denen sie auf einer Unterlage von Koksklein so eingesetzt werden, daß die Zwischenräume fest mit Koksklein ausgefüllt und sie auch außen herum vollständig mit Koksklein umstampft werden. Sie erweichen bei dem nachfolgenden Verkokungsprozeß, und würden hierbei ihre Form verlieren, wenn sie nicht nach allen Seiten hin fest umstampft und eingehüllt sind. Die Brenntemperatur liegt bei Segerkegel 10 = 1300° C.; während des Brennens verflüchtigen sich zuerst die in dem Teer enthaltenen Öle, danach verkokt der Teerrückstand. Nach dem Brennen läßt man die Steine anfangs in der Muffel langsam abkühlen; nachdem sie soweit erkaltet sind, daß sie sich durch den Zutritt der Luft nicht mehr entzünden und dadurch verbrennen können, öffnet man die Muffel, und läßt die Steine durch die Außenluft vollständig abkühlen. Ein guter Kohlenstoffstein muß gleichmäßig schwärzlich aussehen, sehr hart sein, eine Druckfestigkeit von mindestens 120 kg/qcm besitzen, im Bruch ein gleichmäßig dichtes, feinkörniges Gefüge zeigen und einen hellen Klang geben. Sein Raumgewicht soll = 1,2—1,4 sein, und der Aschengehalt soll 12% nicht übersteigen. Die Kohlenstoffsteine finden hauptsächlich Verwendung für den Boden und als Gestell der Eisenhochöfen und als Elektroden der Elektrostahlöfen. In neuerer Zeit wird ein besonderer Formstein aus Kohlenstoffmasse, der leicht auswechselbar ist, als Stichlochstein für die Kuppelöfen der Eisengießereien empfohlen.

Karborundum (Siliziumkarbid) ist die chemische Verbindung des Kohlenstoffs mit Silizium. Es wird im elektrischen Ofen aus Sand und Kohle hergestellt, ist bis gegen 1800 C. unschmelzbar und besitzt eine sehr hohe Wärmeleitfähigkeit. Das gemahlene Karborundum wird, mit Teer, Ton oder Wasserglas gemischt, zu Steinen verformt, die für ähnliche Zwecke wie die Kohlenstoffsteine benutzt werden können. Durch oxydierende Gase wird es bereits bei 1600° C. zersetzt, ebenso durch schmelzende Erze, flüssige Metalle und Schlacken, sogar durch Wasserdampf, dagegen wird es von geschmolzener Kieselsäure nicht angegriffen. Karborundum- und Kohlenstoffsteine sind im Feuer raumbeständig. Mit den Nebenerzeugnissen der Karborundumfabrikation, dem stickstoffhaltigen Karbazid, das elektrische Leitfähigkeit besitzt, und dem Siloxikon, das außer Siliziumkarbid noch freien Kohlenstoff und unzerlegte Kieselsäure enthält, hat das Karborundum die oft weniger erwünschte Eigenschaft gemein, daß die daraus angefertigten Steine sehr porös werden. Diese Stoffe kommen meist nur für höhere Temperaturen und für besondere Zwecke, z. B. im elektrischen Schmelzofen in Betracht, für die Gießereipraxis haben sie schon wegen ihres hohen Preises keine Bedeutung.

Das Zirkonoxyd ist ein Rohstoff, das sämtliche guten Eigenschaften in sich vereinigt, welche ein feuerfester Baustoff besitzen kann. Sein Vorkommen ist aber bisher auf Brasilien beschränkt, und wegen seines hohen Preises kann man es nicht in reinem Zustande verwenden, sondern ist zu Mischungen mit anderen Rohstoffen gezwungen. Die Eigenschaften der so hergestellten feuerfesten Baustoffe sind bisher noch nicht in genügendem Maße bekannt, um von einer ausgedehnteren Verwendung der Zirkonsteine reden zu können. Wegen ihres hohen Preises ist nicht anzunehmen, daß sie im Gießereibetriebe eine Bedeutung haben werden.

Poröse Steine oder Leichtsteine. In den Fällen, wo es darauf ankommt, an Gewicht zu sparen, wie bei dem Einbau der Schiffskessel, oder wo man einen die Wärme möglichst wenig leitenden Baustoff braucht, wie bei dem äußeren Mauerwerk der Heißwindleitungen und der Winderhitzerapparate, verwendet man die porösen oder Leichtsteine. Dieselben werden entweder aus Infusorienerde mit organischen oder tonigen Bindemitteln oder aus Schamottemasse mit Zusätzen von gemahlenem Koks, Sägemehl oder Gerberlohe hergestellt. Die ersteren zeichnen sich durch besondere Leichtigkeit und sehr niedrige Wärmeleitzahlen aus, die letzteren besitzen dagegen eine größere Druck-festigkeit und einen höheren Feuerfestigkeitsgrad.

Die Schmelztiegel.

Die Schmelztiegel sollen in hohen Wärmegraden ihre Form behalten, sowie den Angriffen des Schmelzgutes, der Feuergase und Flugasche genügenden Widerstand leisten, so daß der Inhalt im Feuer entweder nur ganz geringe oder gar keine chemischen Veränderungen erleidet. Man unterscheidet die sogenannten hessischen Tiegel, die aus schamotteartigem Rohstoff bestehen, deshalb etwas porös sind und für Gießerei-zwecke seltener in Betracht kommen, und die Tiegel, die man je nach dem weniger oder mehr hohen Gehalt an Graphit als Ton- oder als Graphittiegel bezeichnet. Bei den Tontiegeln soll der Graphit den Sauerstoff der Beschickung zu Kohlenoxyd verbrennen, während er bei den eigentlichen Graphittiegeln vor allem zur Erhöhung der Feuerbeständig-keit beitragen soll, weil der Graphit widerstandsfähiger gegen hohe Temperatur ist, als die anderen sogenannten feuerfesten Stoffe, und bei hohen Temperaturen nicht schwindet, wodurch ein Reißen der Tiegel in der Hitze verhindert wird.

Als Rohstoffe für die Tiegelfabrikation werden benutzt:

Ton von sehr hoher Bindekraft und großer Reinheit, der nicht zu stark schwinden darf und nicht zu einem Glasfluß, sondern zu einer lavaartigen Masse schmelzen soll. Derartige Tone werden in Klingenberg a. M., in Großalmerode, in Grünstadt (Pfalz), in Saarau (Schlesien), bei Passau und an anderen Orten gefunden. Sie enthalten etwa $35-36^0/_0$ Tonerde, $48-50^0/_0$ Kieselsäure bei geringen Beimengungen von Eisen-oxyd und höchstens je $0,5^0/_0$ Kalk und Alkalien. Sie werden gut getrocknet, staubfein gemahlen und dann mit den anderen ebenso behandelten Rohstoffen der Tiegelmasse gemischt.

Schamotte, die man durch Brennen der besten Tonsorten erzeugt und fein mahlt.

Sand, der sehr rein und frei von Eisenoxyd sein soll und auf ein gleichmäßig feines Korn gemahlen wird. Er dient als Magerungsmittel, um das Reißen und Springen der Tiegel zu verhindern.

Graphit[1]). Nicht alle Graphitarten eignen sich für die Tiegelfabrikation, da manche Sorten neben Verunreinigungen ein erdiges Gefüge besitzen. Am geeignetsten sind die Graphite von blätteriger Beschaffenheit, weil jedes Blättchen in der Tiegelmasse für sich eine besonders widerstandsfähige Schicht darstellt und die Tiegelwand dadurch ein aus lauter parallel liegenden Teilchen gebildetes Gefüge erhält. Seine Fundstätten sind bei Passau, in Böhmen, Steiermark, im Ural, Kaukasus und Amerika. Die besten blätterigen Graphite stammen aus Ceylon. Er soll mindestens $60-85^0/_0$ Kohlenstoff enthalten.

Der Graphit wird mit dem Brecher vorgebrochen und auf Walzwerken weiter zer-kleinert. Nachdem er durch Magnetscheider von metallischem Eisen und anderen magnetischen Verunreinigungen befreit ist, geht er durch ein Glattwalzwerk, um dann in einem Siebwerk von feinem Staub und den nicht blätterigen Teilen befreit zu werden. Der so erhaltene Flinz wird in verdünnter Salzsäure gekocht und mehrere Male gewaschen, wodurch sein Gehalt an Eisen von rd. $2^0/_0$ auf $0,5-0,7^0/_0$ verringert wird. Schließlich füllt man die gewaschene Masse in Säcke und befreit sie durch Auspressen von dem Wasser.

Formerei. Die Rohstoffe werden in genau abgewogenen Mengen in Mischbottichen durch nach allen Richtungen hin frei bewegbare Läufer mehrere Stunden lang gemischt, danach läßt man die Masse wenigstens 14 Tage lang in kühlen, luftigen Räumen mauken.

Die gutgemaukte Formmasse wird ein bis zweimal geknetet. Hierzu benutzt man mit Bronzemantel ausgekleidete und mit Messern aus Bronze versehene liegende Strang-pressen von der Form, wie sie auch zur Herstellung der Schamotteformmasse verwendet werden. Das Durchkneten muß sehr sorgfältig und gründlich geschehen, um eine gleich-mäßige von Knoten freie Formmasse zu erhalten, da sonst Ungleichmäßigkeiten im Tiegelmaterial und dadurch Störungen im Tiegelschmelzbetriebe eintreten können.

---

[1]) Vgl. auch S. 611.

Die gut durchgeknetete Masse zieht man schließlich durch ein Mundstück als geschlossenen Strang aus der Presse. Von dem Strange bricht man einzelne Ballen ab, die man durch kräftiges Zusammenschlagen zu Rohballen vereinigt, und formt daraus die Tiegel entweder mit der Hand auf der Töpferscheibe oder durch Einformen in Gipsformen über Schablonen.

Besser als das Einformen der Tiegel in Gipsformen ist das kräftige Einpressen der Masse in eiserne Formen durch Stempelpressen. Hierbei bleiben die Graphitteilchen besser in der Masse verteilt und vom Bindeton eingeschlossen, die einzelnen Masseteilchen werden stärker aneinander gepreßt, der fertige Tiegel wird weniger porös, saugt weniger Schlacken auf, leitet die Wärme besser und ist unempfindlicher gegen Wärmeschwankungen.

Das Formen muß sehr sorgfältig ausgeführt werden, damit die Tiegel in gleicher Höhe überall die gleiche Wandstärke erhalten, weil sonst Spannungen in den Wänden entstehen, die beim Trocknen, Brennen und im Schmelzofen das Zerspringen der Tiegel verursachen. Auch muß die Masse stets mit einem möglichst geringen Wassergehalt verformt werden. Je glatter und dichter die Tiegelwände sind, um so widerstandsfähiger sind sie gegen die im Schmelzbetriebe von innen und außen an sie herantretenden Angriffe. Der fertig geformte Tiegel wird deshalb auf der Drehscheibe mit einem feuchten Schwamm und mit weichem Leder innen und außen sehr sorgfältig abgeputzt und geglättet; schließlich wird er mit einem Ausguß versehen.

Das Trocknen der Tiegel muß sehr langsam und allmählich in einem vor Luftzug geschützten Trockenraum geschehen, damit das Entstehen von Haarrissen vermieden wird. Besonders empfindlich sind die Graphittiegel, die man zuerst in einem auf rd. 30° C. erwärmten Trockenraum langsam erhärten läßt. Danach werden sie in einem zweiten Trockenraum in einer bei vorsichtiger Lüftung allmählich bis auf 60° C. gesteigerten Wärme vollständig getrocknet, wozu je nach ihrer Größe 10 Tage bis zu 10 Wochen erforderlich sind. Der ofenreife Graphittiegel soll einen hellen, metallischen Klang geben.

Die Schmelztiegel werden teils nur getrocknet und ungebrannt verwendet. Die reinen Schamottetiegel, die aber für Gießereizwecke weniger in Betracht kommen, werden nach Art der Schamottesteine gebrannt. Die Graphittiegel werden unter denselben Vorsichtsmaßregeln gebrannt, wie es bei der Herstellung der Kohlenstoffsteine beschrieben wurde. Man muß sie in Muffeln sorgfältig mit Koksstaub ausfüllen und umstampfen, so daß sie während des Brennens nicht mit oxydierenden Feuergasen in Berührung kommen können. Man erhitzt die Muffel allmählich, in den ersten 36—48 Stunden nicht über 100—110° C. hinaus, danach steigert man das Feuer langsam und brennt die Tiegel schließlich bei rd. 1000° C. gar.

Nach dem Brennen läßt man die Tiegel langsam in der Muffel erkalten und nimmt sie erst heraus, wenn sie nicht mehr glühend sind, weil sie sonst durch den Zutritt der Luft verbrennen würden.

Vor dem Gebrauch überzieht man die Tiegel häufig noch mit einer Anstrichmasse, die eine im Feuer leichter schmelzende Glasur bildet, um sie dadurch gegen die Oxydation zu schützen. Derartige Überzüge sind überflüssig, denn die Flug- oder Koksasche bildet während des Betriebes einen genügend schützenden Überzug. Dagegen werden die bereits gebrauchten, von der Schlacke befreiten Tiegel, um ihre stark mitgenommene Außenschicht zu verstärken, gleichmäßig mit einer Paste überschmiert, die man entweder in ungefähr gleicher Zusammensetzung, wie es die Tiegelmassen sind, aus den Tiegelfabriken bezieht oder sich selbst aus gereinigten und gemahlenen Tiegelscherben mit Zusatz von etwas Bindeton und Graphitstaub herstellt. Die Tiegel müssen aber dann vor ihrer weiteren Verwendung im Trocken- oder Tiegelofen sorgfältig getrocknet werden.

Die Untersuchung der Tiegelmaterialien ist in der Hauptsache eine rein chemische, man kann aber unter Umständen, ebenso wie man es bei den feuerfesten Rohstoffen zu tun pflegt, nach der genügenden Feinzerkleinerung durch Schlämmanalysen ungefähr die Mengen der Bestandteile feststellen. Bei der Schlämmanalyse, die für Rohtone, für Formsande usw. häufig angewandt wird, trennt man die Bestandteile der zu prüfenden Stoffe nach dem spezifischen Gewichte. Man wird dabei in den meisten Fällen die organischen und sonstige kohlenstoffhaltige Bestandteile in den oberen Schichten, den leichtesten, wieder finden, während Ton und Eisenoxyd die mittleren Schichten ausmachen und der Sand oder sonstige Bestandteile quarzitischen Ursprungs zu unterst liegen. Zu solchen Schlämmungen eignen sich graduierte hohe Glaszylinder, die an der Graduierung die Gehalte der Bestandteile in Volumprozenten abzulesen gestatten. Will man das Schlämmen noch weiter durchführen und die einzelnen Bestandteile nach dem spezifischen Gewicht so vollständig als möglich voneinander trennen, so muß man besondere Schlämmapparate, z. B. den Schoeneschen Apparat, mit fließendem Wasser verwenden[1]).

Glasuren.

Das Glasieren feuerfester Gegenstände ist vollständig überflüssig, weil diese sich im Feuer stets allmählich von selbst mit einer Glasur überziehen, während eine besonders aufgetragene Glasur den Zweck, sie widerstandsfähiger zu machen, kaum erfüllen kann. In jedem Falle müssen solche Glasuren durch eingehende Versuche dem Scherben, für den sie benutzt werden sollen, angepaßt und so zusammengesetzt werden, daß sie in der Garbrandwärme zu einem dünnen, gleichmäßig verteilten Überzuge schmelzen. Allgemein gültige Zusammensetzungen von Glasuren anzugeben, ist wertlos.

Mörtel und Stichlochmassen.

Der feuerfeste Mörtel soll die Fugen zwischen den Steinen ausfüllen, damit Feuergase und Schlacken keine Angriffspunkte vorfinden, mittels deren sie verderblich auf das Steinmaterial des Mauerwerks einwirken können. Er muß also gegenüber den Angriffen dieser Agentien den gleichen Widerstand zu leisten vermögen, wie das Material der Steine. Daraus folgt, daß der Mörtel, um nicht in seinem Verhalten im Feuer von dem der Steine abzuweichen, der Zusammensetzung und den Eigenschaften der Steine ziemlich nahe kommen muß. Da er aber nicht wie die Steine als feste vorgebrannte Masse angewandt werden kann, sondern roh in Gebrauch genommen werden muß und erst im Ofen festbrennen kann, so wählt man am besten solches Mörtelmaterial, dessen Schmelzpunkt um ein geringes tiefer als der der Steine liegt. Es ist aber dann erforderlich, daß der Mörtel bei der Höchsttemperatur des Ofens frittet, er darf weder schwinden, noch seinen inneren Zusammenhang verlieren. Gerade diese Anforderungen an das Mörtelmaterial werden in sehr vielen Fällen vernachlässigt; daraus erklärt sich die geringe Haltbarkeit mancher Öfen und ihrer Ausmauerungen. Der passendste Mörtel ist für alle Fälle aus gemahlenen Steinen des gleichen Materials, wie das Mauerwerk, mit einem Bindetonzusatz herzustellen.

Daraus geht hervor, daß die feuerfesten Mörtel, mit wenigen Ausnahmen der Teer enthaltenden, in der Kälte keine Bindekraft besitzen und hier nicht erhärten. Die vielfach dafür benutzten Bezeichnungen feuerfester Zement, Feuerzement u. a., sind deshalb falsch und leicht irreführend. Man sollte überhaupt bei der Beschaffung sämtlicher feuerfester Stoffe alle unter irgendwelchen mehr oder weniger unklaren Phantasiebezeichnungen angebotenen Erzeugnisse grundsätzlich ablehnen, und nur solche kaufen, aus deren Bezeichnung ganz klar zu ersehen ist, was sie sind, woraus sie bestehen und für welchen Zweck sie zu benutzen sind Dadurch können viele Enttäuschungen und zwecklose Geldausgaben gespart werden.

Für viele Zwecke genügt ein aus Klebsand oder aus einer Mischung von Sand und gemahlenem Ton verhältnismäßig billig im eigenen Betriebe herzustellender Mörtel vollständig. Meistens wird man aber dazu dieselben Rohstoffe zusammenstellen, aus denen die damit zu vermauernden Steine bestehen, ihnen aber, um die Bindefähigkeit zu erhöhen, einen etwas größeren Zusatz von Ton geben und das Ganze möglichst fein mahlen.

---

[1]) Näheres vgl. S. 590.

Quarztonsteine vermauert man mit einem Mörtel aus feingemahlenem Quarz und gutem Bindeton.

Zum Vermauern der Quarzschamottesteine benutzt man Klebsand oder eine Mischung aus feinem Sand, gemahlenen Steinstücken und Tonmehl.

Schamottesteine werden mit einem aus feingemahlener Schamotte oder Kapselscherben bez. Schamottesteinabfällen und Bindeton, nach Bedarf unter Zusatz feingemahlener Quarzschamottesteinstücke, bestehenden Mörtel vermauert.

Quarzkalksteinmörtel besteht aus Klebsand, oder aus feingemahlenen Quarzkalksteinen mit einem geringen Zusatz von Tonmehl.

Dolomitsteine bestreicht man vor dem Verlegen mit wasserfreiem Teer, im Feuer brennen dann die Fugen durch Verkoken des Teers dicht.

Magnesitsteine verbindet man durch eine Mischung aus feingemahlenem Sintermagnesit und wasserfreiem Teer.

Der Mörtel für Kohlenstoffsteine besteht aus 2 Teilen Koksstaub und 1 Teil Tonmehl.

Für manche Zwecke, besonders in der sogenannten trockenen Hitze, empfiehlt sich ein Mörtel aus Schamotte, Ton und graphithaltigen Abfällen gemischt.

Beim Vermauern wird der Mörtel mit Wasser zu einem dünnen Brei angerührt. Die Mahlung des Mörtels muß tunlichst fein sein, weil man die Steine nur mit ganz dünnem Brei aufeinanderpassen und festdrücken soll, damit die Fugen so gering als möglich ausfallen. Die Steine selbst werden gut angenetzt, da sie sonst das Wasser aus dem Mörtel heraussaugen. Vor dem Anheizen der Öfen soll frisches Mauerwerk durch vorsichtiges Austrocknen unter langsamer Anwärmung von dem beim Mauern aufgenommenen Wasser befreit werden, damit dieses nicht bei plötzlicher höherer Erwärmung durch Dampfbildung zu Zerstörungen des Ofenmauerwerks Anlaß geben kann.

Das endlich hier zu erwähnende Verschlußmaterial für die Stichöffnungen der Schmelzöfen bildet zum Teil gebrauchter, zum Teil frischer Formsand, den man bei genügender Plastizität mit Wasser anfeuchtet. Bisweilen verwendet man zwar auch Ton, aber dieser brennt, falls er nicht mit Sand oder anderem Material gemagert ist, oft so stark im Stichloch fest, daß ein Öffnen des Abstichs nur mit Mühe möglich ist. Die Verwendung eines sehr mageren, aber dennoch genügend plastischen Stopfmaterials, das genügend Festigkeit besitzt, um das Stichloch zu schließen, ist daher vorzuziehen.

Zur Vornahme schnell nötig gewordener Ausbesserungen an den Schmelzöfen benutzt man eine möglichst wasserarme Mischung von gröberen Schamotte- und Quarzkörnern mit wenig Bindeton. Vielfach wird diese sogenannte Stampfmasse auch noch mit gröberem Koksklein versetzt.

Literatur.

Wernicke, Fr.: Herstellung der feuerfesten Baustoffe. Berlin 1921.
Endell, K.: Feuerfeste Materialien in der Zementindustrie. Charlottenburg 1919.
Schwarz, R.: Feuerfeste und hochfeuerfeste Stoffe. Braunschweig 1918.
Stark, Joh.: Physikalische und technische Untersuchung keramischer Kaoline. Leipzig 1922.
Bauer, E. P.: Keramik. Dresden und Leipzig 1923.
Bischof, C.: Die feuerfesten Tone und Rohstoffe. 4. Aufl. Neu verfaßt und bearbeitet von K. Jakob und E. Weber. Leipzig 1923.

XVIII. Die Formstoffe.

Von
Ingenieur Carl Irresberger.

Die Formstoffe lassen sich zwanglos in fünf Gruppen einteilen: Natürlich vorkommende Stoffe, Zusatzstoffe, Kernbinder, Schutzstoffe zum Überziehen der Formen und Modellpuder.

Natürlich vorkommende Stoffe.
Entstehung und Vorkommen.

Die natürlichen Formstoffe sind durchweg das Ergebnis der Verwitterung der Erdkruste. Die Verwitterung wird durch physikalische und chemische Einflüsse veranlaßt, worauf das Gestein zunächst zu Schutt zerfällt, und dann durch reines Wasser oder durch Wasser, das chemisch wirksame Bestandteile aufgenommen hat, weiter verändert wird.

Als Ergebnis der gesamten Verwitterungserscheinungen sind vier Gruppen zu unterscheiden: Reine Urgesteine, die nur durch physikalisch-mechanische Wirkungen vom Massengebirge getrennt und zerkleinert wurden. Ablagerungsgesteine, bestehend aus einem Gemenge von Urgesteinsteilen und Ton, entstanden durch eine Reihe physikalischer und chemischer Vorgänge; Tone, die entstanden sind durch weitestgehende chemische Beeinflussung von Urgesteinsteilen, und als Endergebnis die fruchtbare Erde, zu deren Bildung neben physikalisch-chemischen Einflüssen organische Vorgänge am meisten beigetragen haben.

Für die Formerei kommen nur Ablagerungsgesteine und Tone in Betracht, wobei unterschieden werden können:

1. Sandstein oder alte Sandsteinbildungen, die sich zum Teil ununterbrochen über große Gebiete erstrecken und mehr oder weniger durch Eisenoxyde, Kieselsäure oder andere Binder zusammengehalten werden.

2. Körnige Sande, entstanden durch Verwitterung von Sandsteinen und anderen Gesteinsarten.

3. Gletschersande, die ein Gemisch vieler durch Gletscherwirkungen zusammengeworfener Bestandteile bilden, und

4. Tone, die nach dem Grade ihrer Reinheit in Kaoline, eigentliche Tone, Löß und Lehm unterschieden werden.

Aus den drei ersten Gruppen stammen alle Formsande, die vierte Gruppe liefert den Formerlehm, während ein Gemenge aus Bestandteilen der ersten drei und der vierten Gruppe die Grundbestandteile der Formmasse ergibt.

Formsand.

Ein guter Formsand muß bildsam sein, d. h. er muß sich ohne Schwierigkeit der Form der herzustellenden Abgüsse anpassen lassen; er muß zugleich fest sein, d. h. er muß die erhaltene Form bis zum Gusse und während desselben zuverlässig beibehalten;

er muß feuerbeständig genug sein, um unter der Wirkung des flüssigen Eisens weder zu schmelzen, noch solche Veränderungen zu erleiden, welche die Haltbarkeit der Form beeinträchtigen würden, und er muß porös und durchlässig genug sein, um die während des Gusses entstehenden Dämpfe und Gase ohne Schädigung der Form nach außen entweichen zu lassen.

Man teilt die Formsande nach ihrer Bildsamkeit in magere und fette Sande ein. Die mageren Formsande bestehen zum überwiegenden Teile aus Quarzkörnern, man bezeichnet sie in der Formerei als scharfe Sande, ein Begriff, unter den auch noch Sande mit geringem Tongehalte fallen. Mit zunehmendem Tongehalte wächst die Bindekraft und Festigkeit eines Formsandes; gießereitechnisch bezeichnet man einen Sand als um so fetter, je mehr er Ton enthält.

In fast allen Gebieten Deutschlands kommen brauchbare Formsande vor[1]), am bekanntesten und gründlichsten untersucht sind zur Zeit die Vorkommen bei Halberstadt a. Nordharz, bei Kronenthal-Ratingen (Reg.-Bezirk Düsseldorf), in der Rheinpfalz, bei Kapsdorf (Kreis Trebnitz), in Schlesien und das Südharzer Vorkommen zwischen Ellrich und Walkenried. Eingehendere Arbeiten auf diesem Gebiet sind im Gang.

Der Halberstädter Formsand ist so fein, daß die einzelnen Sandkörner mit unbewaffnetem Auge nicht genau wahrzunehmen sind. Er fühlt sich weich an und hat eine hellgrüne Farbe. Bei etwa 150facher Vergrößerung erkennt man verschieden große Körner, die eine unregelmäßige, bald prismatische, bald pyramiden- und würfelähnliche Form haben, ziemlich eckig sind, aber doch keine scharfen Kanten und spitzen Ecken aufweisen. Es kommt dort auch eine tiefgrüne und eine gelbe Formsandart vor. Der tiefgrüne, gewöhnlich nur als „grüner Halberstädter" bezeichnete Sand findet sich in den tieferen Schichten der Sandgruben, der gelbe Sand in den höheren Schichten. Die Halberstädter Sande gehören geologisch der oberen Kreide an, und zwar dem Emscher Mergel. Die chemische Untersuchung von Halberstädter Formsanden ergab folgende Werte (s. Zahlentafel 224):

Zahlentafel 224.
Rationelle und Endanalysen[2]) von Halberstädter Formsanden.

	Gewöhnlicher Sand %	Grüner Sand %
Rationelle Analyse:		
Quarz (SiO_2)	74,56	78,40
Feldspat (Orthoklas)	5,14	7,54
Tonsubstanz ($Al_2O_3 \cdot 2\,SiO_2 \cdot 2\,H_2O$)	7,09	7,02
Endanalyse:		
Kieselsäure (SiO_2)	81,80	86,70
Tonerde (Al_2O_3)	3,75	4,20
Eisenoxyd (Fe_2O_3)	2,70	3,95
Kalk (CaO) . . . . :	4,40	0,60
Magnesia (MgO)	0,80	0,90
Alkalien (Na_2O, K_2O)	1,20	1,30
Flüchtige Bestandteile (Glühverlust):		
Chemisch gebundenes Wasser	1,23	1,45
Kohlensäure (CO_2 frei durch Salzsäure) . .	3,86	0,75

Die Ermittlung der Korngröße bei einer Durchschnittsprobe feinen Halberstädter Formsandes wies folgende Werte aus:

---

[1]) Hier sei auf die im Auftrage des Technischen Hauptausschusses für Gießereiwesen vom Verein deutscher Gießereifachleute in Verbindung mit dem Verein Deutscher Eisengießereien herausgegebenen Übersichtskarten der deutschen Formsandlagerstätten aufmerksam gemacht. Karte I, Norddeutschland (1923), und Karte II, Süddeutschland mit Freistaat Sachsen (1923), sind durch die preußische geologische Landesanstalt, Berlin N 4, zu beziehen. Leider sind die Angaben der Karten noch sehr lückenhaft.

[2]) Vgl. S. 591.

1. Körner größer als 1,0 mm . . . . 1,9 %
2.   „   von 0,5 mm bis 1,0 mm . . . . . 6,2 %
3.   „   „ 0,2 „   „ 0,5 „ . . . . 9,4 %
4.   „   „ 0,1 „   „ 0,2 „ . . . . 31,3 %
5.   „   „ 0,05 „   „ 0,1 „ . . . . 35,5 %
6.   „   „ 0,01 „   „ 0,05 „ . . . . 9,2 %
7.   „   unter 0,01 „   „ . . . . . . 7,4 %

Der Sand ist demnach von außerordentlicher Feinheit, weshalb eine weitere künstliche Zerkleinerung irgendwelcher Art nur schädlich sein würde. In Zahlentafel 224 fällt beim „gewöhnlichen Sande" der hohe Kalkgehalt von 4,40 % auf. Solcher Sand ist im allgemeinen nicht als gut zu bezeichnen, da der rohe Kalkstein zu CaO und CO_2 zerfällt, und große Mengen Kohlensäure die Abgüsse porös und blasig machen können. Beim Halberstädter Sand geht aber infolge seiner anderen ausgezeichneten Eigenschaften auch ein solcher Kalkgehalt noch an, insbesondere weil so feinkörniger Sand nur für Formen ganz dünnwandiger Klein- und Feingußformen Verwendung findet. Für Formen mit größeren Querschnitten ist solcher Sand immer gefährlich. Man kann sich zwar durch Verdünnung des neuen Sandes durch Beimischung von 50—60% Altsand helfen, in welch letzterem Sande der Kalkgehalt bereits totgebrannt ist, und begegnet damit der Gefahr einer gefährlichen Kohlensäurebildung, muß aber dafür den Übelstand geringerer Luftigkeit (Durchlässigkeit) in Kauf nehmen, da der tote Kalk eine stark porenverstopfende Wirkung hat.

Die Halberstädter Formsande haben sich seit etwa 60 Jahren für viele Formzwecke sehr gut bewährt. Der grüne Sand findet für Geschirr- und Kunstguß und viele andere dünnwandige Abgüsse im größten Umfange Verwendung, während der gelbe Sand sich insbesondere für feine Zahnräder ausgezeichnet eignet.

Die Kronenthal-Ratinger Sande gehören geologisch der oberen Oligozänformation an. Ihre Eignung für Formereizwecke beruht hauptsächlich auf der sehr feinen und gleichmäßigen Verteilung des Tones zwischen den Sandkörnern. Der Tongehalt ist im übrigen sehr schwankend. Er verschwindet in manchen Schichten fast ganz, während er in anderen so zunimmt, daß die Tonteilchen schon mit freiem Auge wahrgenommen werden können. Man findet darum magere und fette Sande. Die fetteren Arten sind mehr gesucht, doch werden für manche Zwecke, insbesondere für starkwandigen Naßguß auch die mageren mit Vorteil verwendet. Die Farbe der guten Sande ist weißlichgrün, gelblich-rot und rot bis dunkelrot. Man unterscheidet 15 verschiedene Sorten, deren wichtigste die Handelsbezeichnungen E, A, MUF, GS, MOF und GSF tragen. Die Sorten A und E eignen sich infolge ihrer groben Körnung und ihres hohen Kieselsäuregehaltes vornehmlich für Kerne und bilden mit der Sorte GS den Hauptbestandteil der Formmasse „Fassonit". Die Sorten GSF und GS haben geringeren Tongehalt, während MUF und MOF ausgesprochene Fettsande sind.

Zahlentafel 225.
Endanalysen von rheinischen Formsanden aus Kronenthal-Ratingen.

Sorte	E %	A %	MUF %	GS %	MOF %	GSF %
SiO_2	94,8	93,50	86,22	93,2	89,02	95,2
Al_2O_3	2,20	2,30	8,64	2,4	5,13	3,1
CaO	0,09	0,10	0,10	0,12	0,10	0,12
MgO	0,94	0,92	0,54	0,80	0,38	0,76
Fe_2O_3	2,02	1,34	1,98	0,75	1,75	0,75

Die chemische Untersuchung der verschiedenen Arten ergab die in Zahlentafel 225 zusammengestellten Werte, die Prüfung der Sande E, A und GS auf Korngröße folgende Durchschnittswerte:

$1^1/_2$ bis 0,5 mm Korngröße . . . . . 30 %
0,5 „ 0,2 „   „ . . . . . 60 %
unter 0,2 „   „ . . . . . 10 %

37*

Für die Sorten MUF, MOF und GSF läßt sich eine genaue Korngröße nicht angeben, da diese Sande je nach Auftragserteilung „grob", „mittelkörnig" und „fein" geliefert werden.

Schlesischer (Kapsdorfer) Sand kommt im Kreise Trebnitz in der Nähe von Breslau vor. Man unterscheidet zwei Hauptformen, eine weißliche und eine gelbe. Beide Arten werden in schlesischen Gießereien in großem Umfange benützt. Der weiße Sand dient vorzugsweise für Grau- und Stahlgußformen, der gelbliche für Rotguß, Messing-, Neusilber- und für Aluminiumgüsse.

Zahlentafel 226.

Rationelle und Endanalysen von schlesischen Formsanden aus Kapsdorf, Kreis Trebnitz, bei Breslau.

Bezeichnung des Stoffes	bei 110° C. getrocknet		Mittel %
	erste	zweite	
	Bestimmung		
	%	%	
Rationelle Analyse:			
Kohlensaurer Kalk	2,65	2,85	2,75
Quarz	74,08	74,14	74,11
Feldspat	7,60	7,24	7,42
Tonsubstanz	15,67	15,77	15,72
	100,00	100,00	100,00
Endanalyse:			
Wasser	1,62	1,56	1,59
Kohlensäure	1,16	1,24	1,20
Kieselsäure	85,20	85,36	85,28
Tonerde	6,50	6,42	6,46
Eisenoxyd	1,56	1,70	1,63
Kalk	2,32	2,20	2,26
Magnesia	0,30	0,22	0,26
Alkalien (als Rest)	1,34	1,30	1,32
	100,00	100,00	100,00

Zahlentafel 226 zeigt die chemische Zusammensetzung solcher schlesischer Sande an, ihre Korngrößenverteilung ist etwa folgende:

1.	Körner von 1	bis 2 mm Durchmesser	. .	0,0 %	
2.	„ „ 0,6	„ 1 „	„	. . 0,1	„
3.	„ „ 0,4	„ 0,6 „	„	. . 0,1	„
4.	„ „ 0,2	„ 0,4 „	„	. . 0,4	„
5.	„ „ 0,1	„ 0,2 „	„	. . 0,2	„
6.	„ „ unter 0,1	„	„	. . 98,5	„

Diese Sande sind demnach noch feinkörniger als die Halberstädter Sande und haben einen geringeren Kalkgehalt als die Formsande mitteldeutscher Herkunft.

Das Südharzer Vorkommen. Zwischen den Städten Ellrich und Walkenried im Südharz zieht sich ein Höhenzug hin, der größtenteils aus Formsand besteht. Es handelt sich dort um ein rotliegendes Sandlager der Permformation. Die obersten Schichten des nach einer unter der Humusdecke liegenden weißen Sandschicht von wechselnder Stärke folgenden Rotliegenden sind im Laufe der Jahrtausende durch eindringendes Niederschlagwasser völlig zu Sand zermürbt worden, so daß sie mit der Schaufel abgebaut werden können. Mit zunehmender Abbautiefe werden die rotliegenden Schichten fester, bis schließlich ein Abbau nur mehr durch Sprengung möglich ist. Dementsprechend kann man sowohl „klaren Sand" als auch „Stückensand" beziehen.

Um allen Ansprüchen genügen zu können, ist den Gruben eine Zerkleinerungsanlage angegliedert worden, die mit einem Schollenbrecher, einem Walzwerke und einer Sieb-vorrichtung arbeitet. Die Güte des Sandes ist im gesamten Gebiete ziemlich gleich-mäßig. Der Südharzer Formsand zeichnet sich durch große Reinheit und weitgehende

Gleichmäßigkeit aus und ist insbesondere für Feinguß, Geschirrguß und verzierten Handelsguß viel begehrt.

Über die Formsandlagerstätten der Rheinpfalz liegen keine gleichwertigen Angaben vor.

Formlehm.

Als Formlehm dienen sowohl natürlich vorkommende Lehmarten als auch Gemenge von Tonen und Formsanden.

Kaolin, ein Mineral, das zu etwa $46{,}4\%$ aus Kieselerde, zu $39{,}68\%$ aus Tonerde und zu $13{,}9\%$ aus Wasser besteht, gilt als Ton von reinster Art. Es ist entstanden durch Zersetzung kieseliger Urgesteine. Das Mineral kommt vorwiegend in Gang- und in Lagermassen vor. Man unterscheidet Verwitterungs- und Schlämmkaolin. Der erstgenannte bildet kleine Schüppchen von $0{,}007-0{,}04$ mm Länge und nicht meßbarer Stärke, während beim Schlämmkaolin nur noch Schüppchen von unregelmäßig umgrenzter Form feststellbar sind.

Die Tone sind durch gleiche Verwitterungseinflüsse auf die gleichen Urgesteine wie Kaolin entstanden, sie sind aber stets mehr oder weniger mit sonstigen Zersetzungsergebnissen der zerstörten Gesteine vermengt. Sie enthalten außer reinem Aluminiumsilikat kohlensauren Kalk, Magnesia, Eisenoxydul, Quarzsand, Glimmerschüppchen, Eisenoxyd, Eisenhydroxyd, kohlige Stoffe und von Fall zu Fall noch verschiedene andere Verunreinigungen. Zahlentafel 227 gibt ein Bild der chemischen Zusammensetzung von vier verschiedenen Tonarten.

Zahlentafel 227.
Ergebnis der Analysen verschiedener Tonvorkommen.

	1 %	2 %	3 %	4 %	5 %
Kieselsäure	46,50	62,54	68,28	75,44	52,87
Tonerde	39,56	14,62	20,00	17,09	15,65
Eisenoxyd und Eisenoxydul	—	7,65	1,78	1,13	12,81
Kalk	—	—	0,61	0,48	—
Magnesia	—	—	0,52	0,31	2,65
Alkalien	—	—	2,35	0,52	1,33
Wasser	13,94	14,75	6,39	4,71	14,73

Spalte 1 enthält die berechneten Werte der Kaolinformel; Spalte 2 die Werte eines Tones von Pöchlarn in Deutschösterreich; Spalte 3 diejenigen eines Tones von Grenzhausen in Nassau; Spalte 4 diejenigen eines Tones von Bendorf bei Koblenz; Spalte 5 diejenigen von rotem Ton von Norfolk in England.

Die Tone kommen in mannigfachen Formen und Zusammensetzungen vor. Für Formereizwecke wurden bisher nur locker vorkommende Tonarten, insbesondere zahlreiche Mergel-, Löß- und Lehmarten verwendet.

Der Mergel besteht aus einem innigen Gemische von Ton und Kalk, dem noch mannigfache andere Bestandteile, wie Glimmerschüppchen, Quarzkörner, Gipskristalle u. a. m. beigemengt sind. Er kommt teils erdig, weich und leicht zerreiblich, teils fest und dicht, mitunter auch schieferartig vor. Das ganze norddeutsche Flachland ist mit Geschiebemergel bedeckt. Nach dem Verhältnisse des Ton- und Kalkgehaltes unterscheidet man Ton- und Kalkmergel. Für die Gießerei kommen nur die kalkärmsten Tonmergel in Frage.

Der Löß ist dem Geschiebemergel verwandt. Er besteht zum größten Teile aus feinkörnigem Quarzsand mit wenig Ton und wechselndem Kalkgehalt. In den oberen Lagen der Lößschichten finden sich häufig Kalkablagerungen, die der Verwendung des Lößes für Formereizwecke im Wege sind. In Fällen, wo der Kalk in festen Stücken (Lößkindel, Lößmännchen) auftritt, kann er gründlich genug beseitigt werden. Für alle

Lößbildungen sind zahllose, mit freiem Auge erkennbare Poren, die auf der Wirksamkeit einer früheren Flora beruhen, kennzeichnend.

Der Lehm, die am häufigsten als Formstoff benutzte Tonart, ist das Verwitterungsergebnis von Mergel und Löß und findet sich als ihr Hangendes außerordentlich verbreitet in ganz Mitteleuropa vor. Man unterscheidet, je nach dem Muttergestein, Mergellehm oder Lehm schlechthin und Lößlehm. Seine unteren Lagen schneiden wellenförmig gegen das Muttergestein ab und sind durchweg tonhaltiger und sandärmer als die oberen. Im norddeutschen Flachlande ergibt sich von unten nach oben stets folgende Schichtung: toniger Lehm, sandiger Lehm, lehmiger Sand, Sand.

Mineralogische Beschaffenheit der natürlichen Formstoffe.

Durch Untersuchungen mit dem Mikroskop, Feststellung spezifischer Gewichte mit Thouletscher Lösung und auf Grund chemischer Analysen wurden in amerikanischen Formsanden folgende Mineralien nachgewiesen, deren überwiegende Mehrzahl auch in deutschen Formsanden zu finden sein dürfte.

Quarz		Garnierit
Feldspat	Orthoklas Mikroklin Plagioklas	Korund Magnetit Chlorit
Hornblende (Amphibol)	Tremolit Aktinolith (Strahlstein)	Serpentin Hämatit Limonit Pyrit
Pyroxene (Augite)	Diopsid Enstatit Hypersthen (Paulit) schwarzer Augit grüner Augit	Kaolin Pyrophyllit Sillimanit Andalusit Zyanit
Glimmer (Mica)	Muscovit Sericit Biotit	Spinell Calcit Dolomit
Turmalin Zirkon Apatit Rutil		Siderit Monazit Titanit Epidot

Als unerwünschte Begleiter von Formsanden sind wegen ihres niedrigen Schmelzpunktes zu betrachten: Hornblenden, die meisten Pyroxene, Magnetit, Glimmer und Turmalin. Infolge ihres hohen Schmelzpunktes erwünscht sind dagegen Quarz (Schmelzpunkt 1770°), Zirkon (Schmelzpunkt 1900°), Korund, Sillimanit, Andalusit und Zyanit. Apatit hat zwar einen ziemlich hohen Schmelzpunkt, tritt aber meist in Form feinsten, die Durchlässigkeit des Sandes mindernden Staubes auf und ist darum unerwünscht. Äußerst unerwünschte Bestandteile sind insbesondere auch Pyrite aller Art, da sie schon bei geringer Hitzebeanspruchung Schwefeldämpfe abscheiden. Ebenso sind alle Kalkspate gefährlich, sie zerfallen beim Erhitzen in das Stammoxyd und in Kohlensäure. Einen ausgezeichneten Formsand gibt dagegen, wenn ein entsprechend gekörnter Quarzgehalt als Ergebnis der Verwitterung erhalten geblieben ist, Kaolinit (Tonerde-Kieselsäurehydrat).

Kennzeichnende Färbungen.

Quarzsand bildet den Hauptbestandteil aller natürlichen Formstoffe; auch die für Formzwecke verwendeten Ton- und Lehmarten bestehen stets zur größeren Hälfte aus Quarz. Die Beimengungen können zum Teil an der Farbe des Formsandes, Tones oder Lehmes erkannt werden. Weiße Farbe läßt auf einen Gehalt an Feldspat, Dolomit, Kaolin, Glimmer oder Kalkspat schließen. Die Karbonate (Kalkspat und Dolomite) werden von Salzsäure unter gleichzeitiger Entwicklung von Kohlensäure rasch aufgelöst. Bringt man auf einen Ballen kalkhaltigen Formsandes einige Tropfen Salzsäure, so braust sie infolge der plötzlichen Kohlensäureentwicklung auf. Glimmer ist an seinen silberig glänzenden, biegsamen Schüppchen zu erkennen. Der Feldspat ist fast immer teilweise zu Kaolin verwittert und tritt in kleinen, tonähnlichen Klümpchen auf, die leicht zu Staub verrieben werden können. Durch Eisen und Magnesia enthaltende Mineralien und ihre Verwitterungsformen, von denen Chlorit und Serpentin am häufigsten vorkommen, werden blaugrüne bis olivfarbige Tönungen bewirkt. Eisenoxyde, die oft als Binder auftreten, indem sie die Quarzkörnchen umhüllen und die Zwischenräume ausfüllen, bewirken hell- und dunkelbraunes, rostfarbenes, rötlichbraunes und schokoladefarbenes Aussehen des Sandes. Auch Limonit (brauner Glaskopf) erzeugt braune Farbtöne, während Hämatit (Roteisenstein, Rötel) rote Färbungen bewirkt. Die Gegenwart von Magnetit läßt sich mittels eines durch den Sand gezogenen Magnets leicht nachweisen.

Allgemeine Wirkungen verschiedener Mineralien.

Die Fluß- und Seesande, in der Praxis als „scharfe Sande" bezeichnet, enthalten nicht genug Ton, um ohne Zusatz dieses Stoffes oder eines anderen Binders verwendet werden zu können. Dafür sind sie im allgemeinen von größerer Reinheit. Der zur Herstellung von Formsand verwendbare Sandstein besteht aus Quarz, dessen einzelne Körnchen durch Kieselsäure oder Ton miteinander verbunden sind. Sandsteine, deren Bindemittel aus Kalk besteht, sind zur Gewinnung von Formsand ungeeignet, weil der rohe Kalk unter der Wirkung des flüssigen Eisens zu Kohlensäure und gebranntem Kalk zerfällt, die beide einem gedeihlichen Verlaufe des Gießens hinderlich sind. Die Kohlensäure kann in das flüssige Metall treten und im Abgusse Hohlräume hinterlassen, und der tote Kalk verstopft die Poren der Form und behindert den Abzug der Gase. Neben dem Kalk treten als unerwünschte Bestandteile mancher Sandsteine Alkalien, Magnesia, Eisen- und Manganoxyde auf, und es genügt schon ein verhältnismäßig geringer Gehalt an solchen Verunreinigungen, um einen Sandstein ungeeignet zur Verarbeitung zu Formsand zu machen. Grubensand, der in vielen Fällen durch Zerfall von Sandstein entstanden ist, wechselt in seiner Zusammensetzung ebenso wie dieser; bei ihm besteht außerdem die Möglichkeit einer Verunreinigung durch organische Stoffe, Pflanzenkörper, insbesondere Wurzelteile.

Bewertung und Prüfung der natürlichen Formstoffe.

Die entscheidenden Eigenschaften zur Beurteilung aller natürlichen Formstoffe sind Feuerbeständigkeit, Porosität, Durchlässigkeit, Bildsamkeit, Stärke und Korngröße.

Feuerbeständigkeit. Der Schmelzpunkt der festen Bestandteile eines Formstoffes soll so hoch über dem Wärmegrade des in die Form fließenden Metalles liegen, daß ein Weichwerden oder gar Schmelzen der Form ausgeschlossen bleibt. Liegt die Schmelztemperatur des Sandes oder einzelner seiner Bestandteile tiefer, so muß der Guß mißlingen oder doch zum Anbrennen des Gußstückes führen. Der letztgenannte Übelstand tritt ein, wenn einzelne, besonders wirksam beanspruchte Teile der Form zu schmelzen beginnen, nachdem das Metall erstarrt ist und feste Form erhalten hat. Es entstehen dann aus dem erweichten Formsand glasige Krusten, die mit der Oberfläche des Abgusses fest verbunden sind. Solche Krusten geben den Gußstücken ein unschönes Ansehen, sie sind meist sehr hart und nur mit verhältnismäßig hohen Kosten zu entfernen. Insbesondere werden sie bei Abgüssen gefürchtet, die eine Bearbeitung erfahren, weil sie die Arbeit verzögern und die Schneidwerkzeuge außerordentlich rasch abnützen. Völlige Fehlgüsse entstehen, wenn umfangreichere Teile der Form abschmelzen oder wenn die Formoberfläche infolge des Zusammenschmelzens ihrer Bestandteile undurchlässig wird, wodurch Teile der Form infolge Behinderung des Gasabzuges abgesprengt werden können.

Die Feuerbeständigkeit eines Formsandes hängt in erster Linie von seiner mineralischen Zusammensetzung ab. Die Schmelztemperatur reinen Quarzes liegt hoch genug, um bei nicht allzu unbedeutender Korngröße den Wärmebeanspruchungen von Grau- und Stahlgußformen gut zu widerstehen. Der Schmelzpunkt reinen Tones, des zweiten

Hauptbestandteiles aller Formsande beträgt 1790°. Jede Mischung der beiden reinen Bestandteile sollte den Ansprüchen der Grau- und Stahlgießerei Genüge leisten. Praktisch hat man aber niemals mit reinem Tone und reiner Kieselsäure zu tun, die natürlichen Formstoffe enthalten stets mannigfache, die Feuerbeständigkeit mehr oder weniger herabmindernde Bestandteile. Schädlich sind alle Mineraleinschlüsse von niedrigerem Schmelzpunkte, ganz besonders aber alle Alkalien und Eisenoxyd. Schon 1% an Alkalien oder Eisenoxyd reicht aus, die Feuerfestigkeit ganz wesentlich zu vermindern. Je vielgestaltiger ein Formsand zusammengesetzt ist, desto niedriger wird sein Schmelzpunkt, so daß ganz allgemein der Satz gilt: Die Schmelzbarkeit des Formsandes nimmt mit der Zahl seiner Bestandteile zu. Weiter hängt die Schmelzbarkeit in hohem Maße von der Größe und Form dieser Bestandteile ab. Je mehr Oberfläche sie haben, desto größere Angriffsflächen bieten sie der Hitze. Ein Formsand ist deshalb um so schwerer schmelzbar, je gröber seine Körner sind und je mehr sie sich der Kugelform nähern.

Die Bestimmung der Feuerbeständigkeit erfolgt entweder auf Grund der allgemeinen Wertungsprobe (siehe weiter unten) oder nach dem Verfahren von H. Seger. Seger hat eine Reihe Tonerdesilikate zusammengestellt, die in Form kleiner dreiseitiger Pyramiden (Segerkegel) käuflich sind[1]) und so zusammengesetzt werden, daß sie bei steigender Hitze nacheinander schmelzen. Da der Schmelzpunkt einer jeden Kegelsorte genau bekannt ist, genügt es, einige Pyramiden des zu untersuchenden Sandes mit einigen Segerkegeln von verschiedenem Schmelzpunkte bis zum Schmelzen der Sandprobe zu erhitzen, um danach aus dem Befunde der verschiedenen Kegel den Schmelzpunkt des Sandes bestimmen zu können.

Porosität und Gasdurchlässigkeit sind wesentlich verschiedene Eigenschaften des Formsandes, die aber bis in die jüngste Zeit nicht selten für eine gehalten worden sind. Die Porosität des Formsandes entspricht der Summe aller Hohlräume zwischen den einzelnen Sandkörnern, bezogen auf irgend eine Raumeinheit, während die Gasdurchlässigkeit auf dem Widerstande beruht, den die Gießgase auf dem Wege durch diese Hohlräume finden. Freilich hängt die Durchlässigkeit in erster Linie von der Porosität ab, und der Satz: ein Sand ist um so durchlässiger — luftiger, sagt der Former —, je poröser er ist, hat im allgemeinen seine volle Richtigkeit. Die Durchlässigkeit hängt aber noch von anderen Umständen ab; Formsande von gleicher Porosität können sehr verschieden durchlässig sein. Sie ist außer von der Porosität in hohem Maße abhängig von dem Verhältnisse des Quarzgehaltes zum Tongehalte, von der Größe und Form der Quarzkörner und von der Art des Tones. Da die Quarzkörner fast immer größer sind als die Tonkörperchen, ist ein quarzreicher, magerer Sand durchlässiger als ein lehmreicher, fetter. Je größer die Sandkörner sind, um so besser wird die Gasdurchlässigkeit, trotzdem die Porosität im allgemeinen nicht mit der Korngröße wächst. Die größte Porosität wäre vorhanden, wenn ein Sand nur aus lauter gleich großen, genau kugeligen Körnern bestünde. Die Porosität betrüge dann etwa 25%, ganz gleich, ob die Körner groß oder klein wären; nur gleich groß müßten sie sein. Die Durchlässigkeit würde aber mit der Korngröße wachsen, weil die Räume zwischen den Kugeln mit zunehmendem Kugeldurchmesser weiter werden müßten. Die Gasdurchlässigkeit hängt auch beträchtlich von der Gleichmäßigkeit der Körner ab. Sind größere und kleinere Körner im Sande vorhanden, so füllen die kleineren die Hohlräume zwischen den größeren mehr oder weniger aus. Die Gasdurchlässigkeit hängt weiter von der Form der Sandkörperchen ab. Jede andere Form als die der Kugel ergibt geringere Hohlräume und engere Kanäle. Im allgemeinen gilt der Satz: Je unregelmäßiger die Größe und Form der Sandkörner ist, um so weniger gasdurchlässig wird der Formsand.

Die Porosität kann durch Feststellung des spezifischen Gewichts und des Raumgewichts des lose geschichteten Sandes sowie durch Zuführung von Wasser bis zur vollen Sättigung einer genau bemessenen Sandmenge ermittelt werden. Im ersten Falle wird eine Sandprobe bei 100° C. bis zur Gewichtsbeständigkeit getrocknet, dann zunächst

---

[1]) Die Kegel werden von dem Chemischen Laboratorium für Tonindustrie, Prof. Dr. H. Seger und E. Cramer, G. m. b. H., Berlin NW. 21, vertrieben; vgl. auch S. 555.

das Raumgewicht und schließlich mit Hilfe des Pyknometers das spezifische Gewicht bestimmt. Der Unterschied zwischen dem spezifischen und dem Raumgewichte entspricht dem Porenraum. Wurde z. B. das spezifische Gewicht mit 2,5 und das Raumgewicht mit 1,2 festgestellt, so beträgt der Porenraum $2,5 - 1,2 = 1,3$ oder $52\,^0/_0$. Der so ermittelte Wert der Porosität gilt nur für den völlig trockenen Sand. Ein größerer oder geringerer Feuchtigkeitsgehalt beeinflußt naturgemäß die Porosität. Sie wird mit zunehmendem Wassergehalt geringer, weil dann ein wachsender Teil des Gesamthohlraumes durch Wasser ausgefüllt wird. Das ist aber nicht immer bezüglich der Gasdurchlässigkeit der Fall. Verschiedene Formsande bedürfen entsprechend ihrer Korngröße und ihrem Tongehalte zur Erreichung größter Durchlässigkeit recht verschiedener Wassergehalte. Viele Sande sind im nassen Zustande durchlässiger als im trockenen.

Zur Bestimmung der Gasdurchlässigkeit kann die Zeit gemessen werden, die erforderlich ist, um eine bestimmte Luftmenge durch eine Sandprobe von bestimmter Form, Größe und Pressung zu saugen[1]) oder eine bestimmte Wassermenge durch sie laufen zu lassen. Diesen Verfahren haften verschiedene Fehlerquellen an, erst mit dem Prüfverfahren von P. K. Nielsen, bei dem als allgemeine Grundlage für die Durchlässigkeit Zeit, Druck und Volumen gleichmäßig berücksichtigt werden, werden allgemeine zuverlässigere Prüfungsergebnisse erzielt.

Nielsen arbeitet[2]) mit einem Versuchsapparat eigenen Entwurfs (Abb. 270), der aus einer dünnen zylindrischen Glocke besteht, die infolge der Beschwerung durch die Ringe Q aufrecht schwimmt. Der Druck der eingeschlossenen Luft entspricht der Höhe h. In dem Maße, wie die Luft durch die Sandprobe im Rohre R entweicht, sinkt die Glocke, wobei der Druck der eingeschlossenen Luft praktisch gleichbleibt. Eine Maßeinteilung an der Seite der Glocke ermöglicht das Ablesen der in der Zeiteinheit durch den Sand strömenden Luftmenge. Die Sandprobe wird lufttrocken gemacht, mit 7 Gewichtsprozenten Wasser angefeuchtet, gründlich gemischt, wiederholt gesiebt und so vorbereitet in gleich großen Mengen in das 20 mm weite Rohr gebracht, so daß jeder gepreßte Abschnitt eine Höhe von 20 mm einnimmt. Die einzelnen Mengen werden aber nicht wie bei früheren Verfahren gemessen, sondern gewogen, was eine wesentlich vollkommenere Gleichmäßigkeit verbürgt. Die Pressung jeder Schicht erfolgt durch zweimaliges Fallenlassen eines 0,5 kg schweren Stampfers aus 100 mm Höhe. Der Grad jeder Pressung — Verdichtung des gewogenen Sandes auf 20 mm Höhe im Rohre — ist genau bestimmt, die Verdichtung der gesamten Füllung kann darum recht gleichmäßig ausfallen.

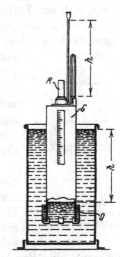

Abb. 270. Apparat zur Bestimmung der Durchlässigkeit von Formsanden nach P. K. Nielsen.

Nielsen hat festgestellt, daß beim Durchströmen einer Raumeinheit Luft das Produkt aus Zeit t und Druck p stets gleichbleibt. Bezeichnet man das Produkt mit c, so gilt

$$t \cdot p = c.$$

Treibt man V Raumeinheiten Luft durch den Sand, so ist

$$c = \frac{t \cdot p}{V}.$$

Der Wert dieser Gleichung nimmt mit abnehmender Durchlässigkeit, d. h. mit steigendem Widerstande im Sande zu, deshalb kann an Stelle von c der Widerstand W eingesetzt werden. Da der Widerstand aber gleich dem umgekehrten Werte des Gasdurchlässigkeitskoeffizienten λ ist, so muß auch die Gleichung

[1]) Z. B. Verfahren von F. Steinitzer (Stahleisen 1907, S. 779), verbessert durch H. Le Chatelier (Revue de Métallurgie 1909, Dezb., S. 1257).

[2]) Gieß.-Zg. 1913, S. 37, 77; s. a. C. Irresberger: Die Formstoffe der Eisen- und Stahlgießerei. Berlin 1920, S. 36—38.

$$\lambda = \frac{V}{t \cdot p}$$

gelten. Um einfache Zahlen zu erreichen, setzt Nielsen V in Litern, t in Minuten und p in Atmosphären ein. Der Wert λ für die Gasdurchlässigkeit ist demnach eine Zahl, die angibt, wieviel Liter Luft bei 760 mm Barometerstand und 15 C. durch die Normalprobe Sand bei einer Atmosphäre Überdruck in der Minute durchströmen. Das ist eine gut brauchbare Bestimmung, mit der allgemein bequem gerechnet werden kann. Die Formel $\lambda = \dfrac{V}{t \cdot p}$ hat sich nach den Nielsenschen Versuchen bei Drücken von 5 bis 400 cm WS gleich gut bewährt.

Noch vollkommenere Ergebnisse lassen sich erzielen, wenn die genau abgewogene Sandprobe unter einer Presse auf ein bestimmtes Maß verdichtet wird. Die Verdichtung kann in der Versuchsbüchse erfolgen, die durch einen Doppelboden zu verbessern wäre, dessen innerer Teil aus einem feinen Drahtsieb (Abb. 271) zu bestehen hätte. Dadurch wird die Angriffsfläche der Druckluft am Probestück vergrößert und gleichmäßiges Durchströmen der Luft durch die ganze Masse der Probe gewährleistet. Um zu verhüten, daß ein Teil der Luft zwischen dem Sande und den Wänden der Büchse entweicht, könnte im Innern des Kästchens unterhalb des Siebes ein Flansch von etwa 2 mm Breite angeordnet werden. Diese Gefahr wird zudem auf ein praktisch belangloses Maß vermindert, wenn der Sand unmittelbar in die Versuchsbüchse gepreßt wird.

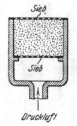

Abb. 271.
Versuchsbüchse
mit Doppelboden.

Zur Bestimmung der Feuerfestigkeit und der Durchlässigkeit zur unmittelbaren Beurteilung der Eignung eines Formstoffes für irgend einen praktischen Zweck — Naß- oder Trockenformerei, Metall-, Eisen- oder Stahlguß, schweren oder feinen Guß usw. — eignet sich die A. Schmidsche „Allgemeine Wertungsprobe"[1].

Etwa 1 kg des zu prüfenden Sandes — man achte auf Erlangung einer guten Durchschnittsprobe! — wird etwas angefeuchtet, von Hand zerrieben und gut gemischt. Dabei sind schon recht bemerkenswerte Beobachtungen zu machen. Ein Sand zeigt gleichmäßige Körnung, ein anderer ein Gemenge grober und feiner Körner, ein Sand weist scharfe Körner, ein anderer rundgeschliffene Grundbestandteile auf. Während eine Sandart schon mit wenig Wasser gute Bildsamkeit erreicht, braucht eine andere dazu ziemlich viel Feuchtigkeit, und andere Sandsorten werden sogar klebrig, noch ehe sie für Formzwecke ausreichende Bildsamkeit erlangt haben. Bei einiger Übung gelangt man schon während dieser Vorbehandlung rasch zu guten Schlüssen auf eine Reihe wichtiger Eigenschaften der Probe.

Der von Hand gut durchgeknetete Sand wird mit einem Glasstabe in ein etwa 8 cm langes, unglasiertes Hartporzellanschiffchen gestampft, die Oberfläche benetzt und mit einem Spatel oder einer Messerklinge gut geglättet, wobei wieder beträchtliche Unterschiede bemerkbar werden. Magere Sande lassen sich nur schwierig glätten, da sie zu nachgiebig sind, während stark lehmige oder tonige „fette" Sande am Glättwerkzeuge kleben bleiben, leicht aufgerissen werden und zum Schlusse eine naßglänzende Oberfläche erlangen. Gute Sande von mittlerem Fettgehalte sind leicht zu glätten, sie sind elastisch, und ihre Oberfläche erscheint nach dem Glätten gleichmäßig feinkörnig und glanzfrei.

Die weitere Untersuchung ist je nach dem Verwendungszwecke des Formstoffs verschieden auszuführen. Die Brauchbarkeit eines Sandes für große Trockenformen wird bei einer Glühtemperatur von 1350° bestimmt. Für kleinere, naß abzugießende Formen wird man die Glühtemperatur nur mit 1100—1200° zu bemessen haben, und für Metallformsand reichen noch beträchtlich geringere Wärmegrade, je nach dem Schmelzpunkte des fraglichen Metalls, aus. Auch verschiedene Trockenofenschwärzen können bezüglich ihres unmittelbaren Verhaltens und ihres Einflusses auf die Durchlässigkeit

---

[1] Vgl. Stahleisen 1914, S. 1428.

der Formen untersucht und verglichen werden, indem einige Proben gut befundenen Formsandes damit bestrichen und so geprüft werden.

Zur weiteren Prüfung wird das Schiffchen mit der geglätteten Sandprobe in einem geschlossenen Schranke bei 150° scharf getrocknet. Tonarme Sande verlieren dabei den Zusammenhang, sie werden locker oder zermürben, während fette Sande beträchtlich schwinden, meist unter Bildung starker Risse. Gute Sande von mittlerem Tongehalte werden fest und hart, schwinden kaum merklich und lassen auch sonst mit Ausnahme einer helleren Farbtönung keine äußere Veränderung erkennen. Man kann schon jetzt zu einer beiläufigen Beurteilung der Durchlässigkeit gelangen, indem man einen Tropfen Wasser auf die Probe bringt. Der Tropfen verschwindet in gut durchlässigem Sande sofort, von einem weniger porösen Sande wird er langsamer aufgenommen, oder er zerfließt gar erst allmählich auf der Oberfläche. Ein Sand der letzten Art ist unbrauchbar und bedarf keiner weiteren Untersuchung. Hat sich die Probe bis hierher bewährt, so wird sie mit dem Schiffchen in das Porzellanrohr eines elektrisch heizbaren, mit einem Wärmemesser ausgerüsteten Ofens eingeführt, rasch auf 1350° erhitzt und 15 Minuten lang dieser Wärme ausgesetzt [1]). Da eine Wärme von 1350° schon in 15 Minuten erreicht wird, dauert das ganze Glühen nur 30 Minuten. Das Aussehen der Probe nach dem Glühen gewährt gute Anhaltspunkte zur Beurteilung ihrer Feuerbeständigkeit. Schlechte Sande sintern — oft unter starker Schwindung und Rißbildung oder indem sie sich aufblähen — völlig zusammen. Sand von etwas höherer Feuerbeständigkeit zeigt nur schwache Sinterung und eine mattglänzende Oberfläche, wogegen guter Formsand, dem die Glühtemperatur nichts anhaben konnte, eine vollkommen ebene, feinkörnig-matte Oberfläche behält. Sande der letzten Art werden auch ohne Schutzanstrich vom flüssigen Eisen nur wenig und von den meisten Metallgüssen gar nicht angegriffen.

Nun wird die letzte und wichtigste Probe auf Durchlässigkeit durch Aufbringen eines Wassertropfens auf die geglühte Probe ausgeführt, wobei die Unterschiede noch wesentlich deutlicher zutage treten als bei der nur vorgetrockneten Sandprobe. Bei gutem Sande verschwindet der Tropfen sofort, bei schwach gesintertem allmählich, und auf völlig verglasten Proben bleibt er unverändert liegen.

Bildsamkeit und Festigkeit der natürlichen Formstoffe hängen von der Menge und Art des Tongehaltes, von der Form und Größe der einzelnen Sandkörner, vom Wassergehalte und von der Art der Aufbereitung ab. Der Tongehalt wirkt als Binder, der den Sandkörnern Zusammenhalt verleiht. Bildsamkeit und Festigkeit wachsen im allgemeinen mit dem Tongehalte. Dieser tritt in zwei Hauptformen auf: einer an den einzelnen Sandkörnern festhaftenden, nicht übertragbaren Form und einer losen, von einem zum anderen Korn übertragbaren Art. Die festhaftende, allen von Buntsandsteinen stammenden Formsanden eigentümliche Form trägt zur Erhöhung der Bindekraft in höherem Maße bei, als ihrer Menge zum Gesamttongehalte entsprechen würde. Manche Formsande sind durch außerordentlich dünne Eisenoxydhäutchen gekennzeichnet, die die einzelnen Sandkörner umhüllen, und an denen der Tonbinder beträchtlich fester haftet als an glatten Quarzkörnern. Solche Sande weisen demnach anderen gegenüber unter sonst gleichen Umständen höhere Bildsamkeits- und Festigkeitswerte auf. Die besten Formsande enthalten sowohl festhaftende als auch übertragbare Binder.

In der Praxis unterscheidet man scharfe, magere und fette Formstoffe. Scharfe Formsande enthalten gar keinen oder nahezu keinen Ton, sie haben fast keine Bildsamkeit und keine Festigkeit. Magere Formsande mit geringem Tongehalte dienen zur Herstellung grüner, d. h. ungetrockneter Formen. Sie haben bis zu 15% Tongehalt ($Al_2O_3 + SiO_2 + H_2O$) und erreichen mit 7—10% Gehalt an freiem Wasser höchste Bildsamkeit. Fetter Sand mit über 15% Tongehalt dient zur Herstellung von Trockenformen. Es gibt keine genau bestimmte Grenze des Tongehaltes zwischen fetten Formsanden und Lehm.

---

[1]) Hierfür eignen sich bestens die Marsöfen von C. Heräus in Hanau, wie sie vielfach zur Bestimmung des Kohlenstoffes in Eisen und Stahl (vgl. S. 628) benutzt werden.

Manchenorts bezeichnet man ein Sand-Lehmvorkommen, das infolge seines Tongehaltes sowohl zum Stampfen von Formen, als auch zum Aufdrehen von Kernen verwendet werden kann, als „Masse".

Zur Beurteilung der Bildsamkeit feuchtet man den Sand etwas an, formt ihn mit der Hand zu einem Ballen und zerbricht diesen. Durch zunehmende Befeuchtung wird der bestgeeignete Wasserzusatz bestimmt.

Die Festigkeit wird durch verschiedene Verfahren ermittelt, nach denen die Proben Druck-, Zug- und Biegungsbeanspruchungen unterworfen werden.

Das einfachste Prüfverfahren für nassen Formsand ergibt sich durch allmähliches Vorschieben eines Kerns von quadratischem Querschnitt über die Kante einer Platte, auf der der Kern ruht, bis das überhängende Stück abbricht. Da die unregelmäßige Bruchfläche eine genaue Längenbestimmung des abgebrochenen Stückes ausschließt, empfiehlt es sich, bei der Bestimmung der Bruchfestigkeit vom Gewichte des abgebrochenen Stückes auszugehen.

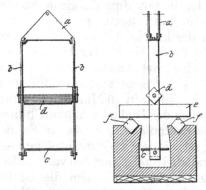

Abb. 272.
Bruchgehänge für die Holmessche Vorrichtung zur Festigkeitsprüfung von Formsand.

Die weitestgehende Vervollkommnung der Vorrichtungen zur Bestimmung der Bruchfestigkeit bietet das Verfahren von C. W. H. Holmes[1]). An einem in seiner Mitte auf einem Schneidenlager ruhenden Eisenstabe von 360 mm Länge hängt, wiederum in Schneidenlagern, an einem Ende ein etwa 2 l Wasser fassendes Gefäß und an dem anderen Ende ein rahmenartiges Gebilde nach Abb. 272. Dieses besteht aus zwei dreieckigen Blechen a, die mit den beiden Streifen b einen Rahmen bilden, der unten mittels eines etwas breiteren Bleches c verbunden und abgeschlossen wird. Ungefähr in der Mitte der Seitenteile befindet sich ein Brechbalken d mit scharfer Kante zum Brechen der Proben, bezw. eine Platte zur Bestimmung des Druckwiderstandes. Zur Ausführung einer Festigkeits-

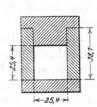

Abb. 273. Schnitt durch die Büchse für den Kern zur Bestimmung der Bruchfestigkeit nach Holmes.

bestimmung wird das Gefäß an dem einen Balkenende mit Wasser gefüllt und die Platte c am anderen Balkenende derart mit Gewichten belastet, daß sich die Brechkante des Balkens d auf die Probe e senkt. Diese ruht auf zwei in eine hölzerne Rinne eingelassenen Querstäben f. Nun läßt man mittels eines Hebers aus dem Wassergefäße Wasser in einen mit Maßeinteilung versehenen Zylinder ablaufen, wodurch der Probestab einem stetig zunehmenden Drucke unterworfen wird. Im Augenblicke des Bruches schließt man den Quetschhahn des Wasserablaufes und kann nun das Bruchgewicht an der Einteilung des Meßzylinders unmittelbar ablesen. Diese Einrichtung gestattet eine völlig stoßfreie Erhöhung der Druckbelastung, die je Sekunde um ein stets gleiches Maß zunimmt.

Die zur Bruchfestigkeitsermittlung bestimmten Kerne sind 125 mm lang und je 25 mm breit und hoch. Man fertigt sie in einer um 13 mm höheren Kernbüchse an, die durch einen Deckel abgeschlossen wird, der 13 mm tief in sie eingreift (Abb. 273). Der Sand wird gleichmäßig mit 7,5% Wasser angefeuchtet und seine Menge für jede Probe nicht nach Maß, sondern nach Gewicht bestimmt. Jeder Probestab benötigt 180 g angefeuchteten Formsand. Man füllt die Kernbüchse erst mit Sand, rüttelt ihn mit zehn leichten Stößen gegen die Kernbüchsenwand nieder, füllt den Rest nach, stößt wieder zehnmal, und bringt den Deckel auf, der durch zehn leichte Schläge mit einem Holzhammer bis zum genauen Aufliegen am Büchsenrande niedergetrieben wird. Zum Ausheben des Kerns werden die Seitenteile der Büchse abgezogen.

¹) Stahleisen 1923, S. 297.

Die Kerne zur Bestimmung der Druckfestigkeit fertigt man in einer runden Metallbüchse von 38 mm Höhe und 16 mm lichten Durchmesser an, in die ein Kolben von annähernd demselben Durchmesser und von 25 mm Länge getrieben werden kann. Man füllt 8 g, wie oben angegeben, angefeuchteten Sand in die Büchse und verdichtet ihn durch Niedertreiben des Kolbens mittels einer Schraubenspindel. Größere Probestücke ergaben weniger zuverlässige Ergebnisse.

Zahlentafel 228.

Durchlässigkeit und Zugfestigkeit von Formsanden, gemessen nach dem Verfahren von Nielsen.

Nr.	Herkunft	Durch-lässig-keit λ [1]	Zug-festig-keit g/qcm	Bemerkungen
1	Bottroper, grüngelb	9,81	190	Lage unten
2	,, rotgelb	15,40	354	„Halbfett"
3	,, rot	12,25	308	Lage über Nr. 1
4	Osterfelder, gelb	14,02	432	Aus höherer Lage
5	,, rot	10,50	245	Stark eisenoxydhaltig
6	,, gelbgrün	11,53	318	Aus oberster Lage
7	Englischer, fett, gelb	8,34	397	Sehr gleichmäßiges Korn
8	,, fein, gelb	2,66	180	—
9	Ellricher, rot	15,40	153	Abgerundetes Korn
10	Kaiserslauterner, rot	9,46	91	Abgerundetes Korn
11	Ratinger, mager, gelb	11,50	25	Mit wenig Glimmer
12	Halberstädter, gelb	7,36	46	Für Zahnräder
13	,, gelb	5,80	74	Für Formmaschinen
14	Haderslebener, gelb	5,82	121	Sehr ungleichmäßiges Korn
15	Hallescher, gelb	1,96	35	Mit Glimmer
16	,, rotfett	4,08	—	
17	,, gelbfett	6,80	—	Aus einer Grube in Beidersee bei Halle
18	,, graufett	1,30	—	
19	,, gelbmager	14,70	—	
20	Dörentroper, Nr. 2, rotgelb	6,22	225	Ungleichmäßiges Korn
21	,, ,, 3, rotgelb	0,46	220	Sehr fein, für Kunstguß
22	Fürstenwalder, grau	0,68	45	Mit Glimmer, sehr fein
23	,, halbweiß, mager	2,66	—	Mit Glimmer, sehr fein
24	Witkowitzer, gelb	0,63	162	Für Kunstguß, sehr fein
25	Modellsand	8,04	228	Für Trocken- u. Naßguß
26	Modellsand	4,56	134	Für Naßguß

Nach einem Verfahren von P. K. Nielsen werden unter Vorkehrungen zur Erzielung gleichmäßiger Verdichtung angefertigte Probekerne unmittelbar entzwei gerissen, aus dem dazu erforderlichen Gewichte wird die Festigkeit berechnet. Zahlentafel 228 gibt die danach ermittelten Festigkeitswerte, sowie die auf Grund eines Sonderverfahrens desselben Forschers ermittelten Durchlässigkeitsziffern verschiedener deutscher Formsande an [2].

Die Korngröße bildet ein wesentliches Kennzeichen zur Beurteilung der Güte eines Formsandes. Von ihr hängen sowohl die Feuerbeständigkeit als auch die Porosität, die Durchlässigkeit und die Bildsamkeit, wie die Festigkeit eines Formsandes in erheblichem Maße ab. Durch die Korngröße wird insbesondere auch die mehr oder weniger glatte Oberfläche der Abgüsse bedingt; je feiner das Korn, desto glatter werden die Abgüsse.

Mit Hilfe eines Mikroskops von etwa hundertfacher linearer Vergrößerung läßt sich die Form der Sandkörner in Formsanden genau genug erkennen und zugleich ein beiläufiges Bild der Korngröße und der verhältnismäßigen Mengen der verschiedenen

---

[1] λ ist eine Zahl, die angibt, wieviel Liter Luft bei 760 mm Barometerstand und 15° durch eine Normalprobe Sand bei 1 at Überdruck in der Minute strömen (S. 586).

[2] C. Irresberger: Die Formstoffe der Eisen- und Stahlgießerei. S. 40.

Körnungen gewinnen. Das Mikroskop reicht aber nicht aus, um eine einigermaßen genaue Kenntnis dieser Faktoren zu vermitteln. Ihre genaue Ermittlung erfordert weitergehende Vorkehrungen und kann auf trockenem oder nassem Wege oder auch teils trocken und teils naß erfolgen.

Beim **trockenen Verfahren** wird die Sandprobe bis zur völligen Austreibung aller Feuchtigkeit auf 100° erhitzt, in einer großen Reibschale mit einem Kautschukklöppel vorsichtig durchgeknetet, um die Körner voneinander zu trennen, ohne sie zu zerdrücken, und dann in einen mechanischen Rüttelsiebapparat gebracht, wo sie durch eine Reihe allmählich feiner werdender Siebe nach ihren Größenbestandteilen zerteilt wird. In England verwendet man Siebe von je 10, 25, 50, 100 und 200 Maschen auf den englischen Zoll, in Deutschland Siebe mit 0,1, 0,2, 0,3, 0,4, 0,5, 1,0 und 2,0 mm Maschenweite. Der durch jedes Sieb zurückgehaltene Rückstand wird gewogen und der Gewichtsanteil durch Rechnung ermittelt.

Eine wesentliche Schwäche des trockenen Siebverfahrens liegt darin, daß die ermittelte Korngröße meistens größer als in Wirklichkeit ist, weil die Körnchen gewöhnlich mit etwas Lehm umhüllt sind. Diese Ungenauigkeit wird durch das **nasse Siebverfahren** vermieden. Eine Sandprobe wird in reichlich überschüssiges Wasser gegeben, eine halbe Stunde lang durch irgend eine mechanische Vorrichtung mit dem Wasser geschüttelt und dann durch eine Reihe von Sieben gewaschen. Vor Beendigung des Verfahrens wird jedes Sieb mit einem kräftigen Wasserstrahl durchgespült, um die letzten noch durchgangsfähigen Teile in die nächste Abteilung zu treiben, worauf man den Inhalt eines jeden Siebes trocknet und wiegt.

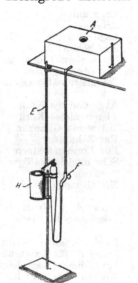

Abb. 274.
Schematische Anordnung zum Schöneschen Schlämmverfahren.

Zur Sortierung der feinsten Körnungen, etwa von 0,2 mm abwärts, reichen aber beide Verfahren nicht aus, weil die Herstellung entsprechend genauer Siebe zu große Schwierigkeiten bietet. Man muß sich dann des **Schöneschen Schlämmverfahrens** bedienen. Es beruht auf der Tatsache, daß durch bestimmte Wasserstromgeschwindigkeiten Sand bis zu bestimmter Größe schwebend erhalten und mitgerissen wird. Abb. 274 zeigt das Schema eines solchen Apparates. Der gewogene Sand kommt in das konische Glasgefäß. Die Stromstärke wird im graduierten Rohr E gemessen. Der Ausfluß besteht aus einer kleinen Öffnung von 1,5 mm Durchmesser im unteren Schenkel des Rohres E. Der Behälter A enthält etwa 10 l Wasser, dessen Ausfluß durch den Hahn F geregelt wird. Beim allmählichen Öffnen des Hahnes wird infolge des wachsenden Druckes das Wasser bald nicht mehr ungehindert durch die kleine Öffnung im Rohre E abfließen können und dann im senkrechten Schenkel hochsteigen. Der Druck der Wassersäule, die im Rohre E anwächst, beschleunigt den Auslauf und damit die gesamte Durchflußgeschwindigkeit. Das Instrument ist kalibriert, und der mit der Wassergeschwindigkeit übereinstimmende Druck kann an der Skala der Röhre E abgelesen werden. Der bei jeder eingestellten Geschwindigkeit mitgerissene Sand wird im Gefäße gesammelt, getrocknet und dann gewogen. Bei 0,2 mm/sek. Stromgeschwindigkeit werden Sandkörnchen unter 0,01 mm Größe mitgenommen, bei 2 mm Körner von 0,05—0,01, bei 7 mm solche von 0,1—0,15 und bei 25 mm solche von 0,1—0,2 mm Größe.

Veränderungen des Formsandes durch das Aufbereiten (Mahlen) und durch das Gießen. Durch das Mahlen wird ein Teil der Sandkörner zu Staub und Tonmehl zerrieben, wodurch der Gehalt an bindender Tonsubstanz vergrößert wird. Zugleich erfährt die Festigkeit des Sandes eine Zunahme, wogegen seine Durchlässigkeit verringert wird. Die höchsten Festigkeitswerte werden nach etwa 6 Minuten währendem Mahlen mit Läufern von üblichem Gewichte und üblicher Umdrehungszahl erreicht. Darüber hinausgehendes Mahlen schädigt den Sand, er beginnt dann „totgemahlen" zu werden.

Durch die Hitzebeanspruchung während des Gießens wird eine Zunahme der Korngröße bewirkt, die auf Anfrittungen von Ton- und Staubteilchen an die ursprünglich
glatteren Sandkörner zurückzuführen ist. Damit hängt eine Minderung des freien Tongehaltes zusammen. Beim neuerlichen Mahlen wird ein Teil des anhaftenden Staubes
und Tones abgerieben und trägt mit den gleichzeitig zu Staub und Ton zerriebenen Körnern
zur allmählichen Vermehrung der Kleinbestandteile bei. Dadurch wird die Porosität
und Durchlässigkeit beeinträchtigt, und außerdem erfordert die vergrößerte Gesamt-
oberfläche einen vermehrten Bindergehalt.

Die chemische Untersuchung.

Chemische Analysen, die alle Elemente, Säuren und Basen, genau bestimmen, sind
für den Gießereifachmann von ziemlich zweifelhaftem Werte. Die beiden Grundbestandteile Kieselsäure und Aluminiumoxyd (Tonerde) treten in den Formstoffen in verschiedenen
Verbindungen auf, die für die Bewertung von entscheidender Bedeutung sind. Der
Hauptteil der Kieselsäure ist als Kieselsäureanhydrid (SiO_2) im Quarz enthalten, ein
kleinerer Teil steckt in dem Tonerdesilikat $Al_2O_3 . 2 SiO_2 . 2 H_2O$, das den wesentlich wirksamen Bindestoff des gesamten Tongehaltes bildet, und ein dritter Teil ist in den Feld-
spat- und anderen Mineralien gebunden. Der Aluminiumgehalt des Feldspats hat keinerlei
bindende Kraft und der Siliziumgehalt dieses in irgend einer Form fast in jedem Formstoffe auftretenden Gesteins hat nicht die Wirkung auf Feuerbeständigkeit wie die
Kieselsäure im Quarz. Eine Beurteilung der Feuerbeständigkeit allein auf Grund des Kiesel-
säure- und Tongehalts muß darum zu Irrtümern führen. Die chemische Endanalyse,
wie in der Tonindustrie die vollständige Zerlegung in die Grundstoffe genannt wird,
hat nur dann Wert, wenn sie durch eine „rationelle" Analyse ergänzt wird. Die gebräuchlichen Bestimmungen erstrecken sich auf die Gehalte an Kieselsäure, Eisenoxyd,
Tonerde, Kalk, Magnesia, Alkalien, Schwefelsäure und Kohlensäure.

Für die Bedürfnisse der Praxis ist im allgemeinen die rationelle Analyse nützlicher
als die Endanalyse. Sie beruht auf einer Zerlegung der Probe durch Säuren in einen
löslichen und unlöslichen Teil. Der Gehalt an freier Kieselsäure (die im Quarz vorhandene
Kieselsäure), an Feldspat und an bindender Tonsubstanz ($Al_2O_3 . 2 SiO_2 . 2 H_2O$) wird festgestellt durch Behandlung der Probe mit Schwefelsäure, wodurch die Tonsubstanz unter
Abscheidung von Kieselsäure zerlegt wird, während Quarz und Feldspat (Silikate) unzer-
setzt bleiben. Durch Kochen des Rückstandes mit Alkali oder Sodalösung löst sich
die gefällte amorphe Kieselsäure auf, während Quarz und Feldspat ungelöst zurückbleiben.

Ausführung. Man weiche 5 g der bei 120° getrockneten Probe in einer Platinschale mit 200 ccm Wasser auf und koche, bis sich ein zarter Schlamm bildet, setze nach
dem Erkalten unter stetem Rühren 50 ccm konzentrierte Schwefelsäure zu und koche
mit aufgelegtem Uhrglase bis zur Zersetzung des Tons, was am starken Rauchen der
Schwefelsäure zu erkennen ist, dekantiere, wasche mit säurehaltigem Wasser aus und
koche den Rückstand mit verdünnter Natronlauge, filtriere, koche den Rückstand mit
verdünnter Salzsäure, erhitze ihn nach dem Abgießen der klaren Flüssigkeit aufs neue
mit Natronlauge, dekantiere und koche den Rückstand mit verdünnter Salzsäure,
spritze den Rückstand vom Filter in die Schale.

Auf diese Weise werden die bei der Zersetzung der kieselsauren Tonerde freigewordene
amorphe und hydratische Kieselsäure und Tonerde völlig gelöst, während die Kieselsäure
im Quarz und der Feldspat ungelöst bleiben.

Man trockne das Filter mit dem Niederschlage, glühe und wäge Feldspat + Quarz;
befeuchte die geglühte Masse mit Schwefelsäure und Flußsäure, dampfe im Wasserbade
ein und rauche die Schwefelsäure bei mäßiger Temperatur ab, löse in verdünnter
Salzsäure und bestimme die Tonerde durch zweimaliges Fällen mit Ammoniak. Ein
Gewichtsteil Tonerde entspricht 5,41 Gewichtsteilen Feldspat. Der Unterschied zwischen
dem vorher ermittelten Gewichte von Feldspat + Quarz und dem nun gefundenen Feld-
spatgewichte gibt das Gewicht des Quarzes.

Die rationelle Analyse ist nicht vollkommen genau, ein geringer Teil des Aluminiums
der Tonsubstanz kann ungelöst bleiben, während ein ebenso geringer Teil des im Feldspate

enthaltenen Aluminiums in Lösung geht. Die erreichbare Genauigkeit reicht aber zur Beurteilung eines Formsandes ebensogut aus, wie es bei vollkommen genauer Bestimmung der betreffenden Bestandteile möglich sein würde. Oft vermag bei Formsanden oder -lehmen, die physikalisch einander fast gleich erscheinen und deren chemische Endanalyse sich nahezu deckt, erst die rationelle Analyse Aufschluß über die Ursachen ihrer grundverschiedenen praktischen Brauchbarkeit zu geben. Nur bei Formsanden von gleichem Herkommen kann die Endanalyse gute Anhaltspunkte für Werturteile abgeben, im allgemeinen ist man stets vorwiegend auf die rationelle Analyse angewiesen. Auch diese kann aber gründlich irreführen, wenn sie nicht durch weitere Proben ergänzt wird. Die Zahlentafel 229 zeigt die Ergebnisse der rationellen Untersuchung von 4 Formsanden und ihr Verhalten während einer allgemeinen Wertungsprobe.

Zahlentafel 229.
Ergebnisse der rationellen Analyse und der allgemeinen Wertungsprobe von vier verschiedenen Formsanden [1]).

Nr.	Analyse					Glüh-verlust $\%$	Beobachtungen beim		Wasser-aufnahme nach dem Trocknen	Beobach-tungen nach dem Glühen	Wasser-aufnahme nach dem Glühen
	SiO_2 $\%$	Fe_2O_3 $\%$	Al_2O_3 $\%$	CaO $\%$	MgO $\%$		Formen	Trocknen			
1	75,03	3,15	13,35	Spur	0,83	4,75	Ziemlich feinkörnig. Gut bildsam. Etwas klebrig.	Risse, ohne sonst zu schwinden. Hart.	Rasch	Glasiert. Stark aufgebläht.	Keine Aufnahme
2	82,09	2,82	10,12	0,36	0,61	2,07	Gleich-mäßig. Ziemlich feinkörnig. Mit viel Wasser gut bildsam. Etwas klebrig.	Keine Risse. Hart.	Rasch	Glasiert. Stark aufgebläht.	Sehr langsam
3	75,81	4,00	10,40	0,32	0,72	3,04	Feinkörnig. Mit viel Wasser gut bildsam. Weniger klebrig als Nr. 1.	Keine Risse. Hart.	Sehr rasch	Unver-ändert	Sehr rasch
4	83,67	2,19	7,36	0,25	0,35	1,53	Sehr fein-körnig. Sehr gleich-mäßig. Gut bildsam mit ziemlich viel Wasser.	Keine Risse. Hart.	Sehr rasch	Unver-ändert	Sehr rasch

Nach dem chemischen Befunde wäre der Sand 1 dem Sande 3 infolge seines geringen Gehaltes an Kalk und Eisenoxyd vorzuziehen, Sand 2 hat eine günstigere chemische Zusammensetzung als Sand 3: Mehr Kieselsäure bei gleichem Tonerdegehalt, weniger Eisenoxyd und geringerem Glühverlust! Wie aber die Ergebnisse der Wertungsprobe zeigen, sind nur die Sande 3 und 4 praktisch verwendbar, denn nur sie bleiben noch nach dem Glühen wasseraufnahmefähig. Die Verwendung in der Formerei bestätigte den Prüfungsbefund. Sand 1 gab Veranlassung zu einer Reihe poriger Fehlgüsse, die vor der Untersuchung fast unerklärlich schienen, weil sie unter ganz geordneten Betriebs-verhältnissen entstanden waren, und das Eisen die denkbar günstigste Zusammensetzung

---

[1]) Nach A. Schmidt: Stahleisen 1914, S. 1430.

hatte. Bei Verwendung des Sandes 3 blieben die Fehlgüsse sofort aus. Sand 4 würde wohl die besten Betriebsergebnisse geliefert haben, er stammte aber aus dem Auslande und konnte seines hohen Preises wegen nicht in Frage kommen.

Die chemische Endanalyse und die rationelle Analyse werden durch die **Färbe-probe** in wertvoller Weise ergänzt. Sie beruht auf der Tatsache, daß die reine bindende Tonsubstanz die Eigenschaft besitzt, Farbstoffe an sich zu ziehen und in sich aufzunehmen, während der im Feldspat vorhandene Aluminiumgehalt von der Farbe nicht beeinflußt wird. Unter verschiedenen Färbeproben haben sich die zwei folgenden gut bewährt:

1. Je nach dem mutmaßlichen Bindergehalte werden 10—20 g der Sandprobe in eine Stöpselflasche von 500 ccm Fassungsvermögen mit 250 ccm destilliertem Wasser, dem 10% Ammoniak zugesetzt wurden, während einer Stunde geschüttelt. Dann fügt man 5 ccm Essigsäure zur Neutralisation des Ammoniaks sowie eine genügende Menge in 100 ccm Wasser gelöstes Kristallviolett (Hexamethylpararosanilin) zu, um nach vollstän-diger Sättigung der Probe mindestens noch 40 mg davon überzubehalten, spült die letzten Farbstoffreste aus dem Becherglase mit 40 ccm Wasser nach — es ergibt sich somit eine Gesamtwassermenge von 400 ccm — und übergibt die Flasche für zwei weitere Stunden der Rüttelvorrichtung. Danach läßt man sie einige Stunden abstehen, zieht 100 ccm der überstehenden klaren Flüssigkeit ab, fügt 2 ccm 10%ige Essigsäure und 25 ccm Wasser zu und beseitigt den Farbstoffüberschuß durch Einführung eines 5 g schweren Stranges gebeizten Baumwollgarns, wobei die Wärme allmählich auf 60° gesteigert wird. Nach Aufsaugung des gesamten Farbstoffes wird das Garn ausgezogen, gewaschen und bei 75° getrocknet. Das Baumwollgarn wird dann mit anderen Strängen von bekanntem Farbstoffgehalt verglichen und danach die von der Probe aufgenommene Farbstoff-menge berechnet [1]).

2. Man löst 0,75 g grünes Anilin in 250 ccm Wasser und schüttelt die Lösung durch 5 Minuten. Dann fügt man ihr 50 g der Formsand- oder Lehmprobe zu, schüttelt durch weitere 10 Minuten, gießt die Flüssigkeit samt der Probe in einen Stehkolben und läßt das Ganze über Nacht abstehen. Morgens vergleicht man die überstehende Flüssigkeit mit der Normallösung von 0,75 g Farbe in 250 ccm Wasser. Durch Verdünnung der Normal-lösung in einem Meßglase auf den Farbton der Probeflüssigkeit läßt sich der Gehalt an bindender Tonsubstanz ($Al_2O_3 . 2 SiO_2 . 2 H_2O$) mit durchaus ausreichender Genauig-keit feststellen [2]).

Volle Genauigkeit gewähren freilich auch die Färbeproben nicht, da auch manche Kieselsäureformen die Eigenschaft haben sollen, Farbstoffe zu schlucken. Es handelt sich dabei aber nur um so seltene Vorkommen, daß man sich ohne nennenswerte Gefahr der Färbeprobe für Zwecke der Praxis als eines ebenso einfachen wie zuverlässigen Hilfsmittels mit ruhigem Gewissen bedienen kann.

Die beste Bezugszeit für Formsand. Es ist wichtig, stets über ein ausgiebiges Sandlager zu verfügen, um nicht in Zeiten größerer Beanspruchung der Gruben gezwungen werden zu können, Sand von minderer Güte abnehmen zu müssen. Weiter empfiehlt es sich, seinen Sandbestand möglichst während der Sommermonate zu ver-vollständigen. Der Sand ist um diese Jahreszeit trockener, also leichter, der Gewichts-unterschied zwischen Sommer- und Wintersand kann das Verhältnis von 5:7 erreichen, d. h. beim Bezuge von 5 Wagenladungen im Sommer erhält man unter Umständen die gleiche Sandmenge wie beim Bezuge von 7 Wagenladungen im Winter.

Bewährte Sandmischungen.

Für schweren Grauguß: 1. 40% gebrauchter Sand, 33% Hallescher Sand (grau, fett), 13% halbfetter Sand, 14% Steinkohlenstaub aus gasreichster Kohle.

2. 8 Teile alter Formsand, 6 Teile Nieder-Striegauer Sand, 6 Teile Hallescher Sand (grau, fett), 3/4 Teil gasreicher Steinkohlenstaub.

---

[1]) Stahleisen 1923, S. 298 und 1924, S. 221.
[2]) Nach C. Irresberger: Formstoffe. S. 61.

Für mittleren Grauguß: 45% gebrauchter Sand, 45% Hallescher Sand (gelb, fett), 19% bester Steinkohlenstaub.

Für kleinen Grauguß: 40% gebrauchter Sand, 25% fetter Sand, 25% halbfetter Sand, 10% Steinkohlenstaub.

Für kleinen Guß auf Formmaschinen: 1 Teil alter Formsand, 6 Teile feiner Halberstädter Sand, 3/4 Teile Steinkohlenstaub.

Für Stahlnaßguß: 1. 70% Stahlnaßgußsand von Süchteln oder von Bottrop i. W., 30% belgischer Silbersand.

2. 1/2 bis 2/3 Teil Süchtelner Sand, 1/2 bis 1/3 trockenen Silbersand, anfeuchten mit dünner Wilemitöllösung, schleudern. Diese Mischung hat sich für Stücke bis zu 300 kg gut bewährt.

Formfertige Lehmgemenge.

Den Grundstoff für Formerlehm bilden zwei Rohlehmsorten, eine fettere, langsam trocknende, die durch das Trocknen sehr hart und fest wird, praktisch aber für Gase undurchlässig ist (Fettlehm), und eine magerere, sandreichere, die rascher trocknet, dabei aber gasdurchlässig bleibt und weniger fest und hart wird (Magerlehm).

Je nach dem Verwendungszwecke mischt man beide Rohlehmarten in verschiedenen Mengenverhältnissen zusammen, was auf nassem, wie auf trockenem Wege geschehen kann. Die Naßmischung erfolgt gewöhnlich auf einem Kollergang, der vorteilhaft mit Rillenläufern ausgestattet wird. Zum Trockenmischen macht man den Fettlehm lufttrocken, siebt ihn aus und verteilt ihn gleichmäßig über den gleichfalls trockenen Magerlehm, verarbeitet das Gemenge zunächst trocken im Kollergang und feuchtet es schließlich mit Wasser an, in dem Pferdedünger ausgelaugt wurde.

Lehmformen werden stets getrocknet. Beim Trocknen verdunstet das Wasser, und während des Gießens verdampfen die vom Pferdedünger stammenden Ammoniaksalze unter Hinterlassung von Hohlräumen, die die Durchlässigkeit der Form verbessern. Pferdedüngerwasser verbessert zugleich die Klebekraft des Lehms, weshalb häufig dem Lehmbrei auch unmittelbar Pferdedünger zugesetzt wird.

Formlehm liefert wesentlich festere Formen als Formsand und bietet den Beanspruchungen des flüssigen Metalls gegenüber noch volle Sicherheit, wo man bei Verwendung von Formsand die größte Gefahr liefe, Fehlgüsse zu bewirken. Der Masse gegenüber hat er den Vorteil, sich infolge seines breiigen Zustandes bewegten Lehren besser anzuschmiegen, weshalb er insbesondere bei der Herstellung von Kernen und von großen Formen mit Lehren Verwendung findet; in der Modellformerei verwendet man ihn nur ausnahmsweise. Infolge seiner großen Festigkeit im getrockneten oder gebrannten Zustande eignet sich Formlehm wie kein anderer natürlicher Formstoff zur Herstellung kleiner und großer Kerne, die insbesondere bei zylindrischer Form in vielen Fällen keiner Spindel oder anderweitigen Stütze bedürfen.

Bewährte Lehmmischungen.

Gelber Lehm zum Aufmauern: 2 Teile fetter Sand, 2 Teile Mauersand (scharfer Sand), 2 Teile Flachsscheven.

Schwarzer Lehm zum Vollziehen der Formen und Kerne: 2 Teile fetter Sand, 2 Teile Mauersand, 2 Teile Flachsscheven, 1 Teil gemahlener Koks.

Lehm für Kokillenkerne: 2 Teile fetter Sand, 2 Teile Mauersand, 2 Teile Flachsscheven, 1 1/2 Teil gemahlener Koks, 1 Teil gemahlene feuerfeste Steine.

Graugußmasse.

Graugußmasse ist ein seiner Zusammensetzung nach zwischen dem Formsand und dem Formlehm liegender Formstoff. Graugußmasse ist beträchtlich tonreicher als fette Formsande und tonärmer als Formlehm. Die Masse wird gleich dem Lehm in stark angefeuchtetem Zustande verwendet, ihr Ton- und Wassergehalt wird so bemessen, daß sie zwar einen dicken Brei bildet, im Gegensatz zum Formlehm aber an Modellen, Lehren und Werkzeugen nicht klebrig haftet. Während der Lehm vorzugsweise dazu dient, Formen mit Hilfe von bewegten, gezogenen oder gedrehten Lehren herzustellen, wird die Masse durchwegs zur Formerei mit Modellen verwendet.

Manche sandigen Tone entsprechen schon in ihrem natürlichen Mischungsverhältnisse den an eine brauchbare Masse zu stellenden Anforderungen; sie bedürfen nur noch einer Aufbereitung durch Trocknen, Stampfen, Sieben und Anfeuchten, um vollkommen formfertig zu werden. Solche Vorkommen sind aber ziemlich selten, im allgemeinen ist man darauf angewiesen, die natürliche Masse durch Beimischung von Ton, tonreichem Sand, von Magersand oder anderen Magerungsstoffen zu verbessern. Selbst eine vollkommen geeignete natürliche Masse bedarf zur Wahrung ausreichender Bildsamkeit nach jedem Guß einer Auffrischung mit fettem Ton, da sie durch das „Brennen", d. h. durch die starke Erhitzung beim Gießen magerer wird. Den Grundbestandteil aller Graugußmassen bildet feuerfester Ton, dessen Neigung, beim Trocknen zu schwinden und Risse zu bekommen, durch Beimischung sogenannter „Magerungsmittel" verringert oder ganz aufgehoben wird. Als Magerungsmittel für Graugußmasse werden wohl nur Quarzsand oder magerer Formsand verwendet, deren Wirkung auf verschiedenen Umständen beruht. Die Schwindung der Masse beim Trocknen vermindert sich um das Maß des Raumes, den der Quarzsand im Gemenge einnimmt; in je größerer Menge er vorhanden ist, mit desto geringerer Schwindung hat man zu rechnen. Zugleich wird mit steigendem Quarzgehalte die von der Schwindung abhängende Rißbildung vermindert und von einem bestimmten Mischungsverhältnisse ab völlig beseitigt. Beim Trocknen und Schwinden des Sand-Ton-Gemenges entsteht um jedes Sandkörnchen ein kleiner Hohlraum, in der Folge wird das Gemenge durchlässiger, das Trocknen geht rascher und stetiger vor sich, da die Wasserdämpfe leichter entweichen können, und beim Gießen sind keine Störungen infolge ungenügenden Gasabzuges zu befürchten.

Die Masse hat durch ihren höheren Tongehalt dem Formsand gegenüber manche großen Vorzüge. Im formfertigen halb körnigen, halb breiigen Zustande — man fügt ihr nur so viel Wasser bei, daß sie sich leicht kneten läßt, aber noch nicht klebrig am Werkzeuge oder den Händen hängen bleibt — ist sie bildsamer, d. h. sie zerfällt weniger leicht als durch Stampfen verdickter Sand, erlangt durch das Trocknen eine große Festigkeit und wird sehr hart. Die letzte Eigenschaft unterscheidet sie von einer Reihe fetter Formsande, die zwar auch durch Trocknen durchlässiger werden und eine gewisse Festigkeit erlangen, deren Trocknung aber sehr vorsichtig ausgeführt werden muß, weil schon geringfügige Übererwärmung oder zu lange Dauer des Trockenvorganges die erreichte, nicht allzu hohe Festigkeit verringern oder gar ganz zum Verschwinden bringen können. Richtig zusammengesetzte Massen sind dagegen dem Trockenvorgange gegenüber weniger empfindlich und erlangen schließlich nahezu die Härte guter Lehmformen.

Masse ist darum für jene Gußformen ganz besonders geeignet, die bei der Anfertigung oder beim Gießen leicht beschädigt werden können, die z. B. mit vielen Kernen zu versehen sind oder wiederholt gewendet werden müssen, oder die unter dem Druck einer hohen Säule flüssigen Metalls leicht einer Erweiterung ihrer inneren Abmessungen (Treiben der Form) ausgesetzt sind. Die Masse ist feuerbeständiger als Formsand, brennt weniger leicht an das Eisen an und wird darum für starkwandige, schwere Abgüsse bevorzugt, deren Formen verhältnismäßig lange großen Hitzewirkungen unterworfen sind. Weiter ist sie für große Stücke geeignet, bei denen es auf völlige Blasenfreiheit zu bearbeitender Flächen ankommt, da sie so gründlich getrocknet werden kann und muß, daß sich beim Gießen keine Wasserdämpfe entwickeln können, die Blasen im Gusse verursachen würden. Das Metall wird in der Masseform weniger plötzlich abgekühlt als bei der Berührung der Wände nasser oder oberflächlich getrockneter Sandformen, wodurch die Gießgase eher Zeit finden, vor dem Erstarren des Eisens zu entweichen. Dagegen ist die Herstellung von Massegußformen zeitraubender und teurer als die von Sandformen, weshalb man sie nur dann verwendet, wenn einer der angegebenen Gründe — vielfach gegliederte Form, bedeutende Höhe, größte Blasenfreiheit und Reinheit bearbeiteter Flächen u. a. m. — die Ausführung von Sandformen zu gefährlich erscheinen läßt.

Für schweren Grauguß hat sich ein Gemenge von 50 Teilen Halleschem Formsand und 50 Teilen Lehm gut bewährt, während für weniger schweren Guß wie Lokomotivzylinder auf je 6 Teile Lehm und Halleschen Formsand noch 1 Teil Steinkohlenstaub zugesetzt wird.

Stahlgußmasse.

Stahlgußmasse muß noch bei den in den Flußstahlschmelzanlagen erreichbaren Wärmegraden feuerfest sein. Sie besteht darum in der Hauptsache aus hochfeuerfestem Ton, aus Magerungsmitteln, die an und für sich, wie in Berührung mit dem Ton unschmelzbar sind und nur unmerklich schwinden, und aus Stoffen zur Verhütung des Anbrennens. Die Tongrundmasse besteht aus Gemengen von rohem und von gebranntem Ton. Der rohe Ton verleiht der Masse Bildsamkeit und Zusammenhalt; doch ist er so wenig luftig, daß bei seiner ausschließlichen Verwendung die Formen unbedingt schülpen würden. Darum setzt man ihm zur Magerung Quarz- oder Koksmehl und gebrannten Ton in Gestalt von Schamotte oder von gemahlenen Tiegelscherben, vor allem aber von alter Masse zu. Von großer Bedeutung ist ein Graphitzusatz, der in der Masse ähnlich auf die Feuerfestigkeit wirkt, wie bei der Erzeugung von Schmelztiegeln. Der Graphit kann in Form von gemahlenen Graphittiegelscherben oder in reinem Zustande zugesetzt werden. Am vorteilhaftesten ist die Verwendung gemahlener Graphittiegelscherben, man gewinnt dabei noch andere wertvolle Grundstoffe, die auf den wenig gasdurchlässigen Graphit magernd einwirken. Solche Scherben, die am nutzbringendsten zur Herstellung neuer Tiegel verwendet werden, stehen nur wenig Gießereien zur Verfügung. Man kann sich mit Tontiegelscherben helfen und setzt dann den Graphit in reinem Zustande zu. Manche Gießereien verzichten auch auf Tontiegelscherben und verwenden als Zusatz zum rohen Tone nur Schamotte, deren Beschaffenheit leichter zu überwachen ist und die, je nach den örtlichen Verhältnissen, mitunter auch billiger eingekauft werden kann. Für schwere Formen setzt man neben dem Graphit nur noch Quarzmehl, für leichtere auch Koks- und Steinkohlenmehl zu. Die beiden letzten Stoffe wirken insbesondere dem Anbrennen entgegen, indem sie die Feuerfestigkeit der Masse erhöhen und zugleich die gegenseitige Berührung zwischen dem Körnchen der Masse und dem flüssigen Stahl vermindern — durch Bildung einer trennenden Gasschicht —, ohne selbst mit einem der beiden Körper zusammenzuschmelzen. Die durch sie bewirkte Gasbildung ist aber so ausgiebig, daß sie nur bei leichteren, eine mäßigere Hitze abgebenden Gußwaren verwendet werden können.

In Belgien findet eine Masse aus natürlichen feuerfesten Sanden Verwendung [1]), die durch einen Brei aus gekochten Kartoffeln Bindekraft und Bildsamkeit erhalten. Die Zusammensetzung der Stahlgußmassen ist entsprechend der Beschaffenheit der Grundstoffe, Magerungsmittel und Zusatzstoffe und nach der Art der herzustellenden Abgüsse sehr verschieden.

Zur Aufbereitung der Masse wird der rohe Ton gut lufttrocken gemacht und auf einem Kollergange gemahlen, dann setzt man ihm den Quarzsand, zerkleinerte Tiegelscherben und Schamotte zu und mahlt so lange weiter, bis die Masse dem freien Auge durchaus gleichmäßig gemischt erscheint. Bei Verwendung von Quarzpulver müssen die Quarzstücke vor dem Mahlen ausgeglüht werden, damit sie beim Guß infolge der Hitzewirkung nicht treiben. Das gut vorgemischte, noch immer trockene Gemenge kommt dann in einen Mischer, worauf es angefeuchtet wird, was von Hand oder mittels einer mechanisch betätigten Anfeuchtvorrichtung geschehen kann. Mit dem Zusatz von Wasser wird stets äußerst sparsam vorgegangen; die Masse soll nur so weit befeuchtet werden, daß sie eben genügende Bildsamkeit erlangt. Jede Überfeuchtung fördert das Schrumpfen und die Rißbildung während des Brennens. Um Wasser zu sparen und dem Gemenge erhöhte Bindekraft zu verleihen, wird ihm mitunter Melasse oder Kolophonium zugesetzt.

---

[1]) L. Unkenbolt: Stahleisen 1905, S. 353.

Während man ursprünglich die Formen aus durchaus gleicher Masse herstellte, ist man später dazu übergegangen, nur an die vom flüssigen Stahle bespülten Flächen der Form frische Masse, etwa in 30 mm Stärke, zu legen, dahinter aber alte Masse einzustampfen. Bei der Arbeit mit Lehm geht man noch weiter und dreht erst einen Grundkörper aus gewöhnlichem Lehm aus, dessen Höhlung leer bleiben oder mit Koks oder alter Masse gefüllt werden kann. Auf den Lehm wird dann etwas Masse oder auch nur eine doppelte Schicht sogenannter Schlichte aufgetragen.

Die Schlichte vertritt die Stelle der Schwärze beim Grangusse, sie verleiht der Form eine glatte Oberfläche und schützt sie vor dem Anbrennen. Sie besteht aus denselben Stoffen wie gute Masse, nur enthält sie verhältnismäßig mehr feuerfeste und weniger gasdurchlässige Grundstoffe, die auch insgesamt feinkörniger gemahlen werden. Da die Schlichte infolgedessen weniger gasdurchlässig ist, darf sie nur in dünnsten Schichten Verwendung finden. Häufig macht man sie so dünn an, daß sie nur mit dem Pinsel aufgetragen werden kann, und ihre Schichtstärke die Abmessungen der Form praktisch nicht beeinflußt. Um volle Wirkung zu erzielen, trägt man die Schlichte zweimal auf, einmal auf die feuchte Form und zum anderen auf die hartgebrannte Form.

Bewährte Mischungen von Stahlgußmassen. Rheinische Massen: 1. 4 Karren Schamottemehl, je nach der herzustellenden Form durch ein 3- oder 4-mm-Sieb gelaufen, 1 Karren trockener, durch ein $2^{1}/_{2}$-mm-Sieb gelaufener Ton, 1 Schaufel Graphit. Trocken mischen und danach in der Mischmaschine nach Bedarf anfeuchten. Die Oberfläche der Form wird mit Hettenleidelheimer Schlichte abgerieben [1]).

2. 6 Teile pulverisierter Koks, 10 Teile ungebrannter blauer Ton, 17 Teile gebrannter Ton, 35 Teile Quarzsand, 32 Teile Schamottemehl [2]).

3. 16 Teile blauer Ton, 17 Teile Schamottemehl, 67 Teile Quarzsand [2]).

4. Für kleinen und mittleren Stahlguß: 35 Teile frischer Hallescher Formsand, 25 Teile Quarzsand, 12 Teile Teile blauer Ton, 38 Teile Schamottemehl. (In Mitteldeutschland gern benutzte Mischung.)

Mährische Masse. I. Fettarmer Kaolin von Blansko ohne jeden anderen Zusatz, nur mit Wasser nach Bedarf befeuchtet. (Auf einem großen mährischen Werke für Stücke bis zu 1500 kg Einzelgewicht seit Jahren gut bewährt.)

II. $^{1}/_{3}$ bis $^{2}/_{3}$ Kaolin von Blansko, $^{2}/_{3}$ bis $^{1}/_{3}$ Stahlformsand aus den Fürstl. Salmschen Gruben in Raitz bei Brünn.

Für schweren Stahlguß [3]): 2 Teile alte Formmasse, 10 Teile gemahlene Tontiegelscherben, 5 Teile Schamotte, 3 Teile weißer Ton, 1 Teil Koksmehl, 1 Teil Graphit oder Graphittiegelscherben. Sämtliche Bestandteile werden zu feinem Pulver vermahlen, etwas angefeuchtet, bis sich die Masse ballt, und danach vor dem Gebrauche etwa 24 Stunden liegen gelassen.

Für Manganstahl-Formguß:
1. 20 Teile beste gebrannte Schamotte, 8 Teile Rohton, 4 Teile bester Graphit, 3 Teile gemahlener Koks, 2 Teile Silbersand.

Dazu zu verwendende Schlichte: 2 Teile gesiebtes Schamottemehl, 1 Teil Rohton, 2 Teile bester Graphit.

2. 6 Teile beste gebrannte Schamotte, 1 Teil Rohton, 1 Teil Koks, 2 Teile von Schlacke gründlich gereinigtes Tiegelmehl.

Dazu zu verwendende Schlichte: Scharfgebrannter, feinst gemahlener mit Melasse oder Quelline angerührter Silbersand.

3. 6 Teile Silbersand, 1 Teil Rohton, so viel Melasse, als zu guter Bildsamkeit erforderlich ist.

---

[1]) Eisenztg. 1918, S. 272/3.   [2]) Stahleisen 1918, S. 483.   [3]) Eisenztg. 1918, S. 415.

Für Stahlguß verschiedener Wandstärke:

	Für Stücke mit 20—50 mm Wandstärke Liter		Für Stücke mit über 50 mm Wandstärke Liter		Schlichte Liter	
	a	b	c [1]	d	e	f
Alte Masse	4	12	1	—	—	—
Tontiegelscherben	1	—	10	—	½	—
Schamotte	1	—	5	—	—	1
Weißer Ton	1	1	3	—	½	½
Koks	½	—	1	—	—	—
Quarzsand	—	5	—	10	—	—
Graphit	—	2	—	2	—	½
Graphittiegelscherben	—	—	—	—	1	—

Zusatzstoffe.

Steinkohlenstaub.

Der Steinkohlenstaub ist seiner Wirkung wie der verwendeten Menge nach der wichtigste Zusatzstoff des Formsandes. Er wird dem Sande in Form feinsten Staubes beigemischt und bewahrt die Oberfläche der Formen vor dem Anbrennen. Die zwischen den Sandkörnern eingebetteten Kohleteilchen werden unter der Wirkung des in die Form strömenden Metalls vergast, es entsteht eine Gasschicht zwischen der Sandoberfläche und dem Metalle, die die unmittelbare Berührung von Sand und Metall verhütet, die gegenseitige chemische Beeinflussung vermindert und zugleich als Wärmeschutzschicht wirkt. Während bei Verwendung von kohlefreiem Sande die Oberfläche der Abgüsse mit einer unschönen, die Bearbeitung erschwerenden Schicht teilweise geschmolzenen, angefritteten Formsandes überzogen wird, kommen unter sonst gleichen Umständen die Gußstücke glatt und mit schön graublauer Farbe aus der Form, wenn dem Sande guter Steinkohlenstaub sachgemäß beigemischt wurde.

Die Wirkung des Steinkohlenstaubes hängt wesentlich von seiner chemischen und physikalischen Beschaffenheit ab. Er soll möglichst viel flüchtige Bestandteile enthalten, möglichst fein und gleichmäßig gekörnt sein und einen geringen Aschengehalt haben. Größte Feinheit und Gleichmäßigkeit der Körnung ist erforderlich, weil der Steinkohlenstaub jedes Sandkörnchen so weit umfassen soll, daß während des Gießens eine ausreichend wirksame Gasschicht entstehen kann. Vereinzelte gröbere Kohlenkörnchen wirken schädlich; sie unterbrechen das gleichmäßige Gefüge der Formoberfläche, schieben sich leicht zusammen und brennen beim Gießen aus, wodurch auf dem sonst glatten Gußstücke größere und kleinere Höcker entstehen.

Um die gleiche Wirkung zu erreichen, muß einer Sandmischung um so weniger Steinkohlenstaub zugesetzt werden, je mehr Gase er unter der Wirkung des flüssigen Metalls zu entwickeln vermag.

Der Steinkohlenstaub zerfällt unter den Hitzewirkungen des Gießens in Gas und feine Koksteilchen. Die Koksteilchen haben keine Bindekraft, sie verstopfen nur die Hohlräume zwischen den Sandkörnern und vermindern so die Gasdurchlässigkeit des gebrauchten Sandes. Ein Teil des entstehenden Koksstaubes verbrennt zu Asche und wird infolge der dadurch eintretenden Raumminderung etwas weniger schädlich. Je feiner der Steinkohlenstaub gemacht wird, um so feiner werden die Koksteilchen und in um so größerer Menge können sie verbrennen. Natürlich wird der Formsand um so weniger geschädigt, je weniger Ascheteilchen ihm durch den Steinkohlenstaub zugeführt werden, und es empfiehlt sich aus diesen Erwägungen beim Einkauf auf einen möglichst geringen Aschengehalt zu sehen. In der Praxis erweist sich aber, den theoretischen Erwägungen entgegen, ein hoher Aschengehalt nicht immer schädlich. W. Emrich

---

[1] Masse c ist auch zur Arbeit mit Lehren gut geeignet.

hat z. B. nacheinander zwei Steinkohlenstaubsorten verwendet, die bei gleicher Koksausbeute und annähernd gleichem Gehalte an flüchtigen Bestandteilen ein auffallendes Betriebsergebnis zeitigten [1]). Der Steinkohlenstaub mit nur 11,57% Asche lieferte zum Teil unbrauchbare, mit Schülpen behaftete Abgüsse, während die andere Sorte mit dem $2\frac{1}{2}$ fachen Aschengehalt dauernd gute Erfolge hatte. Der aschenreichere gutbewährte Steinkohlenstaub machte einen fetten Eindruck, er fühlte sich schlüpfrig an, war von großer Feinheit, ähnlich wie Tonmehl, und hatte eine ins Bräunliche übergehende Farbe. Der aschenärmere Staub hatte wesentlich gröberes Korn, fühlte sich im Vergleich zum anderen sehr scharfkantig an und war tiefschwarz. Diese Erfahrungen zeigen, daß es bei der Bewertung des Steinkohlenmehls nicht allein auf seinen Gehalt an flüchtigen Bestandteilen, auf den Aschengehalt und die Koksausbeute ankommt, sondern daß neben diesen unzweifelhaft wichtigsten Grundbedingungen auch noch andere Tatsachen zu beachten sind. Praktisch haben sich am besten bewährt gasreiche, langflammige Sandflammkohlen, die vor den langflammigen Back- oder Gaskohlen den Vorzug verdienen, weil sie weniger Koksstaub im Formsand hinterlassen. Allgemein wird eine etwa kaffeebraune Färbung des Steinkohlenstaubes als Zeichen hoher Güte angesehen.

Steinkohlenstaub wird durch Mahlung stückiger Steinkohle, durch Absaugung des Niederschlages aus Entstaubungsanlagen von Kohlenaufbereitungen und durch Mahlung getrockneter Schlammkohle gewonnen. Der durch Absaugung gewonnene Steinkohlenstaub ist ziemlich kohlenstoffarm, er enthält wenig fettige (klebende) Bestandteile, ist häufig ungleichmäßig in der Korngröße und schwierig mit dem Sande vermischbar, da er von der Mischmaschine (Desintegrator) zu einem erheblichen Teile ins Freie geschleudert wird. Auch der aus Schlammkohle erzielte Staub hat gewöhnlich geringeren Fettgehalt. Beim Vermahlen stückiger Steinkohle kann auf Auswahl einer bestgeeigneten Kohlensorte geachtet und damit von vornherein die richtige Grundlage für gute Bewährung des Staubes geschaffen werden.

Beim Mahlen der Steinkohle muß recht vorsichtig vorgegangen werden, sonst können leicht Explosionen und Brände entstehen. Die rohe Kohle wird auf einem Blechbelag in dünner Schicht ausgebreitet, um vor dem Mahlen völlig lufttrocken zu werden. Man darf sie nicht zu lange liegen lassen, um nicht Gasverluste zu erleiden. Auch die gemahlene, in Säcken verpackte und kühl gelagerte Steinkohle darf nicht zu lange aufbewahrt werden. Sie sollte spätestens in vier Wochen verarbeitet werden. Schon durch das Mahlen geht ein beträchtlicher Teil der flüchtigen Bestandteile verloren. Während in der Steinkohle häufig bis zu 40% flüchtige Bestandteile festgestellt werden können, wird man selbst im besten Steinkohlenmehl kaum jemals mehr als 30% finden

Eine praktische Probe zum beiläufigen Vergleiche verschiedener Steinkohlenstaubproben kann ausgeführt werden, indem man in je eine Hand eine Probe nimmt und sie auf glühendes Eisen wirft. Die Kohle, die zuerst aufflammt, ist die bessere. Eine weitere Bewertungsgrundlage liefert der Glührückstand. Die Probe, die weniger Grus, der doch nur aus Koks und Asche bestehen kann, hinterläßt, wird einer anderen mit mehr Rückständen vorzuziehen sein.

Pferde- und Kuhdünger und ihre Ersatzstoffe.

Bei der Bereitung des Former- und Kernmacherlehms spielt die Verwendung von Pferdedünger eine sehr wichtige Rolle. Beim Trocknen der Formen schwindet der Pferdemist stärker als der Lehm, wodurch die Form poröser, gasdurchlässiger wird. Zugleich verflüchtigt sich ein Teil des Mistes durch Zersetzung, und die entweichenden Gase hinterlassen Kanäle für die spätere Ableitung der beim Gusse entstehenden Gase. Beide Ursachen tragen dazu bei, den Lehm mit weniger und feineren Rissen, unter günstigen Umständen auch völlig rissefrei schwinden zu lassen. Infolge der Bindekraft frischen Pferdemistes kann dem Lehm mehr scharfer Sand beigemengt werden, was wiederum zur rißfreien Schwindung und zur Verbesserung der Luftigkeit beiträgt.

---

[1]) Stahleisen 1910, S. 909.

Für sehr feine Arbeiten wird zuweilen an Stelle von Pferdedünger Kuhdünger verwendet. Er gibt mit feinsandigem Lehm Kerne von schöner glatter Oberfläche und
guter Luftigkeit, aber geringerer Festigkeit.

Pferde- und Kuhdünger werden dem Lehm im Verhältnis von 2:3 bis 1:1, dem Raume
nach, beigefügt. Die Mischung erfolgt durch Handarbeit, indem der Lehm in abwechselnden
dünnen Schichten mit dem Pferdemist auf einer eisernen Platte ausgebreitet und dann
mit einem Rundeisenstabe anhaltend geschlagen wird, wobei ein Schlag neben den
anderen geführt werden muß. Dann schaufelt man die Masse durch und wiederholt
das Verfahren, bis die Mischung genügend gleichmäßig geworden ist. Besser und billiger
fährt man aber, wenn der Lehm nach dem ersten Durchschlagen in einer Knetmaschine
fertig gemischt wird. Je inniger gemischt wird, desto sparsamer braucht Pferdedünger
zugesetzt zu werden.

Infolge des großen Bedarfes an Pferdemist in Lehmgießereien fällt es oft schwer,
die erforderlichen Mengen zu auskömmlichen Preisen zu beschaffen. Die bisher verwendeten Ersatzstoffe wie **Häckerling, Spreu, Gerberlohe, Torfgrus, Flachsscheven** und **Kälberhaare** haben zum Teil zwar beträchtliche örtliche Bedeutung
erlangt, vermochten aber den Pferdedünger im allgemeinen nur wenig zurückzudrängen.
Sie machen zwar den Lehm lockerer und gasdurchlässiger, beeinträchtigen dagegen
seine Bindekraft in den meisten Fällen recht erheblich.

Die Kernbinder.

Kaolin und Ton.

Von Bedeutung für jeden Kernsand ist sein Gehalt an den natürlichen Bindern Kaolin
und Ton. Vielfach wird der Ton-(Kaolin-)Gehalt ermittelt und kurzerhand als Binder
bezeichnet. Das ist falsch, denn nicht jeder Ton und selbst nicht jedes Kaolin hat dieselbe
Bindekraft. Die Bindekraft eines Tones hängt von seinem Gehalt an kolloidem Kaolin
ab, der durch die Wirkung auf eine Anilinfarbe, das Malachitgrün, bestimmt werden kann.
Untersuchungen verschiedener Sande haben ergeben, daß, wenn die Wirkung reinsten
Kaolins [1] mit 100 angesetzt wird, selbst gewaschener Fluß- und Süßwassersand noch
Zahlen von 2—2,5 aufweist, und daß einzelne Sandsorten auf über 100 steigen (z. B.
„amerikanisches natürliches Kaolin" auf 107,60). Kernsande, die als völlig scharf,
tonfrei, bezeichnet werden, können noch Kolloidkoeffizienten von über 10 ergeben.

Die Färbeprobe ist nur bei frischen Sanden, wie sie aus der Grube kommen, anwendbar. Alter, verbrannter Sand, der gar keine Bindekraft mehr besitzt, enthält in beträchtlicher Menge Stoffe, die die Farbe zerstören und dadurch den Anschein hoher Bindekraft
erwecken. Der Wert eines Kernsandes hängt nächst seinem Tongehalte von seiner Korngröße ab. Je gleichmäßiger diese ist, desto fester wird unter sonst gleichen Umständen
der Kern, gleichviel ob zu seiner Herstellung natürliche oder künstliche Bindemittel
verwendet werden. Je regelmäßiger die Form der Sandteilchen ist und je mehr sie sich
der Form der Kugel nähert, desto luftiger wird der Kern.

Öle.

Gewisse Öle sind zur Herstellung von Kernen ausgezeichnet geeignet; sie liefern
Kerne von hoher Festigkeit, die nach dem Gusse unter der Wirkung der Glühwärme
zu Staub und Grus zermürben und durch einfaches Abklopfen aus den Abgüssen entfernt werden können. Die besten Wirkungen werden bei Verwendung reinen, kieselsäurereichen Sandes erzielt. Reiner scharfer Quarzsand läßt sich an einem knirschenden
Geräusche beim Reiben zwischen den Fingern erkennen. Die Korngröße solchen für
Ölkerne zu verwendenden Sandes beträgt am besten etwa 0,5—2 mm. Der Sand darf
insbesondere keine Alkalien und keinen Ton enthalten. Alkalien verseifen das Öl und

---

[1] Hier besteht noch eine Lücke insofern, als nicht festgestellt ist, ob Verwitterungs- oder
Schlämmkaolin die höchste, mit dem Koeffizienten 100 zu bewertende Bindekraft besitzt.

vermindern seine Bindekraft. Ein Tongehalt vergrößert die Menge des zur Erreichung einer bestimmten Festigkeit erforderlichen Öles. Der Ton bildet mit dem Öl eine teigige Paste und hindert es, die Sandkörner einzeln völlig zu umschließen. Die Wirkung des Öles im scharfen Sande beruht darauf, daß es jedes Sandkörnchen umhüllt und nach dem Trocknen eine zähe Verbindung des Gefüges der ganzen Masse ergibt. Ölkerne müssen mit etwas Wasser angemacht werden, nur dadurch ist eine wirklich innige Mischung zu erreichen. Zugleich bewirkt das beim Trocknen verdunstende Wasser die für den Gasabzug notwendige Porosität der Kernmasse. Verschiedene Öle und Binder bewirken verschiedene Festigkeiten. Die höchste von etwa 8 kg/qcm wird mit bestem, reinem Leinöl erreicht. Abb. 275 zeigt die mit verschiedenen Bindern erreichbaren durchschnittlichen Festigkeiten.

Für die Wirkung eines Öls sind von wesentlichem Belange die Art und die Zeit seines Eintrocknens, die dafür aufzuwendende Wärmemenge und die Art des beim Verbrennen entstehenden Rückstandes.

Rohes Leinöl gibt bei 24stündigem Trocknen unter 100° C. nicht nur nichts ab, sondern erfährt dabei eine Gewichtszunahme um 0,22%. Wird es dann während einer Stunde einer Wärme von 200° ausgesetzt, so verliert es etwa 3% seines ursprünglichen Gewichtes. Beim Eintrocknen im offenen, über einem Bunsenbrenner erhitzten Tiegel Zerfällt es zu einem mürben Pulver. Die mit rohem Leinöl angemachten Kerne erfordern darum eine verhältnismäßig lange Trockzeit, vertragen aber auch einige Überhitzung und zerfallen unter der Wirkung des ausglühenden Eisens von selbst, so daß ihre Entfernung keine Schwierigkeiten bildet. Mit reinem rohen Leinöl angemachte Kerne erreichen leicht eine Festigkeit von 6 kg/qcm.

Gekochtes Leinöl verliert bei 24stündiger Erwärmung auf 100° ungefähr 6½%

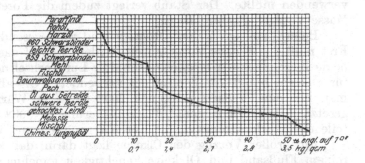

Abb. 275. Festigkeit von Kernen mit verschiedenen Bindern.

seines Gewichts und bei weiterer, eine Stunde während Erhitzung auf 200° nochmals 3%. Beim Verbrennen hinterläßt es eine zähe Haut. Das im Handel erhältliche gekochte Leinöl ist stets mit mehr oder weniger Trockenstoffen versetzt, die dem rohen Öl beim Kochen zugesetzt wurden. Man gibt auch katalytisch wirkende Körper zu, die aus der Luft Sauerstoff anziehen und an das Öl weitergeben, das infolgedessen rascher oxydiert, steif wird und trocknet. Gekochtes Leinöl ist also erheblich oxydiert und bildet dementsprechend einen schlechteren Binder als das rohe. Es hat nur den Vorteil, weniger klebrig zu sein und so die Kernarbeit zu erleichtern. Mit gekochtem Leinöl angemachte Kerne zerfallen nach dem Gusse nicht von selbst, sie müssen mit einiger Gewalt aus dem Gußstück entfernt werden.

Leinölsatz bildet die dritte Form des in der Kernmacherei verwendeten Leinöls. Am Boden der Gefäße, die das frisch gepreßte Leinöl enthalten, scheiden sich pflanzliche Bestandteile ab, die als Leinölsatz in den Handel kommen. Sie haben die größte Bindekraft, werden aber von den Kernmachern nicht gern verwendet, weil sie die Kernbüchsen klebrig machen und das Arbeiten erschweren.

Leichte Teeröle[1]) verlieren bei 24stündiger Erwärmung auf 100° fast 70% ihres Gewichts und bei weiterem einstündigen Erwärmen auf 200° nochmals 20%. Sie sind infolgedessen wenig ausgiebig und ergeben selbst bei hohen Zusätzen nur schwache Kerne von etwa 0,35 kg/qcm Festigkeit. Beim Eintrocknen beziehen sie die Tiegelwände mit einer glänzenden festen Haut. Das Entfernen der Kerne aus den Abgüssen erfordert einige Anstrengung.

---

[1]) Vgl. S. 521.

Schwere Teeröle verlieren bei 24stündiger Erwärmung auf 100° etwa 32% ihres Gewichtes, und bei weiterem einstündigen Erwärmen auf 200° wiederum 30%. Beim Eintrocknen bilden sie einen leicht zermürbbaren Kuchen. Sie sind für mittelstarke Kerne von 1,5—2,0 kg/qcm Festigkeit gut geeignet. Die Kernmasse zermürbt unter der Wirkung des ausglühenden Abgusses fast von selbst.

Chinesisches Tungnußöl ist sehr ausgiebig, nimmt bei 24stündiger Erwärmung auf 100° um 2% seines Gewichtes zu und bei der weiteren einstündigen Erhitzung auf 200° insgesamt nur $1^1/_4$% ab. Es liefert nächst dem reinen rohen Leinöl die festesten Kerne. Beim Eintrocknen hinterläßt es eine zähe und feste Haut, weshalb die Kerne nur schwierig zertrümmert und aus den Gußstücken entfernt werden können.

Wal- und Fischöle, die ausgezeichnete und billige Kerne von hoher Bindekraft ergeben, kommen dennoch im allgemeinen nicht in Frage, weil sie nach dem Gusse allzu schlimme, übelriechende Gase entwickeln.

Alle Ölkernmassen bedürfen gründlichster Mischung. Auch die sorgfältigste Handarbeit reicht nicht aus, um eine genügend zuverlässige Mischung zu erzielen, ganz abgesehen von dem hohen durch sie bedingten Lohnaufwande. Ölsand wird darum immer maschinell gemischt. Zum Mischen dürfen aber keine Mahlmaschinen verwendet werden, weil durch das Mahlen die Sandkörner zerrieben werden, der entstehende Staub einen Teil des Öles bindet und man zur Erreichung bestimmter Festigkeiten größere Mengen des Binders verwenden müßte. Der Staub verlegt zudem die Poren im Sandgefüge und macht die Masse weniger gasdurchlässig.

Beim Trocknen von Ölkernen sind zwei gesonderte Vorgänge zu unterscheiden. Erst muß das Wasser ausgetrieben werden, worauf das Öl oxydiert werden kann. Für beide Zwecke ist ein möglichst lebhafter Luftwechsel nötig. Die richtige Trockenwärme für Ölkerne hängt von der Art des verwendeten Öls ab. In den meisten Fällen kommt man mit einer zwischen 150 und 200° liegenden Wärme — guten Luftwechsel vorausgesetzt — tadellos zurecht. Bei Annäherung an 300° werden die organischen Bestandteile des Binders zersetzt, die Kerne zermürben und werden dadurch unbrauchbar.

Ein großer Vorzug der Ölkerne liegt darin, daß sie im Falle der Anfertigung aus reinem Flußsand und Öl keine Feuchtigkeit annehmen. Sie können ohne jede Gefahr beliebig lange in grünen Formen liegen und eignen sich ganz besonders für Fälle, in denen der Kern schon bei Beginn des Aufstampfens in die werdende Form eingelegt werden muß.

Manche Ölmischungen entwickeln beim Trocknen und insbesondere beim Gießen viel und äußerst unangenehmen Qualm. Bei einzelnen kleinen Kernen wird die Belästigung nicht allzu schlimm. Bei größeren Kernmengen muß durch besondere Entlüftungseinrichtungen für rasche Entfernung des Qualms gesorgt werden. In vielen Fällen kann dem Übel durch rechtzeitiges Anzünden der Gase an den Austrittstellen aus der Form einigermaßen gesteuert werden.

Sulfitlauge.

Sulfitlauge, die auch als Glutrin und Glutrose im Handel ist, ist ein Abfallstoff bei der Zellstoffgewinnung. Die nach Fällung des Zellstoffs abstehende Flüssigkeit wird durch Kochen eingeengt und ist als Kernbinder je nach dem Grade der Einengung zu bewerten. Sie besteht aus Wasser, Tannin, Holzzucker und löslichen Harzen und ist gleich den öligen Kernbindern keiner Gärung unterworfen. Aus diesem Grunde bleibt sie sehr lange gebrauchsfähig. Im Probetiegel verbrannt, hinterläßt sie ein häutiges Gebilde, das bei längerem Glühen zu einer pulverigen Masse zerfällt. Ein Alkaligehalt des verwendeten Sandes setzt die Bindekraft der Sulfitlauge wesentlich herab.

Beim Trocknen wird die Sulfitlauge mit der Feuchtigkeit an die Oberfläche des Kerns getrieben, die infolgedessen härter wird als das Kerninnere. Die von der Sulfitlauge durchtränkte Kernoberfläche wirkt auf den Abguß ähnlich wie eine dünne Schreckschale und trägt dazu bei, Abgüsse von recht genauen Abmessungen zu gewinnen. Sulfitlaugenkerne behalten während des Trocknens durchaus Form und Größe, sie können bei genauer Arbeit nach dem Trocknen wieder in die Büchse gelegt werden. Die bestgeeignete Trockenwärme für Sulfitlaugenkerne liegt bei etwa 180°.

Melasse.

Man unterscheidet Rübenmelasse und Milchzuckermelasse. Die Rüben-melasse ist ein Abfallerzeugnis bei der Zuckergewinnung. Sie besteht aus $16-19\%$ Wasser und $46-53\%$ Zucker, außerdem aus so viel fremden Stoffen, namentlich Salzen, daß der Zucker nicht mehr kristallisiert. Ihre Wirksamkeit als Kernbinder hängt haupt-sächlich vom Zuckergehalte ab. Der Zuckergehalt kann nur durch unmittelbare Bestim-mung gewichtsanalytisch oder optisch ermittelt werden, da Melassen von gleichem spezifischen Gewichte recht verschieden hohen Zuckergehalt haben können.

Mit guter Rübenmelasse hergestellte Kerne erreichen Festigkeiten bis zu 3,5 kg/qcm Zugfestigkeit. Beim Trocknen der Kerne verdunstet zunächst das Wasser, dann kommt die Melasse zum Kochen und wird dabei so dünnflüssig, daß sie die einzelnen Sand-körperchen völlig umspült. Bei fortschreitender Verdunstung des Wassergehaltes erstarrt sie zu einem Geäder sehr feiner Krusten, das dem Kerne Halt verleiht. Dieser muß genau im richtigen Zeitpunkte aus dem Ofen genommen werden. Geschieht dies zu früh, so ist der Kern noch nicht fest genug. Geschieht es zu spät, so ist das Melassegeäder verbrannt, und der Kern hat jede Festigkeit eingebüßt. Man arbeitet darum vorteilhaft mit Sonder-trockenkammern, in denen vorgeschriebene Wärmegrade leicht und sicher eingehalten werden können.

Melassekerne haben eher Neigung, sich während des Trocknens auszudehnen als zu schrumpfen, sie zermürben nach dem Gusse und sind aus den Abgüssen leicht zu entfernen.

Eine sehr gute Melasse-Kernmasse läßt sich durch Mischung von 18 kg getrocknetem Flußsand von $1-2$ mm Korngröße mit 1 kg Melasse und $0,2-0,4$ kg reinem Leinöl gewinnen. Das Gemenge wird von Hand vorgemischt und in einer guten Mischmaschine weiter behandelt.

Die Milchmelasse ist ein Nebenerzeugnis, das sich in Molkereien, die die bei der Käseerzeugung abfallenden Molken auf Milchzucker verarbeiten, ergibt. Sie unter-scheidet sich von der Rübenmelasse durch einen um etwa ein Drittel geringeren Zucker-gehalt, die doppelte Aschenmenge und einen etwa anderthalbfachen Wassergehalt. Ein Zusatz von Milchmelasse zur Kernmasse macht die Kerne steinhart, so daß sie sich besonders zum Aussparen von Formteilen, bei denen es auf genauestes Maß ankommt, gut eignen. Die größten Mengen von Milchmelasse in Deutschland werden im Algäu erzeugt.

Harze.

Harze werden dem Kernsande in fein gepulvertem Zustande beigemischt, um während des Trocknens zu schmelzen, dann die einzelnen Sandkörnchen zu überziehen und nach dem durch Abkühlung bewirkten Erstarren eine haltgebende Kruste, wie die Melasse, zu bilden. Hauptsächlich kommt Kolophonium in Frage. Infolge des niedrigeren Preises wurde in der Vorkriegszeit größtenteils amerikanisches Kolo-phonium verwendet, das sich bei der Gewinnung des Terpentinöls ergibt. Französisches und amerikanisches Kolophonium ist hellgelb, das deutsche hat mehr braune Tönung. Kolophonium läßt sich leicht zu feinem Pulver mahlen und schmilzt bei $130-135^0$. Nach dem Gusse brennt das Kolophonium aus, weshalb sich die Kernreste leicht entfernen lassen. Die Kerne sind bei Verwendung von völlig reinem Flußsande gegen Feuchtigkeit unempfindlich und können jahrelang lagern, ohne Schaden zu erleiden. Auch Lehmmassen können durch Kolophonium verbessert werden. Die Beimischung ist zwar etwas schwierig, das Gemenge läßt sich aber doch innig genug gestalten, um guten Erfolg zu verbürgen. Selbstredend muß auch der zu verwendende Lehm getrocknet und fein gemahlen sein.

Kolophoniumkerne erreichen leicht Festigkeiten bis 1 kg/qcm. Zum Trocknen reicht eine Wärme von $140-175^0$ aus. Höhere Wärmegrade wirken schädlich, das Gewebe des Binders wird schon bei 200^0 völlig zermürbt. Alle Harzkerne entwickeln starken Qualm, dieser wird aber von den Gießern lange nicht so unangenehm empfunden, wie der Rauch von Ölkernen.

Kernmehle.

Der Hauptunterschied zwischen der Bindung mit Öl und derjenigen mit Mehl besteht darin, daß das Öl infolge seiner Dünnflüssigkeit die einzelnen Sandteilchen völlig umhüllt, während das Mehl mit dem Wasser einen Teig bildet, der es befähigt, an den Stellen der Sandkörnchen fest zu haften, mit denen es durch Vorgänge der Aufbereitung in Berührung kommt. Für Mehlkerne lassen sich Sandsorten mit nennenswerten Gehalten an natürlichem Binder, Kaolin und Ton, verwenden. Reine Mehlkerne erreichen selten Festigkeiten von mehr als 0,8 kg/qcm, doch läßt sich dieser Grenzwert durch Zusatz von Kolophonium und insbesondere von Sulfitlauge beträchtlich erhöhen. Nach dem Gusse zerfallen Mehlkernmassen leichter als alle anderen Massen und rieseln schon bei leichtem Abklopfen aus den Abgüssen. Da der Mehlbrei die Poren des Kerns stark verstopft, muß für gründliche Gasabführung vorgesorgt werden. Der Trockenprozeß verläuft ähnlich wie der Vorgang beim Backen von Brot. Die geeignetste Trockenwärme liegt zwischen 175 und 190°. Es empfiehlt sich, von Anfang an diese Wärme wirken zu lassen, die Kerne erhalten dann außen eine harte Kruste, während ihr Inneres verhältnismäßig locker bleibt und dem Schwinden des Abgusses geringen Widerstand entgegensetzt.

Man verwendet Weizen-, Roggen- und Kartoffelmehl. In Deutschland wird des niedrigeren Preises halber Kartoffelmehl bevorzugt, doch darf es nicht zu alt sein. Man erkennt seine Backfähigkeit an einem leichten Knistern, wenn man es im Sacke zusammenpreßt oder reibt. Kartoffelmehl wird in kaltem Wasser zu einer knollenfreien, suppenartigen Brühe gelöst, dann einmal aufgekocht und in warmem Zustande im Verhältnis von 1 : 30 mit tonarmem Sande gemischt und verarbeitet. Es muß streng darauf geachtet werden, daß der Mehlbrei nur einen Augenblick aufkocht, längeres Kochen nimmt ihm die Backfähigkeit. Der abgekühlte, mit Kernsand vermengte Brei neigt zum Sauerwerden und ist dann zum Backen ungeeignet. Man muß ihn rasch verarbeiten und die fertigen Kerne sofort in den geheizten Ofen bringen.

In Amerika wird Weizenstärkemehl bevorzugt. Man löst es in kaltem Wasser und verarbeitet die kalte Lösung mit dem Kernsande, im übrigen bleibt die Behandlung der Masse und der Kerne gleich.

Dextrin.

Dextrin wirkt auf Kernsandmischungen ähnlich wie Stärkemehl, bietet aber in der praktischen Verwendung den pflanzlichen Mehlen gegenüber manche Vorteile. Es hat die gleiche chemische Zusammensetzung wie Stärkemehl, Holzfaser und Zucker und entsteht durch Erhitzen von Stärkemehl auf 160—200°. Zu seiner Darstellung im großen erhitzt man Stärkemehl in schrägliegenden, sich um die Längsachse bewegenden eisernen Zylindern oder in flachen eisernen Gefäßen, in denen ein Rührwerk tätig ist, auf etwa 200°. Der so gewonnene Röstgummi ist seiner braunen Farbe wegen für viele Zwecke ungeeignet und darum verhältnismäßig billig. Für die Kernmacherei eignet er sich genau ebensogut wie der teurere gebleichte Dextringummi. Man löst ihn in heißem Wasser und mischt ihn mit scharfem, halbangefeuchtetem Kernsande. Die Kerne gewinnen schon beim Trocknen in gewöhnlicher Luft genügend Halt, um aus den Büchsen genommen werden zu können, und werden bei etwa 150° vollends getrocknet. Sie lassen sich leicht aus den Abgüssen entfernen, sind aber gegen Feuchtigkeit noch empfindlicher als Mehlkerne. In gut trockenem Zustande können sie eine Festigkeit von 0,8 kg/qcm erreichen, die aber bei feuchtem Wetter oder unter der Wirkung nassen Formsandes rasch nachläßt. Ein Zusatz von Sulfitlauge erhöht die Festigkeit. Dextrin- oder, wie die Amerikaner sie bezeichnen, Gummikerne dürfen darum in nasse Formen erst unmittelbar vor dem Abgießen eingelegt werden. Man muß sie gründlich entlüften, obgleich sie wenig Rauch entwickeln.

Gutes Dextrin soll nicht mehr als etwa 9,5% Wasser, 3,6—4,8% Zucker und höchstens 0,35% Asche enthalten. Man prüft es durch Erhitzung auf einem Platinbleche, wobei sich nach dem Verbrennen kein Rückstand zeigen darf. Dextrinlösungen sollen durch Jodzusatz nicht gefärbt werden, etwa auftretende blasse oder violette Färbungen weisen auf Verunreinigungen durch Kalk oder andere Zusätze hin.

Quelline.

Gewöhnliche Stärke bildet nur mit heißem Wasser Kleister, von kaltem Wasser wird sie nicht angegriffen. Da die Aufbereitung mit heißem Wasser umständlich und kostspielig ist, hat man sich bemüht, Stärkemehle auch in kaltem Wasser löslich zu machen. Es handelt sich dabei um eine Behandlung der Stärke mit wasserlöslichem Alkohol und Ätzkali, oder mit Natron oder mit Kalisalzen und danach mit Ätzkali oder Natronlauge. Derart kaltwasserlöslich gemachte Stärke ist unter dem Namen Quelline im Handel. Sie wird in Mengen von etwa 1 Gewichtsprozent trockenem, tonfreiem Sande beigemengt. Beim folgenden Anfeuchten des Gemenges mit kaltem Wasser löst sich die Quelline und kittet die Sandkörner aneinander. Die Kerne haben Bindekraft genug, um noch naß den Büchsen entnommen werden zu können, und werden nach dem Trocknen sehr fest, so daß man für Stücke mittlerer Abmessungen keine Stützeisen benötigt. Nach dem Gusse zerfällt die Masse gleich den anderen Mehl-Kernmassen rasch und vollständig.

Das Arbeiten mit Quelline ist wesentlich sauberer und angenehmer als dasjenige mit warmen Mehlbreien. Beim Trocknen und Gießen entsteht keine größere Dampfmenge als bei gewöhnlichen Mehlkernen. Quellinekerne verändern ihre Form und Abmessungen während des Trockenvorganges gar nicht. Die Bindekraft der Quelline ist recht beträchtlich, 1 kg Quelline kommt diesbezüglich etwa 4 kg Dextrin, 6 kg Sulfitlauge oder 8 kg Melasse gleich. Quellinemasse neigt nicht so sehr zum Sauerwerden wie Kartoffelmehlmasse, man kann sie ohne Gefahr des Verderbens einige Tage liegen lassen. Die getrockneten Kerne sind nicht nennenswert hygroskopisch und können wochenlang aufbewahrt bleiben.

Die trockene Quelline wird vor ihrer Verwendung in kaltem Wasser gelöst (1 kg Quelline auf 18—20 l Wasser), auf 100 kg trockener Sandmischung werden 19 l dieser Quellinelösung verwendet. Bei Verarbeitung von tonhaltigem Sande wird bis auf die Hälfte des Quellinelösung-Zusatzes herabgegangen. Quelline kann auch trocken verarbeitet werden. In diesem Falle vermengt man sie innig mit trockenem Sande und überbraust das Gemenge mit der für genügende Bildsamkeit erforderlichen Wassermenge. Das gut vorgemischte und angefeuchtete Gemenge wird in einer Sandschleuder vollends zur innigsten Mischung gebracht und dann vor der Verwendung etwa 2 Stunden stehen gelassen.

Wenn nur feuchter Sand zu Gebote steht, mengt man zur Verhütung unlöslicher Knötchen die erforderliche Quellinemenge erst auf das innigste mit trockenem scharfen Sande und setzt dieses trockene Gemenge dem feuchten Sande zu. Dann überbraust man die Masse mit der noch fehlenden Wassermenge und läßt sie schließlich durch eine Sandschleuder laufen.

Quellinekernsand für Grauguß. $^3/_4$—1 kg Quelline auf 100 kg mittelkörnigen Quarzsand, oder 2—3 l gelöste Quelline (s. oben) auf 65 l gebrauchten trockenen Formsand.

Quellinekernsand für Stahlguß. 1—1,5 kg Quelline auf 100 kg Sandmischung, oder 3—4,5 l gelöste Quelline (s. oben) auf 65 l Sandmischung. Der Rohsandmischung werden 15—20 % alte Formmasse und 5—10 % gemahlene Tiegelscherben oder 5—10 % gemahlener Graphit beigefügt. Durch Zusatz von $^1/_8$ l Leinöl oder eines ähnlichen Kernöles erhalten die Kerne beträchtlich höhere Festigkeit.

Auswahl des zweckdienlichsten Kernbinders.

Die Art der Mischung des Kernsandes hängt von der Art des zu vergießenden Metalls und der Form und Beanspruchung des zu fertigenden Kernes ab. In Graugießereien, die Abgüsse von mannigfaltig wechselnder Form und Größe herstellen, kommt man im allgemeinen mit Kernsandmischungen aus, deren Bindekraft allein auf ihrem Gehalt an den natürlichen Bindern, Kaolin und Ton, beruht. Je nach den Festigkeits- und

Hitzebeanspruchungen wechselt das Verhältnis zwischen dem Sand- und dem Tongehalte. Wenig beanspruchte Kerne werden aus gewöhnlichem Formsand hergestellt und naß abgegossen, stärker beanspruchte erhalten einen größeren Tongehalt, der es erlaubt, sie zu trocknen, hochbeanspruchte Kerne werden aus noch tonreicherer Masse angefertigt, und die höchstbeanspruchten aus Lehm, der überwiegend aus Ton besteht und nur wenig Sand oder andere Lockerungsmittel enthält. Mit Lehm können die festesten und hitzebeständigsten Kerne hergestellt werden, die im Gießereibetriebe überhaupt verwendet werden; kein künstlicher Binder vermag einer Kernsandmischung auch nur annähernd die Festigkeit zu verleihen, die ein hartgebrannter Lehmkern erreichen kann. Den Lehmkernen haften aber einige große Übelstände an. Ihre Herstellung ist wenig einfach und nimmt infolge des gewöhnlich notwendigen, wiederholten Trocknens ziemlich viel Zeit in Anspruch. Sie bedürfen fast immer einer eisernen Rüstung (Kerneisen) und erfordern Zwischenschichten, die die Schwindung erleichtern und das Entfernen der Kernmasse aus den Abgüssen vereinfachen. Die Beseitigung der Lehmkernmasse wird gerade bei den festesten, sand- und lockerungsmittelarmen Kernen infolge ihrer großen Härte zu einer Arbeit, die nur schwierig und unter Aufwand hoher Lohnkosten auszuführen ist. Mit Ausnahme der Gas- und Wasserleitungsdruckröhren, die infolge ihrer einfach zylindrischen Form zur Ausführung mit Lehmkernen vorzüglich geeignet sind, eignet sich darum fast keine Massenware der Graugießerei zur Herstellung mit Lehmkernen. Sandkerne haben aber für viele Fälle nicht die erforderliche Festigkeit, Massekerne hemmen die Schwindung und sind nach dem Gießen schwierig zu entfernen — es war darum genügend Anreiz vorhanden, um nach Kernmassen von höherer Wertigkeit zu forschen.

Die preiswerte Herstellung einiger Massenabgüsse, wie Heizkörper (Radiatoren) und gußeiserner Warmwasserheizungskessel (Gliederkessel), die heute eine Reihe von Werken zum Teil ausschließlich beschäftigt, ist nur mit Öl- und Mehlkernmassen möglich. Man kann freilich einen Radiator auch mit einem gewöhnlichen Sandkerne gießen. Ein solcher Kern muß ein kräftiges Kerneisen erhalten, er muß auf eine größere Zahl Stützen gestellt werden, weil gewöhnliche Sandkernmassen nicht fest genug sind, um sich auf größere Strecken frei zu tragen; die Wandstärke des Abgusses darf ein gewisses Mindestmaß nicht unterschreiten, sonst platzt das Gußstück infolge des zu harten Kernes schon beim Abkühlen, und die Entfernung des Kerneisens und des Kernsandes aus dem Abgusse kostet vielleicht ebensoviel wie der ganze Radiator. Ein Ölsandkern ist dagegen rasch und billig anzufertigen, trägt sich entweder ganz frei oder bedarf nur eines kräftigen, später leicht ausziehbaren Drahtes als Kerneisen; die Kernstützen sinken auf eine Mindestzahl, die Wandstärke kann so gering bemessen werden, als erforderlich ist, um das Auslaufen des Eisens zu sichern — denn der Kern leistet der Schwindung wenig Widerstand —, und die Kernmasse rieselt nach dem Gusse fast von selbst aus dem Stücke heraus. Nur mit Hilfe solcher Kerne ist es dem gußeisernen Heizkörper möglich geworden, die schmiedeisernen Heizrohre aus dem Felde zu schlagen. Ganz ähnlich liegen die Verhältnisse bei den Niederdruckdampf- und den Warmwasser-Gliederkesseln; noch vor 25 Jahren konnte man den Gedanken, mit gußeisernen Heizkesseln das Schmiedeisen vielfach zu verdrängen, mitleidig belächeln — heute sind viele hunderttausend gußeiserne Kessel in allgemein befriedigendem Betrieb. Spielte bei den Radiatoren der Ölkern die ausschlaggebende Rolle, so führte beim Heizkessel der Mehlkern zum Siege.

In jedem Falle handelt es sich darum, die dem vorliegenden Zwecke bestentsprechenden Sandsorten und die richtigen Binder zu ermitteln. Die meisten Gießereien sind in der Lage, Sandsorten von recht verschiedener Beschaffenheit zu beziehen, es muß also die für einen bestimmten Binder, z. B. Leinöl, bestgeeignete Sandart und Sandmischung festgestellt werden. Unterläßt man dies und wählt nach allgemeiner Beurteilung eine Sandsorte aus, so ist es wenig wahrscheinlich, daß man gerade die beste erwischt, und man erlangt damit Kerne, die nicht die höchste Festigkeit haben, die zu viel Öl erfordern, oder die eine zu lange Trockenzeit notwendig machen. Um die richtige Auswahl treffen zu können, muß vor allem durch eine Siebprobe die Körnung der verfügbaren Sandsorten festgestellt werden. Je gleichmäßiger die Korngröße eines Sandes ist, um so gasdurchlässiger wird unter sonst gleichen Umständen die Kernmasse ausfallen. Man kann die Gasdurchlässigkeit auch unmittelbar feststellen[1]), die genaue Kenntnis der Körnungsverhältnisse gibt zudem oft genug wertvolle Anhaltspunkte für die Mischung verschiedener Sandsorten.

Die Bildsamkeit und Bindekraft des rohen Sandes hängt von der Menge und Beschaffenheit seiner natürlichen Binder, des Ton- und Kaolingehaltes, ab. Bei Mehlkernen trägt ein mäßiger Gehalt an solchen Bindern zur Steigerung der Festigkeit bei, weshalb

es sich mitunter empfehlen kann, für solche Kerne eine Mineralanalyse zur Bestimmung der bindenden Tonsubstanz und eine chemische Analyse zur Bestimmung des Kalkgehaltes vorzunehmen.

Kalk bildet unter der Wirkung des flüssigen Metalls Kohlensäure, die die Abgüsse blasig machen kann, ferner bewirkt ein Kalkgehalt in Verbindung mit der gleichzeitig vorhandenen Kieselsäure und dem Tongehalte größere Sinterungsneigung und in der Folge das Anbrennen des Sandes am Abgusse. Bei

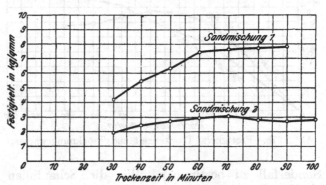

Abb. 276. Trockenzeit und Festigkeit verschiedener Sandmischungen.

Sand für Ölkerne muß zugleich Wert auf möglichst geringen Tongehalt gelegt werden. Am besten eignet sich für Ölkernmassen ganz scharfer, tonfreier Kieselsand.

Hat man die bestgeeigneten Sandsorten ausgewählt, so kann zu den praktischen Versuchen geschritten werden. Zu dem Zwecke wird mit jeder Sorte mit der gleichen Menge desselben Öls, dem gleichen Wasserzusatze und unter Beobachtung durchaus gleichen Mischverfahrens eine Menge Kernsand angemacht und von jeder Mischung eine Anzahl gleicher, auf einer Kernzerreißmaschine prüfbarer Kerne angefertigt. Die Kerne kommen zu gleicher Zeit in den Trockenofen. Nach bestimmten Zeitabschnitten, in 30, 40, 50 und 60 Minuten, entnimmt man dem Trockenofen einige Kerne von jeder Sorte und stellt auf der Zerreißmaschine ihre Zugfestigkeit fest. Vereinigt man dann die Zeiten und die ermittelten Festigkeitswerte zu einem Schaubilde (Abb. 276), so gewinnt man zugleich Klarheit über die bestgeeignete Sandmischung und die richtige Trockenzeit.

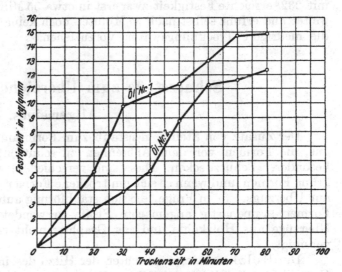

Abb. 277. Trockenzeit und Festigkeit bei Verwendung verschiedener Kernöle.

Nach Bestimmung der Sandmischung ist das für den vorliegenden Zweck und den ermittelten Rohsand bestgeeignete Öl festzustellen. Dazu wird wie bei der Bestimmung der Sandsorte vorgegangen, nur daß man jetzt dieselbe Sandsorte mit verschiedenen Ölen zu mischen hat. Die gewonnenen Werte werden wieder zu einem Schaubilde zusammengetragen (Abb. 277).

Handelt es sich darum, Kerne von einer bestimmten, nicht aber von höchster Festigkeit herzustellen, so wird man meist in der Lage sein, der teuren reinen Ölsandmischung

---

[1]) S. S. 585.

Sulfitlauge zuzusetzen und damit die Rohstoffkosten zu vermindern. Die Versuche werden wie die vorigen mit verschiedenen Mischungen durchgeführt, und ihre Ergebnisse in einer Zahlentafel vereinigt.

Jeder Ölsandmischung ist eine ganz bestimmte Trockenwärme und Trockenzeit eigen, bei der sie die größte Festigkeit erlangt. Wird die richtige Wärme, insbesondere aber die genaue Trockenzeit überschritten, so fallen die Kerne schwächer aus. Man muß daher, ehe man die genauen Betriebsanweisungen hinausgibt, sich auch hierüber Klarheit schaffen. Den verschiedenen Ölsorten entsprechen bestimmte Trockentemperaturen, die zum größten Teile schon mit allgemeiner Gültigkeit ermittelt sind [1]). Die Trockenzeit ist aber für jeden

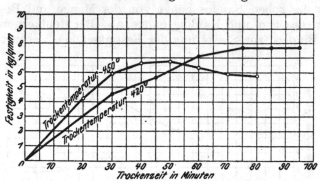
Abb. 278. Festigkeit, Trockenzeit und Trocknungswärme.

Sonderfall zu bestimmen. Wie die Schaulinien in Abb. 278 zeigen, läßt sich die gleiche Festigkeit durch verschiedene Wärmegrade und verschiedene Trockenzeiten erreichen; es ist in jedem Falle Rechensache, zu ermitteln, was billiger kommt, eine niedrigere Trockenwärme oder eine kürzere Trockenzeit. Am wichtigsten ist es, unter den Verhältnissen zu trocknen, bei denen die Kerne am längsten ihre volle Zugfestigkeit behalten. Im angeführten Beispiele wurde bei 232⁰ Trockenwärme die höchste Festigkeit schon nach 40 Minuten Trockenzeit erreicht, nach weiteren 10 Minuten begann aber die Festigkeit beträchtlich nachzulassen. Bei 215⁰ Trockenwärme wurde die höchste, mit 232⁰ erreichte Festigkeit zwar erst in etwa 55 Minuten erlangt, sie stieg aber dann noch weiter und erfuhr selbst nach 95 Minuten noch keine Abnahme. In dem Falle war darum die niedrigere Trocknungswärme vorzuziehen.

Schutzstoffe zum Überziehen der Formen.

Allgemeines.

Der Zusatz von Steinkohlenstaub zum Formsande reicht in den meisten Fällen nicht aus, die Formen vor dem Anbrennen zu schützen; sie bedürfen im allgemeinen noch besonderer Schutzdecken. Diese sind verschieden, wenn es sich um naß abzugießende, grüne Formen, und wenn es sich um trockene Formen handelt. Für nasse Formen kommen nur Überzugstoffe in Frage, die sich staubförmig auftragen lassen, während für trockene Formen suppenartig angemachte Stoffe verwendet werden. Nasse Formen erhalten Überzüge aus Holzkohle und aus Graphit; nicht selten werden auch beide Überzüge vereinigt.

Die Holzkohle erzeugt unter der Hitze des in die Form strömenden Eisens eine Gasschicht, die die unmittelbare Berührung zwischen dem erstarrenden Metall und dem Formsand verhindert. Dadurch wird die Hitzewirkung des Metalles auf den Sand gemindert und insbesondere verhütet, daß etwaige Bestandteile des Formsandes, die mit dem flüssigen Eisen als Flußmittel für die ganze Masse des Sandes wirken würden, gefährlich werden. Mit Holzkohlenstaub behandelte Formen liefern darum glatte Abgüsse von sauberem Aussehen. Die Wirkung des Holzkohlenstaubes reicht aber nur für kleinere und dünnwandige Abgüsse aus. Für Abgüsse mit größerer Wandstärke verwendet man Graphitstaub, der eine unverbrennliche Zwischenschicht bildet und so den wirksamsten Schutz gewährt. Graphitstaub bzw. Holzkohlenstaub wird in einen Beutel aus feinem Leinen oder Schirting gefüllt, den man vor, über oder in der Form kräftig

---

[1]) Stahleisen 1912, S. 146/50.

schüttelt, so daß sich eine Staubwolke bildet und an den Wänden der Form absetzt. Die Feuchtigkeit der Form reicht aus, um den Holzkohlenstaub, der begierig Feuchtigkeit anzieht, gut haften zu lassen. In die gestaubte Form wird das Modell behutsam wieder eingelegt und leicht aufgepreßt, wodurch eine polierte Oberfläche entsteht, die alle Feinheiten eines verzierten Modells wiedergibt.

Graphitstaub ist nicht fein genug, um dem gleichen Zwecke mit ebenso gutem Erfolge zu dienen. Er gleicht feine Linien aus und bewirkt so stumpfe Abgüsse. Trotzdem ist er für Formen starkwandiger Abgüsse unentbehrlich. In eine mit Graphit gestaubte Form darf das Modell nicht ohne weiteres gedrückt werden. Der Graphit bliebe teilweise am Modell haften und zöge beim Ausheben einen Teil des Sandes mit sich. Infolge seiner Eigenschaft, nach Aufnahme von Feuchtigkeit klebrig zu werden, läßt er sich auch nicht ohne weiteres mit dem Polierwerkzeug behandeln. Darum muß über die Graphitschicht noch eine Schicht aus Holzkohlenstaub gebeutelt werden, ehe die Form weiter behandelt werden kann.

Die Überzüge getrockneter Formen bestehen aus in Wasser gelöstem Graphit mit Zusätzen von Koksmehl, Ton, Salmiak, Sulfitlauge und anderen Stoffen.

Der Holzkohlenstaub und seine Ersatzstoffe.

Holzkohlenstaub dient vorzugsweise zum Einstäuben der Modelle, damit sie sich besser vom Formsand lösen. Nebenbei bewirkt er bei dünnwandigen Abgüssen eine saubere Oberfläche, da er beim Gießen verbrennt und ähnlich wie der Steinkohlenstaub eine schützende Gashülle um die Sandoberfläche bildet. Die letzte Wirkung wird von der Entzündbarkeit des Holzkohlenstaubes wesentlich beeinflußt. Je rascher der Staub sich entzündet, desto plötzlicher werden Kohlensäure, Kohlenoxyd und Wasserstoff entwickelt, und um so leichter kann der Fall eintreten, daß diese Gase sich verflüchtigen, noch ehe sie eine Schutzwirkung ausüben konnten. Schwerentzündlichkeit ist darum eine für den Gießer wertvolle Eigenschaft des Holzkohlenstaubes. Sie hängt von der Lagerung der Kohlenstoffatome ab, die bedingt wird durch die Holzart, das Verkohlungsverfahren und die Art und den Grad der Zerkleinerung.

Laubholzkohlen bewähren sich besser als Nadelholzkohlen, und unter den Laubholzkohlen werden Birken- und Erlenkohlen, die einen leichteren und feineren Staub ergeben als Buchenkohlen, bevorzugt. Nadelholzkohlen verbrennen rascher als Hart-(Laub-) Holzkohlen und liefern infolgedessen weniger tadellose Gußflächen. Unter dem Vergrößerungsglase erscheint Nadelholzkohlenstaub faseriger als Laubholzkohlenstaub, der mehr rundliche Körnung hat. Der fertig gemahlene Holzkohlenstaub läßt nur beiläufige Schlüsse auf seine Herkunft zu; völlig sicher geht man nur bei Einkauf von Stückkohle und ihrer Vermahlung im eigenen Betriebe. Die Holzkohle bewahrt die Form und Struktur des Holzes, sie enthält im Querbruch die Jahresringe, im Längsbruch die Faserform und weist die Form der Rinde des verkohlten Holzes auf, genügend Anhaltspunkte, um danach ihre Herkunft zweifelsfrei zu bestimmen[1]. Allgemeine Kennzeichen hoher Güte sind schwarze, möglichst blaustichige Farbe, deutlicher Metallklang beim Anschlagen an einen harten Gegenstand, Geschmack- und Geruchlosigkeit, Nichtabfärben an der Hirnfläche und das Anhaften kleinerer Stückchen an der Zunge.

Von wesentlichem Einflusse auf die Güte des Holzkohlenstaubes ist die Art seiner Zerkleinerung. Im Mörser oder in einem Pochwerk zerkleinerte Kohle weist scharfkantigere Körner auf als gemahlene Kohle, die aus runden und walzenförmigen Körnern besteht. Die Zerkleinerung in Kugelmühlen liefert eine Körnung, die etwa die Mitte zwischen gepochter und auf einem Kollergang gemahlener Kohle hält. Wird der Staub aus einer Kugelmühle durch Windsichtung abgesogen und so dem Totmahlen vorgebeugt, so kann eine Körnung gewonnen werden, die der im Mörser erzielten nichts nachgibt. Durch Siebe aus feiner Müllergaze läßt sich nur schwer feinste Körnung gewinnen, weil der Holzkohlenstaub infolge seines plastischen Gefüges sich rasch zu einer Staubhaut verbindet, die die Maschen der Gaze undurchlässig macht. Scharfkantige Körner haben größere Plastizität, bilden rascher eine Halt gewährende Haut und haften

---

[1] Vgl. S. 482.

besser an der Formoberfläche. Sie lassen sich leichter mit dem Polierzeug an die Sand-flächen festdrücken als kugelige Körner, die dazu neigen, unter dem Drucke des Polier-werkzeuges sich abzulösen und abzufallen.

Wasserprobe. Die Plastizität nimmt mit der Feinheit des Staubes zu. Die Fein-heit läßt sich leicht prüfen, indem man eine Probe auf eine Wasserfläche bringt. Guter, feiner Staub sinkt bald in zusammenhängenden Flocken unter, während gröberer und leichterer Staub ziemlich lange und in breiter Schicht an der Wasseroberfläche bleibt. Hier ist aber leicht ein Trugschluß möglich, wenn der Staub einen größeren Gehalt an Asche hat, die infolge ihres höheren spezifischen Gewichtes verhältnismäßig rasch sinkt.

Zahlentafel 230.
Zusammensetzung von Holzkohlenstaub.

	Staub aus reiner Kohle			Gekaufter Staub von Lieferant I		Gekaufter Staub von Lieferant II	
	Buche	Birke	Kiefer	Buche	Birke	Birke	Birke (spätere Lieferung)
Volumgewicht	0,483	0,316	0,277	0,5347	0,499	0,6065	0,514
	$^0/_0$	$^0/_0$	$^0/_0$	$^0/_0$	$^0/_0$	$^0/_0$	$^0/_0$
Feuchtigkeitsgehalt	3,88	4,17	3,89	5,12	4,35	4,37	4,95
Aschegehalt	1,10	0,72	1,33	2,96	3,14	6,45	3,50
Alkalität der Asche auf Koh-lensäure berechnet . . .	10,22	8,90	15,77	5,81	5,65	4,66	5,61
Glühverlust im Wasserstoff-strom in 30 Minuten bei gleichbleibender Flamme	20,70	16,4	20,6	8,2	17,20	16,30	20,0

Über den verschiedenen Aschegehalt gibt Zahlentafel 230 nach C. Henning[1] Aus-kunft, der die Zusammensetzung gekaufter und im eigenen Betriebe gewonnener Holz-kohlenstaubsorten zu entnehmen ist.

Ein Aschegehalt von $5-6^0/_0$, der von mancher Seite als zulässig erachtet wird[2], mag an sich wenig schaden, es ist aber wirtschaftlich verfehlt, die zum mindesten wertlose Asche als Holzkohle zu bezahlen. Ein Gehalt von mehr als $1,5^0/_0$ Asche läßt immer auf Beimengungen schließen, seien es nun unbeabsichtigte, infolge von Nachlässigkeiten beim Betriebe des Meilers, oder um böswillige zur Erzielung eines höheren Gewinns.

Es empfiehlt sich, neben den Laboratoriumsuntersuchungen und der oben angegebenen Wasserprobe noch eine Ausstrichprobe des zu kaufenden Holzkohlenstaubes vorzu-nehmen. Dazu wird etwas Staub auf eine mit glattem Papier belegte Glasscheibe aus-gebreitet und mit der Lupe und einem Spachtel untersucht. Die Lupe läßt Fremdkörper erkennen, und der Spachtel muß sich über die ausgebreitete Staubschicht führen lassen, ohne ein knirschendes Geräusch zu bewirken. Läßt sich ein solches vernehmen, so ist die Zerkleinerung ungenügend.

Verfälschungen durch Zusatz von Braunkohlen- oder Steinkohlenstaub lassen sich nach folgendem Verfahren[3] nachweisen. Auf ein zu heller Rotglut erhitztes $3-4$ mm starkes Blech schüttet man die zu untersuchende Probe und hält unmittelbar danach ein zweites metallisch reines Blech in $7-8$ cm Entfernung darüber. Zeigt sich am oberen Blech kein Ruß und bleibt am unteren Bleche nur Asche ohne Koks zurück, so war die Probe frei von Braun- und Steinkohlenbeimischungen. Zeigt sich dagegen am oberen Blech Ruß bei gleichzeitiger Koksfreiheit der am unteren Bleche entstandenen Asche, so liegt eine Verfälschung mit Braunkohle vor. Entstehen oben Ruß und unten Koks, so handelt es sich um einen Steinkohlenzusatz. Eine Koksbildung auf der unteren Platte läßt sich durch Lösung der Asche in Wasser, wobei die Koksteilchen an der Oberfläche schwimmend bleiben, oder mit Hilfe einer Lupe feststellen. Beim Glühen muß sehr rasch verfahren werden, damit man beim Abfangen der entstehenden Flamme mit dem darüber gehaltenen Blech nicht zu spät kommt.

---

[1] Stahleisen 1910, S. 906.   [2] Fr. Leiße: Gieß.-Zg. 1914, S. 157.
[3] Nach E. Schütz: Z. Gieß.-Pr. 1918, S. 342.

Als Ersatz für Holzkohlenstaub wird mitunter ein fein gemahlenes inniges Gemenge von getrocknetem Ton (Kaolin) und Koks verwendet. Der Koksstaub wirkt ähnlich, wenn auch in wesentlich geringerem Maße wie die Holzkohle. Infolge seiner geringen Neigung, Wasser aufzunehmen, würde er aber unvermischt nicht fest genug haften und vom strömenden Metalle fortgeschwemmt werden. Der beigemengte Ton ist stark wasseranziehend und bewirkt ein gutes Haften am Formsand. Der Erfolg dieses Ersatzmittels ist aber recht bescheiden, es liefert weniger scharfe und weniger glatte Abgüsse.

In Einzelfällen verwendet man wohl auch feinst gemahlenes Quarzpulver, das eine dünne Glasur auf der Form bildet. Es kommt dabei auf allerfeinste Körnung und nachheriges Einklopfen des Modells oder gründliches Auspolieren an. In Fällen, wo sich das Stauben mit kohlehaltigen Stoffen wegen der Weiterverarbeitung der Abgüsse, z. B. durch Emaillierung oder Inoxydierung, verbietet, werden mit Quarzpulver gute Erfolge erzielt. Das Quarzpulver wird unvermischt oder mit Ton- (Kaolin-) Zusätzen verwendet.

Der Graphit und seine Ersatzstoffe.

Der Graphit bildet infolge seiner hohen Feuerbeständigkeit das wirksamste Schutzmittel der Formoberflächen gegen die Hitzewirkungen des flüssigen Metalls. Er wird auf naß abzugießende Formen gestaubt, auf Trockenformen als dünner Brei aufgetragen. Zum Einstauben dienen kleine Säckchen aus Leinen oder Schirting, die mit Graphit vor und über den Formen kräftig geschüttelt werden, so daß Staubwolken entstehen und die Form mit einer feinen, gleichmäßigen Graphitschicht überziehen. Die Befestigung dieser Schicht erfolgt mittels der verschiedenen Polierwerkzeuge, oder indem man auf die Graphitschicht — um ihrer Klebrigkeit zu begegnen — eine Schicht von Holzkohlenstaub beutelt, das Modell wieder in die Form bringt und dort sanft festdrückt. Der Feuchtigkeitsgehalt nasser Formen reicht vollkommen aus, um so aufgetragenen Graphitschichten ausreichend Halt zu gewähren. Auf die trockenen Flächen von Sand-, Lehmoder Masseformen gestäubter Graphit würde aber nicht genügend Halt gewinnen, um der fortschwemmenden Wirkung des Metallstroms zu widerstehen. Auch das Aufbeuteln vor dem Trocknen der Form gewährt hier nicht genügend Sicherheit, der aufgestaubte Graphit würde während des Trockenvorganges die ursprünglich gute Verbindung mit der Form wieder verlieren. Für solche Formen wird der Graphit in Wasser gelöst und mit verschiedenen Zusätzen (s. weiter unten) mit Pinseln, Bürsten, Hanfzöpfen, mitunter auch durch Aufspritzen, Überschütten oder durch Eintauchen auf die Form- oder Kernoberfläche gebracht.

Der Graphit ist ein seit den ältesten Zeiten bekanntes Mineral aus der Ordnung der Metalloide, das in größeren und kleineren Lagern an mannigfaltigen Stellen der Erdoberfläche vorkommt [1], in hexagonalen dünnen Tafeln oder kurzen Säulen kristallisiert, häufiger aber in blättrigen, schuppigen oder dichten Ablagerungen, mitunter auch als Gemengteil anderer Gesteine auftritt. Chemisch wird heute als Graphit jene kristallinische Modifikation des Kohlenstoffes bezeichnet, deren spezifisches Gewicht nahezu gleich 2,2 ist und die durch Kaliumchlorat und rauchende Salpetersäure zu Graphitsäure (Graphitoxyd) oxydierbar ist. Der Graphit ist grauschwarz, undurchsichtig, in dünnen Blättchen biegsam, färbt stark ab, fühlt sich fettig an und enthält stets neben dem Kohlenstoff eine gewisse Menge unverbrennlicher Bestandteile als Asche und außerdem fast stets einen geringen Gehalt an flüchtigen Bestandteilen. Zahlentafel 231 zeigt die Zusammensetzung verschiedener roher Graphite und ihrer Aschen.

Bei der Bewertung des Graphits als Formschutzstoff kommt es in erster Linie auf seinen Kohlenstoffgehalt und auf die Art und Menge der begleitenden Fremdkörper an, insbesondere auf das Verhältnis der Tonerde zu den Flußmitteln und zur Kieselsäure.

Der rohe Graphit wird durch Pochen und Mahlen zerkleinert und durch wiederholtes Schlämmen mit Wasser, Kochen mit Salzsäure und folgendes Auswaschen von einem großen Teil seiner natürlichen Verunreinigungen befreit. Sein wirtschaftlicher Wert hängt von seiner Reinheit ab.

[1] Vgl. auch H. E. Axelrad: Die Verwendung des Graphits in der Gießerei. Gieß. 1923. S. 359.

Zahlentafel 231.
Zusammensetzung von Graphiten [1]).

Fundort	Flüchtige Bestandteile %	Kohlenstoff %	Asche %	Zusammensetzung der Asche				
				Kieselsäure %	Tonerde %	Eisenoxyd %	Kalk u. Magnesia %	Alkalien und Verlust %
Cumberland, sehr schöne Sorte . .	1,10	91,55	7,35	52,5	28,3	12,0	6,0	1,2
,, Handelsware in Pulver	6,10	78,10	15,80	58,5	30,5	7,5	3,5	—
Passau	7,30	81,08	11,62	53,7	35,6	6,8	1,7	2,2
,,	4,20	73,65	22,15	69,5	21,2	5,5	2,0	1,9
Musgran in Böhmen	4,10	91,05	4,85	61,8	28,5	8,0	0,7	1,0
Ceylon, kristallisiert	5,10	79,40	15,50	—	—	—	—	—
,, Handelsware	5,20	68,30	26,50	50,3	41,5	8,2	0,0	—
Spencero Gulf in Südaustralien .	3,00	50,80	46,20	63,1	28,5	4,5	—	3,9
Altstadt in Mähren	1,17	87,58	11,25	—	—	—	—	—
Zaptan in Niederösterreich	2,20	90,63	7,17	55,0	30,0	14,3	—	0,7
Ceara in Brasilien	2,55	77,15	20,30	79,0	11,7	7,8	1,5	0,0
Buckingham in Kanada	1,82	78,48	19,17	65,0	25,1	6,2	0,5	1,2
Schwarzbach in Böhmen . . .	1,05	88,05	10,90	62,0	28,5	6,3	1,5	1,7
Ural	0,72	94,03	5,25	64,2	24,7	10,0	0,8	0,3

Der im Handel erhältliche Graphit ist nicht selten durch Beimengungen von Retortenkohle, Koks, Anthrazit, Ruß, Steinkohle, Holzkohle und Ton verfälscht. Ein Tonzusatz beeinträchtigt den wirtschaftlichen Wert des Graphits, während die anderen Beimengungen außerdem auch seine Feuerbeständigkeit beträchtlich herabmindern. In wie hohem Maße das der Fall ist, zeigen pyrometrische Untersuchungen, die von Ed. Donath und A. Lang ausgeführt wurden [2]). Der Graphit wurde dabei der Reihe nach mit je 10 % Koks, Azetylenruß, Retortenkohle, Anthrazit und Holzkohle gemengt, worauf jede Mischung mit einem Drittel ihres Gewichts feuerfesten Ton versetzt und unter der Presse zu kleinen Probezylindern geformt wurde, die man durch eine Stunde im Gastiegelofen einer Hitze von 1500⁰ unterwarf. Der Glühverlust betrug bei

Ceylongraphit, rein . . . . 15 %
,,   gemengt mit Koks . . . . 21 %
,,   ,,   ,, Retortenkohle . . . 29 %
,,   ,,   ,, Azetylenruß . . . . 33 %
,,   ,,   ,, Holzkohle . . . . . 49 %
,,   ,,   ,, Anthrazit . . . . . 53 %.

Demnach bewirkten die Verfälschungen, daß neben dem Zusatze an Fremdkörpern in jedem Falle auch ein Teil des Graphites zur Oxydierung gelangte. Daher empfiehlt es sich in Zweifelsfällen, Untersuchungen nach etwaigen Fremdkörpern anzustellen.

Braun- und Steinkohle dürften nur in seltenen Fällen in Frage kommen; um aber den ganzen Kreis möglicher Verfälschungen zu umfassen, mag auch ihre Bestimmung kurz erwähnt werden. Braunkohle gibt bei Erwärmung mit verdünnter Salpetersäure (1 : 10) eine orangefarbene Lösung; mit Kalilauge erhitzt, färbt sie die Lösung tiefbraun. Aus der Lösung läßt sich mit Säuren ein brauner, flockiger, aus Huminsäure bestehender Niederschlag fällen. Steinkohle zeigt dieses Verhalten in beiden Fällen nicht. Sie gibt beim Erhitzen im Probierrohre ein alkalisch reagierendes Verflüchtigungserzeugnis. Der Benzolauszug der Steinkohle zeigt deutliche Fluoreszenz, die gleichen Auszüge bei Braunkohle fluoreszieren nicht.

Koks bleibt von verdünnter, erwärmter Salpetersäure unbeeinflußt, gibt auch beim Erwärmen mit konzentrierter Salpetersäure keine braunrote Lösung. Verdünnte Permanganatlösung wirkt kalt langsam, warm rasch ein. Die abfiltrierte Lösung enthält reichlich kohlensaures Alkali und Spuren von Oxalaten. Mit Natriumsulfat im Tiegel geschmolzen, wird dieses heftig reduziert. Nach Auslaugung der Schmelze in Wasser lassen sich reichliche Mengen von Schwefelnatrium nachweisen.

Retortenkohle enthält bis zu 99 % Kohlenstoff, nähert sich in vielen Eigenschaften dem Graphit und ist darum zu seiner Verfälschung sehr geeignet. Sie ist im Mikroskop

[1]) Nach Ed. Donath: „Der Graphit", 1904, S. 69.   [2]) S. a. O., S. 74.

leicht nachzuweisen und bei starker Vergrößerung in Form kleiner, eigenartig gebuckelter Blättchen gut zu erkennen. Sie wird von verdünnter Permangantlösung, Kalilauge und konzentrierter Salpetersäure nicht angegriffen, reduziert aber Natriumsulfat beim Schmelzen recht heftig, und es lassen sich in der ausgelaugten Schmelze Sulfide leicht nachweisen.

Ruß wird von verdünnter Permanganatlösung unter Bildung geringer Mengen von Oxalsäure angegriffen.

Roher Anthrazit reagiert nicht mit verdünnter, um so deutlicher aber mit konzentrierter Salpetersäure, ein Zusatz von Ammoniak färbt die Lösung dunkel; mit Chlorkalzium und Bleiazetat gibt sie einen braunen Niederschlag. Verdünnte Permanganatlösung wird unter Bildung von Oxalsäure von Anthrazit reduziert. Gebrannter Anthrazit wird auch von konzentrierter Salpetersäure nicht angegriffen, ergibt aber mit Permanganatlösung die gleichen Wirkungen wie roher Anthrazit.

Neben dem natürlich vorkommenden Graphit wird in jüngster Zeit auch künstlicher Graphit für Schutzanstriche verwendet. Er entsteht bei elektrochemischen Prozessen durch Zersetzung von Karbiden und Zyaniden, ist infolge seiner großen Reinheit hoch feuerbeständig und zeichnet sich insbesondere durch gutes Haften an den Formoberflächen aus.

Die „Schwärzen" der Gießformen.

Die für die Schutzanstriche verwendeten Graphitlösungen werden als „Schwärze" bezeichnet. Sie bestehen aus Wasser, Graphit, Ton und verschiedenen Zwecken dienenden anderen Zusätzen. Der Ton wirkt als Klebemittel und läßt nach dem Trocknen die Graphitteilchen gut am Sande haften. Je stärker die Querschnitte (Wandstärken) des Abgusses, und je weniger feuerbeständig die verarbeiteten Formstoffe sind, um so graphitreicher muß die Schwärze angemacht werden. Da aber die Schutzschicht mit zunehmendem Graphitgehalte gasundurchlässiger wird, sorgt man zugleich durch Zusätze fein gemahlener Holzkohle, Steinkohle oder von Koks für größere Luftigkeit. Auch Salmiak und ein wässeriger Auszug von Pferdedünger, die beide unter der Hitzewirkung des flüssigen Eisens Ammoniakgas bilden, haben sich gut bewährt. Eine ähnliche Wirkung läßt sich durch Zusätze von fein gemahlenem, abgebundenem Gips erreichen, der, im geeigneten Mischungsverhältnisse angewendet, besonders glatte und saubere Abgüsse liefert.

Da die Zusammensetzung der Schwärze von recht veränderlichen Grundlagen abhängt — Art, Form und Größe der Abgüsse, Beschaffenheit der Formstoffe, Verlauf und Ausgiebigkeit des Trockenverfahrens, Hitze und Druck des flüssigen Metalls, Geschwindigkeit des Abgießens —, schwankt sie innerhalb weiter Grenzen. Ledebur empfiehlt folgende Zusammensetzung und Bereitung [1]): 15 l fein gemahlener trockener Ton werden in so viel Wasser eingerührt, daß das Ganze suppenartige Beschaffenheit erhält, dann setzt man nach und nach 25 kg geschlämmten Graphit und 3 hl Holzkohlenstaub zu und rührt fleißig um. Die fertige Schwärze muß träge, etwa wie Sirup, fließen. Wird sie zu dickflüssig, so fügt man noch Wasser zu. Aufkochen der Mischung befördert ihr inniges Gemenge.

Eine der größten Gießereien des Ruhrgebiets verwendet zur Schwärze in Wasser geschlämmte Mischungen von $2/3$—$1/2$ Teil gemahlenem Koks mit $1/3$—$1/2$ Teil Graphit.

Messerschmitt gibt für Stahlwerkskokillenkerne, die bei 300^0 getrocknet werden, eine Mischung aus 8 Raumteilen Graphit mit $95^0/_0$ Kohlenstoff, 5 Raumteilen Buchenholzkohle und 1 Raumteil feuerfesten Ton an. Nach demselben bewährt sich eine Mischung von 1 Eimer gemahlenem weißem Ton, 2 Eimern gemahlenem Graphit mit $95^0/_0$ Kohlenstoff und $1 1/4$ Eimer gemahlener Buchenholzkohle gut [2]). Eine wesentliche Verbesserung der Schwärze läßt sich erreichen, wenn man das Tonwasser durch Mehlwasser ersetzt. Roggenmehl wird in Wasser aufgekocht und während des Kochens werden Graphit und Holzkohle in die Brühe eingerührt.

---

[1]) A. Ledebur: Handbuch der Eisen- und Stahlgießerei. Leipzig 1901, S. 207.
[2]) A. Messerschmitt: Technik in der Eisengießerei. 4. Aufl. Essen 1909. S. 303.

Nicht allzu selten wird der Graphit völlig durch feingemahlene Hartkohle (Anthrazit) oder durch Koks ersetzt. Insbesondere in Amerika verwendet man solche Schwärzen in ausgedehntem Maße. Es kommt dann vor allem auf den Aschegehalt und den Gehalt an festem Kohlenstoff der verwendeten Hartkohle, bzw. des Kokses an. Kohlen mit bis zu $10^0/_0$ Asche und $83^0/_0$ festem Kohlenstoff liefern noch sehr gute Schwärzen; bei entsprechend geringerem Gehalt an flüchtigen Bestandteilen kann der Aschegehalt noch höher steigen, ohne die Güte der Schwärze ungünstig zu beeinflussen. So hat sich eine Schwärze mit $24,7^0/_0$ Asche und $72^0/_0$ festem Kohlenstoff für Blockformen gut bewährt. Auf Grund des geringen Gehaltes an flüchtigen Bestandteilen $(2,4^0/_0)$ dürfte es sich bei dieser Schwärze nicht um Hartkohle, sondern um Koks handeln.

Man prüft eine Schwärze, abgesehen vom praktischen Versuche, durch Verbrennen. Zu dem Zwecke bringt man eine genau abgewogene Probe in einen Platintiegel, deckt ihn zu, erhitzt 3 Minuten lang auf Rotglut, läßt abkühlen und wägt. Der Gewichtsverlust ergibt den Gehalt an flüchtigen Bestandteilen. Der koksartige Rückstand wird im schräg gelegten Tiegel unter fleißigem Umrühren einige Minuten lang bei heller Rotglut weiter bis zu völliger Verbrennung zu Asche geglüht. Sobald das erreicht ist — erkennbar durch das Verschwinden aller schwarzen Teilchen —, läßt man wieder abkühlen und wägt ein zweites Mal zur Bestimmung des Aschegehaltes. Der Unterschied zwischen dem Gewichte der flüchtigen Bestandteile und der Asche und dem ursprünglichen Gewichte der Probe ergibt den Gehalt an festem Kohlenstoff. Der Gehalt an flüchtigen Bestandteilen ist in der Regel bestimmend für die Beurteilung, ob eine Schwärze aus Koks oder aus Hartkohle besteht. Anthrazit- (Hartkohlen-) Schwärze zeigt meist $7^0/_0$ flüchtige Bestandteile, während Koksschwärzen regelmäßig weniger als $3^0/_0$ vergasbare Bestandteile enthalten.

Alle Schwärzen — mit Ausnahme der einen Mehlzusatz enthaltenden — werden durch längeres Abstehen besser. Vor der Entnahme aus dem Lagergefäß muß aber gründlich umgerührt werden, sonst kann es vorkommen, daß sich ein Teil des Graphits am Boden abgesetzt hat, während die leichteren Bestandteile obenauf schwimmen. Zur Vermeidung dieser Gefahr bewahren große Gießereien die Schwärze in Gefäßen auf, in denen sie durch ein Rührwerk in ständiger Bewegung gehalten wird.

An Stelle des Graphits können als billigere Ersatzstoffe in vielen Fällen Talk und Seifenstein verwendet werden. Beide bestehen aus Magnesiumsilikat $(63,5^0/_0 \ SiO_2 + 31,7^0/_0 \ MgO + 4,8^0/_0 \ H_2O)$ und haben etwa 2,75 spezifisches Gewicht. Der Talk bildet dünne, biegsame, unelastische, weiß bis grün gefärbte Schuppen, die im frischen Bruche perlenartig glänzen, während der Seifenstein in dichten Massen auftritt. Der Verwendung als Formpuder steht meist die starke Verunreinigung mit sandigen Bestandteilen entgegen, die den Schmelzpunkt herabsetzen und ein schlechtes Haften an den Formwänden bewirken. Erst seit einigen Jahren — in Amerika schon seit etwa 1907 — ist eine amerikanische Talkart, der Bull Run Talc, bekannt geworden, die als vollwertiges Graphitersatzmittel geeignet zu sein scheint. Er ist zwar mit Eisenoxyd verunreinigt, das ihm eine kennzeichnende rote Farbe verleiht, infolge der Abwesenheit von Kohlenstoff aber nicht die schädigende Wirkung wie beim Graphit hat. Er läßt sich zu feinstem Staub vermahlen, der infolge eines gewissen Tongehaltes trocken wie naß hohe Klebekraft besitzt und zudem von sehr großer Feuerbeständigkeit ist. Die besten Ergebnisse werden bei den sonst recht empfindlichen Formen für Phosphorbronze- und Kupfergüsse und anderen Metallen von hohem Schmelzpunkte erzielt. Auch Eisen- und Tempergießereien verwenden den Bull Running Talc schon seit 1907 mit Erfolg als Schutzmittel für ihre Formen. Er kann trocken aufgebeutelt, als kräftige Schlichte mit Ton angemacht oder als dünnste Schwärze mit dem Kamelhaarpinsel auf die Formen aufgetragen werden, in allen Fällen haftet er gleich gut. Nur bei kleinsten, dünnwandigen Formen für Metalle von niedrigem Schmelzpunkte, z. B. für Aluminiumgüsse, empfiehlt es sich, der Schwärze etwas Melasse zuzusetzen, da hier die Gießhitze nicht ausreicht, den Auftrag fest genug einzubrennen.

Auch Kienruß kann sowohl als trocken aufgebeutelte Schicht als auch als Anstrichmasse oder als Formsandzusatz verwendet werden. Im trockenen Zustande bedingt er die gleiche Behandlung wie Holzkohlenstaub oder Graphit. Um ihn für Anstrich-schwärzen wasserlöslich zu machen, muß er erst entweder durch Brennen oder durch Pressen bzw. Kollern unter Zusatz von Seifenwasser vollkommen ölfrei gemacht werden. Er liefert in beiden Fällen — trocken oder naß verwendet — äußerst saubere und glatte Gußoberflächen.

Modellpuder.

Holzmodelle werden, um ein Anhaften des Formsandes zu verhüten, mit Schutz-stoffen bestäubt. Über die Art der Wirksamkeit solcher Stoffe liegen noch keine völlig aufklärenden Untersuchungen vor; sie scheinen die klebenden Bestandteile der Sand-oberfläche an sich zu ziehen und so die Modelloberfläche zu schützen. Tatsächlich pflegt der über das Modell gestäubte Schutzstoff nach dem Abheben der Form am Formsande zu haften. Bis vor etwa 30 Jahren bediente man sich nur feinst gepulverten Holz-kohlenstaubes als Modellpuder; er reichte bei der üblichen Handformerei, bei der das Modell ziemlich kräftig losgeklopft werden konnte, vollkommen aus. Mit der Entwick-lung des Formmaschinenbetriebes, der mitunter nur ein sehr wenig ausgiebiges Losklopfen zuläßt, entstand das Bedürfnis nach wirksameren Schutzstoffen. Als solcher hat sich in bisher unübertroffener Weise das Lykopodium, der gelbe Samen einer Bärlapp-pflanze, bewährt. Es bewirkt selbst bei sparsamster Verwendung und beim geringsten Losklopfen des Modells gutes Abheben und trägt bei dünnwandigen Formen dazu bei, den Abgüssen eine glatte, saubere Oberfläche zu verleihen. Die letzte Eigenschaft dürfte auf Gasbildung durch Verbrennung beruhen. Da aber nur ganz geringe Mengen Bärlapp-samen aufgestäubt werden — guter, echter Samen ist ziemlich kostspielig —, ist die Gasbildung gering und bei stärkeren Abgüssen nicht mehr von merkbarer Wirkung.

Der Bärlappsamen wird in den großen Waldgebieten Rußlands, in den Karpathen, im Böhmer Wald und in Ostdeutschland gewonnen. Das Erträgnis ist von den Witterungs-verhältnissen abhängig und in verschiedenen Jahrgängen recht wechselnd. Da der Handel in wenig Händen vereinigt ist und das Erträgnis auch in guten Jahren verhältnismäßig bescheiden bleibt, konnten bisher recht hohe Preise ziemlich gleichmäßig durchgehalten werden. In schlechten Jahren besteht eine größere Versuchung, den echten Samen mit Nadel-holzsamen und anderen mehligen Stoffen zu verfälschen. Da nur der reine, sich etwas fettig anfühlende Samen von guter Wirkung ist, empfiehlt es sich, beim Einkaufe stets mit dem Mikroskop nachzuprüfen. Der echte Bärlappsamen hat tetraedrisch-kugelige Form und ist durch netzförmige Leisten an seiner Oberfläche ganz unverkennbar gezeichnet.

An Stelle des Bärlappsamens kann der Samen (die Sporen) zweier auch in Deutsch-land vorkommender Pilze, des Hasenstäublings (Lycoperdon caelatum Bull) und des Flockenstreulings (Lycoperdon bovista L.) verwendet werden. Die Pilze werden zur Gewinnung des Staubes auf Horden getrocknet.

Schon wiederholt wurde versucht, billigere Ersatzmittel zu schaffen, doch ist es bisher noch nicht gelungen, einen vollwertigen Ersatz zu finden. Brauchbarer Lykopo-diumersatz muß folgenden Bedingungen entsprechen. Er darf nicht hygroskopisch sein, er darf sich während des Gießens nicht allzu rasch verflüchtigen, er darf an der Oberfläche des Abgusses nicht schlackenartig weiter brennen, und er soll selbst an lot-rechten Formflächen gut haften.

Man hat versucht, Holzmehl zu Formpuder zu verarbeiten, indem man es mit Walrat, Stearin und ähnlichen Stoffen in eine Mischtrommel brachte, dort ein Vakuum erzeugte und das Holzmehl unter Erwärmung bis auf den Schmelzpunkt des Zusatzes unter stetem Drehen mischte. Nach dem Mischen wird die Masse fein gemahlen.

Ludwig Schäfer[1] bringt Korkmehl in ein Bad von 25 kg schwefelsaurer Tonerde, die in 150 l Wasser gelöst ist, und nach dem Trocknen in ein Bad von 28 kg in 500 l Wasser gelöste Kernseife. Der beim wiederholten Trocknen entstehende Niederschlag von fettsaurer Tonerde macht das Korkmehl gegen Wasser adhäsionsfrei. Der Lykopodium-ersatz der Brüder Körting[2] besteht aus Bernsteinpulver. Die Eigenschaft, gegen Wasser vollkommen adhäsionsfrei zu sein, sein verhältnismäßig hoher Schmelzpunkt,

---

[1] D.R.P. Nr. 146 774.   [2] D.R.P. Nr. 141 380.

seine Härte und die Möglichkeit, ihn ohne besondere Zusätze zu feinem Pulver zu vermahlen, machen den Bernstein als Modellpuder ziemlich gut geeignet, um so mehr, als er im Gegensatz zu anderen Ersatzstoffen auch an trockenen Modellen gut haftet. Das Bernsteinpulver ist unter dem Namen Lykodin im Handel. Franz Helmpardus und Georg Sindel[1]) führen ein Modellpuder, das aus 18 Teilen gemahlenem Kolophonium, 1 Tei Talkum und 1 Teil Infusorienerde besteht. Das Talkum wird dem Kolophonium nur zugesetzt, um es mahlen zu können, während die Infusorienerde das zum Anfeuchten der Formränder verwendete Wasser aufsaugen soll. Bei Verwendung des Puders sollen die Formen nach dem Herausnehmen des Modells in die Trockenkammer gebracht werden, wo das Kolophonium schmilzt. Während des Abkühlens erstarrt die Schicht, und die Form erhält eine Glasur, die dem Abgusse eine sehr glatte Oberfläche verschaffen soll. Richard Spreter[2]) schmelzt Pech, Stearin und Wachs zusammen, setzt dem Gemisch Asche, Metallpulver und Metalloxyd zu und mahlt nach dem Erkalten die Masse zu einem feinen Pulver. Die drei ersten Bestandteile sollen das Pulver gegen Wasser adhäsionsfrei machen, während die anderen dem Anbrennen des Formsandes entgegenwirken sollen. Die Brauchbarkeit dieser Mischung mag mit Recht bezweifelt werden, über ihre Verwendung ist nichts in die Öffentlichkeit gedrungen.

Nach W. Eitner wird einem Pulver von Kieselgur Kohlenstoff in Form von Harz und Öl zugeführt[3]). Das Verhältnis zwischen Harz und Öl einerseits und Kieselgur anderseits soll so sein, daß auch beim Erhitzen des Pulvers kein Öl oder flüssig gewordenes Harz austritt. Da die Kieselgur aus demselben Grundbestandteile wie der Formsand, nämlich aus Kieselsäure, besteht, die unverbrennbar ist, soll ein Verschmieren der Poren der Formoberfläche ausgeschlossen sein.

Auf ganz neuem Gedankengange beruht ein Verfahren von Kemper und Delmenhorst und Ernst Utke[4]), wonach das Modell mit Kalziumkarbidpulver eingestaubt wird. Durch die Feuchtigkeit des Formsandes bildet sich Azetylen, das angeblich eine Zwischenschicht bildet, durch die das Modell sich leicht vom Sande lösen läßt. Nach einer zweiten Ausführungsart wird das Karbid in Petroleum gelöst und mit einem Zerstäuber auf das Modell aufgetragen. Da aber das entstehende Gas zum größten Teile entweichen dürfte, noch ehe das Modell aus dem Sand genommen werden kann, ist auch der Erfolg dieses Mittels wohl recht zweifelhaft.

Als einfachere Ersatzmittel werden besonders behandelte Stärkemehle, sowie gepulverter Talk, Seifenstein, Speckstein und Gemenge dieser Stoffe verwendet. Sie bewähren sich aber alle weniger als das echte Lykopodium, insbesondere sind immer zur Erreichung von auch nur annähernd derselben Wirkung mehrfache Mengen des Ersatzstoffes nötig.

Literatur.

a) Einzelne Werke.

West, Thomas D.: Amerikanische Gießereipraxis. Bearbeitet von Ernst A. Schott. Berlin 1910.
Irresberger, C.: Die Formstoffe der Eisen- und Stahlgießerei. Berlin 1920.

b) Abhandlungen.

Schott, Ernst A. und R. Lasius: Über Formsand. Gieß.-Zg. 1904, S. 73.
Vinsonneau, L.: Notes sur les sables à mouler et sur leur emploi en fonderie. Rev. Mét., Mém. 1906, S. 180; 1908, S. 130.
Fürth, H.: Die Untersuchung des Formsandes. Stahleisen 1906, S. 1195.
Steinitzer, F.: Die Ermittlung der Durchlässigkeit von Form- und Kernsand. Stahleisen 1907, S. 779.
Chatelier, Henry Le: Observations sur les sables de fonderie. Rev. Mét., Mém. 1909, S. 1256.
Shaw, J.: The comparative examination of molding sands. Castings 1910 (Märzheft), S. 206.
Henning, C.: Der Kohlenstaub im Formsand und seine Bewertung. Stahleisen 1910, S. 906.
Schott, E. A.: Die Bedeutung des Kohlenstaubs in der Gießerei. Gieß.-Zg. 1913, S. 689.
Irresberger, C.: Der Formsand, seine Prüfung und Bewertung. Stahleisen 1913, S. 1433, 1595.
Schmid, A.: Beitrag zur Untersuchung von Formsand. Stahleisen 1914, S. 1428.
Leisse, Fr.: Die Bedeutung des Kohlenstaubs in der Gießerei. Gieß.-Zg. 1914, S. 153.
Irresberger, C.: Einfluß des Aufbereitungsverfahrens auf Bindekraft und Durchlässigkeit des Formsandes. Stahleisen 1923, S. 297.
Aulich, P.: Die Entstehung und Prüfung des Formsandes. Gieß. 1923, S. 356.

---

[1]) D.R.P. Nr. 154 607.   [2]) D.R.P. Nr. 157 061.
[3]) D.R.P. Nr. 163 269 und 163 832.   [4]) D.R.P. Nr. 165 411 und Nr. 165 578.

XIX. Die Zuschlagstoffe.

Von

Ingenieur C. Irresberger.

Bei den verschiedenen Eisen- und Stahlschmelzverfahren werden den eigentlichen Schmelzstoffen, Eisen und Koks, Stoffe zugesetzt, denen die Aufgabe zufällt, die dem Eisen anhaftenden Sandkörnchen, den Rost und die Verbrennungsrückstände des Kokses zu lösen und in Schlacke überzuführen. Beim Schmelzen im Kuppelofen sollen die Zuschlagstoffe die Bildung einer möglichst dünnflüssigen Schlacke befördern, die die Schmelzsäule ungehemmt niedersinken läßt, die Wände des Ofenmauerwerkes möglichst wenig angreift, an ihnen nicht haftet, die Schmelzstoffe lose läßt und sie nicht zu einer mehr oder weniger zähe zusammengehaltenen Masse vereinigt. Weiter sollen die Zuschlagstoffe dem Übergange des beim Verbrennen des Kokses frei werdenden Schwefels in das Eisen entgegenwirken. Beim Schmelzen von Stahl im Martinofen fällt den Zuschlagstoffen noch die weitere Aufgabe zu, eine Phosphoranreicherung hintanzuhalten, bzw. vorhandene Phosphorgehalte zu vermindern.

In der Grau- und Tempergießerei, wie auch in der Kleinbessemerei, kommen als Zuschläge im allgemeinen nur Kalkstein, Austern- und Muschelschalen und Flußspat, in der Stahlgießerei (Martinofen) außerdem Magnesit und Dolomit in Frage [1]).

Die ausschließlich mit Kalkzuschlag entstandene Kuppelofenschlacke besteht in der Hauptsache aus einem Gemische von Kieselsäure (SiO_2), Kalk (CaO), Tonerde (Al_2O_3), Magnesia (MgO), Eisenoxydul (FeO), Manganoxydul (MnO) und Alkali (Ka_2O, Na_2O). Die den Hauptbestandteil (40—55%) der Schlacke bildende Kieselsäure entstammt der Koksasche [2]), dem am Eisen haftenden Sande, dem aus dem Eisen verbrannten Silizium, dem Mauerwerke des Ofenschachtes und schließlich dem Kalk selbst. Die gesamte Kieselsäure muß vom zugesetzten Kalke, der in der Schlacke in Mengen von 3—30% vorkommt, gelöst werden. Durch Aufnahme eines Teiles des abgebrannten Mangans und Eisens sowie durch Fremdbestandteile im Kalke gelangen kleine Mengen der angeführten Oxyde in die Schlacke. Der Tonerdegehalt (5—25%) entstammt der Koksasche [3]) und der Ausmauerung. Er erreicht die höchsten Werte bei Schamotte- und die niedrigsten bei Dinassteinen. Manche Kuppelofenschlacken weisen Schwefelgehalte bis zu 0,5% auf; so hohe Gehalte sind aber nur durch sehr reichliche Kalkzuschläge zu erzielen, die den Nachteil haben, das Ofenmauerwerk sehr stark anzugreifen. Sie sind darum wenig wirtschaftlich.

Kalk findet in verschiedenen Formen Verwendung, am häufigsten als Kalkstein und in dessen mineralischen Abarten, mitunter auch in Form von Austernschalen und anderen Muscheln. Durch die während des Schmelzens wirksame Hitze zerfällt der Kalkstein zu Kalk und Kohlensäure ($CaCO_3 = CaO + CO_2$), die letztere entweicht mit den anderen Abgasen, und der Kalk bildet mit den kieseligen und tonigen Bestandteilen der Schmelzstoffe und des abschmelzenden Mauerwerkes eine Schlacke, deren Flüssigkeitsgrad und Aufnahmefähigkeit für Schwefel und sonstige Verunreinigungen hauptsächlich von der Höhe ihres Kalkgehaltes abhängt.

---

[1]) Näheres über Magnesit und Dolomit s. S. 569.
[2]) Ruhrkoksasche enthält 32—48%, oberschlesische Koksasche 14—25% SiO_2 (vgl. auch S. 512).
[3]) Ruhrkoksasche enthält 10—35% Al_2O_3.

Der Kalkstein.

Kalkstein ist in den meisten Schichtenfolgen der Gesteine zu finden, er ist aber infolge zu hohen Gehaltes an Fremdstoffen nicht immer als Zuschlagstoff verwendbar. Im deutschen Sprachgebiete kommen vor allem der Massenkalk des rheinischen Schiefergebirges (Devon) in der Gegend von Mettmann und Dornap im Neandertal und im Gebiete von Leimathe bei Iserlohn, in der Umgebung von Gerolstein in der Eifel und am Iberg bei Grund im Harz und die außerordentlich mächtigen Kalklager der bayerischen und österreichischen Voralpen in Frage. In Innerdeutschland (Rüdersdorf bei Berlin, in Thüringen, Franken, Schwaben und in Oberschlesien) ist der Muschelkalk der Triasformation von Bedeutung. Die Kalke der Juraformation haben meist so hohen Tongehalt, daß sie für die Gießerei nur selten in Frage kommen können. Auf der linken Rheinseite in der Gegend von Aachen kommen in der Steinkohlenformation Meeresablagerungen kalkiger Art, Kohlenkalke vor, die als Zuschlag brauchbar sind. Eine auch als Zuschlag sehr wertvolle Kalkart, der Marmor, zeichnet sich durch große Reinheit aus. Er kommt in weißer, grauer, grüner und roter Farbe und in mannigfach bunten Färbungen vor (Salzburg, Laas in Tirol, Auerbach im Odenwald und im Fichtelgebirge) und ist als Abfall bei der Gewinnung des wertvollen Block- und Tafelmarmors meistens nicht teurer als gewöhnlicher Kalkstein. Seine Verwendung im Kuppelofen hängt darum nur von den Frachtverhältnissen ab.

Der Kalkstein besteht im wesentlichen aus kohlensaurem Kalzium, $CaCO_3$, das stets von mehr oder weniger anderen Bestandteilen begleitet ist. Unter diesen Begleitern sind vor allem kohlensaure Magnesia ($MgCO_3$) und Kieselsäure (SiO_2) von Bedeutung. Vom Kalkstein mit geringen Spuren von Magnesia bis zum Dolomit, in dem der Magnesiagehalt die Höhe von 1 Molekül $MgCO_3$ auf 1 Molekül $CaCO_3$ erreicht hat, kommen die mannigfachsten Übergänge vor. Kalksteine mit beträchtlichen Magnesiagehalten werden „dolomitische Kalke" genannt. Reiner Kalk ohne jede Beimengung findet sich als Kalkspat mitunter in Drusen massigen Kalksteines in Form hexagonaler Kristalle von wasserheller, rötlicher, gelblicher oder grauer Farbe. Dieses Vorkommen ist aber so selten, daß es für die Gießerei nicht in Frage kommt. Hier muß man sich schon mit weniger reinen Kalken behelfen, unter denen in bezug auf Reinheit der Marmor an erster Stelle zu nennen ist. Marmor kommt als kristallinisches Gestein in den verschiedensten Färbungen vor und erreicht einen reinen Kalkgehalt bis zu 98,5%. Die Färbungen des Marmors, wie anderer Kalksteine, beruhen auf dem Gehalte an Fremdbestandteilen. Braune, gelbe und rote Tönungen sind auf Eisenoxyd und Eisenhydroxyd und auf Manganoxyd zurückzuführen, während die dunklen Farben meist auf einem Gehalt an Bitumen beruhen. Nicht allzu selten auftretende, sehr unliebsame Begleiter sind verschiedene Metallsulfide, die in Form von Bleiglanz (PbS), von Zinkblende (ZnS), seltener von Kupferkies ($CuFeS_2$) erscheinen. Quarz (SiO_2) kommt in feiner Verteilung in jedem Kalksteine, mitunter aber auch in deutlich ausgeprägten Kristallformen vor. Tonerde tritt im Kalkstein mitunter in nahezu reiner Form, häufiger aber als Hydrat (Bauxit $Al_2O_3 \cdot 2H_2O$) auf. Der Eisengehalt erscheint bei schwach gefärbten Kalksteinen als kohlensaures Eisenoxydul, bei stark gefärbten Steinen als Eisenhydrat (Brauneisen, mitunter auch Roteisen). Versteinerungsreiche Kalksteine (manche Marmorarten, Massenkalk von Gerolstein in der Eifel) enthalten auch Phosphor in Form von phosphorsaurem Kalk.

Der Kalk ist als Zuschlagstoff um so wertvoller, je weniger Fremdstoffe er enthält. Es ist wohl überall in Mitteleuropa wirtschaftlich möglich, Kalkstein mit mindestens 95% Kalkgehalt zu verwenden; man tut darum gut, unter diesen Reinheitsgrad nicht herabzugehen. Weiter empfiehlt es sich, den Kalkstein in mindestens faustgroßen Stücken zu beziehen und ihn selbst zu zerkleinern. Die Zerkleinerungskosten kommen reichlich herein durch die bessere Ware, die man so erzielt. Wird der Kalkstein in kleinen mit Grus oder gar Sand vermischten Stücken bezogen, so läuft man Gefahr, in dem Gemenge kiesiges und toniges Material aus den Abraumschichten vorzufinden. Solche Verunreinigungen bedingen größere Kalksteinzuschläge, da zu ihrer eigenen Verschlackung ein Teil des

Zuschlages verbraucht wird. Jedes Hundertstel Kieselsäure erfordert zu seiner Verschlackung die doppelte Menge von kohlensaurem Kalk. Wo immer angängig, halte man sich durch zeitweilige Besichtigung des Kalksteinbruches über dessen Beschaffenheit und über dessen Betriebszuverlässigkeit auf dem laufenden, man kann sich so beträchtliche Auslagen für chemische Untersuchungen ersparen.

Abgesehen von der chemischen Analyse, die nur ausnahmsweise in Gießereien mit gut ausgestattetem chemischen Laboratorium in Frage kommt, gibt es zwei Untersuchungsverfahren für Kalkstein, die nur wenig Anschaffungskosten für Geräte bedingen und in den meisten Betrieben sehr leicht durchzuführen sind: Das Glüh- und Ablöschverfahren nach A. Desgraz[1]) und das Ätzverfahren nach P. Aulich[2]).

Ersteres beruht auf der Ermittlung des Glühverlustes, d. i. des Verlustes, den der Stein beim Brennen erleidet und auf der Beobachtung seines Verhaltens beim nachfolgenden Ablöschen. Die Höhe des Glühverlustes und das Verhalten beim Ablöschen sind von der Menge und Art der Beimengungen abhängig und geben infolgedessen wertvolle Anhaltspunkte zur Beurteilung des Steines. Zur Ausführung der Untersuchung wägt man von einer guten, d. h. von möglichst viel und möglichst verschieden aussehenden Stücken entnommenen Probe 100 g aus und glüht sie in einer Muffel, bis ihr Gewicht nicht mehr abnimmt. Die Glühhitze darf 950° nicht überschreiten, da sonst der Stein totbrennt. Der Gewichtsunterschied vor und nach dem Glühen ist der Glühverlust. Nach dem Erkalten benetzt man die Stücke tropfenweise mit Wasser, bis sie unter Erwärmung und Anschwellung zu trockenem Pulver zerfallen sind, und beobachtet zugleich ihr Verhalten dabei. Auf Grund dieser Untersuchung läßt sich der Stein nach folgender Zusammenstellung einer bestimmten Gesteinsart zuteilen.

Glühverlust	Verhalten beim Löschen	Farbe	Gesteinsart
unter 44%	langsames Löschen	gelblich	unreiner, an SiO_2, Al_2O_3 und Fe_2O_3 reicher Kalkstein
41–44%	rasches Löschen und rascher Zerfall	weiß	reiner, ausgiebiger Kalkstein
über 44%	rasches Löschen und rascher Zerfall	weiß	bituminöser, sonst reiner Kalkstein
	langsames Löschen, Zerfall nach langer Zeit	graugelb	Dolomit

Zur Aulichschen Lösungs- und Ätzprobe sind folgende Gerätschaften erforderlich: 1 Proberöhrengestell für 8—10 Stück starkwandige Probegläser von 160 mm Länge und 16 mm l. W., 1 Becher aus starkwandigem Glas von 1 l Inhalt, 1 Meßzylinder von 25 ccm Inhalt, 1 Flasche mit Salzsäure 1 : 1 (1 Teil HCl : 1 Teil H_2O), 1 kleine Platte Fensterglas. Ausführung: Von verschieden aussehenden Steinklötzen schlägt man mit einem 500 g schweren Hammer Prismen von etwa 8×5×2,5 cm zurecht. Eines der dabei abgefallenen Stückchen von etwa 2 g wird in ein Probierröhrchen gegeben und mit 10 ccm Salzsäure übergossen, worauf man das Glas am Gestell absetzt und mit den übrigen Proben ebenso verfährt. Beim Lösen der Proben machen sich bemerkenswerte Unterschiede geltend. Reine Kalke brausen sofort lebhaft auf, lösen sich anfangs rasch und später bei abnehmender Angriffsfläche langsamer auf; die vollständige, am Aufhören der Kohlensäureentwicklung erkennbare Auflösung erfolgt innerhalb 10—15 Minuten. Nach einigen Minuten Abstehen hat sich ein Niederschlag am Boden des Gefäßes abgesetzt, oder die Lösung ist durch Tonsubstanz mehr oder weniger getrübt. Dunkel gefärbte Kalksteine ergeben leichte Kohlenflocken in erheblicher Menge und einen graphitähnlichen Schlamm an der Oberfläche der Lösungsflüssigkeit. Bleibt nach mehrmaligem

[1]) Gieß.-Zg. 1922, S. 712.   [2]) Gieß.-Zg. 1923, S. 367.

Schlämmen kein sandiger Lösungsschlamm im Glase zurück, so ist die Probe gleich der ersten als „gut" zu bewerten. Stark ton- oder kieselsäurehaltige und dolomitische Kalke lösen sich langsamer, reine Dolomite erst nach mehreren Stunden. Da 10 ccm der verwendeten Salzsäure ungefähr 3 g Kalk lösen, gibt die Lösungsdauer bei Berücksichtigung der Lösungsmengen bereits gute Anhaltspunkte zur Beurteilung des Steines. Zur weiteren Prüfung gibt man den Lösungsrückstand nach Entfernung der überstehenden Flüssigkeit auf eine Glasplatte und streicht mit einer Messerklinge reibend darüber hin und her. Ein knirschendes Geräusch unter gleichzeitiger Ritzung des Glases weist auf Quarz hin, ungelöst zurückgebliebene Dolomitkörnchen sind leicht zu zerdrücken, und Tonschlamm ist weder mit dem Messer noch mit dem Finger fühlbar. Nach 10—12stündigem Abstehen der abgegossenen Lösungsflüssigkeit verrät sich ein etwa vorhandener Gehalt von kohlensaurem Eisenoxydul (Eisenspat) durch mehr oder weniger starke Gelbfärbung der Flüssigkeit.

Die an den prismenförmig zurechtgehauenen Stücken vorzunehmende Ätzprobe gibt Aufschlüsse über die Verteilung der verschiedenen Beimengungen. Man stellt ein Versuchsprisma in das Becherglas, gießt soviel Brunnenwasser zu, daß das Stück sich bis zu seiner halben Höhe im Wasser befindet und fügt dann 25 ccm Salzsäure zu. Nach dem Nachlassen des Aufbrausens wird nochmals eine gleiche Menge Salzsäure zugesetzt und sobald auch dieser Zusatz zu wirken aufgehört hat, die Probe aus dem Wasser genommen. Reine Kalke erscheinen vollkommen glatt, als ob sie lackiert wären; die scharfen Kanten sind gerundet; auf der Oberfläche zeigen sich hier und da Rillen, die von den aufgestiegenen Kohlensäurebläschen herrühren. Beim Darüberstreichen mit dem Finger sind meist geringe, von Dolomitkriställchen herrührende Rauheiten wahrzunehmen. Sie beruhen auf dem fast bei keinem Kalke fehlenden geringen Magnesiagehalt von einigen Zehntelprozent. Quarzeinschlüsse treten scharf hervor, meist in Form gut ausgebildeter Kristalle bis zu Millimetergröße; sie ritzen Glas und sind ganz klar, während Dolomitkristalle trübweiß aussehen und leicht zerdrückbar sind. Tonschiefereinschlüsse lassen sich unter Wasser leicht abreiben und liefern einen trüben, in Wasser unlöslichen Schlamm. Rot- und Brauneisensteineinschlüsse bleiben meist unangegriffen zurück oder fallen nach einiger Zeit zu Boden, ebenso Eisenkies, der meist vereinzelt auftretend oberflächlich in Brauneisenstein verwandelt ist, jedoch beim Zerschlagen des Steines an den Bruchflächen durch seine speisgelbe Farbe kenntlich ist. Dolomitische Kalke zeigen nach dem Ätzen eine glanzlose, matte, rauhe Oberfläche; dazwischen liegender reiner Kalk erscheint vertieft und glänzend. Dolomit tritt vielfach in netzartig verteilter Form auf, die sich reliefartig aus dem umgebenden Kalke heraushebt. Selbst reine Dolomite zeigen häufig anfänglich eine geringe Kohlensäureentwicklung, die auf in Hohlräumen befindliche sekundäre Kalkablagerungen zurückzuführen ist. Eine merkliche Ätzung findet aber nicht statt; nur erscheint der eingetauchte Teil nach dem Trocknen meistens weiß.

Zahlentafel 232.

Chemische Zusammensetzung verschiedener Zuschlag-Kalksteine.

	I	II	III
	%	%	%
$CaCO_3$	92,90	95,00	97,60
$MgCO_3$	0,60	2,72	1,44
$MnCO_3$	0,09	0,12	0,07
$FeCO_3$	0,47	0,80	0,52
Al_2O_3	0,28	0,20	0,17
SiO_2	4,86	1,05	0,30
P_2O_5	Spur	Spur	Spur

Sowohl das Desgrazsche Verfahren wie die Aulichsche Probe geben ausreichende Aufschlüsse über den allgemeinen Charakter und die Eignung eines Kalksteines. Nur in

Fällen, die auf Grund einer dieser Untersuchungen zweifelhaft bleiben, oder wenn es sich um ⟨ ie Festlegung von Lieferungsbedingungen bzw. um Einhaltung solcher Bedingungen handelt, wird man noch einer genauen chemischen Analyse bedürfen. Zahlentafel 232 zeigt die chemische Zusammensetzung von drei Kalksteinsorten, deren erste als noch annehmbar, deren zweite als gut und deren dritte als sehr gut zu bezeichnen ist.

Zuschlagmenge. Geringe Kalkzuschläge — bis zu 10% des Koksgewichtes — haben eher schädliche als gute Wirkung. Sie machen zwar die erstarrte Schlacke etwas spröder und leichter zerbrechlich, belassen sie aber im flüssigen Zustande zähe, so daß sie am Mauerwerk haften bleibt und das Hängenbleiben der Schmelzsäule fördert. Kalkzuschläge kommen erst in Mengen von 25—50% des Koksgewichtes bzw. 2,5—5% des Eisengewichtes zur vollen Wirkung. Dann erzeugen sie eine gut fließende Schlacke. Die niedrigere Ziffer gilt bei Verwendung von aschenarmem, unter 8% Asche enthaltendem Koks und von gescheuerten Eingüssen. Wird zugleich in Schalen gegossenes Roheisen verwendet [1]), so kann die Kalkmenge noch weiter verringert werden. Der obere Grenzwert gilt für aschenreicheren Koks und für ungescheuerte Eingüsse. Beim Arbeiten mit 30—50% Kalkstein ergeben sich auch die geringsten durch Verschlackung entstehenden Eisenverluste. Die dabei anfallende Schlacke enthält im allgemeinen nicht mehr als 5—6% Eisenoxydul. Über 50% des Koksgewichtes hinausgehende Kalksteinzuschläge sind schädlich. Sie greifen das Mauerwerk an, verschlacken es zum Teil und bewirken allzu große, den Schmelzverlauf ungünstig beeinflussende und durch den zu ihrer Beseitigung erforderlichen Arbeitsaufwand unnötige Kosten verursachende Schlackenmengen.

Austern- und andere Muschelschalen.

Austern- und einige andere Muschelschalen bestehen aus sehr reinem kohlensauren Kalke mit geringem Gehalte an Phosphor in Form von phosphorsaurem Kalke. Sie sind in England, Amerika und verschiedenen festländischen Hafenstädten verhältnismäßig leicht und billig zu beschaffen. Ihr Phosphorgehalt macht die Schlacke dünnflüssig, löst Schlackenansätze am Mauerwerk und verleiht ihm einen glatten, wenig Nachbesserungen erfordernden Überzug. Es empfiehlt sich darum, falls nicht genug Schalen zur Verfügung stehen, um ausschließlich damit schmelzen zu können, sie während des ersten Teiles der Schmelzung gemeinsam mit Kalkstein zu setzen und erst zum Schlusse der Schmelzreise zu ihrer ausschließlichen Verwendung überzugehen. Sie zerbersten in der Hitze des Ofenschachtes zwar unter lebhaftem Prasseln und Knallen, doch ist die durch Auswurf verloren gehende Menge wesentlich belangloser, als auf Grund dieser Erscheinungen angenommen werden könnte.

Nicht alle Muscheln eignen sich als Zuschlagmittel, manche Arten schmelzen so rasch, daß ihr Zusatz Störungen verursacht.

Der Flußspat.

Flußspat oder Fluorit, ein Mineral aus der Ordnung der einfachen Haloidsalze, kommt sowohl im kristallischen Zustande (Würfel, einzeln oder in Drusen verschiedener Größe), wie als kristallinisches Gestein und in erdigem Zustande vor. Als Zuschlagstoff kommt nur die kristallinische Form in Frage. Kristallinischer oder dichter Flußspat ist schimmernd bis matt durchscheinend, grünlichweiß, grünlichgrau, violett, mitunter auch nahezu weiß. Abbauwürdige Fundorte sind in Stolberg und Siptenfelde am Harz (hier ist der Fluorit meist mit Kalkspat verwachsen) bei Steinbach in Meiningen, bei Ölsnitz in Sachsen (hier häufig mit Quarz und Feldspat verwachsen, mitunter auch durch Schwefelmetalle verunreinigt), bei Wölsendorf in Bayern, in Salzburg und in der Steiermark. Flußspat mit Schwefelmetallen ist für die Gießerei nicht verwendbar. Quarz und Feldspat sind durch gründliche Aufbereitung zu entfernen. Reiner Flußspat besteht aus Fluorkalzium ($CaFl_2$) mit 51,15% Ca und 48,85% Fl, hat die Härte 4 und ein spezifisches Gewicht von 3,1—3,2.

---

[1]) Siehe S. 145.

Flußspat wird vorteilhaft nur in gröberen Stücken bezogen, die man auf etwa Nuß-
größe zerschlagen läßt. Nimmt man kleinstückige oder gar griesige Bestandteile mit
in den Kauf, so läuft man noch mehr als beim Bezuge von Kalkstein Gefahr, Abraum-
bestandteile (Lehm, Kies, Ton usw.) mitzubekommen. Wiederholt konnten ungünstige
Schmelzergebnisse auf allzu große Mengen solcher Verunreinigungen zurückgeführt
werden. Mitunter ist der Flußspat mit Adern fremder Mineralien durchzogen, die beim
Zerschlagen sichtbar werden. Quarz (Gangquarz) ist an seiner milchweißen Farbe und
seiner Fähigkeit, Glas zu ritzen, zu erkennen; Feldspat hat meist gelblichweiße Farbe
und ist leicht zu spalten; er wird von Quarz geritzt und ritzt selbst Flußspat. Ein Gehalt
an Kalkstein ist selbstredend ungefährlich.

Die Vorzüge des Flußspates als Zuschlagmittel beruhen in erster Linie auf der Dünnflüssigkeit der durch ihn zustande kommenden Schlacke. Infolge dieser Eigenschaft
gleitet die Schmelzsäule ungehemmt nieder, ein Hängen der Gichten kommt kaum vor,
und die Windformen bleiben frei von Schlacke. Bei vorsichtiger Verwendung, insbesondere
wenn Flußspat nur gemeinsam mit Kalkstein gesetzt wird, werden die Ofenwände nicht
nennenswert angegriffen, sie erlangen im Gegenteil eine Glasur, die ihrer Haltbarkeit
förderlich ist. Die größere Dünnflüssigkeit der Schlacke kommt bei Vorherdöfen in
besonderem Maße zur Geltung. Beim letzten Abstich läuft der Vorherd ohne Nachhilfe
leer, und das sonst ziemlich lästige Ausziehen der Schlackenreste fällt fast vollständig weg.

Flußspatzusätze sind recht wirksame Reduktionsmittel. Die reduzierende Wirkung
kommt schon im niedrigeren Eisenoxydulgehalte der Schlacke zum Ausdruck, noch
beträchtlicher aber in bezug auf Silizium und Mangan. Reine Kalkschlacke hat das
Bestreben, Silizium und Mangan in erheblichen Mengen aufzunehmen, man muß beim
Setzen durchschnittlicher Gattierungen bei ihr mit einem Abbrande von $15^0/_0$ Silizium
und von $25^0/_0$ Mangan rechnen. Schon geringe Flußspatzusätze vermögen dagegen den
Siliziumverlust auf $8-10^0/_0$ und den Manganabbrand auf $15-18^0/_0$ herabzudrücken.
Flußspat wirkt zugleich als Reinigungsmittel durch Beseitigung eines Teiles des Schwefelgehaltes; eine Fluoritschlacke vermag durchschnittlich $0,5^0/_0$ mehr schweflige Säure aufzunehmen als eine Kalkschlacke. Außerdem dürfte die wiederholt festgestellte Schwefel-
verminderung auf einer Verflüchtigung von Schwefel in Verbindung mit Fluor beruhen[1]).

In der Verbindung der reinigenden Wirkung und der Fähigkeit, Silizium und Mangan
vor dem Verbrennen zu schützen, liegt ein Hauptvorteil des Flußspates, denn dadurch
wird es möglich, verhältnismäßig mehr Brucheisen oder sonstiges minderwertiges Eisen
zu setzen.

Eine Folge der größeren Dünnflüssigkeit der Flußspatschlacke ist auch die insbesondere bei Vorherdöfen festgestellte Erhöhung der Wärme des flüssigen Eisens um
etwa 20^0. Eine völlig schlüssige Erklärung hierfür steht noch aus, doch ist die Annahme
nicht unwahrscheinlich, daß die im Vorherde bis zum Abschlacken stetig stärker werdende
Schlackendecke bei zäher Beschaffenheit den Durchgang des fließenden Eisens verzögert und abkühlend auf dasselbe wirkt, während eine dünnflüssige Schlacke dem
ungehemmter durchdringenden Eisen seine ursprüngliche Ofenwärme beläßt. Für diese
Annahme spricht weiter die Erfahrung, daß auch beim Arbeiten mit reiner Kalkschlacke
das unmittelbar nach einem Schlackabstiche fließende Eisen heißer erscheint als vorher.

Mit Flußspatzusatz erschmolzene Schlacken werden wesentlich härter als reine Kalk-
zusatzschlacken und eignen sich darum besser als diese zur Herstellung von Schlacken-
steinen, von Schlackensand und von Stampfbetonmasse. Die Schlacke kann für diese
Zwecke sowohl auf trockenem als auch auf nassem Wege granuliert werden.

Bei Bemessung der Zuschlagsmenge ist Vorsicht am Platze. Ein zu großer Zusatz
greift nicht nur das Mauerwerk sehr stark an, er bewirkt auch eine Verdickung der
Schlacke mit allen damit zusammenhängenden üblen Folgen. Bei ausschließlicher

---

[1]) Um dies nachzuweisen, wurde in eine leere Pfanne von 1000 kg Fassungsvermögen eine
Schaufel voll erbsengroß gemahlenen Flußspats gegeben, und die Pfanne darüber mit Eisen gefüllt. Hierbei und noch mehr beim folgenden Abschlacken wurde ein auffallend starker Schwefelgeruch bemerkbar. Analysen ergaben schon bei diesem der Menge nach geringen und nur 2—3
Minuten wirkenden Zusatz eine Schwefelabnahme von $0,02^0/_0$.

Verwendung von Flußspat darf eine Zuschlagsmenge von 3% des Eisengewichtes nicht überschritten werden. Die besten Wirkungen werden durchschnittlich mit einem Gemenge von zwei Gewichtsteilen Kalk und einem Gewichtsteil Flußspat auf 100 Gewichtsteile Eisen erzielt. Enthält der Koks mehr als 13% Asche, so geht man auf insgesamt etwa $3,5\%$, in besonders ungünstig liegenden Fällen (höchster Aschegehalt des Kokses, sehr stark sandiges Roh-, Alt- und Abfalleisen) wohl selbst bis auf 4% des Kalk-Flußspatgemenges (2 : 1) hinauf. Stets hat man auf richtige und gewissenhafte Verteilung des Zuschlages zu achten, d. h. einen etwa 20 cm breiten Ring des Schachtquerschnittes beim Setzen zuverlässig frei vom Zuschlage zu halten.

Die Gefährlichkeit der Schlacke für das Ofenmauerwerk wächst mit dem sinkenden Kieselsäuregehalt desselben. Rein basische Steine würden wohl sehr rasch und gründlich unter der Wirkung flußsäurehaltiger Schlacke zerstört werden. Solche Steine kommen aber ihrer Kostspieligkeit wegen heute für den Kuppelofen kaum mehr in Betracht. Kuppelofen-Schamottesteine enthalten meist etwa $50-60\%$ Kieselsäure, und solchen Steinen ist eine der Menge und Zusammensetzung nach richtig bemessene Fluor-Kalzium-Schlacke nur wenig gefährlich.

Flußspat kostet heute etwa das zwölffache von gutem Kalkstein. Da aber bei Flußspatzusatz in den angegebenen Mischungsverhältnissen gegenüber reinem Kalksteinzuschlage nur etwa die halbe Gesamtzuschlagsmenge in Frage kommt, erhöht sich die Auslage nur auf ungefähr das dreifache.

Literatur.

a) Einzelne Werke.

Ledebur, A.: Handbuch der Eisen- und Stahlgießerei. 3. Aufl. Leipzig 1901.
Osann, B.: Lehrbuch der Eisen- und Stahlgießerei. 5. Aufl. Leipzig 1922.
Irresberger, C.: Kuppelofenbetrieb. Berlin 1923.

b) Abhandlungen.

Osann, B.: Die Anwendung des Flußspates im Gießereibetriebe. Gieß.-Zg. 1922, S. 254 u. f.
Apfelböck, M.: Die Verwendung des Flußspates in Eisengießereien. Gieß. 1922, S. 265.
Zerzog, L.: Über die Verwendung des Flußspates im Gießereibetriebe. Gieß. 1922, S. 267.
Desgraz, A.: Schnelluntersuchung von Kalkstein, Dolomit und ähnlichen Gesteinen. Gieß.-Zg. 1922, S. 712.
Aulich, P.: Über Zuschläge im Kuppelofenbetriebe und über ein Schnellprüfverfahren von Kalkstein. Gieß. 1923, S. 367.

XX. Chemische Untersuchungen der Rohstoffe und Fertigerzeugnisse der Gießereibetriebe.

Von

Dr.-Ing. M. Philips und Dr.-Ing. A. Stadeler.

Allgemeines.

Im Laufe der letzten Jahre hat die Erkenntnis, ein wie wertvolles Hilfsmittel die chemische Analyse für die Gießereibetriebe darstellt, in immer weiteren Kreisen Eingang gefunden. Ihre Bedeutung liegt nicht allein darin, daß sie ein untrügliches Mittel an die Hand gibt, alle Rohstoffe, insbesondere das Gießereiroheisen, auf ihren Wert, bzw. die gewünschte Zusammensetzung zu prüfen und danach z. B. die Gattierung im Kuppelofen zusammenzustellen, sondern sie leistet auch wichtige Dienste als Hilfsmittel, um den Verlauf der Schmelzverfahren und die Beschaffenheit der fertigen Gußwaren nachzuprüfen. Zu diesem Zwecke verfügen die größeren Gießereien fast alle über eigene Untersuchungsanstalten, die entsprechend ihrem kleineren Arbeitsfeld auch von geringerem Umfange sein können und daher nur verhältnismäßig niedrige Anlage- und Betriebskosten erfordern. Es würde nun zu weit führen, an dieser Stelle alle die verschiedenen Verfahren zur Untersuchung der im Gießereiwesen verwendeten Stoffe und zur Bestimmung einzelner in ihnen enthaltener Körper anzuführen; hierzu muß auf die analytischen Handbücher, besonders auf die für das Eisenhüttenlaboratorium bestimmten verwiesen werden [1]. Lediglich sollen im folgenden, um dem im Gießereilaboratorium tätigen Chemiker die Arbeit zu erleichtern, aus den für die Ausführung der Analysen zahlreich vorgeschlagenen Verfahren diejenigen angegeben werden, welche sich auf Grund langjähriger Erfahrungen als zuverlässig und praktisch brauchbar erwiesen haben. Hierbei sollen die zur Ausführung einer chemischen Untersuchung erforderlichen Einzelarbeiten und die Kenntnis der üblichen Apparate als bekannt vorausgesetzt werden, so daß die folgende Zusammenstellung sich darauf beschränken kann, die verschiedenen Verfahren unter genauer Angabe der dabei verwendeten Lösungen in kurzen Umrissen anzugeben. Von einer Wiedergabe der zur qualitativen Prüfung bestimmten Verfahren kann an dieser Stelle abgesehen werden, da es sich im Gießereilaboratorium vorzugsweise darum handelt, die Menge eines oder mehrerer Bestandteile festzustellen.

---

[1] Nachstehend ist eine Auswahl solcher Laboratoriumsbücher zusammengestellt:

Bauer, O. und E. Deiß: Probenahme und Analyse von Eisen und Stahl. Hand- und Hilfsbuch für Eisenhüttenlaboratorien. 2. Aufl. Berlin: Julius Springer 1922.

Ledebur, A.: Leitfaden für Eisenhüttenlaboratorien. 11. Aufl., neu bearbeitet von H. Kinder und A. Stadeler. Braunschweig: Friedrich Vieweg & Sohn, A.-G. 1922.

Vita, A. und C. Massenez: Chemische Untersuchungsmethoden für Eisenhütten und deren Nebenbetriebe. Eine Sammlung praktisch erprobter Arbeitsverfahren. 2. neubearb. Aufl. von Ing.-Chemiker Albert Vita. Berlin: Julius Springer 1922.

Krug, C.: Die Praxis des Eisenhüttenchemikers. Anleitung zur chemischen Untersuchung des Eisens und der Eisenerze. Berlin: Julius Springer 1912.

Hinrichsen, F. W. und S. Taczak: Die Chemie der Kohle. 3. Aufl. von Muck: „Die Chemie der Steinkohle". Leipzig: Wilhelm Engelmann 1916.

Hempel, W.: Gasanalytische Methoden. 4., neubearb. Aufl. Braunschweig: Friedr. Vieweg & Sohn 1913.

Probenahme.

Es erübrigt sich zu betonen, daß die Analyse nur dann zuverlässige und praktisch verwertbare Ergebnisse liefern kann, wenn die dazu benutzte Probe einen richtigen Durchschnitt der zu untersuchenden Stoffe darstellt. Eine solche genaue Durchschnittsprobe herzustellen, ist eine nicht leichte Aufgabe, weshalb der Probenahme die größte Aufmerksamkeit und Sorgfalt gewidmet werden muß. Am schwierigsten gestaltet sich eine richtige Probenahme bei grobstückigen Stoffen, z. B. bei Kohlen, Koks, Kalksteinen, Schamotte u. dgl., die gewöhnlich auf dem Eisenbahnwege den Gießereien zugeführt werden. Man findet hier immer neben den gröberen Stücken auch mehr oder weniger fein zerriebenes Material, das oft Unterschiede gegenüber den Stücken in der chemischen Zusammensetzung aufweist und von dem daher eine bestimmte Menge in entsprechendem Verhältnis zu den groben Stücken zur Durchschnittsprobe entnommen werden muß. Am besten führt man die Probenahme während des Abladens aus dem Eisenbahnwagen aus; von bereits zu Haufen abgeladenen Stoffen sollte man eine Durchschnittsprobe möglichst nicht ziehen, weil hier eine richtige Probenahme durch die Entmischung, die beim Aufhäufen durch das Vorrollen der größeren Stücke immer vor sich geht, und durch die dabei nicht zu vermeidende Änderung des Feuchtigkeitsgehaltes kaum durchzuführen ist. Die Probenahme erfolgt entweder in der Weise, daß man beim Abladen jede 10., 20. oder 30. Schaufel in einen besonderen Sammelbehälter wirft, oder dadurch, daß man den Eisenbahnwagen von oben aus bis zur Hälfte entleert und nun an den verschiedensten Stellen der Oberfläche mit einer Schaufel Proben entnimmt. Man kann auch in der Weise vorgehen, daß man nach dem Öffnen der Seitentüren des Wagens einige Tonnen entladet und nun aus dem Querschlag an den verschiedenen Stellen gleichmäßig die Proben zieht. Das auf diese Weise genommene Durchschnittsmuster, dessen Größe sich nach der Menge des Probegutes richtet, wird zuerst grob zerkleinert, auf einer ebenen, gewöhnlich aus harten eisernen Platten gebildeten Unterlage durch Umschaufeln gut durchgemengt und das Ganze zu einem kegelförmigen Haufen aufgeworfen, wobei jede Schaufel über die Spitze des Kegels entleert wird. Der kegelförmige Haufen wird dann von der Spitze aus nach allen Seiten gleichmäßig flach ausgebreitet und durch Ziehen von zwei aufeinander senkrecht stehenden Linien in vier Quadranten geteilt. Von diesen entfernt man zwei gegenüberliegende Teile, zerkleinert den Rest weiter, mischt durch, verjüngt die Probe nochmals in gleicher Weise und wiederholt das ganze Verfahren noch ein- oder zweimal, bis nur noch eine Probe von $1/2$—1 kg von etwa Erbsengröße zurückbleibt. Soll eine Feuchtigkeitsbestimmung in dem Probegut vorgenommen werden, so entnimmt man vorteilhafterweise aus diesem Muster die Probe. Sonst wird das Muster weiter zerkleinert, bis alles durch ein grobes Sieb fällt, und durch Wiederholung der Teilung bis auf eine Menge von etwa 300—400 g verringert, die dann so weit zerkleinert werden, daß das Ganze durch ein Sieb von 100 Maschen auf das Quadratzentimeter vollständig hindurchgeht. Hierbei ist zu beachten, daß der jeweilige Siebrückstand nicht verworfen werden darf, sondern immer weiter bis zur Maschengröße zerkleinert werden muß, da seine chemische Zusammensetzung sehr häufig von der des ersten Siebdurchfalls verschieden ist. Bei einem Material, das auf Grund einer chemischen Analyse eingekauft worden ist, bei dem also ein niedrigster oder höchster Gehalt eines Bestandteiles gewährleistet wird, verteilt man die fertig vorbereitete und dann gut durchgemischte Probe auf drei Probeschachteln, von denen je eine dem Käufer und dem Verkäufer zur Vornahme der betreffenden Untersuchungen zur Verfügung gestellt wird, während die dritte Probe von beiden Parteien versiegelt wird, um im Falle einer Nichtübereinstimmung des gefundenen Gehaltes von einem Schiedschemiker untersucht zu werden, dessen Befund dann als maßgebend anzusehen ist. Vor der Analyse wird die Probe noch in einem Achatmörser bis zur Mahlfeinheit zerrieben und dann in einem Trockenkasten längere Zeit bis zur Gewichtskonstanz auf 105° C. erhitzt; bei hygroskopischen Stoffen, die während des Einwiegens Feuchtigkeit aus der Luft aufnehmen würden, wägt man besser die lufttrockenen Proben ein und nimmt nebenher eine Feuchtigkeitsbestimmung vor.

Bei feinkörnigen Stoffen, z. B. Formsand, Kohlenstaubpulver, Ton u. dgl., gestaltet sich die Probenahme entsprechend einfacher. Man entnimmt hier in der oben beschriebenen Weise beim Entladen des Wagens mit einer Schaufel oder besser einem kleinen Spaten die verschiedenen Proben, sammelt diese in einem Behälter, mischt das gesammelte Probegut, da eine vorhergehende Zerkleinerung sich hier erübrigt, auf einer glatten, sauberen Unterlage, verjüngt, mischt die zerkleinerte Probe weiter, verjüngt nochmals und wiederholt das gleiche Verfahren wie oben, bis die gewünschte Probemenge von der erforderlichen Feinheit zurückbleibt.

Bei Stoffen, die in Kisten oder Fässern angeliefert werden, wie Eisenlegierungen, Graphit usw., nimmt man aus ungefähr der Hälfte der Fässer (die restlichen Fässer sind ungeöffnet für eine Schiedsprobe stehen zu lassen) von oben, von unten und aus der Mitte je eine Probe, sammelt das auf diese Weise genommene Probegut und verarbeitet die Sammelprobe wie bei grobstückigen Stoffen. Die Zerkleinerung der weniger harten Stoffe kann hierbei in der üblichen Weise auf einer Eisenplatte erfolgen, während die harten und zugleich spröden Eisenlegierungen im Stahlmörser zerkleinert werden. Da letztere Legierungen sich bei der Analyse sehr schwer auflösen, muß das Ganze in dem Mörser bis auf Staubfeinheit zerkleinert werden. In ähnlicher Weise verfährt man mit Schlacken, bei denen man sich aber mit einer Sammelprobe von geringerem Umfange begnügen kann, da die Unterschiede in der chemischen Zusammensetzung der verschiedenen Stücke nicht so groß sind. Bei feuerfesten Steinen und ähnlichen stückförmigen Stoffen wählt man beim Abladen eine bestimmte Anzahl aus, schlägt bei jedem Stein mehrere Stücke vom Rande sowie aus dem mittleren Kern ab und behandelt die so gesammelten Probestücke wie oben.

Zur Probenahme von Gießereiroheisen sucht man aus einer Wagenladung, die gewöhnlich 10 oder 15 t enthält, 8—10 Masseln aus, reinigt sie mit einer Stahldrahtbürste so weit wie möglich von dem anhaftenden Sande und zerschlägt sie, um aus der frischen Bruchfläche die Proben mit Hilfe einer Bohrmaschine in Form von Bohrspänen zu entnehmen. Man arbeitet hierbei natürlich trocken, und zwar am besten mit einem stumpfen Bohrer, um möglichst kleine Bohrspäne zu erhalten, die sich bei der nachfolgenden Untersuchung sehr rasch auflösen. Die Späne werden auf einem unter oder neben dem Probestück gelegten Glanzpapierbogen gesammelt, wobei man dafür Sorge tragen muß, daß keine Teile von Sand oder von der Gußhaut mit in die Probe gelangen. Weiterhin ist bei der Anbohrung der Masseln darauf Rücksicht zu nehmen, daß die chemische Zusammensetzung des Stückes an den verschiedenen Stellen des Querschnittes nicht die gleiche ist. Bei der Erstarrung von flüssigem Eisen treten immer mehr oder minder große Seigerungserscheinungen auf, wodurch eine Anreicherung der Verunreinigungen, besonders des Phosphors und Schwefels, nach der Mitte des Stückes zu stattfindet; ferner ist auch entsprechend der schnelleren Abkühlung der äußeren Teile eines Gußstückes in dem Kern immer ein größerer Teil des Kohlenstoffs als Graphit enthalten als in der Randzone. Man muß daher die Proben gleichmäßig von dem ganzen Querschnitt der Masseln nehmen und bohrt diese daher an verschiedenen Stellen zwischen Rand und Mitte an. Die auf diese Weise von jeder Massel genommenen Bohrspäne werden auf einem Bogen Glanzpapier für sich sorgfältig gemischt, und darauf die bei allen 8 oder 10 Masseln erhaltenen Proben zu einer Gesamtprobe, die jetzt den Durchschnitt der ganzen Wagenlieferung darstellt, vereinigt. Dieses geschieht am zuverlässigsten in der Weise, daß man von jeder Masselprobe eine bestimmte Menge, etwa 10—20 g abwiegt, und die einzelnen abgewogenen Proben dann auf das genaueste durchmischt. Diese Mischung muß sehr sorgfältig und vorsichtig vorgenommen werden, weil der spezifisch leichte, blätterige Graphit sich stets teilweise von den schweren Eisenteilchen ablöst und das Bestreben hat, sich beim Mischen in den oberen Teilen anzusammeln. Aus diesem Grunde ist auch ein Mischen der Späne durch Umschütteln in einer Flasche oder Schachtel unbedingt zu verwerfen, sondern kann nur durch vorsichtiges Durchschaufeln auf einem glatten Papierbogen mit Hilfe eines kleinen Löffels oder Spatels in befriedigender Weise erfolgen. Für die Einwage ist es zweckmäßig, aus dieser so erhaltenen Probe mit dem Magneten herausgezogene Späne zu verwenden. Man geht dann einigermaßen sicher, einerseits kein Sandkorn einzuwiegen, andererseits kein entmischtes Material zu analysieren.

Weißes und halbiertes Roheisen läßt sich am leichtesten durch Zerstoßen in einem Mörser oder Roheisenstampfer aus hartem Tiegelstahl zerkleinern.

Die Probenahme von Schmiedeisen und Stahl erfolgt in ähnlicher Weise und unter den gleichen Vorsichtsmaßregeln wie bei Gießereieisen mittels Anbohrens. Nur zieht man es hier vor, da bei dem zähen Material eine Bruchfläche schwer zu erhalten ist, das zu untersuchende Stück von außen anzubohren, nachdem der anhaftende Glühspan durch Abschleifen auf einer Schmirgelscheibe entfernt worden ist. Da auch hier die chemische Zusammensetzung innerhalb des ganzen Querschnittes oft verschieden ist, durchbohrt man am besten das ganze Stück bei geringem Bohrervorschub, um möglichst kleine und dünne Späne zu erhalten und mischt die Späne so gut wie möglich durcheinander. Bei größeren Stücken, z. B. Knüppel, Schienen, Walzenden usw., wie sie als Stahlzusatz beim Kuppelofenschmelzen benutzt werden, kommt man oft rascher zum Ziel, wenn man die Stücke auf einer Hobel- oder Shapingbank einspannt und den ganzen Querschnitt abhobelt oder bei nicht glattem Schnitt an einer Stelle mit dem Stoßmeißel durchsticht. Wenn ein gehärteter Stahl vorliegt, der durch Bohrer und Meißel nicht angegriffen wird, so bearbeitet man das Stück mit einer reinen Feile und benutzt die fallenden Feilspäne zur Untersuchung. Es muß jedoch darauf geachtet werden, daß die Feile vollkommen sauber und von etwa anhaftendem Fett durch Abwaschen mit einem Alkohol-Äther-Gemisch gereinigt ist; erforderlichenfalls verwirft man die zuerst fallenden Späne. Besser ist es jedoch, den gehärteten Stahl wenn möglich im Stahlmörser zu zerkleinern, da man bei Verwendung einer Feile nie sicher ist, daß nicht Zähne von der Feile abspringen und so die Probe verunreinigen könnten. Den Stahl in einem solchen Falle durch Ausglühen weicher zu machen, verbietet sich dadurch, daß durch das Ausglühen eine Änderung der Kohlenstofformen, unter Umständen auch eine Verminderung des Kohlenstoffgehaltes durch Verbrennen vor sich gehen kann. Ist ein Ausglühen nicht zu umgehen, so muß dies jedenfalls bei möglichstem Abschluß der Luft bewirkt werden, z. B. in geschmolzenem Blei.

Die in der Metallgießerei verwendeten Metalle und Legierungen werden gewöhnlich in Form von Barren oder Platten angeliefert. Man entfernt bei diesen zunächst mit einer Feile die den Außenflächen anhaftende Oxydhaut, bis überall die blanke Metallfläche zutage tritt, und bohrt mit einem dünnen Bohrer die Stücke an den verschiedensten Stellen, sowohl in der Mitte als auch an den Kanten, an; die so erhaltenen Späne werden gut miteinander vermischt, wobei man vorher, um das Mischen zu erleichtern, die größeren Späne mit einer Schere noch etwas zerteilt. Einige Legierungen, namentlich die Weißmetalle und die Antimonlegierungen, zeigen außerordentlich starke Seigerungserscheinungen, die der Entnahme einer genauen Durchschnittsprobe sehr große Schwierigkeiten bieten. Die Stücke müssen daher an mehreren Stellen mit einem dünnen Bohrer vollständig durchbohrt und die Späne dann aufs sorgfältigste gemischt werden. Die bei der Zerkleinerung der Proben in das Muster geratenen Eisenteilchen können durch Ausziehen mit einem Magneten leicht entfernt werden.

Über die Probenahme von Gasen werden bei der Besprechung der Gasanalyse kurze Mitteilungen gemacht werden.

Chemische Untersuchungen.

Roheisen und schmiedbares Eisen.

Bestimmung des Kohlenstoffs in Eisen.

a) Bestimmung des Gesamtkohlenstoffgehaltes.

1. **Gewichtsanalytische Bestimmung nach dem Chrom-Schwefelsäure-Verfahren.** Die Verbrennung des Kohlenstoffs zu Kohlensäure erfolgt durch zweistündiges Kochen der Probe in einer siedenden Lösung von Chromsäure und Schwefelsäure und Auffangen der gebildeten Kohlensäure in Natronkalk; die bei dem Lösen der Probe teilweise entstehenden Kohlenwasserstoffe werden mittels Durchleiten der Lösungsgase

durch eine erhitzte Platinspirale oder durch ein glühendes, mit Kupferoxyd oder Platinasbest gefülltes Glas- bzw. Porzellanrohr vollständig zu Kohlensäure verbrannt. Bei
Verwendung von Kupfersulfatlösung zu dem lösenden Säuregemisch kann diese Platinspirale bzw. Glas- oder Porzellanrohr entbehrt werden. Als Kochkolben sind verschiedene
Arten in Anwendung, von denen der von Wüst angegebene Kolben sehr empfehlenswert
ist. Der zur Kohlenstoffbestimmung benutzte Apparat setzt sich der Reihe nach zusammen aus einer mit Kalilauge beschickten Waschflasche oder einem gefüllten Natron-
kalkturm, um dem durch den ganzen Apparat gedrückten oder gesaugten Luftstrom
die Kohlensäure zu entziehen, dem mit einem Kühler versehenen Kochkolben, dem
zur Zerstörung der Kohlenwasserstoffe dienenden Platinrohr oder mit Kupferoxyd oder
Platinasbest gefüllten Glasrohr, einer mit Schwefelsäure gefüllten Waschflasche zum
Trocknen der Gase, zwei Natronkalkröhrchen, von denen das letzte oberhalb des Natron-
kalkes noch mit etwas Phosphorpentoxyd gefüllt ist, um das bei der Kohlensäureauf-
nahme gebildete Wasser zurückzuhalten, und schließlich aus einer mit Schwefelsäure
gefüllten Waschflasche.

Nachdem man in den Kochkolben 25 ccm einer Chromsäurelösung, enthaltend
180 g kristallisierte Chromsäure in 100 ccm Wasser, die zur Zerstörung etwa enthaltener
organischer Verunreinigungen vorher unter Zusatz einiger Tropfen Schwefelsäure $^1/_2$ Stunde

Abb. 280. Elektrisch geheizter Röhrenofen.

lang gekocht war, eingefüllt und darauf 300 ccm Schwefelsäure (1:1), bzw. bei Verwendung von Kupfersulfatlösung: 20 ccm Chromsäurelösung, 150 ccm Kupfersulfatlösung
(200 g kristallisiertes Salz in 1000 ccm Wasser) und 200 ccm Schwefelsäure (1:1), zugegeben
hat, saugt oder drückt man einige Liter kohlensäurefreier Luft durch den Apparat und
bringt im ersteren Falle das zur Zersetzung der Kohlenwasserstoffe dienende Rohr allmählich auf dunkle Rotglut. Man schaltet erst jetzt die gewogenen Natronkalkröhrchen
ein, gibt nach Abnehmen des Kühlers in einem Glaseimerchen oder durch einen breiten
Glastrichter von Roheisen 1 g, von Schmiedeisen und Stahl 3 g in den Kolben und bringt
die Lösung nach Wiedereinhängen und Ingangsetzen des Kühlers vorsichtig und unter
häufigem Umschütteln zum Sieden. Die Lösung wird unter beständigem Durchleiten
eines langsamen Luftstroms dann 2 Stunden lang im Sieden erhalten, worauf die Verbrennung beendet ist. Man nimmt nun die Natronkalkröhren ab und wägt sie nach vorsichtigem Abwischen mit einem weichen Lederlappen. Multipliziert man die gefundene
Gewichtszunahme mit 0,2727, so ergibt sich die enthaltene Menge Kohlenstoff.

2. Gewichtsanalytische Bestimmung nach dem Sauerstoff-Verfahren.
Bei diesem Verfahren erfolgt die Verbrennung des Kohlenstoffs zu Kohlensäure, gleichzeitig mit der Oxydation des Eisens, durch Erhitzen der Späne in einem Sauerstoffstrom.
Man wägt 1 g der fein verteilten Eisenspäne in einem Schiffchen aus feuerfestem Ton,
das sich im Laboratorium selbst billig herstellen läßt, ein und schiebt das Ganze in das
Porzellanrohr eines einfachen elektrisch geheizten Röhrenofens (Abb. 280), durch das ein
langsamer Sauerstoffstrom hindurchgeht. Letzterer wird vorher mittels Durchleiten durch
eine mit konzentrierter Schwefelsäure und eine mit Kalilauge gefüllte Waschflasche

gereinigt. Aus dem Glührohre strömen die Verbrennungsgase zwecks Trocknens durch eine Schwefelsäurevorlage und darauf zur Absorption der Kohlensäure durch zwei Natronkalkröhren, an die sich noch eine Schwefelsäurevorlage anschließt. Zweckmäßig erhitzt man den Ofen schon vor dem Einsetzen des gefüllten Schiffchens auf etwa 900° C., worauf die Verbrennung sofort beginnt; man verstärkt dann etwas die Zufuhr von Sauerstoff, der jetzt zur Oxydation des Kohlenstoffs und Eisens verbraucht wird, und steigert die Ofentemperatur durch Widerstandausschalten allmählich auf 1000—1100° C. Nach wenigen Minuten ist die Verbrennung des Kohlenstoffs vollständig beendet, was sich an dem dann einsetzenden rascheren Durchströmen des Sauerstoffs zu erkennen gibt; man leitet nun noch den Sauerstoffstrom 5—10 Minuten zum Hinübertreiben der Kohlensäure durch den Apparat, worauf die Natronkalkröhren ausgeschaltet und gewogen werden. Die Berechnung aus der Gewichtszunahme erfolgt wie oben.

Dieses Verfahren, das in etwa $^1/_2$ Stunde gut durchgeführt werden kann, verbindet mit seiner raschen Durchführbarkeit eine große Genauigkeit, so daß es sich zur Kohlenstoffbestimmung im Roheisen und in allen Stahlsorten sehr empfiehlt. Namentlich eignet es sich zur Untersuchung von Eisenlegierungen, die in dem obigen Gemisch von Chromsäure und Schwefelsäure nicht löslich sind und daher früher erst durch Erhitzen in einem Chlorstrome mühsam aufgeschlossen werden mußten. Einige Legierungen, z. B. hochgekohltes Ferrochrom, lassen sich schwieriger vollständig verbrennen; man mischt sie deshalb mit einer gewogenen Menge Bleisuperoxyd oder Kupferoxyd, wobei durch einen blinden Versuch festgestellt wird, welcher Abzug für einen etwaigen Kohlenstoff- oder Kohlensäuregehalt des Zuschlags zu machen ist.

3. Gasanalytische Bestimmung nach den Sauerstoffverfahren. In gleicher Weise und in der gleichen Apparatur wie bei dem unter 2. aufgeführten Verfahren wird Sauerstoff über die hocherhitzte Probe geleitet und das Eisen und die in ihm enthaltenen Stoffe verbrannt. Die gasförmig entweichende Kohlensäure wird jedoch, anstatt wie vorher in Natronkalk gewichtsanalytisch, in einem eigens hierzu gebauten Gasuntersuchungsapparat gesammelt und gasanalytisch bestimmt. Nach diesem Verfahren lassen sich genau Kohlenstoffbestimmungen in 3—4 Minuten ausführen.

Die Apparatur ist dieselbe wie bei der unter 2. aufgeführten gewichtsanalytischen Bestimmung nach dem Sauerstoffverfahren, nur wird statt der Natronkalkröhrchen der erwähnte Gasuntersuchungsapparat eingeschaltet. Die Einwage beträgt bei Eisen unter 0,5% Kohlenstoff 2 g, über 0,5% Kohlenstoff 1 g, über 1,5% Kohlenstoff 0,5 g und über 4% Kohlenstoff 0,2 g. Bei Ferrolegierungen ist gleichfalls ein Zuschlag erforderlich. Bei Ingebrauchnahme des Apparates leitet man zur Verdrängung der darin befindlichen Luft zuerst etwa 5 Minuten lang Sauerstoff hindurch, füllt die Bürette des Gasuntersuchungsapparates mit Wasser und bringt die Probe in den auf 1150—1200° gehaltenen Ofen. Die Verbrennungsgase treten nach Durchströmen eines Kühlers in die Bürette und werden auf ihre Kohlensäuremenge untersucht. Man stellt hierzu die Bürette auf den Nullpunkt einer anhängenden Skala ein und drückt das darin befindliche Gas durch die Absorptionsflüssigkeit. Das Gas holt man danach in die Bürette zurück; die entstandene Volumenverminderung ist gleich der bei der Verbrennung gebildeten Kohlensäure. Der Kohlenstoffgehalt der Probe kann in Prozenten unmittelbar an der anhängenden Skala abgelesen werden. Jedoch müssen die Zahlen je nach Temperatur und Barometerstand richtig gestellt werden, welche Korrekturen aus einer dem Apparat beigegebenen Zahlentafel entnommen werden können.

4. Kolorimetrische Bestimmung. Das kolorimetrische Verfahren kann nur zur Bestimmung des Kohlenstoffs im schmiedbaren Eisen angewandt werden, und zwar nur dann, wenn dieses in gewöhnlicher Weise abgekühlt, also nicht abgeschreckt worden war. Das Verfahren liefert aber dann gute, verläßliche Werte. Man löst 0,1—0,2 g Stahlspäne und zugleich dieselbe Menge eines Normalstahls, dessen Kohlenstoffgehalt durch Gewichtsanalyse genau festgestellt wurde, in je einem Meßröhrchen in 5 ccm reiner verdünnter Salpetersäure vom spezifischen Gewicht 1,18, kühlt die Röhrchen kurze Zeit zum Abschwächen der heftigen Reaktion durch Einstellen in kaltes Wasser und erhitzt sie darauf $^1/_4$ Stunde lang in einem kochenden Wasserbade, bis die zuerst ausgeschiedenen

braunen Flocken vollständig in Lösung gegangen sind. Anstatt des früher angewandten fünf Minuten langen Erhitzens im Paraffinbade arbeitet man viel vorteilhafter durch dieses viertelstündige bequemere Kochen im Wasserbade. Nach beendetem Lösen werden die Röhrchen in Wasser gekühlt, und darauf die Lösung des Normalstahls so weit verdünnt, daß 1 ccm der Lösung einem aliquoten Teil, gewöhnlich einem hundertstel Prozent Kohlenstoff entspricht. Man verdünnt nun vorsichtig die braune Lösung des zu untersuchenden Stahles, bis ihr Farbenton mit dem des Normalstahles genau übereinstimmt; aus der Anzahl Kubikzentimeter der aufgefüllten Lösung kann dann sofort der Kohlenstoffgehalt abgelesen werden. Da es sich empfiehlt, daß der Kohlenstoffgehalt des zu untersuchenden Stahls sich nicht zu weit von dem des Normalstahls entfernt, legt man sich mehrere Normalstähle von in bestimmtem Grade steigenden Kohlenstoffgehalten zu.

b) Bestimmung des Graphits und der Temperkohle.

Beim Lösen des Eisens in heißen Säuren bleiben beide Kohlenstofformen neben der Kieselsäure zurück; beide Kohlenstofformen lassen sich in einfacher Weise noch nicht nebeneinander bestimmen. Zur Bestimmung werden in einem Becherglase 1 g tiefgraues oder 3 g meliertes Roheisen in 25 ccm bzw. 75 ccm verdünnter Salpetersäure (spezifisches Gewicht 1,18) zuerst unter Abkühlen gelöst, und darauf die Lösung auf der Dampfplatte oder dem kochenden Wasserbade eine Stunde lang unter häufigem Umrühren erhitzt. Enthielt das Roheisen viel Silizium, so gibt man zur Zerstörung der entstandenen Kieselsäure geringe Mengen von Flußsäure zu. Nach Verdünnen der Lösung filtriert man den Rückstand auf einem Asbestfilter ab und wäscht das Filter mit kaltem Wasser eisenfrei bis zum Verschwinden der Rhodankaliumreaktion. Der auf dem Filter befindliche Kohlenstoff wird dann nach dem Chrom-Schwefelsäureverfahren oder nach vollständigem Trocknen bei 120° C. wie oben im Sauerstoffstrome verbrannt.

c) Bestimmung der Karbidkohle.

Das im Eisen enthaltene Eisenkarbid bleibt bei der Behandlung mit verdünnten, kalten Säuren unter Luftabschluß ungelöst zurück. In einem mit Bunsenventil verschlossenen kleinen Erlenmeyerkolben werden 1—3 g des sehr fein verteilten Eisens, am besten in Form von Feilspänen, in 30 bzw. 90 ccm stark verdünnter Schwefelsäure (1:10) in der Kälte gelöst, was unter Umständen mehrere Tage in Anspruch nehmen kann. Zum Fernhalten der Luft läßt man zweckmäßig einen schwachen Strom Wasserstoff- oder Leuchtgas durch den Kolben streichen. Nach beendetem Lösen wird der Rückstand, der auch etwa vorhandenen Graphit oder Temperkohle enthält, über Asbest abfiltriert, mit kaltem Wasser bis zum Verschwinden der Eisenreaktion mit rotem Blutlaugensalz ausgewaschen und schließlich wie bei b) nach dem Chrom-Schwefelsäure-Verfahren oder im Sauerstoffstrome verbrannt. Bei Anwesenheit von Graphit oder Temperkohle werden deren nach b) bestimmte Mengen von dem gefundenen Kohlenstoffgehalte abgezogen.

d) Bestimmung der Härtungskohle.

Der Gehalt an Härtungskohle ergibt sich aus der Differenz des Gesamtkohlenstoffgehaltes und der nach b) und c) gefundenen Mengen von Graphit bzw. Temperkohle und Karbidkohle.

Bestimmung des Siliziums.

2 g Roheisen oder 5 g Stahl werden in 60—70 ccm einer Mischung von verdünnter Schwefel- und Salpetersäure (1000 ccm konzentrierter Schwefelsäure + 250 ccm konzentrierter Salpetersäure + 3000 ccm Wasser) in einer Porzellanschale gelöst und auf dem Sand- oder Dampfbade so weit erhitzt, bis Schwefelsäuredämpfe zu entweichen beginnen. Nach dem Erkalten nimmt man den Rückstand mit verdünnter Salzsäure auf, erwärmt, bis alle Salze in Lösung gegangen sind, filtriert den Rückstand ab und wäscht mit heißer verdünnter Salzsäure (1:10) bis zum Verschwinden der Eisenreaktion aus. Das feuchte, den Rückstand enthaltende Filter wird im Platintiegel verascht und die Kieselsäure stark geglüht; das gefundene Gewicht × 0,4702 ergibt die Menge Silizium.

Erscheint die Kieselsäure nach dem Glühen nicht rein weiß, was gewöhnlich auf Verunreinigung durch Eisen zurückzuführen ist, so fügt man nach dem Anfeuchten mit einigen Tropfen konzentrierter Schwefelsäure geringe Mengen Flußsäure hinzu, raucht ab und bestimmt nach dem Glühen das Gewicht der verflüchtigten Kieselsäure.

Bestimmung des Mangans in Eisen.

1. **Permanganatverfahren nach Volhard-Wolff.** Man löst in einem Meßkolben von 500 ccm Inhalt 5 g Roheisen in 50 ccm verdünnter Salzsäure in der Wärme auf, verdünnt nach dem Abkühlen bis zur Marke, filtriert durch ein trockenes Filter in ein trockenes Becherglas und pipettiert aus dem Filtrate 100 ccm, entsprechend 1 g Einwage, in einen großen Erlenmeyerkolben von 1 l Inhalt ab. Nachdem man zu der Lösung etwa 1 g Kaliumchlorat, am besten in Tablettenform, zur Oxydation zugegeben hat, kocht man bis zum Verschwinden des Chlorgeruchs, verdünnt mit heißem Wasser auf etwa 500—600 ccm, erhitzt zum Sieden und gibt in Wasser aufgeschlämmtes Zinkoxyd, das vorher auf seine Unempfindlichkeit gegenüber Kaliumpermanganat untersucht worden war, in geringem Überschuß hinzu, was an der Ausscheidung des Eisenhydroxyds in großen hellbraunen Flocken leicht zu erkennen ist. Darauf wird die Lösung, ohne den Eisenniederschlag abzufiltrieren, nochmals zum Sieden erhitzt, und nun unter häufig m starken Umschütteln nach jedesmaligem Zusatz so lange mit einer Kaliumpermanganatlösung versetzt, bis in dem schräg gelegten Kolben die über dem abgesetzten Niederschlag befindliche Lösung schwach rosa gefärbt erscheint. Der Titer der Permanganatlösung wird unter den gleichen Bedingungen, unter denen die Titration selbst erfolgt, eingestellt, indem man damit eine Lösung von bekanntem Mangangehalte in der obigen Weise titriert. Am besten benutzt man dazu chemisch reines Kaliumpermanganat, das man nach Lösen in Wasser mit Salzsäure zersetzt und nach Wegkochen des Chlors wie oben titriert. Vorteilhaft stellt man die Permanganatlösung so ein, daß 1 ccm einem Gehalt des Eisens an 0,10% Mangan, auf 1 g Einwage bezogen, entspricht, so daß man aus dem Permanganatverbrauch sofort den Prozentgehalt ablesen kann.

Da die Zugabe der Permanganatlösung gegen den Schluß der Titration sehr vorsichtig und langsam erfolgen muß, so hat man an einigen Stellen in sehr empfehlenswerter Weise das Verfahren dadurch beschleunigt, daß man zunächst einen Überschuß von Kaliumpermanganat zugibt und diesen durch eine neutrale Lösung von Mangansulfat oder arseniger Säure dann zurücktitriert; letztere Lösung wird so eingestellt, daß 1 ccm von ihr genau 1 ccm der Permanganatlösung entspricht, so daß sich der wirkliche Permanganatverbrauch durch Abzug der zur Rücktitration erforderlichen Kubikzentimeter Mangansulfat- bzw. arsenige Säurelösung sofort ergibt.

Zur Manganbestimmung im **Stahl** löst man 1 g sofort in einem großen Erlenmeyerkolben in 20 ccm verdünnter Salzsäure auf, oxydiert mit 1 g Kaliumchlorat, fällt nach Wegkochen des Chlors und Verdünnen der Lösung auf etwa 600 ccm in der Siedehitze mit aufgeschlämmtem Zinkoxyd und verfährt weiter wie oben angegeben.

2. **Chloratverfahren nach Hampe.** 1—3 g Roheisen oder Stahl werden in einem kleinen Erlenmeyerkolben in 70 ccm verdünnter Salpetersäure (1:1) unter Erhitzen gelöst; die kochende Lösung wird darauf mit 10 g festem Kaliumchlorat versetzt und auf eine Flüssigkeitsmenge von etwa 25 ccm eingedampft, wobei das Mangan sich als Mangansuperoxyd ausscheidet. Nach einigem Abkühlen verdünnt man auf etwa 200 ccm, erwärmt, um die ausgeschiedenen Salze zu lösen, filtriert durch ein Glaswolle-Asbestfilter den Mangansuperoxydniederschlag ab und wäscht das Filter sorgfältig mit Wasser aus, dem man etwas Kaliumsulfat (1 g im Liter Wasser) zugesetzt hat. Man bringt darauf das Filter mit Niederschlag in den Kolben zurück, fügt 10—20 ccm abgemessene Oxalsäurelösung (25 g kristallisierte Oxalsäure + 2600 ccm Wasser + 400 ccm konzentrierte Schwefelsäure) und 10 ccm verdünnte Schwefelsäure (1:3) zum Lösen des Niederschlags hinzu, verdünnt mit etwa 100 ccm heißem Wasser und schüttelt gut um, bis das ganze Mangansuperoxyd vollständig gelöst ist. Nötigenfalls muß ein weiterer Zusatz abgemessener Oxalsäure zugefügt werden. Die überschüssige Oxalsäure wird mit einer

Kaliumpermanganatlösung zurücktitriert. Hierauf wird die gleiche Menge Oxalsäurelösung, wie zum Auflösen des Niederschlages angewandt, für sich mit derselben Permanganatlösung titriert. Die Differenz der bei beiden Titrationen verbrauchten Kubikzentimeter ergibt die von dem Mangannniederschlag verbrauchte Oxalsäuremenge und
mit dem Titer der Permanganatlösung auf Mangan multipliziert den Gehalt an Mangan.

3. Persulfatverfahren. Man löst 1—2 g Roheisen mit 30—40 ccm Salpetersäure
(spezifisches Gewicht 1,2) in einem 250 ccm-Meßkolben, erhitzt zur Vertreibung der
nitrosen Dämpfe, füllt bis zur Marke auf, pipettiert 25—50 ccm (= 0,2 g Einwage) ab
und gibt nochmals 5—10 ccm Salpetersäure (spezifisches Gewicht 1,2) zu. Das Mangan
wird dann nach Zusatz von 50 ccm Silbernitratlösung (1,7 g im Liter) durch 2 ccm
Ammonpersulfatlösung (500 g im Liter) und Erwärmen der Lösung auf 60° zu Übermangansäure oxydiert. Nach etwa 5 Minuten wird die Lösung abgekühlt, auf 120—130 cm
verdünnt, zur Unschädlichmachung des Silbernitrats mit 3 ccm Kochsalzlösung (12 g
Chlornatrium im Liter Wasser) versetzt und die gebildete Übermangansäure durch
Titration mit arseniger Säure (6,85 g Arsenigsäureanhydrid und 15 g Natriumbikarbonat
in 750 ccm Wasser) reduziert und bestimmt. Die Titerstellung der arsenigen Säure
wird empirisch mit einem Eisen bewirkt, dessen Mangangehalt durch eines der vorhergehenden Verfahren auf das genaueste bestimmt worden ist.

Bei der Untersuchung von Stahl werden sofort 0,2 g Späne in 15 ccm Salpetersäure
(spezifisches Gewicht 1,2) gelöst, bis zur Vertreibung der nitrosen Dämpfe erhitzt und
wie oben weiterbehandelt.

Das Volhard-Wolff- und Chloratverfahren zur Bestimmung des Mangans sind bezüglich Genauigkeit und rascher Durchführbarkeit gleichwertig. Bei der Untersuchung
des Gießereiroheisens pflegt man jedoch das Permanganatverfahren vorzuziehen, weil
bei dem Chloratverfahren die infolge des Siliziumgehaltes abgeschiedene größere Menge
Kieselsäure das Filtrieren des Mangannniederschlages sehr erschwert. Das Persulfatverfahren eignet sich besonders als Schnellmethode; für hochprozentige Mangangehalte
ist es weniger empfehlenswert, da die notwendig geringere Einwage zu Fehlern leicht
Anlaß gibt.

Bestimmung des Phosphors in Eisen.

1—4 g Roheisen je nach Sorte werden in 50—60 ccm verdünnter Salpetersäure
(1:1) unter Erwärmen gelöst, die Lösung mit etwa 1 ccm Flußsäure versetzt, kurze Zeit
aufgekocht und in einem Meßkolben auf 200 ccm aufgefüllt. Man filtriert durch ein
trockenes Filter, pipettiert vom Filtrat 100 ccm, entsprechend 0,5—2 g Einwage, in ein
Becherglas ab, erhitzt die Lösung, setzt zur vollständigen Oxydation des Phosphors
zu Phosphorsäure 10 ccm Kaliumpermanganatlösung (20 g in 1 l) hinzu und kocht. Der
gebildete Mangansuperoxydniederschlag wird durch Zugabe von 2 ccm Kaliumoxalatlösung
(250 g in 1 l) wieder gelöst, die klare Flüssigkeit zunächst mit 80 ccm Ammoniumnitrat-
lösung (200 g in 1 l) versetzt und darauf nach Erhitzen auf etwa 75° mit 50 ccm Molybdänlösung (Auflösen von 50 g Ammoniummolybdat in 200 ccm Ammoniak [vom spezifischen
Gewicht 0,96] und Eingießen in 750 ccm Salpetersäure [vom spezifischen Gewicht 1,2]),
die in den meisten Fällen ausreichend sind. Nachdem die Flüssigkeit kräftig geschüttelt
worden ist, läßt man sie $^1/_2$ Stunde an einem warmen Orte stehen, filtriert den ausgeschiedenen Phosphorniederschlag ab und wäscht ihn mit salpeterhaltigem Wasser
(5 g Kaliumnitrat in 1 l) eisenfrei aus.

Von Schmiedeisen und Stahl löst man 2 g in 50 ccm Salpetersäure (1: 1)
auf, setzt sofort, da hier eine Beseitigung der geringen Mengen Kieselsäure und ein Abfiltrieren wegen des Graphits unnötig ist, zur vollständigen Oxydation 10 ccm Kaliumpermanganatlösung hinzu und fährt weiter fort, wie oben angegeben.

Der auf dem Filter befindliche gelbe Phosphorniederschlag kann auf folgende Weisen
quantitativ bestimmt werden.

1. Der Niederschlag wird auf einem zuvor getrockneten und gewogenen Filter abfiltriert, bis zur Gewichtskonstanz bei 105° getrocknet und bestimmt. Der gelbe Niederschlag enthält 1,639°/₀ Phosphor.

2. Der Niederschlag wird im Porzellantiegel bei dunkler Rotglut, am besten in einer Muffel geglüht, bis er eine gleichmäßig blaugraue Farbe angenommen hat; die zurückbleibende Phosphorsäuremolybdänsäure von der Zusammensetzung 24 MoO_3 . P_2O_5 enthält dann 1,722% Phosphor.

3. Man löst den Niederschlag in verdünntem warmem Ammoniak (1 : 3) vom Filter herunter in das zur Fällung benutzte Becherglas und gibt 15 ccm Magnesiamischung (100 g Chlormagnesium + 200 g Chlorammonium + 800 ccm Wasser + 400 ccm Ammoniak vom spezifischen Gewicht 0,96) hinzu. Nach sechsstündigem Stehen (in der konzentrierten Lösung reicht diese Zeit zur vollständigen Fällung aus) wird der Niederschlag abfiltriert, mit ammoniakhaltigem Wasser ausgewaschen und dann bis zur Gewichtskonstanz geglüht. Das gewogene Magnesiumpyrophosphat enthält 27,84% Phosphor.

4. Der Niederschlag wird mit dem Filter in das zur Fällung benutzte Becherglas gegeben und in einer abgemessenen Menge einer genau eingestellten Natronlauge (rund 30 g Ätznatron in 1 l) gelöst. Der Überschuß der Natronlauge wird nach Zugabe eines Tropfens Phenolphtaleinlösung als Indikator mit einer der Natronlauge gleichwertigen Schwefel- oder Salpetersäure zurücktitriert. Die Natronlauge wird mit einem Eisen von bekanntem Phosphorgehalt eingestellt, und zwar so, daß sich der Phosphorgehalt aus der Anzahl der verbrauchten Kubikzentimeter durch leichte Teilung ergibt.

Bei arsenreichen Eisensorten löst man in einer Abdampfschale 2 g in 40 ccm Salpetersäure (spezifisches Gewicht 1,20), dampft scharf zur Trockne und nimmt den erhaltenen Rückstand mit 20 ccm Salzsäure (spezifisches Gewicht 1,19) auf, setzt 5 g Bromammonium hinzu und dampft wiederum ein. Das Arsen wird als Trichlorid verflüchtigt. Den erkalteten Rückstand löst man hierauf in Salzsäure, versetzt mit Ammoniak im Überschuß, löst den entstandenen Eisenhydroxydniederschlag mit Salpetersäure in geringem Überschuß und verfährt weiter wie bei der Phosphorbestimmung in gewöhnlichem Roheisen oder Stahl.

Von wolframhaltigen Eisensorten löst man in einer Abdampfschale 2 g in 40 ccm Königswasser, dampft ein, röstet, nimmt in Salzsäure auf und filtriert die abgeschiedene Kieselsäure und Wolframsäure ab. Das Filtrat wird salpetersauer gemacht und der Phosphor in bekannter Weise gefällt.

Von vanadinhaltigen Eisensorten löst man 2 g in 40 ccm Salpetersäure (spezifisches Gewicht 1,20), gibt einen Überschuß an Kaliumpermanganatlösung zu und kocht, bis das überschüssige Kaliumpermanganat zersetzt ist. Das ausgeschiedene Mangansuperoxyd bringt man mit Kaliumoxalat (s. oben) wieder in Lösung. Hierauf läßt man auf 20 ccm eindampfen, gibt 10 ccm einer 20%igen Natriumsulfitlösung zu, neutralisiert und bestimmt den Phosphor wie üblich.

Bei Gegenwart von Titan löst man in einer Abdampfschale 2 g der Probe in 40 ccm Salpetersäure (spezifisches Gewicht 1,20) und dampft fast zur Trockne. Den Rest dampft man im Platintiegel ein und schließt nach Zusatz von 10 g Natriumkarbonat auf. Die Schmelze löst man in Wasser auf und filtriert den Rückstand und damit die ganze Titansäure ab. Das den gesamten Phosphor enthaltende Filtrat wird nach dem Eindampfen mit Salzsäure filtriert und wie bekannt auf Phosphor untersucht.

Bei gleichzeitiger Anwesenheit von Wolfram, Vanadin oder Titan sind die vorstehend beschriebenen Arbeitsweisen entsprechend zu verbinden.

Bestimmung des Schwefels in Eisen.

5 g Roheisen oder Stahl werden in 50 ccm konzentrierter Salzsäure (spezifisches Gewicht 1,19) in einem Schwefelbestimmungskolben, von denen mehrere Arten mit mehr oder weniger geringen Abänderungen im Gebrauch sind, unter Erwärmen gelöst und die Lösungsgase zum Zurückhalten der übergehenden Salzsäuredämpfe durch eine mit etwas Wasser gefüllte Waschflasche und darauf zur Absorption des gebildeten Schwefelwasserstoffes in eine mit 50 ccm Zink-Kadmiumazetatlösung (100 g Zinkazetat + 25 g Kadmiumazetat + 4 l Wasser + 1 l konzentrierte Essigsäure) gefüllte Vorlage geleitet. Während des Versuchs wird ein schwacher Kohlensäure- oder Luftstrom durch den

ganzen Apparat geleitet. Der in der Vorlage entstandene Niederschlag von Kadmium-
sulfid kann nach zwei Verfahren, die gleich empfehlenswert sind, bestimmt werden.

1. Man setzt zu dem Inhalt der Vorlage etwa 5 ccm einer Kupfersulfatlösung (120 g
Kupfersulfat + 880 ccm Wasser + 120 ccm konzentrierter Schwefelsäure) hinzu, filtriert
nach einigem Umschütteln das gebildete Schwefelkupfer ab, wäscht mit kaltem Wasser
aus, glüht bei offenem Tiegel und wägt das gebildete Kupferoxyd. Gewicht × 0,4041 ergibt den Schwefelgehalt.

2. Man filtriert den Niederschlag auf einem Papier- oder Asbestfilter ab, bringt Filter
und Niederschlag nach dem Auswaschen mit Wasser in ein kleines Becherglas, setzt
aus einer Bürette Jodlösung (7,928 g doppelt sublimiertes Jod + 25 g Kaliumjodid auf
1 l Wasser) in geringem Überschuß nebst 50 ccm verdünnter Salzsäure (1 Volumen Säure
vom spezifischen Gewicht 1,2 und 1 Volumen Wasser) hinzu und titriert den Überschuß
an Jodlösung nach Zugabe von etwas Stärkelösung als Indikator mit einer der Jodlösung gleichwertigen Lösung von Natriumthiosulfat zurück. Die Jodlösung wird mit
einem Eisen von gewichtsanalytisch genau festgestelltem Schwefelgehalt eingestellt.
Die Natriumthiosulfatlösung bereitet man durch Auflösen von 15,526 g Natriumthiosulfat in 1 l Wasser, das zuvor durch Auskochen von Kohlensäure befreit worden ist;
die Lösung wird dann soweit verdünnt, daß ihr Titer genau der Jodlösung entspricht.

Bestimmung des Arsens in Eisen.

Man löst 10 g Roheisen oder Stahl in 120 ccm Salpetersäure (spezifisches Gewicht 1,2)
in einer Porzellanschale, dampft zur Trockne und erhitzt den Rückstand zur Verjagung
der überschüssigen Salpetersäure und Zerstörung der Nitrate auf einer glühenden Platte
mindestens 30 Minuten lang. Nach dem Abkühlen fügt man 80 ccm konzentrierte Salzsäure zu dem Rückstande, erwärmt längere Zeit unter Zusatz kleiner Mengen Kaliumchlorat und gibt das Ganze in den Kolben des Arsendestillationsapparates. Zu dem
Kolbeninhalt fügt man dann 75 ccm Salzsäure (spezifisches Gewicht 1,19) und 20 bis
30 ccm Eisenchlorürlösung (100 g auf 1 l) und destilliert bis auf etwa 20 ccm ab. In dem
mit Natriumbikarbonat übersättigten salzsauren Destillat bestimmt man das Arsen
maßanalytisch mit einer Jodlösung unter Verwendung von Stärke als Indikator. Die
Jodlösung bereitet man durch Auflösen von 3,387 g reinen sublimierten Jodes mit 10 g
Jodkalium in 50 ccm Wasser und Verdünnen auf 1 l Wasser. Eingestellt wird die Jodlösung am sichersten auf arsenige Säure, die im Liter 1,32 g arsenige Säure enthält. 1 ccm
dieser Lösung = 0,001 g As.

Bestimmung des Kupfers (Arsens) und Antimons in Eisen.

Die Bestimmung dieser drei Körper kann zweckmäßig in einer Probe miteinander
verbunden werden.

10 g Roheisen oder Stahl werden in einem großen Becherglase in 50 ccm verdünnter
Salzsäure unter Erwärmen gelöst; nach dem Lösen setzt man 20 ccm käufliches Wasser-
stoffsuperoxyd hinzu, kocht kurze Zeit auf, verdünnt auf 400—500 ccm, reduziert das
Eisen durch Zugabe eines Löffels von festem Natriumhypophosphit, läßt einige Minuten
kochen und leitet bis zum Erkalten Schwefelwasserstoff ein. Der Niederschlag wird abfiltriert, mit schwefelwasserstoffhaltigem Wasser ausgewaschen, mit dem Filter in ein
kleines Becherglas gebracht und dort längere Zeit in der Wärme mit einer konzentrierten
Natriumsulfidlösung digeriert. Nach Verdünnen mit heißem Wasser filtriert man ab,
wäscht zuerst mit schwefelnatriumhaltigem, dann mit reinem Wasser aus, glüht den
Filterrückstand stark im offenen Tiegel und wägt. Das mit geringen Mengen Kieselsäure und Eisenoxyd verunreinigte Kupferoxyd wird darauf aus dem Tiegel heraus in
verdünnter Salzsäure gelöst, und die Lösung, ohne zu filtrieren, mit Ammoniak im Überschuß versetzt; nach kurzem Aufkochen filtriert man Kieselsäure + Eisenoxyd ab,
wiederholt im Filtrate die Kupferfällung mit Schwefelwasserstoff, filtriert und glüht.
Das erhaltene reine Kupferoxyd × 0,799 ergibt den Kupfergehalt.

Die nach dem Digerieren des Schwefelwasserstoffniederschlages abfiltrierte Natriumsulfidlösung wird mit verdünnter Schwefelsäure in geringem Überschuß versetzt. Die

neben Schwefel ausgeschiedenen Sulfide werden abfiltriert, vom Filter in das Becher-glas zurückgespritzt und in Salzsäure unter Zusatz von etwas Kaliumchlorat gelöst; der hierbei etwa zurückbleibende Schwefel wird auf einem kleinen Filter abfiltriert. Nach Einengen versetzt man das Filtrat mit einer geringen Menge Weinsäure, darauf mit überschüssigem Ammoniak und schließlich mit 10 ccm der bei der Phosphorbestim-mung angegebenen Magnesiamischung. Der entstandene Niederschlag wird nach 24stün-digem Stehen abfiltriert, mit ammoniakalischem Wasser ausgewaschen, nach dem Trocknen vorsichtig bei allmählich gesteigerter Temperatur im Porzellantiegel geglüht und als Magnesiumpyroarsenat gewogen. Letzterer enthält 48,27% Arsen.

Soll auch noch das Antimon bestimmt werden, so säuert man die vom Arsennieder-schlag abfiltrierte ammoniakalische Lösung mit Salzsäure an, fällt in der Wärme mit Schwefelwasserstoff, filtriert den Niederschlag ab, wäscht mit schwefelwasserstoffhaltigem Wasser aus und spritzt ihn in einen großen gewogenen Porzellantiegel, wobei man die auf dem Filter verbleibenden Reste mit erwärmtem gelbem Schwefelammonium in den Tiegel hinein löst. Nach Eindampfen auf dem Wasserbade zur Trockne setzt man vor-sichtig 2—3 ccm rauchender Salpetersäure hinzu, dampft ein und glüht den Rückstand zu Antimondioxyd, das 78,95% Antimon enthält.

Ist auf Antimon keine Rücksicht zu nehmen, was wohl durchweg der Fall ist, und wird nur die Bestimmung von Kupfer und Arsen verlangt, so wird man durch die getrennte Bestimmung dieser beiden Grundstoffe in besonderen Einwagen viel schneller zum Ziele kommen.

Bestimmung des Chroms in Eisen.

Man löst 10 g Roheisen oder Stahl unter Erwärmen in einem Literkolben in 40 ccm konzentrierter Salzsäure + 75 ccm Wasser bei Luftabschluß (aufgesetztes Bunsenventil) und kocht nach beendetem Lösen kurz auf. Nach Erkalten wird die Lösung bis zur Hälfte des Kolbens verdünnt, mit festem Bariumkarbonat in geringem Überschuß versetzt und darauf bis zum Kolbenhalse mit kaltem Wasser aufgefüllt, worauf das Bunsen-ventil durch einen Gummistopfen ersetzt wird. Nach 24stündigem Stehen in der Kälte unter häufigem Umschütteln filtriert man den Niederschlag ab, wäscht einige Male aus, spritzt den Niederschlag vom Filter in ein Becherglas und löst ihn, ebenso wie die am Filter und im Kolben zurückgebliebenen Reste, in warmer Salzsäure. Die Lösung wird in der Siedehitze mit Ammoniak in geringem Überschuß versetzt, der chromhaltige Niederschlag abfiltriert, mit heißem Wasser ausgewaschen und nach dem Veraschen des Filters im Nickeltiegel geglüht. Man mischt den mittels eines Platinspatels zerdrückten Tiegelinhalt mit der zehnfachen Menge Natriumsuperoxyd, erhitzt mit einer kleinen Flamme bis zum beginnenden Schmelzen, laugt die Schmelze nach dem Erkalten mit warmem Wasser aus und kocht 20 Minuten lang heftig zur Zerstörung des gebildeten Wasserstoffsuperoxyds. Nach Ansäuern mit 50 ccm Schwefelsäure (1:1) verdünnt man die erkaltete Lösung in einem großen Becherglase auf etwa 1 l, setzt 25 ccm Ferrosulfat-lösung (100 g Ferrosulfat + 500 ccm konzentrierter Schwefelsäure + 1500 ccm Wasser) hinzu und titriert den Überschuß des Ferrosulfats mit einer Kaliumpermanganatlösung bis zur schwachen Rotfärbung zurück. Die gleiche Menge Ferrosulfatlösung wird in einer besonderen Probe unmittelbar mit Kaliumpermanganat titriert; die Differenz der bei beiden Titrationen verbrauchten Anzahl Kubikzentimeter, multipliziert mit dem Eisen-titer der Permanganatlösung, mal 0,310 ergibt die Menge Chrom.

Enthält das Eisen neben dem Chrom auch Vanadin, das bei obiger Arbeitsweise durch Kaliumpermanganat mittitriert würde, so ändert man das Verfahren in folgender Weise ab. Der Bariumkarbonatniederschlag wird nach kurzem Glühen (bei Roheisen bis zur vollständigen Verbrennung des beigemengten Graphits) mit einer Mischung von 10 Teilen Natriumkaliumkarbonat und 1 Teil Salpeter geschmolzen, die Schmelze mit heißem Wasser ausgelaugt, das Unlösliche abfiltriert und das Filtrat unter Zusatz von Salzsäure und etwas Alkohol zur Trockne verdampft. Man nimmt den Rückstand nach Zugabe von etwas Kaliumchlorat mit salzsäurehaltigem Wasser auf, erhitzt, fällt das Chrom mit Ammoniak, filtriert den Niederschlag ab, glüht und bestimmt darin das Chrom durch Schmelzen mit Natriumsuperoxyd usw. in der oben angegebenen Weise.

Wenn neben dem Vanadin auch noch Molybdän enthalten ist, so wird dieses nach dem Lösen des Eisens in Salzsäure durch Einleiten von Schwefelwasserstoff entfernt.

Sehr rasch und genau gestaltet sich die Bestimmung des Chroms in Roheisen und Stahl, wenn diese, wie es meistens der Fall ist, kein Vanadin oder Molybdän enthalten, nach folgendem Verfahren. Man löst 5 g der Probe in der Wärme in 30 ccm Schwefelsäure (1: 3), verdünnt auf etwa 200 ccm, setzt 100 ccm Ammoniumpersulfatlösung (60 g in 1 l Wasser) hinzu und erhitzt zum Sieden. Das Sieden ist $^3/_4$ Stunden fortzusetzen, um das Persulfat völlig zu zersetzen. Sollte eine Trübung der Flüssigkeit, verursacht durch die Bildung von Mangansuperoxydhydrat, eintreten, so ist die Flüssigkeit zu filtrieren. Ist aber durch Bildung von Übermangansäure die Lösung etwas rötlich gefärbt, so setzt man wenige Tropfen Salzsäure oder besser Mangansulfat zu. Man muß alsdann noch wenige Minuten zur Vertreibung des Chlors kochen. Nach beendigtem Kochen kühlt man die Lösung gut ab, verdünnt auf etwa 1 l und titriert das Chrom nach Zusatz von 25 ccm Ferrosulfatlösung mit Kaliumpermanganat in der oben angegebenen Weise.

Bestimmung des Nickels in Eisen.

1. Gewichtsanalytisches Verfahren nach Brunck. Man löst 0,5—1 g Stahlspäne, von nickelhaltigem Roheisen 3 g in 15—25 ccm Salzsäure, oxydiert durch Zugabe weniger Tropfen konzentrierter Salpetersäure, erhitzt bis zum Verschwinden des Chlorgeruchs und filtriert den Graphit und etwa ausgeschiedene Kieselsäure ab. Nach Zugabe von 3 g Weinsäure wird die Lösung auf etwa 300 ccm verdünnt, schwach ammoniakalisch gemacht, wobei kein Niederschlag entstehen darf, dann wieder mit Salzsäure ganz schwach angesäuert, in der Siedehitze mit 20 ccm einer einprozentigen alkoholischen Lösung von Dimethylglyoxim versetzt und darauf wieder schwach ammoniakalisch gemacht. Man filtriert den roten kristallinischen Niederschlag in der Hitze in einem Neubauer- oder Gooch-Tiegel unter Benutzung einer Saugpumpe ab und wäscht mit heißem Wasser aus. Das Nickelglyoxim wird entweder bei 110—120° C. getrocknet und als solches gewogen oder durch Glühen in Nickeloxydul übergeführt. Das Nickelglyoxim enthält 20,31% Ni, Nickeloxydul 78,58% Ni.

2. Maßanalytisches Verfahren. Für Nickelbestimmungen im Stahl ist folgendes maßanalytische Verfahren sehr empfehlenswert. Man löst 1 g Stahlspäne in 15 ccm verdünnter Salpetersäure in der Wärme auf, setzt nach Erkalten 25 ccm einer Ammoniumzitratlösung (500 g Zitronensäure + 250 ccm Wasser werden mit 1400 ccm Ammoniak vom spezifischen Gewicht 0,96 neutralisiert) hinzu, macht vorsichtig schwach ammoniakalisch und verdünnt auf etwa 150 ccm. Nach Zugabe von 2 ccm Jodkalium (150 g im Liter) und 2 ccm Silbernitratlösung (etwa 5 g in 1 l) als Indikator wird die Lösung mit Zyankalium (25—30 g Zyankalium + 5 g Ätzkali in 1 l) titriert, bis die weißliche Trübung von ausgeschiedenem Jodsilber gerade verschwindet. Man stellt die Zyankaliumlösung mit einem Stahl von bekanntem Nickelgehalt ein, wobei jedoch der durch das Lösen des Silberjodids bedingte Mehrverbrauch an Zyankalium durch Einstellen der Silbernitratlösung mit der Zyankaliumlösung berücksichtigt werden muß. Da Kupfer durch Zyankalium mittitriert würde, darf ersteres nur in Spuren zugegen sein, sonst muß es vorher durch Schwefelwasserstoff abgeschieden werden.

Bestimmung des Kobalts in Eisen.

Man löst 2 g Späne in 50 ccm Salzsäure (spezifisches Gewicht 1,12), oxydiert mit wenig Salpetersäure und dampft die überschüssige Säure ab. Dann spült man in einen 500 ccm-Meßkolben über und gibt bis zum völligen Zusammenballen des Eisens gut aufgeschlämmtes Zinkoxyd zu. Nach dem Auffüllen bis zur Marke schüttelt man gut durch, filtriert durch ein trockenes Filter, säuert 250 ccm des Filtrates mit 5—8 ccm konzentrierter Salzsäure an und dampft auf etwa 100 ccm ein. Nach Zusatz weiterer 20 ccm konzentrierter Salzsäure wird das Kobalt in kochender Lösung mit 30 ccm einer 2%igen alkoholischen Nitroso-β-Naphtollösung gefällt. Der Niederschlag wird nach öfterem Umschütteln und einigem Abstehen abfiltriert, zuerst mit stark salzsaurem (1:1), dann mit reinem heißem Wasser ausgewaschen, getrocknet, verascht, geglüht und das Kobalt als Kobalt-oxyduloxyd mit 73,44 % Co gewogen.

Nickelhaltige Roheisen- und Stahlsorten enthalten Kobalt in kleinen Mengen, in Kobalt- und Schnelldrehstählen findet es sich in verschiedenen Prozentgehalten. Sind letztere Stähle in Salzsäure schwer löslich, so löst man in Salpetersäure, verdampft zur Trockne, röstet kurze Zeit, nimmt mit Salzsäure auf und verfährt wie oben.

Bestimmung des Wolframs in Eisen.

Bei Eisensorten, die bis zu 10 % Wolfram enthalten, löst man 1—2 g in 20 bis 30 ccm Salpetersäure (spezifisches Gewicht 1,18), setzt nach Aufhören der Gasentwicklung 20 ccm konzentrierte Salzsäure hinzu und dampft scharf zur Trockne ein. Nach dem Erkalten nimmt man mit konzentrierter Salzsäure auf, verdünnt mit Wasser, filtriert und glüht im Platintiegel. Zur Entfernung der in dem Rückstande etwa enthaltenen Kieselsäure wird derselbe mit Flußsäure und konzentrierter Schwefelsäure abgeraucht. Die geglühte Wolframsäure enthält 79,31 % Wolfram.

Bei Eisensorten, die bis zu 20 % und mehr Wolfram enthalten, werden 2 g in einem mit Trichter bedeckten Erlenmeyerkolben mit 20—25 ccm verdünnter Salzsäure behandelt. Nach Aufhören der Gasentwicklung gibt man zu der Lösung, selbst wenn sie noch einen Rückstand enthält, Sodalösung bis zur schwach sauren Reaktion zu. Hierauf fügt man 10 ccm einer $^1/_{10}$-normalen Schwefelsäure zu, dann 40—60 ccm Benzidin-lösung (50 g Benzidin + 25 ccm konzentrierte Salzsäure in 1 l Wasser) und erhitzt zum Sieden, damit der entstandene Niederschlag gut filtriert wird. Nach kurzem Sieden kühlt man wieder ab, läßt noch 15—20 Minuten in der Kälte stehen, filtriert dann und wäscht mit verdünnter Benzidinlösung aus. Der feuchte Niederschlag wird in einem Platintiegel getrocknet und geglüht. Der Glührückstand ist Wolframsäure, allerdings noch stark mit Eisen verunreinigt. Um sie hiervon zu befreien, schließt man sie mit Soda auf, laugt die Schmelze mit warmem Wasser aus, filtriert, wäscht aus, säuert das Filtrat mit Salz-säure an und wiederholt die Fällung mit Benzidin. Der nunmehr erhaltene Glührückstand ist reine Wolframsäure.

Ist gleichzeitig mit dem Wolfram auch Chrom vorhanden, so verfährt man nach dem vorstehend beschriebenen Benzidinverfahren bis zu dem Zeitpunkt, wo die nach dem Schmelzen mit Soda erhaltene Lösung mit Salzsäure schwach angesäuert worden ist. Da der gewonnene Glührückstand in diesem Falle stets eine geringe Menge von Chrom-oxyd enthält, erhitzt man nunmehr die Lösung zwei Minuten zum Sieden und reduziert nach erfolgter Abkühlung die Chromsäure durch schweflige Säure; darauf wird wie oben von neuem die Fällung mit Benzidin vorgenommen.

Im gewöhnlichen Roheisen und Stahl findet sich Wolfram selten und nur in Spuren; ein Gehalt bis zu 20 % und mehr ist dagegen in Schnelldrehstahl anzutreffen.

Bestimmung des Molybdäns in Eisen.

Man löst 1 g der Probe in einem Becherglase in 60 ccm Schwefelsäure (1:4). Nach beendigter Gasentwicklung setzt man 2 g Ammoniumpersulfat zu, kocht zur Zerstörung des überschüssigen Persulfats gut durch und filtriert etwa abgeschiedene Wolfram-säure ab. Hierauf wird die Lösung auf 250 ccm verdünnt, mit Ammoniak neutralisiert, mit Schwefelwasserstoff gesättigt und gekocht. Man filtriert, wäscht mit Schwefelwasser-stoffwasser aus und verbrennt das Filter eben im Tiegel. Der Tiegelinhalt wird mit 10 ccm einer 10 %igen Natronlaugelösung übergossen; Molybdäntrioxyd geht in Lösung, während die aus Kupfer-, Eisen- und Titanoxyd bestehenden Verunreinigungen ungelöst bleiben und nach dem Verdünnen mit Wasser abfiltriert werden. Die alkalische Molybdän-lösung wird mit Essigsäure angesäuert, mit 30 ccm einer 5 %igen Bleiazetatlösung ver-setzt und die Lösung fünf Minuten lang gekocht. Man läßt den Niederschlag warm absitzen und sammelt ihn unter Auswaschen mit warmem Wasser auf einem gewogenen Filter oder auf Asbest in einem Goochtiegel. Das gewogene Bleimolybdat enthält 26,17 % Molybdän.

In Roheisen kommt Molybdän bisweilen in Spuren vor, die ohne Bedeutung sind. Bis zu 3% findet es sich im Molybdän- und Schnelldrehstahl.

Bestimmung des Vanadins in Eisen.

Bei gleichzeitiger Anwesenheit von Chrom läßt sich die Vanadinbestimmung leicht mit der Chrombestimmung (s. S. 635) verbinden. Nach dem oxydierenden Schmelzen des Bariumkarbonatniederschlages, Auslaugen der Schmelze, Reduzieren des angesäuerten Filtrates und darauf folgender Ammoniakfällung versetzt man das vanadinhaltige Filtrat mit gelbem Schwefelammonium in geringem Überschuß, säuert mit verdünnter Essigsäure bis eben zur schwachsauren Reaktion an und filtriert nach 24 stündigem Stehen im verschlossenen Kolben ab. Der Niederschlag wird mit schwefelwasserstoffhaltigem Wasser ausgewaschen, im offenen Tiegel schwach geglüht und als Vanadinpentoxyd mit 56,14% Vanadin gewogen.

Im Roheisen ist bei Anwesenheit von Vanadin auch fast immer Chrom enthalten, so daß sich beide Bestimmungen in obiger Weise vereinigen lassen. Im Stahl ohne Chromgehalt erfolgt die Vanadinbestimmung folgendermaßen. Man löst 3—5 g Stahl, entsprechend dem Vanadingehalt, in 40—60 ccm verdünnter Salpetersäure in der Wärme auf, vertreibt die Salpetersäure durch zweimaliges Eindampfen mit Salzsäure und schüttelt das Eisen so weit wie möglich mit Äther aus. Die eisenarme Lösung wird zweimal nach Zugabe von etwa 25 ccm konzentrierter Salzsäure zur Trockne gedampft und der Rückstand wieder mit Salzsäure aufgenommen. Nach Zusatz einiger Kubikzentimeter konzentrierter Schwefelsäure dampft man zur vollständigen Entfernung der Salzsäure ein, verdünnt nach dem Abkühlen mit 300 ccm ausgekochtem sauerstofffreiem Wasser und titriert die auf 60—70° erwärmte Lösung mit einer verdünnten Kaliumpermanganatlösung bis zur Rosafärbung. Die Anzahl der verbrauchten Kubikzentimeter multipliziert mit dem Eisentiter der Permanganatlösung, × 0,916 ergibt die Menge Vanadin.

Bestimmung des Titans in Eisen.

Man löst 25 g Roheisen oder Stahl unter Erwärmen in verdünnter Salpetersäure auf, dampft zweimal mit Salzsäure zur Trockne, erhitzt den Rückstand $1/2$ Stunde auf 120° C., nimmt mit Salzsäure auf und filtriert Kieselsäure und Graphit ab. Nach Einengen des Filtrates auf etwa 50 ccm wird die Lösung zweimal mit Äther ausgeschüttelt, wobei sich die Titansäure schon teilweise in kleinen Flocken ausscheiden kann. Die vereinigten, von Eisen befreiten Lösungen werden zur Trockne verdampft, der Rückstand mit sehr verdünnter Salzsäure aufgenommen, abfiltriert, mit schwach salzsäurehaltigem Wasser ausgewaschen und stark geglüht. Das Gewicht × 0,6012 ergibt die Menge Titan.

Bestimmung von Sauerstoff in Eisen und Stahl.

Die Bestimmung des Sauerstoffs erfolgt durch Schmelzen der Probe mit einer sauerstofffreien Zinn-Antimon-Legierung im Wasserstoffstrom in der vereinfachten Oberhofferschen Apparatur [1]). Die Hilfslegierung stellt man sich zweckmäßig in größerer Menge dar; hierzu wird Zinn und Antimon (1:1) 2 Stunden bei 1150° im Wasserstoffstrom geschmolzen und gut desoxydiert. Der erhaltene Regulus wird zerkleinert, die Legierung wird in gut verschlossener Flasche aufbewahrt. Vor jeder Bestimmung ist ein Leerversuch auszuführen, bei dem 20 g obiger sauerstofffreier Zinn-Antimon-Legierung im Wasserstoffstrom nach dreimaligem Evakuieren mit der Wasserstrahlpumpe im Magnesiaschiffchen bei 1150° geglüht werden, bis das vorgelegte Phosphorpentoxyd-Röhrchen keine Zunahme mehr zeigt.

Zur eigentlichen Bestimmung des Sauerstoffs werden 10 g feine, fettfreie Frässpäne von Roheisen oder Stahl im Magnesiaschiffchen mit dem Regulus der Legierung vom Leerversuch bedeckt und die Apparatur zur Entfernung jeglicher Luft viermal nach

---

[1]) Siehe Stahleisen 1920, S. 812; 1921, S. 1449.

jedesmaligem Füllen mit Wasserstoff mit der Wasserstrahlpumpe evakuiert. Hierauf schmelzt man die Probe im Wasserstoffstrom zwei Stunden lang bei 1150°, was in der Regel genügt, um allen erfaßbaren Sauerstoff als Wasser in dem Phosphorpentoxyd-Röhrchen aufzufangen. Das gewogene Wasser enthält 88,90 °/₀ Sauerstoff.

Eisenlegierungen.

Ferromangan, Ferrosilizium, Eisenmangansilizium (Silikospiegel).

Man untersucht Silikospiegel gewöhnlich auf Silizium, Mangan und Kohlenstoff. Da es in Salpetersäure leicht löslich ist, so erfolgt die Silizium- und Manganbestimmung in der gleichen Weise, wie oben bei Roheisen und Stahl angegeben. Die Bestimmung des Kohlenstoffes in der im Stahlmörser fein gepulverten Legierung geschieht durch direkte Verbrennung im Sauerstoffstrom (vgl. oben bei Roheisen und Stahl S. 628).

Die chemische Untersuchung des Ferromangans erfolgt wie die des Roheisens.

Ferrosilizium. Bei diesen und den weiteren Ferrolegierungen beschränkt sich die Untersuchung fast immer auf die Bestimmung des Hauptbestandteiles (Silizium, Phosphor, Chrom, Wolfram, Vanadin, Molybdän usw.) und Kohlenstoff.

Roheisen mit bis zu etwa 5°/₀ Silizium ist noch in Salpetersäure löslich; die Siliziumbestimmung erfolgt daher wie bei gewöhnlichem Roheisen. Ferrosilizium mit bis zu etwa 15°/₀ Silizium kann durch längeres Behandeln mit Bromsalzsäure (hergestellt durch Umschütteln von konzentrierter Salzsäure mit 10 Vol.-°/₀ reinem Brom) in Lösung gebracht werden. Man dampft nach erfolgtem Lösen zur Trockne, erhitzt im Luftbade ¹/₂ Stunde bei 120° C., nimmt mit verdünnter Salzsäure auf, filtriert, wäscht mit heißem salzsäurehaltigem Wasser aus, glüht und wägt. Ist die Kieselsäure nicht rein weiß, so raucht man sie noch mit Schwefelsäure und Flußsäure ab oder schließt sie mit Kalium-Natriumkarbonat auf.

Von hochprozentigem Ferrosilizium mischt man 0,5 g mit der etwa zehnfachen Menge eines Gemisches von Alkalikarbonat und Natriumsuperoxyd in einem Nickel- oder Eisentiegel, erhitzt vorsichtig bis zum beginnenden Schmelzen, laugt die erkaltete Schmelze in einer Porzellanschale mit heißem Wasser aus, dampft unter Zusatz von Salzsäure zur Trockne, erhitzt den Rückstand im Luftbade 1 Stunde bei 120° C. und verfährt wie oben. Da das Filtrat besonders bei hochprozentigem Ferrosilizium noch leicht gelöste Kieselsäure enthalten kann, ist ein nochmaliges Eindampfen erforderlich. Die hierbei noch erhaltene Kieselsäure muß der anfangs erhaltenen zugeschlagen werden. In der von der Kieselsäure abfiltrierten Lösung können, wenn erforderlich, Schwefel, Phosphor und Kupfer bestimmt werden.

Der Kohlenstoff wird im Ferrosilizium durch direkte Verbrennung der im Stahlmörser fein gepulverten Probe im Sauerstoffstrome mit einem Zuschlag von Bleisuperoxyd bestimmt (vgl. Kohlenstoffbestimmung im Roheisen und Stahl S. 627). Einwage: 1 g Ferrosilizium + 2 g Bleisuperoxyd. Ohne Zuschlag werden zu niedrige Werte gefunden. Die Verbrennungstemperatur muß mindestens 1100° sein.

Ferrophosphor.

Zur Phosphorbestimmung erhitzt man 0,5 g der Legierung mit 5—8 g Natriumsuperoxyd im Nickeltiegel vorsichtig bis zum beginnenden Schmelzen, laugt die erkaltete Schmelze in einer Porzellanschale mit Wasser aus und dampft unter Zusatz von konzentrierter Salzsäure zweimal zur Trockne. Nach Aufnehmen des Rückstandes mit verdünnter Salzsäure spült man die Lösung, ohne zu filtrieren, in einen 500 ccm-Meßkolben, füllt bis zur Marke auf, filtriert durch ein trockenes Filter und pipettiert vom Filtrate 100 ccm, entsprechend 0,1 g Einwage, in ein Becherglas ab. Die Lösung wird mit Ammoniak stark übersättigt, darauf mit Salpetersäure schwach sauer gemacht und bei 65° C. mit 100 ccm Molybdänlösung versetzt. Die Bestimmung des Phosphorniederschlages erfolgt dann nach einem der bei der Untersuchung von Roheisen und Stahl angegebenen vier Verfahren.

Ferrochrom. Zur Bestimmung des Chroms mengt man 0,5 g der feingepulverten Legierung im Nickeltiegel mit der etwa zehnfachen Menge Natriumsuperoxyd, erhitzt bei kleiner Flamme bis zum beginnenden Schmelzen, löst die erkaltete Schmelze in Wasser und kocht wenigstens $^1/_2$ Stunde lang zur Zerstörung des gebildeten Wasserstoffsuperoxyds. Die Lösung wird darauf mit 50 ccm Schwefelsäure (1:1) versetzt, nach Lösen des Eisenniederschlages und Erkalten auf etwa 1 l verdünnt und nach Zugabe von 25 ccm Ferrosulfatlösung in der bei der Chrombestimmung im Stahl angegebenen Weise mit Kaliumpermanganatlösung titriert.

Die Bestimmung des Kohlenstoffs geschieht durch direkte Verbrennung der Legierung im Sauerstoffstrome unter Verwendung eines Zuschlages von Bleisuperoxyd oder eines Normalstahles oder am besten von beiden zusammen. Die Einwage beträgt 0,5 g Ferrochrom + 1 g Bleisuperoxyd + 1 g Stahl, die Verbrennungstemperatur 1200°.

Ferrowolfram. 0,5 g der feingepulverten Probe werden nach vorsichtigem Rösten im Platintiegel mit etwa 6 g Natrium-Kaliumkarbonat aufgeschlossen. Die Schmelze wird mit Wasser ausgelaugt, der Rückstand ausgewaschen und abermals mit Natrium-Kaliumkarbonat geschmolzen. Die filtrierte Lösung vereinigt man mit dem ersten Filtrat, erhitzt mit einigen Tropfen Alkohol zum Sieden, filtriert nach zweistündigem Stehen ab und wäscht mit sodahaltigem Wasser aus. Das Filtrat wird mit verdünnter Salpetersäure unter Verwendung von Methylorange als Indikator genau neutralisiert, mit 1—2 weiteren Tropfen Salpetersäure angesäuert und heiß mit etwa 25 ccm Merkuronitratlösung (200 g Merkuronitrat in 1 l Wasser) gefällt. Der Niederschlag wird nach dem Absitzen filtriert, mit heißem merkuronitrathaltigem Wasser ausgewaschen und unter dem Abzuge geglüht. Die rohe Wolframsäure wird zur Entfernung eingeschlossener Kieselsäure mit Flußsäure abgeraucht, schwach geglüht und gewogen. Darauf wird die mit Tonerde, Mangan u. a. m. noch verunreinigte Wolframsäure mit Natrium-Kaliumkarbonat aufgeschlossen, die gelöste Schmelze mit Salpetersäure angesäuert, mit Ammoniak im Überschuß versetzt, zum Sieden erhitzt, der Niederschlag nach dem Absetzen abfiltriert, geglüht und gewogen. Aus dem Unterschiede ergibt sich die reine Wolframsäure mit 79,31% Wo.

Die Untersuchung auf Kohlenstoff wird im Sauerstoffstrom vorgenommen und gibt ohne Verwendung eines Zuschlages schon bei einer Verbrennung bei 900° brauchbare Ergebnisse. Einwage: 0,5—1 g.

Ferromolybdän. 0,2 g der feingepulverten Probe werden im Platintiegel mit Natrium-Kaliumkarbonat und einigen Körnchen Kaliumchlorat aufgeschlossen. Die Schmelze wird mit heißem Wasser ausgelaugt, der Rückstand abfiltriert und ausgewaschen. Hierauf wird die Lösung mit Schwefelsäure angesäuert, mit Ammoniak im Überschuß versetzt und mit Schwefelwasserstoff gesättigt, bis die Lösung dunkelrot ist. Nach etwa 20 Minuten wird sie mit verdünnter Schwefelsäure (1:5) in geringem Überschuß versetzt, der Niederschlag nach zweistündigem Stehen in der Wärme abfiltriert, zuerst mit schwefelsäure- und schwefelwasserstoffhaltigem, zum Schluß mit alkoholhaltigem Wasser ausgewaschen. Filter mit Niederschlag werden vorsichtig verascht und durch vorsichtiges Erhitzen im Porzellantiegel in Molybdänsäure übergeführt und als solche mit 66,67% Mo gewogen.

Die Kohlenstoffbestimmung ist auch hier zweckmäßig im Sauerstoffstrom vorzunehmen und gibt ohne Verwendung eines Zuschlages schon bei einer Verbrennungstemperatur von 900° gute Ergebnisse. Einwage: 0,5—1 g.

Ferrovanadin. 0,3 g der feingepulverten Probe werden in einem großen Erlenmeyerkolben in 20 ccm Salpetersäure (1:2) und 20 ccm konzentrierter Schwefelsäure gelöst und bis zum Auftreten der weißen Dämpfe abgeraucht. Nach dem Abkühlen wird dreimal nach vorsichtigem Zusatz von je 25 ccm Salzsäure (spezifisches Gewicht 1,19) eingedampft. Nach dem letzten Eindampfen, das so weit fortgesetzt wird, bis sich reichlich weiße Schwefelsäuredämpfe entwickeln, wird der Kolben mit einem Uhrglas bedeckt, so daß oxydierende Dämpfe ferngehalten werden. Nach dem Erkalten wird mit etwa 300 ccm ausgekochtem, sauerstofffreiem Wasser verdünnt, 15 ccm Phosphorsäure (1:3) hinzugegeben und mit Permanganat bei 60—70° titriert. Es empfiehlt sich, den Titer der Permanganatlösung mit reiner Vanadinsäure oder mit einem Ferrovanadin von bekanntem Gehalt zu stellen.

Die Kohlenstoffbestimmung geschieht durch direkte Verbrennung im Sauerstoffstrom unter Verwendung eines Zuschlages von Bleisuperoxyd oder Kupferoxyd. Die Einwage beträgt 0,5 g Ferrovanadin + 1 g Zuschlag; die Verbrennung ist schon bei 900° vollständig.

Ferrotitan. Zur Titanbestimmung schmelzt man 0,5 g der auf das feinste gepulverten Legierung mit der etwa zehnfachen Menge Kaliumbisulfat bei nicht zu hoher Temperatur im Platintiegel, löst die erkaltete Schmelze in kaltem Wasser, setzt etwas verdünnte Schwefelsäure hinzu, filtriert die Kieselsäure ab, glüht und wägt. Zeigt sich nach dem Abrauchen der Kieselsäure mit Schwefelsäure und Flußsäure noch ein aus unzersetzter Substanz bestehender Rückstand, so schließt man diesen nochmals mit Kaliumbisulfat auf und vereinigt das hierbei erhaltene Filtrat mit dem ersten. Die vereinigte Lösung wird mit Ammoniak annähernd neutralisiert, nach Verdünnen auf etwa 750 ccm mit schwefliger Säure versetzt und im bedeckten Becherglase zwei Stunden lang stark gekocht. Man filtriert die ausgeschiedene Titansäure ab, wäscht mit essigsäurehaltigem Wasser aus und wiederholt mit dem Filtrat zur Abscheidung noch etwa gelösten Titans das gleiche Verfahren. Die vereinigten Titansäurefällungen werden stark geglüht, nach Bestreuen mit etwas gepulvertem Ammoniumkarbonat nochmals geglüht und gewogen. Da die Titansäure noch durch etwas Eisen verunreinigt sein kann, muß man sie für genaue Bestimmungen nochmals mit Kaliumbisulfat aufschließen und aus der Lösung der Schmelze wie oben fällen.

Die Kohlenstoffbestimmung wird auch hier durch direkte Verbrennung im Sauerstoffstrom unter Verwendung eines Zuschlages ausgeführt. Einwage: 0,5 g Ferrotitan + 1 g Bleisuperoxyd oder Kupferoxyd; Verbrennungstemperatur 1100°.

Metalle und Legierungen (außer Eisen).

Kupfer.

Die technische Untersuchung des Handelskupfers erstreckt sich hauptsächlich auf seine schädlichen Verunreinigungen, d. h. auf Arsen, Antimon, Wismut und Sauerstoff bzw. Kupferoxydul, da schon verhältnismäßig geringe Mengen von einer oder mehreren dieser Verunreinigungen die Eigenschaften der aus solchem Kupfer erschmolzenen Legierungen sehr schädlich beeinflussen. Die meisten dieser Körper werden vorteilhaft in einer Gesamtanalyse derselben Probe nacheinander bestimmt. Im folgenden sei der Analysengang nach Hampe in kurzen Zügen wiedergegeben, da es an dieser Stelle zu weit führen würde, auf die Einzelheiten dieser ziemlich verwickelten Analyse genau einzugehen. Dieserhalb sei auf die ausführlichen Handbücher (von Classen, Lunge-Berl, Post) verwiesen.

Man löst 25 g Kupferspäne unter Erwärmen in einem großen Becherglase in einem Gemisch von 100 ccm konzentrierter Schwefelsäure + 45 ccm Salpetersäure (spezifisches Gewicht 1,20) + 200 ccm Wasser auf und filtriert nach Verdünnen den zurückbleibenden Niederschlag von Bleisulfat und Antimoniaten von Blei, Wismut und Kupfer ab. Darauf versetzt man das Filtrat zur Abscheidung des Silbers, dessen Bestimmung sich für Gießereizwecke erübrigt, mit einigen Tropfen Salzsäure, spült die Lösung in einen 2 l-Meßkolben und leitet nach Erwärmen auf etwa 40° C. einen starken Strom von schwefliger Säure ein. Ohne diesen zu unterbrechen, gibt man nach und nach in den Kolben eine vorher genau berechnete und durch Titrieren mit Silbernitrat bestimmte Menge einer Rhodankaliumlösung hinzu, die gerade zur Fällung des Kupfers als Rhodanür ausreicht, füllt den Kolben, nachdem sich die Lösung mit schwefliger Säure gesättigt und der Niederschlag abgesetzt hat, bis zur Marke an, filtriert durch ein trockenes Filter und pipettiert 1800 ccm ab. Nach dem Verjagen der schwefligen Säure durch Kochen wird in die erwärmte Lösung Schwefelwasserstoff eingeleitet und der nach längerem Stehen abfiltrierte Niederschlag mit dem ersten beim Lösen des Kupfers abfiltrierten

Rückstand vereinigt. Die beiden Niederschläge werden nach vorsichtigem Einäschern der Filter mit einer Mischung von Natriumkarbonat und Schwefel geschmolzen und die unlöslichen Sulfide von Blei, Wismut und Kupfer nach dem Auslaugen der Schwefelschmelze mit heißem Wasser abfiltriert. Man löst die Sulfide in verdünnter Salpetersäure, fügt einige Tropfen konzentrierter Schwefelsäure hinzu, dampft ein und bestimmt das Blei als Sulfat. In der vom Bleisulfat abfiltrierten und mit Ammoniak neutralisierten Lösung fällt man das Wismut mit Ammoniumkarbonat, löst den Niederschlag in geringen Mengen Salzsäure, scheidet das Wismut durch Verdünnen mit Wasser als Oxychlorid ab und bestimmt es auf gewogenem Filter.

Die von den unlöslichen Sulfiden der Schwefelschmelze abfiltrierte Lösung wird mit Schwefelsäure angesäuert; man filtriert darauf die ausgeschiedenen Sulfide von Arsen, Antimon, unter Umständen auch Zinn, ab, löst sie in Salzsäure unter Zusatz von Kaliumchlorat, fügt zu der Lösung Weinsäure, dann Ammoniak im Überschuß hinzu und fällt das Arsen durch Magnesiamischung als Ammonium-Magnesiumarsenat, das nach dem Abfiltrieren und Glühen als Magnesiumpyroarsenat gewogen wird. In der abfiltrierten Lösung wird nach dem Ansäuern mit Salzsäure das Antimon durch Einleiten von Schwefelwasserstoff als Sulfid gefällt und, wie oben bei Roheisen angegeben, als Antimondioxyd bestimmt. Ist auch Zinn zugegen, das mit dem Antimon als Sulfid ausfällt, so werden diese beiden Körper in salzsaurer Lösung durch Ausfällen des Antimons mit metallischem Eisen oder aus der Sulfosalzlösung elektrolytisch getrennt. Entsprechend der Verwendung von 1800 ccm aus dem Meßkolben genommener Lösung und des von dem Kupferrhodanür-Niederschlage eingenommenen Volumens müssen die gefundenen Zahlen noch umgerechnet werden.

Betreffs der Bestimmung des Gesamtsauerstoffs und Kupferoxyduls muß auf die Originalarbeit von Hampe[1]) verwiesen werden. Kann man sich mit der Bestimmung des Kupfergehaltes begnügen, so löst man 1 g des Metalls in Salpetersäure (spezifisches Gewicht 1,2) und fällt das Kupfer elektrolytisch.

Von Kupferkrätzen, Aschen, Schlamm und kupferhaltigem Werkstattkehricht löst man 50—100 g der getrockneten bzw. geglühten Probe in Salpetersäure (spezifisches Gewicht 1,2), nötigenfalls unter Zusatz von Salzsäure (spezifisches Gewicht 1,12) und führt in einen 2 l-Meßkolben über. Nach dem Auffüllen pipettiert man eine einer Einwage von 1—5 g entsprechende Flüssigkeitsmenge ab, dampft nach Zusatz einiger Tropfen Schwefelsäure zur Trockne, nimmt mit Wasser auf, filtriert und bestimmt das Kupfer elektrolytisch.

Zinn.

Von den Verunreinigungen des Handelszinns werden gewöhnlich Kupfer, Blei, Eisen und Wismut in einer Gesamtanalyse und Arsen und Antimon vorteilhaft für sich in je einer besonderen Probe bestimmt.

Man löst von 99%igem Zinn 20 g, von 96—98%igem Zinn 10 g unter Erwärmen in 200 ccm bzw. 100 ccm Salzsäure (spezifisches Gewicht 1,12), bringt den unlöslichen Rückstand durch Zugabe geringer Mengen von Kaliumchlorat in Lösung und kocht bis zum Verschwinden des Chlorgeruchs. Nach dem Abkühlen wird eine wässerige, mit Ammoniak schwach übersättigte Lösung von 30 g Weinsäure hinzugegeben und darauf so viel Ammoniak, bis an dem Geruch und der blauen Farbe der Lösung ein geringer Überschuß zu erkennen ist. Man fügt darauf vorsichtig Schwefelwasserstoffwasser hinzu, bis kein Niederschlag mehr entsteht, filtriert die ausgefällten Sulfide von Kupfer, Blei, Wismut, Eisen ab und wäscht zur Entfernung etwa mitgefällten Zinns mit schwefelnatriumhaltigem, dann mit schwefelwasserstoffhaltigem Wasser aus. Die Sulfide werden nach Einäschern des Filters in warmer verdünnter Salpetersäure gelöst und das Blei nach Zugabe einiger Tropfen konzentrierter Schwefelsäure und Eindampfen als Sulfat bestimmt. Da das so erhaltene Bleisulfat immer durch etwas Zinn verunreinigt ist, wird der Niederschlag nach dem Wägen in konzentrierter Ammoniumazetatlösung gelöst,

---

[1]) Z. anal. Chemie 1874, S. 176.

das Blei aus der Lösung wieder durch Schwefelwasserstoff gefällt und, wie oben, in Sulfat übergeführt. Aus der von dem unreinen Bleisulfat abfiltrierten Lösung werden Eisen und Wismut durch Ammoniumkarbonat und überschüssiges Ammoniak gefällt; in der abfiltrierten ammoniakalischen Lösung wird nach dem Ansäuern mit Salzsäure das Kupfer durch Schwefelwasserstoff abgeschieden und nach dem Glühen als Oxyd gewogen oder auch elektrolytisch bestimmt. Den Eisen-Wismut-Niederschlag löst man in Salzsäure, scheidet das Wismut durch Verdünnen mit Wasser als Oxychlorid ab und fällt in dem Filtrate das Eisen mit Ammoniak.

Zur Bestimmung des Antimons löst man 10 g Zinnspäne in der oben angegebenen Weise in 50 ccm Salzsäure und Kaliumchlorat, verdünnt die Lösung nach dem Wegkochen des Chlors auf etwa 250 ccm und fällt Antimon und Kupfer durch Zugabe von reinem Eisen (Blumendraht oder Ferrum reductum) metallisch aus. Die beiden Metalle werden nebst dem überschüssigen Eisen abfiltriert, in Salzsäure unter Zusatz von Kaliumchlorat gelöst und aus der Lösung durch Schwefelwasserstoff wieder gefällt. Durch längeres Digerieren der Sulfide mit Schwefelnatrium bringt man das Antimon in Lösung und bestimmt es in größeren Mengen elektrolytisch, bei kleineren Gehalten nach Abscheiden des Sulfids aus der Sulfolösung mit Schwefelsäure als Antimondioxyd.

Zur Bestimmung des Arsens löst man 10 g Zinnspäne unter Zusatz von Kaliumchlorat in 50 ccm Salzsäure, setzt nach dem Wegkochen des Chlors und Abkühlen der Lösung ein Drittel des Volumens konzentrierter Salzsäure zu, leitet mehrere Stunden lang Schwefelwasserstoff ein und filtriert das ausgefällte Schwefelarsen ab. Nach Auswaschen mit verdünnter Salzsäure löst man den Niederschlag in Ammoniak, dampft die Lösung zur Trockne, nimmt mit Salpetersäure auf und fällt in konzentrierter ammoniakalischer Lösung das Arsen durch Magnesiamischung unter Zugabe von Alkohol als Ammonium-Magnesiumarsenat, das nach vorsichtigem Glühen als Magnesiumpyroarsenat gewogen wird.

Bei Zinnaschen und Krätzen mischt man von einer Durchschnittsprobe 500 g innig mit 100 g Weinstein, 400 g Soda und 60 g Kreide und schmelzt in einem kleinen hessischen Tiegel. Der erkaltete Metallkönig wird gereinigt, gewogen und chemisch, wie weiter unten (S. 648) bei Kupfer-Zinnlegierungen bzw. Weißmetall angegeben, untersucht.

Zink.

Das Handelszink enthält immer größere oder geringere Verunreinigungen von Blei, Kadmium und Eisen, außerdem noch sehr kleine Mengen von Arsen, Antimon, Zinn, Kupfer, Wismut und Schwefel. Sollen nur die ersten drei Elemente bestimmt werden, was für gießereitechnische Zwecke in den meisten Fällen ausreichen wird, so löst man 5 g Zinkspäne unter Erwärmen in einer Porzellanschale in 50 ccm Schwefelsäure (1:4), setzt 1 ccm konzentrierter Salpetersäure zu, dampft bis zum Entweichen von Schwefelsäuredämpfen ein, erwärmt nach Verdünnen mit Wasser längere Zeit zum Lösen des Zinksulfats und filtriert das Blei als Bleisulfat nach 12stündigem Stehen ab. In das Filtrat wird nach Zugabe von 5 ccm konzentrierter Salzsäure auf je 100 ccm Flüssigkeit Schwefelwasserstoff eingeleitet und das ausfallende Schwefelkadmium abfiltriert; man löst dieses vom Filter in warmer Salpetersäure in einen gewogenen Porzellantiegel, dampft dann nach Zusatz einiger Tropfen konzentrierter Schwefelsäure zur Trockne und glüht das zurückbleibende Kadmiumsulfat.

Zur Bestimmung des Eisens werden 10 g Zinkspäne in einem mit Bunsenventil verschlossenen Erlenmeyerkolben in verdünnter Schwefelsäure unter Erwärmen gelöst; in der abgekühlten Lösung wird das Eisen mit einer verdünnten Kaliumpermanganatlösung titriert.

Sollen für eine genauere Untersuchung auch die anderen in geringeren Mengen enthaltenen Verunreinigungen bestimmt werden, so behandelt man 100 g Zink in einem mit Ableitungsrohr versehenen Kolben mit verdünnter Schwefelsäure, bis nur noch eine geringe Zinkmenge ungelöst zurückbleibt, und leitet die Lösungsgase durch eine mit Bromsalzsäure gefüllte Vorlage. Der mit dem nicht ganz gelösten Zink im Kolben zurückgebliebene Metallschlamm wird abfiltriert, in konzentrierter Salpetersäure gelöst und die mit Wasser verdünnte Lösung zum Sieden erhitzt, das Zinn scheidet sich als Zinnsäure aus, die abfiltriert, geglüht und gewogen wird. Man dampft das Filtrat nach Zusatz von einigen Tropfen konzentrierter Schwefelsäure ein, nimmt mit Wasser auf, setzt ein Drittel des Flüssigkeitvolumens Alkohol zu und filtriert nach 12stündigem Stehen das Blei als Sulfat ab.

In das Filtrat wird nach Wegkochen des Alkohols Schwefelwasserstoff eingeleitet, der Niederschlag mit Schwefelnatrium digeriert und der aus den Sulfiden des Kupfers, Kadmiums und Wismuts bestehende Rückstand abfiltriert. Nach Lösen des Rückstandes in Salpetersäure scheidet man das Wismut als basisches Salz ab und trennt in dem Filtrat das Kupfer und Kadmium entweder elektrolytisch oder dadurch, daß man beide mit Schwefelwasserstoff fällt, die Sulfide mit verdünnter Schwefelsäure (1:5) kocht und in der von Schwefelkupfer abfiltrierten Lösung das Kadmium als Karbonat oder Sulfat bestimmt. In dem von der ersten Schwefelwasserstofffällung erhaltenen Filtrate wird das Eisen nach Verjagen des Schwefelwasserstoffs und Oxydieren mit Salpetersäure durch Ammoniak gefällt. Arsen und Antimon sind in der Schwefelnatriumlösung und der beim Lösen des Zinns benutzten Vorlage enthalten; man fällt die Sulfide in der ersteren durch Schwefelsäure sowie in der Vorlageflüssigkeit nach Verjagen des Broms durch Schwefelwasserstoff aus und löst die vereinigten Niederschläge in Salzsäure und Kaliumchlorat. In der ammoniakalisch gemachten Lösung wird das Arsen durch Magnesiamischung als Ammonium-Magnesiumarsenat, und darauf in dem mit Salzsäure angesäuerten Filtrate das Antimon als Sulfid gefällt und als Dioxyd bestimmt.

Von Zinkkrätzen und Aschen löst man 10 g in Salzsäure (spezifisches Gewicht 1,19) (stark bleihaltige Aschen in Salpetersäure) und führt die Lösung, ohne zu filtrieren, in einen 1 l-Meßkolben über. In 100 ccm dieser Lösung werden Blei und Kupfer mit Schwefelwasserstoff gefällt, der Sulfidniederschlag wird mit salzsäure- und schwefelwasserstoffhaltigem Wasser ausgewaschen, das Filtrat gekocht, mit Kaliumchlorat oder Bromwasser oxydiert und das Eisen als Azetat gefällt. Die Fällung wird wiederholt und in den vereinigten Filtraten das Zink als Sulfid oder als Karbonat bestimmt.

Blei.

Das Handelsblei enthält gewöhnlich 99,96—99,99% Blei und daneben geringe Mengen der verschiedensten Verunreinigungen, die die Eigenschaften des Bleies oft sehr schädlich beeinflussen; man ist daher bei der Analyse gezwungen, mit einer sehr großen Einwage zu arbeiten.

Man löst 200 g Blei mit blanker Oberfläche in einem 2 l-Kolben nach Überschütten mit 1275 ccm Wasser in 325 ccm Salpetersäure (spezifisches Gewicht 1,40) unter Erwärmen auf, gibt nach erfolgter Lösung 62—63 ccm konzentrierter Schwefelsäure hinzu und füllt nach Erkalten bis zur Marke auf. Nach Absetzen des Bleisulfats werden durch ein trockenes Filter 1750 ccm abfiltriert und in einer Porzellanschale zur Trockne gedampft; der Rückstand wird mit schwefelsäurehaltigem Wasser aufgenommen und das aus Bleisulfat und Bleiantimoniat bestehende Unlösliche abfiltriert. Man löst den Filterinhalt in einer ammoniakalischen Lösung von Ammoniumtartarat, fällt das Blei mit Schwefelwasserstoff, filtriert und scheidet aus dem Filtrate durch Ansäuern mit verdünnter Schwefelsäure das Antimonsulfid ab, das nachher zu den entsprechenden Sulfiden der Hauptlösung hinzugefügt wird.

Das Hauptfiltrat wird nach Zugabe von Salzsäure in der Wärme mit Schwefelwasserstoff gesättigt, der entstehende Niederschlag abfiltriert und nach Auswaschen mit einer warmen konzentrierten Schwefelnatriumlösung digeriert. Man filtriert von den unlöslichen Sulfiden ab, fällt in dem Filtrat die Sulfide von Arsen, Antimon und Zinn durch verdünnte Schwefelsäure aus, filtriert und löst sie wieder in Salzsäure und Kaliumchlorat auf. In der ammoniakalisch gemachten und mit etwas Weinsäure versetzten Lösung wird das Arsen mit Magnesiamischung als Ammonium-Magnesiumarsenat gefällt und abfiltriert; in dem Filtrat scheidet man nach Ansäuern mit Salzsäure das Antimon durch metallisches Eisen ab und bestimmt in der vom Antimon abfiltrierten Lösung das Zinn durch Fällen mit Schwefelwasserstoff. Wenn, wie in den meisten Handelsbleisorten, kein Arsen enthalten ist, so kann man auch Antimon und Zinn aus der oben erhaltenen Schwefelnatriumlösung unmittelbar auf elektrolytischem Wege trennen.

Die beim Digerieren des Schwefelwasserstoffniederschlages mit Natriumsulfid zurückgebliebenen Sulfide werden in Königswasser gelöst. Man filtriert das hierbei etwa zurückbleibende Chlorsilber ab, scheidet aus der abfiltrierten Lösung das durch die erste Fällung nicht abgeschiedene Blei durch Zusatz von etwas Schwefelsäure und Eindampfen ab, filtriert und fällt in dem Filtrate das Wismut durch Zugabe von überschüssigem Ammoniak und Ammoniumkarbonat. Der abfiltrierte Niederschlag wird vom Filter durch verdünnte Salpetersäure in einen gewogenen Porzellantiegel hinein gelöst, die Lösung zur Trockne gedampft und der Rückstand als Wismutoxyd gewogen. In der vom Wismutniederschlag abfiltrierten Lösung werden nach Ansäuern mit Salzsäure Kupfer und Kadmium durch Schwefelwasserstoff gefällt und in der bei der Untersuchung des Zinks angegebenen Weise durch Behandeln der Sulfide mit verdünnter Schwefelsäure voneinander getrennt.

Die von der ersten Schwefelwasserstoffällung abfiltrierte Lösung wird nach Wegkochen des Schwefelwasserstoffs durch Bromwasser oxydiert und mit Natronlauge im Überschuß versetzt. Man filtriert die ausgeschiedenen Hydroxyde von Eisen, Nickel und Kobalt ab, löst sie in Salzsäure und wiederholt die Fällung zur vollständigen Trennung von Zink. Nach Lösen des Niederschlages in verdünnter Schwefelsäure wird das Eisen durch zweimalige Fällung mit Ammoniak abgeschieden und in der salzsauren Lösung des Niederschlages mit Kaliumpermanganat titriert. In dem Filtrate von Eisen bestimmt man Nickel und Kobalt nach Zusatz von überschüssigem Ammoniak und 25 g Ammoniumsulfat zusammen auf elektrolytischem Wege. Das Zink wird in der von der Natronlaugefällung abfiltrierten Lösung nach Ansäuern mit Salzsäure und Zusatz von Ammoniak entweder titrimetrisch durch Schwefelnatriumlösung bestimmt oder gewichtsanalytisch als Sulfid durch Fällen mit Schwefelwasserstoff.

Entsprechend der Verwendung von 1750 ccm der ursprünglich 2000 ccm betragenden Lösung und dem im aufgefüllten Meßkolben vom Bleisulfat eingenommenen Volumen (45 ccm) müssen die gefundenen Zahlen mit 0,5583 multipliziert werden, um den Gehalt in Prozent auszudrücken.

Bei Bleikrätzen und Bleiaschen werden von einer guten Durchschnittsprobe 10 g in Salpetersäure unter Zusatz von etwa 10 g Weinsäure gelöst, die Lösung verdünnt und in einen 500-ccm-Meßkolben filtriert. In 50 ccm hiervon ($=1$ g Einwage) fällt man das Blei mit Schwefelsäure und bestimmt im Filtrat gegebenenfalls die Verunreinigungen.

Bei Aschen kocht man den nach Lösen mit Salpetersäure und Weinsäure erhaltenen Rückstand, der häufig Bleisulfat enthält, mit Ammoniumazetat aus und filtriert. In einem aliquoten Teil dieser Lösung bestimmt man das Blei wie oben.

Antimon.

Das metallische Antimon des Handels ist gewöhnlich durch geringe Beimengungen von Arsen, Kupfer, Blei und Arsen verunreinigt. Zu ihrer Bestimmung löst man 5 g Metall, das im Stahlmörser auf das feinste gepulvert ist, in Salpetersäure unter Zusatz von Weinsäure auf, macht stark ammoniakalisch und fällt Kupfer, Blei und Eisen durch vorsichtigen Zusatz von Schwefelwasserstoffwasser. Nach dem Abfiltrieren löst man die Sulfide in Salpetersäure, scheidet das Blei durch Schwefelsäure ab, fällt in dem Filtrate das Eisen durch überschüssiges Ammoniak und bestimmt das Kupfer in der vom Eisenhydroxyd abfiltrierten Lösung nach Ansäuern mit Salzsäure durch Schwefelwasserstoff. Zur Bestimmung des Arsens löst man in einer besonderen Probe 5 g in Salzsäure und Kaliumchlorat, entfernt das Chlor durch vorsichtiges Erhitzen bei nicht zu hoher Temperatur, fügt zu der erkalteten Lösung eine größere Menge konzentrierter Salzsäure hinzu und fällt Kupfer und Arsen durch Einleiten von Schwefelwasserstoff. Aus den abfiltrierten Sulfiden wird das Arsen durch Digerieren mit einer 10%igen Lösung von Ammoniumkarbonat in gelinder Wärme gelöst, im Filtrat durch konzentrierte Salpetersäure oxydiert und nach Zusatz von überschüssigem Ammoniak durch Magnesiamischung als Ammonium-Magnesiumarsenat gefällt.

Aluminium.

Soll das zu untersuchende Aluminium als Desoxydationsmittel Verwendung finden, so kann man sich mit der Bestimmung des Gehaltes an reinem, metallischem Aluminium begnügen, da ja nur dieses der wirksame Bestandteil ist. Die Bestimmung geschieht durch Messen des beim Lösen des Aluminiums in Kalilauge entwickelten Wasserstoffes. Diese Arbeitsweise ist zwar wissenschaftlich nicht ganz genau, da sich außerdem etwas Siliziumwasserstoff und auch durch Einwirkung des Eisengehaltes etwas Wasserstoff bilden kann, doch können diese Fehlerquellen für technische Zwecke vernachlässigt werden.

Man löst in einem kleinen Rundkolben, der unmittelbar an die mit einem Niveaurohr versehene Gasbürette unten angeschlossen ist, 0,1 g des zu untersuchenden Aluminiums in Kalilauge unter Erwärmen, bis keine Gasentwicklung mehr zu bemerken ist, kühlt die ganze Bürette samt Niveaurohr in einem Wasserbehälter ab und berechnet aus der abgelesenen Menge Wasserstoff unter Berücksichtigung von Temperatur und Barometerstand den Aluminiumgehalt.

Das als Gießmetall benutzte Aluminium wird gewöhnlich nur auf seinen Gehalt an Silizium, Eisen und Kupfer untersucht. Zur Bestimmung des Siliziums löst man 3 g Aluminium in einer Platinschale in kieselsäurefreier Kalilauge auf, säuert die Lösung mit Salzsäure an, dampft zur Trockne und erhitzt $^1/_2$ Stunde lang bei 120° C. Der Rückstand wird mit verdünnter Salzsäure aufgenommen, die Kieselsäure nach Verdünnen mit heißem Wasser abfiltriert, mit salzsäurehaltigem Wasser ausgewaschen, geglüht und gewogen; zur Sicherheit kann man die Kieselsäure dann noch nach dem Anfeuchten mit Schwefelsäure durch Flußsäure abrauchen. In dem Filtrate wird das Kupfer elektrolytisch bestimmt oder durch Schwefelwasserstoff gefällt und nach dem Abfiltrieren und Glühen als Kupferoxyd gewogen. Zur Bestimmung des Eisens löst man in einem mit Bunsenventil verschlossenen Erlenmeyerkolben 3 g Aluminiumspäne in Kalilauge unter Erwärmen auf und fügt unter Umschütteln 200 ccm verdünnte Schwefelsäure hinzu. Nach Erhitzen bis zum Klarwerden der Lösung kühlt man ab und titriert das Eisen, das in der Lösung als Oxydul enthalten ist, mit einer verdünnten Kaliumpermanganatlösung.

Nickel.

Das Handelsnickel, das in der Stahlgießerei zur Herstellung von Sonderstählen und in der Metallgießerei als Zusatz für gewisse Legierungen, z. B. Rübelbronze, verwendet wird, enthält an Verunreinigungen geringe Mengen von Silizium, Kupfer, Eisen, Kobalt, Mangan, Magnesium, Kohlenstoff und Schwefel.

Durchweg wird man sich bei Nickelmetall mit der Bestimmung des Nickelgehaltes begnügen können. Man löst hierzu von der Durchschnittsprobe 20 g im Literkolben mit Salzsäure (spezifisches Gewicht 1,19), füllt zur Marke auf und entnimmt 50 ccm = 1 g zur Elektrolyse. Man dampft in der Porzellanschale nach Zusatz von ungefähr 5 ccm Schwefelsäure ein, nimmt mit ungefähr 100 ccm heißem Wasser auf, neutralisiert nach dem Lösen mit Ammoniak (spezifisches Gewicht 0,91), fügt dann weitere 25 ccm Ammoniak zu, filtriert in ein 400-ccm-Becherglas und füllt auf etwa 300 ccm auf. Nach Zusatz von 4—5 g Ammoniumsulfat elektrolysiert man. Die Fällung ist nach 2 Stunden beendet; der Niederschlag besteht aus Nickel, Kobalt und Kupfer. Der Kobaltgehalt beträgt durchweg 1% des Nickelgehaltes und wird dieserhalb nicht in Rechnung gesetzt. Bestimmt werden kann er in einem aliquoten Teil obiger salzsaurer Lösung durch Fällen mittels Nitroso-β-Naphtol. Das Kupfer wird aus schwefelsaurer Lösung, die in oben angegebener Weise erhalten wurde, elektrolytisch bestimmt und von dem Nickelgehalt in Abzug gebracht.

Ist eine Bestimmung der Nebenbestandteile im Nickelmetall notwendig, so löst man 10 g Nickelspäne in 80 ccm verdünnter Salpetersäure unter Erwärmen auf, fügt 20 ccm konzentrierter Schwefelsäure hinzu und dampft ein bis zur Schwefelsäurekonsistenz. Nach Abkühlen und Verdünnen mit Wasser wird die zurückbleibende Kieselsäure abfiltriert, geglüht und gewogen, unter Umständen noch durch Abrauchen mit Flußsäure auf Reinheit geprüft. In dem Filtrat fällt man das Kupfer durch Einleiten von Schwefel-wasserstoff und führt es nach dem Abfiltrieren durch Glühen in Kupferoxyd über. Die abfiltrierte Lösung wird nach Einengen und Oxydieren durch einige Tropfen konzentrierter Salpetersäure in einem Meßkolben auf 250 ccm aufgefüllt. 100 ccm werden mit Natriumkarbonatlösung genau neutralisiert, mit etwa 1 g Natriumazetat und einigen Tropfen Essigsäure versetzt und zum Sieden erhitzt; man löst den sich abscheidenden Eisenniederschlag in Salzsäure auf, wiederholt die Azetatfällung, löst den Niederschlag wieder in Salzsäure und fällt das Eisen mit Ammoniak. In anderen 100 ccm fällt man Kobalt und Nickel aus ammoniakalischer Lösung auf elektrolytischem Wege, wobei das ausgeschiedene Eisenhydroxyd nicht störend wirkt. Nach dem Wägen werden die beiden Metalle in Salpetersäure gelöst, das Kobalt wird nach dem Vertreiben der Salpetersäure durch Schwefelsäure in der mit Salzsäure versetzten Lösung durch Nitroso-β-Naphtol gefällt. Die vom Kupfer, Eisen, Nickel und Kobalt befreite Lösung kann noch Mangan und unter Umständen auch Magnesium enthalten. Man fällt das Mangan in neutraler Lösung durch Bromwasser aus und scheidet in dem Filtrat das Magnesium nach Zusatz von Ammoniak durch Natriumphosphat ab.

Die Bestimmung des Kohlenstoffs erfolgt wie bei Roheisen und Stahl durch nasse Verbrennung mittels Chromschwefelsäure. Zur Bestimmung des Schwefels löst man 10 g in verdünnter reiner Salpetersäure, dampft zweimal mit konzentrierter Salzsäure zur Trockne, nimmt mit salzsäurehaltigem Wasser auf, filtriert die ausgeschiedene Kieselsäure samt Kohlenstoff ab und fällt im Filtrate mit Bariumchlorid.

Kupfer-Zinnlegierungen.

(Maschinenbronze, Phosphorbronze, Geschützbronze, Statuenbronze, Medaillenbronze, Glockenmetall.)

Man übergießt 1 g der Legierung im bedeckten Becherglase mit 6 ccm rauchender Salpetersäure, gibt vorsichtig 3 ccm Wasser hinzu, erhitzt nach erfolgter Lösung, verdünnt mit etwa 50 ccm heißem Wasser und filtriert die Zinnsäure ab. Letztere enthält fast stets noch geringe Mengen von Blei, Kupfer und gegebenenfalls Antimon. Zur Bestimmung dieser Anteile durchstößt man das Filter mit dem feuchten Zinnoxydniederschlag und spritzt den Niederschlag in ein Becherglas, gibt 7 g Oxalsäure und 7 g Ammoniumoxalat zu, kocht etwa $^3/_4$ Stunden und verdünnt auf etwa 250 ccm. In die auf 90—95° gehaltene Flüssigkeit leitet man, ungeachtet einer von Blei etwa herrührenden Trübung, 2—3 Stunden lang Schwefelwasserstoff ein und fällt auf diese Weise Blei, Kupfer und Antimon. Man filtriert, dampft das Filtrat ein und bestimmt hierin nach Zugabe einer weiteren Menge Oxalsäure das Zinn elektrolytisch. Den Niederschlag der Blei-, Kupfer- und Antimonsulfide versetzt man mit Kalilauge; Antimon geht in Lösung und kann im Filtrat nach Zusatz von Natriumsulfidlösung elektrolytisch bestimmt werden. Die abfiltrierten Blei- und Kupfersulfide glüht man, löst den Glührückstand in Salpetersäure und vereinigt die Lösung mit dem zu Anfang von der Zinnsäure erhaltenen salpetersauren Filtrat.

Zur weiteren Untersuchung wird die Lösung nach Zusatz von 2 ccm konzentrierter Schwefelsäure eingedampft und das als Sulfat abgeschiedene Blei nach Verdünnen mit Wasser abfiltriert und gewogen. Im Filtrat von Bleisulfat scheidet man nach Zusatz von ungefähr 1 ccm Salpetersäure (spezifisches Gewicht 1,2) das Kupfer elektrolytisch ab. Die von Zinn, Blei und Kupfer freie Lösung wird hierauf vorsichtig mit Natriumkarbonat neutralisiert und mit etwas verdünnter Schwefelsäure ganz schwach angesäuert, worauf das Zink durch Einleiten von Schwefelwasserstoff gefällt wird. Im Filtrat scheidet man nach Austreiben des Schwefelwasserstoffs durch Kochen Eisen und Nickel zusammen mit Natronlauge und Bromwasser als Oxyde ab, wägt beide nach dem Abfiltrieren und Glühen, löst sie in Salzsäure und bestimmt das Eisen maßanalytisch mit Permanganat; die Differenz ergibt die Menge Nickel. Bei höheren Nickelgehalten trennt man Eisen und Nickel durch Fällen des Eisens nach dem Azetatverfahren und Abscheiden des Nickels im Filtrat durch Schwefelwasserstoff oder Dimethylglyoxim (vgl. oben bei Roheisen).

Zur Bestimmung des Phosphors in Phosphorbronzen löst man 3 g Späne in der oben angegebenen Weise in Salpetersäure, dampft annähernd zur Trockne, nimmt mit rauchender Salzsäure auf und verdünnt nach längerem Stehen und häufigem Umrühren mit Wasser, wobei der Rückstand in Lösung geht. Nach Einleiten von Schwefelwasserstoff filtriert man die ausgefällten Sulfide ab, vertreibt den Schwefelwasserstoff durch Kochen, übersättigt mit Ammoniak, setzt Salpetersäure im Überschuß hinzu und fällt den Phosphor mit Molybdänlösung. Der gelbe Niederschlag wird nach einem der bei Roheisen und Stahl (s. S. 632) angegebenen Verfahren behandelt.

Kupfer-Zinklegierungen.
(Messing, Gelbguß, Rotguß, Tombak, Schlaglot, Muntz-, Delta-, Durana-Metall.)

Man löst 1 g der Legierung unter Erwärmen in 15 ccm verdünnter Salpetersäure auf, filtriert bei einem etwaigen Gehalte an Zinn die ausgeschiedene Zinnsäure ab, setzt 2 ccm konzentrierter Schwefelsäure zu und dampft bis zur Schwefelsäurekonsistenz ein. Nach Verdünnen mit Wasser und Zugabe von Alkohol filtriert man nach längerem Stehen das Blei als Sulfat ab und fällt in der abfiltrierten Lösung nach Wegkochen des Alkohols das Kupfer entweder elektrolytisch oder nach Zusatz von Salzsäure als Sulfid durch Einleiten von Schwefelwasserstoff. Im Filtrate wird, gegebenenfalls nach Austreiben des Schwefelwasserstoffs, das Eisen durch etwas Bromwasser oxydiert und durch doppelte Fällung mit Ammoniak vom Zink getrennt. Schließlich fällt man in der abfiltrierten Lösung das Zink nach Zusatz von Ammoniumazetat und etwas Essigsäure durch Einleiten von Schwefelwasserstoff und bringt es als Schwefelzink oder Zinkoxyd zur Wägung.

Weißmetall.

Von zinnreichen Zinn-Antimon-Kupferlegierungen löst man 1 g Späne in Königswasser unter Erwärmen auf, engt bis zum Verschwinden der nitrosen Dämpfe ein und macht mit Kalilauge alkalisch. Die alkalische Lösung wird mit frischer Natriumsulfidlösung im Überschuß versetzt und längere Zeit unter häufigem Umschütteln erwärmt. Der Niederschlag wird nach dem Absetzen abfiltriert und mit heißem schwefelnatriumhaltigem Wasser ausgewaschen; er enthält Blei, Kupfer, Eisen und Zink. Man löst ihn in verdünnter Salpetersäure und fällt das Blei als Sulfat durch Zusatz von konzentrierter Schwefelsäure. Im Filtrate scheidet man nach Zugabe von Salzsäure das Kupfer durch Einleiten von Schwefelwasserstoff ab und fällt in der vom Schwefelkupfer abfiltrierten Lösung das Eisen nach Wegkochen des Schwefelwasserstoffs und Oxydieren mit Bromwasser durch Ammoniak. Das Zink wird dann schließlich in der abfiltrierten Lösung nach Zusatz von etwas Essigsäure mit Schwefelwasserstoff abgeschieden.

Die von dem Niederschlag der ausgeschiedenen Schwefelmetalle abfiltrierte Lösung, die das Zinn und Antimon enthält, füllt man auf etwa $1^1/_2$—2 l auf, gibt Oxalsäure im Überschuß zu und kocht $^1/_2$ Stunde unter Einleiten eines starken Schwefelwasserstoffstromes. Das Antimonsulfid bleibt als orangeroter Niederschlag zurück. Letzterer, der noch zinnhaltig ist, wird möglichst heiß abfiltriert, einige Male mit heißem Wasser ausgewaschen, auf dem Filter mit Natriumsulfid gelöst und die Fällung wiederholt. Aus dem bei der zweiten Fällung erhaltenen reinen Antimonsulfid wird das Antimon elektrolytisch bestimmt. In der vom Antimon abfiltrierten Lösung scheidet man das Zinn durch Fällen mit Schwefelwasserstoff ab; durchweg kann man sich jedoch mit der Bestimmung des Zinngehalts durch Unterschiedsrechnung begnügen.

Bei bleireichen Blei-Zinn-Antimonlegierungen löst man 1 g Späne in der Kälte in 15 ccm konzentrierter Salzsäure unter tropfenweisem Hinzufügen von konzentrierter Salpetersäure. Zu der erhaltenen gelblichen bis gelblichgrünen Lösung setzt man nach und nach das zehnfache Volumen von absolutem Alkohol, wodurch sich das Blei als Bleichlorid in größeren Kristallen und leicht filtrierbar abscheidet; nur wenig Blei bleibt in Lösung. Das Bleichlorid wird sorgfältig mit Wasser und Alkohol dekantiert, getrocknet und als solches mit 74,48% Pb zur Wägung gebracht.

Das Filtrat vom Chlorblei, das das gesamte Zinn, Antimon, Kupfer, Eisen, Zink, und noch Spuren von Blei enthält, wird durch Abdampfen vom Alkohol befreit und weiter wie vorher bei den zinnreichen Zinn-Antimon-Kupferlegierungen behandelt.

Kalzium- und Lurgimetall (Weißmetallersatz).

Die Bestimmung von Blei, Kupfer, Eisen und Zink wird wie bei den vorhergehenden bleireichen Blei-Zinn-Antimonlegierungen ausgeführt.

Kalzium und Barium werden zweckmäßig in einer besonderen Einwage bestimmt. Man löst hierzu 2 g Metallspäne in einem 500-ccm-Meßkolben mit 40 ccm Salpetersäure (spezifisches Gewicht 1,2), kocht einige Minuten, verdünnt mit etwa 100 ccm warmem Wasser, neutralisiert mit Ammoniak und oxydiert mit Bromwasser. Nach kurzem Kochen macht man stark ammoniakalisch, läßt erkalten und filtriert nach dem Auffüllen in einen 250-ccm-Meßkolben. Etwa zu Anfang trübe durchlaufendes Filtrat schütte man weg. Den Inhalt des 250-ccm-Meßkolbens (= 1 g Einwage) bringt man in ein Becherglas (600 ccm), erhitzt zum Sieden und fällt das Barium als Sulfat mit verdünnter Schwefelsäure. Das Filtrat vom Bariumsulfat wird ammoniakalisch gemacht und das Kalzium als Oxalat gefällt. War kein Barium vorhanden, so fällt man den Kalk unmittelbar in der abfiltrierten ammoniakalischen Teillösung.

Schlacken.

Zur Bestimmung des Eisens löst man in einem kleinen Becherglase 1 g feingepulverte Schlacke nach Aufschlämmen mit Wasser in gelinder Wärme in 15 ccm konzentrierter Salzsäure und verdünnt nach erfolgter Lösung mit heißem Wasser auf etwa 100 ccm. Bei Kuppelofenschlacken, die gewöhnlich etwas metallisches Eisen enthalten, gibt man beim Lösen noch einen Zusatz von etwa 1 g Kaliumchlorat und vertreibt dann das Chlor durch Kochen. Die siedend heiße, gelbe Lösung wird gerade bis zur Entfärbung tropfenweise mit einer Zinnchlorürlösung (100 g Zinnchlorür + 100 ccm Wasser + 100 ccm konzentrierter Salzsäure) versetzt und der geringe Überschuß von Zinnchlorür durch Zusatz von 25 ccm Quecksilberchloridlösung (50 g Quecksilberchlorid in 1 l) zu der abgekühlten Flüssigkeit beseitigt. Nach 1 Minute langem Stehen spült man die Eisenlösung in eine mit 2 l Wasser gefüllte Porzellanflasche, fügt 60 ccm einer phosphorsäurehaltigen Mangansulfatlösung (200 g Mangansulfat + 600 ccm Phosphorsäure [spezifisches Gewicht 1,3] + 400 ccm konzentrierter Schwefelsäure auf 3 l verdünnt) hinzu und titriert mit einer Kaliumpermanganatlösung bis zur Rosafärbung. Die Permanganatlösung wird unter den gleichen Versuchsverhältnissen mit metallischem Eisen oder reinem Eisenoxyd auf Eisen eingestellt.

Zur Bestimmung des Mangans löst man 1—2 g Schlacke in konzentrierter Salzsäure, fügt eine geringe Menge Kaliumchlorat hinzu, kocht bis zum Verschwinden des Chlorgeruchs und bestimmt das Mangan, wie bei Roheisen beschrieben, nach dem Volhard-Wolff-Verfahren.

Zur Phosphorsäurebestimmung behandelt man 1—2 g Schlacke in einer Porzellanschale mit 30 ccm Salzsäure (spezifisches Gewicht 1,19), oxydiert mit einigen Tropfen Salpetersäure, verdampft zur Trockne, nimmt den Rückstand mit Salzsäure (spezifisches Gewicht 1,19) auf und spült das Ganze in einen 100-ccm-Meßkolben. Den Inhalt des aufgefüllten Kolbens filtriert man durch ein trockenes Filter. 10 ccm des Filtrats werden zur Phosphorsäurebestimmung verwendet und salpetersauer gemacht, die Phosphorsäure wird mit Molybdänlösung gefällt. Der Niederschlag wird nach einem der bei Roheisen angegebenen Verfahren bestimmt.

Zur Bestimmung der Kieselsäure wird 1 g Schlacke mit etwa 25 ccm Wasser aufgeschlämmt, unter stetem Rühren mit 25 ccm Salzsäure (1: 1) versetzt und die Lösung zur Trockne verdampft. Der Rückstand wird im Luftbade eine Stunde lang bei 130° erhitzt. Nach dem Erkalten nimmt man den Rückstand mit 25 ccm Salzsäure (1: 1) auf, erwärmt, verdünnt und filtriert ab, wobei man zunächst mit heißem, schwach salzsaurem Wasser, dann mit heißem Wasser allein auswäscht. Das Filtrat wird nochmals zur Trockne verdampft, der Rückstand wie oben behandelt und die noch abgeschiedene Kieselsäure filtriert. Die beiden Filter werden zusammen im Platintiegel verascht und die Kieselsäure bei heller Rotglut geglüht. Nach dem Auswägen wird die Kieselsäure mit Flußsäure und Schwefelsäure abgeraucht und ein etwaiger Rückstand von der Auswage abgezogen.

Soll von den Schlacken eine Gesamtanalyse vorgenommen werden, so behandelt man 1 g in konzentrierter Salzsäure, wie vorstehend beschrieben zur Abscheidung der Kieselsäure. Die bei der Analyse der Kuppelofenschlacke zurückbleibende Kieselsäure enthält gewöhnlich noch Mangan und muß daher mit Kalium-Natriumkarbonat aufgeschlossen werden; die Schmelze wird mit Salzsäure zersetzt, eingedampft, die Kieselsäure abgeschieden und das Filtrat zur Hauptlösung zugegeben. Nach Verdünnen auf etwa 500 ccm neutralisiert man die Lösung mit Ammoniumkarbonat, fügt 1—2 g Ammoniumazetat und einige Tropfen Essigsäure hinzu und fällt Eisen, Tonerde und Phosphorsäure zusammen durch Aufkochen aus. Der abfiltrierte Niederschlag wird vom Filter mit Salzsäure in einen 250-ccm-Meßkolben hinein gelöst; nach dem Auffüllen bis zur Marke fällt man in 100 ccm Eisenoxyd, Tonerde und Phosphorsäure mit Ammoniak, filtriert den Niederschlag ab, glüht und wägt. Den gewogenen Rückstand löst man in Salzsäure, titriert das Eisen mit Kaliumpermanganat und rechnet zu Eisenoxyd um; in anderen 100 ccm Teillösung bestimmt man nach Übersättigen mit Ammoniak und Ansäuern mit Salpetersäure die Phosphorsäure durch Fällen mit Molybdänlösung. Aus der Differenz der vorstehend bestimmten Gehalte an Eisenoxyd + Phosphorsäure und des Gewichts des Ammoniakniederschlages ergibt sich die Menge Tonerde. In der vom Azetatniederschlag abfiltrierten Lösung fällt man durch Zusatz von Bromwasser das Mangan als wasserhaltiges Mangansuperoxyd, das nach dem Vertreiben des überschüssigen Broms abfiltriert, stark geglüht und als Manganoxydoxydul gewogen wird. Das Filtrat wird schwach ammoniakalisch gemacht und in der Siedehitze zur Fällung des Kalks mit Ammoniumoxalat versetzt; nach sechsstündigem Stehen in der Wärme wird das Kalziumoxalat abfiltriert, das nach starkem Glühen als Kalziumoxyd gewogen wird. Zur abfiltrierten Lösung gibt man hierauf weitere 50 ccm Ammoniak (spezifisches Gewicht 0,91), setzt zur Fällung der Magnesia Natrium-Ammoniumphosphat hinzu und filtriert nach 12stündigem Stehen in der Kälte das gebildete Ammonium-Magnesiumphosphat ab, das durch Glühen in Magnesiumpyrophosphat übergeführt wird.

Zuschläge.

Bei der Untersuchung von Kalkstein begnügt man sich für gewöhnliche Betriebszwecke mit der Gesamtbestimmung der aus Kieselsäure, Eisenoxyd und Tonerde bestehenden Verunreinigungen. Man löst 1 g in verdünnter Salzsäure, dampft zur Trockne, erhitzt auf 130° C., nimmt den Rückstand mit salzsäurehaltigem Wasser auf, erhitzt mit einigen Tropfen Salpetersäure, versetzt nach dem Verdünnen in der Siedehitze mit Ammoniak in geringem Überschuß, filtriert Kieselsäure, Eisenoxyd + Tonerde zusammen ab und bestimmt nach dem Glühen das Gesamtgewicht. Soll eine Gesamtanalyse ausgeführt werden, so filtriert man nach dem Lösen und Aufnehmen des Eindampfrückstandes mit salzsäurehaltigem Wasser die Kieselsäure ab, fällt in dem Filtrate Eisenoxyd und Tonerde mit Ammoniak und bestimmt in der von den Oxyden abfiltrierten Lösung Kalk und Magnesia, wie bei der Untersuchung der Schlacken angegeben. Wenn erforderlich, werden Eisenoxyd und Tonerde einzeln bestimmt durch Auflösen des gewogenen Ammoniakniederschlages in Salzsäure und Titrieren des Eisens mit Kaliumpermanganat; der Gehalt an Tonerde ergibt sich aus der Differenz.

Bei der Untersuchung von Dolomit und Magnesit verfährt man wie vorstehend; nur setzt man vor der Ammoniakfällung, um das Mitausfallen der Magnesia zu verhindern, Ammoniumchlorid zu und wiederholt die Kalkfällung nach Auflösen des ersten Kalziumoxalatniederschlages in Salzsäure nochmals mit Ammoniumoxalat.

Bei der Untersuchung des Flußspates genügt im allgemeinen die Bestimmung des Kalkgehaltes. Zur unmittelbaren Feststellung des Fluorgehaltes mengt man das fein gepulverte Mineral mit der doppelten Menge reiner Kieselsäure und der zehnfachen Menge Kaliumkarbonat und schmelzt das Gemisch bei schwacher Rotglut. Nach dem Erkalten löst man in einer Platinschale mit Wasser, filtriert die Lösung durch einen Platin- oder paraffinierten Glastrichter in eine zweite Platinschale, dampft darin die Lösung möglichst weit ein und neutralisiert mit verdünnter Salzsäure. Hierauf gibt man wiederholt kleine Mengen Ammoniumkarbonat hinzu und kocht bis zum Verschwinden des Ammoniakgeruches. Man filtriert dann ab, kocht das Filtrat mit einigen Kubikzentimetern einer ammoniakalischen Zinkoxydlösung (2 g Zinkoxyd in 10 ccm Ammoniak [spezifisches Gewicht 0,96]) und verdampft erneut bis zum Verschwinden des Ammoniakgeruches. Zwei Drittel des Filtrats werden hierauf mit verdünnter Salzsäure neutralisiert und dann das andere Drittel hinzugegeben. Die Lösung wird siedend heiß mit konzentrierter Chlorkalziumlösung versetzt. Fluorkalzium und kohlensaures Kalzium fallen aus und werden zunächst durch Dekantation ausgewaschen. Dann bringt man den Niederschlag auf das Filter, wäscht aus und trocknet. Das Filter wird, getrennt vom Niederschlag, verascht und beide werden zusammen erhitzt, ohne stark ins Glühen zu kommen. Nach dem Erkalten übergießt man den Niederschlag mit verdünnter Essigsäure, wodurch das Kalziumkarbonat gelöst wird, verdampft im Wasserbade zur Trockne, behandelt den Rückstand mit heißem Wasser, filtriert, wäscht aus, trocknet, glüht und wägt das Fluorkalzium. Letzteres enthält 48,72% Fluor.

Feuerfeste Erzeugnisse.

Man mischt 1 g der sehr fein gepulverten Probe im Platintiegel mit der 8 bis 10fachen Menge Kalium-Natriumkarbonat und schließt bei Ton und Schamotte durch 2stündiges Schmelzen, bei Quarzit, Sand und Dinassteinen durch ½stündiges Schmelzen auf. Die Schmelze wird nach dem Auslaugen in Wasser mit Salzsäure zersetzt, die Lösung zur Trockne eingedampft, der Rückstand eine Stunde lang auf 130° C. erhitzt und mit konzentrierter Salzsäure aufgenommen; nach Verdünnen und längerem Digerieren wird die Kieselsäure abfiltriert, mit heißem salzsäurehaltigem Wasser ausgewaschen, geglüht und gewogen. Bei genauen Analysen wird das Filtrat nochmals zur Abscheidung des Restes der Kieselsäure eingedampft. Die Kieselsäure raucht man zur Sicherheit nach Anfeuchten mit Schwefelsäure mit Flußsäure ab und fügt einen etwa bleibenden Rückstand von Tonerde und Eisenoxyd nach Auflösen in Salzsäure zur Hauptlösung hinzu. Das Filtrat der Kieselsäure wird nach Hinzufügen einiger Tropfen Salpetersäure in der Siedehitze mit Ammoniak in geringem Überschuß versetzt, der Niederschlag von Eisenoxyd und Tonerde abfiltriert, mit siedend heißem Wasser ausgewaschen, geglüht (nicht zu lange) und gewogen. In einer besonderen Probe bestimmt man dann das Eisen. Man raucht zu diesem Zwecke 2 g der Probe mit Flußsäure und Schwefelsäure ab, löst den Rückstand vollständig in Salzsäure, fällt das Eisenoxyd mit Natronlauge, filtriert und titriert das Eisen nach dem Auflösen in Salzsäure nach dem Permanganatverfahren (s. Eisenbestimmung in Schlacken S. 649). Aus der Differenz des aus dem gefundenen Eisen berechneten Eisenoxyds und des mit Ammoniak erhaltenen Niederschlages von Eisenoxyd + Tonerde berechnet sich die Menge Tonerde. In der vom Ammoniakniederschlag abfiltrierten Lösung werden Kalk und Magnesia wie bei der Untersuchung der Schlacken bestimmt.

Zur Bestimmung der Alkalien raucht man in einer Platinschale 2 g der Probe nach Anrühren mit verdünnter Schwefelsäure mit einigen Kubikzentimeter reiner Flußsäure ab, dampft zur Trockne und bringt den Rückstand durch Salzsäure in Lösung; bleibt hierbei noch etwas ungelöst, so wird die Behandlung mit Flußsäure wiederholt. Die Lösung wird in einen 500-ccm-Meßkolben hineingespült, in der Siedehitze zur Abscheidung von Eisenoxyd, Tonerde und Kalk mit überschüssigem Ammoniak und Ammoniumoxalat versetzt, bis zur Marke aufgefüllt und dann durch ein trockenes Filter abfiltriert. In 250 ccm des Filtrates fällt man die Magnesia und vorhandene Schwefelsäure durch Barytwasser, filtriert und scheidet den gelösten Baryt durch Ammoniumkarbonat ab. Nach Abfiltrieren des Niederschlages dampft man das Filtrat in einer gewogenen Platinschale zur Trockne, verjagt die Ammoniumsalze durch mäßiges Glühen und wägt die zurückbleibenden Alkalien als Sulfate. Eine weitere Trennung dieser ist nicht erforderlich.

Zur Bestimmung des Glühverlustes wird 1 g in einem bedeckten Platintiegel nach vorsichtigem Anwärmen über dem Brenner oder besser in einer Muffel bis zur Gewichtskonstanz stark geglüht.

Zur Untersuchung von gebranntem Dolomit und Magnesitsteinen löst man 1 g der Probe in Salzsäure und verfährt wie oben bei den Zuschlägen angegeben.

Graphit und Kohlenstoffsteine werden gewöhnlich nur auf ihren Kohlenstoffgehalt geprüft; man verbrennt hierzu in der gleichen Weise wie bei der Kohlenstoffbestimmung im Roheisen und Stahl (vgl. S. 628) 0,5 g im Sauerstoffstrome und wägt die gebildete Kohlensäure nach Absorption in Natronkalkröhren.

Die Untersuchung von Kohlenstaub auf Wasser, Asche und flüchtige Bestandteile erfolgt wie bei Kohlen (vgl. nachstehend).

Brennstoffe.

Zur Bestimmung des Wassers werden von der richtig genommenen Durchschnittsprobe, wenn diese auf eine Walnußgröße zerkleinert worden ist, 5 oder 10 kg Kohlen in einem flachen Blechgefäß bis zur Gewichtskonstanz bei 100—105° C. getrocknet. Es empfiehlt sich, für die Nässebestimmung bei der Zerkleinerung nicht weiter zu gehen, da sonst ein Verlust an Wasser eintreten kann, und ferner bei dem Trocknen im Luftbade eine Temperatur von 100—105° C. nicht zu überschreiten, weil durch eine sonst etwa schon beginnende Entgasung der Feuchtigkeitsgehalt zu hoch gefunden werden könnte. Bei Koks verfährt man am besten in der Weise, daß man ganz von der Zerkleinerung absieht und beim Entladen des Eisenbahnwagens gleichmäßig aus allen Teilen Koksstücke entnimmt und diese, im Gesamtgewicht von etwa 200—300 kg in einem Behälter aus Eisenblech bis zur Gewichtskonstanz trocknet; am einfachsten geschieht dieses durch ein 24stündiges Einstellen des Koksbehälters in die Trockenkammer der Gießerei.

Zur Bestimmung der Asche erhitzt man 1 g der fein gepulverten Kohlen- oder Koksprobe in einem Platin- oder Porzellanglühschälchen, bis keine Gewichtsabnahme mehr eintritt, und zwar anfänglich bei sehr langsam ansteigender Temperatur, um ein Verstäuben der Probe und bei Kohlen ein Zusammenbacken zu verhindern. Am besten nimmt man das Veraschen in einem Muffelofen vor, den man erst nach dem Einsetzen des Glühschälchens langsam anheizt. Soll für bestimmte Zwecke die zurückbleibende Kohlen- oder Koksasche auf ihre Bestandteile untersucht werden, so schließt man sie mit der zehnfachen Menge Natrium-Kaliumkarbonat auf und verfährt, wie bei der Untersuchung der feuerfesten Stoffe angegeben.

Zur Bestimmung der flüchtigen Bestandteile (Gasgehalt) oder des Koksausbringens bei Kohlen und Kohlenstaub erhitzt man 1 g der fein gepulverten Probe im bedeckten Platintiegel über einem Bunsenbrenner von mindestens 180 mm Flammenhöhe, bis keine brennbaren Gase mehr unter dem Tiegeldeckel herausschlagen, und bestimmt dann nach vollständigem Erkalten des Tiegels den stattgehabten Gewichtsverlust. Um rasch eine regelmäßig hohe Temperatur zu erzielen, wird der Tiegel in einem Platindreieck in einer Entfernung von 60 mm zwischen Tiegelboden und Brennermündung sofort mit voller Flamme erhitzt; der erhaltene Kokskuchen gibt Aufschluß über die Verkokbarkeit der Kohle.

Zur Bestimmung des Schwefels wird 1 g der feingepulverten Kohlen- oder Koksprobe in einem geräumigen Platin- oder Porzellantiegel mit 5 g einer Mischung von 2 Teilen gebrannter Magnesia und 1 Teil wasserfreiem Natriumkarbonat gut gemengt und bei schräg gelegtem Tiegel unter häufigem Umrühren mittels Platinspatels etwa eine Stunde lang bis zur vollständigen Verbrennung des Kohlenstoffs schwach geglüht. Man behandelt den erkalteten Tiegelinhalt nach Anrühren mit Wasser mit Bromsalzsäure, dampft zur Trockne, nimmt mit verdünnter Salzsäure auf, filtriert die Kieselsäure ab und fällt im Filtrate den Schwefel mit Bariumchlorid. Durch einen blinden Versuch prüft man die Aufschließmasse auf ihren Schwefelgehalt, der gegebenenfalls in Abzug zu bringen ist.

Der Heizwert von Kohlen und Koks wird durch Verbrennen von 1 g der Probe in der kalorimetrischen Bombe in Sauerstoff und Messen der dabei an eine bestimmte Wassermenge abgegebenen Wärme bestimmt. Bezüglich der Einzelheiten muß auf die einschlägigen Lehrbücher verwiesen werden.

Gase.

Bei der Gasanalyse muß der richtigen Probenahme besondere Aufmerksamkeit gewidmet werden, da die Zusammensetzung der Gase, z. B. der Rauchgase bei Feuerungen, der Kuppelofengichtgase, der Gaserzeugergase usw., großen Schwankungen unterworfen ist. In Anbetracht der Schwierigkeiten, eine richtige Durchschnittsprobe zu erhalten, nimmt man am besten eine Reihe von Einzelproben nacheinander und berechnet aus den Einzelanalysen, wenn erforderlich, den Mittelwert. Rauchgase entnimmt man dem Fuchskanal, und zwar vor dem Kaminschieber, weil durch diesen immer unvermeidlich Luft in den Fuchs einströmt. Gaserzeugergasproben werden am besten aus der vor den Öfen liegenden Gassammelleitung entnommen, da die einem einzelnen Gaserzeuger entströmenden Gase je nach dessen Beschicken und Schüren in ihrer Zusammensetzung stark schwanken und außerdem auf ihrem Wege zur Hauptleitung durch teilweise Zersetzung der schweren Kohlenwasserstoffe meist noch eine Veränderung erleiden. Schwieriger ist das Entnehmen von Gasproben aus dem Kuppelofen; eine Entnahme von der Seite nach Durchbohren des Blechpanzers und Steinfutters ist zu vermeiden, da man mit dem Absaugerohr nicht bis zur Mitte durchdringen kann und die Zusammensetzung der am Rande aufsteigenden Gase keineswegs dem Durchschnitte entspricht; am besten hilft man sich dadurch, daß man ein längeres Gasrohr oben an der Gicht einsetzt, mit der Beschickungssäule langsam niedergehen läßt und, wenn das untere Rohrende soweit, wie gewünscht, gesunken ist, oben aus dem Rohre die Probe entnimmt.

Die Gase werden mit Hilfe eines Aspirators oder einer gewöhnlichen Saugflasche aus dem betreffenden Gasraume durch ein Entnahmerohr in ein mit Wasser gefülltes und mit zwei eingeschliffenen Hähnen verschließbares Sammelrohr von etwa 250 ccm Inhalt hineingesaugt. Das Entnahmerohr besteht, falls der Gasraum keine zu hohe Temperatur aufweist, aus Glas, bei höheren Hitzegraden aus Porzellan; am besten setzt man das Entnahmerohr in ein mit Flansch versehenes Eisenrohr (Gasrohr) oben abgedichtet ein und dichtet an der Außenwand den Flansch mit Ton oder Lehm ab. Sind die Gase durch Flugstaub, Ruß, Teerdämpfe u. dgl. verunreinigt, so werden diese Beimengungen durch Vorschalten eines mit Watte, Glaswolle oder Faserasbest gefüllten Rohres zurückgehalten.

Die Analyse der Gase wird entweder in den Hempelschen Pipetten oder in dem Apparat von Orsat ausgeführt; letzterer wird sehr viel in der Praxis benutzt, da er, in einem Holzkasten eingebaut, leicht überall hingebracht werden kann und infolge vielfacher Verbesserungen ein sehr schnelles Arbeiten gestattet. Die Absorption der einzelnen Bestandteile des Gases geschieht in der Reihenfolge: Kohlensäure, schwere Kohlenwasserstoffe, Sauerstoff und Kohlenoxyd; in dem verbleibenden Gasrest werden, wenn erforderlich, Wasserstoff und Methan durch Verbrennung bestimmt. Zur Absorption verwendet man folgende Lösungen:

1. Kohlensäure wird in Kalilauge absorbiert, hergestellt durch Auflösen von 1 Teil Kaliumhydroxyd in 2 Teilen Wasser.

2. Die schweren Kohlenwasserstoffe (Kohlenwasserstoffe der Äthylen-, Azetylen- und Benzolreihe) werden durch rauchende Schwefelsäure (spezifisches Gewicht 1,938) zurückgehalten; die nach der Absorption mitgerissenen Säuredämpfe werden mittels Durchleiten durch das mit Kalilauge gefüllte Gefäß entfernt.

3. Der Sauerstoff kann entweder durch gelben Phosphor, der in Form dünner Stangen unter Wasser und vor dem Lichte geschützt benutzt wird, oder durch eine alkalische Pyrogallussäurelösung absorbiert werden. Letztere wird hergestellt durch Lösen von 40 g Pyrogallol in 90 ccm Wasser und Zugabe von 70 g konzentrierter Kalilauge (spezifisches Gewicht 1,55); die Lösung absorbiert schnell und ist dauerhaft. Es ist zu beachten, daß der Phosphor den Sauerstoff nur bei einer Temperatur von über 15° und nach Entfernung der durch rauchende Schwefelsäure absorbierbaren Gase aufzunehmen vermag.

4. Kohlenoxyd wird durch eine ammoniakalische Kupferchlorürlösung absorbiert, die in folgender Weise hergestellt wird. Man löst 200 g Kupferchlorür und 250 g Ammoniumchlorid in 750 ccm Wasser und fügt zu 35 ccm dieser Lösung 150 ccm konzentrierten Ammoniak (spezifisches Gewicht 0,91). Die Lösung absorbiert schnell, ist jedoch anderseits auch schnell gesättigt. Zweckmäßig leitet man das Gas zunächst durch ein mit schon häufiger gebrauchter Lösung gefülltes Absorptionsgefäß und dann durch ein zweites, das eine erst weniger benutzte Lösung enthält. Da die ammoniakalische Kupferchlorürlösung auch Kohlensäure, schwere Kohlenwasserstoffe, sowie Sauerstoff absorbiert, müssen diese Gase vorher, wie oben angegeben, entfernt werden.

5. Zur Bestimmung des in dem Gasrest verbleibenden Wasserstoffs und Methans gibt man zu dem ganzen oder einem Teil des Gasrestes einen Überschuß von Luft oder Sauerstoff hinzu, bewirkt die Verbrennung obiger Gase mittels Durchschlagens eines elektrischen Funkens oder durch Überleiten über erhitzten Platindraht, Palladiumdraht oder Palladiumasbest und bestimmt die gebildete Kohlensäure mittels Durchleiten durch Kalilauge. Aus der nach der Verbrennung abgelesenen Kontraktion und dem Volumen der entstandenen Kohlensäure kann die ursprüngliche Menge beider Gase berechnet werden.

Aus dem Gehalt an den einzelnen brennbaren Bestandteilen kann der Heizwert des Gases (vgl. S. 172) errechnet werden. Handelt es sich um eine fortlaufende Kontrolle oder Bestimmung des Heizwertes, so wird dieser rascher und besser unmittelbar in einem Gaskalorimeter, z. B. in einem solchen von Junkers, bestimmt.

Sachverzeichnis.

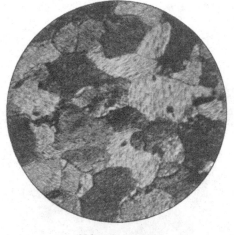

Abb. 13 v = 365
Ferritkristalle.

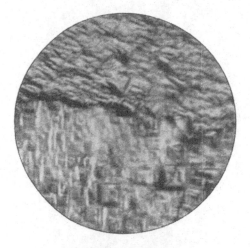

Abb. 14 v = 1650
Ätzfiguren auf Ferritkristallen.

Abb. 15 v = 123
Ferrit und Perlit (0,05°/₀ Kohlenstoff).

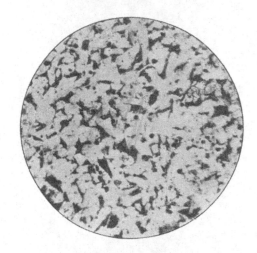

Abb. 16 v = 123
Ferrit und Perlit (0,21°/₀ Kohlenstoff).

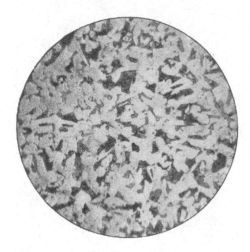

Abb. 17 v = 123
Ferrit und Perlit (0,30°/₀ Kohlenstoff).

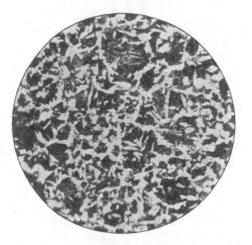

Abb. 18 v = 123
Ferrit und Perlit (0,44°/₀ Kohlenstoff).

Verlag von Julius Springer in Berlin.

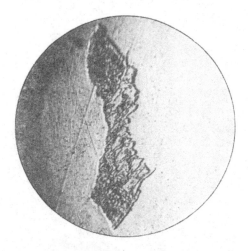

Abb. 19 v = 900
Perlitinsel im Ferrit (0,05% Kohlenstoff).

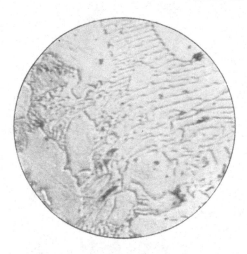

Abb. 20 v = 1650
Perlit und Ferrit (0,5% Kohlenstoff).

Abb. 21 v = 1650
Perlit (0,9% Kohlenstoff).

Abb. 22 v = 900
Zementit und Perlit (1,3% Kohlenstoff).

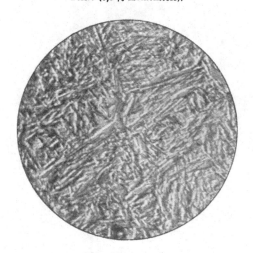

Abb. 23 v = 875
Martensit (1% Kohlenstoff).

Abb. 24 v = 365
Austenit und Martensit.

Verlag von Julius Springer in Berlin.

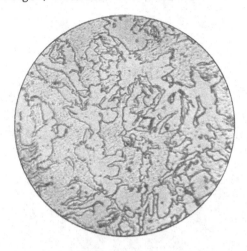

Abb. 25 v = 350

Ferrit und Martensit (0,3⁰/₀ Kohlenstoff).

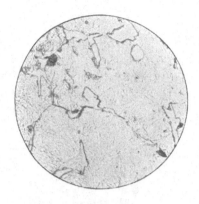

Abb. 26 v = 365

Zementit und Martensit (1,3⁰/₀ Kohlenstoff).

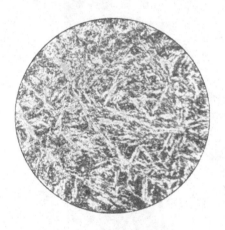

Abb. 29 v = 350

Troostit (0,95⁰/₀ Kohlenstoff).

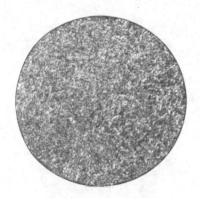

Abb. 30 v = 350

Osmondit (0,95⁰/₀ Kohlenstoff).

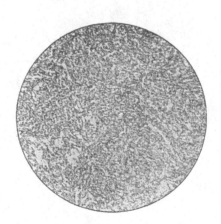

Abb. 31 v = 350

Sorbit (0,95⁰/₀ Kohlenstoff).

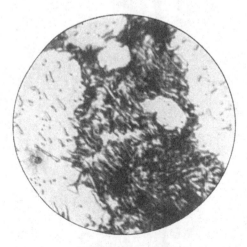

Abb. 32 v = 1650

Perlit und Martensit (0,95⁰/₀ Kohlenstoff).

Verlag von Julius Springer in Berlin.

Abb. 33 v = 1650

Perlit und Osmondit (0,95°/₀ Kohlenstoff).

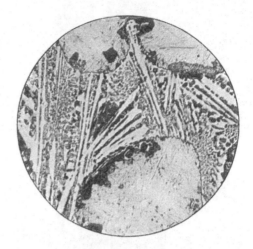

Abb. 35 v = 350

Roheisen mit 3,28°/₀ Kohlenstoff bei 1087° C abgeschreckt.

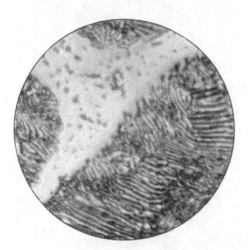

Abb. 36 v = 1650

Weißes Roheisen, langsam abgekühlt.

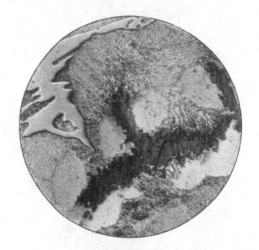

Abb. 37 v = 365

Weißes Roheisen, getempert.

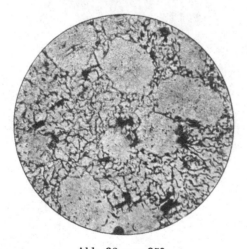

Abb. 38 v = 350

Graues Roheisen Graphit-Eutektoid.

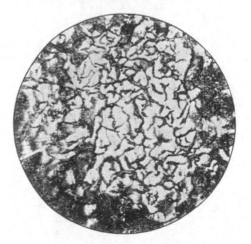

Abb. 39 v = 350

Graues Roheisen Graphit-Eutektoid.

Verlag von Julius Springer in Berlin.

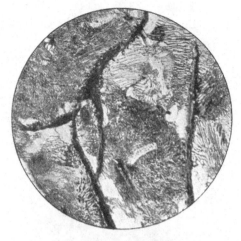

Abb. 41 v = 350

Technisches graues Roheisen.

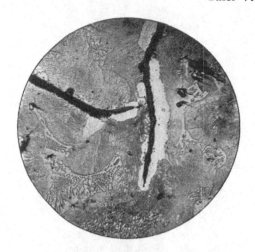

Abb. 42 v = 350

Technisches graues Gußeisen.

Abb. 43 v = 117

Keimwirkung im grauen Gußeisen.

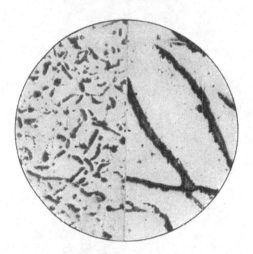

Abb. 46 v = 117/117

Graphitverteilung im grauen Gußeisen
12 × 12 mm ← Stabdicke → 105 × 105 mm.

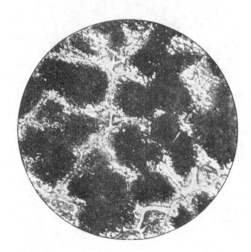

Abb. 54 v = 123

Thomasmetall mit 1,78 % Phosphor und 0,17 % Kohlenstoff.

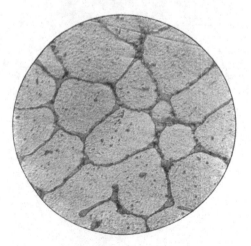

Abb. 58 v = 350

Eisen mit 2,44 % Schwefel.

Verlag von Julius Springer in Berlin.

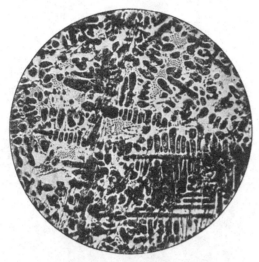

Abb. 78. Temperrohguß. Mischkristalle und
Ledeburit. Vergr. 100.

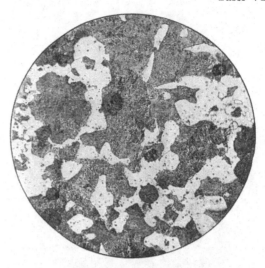

Abb. 83. Schlüsselbart Zone 1. Perlit, Ferrit,
Temperkohle. Vergr. 100.

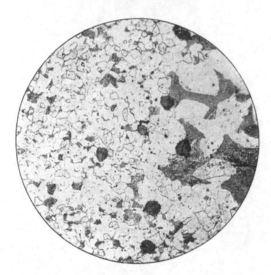

Abb. 84. Schlüsselbart Zone 2. Ferrit, Perlit,
Temperkohle. Vergr. 100.

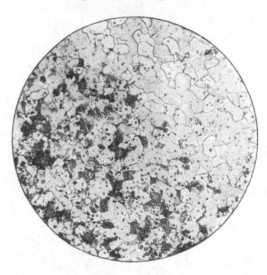

Abb. 85. Schlüsselbart Zone 3. Ferrit, Perlit,
wenig Temperkohle. Vergr. 100.

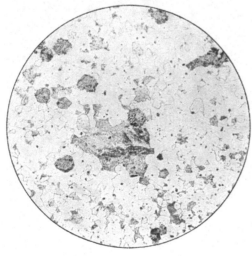

Abb. 86. Schlüsselschaft Zone 4. Ferrit, Perlit,
Temperkohle. Vergr. 100.

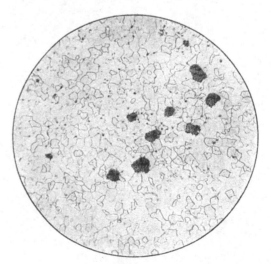

Abb. 87. Schlüsselbart Zone 5. Ferrit und
Temperkohle. Vergr. 100.

Verlag von Julius Springer in Berlin.

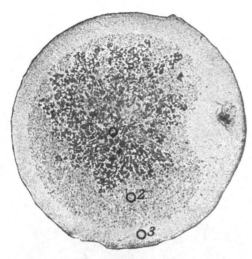

Abb. 88. Schlüsselschaft. Gesamtquerschnitt.
Vergr. 10.

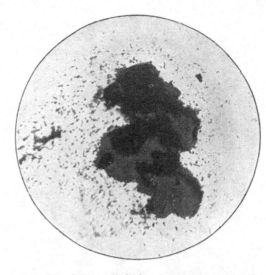

Abb. 89. Schlüsselschaft. Schlackeneinschluß.
Vergr. 10.

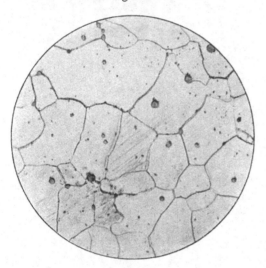

Abb. 90. Äußerste Oberfläche. Reiner Ferrit.
Vergr. 500.

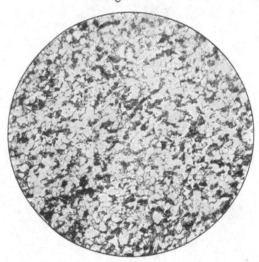

Abb. 91. Nahe dem Rand. Feinkörniger Ferrit
und Perlit. Vergr. 100.

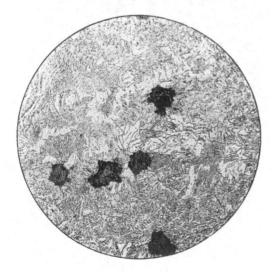

Abb. 93. Kern von wenig stark entkohltem Stück.
Perlit und Temperkohle. Vergr. 100.

Abb. 94. Feinkörniger, zu wenig entkohlter Kern
vom Stück. Vergr. 200.

Verlag von Julius Springer in Berlin.

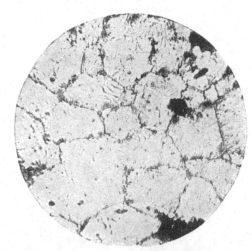

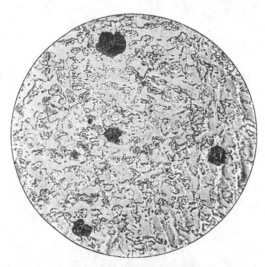

Abb. 95. Ätzung mit Natriumpikrat. Zementit-netzwerk in zu wenig entkohltem Stück. Vergr. 100.

Abb. 96. Harter Kern. Rohgußgefüge mit etwas Temperkohle. Vergr. 100.

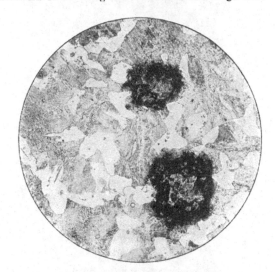

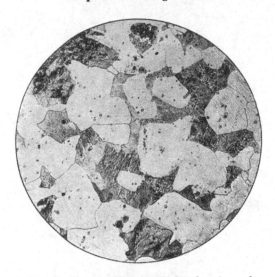

Abb. 97. Überhitztes Stück mit grobem Gefüge. Vergr. 100.

Abb. 98. Rand von überhitztem Stück mit grobem Gefüge. Vergr. 100.

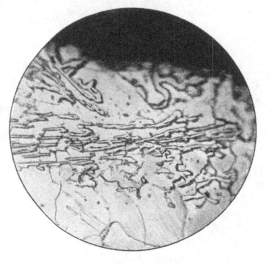

Abb. 99. Stelle beim Rand von überhitztem Stück. Vergr. 100.

Abb. 100. Äußerster Rand mit Zementitkriställchen. Vergr. 500.

Verlag von Julius Springer in Berlin

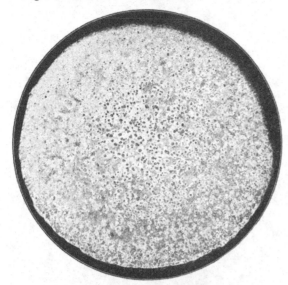

Abb. 101. Geätzter Gesamtquerschnitt durch
Tiegeltemperguß.

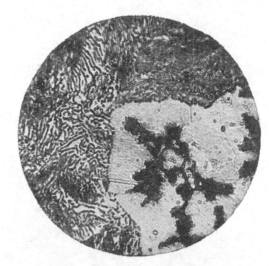

Abb. 102. Kern von Elektro-Temperguß. Flockige
Temperkohle im Ferrithofe, Perlit.   Vergr. 200.

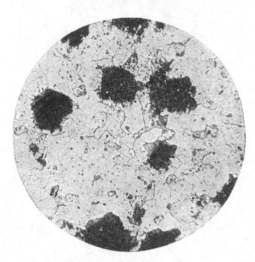

Abb. 104. Kern von „Schwarzguß“. Ferrit
und Temperkohle. Vergr. 100.

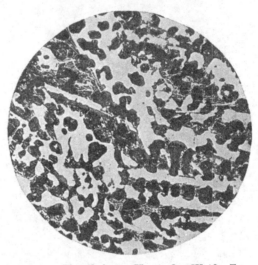

Abb. 127. Umgekehrter Hartguß. Weiße Zone,
geätzt. Vergr. 120.

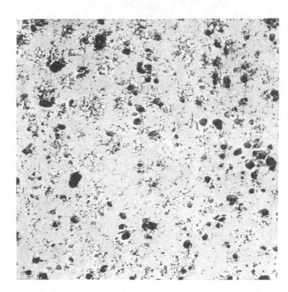

Abb. 124. Umgekehrter Hartguß. Graue Zone,
ungeätzt. Vergr. 25.

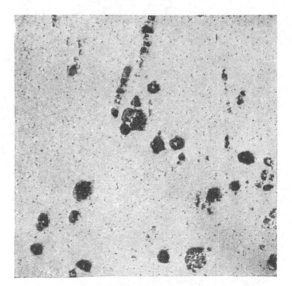

Abb. 125. Umgekehrter Hartguß. Weiße Zone,
ungeätzt. Vergr. 25.

Verlag von Julius Springer in Berlin.

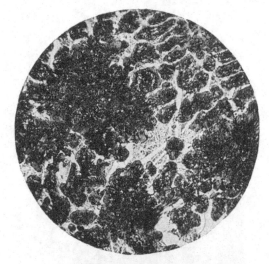

Abb. 128. Umgekehrter Hartguß. Graue Zone, geätzt. Vergr. 120.

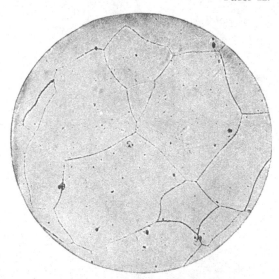

Abb. 131. Eisen-Siliziumlegierung mit 4% Si, homogene Mischkristalle. Vergr. 100.

Abb. 132. Schichtkristalle in einer Eisen-Phosphorlegierung mit 0,8% P. Vergr. 4.

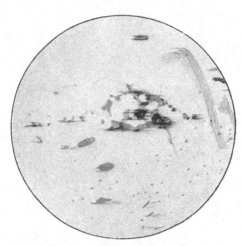

Abb. 143. Schwefelprobe nach Baumann.

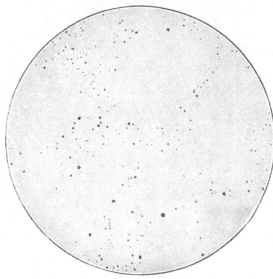

Abb. 145. Elektrolyteisen im Sauerstoffstrom geschmolzen, eutektische Anordnung der sauerstoffhaltigen Teilchen, ungeätzt. Vergr. 50.

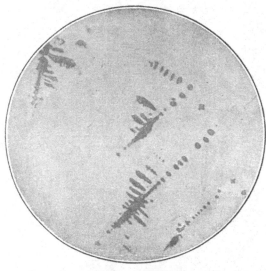

Abb. 146. Einheitliche, kristallisierte Einschlüsse in mit Mangan desoxydiertem, sauerstoffhaltigem Eisen, ungeätzt. Vergr. 200.

Verlag von Julius Springer in Berlin.

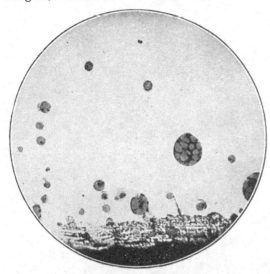

Abb. 147. Zusammengesetzte, nicht kristallisierte Einschlüsse in mit Mangan desoxydiertem, sauerstoffhaltigem Eisen, ungeätzt. Vergr. 150.

Abb. 219. Stahlguß mit 0,27% C.

Abb. 220. Durch Glühen bei 800° C. veränderte Gußstruktur von Abb. 219.

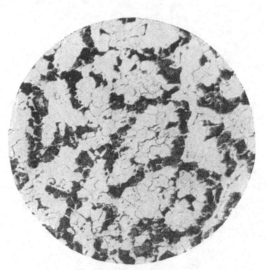

Abb. 221. Stahlguß mit 0,27% C nach Erhitzen auf 850° C.

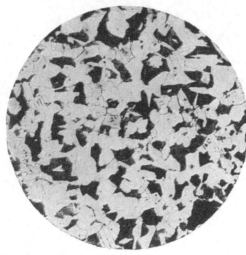

Abb. 222. Desgl. nach Erhitzen auf 900° C.

Abb. 223. Desgl. nach Erhitzen auf 1000° C.

Verlag von Julius Springer in Berlin.

Verlag von Julius Springer in Berlin W 9

Handbuch der Eisen- und Stahlgießerei. Unter Mitarbeit von zahlreichen Fachleuten herausgegeben von Dr.-Ing. **C. Geiger**, Düsseldorf.

II. Band: **Betriebstechnik.** Mit 1276 Figuren im Text und auf 4 Tafeln. Zweite Auflage.
In Vorbereitung

III. (Schluß-) Band: **Anlage, Einrichtung und Verwaltung der Gießerei.** In Vorbereitung

---

Grundzüge des Eisenhüttenwesens. Von Dr.-Ing. **Th. Geilenkirchen.** Erster Band:
Allgemeine Eisenhüttenkunde. Mit 66 Textabbildungen und 5 Tafeln. (256 S.) 1911.
Gebunden 8 Goldmark

Die Formstoffe der Eisen- und Stahlgießerei. Ihr Wesen, ihre Prüfung und Aufbereitung. Von **Carl Irresberger.** Mit 241 Textabbildungen. (250 S.) 1920. 10 Goldmark

---

Kupolofenbetrieb. Von **Carl Irresberger.** („Werkstattbücher", Heft 10.) Zweite, verbesserte Auflage. (5.—10. Tausend.) Mit 63 Figuren und 5 Zahlentafeln. (55 S.) 1923. 1.50 Goldmark

---

Die Herstellung des Tempergusses und die Theorie des Glühfrischens nebst Abriß über die Anlage von Tempergießereien. Handbuch für den Praktiker und Studierenden. Von Dr.-Ing. **Engelbert Leber.** Mit 213 Abbildungen im Text und auf 13 Tafeln. (320 S.) 1919.
16 Goldmark

Leitfaden für Gießereilaboratorien. Von Geh. Bergrat Prof. Dr.-Ing. e. h. **Bernhard Osann**, Clausthal. Zweite, erweiterte Auflage. Mit 12 Abbildungen im Text. (66 S.) 1924.
2.70 Goldmark

Der basische Herdofenprozeß. Eine Studie. Von Ing.-Chemiker **Carl Dichmann.** Zweite, verbesserte Auflage. Mit 42 Textfiguren. (286 S.) 1920. 12 Goldmark

---

Die Windführung beim Konverterfrischprozeß. Von Prof. Dr.-Ing. **Hayo Folkerts**, Aachen. Mit 58 Textabbildungen und 34 Tabellen. (166 S.) 1924.
13.20 Goldmark; gebunden 14.10 Goldmark

Verringerung der Selbstkosten in Adjustagen und Lagern von Stabeisenwalzwerken. Von Dr.-Ing. **Theodor Klönne.** Mit 93 Figuren im Text und auf 2 Tafeln. (132 S.) 1910. 5 Goldmark

Das technische Eisen. Konstitution und Eigenschaften. Von Prof. Dr.-Ing. **Paul Oberhoffer**, Aachen. Zweite, verbesserte und vermehrte Auflage. Mit 610 Abbildungen im Text und 20 Tabellen. (608 S.) 1925. Gebunden 31.50 Goldmark

Die Theorie der Eisen-Kohlenstoff-Legierungen. Studien über das Erstarrungs- und Umwandlungsschaubild nebst einem Anhang: Kaltrecken und Glühen nach dem Kaltrecken. Von **E. Heyn**, weiland Direktor des Kaiser-Wilhelm-Instituts für Metallforschung. Herausgegeben von Prof. Dipl.-Ing. **E. Wetzel**. Mit 103 Textabbildungen und XVI Tafeln. (193 S.) 1924. Gebunden 12 Goldmark

Probenahme und Analyse von Eisen und Stahl. Hand- und Hilfsbuch für Eisenhütten-Laboratorien. Von Professor Dipl.-Ing. **O. Bauer** und Professor Dipl.-Ing. **E. Deiß**. Zweite, vermehrte und verbesserte Auflage. Mit 176 Abbildungen und 140 Tabellen im Text. (612 S.) 1922. Gebunden 12 Goldmark

Die praktische Nutzanwendung der Prüfung des Eisens durch Ätzverfahren und mit Hilfe des Mikroskopes. Kurze Anleitung für Ingenieure, insbesondere Betriebsbeamte. Von Dr.-Ing. **E. Preuß** †. Zweite, vermehrte und verbesserte Auflage herausgegeben von Professor Dr. **G. Berndt** und Ingenieur **A. Cochius**. Mit 153 Figuren im Text und auf 1 Tafel. (132 S.) 1921. Gebunden 3.50 Goldmark

Vita-Massenez, Chemische Untersuchungsmethoden für Eisenhütten und Nebenbetriebe. Eine Sammlung praktisch erprobter Arbeitsverfahren. Zweite, neubearbeitete Auflage von Ing.-Chemiker **Albert Vita**, Chefchemiker der Oberschlesischen Eisenbahnbedarfs-A.-G., Friedenshütte. Mit 34 Textabbildungen. (208 S.) 1922. Gebunden 6.40 Goldmark

Das Gußeisen. Seine Herstellung, Zusammensetzung, Eigenschaften und Verwendung. Von **Joh. Mehrtens.** („Werkstattbücher", Heft 19.) Mit 15 Figuren. (66 S.) 1925. 1.50 Goldmark

Die Praxis des Eisenhüttenchemikers. Anleitung zur chemischen Untersuchung des Eisens und der Eisenerze. Von Prof. Dr. **Carl Krug**, Berlin. Zweite, vermehrte und verbesserte Auflage. Mit 29 Textabbildungen. (208 S.) 1923. 6 Goldmark; gebunden 7 Goldmark

Lötrohrprobierkunde. Anleitung zur qualitativen und quantitativen Untersuchung mit Hilfe des Lötrohres. Von Prof. Dr. **Carl Krug**, Berlin. Zweite, vermehrte und verbesserte Auflage. Mit 30 Textabbildungen. (78 S.) 1925. 3 Goldmark

Die Messung hoher Temperaturen. Von **G. K. Burgess** und **H. Le Chatelier**. Nach der dritten amerikanischen Auflage übersetzt und mit Ergänzungen versehen von Professor Dr. **G. Leithäuser** in Hannover. Mit 178 Textfiguren. (502 S.) 1913. 18 Goldmark

Lunge-Berl, Chemisch-technische Untersuchungsmethoden. Unter Mitwirkung zahlreicher Fachleute herausgegeben von Ing.-Chem. Dr. **Ernst Berl**, Professor der Technischen Chemie und Elektrochemie an der Technischen Hochschule zu Darmstadt. Siebente, vollständig umgearbeitete und vermehrte Auflage. In 4 Bänden.

Zweiter Band: Mit 313 in den Text gedruckten Figuren. (1456 S.) 1922.
Gebunden 48 Goldmark

Inhaltsübersicht.

Metallographische Untersuchungsverfahren. — Elektroanalytische Bestimmungsmethoden. — Technische Spektralanalyse. — Eisen. — Metalle außer Eisen. Metallsalze. — Tonerde-präparate. — Die Untersuchung der Tone. — Die Untersuchung von Tonwaren und Porzellan. — Die Mörtelindustrie. — Glas. — Methoden der quantitativen Analyse des Emails und der Emailrohmaterialien. — Calciumcarbid und Acetylen. — Cyanverbindungen. — Boden. — Künstliche Düngemittel. — Futterstoffe. — Sprengstoffe und Zündwaren. — Namenverzeichnis und Sachverzeichnis.

Erster Band: Mit 291 in den Text gedruckten Figuren und einem Bildnis. (1132 S.) 1921.
Gebunden 36 Goldmark

Dritter Band: Mit 235 in den Text gedruckten Figuren und 23 Tafeln als Anhang. (1393 S.) 1923.
Gebunden 44 Goldmark

Vierter Band: Mit 125 in den Text gedruckten Figuren. (1164 S.) 1924.
Gebunden 40 Goldmark

Metallurgische Berechnungen. Praktische Anwendung thermochemischer Rechenweise für Zwecke der Feuerungskunde, der Metallurgie des Eisens und anderer Metalle. Von **Jos. W. Richards**, Professor der Metallurgie an der Lehigh-Universität. Autorisierte Übersetzung nach der zweiten Auflage von Professor Dr. **Bernhard Neumann**, Darmstadt und Dr.-Ing. **Peter Brodal**, Christiania. (614 S.) 1913. Unveränderter Neudruck 1920. Gebunden 24 Goldmark

---

Geschichte des Elektroeisens mit besonderer Berücksichtigung der zu seiner Erzeugung bestimmten elektrischen Öfen. Von Prof. Dr. techn. **O. Meyer**. Mit 206 Textfiguren. (195 S.) 1914. 7 Goldmark

---

Schrotthandel und Schrottverwendung unter besonderer Berücksichtigung der Kriegs- und Nachkriegsverhältnisse. Von Diplom-Kaufmann **Karl Klinger**. Mit 7 Abbildungen im Text und zahlreichen Tabellen. (220 S.) 1924.
8.10 Goldmark; gebunden 9 Goldmark

Die Förderung von Massengütern. Von Prof. Dipl.-Ing. **G. v. Hanffstengel**, Charlottenburg.

Erster Band: Bau und Berechnung der stetig arbeitenden Förderer. Dritte, umgearbeitete und vermehrte Auflage. Mit 531 Textfiguren. (314 S.) 1921. Unveränderter Neudruck. 1922.
Gebunden 11 Goldmark

Zweiter (Schluß-) Band: Förderer für Einzellasten. Dritte Auflage. In Vorbereitung

---

Deutsches Kranbuch. Im Auftrage des Deutschen Kran-Verbandes (e. V.) bearbeitet von A. Meves. (104 S.) 1923. 2 Goldmark; gebunden 3 Goldmark

---

Die Drahtseilbahnen (Schwebebahnen). Ihr Aufbau und ihre Verwendung. Von Reg.-Baumeister Prof. Dipl.-Ing. **P. Stephan**. Vierte, neu bearbeitete Auflage.
In Vorbereitung

Die Drahtseile als Schachtförderseile. Von Dr.-Ing. **Alfred Wyszomirski**. Mit 30 Textabbildungen. (98 S.) 1920. 3 Goldmark

Die Herstellung der feuerfesten Baustoffe. Von **Friedrich Wernicke** in Görlitz. Zweite, verbesserte und vermehrte Auflage. Mit 10 Textabbildungen und 4 Tafeln. (226 S.) 1921. Gebunden 9 Goldmark

Handbuch des Materialprüfungswesens für Maschinen- und Bau-ingenieure. Von Prof. Dipl.-Ing. **Otto Wawrziniok**, Dresden. Zweite, vermehrte und vollständig umgearbeitete Auflage. Mit 641 Textabbildungen. (720 S.) 1923. Gebunden 22 Goldmark

Festigkeitseigenschaften und Gefügebilder der Konstruktionsmate-rialien. Von Dr.-Ing. **C. Bach** und **R. Baumann**, Professoren an der Technischen Hochschule Stuttgart. Zweite, stark vermehrte Auflage. Mit 936 Figuren. (194 S.) 1921. Gebunden 15 Goldmark

Elastizität und Festigkeit. Die für die Technik wichtigsten Sätze und deren erfahrungs-mäßige Grundlage. Von **C. Bach** und **R. Baumann**. Neunte, vermehrte Auflage. Mit in den Text gedruckten Abbildungen, 2 Buchdrucktafeln und 25 Tafeln in Lichtdruck. (715 S.) 1924. Gebunden 24 Goldmark

Die Kessel- und Maschinenbaumaterialien nach Erfahrungen aus der Abnahme-praxis kurz dargestellt für Werkstätten- und Betriebsingenieure und für Konstrukteure. Von **O. Hönigsberg**, Zivilingenieur, Wien. Mit 13 Textfiguren. (98 S.) 1914. 3 Goldmark

Werkstoffprüfung für Maschinen- und Eisenbau. Von Dr. **G. Schulze**, Ständiges Mitglied am Staatl. Materialprüfungsamt Berlin-Dahlem und Studienrat Dipl.-Ing. **E. Vollhardt**, Berlin. Mit 213 Textabbildungen. (193 S.) 1923. 7 Goldmark; gebunden 7.80 Goldmark

Die Werkstoffe für den Dampfkesselbau. Eigenschaften und Verhalten bei der Herstellung, Weiterverarbeitung und im Betriebe. Von Dr.-Ing. **Kurt Meerbach**. Mit 53 Text-abbildungen. (206 S.) 1922. 7.50 Goldmark; gebunden 9 Goldmark

Die Gaserzeuger. Handbuch der Gaserei mit und ohne Nebenproduktengewinnung. Von Dipl.-Ingenieur **H. R. Trenkler**, Direktor der Deutschen Mondgas- und Nebenprodukten-G. m. b. H. Mit 155 Abbildungen im Text und 75 Zahlentafeln. (386 S.) 1923. Gebunden 14 Goldmark

Die flüssigen Brennstoffe, ihre Gewinnung, Eigenschaften und Untersuchung. Von L. **Schmitz**. Dritte, neubearbeitete und erweiterte Auflage von Dipl.-Ing. Dr. **J. Follmann**. Mit 59 Ab-bildungen im Text. (215 S.) 1923. Gebunden 7.50 Goldmark

Technologie der Holzverkohlung unter besonderer Berücksichtigung der Herstellung von sämtlichen Halb- und Ganzfabrikaten aus den Erstlingsdestillaten. Von **M. Klar** (Holzminden). Zweite, vermehrte und verbesserte Auflage. (452 S.) 1910. Unveränderter Neudruck. Mit 49 Textfiguren. 1923. Gebunden 20 Goldmark